編委會

主　編　馮立昇

副主編　鄧　亮

委員（按姓氏筆畫排序）

王雪迎　牛亞華　宋建昃　段海龍　郭世榮

陳　樸　馮立昇　董　傑　童慶鈞　鄭小惠

鄧　亮　劉聰明　聶馥玲

國家古籍整理出版專項經費資助項目

江南製造局科技譯著集成

天文數學卷

第貳分册

主編 鄧亮

中國科學技術大學出版社

圖書在版編目(CIP)數據

江南製造局科技譯著集成.天文數學卷.第貳分册/鄧亮主編.—合肥:中國科學技術大學出版社,2017.3
ISBN 978-7-312-03808-2

Ⅰ.江… Ⅱ.鄧… Ⅲ.①自然科學—文集 ②數學—文集 Ⅳ.①N53 ②O1-53

中國版本圖書館CIP數據核字(2015)第204829號

出版 中國科學技術大學出版社
安徽省合肥市金寨路96號,230026
http://press.ustc.edu.cn
https://zgkxjsdxcbs.tmall.com
印刷 安徽聯衆印刷有限公司
發行 中國科學技術大學出版社
經銷 全國新華書店
開本 787 mm×1092 mm 1/16
印張 52.25
字數 1338千
版次 2017年3月第1版
印次 2017年3月第1次印刷
定價 670.00圓

分册目錄

代數術……1
代數難題解法……213
數學理……491
三角數理……621

江南製造局科技譯著集成

天文數學卷

第貳分册

代數術

《代數術》提要

《代數術》二十五卷，首一卷，英國華里司（William Wallace, 1768–1843）輯，英國傅蘭雅（John Fryer, 1839–1928）口譯，金匱華蘅芳筆述，輿化劉彝程校算，陽湖趙宏繪圖，同治十二年（1873年）刊。底本爲《Algebra》，載《大英百科全書》第8版第2卷，1853年。

《代數術》全書共兩百八十一款，內容不僅包括初等代數、方程論，還包括無窮級數、對數、指數、利息、連分數和不定方程等。其中卷一至卷十六爲方程論初步，卷十七至卷十九爲指數函數和對數函數的展開式，卷二十論連分數，卷二十一論不定方程，卷二十二至卷二十三論解析幾何，卷二十四至卷二十五論三角函數的展開式。《代數術》主要是圍繞方程進行討論的，從一次方程式到高次方程式、方程組，乃至虛數、三角函數、八線數理等部分均涉及方程知識。與偉烈亞力、李善蘭翻譯的《代數學》相比較，《代數術》在內容上更加系統化，條理清晰，在中國的影響也更大，推動了西方代數學在中國的傳播，在中國數學現代化進程中起到重要作用。

此書內容如下：

卷首　論代數之各種記號

卷一　論代數起首之法　代數加法，代數減法，代數乘法，代數除法

卷二　論代數諸分之法　代數求等，代數約分，代數通分納子，化全分數爲整數式及帶分式，代數齊同通分，各分數相加減，各分數相乘，分數之除法

卷三　論代數之諸乘方，論代數開方之法　求平方式之根，求立方式之根，求多乘方式之根

卷四　論無理之根式　任化一有理之式爲無理之式，化根號不同之兩無理式爲同根號之無理式，化無理根式爲最簡之式，加減無理之根式，乘約無理之根式，求無理根式之乘方及方根
卷五　論代數之比例　算數比例，幾何比例
卷六　論變清獨元之一次方程式　移項之法，移乘作除法，去分母法，去根號法，兩邊開方法
卷七　論變清多元之一次方程式　消去他元法
卷八　論一次式各題之解法
卷九　論二次之正雜各方式解法
卷十　論各次式之總理
卷十一　論三次之正雜各方式解法
卷十二　論四次式之解法
卷十三　論等職各次式之解法
卷十四　論等根各次式之解法
卷十五　論有實根之各次式解法
卷十六　論求畧近之根數
卷十七　論無窮之級數
卷十八　論對數與指數之式
卷十九　論生息計利
卷二十　論連分數
卷二十一　論未定之相等式

卷二十二　論用代數以解幾何之題

卷二十三　論方程式之界線

卷二十四　論八線數理

卷二十五　論八線數理

代數術卷首

英國華里司輯
英國 傅蘭雅 口譯
金匱 華蘅芳 筆述

論代數之各種記號

第一款 西國之算學各數均以〇一二三四等十箇數目字爲本無論何數均可以此記之用此十箇數目字雖無論何數皆可算推于數理之深者則演算甚繁用代數乃其簡法也

代數之法無論何數皆可任以何記號代之今西國所常用者每以二十六箇字母代各種幾何題中之幾何有已知之數亦有未知之數其代之之例恒以起首之字母代已知之數以最後之字母代未知之數今譯之中國則以甲乙丙丁等元代已知數以天地人等元代未知數

第二款 凡丄號在某元之左則指其數與他數相加 如甲丄乙謂乙與甲相加也 如五丄三謂五與三相加其總數八也

第三款 凡丅號在某元之左則指其數與他數相減 如甲丅乙謂甲內減去乙也 如六丅二即指六內減去二則其數爲四也

凡數之左邊有丄號者謂之正數有丅號者謂之負數

凡數有不與元相連而其左亦有丄與丅之記號者即算者心中以爲可加減若干也因小于〇之數人心中每計想不到故單用一負數人每不易明故以下說解之

譬如人之產業可算其是一箇正數則其本人所虧欠之錢可算一箇負數

又如自左向右引長作一線則心中可算此線爲正數再自右向左退作一線則心中可算此線當爲負數

凡數之左邊無正負之記號者亦爲正數

凡幾箇代數式俱有丄號或俱有丅號者謂之同號數亦謂之同名數

凡幾箇代數式或有丄號或有丅號者謂之不同號之數亦謂之異名數

第四款 凡代數之式有只一項者謂之獨項式其有數項而每項或有丄號或有丅號者謂之多項式

如丄甲或丅丙俱爲獨項式 如乙丄丙或甲丄乙丅丁俱爲多項式

第五款 凡將數元相乘記其乘得之式其法或並書其

元或於其間作×號俱可.

如甲乙 謂甲與乙相乘之數也. 甲×乙 亦然.

如甲乙丙 謂甲與乙與丙三者連乘也. 若作 甲×乙×丙 亦同.

若以眞數一十百千萬等數也相乘者, 則記其相乘之式兩數之間必作×以間之.

如二與三相乘必作二×三, 若不用×號而並書之爲二三, 則與二十三無別矣, 不可不知.

若所乘之式有多項者, 則其多項之上必作一橫線以牽連之.

如甲以丙⊥丁乘之, 再以戊⊥己乘之, 則其丙⊥丁及戊⊥己之上必各作一線, 則其式爲 甲×丙⊥丁×戊⊥己, 其意謂甲自爲一數, 丙⊥丁自爲一數, 戊⊥己亦自爲一數, 而以此三數連乘也. 近來算學家每不用一號而用括弧如()以包括之, 則上式應作 甲×(丙⊥丁)×(戊⊥己), 或不用×號而作 甲(丙⊥丁)(戊⊥己) 亦同.

第六款 凡元之左邊有係之以眞數者, 此數名曰倍數, 謂其所代之數爲元之若干倍也.

如三甲 謂三倍其甲也.

凡元之左邊不係之以眞數者, 其元之倍數爲一.

如甲 即一甲 如甲乙 即一甲乙

第七款 凡幾何以他幾何分之, 記其約得之數, 其法作一線以界其法實, 線之上爲法, 線之下爲實.

如 三/十二 謂十二以三約之也, 即謂其約得之四也.

如 乙/甲 謂置甲以乙約之得乙分之甲也. 此種之式名之曰分數式.

第八款 凡兩式之間有＝者, 意謂兩邊之數相等也.

如 甲⊥乙＝丙⊤丁 謂甲與乙相并等于丙中減去丁也.

第九款 凡幾箇獨項式或幾箇多項式, 其各元之字有無多少相同者, 謂之同類之式, 不相同者謂之不同類之式.

如 ⊥甲乙 與 ⊥五甲乙 爲同類之式. 如 ⊥甲乙 與 ⊥甲乙乙 爲不同類之式.

代數中尚有別種記號, 于以下各卷中臨用之處再解之, 茲不具論. 惟學者欲讀以下各卷之書, 必于平常算理如加減乘除等類之法也本已明白者, 方可通. 因代數乃算學之更深者, 不必再包學算之理在其中也.

興化劉彝程校算

代數術卷一

英國華里司輯　英國傅蘭雅口譯
金匱華蘅芳筆述

論代數起首之法

代數起首之法與數學起首之法同，即加減乘除四法也。有此四法，則一切之代數式皆可由此生焉。

代數加法

第十款　凡代數之加法，可分為三種：同式同號者為一種；同式異號者為一種；式號俱異者為一種。

一例　加同式同號之代數法，將各元之倍數相加，而

號及元不變。

如 丄七甲 丄三甲 丄甲 丄二甲 諸式相加得丄一三甲。

如 丅二甲天 丅甲天 丅五甲天 丅一二甲天 諸式相加得丅二〇甲天。

二例　加同式異號之代數法，將其各元之倍數正負各自相併，又以併得之正負數相減，正數大則其號為正，若負數大則其號為負，而其元不變。

如 丄二甲天 丅甲天 丅三甲天 丄九甲天 諸式相加，則先以各正式併得丄一一甲天，又以各負式併得丅四甲天，再以所得之兩式相較得丄七甲天，因正數大於負數，故其加得之式為丄七甲天。

如 丄六甲乙丄七 丅四甲乙丄九 丄甲乙丅五 丄七甲乙丅一三 諸式相加，則先以各正項相併得丄一四甲乙丄一六，又以各負項相併得丅四甲乙丅一八，乃以併得式相較得丄一〇甲乙丅二。

如 丄甲甲丄二甲天丅天天 丅二甲甲丄三甲天丅四天天 丄六甲甲丅五甲天丄一一天天 諸式相加得五甲甲丄六天天。

如 丅四甲甲乙 丄甲甲乙 丄三甲甲乙 諸式相加得〇。

三例　加式號俱異之代數法，以諸式任意連書之，其

式號俱不變。

如 二甲 三乙 丅四丙 相加得二甲丄三乙丅四丙。

如 甲天丄二甲地 乙乙丅三乙人 相加得甲天丄二甲地丄乙乙丅三乙人。

代數減法

第十一款　凡代數之減法有一公法，其法曰：反其減式之正負而加之即得。

如 五甲丅一二乙 以二甲丅五乙 減之得三甲丅七乙。

如 六天丅八地丄三 以二天丄九地丅二 減之得四天丅一七地丄五。

如 五天地丅二丄八天丅地 以 三天地丅八丅八天丅三地 減之得 二天地丄六丄一六天丄二地

如 甲甲丅甲天丅地地 以 乙乙丅乙地丄天天 減之得 甲甲丅甲天丅地地丅乙乙丄乙地丅天天

減法反號之理以說明之

設有 寅丄卯 欲於其中減去 二巳丅三午 假如先以 二巳 減之則其式為 寅丄卯丅二巳 然若既減去 二巳 再減去 三午 則所得之數必比僅減去 二巳 之數小而今所欲得之數應比僅減去 二巳 之數大其所大之數必等於 三午 可見其應得之數其式必為 寅丄卯丅二巳丄三午 則反號相加之理自易明矣

代數乘法

第十二款　定號之公法曰同號之數相乘其乘得之數爲正異號之數相乘其乘得之數爲負

凡代數之乘法可分爲二種一獨項與獨項相乘一獨項與多項相乘或多項與多項相乘

一例　乘獨項式之法先以定號公法定其正負乃以兩式中之倍數相乘爲所得之倍數記於正負號之右再以兩獨項式中所有之元並書於其右即得

如 丄甲 以 丄丙 乘之得 丄甲丙 如 丄五甲 以 丅四乙 乘之得 丅二〇甲乙

如 丅三甲天 以 丄七甲乙 乘之得 丅二一甲甲乙天 如 丅二甲乙 以 丅三丙人 乘之得 丄六甲乙丙人

二例　乘多項之式法以法之每項各與實之每項如獨項相乘之法一一徧乘之乘訖併之即得

如 四甲丅二乙丄丙 以 三甲 乘之得 一二甲甲丅六甲乙丄三甲丙 爲所求之式

如 二天丄地 以 天丅二地 乘之則先以 天 乘 二天丄地 得 二天天丄天地 又以 丅二地 乘 二天丄地 得 丅四天地丅二地地 相併得 二天天丅三天地丅二地地 爲所求之式

如 甲甲丅甲乙丄乙乙 以 甲丄乙 乘之則先以 甲 乘之得 甲甲甲丅甲甲乙丄甲乙乙 後以 乙 乘之 另得 甲甲乙丅甲乙乙丄乙乙乙 併之得 甲甲甲丄乙乙乙 爲所求之式

如甲丅乙丄丙以甲丄乙丅丙乘之則得甲甲丅甲乙丄甲丙及丄甲乙丅乙乙丄乙丙及丅甲丙丄乙丙丅丙丙乃以此三式相併

得甲甲丅乙乙丄二乙丙丅丙丙為所求之相乘式。

多項相乘之理以說明之。設有甲丅乙欲以丙丅丁乘之因乘法之意恒為倍其數至若干次所以若用丙丅丁乘甲丅乙必倍其甲丅乙至丙丅丁之次數即為乘得之數然若以甲丅乙倍至丙次則所得之數必太多其所多之數必為甲丅乙倍至丁次之數惟準加法之理倍其甲丅乙至丙次則為丙甲丅丙乙若倍其甲丅乙至丁次則為丁甲丅丁乙所以必以丁甲丅丁乙與丙甲丅丙乙相較乃可得其相乘之數而準減法之理其較數之式必為丙甲丅丙乙丅丁甲丄丁乙所以甲丅乙與丙丅丁相乘之式亦必為丙甲丅丙乙丅丁甲丄丁乙則乘法定號之理自易明矣。

凡將數幾何之式相乘則其乘得之式必含其各幾何之元數。

如甲乙丙三式俱為甲乙丙式之乘數。

如甲丄天及乙丅天俱為(甲丄天)(乙丅天)之乘數。

若任以一式自相乘至任何次則其乘得之式為原式之若干乘方而其原式為方根。

如甲甲　甲甲甲　甲甲甲甲俱為甲元之乘方式。

惟有時因並寫多字殊覺不便故用省字之法但書其一而記其字數於本元之右角上此數謂之指數亦謂之方指數。

如甲為方根則甲甲可作$甲^{二}$　甲甲甲可作$甲^{三}$　甲甲甲甲可作$甲^{四}$

甲甲甲甲甲可作$甲^{五}$　其他依此類推。

凡兩箇本式相乘之式謂之平方式三箇本式相乘之式謂之立方式任幾箇本式相乘之式謂之幾方式。

如$甲^{二}$為甲之平方式亦謂之甲之二方式。

如$甲^{三}$為甲之立方式亦謂之甲之三方式。

推之$甲^{四}$為甲之四方式$甲^{五}$為甲之五方式$甲^{卯}$為甲之

卯方式

準指數及乘法之理知凡以同根異方之式相乘只須以兩式之指數相併即得

如 $甲^{三}\times甲^{二}$ 即 $甲^{五}$ 如 $天^{四}\times天^{三}$ 即 $天^{七}$ 其公式為 $甲^{卯}\times甲^{寅}=甲^{卯+寅}$

第十三款 代數除法

變號之公法曰同號之數相除其除得之數為正異號之數相除其除得之數為負

欲明除法變號之理以乘法之定號互觀之其理易明蓋不過欲其所得之數與法相乘仍與原實之正負相同也

凡記代數除約之式每書其法於實之上而法實之間作一橫線以界之（詳見二十五款）惟此不過渾言以此式約彼式耳若欲詳其約得之式則有三例以明之

一例 若法為獨項式而實之每項均為法所可約者則以法之倍數各約其實中每項之倍數又去其與法相同之元即為約得之式

如 一二甲乙丙 以 三甲丙 約之則依分數之公法當書之為 $\frac{一二甲乙丙}{三甲丙}$ 惟

此式可以法之倍數三約其實之倍數一二為四而又可去其法實相同之元甲丙則式中僅有乙元故其約得之式為四乙

如有多項式 一六甲天地－二八甲天人＋四甲天 以 四甲天 約之則其約得之式為 四甲地－七人＋一天

若法與實為同類之乘方式則以法之指數減實之指數即得

如 $甲^{五}$ 以 $甲^{三}$ 約之得 $甲^{五-三}$ 即 $甲^{二}$

二例 若法為獨項式而與實之式不同類者則書其法於實之上而中作橫線以界之故法為分母實為分子

如 三甲乙 以 二寅乙丙 約之則其約得之式為 $\frac{二寅乙丙}{三甲乙}$ 有時遇此種式更可約之使為簡式者詳見第二卷約分款中

三例 若法為多項之式者則其除法有三步（猶言有三番功夫也）一先將其法實之各項任以一箇元數為主按其方指數之大小而挨次序列之 二將法之首項約其實之首項為商得之式并定其正負之號如公

法再將商得式乘其全法以減原實如適能減盡則其商得之式即為約得之全式而第三步功夫可省如減實不能適盡則必以餘實再為新實用第三步之法求之 三將法之首項約新實之首項為二次商得式並定其正負亦如第二步法乃以此次商得之式記於前次商得式之右再將此次商得式乘其全法以減新實若仍有餘實則仍為新實如法求之至減實適盡而止則所得之各商式即為約得之全式若求至數次覺實數終不能減盡則可依下款之法書之

如有式 $八甲^{二}丄二甲乙丅一五乙^{二}$ 以 $二甲丄三乙$ 約之準本款第三例得 $四甲丅五乙$ 為約得式

其布算之草如

法	實	得
$二甲丄三乙$)	$八甲^{二}丄二甲乙丅一五乙^{二}$	($四甲丅五乙$
	$八甲^{二}丄一二甲乙$	
	$丅一〇甲乙丅一五乙^{二}$	
	$丅一〇甲乙丅一五乙^{二}$	

解曰前草中之法實各項均以甲之方數自大而小排列之先將法之首項 $二甲$ 約實之首項 $八甲^{二}$ 得 $四甲$ 為商得之首項式乃以此式乘其法得 $八甲^{二}丄一二甲乙$ 以減實得餘式 $丅一〇甲乙丅一五乙^{二}$ 為新實 再以法之首項 $二甲$ 約新實之首項 $丅一〇甲乙$ 得 $丅五乙$ 為商得之次項式乃以此式乘其原法得 $丅一〇甲乙丅一五乙^{二}$ 以減新實適盡故併一二兩次之商得式得 $四甲丅五乙$ 為約得式之全式 茲更設四草於後以明多項式之除法

一式 設有 $三甲^{三}丅一二甲^{二}丅甲^{二}乙丄一〇甲乙丅二乙^{二}$ 以 $三甲丅乙$ 約之得 $甲^{二}丅四甲丄二乙$ 其算草如左

法	實	得
$三甲丅乙$)	$三甲^{三}丅一二甲^{二}丅甲^{二}乙丄一〇甲乙丅二乙^{二}$	($甲^{二}丅四甲丄二乙$
	$三甲^{三}\quad丅甲^{二}乙$	
	$丅一二甲^{二}丄一〇甲乙丅二乙^{二}$	
	$丅一二甲^{二}丄四甲乙$	
	$丄六甲乙丅二乙^{二}$	
	$丄六甲乙丅二乙^{二}$	

二式　設有甲^{三}丄乙^{三}以甲丄乙約之得甲^{二}丅甲乙丄乙^{二}其算草如左

法　實　得

甲丄乙)甲^{三}丄乙^{三}(甲^{二}丅甲乙丄乙^{二}

甲^{三}丄甲^{二}乙

丅甲^{二}乙丄乙^{三}

丅甲^{二}乙丅甲乙^{二}

丄甲乙^{二}丄乙^{三}

丄甲乙^{二}丄乙^{三}

三式　設有甲^{六}丅乙^{六}以甲^{三}丅乙^{三}約之得甲^{三}丄乙^{三}其算草如左

法　實　得

(甲^{三}丅乙^{三})甲^{六}丅乙^{六}(甲^{三}丄乙^{三}

甲^{六}丅甲^{三}乙^{三}

丄甲^{三}乙^{三}丅乙^{六}

丄甲^{三}乙^{三}丅乙^{六}

四式　設有一丅天以約一得一丄天丄天^{二}……其算草如左

法　實　得

一丅天)一(一丄天丄天^{二}……

一丅天

丄天

丄天丅天^{二}

丄天^{二}

丄天^{二}丅天^{三}

丄天^{三}

第十四款　有時以法除實任求至多項終不能盡則記其約得之式有二法

一法　可以無窮之級數式書之因觀其數項而其後之各項可類推而知之故也

如前款之第四式其約得之式書之爲一丄天丄天^{二}……是以無窮之級數式記之也

二法　可以照算學之理命其不盡之式爲分子而以原法爲分母作約得式之末項

如前款之第四式其約得之式可作一丄天丄天^{二}丄$\frac{天^{三}}{一丅天}$是也

除法之理不必細解可以數語明之

試以約得之式與法之各項一一相乘乃從原實之式中一一減去其乘得之各項必適盡無餘則所得之式必爲法約實之式可以了無疑義矣

興化劉彝程校算

代數術卷二

英國華里司輯　英國　傅蘭雅　口譯
金匱　華蘅芳　筆述

論代數諸分之法

第十五款　代數之除法或有法大於實或有實式中之倍數及元非法所能約者則其除約之式必以分數之法書之其所代之數乃易推。

如有分數式 $\frac{七}{五}$ 則此式之意如以單數一平分之爲七分而取其五分又如以五乘一乃以乘得之數平分爲七分而取其一分。

第十六款　凡分數之式上爲法下爲實法即分母實即分子。

如 $\frac{乙}{甲}$ 則乙爲分母甲爲分子。

第十七款　凡分數之式其分子小於分母者謂之常分數其分子大於分母或等於分母者謂之混分數若有一整幾何與分數相連者謂之帶分數。

如 $\frac{甲\mid天}{甲}$ 等類之式爲常分數。

如 $\frac{甲}{甲}$ 或 $\frac{甲}{甲\mid天}$ 等類之式皆爲混分數。

如 乙$\mid\frac{甲}{天}$ 等類之式爲帶分數。

第十八款　凡分數之式有兩式之母子可以互易者即此式之分母可與彼式之分子交換而此式之分子可與彼式之分母交換也此種分數式謂之對代之分數。

如 $\frac{甲}{乙}$ 與 $\frac{乙}{甲}$ 爲對代之分數。

第十九款　凡約分之法先以一理爲本其理曰如將任何分數式之子母俱以任何數乘之或約之則其式雖變而其值不變值者本式所代之數也亦名相當數。

如以分數式 $\frac{甲}{乙}$ 令等於丙丙既等於甲約乙之數則乙必等於甲丙將此相等之式 甲丙=乙 各以任何幾何卯乘之則得 卯乙=卯甲丙 將此兩邊之項各以卯甲約之則所得之式亦必相等即 $\frac{卯甲}{卯乙}$=丙=$\frac{甲}{乙}$ 此可爲其理之證。

由此可見任何分數式可以大變其式而其所代之數仍同。又可見任何整數之式皆可變爲分數之式法以任何數乘其整數命之爲分子而即以所乘之數爲其分母即得。又可見任何繁重之分數有時可以他式約之使變爲簡式法先求得一數可度其子母俱得

整數者以約其子母卽得此種約分之數謂之公約數其數或爲獨項式或爲多項式如爲獨項式者則易知若爲多項式者則必依下款之法求之

代數求等 此爲第一題

第二十款 凡求兩幾何式之最大公約數其法有二步 猶言兩層也 一先將兩式中之諸項均以一箇元數爲主依指數之大小挨次列之視兩式中有各項公共之元數則提出另寄之 此卽獨項之公約數也 若每式中自有各項公共之元數則去之 二乃視兩式之指數孰大孰小以小者爲法大者爲實如分數之法書之以法減實滿法者去之至不滿法則以減餘之式爲法前法爲實仍如前法去之若法實中各有公共之數則隨時汰之如是輾轉相去以至於盡則末次所用之法卽爲兩式之公約數再以前所另寄之獨項公共數乘之卽得兩式之最大公約數 有時遇實式中首項之倍數非法之首項倍數所能度者必另以他數通之方能約盡此項

一式設有二代數式 $甲^{2}天\top天^{3}$ 及 $甲^{3}\top二甲^{2}天\perp甲天^{2}$ 求其最大之公約數 于上式中去其各項公共之元天于下式中去其各項公共之元甲則得 $甲^{2}\top天^{2}$ 及 $甲^{2}\top二甲天\perp天^{2}$ 因此兩式中甲之指數均爲二故兩式無分大小無論以何式爲法何式爲實俱可茲以多項者爲實演其術如下

$$
\begin{array}{l}
甲^{2}\top天^{2})\,甲^{2}\top二甲天\perp天^{2}\,(一\\
\underline{\qquad甲^{2}\top天^{2}}\\
\qquad\top二甲天\perp二天^{2}
\end{array}
$$

如將此餘數 $\top二甲天\perp二天^{2}$ 以各項公數 $\top二天$ 約之則得 $甲\perp天$ 乃以 $甲\top天$ 爲法 $甲^{2}\top天^{2}$ 爲實再約之其式如下

$$
\begin{array}{l}
甲\top天)\,甲^{2}\top天^{2}\,(甲\perp天\\
\underline{\qquad甲^{2}\top甲天}\\
\qquad\perp甲天\top天^{2}\\
\underline{\qquad\perp甲天\perp天^{2}}
\end{array}
$$

則 $甲\top天$ 爲末次之法亦卽爲原兩式之最大公約數

二式設有二代數式 $八甲^{2}乙^{2}\top一〇甲乙^{3}\perp二乙^{4}$ 及 $九甲^{4}乙\top九甲^{3}乙^{2}\perp三甲^{2}乙^{3}\top三甲乙^{4}$ 求其最大之公約數

觀此兩式中各項均有乙元則知乙必爲兩式之公約數且知乙必爲最大公約數之乘法故以乙約兩

式而寄乙于左又去各項公共之數得 四甲丅五甲乙丄乙 ㈠及 三甲丅三甲乙丄甲乙丅乙 ㈡

欲以㈠式約㈡式則㈡式之首項其倍數三小于㈠式首項之倍數四故必取一整數通其㈡式使其首項之倍數變大而又須適爲四所度盡方能受除假如以四通之得 一二甲丅一二甲乙丄四甲乙丅四乙 爲實以 四甲丅五甲乙丄乙 爲法約之其式如下

四甲丅五甲乙丄乙）一二甲丅一二甲乙丄四甲乙丅四乙（三甲

一二甲丅一五甲乙丄三甲乙

丄三甲乙丄甲乙丅四乙

此餘數 三甲乙丄甲乙丅四乙 之式中有各項公共之元乙

以乙約之則爲 三甲丄甲乙丅四乙 應以此式爲法而以前次之法 四甲丅五甲乙丄乙 爲實惟因法之首項倍數三不能度盡實之首項倍數四故必以三通之得 一二甲丅一五甲乙丄三乙 爲實則約式如下

三甲丄甲乙丅四乙）一二甲丅一五甲乙丄三乙（四

一二甲丄四甲乙丅一六乙

丅一九甲乙丄一九乙

將此餘數 丅一九甲乙丄一九乙 以各項公共數 丅一九乙 約之則得 甲丅乙 以爲法而以前次之法 三甲丄甲乙丅四乙 爲實則約式如下

甲丅乙）三甲丄甲乙丅四乙（三甲丄四乙

三甲丅三甲乙

丄四甲乙丅四乙

丄四甲乙丅四乙

其式已減盡而末次之法其式爲 甲丅乙

由此可見所求得之公約數即爲 甲丅乙 再以前所寄之公約數乙乘之得 乙（甲丅乙） 即爲原兩式之最大公約數

第二十一款　前題之理可以分款證之

一任有兩式可以一多項式之公約數度之適盡者則

任取他單項式或乘其兩原式或約其兩原式仍可以多項之公約數度之。

如 巳(甲丅天) 及 午(甲丅天) 此兩式俱可以 甲丅天 約之。設式變爲 卯巳(甲丅天) 及 茆午(甲丅天) 則仍可以 甲丅天 約之。

二凡約法之中無論何式能度其法實二式者亦能度其法實相較之餘數。

設天爲能約法實二式之幾何則法與實可以 甲天 與 乙天 命之若其約得數爲午則其末約盡之時餘數必爲 乙天丅午甲天 觀此式則易知可以天約之。

三凡幾何式能度法與餘數者則此式亦能度其實。

如命 甲天 爲法 未天 爲餘數午爲約得數則實數之式必爲 甲午天丄未天 此式及法與餘數俱可以天度之。

前款之末式可以此三分款之理證之。

從第一分款之理易知公約數所度之式任以他單項數乘之仍可度盡。

從第二分款之理易知無論何式若能度前款二式中之法 四甲丅五甲乙丄乙 及實 一二甲丅一二甲乙丄四甲乙丅四乙 者則必能度其第一餘數 三甲乙丄甲乙丅四乙 亦能度其第二餘數 丅九甲乙丄九乙 但此餘數式中所能有之公約數不過一箇卽 甲丅乙 是也而 甲丅乙 亦爲 三甲丄甲乙丅四乙 及 三甲乙丄甲乙丅四乙 之公約數

所以從第三分款之理知末次餘數 甲丅乙 必爲 一二甲丅一五甲乙丄三乙 及原法 四甲丅五甲乙丄乙 之公約數亦必爲原實 一二甲丅一二甲乙丄四甲乙丅四乙 之公約數所以知 甲丅乙 必爲所求之最大公約數。

代數約分 此爲第二題

第二十二款 凡化分數式爲最簡之項式法取法實二式之最大公約數 最大公約數如前題之法求之 約其母子卽得。

一式有 二四甲丁丙 / 五六甲乙丙 欲約爲最簡之式此視其母子卽知其最

大之公約數爲八甲丙，以此約其原式之母子 $\frac{五六甲^{2}乙丙}{二四甲丁丙^{2}}$ 卽得 $\frac{七甲乙}{三丁丙}$ 爲最簡之式。

二式有 $\frac{甲^{2}天丅天^{3}}{甲^{3}丅二甲^{2}天丄甲天^{2}}$ 欲約爲最簡之項式，觀前題一式，已知其最大公約數爲甲丅天，以此約其原式之母子 $\frac{甲^{2}天丅天^{3}}{甲^{3}丅二甲^{2}天丄甲天^{2}}$ 卽得 $\frac{甲天丄天^{2}}{甲^{2}丅甲天}$ 爲最簡之多項式。

又如有式 $\frac{九甲^{4}乙丅九甲^{3}乙^{2}丄三甲^{2}乙^{3}丅三甲乙^{4}}{八甲^{2}乙^{2}丅一〇甲乙^{3}丄二乙^{4}}$ 可約之令等于 $\frac{九甲^{3}丄三甲乙^{2}}{八甲乙丅二乙^{2}}$，約此式所用之最大公約數，其式爲乙(甲丅乙)，見第一題第二式。

代數通分納子 此爲第三題

第二十三款 凡化帶分式爲全分數法，將帶分式中之整數以分數之母乘之，與其分子相加減，爲所得之分子，以其分母爲公分母，卽全成分數式。

一式有 天丄$\frac{天^{2}}{甲}$，欲全化之爲分數式，則依法得 $\frac{甲天丄天^{2}}{甲}$。

又如 天丅$\frac{甲^{2}丅天^{2}}{天}$，欲全化爲分數式，則依法得 $\frac{天^{2}丅甲^{2}丄天^{2}}{天}$ 卽 $\frac{二天^{2}丅甲^{2}}{天}$。

二式有 甲丅天丄$\frac{天^{2}}{甲丄天}$，欲全化爲分數式，則先得 $\frac{(甲丄天)(甲丅天)丄天^{2}}{甲丄天}$ 卽 $\frac{甲^{2}}{甲丄天}$。

化全分數爲整數式及帶分式 此爲第四題

第二十四款 凡化全分數爲整數式及化爲帶分式法，以分母約其分子，得整數，如有餘數，則爲所帶之分子，而以原分母爲其所帶之分母。

一式有 $\frac{甲天丄甲^{2}}{天}$，欲化爲整數或帶分式，則依法得 甲丄$\frac{甲^{2}}{天}$。

二式有 $\frac{甲天丄二天^{2}}{甲丄天}$，欲化爲整數或帶分式，則依法得 天丄$\frac{天^{2}}{甲丄天}$。

又式有 $\frac{天^{2}丅地^{2}}{天丅地}$，依法化之得 天丄地，此爲整數式。

代數齊同通分 此爲第五題

第二十五款 凡化數項不同母之分數爲同母同值（同值者謂其所代之數仍與原代之數相同也）之分數法，各以本項之分子與他項之分母連乘爲本項之新分子，以各項之原分母連

乘爲各項之新分母

一式有 $\frac{\text{乙}}{\text{甲}}$、$\frac{\text{丁}}{\text{丙}}$、$\frac{\text{己}}{\text{戊}}$ 欲化此三項爲同母之分數則

依法得

$\left.\begin{array}{l}\text{甲}\times\text{丁}\times\text{己}=\text{甲丁己}\\ \text{丙}\times\text{乙}\times\text{己}=\text{丙乙己}\\ \text{戊}\times\text{乙}\times\text{丁}=\text{戊乙丁}\end{array}\right\}=$ 新分子

又

$\text{乙}\times\text{丁}\times\text{己}=\text{乙丁己}=$ 新分母

由此可見

$\frac{\text{乙}}{\text{甲}}=\frac{\text{乙丁己}}{\text{甲丁己}}$

$\frac{\text{丁}}{\text{丙}}=\frac{\text{乙丁己}}{\text{丙乙己}}$

$\frac{\text{己}}{\text{戊}}=\frac{\text{乙丁己}}{\text{戊乙丁}}$

其各項新分數俱爲同母而其値仍與原値相當

二式有 $\frac{\text{甲}\top\text{天}}{\text{甲天}}$、$\frac{\text{甲}\perp\text{天}}{\text{甲}^{二}\top\text{天}^{二}}$ 欲化之使同母則依法得

$\left.\begin{array}{l}\text{甲天}(\text{甲}\perp\text{天})=\text{甲}^{二}\text{天}\perp\text{甲天}^{二}\\ (\text{甲}^{二}\top\text{天}^{二})(\text{甲}\top\text{天})=\text{甲}^{三}\top\text{甲}^{二}\text{天}\top\text{甲天}^{二}\perp\text{天}^{三}\end{array}\right\}=$ 子

又得

$(\text{甲}\top\text{天})(\text{甲}\perp\text{天})=\text{甲}^{二}\top\text{天}^{二}=$ 母

由此得

$\frac{\text{甲}\top\text{天}}{\text{甲天}}=\frac{\text{甲}^{二}\top\text{天}^{二}}{\text{甲}^{二}\text{天}\perp\text{甲天}^{二}}$

及

$\frac{\text{甲}\perp\text{天}}{\text{甲}^{二}\top\text{天}^{二}}=\frac{\text{甲}^{二}\top\text{天}^{二}}{\text{甲}^{三}\top\text{甲}^{二}\text{天}\top\text{甲天}^{二}\perp\text{天}^{三}}$

各分數相加減 此爲第六題

第二十六款 凡以分數之式相加減法將各分數用前款之法化爲同母之新分數將其式如所欲加欲減之常法加減之俱爲分子而以新分母爲分母即得

一式有 $\frac{\text{乙}}{\text{甲}}$、$\frac{\text{丁}}{\text{丙}}$、$\frac{\text{己}}{\text{戊}}$ 欲以此三項分數相加則依法

得

$\frac{\text{乙}}{\text{甲}}=\frac{\text{乙丁己}}{\text{甲丁己}}$

$\frac{\text{丁}}{\text{丙}}=\frac{\text{乙丁己}}{\text{乙丙己}}$

$\frac{\text{己}}{\text{戊}}=\frac{\text{乙丁己}}{\text{乙丁戊}}$

由此得

$\frac{\text{乙}}{\text{甲}}\perp\frac{\text{丁}}{\text{丙}}\perp\frac{\text{己}}{\text{戊}}=\frac{\text{乙丁己}}{\text{甲丁己}\perp\text{乙丙己}\perp\text{乙丁戊}}$

即所求之式也

二式有 $\frac{\text{甲}}{\text{甲}\perp\text{天}}$ 欲以 $\frac{\text{甲}\perp\text{天}}{\text{甲}}$ 減之則依法得

$\frac{\text{甲}}{\text{甲}\perp\text{天}}=\frac{\text{甲}^{二}\perp\text{甲天}}{\text{甲}^{二}\perp二\text{甲天}\perp\text{天}^{二}}$

及

$\frac{\text{甲}\perp\text{天}}{\text{甲}}=\frac{\text{甲}^{二}\perp\text{甲天}}{\text{甲}^{二}}$

由此得

$\frac{\text{甲}}{\text{甲}\perp\text{天}}\top\frac{\text{甲}\perp\text{天}}{\text{甲}}=\frac{\text{甲}^{二}\perp\text{甲天}}{二\text{甲天}\perp\text{天}^{二}}$

即所求之式也

三式有 $\frac{三}{\text{天}\perp二}$ 及 $\frac{四}{\text{天}}$ 與 $\frac{二}{\text{天}\top五}$ 欲以此三項相加則依法

得

$\frac{三}{\text{天}\perp二}\perp\frac{四}{\text{天}}\perp\frac{二}{\text{天}\top五}=\frac{二四}{八\text{天}\perp一六\perp六\text{天}\perp一二\text{天}\top六〇}=\frac{一二}{一三\text{天}\top二二}$

即所求之式也

各分數相乘 此爲第七題

第二十七款 凡各分數之代數式相乘法以各分子相乘爲所求之分子以各分母相乘爲所求之分母即得

一式有 甲乙 欲與 丙丁 相乘則依法 $\text{乙}\times\text{丁}$ 得 乙丁 爲所求之

分子而 $甲\times丙$ 得 $甲丙$ 爲所求之分母故得所求之式爲 $\frac{甲丙}{乙丁}$.

二式有 $\frac{丙}{甲\perp乙}$ 欲與 $\frac{丁}{甲丅乙}$ 相乘則依法以 $甲\perp乙$ 與 $甲丅乙$ 相乘得 $甲^{二}丅乙^{二}$ 爲所求之分子而 $丙\times丁$ 得 $丙丁$ 爲所求之分母故得 $\frac{丙丁}{甲^{二}丅乙^{二}}$ 爲所求之式.

若以整數之式與分數之式相乘者則以整數作分子而以一爲其分母如分數相乘之法乘之.

如 $甲\perp天$ 與 $\frac{丙}{三丁}$ 相乘卽作 $\frac{一}{甲\perp天}\times\frac{丙}{三丁}$ 得 $\frac{丙}{三甲丁\perp三丁天}$

若相乘之式中有整數而帶分數者則先用第三題之法通分納子化作全爲分數式而後如本法乘之.

如 $乙\perp\frac{甲}{乙天}$ 與 $\frac{天}{甲}$ 相乘則 $\frac{甲}{甲乙\perp乙天}\times\frac{天}{甲}=\frac{甲天}{甲^{二}乙\perp甲乙天}=\frac{天}{甲乙\perp乙天}$.

分數乘法之理以下說證明之.

設有 $\frac{乙}{甲}$ 以丙乘之則所得之式必爲 $\frac{乙}{甲丙}$ 此固易知者也惟是若以 $\frac{丁}{丙}$ 乘之則前得之式必以丁約之則式變爲 $\frac{乙丁}{甲丙}$ 卽所求之式也. 或命 $\frac{乙}{甲}=寅$ $\frac{丁}{丙}=卯$

則 $甲=乙寅$ $丙=丁卯$ 而 $甲丙=乙丁寅卯$ 由此可見 $寅卯=\frac{乙}{甲}\times\frac{丁}{丙}=\frac{乙丁}{甲丙}$.

分數之除法 此爲第八題

第二十八款 凡以此分數式約彼分數式者法以法之分母與實之分子相乘爲所求之分子以法之分子與實之分母相乘爲所求之分母卽得. 或將其法式之母子上下倒置而如乘法乘之亦可.

一式有 $\frac{乙}{甲}$ 欲以 $\frac{丁}{丙}$ 約之則依法作 $\frac{丁}{丙})\frac{乙}{甲}(\frac{乙丙}{甲丁}$ 卽 $\frac{乙}{甲}\times\frac{丙}{丁}=\frac{乙丙}{甲丁}$.

二式有 $\frac{二天}{甲^{二}\perp甲乙}$ 欲以 $\frac{甲丅乙}{三甲^{二}}$ 約之則依法作 $\frac{甲丅乙}{三甲^{二}})\frac{二天}{甲^{二}\perp甲乙}(\frac{六甲^{二}天}{甲^{三}丅甲乙^{二}}$ 得 $\frac{六甲天}{甲^{二}丅乙^{二}}$ 卽所求之式也.

若法與實有一式爲整數者則變之以整數作分子而以一爲其分母然後如本法入之.

若法與實或爲帶分者可如第三題之法化之則其法實均爲分數之式可依本法求其約得之式.

分數除法之理以下說證明之.

設有$\frac{丁}{丙}$欲以$\frac{乙}{甲}$約之若先以甲約$\frac{丁}{丙}$則得$\frac{甲丁}{丙}$然如以$\frac{乙}{甲}$約之則前得之式必以乙乘之得$\frac{甲丁}{丙乙}$方爲所求之式或令$\frac{乙}{甲}=寅$，$\frac{丁}{丙}=卯$，則$甲=乙寅$，$丙=丁卯$，而$甲丁=乙丁寅$，$乙丙=乙丁卯$，由此可見

$$\frac{甲丁}{乙丙}=\frac{寅}{卯}=\frac{乙丁寅}{乙丁卯}$$

其$\frac{甲丁}{乙丙}$必爲所求之式

與化劉彝程校算

代數術卷三

英國華里司輯
英國 傅蘭雅 口譯
金匱 華蘅芳 筆述

論代數之諸乘方

第二十九款 前于第十二款中論代數乘法曾言凡代數式自乘任何次其所得之式爲本式之乘方數而其本式爲乘方數之方根

如甲、$甲^{二}$、$甲^{三}$等式爲甲之一二三等次之乘方

如$\frac{甲}{一}$、$\frac{甲^{二}}{一}$、$\frac{甲^{三}}{一}$皆爲$\frac{甲}{一}$之某乘方其$\frac{甲}{一}$即爲方根

惟此乘方式與方根之公理尚未詳細解釋之先必先使人人知$\frac{甲}{一}$、$\frac{甲^{二}}{一}$、$\frac{甲^{三}}{一}$等類之式可作$甲^{丅一}$、$甲^{丅二}$、$甲^{丅三}$等式即爲甲之負乘方

第三十款 凡以$\frac{甲}{一}$等式變爲$甲^{丅一}$等負乘方式全憑十三款約法之理因$\frac{甲}{一}$等式由于甲之多一乘方數約甲之少一乘方數而得故也

如$\frac{甲}{一}$等于$\frac{甲^{二}}{甲}$亦等于$\frac{甲^{四}}{甲^{三}}$是也

惟準十三款之例必將法之指數與實之指數相較即爲約得之數故$\frac{甲^{二}}{甲}$等于$甲^{一丅二}$所以$\frac{甲}{一}$可作$甲^{丅一}$

如$\frac{甲}{一}=\frac{甲^{二}}{甲^{三}}$則以同理得$\frac{甲^{二}}{一}=\frac{甲^{四}}{甲^{二}}$即等于$甲^{丅二}$又$\frac{甲^{三}}{一}=\frac{甲^{五}}{甲^{二}}$即等

于 $甲^{-三}$. 又 $\frac{一}{甲^{四}}=\frac{甲^{二}}{甲^{六}}$ 卽等于 $甲^{-四}$. 其他依此類推.

因此又可見法實之指數如一者, 可作 $甲^{〇}$. 則指數爲〇.

此因 $\frac{甲^{二}}{甲^{二}}=一=甲^{二-二}=甲^{〇}$ 故也.

第三十一款 準前款之理, 亦可以同法乘約負指數之乘方, 其理易明.

如 $\frac{一}{甲^{二}}\times\frac{一}{甲^{三}}=甲^{-二}甲^{-三}=甲^{-二-三}=甲^{-五}$. 又 $\frac{一}{天^{二}}\times\frac{一}{天^{三}}=天^{-二}天^{-三}$ 卽 $天^{-二-三}=天^{-五}$. 故 $\frac{一}{天^{五}}=天^{-五}$. 又 $\frac{一}{天^{三}}\times天^{三}=天^{-三}天^{三}$ 卽 $天^{-三}天^{三}=天^{-三+三}=天^{〇}=一$.

由此可見任何分數式之毋數中, 可以任減去何數而書之于分子中, 不過須變其指數之正負而已. 所以凡分數之式, 皆可變之爲整數式.

如 $\frac{甲^{二}}{乙丙^{三}}$ 可作 $\frac{甲^{二}乙^{-一}}{丙^{三}}$. 又可作 $甲^{二}乙^{-一}丙^{-三}$. 如 $\frac{天^{二}}{(天-一)^{二}}$ 可作 $天^{二}(天-一)^{-二}$.

第三十二款 詳各式之諸乘方

任何乘方之詳式, 其法均由乘法而生.

一例 凡詳獨項式之乘方法, 將其各元之指數, 以所求之方數乘之. 又將其倍數自相乘, 亦至若干次, 卽得. 惟其正負之號, 必留心記之. 如本元之號爲正, 則無論乘至何方, 其號恒爲正. 若本元之號爲負, 則偶次之乘方爲正, 而奇次之乘方爲負.

一式 $二甲^{二}天$ 之三方, 其號式爲 $(二甲^{二}天)^{三}$. 詳之得 $二^{三}甲^{二\times三}天^{一\times三}$. 卽 $八甲^{六}天^{三}$.

二式 $-三甲^{二}天^{三}$ 之五方, 其號式爲 $(-三甲^{二}天^{三})^{五}$. 詳之得 $-二四三甲^{一〇}天^{一五}$.

三式 $-\frac{二甲天^{二}}{三乙地}$ 之四方, 其號式爲 $\left(-\frac{二甲天^{二}}{三乙地}\right)^{四}$. 詳之得 $\frac{一六甲^{四}天^{八}}{八一乙^{四}地^{四}}$.

二例 凡詳多項式之諸乘方法, 將本式累乘至若干次, 卽得.

設有二項式 $甲+天$, 欲求其四方之式, 指數爲四, 故謂之四方, 實卽三乘方也. 則以乘法求之, 其算草如下.

$$
\begin{array}{l}
甲+天 = 一方 \\
\underline{甲+天} \\
甲^{二}+甲天 \\
\underline{\quad +甲天+天^{二}} \\
甲^{二}+二甲天+天^{二} = 二方 \\
\underline{甲+天} \\
甲^{三}+二甲^{二}天+甲天^{二} \\
\underline{\quad +甲^{二}天+二甲天^{二}+天^{三}} \\
甲^{三}+三甲^{二}天+三甲天^{二}+天^{三} = 三方 \\
\underline{甲+天} \\
甲^{四}+三甲^{三}天+三甲^{二}天^{二}+甲天^{三} \\
\underline{\quad +甲^{三}天+三甲^{二}天^{二}+三甲天^{三}+天^{四}} \\
甲^{四}+四甲^{三}天+六甲^{二}天^{二}+四甲天^{三}+天^{四} = 四方
\end{array}
$$

如欲求$(甲丄天)$之四方式則以本式自乘得$甲^{二}丄二甲天丄天^{二}$，又以本式乘之得$甲^{三}丄三甲^{二}天丄三甲天^{二}丄天^{三}$，又以本式乘之得$甲^{四}丄四甲^{三}天丄六甲^{二}天^{二}丄四甲天^{三}丄天^{四}$，卽爲$(甲丄天)^{四}$之詳式

由此可見$(甲丄天)$累乘之式與$(甲丅天)$累乘之式所異者不過記號之正負耳，$(甲丄天)$之乘方各號俱爲正，$(甲丅天)$之乘方其號一正一負相間。

第三十三款　凡詳各種多項式之任何方除用前款累乘之法另有一箇便之公法可不必累乘多次而得任若干次乘方之級數此法名曰二項乘方例（卽合名法也）其理以下法明之。

設有二項式$(甲丄天)$欲求其卯方之詳式則$(甲丄天)^{卯}$之級數其公式爲

$$甲^{卯}丄\frac{卯}{一}甲^{卯丅一}天丄\frac{卯(卯丅一)}{一\cdot二}甲^{卯丅二}天^{二}丄\frac{卯(卯丅一)(卯丅二)}{一\cdot二\cdot三}甲^{卯丅三}天^{三}丄\frac{卯(卯丅一)(卯丅二)(卯丅三)}{一\cdot二\cdot三\cdot四}甲^{卯丅四}天^{四}丄\frac{卯(卯丅一)(卯丅二)(卯丅三)(卯丅四)}{一\cdot二\cdot三\cdot四\cdot五}甲^{卯丅五}天^{五}丄\cdots\cdots$$

用此法以求多乘方之級數其指數卯若爲正數及整數者則每級之指數$卯丅一$、$卯丅二$、$卯丅三$等數至後必變爲○，故其級數之項必有盡界，惟卯若爲負數或分數則級數之項必至無窮，今本款中不過專論正指數整指數之級數耳，凡負指數分指數之級數於他卷中再準此例推之，茲姑不論。

設有二項式$(甲丅天)^{卯}$則其級數之公式與$(甲丄天)^{卯}$之級數公式所異者不過號之正負耳，試用本款例推之得$(甲丅天)^{卯}$之級數公式等于

$$甲^{卯}丅\frac{卯}{一}甲^{卯丅一}天丄\frac{卯(卯丅一)}{一\cdot二}甲^{卯丅二}天^{二}丅\frac{卯(卯丅一)(卯丅二)}{一\cdot二\cdot三}甲^{卯丅三}天^{三}丄\frac{卯(卯丅一)(卯丅二)(卯丅三)}{一\cdot二\cdot三\cdot四}甲^{卯丅四}天^{四}丅\frac{卯(卯丅一)(卯丅二)(卯丅三)(卯丅四)}{一\cdot二\cdot三\cdot四\cdot五}甲^{卯丅五}天^{五}丄\cdots\cdots$$

可見其各項必正負相間。

一式有$(甲丄天)$，求$(甲丄天)^{五}$之級數，則令$卯=五$，用此同數于公式中，其

第一項　$甲^{卯}=甲^{五}$

第二項　$\frac{卯}{一}甲^{卯丅一}天=五甲^{四}天$

第三項　$\frac{卯(卯丅一)}{一\cdot二}甲^{卯丅二}天^{二}=\frac{五\times四}{一\times二}甲^{三}天^{二}=一〇甲^{三}天^{二}$

第四項 $\frac{一\cdot二\cdot三}{卯(卯丅一)(卯丅二)}$ 卯丅三甲天三 ＝ $\frac{一\times二\times三}{五\times四\times三}$ 甲天三 ＝ 一〇甲天三.

第五項 $\frac{一\cdot二\cdot三\cdot四}{卯(卯丅一)(卯丅二)(卯丅三)}$ 卯丅四甲天四 ＝ $\frac{一\times二\times三\times四}{五\times四\times三\times二}$ 甲天四 ＝ 五甲天四.

第六項 $\frac{一\cdot二\cdot三\cdot四\cdot五}{卯(卯丅一)(卯丅二)(卯丅三)(卯丅四)}$ 卯丅五甲天五 ＝ $\frac{一\times二\times三\times四\times五}{五\times四\times三\times二\times一}$ 甲天五.

第七項 $\frac{一\cdot二\cdot三\cdot四\cdot五\cdot六}{卯(卯丅一)(卯丅二)(卯丅三)(卯丅四)(卯丅五)}$ 卯丅六甲天六 ＝ $\frac{一\times二\times三\times四\times五\times六}{五\times四\times三\times二\times一\times〇}$ 甲天六 ＝ 〇.

可見卯丅五等于〇.則以下各項必俱變爲〇.故并其各項之式必

爲甲五丄五甲四天丄一〇甲三天二丄一〇甲二天三丄五甲天四丄天五.即(甲丄天)五之級數也

二式有(一丅天)$^{\frac{三}{八}}$欲求(一丅天)$^{\frac{三}{八}}$之級數則令卯＝$\frac{三}{八}$,甲＝一,天＝丅天.用此同數于公

式中得 甲卯＝一$^{\frac{三}{八}}$ ＝一.

$\frac{一}{卯}$卯丅一甲天 ＝ $(\frac{三}{八})$ 丅天 ＝ 丅$\frac{三}{八}$天.

$\frac{一\cdot二}{卯(卯丅一)}$卯丅二甲天二 ＝ $(\frac{三}{八})(\frac{丅五}{八})$ ＝ 丅$\frac{一五}{六四}$天二.

$\frac{一\cdot二\cdot三}{卯(卯丅一)(卯丅二)}$卯丅三甲天三 ＝ 丅$\frac{二五}{一〇二四}$天三.

惟因甲丅天之任何乘方式其

每級必正負相間故得 (一丅天)$^{\frac{三}{八}}$ ＝ 一丅$\frac{三}{八}$天丅$\frac{一五}{六四}$天二丅$\frac{二五}{一〇二四}$天三 爲(一丅天)$^{\frac{三}{八}}$之級數式

第三十四款 若本式不止兩項欲求其諸乘方之詳式亦可依前款之公法詳之

如有式巳丄午丅未欲求(巳丄午丅未)二之詳式則令巳＝甲,午丅未＝乙則(巳丄午丅未)二＝(甲丄乙)二而(甲丄乙)二＝甲二丄二甲乙丄乙二故(巳丄午丅未)二＝巳二丄二巳(午丅未)丄(午丅未)二惟二巳(午丅未)＝二巳午丅二巳未而(午丅未)二之詳式爲午二丅二午未丄未二故(巳丄午丅未)二之詳式必爲巳二丄二巳午丅二巳未丄午二丅二午未丄未二若欲詳

四項或多項之若干乘方式可依此類推之.

論代數開方之法

第三十五款 開方之法爲乘方之還原故其法可求任何獨項或多項式之方根而其方積必爲所求方根之連乘若干次所以約言之其法必與乘法相反

凡其式欲開某方者必先作一記號以別之如√此式謂之根號式根號之左角必書一小數以記其當開第幾方之根此數名曰根指數

如 二√甲 爲甲之平方根 三√甲 爲甲之三方根 四√甲 爲甲之四方根 其公式爲 卯√甲 即甲之卯方根

惟開平方之式亦有但作 √ 而不作 ∛ 者其意亦同

一例　凡欲開方之式若祗有一項者法以其根指數約其原式之方指數而以原式倍數之本方根爲其倍數即得

惟此法必須記得三事　一凡正幾何之根指數若爲偶數者則所得之方根必爲正負兩可之式若其根指數爲奇數者則其方根之式只能爲正　二凡負幾何之根指數若爲奇數者則其方根之式恆爲負數　三凡負幾何之根指數爲偶數者則其方根之式不能定

一式有 三六甲天 欲開平方則準本款之例其根指數爲二

而其倍數 三六 之平方根爲六所以 √三六甲天 或等于 ⊥六甲天 或等于 ⊤六甲天 其正負兩可之故因以所得之兩式各自乘皆可得 三六甲天 故也故必書其方根式爲 ±六甲天 其作 ± 號意謂正負兩可也

二式有 一二五甲天 欲開立方則準本款之例其根指數爲三

而其倍數 一二五 之立方根爲五所以 ∛一二五甲天 等于 五甲天 若

原式爲負數則 ⊤一二五甲天 之立方根其式爲 ⊤五甲天

如欲開 ⊤甲 之平方根則易知其根不能定既不能爲 ⊥甲 又不能爲 ⊤甲 因 ⊥甲 或 ⊤甲 各自乘皆不能得 ⊤甲 故也所以 ⊤甲 之平方根謂之無理之根可姑以根號記之如 √⊤甲

凡求各分數之某方根法以子母各開本方即得

如 九乙地/四甲天 之平方根爲 三乙地/二甲天

二例　凡欲開方之式若爲多項式則依後款之法開之

求平方式之根 此爲第一題

第三十六款　凡求平方之根法將原式中之各項以一箇元數爲主依方指數之大小序而列之乃將首項開得其平方根爲所求根式之首項亦謂之初商式　乃以初商式自乘以減原式得餘式以二倍初商式約餘式之首項爲所求根式之次項亦謂之次商式　乃以

倍初商與次商相并以次商乘之以減前次餘式如適盡則初次兩商之和卽爲所求之平方根。如不盡則仍有餘式必再以初次兩商之和倍之以約其餘式爲三商式。三商以下依此類推。

一式有 甲^{二}丄二甲天丄天^{二}。欲開平方則依法立草。

實＝甲^{二}丄二甲天丄天^{二}（甲丄天＝根

甲^{二}

二甲丄天）丄二甲天丄天^{二}

乂天）丄二甲天丄天^{二}

故得所求之平方根爲 甲丄天。

二式有 天^{四}丅二天^{三}丄三天^{二}丅二天丄一。欲開平方其草如

實＝天^{四}丅二天^{三}丄三天^{二}丅二天丄一（天^{二}丅天丄一＝根

天^{四}

二天^{二}丅天）丅二天^{三}丄三天^{二}丅二天丄一

乂丅天）丅二天^{三}丄天^{二}

二天^{二}丅二天丄一）二天^{二}丅二天丄一

乂一）二天^{二}丅二天丄一

故得所求之平方根爲 天^{二}丅天丄一。

若欲知開多項平方式之理必將一任何多項式自乘之觀其所得之平方式則其理易明。

如 甲丄乙丄丙 之平方式爲 甲^{二}丄乙^{二}丄丙^{二}丄二甲乙丄二甲丙丄二乙丙。惟 二甲乙丄乙^{二} 等于 （二甲丄乙）乙。而 二甲丙丄二乙丙丄丙^{二} 等于 （二甲丄二乙丄丙）丙。所以 甲丄乙丄丙 之平方必又等于 甲^{二}丄（二甲丄乙）乙丄（二甲丄二乙丄丙）丙。細觀此式則開多項式平方之法自明矣。

今試設眞數如法開之以明開多項平方之理。

設有數 五九○四九。求其平方根觀此數其有五位則其平方之根必爲三位數若以甲乙丙各代其方根之一位則 （甲丄乙丄丙）^{二}＝五九○四九。由此可見甲乙丙之各同數其開法亦同。

試立細草如左。

如以五九〇四九依數學之常法開平方則其算式如下

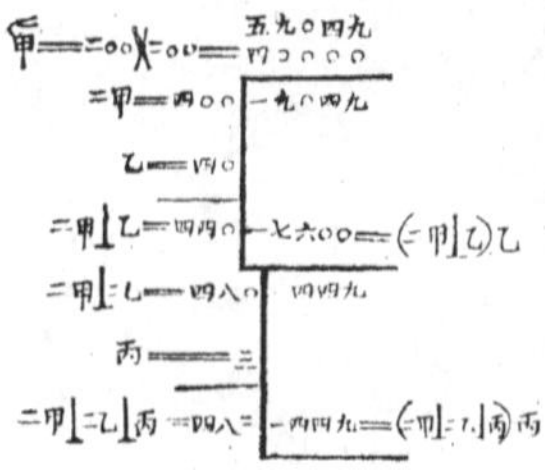

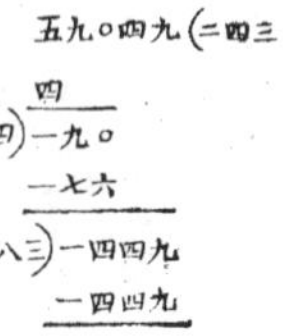

將此式與前式相比則開多項平方公法之理自易明矣

代數三 開方法 三三

第三十七款　求立方式之根　此爲第二題

凡求立方之根法將原式之各項以一箇元數爲主依指數之次序列之求其首項之立方根爲初商　以初商之立方式減原式爲餘式　乃以初商之平方式三倍之爲法以約餘式之首項爲次商　以初次兩商相乘與初商之平方相并以三乘之加次商之平方又以次商乘之以減前次餘式　如適盡則初次兩商之和即爲所求之立方根　如仍有餘式則以初次兩商之和自乘又以三乘之以約第二次餘式爲三商以下類推

設有甲³丄三甲²天丄三甲天²丄天³欲開立方則依法立草

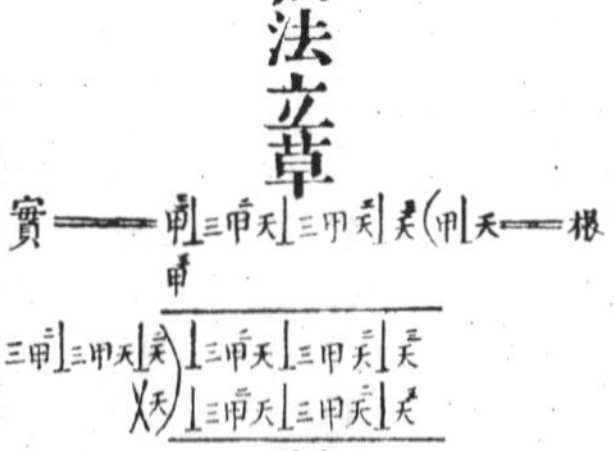

則得所求之方根式甲丄天

欲知開多項立方式之理可任將一多項式以乘法變爲立方式細觀之則其理易明

代數三 開方法 三三

如以甲丄乙丄丙自乘再乘得

(甲丄乙丄丙)³＝甲³丄三甲²乙丄三甲乙²丄乙³丄三(甲丄乙)²丙丄三(甲丄乙)丙²丄丙³

細觀此式思其立方根何以爲甲丄乙丄丙則開多項立方之理自易明矣

試再設眞數以明之

如有數一三三一二〇五三欲開立方則易知其方根爲三位數試以甲乙丙代之則 $(甲丄乙丄丙)^{三}$ ＝一三三一二〇五三

試求甲乙丙之各同數列細草于後觀之自明

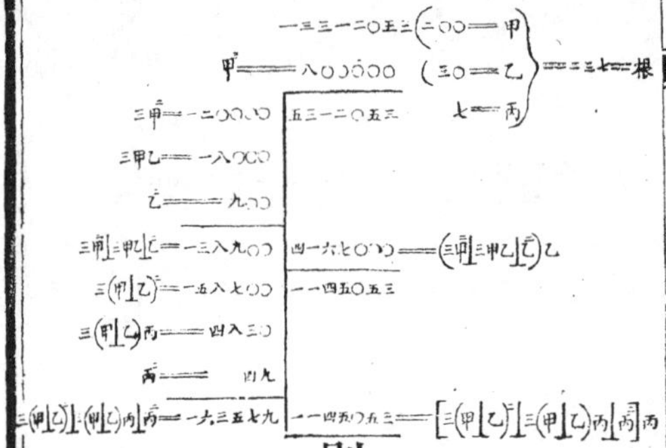

則得二三七爲所求立方根

如以一三三一二〇五三依數學之常法開立方其布算之式如左

算式

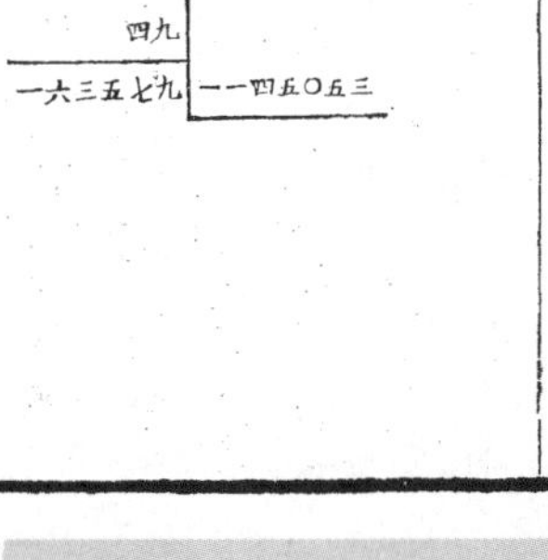

第三十八款　凡求多乘方之根法將原式之各項以一箇元數爲主依指數之次序列之求其首項之本乘方根爲初商　以初商之卯方式卯者原式之根指數也減原式爲餘式　以初商丣方之卯倍爲累次約法以約餘式之首項爲次商　又以初次兩商式相并以其卯方式減原式爲二次餘式以約法約其首項爲三商　又并已得三箇商數乘至卯方式以減原式爲三次之餘式以約法約其首項爲四商　順是以下依此類推以至任何次皆合案此法不過以已得之各商相并更爲初商耳無他異也

求多乘方式之根此爲第三題

設有 $天^6+6天^5-40天^3+96天-64$ 求其立方根之式 $天^2+2天-4$ 則依本款之法其布算之式如

$$實=天^6+6天^5-40天^3+96天-64\ (天^2+2天-4=根$$

$$(天^2)^3=天^6$$

$$3天^4)\ 6天^5$$

$$(天^2+2天)^3=天^6+6天^5+12天^4+8天^3$$

$$3天^4+\cdots)\ -12天^4$$

$$(天^2+2天-4)^3=天^6+6天^5-40天^3+96天-64$$

此草中 $天^6$ 之立方根爲 $天^2$ 即爲全根之首項乃以 $天^2$ 之三方減原式爲餘式其求根之次項則以 $天^2$ 自乘得 $天^4$ 以三（指數即根）乘之得 $三天^4$ 爲每次約法以約法約餘式之首項 $六天^5$ 得 $二天$ 爲根之第二項 以 $天^2+二天$ 之三方式減原式得 $-一二天^4\cdots$ 爲二次餘式 以約法約餘式之首項 $-一二天^4$ 得 $-四$ 爲根之第三項 再將所得之根 $天^2+二天-四$ 求其三方之式以減原式適減盡無餘故知所得之項 $天^2+二天-四$ 即爲原式立方根之全式

第三十九款 以上各款中所演之開方皆適能開盡之式也故其根皆爲有窮之項式惟有時遇乘方之根爲無窮之項則但可用前款各法求得數項而以級數之法書之

如 $甲^2+天^2$ 之平方根爲

$$甲+\frac{天^2}{二甲}-\frac{天^4}{八甲^3}+\frac{天^6}{一六甲^5}-\frac{五天^8}{一二八甲^7}+\cdots\cdots$$

如 $甲^3+天^3$ 之立方根爲

$$甲+\frac{天^3}{三甲^2}-\frac{天^6}{九甲^5}+\frac{五天^9}{八一甲^8}-\frac{一〇天^{12}}{二四三甲^{11}}+\cdots\cdots$$

凡求無窮項方根之級數另有簡便之公法詳見第十九卷中

興化劉彝程校算

代數術卷四

英國華里司輯　英國傅蘭雅口譯　金匱華蘅芳筆述

論無理之根式（案此論分指數之加減乘除法也）

第四十款　前于第三十五款中已言凡欲開得若干方之根法將根指數約其方指數即得嘗設數式以明其理惟前所設者其所得之式根指數俱爲正亦俱爲整數而代數中往往有所得之式爲分指數者

如有 $甲^{二}$ 欲求得其立方根則準三十五款記根之法當作 $\sqrt[三]{甲^{二}}$ 或作 $甲^{\frac{二}{三}}$ 亦可

凡式之指數爲分數者謂之無理之根式（若指數爲整數正數者亦可謂之有理之式）

無理之根式可用根號記之或用分指數記之則最便今設數式兼用此兩法書之以爲則

如

$$\sqrt[三]{甲}=甲^{\frac{一}{三}}$$

$$\sqrt{四甲乙^{二}}=二乙甲^{\frac{一}{二}}$$

$$\sqrt[四]{甲^{三}乙^{二}}=甲^{\frac{三}{四}}乙^{\frac{二}{四}}$$

$$\sqrt{甲^{二}+乙^{二}}=(甲^{二}+乙^{二})^{\frac{一}{二}}$$

$$\sqrt[五]{(甲-乙)^{二}}=(甲-乙)^{\frac{二}{五}}$$

$$\frac{\sqrt{甲乙}}{\sqrt{甲+乙}}=(甲+乙)^{-\frac{一}{二}}甲^{\frac{一}{二}}乙^{\frac{一}{二}}$$

凡推無理之根式其例如下

例　凡分指數之式設任以何數徧乘其指數之子母其值不變（謂所代之數仍同也）

如有式 $甲^{\frac{寅}{卯}}$ 設以丙乘其分指數之母子 $\frac{寅}{卯}$ 則其式變爲 $甲^{\frac{丙寅}{丙卯}}$ 而 $甲^{\frac{寅}{卯}}=甲^{\frac{丙寅}{丙卯}}$ 試求其證令 $甲^{\frac{寅}{卯}}=乙$ 以兩邊之式各自乘至卯方即得 $甲^{寅}=乙^{卯}$ 再各自乘至丙次則得 $甲^{丙寅}=乙^{丙卯}$ 從此式之理可開丙卯方之根即得 $甲^{\frac{丙寅}{丙卯}}=乙$ 惟 $甲^{\frac{寅}{卯}}$ 原等于乙今所得之 $甲^{\frac{丙寅}{丙卯}}$ 亦等于乙所以知 $甲^{\frac{寅}{卯}}=甲^{\frac{丙寅}{丙卯}}$

任化一有理之式爲無理之式（此爲第一題）

第四十一款　任以一有理之式欲化之爲無理之式使其指數之分母爲某數法將其式之指數任以某數乘之即以所用之某數爲其分母即得

一式有 $甲^{二}$ 欲化爲立方根之式依法必以三爲指數之分母又以三乘其原指數爲指數之分子即得所求之分指數爲 $\frac{六}{三}$ 所以 $甲^{二}=甲^{\frac{六}{三}}=\sqrt[三]{甲^{六}}$

二式如欲化五爲立方根之式則依法得 $五=五^{\frac{三}{三}}=\sqrt[三]{五\times五\times五}=\sqrt[三]{一二五}$

三式如化 $三甲乙^{\frac{一}{二}}$ 爲平方根之式則得 $三甲乙^{\frac{一}{二}}=三^{\frac{二}{四}}甲^{\frac{二}{四}}乙^{\frac{二}{四}}$ 卽 $(三甲乙)^{\frac{二}{四}}=\sqrt[四]{九甲^二乙^二}$。

化根號不同之兩無理式爲同根號之無理式此爲第二題

第四十二款　凡根號不同之兩無理式欲化之爲同根號之無理式而其值不變法將兩式之分指數齊同通分之卽得。

一式有 $\sqrt{甲}$ 卽 $甲^{\frac{一}{二}}$ 又有 $\sqrt[三]{乙}$ 卽 $乙^{\frac{一}{三}}$ 欲化此兩式使其指數爲同分母之數而所代之數仍與原式同則依法將兩式之分指數 $\frac{一}{二}$ 與 $\frac{一}{三}$ 齊同通分之得 $\frac{三}{六}$ 與 $\frac{二}{六}$ 卽得所求之式爲 $甲^{\frac{三}{六}}$ 及 $乙^{\frac{二}{六}}$ 卽 $\sqrt[六]{甲^三}$ 與 $\sqrt[六]{乙^二}$。

二式有 $三^{\frac{一}{二}}$ 及 $二^{\frac{一}{三}}$ 欲化之爲同根號之分指數而其值仍各與原式相同則依法以兩式之分指數齊同通分之得 $\frac{三}{六}$ 與 $\frac{二}{六}$ 所以得 $三^{\frac{一}{二}}=三^{\frac{三}{六}}=\sqrt[六]{三^三}=\sqrt[六]{二七}$ 及 $二^{\frac{一}{三}}=二^{\frac{二}{六}}=\sqrt[六]{二^二}=\sqrt[六]{四}$。

又如有 $甲^{\frac{子}{丑}}$ 及 $乙^{\frac{寅}{卯}}$ 可化爲 $\sqrt[丑卯]{甲^{子卯}}$ 及 $\sqrt[丑卯]{乙^{寅丑}}$。

化無理根式爲最簡之式此爲第三題

第四十三款　凡欲化無理之根式爲最簡之式法以其式化爲兩箇相乘數令一數適可開根指數之方取其開得之方根爲又一數之乘數則項中祇一數有根號而其數亦簡。

一式有 $\sqrt{四八}$ 欲化之使其開方號所函之數最小則準本款之理四八可化爲兩箇整數相乘之數卽 $一六\times三$ 其一六爲四之平方數所以 $\sqrt{四八}$ 可作 $(一六\times三)^{\frac{一}{二}}$ 卽 $四\times三^{\frac{一}{二}}$ 卽 $四\sqrt{三}$。

二式有 $\sqrt{九八甲^四天}$ 欲化爲最簡之式則依法化之得 $(七^二甲^四\times二天)^{\frac{一}{二}}$ 卽 $七甲^二(二天)^{\frac{一}{二}}$ 故卽 $七甲^二\sqrt{二天}$。

三式有 $\sqrt[三]{二四甲^三天\perp四〇甲^三天^二}$ 欲化爲最簡之式則依法化之得 $(二^三甲^三(三天\perp五天^二))^{\frac{一}{三}}$ 卽 $二甲\sqrt[三]{三天\perp五天^二}$。

加減無理之根式此爲第四題

第四十四款　凡以無理之根式相加減法曰若兩式之根指數不同者必先用四十二款之法化之使同又用前款之法各化爲最簡之式次觀兩式中若有根號相同之元則可書其一而以其係數相加減爲其係數若兩式中所有之元其根號不同則祇能于兩式之間作加減之號以記之。

一式有$\sqrt{二七}$欲與$\sqrt{四八}$相加則依前款法$\sqrt{二七}=三\sqrt{三}$又$\sqrt{四八}=四\sqrt{三}$則$\sqrt{二七}丄\sqrt{四八}=三\sqrt{三}丄四\sqrt{三}=七\sqrt{三}$

二式以$\sqrt[三]{\frac{四}{三}}$與$\sqrt[五]{\frac{三}{三}}$相加則依前款法$\sqrt[三]{\frac{四}{三}}=\sqrt[三]{\frac{三六}{二七}}=\frac{一}{三}\sqrt[三]{三六}$又$\sqrt[五]{\frac{三}{三}}=\sqrt[五]{\frac{三四}{三}}=\frac{一}{二五}\sqrt[三]{三}$故$\sqrt[三]{\frac{四}{三}}丄\sqrt[五]{\frac{三}{三}}=\frac{一}{三}\sqrt[三]{\frac{四}{一五}}$即$\frac{四}{二二}\sqrt[三]{三}$

三式有$\sqrt{八〇甲^{三}天}$以$\sqrt{二〇甲^{三}天}$減之則$\sqrt{八〇甲^{三}天}=(四^{二}甲^{二}\times五天)^{\frac{一}{二}}=四甲\sqrt{五天}$又$\sqrt{二〇甲^{三}天}=(二^{二}甲^{二}\times五天)^{\frac{一}{二}}=二甲\sqrt{五天}$所以$\sqrt{八〇甲^{三}天}丅\sqrt{二〇甲^{三}天}$等于$(四甲丅二甲)\sqrt{五天}$

乘約無理之根式 此為第五題

第四十五款　凡以無理之根式相乘相約法曰若兩式爲同類之式則可徑以兩式之分指數相加減（乘加除減）而得若兩式之指數不同者必先用四十二款之法化其兩原式使兩式之根指數相同而後以兩式乘約之所得書于公根號之中惟其無理之根式中若有函有理之倍數者則其乘約所得之倍數必書之于公根號之外

一式有$\sqrt[三]{甲^{二}}$以$\sqrt[五]{甲^{三}}$乘之則$\sqrt[三]{甲^{二}}\times\sqrt[五]{甲^{三}}$等于$甲^{\frac{二}{三}}\times甲^{\frac{三}{五}}$即$甲^{\frac{二}{三}丄\frac{三}{五}}$即$甲^{\frac{一九}{一五}}$即$\sqrt[一五]{甲^{一九}}$

二式有$\sqrt{甲丅乙}$以$\sqrt[三]{甲丄乙}$約之則必先齊同其根指數得$(甲丅乙)^{\frac{三}{六}}$及$(甲丄乙)^{\frac{二}{六}}$

由此二式得$\frac{\sqrt[三]{甲丄乙}}{\sqrt{甲丅乙}}$等于$\left[\frac{(甲丄乙)}{(甲丅乙)}\right]^{\frac{一}{六}}$即$\left[\frac{(甲丄乙)^{二}}{(甲丄乙)^{三}(甲丅乙)^{三}}\right]^{\frac{一}{六}}$即$\left[(甲丄乙)(甲丅乙)^{三}\right]^{\frac{一}{六}}$即$\sqrt[六]{(甲丄乙)(甲丅乙)^{三}}$

三式有$五\sqrt{八}$以$三\sqrt{五}$乘之則$五\sqrt{八}\times三\sqrt{五}$即$五\times三\times\sqrt{八}\times\sqrt{五}$即$一五\times\sqrt{四〇}$即$一五\times\sqrt{四\times一〇}$即$三〇\sqrt{一〇}$

四式有$八\sqrt{五六}$以$四\sqrt{三}$約之則$\frac{八\sqrt{五六}}{四\sqrt{三}}=二\sqrt{\frac{三}{五六}}$即$二\sqrt{二八}$

五式有$天^{\frac{一}{卯}}$以$天^{\frac{一}{寅}}$乘之則$天^{\frac{一}{卯}}\times天^{\frac{一}{寅}}$等于$天^{\frac{一}{卯}丄\frac{一}{寅}}$即$天^{\frac{卯丄寅}{卯寅}}$即$\sqrt[卯寅]{天^{卯丄寅}}$

六式有$甲^{\frac{一}{寅}}$以$乙^{\frac{一}{卯}}$約之則$\frac{乙^{\frac{一}{卯}}}{甲^{\frac{一}{寅}}}$等于$\left(\frac{乙^{寅}}{甲^{卯}}\right)^{\frac{一}{卯寅}}$即$\sqrt[卯寅]{\frac{乙^{寅}}{甲^{卯}}}$

求無理根式之乘方及方根 此為第六題

第四十六款　凡以無理之根式自乘及開方其法與代數之常法同亦以所欲求之某根某方之指數乘約其原指數即得

如$\sqrt[三]{三}$之平方式爲$(\sqrt[三]{三})^{二}$即$\sqrt[三]{九}$

如$天^{\frac{一}{寅}}$之卯方爲$天^{\frac{卯}{寅}}$

如八√二之立方根爲二(三)廿四分一即二∕廿四√三如寅∕天之卯方根爲寅卯√二天

第四十七款　凡多項式中有一項或數項爲無理之根式者，其乘方之式可以常法乘得之。

如有式三丄√五，欲求其平方式，則以此式如常法相乘之

三丄√五
三丄√五
九丄三√五
丄三√五丄五
九丄六√五丄五
得 九丄六√五丄五
即 一四丄六√五

第四十八款　凡有一項或二項之無理根式而帶零分者，其平方之根可求。

若有式如甲丄√乙或甲丅√乙者，則其平方根可求。法取一數丁，令丁=√甲二丅乙，則其√甲丄√乙必等于√(甲丄丁∕二)丄√(甲丅丁∕二)，而√甲丅√乙必等于√(甲丄丁∕二)丅√(甲丅丁∕二)。

如八丄√六〇之平方根爲√五丄√三，如三丅√八之平方根爲√二丅一。

凡求二項無理根式之立方以上之根無公法。

興化劉彝程校算

代數術卷五

英國華里司輯
英國　傅蘭雅　口譯
金匱　華蘅芳　筆述

論代數之比例

第四十九款　凡任將兩箇同類之幾何大小相比，有二種意：一、可想此比彼大若干，或此能容彼若干分之幾；二、可想此與彼相比若何，或此爲法彼爲實，可得若干數。

此二意，一爲算數比例，二爲幾何比例。此二種比例之名，本無深意，惟西國各書中已慣用之，故不得不仍其舊名。

算數比例 此爲第一題

第五十款　凡有四箇數，若第一數與第二數之較等于第三數與第四數之較，則此四箇數可謂之有算數比例之數。

如二　五　九　十二之類是也。其公式爲甲　甲丄丁　乙　乙丄丁。

若此四數中其中間之兩數相等，則此四數可謂之有加減數之比例。

第五十一款　凡四數有算數比例者，其最要之理如下：

凡有算數比例之數，其首末兩數之和必與中間兩數

之和相等

如甲 甲+丁 乙 乙+丁 其丁爲第一數與第二數之較亦爲第三數與第四數之較則其第一數與第四數之和爲 甲+乙+丁 而第二數與第三數之和爲 甲+丁+乙 此即本款之證也

由此可見若有三數爲有算數比例之數則首末二數之和必等于中一數之倍

第五十二款 任何四箇數爲算數比例其三箇爲已知之數一爲未知之數則由前款之理其未知之數可知

如甲乙天丙欲求天之同數因 甲+丙=乙+天 所以 天=甲+丙−乙

由此可見若有三箇算數比例之數而其內有一數未知者亦可由已知之兩數求得之 言亦可作三率比例也

第五十三款 任有多少數爲級數若相連之兩級其較數恒同者謂之遞加減之比例數

如二 四 六 八 十 是也 總言之此種級數可作一公式如 甲 甲+丁 甲+二丁 甲+三丁 甲+四丁 甲+五丁 甲+六丁 此公式中甲爲首數丁爲公較數

細觀前級數公式則知其中有二例

一例 其末級必等于第一級之外又加諸級之各較數

如其數有七級則其末級必爲 甲+六丁 如其數有十級則其末級必爲 甲+九丁 總言之其級若有卯層令 人=末級 甲=一級 丁=公較 則其公式爲 人=甲+(卯−一)丁

二例 其首末二級之和必等于離首末二級相等處兩級之和

如其數共有七級甲爲一級 甲+六丁 爲末級其首末二級之和爲 二甲+六丁 惟第二級與第六級之和亦與此同而第三級與第五級之和又與此同如是推之以至無論其有若干級每以初級以下之第幾級與末級以上之第幾級相并其和數恒同若諸級之層數爲奇則其居中之級離首末兩級俱等所以必倍之而與首末兩級之和相等

由第二例得一公法可以求諸級之總數其理因以首末二級之和加首下一級與末上一級之和又加首下

第二級與末上第二級之和，如是累加，以至相遇相過，至再加首末二級之和而止，則其總數必比諸級之總數多一倍，所以取首末二級之和，以諸級之層數乘之，即等于諸級總數之倍。

如令總數爲申，層數爲卯，即得公式 $二申=卯(甲+人)$ 即 $申=\frac{卯}{二}(甲+人)$

由此可見，若有奇數多級，如一、三、五、七、九，以至卯層，則其諸級之總數必等于層數之平方。

此因 $甲=一$，$丁=二$，$人=一+(卯-一)丁$，所以其公式可作 $申=\frac{卯}{二}(二卯)=卯^{二}$。

幾何比例 此爲第二題

第五十四款 凡四箇數，若以第二數約其第一數，等于第四數約其第三數，則此四數爲有幾何比例之數。簡言之，亦云有比例之數。

如十二、四、十五、五，則此四數爲有幾何比例之數。其公式爲 卯甲、甲、卯乙、乙。此式可任代四箇有比例之數，因 $\frac{卯甲}{甲}=卯$，$\frac{卯乙}{乙}=卯$ 故也。

如有任四箇有比例之數甲、乙、丙、丁，欲作四率比例，

則書之如 $甲:乙::丙:丁$ 或作 $甲:乙=丙:丁$。如欲讀此式，則云甲與乙之比若丙與丁之比，或云甲與乙之比等于丙與丁之比，亦通。

凡四箇有比例之數，其第一第三兩數謂之前率，其第二第四兩數謂之後率，總言之謂之四率比例。

凡四率比例，若其中間之兩率（謂二率三率也）相同，則其首末兩率偕中間之任一率爲三率比例。

如四、六、九爲三率比例數，其公式爲 卯甲、甲、$\frac{甲}{卯}$。

凡三率比例之中率爲首末二率之中比例。

第五十五款 凡四率比例，其要理如下。

一例 凡四率比例，其一四兩率相乘之數，恒與二三兩率相乘之數等。

如 $甲:乙::丙:丁$ 爲有比例之率，其甲與乙之比若丙與丁之比，則依比例之理 $\frac{甲}{乙}=\frac{丙}{丁}$，若兩邊各以乙丁乘之，則得 $\frac{甲乙丁}{乙}=\frac{丙乙丁}{丁}$ 即 $甲丁=乙丙$

由此可見，凡有三率比例，其首末兩率相乘，必等于中率之平方。

又可見四率之中若有某率之數未知則可從已知之三箇率數求得之

設甲乙丙爲已知之一·二·三率欲求其第四率命四率爲天則 甲:乙::丙:天 而 甲天=乙丙 兩邊之項各以甲約之則得 $天=\frac{乙丙}{甲}$

二例 凡四數中若任以兩數相約等于餘兩數相約則此四數爲四率比例

如有四率比例 甲:乙::丙:丁 則 甲丁=乙丙 設兩邊各以 乙丁 約之得 $\frac{甲丁}{乙丁}=\frac{乙丙}{乙丁}$ 即 $\frac{丙}{丁}=\frac{甲}{乙}$

由此可見凡三數中若以一數自乘等于餘兩數相乘者則此三數必爲三率比例

凡四率比例式如 甲:乙::丙:丁 可變其排列之次而不滅其相比之理演之如後

一可更之以前率作後率後率作前率如 乙:甲::丁:丙 二可交互之以前率之後易後率之前如 甲:丙::乙:丁 三可加之如 甲+乙:甲::丙+丁:丙 或 甲+乙:乙::丙+丁:丁 四可減之如 甲−乙:甲::丙−丁:丙 或 甲−乙:乙::丙−丁:丁 五可加減之如 甲+乙:甲−乙::丙+丁:丙−丁 六可任以他數乘其前率或後率如 卯甲:己乙::卯丙:己丁 七可任以他數約其前率或後率如 $\frac{甲}{卯}:\frac{乙}{己}::\frac{丙}{卯}:\frac{丁}{己}$

以上各變式無他繆巧不過取其一四兩率相乘二三兩率相乘必得 甲丁=乙丙 而已此即比例之理也

設有四數爲有比例之數又有四數亦爲有比例之數此兩箇四率比例若各齊其本率相乘所得之四數

仍有比例

如有式 甲:乙::丙:丁 及 戊:己::庚:辛 則齊其率數相乘得 甲戊:乙己::丙庚:丁辛 此因 甲丁 本等于 乙丙 而 戊辛 本等于 己庚 故其合爲一式之後 甲丁戊辛=乙丙己庚 即 甲戊丁辛=乙己丙庚

由此可見任有若干四率比例若齊其本率連乘之皆可合爲一箇比例

第五十六款 有任何數無論若干級若任取相連之兩級以上級約下級其所得之數恒同者則此種級數謂之連比例率數

如二、四、八、十六、三十二，此種級數謂之連比例率數。

又如$\frac{一}{二}$、$\frac{一}{四}$、$\frac{一}{八}$、$\frac{一}{十六}$等式，亦爲連比例式。其公式爲

$$甲,\ 甲未,\ 甲未^{二},\ 甲未^{三},\ 甲未^{四},\ 甲未^{五}$$

甲爲首率，未爲每級之增乘數。

細觀連比例之公式有二例。

一例　凡連比例率，其末率必等于首率與增乘數之某方相乘，其某方之方數必等于諸級之層數減一之數。

如以人代末率，卯代層數，則$人=甲未^{卯丅一}$。

二例　凡連比例率，其首末二率相乘，必等于離首末二率相等之任兩率相乘之數。

如以$甲未^{五}$爲末率，則

$$甲\times甲未^{五}=甲未\times甲未^{四}=甲未^{二}\times甲未^{三}$$

凡連比例率欲求其某率以上之總數，可以下式推之。

設以卯代率數，（數即層數）申代總數，則

$$申=甲丄甲未丄甲未^{二}丄甲未^{三}丄\cdots\cdots丄甲未^{卯丅一}$$

而

$$未申=甲未丄甲未^{二}丄甲未^{三}丄\cdots\cdots丄甲未^{卯丅一}丄甲未^{卯}$$

兩式相減，得

$$未申丅申=甲未^{卯}丅甲$$

即

$$(未丅一)申=甲(未^{卯}丅一)$$

故

$$申=\frac{(未^{卯}丅一)}{(未丅一)}甲$$

此即連比例總數之公式也。

興化劉彝程校算

代數術卷六

英國華里司輯

英國 傅蘭雅 口譯
金匱 華蘅芳 筆述

論變清獨元之一次方程式

第五十七款 用代數術之本意乃欲從已知之各數求其未知之數也惟未知之數本與已知之各數不相等不得已將已知未知之各元雜糅分合之作一式令左右兩邊所代之數相等此之謂方程式

如 $\frac{二}{天}+\frac{三}{六}=\frac{天}{二四}$ ㈠ 又 $二天+三地=地天$ ㈡ 此類之式俱謂之方程式其㈠式言未知之元天與所知之某某數有相關之理其㈡式則言天地兩未知之元彼此又有相關之理也

第五十八款 凡方程式中若有一箇元數在一邊而其各項俱在彼邊則彼邊之諸項爲此元之相當數

如有方程式 $天=甲地+乙-丙$ 其天獨自在一邊則彼邊之 $甲地+乙-丙$ 爲天之相當數

以代數馭算學之題其所用之方程式每不止一箇而式中未知之元亦有重見疊出者惟各元之各種方程式可用以下諸法變化之使爲一箇方程式其式中除已知之數外不過有一箇未知之元獨在一邊此乃代數中最要之一種功夫也

第五十九款 凡方程式變至其未知數之元獨居一邊彼邊俱爲已知之數則謂之已解之方程式其未知元之相當數謂之方程根

第六十款 凡方程式變至僅一邊有一未知之元或其元之任何乘方者可分其名爲數種每種各以其元之方數名之

凡欲變清任何方程式必先化之令未知之元不過在各項爲分子而他處無之 又必化之令其方指數俱爲正整之數而後可以變清之

第六十一款 凡方程式中其未知之元無指數者謂之一次之方程式簡言之則亦云一次式

如 $甲天+乙=丙$ 其天爲未知之元甲乙丙爲已知之元此種之式爲一次方程式或謂之一次式

凡方程式中未知之元其最大之指數爲二者謂之二次方程式亦謂之二次式

如$四天^{二}$丄三天＝一三

是二次式也．其公式如

$甲天^{二}$丄乙天＝丙．

凡方程式中其未知之元最大之指數爲三者，謂之三次方程式，亦謂之三次式

如$五天^{三}$丅$二天^{二}$丄四天＝一〇．

是三次式也．其公式爲

$甲天^{三}$丄$乙天^{二}$丄丙天＝丁．

三次以上其名依此類推．

第六十二款　用代數以駁尋常諸題，不過用一箇未知之元耳．然及至求得方程式，其未知之元已雜糅互見于各項之中，糾葛難清，故必用法變化之，方能與公式相似．其變化之法專賴前數卷中之諸法，且更有數種易明之理，其例如後．

一例　凡兩邊相等之式任取某項加此邊減彼邊，則兩邊所代之數必仍相等．

二例　凡兩邊相等之式同以某數乘之，或同以某數約之，則兩邊所代之數必仍相等．

三例　凡兩邊相等之式各自乘同至若干次，或各開若干次方，則兩邊所代之數必仍相等．

從以上三例可得以下各法，惟以下各法亦爲變清多

次方程所公用，而一次方程則只用此數法已足解之．

移項之法　此爲第一法

第六十三款　凡方程式中無論何項皆可從此邊移至彼邊，惟其正負之號必變．

如有式

天丅三＝五

可變爲

天＝五丄三．

即

天＝八．

如有式

三天丅一〇＝二天丄五．

可變爲

三天丅二天＝五丄一〇．

即

爲

天＝一五．

如有式

甲天丄乙＝丙天丅丁天丄五．

可變爲

甲天丅丙天丄丁天＝五丅乙．

即

（甲丅丙丄丁）天＝五丅乙．

右法之理甚易明，因將任何數自此邊移至彼邊，若其原號爲負，則與兩邊各加此數無異，而原相等之兩邊各加同數必仍相等也．若其原號爲正，則與兩邊各減此數無異，而原相等之兩邊各減同數亦必仍相等也．

由此法可見凡方程式之兩邊若有同式同號之項，則可兩邊皆去之，其所代之數必仍相等．又可見凡方程式中之各項若盡反其正負，其所代之數亦仍相等．

如有式

甲丄天＝乙丄甲丅丙．

可變爲

天＝乙丅丙．

蓋因其兩邊俱有甲項，所以可

去之也。

如有式 甲丅天＝乙丅丁 可變爲 天丅甲＝丁丅乙 此反其正負也。

移乘作除法 此爲第二法

第六十四款 凡方程式中未知之元已在一邊惟元之左尚有他幾何乘之者可移其倍數以約彼邊。

如有式 三天＝二四 可變爲 $天＝\frac{三}{二四}$ 即 天＝八。

如有式 甲天＝乙丅丙 可變之爲 $天＝\frac{甲}{乙丅丙}$ 即 $天＝\frac{甲}{乙}丅\frac{甲}{丙}$。

此法之意猶兩邊皆以天之倍數約之故所得之式必仍兩邊相等。

去分母法 此爲第三法

第六十五款 凡方程式中有元爲分母者可以徧乘他項而去之。

如有式 $\frac{五}{天}＝七$ 可變爲 天＝三五。

如有式 $\frac{甲}{天}＝乙丅丙丄丁$ 可變爲 天＝甲乙丅甲丙丄甲丁。

如有式 $甲丅\frac{天}{乙}＝丙$ 可變爲 甲天丅乙＝丙天。

此法之意猶兩邊皆以分母之數乘之故其得式之兩邊必仍相等。

第六十六款 凡方程式中不特一項有分母者以眾分母之公度數徧乘諸項則分母皆可消去。

如有式 $\frac{二}{天}丄\frac{三}{天}丄\frac{四}{天}＝二六$ 則以三個分母之公度數一二徧乘其各項 得 $\frac{二}{一二天}丄\frac{三}{一二天}丄\frac{四}{一二天}＝三一二$ 即 六天丄四天丄三天＝三一二 即 一三天＝三一二。

總言之其公式如 $\frac{甲}{天}丅\frac{乙}{天}丄\frac{丙}{天}＝丁丅戊$ 各項俱以 甲乙丙 乘之則分母可去而得 乙丙天丅甲丙天丄甲乙天＝甲乙丙(丁丅戊) 即 (乙丙丅甲丙丄甲乙)天＝甲乙丙(丁丅戊)。

由前兩法可見凡方程式中若各項俱有此元者可以此元偏乘偏約之以消去其元。

如有式 甲天＝甲乙丅甲丙 可以甲偏約之變爲 天＝乙丅丙。

如有式 $\frac{甲}{天}＝\frac{甲}{乙}丄\frac{甲}{丙}$ 可以甲偏乘之變爲 天＝乙丄丙。

去根號法此爲第四法

第六十七款 凡方程式中有任何項未知之元爲無理之根式則必先移其一項獨居一邊其他項俱在彼邊乃將兩邊之式依其根指數各乘至若干次則無理之根號可去

如有式 $\sqrt{天}+六=一〇$ 可先變爲 $\sqrt{天}=一〇-六$ 即 $\sqrt{天}=四$ 乃以兩邊之式各自乘之得 $\sqrt{天}\times\sqrt{天}=四\times四$ 即 $天=一六$

如有式 $\sqrt{甲^{二}+天^{二}}-乙=天$ 可先變爲 $\sqrt{甲^{二}+天^{二}}=乙+天$ 兩邊各自乘得 $甲^{二}+天^{二}=(乙+天)^{二}$ 其詳式爲 $甲^{二}+天^{二}=乙^{二}+二乙天+天^{二}$ 即 $甲^{二}=乙^{二}+二乙天$

如有式 $\sqrt[三]{甲天-乙天}=天$ 則依法變之得 $甲天-乙天=天^{三}$

兩邊開方法此爲第五法

第六十八款 凡方程式其有未知數之項移在一邊若適爲某乘方式者則可以兩邊各開同若干次之方而變之爲最簡之方程式

如有式 $天^{三}=六四甲^{三}$ 可兩邊各開立方得 $天=四甲$

如有式 $(甲+天)^{二}=乙^{二}-甲^{二}$ 可兩邊各開平方得 $甲+天=\sqrt{乙^{二}-甲^{二}}$

第六十九款 以上諸法各有妙用觀以下諸式自明

一式有 $二〇-三天-八=六〇-七天$ 可用第一法變爲 $七天-三天=六〇+八-二〇$ 即 $四天=四八$ 又用第二法得 $天=一二$

二式有 $甲天-乙=丙天+丁$ 可先用第一法變之爲 $甲天-丙天=乙+丁$ 即 $(甲-丙)天=乙+丁$ 然後用第二法變之得 $天=\frac{乙+丁}{甲-丙}$

三式有 $\frac{天+一}{二}+\frac{天+二}{三}=一六-\frac{天+三}{四}$ 用第三法變爲 $天+一+\frac{二天+四}{三}=三二-\frac{二天+六}{四}$ 又變爲 $三天+三+二天+四=九六-\frac{六天+一八}{四}$ 又變爲 $一二天+一二+八天+一六=三八四-六天-一八$ 即 $二〇天+二八=三六六-六天$ 又用第一法變爲 $二六天=三三八$ 又用第三法變爲 $天=一三$ 即得

案此式之去分母不必如是周折可以一番齊去之祇須將分母之公度數一二徧乘之卽得三天丄六丄四天丄八＝一九丅三天丅九餘如前法變之亦得天＝一三

四式有六天丅二〇天＝一六天丄二天兩邊俱以二天約之得三天丅一〇＝八丄天變之得三天丅天＝八丄一〇卽二天＝一八兩邊俱以二約之得天＝九

五式有甲丅天/乙＝丙則變去其分母得甲天丅乙＝丙天而甲天丅丙天＝乙所以得天＝乙/甲丅丙

六式有天丅六＝天丄二四/天則變去其分母得(天丅六)(天丄二四)＝天卽天丄一八天丅一四四＝天所以一八天＝一四四卽天＝八

七式有甲天丄乙＝甲丄天/甲天丄甲丙則(甲丄天)(甲天丄乙)＝甲天丄甲丙卽甲天丄甲乙丄甲天丄乙天＝甲天丄甲丙所以甲天丄乙天＝甲丙丅甲乙卽得天＝甲丄乙/甲丙丅甲乙

八式有二丄天/一丅天＝甲則一丅天＝甲丅甲天而丅天丅甲天＝甲丅一變其各號得天丄甲天＝一丅甲所以天＝一丅甲/一丅甲

九式有√一丄天＝二丄√天則依第四法得一二丄天＝四丄四√天丄天變之爲八＝四√天約之爲二＝√天又依第四法得四＝天

十式有天丄√甲丄天＝√甲丄天/二甲則依第三法得天√甲丄天丄甲丄天＝二甲變之爲天√甲丄天＝甲丅天乃依第四法

得 $甲^{二}天^{二}丄天^{四}=甲^{四}丅二甲^{二}天^{二}丄天^{四}$。所以得 $三甲^{二}天^{二}=甲^{四}$。即 $天^{二}=\frac{三}{甲^{二}}$。依第五法得 $天=\frac{\sqrt{三}}{甲}$。

十一式有 $\frac{一丄\sqrt{一丅天^{二}}}{一丅\sqrt{一丅天^{二}}}=甲$。則 $一丅\sqrt{一丅天^{二}}=甲丄甲\sqrt{一丅天^{二}}$。而 $一丅甲=甲\sqrt{一丅天^{二}}丄\sqrt{一丅天^{二}}=(一丄甲)\sqrt{一丅天^{二}}$。所以 $\frac{一丄甲}{一丅甲}=\sqrt{一丅天^{二}}$。兩邊各自乘

得 $\frac{(一丄甲)^{二}}{(一丅甲)^{二}}=一丅天^{二}$。變之為 $天^{二}=一丅\frac{(一丄甲)^{二}}{(一丅甲)^{二}}$。即 $天^{二}=\frac{(一丄甲)^{二}}{(一丄甲)^{二}丅(一丅甲)^{二}}$。即 $天^{二}=\frac{(一丄甲)^{二}}{四甲}$。所以 $天=\frac{一丄甲}{二\sqrt{甲}}$。

十二式有 $甲丄天=\sqrt{甲^{二}丄天\sqrt{乙丄天^{二}}}$。則變為 $(甲丄天)^{二}=甲^{二}丄天\sqrt{乙丄天^{二}}$。即 $甲^{二}丄二甲天丄天^{二}=甲^{二}丄天\sqrt{乙丄天^{二}}$。所以 $二甲天丄天^{二}=天\sqrt{乙丄天^{二}}$。兩邊各以天約之

得 $二甲丄天=\sqrt{乙丄天^{二}}$。兩邊各乘得 $四甲^{二}丄四甲天丄天^{二}=乙丄天^{二}$。所以 $四甲^{二}丄四甲天=乙$。即 $四甲天=乙丅四甲^{二}$。所以 $天=\frac{四甲}{乙丅四甲^{二}}$。

以上諸式皆以本卷各款之法變之令未知數之元獨居一邊而彼邊俱為已知之數此變清一次方程之本法也惟無論任何次方程式皆可用前法變之使凡有未知數之項聚居一邊以便再設他法馭之。

如有式 $\frac{天丄一}{一丅巳丄午丄未}=一丅巳丅天丄\frac{天}{未}$。可依法化之得 $天^{三}丄巳天^{二}丄午天=未$。則為三次方程式其解之之法另見他卷。

興化劉彝程校算

代數術卷七

英國華里司輯
英國 傅蘭雅 口譯
金匱 華蘅芳 筆述

論變清多元之一次方程式

第七十款　前卷中已言無論何次方程式皆可用以上諸法化之使凡有未知數之項聚居一邊以便再用他法馭之今此卷中專論數種方程式其式中有幾箇未知數之元或在兩項或在多項而指數俱爲一次者則用何法化之可使變爲一箇方程式其式中只賸一項有一箇未知數之元

因多元之一次方程式其式中未知數之元每有多箇交互雜糅於各項之中故化之亦不止一法今于各法中擇其便用者三種爲變清多元一次方程式之公法其第三法不但能馭方程式中各未知數同方之元即多元之方指數不同者亦可用之故爲最便之法

消去他元法

第七十一款　第一法曰視所有之各方程式中其所有未知數之元孰爲最簡乃用前卷之法以兩方程式各變爲同元之相當數一爲新方程式之此邊一爲新方程式之彼邊則式中未知數之元可消去一箇如是逐一消之至最後之一箇新方程式其中只有一項有一箇未知數之元則方程式解矣

設有方程式

二天丄三地＝二三 ㈠

五天丅二地＝一〇 ㈡

欲求天地二元之各同數則依法以㈠式變爲

二天＝二三丅三地

即

$天＝\frac{二}{二三丅三地}$

以㈡式變爲

五天＝一〇丄二地

即

$天＝\frac{五}{一〇丄二地}$

乃將此兩式中天之相當數 $\frac{二}{二三丅三地}$ 與 $\frac{五}{一〇丄二地}$ 各居一邊爲新方程式

$\frac{五}{一〇丄二地}＝\frac{二}{二三丅三地}$

即

二〇丄四地＝一一五丅一五地

所以

一九地＝九五

則得

地＝五

又因

$天＝\frac{二}{二三丅三地}$

或

$天＝\frac{五}{一〇丄二地}$

則由此兩式得

天＝四

第七十二款　第二法曰任以一方程式用前卷之法變之令其任一箇未知數之元獨居一邊取其相當之式以代他方程式中之本元則未知數之元可以消去一箇如是逐一消去各未知數之多元至末必僅賸一箇新方程式其中只有一項有一箇未知數之元則解矣

設有 二天丄三地＝二三 ㈠ 五天丅二地＝一〇 ㈡兩式同前則依法從㈠式變得 天＝(二/二三丅三地) 將

天之相當式 (二/二三丅三地) 代其㈡式中之天得 五(二/二三丅三地)丅二地＝一〇 即 一一五丅一五地丅四地＝二〇

所以得 九五＝一九地 即 五＝地 又以地之同數代 天＝(二/二三丅三地) 式中之地

則得 天＝四 其所得之天地二同數皆與前合

第七十三款 第三法曰將各方程式任以他數或乘或約之令各式中每有一項相同則可相消而少一箇未知數之元如是屢變之以消去其他元至末必得一方程式其中只有一項有一箇未知數之元則解矣

設有 二天丄三地＝二三 ㈠ 五天丅二地＝一〇 ㈡其兩式仍與前同則依法以五乘㈠式

得 一〇天丄一五地＝一一五 以二乘㈡式得 一〇天丅四地＝二〇 則此二得式中天之倍數相同若以此兩式相減則天元可消去而只存若干倍地元之同數故得 一九地＝九五 即 地＝五 若以此數代任一原式中之地即可得天之同數

設欲以㈠㈡兩式先求天之同數則以二乘㈠式得 四天丄六地＝四六 以三乘㈡式得 一五天丅六地＝三〇 兩式相加得 一九天＝七六 即 天＝四

第七十四款 用以上各法以求方程式中未知之數更設數式以明之

一式設有 (三/天)丄(三/地)＝一六 ㈠ (五/天)丅(九/地)＝二 ㈡欲求天地兩元之各同數

此兩式如用第一法求之則從㈠式變得 天＝三(三丅(三/地)) 從㈡式變得 天＝一〇丄(九/五地) 所以 一〇丄(九/五地)＝三(三丅(三/地)) 即 九丄五地＝一八丅六地 即 一一地＝一九八 即 地＝一八 再于天之相當式 三(三丅(三/地)) 或 一〇丄(九/五地) 中以地之同數代之即可

變得 天＝二〇

此兩式若用第二法求之則從㊀式變得 天＝二三⊤三地 以天之相當式 二三⊤三地 代㊁式中之天得 五/二(二三⊤三地/三)⊥九/地＝二 即 五/三二⊤五/三地⊥九/地＝二 所以 一九八＝一一地 即 地＝一八 再如前法求其天之同數得 天＝二〇

此兩式如用第三法求之則將兩式中之分母依前卷之法消去之得 三天⊥二地＝九六 ㊀ 九天⊤五地＝九〇 ㊁ 以三乘其㊀式變爲 九天⊥六地＝二八八 以減㊁式得 一一地＝一九八 即得 地＝一八 又以此同數任代㊀㊁式中之地可變得 天＝二〇

第七十五款 以上各款論消去方程式中未知數多元之各法其旨已明今設數式於後其大半須用第三法解之爲最便

二式設有 二/天⊤一二＝四/地⊥八 ㊀ 五/天地⊥三/天八＝四/二地⊤天⊥二七 ㊁ 欲求天地之二同數 則從㊀式得 四天⊤九六＝二地⊥六四 從㊁式得 一二天⊥一二地⊥二〇天⊤四八〇＝三〇地⊤一五天⊥一六二〇 各簡之得 四天⊤二地＝一六〇 ㊀ 四七天⊤一八地＝二一〇〇 ㊁ 如欲消去其地可將㊀式九倍之與㊁式相減得 一一天＝六六〇 則得 天＝六〇 又因 二地＝四天⊤一六〇 即 二地＝八〇 則得 地＝四〇

三式設有 甲天⊥乙地＝丙 ㊀ 丁天⊥己地＝庚 ㊁ 欲求天地之二同數 如欲消去其地則將㊀式以己乘之㊁式以乙乘之則得 甲己天⊥乙己地＝丙己 及

$乙丁天丄乙己地＝乙庚$

以此兩式相減得 $甲己天丅乙丁天＝丙己丅乙庚$ 卽 $(甲己丅乙丁)天＝丙己丅乙庚$ 所以得 $天＝\frac{甲己丅乙丁}{丙己丅乙庚}$

如將原式㈠以丁乘之㈡式以甲乘之卽可由此得

地之同數故以丁乘㈠式得 $甲丁天丄乙丁地＝丙丁$ 甲乘㈡式得 $甲丁天丄甲己地＝甲庚$ 兩式

相減得 $乙丁地丅甲己地＝丙丁丅甲庚$ 所以得 $地＝\frac{乙丁丅甲己}{丙丁丅甲庚}$

由上式得下題之公解法

題曰設有兩箇多項之一次方程式可認定其兩箇未知數之元而求其兩同數

因一次之各方程式無論其項若干俱可照前設之第二式變化之得第三式之形故也

第七十六款　茲論三箇未知數之一次方程式

四式設有 $天丄地丄人＝二九$ ㈠ $天丄二地丄三人＝六二$ ㈡ $\frac{二}{天}丄\frac{三}{地}丄\frac{四}{人}＝一〇$ ㈢ 欲求天地人之各同數

此式用第一法變之從㈠式得 $天＝二九丅地丅人$ 從㈡式得 $天＝六二丅二地丅三人$ 從㈢式得 $天＝二〇丅\frac{三}{二地}丅\frac{二}{人}$ 將天之相當各式爲相等之式則得兩式

$二九丅地丅人＝六二丅二地丅三人$ (甲)

$二九丅地丅人＝二〇丅\frac{三}{二地}丅\frac{二}{人}$ (乙)

從(甲)(乙)兩式變得 $地＝三三丅二人$ 及 $地＝二七丅\frac{三}{三人}$ 所以 $三三丅二人＝二七丅\frac{三}{三人}$

又以化法得 $人＝一二$ 所以從 $地＝三三丅二人$ 得 $地＝九$ 從 $天＝二九丅地丅人$ 得 $天＝八$

五式設有 $\frac{二}{天}丄\frac{三}{地}丄\frac{四}{人}＝六二$ ㈠ $\frac{三}{天}丄\frac{四}{地}丄\frac{五}{人}＝四七$ ㈡ $\frac{四}{天}丄\frac{五}{地}丄\frac{六}{人}＝三八$ ㈢ 欲求天地人之各同數

先以各式化去其分母則式變爲

$一二天丄八地丄六人＝一四八八$ (甲)

$二〇天丄一五地丄一二人＝二八二〇$ (乙)

$三〇天丄二四地丄二〇人＝四五六〇$ (丙)

用

第三法化之則可消去其人故以十乘㊙式五乘㊁式三乘㊂式得

一二〇天⊥八〇地⊥六〇人══一四八八〇 ㊃

一〇〇天⊥七五地⊥六〇人══一四〇〇〇 ㊄

九〇天⊥七二地⊥六〇人══一二六八〇 ㊅

將㊄㊃兩式相減㊅㊄兩式相減則得

二〇天⊥五地══七八〇 ㊆

一〇天⊥三地══四二〇 ㊇

再欲化去其地必將㊆式以三乘之㊇式以五乘之則得

六〇天⊥一五地══二三四〇

及

五〇天⊥一五地══二一〇〇

兩式相減得

一〇天══二四〇

卽得

天══二四

惟

地══(四二〇丅一〇天)/三

所以得

地══六〇

惟

人══(一四八八〇丅一二〇天丅八〇地)/六

故得

人══一二〇

第七十七款　觀以上各式可見方程中無論有若干未知之數可用等若干數之方程式解之如未知數有卯簡則用卯簡方程式是也惟所用之各方程式其未知數之元不可過一次之方

如有式

甲天⊥乙地⊥丙人══卯

丁天⊥丙地⊥己人══巳

庚天⊥辛地⊥子人══午

其甲乙丙丁等字爲巳知之數其天地人等字爲代未知數之元則天地人之各同數可用以上各法徑求得之其甲乙丙丁等數若本爲合理之數則所得之天地人各同數亦可以或整或分之合理數明之

第七十八款　茲更設數式于後其方程式至消去他元之後式中所存未知數之元往往有過其一次方者若欲求其未知之數非本卷之法所能解解猶開也言必至論各次方程式時始能解之案此款之意不過言相消而得之式有爲諸乘方式者則必用開方之法始能得其同數

六式設有

天丅地══二 ㊀

天地⊥五天丅六地══一二〇 ㊁

欲消去其天則從㊀式得

天══地⊥二

以天之相當式依七十三款第二公法代其㊁式中之天

則得 $(地^{二}丄二)^{二}地^{二}丄五(地^{二}丄二)丅六地=一二〇$ 卽 $地^{四}丄二地^{二}丄五地^{二}丄一〇丅六地=一二〇$ 所以求得之式爲 $地^{四}丄地=一一〇$。

七式設有 $天丄地=甲$ ㊀ $天^{二}丄地^{二}=乙$ ㊁ 欲消去其天則從㊀式得 $天=甲丅地$ 故 $天^{二}=(甲丅地)^{二}$ 從㊁式得 $天^{二}=乙丅地^{二}$ 所以 $(甲丅地)^{二}=乙丅地^{二}$ 卽 $甲^{二}丅二甲地丄地^{二}=乙丅地^{二}$ 所以 $二地^{二}丅二甲地=乙丅甲^{二}$ 爲所得之式。

八式設有 $甲天地丄乙天丄丙地=丁$ ㊀ $己天地丄庚天丄辛地=子$ ㊁ 欲消去其地則從㊀式得 $地=\frac{甲天丄丙}{丁丅乙天}$ 從㊁式得 $地=\frac{己天丄辛}{子丅庚天}$ 所以 $\frac{甲天丄丙}{丁丅乙天}=\frac{己天丄辛}{子丅庚天}$。

九式設有 $地^{二}丅三天地丄甲地=天^{二}$ ㊀ $地^{二}丄二甲天丅乙地=四天^{二}丅乙$ ㊁ 欲消去其地因兩式中地²之倍數相同若以兩式相減則地²卽可消去惟此是偶然如此非通法也如依公解法必將㊀㊁兩式中所有之各項盡移於左邊令等于〇則得 $地^{二}丅(三天丅甲)地丅天^{二}=〇$ ㊎ $地^{二}丅乙地丄二甲天丅四天^{二}丄乙=〇$ ㊂ 乃命㊎式中 $一=呷$ $丅(三天丅甲)=吔$ $丅天^{二}=呥$ 又命㊂式中 $一=叮$ $丅乙=吡$ $二甲天丅四天^{二}丄乙=叱$ 則其兩式變爲 $呷地^{二}丄吔地丄呥=〇$ ㊉ $叮地^{二}丄吡地丄叱=〇$ ㊅ 欲消去其地²可將㊉式以叮乘之㊅式以呷乘之則得 $呷叮地^{二}丄吔叮地丄呥叮=〇$ ㊄ $呷叮地^{二}丄呷吡地丄呷叱=〇$ ㊁ 以此兩式相減得 $(吔叮丅呷吡)地丄呥叮丅呷叱=〇$ 則得 $地=\frac{吔叮丅呷吡}{呷叱丅呥叮}$ 如再欲得地之他同數則將㊉式以叱乘之㊅

式以哂乘之得

呷吃地二⊥吃吃地⊥哂吃＝○ (庚)

哂叮地二⊥哂哦地⊥哂吃＝○ (辛)

任以此兩式中之一與(戊)

(己)兩式中之一相減皆得

(呷吃T哂叮)地⊥(吃吃T哂哦)地＝○

以地約之得

(呷吃T哂叮)地⊥吃吃T哂哦＝○

所以得

地＝(呷吃T哂叮)/(哂哦T吃吃)

將兩次所求得之地之相當式作一相等之式

則得

(吃叮T呷哦)/(呷吃T哂叮)＝(呷吃T哂叮)/(哂哦T吃吃)

所以

(呷吃T哂叮)二＝(吃叮T呷哦)(哂哦T吃吃)

惟因此式中地已消去則將呷吃哂叮等所代之式仍代還之則可得一多項式其各項內只有天之各方并已知之數如

(乙⊥二甲天T三天二)二＝

[甲⊥乙T三天][乙天⊥(甲T三天)(二甲天T四天二⊥乙)]

如將

此式再化之至末必得一箇四次之方程式即開三乘方之式也其解法猶開方也俟他卷再論之

興化劉彝程校算

代數術卷八

英國華里司輯
英國　傅蘭雅　口譯
金匱　華蘅芳　筆述

論一次式各題之解法

第七十九款　凡有一箇算學之題，欲以代數之法推之，必先詳細觀之，明其設題之正意，則題中如有虛浮重複之空話，可以去之，而題中用意緊要之處，及其欲求之各事，必明之至無可再明，乃將其所設之各數各以應用之元代之，而各數有彼此相關相比之理者，必依代數之法一一書之，即能得數箇方程式。如是作之若其題之界限本無缺漏者，不全者，則可從各方程式依以上兩卷之法求之，其未知之幾何易得。

第八十款　凡欲將題中之各義變成方程式，如下法思之能有益處。

凡學代數者，心中莫謂未知之數今尚未知，必設想其未知之數假使俱已知之，則用何法為憑以證其題，乃照其法以各元如式推之，則題中之各說可以變為數箇方程式。

假如有題曰：今欲求大小二數，其和為二十，若以小數約其較，則得三；問大小二數各若干。

此題中大小二數皆為未知之數，故以天代其大數，而以地代其小數，既代之後，則不可再有未知之意存于胸中，姑以為大數即是天，小數即是地，而如題為之，以求其證。

故以天與地相加得 天$\perp$地 ㊀ 為二數之和，又以地減天得 天$\top$地 ㊁ 為二數之較，惟因題中言其和為二十，則㊀式必等于二〇，所以憑題之前半節可得一箇方程式為 天$\perp$地$=$二〇。惟因題又言若以小數約其較得三，則以地約㊁式必等于三，所以憑題之下半節又可得一箇方程式為 $\frac{天\top地}{地}=三$。所以由此二箇方程式可求天地之同數。

第八十一款　凡題中之諸事既以方程式明之，次必觀其題之界限是否周密完全，或有挂漏，因有數種題，其可答此題之數不止一箇，或有多數可通，又有不能以合理之式答之者，則為不通之題。

如觀前卷中各式已知，欲求若干箇未知之數，只須用若干方程式，即可如法求得其未知之各數，惟所用之各方程式須各自為主，不可由他式遞禪而生，如憑題所得之各方程式有遞禪而生者，則此題之答數必有許多數可解之。

設有方程式 二天⊥三地 ═ 一三 ㈠、四天⊥六地 ═ 二六 ㈡、欲求天地之同數，此兩箇方程式因㈡式從㈠式而生，則易知其天地之二同數必有多數俱可合式。

又所用之各方程式中亦不可有彼此互相反背之理，如憑題所得之各方程式有反背之理者，則此題必不可通。

設有方程式 天⊥二地 ═ 八 ㈠、三天⊥六地 ═ 二六 ㈡、欲求天地之同數，此兩箇方程式易知其總無有一數可以合此兩式者，因從㈠式得 三天 ═ 二四⊤六地，從㈡式得 三天 ═ 二六⊤六地，若以兩式右邊之式作一相等之式則爲 二四⊤六地 ═ 二六⊤六地，即 二四 ═ 二六，是斷無是理也，所以此種之式爲不合理之題。

第八十二款　又有一種題或遇有不能解者，如憑題而得之方程式多於未知之各數者是也。因此種方程式如依前卷之各法變化之，至末必遇兩箇方程式其代未知數之元倍數相同，若以此兩式相消，則其未知之元不見或已知之數不見，所以此種題如非偶然遇末後變得之兩箇方程式能相合者，則此題可解，否則不能解。

總言之，凡題內所能得各自爲主之方程式其箇數適如其未知之數者，則其題之界限不誤。

如所得之方程式少于未知之各數者，則爲無一定解法之題。

如所得之方程式多于未知之各數者，則大約爲無解法之題。

第八十三款　凡用代數憑題中之各事變爲方程之式，若尋常淺易之題，其代未知數之元自然愈少愈妙。假如題中言欲求兩箇數，而其兩數之和已知，其已知之和數以甲代之，其第一箇未知數可以天代之，則其第二箇未知數即可以甲⊤天代之。又如題中言兩數之較已知，其較數以丁代之，其第一箇未知數已以天代之則第二箇未知數卽可以$丁-天$或$天-丁$當之又如二數相乘之積已知而以巳代之則其二數之未知者可以天及$\frac{巳}{天}$代之其他依此類推

第八十四款　茲將以上所論之理設題以明之其諸題俱爲一次式所能解

一題　將本數與其二分之一三分之一四分之一相加其和數爲五十求本數若干

法以天代其本數則其二分之一爲$\frac{天}{二}$其三分之一爲$\frac{天}{三}$其四分之一爲$\frac{天}{四}$所以如題得一方程式爲

$$天+\frac{天}{二}+\frac{天}{三}+\frac{天}{四}=五〇$$

化去其分母得

$$二四天+一二天+八天+六天=一二〇〇$$

卽

$$五〇天=一二〇〇$$

所以得

$$天=二四$$

試將得數二四如題証之卽知此數不誤

二題　有竿子插入河中四分之一入泥三分之一在水尚餘十尺求全竿之長

命竿之尺數爲天則入泥之分爲$\frac{天}{四}$入水之分爲$\frac{天}{三}$所以如題得一方程式爲

$$\frac{天}{四}+\frac{天}{三}+一〇=天$$

變之得

$$七天+一二〇=一二天$$

卽

$$天=二四$$

三題　有甲乙兩人同時于二處各出一城其兩處城門相距一百五十里甲每日行八里乙每日行七里問二人幾日相逢

命相逢之日數爲天則甲共行之里爲八天乙共行之里爲七天惟甲乙各共行之里其和數爲一五〇所以如題得方程式爲

$$八天+七天=一五〇$$

卽

$$一五天=一五〇$$

故得

$$天=一〇$$

四題　有農家僱一人做工言明每做工一日則給錢二十文每曠工一日則罰錢八文至四十日工畢共給錢三百八十文問此人做工幾日曠工幾日

以天代做工之日則$四〇-天$爲曠工之日又二〇天爲做工應給之錢而$八\times(四〇-天)$卽$三二〇-八天$爲曠工應罰之錢惟共給之錢則於應給之數中扣出應罰之數而餘三八〇所以如題得方程式爲

$$二〇天-(三二〇-八天)=三八〇$$

卽

$$二八天=七〇〇$$

所以得

$$天=二五$$

爲做工之日數所以

四〇丅天＝一五 為曠工之日數。

五題　有賣果子者初次買進若干果其價每兩枚一文二次又買進若干果其價每一文三枚及售出均作二文五枚共虧本四文求兩次所買果子之數。

命天為每次買進之數則 $\frac{天}{二}$ 為初次之總價 $\frac{天}{三}$ 為第二次之總價而其共買之果數為二天所以有比例式為 五∶二天∷二∶$\frac{五}{四}$天 則 $\frac{五}{四}$天 為售出之共價所以如題得方程式為 $\frac{天}{二}$丄$\frac{天}{三}$丅$\frac{五}{四}$天＝四 所以 一五天丄一〇天丅二四天＝一二〇 即 天＝一二〇。

六題　有欠人小洋錢二千四百枚欲以甲乙二種金錢湊足一百枚了此欠項其甲金錢每枚值小洋錢二十七枚乙金錢每枚值小洋錢二十一枚問須用甲乙二種金錢各幾枚。

命乙金錢之數為天則甲金錢之數為一〇〇丅天而乙金錢之總值為二一天甲金錢之總值為二七(一〇〇丅天) 所以如題得方程式 二一天丄二七(一〇〇丅天)＝二四〇〇 所以 六天＝三〇〇 即 天＝五〇 則知必還兩種金錢各五十枚。

七題　有傭人與其主訂明一年工錢二千九百二十文須在外另給衣服至做滿七箇月因有錯誤辭去將衣服全給與之又與錢六百四十文求所與衣服作價幾何。

命衣服之價為天則一年之工錢及衣服為 天丄一九二〇 而七月遣去給與 天丄六四〇 則有比例式 一二∶七∷天丄一九二〇∶天丄六四〇 所以得方程式 一二天丄七六八〇＝七天丄一三四四〇 即 五天＝五七六〇 所以得 天＝一一五二。

八題　有人賭博先輸去本錢四分之一後贏得三元再輸去所有之錢三分之一後又贏得二元再輸去所有之錢七分之一則賸十二元求其原有之本錢若干。

令原有之本錢為天則輸去之四分之一為 $\frac{四}{天}$ 而其餘錢為 $天\top\frac{四}{天}=\frac{四}{三天}$ 加了贏得三元則此時所有之錢為 $\frac{四}{三天}\perp三=\frac{四}{三天\perp一二}$ 其三分之一為 $\frac{四}{天\perp四}$ 故 $\frac{四}{三天\perp一二}\top\frac{四}{天\perp四}$ 為第二次輸餘之錢即 $\frac{四}{二天\perp八}$ 後又贏二元則此時所有之錢為 $\frac{四}{二天\perp八}\perp二$ 即 $\frac{四}{二天\perp一六}$ 其七分之一為 $\frac{二八}{二天\perp一六}$ 再輸去此數則其所餘之錢為 $\frac{四}{二天\perp一六}\top\frac{二八}{二天\perp一六}=\frac{二八}{一二天\perp九六}$ 為所賸之錢惟題言所賸之錢為十二元則此式必與十二元相等所以得方程式為 $\frac{二八}{一二天\perp九六}=一二$ 則 $一二天=二四〇$ 而得 $天=二〇$

九題 有甲乙二匠共做一物若令甲獨做之則須十五點鐘乃成若令乙獨做之則十點鐘可成今則兩匠合做問須幾點鐘可成

命全工為一而以天代其時則有比例 $一五:天::一:\frac{一五}{天}$ 則 $\frac{一五}{天}$ 為甲分做之工又 $一〇:天::一:\frac{一〇}{天}$ 則 $\frac{一〇}{天}$ 為乙分做之工惟題言兩人同時並做所以依題理得 $\frac{一五}{天}\perp\frac{一〇}{天}=一$ 即 $二五天=一五〇$ 即 $天=六$

十題 有任大小兩數之和為甲而其較為丁求其兩數之式

命天代大數地代小數則如題得方程式 $天\perp地=甲$ 又 $天\top地=丁$ 兩式相加得 $二天=甲\perp丁$ 兩式相減得 $二地=甲\top丁$ 所以得 $天=\frac{二}{甲\perp丁}$ $地=\frac{二}{甲\top丁}$

十一題 有富者攜錢發給貧人若每人與五文則不足十文所以每人只與四文而賸回五文求貧人及錢數各若干

命錢數為天人數為地則如題得方程式 $五地=天\perp一〇$ ㊀ $四地=天\top五$ ㊁

從㊀式得 $天=五地\top一〇$ 從㊁式得 $天=四地\perp五$ 則 $五地\top一〇=四地\perp五$ 所以得 $地=一五$ $天=四地\perp五$ 即 $天=六五$

十二題　有田莊八家每田四十畝派一傭八經理之若再添買田一百〇四畝添僱五八則通計每三十六畝用一八求現在所有之八及田數

命天代現在所用之八命地代現所有之田則憑題之上半得 天＝四〇/地 憑題之後半得 天五＝三六/地一〇四 將兩式中天之相當數另作一式爲 三六/地一〇四五＝四〇/地 化之得 四〇地一四一六〇七二〇〇＝三六地 所以 四地＝三〇四〇 即得 地＝七六 準 六＝四〇/地 即得 天＝一九

十三題　有甲乙二八談論其年紀但聞甲謂乙云七年以前我之年三倍于爾七年以後我之年兩倍于爾求甲乙二八現在年紀

以天代甲現在年紀以地代乙現在之年紀則七年以前甲之年爲天一七乙之年爲地一七七年以後甲之年爲天七乙之年爲地七所以如題得方程式 天一七＝三（地一七）㊀ 天七＝二（地七）㊁ 從㊀

式得 天＝三地一一四 從㊁式得 天＝二地七 所以 三地一一四＝二地七 則 地＝二一 又因 天＝二地七 所以 天＝四九

十四題　有野兔爲獵犬所追兔在犬前五十步犬每行三步兔能行四步而兔之三步等于犬之兩步求犬追若干步可得兔

題中所求之未知數雖然只有一箇然可用兩箇元算之則更便如命犬步爲天兔步爲地則與犬兔同時中所行之步數有比例 三：四∷天：地 所以 三地＝四天 ㊀再以同路所行之步得比例 天五〇：地∷二：三 所以 一〇〇二地＝三天 ㊁由㊀式得 六地＝八天 由㊁式得 六地＝九天三〇〇 所以 九天三〇〇＝八天 則得 天＝三〇〇

十五題　今有數九十求分作四分其第一分以二加之其第二分以二減之其第三分以二乘之其第四分以二約之則其和其較其積其分無不一一相等求其各分之數若何

此題中雖有四箇未知之數然用獨元求之爲便如命天爲其第一數則因 $天+二$ 等于其第二數減去二所以 $天+四$ 爲其第二數又因第三數乘二亦等于 $天+二$ 所以以 $\frac{二}{天+二}$ 爲其第三數又以同理得 $二(天+二)$ 爲其第四數惟題言四數之總數爲九○所以得 $天+天+四+\frac{二}{天+二}+二(天+二)=九○$ 即 $九天=一六二$ 即 $天=一八$ 所以求得之四數爲一八、二二、一○、四○。

十六題　今有工匠呷吃呐三人若呷與吃合做一物則十二點鐘可成若呷與呐合做之則二十點鐘可成若吃與呐合做之則十五點鐘可成問若令各人獨做一物各須幾何點鐘

法曰令甲代一二乙代二○丙代一五而令天地人各代三人獨做之工又令其全工爲一則甲點鐘中呷所做之工其比例式如 $天:甲::一:\frac{天}{甲}$ 吃所做之工其比例式如 $地:甲::一:\frac{地}{甲}$ 又在乙點鐘中呷所做之工其比例式爲 $天:乙::一:\frac{天}{乙}$ 呐所做之工其比例式爲 $人:乙::一:\frac{人}{乙}$ 又在丙點鐘中吃所做之工其比例式爲 $地:丙::一:\frac{地}{丙}$ 呐所做之工其比例式爲 $人:丙::一:\frac{人}{丙}$ 則可由題得方程式爲

$$\frac{天}{甲}+\frac{地}{甲}=一 \quad ㊀$$
$$\frac{天}{乙}+\frac{人}{乙}=一 \quad ㊁$$
$$\frac{地}{丙}+\frac{人}{丙}=一 \quad ㊂$$

以甲約㊀式乙約㊁式丙約㊂式則得

$$\frac{天}{一}+\frac{地}{一}=\frac{甲}{一} \quad ㉂$$
$$\frac{天}{一}+\frac{人}{一}=\frac{乙}{一} \quad ㊀丑$$
$$\frac{地}{一}+\frac{人}{一}=\frac{丙}{一} \quad 寅$$

三式相併又以二約之得 $\frac{天}{一}+\frac{地}{一}+\frac{人}{一}=\frac{二甲}{一}+\frac{二乙}{一}+\frac{二丙}{一}$ 以與子丑寅相減得

$$\frac{人}{一}=-\frac{二甲}{一}+\frac{二乙}{一}+\frac{二丙}{一}=\frac{二甲乙丙}{甲乙+甲丙-乙丙}$$
$$\frac{地}{一}=\frac{二甲}{一}-\frac{二乙}{一}+\frac{二丙}{一}=\frac{二甲乙丙}{甲乙-甲丙+乙丙}$$
$$\frac{天}{一}=\frac{二甲}{一}+\frac{二乙}{一}-\frac{二丙}{一}=\frac{二甲乙丙}{-甲乙+甲丙+乙丙}$$

所以得

$$人=\frac{甲乙+甲丙-乙丙}{二甲乙丙}=\frac{一二○}{七二○○}=六○$$
$$地=\frac{甲乙-甲丙+乙丙}{二甲乙丙}=\frac{三六○}{七二○○}=二○$$
$$天=\frac{-甲乙+甲丙+乙丙}{二甲乙丙}=\frac{二四○}{七二○○}=三○$$

則求得三人各獨做之工呷

須三十點鐘而畢，乙須二十點鐘而畢，丙須六十點鐘而畢。

興化劉彝程校算

代數術卷九

英國華里司輯

英國 傅蘭雅 口譯

金匱 華蘅芳 筆述

論二次之正雜各方式解法

第八十五款 二次式者，其式中必有未知數之二次方。其式有二種，一爲二次之正方式，一爲二次之雜方式。

二次之正方式者，如法變化相消之後，其代未知數之元只在一項中爲平方，而其他項之中，則皆爲已知之數。

如有式 $天^2 = 六四$ 或 $甲天^2 + 乙 = 丙$ 此類之式，皆爲二次之正方式。

二次之雜方式者，如法變化相消之後，其代未知數之元在一項中爲平方，而第二項中，亦有其元之一方，其餘他項則俱爲已知之數。

如有式 $天^2 + 三天 = 二八$ 或 $二天^2 = 三三 - 五天$ 或 $甲天^2 + 乙天 - 丙 = 丁$ 此類之式，皆爲二次之雜方式。

二次正方式之解法甚易，知如其代未知數之元移至獨居一邊其倍數爲一而相當之彼邊俱爲已知之數則兩邊各開平方卽得元之同數。

如六卷第五法是也。

第八十六款 凡開任何數之平方必須留心其所得之根或爲正號或爲負號或爲正負兩可之號其識別之法專恃乘法變號之理。

如依乘法之例將任何數無論正或負自乘之其乘得之積必俱爲正所以 $+甲$ 與 $-甲$ 之平方俱爲 $+甲^2$ 則如將 $+甲^2$ 開其平方根可爲 $+甲$ 亦可爲 $-甲$ 故其開得之根必以加減兩可之號記之如 $\pm甲$ 是也。

第八十七款 前款已明任何數無論正負其自乘之積必爲正數準此說則知必無一箇實在之數自乘而能爲負數者所以如欲將一負數求其平方根則可知其斷不能有此數。

所以解題之時若遇其式必須開一負數之平方根而始可得同數者則知其事必不合于理或因誤會題意或是其題本來不通。

第八十八款 凡二次之雜方式若依法化之必得以下三箇式中之任一式。

一式 $天^2+乙天=午$ 二式 $天^2-乙天=午$ 三式 $天^2-乙天=-午$

惟解此三式之法其理相同所以只須將第一式細論之已足以明其理。

如將第一式 $天^2+乙天=午$ 中有未知數之項 $天^2+乙天$ 與他兩項式如 $天+甲$ 之平方 $天^2+2甲天+甲^2$ 相比卽 $天^2+乙天$ 與 $(天+甲)^2$ 相比如思 $乙=2甲$ 卽 $\frac{乙^2}{4}=甲^2$ 則 $天^2+乙天$ 與 $天^2+2甲天$ 必相等無異 又因 $天^2+2甲天$ 若加以 $甲^2$ 卽得 $天^2+2甲天+甲^2$ 爲 $天+甲$ 之自乘數則依此理亦可將 $天^2+乙天$ 加以 $\frac{乙^2}{4}$ 卽亦得一正自乘數此因 $\frac{乙^2}{4}$ 等于 $甲^2$ 故也 所以亦可以將本式 $天^2+乙天=午$ 之兩邊各以 $\frac{乙^2}{4}$ 加之使左邊配成平方卽得

式 $天^2+乙天+\frac{乙^2}{4}=午+\frac{乙^2}{4}$ 卽 $\left(天+\frac{乙}{2}\right)^2=午+\frac{乙^2}{4}$ 兩邊各開平方得 $天+\frac{乙}{2}=\pm\sqrt{午+\frac{乙^2}{4}}$ 所以得 $天=-\frac{乙}{2}\pm\sqrt{午+\frac{乙^2}{4}}$

第八十九款 由前款之說得以下各法爲解各種二次雜方式之公法。

一、將式中凡有未知數之各項盡移于左邊，其已知數之各項盡移于右邊，又令其有未知數平方之項必為正。

二、觀其未知元之平方若有倍數，則以此倍數遍約各項，令其未知元之平方其倍數為一。

三、將式之兩邊各加一未知元一次方之半倍數平方，則其式之左邊之諸項必為正自乘數。

四、將兩邊各開平方，則式之諸項中只有未知元之一次式，又移其已知之數于右邊，令右邊皆為已知數，而左邊只有未知元之一次方，則二次雜方之式已解矣。

惟配成平方之後，欲開方之時，須留心記得其左邊之平方根恒等于未知數與第二項半倍數之平方相加。若次項之號為正，則等于其和數；若次項之號為負，則等于其較數。

一式有 $天^2+2天=35$ 求天之同數。

其第二項之倍數為二，則半之為一，自乘亦為一，故于本式之兩邊各以一加之，使左邊配成正平方式，則其式為

$天^2+2天+1=35+1$ 即 $天^2+2天+1=36$ 兩邊各開平方得 $天+1=\sqrt{36}=\pm6$ 所以 $天=\pm6-1$ 即得 $天=5$ 或 $天=-7$

其天之兩箇同數 $+5$ 及 -7 俱可解其本式，因 $5\times5+2\times5=35$ 而 $(-7)\times(-7)+2\times(-7)$ 亦等于 35 故也。

二式有 $\frac{天^2}{6}-12=天$ 求天之同數。將本式化之為 $天^2-6天=72$ 依法配成正平方得 $天^2-6天+9=72+9=81$ 兩邊各開平方得 $天-3=\pm9$ 即 $天=\pm9+3$ 所以得 $天=12$ 或 $天=-6$ 如以此兩箇同數試之，即知此二數皆可以解其本式，因 $\frac{12\times12}{6}-12=12$ 而 $\frac{(-6)\times(-6)}{6}-12=-6$ 故也。

三式有 $天^2+28=11天$ 求天之同數。先以本式移作 $天^2-11天=-28$ 乃依法配

成正平方得 天二丅一天丄$\frac{一}{四}$=$\frac{四}{一}$丅八 即 天二丅一天丄$\frac{一}{四}$=$\frac{一}{四}$九 兩邊各開平方得 天丅$\frac{一}{二}$=丄$\frac{七}{二}$ 所以得 天=$\frac{一}{二}$丄$\frac{七}{二}$ 即 天=丄七 或 天=丅四 觀一二兩題所求得天之兩同數俱爲一正一負而此式中所得天之兩同數俱爲正。如試之即知所得之兩箇正數俱可解其本式。因 ... 而 ... 故也。

第九十款 初觀二次式之解法其未知之數每有兩箇各異之同數人未免疑之應再細察其究因何故而能然則知不但二次式如此即多次式亦然惟以上所論二次式之理覺尚未詳

第九十一款 今將前八十九款中第一題之式再詳論之。

如以 天二丄二天丅三五 式之各項盡聚于左邊爲 天二丄二天丅三五=〇 則知若能尋得一箇數目可代其式中之天而令左邊各項之總數等于〇者則其所用之一箇數目即爲天之同數無疑

惟 天二丄二天丅三五 又爲 天丅五 與 天丄七 相乘之積數所以知 (天丅五)(天丄七)=〇 凡兩數中如有一數爲〇則其相乘而得之積亦爲〇所以 天丅五 與 天丄七 兩式中若任有一式等于〇則其相乘而得之積皆可等于〇若 天丅五=〇 則 天=五 若 天丄七=〇 則 天=丅七 所以 天二丄二天丅三五 之式其天可有兩箇同數一爲丄五一爲丅七則與前款中所得之數相合。

第九十二款 前款專取一箇二次式論之其各理已如此則推之凡有二次式其理莫不皆然。

如有式 天二丄巳天=午 移其項聚于一邊爲 天二丄巳天丅午=〇 則恒必能尋得兩箇乘數如 天丅甲 與 天丄乙 能令 天二丄巳天丅午=(天丅甲)(天丄乙) 其甲乙爲巳知之數不過憑本式中巳知之數巳午而得如果 (天丅甲)(天丄乙)=〇 則非 天丅甲=〇 必 天丄乙=〇 則可見 天二丄巳天丅午=〇 天二丄巳天=午 無論以爲 天=丄甲 或以爲 天=丅乙 俱可解之。

由以上所論之理可見凡一箇二次之式中其天之同數只能有兩箇

如果天之同數能有三箇或多箇則必能將 天²乙巳天丅午 化得等多之乘數 天丅丙 天丅丁 等式惟因乘數若有兩箇以上則其相乘而得之積其各項中必有天之三方或多方今觀 天²乙巳天丅午 之式中無有過天之二方者所以知斷不能有多于兩箇之同數

第九十三款

前款已證明爲 天²乙巳天丅午 天丅甲 與 天丅乙 兩箇相乘之積今本款將此兩箇乘數窮究其情狀

如將 天丅甲 與 天丅乙 相乘得 天²丅(乙丅甲)天甲乙 此式既必等于 天²乙巳天丅午 則可見 乙丅甲＝巳 而 甲乙＝午 若將兩邊之項俱變其號則得 丅甲丅乙＝丅巳 丅甲乙＝丅午 所以如用 丄甲 與 丅乙 爲 天²乙巳天＝午 之根則易知 丅甲丅乙 爲其兩根之和而 丅甲乙 必爲

其兩根相乘之積所以從 丅甲丅乙＝丅巳 丅甲乙＝丅午 兩式得凡二次式各根之公理如左

凡二次式如 天²乙巳天＝午 其兩根之和必等于 丅巳 即第二項倍數變號之式也又其兩根相乘之積必等于 丅午 即已知數之項變號之式也

由以上之理可以解二次式各根之題而不必全解其式

即如觀其不函未知元之項午若爲正號則其式必

有一箇正根一箇負根如午項爲負則其式之兩根或俱爲正或俱爲負又可見午爲正者則其小根之號必與第二項同若午爲負者則兩根之號必皆與第二項異

第九十四款 由上款之理得一公法可爲任二次式之公解法因 天²乙巳天＝午 式之根不過欲求兩箇數其相乘則等于 丅午 相加則等于 丅巳 則此兩數即可爲天之兩箇同數亦即爲本式之兩箇根

所以且不要理會其兩根之正負如何而姑以亥與八

代之則 $亥+人=-巳$ (一)、$亥人=午$ (二)。以(一)式之兩邊各自乘而以四乘(二)式減之則得 $亥^2-2亥人+人^2=巳^2-4午$，即 $(亥-人)^2=巳^2-4午$，所以 $亥-人=\pm\sqrt{巳^2-4午}$ (三)。由(一)(三)兩式以得 $亥=\frac{-巳\pm\sqrt{巳^2-4午}}{2}$、$人=\frac{-巳\mp\sqrt{巳^2-4午}}{2}$。如果 $亥=\frac{-巳+\sqrt{巳^2-4午}}{2}$ (甲)，則必得 $人=\frac{-巳-\sqrt{巳^2-4午}}{2}$ (乙)。又如果 $亥=\frac{-巳-\sqrt{巳^2-4午}}{2}$ (丙)，則必得 $人=\frac{-巳+\sqrt{巳^2-4午}}{2}$ (丁)。惟(甲)(乙)二式中亥之同數必等于(丙)(丁)二式中人之同數，反之亦然，所以亥與人兩根不過有彼此互易之兩箇同數，即 $\frac{-巳\pm\sqrt{巳^2-4午}}{2}$ 及 而已。此與第八十九款所得之理同。

第九十五款　由以上之說可見凡二次之式如 $天^2+巳天=午$ 者，其根式恒必有 $\sqrt{巳^2+4午}$ 在其內，所以 $巳^2+4午$ 必為正號之數。因其若為負數，則負數之平方根恒不能求得，故天之同數亦不能得。

假如有二次式 $天^2+13=4天$，即 $天^2-4天=-13$，欲求天之同數，則依法求之，必得式為 $天=2\pm\sqrt{-9}$，而此式中必須求 -9 之平方根，是為不合于理，所以其本式必本來不合于理。其所以不合于理之處不難看出，因 $巳=-4$、$午=-13$，則其本式之兩箇根若依九十三款之例，俱應為正；又其兩根之和數應等于四，而兩根相乘之數應等于 13，此其所以于理不合也。

第九十六款　雖此種虛式之根在解二次之式中無有一定之用處，不過可藉以明題之界限不合，故不能解而已。然在各種算學深妙之處，往往用此虛式之根以講明深奧之理，亦可以解甚奇之題，比他法更便。大抵算理愈深愈可用之。

以上所論二次式 $天^2+巳天=午$ 之解法，若推廣之至 $天^{2卯}+巳天^{卯}=午$ 等類之式，俱可用之。蓋此種多次式內其未知之數天只在第一第二兩項中，而在第一項之指數倍于在第二項

之指數設令 $天^{卯}=地$ 則 $天^{二卯}=地^{二}$ 所以 $天^{二卯}+巳天^{卯}=午$ 可變而為 $地^{二}+巳地=午$ 則亦為平常之二次式矣故其地之同數易于求得又因 $天=\sqrt[卯]{地}$ 則天之同數亦易求得。

第九十七款　雖每一箇二次式可有兩根而尋常所遇者不過有一根可用其又一根不合于題理者居多如負號之根往往如此。

如題中未知之數為多少若干人多少若干日等類之數則布算之時若不理會其正負則往往得二次式

如 $天^{二}+巳天=-午$ 其兩根俱為負數如遇此等之式則其題意必有誤處然若能改其誤處即可得別箇二次式其兩根可俱為正數。

第九十八款　茲設數題以明二次式之用法為本卷之末。

一題　求分十箇為大小二分以大小二分之平方數相并等于五十八。

設以天代其任一分則 $一〇-天$ 為其又一分所以如題得

$$天^{二}+(一〇-天)^{二}=五八$$

即

$$天^{二}+一〇〇-二〇天+天^{二}=五八$$

即

$$二天^{二}-二〇天=五八-一〇〇$$

即

$$二天^{二}-二〇天=-四二$$

即

$$天^{二}-一〇天=-二一$$

配成平方得

$$天^{二}-一〇天+二五=二五-二一=四$$

兩邊各開平方得 $天-五=\pm\sqrt{四}$ 即 $天-五=\pm二$ 故 $天=五\pm二$ 而得 $天=七$ 或 $天=三$ 如以七為天之同數則其又一數 $一〇-天$ 之同數必為三如以三為天之同數則其又一數必為七可見天之大小兩同數有互相對代之妙此因兩箇數在題中相關之理必得如此。

所以能解此題之數惟七與三。

二題　求大小兩數相乘為二十八而大數之兩倍加小數之三倍共為二十六。

以天代其大數地代其小數則如題可得二箇方程式

$地天=二八$ (一)

$二天+三地=二六$ (二)

從(一)式得 $地=\frac{二八}{天}$ 從(二)式得 $地=\frac{二六-二天}{三}$ 所以 $\frac{二六-二天}{三}=\frac{二八}{天}$

化之得 $二六天-二天^{二}=八四$ 即 $二天^{二}-二六天=-八四$ 所以 $天^{二}-一三天=-四二$ 配成平方得 $天^{二}-一三天+\frac{一六九}{四}=\frac{一六九}{四}-四二=\frac{一}{四}$ 兩邊各

開平方得 $天-\frac{一三}{二}=\pm\frac{一}{二}$ 所以 $天=\frac{一三}{二}\pm\frac{一}{二}$ 則得 $天=七$ 或 $天=六$ 惟因 $地=\frac{二八}{天}$

故又得 $地=4$ 及 $地=\frac{3}{14}$ 如此卽得兩幅同數俱可合題其一幅爲 $天=7$ $地=4$ 其又一幅爲 $天=6$ $地=\frac{3}{14}$ 除此二幅之外斷不能再有他數可合此題

三題 有幾人于酒店中請二客及店家報賬共計錢一百七十五元每人均分出之又因二客不應出錢所以均攤于主人每人多出十元求人數若干

以天代統共人數則各人均出之錢爲 $\frac{天}{175}$ 惟因二客不出錢所以每人必共出錢爲 $\frac{175}{天-2}$ 如題得相等之式爲 $\frac{175}{天-2}-\frac{175}{天}=10$ 化之得 $175天-175天+350=10天^2-20天$ 卽 $10天^2-20天=350$ 卽 $天^2-2天=35$ 配成平方得 $天^2-2天+1=35+1$ 卽兩邊各開平方得 $天-1=\pm6$ 卽 $天=1\pm6$ 所以得 $天=6+1=7$ 或 $天=-6+1=-5$ 而此負根斷不能用故其所求之數必等于七

四題 有店家賣出呢一匹其價二十四元計算其所獲之利如呢之原價（謂其獲利百分之幾如其買進此呢之價也）求呢之原價若干

令原價爲天則其利爲 $24-天$ 依題理得比例式 $100:天::天:24-天$ 令中間兩率相乘之數等于外兩率相乘之數則得 $2400-100天=天^2$ 卽 $天^2+100天=2400$ 配成平方得 $天^2+100天+2500=4900$ 兩邊各開平方得 $天+50=\pm70$ 所以得 $天=+20$ 或 $天=-120$ 而此負號之根亦斷不能用所以呢之原價必爲二十元

五題 有販羊客人買得羣羊共價一千二百元陸續售出已得價一千〇八十元尚餘十五羊計每售出一羊得利二元求羣羊之數及每一羊之原價各若干

令天爲羣羊之數則每一羊之原價爲 $\frac{1200}{天}$ 其售去之羊數爲 $天-15$ 其每羊賣出之價爲 $\frac{1200}{天}+2$ 而其賣羊共

得之錢應為 天丅一五（天/一二〇〇丄三） 依題理此式必與 一〇八〇 相等所以得 天丅一五（天/一二〇〇丄三）＝一〇八〇 化之得 天丄四五天＝一〇九〇〇 配成平方得 天丄四五天丄四/二〇二五＝四/四八〇二五 兩邊各開平方則得 天丄二/四五＝二/二一九 其正號之根為 天＝七五 即羣羊之數而 七五/一二〇〇＝六 為每羊之原價。

六題 設原數為兩位之數若以其兩位皆作單位相乘以約其原數則得三若以十八與本數相加則其數仍為兩位而與原數易位之式相同。

命天與地各代原數之一位則原數之式為 一〇地丄天 而其易位之式為 一〇天丄地 故如題得方程式 天地/一〇地丄天＝三 ㈠ 一〇天丄地丄一八＝一〇地丄天 ㈡ 從㈠式得 地＝三天/一〇天丅一 從㈡式得 地＝天丄二 所以 天丄二＝三天/一〇天丅一 以此式化之得 三天丄五天丅二＝一〇天 即 天丅三/五天＝三/二 配成平方得 天丅三/五天丄三六/二五＝三/二丄三六/二五＝三六/四九 兩邊各開平方則得 天丅五/三＝丄七/三六 所以得 天＝二 或 天＝丅三/一 惟此所得之負根斷不能用而只可用正根 天＝二 又因 地＝天丄二＝四 所以求得其原數為二十四。

七題 有兩數相乘之數為一百而兩數之平方根相較為三求其數各幾何。

以天代其一數則其第二數為 天/一〇〇 依題中之理得 [illegible] 化之得 一〇丅天＝三丅天 即 天丄三天＝一〇 配成平方得 天丄三天丄四/九＝四/四九 兩邊各開平方得 天丄二/三＝丄二/七 所以 天＝五 或 天＝丅二 故得 天＝二五 或 天＝四 如以天為等于四

則其第二數爲$\frac{一〇〇}{四}=二五$如以天爲等于二五則第二數爲四此兩數俱于題理相合

八題　有兩數之相乘爲六而其兩立方數之和爲三十五求兩數若干

以天代其一數則其又一數爲$\frac{六}{天}$乃依題中之理得$天^{3}+\frac{二一六}{天^{3}}=三五$所以$天^{6}+二一六=三五天^{3}$即$天^{6}-三五天^{3}=-二一六$以地代天之立方得$地^{2}-三五地=-二一六$如法配成平方又以兩邊之式各開平方移其已知之數于一邊則得$地=二七$或$地=八$因$天^{3}=地$故得$天=三$或$天=二$如以天爲等于三則其又一數必爲二如以天爲等于二則其又一數必爲三故所求之兩數必爲二與三

總言之如所求之兩數其在題中之作用彼此相等者則此兩數必爲二次式之兩根推之多數之在任何次式中者其理亦然

與化劉彝程校算

代數術卷十

英國華里司輯

英國　傅蘭雅　口譯
金匱　華蘅芳　筆述

論各次式之總理

第九十九款　前卷已論二次式之解法今此卷不能徑論三次及多次式之解法必先講明各次之式有總理數事又必論明數箇變法以爲後來解各次式時求變式之用

無論何次之式可以盡移其各項于一邊而令又一邊之數爲〇則仍爲相等之式

如有四次之式可書之爲$天^{4}+巳天^{3}+午天^{2}+未天+申=〇$式中之天爲未知數其巳午未申俱爲已知之數或正或負俱可又必令天之最大次之方其倍數爲一如其倍數本非一者則可依六卷之法化之務令其倍數爲一

各項照此排列之後若能查得一箇數以代其式中之天而令左邊各項之總數亦爲〇者則其所得之數即可解此多次之式且其所查得之數無論或爲整數或

爲分數或爲虛式必可爲本式之一根。惟前巳言二次之式必有兩根或爲實數或爲虛式所以八可揣知二次以上任若干次之式亦必有若干根。觀以下之例則可見前所揣知之事必有其理而下例在論各次式之總理中實爲最要。

例曰無論何次之式若以甲代其根而變之必能以 $天丅甲$ 度之。

如有四次之式 $天^{四}丄巳天^{三}丄午天^{二}丄未天丄申=〇$。若以甲代其天爲 $甲^{四}丄巳甲^{三}丄午甲^{二}丄未甲丄申=〇$。以減其原式則得 $天^{四}丅甲^{四}丄巳(天^{三}丅甲^{三})丄午(天^{二}丅甲^{二})丄未(天丅甲)=〇$。此式可以 $天丅甲$ 度之。蓋無論何數設其式爲 $天^{卯}丅甲^{卯}$ 而其卯爲正整數則其卯次之式必等于 $(天丅甲)(天^{卯丅一}丄甲天^{卯丅二}丄甲^{二}天^{卯丅三}丄\cdots\cdots丄甲^{卯丅二}天丄甲^{卯丅一})$。此式可以乘法證之。若令卯＝四，又卯＝三，又卯＝二，又卯＝一，則必得各次之式

$天^{四}丅甲^{四}=(天丅甲)(天^{三}丄甲天^{二}丄甲^{二}天丄甲^{三})$

$天^{三}丅甲^{三}=(天丅甲)(天^{二}丄甲天丄甲^{二})$。

$天^{二}丅甲^{二}=(天丅甲)(天丄甲)$。

$天丅甲=(天丅甲)$。

以上各式中若以天之同方各項聚而并其倍數則合成一式爲 $(天丅甲)[天^{三}丄(甲丄巳)天^{二}丄(甲^{二}丄巳甲丄午)天丄甲^{三}丄巳甲^{二}丄午甲丄未]=〇$。所以此式中若以 $巳'$ 代其 $甲丄巳$，而以 $午'$ 代其 $甲^{二}丄巳甲丄午$，又以 $未'$ 代其 $甲^{三}丄巳甲^{二}丄午甲丄未$，則其式爲 $天^{四}丄巳天^{三}丄午天^{二}丄未天丄申=(天丅甲)(天^{三}丄巳'天^{二}丄午'天丄未')$。所以原式 $天^{四}丄巳天^{三}丄午天^{二}丄未天丄申$ 以 $天丅甲$ 約之其約得之式必爲 $天^{三}丄巳'天^{二}丄午'天丄未'$。而此數亦必爲整數因無論何次之式皆可以此

法入之故可為本例之證。

已攷得（天丅甲）（天⊥巳天⊥午天⊥未）＝〇　又因任幾數相乘之積，如其乘數中有一數等于〇，則其積亦必等于〇，所以知此式中不獨因天丅甲＝〇之時可以令原式等于〇，即天⊥巳天⊥午天⊥未＝〇亦可令原式為〇。

今又以乙代天⊥巳天⊥午天⊥未＝〇之根，而依前例令巳等于乙⊥巳，又令午等于乙⊥巳乙⊥午，則又變得天⊥巳天⊥午天⊥未＝（天丅乙）（天⊥巳天⊥午）＝〇　又以同法作天⊥巳天⊥午＝〇，即知如以丙代其一根而變之，必得天⊥巳天⊥午＝（天丅丙）（天⊥丙⊥午）＝〇　所以如再以丁代其天⊥丙⊥午＝〇之一根，則至末必得天⊥巳天⊥午天⊥未天⊥申＝（天丅甲）（天丅乙）（天丅丙）（天丅丁）　又因其各乘數天丅甲、天丅乙、天丅丙、天丅丁皆可等于〇，則可知天必有四箇各異之同數俱與原式天⊥巳天⊥午天⊥未天⊥申＝〇相合，即天＝甲、天＝乙、天＝丙、天＝丁四數也。

以上所論不過任取一四次式作一樣子而已，須知無論若干次之式俱可以同例推之，所以知凡多次之式必為數箇簡次之式相乘而得，其簡次乘數之箇數必等于其多次式之次數，所以無論幾次之式，其所有之若干根數必等于式中最大之方指數（如最大之方指數為卯，則其根必有卯箇是也）。

第一百款　如上款之論，以任何次之式為天丅甲、天丅乙、天丅丙等等相乘之積，即能查出任何次式之根與其各項中之倍數皆有相關之理甚奇。

如以上款之原式而令其四箇根為甲乙丙丁各數，則

天⁴⊥申天³⊥未天²⊥午天⊥巳＝〇之式即為

(天丅甲)(天丅乙)(天丅丙)(天丅丁)＝〇則依乘法得

天⁴丅{甲⊥乙⊥丙⊥丁}天³⊥{甲乙⊥甲丙⊥甲丁⊥乙丙⊥乙丁⊥丙丁}天²丅{甲乙丙⊥甲乙丁⊥甲丙丁⊥乙丙丁}天⊥甲乙丙丁＝〇

以同天方之各倍數相比則

丅甲丅乙丅丙丅丁＝申
甲乙⊥甲丙⊥甲丁⊥乙丙⊥乙丁⊥丙丁＝未
丅甲乙丙丅甲乙丁丅甲丙丁丅乙丙丁＝午
甲乙丙丁＝巳

無論何次式俱可以同法入之故由此得下三例為各次式最要之公理

一例　無論何次之式其第二項之倍數若反其號必等于各根之和數

二例　無論何次之式其第三項之倍數必等于各根兩兩互乘之和積

三例　無論何次之式其第四項之倍數反其號必等于各三根連乘之和積　四項以下照此類推而其末項必等于各根反號連乘之積

任多次之式不必專以為若干箇一次式相乘而得亦可以為幾箇多次式相乘而得惟其各次式次數之和必等于原式之次數

如四次之式可以為一次式與三次式相乘而得亦可為兩箇二次式相乘而得

第一百〇一款　如以卯代任何式之次數而其式可為兩箇箇次之式相乘而得如前款之言則其式之乘數可以有卯箇一次式惟若思此簡次式之乘數兩兩相配則必得二次式而此二次式之數亦可為原式之乘數

所以照此相配之法可得 卯(卯丅一)/一·二 則任何次之式皆可有 卯(卯丅一)/一·二 箇之二次式為其乘數

即如 天⁴⊥申天³⊥未天²⊥午天⊥巳＝〇 前已言等于 (天丅甲)(天丅乙)(天丅丙)(天丅丁)＝〇 而此式可用兩箇二次式相乘而得故其有六式即

(天丅甲)(天丅乙)·(天丅丙)(天丅丁)
(天丅甲)(天丅丙)·(天丅乙)(天丅丁)
(天丅甲)(天丅丁)·(天丅乙)(天丅丙)
(天丅乙)(天丅丙)·(天丅甲)(天丅丁)
(天丅乙)(天丅丁)·(天丅甲)(天丅丙)
(天丅丙)(天丅丁)·(天丅甲)(天丅乙)

由此可見兩箇

二次式相乘所得之四次式可有 $\frac{四\times三}{一\times二}$ 卽有六箇四次式也.

準此推之若將其一次之乘數式三三相配可得其三次乘數式之箇數.

如有卯次之式其乘數若爲三次式則必有 $\frac{卯(卯-一)(卯-二)}{一\cdot二\cdot三}$ 箇乘得之式其他依此類推.

第一百○二款 無論何次式若其根俱爲正數則其各單次之乘數必爲 $天-甲$, $天-乙$, $天-丙$ 等式因算時欲省功夫故但記其連乘而得之式爲 $天^{三}-巳天^{二}+午天-未=○$ 其 $巳=甲+乙+丙$ 其 $午=甲乙+甲丙+乙丙$ 其 $未=甲乙丙$ 而其式中各項之號必正負相間故由此得下例.

例 無論何次式若其各根俱爲正者則式之各項必正負相間.

若式之各根俱爲負數則其乘數爲 $天+甲$, $天+乙$, $天+丙$ 若令其連乘之式中巳午未各同于前其式必爲 $天^{三}+巳天^{二}+午天+未=○$ 由此又得下例.

例 無論何次式若其各根俱爲負者則式之各項非正負相間.言其或俱爲正項或俱爲負項也

第一百○三款 無論何次之式若其各根俱爲實根有眞數可言者爲實 則其正根之箇數必等于式之各項幾番異名之數而其餘各根必爲負數.案此卽異名相步得正商同名相步得負商之理也

惟其根若爲虛者.無眞數可言者爲虛根 則非正非負不能視其各項之正負而知之.

如觀第九卷之論已知二次式可用此法以審其實根之正負矣而多次式中若有幾根爲正幾根爲負者用此法亦可通之.

假如有三次式其一根爲正而其餘兩根爲負則其乘數爲 $天-甲$, $天+乙$, $天+丙$ 而其連乘所得之式可書之如左.

$$天^{三}\left.\begin{array}{l}-甲\\+乙\\+丙\end{array}\right\}天^{二}\left.\begin{array}{l}-甲乙\\-甲丙\\+乙丙\end{array}\right\}天-甲乙丙=○$$

觀此式可見其各項正負之號只能有一番異名如其首項已爲正而末項已爲負若其第二項亦爲負則 $乙+丙$ 必小于甲故 $(乙+丙)^{二}$ 必小于 $(乙+丙)甲$ 而 $(乙+丙)^{二}$ 必大于乙丙所以乙丙必小于 $(乙+丙)甲$ 卽乙丙小于 $甲乙+甲丙$ 所以其第三項亦必爲負

假如有三次式其兩根爲正一根爲負則其乘數必爲$天-甲$、$天-乙$、$天+丙$而其連乘所得之式如左

$$\left.\begin{matrix}天-甲\\天-乙\\天+丙\end{matrix}\right\}天^3\left\{\begin{matrix}-甲\\-乙\\+丙\end{matrix}\right\}天^2\left\{\begin{matrix}+甲乙\\-甲丙\\-乙丙\end{matrix}\right\}天+甲乙丙=0$$

觀此式可見其各項正負之號必有兩番異名因其首項爲正而第二項中之甲+乙大于丙則其第二項必爲負而其末項已爲正故無論第三項之爲正爲負而全式各項之號必兩番異名也　如其甲+乙小于丙則第二項爲正然第三項中之甲乙必小于甲丙+乙丙所以其第三項必爲負

所以無論何次式其正根之數必恆等于各項幾番異名之數

第一百〇四款　由以上所論知式中各項之倍數必從其根而生可見其各根如爲實數則其各項中之倍數亦必爲實數如反之云各項中之倍數爲實數其各根亦爲實數則不能通因倍數爲實數者其根未必一定爲實數也

如前卷中所證凡二次式如$天^2+巳天+午=0$其巳午爲實數其根有時俱爲虛式是也

二次式之兩根如爲虛數則求其根必得以下二式$甲+\sqrt{-乙}$、$甲-\sqrt{-乙}$此二式可變之爲$甲+乙\sqrt{-1}$、$甲-乙\sqrt{-1}$所以其乘數之式爲$天-甲-乙\sqrt{-1}$、$天-甲+乙\sqrt{-1}$兩式相乘得$天^2-2甲天+甲^2+乙^2=0$由此可見兩箇虛數之式其相乘所得之式有時亦有爲實數者而從此亦可知二次式中虛根之來歷

第一百〇五款　從上款之說可見凡各次之實式除非有偶箇虛乘數其式兩兩各有$天+甲+乙\sqrt{-1}$或$天+甲-乙\sqrt{-1}$之形者此外不能再有由虛乘數而成之實式（因將三箇或別奇箇之虛式無論其形如何而其相乘而得之積必仍爲虛數故也）

如將$天+甲+乙\sqrt{-1}$、$天+甲-乙\sqrt{-1}$、$天+丙+丁\sqrt{-1}$、$天+丙-丁\sqrt{-1}$四箇虛式中任取三箇連乘之其所得之積必有虛式在其中惟再以所賸之一箇虛式乘之則必變爲實數　由此得各次根式之公例

一例　凡各次式虛根之個數必爲偶．

二例　凡奇次之式其各根中至少必有一根爲實．

三例　凡偶次之式若有一根爲實則必再有奇個實數之根．

第一百〇六款　茲將欲解多次式時所必用之數種變法講明之．

凡各次式可將其正根變爲同值之負根而其各負根亦可變爲同值之正根．

法從第二項起每間一項反其正負之號則原式之正根變爲此式負根而原式之負根變爲此式正根．

如欲證明此法則將

(天丅甲)(天丅乙)(天丅丙)＝〇　(一)

(天⊥甲)(天⊥乙)(天⊥丙)＝〇　(二)

其(一)式之正根與(二)式之負根同值(一)式之負根與(二)式之正根同值而兩式之各乘數乘得之積如左．

天³{丅甲 丅乙 ⊥丙}天²{⊥甲乙 丅甲丙 丅乙丙}天⊥甲乙丙＝〇

天³{⊥甲 ⊥乙 丅丙}天²{⊥甲乙 丅丙甲 丅乙丙}天丅甲乙丙＝〇

觀上兩式可見第一項及第三項之號在兩式中均相同而第二項及第四項之號在兩式中均相反此不獨在三次之式如此卽在任何次式亦莫不如此．

第一百〇七款　凡各次式有時可變爲他式而令他式中之各根與原式之各根相較合于所設之數

如有式 (天丅甲)(天丅乙)(天⊥丙)＝〇 欲變爲他式而令變式之根比原式之根其或大或小之數等于巳知之數卯．

因其原式之根爲⊥甲 ⊥乙 丅丙而變式之根或大或小于⊥甲 ⊥乙 丅丙之數爲卯所以其變式之根必爲⊥甲±卯 ⊥乙±卯 丅丙±卯則其變得之式必爲

(地∓卯丅甲)(地∓卯丅乙)(地∓卯⊥丙)＝〇

觀此式易知下例之爲眞．

例曰　若欲令變式之根大于原式之根爲卯可將地丅卯代其各乘數中之天．若欲令變式之根小于原式之根爲卯則以地⊥卯代其各乘數中之天．依此例則能變得他式其根之大小于原式之根必等于所設之數卯．

第一百〇八款　用上款之法可將任何次之式變爲他式令其根俱爲正或俱爲負但前法之大用處爲能將三次式四次式變爲本次式而其第二項爲〇則由此而三次四次之式易于解矣

即如 $天^{3}+巳天^{2}+午天+未=〇$ 爲任何種三次式之公式如于此式中以 $地-\frac{巳}{三}$ 代其各乘數中之天則其乘得之式如左

$地^{3}\left\{\begin{array}{l}+卯 \\ -巳 \\ +午 \\ +未\end{array}\right\}=〇$

觀此則易知如欲令上式之第二項爲空不過要設想其 $三卯+巳=〇$ 準此式則得 $卯=-\frac{巳}{三}$ 如此則可以 $-\frac{巳}{三}$ 代其各項中之卯

則其變得之式必爲 $地^{3}+\left(午-\frac{巳^{2}}{三}\right)地+\frac{二巳^{3}}{二十七}-\frac{巳午}{三}+未=〇$ 再以午代其 $-\frac{巳^{2}}{三}$ 以未代其 $\frac{二巳^{3}}{二十七}-\frac{巳午}{三}+未$ 則得 $地^{3}+午地+未=〇$ 此式中即無地^{2}之項

第一百〇九款　凡各次之式欲變爲本次之他式而其第二項爲〇有公法

其法曰將本式第二項之倍數以第一項之指數約之而反其號又另取一未知之元與之相加乃以其和數之式代原式中未知數之元則變得他本次式其第二項爲空

用此法可以解任何二次之雜方式因能變得他二次式其次項爲空則與二次之正方式無異故易解也

如有二次雜方式 $天^{2}+六天+五=〇$ 以 $地-\frac{六}{二}$ 代其天得 $\left.\begin{array}{l}地^{2}-六地+\frac{三十六}{四} \\ \quad\quad+六地-\frac{三十六}{二} \\ \quad\quad\quad\quad+五\end{array}\right\}=〇$ 即 $地^{2}-四=〇$ 則開平方即得 $地=\pm二$ 惟又因 $天=地-三$ 則 $天=\pm二-三$ 故得 $天=-一$ 或 $天=-五$

第一百十款　前於第一百款中已言凡各次之式其第二項之倍數若反其號即與各根相并之數相等則亦必等于各正根之和與各負根之和相較之數所以若第二項變爲空則其各正根之和數必與各負根之和

數相等

第一百十一款　凡各次雜方式不但可變之令其第二項爲空亦可變之令任一項爲空其法與變第二項爲空之法相似

卽如一百〇八款之式

$地^{3}+(三卯+巳)地^{2}+(三卯^{2}+二巳卯+午)地+(卯^{3}+巳卯^{2}+午卯+未)=○$

令第三項

$三卯^{2}+二巳卯+午=○$

則

解此二次式可得卯之同數將卯之同數代入前式中則其第三項可消去所以後卷中解三次雜方式有可令第三項爲空之法

第一百十二款　又有一種變法用之于解各次雜方式時甚便因其法可將式之各項中分數之倍數變爲他本次式其各項中倍數皆爲整數而首項之倍數仍爲一所以甚便

設有式

$天^{3}+\frac{甲}{巳}天^{2}+\frac{乙}{午}天+\frac{丙}{未}=○$

欲變爲整倍數則令

$地=甲乙丙天$

卽

$天=\frac{甲乙丙}{地}$

以此代入原式則變爲

$\frac{甲^{三}乙^{三}丙^{三}}{地^{三}}+\frac{甲^{三}乙^{二}丙^{二}}{巳}地^{二}+\frac{甲乙^{二}丙}{午}地+\frac{丙}{未}=○$

以

$甲^{三}乙^{三}丙^{三}$

乘之得

$地^{三}+乙丙巳地^{二}+甲^{二}乙丙^{二}午地+甲^{三}乙^{三}丙^{二}未=○$

則各項中無分數之倍數而其未知數最大之方其倍數仍爲一

此種變法可以下公法入之

公法曰另取一未知之元地而以各項中分母連乘之數約之以代原式中未知之數再以常法化之卽得

惟其原式若爲

$天^{三}+\frac{甲}{巳}天^{二}+\frac{甲}{午}天+\frac{甲}{未}=○$

之形其分數爲同母者則可以地代其甲天卽

$天=\frac{甲}{地}$

則其式變爲

$\frac{甲^{三}}{地^{三}}+\frac{甲^{三}}{巳}地^{二}+\frac{甲^{二}}{午}地+\frac{甲}{未}=○$

化之得

$地^{三}+巳地^{二}+甲午地+甲^{二}未=○$

爲所求之式

與化劉彝程校算

代數術卷十一

英國華里司輯　英國傅蘭雅口譯　金匱華蘅芳筆述

論三次之正雜各方式解法

第一百十三款　三次之各方式並三次以上各方式皆可分為二種其一種為正方一種為雜方其例與二次式分類之法同

三次之正方式或如 $天^{三}=一二五$ ㈠ 或如 $天^{三}=-二七$ ㈡ 其公式為 $天^{三}=未$

由此可見如欲將㈠㈡兩式各求其天之同數只須兩邊各開立方即可從㈠式得 $天=+五$ 從㈡式得 $天=-三$ 其公式則為 $天=\sqrt[三]{未}$

入初觀 $天^{三}=未$ 之式必以為其天只有一箇同數即以 $未=丙^{三}$ 而從 $天-丙=〇$ 得 $天=丙$ 之一箇同數也惟此意卻是誤會其實不然蓋 $天^{三}-丙^{三}$ 可化得兩箇乘數一為 $天-丙$ 一為 $天^{二}+丙天+丙^{二}$ 則可見

除以上所得之同數 $天-丙=〇$ 之外尚有兩箇同數可從第二箇乘數 $天^{二}+丙天+丙^{二}=〇$ 而得所以如將 $天^{二}+丙天=-丙^{二}$ 之式解開之則可得 $\frac{-丙+\sqrt{-三丙^{二}}}{二}$ 及 $\frac{-丙-\sqrt{-三丙^{二}}}{二}$ 之兩式即 $\frac{-一+\sqrt{-三}}{二}丙$ 及 $\frac{-一-\sqrt{-三}}{二}丙$ 由此可見若有三次之正方式如 $天^{三}=丙^{三}$ 或如 $天^{三}-丙^{三}=〇$ 則其式之根必有三箇其式如下

$天=丙$ ㈠

$天=\frac{-一+\sqrt{-三}}{二}丙$ ㈡

$天=\frac{-一-\sqrt{-三}}{二}丙$ ㈢

其㈠式為實其㈡㈢兩式為虛　然如將天之兩箇虛同數各自乘再乘則其乘得之式必與天實同數之立方無異　如將其三箇乘數 $天-丙$、$天-\frac{-一+\sqrt{-三}}{二}丙$、$天-\frac{-一-\sqrt{-三}}{二}丙$ 連乘之即得 $天^{三}-丙^{三}=〇$ 即本式也

第一百十四款　以下所論三次雜方式其各項俱不空其公式為 $天^{三}+甲天^{二}+乙天+丙=〇$ 式中之甲乙丙為已知之或正或負之數

前于一百〇八款中已言無論何次式其項俱不空者可以變之令其第二項為空則依此法可變其公式之

第二項爲空.

如令 $天=地-\frac{帝}{三}$ 則依代法可將 $天^{三}+甲天^{二}+乙天+丙=○$ 變爲 $地^{三}+午地+未=○$ 其午未皆爲巳知之

或正或負之數如果能求得其變式中地之同數則

原式中天之同數亦易知因可憑 $天=地-\frac{帝}{三}$ 而得也

所以又于 $地^{三}+午地+未=○$ 之式中令 $地=亥+人$ 卽得式如左

$$\left.\begin{array}{l}亥^{三}+三亥^{二}人+三亥人^{二}+人^{三}\\ +午亥+午人\\ +未\end{array}\right\}=○$$

此式中有兩箇未知之數一爲亥一爲人

如能將此式分而爲二式則求亥人之同數更易

欲分前式爲二只有一法卽分之爲 $三亥^{二}人+三亥人^{二}+午亥+午人=○$ ㊀ $亥^{三}+人^{三}+未=○$ ㊁ 是也

其㊀式可化之爲 $(三亥人+午)(亥+人)=○$ 所以或 $亥+人=○$ 或 $三亥人+午=○$ ㊀ 惟若以爲 $亥+人=○$

則地必爲○. 然與 $地^{三}+午地+未=○$ 之理不合所以求其亥人二同

數只用 $三亥人+午=○$ ㊀ 及 $亥^{三}+人^{三}+未=○$ ㊁ 從㊀式得 $亥人=-\frac{午}{三}$ 而 $亥^{三}人^{三}=-\frac{午^{三}}{二七}$ 從㊁式得 $亥^{三}+人^{三}=-未$

巳有亥^三^與人^三^之和數又有亥^三^與人^三^相乘之積數

卽可由此以求亥人之同數惟此種題巳于論二次

各式時曾言之九卷末款第八題是也故可依同法入之卽可

得

$$亥^{三}=-\frac{未}{二}+\sqrt{\frac{午^{三}}{二七}+\frac{未^{二}}{四}}$$

$$人^{三}=-\frac{未}{二}-\sqrt{\frac{午^{三}}{二七}+\frac{未^{二}}{四}}$$

故得

$$亥=\sqrt[三]{-\frac{未}{二}+\sqrt{\frac{午^{三}}{二七}+\frac{未^{二}}{四}}}$$

$$人=\sqrt[三]{-\frac{未}{二}-\sqrt{\frac{午^{三}}{二七}+\frac{未^{二}}{四}}}$$

因 $地=亥+人$ 故得

$$地=\sqrt[三]{-\frac{未}{二}+\sqrt{\frac{午^{三}}{二七}+\frac{未^{二}}{四}}}+\sqrt[三]{-\frac{未}{二}-\sqrt{\frac{午^{三}}{二七}+\frac{未^{二}}{四}}}$$

則此式

卽爲地之一箇同數因其午未皆爲巳知之數所以

三次之式至此巳可爲解矣.

第一百十五款　惟上款之法所求得者不過地所能有之三箇同數中之一耳今本款欲求其他兩箇同數。因算式每以省便爲貴故于前款之末式中各以他字代之令

$甲=-\frac{未}{二}+\sqrt{\frac{未^{二}}{四}+\frac{午^{三}}{二十七}}$

$乙=-\frac{未}{二}-\sqrt{\frac{未^{二}}{四}+\frac{午^{三}}{二十七}}$

又于一百十三款中令

$角=\frac{-一+\sqrt{-三}}{二}$

$九=\frac{-一-\sqrt{-三}}{二}$

則依一百十三款之例可見亥與人各有三箇同數如下

$亥=\sqrt[三]{甲}$

$亥=角\sqrt[三]{甲}$

$亥=九\sqrt[三]{甲}$

$人=\sqrt[三]{乙}$

$人=角\sqrt[三]{乙}$

$人=九\sqrt[三]{乙}$

如欲知亥與人之某同數與何者相配必令

$亥人=-\frac{午}{三}=\sqrt[三]{甲乙}$

如能見

$角九=一$

則可得亥丄人之三箇同數如下

$亥+人=\sqrt[三]{甲}+\sqrt[三]{乙}$

$亥+人=角\sqrt[三]{甲}+九\sqrt[三]{乙}$

$亥+人=九\sqrt[三]{甲}+角\sqrt[三]{乙}$

所以能得地之三箇同數之式如下

$地=\sqrt[三]{甲}+\sqrt[三]{乙}$

$地=角\sqrt[三]{甲}+九\sqrt[三]{乙}$

$地=九\sqrt[三]{甲}+角\sqrt[三]{乙}$

此法名曰迦但之法（算學之士名迦但也）惟詳考之知其法不自迦但而始乃是大太里耶與弗里耶斯二算學士同時兩地各創之法也。

以上所論三次雜方式之解法可更變之爲簡便之式則易以平常之算法推之。

惟因

$亥人=-\frac{午}{三}$

所以

$人=-\frac{午}{三亥}=-\frac{午}{三\sqrt[三]{甲}}$

而其

$亥+人=\sqrt[三]{甲}-\frac{午}{三\sqrt[三]{甲}}$

則可見地之三箇同數其式如左

$地=\sqrt[三]{甲}-\frac{午}{三\sqrt[三]{甲}}$

$地=角\sqrt[三]{甲}-\frac{午}{三角\sqrt[三]{甲}}$

$地=九\sqrt[三]{甲}-\frac{午}{三九\sqrt[三]{甲}}$

第一百十六款　茲設一三次雜方式如法求之以明上法之用。

設有式

$天^{三}+三天^{二}+九天-一三=〇$

欲求天之各同數。

因此式各項俱全則第一事當依一百○九款之例變之爲他式使各項中代未知數之元無二爲指數

者故令 $地-一=天$ 則

$天^3=地^3-三地^2+三地-一$

$+三天^2=+三地^2-六地+三$

$+九天=+九地-九$

$-一三=-一三$

故其變得之式為 $地^3+六地-二〇=〇$ 將此式與公式 $地^3+午地+未=〇$ 相比則 $午=六$，$未=-二〇$ 用此同數代入 $甲=-\frac{未}{二}+\sqrt{\frac{未^2}{四}+\frac{午^3}{二七}}$ 式中則得 $甲^3=一〇+\sqrt{一〇八}$ 故 $甲=\sqrt[3]{一〇+\sqrt{一〇八}}$ 又用之于上款 $地=甲-\frac{午}{三甲}$ 之式中則得 $地=\sqrt[3]{一〇+\sqrt{一〇八}}-\frac{二}{\sqrt[3]{一〇+\sqrt{一〇八}}}$

惟因其兩項中各有一開平方之號在其內所以可先開得 $一〇八$ 之平方根以其根與 $一〇$ 相加再開其立方根則得 $\sqrt[3]{一〇+\sqrt{一〇八}}=二.七三二$ 之略數所以 $\frac{二}{\sqrt[3]{一〇+\sqrt{一〇八}}}=\frac{二}{二.七三二}=.七三二$ 由此可求得地之一箇同數為 $二.七三二-.七三二=二$ 即 $地=二$

上法所得 $\sqrt[3]{一〇+\sqrt{一〇八}}$ 之整數二不過為約略之實數耳然依此法亦可將一有形無數之虛式如 $甲+\sqrt{-三}$ 而求其立方根大抵其乙必為正數不然則不能求惟有時此種虛式之立方根可以借同式之虛數明之

如欲求 $一〇+\sqrt{一〇八}$ 之立方根可借一同式者如 $一+\sqrt{三}$ 求之如欲證之可將 $一+\sqrt{三}$ 自乘再乘即知所以得 $\frac{二}{\sqrt[3]{一〇+\sqrt{一〇八}}}=\frac{二}{一+\sqrt{三}}$ 等于 $\frac{二(一-\sqrt{三})}{(一+\sqrt{三})(一-\sqrt{三})}=-(一-\sqrt{三})$

所以能得 $地=一+\sqrt{三}+一-\sqrt{三}=二$ 即與前所得之數無異

欲求地之他兩箇同數法將上款之末兩式以 $\frac{-一+\sqrt{-三}}{二}$ 代其 $甲$ 以 $\frac{-一-\sqrt{-三}}{二}$ 代其 $\frac{午}{三甲}$ 又以角之同數 $\frac{-一+\sqrt{-三}}{二}$ 及亢之同數 $\frac{-一-\sqrt{-三}}{二}$ 代還之則得

$地=\frac{-一+\sqrt{-三}}{二}\times(一+\sqrt{三})+\frac{-一-\sqrt{-三}}{二}\times(一-\sqrt{三})$

$=-一+\sqrt{-九}$

$地=\frac{-一-\sqrt{-三}}{二}\times(一+\sqrt{三})+\frac{-一+\sqrt{-三}}{二}\times(一-\sqrt{三})$

$=-一-\sqrt{-九}$

所以其得地之三

箇同數爲 又因 故得天之三箇同數爲
  觀此可見原式之三箇根其中有一根爲
實數兩根爲虛式

求此兩箇虛根之式更有一法依九十九款之例因其
一箇實根爲 則其原式必可以 度之如合其約
得之式等于○即得 則爲二次式以二次式之常

法解之得 即與前所得之兩箇虛式無異

第一百十七款

如依一百十四十五兩款之法解 之式必須求
之平方根惟如果其式如 則此數爲正數其方根
之數或可求得其密率或可求其畧數俱無甚難處
惟因其式中午與未兩箇倍數彼此各自爲主不能互

相關會則午可爲負而其 若大于 則 必
爲負數所以其平方之根可爲虛數

茲設一式于後以爲則

如其式爲 則
  所以依一百十五
款之例得 所以得地之三箇同數如左

  觀此三箇根式皆有虛形惟依十卷
中論各次式之總理凡三次式至少必有一箇實根
而此三箇虛形之根若證之則皆能爲實根因依乘
法可得虛數 爲 之立方 爲 之立方所以用
此法能將前此所得地之三箇虛形之根式可顯之
爲實數如左

地＝丅天丄午天丅午天……
(一)
地＝……
(二)
地＝……
(三)
則地之三箇同數皆爲實數

第一百十八款

由前款之法知 天丅午天丄未＝〇 之式其根如俱爲實根者則午必爲負且其 三午 必大于 四未 如反言之則云 三午 大于 四未 者則其根俱爲實數

設甲爲所設之實根則 天丅午天丄未＝〇 猶之 甲丅午甲丄未＝〇 所以依減法之例可減得 天丅甲丅午(天丅甲)＝〇 兩邊各以 天丅甲 約之則爲 天丄甲天丄甲丅午＝〇 此二次之式由本式之餘兩箇根而來若將此二次式如常法解之即

可得 天＝丅甲丄√(四午丅三甲) 因依本款之例各根若俱爲實數者則午必爲負數又必大于 三甲 否則其 √(四午丅三甲) 必爲虛數

如將午變其號令 午＝三甲丁 則 天丅午天丄未＝〇 式之根必爲 甲 丅甲丄丁 丅甲丅丁 其丁爲正數

此三箇根式中不過有甲丁二數若欲求其與未相當之數可于 甲丅午甲丄未＝〇 之式中以 三甲丁 代其午則由此得 未＝二甲丅甲丁 所以既得 午＝三甲丁 未＝二甲丅甲丁 之後可將此兩式中之午與 三午 之立方相比未與 三未 之平方相比而得

二七午＝……

四未＝……

則以減法可

得 $\frac{1}{27}午^3+\frac{1}{4}未^2=\frac{1}{16}甲^4丁+\frac{1}{18}甲^2丁^2+\frac{1}{81}丁^3$

$=三丁(\frac{1}{16}甲^4+\frac{1}{18}甲^2丁+\frac{1}{81}丁^2)$

$=三丁(\frac{1}{4}甲^2+\frac{1}{9}丁)^2$ 因任何實數之平方必恒爲正所以若丁爲正數則 $三丁(\frac{1}{4}甲^2+\frac{1}{9}丁)^2$ 亦必爲正數所以可見其式中之 $\frac{1}{27}午^3$ 必大于 $\frac{1}{4}未^2$ 除非丁爲負數則本式之餘兩根 $\frac{1}{2}甲+\sqrt{丁}$ 及 $\frac{1}{2}甲-\sqrt{丁}$ 能爲虛數如丁非爲負數則雖其數極小至

丁＝〇 則 $\frac{1}{27}午^3=\frac{1}{4}未^2$ 而其根式爲 甲 $\frac{1}{2}甲$ $\frac{1}{2}甲$ 三者仍俱爲實數

總之凡三次式因至少必恒有一箇實根而遇午爲負數其 $\frac{1}{27}午^3$ 又大于 $\frac{1}{4}未^2$ 則三根必俱爲實數所以雖其根式若有虛形亦必爲實數

第一百十九款

設將上款所論之式 $地^3丅午地丅未＝〇$ 即各根俱爲實數之式若令其

$甲=\frac{1}{3}未$ $乙=\frac{1}{27}午^3-\frac{1}{4}未^2$ 則依一百十五款之第一法必有一箇根其式爲 $地=\sqrt[3]{甲+\sqrt{乙}}+\sqrt[3]{甲-\sqrt{乙}}$ 此式雖有虛形惟依上款之例必當爲一箇實數也

有時遇其根式如一百十七款之末式其根式中之兩箇虛式爲他虛式之立方其形如 $(甲+\sqrt{-乙})^3$ $(甲-\sqrt{-乙})^3$ 則其地

之同數爲 $甲+\sqrt{-乙}+甲-\sqrt{-乙}=二甲$ 然欲將各式皆照此例求之則其根式中之虛形能否爲他虛式之立方式必屢試而得故甚累贅如欲徑求甲乙之同數每歸到一箇三次式仍與本式同形則枉費功夫矣

各算學之家曾經極費周折欲求此種根式之別形而迄未能得所以凡遇三次之式如其各根俱爲實數者名之曰不能化之式

第一百二十款

有一種含虛根之式如 $\sqrt{甲+乙\sqrt{-1}}+\sqrt{甲-乙\sqrt{-1}}$ 其公式為 $\sqrt[卯]{甲+乙\sqrt{-1}}+\sqrt[卯]{甲-乙\sqrt{-1}}$ 其卯為二之任何方數此種式能化之為他式而其化得之式中無虛式之根在內即如 $\sqrt{甲+乙\sqrt{-1}}+\sqrt{甲-乙\sqrt{-1}}=\sqrt{二甲+二\sqrt{甲^2+乙^2}}$ 又 $\sqrt[四]{甲+乙\sqrt{-1}}+\sqrt[四]{甲-乙\sqrt{-1}}=\sqrt{\left(\sqrt{二甲+二\sqrt{甲^2+乙^2}}+二\sqrt[四]{甲^2+乙^2}\right)}$ 是也如欲證之可將其原式自乘為平方四方而求其平方四方之根即得惟其卯不可為〇若 $卯=〇$ 則不能化得他式

如將虛形之根式化開為一無窮之級數則其中之虛式 $\sqrt{-1}$ 可以不見而其根之實數可用級數之式徑得之此一法也惟尚有他法比此更便者大抵三次式之三根俱為實數者以正餘弦之理求之為最便其法如下

第一百二十一款 凡八線之例（詳見二十五卷）以甲代平圓之任何弧則甲之餘弦與三分甲之一之餘弦其相比之法可以三次方程式明之即如 $\text{餘弦}^3\frac{甲}{三}-\frac{三}{四}\text{餘弦}\frac{甲}{三}=\frac{一}{四}\text{餘弦}甲$ 令 $\text{餘弦}\frac{甲}{三}=\frac{地}{卯}$ 則依代法變其式為 $\frac{地^3}{卯^3}-\frac{三地}{四卯}=\frac{一}{四}\text{餘弦}甲$ 即 $地^3-\frac{三卯^2}{四}地=卯^3\times\frac{一}{四}\text{餘弦}甲$ 此三次之式中其一箇根式必為 $地=卯\times\text{餘弦}\frac{甲}{三}$ 惟依八線之例可見其 $\text{餘弦}甲$、$\text{餘弦}(三六〇^\circ-甲)$、$\text{餘弦}(三六〇^\circ+甲)$ 等式皆可以眞數明之所以其三次方程式之根不但有一根為 $卯\times\text{餘弦}\frac{甲}{三}$ 尚有兩箇根一為 $卯\times\text{餘弦}\frac{三六〇^\circ-甲}{三}$ 一為 $卯\times\text{餘弦}\frac{三六〇^\circ+甲}{三}$ 惟依八線之理 $\text{餘弦}\frac{三六〇^\circ-甲}{三}=-\text{正弦}\frac{九〇^\circ-甲}{三}$，$\text{餘弦}\frac{三六〇^\circ+甲}{三}=-\text{正弦}\frac{九〇^\circ+甲}{三}$ 所以其三次式之根為 $卯\times\text{餘弦}\frac{甲}{三}$，$-卯\times\text{正弦}\frac{地〇^\circ-甲}{三}$，$-卯\times\text{正弦}\frac{九〇^\circ+甲}{三}$

再設$地^{三}-午地=未$為欲求各根之式則可將此式與前所代得之三次式$地^{三}-\frac{三卯^{二}}{四}地=\frac{卯^{三}}{四}\times餘弦甲$相比則可見如能令卯與餘弦甲為$\frac{三卯^{二}}{四}=午$，$\frac{卯^{三}}{四}\times餘弦甲=未$，則兩箇方程式必相似則其各根之數亦必能以相似之數明之故從$\frac{三卯^{二}}{四}=午$得$卯=\sqrt{\frac{四午}{三}}=二\sqrt{\frac{午}{三}}$，從$\frac{卯^{三}}{四}\times餘弦甲=未$得$餘弦甲=\frac{四未}{卯^{三}}=\sqrt{\frac{二十七未^{二}}{四午^{三}}}=\frac{三未}{二午}\sqrt{\frac{三}{午}}$又因凡弧之餘弦總不能大于一所以$\frac{二十七未^{二}}{四午^{三}}$必為實分數即$四午^{三}$必大于$二十七未^{二}$而$午^{三}$必大于$\frac{二十七未^{二}}{四}$又因午為負數故易知本式必在前款所言不能化之列。

由以上諸說得一捷法能解前所謂不能化之三次式。

其法曰設$地^{三}-午地=未$為欲求各根之式則于八線表中檢餘弦之數等于$\frac{三未}{二午}\sqrt{\frac{三}{午}}$者命其弧度為甲則原式之三箇根數其式如左。

$$地=二\sqrt{\frac{午}{三}}\times餘弦\frac{甲}{三}$$

$$地=-二\sqrt{\frac{午}{三}}\times正弦\frac{九〇-甲}{三}$$

$$地=-二\sqrt{\frac{午}{三}}\times正弦\frac{九〇+甲}{三}$$

此法如能留心不混其正負各號則無論未為正未為負之各三次式俱可用之惟如未為負數而其三次式為$地^{三}-午地=-未$之形者則用下法更便。

法曰檢八線表中餘弦之數等于$\frac{三未}{二午}\sqrt{\frac{三}{午}}$者命其弧度為甲則其各根之式為

$$地=二\sqrt{\frac{午}{三}}\times正弦\frac{甲}{三} \quad ㊀$$

$$地=二\sqrt{\frac{午}{三}}\times餘弦\frac{六〇-甲}{三} \quad ㊁$$

$$地=-二\sqrt{\frac{午}{三}}\times餘弦\frac{六〇+甲}{三} \quad ㊂$$

其㊁㊂從$正弦甲=三正弦\frac{甲}{三}-四正弦^{三}\frac{甲}{三}$而得其求法與㊀式之從本款而得同。

茲設二題用本款之法求其各根之實數如左。

一題　有 天三丄三天＝丅一。欲求其各根之實數。

則依法得

$\frac{二午丄午}{三未丄巳}=\frac{六乂丄巳}{三乂丄巳}=\frac{三}{一}$＝餘弦六〇＝餘弦甲。

故求得

天＝二餘弦$\frac{三}{六〇}$＝二餘弦二〇＝一八七九三八五二。

又

天＝丅二正弦$\frac{三}{一五〇}$＝丅二正弦五〇＝丅一五三二〇八八八。

又

天＝丅二正弦$\frac{三}{三〇}$＝丅二正弦一〇＝丅三四七二九六四。

代數十一　三次式

二題　有 天三丅三天＝丅一。欲求其各根之實數。

則依法得

$\frac{二午丄午}{三未丄巳}=\frac{六巳}{三巳}=\frac{三}{一}$＝正弦三〇＝正弦甲。

故求得

天＝二正弦$\frac{三}{三〇}$＝二正弦一〇＝三四七二九六四。

又

天＝二餘弦$\frac{三}{一二〇}$＝二餘弦四〇＝一五三二〇八八八。

又

天＝丅二餘弦$\frac{三}{六〇}$＝丅二餘弦二〇＝丅一八七九三八五二。

本款以正弦餘弦之法馭各根爲實之三次式大略已明，如欲窮究其所以然，則讀第二十五卷自明。

興化劉彝程校算

代數十一　三次式

代數術卷十二

英國華里司輯
英國傅蘭雅口譯
金匱華蘅芳筆述

論四次式之解法

第一百二十二款　凡四次之式若各項俱全者其公式如 $\text{天}^{4}+\text{甲天}^{3}+\text{乙天}^{2}+\text{丙天}+\text{丁}=0$ 其甲乙丙丁爲已知之任何數。

凡四次之正方式不過有首項與末項而已其餘各項俱爲空所以其公式必爲 $\text{天}^{4}=\text{乙}^{4}$ 此式如兩番開其平方根即得天之同數如第一番開之得 $\text{天}^{2}=\text{乙}^{2}$ 再開之得 $\text{天}=\text{乙}$ 是也惟天之此一箇同數之外尚有天之他三箇同數因 $\text{天}^{4}=\text{乙}^{4}$ 則 $\text{天}^{4}-\text{乙}^{4}=0$ 而 $\text{天}^{4}-\text{乙}^{4}$ 可化爲兩箇乘數一爲 $\text{天}^{2}-\text{乙}^{2}$ 一爲 $\text{天}^{2}+\text{乙}^{2}$

此兩式又可化得 $\text{天}^{2}-\text{乙}^{2}=(\text{天}-\text{乙})(\text{天}+\text{乙})$ 及 $\text{天}^{2}+\text{乙}^{2}=(\text{天}+\text{乙}\sqrt{-1})(\text{天}-\text{乙}\sqrt{-1})$ 則可見 $\text{天}^{4}-\text{乙}^{4}=0$ 之式可明之如下 $(\text{天}-\text{乙})(\text{天}+\text{乙})(\text{天}+\text{乙}\sqrt{-1})(\text{天}-\text{乙}\sqrt{-1})=0$ 所以天之同數有四箇如 $+\text{乙}$，$-\text{乙}$，$+\text{乙}\sqrt{-1}$，$-\text{乙}\sqrt{-1}$ 此四數中兩數爲實兩數爲虛。

第一百二十三款　上款所論之四次正方式乃四次式中之最易解者也其稍難者爲空第二項及空第四項之四次式此種四次式亦可以用二次式之法一例解之。

如空二四兩項之四次式其公式爲 $\text{天}^{4}+\text{午天}^{2}+\text{申}=0$ 如令 $\text{天}^{2}=\text{地}$ 則式變爲 $\text{地}^{2}+\text{午地}+\text{申}=0$ 則以二次式之常法解之可得 $\text{地}=\frac{-\text{午}\pm\sqrt{\text{午}^{2}-4\text{申}}}{2}$ 所以即可得 $\text{天}=\pm\sqrt{\frac{-\text{午}\pm\sqrt{\text{午}^{2}-4\text{申}}}{2}}$

第一百二十四款　若四次式之各項俱全者則解之之

法比前兩款所論者更難其法之大要必先變其式爲三次式其變法有數種茲且論尤拉所設之法。

前于一百〇九款中曾言無論何次式俱可變爲本次而空其第二項之式所以任何四次式亦可用其法變之爲 $地^{4}+巳地^{2}+午地+未=〇$ 則此式中無$地^{三}$之項而其巳午未皆爲已知之任何正負各數。

如欲作一四次式與此無$地^{三}$之項之式相似則必先令 $地=\sqrt{甲}+\sqrt{乙}+\sqrt{丙}$ 又令甲乙丙爲 $天^{3}+吧天^{2}+咋天+味=〇$ 式之三箇根則依總論之例得 $甲+乙+丙=-吧$，$甲乙+甲丙+乙丙=咋$，$甲乙丙=味$

如將所設之 $地=\sqrt{甲}+\sqrt{乙}+\sqrt{丙}$ 式自乘得 $地^{2}=甲+乙+丙+二(\sqrt{甲乙}+\sqrt{甲丙}+\sqrt{乙丙})$ 令$-吧$代其$甲+乙+丙$移其項得 $地^{2}+吧=二(\sqrt{甲乙}+\sqrt{甲丙}+\sqrt{乙丙})$ 將此式自乘得 $地^{4}+二吧地^{2}+吧^{2}=四(甲乙+甲丙+乙丙)+八(\sqrt{甲^{2}乙丙}+\sqrt{甲乙^{2}丙}+\sqrt{甲乙丙^{2}})$ 又因此式中之 $甲乙+甲丙+乙丙=咋$ 而其 $\sqrt{甲^{2}乙丙}+\sqrt{甲乙^{2}丙}+\sqrt{甲乙丙^{2}}=\sqrt{甲乙丙}(\sqrt{甲}+\sqrt{乙}+\sqrt{丙})=\sqrt{味}地$ 則可以代法得 $地^{4}+二吧地^{2}+吧^{2}=四咋+八\sqrt{味}地$ 如此則得無$地^{三}$項之四次式爲 $地^{4}+二吧地^{2}-八\sqrt{味}地+吧^{2}-四咋=〇$ 則此式之一箇根爲 $地=\sqrt{甲}+\sqrt{乙}+\sqrt{丙}$ 而其甲乙丙爲其三次式 $天^{3}+吧天^{2}+咋天+味=〇$ 之三箇根。

第一百二十五款　若欲將上款之化法來化無$地^{三}$項之四次式 $地^{4}+巳地^{2}+午地+未=〇$ 必將前款式中各項之倍數吧咋味以此式中各項之倍數巳午未明之。

如以 地巳地丅午地未═○ 與 地二吧地丅八脨地丄吧四吙═○ 相比則可見其 二吧═巳 其 丅八脨═午 其 吧丅四吙═未 而由此三式

可得 吧═亖 吘一═二六巳丅脨未 味一═六四午 所以 地巳地丅午地未═○ 式之一根可以藉前款中之

根式 地═甲乙丙 為公式以明之則其甲乙丙為下之三次式

[illegible]═○ 之三箇根 然若欲分求此三箇根則因凡數

之平方根必或可為正或可為負故 甲乙丙 三數之

號或可為加或可為減則因此可從本式得其根必

有八箇不同之式惟須知 甲乙丙 連乘之積因其必

等于 脨 如午為正數則 脨═丅午 則其 甲乙丙 必為負數如此則

三者之中必有一為負或三者俱為負 又如午為

負數則其連乘之積必為正數如此則三者之中必

有兩箇為負或三者俱為正 由此可知根之八箇

式中有四箇式得午為正四箇式得午為負

第一百二十六款 茲將上款所得之理合為一箇便用

之法

因前款所化得之三次式其倍數為分數故再化之令

其各項之倍數俱為整數 法令 人═四亥 則 [illegible]═○ 可化

為 [illegible]═○ 則可見前式之根為甲乙丙者此式之根必為

四甲 四乙 四丙 由此設一公法如左

公法曰令 地巳地丅午地未═○ 為任何空其地項之四次式之公式而以

爲其變得之三次式之公式其根以甲乙丙代之

$亥^{3}丄二巳亥^{2}丄(巳^{2}丅四未)亥丅午^{2}=〇$

如午爲負數則本式之根爲

地＝$\frac{1}{2}$(丅甲丄乙丄丙)

地＝$\frac{1}{2}$(丅甲丅乙丅丙)

地＝$\frac{1}{2}$(丄甲丅乙丄丙)

地＝$\frac{1}{2}$(丄甲丄乙丅丙)

如午爲正數則本式之根爲

地＝$\frac{1}{2}$(丄甲丄乙丄丙)

地＝$\frac{1}{2}$(丄甲丅乙丅丙)

地＝$\frac{1}{2}$(丅甲丄乙丅丙)

地＝$\frac{1}{2}$(丅甲丅乙丄丙)

第一百二十七款　從以上各款解四次式之法可以究其各根之變態有數箇公理

一例　凡四次式各根之情狀觀其變得之三次式可知之

如 $亥^{3}丄二巳亥^{2}丄(巳^{2}丅四未)亥丅午^{2}=〇$ 之式其各根若俱爲實數而其號爲正者則其本四次式之各根必俱爲實數

二例　因變得之三次式其末項爲負若其三次式之三箇根甲乙丙俱爲實數則依一百款之例其末項必等于各根反號相乘之積故知其三箇根或俱爲正或一爲正兩爲負若甲乙丙三根中有兩根爲負則其本四次式之四根皆爲虛數惟有時遇三次式之兩箇負根爲相等之數則彼此在四次式之兩箇根數中必能相滅故其四次式之兩根必變爲實而相等之根

如乙丙爲負而相等之數則以入地之兩幅同數中則每幅之一二兩式爲虛而其第一幅爲

地＝丄$\frac{1}{2}$甲

地＝丄$\frac{1}{2}$甲　第二幅爲

地＝丅$\frac{1}{2}$甲

地＝丅$\frac{1}{2}$甲

三例　如其變得之三次式有一實根兩虛根則其本四次式之兩箇實根必爲正號因依第九卷之例其虛根必從一箇末項爲正號之二次式而出其二次式之形必爲 $亥^{2}丅甲亥丄乙^{2}=〇$ 所以其三次式中所容餘一根之一次乘數其式必爲 $亥丅氐$ 否則其三次式之末項不能爲

負號

如將 $亥^{四}⊥叩亥^{二}⊥乙＝〇$ 之式解之得 $亥＝⊥\frac{叩}{二}⊥\sqrt{\frac{叩^{二}}{四}⊥乙}$ 如思此式之兩根爲虛則

其 $\frac{叩^{二}}{四}⊥乙$ 必爲負數惟其根之形可簡之以便于用故令

$\frac{叩}{二}＝角$，$\frac{叩^{二}}{四}⊥乙＝⊥元$ 則得 $亥＝⊥角⊥\sqrt{⊥元}＝⊥角⊥元\sqrt{⊥一}$ 即 $亥＝⊥角⊥元\sqrt{⊥一}$，$亥＝⊥角⊥元\sqrt{⊥一}$ 由此得 $甲＝⊥角⊥元\sqrt{⊥一}$，$乙＝⊥角⊥元\sqrt{⊥一}$，$丙＝氐$ 所以地之四

箇同數有兩箇在 $\sqrt{角⊥元\sqrt{⊥一}}⊥\sqrt{角⊥元\sqrt{⊥一}}$ 式中有兩箇在 $\sqrt{角⊥元\sqrt{⊥一}}⊥\sqrt{角⊥元\sqrt{⊥一}}$ 式中

驟觀 $\sqrt{角⊥元\sqrt{⊥一}}⊥\sqrt{角⊥元\sqrt{⊥一}}$ 式以爲是虛式惟細核之則知其是實數

試以其式自乘之而後開其平方根則得 $\sqrt{二角⊥二\sqrt{角^{二}⊥元^{二}}}$ 此爲

實數之式所以其兩根爲實

如將 $\sqrt{角⊥元\sqrt{⊥一}}⊥\sqrt{角⊥元\sqrt{⊥一}}$ 自乘亦開其平方根則得 $\sqrt{二角⊥二\sqrt{角^{二}⊥元^{二}}}$ 此爲虛式

所以其兩根爲虛

四例　從四次式各項之倍數中可查出其所變之三

次式之根或爲實或爲虛

法將其三次式令 $亥＝戊⊥\frac{三}{巳}$ 再變爲空第二項之式 $戊^{三}⊥\left(\frac{三}{巳}⊥四未\right)戊⊥\frac{二七}{二巳^{三}}⊥\frac{三}{八未巳}⊥午＝〇$ 此

式中若其 $\frac{二七}{二}\left(\frac{三}{巳}⊥四未\right)^{三}$ 大于 $\frac{四}{二}\left(\frac{二七}{二巳^{三}}⊥\frac{三}{八未巳}⊥午\right)^{二}$ 則本三次式之三根爲實

第一百二十六款　茲設一四次之式如法解之以爲則

如有式 $天^{四}⊥二五天^{三}⊥六〇天^{二}⊥三六〇＝〇$ 欲求其各根之數則以此式與公式相比得

$巳＝⊥二五$，$午＝⊥六〇$，$未＝⊥三六〇$ 所以 $二巳＝⊥五〇$，$巳^{二}⊥四未＝⊥七六九$，$午^{二}＝三六〇〇$ 即得三次式如左

$亥^{三}-五〇亥^{二}+七六九亥-三六〇〇=〇$

依解三次式之法解之，得其三箇根數

甲＝九　乙＝一六　丙＝二五

所以 $\sqrt{甲}=三$，$\sqrt{乙}=四$，$\sqrt{丙}=五$。因原式中之午為正數，所以得其四箇根式如下：

$天=\frac{一}{二}(-三-四-五)=-六$

$天=\frac{一}{二}(-三+四+五)=+三$

$天=\frac{一}{二}(+三-四+五)=+二$

$天=\frac{一}{二}(+三+四-五)=+一$

第一百二十九款　以上各卷論二次三次四次諸式求根之各法，大抵已明，而算學家向來尚未求得一律能解各次式之通法。

卽如五次及五次以上之式，無人能思得一通法可徑解之，亦無有一定可化之為簡次之式者。若平心而論，則前所言解三次式之法，亦不能為公用之法，因遇各根俱為實數者，卽不能化，故又必借徑于八線表也。其解四次式之法亦然，因其亦必藉三次式之各根而得故也。

總之，凡三次四次以及多次之式，卽使能有通法，其法必甚繁重，不能便于常用，反不及以下所論之法，雖枝枝節節而為之，然恒可用也。

興化劉彝程校算

代數術卷十三

英國華里司輯

英國　傅蘭雅　口譯

金匱　華蘅芳　筆述

論等職各次式之解法

第一百三十款　上卷言五次及五次以上之多次式無一通法可解之惟多次之式其中有數種因其根之變態有一定之情狀所以可化之為簡次之式則可以四次以內之法解之

凡任何多次之式若其各項中未知數之倍數凡距首末兩項相等之項中數皆相等者則無論其項之正負恒可化為簡次式

設有多次式如 天四丄巳天三丅午天二丄巳天丄一＝〇 ㈠ 其次數為偶則恒可變為半其原次數之兩個簡次式

如四次式可變為兩個二次式而六次式可變為兩個三次式是也

惟原式之次數若為奇者則恒可變為原次數減一折半之兩個簡次式

如五次式可變為兩個二次式而七次式可變為兩個三次式是也

凡有多次之式如 天四丄巳甲天三丅午甲二天二丄巳甲三天丄甲四＝〇 者亦可以同法變之因此式中之已知數甲與未知之數天其職相等若以甲地代其天則式變為 甲四地四丄巳甲四地三丅午甲四地二丄巳甲四地丄甲四＝〇 以甲四約之得 地四丄巳地三丅午地二丄巳地丄一＝〇 此式與本款之㈠式為同類

第一百三十一款

欲變 天四丄巳天三丅午天二丄巳天丄一＝〇 為兩個簡次式法將原式中每兩兩距等之項各聚為一項而以天二約其全式則得 天二丄一/天二丄巳(天丄一/天)丅午＝〇 又令其 天丄一/天＝人

則得 $天^{2}=人$ 而 $天^{4}=人^{2}$ 如此則 $天^{4}+巳\left(天+\frac{1}{天}\right)+午=0$ 變為 $人^{2}+巳人+午-二=0$ 又因 $天^{2}=人$ 所以由

此而 $天^{4}+巳天^{3}+午天^{2}+巳天+一=0$ 之根可用下法求之。

先作一二次式 $人^{2}+巳人+午-二=0$ 而求得其二根以人、人代之則原

式之四箇根只須將 $天^{2}-人天+一=0$ ㈠ $天^{2}-人天+一=0$ ㈡ 兩箇二次式如常法

解之即得

第一百三十二款 前款之㈠㈡兩式因其末項俱為一

故其㈠式之二根可以甲、甲代之其㈡式之二根可以

乙、乙代之。

則依十卷中所論之總理第一百三十二款其 $甲甲=一$、$乙乙=一$ 故 $甲=\frac{一}{甲}$、$乙=\frac{一}{乙}$ 因甲

甲乙乙為 $天^{4}+巳天^{3}+午天^{2}+巳天+一=0$ 之四箇根則可見多次式之各根能分

而為二各作簡式之根所以此種多次式易解

第一百三十三款

如有六次之式 $天^{6}+巳天^{5}+午天^{4}+未天^{3}+午天^{2}+巳天+一=0$ 其解法與前相類先變之為 $天^{3}+\frac{一}{天^{3}}+巳\left(天^{2}+\frac{一}{天^{2}}\right)+午\left(天+\frac{一}{天}\right)+未=0$ 又

令 $天+\frac{一}{天}=人$ 則 $天^{2}-人天+一=0$ 故 $天^{2}+\frac{一}{天^{2}}=人^{2}-二$ 而 $天^{3}+\frac{一}{天^{3}}=人^{3}-三\left(天+\frac{一}{天}\right)=人^{3}-三人$ 所以用代法可變其原式為

三次式如下 $人^{3}+巳人^{2}+(午-三)人+未-二巳=0$ 此式若以人、人、人代其三箇根則再

可變為三箇二次式如左。

天²丅ㄨ天丄一＝○．天²丅ㄨ天丄一＝○．天²丅ㄨ天丄一＝○．則只須解此三箇二次式卽可得原式之六箇根矣．

以上兩式之解法凡遇等距首末之各項其倍數兩兩相同者俱可用之此種之式名曰等職之各次式因若于變式中以天代其天⁻¹則天之各方皆有兩兩相等之形故也．

第一百三十四款　若等職之各次式其代未知數之元最大之指數爲奇者則解法如下．

設有式 天⁵丄巳天⁴丄午天³丄午天²丄巳天丄一＝○ 此種之式若以丅一代其天恒能解之因其丅一必爲本式之一根所以其式恒能以天丄一約之爲 (天丄一)(天⁴丄(巳丅一)天³丄(午丅巳丄一)天²丄(巳丅一)天丄一)＝○ 則此仍爲等職之式而其最大之指數變爲偶所以可依前法解之．

第一百三十五款　茲設一式于後以明用等職各次式之理．

設有式 (天丄一)⁷/(天⁷丄一)＝甲． 其甲爲巳知之數則因凡遇天^卯丄一之式若其卯爲奇數者恒能以天丄一約之故將本式之母子各以天丄一約之得 (天⁶丄六天⁵丄十五天⁴丄二十天³丄十五天²丄六天丄一)/(天⁶丅天⁵丄天⁴丅天³丄天²丅天丄一)＝甲 將此式化之得 (甲丅一)天⁶丅(甲丄六)天⁵丄(甲丅十五)天⁴丅(甲丄二十)天³丄(甲丅十五)天²丅(甲丄六)天丄甲丅一＝○ 令 巳＝丅(甲丄六)/(甲丅一)，午＝(甲丅十五)/(甲丅一) 則其式變爲 天⁶丄巳天⁵丄午天⁴丄未天³丄午天²丄巳天丄一＝○ 卽得一等職之四次式而可化之爲兩箇二次之式以得天之各同數．

興化劉彝程校算

代數術卷十四

英國華里司輯　英國傅蘭雅口譯　金匱華蘅芳筆述

論等根各次式之解法

第一百三十六款　無論何次之式若其根有兩數相等或多數相等者則另有一種解法可以察其等根而將原式變爲少一次之式以解之故謂之解等根各次式之法

此法雖無論何次之式只須有等根者皆可用之今本款因欲省事故祇以四次式明之

如四次式　呷四⊥天巳呷三⊥天午呷二⊥天未呷⊥天申＝○　其四個根可以甲乙丙丁代之則依各次式之公理得

（天甲）（天乙）（天丙）（天丁）＝天巳⊥天午⊥天未⊥天申＝○

令

呷＝（天甲）（天乙）（天丙）

呷＝（天甲）（天乙）（天丁）

呷＝（天甲）（天丙）（天丁）

呷＝（天乙）（天丙）（天丁）

則以乘法得

呷＝天（甲 乙 丙）天（甲乙 甲丙 乙丙）天甲乙丙　爲㈠

呷＝天（甲 乙 丁）天（甲乙 甲丁 乙丁）天甲乙丁　爲㈡

呷＝天（甲 丙 丁）天（甲丙 甲丁 丙丁）天甲丙丁　爲㈢

呷＝天（乙 丙 丁）天（乙丙 乙丁 丙丁）天乙丙丁　爲㈣

乃將㈠㈡㈢㈣諸式合爲一總式則得

呷呷呷呷＝四天（三甲 三乙 三丙 三丁）天（二甲乙 二甲丙 二甲丁 二乙丙 二乙丁 二丙丁）天（甲乙丙 甲乙丁 甲丙丁 乙丙丁）

惟因甲乙丙丁爲　呷四⊥天巳呷三⊥天午呷二⊥天未呷⊥天申＝○　之根故知

三（甲乙丙丁）＝三巳

二（甲乙 甲丙 甲丁 乙丙 乙丁 丙丁）＝二午

丁（甲乙丙 甲乙丁 甲丙丁 乙丙丁）＝未

所以依代法得

呷呷呷呷＝四天三巳天二午天未

第一百三十七款　設上款之原式中有兩個相等之根如令甲＝乙　則　天甲＝天乙　又因此相等之兩乘數必有一個入于呷

呷嗙啪各數之中則可見等子呷啪啪啪之$四天^{三}\perp三巳天^{二}\perp二午天\perp未$必能以$天\top甲$或$天\top乙$度之既如此則可知原式$天^{四}\perp巳天^{三}\perp午天^{二}\perp未天\perp申=〇$㊀之中若有兩箇相等之根則汰去其相同一根之外其餘各根必在$四天^{三}\perp三巳天^{二}\perp二午天\perp未=〇$㊁之中因㊀式能以㊀$天\top甲$度之則㊁式必能以$天\top甲$度之也

第一百三十八款　再用前款之原式設有三箇相等之根以攷之

如令$甲=乙=丙$則其三箇相等之乘數$天\top甲$、$天\top乙$、$天\top丙$之中至少必有兩箇入于呷、啪、啪、啪各數之內故其等子呷啪啪啪之$四天^{三}\perp三巳天^{二}\perp二午天\perp未=〇$必能以$天\top甲$兩次度之由此可見原式中若有三箇相等之根必有兩箇在$四天^{三}\perp三巳天^{二}\perp二午天\perp未=〇$之式中所以此式中必有兩箇相等之根

第一百三十九款

用此法則原式$天^{四}\perp巳天^{三}\perp午天^{二}\perp未天\perp申=〇$之中無論有若干等根可令其除去一箇同根之外其餘各根必仍在減一次$四天^{三}\perp三巳天^{二}\perp二午天\perp未=〇$之式中爲根此減一次之式可由原式而得法將原式之各項與本項天之指數相乘而以原指數減一之數爲其指數即得（案此術已與微分術同所以原式中之申不見）

第一百四十款

如前設之原式中有兩箇相等之根$甲=乙$又有他兩箇相

等之根丙＝丁，則依同理可知其變得之減一次之式中，必有一根等于甲或乙，亦必有一根等于丙或丁。所以如原式能以$(天-甲)^{二}$及$(天-丙)$度之者，則其變得之減次式必能$(天-甲)(天-丙)$度之。

第一百四十一款　無論何次之式，若其中有幾箇相等之根者，亦可以上款之法解之。所以凡解等根之任何次式，可設一公法。

其原式之公式為

$$天^{寅}+呷天^{寅-一}+吃天^{寅-二}+\cdots\cdots+呻天+哦=〇$$　㈠

其能度原式之式為$(天-甲)^{卯}(天-丁)^{巳}(天-己)^{午}\cdots\cdots$，則其變得減一次之公式為

$$寅天^{寅-一}+(寅-一)呷天^{寅-二}+(寅-二)吃天^{寅-三}+\cdots\cdots+二呻天+嘈=〇$$　㈡

其能度此式之式為$(天-甲)^{卯-一}(天-丁)^{巳-一}(天-己)^{午-一}\cdots\cdots$，因此式亦必可度其原式，所以可將原式與變得之減一次式依第二十款求公約數之法求得之。

第一百四十二款　若上款之㈡式中仍有相等之根，則理亦與前同，所以可再求其減一次之式。

如以㈠式如前再求其減一次之公式，則得

$$寅(寅-一)天^{寅-二}+(寅-一)(寅-二)呷天^{寅-三}+(寅-二)(寅-三)吃天^{寅-四}+\cdots\cdots+二呻=〇$$　㈢

其能度此式之式為$(天-甲)^{卯-二}(天-丁)^{巳-二}(天-己)^{午-二}\cdots\cdots$，其乘數之指數比前更少一。又因此式亦為㈠式之約數，所以可將㈠式與㈢式求其最大公約數以得之，其餘依此類推。

第一百四十三款　由此法可任求各次式之有等根與否。如有等根，即可求得其等根之數。茲特取五次之式以為則。

設有式天^{五}丅一三天^{四}丄六七天^{三}丅一七一天^{二}丄二一六天丅一〇八＝〇㊀。欲求其有等根否。如有等根。則求其等根為何式。

法先依一百三十九款之例。變得五天^{四}丅五二天^{三}丄二〇一天^{二}丅三四二天丄二一六＝〇㊁。乃以㊀㊁兩式求其最大公約數得天^{三}丅八天^{二}丄二一天丅一八㊙。因此式為三次式。可有三箇乘數。所以又變㊁式為二〇天^{三}丅一五六天^{二}丄四〇二天丅三四二＝〇㊂。再以㊂式與㊁式求其最大公約數得天丅三。而此式即為㊙式之一箇乘數。所以可約㊙式為天^{二}丅五天丄六。而此約得之式。又能化得兩箇乘數。一為天丅二。一為天丅三。

所以總而言之。㊀㊁兩式之公約數為(天丅二)(天丅三)^{二}。而㊁㊂兩式公約數為天丅三。則可見㊀式之兩箇乘數。一為(天丅二)^{二}。一為(天丅三)^{三}。所以㊀式可以(天丅二)^{二}(天丅三)^{三}＝〇明之。如欲求其證。可以乘法求其詳式。必與原式無異。

興化劉彝程校算

代數術卷十五

英國華里司輯
英國　傅蘭雅　口譯
金匱　華蘅芳　筆述

論有實根之各次式解法

第一百四十四款　前于一百款中曾言無論何次之式其末項必等于各根反號連乘之積所以無論何次式其各根若爲實數者（實數謂整數及分數也）另有一法解之。法將式之諸項盡聚于左邊又求其末項之諸約數（可約末項之諸數也）以諸約數一一代其原式中之未知數如某約數代之能令各項之總數爲〇者則此數即爲原式之一箇整根。

一式設有 $天^3-4天^2-7天+10=0$ 欲求其整根之數。此式之末項爲一〇。則以一、二、五、一〇。皆可度之而此四可度之數可爲正亦可爲負則以其或正或負之諸數一一代其原式中之天。如令 $天=+1$ 則 $1-4-7+10=0$。如令 $天=-1$ 則 $-1-4+7+10=12$。如令 $天=+2$ 則 $8-16-14+10=-12$。如令 $天=-2$ 則 $-8-16+14+10=0$。如令 $天=+5$ 則 $125-100-35+10=0$。由此可見凡能令原式變爲〇者其數爲 $+1$、-2、$+5$。所以知此三數必爲原式之三箇整根。

第一百四十五款　若可度末項之數甚多試之不勝其繁則可以變其原式爲他式使其末項之可度數較少其變之之法可使他式之根比原式之根較大較小能恒等于所設之數。

二式設有 $地^4-4地^3-8地+32=0$ 則其末項之數爲三二。而所欲試之可度數爲或正或負之一、二、四、八、一六、三二、各數因其數甚多故須變其原式　法以 $天+1$ 代其地則

$$
\begin{aligned}
地^4 &= 天^4+4天^3+6天^2+4天+1\\
-4地^3 &= -4天^3-12天^2-12天-4\\
-8地 &= -8天-8\\
+32 &= +32
\end{aligned}
$$

故得

（甲）天⊤六天⊤一六天⊥二一＝○

其末項二一之可度數爲⊥一、⊤一、⊥三、⊤三、⊥七、⊤七以此諸數二一代其天而試之試得⊥一與⊥三之兩數爲（甲）式之兩箇整根則其餘兩根易知其必爲虛式惟其兩虛式亦易求得因（甲）能以天⊤一與天⊤三兩箇乘數約之所以能變爲二次式天⊥四天⊥七＝○以常法解之得其兩箇虛根之式爲⊤⊥√三、⊤⊤√三惟因地＝天⊥二所以知原式地⊤四地⊥八地⊥三二＝○之四箇根其式爲地＝⊥三、地＝⊥四、地＝⊤⊥√三、地＝⊤⊤√三若設原式爲天⊥（三甲乙）天⊥（三甲丣乙）天⊤二丣乙＝○則依上法求之其根爲天＝甲、天＝丣、天＝乙

第一百四十六款　以可度末項之數屢試而得其根原是甚繁之事茲欲設一省事之法令其可度之數有一最小之限

設有欲解之式爲天⊥巳天⊥午天⊥未＝○則先令地＝天⊤一而變其式則變式之根比原式之根減一而其末項爲一⊥巳⊥午⊥未别令地＝天⊥一而變其式則變式之根比原式之根加一而其末項爲⊤一⊥巳⊤午⊥未則可見兩箇變式之末項一⊥巳⊥午⊥未與⊤一⊥巳⊤午⊥未皆從天⊥巳天⊥午天⊥未＝○原式而生惟天之各同數必在可度未之諸數中而地地之各同數必在可度一⊥巳⊥午⊥未及⊤一⊥巳⊤午⊥未之諸數中然未者乃天＝○時所餘之項也一⊥巳⊥午⊥未者乃天＝⊥一所得之數也⊤一⊥巳⊤午⊥未者乃天＝⊤一所得之

數也所以 地 天 地 之各同數必在可度 天＝丄 天＝＝○ 天＝丅 所得之諸數中其 地 天 地 之諸同數能相與爲遞加遞減之級數其公較數恆爲一又因 天丅一 天丄 天丅 亦俱在級數之列故易見無論何次之式其理必通所以有公法如左

求實根之公法曰取○及其遞加減一數之級數或三級或五級或多級如一○丅等類之數一一代其原式中未知數之元取其所得之數列爲表又取可度各得數之諸數亦横列爲表乃于可度數中擇其上下皆遞差一數者爲級數亦齊其行列記于表末則天之各同數必在對 天＝○ 之級數横行中如其級數爲加級則其數爲正若爲減級則其數爲負

一式有 天三丅天三丅一〇天丄六＝＝○ 則依法列表如下

代	得	度	級
一＝丄一	丅四	一．二．四．	四．
天＝＝○	丄六	一．二．三．六．	三．
天＝丅一	丄一四	一．二．七．一四．	二．

此表中之可度數只能成一箇級數 四．三．二． 而其與 天＝○ 相對之數爲三．因其級爲遞減之級故其數當爲負試以 丅三 代其原式中之天則各項之數能相消適盡故知 丅三 必爲其原式之一箇根

若欲求其餘各根則將原式 天三丅天三丅一〇天丄六＝＝○ 以 天丄三 約之又將其約得之式 天丅四天二＝＝○ 依二次之常法解之則又得兩根 二丄丅三 二丅丅三

二式有 天四天三丅二九天丅九天丄一八〇＝＝○ 則依法列表如下

代	得	度									級			
二	七〇	一．	二．	五．	七．	一〇．	一四．	三五．	七〇．		一．	二．	五．	七．
一	一四四	一．	二．	三．	四．	六．	八．	九．	一二．	……	二．	三．	四．	六．
○	一八〇	一．	二．	三．	四．	五．	六．	九．	一〇．	……	三．	四．	三．	五．
丅一	一六〇	一．	二．	四．	五．	八．	一〇．	一六．	二〇．	……	四．	五．	二．	四．
丅二	九〇	一．	二．	三．	五．	六．	九．	一〇．	一五．	……	五．	六．	一．	三．

則所得之

四箇級數，兩為加，兩為減，其對○。代天之四數當為 三，四，三，五，以此四數一一代其原式中之天而試之，則知此四數皆可為原式之根。

第一百四十七款　若所設之各次式，其倍數有為分數者，則可依一百十二款之法變之為他式，令其首項之倍數為一，其餘各項俱為整數，而後用前款之法求其變式之實根，則原式之根易知。

設有式如 $天^{四}-\frac{四}{三}天^{三}+\frac{四}{五}天^{二}+六天-六=○$。欲求其實根，則先依一百十二款之法

令 $天=\frac{四}{地}$，變其式為 $\frac{二五六}{地^{四}}-\frac{八五}{三地^{三}}+\frac{一六}{五地^{二}}+\frac{二四}{地}-六=○$，化之得 $地^{四}-四地^{三}-\frac{八}{三}地^{二}+\frac{四○}{三}地-\frac{一二八}{三}=○$。以此式用前款之法求之，則得其一根為 $地=三$。所以 $天=\frac{四}{地}=\frac{四}{三}$，乃以 $天-\frac{四}{三}$ 約原式，得 $天^{二}+天+八=○$。此二次之式，其根為虛式。

第一百四十八款　設有各次式，其首項之倍數為一，其各項之倍數俱為整數，而其各根不能在可度末項之諸數中求得，則可知此式無論為正方為雜方，其根必不能以整數及整數之分數明之。此例可以下法為證。如吧為數根，而可度呷吧兩數相乘之積，則吧亦必能度呷吧二數中之任一數。設吧不能度吧，而吧大于吧，則令午代吧度吧之次數，而以吧為其度餘之數，則得 $\frac{吧}{吧}=午+\frac{吧}{吧}$，所以 $\frac{吧}{呷吧}=\frac{午呷}{吧}+\frac{吧}{呷吧}$，故可見吧若可度呷吧，亦必可

度呷吧。因吧為吧度吧之餘數，則吧必小于吧，所以不能再以吧度吧，則轉令吧度吧，令其度得之次為午，而其度餘之數為吧，再以吧度吧，令其度得之次為午，而其度餘之數為吧，如是屢度之，則因吧為數根，故可知其末次之度餘數必為一，因其各分數為每次度餘之數，所以每次度得之數必後次少于前次，其式如左。

惟因 $吧=午吧+吧$，$吧=午吧+吧$，……則 $吧=\frac{午}{吧}+\frac{吧}{吧}$，$吧=\frac{午}{吧}+\frac{吧}{吧}$，……所以得 $呷吧=\frac{午}{呷吧}+\frac{呷吧}{吧}$

又 吧/午呷吃 = 吧/(呷吃丅呷吃) = 呷⊥吧/呷吃 惟 呷吃 若能以吧度之則早已言 呷吃 與 午呷吃 能以

呷度之所以從上之末式可見呷吃亦必能以吧度之

再從以上各式得 呷吃 = 午/(呷吧丅呷吃) 所以 吧/午呷吃 = 吧/(呷吧丅呷吃) = 呷⊥吧/呷吃 由此可知呷吃亦能

以吧度之如是推之必見吃吃吃……之數屢次減小

至末必為一所以可見末次之相乘數必得呷×一此數

必能以吧度之此可為上例之證

第一百四十九款　依上款之例若數根吧本不能度呷

亦不能度吧者則亦不能度呷吃相乘之呷吃

設甲/乙為再不能簡之分數則甲乙二數不能有公約

數惟由上款之例若有任何數根非能為甲之約數

則亦不能為甲甲即甲²之約數又依同理若有任何數

根非乙之約數則亦不能為乙乙即乙²之約數所以可

見甲與乙無公約數則甲²/乙²為再不能約之分數

所以凡分數之平方必仍為分數斷不能為整數反言

之則平方數之根亦斷不能為分數所以凡整數若非

正方數則其根不能以整數及分數明之

因有任何數根若非甲之約數則亦非甲²之約數則亦

必不能為甲²×甲即甲³之約數則依此例凡任何數根非甲

之約數則亦不能為甲³之約數凡任何數根非乙之約

數則亦不能為乙³之約數所以甲/乙若為不能再簡之

分數則甲³/乙³亦為不能再簡之分數所以任何分數之

任何方亦為分數反言之則任何整數之任何根亦不

能為分數所以任何整數之根不能以整數及分數明

之者必為虛數即無盡之數

第一百五十款

設 天^卯⊥吧天^(卯丅一)⊥吽天^(卯丅二)⊥……⊥哂天⊥哦 = 〇 為任何次之式其吧吽……俱為整數則其根若非

整數亦不能為實在之分數若云其根亦可為實在

之分數設 甲/乙 = 天 為再不能簡之分數則依法可變原

式爲

$\frac{甲^{卯}}{乙^{卯}} + 吧\frac{甲^{卯-一}}{乙^{卯-一}} + 吁\frac{甲^{卯-二}}{乙^{卯-二}} + \cdots + 哂\frac{甲}{乙} + 呅 = 〇$

再化其諸項爲同母之分數得

$甲^{卯} + 吧甲^{卯-一}乙 + 吁甲^{卯-二}乙^{二} + \cdots + 哂甲乙^{卯-一} + 呅乙^{卯} = 〇$

此式又可變之爲

$\frac{甲^{卯}}{乙} + (吧甲^{卯-一} + 吁甲^{卯-二}乙 + \cdots + 哂甲乙^{卯-二} + 呅乙^{卯-一}) = 〇$

則此式有總項其一項能以乙約之惟初設此題之意甲與乙無公約數所以依一百四十九款之例乙不能約$甲^{卯}$則可見此式中之兩項彼此不能以當然之理相滅所以其天之同數斷不能爲分數

典化劉彝程校算

代數術卷十六

英國華里司輯　英國 傅蘭雅 口譯
金匱 華蘅芳 筆述

論求畧近之根數

第一百五十一款　若任何次式之根不能以實數（整數及分數）明之者必用法求其畧近之數以明之此法可求其根之任多位之同數（即不盡之數也）

凡求根之畧近數其法之妙用觀下二例易知之

一例　若以幾箇或整或分之實數代其所設式中之未知數而能令所得之式其號相反者則可知原式之中至少必有一箇根在此二數之間所以亦必爲實根

如有式 $天^{三} - 五天^{二} + 一〇天 - 一五 = 〇$ 若將其正負項各聚于一處則其式爲 $天^{三} + 一〇天 - (五天^{二} + 一五) = 〇$ 若欲求其一根必先求一箇數代其式中之天而能令 $天^{三} + 一〇天 = 五天^{二} + 一五$

設代天之數自〇起漸增而大則 $天^{三} + 一〇天$ 與 $五天^{二} + 一五$ 亦必漸

增而大惟其增大之遲速不同觀下表自明、

代天之各數	$天^{三}\perp 一〇天$ 之各同數	$五天^{二}\perp 一五$ 之各同數
○	○	一五
一	一一	二○
二	二八	三五
三	五七	六○
四	一○四	九五
五	一七五	一四○
六	二七六	一九五
…	…	…

觀右表則知代天之數自○而增大其數非過于三

則 $天^{三}\perp 一〇天$ 正項之同數恆小于 $九天^{二}\perp 一五$ 負項之同數所以 $天^{三}\perp 一〇天 \top (五天^{二}\perp 一五)$、即

$天^{三}\top 五天^{二}\perp 一〇天 \top 一五$、其同數必爲負 又知代天之數非少于四則正

項之同數不能小于負項之同數所以代天之數從

三增至四之時其 $天^{三}\top 五天^{二}\perp 一〇天 \top 一五$ 之同數已從負號變至正號矣、

由此可見天必有一箇一定之負同數在三與四兩

數之間如能用其數以代天則可令正負兩項之同

數彼此相等而可相消適盡所以此數必爲原式之

一箇根數、

以上所證之理無論何次方式莫不如此可見其理

必非虛假、

第一百五十二款 凡任何次式之各根必在兩箇限內、

其求此二限之法有例如下、

二例 設卯爲任何次式之最大負號之倍數又從第

二項起每間一項則反其正負號又設卯′為其改號

之後所有之最大負號之倍數則原式之各正根必

在○與卯⊥一之間而其各負根必在○與⊤卯′⊤一之間

設其原式爲 $天^{四}\top 巳天^{三}\perp 午天^{二}\top 未天 \top 申 = ○$、此式可化之爲

$天^{四}\left(一 \top \frac{天}{巳} \perp \frac{天^{二}}{午} \top \frac{天^{三}}{未} \top \frac{天^{四}}{申}\right) = ○$、則無論巳午未等

各倍數爲何數可見其天之同數必大至能令 $\frac{天}{巳}$、

$\frac{天^{二}}{午}$、$\frac{天^{三}}{未}$、各數任何小所以其和數 $\frac{天}{巳} \perp \frac{天^{二}}{午} \top \frac{天^{三}}{未} \top \frac{天^{四}}{申}$、能小于一：

如此數小于一、則 $天^{四}\left(一 \top \frac{天}{巳} \perp \frac{天^{二}}{午} \top \frac{天^{三}}{未} \perp \frac{天^{四}}{申}\right)$ 即 $天^{四}\top 巳天^{三}\perp 午天^{二}\top 未天 \perp 申$ 爲正數而其第一項 $天^{四}$

大于其餘各項之和數所以天二午天各正號諸項之和數

必亦大于各負號諸項之和數巳天未天申矣

由此可見如能有某數代其天而能令天巳天午天未天申爲正數則

大于此數之數亦必皆能令原式爲正數所以此數

必大于原式之最大正號之根

設令呷爲最大負號之倍數則可見原式中之天四若大

于呷天三呷天呷天呷即呷（天一）天一其原式之根若爲正號則天三午天必大于巳天未天申惟

天一＝天一─一天三天一天＝天一所以天之同數如以某數代某數必能令天四大

于天一呷（天一）即天天大于呷天呷則所得之數必爲正號惟令天天＝呷天

則能合于上例由此得天＝呷一又可見每遇天天若大于

即呷天天一大于呷即天大于呷一俱可與上例相合所以

呷一必爲任何次式之最大正根之限

如以丅地代丄天則原式天巳天午天未天申＝〇可變爲地四巳地午地未地申＝〇此式與上所不同

者不過爲其第二第四兩項之號而已則式之正根

必爲原式之負根所以呷一必爲原式負根之限

第一百五十三款 由上例可見凡有實數之任何次式

欲求其與根相近之整數試之數次即可知之如此則

可得恒與根相近之數如下

設有式天四天三米三天二七＝〇則此式中最大之負倍數爲四所以依上款

之例其最大之正根必小于五 若以丅地代其天則

式變爲地四地米三地二七＝〇此式之諸項俱爲正則無負倍數所以此

式不能有正根即原式不能有負根故其正根必在

○與丄五之間。

如欲查其各根之界可將○一二三四諸數一一代其天其數如左

代天數	○	一	二	三	四
得數	丄二七	丄二一	丄五	丅九	丄一五

由此可見原式有兩箇實根一在二與三之間一在三與四之間

如欲求其第一根即二與三之間之一根也之略近數則可令天＝二丄地

其地者爲小于一之分數而其地²以上之各方更比其第一方小則求地之略數時可以棄此各方亦無妨所以得

天⁴＝丄一六丄三二地……
丅四天³＝丅三二丅四八地……
丅三天＝丅六丅三地……
丄二七＝丄二七

共得

〇＝五丅一九地

其地之略近數爲

地＝一九分五＝.二六

所以根之第一箇略近之數爲

天＝二.二六

再設

天＝二.二六丄地

則仍如前略去地之二方以上之諸小數而取其三位之分數其式如左

天⁴＝丄二六.〇八九丄四六.一七二地……
丅四天³＝丅四六.一七二丅六一.二九一地……
丅三天＝丅六.七八〇丅三地
丄二七＝丄二七

共得

〇＝.一三五丅一八.一一九地

所以

地＝一八.一一九分.一三五＝.〇〇七五

故得根之第二箇略近之數爲

天＝二.二六七五

則天之同數已得四位零分若要再求更近之多位可設

天＝二.二六七五丄地

仍如前求地之略近數即可得更近之根而以此同法可得任多位甚相近之根數

如欲求其第二根之略近數已攷知其在三與四之間則可依求第一根之法求之得其略近之數爲三.六七九七

凡平常日用之算法有四位零分已足用矣

第一百五十四款　以上爲求雜方式各根相近之數惟各次正方式亦可以同法入之

如天²＝二　則天之同數必大于一而小于二但其離一比二爲近則可令天＝一丄地而略其地之二方及二方以上之各

方即得 天＝一⊥三地 所以 二＝一⊥三地 而 地＝三分之二＝三 所以天之同數畧近于一⊥三

再令 天＝一⊥三⊥地 則依同法得 二＝二⊥九七⊥五〇七地 所以 地＝… 故 天＝一⊥三⊥… 如再欲求

其更近之數又令 天＝一⊥二六⊥地 由此可得 地＝… 所以 天＝一二五九九二一 則其零分

已求至六位矣

第一百五十五款 如設一任何次之式其各倍數以元代之則易得一公法為本次式求各根畧近數之公式

如取三次之公式 天三⊥巳天二⊥午天⊥未＝〇 又令 天＝甲⊥地 其甲為畧近于天之數

其地為小分數則于原式中以甲⊥地代其天而畧去地

之一次以上諸方得 … 則因 地＝… 故 天＝甲⊥… ＝…

設有三次式如 天三⊥二天二⊥三天⊥五＝〇 欲求其一根之畧近數則與公式相

比得 巳＝二 午＝三 未＝⊥五 又試得天必在二與三之間惟離三比

二為近所以先可令 甲＝三 以此代入公式 天＝… 中則得

天＝… 如以二又六分之一再代公式中之甲則可求得天之第二

箇畧近數比二又六分之一更近以此法屢求之可得 天 之任何

相近之多位數

第一百五十六款 以上所論求各根畧近之數其法名

曰曇代之法此法本為奈端所設惟其後又有拉果闌

諸者變通之則更靈便能使人易知每次代得之數離

其根之眞同數若何茲將拉果闌諸之新法細審之

設甲為小于原式眞根之數又令 地分之一 為分數若以此分

數與甲數相加即與眞根之全數相等則 天＝甲⊥地分之一 （甲）如將

此同數代入原式中而化去其各分母則所得之第

㊁式以地爲未知之數其㊁式之根必大于一又設乙爲小于㊁式眞根之數則原式之根其第一箇畧近數爲 $天=甲+\frac{一}{乙}$ 蓋乙爲地之畧近數猶甲爲天之畧近數也所以可令 $地=乙+\frac{一}{地'}$ 而以 $乙+\frac{一}{地'}$ 代㊁式中之地則可得㊂式其式中未知之數爲乙′而乙′必大于一

再令乙′爲小于㊂式眞根之數則得 $地=乙+\frac{一}{乙'}=\frac{乙乙'+一}{乙'}$ 以此數代入㊀式中得 $天=甲+\frac{乙'}{乙乙'+一}$ 爲天之第二箇畧近數

求天之第三箇畧近數法令 $地'=乙'+\frac{一}{地''}$ 如以乙″爲小于其地″之眞數卽得 $地'=乙'+\frac{一}{乙''}=\frac{乙'乙''+一}{乙''}$ 所以 $地=乙+\frac{乙''}{乙'乙''+一}=\frac{乙乙'乙''+乙+乙''}{乙'乙''+一}$ 而 $天=甲+\frac{乙'乙''+一}{乙乙'乙''+乙+乙''}$ 如是推之則其數愈近于天之眞同數

茲設一式以明上法之用

設有式 $天^三-七天+七=〇$ 此式之正根必在〇與八之間以自〇至八之各數一一代其原式中之天列爲表

代天數	代得數
〇	⊥七
一	⊥一
二	⊥一
三	⊥一三
四	⊥四三
五	⊥九七
六	⊥一八一
七	⊥三〇一
八	⊥四六三

惟以上代得之各數其號相同則但恃變號之理不能知其根之所在然細審其數可見天之自〇增至一時其所得之數變小而天大于二之時其所得之數變大所以可思此原式若有正號之根必在一與二之間

所以又將一.二 一.四 一.六 一.八各數代原式中之天則其代得之各數爲 ⊥.三二八 ⊤.〇五六 ⊤.一〇四 ⊥.二三二 因其數變號兩次則可見原式中必有兩箇正號之根一在一.二與一.四之間一在一.六與一.八之間

所以如欲求其任一根之畧近數可令 $天=一+\frac{一}{地}$ 則依代法

得 地^{三}丅四地^{二}丄三地丄一＝〇 ㊁ 此式之正根以五為限如將〇一二三四各

數一一代㊁式中之地而審其得數則知其兩箇正

根一在一與二之間一在二與三之間所以查得原

式兩根之第一略近數為 天＝一丄$\frac{一}{二}$ 天＝一丄$\frac{二}{三}$ 即 天＝$\frac{三}{二}$ 天＝$\frac{五}{三}$

再求地之第二箇略近數可令 地＝一丄$\frac{一}{地′}$ 以此數代㊁式

中之地得 地′^{三}丅二地′^{二}丅地′丄一＝〇 ㊂ 此式只可有一箇正根在二與三之

之間所以可得 地＝一丄$\frac{一}{二}$＝$\frac{三}{二}$ 而 天＝一丄$\frac{二}{三}$＝$\frac{五}{三}$

再設 地′＝二丄$\frac{一}{地″}$ 以代㊂式中之地′則得 地″^{三}丅三地″^{二}丅四地″丅一＝〇 ㊃ 此式之地″如取

其最小之限試之知必在四與五之間故由此而得

地′＝二丄$\frac{一}{四}$＝$\frac{九}{四}$ 地＝一丄$\frac{四}{九}$＝$\frac{一三}{九}$ 而 天＝一丄$\frac{九}{一三}$＝$\frac{二二}{一三}$ 如再令 地″＝四丄$\frac{一}{地‴}$ 等等即可任推至極近于

原式眞根之數

前所得天之第二箇略近數等于$\frac{三}{二}$即與 地＝二 相對如

令 地′＝二丄$\frac{一}{地″}$ 代入前式 地^{三}丅四地^{二}丄三地丄一＝〇 中則得 地^{三}丄地^{二}丅二地丅一＝〇 此式與求天之他同數

所用之相對式不過有一箇根大于一而此根必在

一與二之間故可令 地＝二 即可得 地＝三 而 天＝一丄$\frac{一}{三}$＝$\frac{四}{三}$ 再令 地＝一丄$\frac{一}{地′}$ 則

依代法得 地′^{三}丅三地′^{二}丅四地′丅一＝〇 此式之地′必在四與五之間所以又可

得 地′＝$\frac{五}{四}$ 則 地＝$\frac{一四}{五}$ 而 天＝$\frac{九}{一四}$ 如再欲求更近之數可令 地′＝四丄$\frac{一}{地″}$ 等類之

數推之可至任何近。

其原式 天⊥七天⊥七=〇 亦有一箇負號之根在 丅三 與 丅四 之間如欲求其略近之數可令 天=丅彐 地一 所以得 地丅二〇地九地丅一=〇 其地之同數必大于二〇而小于二一所以得負根之第一略近數爲 天=丅彐 二〇 =丅二〇六 一 如再令 地=二〇⊥ 地一 等類疊代之則其天之略近數可愈推愈密

第一百五十七款 凡疊代而得之式其未知之數地、地、等類除非原設之式有兩箇或多箇之根在甲與丅甲之間除此以外則其所代得之各式中總不能有此根比彼根不大于一者惟遇所設之原式有兩箇或多箇之根在甲與丅甲之間則如法推之其地、地、地等元所疊代而得之式必有一式可有一箇根大于一

又此疊代而得之各根可得其級數之式而由此級數之式可求原式之根在甲與丅甲間之任近之略數

興化劉彝程校算

代數術卷十七

英國華里司輯
英國 傅蘭雅 口譯
金匱 華蘅芳 筆述

論無窮之級數

第一百五十八款 凡欲將所設之任何式化爲級數之式此在最深之算學中用代數最要之事也其法有數種各配其所設之形而用之

第一法

若有一實分數之式則可以平常之代數除法化之爲級數

一式有 甲/甲丅天 欲化之爲無窮級數則依法約之

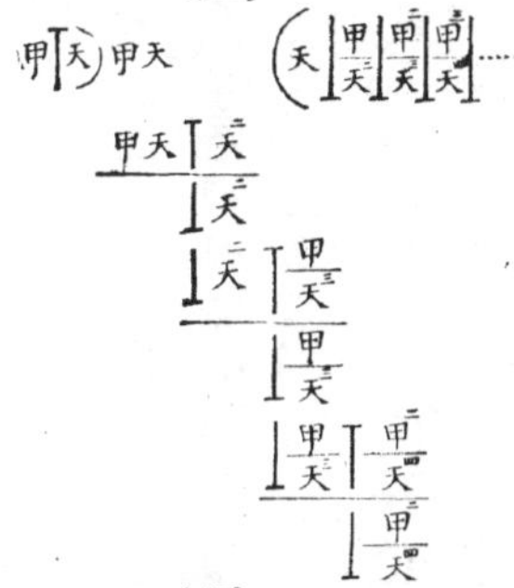

得 甲/甲丅天 = 天 ⊥ 甲/天 ⊥ 甲二/天二 ⊥ 甲三/天三 ⊥ …… 如此

則只須推至第四項即可知各項中甲與天之方指數有遞加之法而以下之各級可任增至若干項

二式有 $\frac{甲^{二}}{(甲+天)^{二}}$，欲化之爲無窮級數，則如前法約之，卽可得 $\frac{甲^{二}}{(甲+天)^{二}}$ 之級數爲

$$一-\frac{二天}{甲}+\frac{三天^{二}}{甲^{二}}-\frac{四天^{三}}{甲^{三}}+\frac{五天^{四}}{甲^{四}}-\cdots\cdots$$

其每級之升法已見分明，卽任增至若干項無不相合。

第一百五十九款　無論所設之式或爲實數或爲虛式，皆能用下法化之，使爲級數。此法在最深之算學中，其用處最廣。

第二法

先設一虛級數，其各項之倍數以呷吃呐叮等字代之，謂之泛倍數之級數，其各級之次序以方指數之大小序之。下設數式以明此法。

設有 $\frac{甲^{二}}{甲^{二}+甲天+天^{二}}$ 欲化爲級數，則令 $\frac{甲^{二}}{甲^{二}+甲天+天^{二}}$ 等于

$$呷+吃天+呐天^{二}+叮天^{三}+哦天^{四}+\cdots\cdots \quad ㈠$$

其呷爲不含天之項，其吃天爲有天一方之項，其呐天^{二}爲有天二方之項，其叮天^{三}爲有天三方之項，以下類推。乃將此式之兩邊各以 $甲^{二}+甲天+天^{二}$ 乘之，則能去其分母之數，又移其所有之各項悉聚于一邊而等于○，則其式如㊞。

$$\left.\begin{matrix}甲^{二}呷\\-甲^{二}\end{matrix}\right\}+\left.\begin{matrix}甲^{二}吃\\+甲呷\end{matrix}\right\}天+\left.\begin{matrix}甲^{二}呐\\+甲吃\\+呷\end{matrix}\right\}天^{二}+\left.\begin{matrix}甲^{二}叮\\+甲呐\\+吃\end{matrix}\right\}天^{三}+\left.\begin{matrix}甲^{二}哦\\+甲叮\\+呐\end{matrix}\right\}天^{四}+\cdots\cdots=○ \quad ㊞$$

惟因此式中之泛倍數呷吃呐叮等類各與天之同數無相干涉，則其全式之所以能等于○者，不過因天之每方之各倍數彼此相并能等于○。所以其全式爲○。如云不然，則必天與呷吃呐叮等類之倍數有一定相關之理，方能爲○，是與設此術之意不合矣。

所以能定呷吃呐叮之各同數有㊧㊨兩幅式。

㊧		㊨
$甲^{二}呷-甲^{二}=○$	∴	$呷=一$
$甲^{二}吃+甲呷=○$	∴	$吃=-\frac{呷}{甲}=-\frac{一}{甲}$
$甲^{二}呐+甲吃+呷=○$	∴	$呐=-\frac{吃}{甲}-\frac{呷}{甲^{二}}=○$
$甲^{二}叮+甲呐+吃=○$	∴	$叮=-\frac{呐}{甲}-\frac{吃}{甲^{二}}=\frac{一}{甲^{三}}$
$甲^{二}哦+甲叮+呐=○$	∴	$哦=-\frac{叮}{甲}-\frac{呐}{甲^{二}}=-\frac{一}{甲^{四}}$
㊧……		……㊨

此式之意猶言㊧式若等于○，則其呷吃呐叮等各倍數之同數必爲㊨式也。∴式以代故字。觀此式易知呷吃呐叮等類之各同數在所設之式中有挨次而下之法。

卽如以吧咋味代挨次而下之三箇倍數，如 $甲^{二}味+甲咋+吧=○$，則以

此式中之吃、咔、味、與各倍數相比，卽可得𠯠以下各倍數＝○、$\frac{\text{吃}}{二}$＝○、……既得呷、吃、呐、叮、等各倍數，以代入

吃嘆哞子

㊀式中則得 $\sqrt[甲]{\text{甲天}}$ ＝ $\text{甲}\left(1+\frac{\text{天}}{\text{甲}}\right)^{\frac{1}{\text{甲}}}$ ＝ $1+\frac{\text{甲}}{\text{天}}*+\frac{\text{甲}^{二}}{\text{天}^{二}}*+\frac{\text{甲}^{三}}{\text{天}^{三}}*\cdots\cdots$ 卽為所求之級數式。

又設一式以明泛倍數之用法。

如有式 $\sqrt{\text{甲天}}$，欲以級數明之，則依泛倍數之法，可令其 $\sqrt{\text{甲天}}$ ＝ 呷＋吃天＋呐天^{二}＋叮天^{三}＋……　兩邊各自乘而變之得

○＝[illegible]……　㊀　所以其呷

吃、呐、叮等各同數，如

呷^{二}＝甲　∴呷＝甲

二呷吃＝一　∴吃＝$\frac{1}{二呷}$＝$\frac{1}{二甲}$

二呷呐＋吃^{二}＝○　∴呐＝$-\frac{吃^{二}}{二呷}$＝$-\frac{1}{八甲^{三}}$

二呷叮＋二吃呐＝○　∴叮＝$-\frac{吃呐}{呷}$＝$\frac{1}{十六甲^{五}}$

以此同數代入

㊀式得 $\sqrt{\text{甲天}}$ ＝ $\text{甲}+\frac{\text{天}}{二\text{甲}}-\frac{\text{天}^{二}}{八\text{甲}^{三}}+\frac{\text{天}^{三}}{十六\text{甲}^{五}}$……　卽所求之級數也。

凡欲將任何式化為無窮級數，若同時須約與開方者，則用泛倍數之法比他法更便。

如其式為 $\frac{1}{\sqrt{\text{甲天}}}$ 或 $\frac{\sqrt{\text{甲天}}}{\sqrt{\text{甲天}}}$ 等類之式，則用泛倍數最便。

第一百六十款

第三法

凡化任何式為無窮之級數，其第三法為二項例，卽合名法，惟前于第三卷中尚未解明此法，今必先論其立法之原，而後可言其用。

設甲＋天為任何二項之數，欲求其$\frac{\text{卯}}{\text{寅}}$方之式，其寅與卯

所以可令 $(一丄地)^{\frac{卯}{寅}} = 一丄呷地丄叱地^{二}丄哂地^{三}丄吋地^{四}\cdots\cdots$

又令 $(一丄人)^{\frac{卯}{寅}} = 一丄呷人丄叱人^{二}丄哂人^{三}丄吋人^{四}丄呲人^{五}\cdots\cdots$

又令 $(一丄地)^{\frac{卯}{}} = 戊$，$(一丄人)^{\frac{卯}{}} = 亥$，則 $(一丄地)^{\frac{卯}{寅}} = 戊^{寅}$，$(一丄人)^{\frac{卯}{寅}} = 亥^{寅}$，

則求得二級數之較爲 $戊^{寅}丅亥^{寅}$ 等于

$$呷(地丅人)丄叱(地^{二}丅人^{二})丄哂(地^{三}丅人^{三})丄吋(地^{四}丅人^{四})丄呲(地^{五}丅人^{五})\cdots\cdots \quad (一)$$

惟因 $戊^{卯} = 一丄地$，$亥^{卯} = 一丄人$，故可將此兩式相較得 $戊^{卯}丅亥^{卯} = 地丅人$，有此式則可從(一)式而得

$$\frac{戊^{寅}丅亥^{寅}}{戊^{卯}丅亥^{卯}} = 呷丄叱\frac{地^{二}丅人^{二}}{地丅人}丄哂\frac{地^{三}丅人^{三}}{地丅人}丄吋\frac{地^{四}丅人^{四}}{地丅人}丄呲\frac{地^{五}丅人^{五}}{地丅人}\cdots\cdots \quad (二)$$

凡有式如 $\frac{戊^{寅}丅亥^{寅}}{戊丅亥}$ 者，若其寅爲正數，則必能以 $戊丅亥$ 度之，所以或爲正數或爲負數俱可。

因 $(一丄\frac{甲}{天})^{\frac{卯}{寅}}$，$甲天 = 甲(一丄\frac{甲}{天})$，如令 $\frac{甲}{天} = 地$，則 $(甲天)^{\frac{卯}{寅}} = 甲^{\frac{卯}{寅}} \times (一丄地)^{\frac{卯}{寅}}$，所以可用 $一丄地$ 代入 $甲丄天$ 之式中爲甚便。

試以 $一丄天$ 自乘數次比其類而列之如

$$(一丄天)^{二} = 一丄二天丄天^{二}$$
$$(一丄天)^{三} = 一丄三天丄三天^{二}丄天^{三}$$
$$(一丄天)^{四} = 一丄四天丄六天^{二}丄四天^{三}丄天^{四}$$

等等。則由此可見凡 $一丄天$ 之各方，其形必如 $一丄呷天丄叱天^{二}丄哂天^{三}丄吋天^{四}丄呲天^{五}\cdots\cdots$，其各項之倍數呷、叱、哂、吋等類與天之同數無相關，又可見其級數中斷不能有天之任何負號之方。假使各項中有一箇天之負方如 $未天^{丅昨}$，則令 $天 = 〇$，其本項必大至無窮，而其全級之總數不過應等于一，則不合矣。所以知其各項中斷不能有天之負號之各方。

得 戊卯丅亥寅 等于

（戊丅亥）（戊卯一丅戊卯二丅亥……丅戊亥卯二丅亥卯一）

又以同理得 戊卯丅亥卯 等于

（戊丅亥）（戊卯一丅戊卯二丅亥……丅戊亥卯二丅亥卯一）

所以可將

此兩式代其㈡式之左邊 戊卯丅亥卯／戊寅丅亥寅 而後將㈡式右邊之各項俱以分母地丅人約之則得式如左

戊卯一丅戊卯二丅亥……丅戊亥卯二丅亥卯一／戊寅一丅戊寅二丅亥……丅戊亥寅二丅亥寅一 ＝＝ 呷丅吃（地丅人）丅呥（地²丅地人丅人²）丅叮（地³丅地²人丅地人²丅人³）丅哎（地⁴丅地³人丅地²人²丅地人³丅人⁴）……

㈢此式中其地與人之同數無論如何其式必合于理所以可令 地＝人 則 一丅地＝一丅人 即 戊卯＝亥 所以可令 戊＝亥

而變㈢式為

戊卯一／寅戊寅一 ＝＝ 呷丅二吃地丅三呥地²丅四叮地³丅五哎地⁴……

即

卯寅／寅戊 ＝＝ 戊卯（呷丅二吃地丅三呥地²丅四叮地³丅五哎地⁴……）

此式中如將寅戊之同數（一丅地）卯寅與卯戊之同數一丅地代其本元則得式如左

卯寅（一丅地）卯寅 ＝＝

（一丅地）（呷丅二吃地丅三呥地²丅四叮地³丅五哎地⁴……）

＝＝ ｛呷丅二吃地丅三呥地²丅四叮地³丅五哎地⁴……
　　　丅呷地丅二吃地²丅三呥地³丅四叮地⁴……

惟 卯寅（一丅地）卯寅 原等于

寅丅卯寅呷地丅卯寅吃地²丅卯寅呥地³丅卯寅叮地⁴……

故

寅丅卯寅呷地丅卯寅吃地²丅卯寅呥地³丅卯寅叮地⁴……

＝＝ ｛呷丅二吃地丅三呥地²丅四叮地³丅五哎地⁴……
　　　丅呷地丅二吃地²丅三呥地³丅四叮地⁴……

惟因各項之倍數與地之任何同數無相關則可見凡方程式之一邊地之任何方之倍數必等于彼邊地之同方之倍數所以欲求其呷吃呥叮等各倍數之

同數可以兩幅之等數式明之。

$$呷=\frac{卯}{寅} \quad ∴ \quad 呷=\frac{卯}{寅}$$

$$二吃丄呷=\frac{卯}{寅}呷 \quad ∴ \quad 吃=\frac{二}{呷(\frac{卯}{寅}丅一)}=\frac{二卯}{呷(寅丅卯)}$$

$$三呐丄二吃=\frac{卯}{寅}吃 \quad ∴ \quad 呐=\frac{三}{吃(\frac{卯}{寅}丅二)}=\frac{三卯}{吃(寅丅二卯)}$$

$$四叮丄三呐=\frac{卯}{寅}呐 \quad ∴ \quad 叮=\frac{四}{呐(\frac{卯}{寅}丅三)}=\frac{四卯}{呐(寅丅三卯)}$$

$$五哦丄四叮=\frac{卯}{寅}叮 \quad ∴ \quad 哦=\frac{五}{叮(\frac{卯}{寅}丅四)}=\frac{五卯}{叮(寅丅四卯)}$$

……（左）　　……（右）

觀此（左）（右）兩幅等數式可知（右）式皆從（左）式而得其∴者以代故字如

$$二吃丄呷=\frac{卯}{寅}呷$$

言故

$$吃=\frac{二}{呷(\frac{卯}{寅}丅一)}$$

即

$$吃=\frac{二卯}{呷(寅丅卯)}$$

也。

再于呷·吃·呐·叮等各式之中各以某元之本數代還之即得

$$呷=\frac{卯}{寅}$$

$$吃=\frac{一·二卯^{二}}{寅(寅丅卯)}$$

$$呐=\frac{一·二·三卯^{三}}{寅(寅丅卯)(寅丅二卯)}$$

$$叮=\frac{一·二·三·四卯^{四}}{寅(寅丅卯)(寅丅二卯)(寅丅三卯)}$$

$$哦=\frac{一·二·三·四·五卯^{五}}{寅(寅丅卯)(寅丅二卯)(寅丅三卯)(寅丅四卯)}$$

為倍數之同數。

假如所設之式為

$$(一丄地)^{\frac{卯}{寅}}=一丄呷地丄吃地^{二}丄呐地^{三}丄……$$

令

$$\frac{甲}{天}=地$$

則

$$(甲丄天)^{\frac{卯}{寅}}=甲^{\frac{卯}{寅}}(一丄地)^{\frac{卯}{寅}}$$

故 $(甲丄天)^{\frac{卯}{寅}}$ 之式可

先變為級數如

$$甲^{\frac{卯}{寅}}\left(一丄\frac{卯甲}{寅天}丄\frac{二卯甲^{二}}{呷(寅丅卯)天^{二}}丄\frac{三卯甲^{三}}{吃(寅丅二卯)天^{三}}丄\frac{四卯甲^{四}}{呐(寅丅三卯)天^{四}}丄\frac{五卯甲^{五}}{叮(寅丅四卯)天^{五}}丄……\right)$$

再以倍數之同數代其呷·吃·呐

叮等字則得 $(甲丄天)^{\frac{卯}{寅}}$ 之級數式為

$$甲^{\frac{卯}{寅}}丄\frac{卯}{寅}甲^{\frac{寅丅卯}{寅}}天丄\frac{一·二卯^{二}}{寅(寅丅卯)}甲^{\frac{二寅丅卯}{寅}}天^{二}丄\frac{一·二·三卯^{三}}{寅(寅丅卯)(寅丅二卯)}甲^{\frac{三寅丅卯}{寅}}天^{三}丄\frac{一·二·三·四卯^{四}}{寅(寅丅卯)(寅丅二卯)(寅丅三卯)}甲^{\frac{四寅丅卯}{寅}}天^{四}丄……$$

此式可為任二

項數甲丄天變爲任何正負整分各方數之公式

第一百六十一款

前攷 $\frac{戊丨亥^{卯}}{戊丨亥^{寅}}$ 之同數而令戊═亥固以 $\frac{卯}{寅}$ 之寅爲正然令其

寅爲負則所得之級數亦通

如將丄寅變爲丅寅可見其 $\frac{戊^{寅}丅亥^{寅}}{戊丅亥} = \frac{亥^{寅}丅戊^{寅}}{亥丅戊}$ 即得 $\frac{戊^{丅寅}丅亥^{丅寅}}{戊丅亥} = \frac{丅(戊^{寅}丅亥^{寅})}{戊^{寅}亥^{寅}(戊丅亥)}$ 惟已知其

戊═亥則其 $\frac{戊^{丅卯}丅亥^{丅卯}}{戊^{丅寅}丅亥^{丅寅}}$ 變爲 $\frac{卯戊^{丅卯丅一}}{寅戊^{丅寅丅一}}$ 所以 $\frac{戊^{卯}}{戊^{寅}} = \frac{卯戊^{丅卯丄寅}}{寅} = \frac{卯}{寅}戊^{\frac{寅}{卯}}$ 由此末式知 $\frac{寅}{戊}$ 即

$(一丄地)^{\frac{卯}{寅}}$ 與前所得者同不過其指數之正負改變耳

第一百六十二款

設寅爲正整數而卯═一則依上款之法其甲丄天之級數必恆

有盡如以其式自乘任何次亦可知其有盡惟寅若爲負指數或爲其分指數如 $\frac{卯}{寅}$ 則其級數可有無窮之項前于論各乘方之法中已明二項例之用法茲即用以上所言之理將代數之式詳之爲級數

一式有 $(未丄人)^{\frac{三}{未}}$ 欲以級數明之

惟因 $\frac{未丄人}{未} = 一丄\frac{人}{未}$ 所以 $(未丄人)^{\frac{三}{未}} = (一丄\frac{人}{未})^{三}$ 則可將 $(一丄\frac{人}{未})^{三}$ 與 $(甲丄天)^{\frac{卯}{寅}}$ 之式相比

而得 甲═一 天═$\frac{人}{未}$ 寅═三 卯═一 以此各同數代入一百六十款

之公式中則得 $(未丄人)^{\frac{三}{未}} = \left\{ \begin{array}{l} 一丄\frac{人}{三未}丅\frac{一\cdot二\,人^{二}}{三\cdot四\,未^{二}}丄\frac{一\cdot二\cdot三\,人^{三}}{三\cdot四\cdot五\,未^{三}}\cdots \\ 一丄\frac{人}{三未}丅\frac{人^{二}}{六未^{二}}丄\frac{人^{三}}{一〇未^{三}}丅\frac{人^{四}}{一五未^{四}}\cdots \end{array} \right.$ 爲所求之級數式

二式有 $\sqrt{甲乙}$ 欲以級數明之

惟因 $甲+乙=甲\left(1+\frac{乙}{甲}\right)$ 所以 $\sqrt[3]{甲+乙}=\sqrt[3]{甲}\times\sqrt[3]{1+\frac{乙}{甲}}=甲^{\frac{1}{3}}\left(1+\frac{乙}{甲}\right)^{\frac{1}{3}}$ 乃將其 $\left(1+\frac{乙}{甲}\right)^{\frac{1}{3}}$ 之式與 $(甲+天)^{\frac{寅}{卯}}$ 相比

則得 $甲=1$，$天=\frac{乙}{甲}$，$寅=1$，$卯=3$ 以此代入一百六十款之公式中

又以 $甲^{\frac{1}{3}}$ 乘之則得

$$\sqrt[3]{甲+乙}=甲^{\frac{1}{3}}\left(1+\frac{1\cdot乙}{3甲}-\frac{1\cdot2乙^2}{3\cdot6甲^2}+\frac{1\cdot2\cdot5乙^3}{3\cdot6\cdot9甲^3}-\frac{1\cdot2\cdot5\cdot8乙^4}{3\cdot6\cdot9\cdot12甲^4}+\cdots\right)$$

$$=甲^{\frac{1}{3}}\left(1+\frac{乙}{3甲}-\frac{乙^2}{9甲^2}+\frac{5乙^3}{81甲^3}-\frac{10乙^4}{243甲^4}+\cdots\right)$$

為所求之級數式

三式有 $\frac{未^2}{(未^3+人^3)^{\frac{2}{3}}}$ 欲以級數明之

惟因 $\frac{未^2}{(未^3+人^3)^{\frac{2}{3}}}=未^2(未^3+人^3)^{-\frac{2}{3}}$ 故可將 $未^3+人^3$ 求得其 $-\frac{2}{3}$ 方之級數，又以 $未^2$ 乘之即得所求之級數。又有一法可化原式為更簡之形。惟因 $未^3+人^3=未^3\times\left(1+\frac{人^3}{未^3}\right)$ 所以 $(未^3+人^3)^{\frac{2}{3}}=未^2\left(1+\frac{人^3}{未^3}\right)^{\frac{2}{3}}$ 又 $\frac{未^2}{(未^3+人^3)^{\frac{2}{3}}}=\frac{1}{\left(1+\frac{人^3}{未^3}\right)^{\frac{2}{3}}}=\left(1+\frac{人^3}{未^3}\right)^{-\frac{2}{3}}$ 所以 $\frac{未^2}{(未^3+人^3)^{\frac{2}{3}}}=\left(1+\frac{人^3}{未^3}\right)^{-\frac{2}{3}}$ 以此與公

式相比而代之可得

$$1-\frac{2人^3}{3未^3}+\frac{2\cdot5人^6}{3\cdot6未^6}-\frac{2\cdot5\cdot8人^9}{3\cdot6\cdot9未^9}+\frac{2\cdot5\cdot8\cdot11人^{12}}{3\cdot6\cdot9\cdot12未^{12}}-\cdots$$

即

$$1-\frac{2人^3}{3未^3}+\frac{5人^6}{9未^6}-\frac{40人^9}{81未^9}+\frac{110人^{12}}{243未^{12}}-\cdots$$

為所求之級數式

四式有 $\frac{\sqrt{甲^2+天^2}}{\sqrt{甲^2-天^2}}$ 欲以級數明之

從二項例得 $\sqrt{甲^{2}+天^{2}}=\left(甲^{2}+天^{2}\right)^{\frac{1}{2}}=甲+\frac{天^{2}}{二甲}-\frac{天^{四}}{八甲^{三}}+\frac{天^{六}}{一六甲^{五}}-\cdots\cdots$ 又 $\frac{1}{\sqrt{甲^{2}-天^{2}}}=\left(甲^{2}-天^{2}\right)^{-\frac{1}{2}}=\frac{一}{甲}+\frac{天^{2}}{二甲^{三}}+\frac{三天^{四}}{八甲^{五}}+\frac{五天^{六}}{一六甲^{七}}+\cdots\cdots$ 故可以此兩級數相乘卽得 $\frac{\sqrt{甲^{2}+天^{2}}}{\sqrt{甲^{2}-天^{2}}}=一+\frac{天^{2}}{甲^{2}}+\frac{天^{四}}{二甲^{四}}+\frac{天^{六}}{二甲^{六}}+\cdots\cdots$ 爲所求之級數式。

論級數互求之法（案原書以此爲第十八卷，因其篇數太少，故并入此卷，而以十九卷爲十八卷。）

第一百六十三款　前用泛倍數之法以求無窮級數，惟此法于級數互求之時亦可用之。

設有式 $地=卯+甲天+乙天^{2}+丙天^{3}+丁天^{四}+\cdots\cdots$ 欲反求之而用地各方之項以明天之同數，法將其卯移之而令 $人=地-卯$ 則 $人=甲天+乙天^{2}+丙天^{3}+丁天^{四}+\cdots\cdots$ 若令 $天=0$ 則可見人亦必等于○，故可令 $天=呷人+𠮙人^{2}+㖅人^{3}+叮人^{四}+\cdots\cdots$ 其呷𠮙㖅叮等爲未知數之倍數，惟此各數與天絕無相關，故欲求其各倍數之同數，只須以乘法求得其 $呷人+𠮙人^{2}+㖅人^{3}+叮人^{四}+\cdots\cdots$ 之第一、二、三、四等方，而令其在 $0=-人+呷天+𠮙天^{2}+㖅天^{3}+\cdots\cdots$ 式中代其天、天²、天³、天⁴等元，則其式如左：

$丅人 = 丅人$

$丄甲天 = 甲呷人丄甲吃人^{二}丄甲呬人^{三}丄甲叮人^{四}丄……$

$丄乙天^{二} = 丄乙呷^{二}人^{二}丄二乙呷吃人^{三}丄二乙呷呬人^{四}丄……$

$丄乙吃^{二}人^{四}$

$丄丙天^{三} = 丄丙呷^{三}人^{三}丄三丙呷^{二}吃人^{四}丄……$

$丄丁天^{四} = 丄丁呷^{四}人^{四}丄……$

（以上各式之和）$= ○$

此式中如令人、人²、人³等各方之倍數爲○，則得

$甲呷丅一 = ○$

$甲吃丄乙呷^{三} = ○$

$甲呬丄二乙呷吃丄丙呷^{三} = ○$

$甲叮丄二乙呷呬丄乙吃^{二}丄三丙呷^{二}吃丄丁呷^{四} = ○$

等等所以

等等所以得天之同數其級數之

$呷 = \frac{一}{甲}$

$吃 = 丅\frac{乙}{甲^{三}}$

$呬 = \frac{二乙^{二}丅甲丙}{甲^{五}}$

$叮 = 丅\frac{五乙^{三}丄五甲乙丙丅甲^{二}丁}{甲^{七}}$

公式如下

$天 = \frac{人}{甲}丅\frac{乙}{甲^{三}}人^{二}丄\frac{二乙^{二}丅甲丙}{甲^{五}}人^{三}丅\frac{五乙^{三}丄五甲乙丙丅甲^{二}丁}{甲^{七}}人^{四}丄……$

茲設數式于後以明上法之用。

設有式

$地 = 天丅\frac{天^{二}}{二}丄\frac{天^{三}}{三}丅\frac{天^{四}}{四}丄……$

則令

$人 = 地$

$甲 = 一$

$乙 = 丅\frac{一}{二}$

$丙 = \frac{一}{三}$

$丁 = 丅\frac{一}{四}$

等等所以可將此各同數代入前公式中即得

$天 = 地丄\frac{地^{二}}{二}丄\frac{地^{三}}{六}丄\frac{地^{四}}{二四}丄……$

設有式

$甲地丄乙地^{二}丄丙地^{三}丄…… = 甲天丄乙天^{二}丄丙天^{三}丄……$

此式之兩邊皆爲級數，如欲以天之各項明其地之同數，則如前令

$地 = 呷天丄吃天^{二}丄呬天^{三}丄叮天^{四}丄……$

將此級數以乘法求得各方，以代其原式中地之各方，而移之于一邊，又

令$地=〇$，則得一幅方程式，其呷、吃、呐、吖各數可以此式定之。

興化劉彝程校算

代數術卷十八

英國華里司輯

英國　傅蘭雅　口譯
金匱　華蘅芳　筆述

論對數與指數之式

第一百六十四款　無論何整數皆可爲任何正數之各乘方。

即如二之各方可以等於各數自一起以至無窮，雖其數未必能眞相等，然所差者極微，其兩數之較可小至莫可名言。若其各方之指數爲整數，則其相等之數不過能成一級數如一、二、四、八、十六等類。若其各方之指數爲分數，則其相等之數可爲遞加數。

今試以二之各方明其相等之各數自一起以至於十，其式如左：

$二^{〇}=一$

$二^{一}=二$

$二^{一.五八五}=三$

$二^{二}=四$

$二^{二.三二二}=五$

$二^{二.五八五}=六$

$二^{二.八〇七}=七$

$二^{三}=八$

$二^{三.一七〇}=九$

$二^{三.三二二}=一〇$

又依同法可將二之各方約一之數以明小於一之數，如

$\frac{一}{二^{三.三二二}}=.一$

$\frac{一}{二^{二.三二二}}=.二$

$\frac{一}{二^{一.七三七}}=.三$

即

$二^{丅三.三二二}=.一$

$二^{丅二.三二二}=.二$

$二^{丅一.七三七}=.三$

可見其各方之指數

必爲負

又依同法可以十爲底則各數又可以十之各方明之

如 [illegible]　及 [illegible]　等等

然此法不但能用二與十兩箇整數爲底亦可用任何分數爲底而求其各指數可令其各方之數等於自一起以至任若干多數所以凡對數可用任何整數或分數爲其底惟一及負數則不能爲對數之底因一之各方皆爲一而負數之各方必有不能等於眞數之數故也

第一百六十五款　所以如命地爲任何眞數又任取已知之數未則可求得未之相配之指數天而令未之天方等於地則天即爲地之對數未即爲對數之底

第一百六十六款　由以上所論可究對數之理其最要之例有三

一例　任兩數之對數相加恆等於相乘數之對數

如令地與地'爲兩箇眞數而令天與天'爲其相配之對數則 $未^{天}=地$ $未^{天'}=地'$ 而 $未^{天}\times未^{天'}=地地'$ 即 $未^{天+天'}=地地'$ 所以依上款之論其天丄天'必爲地地'之對數故地與地'兩箇眞數之對數其和必爲地地'之對數

二例　任兩數之對數相減恆等於相約數之對數

如 $未^{天}=地$ $未^{天'}=地'$ 則 $\frac{未^{天}}{未^{天'}}=\frac{地}{地'}$ 即 $未^{天-天'}=\frac{地}{地'}$ 所以依上款之論天丅天'必爲$\frac{地}{地'}$之對數故地之對數與地'之對數相較必即爲$\frac{地}{地'}$之對數

三例　設卯爲任何數則$地^{卯}$之對數恆等於卯倍地之對數

因$地^{卯}$爲地之卯方之數所以$地^{卯}$之對數等于地之對數之卯倍故即爲卯乂對地

第一百六十七款　由以上之論如果能造一表備列各眞數與其相配之各對數相對則用此表可以甚省算學中乘除之功夫因只須將其對數或加或減即可檢表而得乘約之眞數也又用此表亦可省多乘方及開各方之功夫因只須將其對數或乘或約即可檢表而得其積與根之眞數故也

假如有兩箇眞數天與地欲相乘則可取天之對數與地之對數相加則其和數即爲天地相乘積之對數

所以凡求任幾數相約之數或求任何數之各方各根俱可依此類推之

第一百六十八款　對數之公理與其底數之大小無相關所以可有數種對數每種各起一名字以別之

如以十爲底者其對數名曰常對數亦名十進對數亦名布里格斯對數

如以二·七一八二八一八爲底者其對數昔人名之曰雙曲線對數亦名訥白爾對數亦名自然對數

前於一百六十五款中已言凡眞數與對數相關之理可以 $地=未^{天}$ 之式明之若其地爲任何眞數則天爲其眞數之對數而未爲其對數之底此三數中任有其二即可推得其又一數　如地或未爲未知之數則求之易得如其指數天爲未知之數而未與地爲已知之數則欲求天之同數其方程式與以上各卷中所論之各種方程式不同故名之曰指數之方程式欲解此種方程式其法與求任何眞數之對數同

第一百六十九款　凡以 $地=未^{天}$ 之式而求其天之同數則各項必以未與地明之

設 $未=一+甲$ 又 $地=一+亥$ 則其方程式爲 $(一+甲)^{天}=一+亥$ 若將兩邊各乘至卯方即得 $(一+甲)^{卯天}=(一+亥)^{卯}$ 此式之兩邊各以二項例詳之爲級數則得

$$一+卯天甲+\frac{卯天(卯天-一)}{一\cdot二}甲^{二}+\frac{卯天(卯天-一)(卯天-二)}{一\cdot二\cdot三}甲^{三}+\frac{卯天(卯天-一)(卯天-二)(卯天-三)}{一\cdot二\cdot三\cdot四}甲^{四}+\cdots\cdots$$

等于

$$一+卯亥+\frac{卯(卯-一)}{一\cdot二}亥^{二}+\frac{卯(卯-一)(卯-二)}{一\cdot二\cdot三}亥^{三}+\frac{卯(卯-一)(卯-二)(卯-三)}{一\cdot二\cdot三\cdot四}亥^{四}+\cdots\cdots$$

將此式之兩邊各減去一而俱以卯約之則得

$$天甲+\frac{天(卯天-一)}{一\cdot二}甲^{二}+\frac{天(卯天-一)(卯天-二)}{一\cdot二\cdot三}甲^{三}+\frac{天(卯天-一)(卯天-二)(卯天-三)}{一\cdot二\cdot三\cdot四}甲^{四}+\cdots\cdots$$

等於

$$亥+\frac{(卯-一)}{二}亥^{二}+\frac{(卯-一)(卯-二)}{二\cdot三}亥^{三}+\frac{(卯-一)(卯-二)(卯-三)}{二\cdot三\cdot四}亥^{四}+\cdots\cdots$$

設將前式中各項之乘數相乘而依卯方列之則其式變爲

$$天甲+\left(吧卯-\frac{天}{二}\right)甲^{二}+\left(吧卯^{二}+吘卯+\frac{天}{三}\right)甲^{三}+\left(吧卯^{三}+吘卯^{二}+味卯-\frac{天}{四}\right)甲^{四}+\cdots\cdots$$

等於

$$亥+\left(巳卯-\frac{一}{二}\right)亥^{二}+\left(巳卯^{二}+午卯+\frac{一}{三}\right)亥^{三}+\left(巳卯^{三}+午卯^{二}+未卯-\frac{一}{四}\right)亥^{四}+\cdots\cdots$$

此式中之吧吧吧……吘吘……味……等字以代詳式中卯之各方之倍數亦即爲天之函數又其巳巳巳……午午……未……等字以代詳式中卯之各方之倍數而非天之函數蓋因卯爲任取之數與未地二數本無相關且至後必要消去之故不必書其詳式而但以一字誌之已足用矣

細覩以上所變得之級數相等式可見兩邊之諸項皆可分之兩行而依次序列之其第一行中之各項皆不含卯之各方其第二行中之各項皆含卯之各方在內其式如左

天甲〡二天甲〡三天甲〡四天甲〡……
〡吧卯甲〡(吧卯〡吘卯)甲〡(吧卯〡吘卯〡味卯)甲〡……

〡亥〡二亥〡三亥〡四亥〡……
〡巳卯亥〡(巳卯〡午卯)亥〡(巳卯〡午卯〡未卯)亥〡……

此式無論卯之同數如何均合於理惟因卯爲任何數所以應在指明天與亥相關之方程式內消去之故前式中兩邊含卯之各項應彼此抵消則所餘者不過其不含卯之各項而已故得

天甲〡二天甲〡三天甲〡四天甲〡……＝亥〡二亥〡三亥〡四亥〡……

即

(甲〡二甲〡三甲〡四甲〡……)天＝亥〡二亥〡三亥〡四亥〡……

前式中天之倍數甲〡二甲〡三甲〡四甲〡……爲常數故可以呷字代之又令亥之同數地〡……代前式中之亥則得

天＝對地＝呷一(地〡……)……

則依

此式可求眞數之對數惟其眞數必大於一而小於二方可

第一百七十款　用上法以求眞數之對數若地微小於二則級數之歛甚遲若地大於二則其級數爲發級數所以欲求各眞數之對數前款之式不可爲通法令本款另變一箇級數式可以歛得較速故可爲公用之法

惟因 $對(一丄亥)=\frac{呷}{一}\left(亥丅\frac{亥^{二}}{二}丄\frac{亥^{三}}{三}丅\frac{亥^{四}}{四}\cdots\right)$ (一) 如以丅亥代其丄亥則得

$對(一丅亥)=\frac{呷}{一}\left(丅亥丅\frac{亥^{二}}{二}丅\frac{亥^{三}}{三}丅\frac{亥^{四}}{四}\cdots\right)$ (二) 惟

$對(一丄亥)丅對(一丅亥)=對\frac{一丄亥}{一丅亥}$ 所以若

將(一)(二)兩式相減卽得

$對\frac{一丄亥}{一丅亥}=\frac{呷}{二}\left(亥丄\frac{亥^{三}}{三}丄\frac{亥^{五}}{五}丄\frac{亥^{七}}{七}\cdots\right)$ (三) 如令

$\frac{一丄亥}{一丅亥}=地$ 則

$亥=\frac{地丅一}{地丄一}$ 而(三)式變爲

$對地=\frac{呷}{二}\left[\frac{地丅一}{地丄一}丄\frac{一}{三}\left(\frac{地丅一}{地丄一}\right)^{三}丄\frac{一}{五}\left(\frac{地丅一}{地丄一}\right)^{五}\cdots\right]$ 則地之同數無論如何此式必爲歛級

數故用此公式易推出奇零各小數之對數

第一百七十一款　無論何眞數若非數根必爲他兩數或多數相乘而得之積則旣有各乘數之對數可將其各乘數之對數相加而以所得之和數爲其積數之對數惟眞數若爲數根則必藉他數之對數並用前款之級數式而得本數之對數

設卯爲任何眞數其對數已知則可將 $\frac{卯丄人}{卯}$ 代公式中之地則得式如左

$對\frac{卯丄人}{卯}=\frac{呷}{一}\left[\frac{人}{二卯丄人}丄\frac{一}{三}\left(\frac{人}{二卯丄人}\right)^{三}丄\frac{一}{五}\left(\frac{人}{二卯丄人}\right)^{五}\cdots\right]$

惟

$對\frac{卯丄人}{卯}=對(卯丄人)丅對卯$

所以

$對(卯丄人)丅對卯=\frac{呷}{一}\left[\frac{人}{二卯丄人}丄\frac{一}{三}\left(\frac{人}{二卯丄人}\right)^{三}丄\frac{一}{五}\left(\frac{人}{二卯丄人}\right)^{五}\cdots\right]$

由此級數則可藉卯之對數而得卯丄人之對數如卯爲大數則級數之歛最速

第一百七十二款　由以上所得之級數式可見任何數之對數式其第二項恆必爲兩數相乘之積此兩數中

其一數能因本數而變其又一數$\frac{卯}{一}$爲常數故名此數爲對數之根。

第一百七十三款

對數之最自然者以$\frac{卯}{一}=一$即$卯=一$此種對數與訥白爾所設之對數同。昔人因其能明各種雙曲線之面積故謂之雙曲線對數然他種對數亦能明雙曲線之面積則雙曲線對數未可爲此種對數之專名今因其創自訥白爾故以下凡遇用此種對數之處俱以訥字別之若用常對數者則但作對字而已。

設命任何眞數爲地則地之訥對爲$(地丅一)丅\frac{二}{一}(地丅一)^{二}丄\frac{三}{一}(地丅一)^{三}丅\frac{四}{一}(地丅一)^{四}\cdots\cdots$又無論何種對數若其底爲末則恆以$(末丅一)丅\frac{二}{一}(末丅一)^{二}丄\frac{三}{一}(末丅一)^{三}丅\frac{四}{一}(末丅一)^{四}\cdots\cdots$之倒數爲其根。惟此級數之式與末之訥對級數同故可見任何種對數之根恆爲其底之訥對約一之數。

由此可見任欲得何種對數可藉他種對數而得只須求其本底之訥對及其本數之訥對而已。

第一百七十四款

令吡爲任何數之訥對又$丑'$爲本數之他兩種對數$\frac{寅}{寅'}$爲兩種對數根之訥對則$丑=寅吡$又$丑'=寅'吡$所以$\frac{寅}{丑}=\frac{寅'}{丑'}$又$寅:寅'::丑:丑'$即知任何數之各種對數與其根之訥對有正比例所以各種對數相與有一定之比例

第一百七十五款　茲將以上所得之級數求得十之訥對以其數約一爲常對數之根。

求十之訥對可令一〇代$訥地=\frac{地丄一}{二(地丅一)}丄\frac{三}{三}\left(\frac{地丄一}{地丅一}\right)^{三}丄\frac{五}{二}\left(\frac{地丄一}{地丅一}\right)^{五}\cdots\cdots$公式中之地則得$\frac{一一}{二乂九}丄\frac{三乂一一^{三}}{二乂九^{三}}丄\frac{五乂一一^{五}}{二乂九^{五}}\cdots\cdots$惟

因此式之級數其歛太遲故無甚用處則不如先求二與五兩數之訥對而得十之訥對為最妙。

如以二代公式中之地則得 $訥二=二\left(\frac{一}{三}\perp\frac{一}{三\times三^{三}}\perp\frac{一}{五\times三^{五}}\perp\frac{一}{七\times三^{七}}\perp\cdots\cdots\right)$。此級數之歛甚速所以可將其各項變為奇零之數而取第一項至第七項之和即得二之訥對為 .六九三一四七二。

欲求五之訥對亦可用同法求之然不如依一百七十五款之法求之則更易因二之訥對已知而四為二之平方故依一百六十六款之例四之訥對亦為已知。

如令 $訥四=二\times訥二$。以代 $訥(卯\perp人)=訥卯\perp二\left(\frac{人}{二卯\perp人}\perp\frac{一}{三}\frac{人^{三}}{(二卯\perp人)^{三}}\perp\frac{一}{五}\frac{人^{五}}{(二卯\perp人)^{五}}\perp\cdots\cdots\right)$ 式中之卯而以一代其人則式變為

$訥五=二\times訥二\perp二\left(\frac{一}{九}\perp\frac{一}{三\times九^{三}}\perp\frac{一}{五\times九^{五}}\perp\cdots\cdots\right)$

由此級數式之首三項可得七位奇零之數故得五之訥對為 一.六〇九四三七九。而十之訥對等于 $訥二\perp訥五$。故十之訥對為 二.三〇二五八五一。所以常對數之根即為 $\frac{一}{訥一〇}=.四三四二九四五$。

對數之根因造對數表之時必須用之故已有人推得許多位數為〇.四三四二九四四八一九〇三二五一八二七六五一一二八九一八九一六六〇五〇八二二九四三九七〇〇五八〇三六六六五六六一一四四五四凡六十位

已知二之訥對為 .六九三一四七二 則二之常對數亦易得法將二之訥對以常對數之根乘之即得

$對二=.六九三一四七二\times.四三四二九四五=.三〇一〇三〇〇$。

已于一百六十九款中言任何對數之式爲 $卯^{天}=乙$ 其未知之數天恆爲其底之指數今若欲解此種式可不必用前設之級數因已有對數表可檢則天之同數易推也

如依一百六十六款之例可見 $天\times對甲=對乙$ 所以 $天=\frac{對乙}{對甲}$ 此式之用處詳見下卷

第一百七十六款 對數之理又有一事須解之如已有某種對數之底又有其任一箇對數欲求其相配之眞數或已有方程式 $未^{天}=地$ 其未天地所代之數與一百六十五款同欲求一級數之式爲地之同數其級數之各項爲未與天所成

法令 $未=一+甲$ 則 $未^{天}=地$ 變爲 $地=(一+甲)^{天}$ 又可令變爲 $地=\left[(一+甲)^{卯}\right]^{\frac{天}{卯}}$ ㈠ 其卯爲任何數後來必消去之則依二項例得 $(一+甲)^{卯}=一+卯甲+\frac{卯(卯-一)}{一\cdot二}甲^{二}+\frac{卯(卯-一)(卯-二)}{一\cdot二\cdot三}甲^{三}+\cdots\cdots$ 如將其各項

甲之乘數以元代之而依卯方列之則得 $(一+甲)^{卯}=一+叩卯+吃卯^{二}+咽卯^{三}+\cdots\cdots$ ㈡ 觀此式則易見 $叩=甲-\frac{甲^{二}}{二}+\frac{甲^{三}}{三}-\frac{甲^{四}}{四}+\cdots\cdots$ 其吃咽等同數因須消去故不詳

如將 $(一+甲)^{卯}$ 之同數代入㈠式則得 $地=(一+叩卯+吃卯^{二}+咽卯^{三}+\cdots\cdots)^{\frac{天}{卯}}$ 將此式之右邊

依二項之例詳爲級數則得

$$地=一+\frac{天}{卯}(叩卯+吃卯^{二}+\cdots\cdots)+\frac{天(天-卯)}{一\cdot二\cdot卯^{二}}(叩卯+吃卯^{二}+\cdots\cdots)^{二}+\frac{天(天-卯)(天-二卯)}{一\cdot二\cdot三\cdot卯^{三}}(叩卯+吃卯^{二}+\cdots\cdots)^{三}+\cdots\cdots$$ ㈢

因其 $叩卯+吃卯^{二}+\cdots\cdots=卯(叩+吃卯+\cdots\cdots)$

$\frac{(呷卯)(吃卯)}{一\cdot二}\cdots = 卯\frac{(呷)(吃卯)}{}\cdots$

$\frac{(呷卯)(吃卯)}{一\cdot二\cdot三}\cdots = 卯\frac{(呷)(吃卯)}{}\cdots$

等等所以在㊂式之各項中可汰去其卯之各方之母子相同者則得

$地 = 一 + 天\frac{(呷卯)(吃卯)\cdots}{一} + \frac{天(天-卯)(呷卯)(吃卯)\cdots}{一\cdot二} + \frac{天(天-卯)(天-二卯)(呷卯)(吃卯)\cdots}{一\cdot二\cdot三} + \cdots$

爲㊃式惟卯爲任何數其在地之同數中本不應見所以前式中所有以卯爲乘數之諸項理應彼此相滅所以㊃式可變爲

$未^{天} = 地 = 一 + \frac{天呷}{一} + \frac{天^{二}呷^{二}}{一\cdot二} + \frac{天^{三}呷^{三}}{一\cdot二\cdot三} + \frac{天^{四}呷^{四}}{一\cdot二\cdot三\cdot四} + \cdots$

因已知

$呷 = 甲 - \frac{甲^{二}}{二} + \frac{甲^{三}}{三} - \frac{甲^{四}}{四} \cdots = (未-一) - \frac{(未-一)^{二}}{二} + \frac{(未-一)^{三}}{三} - \frac{(未-一)^{四}}{四} \cdots$

則依一百七十三款之理

可見其呷必爲本種對數底之訥對。

第一百七十七款

如于 $未^{天} = 地$ 之式中令 $天 = 一$ 則其地之同數爲

$未 = 一 + \frac{呷}{一} + \frac{呷^{二}}{一\cdot二} + \frac{呷^{三}}{一\cdot二\cdot三} \cdots$

此式中之對數底以訥對明之如令 $天 = \frac{一}{呷}$ 則

$未^{\frac{一}{呷}} = 一 + 一 + \frac{一}{一\cdot二} + \frac{一}{一\cdot二\cdot三} + \frac{一}{一\cdot二\cdot三\cdot四} \cdots$

即可見 $未^{\frac{一}{呷}}$ 等于一箇常數如將級數各項之分數并之則得其常數爲二七一八二八一八二八四五九〇四五不盡此數以戊代之則得 $未^{\frac{一}{呷}} = 戊$ 所以 $未 = 戊^{呷}$ 惟因呷爲訥對中未之對數故依一百六十五款及一百七十三款之理可見戊即爲訥對之底。

第一百七十八款

又因 $未^{\frac{一}{呷}} = 戊$ 所以 $\frac{一}{呷} = \frac{對戊}{對未}$ 而 $呷 = \frac{對未}{對戊}$ 此式無論何種對數其理皆通。

再將前 $\frac{天}{未}=地=一\frac{二}{天呷}+\frac{一\cdot二}{天呷^{二}}+\frac{一\cdot二\cdot三}{天呷^{三}}\cdots$ 式中之呷以其同數 $\frac{對戊}{對未}$ 代之得任何指數之公式爲

$$\frac{天}{未}=一\frac{對戊}{天對未}+\frac{一\cdot二(對戊)^{二}}{天(對未)^{二}}+\frac{一\cdot二\cdot三(對戊)^{三}}{天(對未)^{三}}\cdots$$

令 $未=戊$ 則得

$$\frac{天}{戊}=一\frac{二}{天}+\frac{一\cdot二}{天^{二}}+\frac{一\cdot二\cdot三}{天^{三}}\cdots$$

代數術卷十九

英國華里司輯
英國　傅蘭雅　口譯
金匱　華蘅芳　筆述

論生息計利

第一百七十九款　對數之爲用甚廣茲但即其便于日用之一端以論之

凡放銀生息其有兩法　第一種其利息與本錢有比例其得利之多少視所放之年月久暫而異此種利息謂之簡利息　第二種每歷若干時將其應得之利添入本錢之內此種利息謂之繁利息

第一百八十款　凡算利息之法共有四箇數　一爲本錢恆以巳代之　一爲利錢之分數恆以未代每洋錢一元放一年之利　一爲時日恆以酉代年數　一爲本利共數恆以甲代之　此四數相關之理以下之諸款明之

簡利息算法

第一百八十一款　因每洋錢一元放出一年所得之利息爲未則一元放至酉年其利必爲未酉若巳元放至酉年則其利必爲巳未酉所以得公式如左

$甲=\frac{丁未酉}{巳}$ 由此式得 $巳=\frac{丁未酉}{甲}$ 故 $未=\frac{巳酉}{甲丁巳}$ 而 $酉=\frac{巳未}{甲丁巳}$ 凡算簡利息無論何題皆可以此各式解之故更不贅言。

繁利息算法

第一百八十二款

凡算繁利息比簡利息須多用一箇數其數以味代之而以 $味=一丄未$ 為每洋錢一元放出一年所得之利則依繁利息之例味為交第二年之本錢惟因其利與本恆有比例故得 $一:未::味:味未$ 為味一年之利又 $味丄味未=味(一丄未)=味^{二}$ 為味一年之本利共所以 $味^{二}$ 為每洋一元放滿兩年所得本利之總數再如前推其第三年之利得 $未味^{二}$ 其本利共為 $味^{二}丄未味^{二}=味^{二}(一丄未)=味^{三}$ 所以 $味^{三}$ 為每洋一元放滿三年之本利共數總之每洋錢一元放滿酉年時所得之本利為 $味^{酉}$ 故其本錢若有洋巳元則酉年之本利共必為 $巳味^{酉}$ 所以繁利息之算法其公式如左

$甲=巳味^{酉}$ ㊀ 故 $巳=\frac{甲}{味^{酉}}$ ㊁ $味=\sqrt[酉]{\frac{甲}{巳}}$ ㊂

則依對數之例㊀式可命之為 $對甲=對巳丄酉\times對味$ 又 $巳=\frac{甲}{味^{酉}}$ $味=\sqrt[酉]{\frac{甲}{巳}}$ 可以對數之法明之為 $對巳=對甲丅酉\times對味$ $對味=\frac{對甲丅對巳}{酉}$ 即 $酉=\frac{對甲丅對巳}{對味}$ 以上諸式之用法設兩題于下以明之

一題 有人預為暮年之備曰四十二年之後吾欲得五百元已知每洋放出一年其利為百分洋之五欲算繁利息則須放出若干元。

法以甲代其本利共數五〇〇而以未代每元一年之利〇·五則每元第一年之本利共數一·〇五以味代之而以酉代年數四二則依題理欲求巳之同數。

$對甲=對五〇〇=二·六九八九七〇〇$

$酉\times對味=四二\times對一·〇五=〇·八八九九五〇六$

故 $對巳=二·六九八九七〇〇丅〇·八八九九五〇六=一·八〇九〇一九四$

而 $一·八〇九〇一九四=對六四·四二$

所以得 $巳=六四·四二$ 即知現須放出本錢

六十四元四角二分.

二題　今有若干本錢計每洋每年得利四分依繁利息算之問須滿幾何年則多一倍.

法令其本錢爲一.則

$$巳=一.\quad 未=.〇四.\quad 味=一.〇四.\quad 甲=二.$$

欲求酉之同數則由公式得

$$酉=\frac{對甲-對巳}{對味}=\frac{對二}{對一.〇四}$$

即

$$酉=\frac{.三〇一〇三〇〇}{.〇一七〇三三三}=對一七.七.$$

則知須滿十七年又十分年之七其錢可多一倍.

以上兩式其算繁利息之法乃每滿一年則將其利錢添入本錢惟若論算法之理則不必拘定一年即每半年或每季每月每日皆可將利作本甚至每時每分每秒亦可設數推之惟因平常作生理者斷無此種之事所以不贅.

分年收利法

第一百八十三款

此種計息之法設如現放出若干本錢言明每年收回本利若干至若干年而本利收清.

此種之題惟因每年收回之本利仍可放出生息所以至其年數滿時所其放出之錢及其收回之利統計之與平常算繁利息所得之數無異蓋因國家不許以繁利息之法盤放故變爲此法而令利息之分數甚小.

第一百八十四款

設令吧代現放出之本錢.酉爲所定之年數.呷爲每年收回之錢.其味未仍如前法.

如是則放錢之人可以依繁利息之法.令吧加增至其滿酉年之時.可得$吧味^{酉}$.而借錢之人每過一年其還出之錢不過爲呷.此因放錢之人每年得其還出之錢呷.即時可以放出生息.則其滿第一年之時所收得之呷.尚可放至$酉-一$年而得$呷味^{酉-一}$.而其滿第二年之時再收回之錢呷.仍可另行放出生息.則至$酉-二$年之久.又可得$呷味^{酉-二}$.又其滿第三年之時再收回之錢呷.亦可另行放出生息.則至$酉-三$年之久亦可得$呷味^{酉-三}$.以後逐年所收回之錢呷.皆可仿此法算之.惟其滿酉年之時所收回之呷.不及放出生息.所以統計其逐年收回之錢並其錢所生之利成一幾何級數之式如左.

$呷丄呷味丄呷味^{二}丄呷味^{三}丄\cdots\cdots丄呷味^{酉丅一}$ 此式可依第五十六款之法而求其諸級之和數．則得其和數之式爲 $呷\frac{味丅一}{味^{酉}丅一}$ 卽 $呷\frac{未}{味^{酉}丅一}$ 因此數必等于 $吧味^{酉}$．所以得相等之式爲 $吧味^{酉}=呷\frac{未}{味^{酉}丅一}$ 卽可由此得

$$吧=\frac{未}{呷}\left(一丅\frac{味^{酉}}{一}\right)．$$

$$呷=\frac{味^{酉}丅一}{未吧味^{酉}}．$$

$$酉=\frac{對味}{對呷丅對(呷丅未吧)}．$$

如欲得未之同數必以酉等于一之式解之．

第一百八十五款

一題　今欲放錢生息至滿卯年之後每年收回若干錢至酉年而畢求須放出本錢幾何．案此題中之酉卯二字以代年數非眞謂紀年也．

則令卯丄酉爲共年之數先求得卯丄酉年應放若干本又求得卯年應放若干本以其兩式相減得 $吧=\frac{未味^{卯}}{呷}\left(一丅\frac{味^{酉}}{一}\right)$．爲此種題之公式．

第一百八十六款

二題　求今放出幾何本錢則可每年收回若干錢其年限無窮．

如是則其味^{酉}必大至無窮故 $\frac{味^{酉}}{一}=○$ 則公式 $吧=\frac{未}{呷}\left(一丅\frac{味^{酉}}{一}\right)$ 必變爲 $吧=\frac{未}{呷}$ 惟若是過了卯年之後方每年收回呷．以至無窮年則必用前款之公式 $吧=\frac{未味^{卯}}{呷}\left(一丅\frac{味^{酉}}{一}\right)$ 變爲 $吧=\frac{未味^{卯}}{呷}$．

又有一種生息之法假如現放出若干錢本人不收回至無論活至多少歲數而死則其家或其親屬應每年收回若干錢此種算法與保險之事相關其算理極深故此書不及詳贅．

興化劉彝程校算

代數術卷二十

英國華里司輯
英國 傅蘭雅 口譯
金匱 華蘅芳 筆述

論連分數

第一百八十七款 凡數之可以平常之分數明之者亦能以連分數明之欲究連分數之情狀其理如下

設有一常分數之式如 $\frac{314159}{100000}$ 即 $\frac{314159}{100000}=3+\frac{14159}{100000}$ ㈠ 則因其 $100000=7\times14159+887$ 所以得

$$\frac{14159}{100000}=\frac{14159}{7\times14159+887}$$

即 $\frac{14159}{100000}=\frac{1}{7+\frac{887}{14159}}$ 而 $\frac{314159}{100000}=3+\frac{1}{7+\frac{887}{14159}}$ ㈡ 惟因 $\frac{887}{14159}=\frac{887}{15\times887+854}$ 即 $\frac{887}{14159}=\frac{1}{15+\frac{854}{887}}$ 以此式代㈡式中之 $\frac{887}{14159}$ 則可得

$$\frac{314159}{100000}=3+\frac{1}{7+\frac{1}{15+\frac{854}{887}}}$$ ㈢

又因 $\frac{854}{887}=\frac{854}{854+33}=\frac{1}{1+\frac{33}{854}}$ 故以 $\frac{1}{1+\frac{33}{854}}$ 代㈢式中之 $\frac{854}{887}$ 則可得

$$\frac{314159}{100000}=3+\frac{1}{7+\frac{1}{15+\frac{1}{1+\frac{33}{854}}}}$$ ㈣

又依同法推之如 $\frac{33}{854}=\frac{1}{25+\frac{29}{33}}$ 又 $\frac{29}{33}=\frac{1}{1+\frac{4}{29}}$ 又 $\frac{4}{29}=\frac{1}{7+\frac{1}{4}}$ 所以用疊代之法可得

$$\frac{314159}{100000}=3+\frac{1}{7+\frac{1}{15+\frac{1}{1+\frac{1}{25+\frac{1}{1+\frac{1}{7+\frac{1}{4}}}}}}}$$

此種之分數式名曰連分數

第一百八十八款 由此可見若有一箇連分數之式可用法變之爲常分數

設其連分數之式爲 $甲+\frac{1}{乙+\frac{1}{丙+\frac{1}{丁+\cdots}}}$ 則若將丁之倒數（倒數者以其數約一）加于丙乃將其和數之倒數加于乙又將其和數之倒數加于甲即得一常分數與連分數相等

如丁之倒數爲 $\frac{1}{丁}$ 以此式與丙相加得 $丙+\frac{1}{丁}=\frac{丙丁+1}{丁}$ 再將此

式之倒數 $\frac{丁}{丙丁+一}$ 與乙相加得 $乙+\frac{丁}{丙丁+一}=\frac{乙丙丁+乙+丁}{丙丁+一}$ 再將此式之倒數 $\frac{丙丁+一}{乙丙丁+乙+丁}$ 與甲相加則得 $甲+\frac{一}{乙+\frac{一}{丙+\frac{一}{丁}}}=\frac{甲乙丙丁+甲乙+甲丁+丙丁+一}{乙丙丁+乙+丁}$

第一百八十九款　以此法化其分數可以得他種分數之約數而與所設之分數任何相近則各分數可以最簡之數明之

如有分數之式 $\frac{三一四一五九}{一〇〇〇〇〇}$ 已于一百八十七款化爲連分數

而此分數本爲平圓徑與周之比如以連分數之第一第二兩項 $三+\frac{一}{七}$ 爲周率 $\frac{三一四一五九}{一〇〇〇〇〇}$ 之畧數則得 $周=三+\frac{一}{七}=\frac{二二}{七}$ 此數

卽爲亞幾默德所定之周率

又試將連分數之首三項 $三+\frac{一}{七+\frac{一}{一五}}$ 爲周率之畧數則可

得 $周=三+\frac{一}{七+\frac{一}{一五}}=三+\frac{一五}{一〇六}=\frac{三三三}{一〇六}$ 其率比前更密

再試將連分數之首四項 $三+\frac{一}{七+\frac{一}{一五+\frac{一}{一}}}$ 爲周率之畧數又可

得 $周=三+\frac{一}{七+\frac{一}{一五+\frac{一}{一}}}=\frac{三五五}{一一三}$ 此數爲密率由斯所定之周率

用此法所得之各分數比原設之分數或微大或微小

第一百九十款　連分數之中另有一種其分母至數項之後仍與前數項之分母相同此種連分數名曰循環連分數

如其連分數之式爲 $一+\frac{一}{二+\frac{一}{二+\frac{一}{二+\frac{一}{二+\cdots}}}}$ 此種分數雖引長至無窮其

同數亦能查出因可使其第一項之整數一不在分

數之列而令 $天=\frac{1}{2+}\frac{1}{3+}\frac{1}{2+}\frac{1}{3+}\cdots$ 因其截去一次循環之項則後之諸項亦等于天所以得 $天=\frac{1}{2+\frac{1}{3+天}}$ 由此得 $天=\frac{3+天}{6+2天+1}$ 則 $天^2+3天=\frac{3}{2}$ 而 $天=\frac{-3+\sqrt{15}}{2}$ 所以其全式之總數必爲 $天+1=\frac{-1+\sqrt{15}}{2}$

總言之若連分數之式如 $天=\frac{1}{甲+}\frac{1}{乙+}\frac{1}{甲+}\cdots$ 者則 $天=-\frac{乙}{2}+\sqrt{\frac{乙^2}{4}+\frac{乙}{甲}}$ 雖連分數之各項其各分母亦有歷多項而循環者而其總數之同數仍能以各次式之方根明之所以反言之則可云凡各次式之根亦可以循環之連分數明之故有時能用連分數之法求各次根式之同數可以畧不費力而得其方根。

第一百九十一款

若將一箇奇零不盡之數化爲連分數則其循環之法易于看出如有式 $\sqrt{2}=1.41421356\cdots\cdots$ 若但觀其 $1.41421356\cdots\cdots$ 則不能知其數可有循環之理惟變其數爲連分數即得 $\sqrt{2}=1+\frac{1}{2+}\frac{1}{2+}\frac{1}{2+}\cdots$ 則可由此連分數之式而得其循環之例。

凡無論何次式之根若以一百六十五款之法攷之則其未知數之同數可以連分數明之。

如所求之根爲天而已攷知 $天=甲+\frac{1}{地}$, $地=乙+\frac{1}{地'}$, $地'=乙'+\frac{1}{地''}$, $地''=乙''+\frac{1}{地'''}$ 等等其式中之甲、乙、乙'、乙''爲天、地、地'、地''等各數負少一之同數所以若于 $天=甲+\frac{1}{地}$ ㈠式之中以 $乙+\frac{1}{地'}$ 代其地即變得 $天=甲+\frac{1}{乙+\frac{1}{地'}}$

(二)再于(二)式中以乙丄地″代其地即變得天＝甲丄乙丄乙丄乙丄地″

(三)再于(三)式中以乙丄地″代其地即變得天＝甲丄乙丄乙丄乙丄乙丄地″

(四)如是推之可任至若干項皆合

興化劉彝程校算

代數術卷二十一

英國華里司輯

英國 傅蘭雅 口譯

金匱 華蘅芳 筆述

論未定之相等式

第一百九十二款　凡所設之題界限若不完全則所得之若干方程式必少于若干未知之數而其題能有多數可解之所以此種之式名曰未定之式

假如有題曰已知兩數之和為十欲求其兩數若干則此題中應有兩箇未知之數其一數若以天代之則其又一數以地代之然如題求之只能得一箇方程式即天丄地＝一〇是也此式若推其整數及各分數之同數則其界限無窮（謂可有無數之同數也）故推此種題但可論其整數而已本題之整同數可得九種如左

天＝一	地＝九
天＝二	地＝八
天＝三	地＝七
天＝四	地＝六
天＝五	地＝五
天＝六	地＝四
天＝七	地＝三
天＝八	地＝二
天＝九	地＝一

惟因天之前四箇數與地之後四箇數相同若使其天與地之各同數不重複則不過有五種同數即

一⊥九＝一○
二⊥八＝一○
三⊥七＝一○
四⊥六＝一○
五⊥五＝一○

第一百九十三款　未定之相等式有數種其各種之名皆依消至尙存兩箇未知元而以其方數名之.

凡無定之一次式恆能變其形如 甲天⊥乙地＝丙. 其甲乙丙皆爲已知之整數而天與地爲未知之兩箇整數. 如欲求天地二元之正整同數則甲乙二數之公約數不可有不能度丙之數（言必使可度甲乙之數亦可以度丙也）

假如 甲＝寅丁, 乙＝寅戊 則 甲天⊥乙地＝寅丁天⊥寅戊地＝丙 而 丁天⊥戊地＝丙/寅 惟因 丁、戊、天、地 四者各爲整數所以 丙/寅 亦必爲整數故必使寅爲可度丙之數而後天地之整同數可得　茲設數題于後以明一次未定式之解法.

一題　設有式 二天⊥三地＝二五. 欲求天地之整正同數.

則由本式得 天＝(二五丅三地)/二 ＝一二丅地⊥(一丅地)/二. 惟因天必爲整數則 (一丅地)/二 亦必爲整數設令 (一丅地)/二＝人. 則 一丅地＝二人. 而 地＝一丅二人. 又因 天＝一二丅地⊥(一丅地)/二 ＝一二丅地⊥人. 故變爲 天＝一二丅一⊥二人⊥人. 所以得 天＝一一⊥三人. 地＝一丅二人. 若天地二數或可爲正或可爲負則人可任爲何整數惟因天與地必俱爲正則由

地之同數可見人之同數必至變爲○變爲負方可通而由天之同數又可見人必小于負四所以人之同數可有四種即 ○ 丅一 丅二 丅三 也所以題之答數亦有四種.

如 人＝○ 則 天＝一一, 地＝一.
如 人＝丅一 則 天＝八, 地＝三.
如 人＝丅二 則 天＝五, 地＝五.
如 人＝丅三 則 天＝二, 地＝七.

二題　求將一百分爲兩分其一分能以七度之其又一分能以十一度之.

法令七天為第一分，一一地為第二分，則依題得 $七天+一一地=一〇〇$ 變之得 $天=\frac{一〇〇-一一地}{七}$ 即 $天=一四-地+\frac{二-四地}{七}$ 則可見此式中之 $\frac{二-四地}{七}$ 必為整數，設令 $\frac{二-四地}{七}=人$ 則 $天=一四-地+人$ 又 $四地=二-七人$ 即 $地=\frac{二-七人}{四}=-人+\frac{二-三人}{四}$ 所以 $\frac{二-三人}{四}$ 亦必為整數，設令 $\frac{二-三人}{四}=酉$ 則 $地=酉-人$ 又 $三人=二-四酉$ 即 $人=\frac{二-四酉}{三}=-酉+\frac{二-酉}{三}$ 所以其 $\frac{二-酉}{三}$ 亦必為整數，再令 $\frac{二-酉}{三}=亥$ 則 $人=亥-酉$ 又 $酉=二-三亥$ 由此式可見亥必可為任何整數，所以得相等之各式為

$酉=二-三亥$

$人=亥-酉=四亥-二$

$地=酉-人=四-七亥$

$天=一四-地+人=一一亥+八$

由地之相等

式可見亥必或為〇或為負，惟依天之相等式則亥不能為負整數，所以知亥之同數不能不為〇，所以知天與地所能有之正整同數惟有 $天=八$ $地=四$

三題 有欠人小洋錢一千二百元，只有大小兩種金錢能抵此債，其大金錢每元可抵小洋錢二十七元，小金錢每元可抵小洋錢二十一元，今欲用兩種金錢還此欠項，問有幾樣配搭之法。

法令天為小金錢，地為大金錢，則如題得 $二一天+二七地=一二〇〇$ 將此式之兩邊以三約之則得 $七天+九地=四〇〇$ 所以 $天=\frac{四〇〇-九地}{七}$ 即 $天=五七-地+\frac{一-二地}{七}$ 則此式中之 $\frac{一-二地}{七}$ 必為整數，設令 $\frac{一-二地}{七}=人$ 則 $天=五七-地+人$ 又 $二地=一-七人$ 即 $地=\frac{一-人}{二}-三人$ 所以其 $\frac{一-人}{二}$ 亦必為整數，設令 $\frac{一-人}{二}=亥$ 則 $地=亥-三人$ 又 $人=一-二亥$ 此式中之亥可為任取之整數，而其天地人各相等

式爲 人＝一丅二亥 地＝一亥丅三人＝七亥丅三 天＝五七丅地丄人＝六一丅九亥 由天之相等式可見亥不能大于六由地之相等式可見亥不能小于一故此題可有六種答數

如 亥＝一 則 天＝五二 地＝一四

如 亥＝二 則 天＝四三 地＝一一

如 亥＝三 則 天＝三四 地＝一八

如 亥＝四 則 天＝二五 地＝二五

如 亥＝五 則 天＝一六 地＝三二

如 亥＝六 則 天＝七 地＝三九

第一百九十四款 觀上款之各式可見其未知之數天與地有一定之幾種整同數其如題而求得之式其形必如 甲天丄乙地＝丙 惟乙若爲負數則其式如 甲天丅乙地＝丙 卽 甲天＝乙地丄丙 則其題與上款之各題不同類而其未知之元必有無窮之同數然亦可依前法解之觀下題自明

四題 有人買牛馬不知其數但知每馬之價三十一元每牛之價二十元而牛之共價比馬之共價多七元問牛馬之數

令天代牛數地代馬數則如題得 二〇天＝三一地丄七 卽 天＝$\frac{二〇}{三一地丄七}$＝地丄$\frac{二〇}{一一地丄七}$ 卽知此式中之 $\frac{二〇}{一一地丄七}$ 必爲整數故又令 $\frac{二〇}{一一地丄七}$＝亥 則得 天＝地丄亥 又以 $\frac{二〇}{一一地丄七}$＝亥 式移其項而變之得 地＝$\frac{一一}{二〇亥丅七}$＝亥丄$\frac{一一}{九亥丅七}$ 所以其 $\frac{一一}{九亥丅七}$ 亦必爲整數故令 $\frac{一一}{九亥丅七}$＝酉 則 地＝亥丄酉 又 亥＝$\frac{九}{一一酉丄七}$＝酉丄$\frac{九}{二酉丄七}$ 則其 $\frac{九}{二酉丄七}$ 亦必爲整數又令 $\frac{九}{二酉丄七}$＝申 則 亥＝酉丄申 又 酉＝$\frac{二}{九申丅七}$＝四申丄$\frac{二}{申丅七}$ 則其 $\frac{二}{申丅七}$ 亦必爲整數又令 $\frac{二}{申丅七}$＝未 則 酉＝四申丄未 又 申＝二未丄七 其分數已消盡所以得相等之各式

申═二未┴七
酉─四申┴未═九未┴二八
亥─酉┴申═一未┴三五
地─亥┴酉═二〇未┴六三
天─地┴亥═三一未┴九八

觀此各式知其未之同數可從丅三起而丅二而丅一而〇而丄一而丄二以至無窮皆合

如未之同數爲丅三　丅二　丅一　〇　丄一　丄二　丄三　丄四　丄五　丄六　丄七　丄八

則天之同數爲五　三六　六七　九八　一二九　一六〇　一九一　二二二　二五三　二八四　三一五　三四六

而地之同數爲三　二三　四三　六三　八三　一〇三　一二三　一四三　一六三　一八三　二〇三　二二三

其各級之數爲遞加之比例其公較數在天爲三一在地爲二〇

第一百九十五款　觀前款所求天地之各同數由亥酉申等各數查出則易見其求亥酉申等類之各同數其法與求二〇與三一兩數之最大公約數同即如將所有之

原式　二〇天═三一地┴七　中天地二元之倍數求其最大公約數時所約得之各數也

令試以二〇與三一輾轉相度求其最大公約數其草如左

二〇)三一(一
二〇
一一)二〇(一
一一
九)一一(一
九
二)九(四
八
一)二(二
二
〇

若以約得之各數與所代之各元各作一幅相等之式比而觀之則其理可自明矣

天═一乂地┴亥
地═一乂亥┴酉
亥═一乂酉┴申
酉═四乂申┴未
申═二乂未┴七

三一═一乂二〇┴一一
二〇═一乂一一┴九
一一═一乂九┴二
九═四乂二┴一
二═二乂一┴〇

凡遇此類之題可依同法推之由此得後款之法爲解第一次未定方程式之公法

第一百九十六款

設所有之式爲　乙天═甲地┴卯　其甲乙卯俱爲已知之整數其天地爲所求之正整數而甲爲大于乙之數則令甲爲乙度甲所得之次數而丙爲其度餘之數又令乙爲丙度乙所得之次數而丁爲其度餘之數又令丙爲丁度丙之次數而戊爲其度餘之數如此輾轉相推以至得一箇度餘

之數爲〇，則得甲、乙、丙、丁……第一幅相等式，而由此幅之式可以得天、地、亥、酉……一幅相等式，

如
甲＝呷乙丄丙，
乙＝呞丙丄丁，
丙＝哂丁丄戊，
丁＝叮戊丄己，
戊＝哎己丄庚，
己＝㠯庚丄〇
（一），則
天＝呷地丄亥，
地＝呞亥丄酉，
亥＝哂酉丄申，
酉＝叮申丄未，
申＝𠯠未丄午，
未＝㠯午丄卯
（二）

觀此公式知未之同數中可將任何數代其午，又可見其式若共有奇層則所設之卯數必爲正，若其式共有偶層則卯必爲負，所以有第二幅之式則天與地之各同數可依所設之法求之，茲設一題于下以明用此公式之法。

五題　今有數不知幾何，若以十一度之則餘三，若以十九度之則餘五，求其數若干。

法以卯代其所求之數，而其十一所度之次數以天代之，其十九所度得之次數以地代之，則如題得方程式爲

卯＝一一天丄三（一）

卯＝一九地丄五（二）

所以得一一天丄三＝一九地丄五，則一一天＝一九地丄二，由此式則可將天之倍數一一與地之倍數一九用求最大公約數之法輾轉相約，而以其各數列爲表如左，

如
一九＝一乂一一丄八，
一一＝一乂八丄三，
八＝二乂三丄二，
三＝一乂二丄一，
二＝二乂一丄〇

以此各式與公式相比，即可得
天＝地丄亥，
地＝亥丄酉，
亥＝二酉丄申，
酉＝申丄未，
申＝二未丄二

其未之同數可爲任何數，所以得相等之各式爲
申＝二未丄二，
酉＝申丄未＝三未丄二，
亥＝二酉丄申＝八未丄六，
地＝亥丄酉＝一一未丄八，
天＝地丄亥＝一九未丄一四

故其所求之數爲卯＝二〇九未丄一五七，則可見一五七爲卯之最小之同數。

六題　設有方程式

三天丄五地丄七人＝五六〇（一）

九天丄二五地丄四九人＝二九二〇（二）

求天地人之正整同數。

則置（一）式以七乘之，而與（二）式相減得一二天丄一〇地＝一〇〇〇，即六天丄五地＝五〇〇，以此

式如前法求之得 $天＝五〇〇丅五亥$　$地＝六亥丅五〇〇$ 而將天地之相當數代入任一原式中假如代入㈠式則得 $七人⊥一五亥＝二一五六〇$ 以此式又依前法求之則得 $亥＝一五六〇丅七酉$　$人＝一五酉丅三二〇$　$地＝八八六〇丅四二酉$　$天＝三五酉丅七三〇$ 由此可見所有酉之同數能令天地人三數爲整正之數者爲二〇九與二一〇所以得 $天＝一五$　$地＝八二$　$人＝一五$ 或 $天＝五〇$　$地＝四〇$　$人＝三〇$

第一百九十七款　若有一箇方程式內有三箇未知之數如 $甲天⊥乙地⊥丙人＝丁$ 者則先移其項如 $甲天⊥乙地＝丁丅丙人$ 又依代法令 $丁丅丙人＝戊$ 而變其式爲 $甲天⊥乙地＝戊$ 由此式得天地之同數如 $天＝寅未⊥卯戊$　$地＝寅未⊥卯戊$ 卽 $天＝寅未⊥卯(丁丅丙人)$　$地＝寅未⊥卯(丁丅丙人)$ 其

人與未可任取何數惟因天地人必皆爲正整之數所以人未二同數必在所設方程式題界之內

第一百九十八款　未定之二次式其形有三種

一式如 $地＝\frac{乙⊥丙天}{甲}$　二式如 $地＝\frac{丙⊥丁天}{甲⊥乙天}$　三式如 $地＝\sqrt{甲⊥乙天⊥丙天^{二}}$　甲乙丙皆爲已知之數天地爲未知之數　其第一式第二式必求其天地之同數能令地爲正整之數　其第三式則必求天之同數能令其地之同數亦可爲實數不爲虛式也

如一式 $地＝\frac{乙⊥丙天}{甲}$ 其地若爲正整之數則可見其 $乙⊥丙天$ 必能度甲試任取能約甲之數命爲丁則 $乙⊥丙天＝丁$ 而 $天＝\frac{丁丅乙}{丙}$ 所以知欲求天之正整同數只須于能度甲之各數中擇其以乙減之之後以丙約之而仍爲正整之數者皆可爲天之同數

如二式 $地＝\frac{丙⊥丁天}{甲⊥乙天}$ 其地若爲正整之數則可見其丁若可度

乙.則如以丙丁天約其乙天.則全式之分子內可少一有天之項.而其式可化之使同于第一式.惟丁若非可約乙之數.則可以丁乘其兩邊.得 丁地＝丙丁天/丁甲丁乙天 即 丁地＝丁(丙丁天)/(甲丁乙丙) 所以欲求地之正整同數.可令其丙丁天爲能度甲丁乙丙之數.

設有式如 天地二天地＝一九五. 欲求其天地二元之正整同數.因 天地二天地＝一九五 可變之爲 地＝一二天/一九五丁天 所以 二地＝一二天/三九〇丁天 ＝丁一＋一二天/三九一 惟因 三九一＝一七×二三 所以可令其 一二天＝一七 ㈠ 或 一二天＝二三 ㈡ 從㈠式得 天＝八. 地＝一一. 從㈡式得 天＝一一. 地＝八.

則此題可與第一式一例解之.

第一百九十九款

如前款之第三式 地＝√(甲乙天丙天²). 欲求其天之同數能令地爲實數.惟此式若亦欲令天地二元之同數俱爲整數.則求之甚難.且不能必得大約.但可求其正分數之同數而已.

欲效所設之式能否變爲一箇平方數.則全賴甲乙丙三箇倍數.故此種之式有四箇例各不相同.

一例 若其式中之甲爲一箇自乘之數.則可令庚²代其甲.而爲 地＝√(庚²乙天丙天²). 又設其 √(庚²乙天丙天²)＝庚寅天. 則 庚²乙天丙天²＝庚²二庚寅天寅²天². 即 乙天丙天²＝二庚寅天寅²天². 即 乙丙天＝二庚寅寅²天. 所以可得 天＝(丙寅²)/(二庚寅乙) 而 地＝√(庚²乙天丙天²)＝(丙寅)/(丙庚乙寅庚寅) 其寅可爲或整或分之實數.

二例 若式中之丙可爲自乘之數.則令丙＝庚² 而左邊變爲 √(甲乙天庚²天²)＝寅庚天. 則得 甲乙天庚²天²＝寅²二寅庚天庚²天. 即 甲乙天＝寅²二寅庚天. 所以得 天＝(乙二寅庚)/(寅甲) 地＝√(甲乙天庚²天²)＝(乙二寅庚)/(乙寅庚寅甲庚) 其寅亦

可任擇或整或分之各數代之

三例　若甲與丙俱非他數之自乘數則觀其根號中之 √(甲⊥乙天⊥丙天²) 若能化爲兩箇乘數如 巳⊥庚天 與 辛⊥子天 者則亦可變爲實數　法令 √(甲⊥乙天⊥丙天²)=√((巳⊥庚天)(辛⊥子天))=寅(巳⊥庚天) 則 (巳⊥庚天)(辛⊥子天)=寅²(巳⊥庚天)² 即 辛⊥子天=寅²(巳⊥庚天) 所以得 天=(子丅庚寅²)/(巳寅²丅辛) 而 地=√((巳⊥庚天)(辛⊥子天))=(子庚寅)/(巳子丅庚辛寅) 其寅亦可任取何數代之

四例　若式中之 √(甲⊥乙天⊥丙天²) 每能化得兩分其一分爲正自乘數其又一分能化爲兩箇箇乘數之積則能變爲正自乘數因必得 巳²丅午未 之形其 巳、午、未 三者無有大于天之第一次方程式故也設 √(巳²丅午未)=巳⊥寅午 則 巳²丅午未=巳²⊥二寅巳午⊥寅²午² 即 未=二寅巳⊥寅²午 因此則式中只有天之一次之方則依當化之法化之可得天地二元之實同數與前三例同

第二百款　用前款之四例如試之數欲即可得天之一箇同數能令 √(甲⊥乙天⊥丙天²) 爲實數則可將其平方根號內之數化得一箇公式而從此公式可任得天之若干同數

設令巳爲天之一箇同數能合于用又午爲其所配之地之同數則 地²=甲⊥乙天⊥丙天² 而 午²=甲⊥乙巳⊥丙巳² 所以依法得 地²丅午²=乙(天丅巳)⊥丙(天²丅巳²) 而由此得 地=√(午²⊥(乙⊥丙巳⊥丙天)(天丅巳)) 將其化之則可依上款之代法變爲實數

以上所言之公化法最爲容易故以下祇設三題以明之

一題　欲求兩箇平方數之和等于所設之平方數

令甲爲所設之平方數而天²、地²爲所求之兩箇平方數則依題得 天²⊥地²=甲² 而 地=√(甲²丅天²) 觀此則易見能依第一例解

之所以將 [illegible] 與公式 [illegible] 相比，則得 庚＝甲，乙＝○，丙＝丁，將此各同數代入一百九十九款之式中，又令 丁卯 代其 丁寅，即得 天＝[illegible]，地＝[illegible]，所以得所求之數爲 天＝[illegible]，地＝[illegible]，若 甲＝卯丄一，而其 卯 爲任何數，則 天、地 兩箇乘方數必俱能爲整數，即 天＝四卯，而 地＝(卯丄一)，假如 卯＝二，則 甲＝卯丄一＝五，而 甲＝二五，所以 天＝四卯＝一六，地＝(卯丄一)＝九，由此可見其所設之平方數若爲 二五，則可化爲兩箇平方數，一爲 九，一爲 一六。

二題　求兩箇平方數之較亦爲平方數。

此題可與前題同法求之，或不論前所求得之數，而令 (天卯) 與 天 爲所求之二數，則 [illegible]，即 [illegible]，所以得 天＝[illegible] 而故其求得之二數爲 [illegible] 與 [illegible]，其 卯 爲任何數。假如 乙＝二五，而 卯＝一，則 天＝一二，而 天卯＝一三，故其所求之兩數爲 一四四 與 一六九。

三題　欲求天之同數能令 二天丄天 爲平方之實數。

法令 地 爲所求平方數之方邊，則 二天丄天＝地，而 四天丄四天＝八地，將此式之兩邊各加一，配成正方爲 四天丄四天丄一＝一丄八地，開平方得 二天丄一＝√(一丄八地)，所以得 一丄八地 爲平方數。再令 一丄八地＝(一丄午地/巳)，則 八地＝[illegible]，所以可依法化之，得 地＝八午巳/二巳午，惟因 二天丄一＝√(一丄八地)＝[illegible]，所以 天＝[illegible]，而 二天丄天＝[illegible]，即爲所求之實平方數。

典化劉彝程校算

代數術卷二十二

英國華里司輯

英國 傅蘭雅 口譯

金匱 華蘅芳 筆述

論用代數以解幾何之題

第二百〇一款 凡欲將幾何之題以代數之法解之必先作圖圖中必兼有已知之各數並所欲求之未知數又必細觀其題之界限應否添畫他線或應將已有之線引長之以便入算

次將圖中各線各面之數已知者未知者各如代數之常法以各元命之

凡未知之數或可從題中一直查出或必先得他數而後能得此數須觀其圖中所能得之方程式果能明其已知與未知之各幾何相比否其各方程式必各自為主而其數必與未知之數同 既得各方程式之後求其未知之幾何必依代數之常法解之

凡幾何之題本無一定之公法能使圖中之線及元所應代之數極以最簡之法馭其題此因每種題必有數種解法故學者必將一箇題設立多法解之而觀其用何法為最便則後來再遇此種題可以用其最便之法

茲先設最要之公論四則學者觀之自明

一則 凡圖中所畫解題之線必與他線或為平行或為直交則能成同式之三角形如有已知之角又有他線之垂線為對此角之邊則能令其垂線從已知之線端而生為更妙

二則 凡用線代其未知之數必擇其近于所知之各線者用之又須令其各線能與其相近之各線以加減兩法明之而不可用虛數

三則 設圖中有兩線或兩數與題中之他線或他數有相等之比例者則不必另用一元代之但須將其和或其較或其相乘相約之所得與圖內同比之線代之

四則 如圖中有面積或圓周已知而與圖中之相似形之幾分略可相比者則可將其圖變為與所求之形同式其一邊等于一或等于他已知之數則可由此一邊作他邊之相似形而求其他線如此則可得相等之式

第二百〇二款 茲設數種幾何之題而以代數之法解之

一題 設有句股形已知其股又知其句弦和求其句與弦

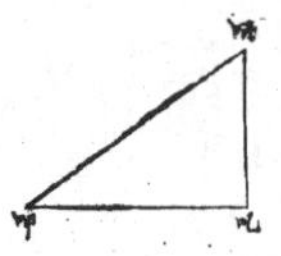

呷吃呞爲所設之句股形，吃爲方角。其呷吃股以乙代之，其呷呞與呞吃之和以申代之，又令呞吃爲天，則呷呞必等于 $申-天$

依句股形之理 $呷呞^2=呷吃^2+吃呞^2$ 卽 $乙^2+天^2=(申-天)^2=申^2-2申天+天^2$ 所以 $乙^2=申^2-2申天$ 而 $天=\frac{申^2-乙^2}{2申}=吃呞$ 又 $申-天=申-\frac{申^2-乙^2}{2申}=\frac{申^2+乙^2}{2申}=呷呞$ 則

其呷呞弦與吃呞句各可用已知之數乙與申明之。

若欲以數證之，則令 $呷吃=乙=三$，$呷呞+呞吃=申=九$，故得 $吃呞=\frac{申^2-乙^2}{2申}=四$，$呷呞=\frac{申^2+乙^2}{2申}=五$

二題　設有句股形，已知其弦，又知其句股之和，求其句與股。

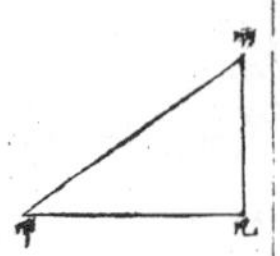

呷吃呞爲所設之句股形，呷呞爲弦，呷吃爲股，呞吃爲句。

令 $呷呞=甲$，$呷吃+吃呞=申$，如以天代呷吃，則 $申-天=吃呞$，故依句股形之理

$呷呞^2=呷吃^2+吃呞^2$ 則得 $天^2+(申-天)^2=甲^2$ 卽 $天^2+申^2-2申天+天^2=甲^2$ 所以得二次之式爲 $天^2-申天=\frac{甲^2-申^2}{2}$ 如常法配成正方式開平方得 $天=\frac{申\pm\sqrt{2甲^2-申^2}}{2}=呷吃$ 故 $申-天=\frac{申\mp\sqrt{2甲^2-申^2}}{2}=吃呞$ 由此則可見 $\frac{申+\sqrt{2甲^2-申^2}}{2}$ 與 $\frac{申-\sqrt{2甲^2-申^2}}{2}$ 兩式中無論以何式代呷吃，則其餘一式必爲吃呞。

三題　設有三角形，欲于其內作一正方形，求其正方形之方邊。卽三角形容方也

呷吃呞爲所設之三角形，哦吧咦啐爲所容之正方形，作呷叮垂線與正方形之哦吧邊交于吁，則因三角形之各邊已知，故呷叮之長亦爲已知之數。

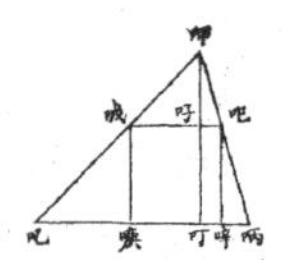

令 $吃呞=乙$，$呷叮=巳$，$呷吁=天$，則 $叮吁=哦吧$，又 $吁叮=巳-天$。惟因呷吃呞三角形與呷哦吧三角形爲同式，所以 $呷叮:吃呞::呷吁:哦吧$ 卽 $巳:乙::天:巳-天$ 以中兩率

相乘之數等于首末兩率相乘之數則得 $巳^{2}丅巳天=乙天$．故 $天=\frac{巳^{2}}{巳丄乙}=\frac{吇}{呷}$．而 $呷叮丅呷吇=巳丅\frac{巳^{2}}{巳丄乙}=\frac{巳乙}{巳丄乙}=吇叮=𪠔吧$．由此可見 $呷叮丄𠮙㕟$ 偕 呷叮 與 呷吇 爲三率比例．而 $呷叮丄𠮙㕟$ 偕 呷叮 與 𠮙㕟 及 吇叮 爲四率比例．所以三角形內所容之正方易知．

四題　設有三角形欲于其內作一長方形等于所設之面積．

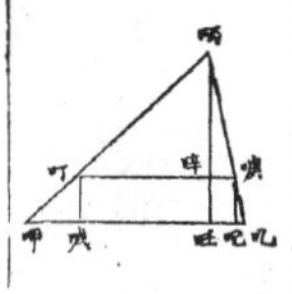

呷𠮙㕟爲所設之三角形．𪠔吧庚叮爲所容之長方形．作㕟𠰋垂線．與叮庚直交于啐．

令 $呷𠮙=乙$．$㕟𠰋=巳$．$叮庚=𪠔吧=天$．$啐𠰋=叮𪠔=地$．又令甲代長方形之面積．惟因㕟叮庚與㕟呷𠮙爲同式．所以 $㕟啐:叮庚::㕟𠰋:呷𠮙$．即 $巳丅地:天::巳:乙$．所以得兩箇相等式如

$天地=甲$ ㈠．

$乙巳丅乙地=巳天$ ㈡．則從㈠式得 $地=\frac{甲}{天}$．而從㈡式得 $地=\frac{乙巳丅巳天}{乙}$．所以 $\frac{乙巳丅巳天}{乙}=\frac{甲}{天}$．故其二次之式爲 $天^{2}丅乙天=丅\frac{甲乙}{巳}$．如常法解之得 $天=\frac{乙}{二}丄\sqrt{\frac{乙^{2}}{四}丅\frac{甲乙}{巳}}$．又得 $地=\frac{甲}{天}=\frac{巳}{二}丄\sqrt{\frac{巳^{2}}{四}丅\frac{巳甲}{乙}}$．由此可見若 $\frac{甲乙}{巳}$ 小于 $\frac{乙^{2}}{四}$．即甲小于 $\frac{巳乙}{四}$．則可有兩箇不同式之長方形在此三角形內．又可見其長方形之面積甲．不可大于所設三角形面積之半．即不可大于 $\frac{巳乙}{四}$．若大于 $\frac{巳乙}{四}$．則與題理不合矣．

五題　設有三角形．已知其底邊．又知其頂角．及夾頂角兩邊之和．求其兩邊．

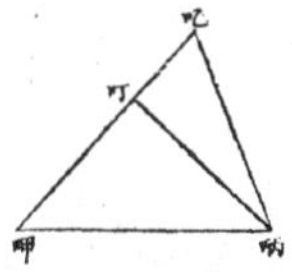

呷𠮙㕟爲所設之三角形．呷㕟爲底邊．呷𠮙㕟爲頂角．又知呷𠮙與𠮙㕟邊之和．則任自底旁之一角作垂線．與對邊成直角．如㕟叮．

令 呷呴 = 甲，吅吆 = 乙，吆角餘弦 = 丙，呷吆 = 天，吆呴 = 地，則 半徑∶吆餘弦∷呴吆∶吆叮，所以 吆叮 = 吆餘弦 × 呴吆 = 丙地，惟依幾何之例 呷呴二 = 呷吆二 ⊥ 吆呴二 ⊤ 二呷吆 × 吆叮。故如題得方程式

天 ⊥ 地 = 乙 ㊀

天二 ⊤ 二丙天地 ⊥ 地二 = 甲二 ㊁

以㊀式自乘得 天二 ⊥ 二天地 ⊥ 地二 = 乙二 ㊂ 以此式與㊁式相減得 二(一⊥丙)天地 = 乙二 ⊤ 甲二，即 二天地 = (乙二 ⊤ 甲二)/(一⊥丙)，倍之爲 四天地 = 二(乙二 ⊤ 甲二)/(一⊥丙)，以與㊂式相減得 天二 ⊤ 二天地 ⊥ 地二 = 乙二 ⊤ 二(乙二 ⊤ 甲二)/(一⊥丙)，開平方得 天 ⊤ 地 = √(二甲二 ⊤ (一⊤丙)乙二)/(一⊥丙)，即爲夾吆角兩邊之較。惟因其和爲乙，所以將半較與半和相加減得

天 = 乙/二 ⊥ 一/二 √(二甲二 ⊤ (一⊤丙)乙二)/(一⊥丙)

及

地 = 乙/二 ⊤ 一/二 √(二甲二 ⊤ (一⊤丙)乙二)/(一⊥丙)

卽爲所求之兩邊。惟吆角

若爲方角，則與第二題同。

六題 設有兩直線相交成角，又有一定點，欲作一直線過此點與原設之兩線成三角形，而其面積與所設之數等。

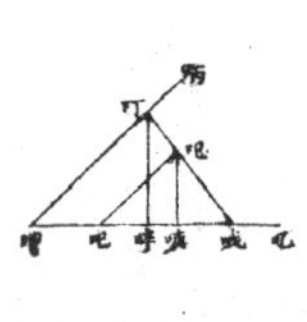

呷吆與呷呴爲相交之兩線，其角度已知，吧爲所設之點，則過此點作叮哎線成呷叮哎三角形，又作吧噴線與呷呴平行，又自叮吧二點各作垂線與呷吆成直角，則吧噴之方向與呷噴及吧噴皆爲已知。

令 呷噴 = 甲，吧噴 = 乙，呷哎 = 天，又令呷叮哎三角形之面積爲丙二，則依同式三角形之例 噴哎∶吧噴∷呷哎∶叮哎，卽 天⊤甲∶乙∷天∶叮哎，所以 叮哎 = 乙天/(天⊤甲)，又 呷叮哎 = 乙天二/(二天⊤二甲)，故 乙天二/(二天⊤二甲) = 丙二，而 乙天二 = 二丙二天 ⊤ 二甲丙二，卽 天二 ⊤ (二丙二/乙)天 = ⊤ 二甲丙二/乙，配成正方得 天二 ⊤ (二丙二/乙)天 ⊥ 丙四/乙二 = 丙二(丙二 ⊤ 二甲乙)/乙二，開平方移其

項得 $天=\frac{乙}{丙^{二}\pm丙\sqrt{丙^{二}\top二甲乙}}$ 由此可見天必有兩箇同數其一式爲 $天=\frac{乙}{丙^{二}\perp丙\sqrt{丙^{二}\top二甲乙}}$ 其又一式爲 $天=\frac{乙}{丙^{二}\top丙\sqrt{丙^{二}\top二甲乙}}$ 所以知叮吰線必有兩箇方向俱可合題。又可見除非 $丙^{二}$ 不大于 $二甲乙$ 者則其題爲不合于理因 $丙^{二}$ 小于 $二甲乙$ 其 $丙^{二}\top二甲乙$ 必爲負數即不能有實在之平方根故 $丙^{二}$ 不能小于 $二甲乙$ 是以知過吧點作直線所能成最小之三角形其面積必爲 $二甲乙$ 即等于 $二\,呷吧\times吧嗊$。若所設之吧點不在呷吃與呷哂二線之間其形如後圖。

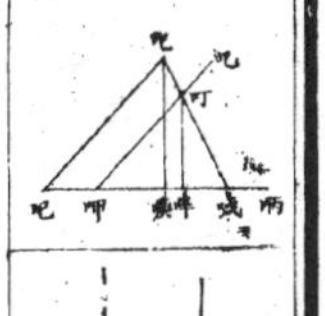

則其所用之元及解法俱與前無異惟其所得之式則爲 $天=\frac{乙}{丙^{二}\pm丙\sqrt{丙^{二}\perp二甲乙}}$ 其根號內之 $丙^{二}$ 與 $二甲乙$ 無論如何大小其數恆爲正所以其題無界限。

七題 設有三角形其三邊俱爲已知之數欲求其面積。

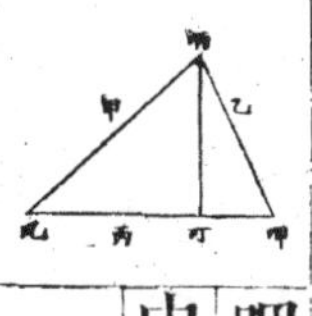

吧吃哂爲所設之三角形若于其內作中垂線哂叮則面積易求。

令 $吃哂=甲$, $呷哂=乙$, $呷吃=丙$, $哂叮=巳$。則依幾何理 $哂吃^{二}=吃呷^{二}\perp哂呷^{二}\top二\,呷吃\times呷叮$ 即 $甲^{二}=丙^{二}\perp乙^{二}\top二丙\times呷叮$ 故由此得 $呷叮=\frac{二丙}{丙^{二}\perp乙^{二}\top甲^{二}}$ 所以 $巳^{二}=呷哂^{二}\top呷叮^{二}=乙^{二}\top\left(\frac{二丙}{丙^{二}\perp乙^{二}\top甲^{二}}\right)^{二}$ 故 $四丙^{二}巳^{二}=四丙^{二}乙^{二}\top(丙^{二}\perp乙^{二}\top甲^{二})^{二}$ 此式之右邊爲兩平方數之

較。所以可化之爲兩根和較相乘之積。如

$[丙^2+二丙乙+乙^2-甲^2][甲^2-(丙^2-二丙乙+乙^2)]$

卽

$[(丙+乙)^2-甲^2][甲^2-(丙-乙)^2]$

又因

$(丙+乙)^2-甲^2=(甲+乙+丙)(丙+乙-甲)$

$甲^2-(丙-乙)^2=(甲+丙-乙)(甲-丙+乙)$

所以得

$四丙^2巳^2=(甲+乙+丙)(甲+乙-丙)(甲-乙+丙)(乙+丙-甲)$

如令

$申=\frac{一}{二}(甲+乙+丙)$

則

$甲+乙+丙=二申$

而

$甲+乙-丙=二(申-丙)$

又

$甲-乙+丙=二(申-乙)$

又

$乙+丙-甲=二(申-甲)$

所以得

$\frac{丙^2巳^2}{四}=申(申-甲)(申-乙)(申-丙)$

又因 $\frac{丙巳}{二}$ 爲等于三角形面積之式。所以三角之面積爲

$\sqrt{申(申-甲)(申-乙)(申-丙)}$

第二百〇三款　由以上各題之法。無論何種幾何之題。皆可變爲方程式。其方程式之各根。皆可依方程式之常法而以已知之各幾何明之。所以任何種幾何之題。皆可以代數解之。

凡用代數解幾何。而得二次方程式。總不外以下三種。

一式

$天^2+甲天=乙丙$

卽

$天(天+甲)=乙丙$

二式

$天^2-甲天=乙丙$

卽

$天(天-甲)=乙丙$

三式

$天^2-甲天=-乙丙$

卽

$天(甲-天)=乙丙$

以上三種式。皆可作圖以明其幾何之理。其法如下。

如欲作一二兩式

$天(天+甲)=乙丙$

$天(天-甲)=乙丙$

之圖。則以 $\frac{甲}{二}$ 爲半徑作平圓之形。如戌呷吃叮。乃自圓周之任一點呷。作一通弦呷吃。令 $呷吃=乙-丙$。其乙大于丙。又引長呷吃線。令 $吃呐=丙$。則 $呷呐=乙$。

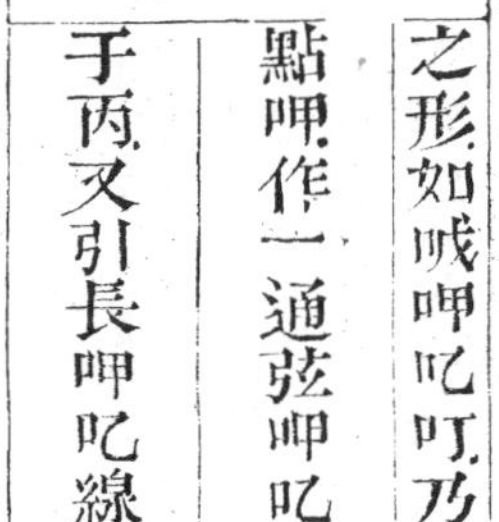

設自圓心作戌哼呐線。與圓周交于戌叮二點。則其呐叮爲一式中天之同數。而呐戌爲二式中天之同數。因 $叮戌=甲$。所以若令 $天=呐叮$。則 $呐戌=天+甲$。若令 $天=呐戌$。則 $呐叮=天-甲$。此可爲一二兩式之證。

惟因 戍叮＝甲 若令其 戍丙＝天 或 丙叮＝天 則丙點所分徑之餘分必爲 甲－天 惟依平圓之例 戍丙×丙叮＝呷丙×丙吃 即 天(甲－天)＝乙丙 即 天甲－天^{二}＝乙丙 可見其理不誤

若第三式中之乙與丙相等則作圖之法亦同惟又有簡法可不必作全圓因呷丙爲徑之垂線故可作句股形令其弦哸呷等于 $\frac{甲}{二}$ 而呷丙股等于乙則三式之根可以用句弦和及句弦較明之

如乙與丙二數大不相同則可令第一第二式內之 $\frac{乙}{丙}$ 或第三式內之 乙丙 各大于甲則可用 $\frac{二乙}{丙}$ 與 $\frac{二丙}{乙}$ 代此兩數總之其公法可用 $\frac{卯乙}{}$ 與 $\frac{丙}{卯}$ 代其二數其卯爲任何數 又法可用乙與丙之中率作之則與乙丙相等之式同

由此卷之各例可見凡能變得二次式之幾何題恆可以直線及平圓之圖明之 若反言之則可云凡能以直線及平圓明其幾何之理者則以代數解其題其所得之方程式不能大于二次故此種之幾何題可謂之平面幾何題言非體積也

惟依幾何理 戍丙×丙叮＝呷丙×丙吃 即 天(天－甲)＝乙丙 故此式可括一二兩式在內

惟所求之根若爲負則一式之根必爲丙戍而二式之根必爲丙叮

若其式中之乙丙二數相等則作法更簡因其呷吃消去則呷丙可與丙吃相合所以如作正三角形哸吃丙令哸吃等于 $\frac{甲}{二}$ 又令吃丙等于乙則其丙叮必爲一式中之天亦必等于 哸吃－丙哸 其丙戍必爲二式中之天亦必等于 哸吃＋丙哸

如欲作第三式 天(甲－天)＝乙丙 之圖則以 $\frac{甲}{二}$ 爲半徑作平圓之形

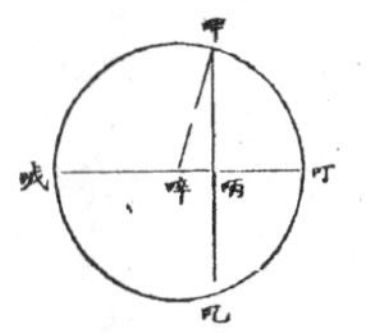

如戍呷叮吃爲平圓于圓內作呷吃通弦等于 乙＋丙 而其呷丙等于乙又過丙點作叮丙戍圓徑則其叮丙或丙戍必爲第三式之一箇正根

凡解幾何之題而得三次四次之方程式者可用任兩箇圓錐之剖而曲線明之故可見凡必用兩箇圓錐剖面以解其題者則知此種之題若以代數之法解之必得三次或四次之方程式

陽湖趙宏繪圖
興化劉彝程校算

代數術卷二十三

英國華里司輯　英國傅蘭雅口譯　金匱華蘅芳筆述

論方程式之界線

第二百〇四款　如方程式中有兩箇未知之元天與地則天之每一箇同數必有數箇地之同數與之相配其地有若干箇同數必等于地在本式中之指數

所以如作一無定長短之直線于線內任取其一段如後圖之呷吧爲天又作垂線如吧嗊爲地則垂線之上端各點如寅寅其點之多少必同于地在本方程式中有若干方數

如呷吧爲天之任同數名其呷戌線爲橫線嗊吧爲地之相配之同數名其嗊吧嗊巳爲縱線

所以凡天地兩數相配之線謂之縱横線

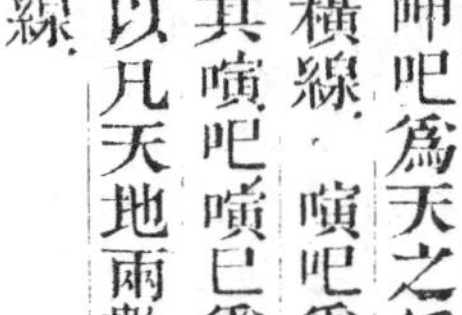

又其嗊吧與嗊吧等類之縱線必各爲本方程式之一箇根其求法可任用各數代其本式中之天則可任求得若干箇嗊點聯其各嗊點爲一線即爲本方程式之界線

第二百〇五款　如于方程式內以任何數呷吧代其天

若其變得之式地之各根俱爲正數則嗊嗊等各點必在嗊㖃之上面如嗊嗊 若有數箇根爲負數者則必有數點在嗊㖃之下面如嗊嗊

又凡以正數代其天則橫線必向呷點之右如呷吧 若天爲負數則橫線必向呷點之左如呷巳 其縱線之端嗊寅各點必隨橫線之端而漸移其處故其界線過嗊寅各點能顯天地二元之變數否則界線不合

若天變爲某數之時而地之同數忽在本式中消盡則其嗊點必與吧點合而其界線亦歸到呷點

若天變爲某數之時而地之同數爲無窮大則可見其界線之弧必長至無窮則其吧嗊必變爲本曲線之漸近線故其呷吧橫線雖有盡處而吧嗊縱線可引長至無窮之遠

若天大至無窮之時而地之一箇相配數忽不見則本曲線即界線 以橫線爲漸近線

若地有若干同數不合于例者則必有若干嗊點不見

第二百○六款 由以上之說並方程式之例可見所設之式中若有兩箇變數天與地者則其式所成之界線與縱線吧嗊相交之次數等于本式中地之方數其界線與橫線呷㖃相交之次數等于本式中天之方數

第二百○七款 凡以界線明天地二變數之方程式若其本式之次數非無窮而天地二變數之外皆爲已知之數則其所成之界線謂之幾何曲線亦可謂之代數曲線

凡代數曲線可分之爲數種其每種之名各依其縱橫線相比所成之方程式之次數名之或以曲線與直線相交之次數名之亦同

凡直線爲界線之第一種其天與地相比之式必爲一次式其各嗊點必俱在一箇直線之內而直線與橫線所成之角爲所設之角

如有式 甲地$\perp$乙天$\perp$丙丁＝○ 欲求其界線爲何線則因 地＝$\frac{\text{乙天}\perp\text{丙丁}}{\text{甲}}$ 故其圖先以呷吧嗊爲縱橫線正角相交作呷咖線令咖呷吧角之餘弦與正弦之比若甲與乙之比又作呷叮線等于$\frac{\text{丙丁}}{\text{甲}}$而與縱線平行又作叮吧與呷咖平行則叮吧必爲所求之界線

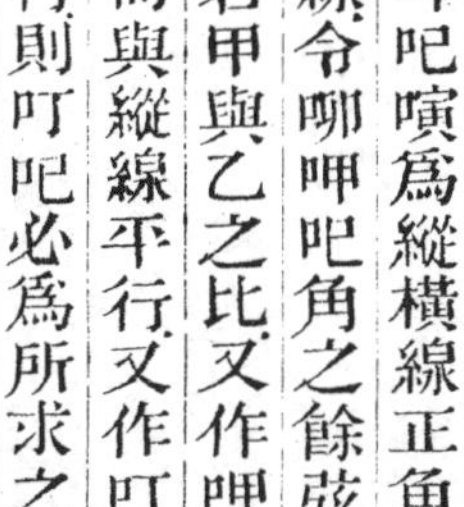

用此法以作一次式之界線惟必須識別乙天與丙丁之正負若其兩項爲同名則呷叮與吧咖必俱在呷㖃橫線

之一面(言或俱在上面或俱在下面也)若其兩項爲異名,則呷叮與吧啣必在呷哦橫線之兩面(言一在上面一在下面也)

凡曲線之式有爲二次之方程式者,則謂之第二種界線,而爲曲線之第一類,此類之曲線,其與直線相交之次數不過兩次。(依二百○四款之例也)

凡曲線之式有爲三次式者,則謂之第三種界線,而爲曲線之第二類,其直線與曲線相交不過三次。

第三種以上,其名依此類推。

另有數種曲線,其與直線相交之次數爲無窮,則不能以次數名之,故此種曲線不屬于以上所言之各類,名之曰越曲線。

第二百○八款 凡方程式之根若變之不合常例者,必恆爲雙虛式,則其曲線與縱線相交之點至不見之時,必兩點俱不見。

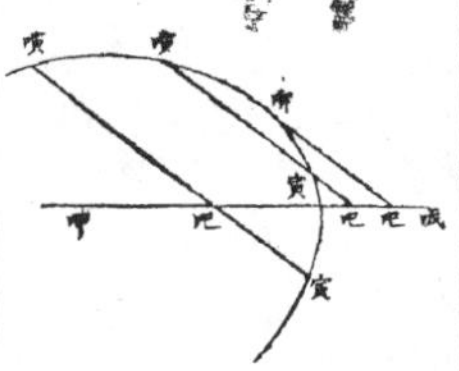

如吧嗔與曲線相遇于嗔于寅,如平行而移其吧嗔線至能與曲線相切于啣,則嗔寅二點必合爲一相切之點啣,再以吧啣平行移之,則直線與曲線相離,而嗔寅兩交點必爲虛,此因本方程式之兩箇根先變爲相同,而後變爲虛也。

凡奇次之方程式至少必有一箇實根,故所成之曲線其橫縱線無論如何長至少必有一縱線爲實,因呷吧線之兩端雖引長至無窮,而嗔寅二點亦可相離至無窮遠故也。

凡偶次之方程式其根俱能變爲虛,故其所成之曲線其形俱可變爲平圜或橢圜,則必有一定之界限而不能出于界限之外。

第二百○九款 如其方程式中令地之兩同數變爲相等,則其吧嗔線或變爲切線,而嗔寅二點合爲一箇切點,或嗔寅二點變爲疊點(即倍點),而其曲線之兩弧在此處相交而過,或屬于他種曲線之橢形,至嗔寅變小至無窮,則嗔寅二點俱不見而爲斂點(亦名隱點)

凡方程式內令地等于○,而得其天之同數,必爲曲線與橫線相遇處距呷之數,若其數有兩數相等,則或爲曲線與橫線兩次相遇,或爲橫線過其曲線之疊點。

若令地等于○之時,而天之同數有一箇不見,則其曲線必過呷點,若天之同數有兩箇同時不見,則或爲橫線與曲線相切,而呷爲切點,或曲線于呷點自相交而呷爲曲線之疊點。

凡曲線有兩點相疊者,從本式中有兩箇相等之同數而生其曲線有三點相疊者從本式中有三箇相等之同數而生。

第二百十款　茲設數式以明上各款中所論之理。

一式設有 $地^{2}=甲天+甲乙$ 卽 $地^{2}-甲天-甲乙=0$ 其甲乙爲已知數欲作此式之界線

因 $地=\pm\sqrt{甲天+甲乙}$ 故令呷吧等于天而吧嚬與吧寅等于 $\sqrt{甲天+甲乙}$ 則因

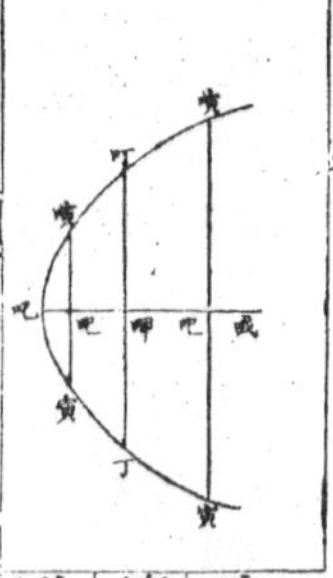

嚬寅必在所求之界線上而横線呷吧向左向右皆有嚬寅各點而其向右之時呷吧可長至無窮則其吧嚬與吧寅亦可長至無窮所以其曲線之兩端有長至無窮之弧如令天小至無窮而爲○

則 $地=\pm\sqrt{甲乙}$ 所以天等于○之時其地不能小至不見而其曲線必過叮丁二點而令呷叮與呷丁皆等于 $\sqrt{甲乙}$

若横線向左而天在呷之左則變爲負則 $地=\pm\sqrt{甲乙-甲天}$ 所以其地必仍有兩箇正負相等之同數而天不能大于乙

惟因呷吃等于乙而至吧點移至吃之時則必見其 $甲乙=甲天$ 而得 $地=\pm\sqrt{甲乙-甲天}=0$ 則吧嚬及吧寅皆不見故其曲線在此處聯續爲一線而與横線相遇

若令吧點移至吃點之外則天大于乙而甲天大于甲乙則 $甲乙-甲天$ 必爲負數故 $\sqrt{甲乙-甲天}$ 必變爲虛式則知吃點之外不能有曲線與其縱線相遇所以曲線在此處以吃點爲隱點

用以上之法以攷曲線之理與用他法（如微分）所攷得之理無不相同

如 $地^{2}=甲天+甲乙$ 之式其曲線爲抛物線

若仍用前圖明之則吃爲頂點吃戌爲軸線叮丁爲通徑呷爲抛物線之心

惟因 $吃吧=乙+天$ 而 $地=吧嚬$ 故由 $甲乙+甲天=地^{2}$ 卽 $甲(乙+天)=地^{2}$ 得 $甲\times吃吧=吧嚬^{2}$ 此卽今所常用

之拋物線之理也。

二式設有 天地⊥甲地⊥丙地＝乙丙⊥乙天 即 地＝(甲⊥丙⊥天)/(乙丙⊥乙天) 求其界線之形爲何曲線。

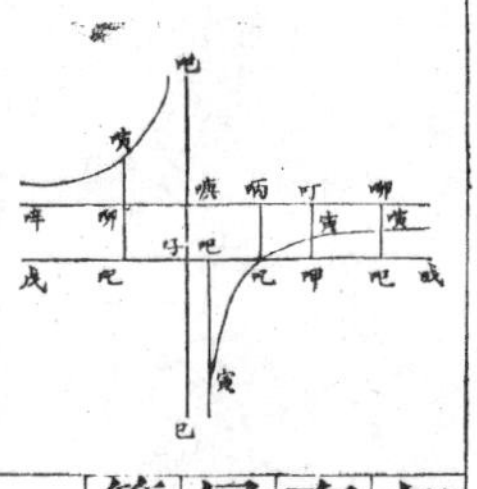

如法作圖，則可見吧嗊縱線不過有一點能與曲線相遇，此因地之同數與天之變數相配者只有一箇之故也。

若令 天＝○ 則 地＝甲丙/乙丙 所以其曲線不能過呷點。若令天漸增，則地亦必漸增，惟地之數雖漸增，總不能大于乙。其故因 地＝乙×(甲⊥丙⊥天)/(丙⊥天)。又其 甲⊥丙⊥天 恆大于 丙⊥天 所以地不能大于乙。若天大至無窮，則 甲⊥丙⊥天 與 丙⊥天 幾相等，所以其式必變爲 地＝乙×天/天＝乙。由此可見，如取 呷/叮＝乙 作咦叮與呷哦平行引長之，則必與曲線漸相近，必至無窮遠處始能與曲線相切，所以此直線即爲曲線之漸近線。

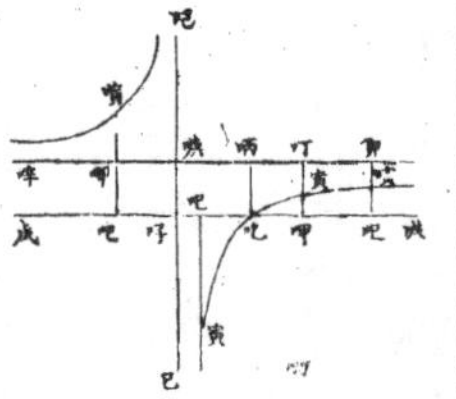

若天變爲負，則呷吧在呷點之左，故 地＝乙×(甲⊤丙⊤天)/(丙⊤天)。若天在呷點之左，而等于丙，則 地＝乙×甲/(丙⊤丙)＝○。所以 呷吧＝丙 之時，其曲線必過吧點。若天大于丙，則 丙⊤天 變爲負，而其縱線爲負，故其縱線必在呷哦線之下，而爲吧寅。

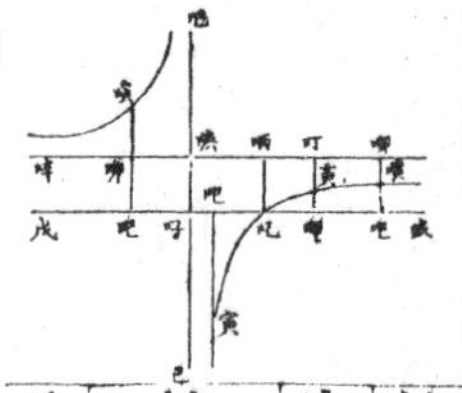

若天再增大至 天＝甲⊥丙 之後，則 地＝乙×(○/甲)，因其分母爲○，故地必大至無窮。由此可見，如取 呷/吁＝甲⊥丙，則吁已縱線亦必爲曲線之漸近線。若天大于 甲⊥丙，或呷吧大于呷吁，則 丙⊤天 與 甲⊥丙⊤天 俱變爲負。

所以 $地 = 乙 \times \frac{天丅甲丅丙}{天丅丙}$ 變爲正。又因 天丅丙 恆大于 天丅甲丅丙，則地必恆大于乙及吁呎，所以其曲線之又一段必在吧呎啐角之內。又因天漸增大，則 天丅丙 與 天丅甲丅丙 漸近于相等之比例，所以吧嗊與唧亦漸近于相等之比例，所以呎啐亦爲其漸近線。

以上所論之界線即爲平常之雙曲線，如用常法證之亦同。

惟因 $乙(丙丅天) = 地(甲丅丙丅天)$，兩邊各加 甲乙，則得 $乙(甲丅丙丅天) = 地(甲丅丙丅天)丅甲乙$，即 $(乙丅地)(甲丅丙丅天) = 甲乙$，即 $唧嗊 \times 嗊唧 = 嗊呐 \times 吃呐$，此即今所常用之雙曲線之理也。

三式設有 $甲地丅天地 = 天丄乙天$，求其界線之形爲何曲線。

惟因 $地 = \frac{甲丅天}{天丄乙天}$，所以 $地 = \pm\sqrt{\frac{甲丅天}{天丄乙天}}$，依此式作圖。

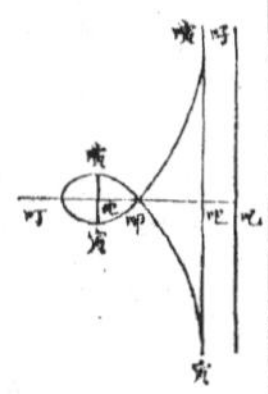

則呷點之左右各有吧嗊及吧寅，其數等于 $\pm\sqrt{\frac{甲丅天}{天丄乙天}}$。

若令 天＝甲，則 $\sqrt{\frac{甲丅天}{天丄乙天}}$ 變爲 $\sqrt{\frac{○}{天丄乙天}}$，因其分母爲○，故地必變爲無窮。

由此可見，如取 呷吃＝甲 而作吃呼線爲呷吃之垂線，則此吃呼線即爲曲線之漸近線。

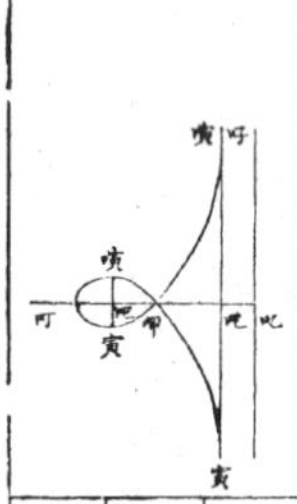

若天大于甲，或呷吧大于呷吃，則 甲丅天 爲負，而 $\frac{甲丅天}{天丄乙天}$ 亦變爲負，故 $\sqrt{\frac{甲丅天}{天丄乙天}}$ 之式其根爲虛，所以其曲線之任一端不能出于吃呼線之外。

若其天爲負數，則吧點必移至呷點之左，故其縱線

之式必爲 $地=\pm\sqrt{\frac{甲+天}{-天^{3}+乙天^{2}}}$ 所以天小于乙之時其地必爲實數，

惟至 $天=乙$ 則 $地=\sqrt{\frac{甲+天}{-天^{3}+乙天^{2}}}=\sqrt{\frac{甲+乙}{-乙^{3}+乙^{3}}}$ 即 $地=○$。 由此可見如取 呷叮$=乙$ 則曲線必在叮點相續而與橫線相遇，

若令天大于乙則 $\pm\sqrt{\frac{甲+天}{-天^{3}+乙天^{2}}}$ 其根爲虛式，所以其曲線過叮點之後仍繞爲圈形而還過呷點，則其呷叮間之一段曲線畧如紐形，

若令 $地=○$ 則 $天^{3}+乙天^{2}=○$ 故其本式之三箇根爲 $-乙$ 與○及○，由此可見其曲線必過呷點兩次，而呷點爲其疊點。案此種曲線屬于第三類

若所設之原式中其乙等于○，則式變爲 $甲地^{2}-天地^{2}=天^{3}$ 故呷與叮必合爲一點，而紐形不見，則其曲線之兩段嗊呷寅呷必在呷點相切而爲尖形，此種曲線古時謂之蔓葉

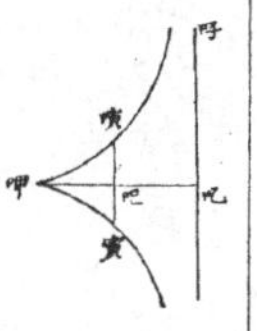

線，因西國有一種蔓生之草，其葉畧如此形故也。案此草爲藤蘿之類，故代微積拾級中謂之薛荔葉線，然實非薛荔也，如不令乙爲正，亦不令乙爲○，而令乙爲負，則式必變爲 $甲地^{2}-天地^{2}=天^{3}-乙天^{2}$ 故其曲線必過叮點，如圖，

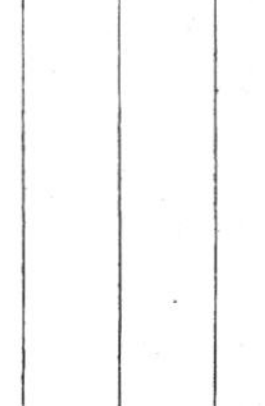

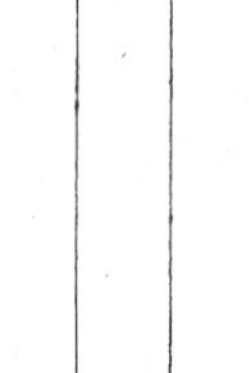

若令 呷吃$=甲$ 則吃呼爲其漸近線，又可有歛點在叮，因地等于○之時，天之兩箇同數不見，而其第三箇同數變爲等于乙，或等于呷叮，則除此點之外，其曲線之全形必在叮吘與吃呼兩線之間，此式之證亦與前同，

第二百十一款

如有方程式 地$=$甲天^{卯}乙天^{卯一}丙天^{卯二}……而其卯為偶數者，則其式之界線必有兩端無窮長之曲線在橫線之一面，如圖。

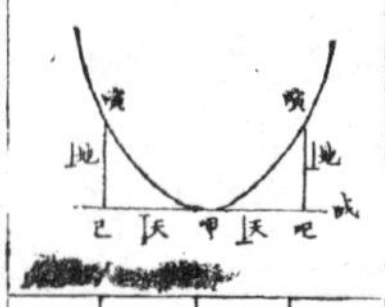

若天變為或正或負之無窮數，則天^{卯}必為正，而甲天^{卯}無論天之為正為負，其號不變。又因甲天^{卯}必比其他各項乙天^{卯一}……大至無窮，故地之任何同數，其號恆不變，所以此曲線有兩箇無窮長之弧，必在呷吃之一邊。

惟卯若為奇數，則天變為負之時，其天^{卯}必為負，而甲天^{卯}之號必與天為正之號不同，故其所成之曲線有兩箇無窮長之弧，各在呷吃之一邊，反而相對，其形如圖。

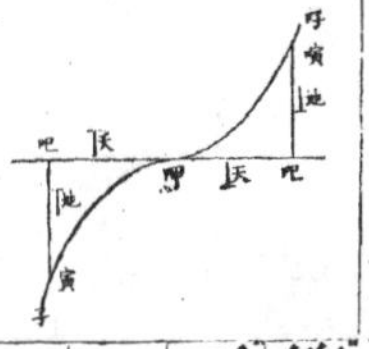

第二百十二款

如有方程式 地天$^{卯}=$甲^{卯一} 而其卯為奇數，若令天為正數，則得 地$=\frac{天^{卯}}{甲^{卯一}}$ 若令天為負數，則得 地$=-\frac{天^{卯}}{甲^{卯一}}$ 所以本式之曲線，其形如圖。

其兩條曲線必在相對之兩角呼呷哎與吧呷戊之內，此即為平常之雙曲線，而其吧呼及哎戊兩線皆為其漸近線。

惟卯若為偶數，則無論天之為正為負，而地恆為正，因天^{卯}恆為正故也。所以本式之曲線，其形如圖。其兩條曲線必在相並之兩角呼呷哎及呼呷哎之內，而以呷呼及呷哎為其漸近線。

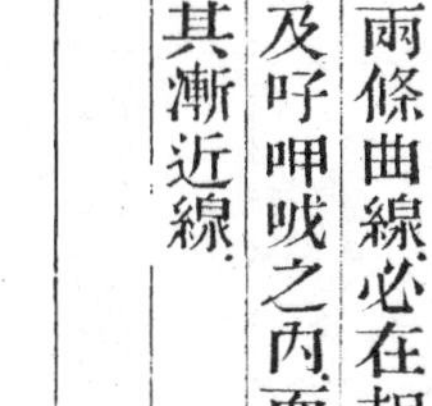

第二百十三款

凡多項之方程式，若能化之為兩箇簡項之式，而其天地二變數之元不加開方之號者，則其原式之界線必為其兩箇簡次式之兩箇界線。

如有方程式爲地^{二}丅二天地丄乙地丄天^{二}丅乙天＝〇可化之爲地丄天＝〇㈠地丅天丄乙＝〇㈡則㈠㈡兩式之界線卽爲原式之界線如圖

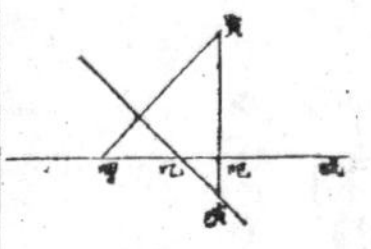

其兩條斜線各與橫線呷呅相交于呷于叺成四十五度之角而呷叺之相距等于乙

又以同法可將多項之三次式化爲三箇一次式則原式之界線爲三直線相合

又三次之多項式或能化爲一箇一次式一箇二次式則原式之界線爲一直線與一圓錐曲線相合

總言之凡多次方程式之界線可以包少一次方程式之界線在其內卽如圓錐之任何曲線若以兩箇直線式代之其理亦通

第二百十四款　凡代數之方程式與幾何之線法恆能相似故在代數式中所能顯之各理必與幾何曲線中之理相合所以用代數之理以解各種曲線之理其用最廣

卽如已證知凡二次方程式之界線必爲圓錐曲線則凡圓錐之各曲線其徑與縱線切線法線之各性情可由方程式之理而攷之

陽湖趙宏繪圖

興化劉彝程校算

代數術卷二十四

英國華里司輯　英國傅蘭雅口譯　金匱華蘅芳筆述

論八線數理

第二百十五款　用代數以解幾何之題又有一種爲八線算學其法以各角之正弦餘弦正矢餘矢正切餘切正割餘割求其相比之理也

第二百十六款　八線之理古時已有人知之其理之根源乃從平圜中所容之正方形其兩對角線所成之矩形等于其兩邊所成之矩形之倍此理始見于特里密之書而爲希臘國人解三角各理之本近時有里的亞斯者著一種論三角形之書阿特名人在一千五百九十六年續成而印行之又畢的斯克斯一千五百九十九年所印之書亦有此論則八線之由來蓋已久矣

嘗攷滿得刺所著算學傳中言一千七百年以前尚未有人攷求弦切等線之式惟因弦切各線爲算學家所必用之數爰有俄羅斯京中博學會内之人名美耶者其所印出之書初論此理然觀美耶之説知其未曾讀過畢的斯克斯之書因畢的斯克斯所著之書其第二卷第八第九題已有求兩弧正餘弦和較之法此乃一千六百十二年所印行之本也

迨一千七百二十二年有卜里奴者著書論數弧切線之和其式俱以本弧之切線明之

以上二書皆先于美耶之書而美耶之書乃于一千七百二十七年間始印行惟其書初以代數之法解三角則爲前所未有

又有尤拉者于一千七百五十四五兩年中著書論八線之理比前人更明而弧三角之法亦爲尤拉于一千七百七十九年所成之書初以代數駁之

一千七百八十三年有第國華者亦著書論弧三角之理又有法蘭西人拉果蘭諸亦論之至此時三角之法蓋已精矣

第二百十七款　八線數理在解明各幾何之題用處最廣可甚省古時爲幾何格致各題所專設之繁圖蓋幾何之理若用近時所設之代數法駁之則最繁之圖及最密最多之諸數或多方位之題大約可不必作多線之圖但用代數之法解之已可極其明白　即如哥斯名人所設平圜内作十七等邊形之題亦可不繁言而解又如用八線入代數已可將方程式之諸理廓充至最廣又如天文之家可得甚簡便之法以推算各行星與

彗星之動角及所行之各道並視行實行之方位又如動靜兩種重學中亦不必用多圖而可明各重各力相比之理且以代數馭八線可將對數與八線表合用而甚省幾何中用實數推算之勞譬如數件器具每器各有專司若合爲一器則所省之力更多也

第二百十八款　八線數理與一切幾何若以代數之法馭之無論其所設所求之數爲線爲角俱可以數目之字明之

法先設一箇一定之線或一定之角爲一而凡他線或他角皆可用其倍數爲線或角之各數惟此所命爲一之數其大小本無一定衹因欲借此數以明他數之大小故所令爲一之數不能爲甚整之倍數而其奇零小數可謂之小于一之數

第二百十九款　凡命爲一之數而可以度各角者即正方角九十分之一亦即四箇正方角之三百六十分之一也此數名之曰一度而每度又分之爲六十分每分又分之爲六十秒每秒又分之爲六十微

凡寫任何角度之法如 一二°一五′一〇″二〇‴ 即十二度十五分十秒二十三微也惟尋常言角其秒以下之數每以十分秒之幾計之如 三″四 爲三秒又十分秒之四

法蘭西國變亂之時曾有人設一角度之新數目令正方之角分爲一百等分每分各平分爲一百秒每秒又分爲一百微然其法未能通行于各國惜拉不拉斯之天文算家中常用此法致令後人讀其書者甚以爲難今法蘭西亦不用此法而仍用三百六十度之舊法矣

第二百二十款　凡角度之與平圓本不必有一定相關之理惟因言角者必想及全圓言全圓者必想及其分圓之角所以此書中必並言之

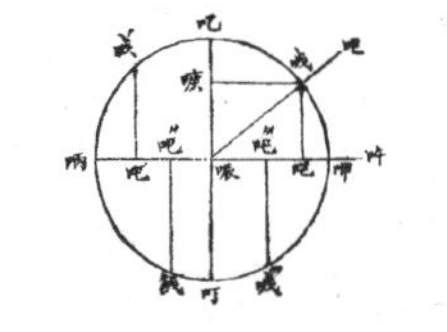

如圖令吧㖊與吽㖊皆爲直線而能成角其第一線吽㖊之方位已知又令其第二線吧㖊之起端恆以㖊點爲心而吧㖊線初時與吽㖊相合後繞㖊點而旋則吧㖊必成一吧㖊吽角其半徑之端戌點必行成一呷戌弧如吧㖊線再繞㖊點而旋行一周其戌點必行成平圓則爲四箇正角所合如此則易見任何吧㖊吽角與四箇正角之比若呷戌弧與全周之比所以平圓之弧可爲角之度數　如設全周爲三百六十度每度爲六十分

每分爲六十秒則角與弧皆可同以若干度分秒之數明之

第二百二十一款

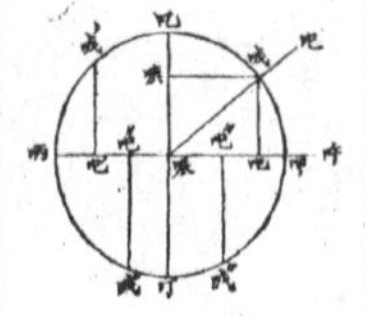

令呷哂吃叮彼此各互爲垂線則此二徑必分全周爲四象限而其全圓分爲呷㖘吃、吃㖘哂、哂㖘叮、叮㖘呷四箇直角形

凡角與正角（卽直角亦卽方角）相較謂之餘角凡弧與象限相較謂之餘弧

凡角與兩箇正角（卽一百八十度）相較謂之外角凡弧與半周相較謂之外弧

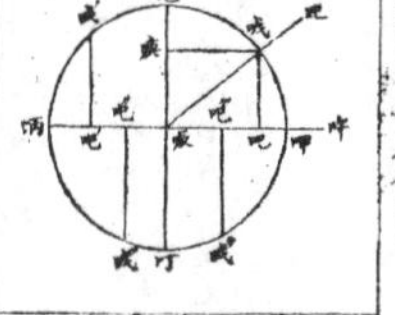

如吧㖘吃爲吧㖘吽之餘角而吧㖘哂爲吧㖘吽之外角 吃戌爲呷戌之餘弧而哂戌爲呷戌之外弧

第二百二十二款

設呷爲呷戌弧之原點則從此弧之戌端作直線戌吧爲呷哂徑之垂線其名曰呷戌弧之正弦又作戌㖞線與吃叮爲垂線名曰呷戌弧之餘弦由此可見凡弧之

餘弦恆等于正弦距平圓心點之數

第二百二十三款

設呷戌弧因㖘戌半徑漸離㖘呷之位而向吃哂叮行則其弧漸變大而戌吧正弦本等于○者亦漸變大至弧變爲象限以後則戌吧正弦漸變小至弧增至半周而正弦又變爲○若其弧再增大則正弦吧戌又能再生惟其方向必與第一象限內之吧戌相反如是正弦漸長至變至第三象限以後又漸變小至弧滿四限之時正弦仍爲○ 若其㖘戌半徑再行第二轉成呷吃哂叮呷戌弧比全周更大則又成正弦戌吧其餘各象限照此類推總之無論繞至幾周其在各象限內所成之正弦均與第一周內相同

第二百二十四款 凡弧之餘弦其方向及變大變小之法亦可與正弦同理推之

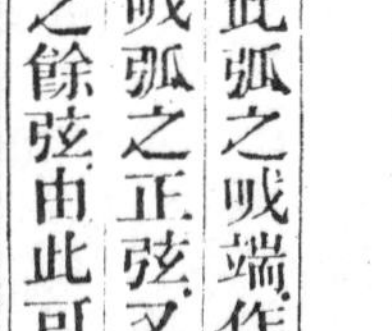

其呷戌弧自○增至第一象限之時其餘弦㖘吧本等于㖘呷半徑者漸變小至不見若其弧再增至第二象限內之任弧呷吃戌則又成餘弦㖘吧而方向必與第一象限內之餘弦相反所以其弧增至滿兩象限時其餘弦又爲極大（如㖘哂等于㖘呷是也）惟

方向必與前相反若其弧再增至呷呐戧則餘弦又漸小如哌吧至弧大至呷吃呐叮爲三箇象限則餘弦再變爲〇其第四象限內餘弦哌吧復生而仍與第一象限內之方位同至一周圜滿之時而餘弦仍爲哌呷如再行第二匝其理仍同

設將戌哌半徑繞哌而旋與前相反自呷而叮而呐則其所成之弧呷戧其正餘弦之方向及變大變小之法亦必一例

第二百二十五款

依代數幾何之理呷戌弧呷戧弧其戌吧正弦戧吧正弦之方向與呷戧弧呷戧弧之戧吧正弦及戧吧正弦之方向相反此可以⊥⊤二號記之其哌吧餘弦哌吧餘弦與哌吧餘弦哌吧餘弦之方向亦然

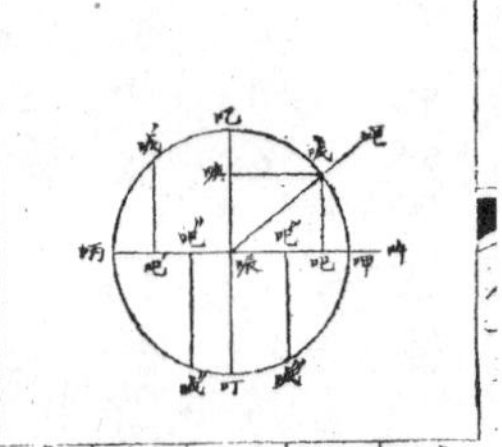

識別得呷呐徑線兩邊（下卽上）之弧其正弦之正負皆相反而吃叮徑線兩邊（右卽左）之餘弦亦必正負相反如呷戌弧爲正則在第一象限以內之正餘弦不論以爲正以爲負俱可至變小爲〇而復生之後其方向必與前相反故其正負之號必變

設命呷戌爲任何正號之弧則其正弦餘弦在第㊀象限內皆爲正　至第㊁象限內其正弦仍爲正而餘弦變爲負　至第㊂象限內則正弦餘弦皆爲負　至第㊃象限內其正弦仍爲負而餘弦變爲正

設令哌戌半徑自呷向叮呐而旋則所成之弧爲負而觀其正餘弦變號之法與前相比則見正弦在下半箇平圜中皆爲負號而至上半箇平圜內皆爲正號其餘弦在右半箇平圜內皆爲正號而至左半箇平圜內皆爲負號莫不一例

第二百二十六款

設有直線呷啐與呷呐全徑爲垂線遇引長之半徑哌戌于啐其呷啐線爲呷戌弧之正切而哌啐線爲呷戌弧之正割

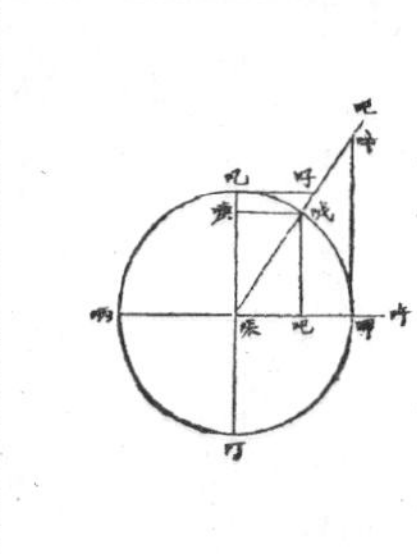

第二百二十七款　設再作哌吃之垂線吃呼與呷戌弧之正割線哌啐遇于呼則呼吃線爲呷戌弧之餘切線而哌呼爲其餘割線

第二百二十八款　弧與弦所截半徑之一段謂之矢如

呷吧爲呷戊弧之正矢，吃吠爲呷戊弧之餘矢。

第二百二十九款　因呷戊弧爲吧㖗咋角之度數，則弧之弦矢切割亦爲角之弦矢切割。又因弦矢切割四正四餘之八種線各有比例，故可任取各線之名以代其各數之相比，而以分數明之。

如 呷㖗半徑/呷戊弧 爲吧㖗咋角之度數，㖗戊/戊吧 爲其正弦，㖗戊/㖗吧 爲其餘弦，㖗呷/呷咋 爲其正切，㖗呷/㖗咋 爲其正割，故 呷咋/呷㖗 = 㖗吃/吃吁 爲其餘切，呷咋/咋㖗 = 㖗吃/㖗吁 爲其餘割。

則可見各式相比與各線之相比同，又可見同式相比之理，如其吧㖗咋角之大小不變，則其正餘之弦矢切割八種線準本款之理，無論平圓之大小如何，其理無異。

若令半徑呷㖗爲一，則其正弦、餘弦、正矢、餘矢必爲小于一之數。

第二百三十款　用代數以究八線幾何之理，其初大半恃所設之各式而如法入之。

假如命所有之弧或角爲甲，則其正弦爲 正弦甲，其餘弦爲 餘弦甲，其切線爲 正切甲，其割線爲 正割甲，其餘切爲 餘切甲，其餘割爲 餘割甲，其正矢爲 正矢甲，其餘矢爲 餘矢甲。

第二百三十一款　若依古人命名之意以解何者爲角度，則角不能過于半箇平圓，若以角之爲言惟指一線繞行定點而成，則角與弧度無異，而角可任增至任何度。

假如天文家紀太陽與行星之躔度，由○度之角或弧至三百六十爲止，所以推算之時可用八線以推大于一百八十度之角，即其弧大至過于全周幾匝，其理仍通。

第二百三十二款　準以上各款之說，如令甲爲小于半周之弧，而以周率爲半平圓一百八十度之弧，取其半徑適爲一也，以周字代之。此周字以代周率，實爲平圓之半周，讀者勿誤認爲全周。則得相等之式如左。

正弦(周⊥甲)=┬正弦甲　餘弦(周⊥甲)=┬餘弦甲

正弦(二周⊥甲)=⊥正弦甲　餘弦(二周⊥甲)=⊥餘弦甲

正弦(三周⊥甲)=┬正弦甲　餘弦(三周⊥甲)=┬餘弦甲

正弦(四周⊥甲)=⊥正弦甲　餘弦(四周⊥甲)=⊥餘弦甲

又

正弦(周┬甲)=⊥正弦甲　餘弦(周┬甲)=┬餘弦甲

正弦(二周┬甲)=┬正弦甲　餘弦(二周┬甲)=⊥餘弦甲

正弦(三周┬甲)=⊥正弦甲　餘弦(三周┬甲)=┬餘弦甲

正弦(四周┬甲)=┬正弦甲　餘弦(四周┬甲)=⊥餘弦甲

四周以上依此類推。

總言之若令卯等于〇或等于任何正數則得相等之式如左

餘弦[(二卯⊥一)周⊥甲]＝⊤餘弦甲
餘弦[(二卯周⊥甲)]＝⊥餘弦甲
正弦[(二卯⊥一)周⊥甲]＝⊤正弦甲
正弦[(二卯周⊥甲)]＝⊥正弦甲 ㈠

餘弦[(二卯⊥一)周⊤甲]＝⊤餘弦甲
餘弦[(二卯周⊤甲)]＝⊥餘弦甲
正弦[(二卯⊥一)周⊤甲]＝⊥正弦甲
正弦[(二卯周⊤甲)]＝⊤正弦甲 ㈡

如 甲＝〇 則 餘弦(二卯⊥一)周＝⊤一 正弦(二卯⊥一)周＝〇 餘弦(二卯周)＝⊥一 正弦(二卯周)＝〇

第二百三十三款

設令甲為小弧角為大弧其兩弧之較等于一象限則 角＝周/二⊥甲 若觀第二百二十一至二百二十五各款之圖說而更思之則易見 餘弦角＝⊤正弦甲 正弦角＝⊥餘弦甲 如以角代上款㈠幅中之甲則得

餘弦[(二卯⊥一)周⊥角]＝⊤餘弦角
餘弦[(二卯周⊥角)]＝⊥餘弦角
正弦[(二卯⊥一)周⊥角]＝⊤正弦角
正弦[(二卯周⊥角)]＝⊥正弦角

此各式中若以 周/二⊥甲 代其角又以 ⊤正弦甲 代其 餘弦角 又以 餘弦甲 代其 正弦角 則得相等之各式如左

餘弦[(四卯⊥三)周/二⊥甲]＝⊥正弦甲
餘弦[(四卯⊥一)周/二⊥甲]＝⊤正弦甲
正弦[(四卯⊥三)周/二⊥甲]＝⊤餘弦甲
正弦[(四卯⊥一)周/二⊥甲]＝⊥餘弦甲 ㈢

再設有大小兩弧甲與角其兩弧之和為一象限則其 角＝周/二⊤甲 則易見 餘弦角＝正弦甲 正弦角＝餘弦甲 如以 周/二⊤甲 代㈢幅中之角又以 正弦甲 代其 餘弦角 以 餘弦甲 代其 正弦角 則得相等之各式如左

餘弦[(四卯⊥三)周/二⊤甲]＝⊤正弦甲
餘弦[(四卯⊥一)周/二⊤甲]＝⊥正弦甲
正弦[(四卯⊥三)周/二⊤甲]＝⊤餘弦甲
正弦[(四卯⊥一)周/二⊤甲]＝⊥餘弦甲 ㈣

第二百三十四款　以上二款所得之各式可集之爲一便用之表如左。

一	餘弦[(二卯丄一)周亍甲]＝丅餘弦甲。
二	餘弦[(二卯周亍甲)]＝丄餘弦甲。
三	正弦[(二卯丄一)周亍甲]＝∓正弦甲。
四	正弦[(二卯周亍甲)]＝亍正弦甲。
五	餘弦[(四卯丄一)周^{二}亍甲]＝∓正弦甲。
六	餘弦[(四卯丄三)周^{二}亍甲]＝亍正弦甲。
七	正弦[(四卯丄一)周^{二}亍甲]＝丄餘弦甲。
八	正弦[(四卯丄三)周^{二}亍甲]＝丅餘弦甲。

第二百三十五款　近時算學之家用代數以解幾何之題其妙處在不必深求其理而可從最淺之理專藉代數之各種變法以窮究其情狀所以其推算之初所用之幾何最簡而設數亦不繁只須如法入之而題理纖悉必見幾無遁形矣。

卽如以正角三角形卽直角三邊亦卽句股形之理論之

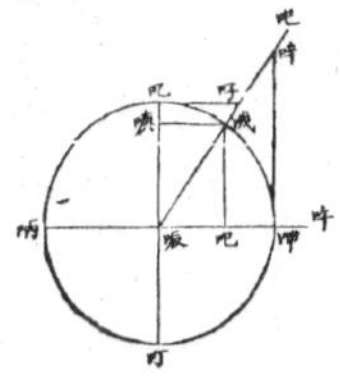

吧^{二}喊^{二}丄嘬吧^{二}＝嘬喊^{二}

呷^{二}哰^{二}丄嘬呷^{二}＝嘬哰^{二}

吃^{二}呼^{二}丄嘬吃^{二}＝嘬呼^{二}

又因嘬吧喊與嘬呷哰及嘬吃呼其三箇三角形皆爲同式所以有比例之式如左。

嘬∶吧∶∶嘬∶呷∶∶吃∶吃
吧∶喊∶∶呷∶哰∶∶呼∶嘬

吧∶喊∶∶呷∶哰∶∶吃∶嘬
喊∶嘬∶∶哰∶嘬∶∶嘬∶呼

喊∶嘬∶∶哰∶嘬∶∶嘬∶呼
嘬∶吧∶∶嘬∶呷∶∶呼∶吃

惟因

$\frac{嘬}{呷}＝\frac{嘬}{吃}＝\frac{嘬}{喊}＝一$

故得

餘弦甲∶正弦甲∶∶一∶正切甲∶∶餘切甲∶一

正弦甲∶一∶∶正切甲∶正割甲∶∶一∶餘割甲

一∶餘弦甲∶∶正割甲∶一∶∶餘割甲∶餘切甲

由此各比例式得各線之相等式如左。

呷

一	餘弦^{二}甲丄正弦^{二}甲＝一。
二	正割^{二}甲丅正切^{二}甲＝一。
三	餘割^{二}甲丅餘切^{二}甲＝一。
四	餘弦甲×正割甲＝一。
五	正弦甲×餘割甲＝一。
六	正切甲×餘切甲＝一。
七	正切甲×餘弦甲＝正弦甲。
八	餘切甲×正弦甲＝餘弦甲。
九	正弦甲×正割甲＝正切甲。
十	餘弦甲×餘割甲＝餘切甲。
十一	正切甲×餘割甲＝正割甲。
十二	餘切甲×正割甲＝餘割甲。

觀呷幅之七八四五式中可見

$正切甲＝\frac{餘弦甲}{正弦甲}$

$餘切甲＝\frac{正弦甲}{餘弦甲}$

$正割甲＝\frac{餘弦甲}{一}$

$餘割甲＝\frac{正弦甲}{一}$

由此可見凡正弦餘弦若皆爲正或皆爲負則其正切餘切必爲正若正弦餘弦一爲正一爲負則其正切餘切必爲負又可見正割與餘弦必爲同號而餘割與正弦亦必爲同號

所以切線在第㈠象限爲正第㈡象限爲負第㈢象限爲正第㈣象限爲負其餘類推

又割線在第㈠象限爲正第㈡㈢象限爲負第㈣㈤象限爲正其餘類推

第二百三十六款　前已言正弦餘弦自正變至負自負變至正其正負互變之際其數必爲〇惟因切線割線之式爲 $正切甲=\frac{餘弦甲}{正弦甲}$ $正割甲=\frac{餘弦甲}{一}$ 若甲弧爲象限則 $餘弦甲=〇$ $正弦甲=一$ 所以其 正切甲 及 正割甲 皆爲無窮 若甲弧大于一象限而小于兩象限惟因其 餘弦甲 爲負故 正切甲 與 正割甲 皆爲負所以可見切線與割線自正變負之際其數必爲無窮 惟甲弧若滿兩象限而至第三象限之際因其 餘弦甲 及 正弦甲 皆爲負故其切線又從負變至正而其臨變之際切線必爲〇而其割線

則仍爲負 若甲弧滿三象限而至第四象限之際則切割兩線又俱爲無窮而切線變爲負割線變爲正至甲弧滿一周則切線變爲〇割線變爲半徑 若甲弧從一周之後再滿各象限其變法仍同

第二百三十七款

設有任何平三角形其邊爲甲乙丙其對邊之角爲呷𠮙呐自任一角呐作呐叮與對邊爲垂線則分所對之底邊爲大小二分一爲𠮙叮一爲呷叮

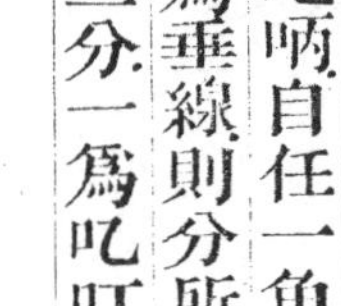

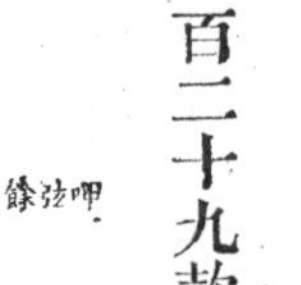

則依二百二十九款之理 $餘弦𠮙=\frac{𠮙呐}{𠮙叮}=\frac{甲}{𠮙叮}$ 所以得相等之式

$𠮙叮=甲餘弦𠮙$

$呷叮=乙餘弦呷$

而

$丙=呷𠮙=𠮙叮⊥呷叮=甲餘弦𠮙⊥乙餘弦呷$

由此得三角形之一箇公理如後

凡任何平三角形任取其兩邊與本邊及餘一邊所成之角之餘弦相乘則其兩積之和等于其餘一邊

此理與下三式為三角八線之根本：

餘弦二呷丄正弦二呷=一

餘弦(周丅呷)=丅餘弦呷

正弦(周丅呷)=正弦呷

由以上之理得相等之各式如左：

(壹)

甲=乙餘弦呐丄丙餘弦𠮙 (一)

乙=甲餘弦呐丄丙餘弦呷 (二)

丙=甲餘弦𠮙丄乙餘弦呷 (三)

從(一)式得

甲餘弦呐=乙餘弦二呐丄丙餘弦𠮙餘弦呐

甲餘弦𠮙=乙餘弦𠮙餘弦呐丄丙餘弦二𠮙

移項得

乙餘弦二呐=甲餘弦呐丅丙餘弦𠮙餘弦呐 (上)

丙餘弦二𠮙=甲餘弦𠮙丅乙餘弦𠮙餘弦呐 (下)

將此兩式中之(上)式與(壹)幅之(二)式相較，又以其(下)式與(壹)幅之(三)式相較，而又於所得之式內以正弦二呐代其一丅餘弦二呐，而以正弦二𠮙代其一丅餘弦二𠮙，則得

乙正弦二呐=丙(餘弦呷丄餘弦𠮙餘弦呐)

丙正弦二𠮙=乙(餘弦呷丄餘弦𠮙餘弦呐)

將兩式之左右各相乘而去其公倍數則得式如左：

正弦二𠮙正弦二呐=(餘弦呷丄餘弦𠮙餘弦呐)二

兩邊各開平方得

正弦𠮙正弦呐=(餘弦呷丄餘弦𠮙餘弦呐)

又因凡三角形之角與其邊本不相關，故可易其角得

(貳)

餘弦呷=丅餘弦𠮙餘弦呐丄正弦𠮙正弦呐 (一)

餘弦𠮙=丅餘弦呷餘弦呐丄正弦呷正弦呐 (二)

餘弦呐=丅餘弦呷餘弦𠮙丄正弦呷正弦𠮙 (三)

再從(貳)幅之(一)式得

餘弦呷餘弦呐=丅餘弦𠮙餘弦二呐丄正弦𠮙正弦呐餘弦呐

由此以移法得

餘弦𠮙餘弦呐=丅餘弦呷餘弦呐丄正弦二𠮙正弦呐餘弦呐

將此式與(貳)幅之(二)式相較則其所得之式為

得㊂幅之各式如左.

餘弦乙(一┬餘弦丙)=正弦丙(正弦甲┬正弦乙 餘弦丙)

此式中若以 正弦丙 代其 一┬餘弦丙 而以 正弦丙 約之得

餘弦乙 正弦丙=正弦甲┬正弦乙 餘弦丙

由此

得

㊂

正弦甲=正弦乙 餘弦丙⊥餘弦乙 正弦丙 (一)

正弦乙=正弦甲 餘弦丙⊥餘弦甲 正弦丙 (二)

正弦丙=正弦甲 餘弦乙⊥餘弦甲 正弦乙 (三)

如令 甲⊥乙⊥丙 等于兩箇正角之和,即 甲⊥乙⊥丙=周 則 甲⊥乙=周┬丙.

所以

正弦(甲⊥乙)=正弦丙.

餘弦(甲⊥乙)=┬餘弦丙.

由此兩式與㊁㊂兩幅之㊂式

第二百三十八款 以上所得甲乙丙三角形之理,全憑其底旁之兩角.所以知兩角之和必小于兩箇正角,即兩角之和弧,必少于平圓之半周.此例無論其兩角之大小如何,必合于理.

得

餘弦(甲⊥乙)=餘弦甲 餘弦乙┬正弦甲 正弦乙

正弦(甲⊥乙)=正弦甲 餘弦乙⊥餘弦甲 正弦乙

設令 甲·角·乙·亢 各爲大小兩弧.

角⊥甲=周

亢⊥乙=周

(角⊥亢)⊥(乙⊥甲)=二周

所以

甲=周┬角

乙=周┬亢

由此

餘弦甲=┬餘弦角

餘弦乙=┬餘弦亢

正弦甲=正弦角

正弦乙=正弦亢

惟依二百三十二款之理,則

可見

餘弦甲 餘弦乙┬正弦甲 正弦乙=餘弦角 餘弦亢┬正弦角 正弦亢

又

正弦甲 餘弦乙⊥餘弦甲 正弦乙=┬正弦角 餘弦亢┬餘弦角 正弦亢

故依二百三十二款之理,又得.

餘弦(角丄亢)＝餘弦(呷丄吃)＝餘弦呷 餘弦吃丅正弦呷 正弦吃.

正弦(角丄亢)＝丅正弦(呷丄吃)＝丅正弦呷 餘弦吃丅餘弦呷 正弦吃.

所以

餘弦(角丄亢)＝餘弦角 餘弦亢丅正弦角 正弦亢.

正弦(角丄亢)＝正弦角 餘弦亢丄餘弦角 正弦亢.

惟因 呷丄吃 小于周率. 而 呷丄吃丄角丄亢＝二周. 則 角丄亢 必大于平圓之半周。所以可見呷吃兩弧之和即小于平圓半周之弧，其正弦餘弦之式可與角亢兩弧之和即大于平圓半周小于全周之弧公用之.

再設 角角 為兩弧. 亢亢 另為兩弧而能令

角丅角＝二周.

亢丅亢＝二周.

所以

(角丄亢)丄(角丄亢)＝四周

則

角＝二周丅角.

亢＝二周丅亢.

故

餘弦角＝餘弦角.

餘弦亢＝餘弦亢.

正弦角＝丅正弦角.

正弦亢＝丅正弦亢.

而

餘弦(角丄亢)＝餘弦(角丄亢).

正弦(角丄亢)＝丅正弦(角丄亢).

由此式得

餘弦(角丄亢)＝餘弦角 餘弦亢丅正弦角 正弦亢.

正弦(角丄亢)＝正弦角 餘弦亢丄餘弦角 正弦亢.

又因 角丄亢 大于周率而小于二周. 所以 角丄亢 為大于二周小于三周之弧.

由是知依此推之若 呷 吃 為平圓之任何弧或大或小于一周或多周其式必合于理.

第二百三十九款

如于前款某式中以 呷乙 代其 呷. 以乙 代其 吃. 則式變為

餘弦甲＝餘弦乙 餘弦(甲乙)丅正弦乙 正弦(甲乙).

正弦甲＝正弦乙 餘弦(甲乙)丄餘弦乙 正弦(甲乙).

因欲省簡故令

吧＝餘弦(甲乙).

吽＝正弦(甲乙).

則以移法得

吧餘弦乙丅吽正弦乙＝餘弦甲.

吧正弦乙丅吽餘弦乙＝正弦甲.

此兩式若欲以平常之消法定其 吧 吽. 則可依七十

三款而得

吒餘弦^{二}乙丅咋正弦乙餘弦乙＝餘弦甲餘弦乙 ㊀

吒正弦^{二}乙丄咋正弦乙餘弦乙＝正弦甲正弦乙 ㊁

吒餘弦乙正弦乙丅咋正弦^{二}乙＝餘弦甲正弦乙 ㊂

吒餘弦乙正弦乙丄咋餘弦^{二}乙＝正弦甲餘弦乙 ㊃

若以㊀㊁兩式相加㊂㊃兩式相減而以一代其餘弦^{二}乙丄正弦^{二}乙則得式如左

吒＝餘弦(甲丅乙)＝餘弦甲餘弦乙丄正弦甲正弦乙

咋＝正弦(甲丅乙)＝正弦甲餘弦乙丅餘弦甲正弦乙

茲將本款及二百三十七款之各式聚爲(吒)幅以便于用

(吒)

餘弦(甲丄乙)＝餘弦甲餘弦乙丅正弦甲正弦乙 ㊀

餘弦(甲丅乙)＝餘弦甲餘弦乙丄正弦甲正弦乙 ㊁

正弦(甲丄乙)＝正弦甲餘弦乙丄餘弦甲正弦乙 ㊂

正弦(甲丅乙)＝正弦甲餘弦乙丅餘弦甲正弦乙 ㊃

此四式爲八線各理之根本

第二百四十款

若將以上各式相加減而變其形則得(丙)幅之式如左

(丙)

餘弦甲餘弦乙＝$\frac{一}{二}$餘弦(甲丅乙)丄$\frac{一}{二}$餘弦(甲丄乙) ㊀

正弦甲正弦乙＝$\frac{一}{二}$餘弦(甲丅乙)丅$\frac{一}{二}$餘弦(甲丄乙) ㊁

正弦甲餘弦乙＝$\frac{一}{二}$正弦(甲丄乙)丄$\frac{一}{二}$正弦(甲丅乙) ㊂

餘弦甲正弦乙＝$\frac{一}{二}$正弦(甲丄乙)丅$\frac{一}{二}$正弦(甲丅乙) ㊃

如令

甲丄乙＝呷

甲丅乙＝吒

則

甲＝$\frac{一}{二}$(呷丄吒)

乙＝$\frac{一}{二}$(呷丅吒)

將此甲丄乙、甲丅乙之四同數代入(丙)幅之各式而又以甲乙代其中之呷吒則(丙)幅之式變爲(丁)幅之式如左

(丁)

餘弦乙丄餘弦甲＝二餘弦$\frac{一}{二}$(甲丄乙)餘弦$\frac{一}{二}$(甲丅乙) ㊀

餘弦乙丅餘弦甲＝二正弦$\frac{一}{二}$(甲丄乙)正弦$\frac{一}{二}$(甲丅乙) ㊁

正弦甲丄正弦乙＝二正弦$\frac{一}{二}$(甲丄乙)餘弦$\frac{一}{二}$(甲丅乙) ㊂

正弦甲丅正弦乙＝二餘弦$\frac{一}{二}$(甲丄乙)正弦$\frac{一}{二}$(甲丅乙) ㊃

如于(丙)幅之各式中以呷卯代其甲

以 呷 代其乙，以 卯丅一 呷 代其 甲丅乙，以 卯丄一 呷 代其 甲丄乙，而其式中之呷又以甲代之，則得(口戊)幅之式如左。

(口戊)

二餘弦甲餘弦卯甲＝餘弦(卯丅一)甲丅餘弦(卯丄一)甲 (一)

二正弦甲正弦卯甲＝餘弦(卯丄一)甲丄餘弦(卯丅一)甲 (二)

二餘弦甲正弦卯甲＝正弦(卯丅一)甲丄正弦(卯丄一)甲 (三)

二正弦甲餘弦卯甲＝正弦(卯丄一)甲丅正弦(卯丅一)甲 (四)

第二百四十一款

再將(吃)幅之

正弦(甲丄乙)＝正弦甲餘弦乙丄餘弦甲正弦乙 (三)

餘弦(甲丄乙)＝餘弦甲餘弦乙丅正弦甲正弦乙 (一)

以(一)式約其(三)式得

$$\frac{\text{餘弦(甲丄乙)}}{\text{正弦(甲丄乙)}}=\frac{\text{餘弦甲餘弦乙丅正弦甲正弦乙}}{\text{正弦甲餘弦乙丄餘弦甲正弦乙}}=\frac{\text{一丅}\frac{\text{餘弦甲}}{\text{正弦甲}}\times\frac{\text{餘弦乙}}{\text{正弦乙}}}{\frac{\text{餘弦甲}}{\text{正弦甲}}\text{丄}\frac{\text{餘弦乙}}{\text{正弦乙}}}$$

惟因 $\text{正切甲}=\frac{\text{餘弦甲}}{\text{正弦甲}}$，所以得

$$\text{正切(甲丄乙)}=\frac{\text{一丅正切甲正切乙}}{\text{正切甲丄正切乙}}$$

又以同法從 正弦(甲丅乙)、餘弦(甲丅乙) 求 正切(甲丅乙) 之式，則得(吧)幅如下。

(吧)

$$\text{正切(甲丄乙)}=\frac{\text{一丅正切甲正切乙}}{\text{正切甲丄正切乙}}\quad(一)$$

$$\text{正切(甲丅乙)}=\frac{\text{一丄正切甲正切乙}}{\text{正切甲丅正切乙}}\quad(二)$$

第二百四十二款

從上款之 正切(甲丄乙)、正切(甲丅乙) 兩式可得和弧較弧之餘切與前式相似法于兩式中以 $\frac{\text{餘切(甲±乙)}}{一}$ 代其 正切(甲±乙)，以 $\frac{\text{餘切甲}}{一}$ 代其 正切甲，以 $\frac{\text{餘切乙}}{一}$ 代其 正切乙，則得(口庚)幅之式。

(口庚)

$$\text{餘切(甲丄乙)}=\frac{\text{丅餘切甲丄餘切乙}}{\text{一丅餘切甲餘切乙}}\quad(一)$$

$$\text{餘切(甲丅乙)}=\frac{\text{丅餘切甲丅餘切乙}}{\text{一丄餘切甲餘切乙}}\quad(二)$$

第二百四十三款

于（丙）幅之中得

$\text{二正弦甲正弦乙}=\text{餘弦}(\text{甲}\top\text{乙})\top\text{餘弦}(\text{甲}\perp\text{乙})$

$\text{二餘弦甲餘弦乙}=\text{餘弦}(\text{甲}\top\text{乙})\perp\text{餘弦}(\text{甲}\perp\text{乙})$

所以得

$$\frac{\text{餘弦甲餘弦乙}}{\text{正弦甲正弦乙}}=\frac{\text{餘弦}(\text{甲}\top\text{乙})\perp\text{餘弦}(\text{甲}\perp\text{乙})}{\text{餘弦}(\text{甲}\top\text{乙})\top\text{餘弦}(\text{甲}\perp\text{乙})}$$

由此得相似式

$\frac{\text{餘弦甲}\ \text{正弦乙}}{\text{正弦甲}\ \text{餘弦乙}}$，$\frac{\text{正弦甲}\ \text{餘弦乙}}{\text{餘弦甲}\ \text{正弦乙}}$，$\frac{\text{正弦甲}\ \text{正弦乙}}{\text{餘弦甲}\ \text{餘弦乙}}$

之各同數又以正切甲代其$\frac{\text{餘弦甲}}{\text{正弦甲}}$以$\text{餘切甲}$代其$\frac{\text{正弦甲}}{\text{餘弦甲}}$等等則得（啐）幅之式如左

第二百四十四款

（啐）

$$\text{正切甲正切乙}=\frac{\text{餘弦}(\text{甲}\top\text{乙})\perp\text{餘弦}(\text{甲}\perp\text{乙})}{\text{餘弦}(\text{甲}\top\text{乙})\top\text{餘弦}(\text{甲}\perp\text{乙})} \quad (一)$$

$$\text{正切甲餘切乙}=\frac{\text{正弦}(\text{甲}\perp\text{乙})\top\text{正弦}(\text{甲}\top\text{乙})}{\text{正弦}(\text{甲}\perp\text{乙})\perp\text{正弦}(\text{甲}\top\text{乙})} \quad (二)$$

$$\text{餘切甲正切乙}=\frac{\text{正弦}(\text{甲}\perp\text{乙})\perp\text{正弦}(\text{甲}\top\text{乙})}{\text{正弦}(\text{甲}\perp\text{乙})\top\text{正弦}(\text{甲}\top\text{乙})} \quad (三)$$

$$\text{餘切甲餘切乙}=\frac{\text{餘弦}(\text{甲}\top\text{乙})\top\text{餘弦}(\text{甲}\perp\text{乙})}{\text{餘弦}(\text{甲}\top\text{乙})\perp\text{餘弦}(\text{甲}\perp\text{乙})} \quad (四)$$

前于（吃）幅中已得

$\text{正弦甲餘弦乙}\perp\text{餘弦甲正弦乙}=\text{正弦}(\text{甲}\perp\text{乙})$

所以得

$$\frac{\text{餘弦甲}}{\text{正弦甲}}\perp\frac{\text{餘弦乙}}{\text{正弦乙}}=\frac{\text{餘弦甲}\ \text{餘弦乙}}{\text{正弦}(\text{甲}\perp\text{乙})}$$

仿此變化之法求得各式又以正切餘切代其同數則可得（吁）幅之式如左

第二百四十五款

（子）

$$\text{正切甲}\perp\text{正切乙}=\frac{\text{餘弦甲餘弦乙}}{\text{正弦}(\text{甲}\perp\text{乙})} \quad (一)$$

$$\text{正切甲}\top\text{正切乙}=\frac{\text{餘弦甲餘弦乙}}{\text{正弦}(\text{甲}\top\text{乙})} \quad (二)$$

$$\text{餘切甲}\perp\text{餘切乙}=\frac{\text{正弦甲正弦乙}}{\text{正弦}(\text{甲}\perp\text{乙})} \quad (三)$$

$$\text{餘切甲}\top\text{餘切乙}=\frac{\text{正弦甲正弦乙}}{\text{正弦}(\text{甲}\top\text{乙})} \quad (四)$$

$$\text{正切甲}\perp\text{餘切乙}=\frac{\text{餘弦甲正弦乙}}{\text{餘弦}(\text{甲}\top\text{乙})} \quad (五)$$

$$\text{餘切甲}\top\text{正切乙}=\frac{\text{正弦甲餘弦乙}}{\text{餘弦}(\text{甲}\perp\text{乙})} \quad (六)$$

前于吋幅中已得

正弦甲⊥正弦乙＝二正弦$\frac{1}{2}$(甲⊥乙)餘弦$\frac{1}{2}$(甲⊤乙)

正弦甲⊤正弦乙＝二餘弦$\frac{1}{2}$(甲⊥乙)正弦$\frac{1}{2}$(甲⊤乙)

將此兩式相加減，又準吃幅三式之理變之，則易見

二正弦$\frac{1}{2}$(甲⊥乙)餘弦$\frac{1}{2}$(甲⊥乙)＝正弦[$\frac{1}{2}$(甲⊥乙)⊥$\frac{1}{2}$(甲⊥乙)]

＝正弦(甲⊥乙)

又

二正弦$\frac{1}{2}$(甲⊤乙)餘弦$\frac{1}{2}$(甲⊤乙)＝正弦[$\frac{1}{2}$(甲⊤乙)⊥$\frac{1}{2}$(甲⊤乙)]

＝正弦(甲⊤乙)

故可變得

(正弦甲⊥正弦乙)(正弦甲⊤正弦乙)＝正弦(甲⊥乙)正弦(甲⊤乙)

如以 $\frac{九〇}{}$⊤甲 代其甲，則變爲

(餘弦甲⊥正弦乙)(餘弦甲⊤正弦乙)＝餘弦(甲⊥乙)餘弦(甲⊤乙)

用簡法寫之，則爲丑幅之式如左。

第二百四十六款

丑

正弦甲⊤正弦乙＝正弦(甲⊥乙)正弦(甲⊤乙)　（一）

餘弦甲⊤正弦乙＝餘弦(甲⊥乙)餘弦(甲⊤乙)　（二）

前于吋幅中已得

正弦甲⊥正弦乙＝二正弦$\frac{1}{2}$(甲⊥乙)餘弦$\frac{1}{2}$(甲⊤乙)

正弦甲⊤正弦乙＝二餘弦$\frac{1}{2}$(甲⊥乙)正弦$\frac{1}{2}$(甲⊤乙)

以其下式約其上式，而又以 $\frac{餘弦\frac{1}{2}(甲⊥乙)}{正弦\frac{1}{2}(甲⊥乙)}$ 代其 正切$\frac{1}{2}$(甲⊥乙)，則可變得

$\frac{正弦甲⊥正弦乙}{正弦甲⊤正弦乙}$＝$\frac{正切\frac{1}{2}(甲⊥乙)}{正切\frac{1}{2}(甲⊤乙)}$

又以同法從吋幅更得

五箇式聚之爲寅幅之式如左

寅

$\frac{\text{正弦甲}\,丅\,\text{正弦乙}}{\text{正弦甲}\,丄\,\text{正弦乙}}=\frac{\text{正切}\frac{1}{2}(\text{甲}丅\text{乙})}{\text{正切}\frac{1}{2}(\text{甲}丄\text{乙})}$ (一)

$\frac{\text{餘弦甲}\,丄\,\text{餘弦乙}}{\text{正弦甲}\,丄\,\text{正弦乙}}=\text{正切}\frac{1}{2}(\text{甲}丄\text{乙})$ (二)

$\frac{\text{餘弦乙}\,丅\,\text{餘弦甲}}{\text{正弦甲}\,丄\,\text{正弦乙}}=\text{餘切}\frac{1}{2}(\text{甲}丅\text{乙})$ (三)

$\frac{\text{餘弦甲}\,丄\,\text{餘弦乙}}{\text{正弦甲}\,丅\,\text{正弦乙}}=\text{正切}\frac{1}{2}(\text{甲}丅\text{乙})$ (四)

$\frac{\text{餘弦乙}\,丅\,\text{餘弦甲}}{\text{正弦甲}\,丅\,\text{正弦乙}}=\text{餘切}\frac{1}{2}(\text{甲}丄\text{乙})$ (五)

$\frac{\text{餘弦乙}\,丅\,\text{餘弦甲}}{\text{餘弦乙}\,丄\,\text{餘弦甲}}=\frac{\text{正切}\frac{1}{2}(\text{甲}丄\text{乙})}{\text{餘切}\frac{1}{2}(\text{甲}丅\text{乙})}$ (六)

第二百四十七款

準子幅四式得

$\frac{\text{正弦甲}\ \text{正弦乙}}{\text{正弦}(\text{甲}丅\text{乙})}=\text{餘切甲}\,丅\,\text{餘切乙}$

$\frac{\text{正弦乙}\ \text{正弦丙}}{\text{正弦}(\text{乙}丅\text{丙})}=\text{餘切乙}\,丅\,\text{餘切丙}$

$\frac{\text{正弦丙}\ \text{正弦甲}}{\text{正弦}(\text{丙}丅\text{甲})}=\text{餘切丙}\,丅\,\text{餘切甲}$

相加得

$\frac{\text{正弦甲}\ \text{正弦乙}}{\text{正弦}(\text{甲}丅\text{乙})}\,丄\,\frac{\text{正弦乙}\ \text{正弦丙}}{\text{正弦}(\text{乙}丅\text{丙})}\,丄\,\frac{\text{正弦丙}\ \text{正弦甲}}{\text{正弦}(\text{丙}丅\text{甲})}=〇$

又從子

幅二式以同法得

$\frac{\text{餘弦甲}\ \text{餘弦乙}}{\text{正弦}(\text{甲}丅\text{乙})}\,丄\,\frac{\text{餘弦乙}\ \text{餘弦丙}}{\text{正弦}(\text{乙}丅\text{丙})}\,丄\,\frac{\text{餘弦丙}\ \text{餘弦甲}}{\text{正弦}(\text{丙}丅\text{甲})}=〇$

則可用常法化去其分母又

知 $\text{正弦}(\text{丙}丅\text{甲})=丅\text{正弦}(\text{甲}丅\text{丙})$

所以得卯幅之式如左

卯

$\text{正弦乙}\,\text{正弦}(\text{甲}丅\text{丙})=\text{正弦丙}\,\text{正弦}(\text{甲}丅\text{乙})\,丄\,\text{正弦甲}\,\text{正弦}(\text{乙}丅\text{丙})$ (一)

$\text{餘弦乙}\,\text{正弦}(\text{甲}丅\text{丙})=\text{餘弦丙}\,\text{正弦}(\text{甲}丅\text{乙})\,丄\,\text{餘弦甲}\,\text{正弦}(\text{乙}丅\text{丙})$ (二)

此兩式無論甲乙丙三弧如何大小皆合

于理故可由此二式化得無數相似之式

第二百四十八款

若于 $\text{餘弦}(\text{甲}+\text{乙})$ 之式中令 $\text{甲}=\text{乙}$ 則變得

$$\text{餘弦二甲}=\text{餘弦}^{\text{二}}\text{甲}-\text{正弦}^{\text{二}}\text{甲}$$

又因

$$\text{餘弦}^{\text{二}}\text{甲}=\text{一}-\text{正弦}^{\text{二}}\text{甲}$$

$$\text{正弦}^{\text{二}}\text{甲}=\text{一}-\text{餘弦}^{\text{二}}\text{甲}$$

所以又得

$$\text{餘弦二甲}=\text{一}-\text{二正弦}^{\text{二}}\text{甲}=\text{二餘弦}^{\text{二}}\text{甲}-\text{一}$$

故令 $\text{乙}=\text{甲}$ 則可從

$\text{正弦}(\text{甲}+\text{乙})$

$\text{正切}(\text{甲}+\text{乙})$

$\text{餘切}(\text{甲}+\text{乙})$

三箇式中得他式爲本弧與倍弧之正弦餘弦正切餘切之各相等式因其爲常用之式故列爲(辰)幅如左

(辰)

(一) $\text{餘弦二甲}=\text{餘弦}^{\text{二}}\text{甲}-\text{正弦}^{\text{二}}\text{甲}=\text{二餘弦}^{\text{二}}\text{甲}-\text{一}=\text{一}-\text{二正弦}^{\text{二}}\text{甲}$

(二) $\text{正弦二甲}=\text{二正弦甲餘弦甲}$

(三) $\text{正切二甲}=\dfrac{\text{二正切甲}}{\text{一}-\text{正切}^{\text{二}}\text{甲}}=\dfrac{\text{二}}{\text{餘切甲}-\text{正切甲}}$

(四) $\text{餘切二甲}=\dfrac{\text{一}}{\text{二}}(\text{餘切甲}-\text{正切甲})$

第二百四十九款

由以上之說則半弧之正弦餘弦可以全弧之正弦明之

準

$$\text{餘弦}^{\text{二}}\tfrac{\text{一}}{\text{二}}\text{甲}+\text{正弦}^{\text{二}}\tfrac{\text{一}}{\text{二}}\text{甲}=\text{一}$$

及

$$\text{二餘弦}\tfrac{\text{一}}{\text{二}}\text{甲正弦}\tfrac{\text{一}}{\text{二}}\text{甲}=\text{正弦甲}$$

即得

$$\text{餘弦}^{\text{二}}\tfrac{\text{一}}{\text{二}}\text{甲}+\text{二餘弦}\tfrac{\text{一}}{\text{二}}\text{甲正弦}\tfrac{\text{一}}{\text{二}}\text{甲}+\text{正弦}^{\text{二}}\tfrac{\text{一}}{\text{二}}\text{甲}=\text{一}+\text{正弦甲}$$

$$\text{餘弦}^{\text{二}}\tfrac{\text{一}}{\text{二}}\text{甲}-\text{二餘弦}\tfrac{\text{一}}{\text{二}}\text{甲正弦}\tfrac{\text{一}}{\text{二}}\text{甲}+\text{正弦}^{\text{二}}\tfrac{\text{一}}{\text{二}}\text{甲}=\text{一}-\text{正弦甲}$$

各開平方得

$$\text{餘弦}\tfrac{\text{一}}{\text{二}}\text{甲}+\text{正弦}\tfrac{\text{一}}{\text{二}}\text{甲}=\sqrt{\text{一}+\text{正弦甲}}$$

$$\text{餘弦}\tfrac{\text{一}}{\text{二}}\text{甲}-\text{正弦}\tfrac{\text{一}}{\text{二}}\text{甲}=\sqrt{\text{一}-\text{正弦甲}}$$

兩式相加減得

$$\text{餘弦}\tfrac{\text{一}}{\text{二}}\text{甲}=\tfrac{\text{一}}{\text{二}}\left[\sqrt{\text{一}+\text{正弦甲}}+\sqrt{\text{一}-\text{正弦甲}}\right]$$

$$\text{正弦}\tfrac{\text{一}}{\text{二}}\text{甲}=\tfrac{\text{一}}{\text{二}}\left[\sqrt{\text{一}+\text{正弦甲}}-\sqrt{\text{一}-\text{正弦甲}}\right]$$

又因

$$\text{正弦甲}=\text{二正弦}\tfrac{\text{一}}{\text{二}}\text{甲餘弦}\tfrac{\text{一}}{\text{二}}\text{甲}$$

所以

$$\text{正弦甲}=\frac{\text{餘弦}\tfrac{\text{一}}{\text{二}}\text{甲}}{\text{正弦}\tfrac{\text{一}}{\text{二}}\text{甲}}\times\text{二餘弦}^{\text{二}}\tfrac{\text{一}}{\text{二}}\text{甲}$$

惟

$$\frac{\text{餘弦}\tfrac{\text{一}}{\text{二}}\text{甲}}{\text{正弦}\tfrac{\text{一}}{\text{二}}\text{甲}}=\text{正切}\tfrac{\text{一}}{\text{二}}\text{甲}$$

又依(辰)幅(一)式得

$$\text{二餘弦}^{\text{二}}\tfrac{\text{一}}{\text{二}}\text{甲}=\text{一}+\text{餘弦甲}$$

所以

$$\text{正弦甲}=\text{正切}\tfrac{\text{一}}{\text{二}}\text{甲}(\text{一}+\text{餘弦甲})$$

$$\text{正切}\tfrac{\text{一}}{\text{二}}\text{甲}=\frac{\text{一}+\text{餘弦甲}}{\text{正弦甲}}=\frac{\text{正弦甲}}{\text{一}-\text{餘弦甲}}$$

$$\text{餘切}\tfrac{\text{一}}{\text{二}}\text{甲}=\frac{\text{正弦甲}}{\text{一}+\text{餘弦甲}}=\frac{\text{一}-\text{餘弦甲}}{\text{正弦甲}}$$

又因

$$\frac{\text{正弦甲}}{\text{一}-\text{餘弦甲}}=\frac{\text{正弦甲}}{\text{一}}-\frac{\text{正弦甲}}{\text{餘弦甲}}=\text{餘割甲}-\text{餘切甲}$$

$$\frac{\text{正弦甲}}{\text{一}+\text{餘弦甲}}=\frac{\text{正弦甲}}{\text{一}}+\frac{\text{正弦甲}}{\text{餘弦甲}}=\text{餘割甲}+\text{餘切甲}$$

所以

正切$\frac{一}{二}$甲＝餘割甲⊤餘切甲

餘切$\frac{一}{二}$甲＝餘割甲⊥餘切甲

本款所得之各式可以聚之爲㊁幅如左

㊁

餘弦$\frac{一}{二}$甲＝$\sqrt{\frac{二}{一⊥餘弦甲}}$＝$\frac{一}{二}$[$\sqrt{一⊥正弦甲}$⊥$\sqrt{一⊤正弦甲}$] ㊀

正弦$\frac{一}{二}$甲＝$\sqrt{\frac{二}{一⊤餘弦甲}}$＝$\frac{一}{二}$[$\sqrt{一⊥正弦甲}$⊤$\sqrt{一⊤正弦甲}$] ㊁

正切$\frac{一}{二}$甲＝$\frac{一⊥餘弦甲}{正弦甲}$＝餘割甲⊤餘切甲 ㊂

餘切$\frac{一}{二}$甲＝$\frac{一⊤餘弦甲}{正弦甲}$＝餘割甲⊥餘切甲 ㊃

第二百五十款 茲欲憑以上各款之理得任何倍弧之正餘弦之式

從㊀幅㊀式得

餘弦(卯⊥一)甲＝二餘弦甲餘弦卯甲⊤餘弦(卯⊤一)甲

以天代其餘弦甲則

餘弦甲＝天

餘弦二甲＝二天餘弦甲⊤餘弦〇甲

餘弦三甲＝二天餘弦二甲⊤餘弦甲

餘弦四甲＝二天餘弦三甲⊤餘弦二甲

……

此各式中餘弦甲、餘弦二甲等類之同數若以天之各方明之則得㊄幅之式如左

㊄

餘弦甲＝天

餘弦二甲＝二$天^{二}$⊤一

餘弦三甲＝四$天^{三}$⊤三天

餘弦四甲＝八$天^{四}$⊤八$天^{二}$⊥一

餘弦五甲＝一六$天^{五}$⊤二〇$天^{三}$⊥五天

餘弦六甲＝三二$天^{六}$⊤四八$天^{四}$⊥一八$天^{二}$⊤一

餘弦七甲＝六四$天^{七}$⊤一一二$天^{五}$⊥五六$天^{三}$⊤七天

……

總言之其級

數之法爲

第二百五十一款

二餘弦卯甲＝$(二天)^{卯}$⊤卯$(二天)^{卯⊤二}$⊥$\frac{一·二}{卯(卯⊤三)}$$(二天)^{卯⊤四}$⊤$\frac{一·二·三}{卯(卯⊤四)(卯⊤五)}$$(二天)^{卯⊤六}$⊥……

由㊇幅之㊂式得

$正弦(卯丄一)甲＝二餘弦甲正弦卯甲丅正弦(卯丅一)甲$

此式中若令天代其甲之餘弦，地代其甲之正弦，則得

$正弦甲＝地$

$正弦二甲＝二天正弦甲丅正弦〇甲$

$正弦三甲＝二天正弦二甲丅正弦甲$

$正弦四甲＝二天正弦三甲丅正弦二甲$

……

所以從以上各式得㊀幅之式如左

㊀

$正弦甲＝地$

$正弦二甲＝二地天$

$正弦三甲＝地(四天^{二}丅一)$

$正弦四甲＝地(八天^{三}丅四天)$

$正弦五甲＝地(一六天^{四}丅一二天^{二}丄一)$

$正弦六甲＝地(三二天^{五}丅\cdot二天^{三}丄六天)$

$正弦七甲＝地(六四天^{六}丅八〇天^{四}丄二四天^{二}丅一)$

……

級數之法爲

$正弦卯甲＝地\left[(二天)^{卯丅一}丅(卯丅二)(二天)^{卯丅三}丄\frac{一\cdot二}{(卯丅三)(卯丅四)}(二天)^{卯丅五}丅\frac{一\cdot二\cdot三}{(卯丅四)(卯丅五)(卯丅六)}(二天)^{卯丅七}丄\cdots\cdots\right]$

第二百五十二款　以上所得任幾倍弧之正餘弦之級數，皆以本弧之正餘弦之各方自大而小列之，惟另可求得他種級數，使正餘弦之各方變爲自小而大列之。此法必辨別其弧之倍數爲奇爲偶。

設卯爲奇數，則可由㊅幅而得㊉幅之式如左

㊉

$餘弦甲＝天$

$餘弦三甲＝丅(三天丅四天^{三})$

$餘弦五甲＝五天丅二〇天^{三}丄一六天^{五}$

……

總言之其級數之法爲

$餘弦卯甲＝\frac{丄}{丅}\left[卯天丄\frac{二\cdot三}{卯(卯丅一)}天^{三}丄\frac{二\cdot三\cdot四\cdot五}{卯(卯丅一)(卯丅九)}天^{五}丅\cdots\cdots\right]$

觀此式可知凡遇卯爲一·五九等類之數，即其卯有四對一之形，則必用正號；若

其卯爲三七十一等類之數卽其卯有四寅丄三之形則必用負號.

設卯爲偶數則可得(二申)幅之式(二申)

餘弦二甲＝丅(一丅二天²)

餘弦四甲＝丄一丅八天²丄八天⁴

餘弦六甲＝丅(一丅一八天²丄四八天⁴丅三二天⁶)

總言之其級數之法爲

餘弦卯甲＝丄|丄一丅(二/二卯)天²丄(二·三·四/卯(卯丅四))天⁴丅(二·三·四·五·六/卯(卯丅四)(卯丅六))天⁶丄……|

此式若其卯有四寅丄二之形則用負號若其卯有四寅之形則用正號.

第二百五十三款 欲如前款之例求其正弦之式則可由(未)幅而得(酉)幅(二酉)幅之式如左.

(酉)

正弦甲＝地.

正弦三甲＝丅地(一丅四天²)

正弦五甲＝地(一丅一二天²丄一六天⁴)

……

總言之其級數之法爲

正弦卯甲＝丄地[一丅(二/卯丅一)天²丄(二·三·四/(卯丅一)(卯丅九))天⁴丅(二·三·四·五·六/(卯丅一)(卯丅九)(卯丅二五))天⁶丄……]

此式卯若有四寅丄一之形則用正號若有四寅丄三之形則用負號.

(二酉)

正弦二甲＝二天地.

正弦四甲＝丅地(四天丅八天³)

正弦六甲＝地(六天丅三二天³丄三二天⁵)

……

總言之其級數之法爲

正弦卯甲＝丄地[卯天丅(二·三/卯(卯丅四))天³丄(二·三·四·五/卯(卯丅四)(卯丅一六))天⁵丅……]

此式卯若有四卯丄二之形則用正號有四卯之形則用負號.

第二百五十四款　惟因$天^{二}=一-地^{二}$故可由㊉幅而得㊁幅(亥)、(二亥)幅之式如左

(亥)

$餘弦甲=天$

$餘弦三甲=天(一-四地^{二})$

$餘弦五甲=天(一-一二地^{二}+一六地^{四})$

……

總言之其級數之法爲

$$餘弦卯甲=天\left[一-\frac{卯^{二}-一}{二}地^{二}+\frac{(卯^{二}-一)(卯^{二}-九)}{二·三·四}地^{四}-\frac{(卯^{二}-一)(卯^{二}-九)(卯^{二}-二五)}{二·三·四·五·六}地^{六}+……\right]$$

此式之卯皆爲奇數

如卯爲偶數則爲(二亥)幅之式

(二亥)

$餘弦二甲=一-二地^{二}$

$餘弦四甲=一-八地^{二}+八地^{四}$

$餘弦六甲=一-一八地^{二}+四八地^{四}-三二地^{六}$

……

總言之其級數之法爲

$$餘弦卯甲=一-\frac{卯^{二}}{二}地^{二}+\frac{卯^{二}(卯^{二}-四)}{二·三·四}地^{四}-\frac{卯^{二}(卯^{二}-四)(卯^{二}-一六)}{二·三·四·五·六}地^{六}+……$$

第二百五十五款　又以同法得正弦之式爲(天)、(二天)兩幅如左

(天)

$正弦甲=地$

$正弦三甲=三地-四地^{三}$

$正弦五甲=五地-二〇地^{三}+一六地^{五}$

……

其級數之法爲

$$正弦卯甲=卯地\left[一-\frac{卯^{二}-一}{二·三}地^{二}+\frac{(卯^{二}-一)(卯^{二}-九)}{二·三·四·五}地^{四}-……\right]$$

其卯爲奇

第二百五十六款

(二天)

$正弦二甲=二天地$

$正弦四甲=天(四地-八地^{三})$

$正弦六甲=天(六地-三二地^{三}+三二地^{五})$

……

其級數之法爲

$$正弦卯甲=天\left[卯地-\frac{卯(卯^{二}-四)}{二·三}地^{三}+\frac{卯(卯^{二}-四)(卯^{二}-一六)}{二·三·四·五}地^{五}-……\right]$$

其卯爲偶

以上所有㊀午㊀未㊀亥㊀天四幅之式爲算學士費依達所定之法惟費依達設此各法但爲弧之通弦式今則改爲正弦式

如于此四幅令

$通弦甲=二正弦\frac{甲}{二}$

$通弦(周\top甲)=通弦外角甲=二餘弦\frac{甲}{二}$

則可變爲費依達之原式蓋費依達初設此式之時不過指出某倍弧之正餘弦可以彼此互求然亦未言其級數之總法

迨一千七百〇一年有卜奴里者設一公式爲弧背之

通弦式其式與㊀未幅同然當時未有人證之至一千七百〇二年卜奴里又設兩式亦爲弧之通弦其式與㊀亥幅及㊀天幅同惟其第二式奈端已早有此法此書中所錄㊀午㊀未㊀天㊀亥四幅公式爲尤拉所輯拉果闌諸之書中言曾用其自己之算法證此各式知其不誤其算法與微分術相同

第二百五十七款

如將㊀吧幅之㊀一式

$$正切(甲\bot乙)=\frac{正切甲\bot正切乙}{一\top正切甲正切乙}$$

內令 $乙=卯甲$ 而變其式則上式可變爲

$$正切(卯\bot一)甲=\frac{正切卯甲\bot正切甲}{一\top正切卯甲正切甲}$$

再令

$正切甲=酉$

$卯=一,二,三……$

又令 正切卯甲 在 正切(卯⊥一)甲 中代其同數則得㊀地幅之式如左

㊀地

$正切甲=酉$

$$正切二甲=\frac{二酉}{一\top酉^{二}}$$

$$正切三甲=\frac{三酉\top酉^{三}}{一\top三酉^{二}}$$

$$正切四甲=\frac{四酉\top四酉^{三}}{一\top六酉^{二}\bot酉^{四}}$$

$$正切五甲=\frac{五酉\top一〇酉^{三}\bot酉^{五}}{一\top一〇酉^{二}\bot五酉^{四}}$$

……

如令

$角=\frac{卯}{一}$

$亢=\frac{卯(卯\top一)}{一\cdot二}$

$氐=\frac{卯(卯\top一)(卯\top二)}{一\cdot二\cdot三}$

$房=\frac{卯(卯\top一)(卯\top二)(卯\top三)}{一\cdot二\cdot三\cdot四}$

……

則用角亢氐房心尾等字代一箇二項式自乘至卯方之第二三四等項之倍數即可得其級數之公式

$$正切卯甲=\frac{角酉\top氐酉^{三}\bot心酉^{五}\top……}{一\top亢酉^{二}\bot房酉^{四}\top……}$$

此爲一千七百二十二年間卜奴里所設之式

第二百五十八款

今欲論正弦餘弦之各種整方之式此款中先攷餘弦之各方式

從戊幅之(一)式中令 卯＝一 得 二餘弦甲＝餘弦二甲⊥一 兩邊各以 二餘弦甲 乘之得 四餘弦^{2}甲＝二餘弦甲餘弦二甲⊥二餘弦甲 惟依戊幅又得 二餘弦甲餘弦二甲＝餘弦三甲⊥餘弦甲 所以 四餘弦^{3}甲＝餘弦三甲⊥三餘弦甲 將此式之兩邊各以 二餘弦甲 乘之則又得 八餘弦^{4}甲＝二餘弦甲餘弦三甲⊥六餘弦甲餘弦甲 惟因 二餘弦甲餘弦三甲＝餘弦四甲⊥餘弦二甲 而 六餘弦甲餘弦甲＝三餘弦二甲⊥三 所以 八餘弦^{4}甲＝餘弦四甲⊥四餘弦二甲⊥三 又以同法將各新得式之兩邊俱以 二餘弦甲 乘之又令 餘弦(卯⊥一)甲⊥餘弦(卯⊤一)甲 代其 二餘弦甲餘弦卯甲 則可得餘弦之各方式皆以各倍弧之餘弦之倍數明之是爲(八)幅如左

(八)

餘弦甲＝餘弦甲

二餘弦^{2}甲＝餘弦二甲⊥一

四餘弦^{3}甲＝餘弦三甲⊥三餘弦甲

八餘弦^{4}甲＝餘弦四甲⊥四餘弦二甲⊥三

一六餘弦^{5}甲＝餘弦五甲⊥五餘弦三甲⊥一〇餘弦甲

三二餘弦^{6}甲＝餘弦六甲⊥六餘弦四甲⊥一五餘弦二甲⊥一〇

六四餘弦^{7}甲＝餘弦七甲⊥七餘弦五甲⊥二一餘弦三甲⊥三五餘弦甲

……

而以 二$^{卯⊤一}$餘弦^{卯}甲＝餘弦卯甲⊥$\frac{卯}{一}$餘弦(卯⊤二)甲⊥$\frac{卯(卯⊤一)}{一·二}$餘弦(卯⊤四)甲⊥$\frac{卯(卯⊤一)(卯⊤二)}{一·二·三}$餘弦(卯⊤六)甲⊥…… 爲其級數之總法惟其級數必作至一負號之弧爲止如卯爲偶數則必取末項倍數之半其末項者弧等于 $\frac{甲}{卯}$ 之項也

第二百五十九款　茲款攷正弦各方之式

從戊幅之(三)式得 二正弦^{2}甲＝⊤餘弦二甲⊥一 兩邊各以 二正弦甲 乘之得 四正弦^{3}甲＝⊤二正弦甲餘弦二甲⊥二正弦甲 惟依戊幅

之(四)式得

$$二正弦甲餘弦二甲=正弦三甲⊤正弦甲$$

所以

$$四正弦^{三}甲=⊤正弦三甲⊥三正弦甲$$

再將此式之兩邊又以 二正弦甲 乘之則得

$$八正弦^{四}甲=⊤二正弦甲正弦三甲⊥六正弦甲正弦甲$$

惟依(戊)幅(二)式

$$二正弦甲正弦三甲=⊤餘弦四甲⊥餘弦二甲$$

又

$$六正弦甲正弦甲=⊤三餘弦二甲⊥三$$

所以得

$$八正弦^{四}甲=餘弦四甲⊤四餘弦二甲⊥三$$

以此法推之得(甲二)幅如左

(甲二)

$$正弦甲=⊥正弦甲$$

$$二正弦^{二}甲=⊤餘弦二甲⊥一$$

$$四正弦^{三}甲=⊤正弦三甲⊥三正弦甲$$

$$八正弦^{四}甲=⊥餘弦四甲⊤四餘弦二甲⊥三$$

$$一六正弦^{五}甲=⊥正弦五甲⊤五正弦三甲⊥一〇正弦甲$$

$$三二正弦^{六}甲=⊤餘弦六甲⊥六餘弦四甲⊤一五餘弦二甲⊥一〇$$

$$六四正弦^{七}甲=⊥⊤正弦七甲⊥七正弦五甲⊤二一正弦三甲⊥三五正弦甲$$

……

總言之卯若爲奇數則其級數之公式爲

$$⊥⊤二^{卯⊤一}正弦^{卯}甲=正弦卯甲⊤\frac{一}{卯}正弦(卯⊤二)甲⊥\frac{一·二}{卯(卯⊤一)}正弦(卯⊤四)甲⊤\frac{一·二·三}{卯(卯⊤一)(卯⊤二)}正弦(卯⊤六)甲⊥……$$

此式之卯若爲一·五·九之類有 四寅⊥一 之形者則用正號如卯爲三·七·十一之類則用負號不然則級數之末項必爲 正弦甲 之倍數

其卯若爲偶則級數之公式爲

$$⊥⊤二^{卯⊤一}正弦^{卯}甲=餘弦卯甲⊤卯餘弦(卯⊤二)甲⊥\frac{一·二}{卯(卯⊤一)}餘弦(卯⊤四)甲⊤\frac{一·二·三}{卯(卯⊤一)(卯⊤二)}餘弦(卯⊤六)甲⊥……$$

此式之中若卯爲二·六·十之類而其 $\frac{二}{卯}$ 爲奇則用負號如其卯有 四寅 之形者則用正號惟其級數必作至得一項能有 餘弦(〇甲) 卽等于一之項則其倍數必以二約之

第二百六十款

凡其式有 正弦^卯甲 餘弦^寅甲 之形者，亦可依㈣幅之式變為甲弧正餘弦之各方。如

二餘弦甲正弦甲＝正弦二甲

四餘弦²甲正弦甲＝二餘弦甲正弦二甲

＝正弦三甲⊥正弦甲

四餘弦甲正弦²甲＝二正弦二甲正弦甲

＝⊤餘弦三甲⊥餘弦甲

又以同法得

八餘弦甲正弦³甲＝⊤正弦四甲⊥二正弦二甲

八餘弦²甲正弦²甲＝⊤餘弦四甲⊥一

八餘弦³甲正弦甲＝⊥正弦四甲⊥二正弦二甲

又可以同法得

一六餘弦甲正弦⁴甲＝餘弦五甲⊤三餘弦三甲⊥二餘弦甲

一六餘弦²甲正弦³甲＝⊤正弦五甲⊥正弦三甲⊥二正弦甲

一六餘弦³甲正弦²甲＝⊤餘弦五甲⊤餘弦三甲⊥二餘弦甲

一六餘弦⁴甲正弦甲＝正弦五甲⊥三正弦三甲⊥二正弦甲

興化劉彝程校算

代數術卷二十五

英國華里司輯

英國 傅蘭雅 口譯

金匱 華蘅芳 筆述

論八線數理

第二百六十一款

前于開方各式中曾論有川虛式之根號斤者，此式在攷八線數理中實有大用處。設甲為任何大小之弧，以天代其弧之餘弦，以地代其弧之正弦，如

餘弦甲＝天

正弦甲＝地

則依㈣幅之式變得兩式如左：

餘弦(卯⊥一)甲＝天餘弦卯甲⊤地正弦卯甲　(一)

正弦(卯⊥一)甲＝地餘弦卯甲⊥天正弦卯甲　(二)

令亥為一箇泛數（現在未定將來可定之數也），則其(二)式可變之為

亥正弦(卯⊥一)甲＝亥地餘弦卯甲⊥亥天正弦卯甲　(三)

以(一)式與(三)式兩者相加相減則得

餘弦(卯丄一)甲丄亥正弦(卯丄一)甲＝(天丄亥地)餘弦卯甲丄(天丅亥地)亥正弦卯甲

餘弦(卯丅一)甲丅亥正弦(卯丅一)甲＝(天丅亥地)餘弦卯甲丅(天丄亥地)亥正弦卯甲

設令亥²＝丅一則亥＝丌一卽亥＝丅亥⁻¹故變前式爲

餘弦(卯丄一)甲丄亥正弦(卯丄一)甲＝(天丄亥地)(餘弦卯甲丄亥正弦卯甲)

(甲)

餘弦(卯丅一)甲丅亥正弦(卯丅一)甲＝(天丅亥地)(餘弦卯甲丅亥正弦卯甲)

(乙)

如令卯＝〇，一，二，三……則從(甲)式得

餘弦甲丄亥正弦甲＝天丄亥地，

餘弦二甲丄亥正弦二甲＝(天丄亥地)²，

餘弦三甲丄亥正弦三甲＝(天丄亥地)³，

總言之如寅爲任何整數則

餘弦寅甲丄亥正弦寅甲＝(天丄亥地)^寅

(四)又從(乙)式得

餘弦甲丅亥正弦甲＝天丅亥地，

餘弦二甲丅亥正弦二甲＝(天丅亥地)²，

餘弦三甲丅亥正弦三甲＝(天丅亥地)³，

總言之

則得

餘弦寅甲丅亥正弦寅甲＝(天丅亥地)^寅

(五)再將(四)(五)兩式以天地亥所代之原數還之得(己二)幅之式如下

(己二)

餘弦卯甲丄丌一正弦卯甲＝(餘弦甲丄丌一正弦甲)^卯

餘弦卯甲丅丌一正弦卯甲＝(餘弦甲丅丌一正弦甲)^卯

攷得此兩式之法固以卯爲正整數然卯若爲分數或爲負數其理亦未嘗不合

惟因

餘弦甲丄丌一正弦甲＝(餘弦卯甲丄丌一正弦卯甲)^(一/卯)

＝(餘弦寅甲丄丌一正弦寅甲)^(一/寅)

所以將其式乘至寅方卽得

餘弦寅甲丄丌一正弦寅甲＝(餘弦卯甲丄丌一正弦卯甲)^(寅/卯)

再令

$卯甲＝甲$

$寅甲＝\frac{卯}{寅}甲$

則得

$$餘弦\frac{卯}{寅}甲⊥\sqrt{⊤一}正弦\frac{卯}{寅}甲＝(餘弦甲⊥\sqrt{⊤一}正弦甲)^{\frac{卯}{寅}}$$

又以同法證之可得

$$餘弦\frac{卯}{寅}甲⊤\sqrt{⊤一}正弦\frac{卯}{寅}甲＝(餘弦甲⊤\sqrt{⊤一}正弦甲)^{\frac{卯}{寅}}$$

由此可見㈡乙幅之式其卯無論為正數為負數無不合理。

又試將

$$\frac{餘弦卯甲⊥\sqrt{⊤一}正弦卯甲}{一}＝(餘弦甲⊥\sqrt{⊤一}正弦甲)^{⊤卯}$$

以 $餘弦卯甲⊤\sqrt{⊤一}正弦卯甲$ 通其左邊之母子則得

$$(餘弦卯甲⊥\sqrt{⊤一}正弦卯甲)(餘弦卯甲⊤\sqrt{⊤一}正弦卯甲)＝餘弦卯甲⊥正弦卯甲＝一$$

又因 $餘弦卯甲＝餘弦(⊤卯甲)$ 而

$⊤正弦卯甲＝正弦(⊤卯甲)$

故得

$$餘弦(⊤卯甲)⊥\sqrt{⊤一}正弦(⊤卯甲)＝(餘弦甲⊥\sqrt{⊤一}正弦甲)^{⊤卯}$$

又以同法證之可得

$$餘弦(⊤卯甲)⊤\sqrt{⊤一}正弦(⊤卯甲)＝(餘弦甲⊤\sqrt{⊤一}正弦甲)^{⊤卯}$$

所以知㈡乙幅之式其卯無論為正數為負數為整數為分數其式無不合理。又可用同法證其卯如為虛數（奇零不盡之數也）亦合于理。因虛數可以畧近之數明之故也。

第二百六十二款

前款㈡乙幅之式為算學士棣美弗于一千七百三十年間倣平圓及雙曲線之算式時所得。惟代數幾何之書中謂是尤拉所設之法。

試將㈡乙幅兩式之和與較變之則可得㈡丙幅之兩式。惟㈡丙幅之兩式實與第十一卷中所言迦但所設解三次式之根其法相同。

用然依代數幾何之法求之即可得幾何中最奧妙之理其理極深

丙二

$$餘弦卯甲=\frac{(餘弦甲\perp\sqrt{\top一}正弦甲)^{卯}\perp(餘弦甲\top\sqrt{\top一}正弦甲)^{卯}}{二}$$

$$正弦卯甲=\frac{(餘弦甲\perp\sqrt{\top一}正弦甲)^{卯}\top(餘弦甲\top\sqrt{\top一}正弦甲)^{卯}}{二\sqrt{\top一}}$$

此兩式雖未能徑為算學中之

代數術二十五 八線數理 六

第二百六十三款

用丙二幅之式能將任何弧之正餘弦徑求其任幾倍弧之正餘弦

如于丙二幅中令

$$天=餘弦甲$$

$$地=正弦甲$$

即得

$$餘弦卯甲=\frac{(天\perp\sqrt{\top一}地)^{卯}\perp(天\top\sqrt{\top一}地)^{卯}}{二}$$

$$正弦卯甲=\frac{(天\perp\sqrt{\top一}地)^{卯}\top(天\top\sqrt{\top一}地)^{卯}}{二\sqrt{\top一}}$$

惟依二項例之

法則

$$(天\perp\sqrt{\top一}地)^{卯}=天^{卯}\perp卯天^{卯\top一}地\sqrt{\top一}\top\frac{卯(卯\top一)}{一\cdot二}天^{卯\top二}地^{二}\top\frac{卯(卯\top一)(卯\top二)}{一\cdot二\cdot三}天^{卯\top三}地^{三}\sqrt{\top一}\perp\cdots\cdots$$

$$(天\top\sqrt{\top一}地)^{卯}=天^{卯}\top卯天^{卯\top一}地\sqrt{\top一}\top\frac{卯(卯\top一)}{一\cdot二}天^{卯\top二}地^{二}\perp\frac{卯(卯\top一)(卯\top二)}{一\cdot二\cdot三}天^{卯\top三}地^{三}\sqrt{\top一}\perp\cdots\cdots$$

如將兩式相加減而以$\sqrt{\top一}$約其減得之

代數術二十五 八線數理

式則得丁二幅之式如左

丁二

$$餘弦卯甲=天^{卯}\top\frac{卯(卯\top一)}{一\cdot二}天^{卯\top二}地^{二}\perp\frac{卯(卯\top一)(卯\top二)(卯\top三)}{一\cdot二\cdot三\cdot四}天^{卯\top四}地^{四}\top\cdots\cdots$$

$$正弦卯甲=\frac{卯}{一}天^{卯\top一}地\top\frac{卯(卯\top一)(卯\top二)}{一\cdot二\cdot三}天^{卯\top三}地^{三}\perp\frac{卯(卯\top一)(卯\top二)(卯\top三)(卯\top四)}{一\cdot二\cdot三\cdot四\cdot五}天^{卯\top五}地^{五}\top\cdots\cdots$$

此式中其卯若為正整數則其級數

可有盡界（言非無窮之級也）此為一千七百〇一年間卜奴里所設之式，惟其本書中未有證法。所可異者，卜奴里推得此兩式而未知有棣美弗之兩式，迨二十年之後，棣美弗始用卜奴里之式推得之。

如將

$正弦甲 = 正切甲\ 餘弦甲$

$正弦卯甲 = 正切卯甲\ 餘弦卯甲$

又以代法變之，乃以所得之第一式約其第二式而化之，即可得二百五十七款中所記之切線式。

第二百六十四款

又可用同法證任幾倍弧之正餘弦，自（未）幅起至（二天）止。惟此法因欲俟論微分積分術中解之，所以不贅。今本款不過論其各式之用法，為求任弧正餘弦各方之總級數，其級數之各項以弧之各倍正餘弦之數明之。

令

$巳 = 餘弦甲 + \sqrt{-1}\ 正弦甲$

$午 = 餘弦甲 - \sqrt{-1}\ 正弦甲$

故

$巳午 = 餘弦^{二}甲 + 正弦^{二}甲 = 一$

$午 = \frac{一}{巳}$

則棣美弗之式可以（戊二）幅之式明之如左：

（戊二）

$二餘弦卯甲 = 巳^{卯} + 午^{卯} = 巳^{卯} + \frac{一}{巳^{卯}}$

$二\sqrt{-1}\ 正弦卯甲 = 巳^{卯} - 午^{卯} = 巳^{卯} - \frac{一}{巳^{卯}}$

又因

$二餘弦甲 = 巳 + 午$

如將 丙、丙′、丙″ 等字代其二項式級數中之第一、二、三、四等項內之倍數，則可變其級數之式如左：

$(二餘弦甲)^{卯} = 巳^{卯} + 丙巳^{卯-一}午 + 丙'巳^{卯-二}午^{二} + 丙''巳^{卯-三}午^{三} + \cdots\cdots$

又因

$二餘弦甲 = 午 + 巳$

復得

$(二餘弦甲)^{卯} = 午^{卯} + 丙午^{卯-一}巳 + 丙'午^{卯-二}巳^{二} + 丙''午^{卯-三}巳^{三} + \cdots\cdots$

將此兩式相加而令

$巳午 = 一$

則得

$二(二餘弦甲)^{卯} = 巳^{卯} + 午^{卯} + 丙(巳^{卯-二} + 午^{卯-二}) + 丙'(巳^{卯-四} + 午^{卯-四}) + 丙''(巳^{卯-六} + 午^{卯-六}) + \cdots\cdots$

惟

因

巳卯┴午卯＝二餘弦卯甲，

巳卯二┴午卯二＝二餘弦（卯二）甲，

巳卯四┴午卯四＝二餘弦（卯四）甲，

巳卯六┴午卯六＝二餘弦（卯六）甲，

……故代之而以二約之得

（二餘弦甲）卯＝餘弦卯甲┴丙餘弦（卯二）甲┴丙餘弦（卯四）甲┴丙餘弦（卯六）甲┴……

若再將其級數之各項引長則知負弧之餘弦與同倍數之正弧之餘弦同。

卽如 餘弦（負卯）甲＝餘弦（卯負）甲。因其各等于 餘弦卯甲正弦卯甲┴正弦負甲正弦卯甲 餘弦負甲 故也。惟因（巳┴午）卯之式若詳爲級數

其等距首末之每兩項倍數必同，所以知（二餘弦甲）卯之級數亦

必如是。

惟因等距首末之正負兩弧之餘弦相同，所以可取出其負弧餘弦之各項而以正弧餘弦之各項代之，則可省其式爲

（二餘弦甲）卯＝二［餘弦卯甲┴丙餘弦（卯二）甲┴丙餘弦（卯四）甲┴……］。

如卯爲偶數，則級數中必有一獨項爲等距首末之項，所以不可倍之。惟卯若爲奇數，則負弧餘弦之數必等于正弧餘弦之數。

又如攷此式之時忽思得 餘弦（卯）卯甲＝一，則（人）幅各公式之理易見。

第二百六十五款

又如（甲二）幅之式亦可以同法證之，卽 二⌐一正弦卯甲＝巳卯┬午卯 是也。

惟再有一更便之法可令 二周甲 代其甲。又知 餘弦（二周甲）＝正弦甲，卽可得

此式之各項因有

餘弦寅[二周丅甲]＝餘弦寅二/周 餘弦寅甲丄正弦寅二/周 正弦寅甲

之形故寅為奇數則其式必

（二正弦卯）^卯＝二餘弦卯（二周丅甲）丄二丙餘弦（卯丅二）（二周丅甲）丄二丙餘弦（卯丅四）（二周丅甲）丄……

為正弦寅甲/十 若寅為偶數其式必為餘弦寅甲/十

第二百六十六款

欲用棣美弗所設之式以攷各理必先定數箇常用之例以知弧背與八線之界限

幾何中有公論云凡弧背必小于切線此理已在二百二十四款解之　又云凡弧背必大于正弦所以如令卯/甲為任何弧則正切卯/甲＞卯/甲㊀而正弦卯/甲＜卯/甲㊁以卯乘其㊀式以正割卯/甲乘其

㊁式又見正割卯/甲正弦卯/甲＝正切卯/甲即得卯正切卯/甲＞甲而卯正切卯/甲＜甲正割卯/甲再設卯恆加增則其卯/甲必漸近而其與半徑相較之數可小至莫可名言所以若卯變小可小至任何能名之弧則其正割卯/甲必甚與一相近即半徑也

恆增大則卯正切卯/甲恆近于甲故其限為甲

又以同法因卯正弦卯/甲＜甲　卯正弦卯/甲＞甲餘弦卯/甲設卯恆加增則餘弦卯/甲恆近于半徑而

等于一即其限也所以以卯正弦卯/甲以甲弧為限如思其甲弧恆變小則正弦甲/甲其限為一　又正切甲/甲其限亦為一

第二百六十七款

從前款之理又易見餘弦卯/甲之限亦等于一惟下式中因欲令卯變大至無窮則必先查得餘弦卯/甲之限

有一箇已知之式

$$餘弦^{卯}\frac{甲}{卯}=\left(一丅正弦^{二}\frac{甲}{卯}\right)^{\frac{卯}{二}}$$

如令

$$斗=卯正弦\frac{甲}{卯}$$

則

$$斗<甲$$

而

$$餘弦^{卯}\frac{甲}{卯}=\left(一丅\frac{斗^{二}}{卯^{二}}\right)^{\frac{卯}{二}}$$

惟依二項之例，此式之右邊等于

$$一丅\left[\frac{斗^{二}}{二卯}\right]丄\left[\left(一丅\frac{二}{卯}\right)\frac{斗^{四}}{二\cdot四\,卯^{二}}\right]丅\left[\left(一丅\frac{二}{卯}\right)\left(一丅\frac{四}{卯}\right)\frac{斗^{六}}{二\cdot四\cdot六\,卯^{三}}\right]\cdots\cdots$$

因依所定之限，卯可以大至無窮而斗不大于甲，則其級數之內除首項之外，其餘之各項必等于〇，所以知其卯若大至無窮之時，則其 $餘弦^{卯}\frac{甲}{卯}$ 之眞同數爲一。

第二百六十八款

以上兩款所論弧背弦切各線之限，其公例已明，則可再論棣美弗之式。

用二百六十一款所有棣美弗所設之(乙二)幅之兩式，則可得兩式如左。

$$餘弦甲丄\sqrt{丅一}\,正弦甲=\left(餘弦\frac{甲}{卯}丄\sqrt{丅一}\,正弦\frac{甲}{卯}\right)^{卯}$$

$$餘弦甲丅\sqrt{丅一}\,正弦甲=\left(餘弦\frac{甲}{卯}丅\sqrt{丅一}\,正弦\frac{甲}{卯}\right)^{卯}$$

令酉代 $\frac{甲}{卯}$ 弧之正切，又知

$$正弦\frac{甲}{卯}=餘弦\frac{甲}{卯}正切\frac{甲}{卯}$$

則得

$$餘弦甲丄\sqrt{丅一}\,正弦甲=餘弦^{卯}\frac{甲}{卯}\left(一丄\sqrt{丅一}\,酉\right)^{卯}$$

$$餘弦甲丅\sqrt{丅一}\,正弦甲=餘弦^{卯}\frac{甲}{卯}\left(一丅\sqrt{丅一}\,酉\right)^{卯}$$

惟依二項之例，則其 $\left(一丄\sqrt{丅一}\,酉\right)^{卯}$ 可詳之爲級數如後

$$\left(一丄\sqrt{丅一}\,酉\right)^{卯}=\begin{cases}一丅\left[\left(一丅\frac{一}{卯}\right)\frac{卯^{二}酉^{二}}{一\cdot二}\right]丄\left[\left(一丅\frac{一}{卯}\right)\left(一丅\frac{二}{卯}\right)\left(一丅\frac{三}{卯}\right)\frac{卯^{四}酉^{四}}{一\cdot二\cdot三\cdot四}\right]\cdots\cdots\\ 丄\sqrt{丅一}\left[卯酉丅\left(一丅\frac{一}{卯}\right)\left(一丅\frac{二}{卯}\right)\frac{卯^{三}酉^{三}}{一\cdot二\cdot三}丄\cdots\cdots\right]\end{cases}$$

此級數共分爲兩分，其一分之各項無虛根之式，其又一分之各項有虛根式爲公乘數，設以吧代其無虛根之一分，而以吽代其又一分中虛根所乘之

如何必合于理。如令卯大至無窮，則依以上所證之例得

$$\text{餘弦}^{\text{卯}}\frac{\text{甲}}{\text{卯}}=\text{一}$$

$$\text{卯酉}=\text{卯正切}\frac{\text{甲}}{\text{卯}}=\text{甲}$$

$$\frac{\text{一}}{\text{卯}}=\text{〇}$$

$$\frac{\text{二}}{\text{卯}}=\text{〇}$$

……所以可用代法而得(巳二)幅之式如左。

(巳二)

$$\text{餘弦甲}=\text{一}-\frac{\text{甲}^{二}}{\text{一·二}}+\frac{\text{甲}^{四}}{\text{一·二·三·四}}-\cdots\cdots$$

$$\text{正弦甲}=\text{甲}-\frac{\text{甲}^{三}}{\text{一·二·三}}+\frac{\text{甲}^{五}}{\text{一·二·三·四·五}}-\cdots\cdots$$

此二式爲奈端初查得弧與弦相求之法，亦甚巧妙。

第二百六十九款

前已于一百七十七款中言，如令戊代訥白爾對數之根，則$\text{戊}=\text{二·七一八二八一八}$，惟因甲可爲任何大小之弧，故可于上式

$$\text{戊}^{\text{天}}=\text{一}+\frac{\text{天}}{\text{一}}+\frac{\text{天}^{二}}{\text{一·二}}+\frac{\text{天}^{三}}{\text{一·二·三}}+\frac{\text{天}^{四}}{\text{一·二·三·四}}+\cdots$$

中令$\text{天}=\text{甲}\sqrt{-\text{一}}$，則依常法代之，而又分其有虛根式乘數之各諸級，則得

$$\text{餘弦甲}+\sqrt{-\text{一}}\,\text{正弦甲}=\text{餘弦}^{\text{卯}}\frac{\text{甲}}{\text{卯}}\left(\text{吧}+\sqrt{-\text{一}}\,\text{咋}\right)$$

$$\text{餘弦甲}-\sqrt{-\text{一}}\,\text{正弦甲}=\text{餘弦}^{\text{卯}}\frac{\text{甲}}{\text{卯}}\left(\text{吧}-\sqrt{-\text{一}}\,\text{咋}\right)$$

以此兩式相加減得

$$\text{餘弦甲}=\text{餘弦}^{\text{卯}}\frac{\text{甲}}{\text{卯}}\,\text{吧}$$

$$\text{正弦甲}=\text{餘弦}^{\text{卯}}\frac{\text{甲}}{\text{卯}}\,\text{咋}$$

再以吧與咋所代之原數還之，則得

$$\text{餘弦甲}=\text{餘弦}^{\text{卯}}\frac{\text{甲}}{\text{卯}}\left\{\text{一}-\left(\text{一}-\frac{\text{一}}{\text{卯}}\right)\frac{\text{卯}^{二}\text{酉}^{二}}{\text{一·二}}+\left(\text{一}-\frac{\text{一}}{\text{卯}}\right)\left(\text{一}-\frac{\text{二}}{\text{卯}}\right)\left(\text{一}-\frac{\text{三}}{\text{卯}}\right)\frac{\text{卯}^{四}\text{酉}^{四}}{\text{一·二·三·四}}-\cdots\right\}$$

$$\text{正弦甲}=\text{餘弦}^{\text{卯}}\frac{\text{甲}}{\text{卯}}\left\{\text{卯酉}-\left(\text{一}-\frac{\text{一}}{\text{卯}}\right)\left(\text{一}-\frac{\text{二}}{\text{卯}}\right)\frac{\text{卯}^{三}\text{酉}^{三}}{\text{一·二·三}}+\left(\text{一}-\frac{\text{一}}{\text{卯}}\right)\left(\text{一}-\frac{\text{二}}{\text{卯}}\right)\left(\text{一}-\frac{\text{三}}{\text{卯}}\right)\left(\text{一}-\frac{\text{四}}{\text{卯}}\right)\frac{\text{卯}^{五}\text{酉}^{五}}{\text{一·二·三·四·五}}-\cdots\right\}$$

此兩式其卯之同數無論

項另為一行則得

$$戊^{甲\sqrt{-1}}=\left\{\begin{array}{l}1-\frac{甲^2}{1\cdot2}+\frac{甲^4}{1\cdot2\cdot3\cdot4}-\cdots\\+\sqrt{-1}\left(甲-\frac{甲^3}{1\cdot2\cdot3}+\frac{甲^5}{1\cdot2\cdot3\cdot4\cdot5}-\cdots\right)\end{array}\right.$$

再以同法令 $天=甲\sqrt{-1}$ 得

$$戊^{-甲\sqrt{-1}}=\left\{\begin{array}{l}1-\frac{甲^2}{1\cdot2}+\frac{甲^4}{1\cdot2\cdot3\cdot4}-\cdots\\-\sqrt{-1}\left(甲-\frac{甲^3}{1\cdot2\cdot3}+\frac{甲^5}{1\cdot2\cdot3\cdot4\cdot5}-\cdots\right)\end{array}\right.$$

惟于（巳二）幅之式又可得

$$餘弦甲=1-\frac{甲^2}{1\cdot2}+\frac{甲^4}{1\cdot2\cdot3\cdot4}-\cdots$$

$$正弦甲=甲-\frac{甲^3}{1\cdot2\cdot3}+\frac{甲^5}{1\cdot2\cdot3\cdot4\cdot5}-\cdots$$

所以得（庚二）幅之式如左。

（庚二）

$$戊^{甲\sqrt{-1}}=餘弦甲+\sqrt{-1}\,正弦甲$$

$$戊^{-甲\sqrt{-1}}=餘弦甲-\sqrt{-1}\,正弦甲$$

所以

$$餘弦甲=\frac{戊^{甲\sqrt{-1}}+戊^{-甲\sqrt{-1}}}{2}$$

$$正弦甲=\frac{戊^{甲\sqrt{-1}}-戊^{-甲\sqrt{-1}}}{2\sqrt{-1}}$$

此兩式當時拉果闌諸以為最巧之法。惟觀其求此兩式之時，所用之正弦餘弦之級數，即為一千七百年間奈端所設之級數，如奈端當時能多用一番心，則奈端已可知之，不必待五十年後尤拉攷出矣。

第二百七十款

由（庚二）幅之式得

$$\frac{餘弦甲+\sqrt{-1}\,正弦甲}{餘弦甲-\sqrt{-1}\,正弦甲}=\frac{戊^{甲\sqrt{-1}}}{戊^{-甲\sqrt{-1}}}=戊^{2甲\sqrt{-1}}$$

令正切甲餘弦甲代其正弦甲，又去其公乘數餘弦甲，則得

$$\frac{1+\sqrt{-1}\,正切甲}{1-\sqrt{-1}\,正切甲}=戊^{2甲\sqrt{-1}}$$

惟因戊為訥白爾對數之根，則依十八卷所論對數之理，

$$2甲\sqrt{-1}=訥\frac{1+\sqrt{-1}\,正切甲}{1-\sqrt{-1}\,正切甲}$$

又依一百六十七款，如亥為任何數，則

$$對\frac{1+亥}{1-亥}=2\left(亥+\frac{亥^3}{3}+\frac{亥^5}{5}+\frac{亥^7}{7}+\cdots\right)$$

故令 $\sqrt{-1}\,正切甲$ 代其亥，則所得之式仍等于 $2甲\sqrt{-1}$。再將其兩

邊各以𠂢約之則得(辛二)幅之式如左

(辛二) $甲 = 正切甲 - \frac{1}{3}正切^{3}甲 + \frac{1}{5}正切^{5}甲 - \frac{1}{7}正切^{7}甲 + \cdots\cdots$

此為古累固里所設之式

古累固里攷得此式以與英國算學士高廉士（此一千六百七十一年之事）又于一千六百七十五年與來本之言之來本之以其法徧示歐羅巴洲之各友言是自己所創獲一千六百七十六年來本之又以此法送至英國英國各算學家知其即是古累固里之舊法故羣起而笑之然來本之猶立辯其定自己出

所以拉果闌諸所著之算學書中尚以此法為來本之所得惟卜奴里書中則云此法亦是來本之自己求得惟不知古累固里已有此法故被物議耳算學中往往有兩法暗合者此類是也

第二百七十一款

如令甲為四十五度之弧則依古累固里之級數得八分全周之一為

$1 - \frac{1}{3} + \frac{1}{5} - \frac{1}{7} + \frac{1}{9} - \frac{1}{11} + \cdots\cdots$

惟此級數之斂太遲故無大用處

所以奈端又另設一箇級數為

$1 - \frac{1}{3\cdot 3} + \frac{1}{5\cdot 3^{2}} - \frac{1}{7\cdot 3^{3}} + \frac{1}{9\cdot 3^{4}} - \frac{1}{11\cdot 3^{5}} + \frac{1}{13\cdot 3^{6}} - \frac{1}{15\cdot 3^{7}} + \cdots\cdots$

此級數以平圓之全徑為一其各項之和為九十度之弧背

奈端所設之級數雖比古累固里之級數斂得較速然奈端言用以求象限之弧必引長至五十萬萬項方能得二十位密率其工夫極大若一人為之須千年方畢所以未為善法

第二百七十二款

古累固里之級數簡約而不能用茲因平圓周徑之比為幾何中最要之事故欲求得一箇相近之式以易解其比例

設卯天地三者各為整數又令$\frac{1}{天}$與$\frac{1}{地}$為任兩弧之正切其和弧正切為$\frac{1}{卯}$以此各數代入(吧)幅之式中則得

$\frac{卯}{一}=\frac{一+\frac{天}{地}}{\frac{天}{地}}=\frac{天+地}{天}-\frac{一}{地}$ 所以得 地$=\frac{天+卯}{卯天-一}$ 卯$=\frac{天}{卯}$ 卯$\frac{}{一}$ 惟因地爲整數則卯^{二}一必能有一數可約之設巳爲卯^{二}一之任約數午爲其約得之數則

巳午$=$卯^{二}一

天卯$=$巳

所以 天$=$卯巳

地$=\frac{卯天-一}{天+卯}=$卯午 由此得一例如下

例曰設卯爲任何整數則卯^{二}一能化爲兩箇乘數巳與午其一箇乘數爲一則其切線等于$\frac{卯}{一}$之弧其弧必等于有切線$\frac{一}{卯巳}$與$\frac{一}{卯午}$之兩弧之和

試令甲$\frac{卯}{一}$爲有切線爲$\frac{卯}{一}$之弧令甲$\frac{一}{卯巳}$與甲$\frac{一}{卯午}$爲所有切線爲$\frac{一}{卯巳}$與$\frac{一}{卯午}$之兩弧則依上例可變爲(子二)之式

(子二) 甲$\frac{一}{卯}=$甲$\frac{一}{卯巳}+$甲$\frac{一}{卯午}$

如令卯有各同數則得(丑二)幅之式如左

(丑二)

(一)	卯＝一	卯^{二}一＝一×二	甲$\frac{一}{二}$＝甲$\frac{一}{三}$＋甲$\frac{一}{三}$	
(二)	卯＝二	卯^{二}一＝一×五	甲$\frac{一}{三}$＝甲$\frac{一}{三}$＋甲$\frac{一}{七}$	
(三)	卯＝三	卯^{二}一＝一×○	甲$\frac{一}{三}$＝甲$\frac{一}{四}$＋甲$\frac{一}{一三}$	
(四)		卯^{二}一＝二×五	甲$\frac{一}{三}$＝甲$\frac{一}{五}$＋甲$\frac{一}{八}$	
(五)	卯＝四	卯^{二}一＝一×七	甲$\frac{一}{四}$＝甲$\frac{一}{五}$＋甲$\frac{一}{二一}$	
(六)	卯＝五	卯^{二}一＝一×三	甲$\frac{一}{五}$＝甲$\frac{一}{七}$＋甲$\frac{一}{一八}$	
(七)	卯＝六	卯^{二}一＝一×三七	甲$\frac{一}{六}$＝甲$\frac{一}{七}$＋甲$\frac{一}{四三}$	
(八)	卯＝七	卯^{二}一＝一×五〇	甲$\frac{一}{七}$＝甲$\frac{一}{八}$＋甲$\frac{一}{五七}$	
……		……	……	

此級數其卯之同數可任增至若干如以此各式用常法消之可更得(寅二)幅之各式如左

(寅二)

甲$\frac{一}{二}$＝甲$\frac{一}{三}$＋甲$\frac{一}{三}$　(一)

(一)(二) 甲$\frac{一}{二}$＝二甲$\frac{一}{三}$＋甲$\frac{一}{七}$　(九)

(四)(九) 甲$\frac{一}{二}$＝二甲$\frac{一}{五}$＋甲$\frac{一}{七}$＋二甲$\frac{一}{八}$　(十)

(六)(十) 甲$\frac{一}{二}$＝三甲$\frac{一}{七}$＋甲$\frac{一}{八}$＋二甲$\frac{一}{一八}$　(十一)

(八)(十一) 甲$\frac{一}{二}$＝二甲$\frac{一}{八}$＋甲$\frac{一}{五七}$＋二甲$\frac{一}{一八}$＋二甲$\frac{一}{三二}$　(十二)

……

此爲由上某式而得

從(寅一)各式可求平圓之周其最易者爲末兩式其(一)式爲最簡之法惟不甚密耳此幅之式爲尤拉所設其半

周四分之一爲有切線$\frac{1}{2}$與$\frac{1}{3}$之兩弧之和。如令$\frac{1}{2}$與$\frac{1}{3}$各代級數中甲弧之正切，則得兩箇級數

$$四\left\{\begin{array}{l}\frac{1}{2}-\frac{1}{3\cdot2^{3}}+\frac{1}{5\cdot2^{5}}-\frac{1}{7\cdot2^{7}}+\frac{1}{9\cdot2^{9}}-\cdots\\ \frac{1}{3}-\frac{1}{3\cdot3^{3}}+\frac{1}{5\cdot3^{5}}-\frac{1}{7\cdot3^{7}}+\frac{1}{9\cdot3^{9}}-\cdots\end{array}\right.$$

以四乘其兩級數之和，則平圓之半周爲此式之總數，卽半徑爲一之半周，亦卽爲徑一之全周，其數爲三·一四一五九二六五三五八九七九三二三八四六二六四三三八三二七九五〇二八八，卽周率也。

此三十六位周率之數，在入算之時，總不必用如此多位數，所以記之者，因未有此捷法之時，曾有算學士固靈者用平圓內容外切之多等邊形（卽割圓法），費了極大工夫，算得此三十六位之數，其臨死之時，囑其家以此數刻于墓碑，蓋其平生得意之作，恐其磨滅，故欲傳之永久，亦猶亞幾默德之墓刻一球形與圓柱形也。惟固靈之後，又有法蘭西人提拉尼者，用更簡便之法，推得一百二十八位周率之數，後有尤拉攷之，言提拉尼之法只須八十小時工夫已可算畢，又有人云英國哇克斯福德大書院內有一書中已記一百五十位周率。

第二百七十三款

因平圓周徑之比例爲算學中常用之率，則有一稍簡之解法爲甚便，所以此款另設一箇解法，與二項之例無相關，亦與虛式之理無相關。

設甲爲平圓之任何弧，則依二百五十七款之理而得

$$\text{正切}二甲=\frac{二\text{正切}甲}{一-\text{正切}^{2}甲}$$

所以

$$\frac{一}{\text{正切}二甲}=\frac{一}{二\text{正切}甲}-\frac{\text{正切}甲}{二}$$

由此得數式如後：

$$\frac{一}{\text{正切}甲}=\frac{一}{二\text{正切}\frac{一}{二}甲}-\frac{\text{正切}\frac{一}{二}甲}{二}$$

$$\frac{一}{二\text{正切}\frac{一}{二}甲}=\frac{一}{四\text{正切}\frac{一}{四}甲}-\frac{\text{正切}\frac{一}{四}甲}{四}$$

$$\frac{一}{四\text{正切}\frac{一}{四}甲}=\frac{一}{八\text{正切}\frac{一}{八}甲}-\frac{\text{正切}\frac{一}{八}甲}{八}$$

以此三式相加，而去其左右相同之各項，則變得之式爲

$$\frac{一}{\text{正切}甲}=\frac{一}{八\text{正切}\frac{一}{八}甲}-\frac{\text{正切}\frac{一}{二}甲}{二}-\frac{\text{正切}\frac{一}{四}甲}{四}-\frac{\text{正切}\frac{一}{八}甲}{八}$$

所以用移項之法得

$$\frac{一}{八\text{正切}\frac{一}{八}甲}=\frac{一}{\text{正切}甲}+\frac{\text{正切}\frac{一}{二}甲}{二}+\frac{\text{正切}\frac{一}{四}甲}{四}+\frac{\text{正切}\frac{一}{八}甲}{八}$$

總之

如卯為二之任整方數其式為

$$\frac{卯正切\frac{卯}{二}卯}{一}=\frac{正切甲}{一}+\frac{三}{一}正切\frac{三}{二}甲+\frac{四}{一}正切\frac{四}{二}甲+\frac{八}{一}正切\frac{八}{二}甲+\cdots\cdots\frac{卯}{一}正切\frac{卯}{二}甲$$

如其卯大至無窮則其級數亦為無窮項之式又因二百六十六款曾證

$$卯正切\frac{卯}{二}甲=甲$$

故得㊁之式如下

$$\frac{甲}{一}=\frac{正切甲}{一}+\frac{三}{一}正切\frac{三}{二}甲+\frac{四}{一}正切\frac{四}{二}甲+\frac{八}{一}正切\frac{八}{二}甲+\cdots\cdots \quad (卯二)$$

此式最簡妙為一千八百十二年華里斯之書所載其書初出時咸以為新法因此時英國之人尚未知尤拉已有此法也此級數之斂較速因半弧之切線小于全弧切線之半則每項必比前一項之四分之一更小惟級數愈長則其兩箇比連之項恆近于四與一之比故其任一項之數必比以後諸項之和畧大三倍所以如得某項為前項四分之一則其本項之三分之一畧可為後諸項之和

從二百四十九款之式

$$正切\frac{二}{一}甲=餘割甲-餘切甲$$

得

$$正切\frac{二}{一}甲=\sqrt{一+餘切^{二}甲}-餘切甲$$

$$=餘切甲\left(\sqrt{一+正切^{二}甲}-一\right)$$

惟依二項之例則

$$\frac{一}{}正切^{二}甲=一+\frac{三}{一}正切^{二}甲-\frac{八}{一}正切^{四}甲+\frac{十六}{一}正切^{六}甲-\cdots\cdots \quad ㊀$$

而

$$正切\frac{二}{一}甲=\frac{三}{一}正切甲-\frac{八}{一}正切^{三}甲+\frac{十六}{一}正切^{五}甲-\cdots\cdots \quad ㊁$$

依㊀式可推級數之各項其第七方或第五方可以不用而其餘各項可用㊁式求之更便

令甲為一象限之弧等于$\frac{三}{周}$則$\frac{正切甲}{一}=\bigcirc$故弧背之長可用

下法推之

$正切\frac{二}{一}甲 = 一·〇〇〇〇〇〇〇〇〇〇〇$

$正切\frac{四}{一}甲 = ·四一四二一三五六二三七$

$正切\frac{八}{一}甲 = ·一九八九一二三六七三八$

$正切\frac{一六}{一}甲 = ·〇九八四九一四〇三三六$

$正切\frac{三二}{一}甲 = ·〇四九一二六八四九七七$

$正切\frac{六四}{一}甲 = ·〇二四五四八六二二一一$

$正切\frac{一二八}{一}甲 = ·〇一二二七二四六二三八$

$正切\frac{二五六}{一}甲 = ·〇〇六一三六〇〇〇一六$

$正切\frac{五一二}{一}甲 = ·〇〇三〇六七九七一二〇$

故

$\frac{二}{一}正切\frac{二}{一}甲 = ·五〇〇〇〇〇〇〇〇〇〇$

$\frac{四}{一}正切\frac{四}{一}甲 = ·一〇三五五三三九〇五九$

$\frac{八}{一}正切\frac{八}{一}甲 = ·〇二四八六四〇四五九二$

$\frac{一六}{一}正切\frac{一六}{一}甲 = ·〇〇六一五五七一二七一$

$\frac{三二}{一}正切\frac{三二}{一}甲 = ·〇〇一五三五二一四〇六$

$\frac{六四}{一}正切\frac{六四}{一}甲 = ·〇〇〇三八三五七二二二$

$\frac{一二八}{一}正切\frac{一二八}{一}甲 = ·〇〇〇〇九五八七八六一$

$\frac{二五六}{一}正切\frac{二五六}{一}甲 = ·〇〇〇〇二三九六八七五$

$酉 = \frac{五一二}{一}正切\frac{五一二}{一}甲 = ·〇〇〇〇〇五九九二一三$

$\frac{三}{一}酉 = ·〇〇〇〇〇一九九七三七$

$\frac{周}{二} = ·六三六六一九七七二三六$

所以得

$周 = 三·一四一五九二六五三六$

第二百七十四款

由第十卷之說可見任何次方程式之解法全在乎能否化為數箇相乘之數其乘數無論為何次之式俱可惟亦有一種方程式能以正餘弦之理解之

因

$餘弦(寅⊥一)天 = 二餘弦天餘弦寅天 ⊤ 餘弦(寅⊤一)天$

故令

$二餘弦天 = 亥 ⊥ \frac{亥}{一}$

則得

$二餘弦二天 = 四餘弦天餘弦天 ⊤ 二餘弦〇天 = 亥^{二} ⊥ \frac{亥^{二}}{一}$

$二餘弦三天 = 四餘弦天餘弦二天 ⊤ 二餘弦天 = 亥^{三} ⊥ \frac{亥^{三}}{一}$

$二餘弦四天 = 四餘弦天餘弦三天 ⊤ 二餘弦二天 = 亥^{四} ⊥ \frac{亥^{四}}{一}$

……

總之

$二餘弦寅天 = 亥^{寅} ⊥ \frac{亥^{寅}}{一}$

所以得

$亥^{二寅} ⊤ 二亥^{寅}餘弦寅天 ⊥ 一 = 〇$

又從方程式

$亥 ⊥ \frac{亥}{一} = 二餘弦天$

得

$亥^{二} ⊤ 二亥餘弦天 ⊥ 一 = 〇$

惟因有兩箇方程式

$亥^{二寅} ⊤ 二亥^{寅}餘弦寅天 ⊥ 一 = 〇$

$亥^{二} ⊤ 二亥餘弦天 ⊥ 一 = 〇$

必同以一數解之則至少必有一箇公根如令其原式之根為甲與$\frac{甲}{一}$則此兩箇根式必為兩式之公根因變其形為

$亥^{寅} ⊥ \frac{亥^{寅}}{一} ⊤ 二餘弦寅天 = 〇$

$亥 ⊥ \frac{亥}{一} ⊤ 二餘弦天 = 〇$

則無論以甲代亥以$\frac{甲}{一}$代亥所得之數必同故也

惟因二次方程之式

$亥^{二} ⊤ 二亥餘弦天 ⊥ 一 = 〇$

不過能有兩箇根所以其二根

亦必爲 亥二寅丅二亥寅餘弦天寅丄一＝○ 之根。所以其 亥二寅丅二亥寅餘弦天寅丄一 之三項必能以 亥二丅二亥餘弦天丄一 度之。

或令 寅天＝井 而 天＝寅分井 則 亥二寅丅二亥寅餘弦井丄一 必可以 亥二丅二亥餘弦寅分井丄一 度之。

惟依二百三十二款，令周率代半周，則 餘弦井＝餘弦（二寅周丄井）。所以可將弧之各式內（即指二百三十二款之式）任以 寅分井 代其一弧，則其級數之式爲 寅分二周丄寅分井，寅分四周丄寅分井，寅分六周丄寅分井 …… 至 寅分二（寅丅一）周丄寅分井 爲止。

因以上各弧之寅倍其餘弦爲相同之數，所以知凡有三項之式如 亥二寅丅二亥寅餘弦井丄一 者，必能與 亥二丅二亥餘弦寅分井丄一，亥二丅二亥餘弦（寅分二周丄寅分井）丄一，亥二丅二亥餘弦（寅分四周丄寅分井）丄一 …… 至 亥二丅二餘弦｛寅分二（寅丅一）周丄寅分井｝丄一 各級有公約數。此級數再不必引長，因其下必有一級中有 餘弦（寅分二寅周丄寅分井） 之形，而其式與 餘弦（二周丄寅分井）＝餘弦寅分井 相等，即爲第一級以下挨次循環之式。

因其不相同之約數只有寅箇，而其三項式爲二寅方之式，則依方程式之理，其三項式必即爲諸約數之連乘數。此爲算學士第摩愛所設之法。

第二百七十五款

設于前款之式中令 井＝○，則 餘弦井＝一，而其三項之式 亥二寅丅二亥寅餘弦井丄一 可變爲 亥二寅丅二亥寅丄一＝（亥寅丅一）二。其乘數爲 亥二丅二亥丄一＝（亥丅一）二，亥二丅二亥餘弦寅分二周丄一，亥二丅二亥餘弦寅分四周丄一 …… 亥二丅二亥餘弦寅分二（寅丅一）周丄一。

又如令 井＝周，則 餘弦井＝丅一，而其三項式 亥二寅丅二亥寅餘弦井丄一 等于 亥二寅丄二亥寅丄一＝（亥寅丄一）二，所以此式之各乘數爲 亥二丅二亥餘弦寅分周丄一，亥二丅二亥餘弦寅分三周丄一，亥二丅二亥餘弦寅分五周丄一 …… 亥二丅二亥餘弦寅分（二寅丅一）周丄一。

第二百七十六款　以上兩式爲奈端之友苛地斯所設乃平圓中最奇之理也其理有二解可用兩圖明之

法分任何平圓之周爲二寅等分如分爲十分（謂姑以十等分言之也）則其分點爲呷、呷二、呷三……至呷、又令呷、呥爲過呷點之半徑線則自第一圖徑線上之任點吧或自第二圖引長其徑之線上任點吧作吧呷、

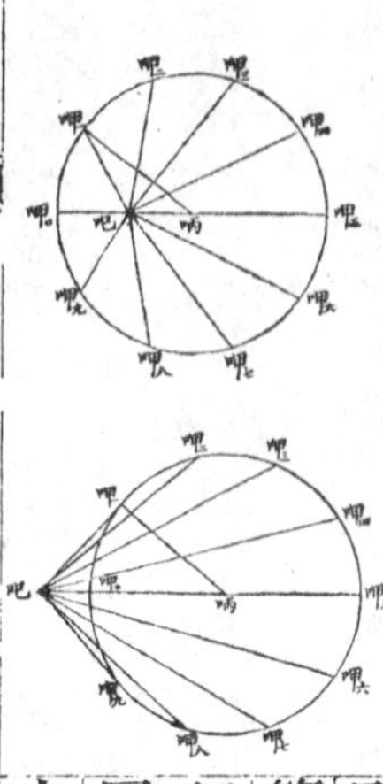

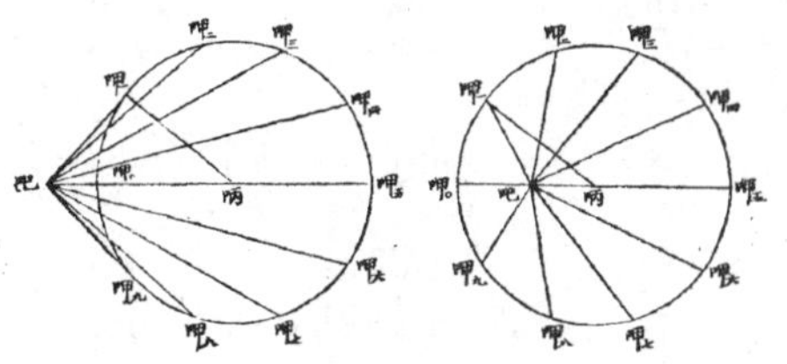

吧呷、吧呷二 吧呷三 吧呷四 吧呷五 吧呷六 吧呷七 吧呷八 吧呷九 各線又作吧呷、吧呷、吧呷、吧呷、吧呷、各線再令吧點距心之數呥吧以亥代之而半徑呥呷之數以未代之則 呥吧/呥呷 = 亥/未 卽得兩例如下

一例　凡從吧至呷、呷三呷五等奇數分點之各連線其連乘之積必等于 $亥^{寅} + 未^{寅}$

二例　凡從吧至呷二呷四呷六等偶數分點之各線若吧點在圓內（如一圖）則其連乘積必等于 $未^{寅} - 亥^{寅}$ ○若吧點在圓外（如二圖）則其連乘積必等于 $亥^{寅} - 未^{寅}$

如作呥呷線又令未＝一則因分全周爲二寅分故其弧之各倍爲 $呷呷 = \frac{周}{寅}$，$呷呷二 = \frac{二周}{寅}$，$呷呷三 = \frac{三周}{寅}$ ……

惟依幾何之例

$$吧呷^{二} = 吧呥^{二} - 二吧呥餘弦\frac{周}{寅} + 呥呷^{二} = 亥^{二} - 二亥餘弦\frac{周}{寅} + 一$$

又依同法可見

$$吧呷二^{二} = 亥^{二} - 二亥餘弦\frac{二周}{寅} + 一$$

$$吧呷三^{二} = 亥^{二} - 二亥餘弦\frac{三周}{寅} + 一$$

總之凡自吧點作線至任何點爲吧呷四 吧呷五等線其理無不一律可通

惟因 $\frac{吧}{哩^{二}}=亥^{二}\perp一$ 則從以上之論其各方連乘之積

$\frac{吧}{哩}\times\frac{吧}{哩^{三}}\times\frac{吧}{哩^{五}}\cdots\cdots\times\frac{吧}{哩^{二亥丄一}}$ 必等于三項之各式

$亥^{二}\perp二亥餘弦\frac{寅}{周}\perp一$

$亥^{二}\perp二亥餘弦\frac{寅}{三周}\perp一$

$亥^{二}\perp二亥餘弦\frac{寅}{五周}\perp一$

……至

$亥^{二}\perp二亥餘弦\frac{寅}{(二寅\perp一)周}\perp一$

相乘之積

又可見

$\frac{吧}{哩^{二}}\times\frac{吧}{哩^{四}}\times\frac{吧}{哩^{六}}\cdots\cdots\times\frac{吧}{哩^{二寅}}$

之積等于以下各式連乘之積 $(亥^{二}\perp一)$ 即 $(一\perp亥^{二})$

因已證其第一個級數等于

$亥^{二}\perp二亥餘弦\frac{寅}{二周}\perp一$

$亥^{二}\perp二亥餘弦\frac{寅}{四周}\perp一$

……至

$亥^{二}\perp二亥餘弦\frac{寅}{二(寅\perp一)}周\perp一$

$(亥^{二}\perp一)$ 第二個級數等于

$(一\perp亥^{二寅})=(亥^{二寅}\perp一)$ 所以兩邊開平方得

$\frac{吧}{哩}\times\frac{吧}{哩^{三}}\times\frac{吧}{哩^{五}}\times\frac{吧}{哩^{七}}\times\cdots\cdots=亥^{寅}\perp一$

$\frac{吧}{哩^{二}}\times\frac{吧}{哩^{四}}\times\frac{吧}{哩^{六}}\times\frac{吧}{哩^{八}}\times\cdots\cdots=一\perp亥^{寅}$

此為兩例之證

此種幾何之理法甚奧妙乃于苟地斯死後檢其遺稿而得之惟其原稿中但有其例而未有證法迨此法傳出當時即有八為之證之上款所有此理之公式為棣美弗所作當時算學家最貴重之近時因代數之式比幾何之圖更便故棄此不用矣

第二百七十七款

如已知 $餘弦\frac{寅}{(二寅)周}=餘弦\frac{(二寅)周}{(寅)}=餘弦\frac{寅}{二(寅)}周$ 則易見二百七十五款所有 $(亥^{二寅}\perp一)$ 之積可以下式明之

$亥^{二寅}\perp一=(亥^{二}\perp一)$

$亥^{二}\perp二亥餘弦\frac{寅}{二周}\perp一$

$亥^{二}\perp二亥餘弦\frac{寅}{四周}\perp一$

………

………

$亥^{二}\perp二亥餘弦\frac{寅}{四周}\perp一$

$亥^{二}\perp二亥餘弦\frac{寅}{二周}\perp一$

觀此知其第二

式與末式同其第三式與末上一式同其第四式與末上三式同則知凡等距首末之式無不一一相同如是推之寅若爲偶數卽其兩箇相等之乘數其一必在第(二寅丨一)乘數之此邊一在其彼邊其乘數爲 亥丄二亥餘弦$\frac{寅}{寅}$周丄一 卽得 亥丄一亥丄一＝(亥丄一)二 惟寅若爲奇數則有兩箇比連之相等乘數而其第一乘數爲 亥丄二亥餘弦$\frac{寅}{寅一}$周丄一 所以如將(亥寅二丨一)之平方根乘其相同之乘數內之一箇其寅若爲偶數則 亥寅丨一 必等于

亥丨一　亥丄一

亥丄二亥餘弦$\frac{寅}{二周}$丄一

亥丄二亥餘弦$\frac{寅}{四周}$丄一

……

亥丄二亥餘弦$\frac{寅}{寅一}$周丄一

各數相乘之積其寅若爲奇數則其 亥寅丨一 之各乘數必爲

亥丨一

亥丄二亥餘弦$\frac{寅}{二周}$丄一

亥丄二亥餘弦$\frac{寅}{四周}$丄一

……

亥丄二亥餘弦$\frac{寅}{寅一}$周丄一

第二百七十八款

茲將二百七十五款之(亥寅二丨一)式並其所有之各乘數審之惟其 餘弦$\frac{寅}{二寅卯}$周一餘弦(二周$\frac{寅}{卯}$)一餘弦$\frac{寅}{卯}$周 所以其乘數爲

亥丄二亥餘弦$\frac{寅}{周}$丄一

亥丄二亥餘弦$\frac{寅}{三周}$丄一

……

亥丄二亥餘弦$\frac{寅}{三周}$丄一

亥丄二亥餘弦$\frac{寅}{周}$丄一

可見其第一式與末式同其第二式以下與末式以上各兩兩相同若寅爲偶則其比連之兩箇乘數同爲 亥丄二亥餘弦$\frac{寅}{寅一}$周丄一 惟寅若爲奇則兩兩相等之各乘數中有一單乘數 亥丄二亥餘弦$\frac{寅}{寅}$周丄一＝亥丄二亥丄一＝(亥丄一)二 所以如將(亥寅二丨一)與(亥二丨一)各開平方又去其各雙相等乘數中之一則寅若爲偶其 亥寅丨一 必等于以下各式連乘之積

惟寅若爲奇則其乘數爲

亥丅二亥餘弦 寅/周 丄一

亥丅二亥餘弦 寅/三周 丄一

亥丅二亥餘弦 寅/五周 丄一

……

亥丅二亥餘弦 寅/(寅丅一)周 丄一

以上所論爲化開 亥寅丅二亥寅餘弦 丨丄一 與 亥寅丄一 二式之法此法于代數幾

亥丄一

亥丅二亥餘弦 寅/周 丄一

亥丅二亥餘弦 寅/三周 丄一

……

亥丅二亥餘弦 寅/(寅丅一)周 丄一

何及微分術最深之理中有大用處

第二百七十九款

茲款欲論三種方程式用八線之法

一爲解二次方程式 天丄巳天=午 (一) 其巳午爲已知之整數

此式中有兩箇根一爲正一爲負其兩根之和爲丅巳

而其相乘之積爲丅午 茲依九十三款之法如令 正切二亥丨午

爲正根其亥爲所求之角則 丅餘切二亥丨午 爲其負根

惟因 正切二亥丨午 × 丅餘切二亥丨午 = 丅午 故欲求亥之同數可令

丨午(餘切二亥丅正切二亥)=一巳 惟依(巳)幅之(三)(四)

兩式可得 餘切二亥丅正切二亥=二餘切亥=正切亥/二

所以 正切亥=三巳/丨午 由此得下法

凡解二次方程式如 天丄巳天=午 者必求一箇亥角令 正切亥=三巳/丨午 × 半徑 則原

式之兩根爲 天=丄正切二亥丨午 及 天=丅正切二亥/丨午

二爲解二次方程式 天丄巳天=午 (二) 如前法求得亥角則其式之

兩根爲 天=丄正切二亥/丨午 及 天=丅丨午正切二亥

三爲解二次方程式 天二巳天=丅午 ㊂。此式中有兩箇正根其和爲

已而其相乘積爲午若依九十三款之法則其兩根

可明之爲 正切三亥丅午 與 餘切三亥丅午 則 丅午(餘切三亥丄正切三亥)=巳。惟依㊁幅㊂㊃兩式 餘切三亥丄正切三亥=二餘割亥=正弦亥/二 所以

正弦亥=二巳/丅午。故解 天二巳天=丅午 之式必求一箇亥角能令 正弦亥=二巳/丅午×半徑 則其兩

根之式爲 天=丄丅午正切三亥。及 天=丄正切三亥/丅午。

第二百八十款

茲款所論之式爲眞代數題之解法其法或云是算學

士薄生所設。

題曰 求以下四箇方程式內 戊天地人 之各同數。

戊天地人=甲 (呷)。

戊人丄天地=乙 (叱)。

戊地丄天人=丙 (哂)。

戊天丄地人=丁 (叮)。

其解法曰令 巳午未 爲三箇角能得 戊人=丅甲正切巳 ㊀。戊地=丅甲正切午 ㊁。戊天=丅甲正切未 ㊂。 則由

(呷)式得 天地=丅甲餘切巳 ㊃。天人=丅甲餘切午 ㊄。地人=丅甲餘切未 ㊅。 所以可用代法代入(叱)(哂)(叮)各式

而得 丅甲(正切巳丄餘切巳)=乙。丅甲(正切午丄餘切午)=丙。丅甲(正切未丄餘切未)=丁。 則依二百四十九款以(呷)爲任何弧得

正切(呷)丄餘切(呷)=二餘割二(呷)=正弦二(呷)/二

則可由前式得 正弦二巳/二丅甲=乙。正弦二午/二丅甲=丙。正弦二未/二丅甲=丁。 由此又可得

正弦二巳＝$\frac{乙}{二\sqrt{甲}}$ (七)

正弦二午＝$\frac{丙}{二\sqrt{甲}}$ (八)

正弦二未＝$\frac{丁}{二\sqrt{甲}}$ (九)

有此三式則能求巳午未之三箇角。如將(一)(二)(三)式相乘得

$戌^{二}天地人＝(\sqrt{甲})^{三}$正切巳正切午正切未 (十)

將此式從(呷)式得

戌＝$\sqrt{甲}$正切巳正切午正切未 (十一)

由此及(三)(二)(一)式得

$天^{二}＝\sqrt{甲}\frac{正切巳正切午}{正切未}＝\sqrt{甲}$餘切巳餘切午正切未

$地^{二}＝\sqrt{甲}\frac{正切巳正切未}{正切午}＝\sqrt{甲}$餘切巳正切午餘切未

$人^{二}＝\sqrt{甲}\frac{正切午正切未}{正切巳}＝\sqrt{甲}$正切巳餘切午餘切未

所以欲求戌天地人之各同數，必先從

正弦二巳＝$\frac{乙}{二\sqrt{甲}}$

正弦二午＝$\frac{丙}{二\sqrt{甲}}$

正弦二未＝$\frac{丁}{二\sqrt{甲}}$

而得巳午未三箇角，乃得

$戌＝\sqrt[四]{甲}\sqrt{正切巳正切午正切未}$

$天＝\sqrt[四]{甲}\sqrt{餘切巳餘切午正切未}$

$地＝\sqrt[四]{甲}\sqrt{餘切巳正切午餘切未}$

$人＝\sqrt[四]{甲}\sqrt{正切巳餘切午餘切未}$

第二百八十一款

茲款所論之法，爲求平圓中容十七等邊形，其法本爲算學士哥斯所設，今從勒禪德之書中節錄其簡要之理如左。

其法令平分平圓之周率爲十七分，其每分之弧以井代之，爲$\frac{丨七}{周}$＝井，則先求得

餘弦一五井⊥餘弦一三井⊥餘弦一一井⊥餘弦九井⊥餘弦七井⊥餘弦五井⊥餘弦三井⊥餘弦井＝$\frac{二}{一}$

若以叱代諸項之和，又將

其各項俱以二餘弦井乘之又依二百四十三款之式即得

二巳餘弦井＝一丨二餘弦二井丨二餘弦四井丨二餘弦六井
丨二餘弦八井丨二餘弦一〇井丨二餘弦一二井
丨二餘弦一四井丨餘弦一六井

惟因一七井＝周所以

餘弦二井＝餘弦(周－一五井)＝丅餘弦一五井

餘弦四井＝餘弦(周－一三井)＝丅餘弦一三井

……至

餘弦一六井＝丅餘弦井所以

二巳餘弦井＝丅二餘弦一五井丨二餘弦一三井丨……丨二餘弦三井丨二餘弦井

故又得

二餘弦甲餘弦乙＝餘弦(甲丅乙)丨餘弦(甲丨乙)

其

二吧(一丨餘弦井)＝一丨餘弦井丅二吧

所以吧＝三再將等于吧之各項分為兩分則得

天＝餘弦三井丨餘弦五井丨餘弦七井丨餘弦一一井

地＝餘弦井丨餘弦九井丨餘弦一三井丨餘弦一五井

所以得天丨地＝三再將天之同數四項與地之同數四

項相乘而將其餘弦之級數變為簡弧之餘弦而如法化之即得

天地＝二(餘弦二井丨餘弦四井丨餘弦六井丨……丨餘弦一六井)

天地＝丅二(餘弦一五井丨餘弦一三井丨餘弦一一井丨……丨餘弦井)

即天地＝丅一由以上各式得

天＝〣丨〣二丅一七

地＝〣丅〣二丅一七

又另將天地各分為兩項得

天＝申丨酉

地＝戌丨亥

申＝餘弦三井丨餘弦五井

酉＝餘弦七井丨餘弦一一井

戌＝餘弦井丨餘弦一三井

亥＝餘弦九井丨餘弦一五井

又以同法得

申酉＝丅四三

戌亥＝丅四三

所以可用兩箇新二次方程式求其申酉戌亥之各同數

又因已知

餘弦廿⊥餘弦一三廿＝戊

又

餘弦廿 餘弦一三廿＝三（餘弦一二廿⊥餘弦一四廿）＝丅三（餘弦三廿⊥餘弦五廿）丅三中

則可用第四箇二次方程式得

餘弦廿

之同數由此得十七等邊形之一邊其式為

二正弦廿＝二√（一丅餘弦廿）

作以上各方程式之法專靠一箇甚巧妙之理其理實本于未定之相等式而來如欲知其詳須觀哥斯所著之書方明

代數術卷二十五終

興化劉彝程校算

江南製造局科技譯著集成

天文數學卷

第貳分册

代數難題解法

《代數難題解法》提要

《代數難題解法》又稱《代數難題》，十六卷，英國倫德（Thomas Lund）編輯，英國傅蘭雅（John Fryer, 1839–1928）口譯，金匱華蘅芳筆述，金匱華世芳校，光緒九年（1883年）刊。底本爲《A Companion to Wood's Algebra》，1878年版。

書中所解各題，大半從英國數學家、劍橋大學聖約翰學院院長吳德（James Wood）所著代數學教學用書《The Elements of Algebra》中輯出，加上英國劍橋大學的12次試題，涉及分數、小數、公約數、約分、乘方、開方、方程、級數、不等式、對數、概率以及各種難題。

此書內容如下：

目錄

卷一　分數各題，小數各題，乘法各題，求最大公約數各題，求最小公乘數各題，化分各題

卷二　開方乘方各題，無理之根式各題，一次式內有一未知之數各題，一次式內有二未知之數各題，一次式內有三未知之數各題

卷三　二次式內有一未知之數各題，二次式內有二未知之數各題

卷四　比較大小類，率數比例數變數

卷五　算學級數類，幾何級數聲學級數，排列變換之法

卷六　二項例之類，不合理之式開方，求乘數之法

卷七　連分數，未定之相等式，進位之法，數之性情，能斂能發之級數，對數

卷八　本利生息，決疑數

卷九　雜題類一，雜題類二
卷十　雜題類三
卷十一　雜題類四
卷十二　雜題類五
卷十三　岡布理智書院第一次考題，第二次考題，第三次考題，第四次考題
卷十四　岡布理智書院第五次考題，第六次考題，第七次考題
卷十五　岡布理智書院第八次考題，第九次考題，第十次考題
卷十六　岡布理智書院第十一次考題，第十二次考題

代數難題解法目錄

卷一
分數　小數　乘法　求最大公約數　求最小公乘數　化分
卷二
開方乘方　無理之根式　一次式內有一未知之數　一次式內有二未知之數　一次式內有三未知之數
卷三
二次式內有一未知之數　二次式內有二未知之數
卷四
比較大小類　率數比例數變數
卷五
算學級數類　幾何級數聲學級數　排列變換之法
卷六
二項例之類　不合理之式開方　求乘數之法
卷七
連分數　未定之相等式　進位之法　數之性情能斂能發之級數　對數
卷八
本利生息　決疑數
卷九
雜題類一　雜題類二
卷十
雜題類三
卷十一
雜題類四
卷十二
雜題類五
卷十三
岡布理智書院第一次考題　第二次考題　第三次考題　第四次考題
卷十四
岡布理智書院第五次考題　第六次考題　第七次考題
卷十五
岡布理智書院第八次考題　第九次考題　第十次考題

江南製造局

卷十六

岡布理智書院第十一次考題　第十二次考題

代數難題目錄　三

代數難題解法卷一

英國倫德編輯

英國　傅蘭雅　口譯

金匱　華蘅芳　筆述

此書所解之題大半從英國算學家吳德所著之代數書內錄出又益以大書院中考試之題其解題之法整齊簡易最便初學又有微妙之法爲初學之人所思索不到者

書中算式並未删節依此式以解題無人能議其非因考試算學時每有得數不誤但因解題之法繁簡不得其當以致被黜者故不可不講求也

代數難題一　分數　一

分數各題

一題　有兩數 $\sqrt{\frac{2}{3}}$ 與 $\sqrt[3]{\frac{2}{3}}$ 問何數爲大

答曰其 $\sqrt{\frac{2}{3}}=\sqrt{\frac{6}{9}}=\frac{1}{3}\sqrt{6}$ 又 $\sqrt[3]{\frac{2}{3}}=\sqrt[3]{\frac{18}{27}}=\frac{1}{3}\sqrt[3]{18}$ 所以 $\sqrt{\frac{2}{3}}$ 與 $\sqrt[3]{\frac{2}{3}}$ 之大小可依 $\sqrt{6}$ 與 $\sqrt[3]{18}$ 之大小而定之惟因 $\sqrt{6}=2.4\cdots\cdots$ 而 $\sqrt[3]{18}=2.6\cdots\cdots$ 所以 $\sqrt[3]{\frac{2}{3}}>\sqrt{\frac{2}{3}}$

科技譯著集成

二題　有分數 $\dfrac{四\frac{三}{二}\times四\frac{三}{二}丅一}{四\frac{三}{二}\times四\frac{三}{二}\times四\frac{三}{二}丅一}$ 求化之為簡易之式

答曰所設之分數

$$=四\frac{三}{二}丄\frac{四\frac{三}{二}\times四\frac{三}{二}丅一}{三\frac{三}{二}}$$

$$=四\frac{三}{二}丄\frac{一三\times一三丅九}{三○}$$

$$=四\frac{三}{二}丄\frac{一六○}{三○}$$

$$=四丄\frac{三}{二}丄\frac{一六}{三}$$

$$=四\frac{四八}{二五}$$

三題　有 $\frac{三}{二}$ 以三乘之意謂取 $\frac{三}{二}$ 三次即 $\frac{三}{二}丄\frac{三}{二}丄\frac{三}{二}$ 問以 $\frac{四}{三}$ 乘 $\frac{三}{二}$ 為何意

答曰凡數以他數乘之意謂取此數若干次其次數合於他數之若干一假如十二以七乘之意謂取十二之次數等于七內有若干一故為七箇十二即八十四也

惟因七為 $一丄一丄一丄一丄一丄一丄一$ 所成則取七箇十二必為

$$一二丄一二丄一二丄一二丄一二丄一二丄一二$$

若將兩箇分數亦如此求之所得之數亦可謂之乘得數惟稍有分別凡整數之乘法意謂取一箇若干次而分數之乘法意謂將一分作若干等分而屢取其一分至若干次

依此意將 $\frac{三}{二}$ 以 $\frac{四}{三}$ 乘之必將其 $\frac{三}{二}$ 平分作四等分而取其一分至三次惟因 $\frac{三}{二}=\frac{一二}{八}$ 如分之為四等分則即為

$$\frac{一二}{二}丄\frac{一二}{二}丄\frac{一二}{二}丄\frac{一二}{二}$$

取此四項之三項共得 $\frac{一二}{六}$ 即 $\frac{二}{一}$ 故 $\frac{三}{二}\times\frac{四}{三}=\frac{一二}{六}=\frac{二}{一}$

四題　英國銀錢每枚重八十七粒西國分釐之名每四十粒內有三粒為銅求錢內眞銀若干並百粒內有若干銅

㈠每四○粒內有三粒為銅則三七粒必為銀所以每一枚銀錢內其眞銀之重為八七內之 $\frac{四○}{三七}$ 即

$$\frac{四○}{三七\times八七}=八○丄\frac{四○}{一九}$$

㈡每 $\frac{三}{四○}$ 粒內有一粒為銅則百粒內之銅必為百粒所容之 $\frac{三}{四○}$ 次即每百粒內之銅為

$$\frac{\left(\frac{三}{四○}\right)}{一○○}=\frac{四○}{三○○}=七丄\frac{二}{一}$$

五題　求將$\frac{五}{三}$分爲大小兩分令兩分之較爲$\frac{一三}{四}$則其所求之

惟因$\frac{五}{三}$之$\frac{二}{一}$爲$\frac{一〇}{三}$又$\frac{一三}{四}$之$\frac{二}{一}$爲$\frac{一三}{二}$

大分必爲$\frac{一〇}{三}丄\frac{一三}{二}$即$\frac{一三〇}{五九}$其小分必爲$\frac{一〇}{三}丅\frac{一三}{二}$即$\frac{一三〇}{一九}$

小數各題

一題　欲求$\frac{\sqrt{三}}{一}$之同數至小數七位止問用何法

惟因$\frac{\sqrt{三}}{一}=\frac{\sqrt{三}\times\sqrt{三}}{\sqrt{三}}=\frac{三}{一\sqrt{三}}$則求三之平方根至七位而以三約之即得

二題　求$\sqrt{\frac{〇·〇一二}{五·〇四}}$之根至小數二位止

惟因$\frac{〇·〇一二}{五·〇四}=\frac{〇·〇〇一}{〇·四二}$ 左邊之分母分子求等得十二約得右式 再以一千乘其分母子

得$\frac{一}{四二〇}$故其所求之平方根

$=\sqrt{四二〇}=二〇·四九$

三題　有

$一六\left(\frac{五}{一}丅\frac{三}{一}\times\frac{五^{三}}{一}丄\frac{五}{一}\times\frac{五^{五}}{一}丅\frac{七}{一}\times\frac{五^{七}}{一}丄\cdots\cdots\right)丅\frac{二三九}{四}$

式求其相配之數至四位小數止

惟因級數中之

$\frac{五}{一}=〇·二$

$\frac{五^{三}}{一}=\frac{一〇^{三}}{二^{三}}=〇·〇〇八$

$\frac{五^{五}}{一}=\frac{一〇^{五}}{二^{五}}=〇·〇〇〇三二$

$\frac{五^{七}}{一}=\frac{一〇^{七}}{二^{七}}=〇·〇〇〇〇一二八$

故括弧內逐級之數

爲

$\frac{五}{一}=〇·二$

$\frac{三}{一}\times\frac{五^{三}}{一}=〇·〇〇二六六六$

$\frac{五}{一}\times\frac{五^{五}}{一}=〇·〇〇〇〇六四$

$\frac{七}{一}\times\frac{五^{七}}{一}=〇·〇〇〇〇〇一八$

其

$\frac{二三九}{四}=〇·〇一六七三$

所以其全式之同數必爲

$=一六(〇·二〇〇〇六丅〇·〇〇二六六六)丅〇·〇一六七三$

$=一六(〇·一九七四)丅〇·〇一六七三$

$=三·一五八四丅〇·〇一六七三$

$=二·一四一六$

四題　法國之三十二枚特略合于英國之三十五碼而地面一度之長當六十九英里半求當枚特若干

六十九英里半爲一七六○╳六九·五碼數（碼一千七百六十碼爲一英里）變之爲枚特數則

$$=\frac{三五}{一七六○╳六九·五}╳三二$$

$$=\frac{七}{三五二╳六九·五╳三二}$$

$$=\frac{七}{七八二八四八}$$

$$=一一一八三五·四二八五七$$

五題　一年之日法爲三六五·二四二二四　西國厤法每四年而閏一日每四百年內有三次當閏不閏求四百年共差若干

每四年加一日則一年日法之中數爲三六五丄$\frac{四}{一}$即三六五·二五　所以每年之差爲三六五·二五丅三六五·二四二二四＝○·○○七七六　而四百年之差爲○·○○七七六╳四○○＝三·一○四　惟四百年內應少加三日故其所求之差爲○·一○四

六題　有銅版厚○·○五寸其面爲一平方寸抽成銅絲長五十尺求其橫剖面之積

其銅之體積爲面之平方寸數與厚相乘即一╳○·○五＝○·○五　而絲之橫剖面積等于絲長之寸數（西法每尺爲十二寸）約銅之體積所以得$\frac{六○○}{○·○五}$＝○·○○○○八三三爲銅絲之橫剖面積

七題　有兩物相距一一·八七寸又有兩物相距九·九五寸量此相距時不能無毫釐之差惟知其差必在百分寸之一之四分之一以內若將兩距數相乘求其乘得之數之差應在何數之限內

二數相乘之積爲一一八·一○六五　惟其一一·八七之差可以在一一·八七丄$\frac{四}{一}$╳$\frac{一○○}{一}$與一一·八七丅$\frac{四}{一}$╳$\frac{一○○}{一}$之

間卽在 一一·八七丄〇·〇〇二五 與 一一·八七丅〇·〇〇二五 之間亦卽在 一一·八七二五 與 一一·八六七五 之間又以同理求得其 九·九五 之差可在 九·九五二五 與 九·九四七五 之間所以兩距相乘其極大之限可爲 一一·八七二五乂九·九五二五 極小之限可爲 一一·八六七五乂九·九四七五 故其乘得之數極大者爲 一一八·一六一〇五六二五 極小者爲 一一八·〇五一九五六二五 觀此兩數可見其相乘之積所有不能有差之限惟在整寸數而已言其小數可以有差也

乘法各題

一題 有 天^{二}丄巳天丄午 與 天^{四}丅甲天^{三}丄乙天^{二}丅丙天丄丁 求其相乘式內 天^{四} 之倍數

相乘式內能爲 天^{四} 方之項如

天^{二}·乙天^{二}丅巳天·甲天^{三}丄午天^{四}＝乙天^{四}丅甲巳天^{四}丄午天^{四}

＝(乙丅甲巳丄午)天^{四}

故其所求之倍數爲 乙丅甲巳丄午

二題 求將 $\frac{一}{六}$[天(天丄一)(天丄二)丄天(天丅一)(天丅二)]丄三(天丅一)天(天丄一) 式化之爲簡易之式

三題　已知

(甲丅乙)(天丅甲)(天丅乙)⊥(乙丅丙)(天丅乙)(天丅丙)⊥(丙丅甲)(天丅丙)(天丅甲)

等於

(甲丅乙)(乙丅丙)(丙丅甲)

欲求其證

答曰所設之數

＝天[六/二{(天⊥一)(天⊥二)⊥(天丅一)(天丅二)}⊥三/二(天丅一)(天⊥一)]

＝天[六/二{天^{二}⊥三天⊥二⊥天^{二}丅三天⊥二}⊥三/二(天^{二}丅一)]

＝天[三/天^{二}⊥三/二⊥三/二天^{二}丅三/二]

＝天·三/三天^{二}＝天^{三}

四題　有

甲(乙⊥丙)^{二}⊥乙(甲⊥丙)^{二}⊥丙(甲⊥乙)^{二}

式與

(甲⊥乙)(甲丅丙)(乙丅丙)⊥(甲丅乙)(甲丅丙)(乙⊥丙)丅(甲丅乙)(乙丅丙)(甲⊥丙)

式欲求兩式之較

答曰所設之第一式

＝(甲丅乙){天^{二}丅(甲⊥乙)天⊥甲乙}⊥(乙丅丙){天^{二}丅(乙⊥丙)天⊥乙丙}⊥(丙丅甲){天^{二}丅(丙⊥甲)天⊥甲丙}＝○×天^{二}丅{(甲^{二}丅乙^{二})天⊥(乙^{二}丅丙^{二})天⊥(丙^{二}丅甲^{二})天}⊥(甲丅乙)甲乙⊥(乙丅丙)乙丙⊥(丙丅甲)甲丙

＝(甲丅乙)甲乙⊥(乙丅丙)乙丙⊥(丙丅甲)甲丙

＝(甲丅乙)(甲乙丅甲丙丅乙丙⊥丙^{二})

＝(甲丅乙)(乙丅丙)(甲丅丙)

惟因其第一式

$$=甲乙^{2}+乙甲^{2}+甲丙^{2}+丙甲^{2}+乙丙^{2}+丙乙^{2}+六甲乙丙$$

而其第二式

$$=\{甲^{2}+(乙-丙)甲-乙丙\}(乙-丙)+(甲-乙)(甲乙+甲丙-乙丙-丙^{2}-甲乙+甲丙-乙丙+丙^{2})$$

$$=甲^{2}乙-甲^{2}丙+甲乙^{2}+甲丙^{2}-二甲乙丙-乙^{2}丙+乙丙^{2}+二甲^{2}丙-四甲乙丙+二乙^{2}丙$$

$$=甲乙^{2}+乙甲^{2}+甲丙^{2}+丙甲^{2}+乙丙^{2}+丙乙^{2}-六甲乙丙$$

所以求得其較為 一二甲乙丙

求最大公約數各題

一題 有 $甲^{2}+二乙^{2}+(甲+二乙)\sqrt{甲乙}$ 與 $甲^{2}-乙^{2}+(甲-乙)\sqrt{甲乙}$ 求其最大之公約數

答式

$$甲^{2}-乙^{2}+(甲-乙)\sqrt{甲乙}\,)\,甲^{2}+二乙^{2}+(甲+二乙)\sqrt{甲乙}\,(\,一$$
$$甲^{2}-乙^{2}+(甲-乙)\sqrt{甲乙}$$
$$\overline{三乙^{2}+三乙\sqrt{甲乙}}$$
$$=三乙\sqrt{乙}(\sqrt{甲}+\sqrt{乙})$$

$$\sqrt{甲}+\sqrt{乙}\,)\,甲^{2}+甲\sqrt{甲乙}-乙\sqrt{甲乙}-乙^{2}\,(\,甲\sqrt{甲}-乙\sqrt{乙}$$
$$甲^{2}+甲\sqrt{甲乙}$$
$$\overline{-乙\sqrt{甲乙}-乙^{2}}$$
$$-乙\sqrt{甲乙}-乙^{2}$$

○所以其最大之公約數為 $\sqrt{甲}+\sqrt{乙}$

又法其第一數

$$=甲^{2}+甲\sqrt{甲乙}+二乙\sqrt{甲乙}+二乙^{2}$$

$$=甲\sqrt{甲}(\sqrt{甲}+\sqrt{乙})+二乙\sqrt{乙}(\sqrt{甲}+\sqrt{乙})$$

$$=(甲\sqrt{甲}+二乙\sqrt{乙})(\sqrt{甲}+\sqrt{乙})$$

第二數

$$=甲^{2}+甲\sqrt{甲乙}-乙\sqrt{甲乙}-乙^{2}$$

$$=甲\sqrt{甲}(\sqrt{甲}+\sqrt{乙})-乙\sqrt{乙}(\sqrt{甲}+\sqrt{乙})$$

$$=(甲\sqrt{甲}-乙\sqrt{乙})(\sqrt{甲}+\sqrt{乙})$$

因 $甲\sqrt{甲}+二乙\sqrt{乙}$ 與 $甲\sqrt{甲}-乙\sqrt{乙}$ 無有大於一之公乘數所以 $\sqrt{甲}+\sqrt{乙}$ 為其最大之公約數

二題 有 $\frac{三}{天^{2}}+\frac{六}{一一天}\sqrt{天+一}-天-一$ 與 $天^{2}-\frac{四}{天}-\frac{四}{一}$ 求其最大之公約數

其算草之式如

三天丄六二天√天丄一丅天丄一)天四天丅四二(三

天丄二二天√天丄一丅三天丅三

丅二二天√天丄一丄四二天丄四二

＝丅二二√天丄一·{天丅二√天丄一}

三天丄六二天√天丄一丅天丅一

天丅三√天丄一)二天丄一二天√天丄一丅六天丅六(二天丄一三√天丄一

二天丅天√天丄一

一二天√天丄一丅六天丅六

一二天√天丄一丅六天丅六

○

所以天丅三√天丄一為所求之最大公約數

三題　有

甲天丄甲丅二甲乙天丄乙天丄甲乙丅二甲乙

與

二甲天丅五甲天丄三甲丅二乙天丄五甲乙天丅三甲乙

求其最大之公約數

其第一數

＝天(甲丅二甲乙丄乙)丄甲(甲丅二甲乙丄乙)

＝(甲丅乙)(天丄甲)

＝(甲丅乙)(天丄甲)(天丅甲天丄甲)(一)

第二數

＝二天(甲丅乙)丅五甲天(甲丅乙)丄三甲(甲丅乙)

＝(甲丅乙)(二天丅五甲天丄三甲)

＝(甲丅乙){二天(天丅甲)丅三甲(天丅甲)}

＝(甲丅乙)(天丅甲)(二天丅三甲)

＝(甲丅乙)(甲丄乙)(天丅甲)(天丄甲)(二天丅三甲)(二)

惟

因(一)(二)兩式內所有之公乘數不外乎甲丅乙與天丄甲所以所求之最大公約數為(甲丅乙)(天丄甲)

四題　有

二(地丅二地丅地丄二)天丄三(地丅一)天丅(二地丅地丅二地丄一)

與

三(地丅四地丄五地丅二)天丄七(地丅二地丄一)天丅(三地丅五地丅地丄一)

求其最大之公約數

第一數

$＝二\{地^{二}(地丅二)丅(地丅二)\}天^{三}丄三(地^{二}丅一)天^{二}丅\{地^{二}(二地丅一)丅(二地丅一)\}$

$＝(地^{二}丅一)\{二(地丅二)天^{三}丄三天^{二}丅二地丄一\}$

$＝(地^{二}丅一)\{二地(天^{三}丅一)丅四天^{二}(天丅一)丅(天^{二}丅一)\}$

$＝(天丅一)(地^{二}丅一)\{二地(天^{二}丄天丄一)丅四天^{二}丅天丅一\}$　㊀

第二數

$＝三\{地(地^{二}丅二地丄一)丅二(地^{二}丅二地丄一)\}天^{二}丄七(地丅一)^{二}天丅三地(地^{二}丅二地丄一)丅(地^{二}丅二地丄一)$

$＝(地丅一)^{二}\{(三地丅六)天^{二}丄七天丅三地丅一\}$

$＝(地丅一)^{二}\{三地(天^{二}丅一)丅六天(天丅一)丄天丅一\}$

$＝(天丅一)(地丅一)^{二}\{三地(天丄一)丅六天丄一\}$　㊁

惟因㊀㊁兩式之末乘數不能再變故其所求之最大公約數必爲 $(天丅一)(地丅一)$ 即 $天地丅天丅地丄一$

五題　求地爲何數則能令

$二(地^{二}丄地)天^{二}丄(一一地丅二)天丄四$

與

$二(地^{三}丄地^{二})天^{三}丄(一一地^{二}丅二地)天^{二}丄(地^{二}丄五地)天丄五地丅一$

有公約數

惟因

$二(地^{二}丄地)天^{二}丄(一一地丅二)天丄四)\ 二(地^{三}丄地^{二})天^{三}丄(一一地^{二}丅二地)天^{二}丄(地^{二}丄五地)天丄五地丅一\ (地天$

$二(地^{三}丄地^{二})天^{三}丄(一一地^{二}丅二地)天^{二}丄四地天$

$(地^{二}丄地)天丄五地丅一$

$(地^{二}丄地)天丄五地丅一)\ 二(地^{二}丄地)天^{二}丄(一一地丅二)天丄四\ (二天$

$二(地^{二}丄地)天^{二}丄(一○地丅二)天$

$地天丄四$

$地天丄四)\ (地^{二}丄地)天丄五地丅一\ (地丄一$

$(地^{二}丄地)天丄四地丄四$

$地丅五$

所以如 $地丅五＝○$ 即 $地＝五$ 則所設之兩數能有公約數 $五天丄四$

六題　有

$六甲天^{二}丅六甲乙^{二}丅五四甲丅二一天^{二}丄二一乙^{二}丄一八九$

與

$六甲天^{五}丄六○甲丅二一天^{五}丅二一○$

及

$六甲乙^{二}丅一二甲丅二一乙^{二}丄四二$

欲求其最大之公約數

其第一數

＝（六甲丅二一）天丅（六甲丅二一）乙丅九（六甲丅二一）

＝（六甲丅二一）（天乙丅九）㊀

第二數

＝（六甲丅二一）（天⊥一〇）㊁

第三數

＝（六甲丅二一）（乙丅二）㊂

惟因㊀㊁㊂各

式中更無再大之公乘數故其最大之公約數爲六甲丅二一

七題 有 六甲天⊥四甲天丅一〇甲天地丅三甲天地丅二天地⊥五地 與 一〇甲天丅二甲天地丅六甲天地丅五甲天地⊥天地⊥三地 及 丅四甲天丅六甲乙天地⊥二甲乙天地丅二甲乙天⊥二天地⊥三甲乙地丅乙天地⊥乙地 欲求其最大之公約數

其第一數

＝二甲天（三甲天⊥二天）丅地（三甲天⊥二天）丅五地（二甲天丅地）

＝（二甲天丅地）（三甲天⊥二天丅五地）㊀

第二數

＝二甲天（五甲天丅三地）丅（五甲天丅三地）地丅（二甲天丅地）天地

＝（二甲天丅地）（五甲天丅三地丅天地）㊁

第三數

＝丅二甲天（二天⊥乙）地（二天⊥乙）丅二甲天（三甲乙地丅乙天地）⊥地（三甲乙地丅乙天地）

＝丅（二甲天丅地）（二天⊥乙⊥三甲乙地丅乙天地）㊂

惟因

㊀㊁㊂式之第二箇乘數中更無大於一之公約數所以其第一箇乘數丅（二甲天丅地）即地丅二甲天爲所求之最大公約數

八題 如以天⊥甲爲天⊥巳天⊥午與天⊥巳天⊥午之公約數則甲＝巳巳/午午求其證

其兩數天⊥巳天⊥午與天⊥巳天⊥午必能以公約數天⊥甲約之而無餘所以依

常法約之 天⊥甲天⊥巳天⊥午(天⊥巳T甲 / 天⊥甲天 ─ (巳T甲)天⊥午 (巳T甲)天⊥(巳T甲)甲
其餘數 =午T(巳T甲)甲=○
又以同理得 午T(巳T甲)甲=○
所以

其 午T午T(巳T巳)甲=○
即 甲＝巳巳/午午

九題 設有 (巳T一)T午(巳T一)⊥一=○
求證 天⊥午天⊥一
與 天⊥巳天⊥午天⊥一
有公乘數其形如 天⊥甲

惟因 天⊥午天⊥一
之一箇乘數爲 天⊥甲
則又一箇乘數必爲 天⊥甲二
方

能得末項爲一所以 午=甲⊥二

其 天⊥巳天⊥午天⊥一=天⊥(巳T一)天⊥天⊥午天⊥一
能以天⊥甲約之惟因式中之 天⊥午天⊥一
既能以天⊥甲約之所以

其 天⊥(巳T一)天
即 天(天⊥巳T一)
亦能以天⊥甲約之則 巳T一=甲
所以 午=巳T一⊥巳T一
即 (巳T一)T午(巳T一)⊥一=○

又法依代數之理因兩數俱能以天⊥甲約之則 甲T午甲⊥一=○
又 甲⊥巳甲T午甲⊥一=○
所

以依減法得 甲T(巳T一)甲=○
即 甲=巳T一
所以 (巳T一)T午(巳T一)⊥一=○

求最小公乘數各題

一題 有 三天T一一天⊥六
與 二天T七天⊥三
及 六天T七天⊥二
求其最小之公乘數

(一) 三天^{二}丅一一天丄六＝三天(天丅三)丅二(天丅三)＝(三天丅二)(天丅三)

(二) 二天^{二}丅七天丄三＝二天(天丅三)丅(天丅三)＝(二天丅一)(天丅三)

(三) 六天^{二}丅七天丄二＝三天(二天丅一)丅二(二天丅一)＝(三天丅二)(二天丅一)

(一)(二)兩式之最大公約數為天丅三所以(一)與(二)

之最小公乘數必為(三天丅二)(二天丅一)(天丅三) (四) 又(三)與(四)之最大公約數為(三天丅二)(二天丅一)

所以所求之最小公乘數為(三天丅二)(二天丅一)(天丅三)
＝(六天^{二}丅七天丄二)(天丅三)
＝六天^{三}丅二五天^{二}丄二三天丅六

二題 求天^{三}丅三天^{二}丄三天丅一與天^{三}丅天^{二}丅天丄一及天^{四}丅二天^{三}丄二天丅一又天^{四}丅二天^{三}丄二天^{二}丅二天丄一之最小公乘數

(一) 天^{三}丅三天^{二}丄三天丅一＝(天丅一)^{三}

天^{三}丅天^{二}丅天丄一
＝天^{二}(天丅一)丅(天丅一)
＝(天^{二}丅一)(天丅一)
＝(天丅一)^{二}(天丄一) (二)

天^{四}丅二天^{三}丄二天丅一
＝天^{二}(天^{二}丅二天丄一)丅(天^{二}丅二天丄一)
＝(天丅一)^{二}(天^{二}丅一)＝(天丅一)^{三}(天丄一) (三)

天^{四}丅二天^{三}丄二天^{二}丅二天丄一
＝天^{二}(天^{二}丅二天丄一)丄天^{二}丅二天丄一
＝(天丅一)^{二}(天^{二}丄一) (四)

惟因(一)(三)

兩式之最大公約數為(天丅一)^{三}所以其最小之公乘數必為(天丅一)^{三}(天丄一) (五) 又(二)(四)兩式之最大公約數為(天丅一)^{二}所以其最小之公乘數為(天丅一)^{二}(天丄一)(天^{二}丄一) (六) 又因(五)(六)兩式之最大公約數為(天丅一)^{二}(天丄一)所以所

求之最小公乘數爲

$$(天-一)(天+一)(天^{二}+一)$$

$$=(天^{四}-二天^{三}+二天-一)(天^{二}+一)$$

$$=天^{六}-二天^{五}+天^{四}-天^{二}+二天-一$$

三題　如 $天^{二}+甲天+乙$ 與 $天^{二}+甲'天+乙'$ 之最大公約數爲 $天+丙$ 則必以

$$天^{三}+(甲+甲'-丙)天^{二}+(甲甲'-丙^{二})天+(甲-丙)(甲'-丙)丙$$

爲最小公乘數求其證

所求之最小公乘數

$$=\frac{天+丙}{天^{二}+甲天+乙}(天^{二}+甲'天+乙')$$

$$天+丙)天^{二}+甲天+乙(天+甲-丙$$

$$\begin{array}{l}天^{二}+丙天\\ \hline (甲-丙)天+乙\\ (甲-丙)天+(甲-丙)丙\\ \hline 乙-(甲-丙)丙\end{array}$$

因 $天^{二}+甲天+乙$ 能以 $天+丙$ 度之則其餘數 $乙-(甲-丙)丙=〇$ 又其 $乙'-(甲'-丙)丙=〇$ 因 $天^{二}+甲'天+乙'$ 亦能以 $天+丙$ 度之之故也

所以其最小之公乘數必爲

$$=(天+甲-丙)(天^{二}+甲'天+乙')$$

$$=天^{三}+(甲+甲'-丙)天^{二}+\{乙'+(甲-丙)甲'\}天+(甲-丙)乙'$$

$$=天^{三}+(甲+甲'-丙)天^{二}+(甲甲'-丙^{二})天+(甲-丙)(甲'-丙)丙$$

化分各題

一題　求將 $\frac{三}{天(天+一)(天+二)}-\frac{一\times二\times三}{天(天+一)(二天+一)}$ 式化之爲簡易之式

答曰所設之分數

$$=\frac{三}{天(天+一)}\left\{\frac{一}{天+二}-\frac{二}{二天+一}\right\}$$

$$=\frac{三}{天(天+一)}\left\{\frac{一}{天+二}-\frac{一}{天+\frac{一}{二}}\right\}$$

$$=\frac{三}{天(天+一)}\cdot\frac{二}{三}$$

$$=\frac{二}{天(天+一)}$$

二題　求將 $\frac{天^{卯}丅一}{天^{三卯}}丅\frac{天^{卯}丄一}{天^{二卯}}丅\frac{天^{卯}丅一}{一}丄\frac{天^{卯}丄一}{一}$ 式化之爲簡易之式

答曰所設之分數

$=\frac{天^{卯}丅一丅天^{卯}丄一}{天^{二卯}丅一丅天^{二卯}丅一}$

$=天^{二卯}丄天^{卯}丄一丅(天^{卯}丅一)$

$=天^{二卯}丄二$

代數難題一　化分

三題　求將 $\frac{(甲^{三}丅乙^{三})(天^{二}丅甲^{二})}{甲^{二}丄乙^{二}丄甲乙}丅\frac{(甲丅乙)(天丅甲)}{天^{二}}$ 式化之爲簡易之式

因其 $甲^{三}丅乙^{三}=(甲丅乙)(甲^{二}丄乙^{二}丄甲乙)$ 所以其分數

$=\frac{(甲丅乙)(天^{二}丅甲^{二})}{一}丅\frac{(甲丅乙)(天丅甲)}{天^{二}}$

$=\frac{(甲丅乙)(天丅甲)}{天^{二}丄甲^{二}}丅\frac{(甲丅乙)(天丅甲)}{天^{二}}$

$=\frac{(甲丅乙)(天丅甲)}{甲^{二}}$

四題　求將 $\frac{(甲丅乙)(甲丅丙)(天丄甲)}{一}丅\frac{(甲丅乙)(乙丅丙)(天丄乙)}{一}丄\frac{(甲丅丙)(乙丅丙)(天丄丙)}{一}$ 式化之爲簡易之式

代數難題一　化分

答曰式 $=\frac{(甲丅乙)(甲丅丙)(乙丅丙)(天丄甲)(天丄乙)(天丄丙)}{(乙丅丙)(天丄乙)(天丄丙)丅(甲丅丙)(天丄甲)(天丄丙)丄(甲丅乙)(天丄甲)(天丄乙)}$

其分子

$=(乙丅丙)\{天^{二}丄(乙丄丙)天丄乙丙\}丅(甲丅丙)\{天^{二}丄(甲丄丙)天丄甲丙\}丄(甲丅乙)\{天^{二}丄(甲丄乙)天丄甲乙\}$

$=\{乙丅丙丅(甲丅丙)丄甲丅乙\}天^{二}丄(乙^{二}丅丙^{二}丅甲^{二}丄丙^{二}丄甲^{二}丅乙^{二})天丄(乙丅丙)乙丙丅(甲丅丙)甲丙丄(甲丅乙)甲乙$

$=(甲丅乙)甲乙丅(甲丅丙)甲丙丄(乙丅丙)乙丙$

$=甲(甲乙丅甲丙丄丙^{二})丅乙(甲乙丅乙丙丄丙^{二})$

$=甲(甲乙丅甲丙丅乙丙丄丙^{二})丅乙(甲乙丅甲丙丅乙丙丄丙^{二})$

$=(甲丅乙)(甲乙丅甲丙丅乙丙丄丙^{二})$

$=(甲丅乙)(甲丅丙)(乙丅丙)$

所以

$=\frac{(天丄甲)(天丄乙)(天丄丙)}{一}$

五題　求將

$$乙丙\cdot\frac{甲+丁}{(甲-乙)(甲-丙)}-甲丙\cdot\frac{乙+丁}{(乙-甲)(乙-丙)}+甲乙\cdot\frac{丙+丁}{(丙-甲)(丙-乙)}$$

式化之為簡易之式

答曰

$$乙丙\cdot\frac{甲+丁}{(甲-乙)(甲-丙)}-甲丙\cdot\frac{乙+丁}{(甲-乙)(乙-丙)}+甲乙\cdot\frac{丙+丁}{(甲-丙)(乙-丙)}$$

$$=\frac{乙丙(甲+丁)(乙-丙)-甲丙(乙+丁)(甲-丙)+甲乙(丙+丁)(甲-乙)}{(甲-乙)(乙-丙)(甲-丙)}$$

其分子

$$=乙丙(甲乙-甲丙+乙丁-丙丁)-甲丙(甲乙-乙丙+甲丁-丙丁)+甲乙(甲丙-乙丙+甲丁-乙丁)$$

$$=甲乙^2丙-甲乙丙^2+乙^2丙丁-乙丙^2丁-甲^2乙丙+甲乙丙^2-甲^2丙丁+甲丙^2丁+甲^2乙丙-甲乙^2丙+甲^2乙丁-甲乙^2丁$$

$$=乙^2丙丁-乙丙^2丁-甲^2丙丁+甲丙^2丁+甲^2乙丁-甲乙^2丁$$

$$=丁(乙^2丙-乙丙^2-甲^2丙+甲丙^2+甲^2乙-甲乙^2)$$

其分母

$$=(甲-乙)(甲乙-乙丙-甲丙+丙^2)$$

$$=甲^2乙-甲乙丙-甲^2丙+甲丙^2-甲乙^2+乙^2丙+甲乙丙-乙丙^2$$

$$=乙^2丙-乙丙^2-甲^2丙+甲丙^2+甲^2乙-甲乙^2$$

所以得最簡之式

$$=丁$$

六題　求將

$$\frac{甲+乙}{甲乙}(甲^2+乙^2-丙^2)+\frac{乙+丙}{乙丙}(乙^2+丙^2-甲^2)+\frac{甲+丙}{甲丙}(甲^2+丙^2-乙^2)$$

式化之為簡易之式

第一項

$$=\left(\frac{一}{甲}+\frac{一}{乙}\right)(甲^2+乙^2-丙^2)=甲+\frac{乙^2}{甲}-\frac{丙^2}{甲}+\frac{甲^2}{乙}+乙-\frac{丙^2}{乙}$$

第二項

$$=\left(\frac{一}{乙}+\frac{一}{丙}\right)(乙^2+丙^2-甲^2)=乙+\frac{丙^2}{乙}-\frac{甲^2}{乙}+\frac{乙^2}{丙}+丙-\frac{甲^2}{丙}$$

第三項

$$=\left(\frac{一}{甲}+\frac{一}{丙}\right)(甲^2+丙^2-乙^2)=甲+\frac{丙^2}{甲}-\frac{乙^2}{甲}+\frac{甲^2}{丙}+丙-\frac{乙^2}{丙}$$

所以題式

$$=二甲+二乙+二丙=二(甲+乙+丙)$$

七題　求將

(甲丄丙丄乙)/(甲丅(乙丅丙))丄(甲丄乙丅丙)/(乙丅(丙丅甲))丄(乙丄丙丅甲)/(丙丅(甲丅乙))

式化之爲簡易之式

第一項

＝(甲丄丙丄乙)(甲丄丙丅乙)/[甲丄(乙丄丙)][甲丅(乙丄丙)]＝甲丄乙丄丙/甲丄乙丄丙

第二項

＝(甲丄乙丄丙)(甲丄乙丅丙)/[乙丄(丙丅甲)][乙丅(丙丅甲)]＝甲丄乙丄丙/乙丄丙丅甲

第三項

＝(乙丄丙丄甲)(乙丄丙丅甲)/[丙丄(甲丅乙)][丙丅(甲丅乙)]＝甲丄乙丄丙/丙丄甲丅乙

所以題式

＝甲丄乙丄丙/甲丄乙丄丙＝一

八題　求將

＝(天丅一丄一/(一丄四丅天/天))/一

式化之爲簡易之式

答曰其式

＝(天丅一丄一/(四丅天/(四丅天丅天)))/一＝(天丅一丄四/(四丅天))/一

＝(四天丅四丄四丅天/四)/一＝三天/四

九題　求將

甲三(乙三丄二乙丙丅丙三)丅甲乙(二乙三丄三乙丙丅丙三)丅甲二(乙二丅丙二)/甲三(乙丅丙)丅甲乙(二乙二丅乙丙丅丙二)丄乙二(乙丄丙)

式化之爲簡易之式

答曰其所設之分數以$乙丄丙$約之則

$$=\frac{甲^{二}(乙丄丙)丅甲乙(二乙丄丙)丄甲乙^{二}}{甲^{二}(乙丅丙)丅甲乙(二乙丅丙)丄乙^{三}}$$

$$=\frac{甲乙(甲丅乙)^{二}丄甲^{二}丙(甲丅乙)}{乙(甲丅乙)^{二}丅甲丙(甲丅乙)}$$

$$=\frac{甲乙(甲丅乙)丄甲^{二}丙}{乙(甲丅乙)丅甲丙}$$

$$=\frac{甲^{二}(乙丄丙)丅甲乙^{二}}{甲(乙丅丙)丅乙^{二}}$$

即

$$\frac{甲}{一}\cdot\frac{甲(乙丄丙)丅乙^{二}}{甲(乙丅丙)丅乙^{二}}$$

十題　求將

$$\frac{(乙丙丅乙丁丄丙^{二}丅丙丁)甲丄三(乙^{二}丙丄乙丙^{二}丅乙^{二}丁丅乙丙丁)}{(丙丅丁)甲^{二}丄六(乙丙丅乙丁)甲丄九(乙^{二}丙丅乙^{二}丁)}$$

式化之為簡易之式

其分子

$$=(丙丅丁)甲^{二}丄六乙(丙丅丁)甲丄九乙^{二}(丙丅丁)$$

分母

$$=[乙(丙丅丁)丄丙(丙丅丁)]甲丄三[乙^{二}(丙丅丁)丄乙丙(丙丅丁)]$$

所以其分數以$丙丅丁$約之

$$=\frac{(乙丄丙)甲丄三(乙^{二}丄乙丙)}{甲^{二}丄六甲乙丄九乙^{二}}$$

$$=\frac{(乙丄丙)(甲丄三乙)}{甲(甲丄三乙)丄三乙(甲丄三乙)}=\frac{乙丄丙}{甲丄三乙}$$

十一題　求將

$$\frac{天丅八丅二天^{三}丄一二地^{三}丅三(天地)^{三}}{天丅四丅三天^{三}丄四地^{三}丅(天地)^{三}}$$

式化之為簡易之式

答曰所設之分數

$$=\frac{天^{三}(天^{三}丅四)丄二(天^{三}丅四)丅三地^{三}(天^{三}丅四)}{天^{三}(天^{三}丅四)丄天^{三}丅四丅地^{三}(天^{三}丅四)}$$

$$=\frac{(天^{三}丅四)(天^{三}丅三地^{三}丄二)}{(天^{三}丅四)(天^{三}丅地^{三}丄一)}$$

$$=\frac{天^{三}丅三地^{三}丄二}{天^{三}丅地^{三}丄一}$$

十二題　設有

$$天=\frac{甲+乙}{四甲乙}$$

求

$$\frac{天-二甲}{天+二甲}+\frac{天-二乙}{天+二乙}$$

式之同數

惟因

$$\frac{天-二甲}{天+二甲}+\frac{天-二乙}{天+二乙}=\frac{天^{二}-二(甲+乙)天+四甲乙}{二天^{二}-八甲乙}$$

又因

$$天=\frac{甲+乙}{四甲乙}$$

則

$$(甲+乙)天=四甲乙$$

所以所求之同數

$$=\frac{天^{二}-四甲乙}{二天^{二}-八甲乙}=二$$

十三題　設有

$$天=\frac{二}{甲^{卯}+乙^{卯}}$$

求

$$\frac{二卯甲^{卯}-二卯天}{甲^{卯}}+\frac{二卯乙^{卯}-二卯天}{乙^{卯}}$$

式之同數

惟因

$$二天=甲^{卯}+乙^{卯}$$

所以

$$二卯天=卯甲^{卯}+卯乙^{卯}$$

故其所求之同數

$$=\frac{卯甲^{卯}-卯乙^{卯}}{甲^{卯}}+\frac{卯乙^{卯}-卯甲^{卯}}{乙^{卯}}$$

$$\frac{卯甲^{卯}-卯乙^{卯}}{甲^{卯}}-\frac{卯甲^{卯}-卯乙^{卯}}{乙^{卯}}$$

$$=\frac{卯(甲^{卯}-乙^{卯})}{甲^{卯}-乙^{卯}}=\frac{卯}{一}$$

代數難題解法卷二

英國倫德編輯

英國 傅蘭雅 口譯

金匱 華蘅芳 筆述

開方乘方各題

一題　求證

$$\left(天-\frac{三\rfloor}{天^{三}}+\frac{五\rfloor}{天^{五}}-\cdots\cdots\right)^{二}+\left(一-\frac{二\rfloor}{天^{二}}+\frac{四\rfloor}{天^{四}}-\cdots\cdots\right)^{二}$$

式之總數等于一

依開方之公理其第一項平方

$$=天^{二}-\frac{三}{天^{四}}+\frac{三\times四\times五}{天^{六}}-\cdots\cdots+\frac{三\times三}{天^{六}}-\cdots\cdots$$

第二項平方

$$=一-天^{二}+\frac{三\times四}{天^{四}}-\frac{三\times四\times五\times六}{天^{六}}+\cdots\cdots+\frac{四}{天^{四}}-\frac{二\times三\times四}{天^{六}}+\cdots\cdots$$

所以其總數

$=1+\left\{\frac{三\times四}{一}+\frac{四\times三}{一}\right\}天^{四}+\left\{\frac{三\times四\times五}{一}+\frac{三\times三}{一}+\frac{三\times四\times五\times六}{一}-\frac{二\times三\times四}{一}\right\}天^{六}+\cdots\cdots$

$=1+0+0+\cdots\cdots$

$=1$

二題　求 $四\{(甲^{二}-乙^{二})丙丁+(丙^{二}-丁^{二})甲乙\}+\{(甲^{二}-乙^{二})(丙^{二}-丁^{二})+四甲乙丙丁\}^{二}$ 式之平方根但不可用常法求之

所設之式

$=四(甲^{二}-乙^{二})丙^{二}丁^{二}+四(丙^{二}-丁^{二})甲^{二}乙^{二}+八(甲^{二}-乙^{二})(丙^{二}-丁^{二})甲乙丙丁$
$+(甲^{二}-乙^{二})^{二}(丙^{二}-丁^{二})^{二}+八(甲^{二}-乙^{二})(丙^{二}-丁^{二})甲乙丙丁+一六甲^{二}乙^{二}丙^{二}丁^{二}$

$=(甲^{二}+乙^{二})\{(丙^{二}-丁^{二})^{二}+四丙^{二}丁^{二}\}+四甲^{二}乙^{二}\{(丙^{二}-丁^{二})^{二}+四丙^{二}丁^{二}\}$

$=\{(甲^{二}-乙^{二})^{二}+四甲^{二}乙^{二}\}\{(丙^{二}-丁^{二})^{二}+四丙^{二}丁^{二}\}$

$=\{甲^{四}+二甲^{二}乙^{二}+乙^{四}\}\{丙^{四}+二丙^{二}丁^{二}+丁^{四}\}$

$=(甲^{二}+乙^{二})^{二}(丙^{二}+丁^{二})^{二}$

故其所求之根

$=(甲^{二}+乙^{二})(丙^{二}+丁^{二})$

三題　求 $(天+甲)(天+乙)(天+丙)$ 之平方式內天之倍數

所設之式其平方為

$\{(天+甲)(天+乙)(天+丙)\}^{二}=$

$[天^{三}+(甲+乙+丙)天^{二}+(甲乙+甲丙+乙丙)天+甲乙丙]\times$

$[天^{三}+(甲+乙+丙)天^{二}+(甲乙+甲丙+乙丙)天+甲乙丙]$

此相乘之積內天之

倍數

$＝甲乙丙(甲丄乙丄丙)丄(甲乙丄甲丙丄乙丙)^{二}丄甲乙丙(甲丄乙丄丙)$

$＝甲^{二}乙^{二}丄甲^{二}丙^{二}丄乙^{二}丙^{二}丄四甲乙丙(甲丄乙丄丙)$

四題　求證任何整數其本整數之立方與其前後二整數之立方之和必能以本整數之三倍數約之

令 $甲丅一$、$甲$、$甲丄一$ 爲三箇整數則

$(甲丅一)^{三}丄甲^{三}丄(甲丄一)^{三}＝甲^{三}丅三甲^{二}丄三甲丅一丄甲^{三}丄甲^{三}丄三甲^{二}丄三甲丄一$

$＝三甲^{三}丄六甲$

$＝三甲(甲^{二}丄二)$

卽必能以 $三甲$ 約之

五題　求證 $巳^{二}申＝未^{二}$ 又 $午＝\frac{巳^{二}}{四}丄二\sqrt{申}$ 則 $天^{四}丄巳天^{三}丄午天^{二}丄未天丄申$ 爲正方式

先令 $天^{四}丄巳天^{三}丄午天^{二}丄未天丄申$ 爲正方式而以 $(天^{二}丄甲天丄乙)^{二}$ 明之則 $天^{四}丄巳天^{三}丄午天^{二}丄未天丄申$ 與 $天^{四}丄二甲天^{三}丄(甲^{二}丄二乙)天^{二}丄二甲乙天丄乙^{二}$ 必相等所以

其 $巳＝二甲$
$午＝甲^{二}丄二乙$
$未＝二甲乙$
$申＝乙^{二}$
所以 $巳^{二}申＝四甲^{二}乙^{二}＝未^{二}$

又 $午＝甲^{二}丄二乙$
$＝\frac{巳^{二}}{四}丄二\sqrt{申}$

六題　設 $甲天^{三}丄乙天^{二}丄丙天丄丁$ 爲正立方式求甲乙丙丁四數之相關

令 $甲天^{三}丄乙天^{二}丄丙天丄丁$ 爲正立方式而以 $(寅天丄卯)^{三}$ 明之則 $甲天^{三}丄乙天^{二}丄丙天丄丁$ 與 $寅^{三}天^{三}丄三寅^{二}卯天^{二}丄三寅卯^{二}天丄卯^{三}$ 必相等所以

其 $甲＝寅^{三}$
$乙＝三寅^{二}卯$
$丙＝三寅卯^{二}$
$丁＝卯^{三}$
所以 $\frac{丙^{三}}{乙^{三}}＝\frac{二七寅^{三}卯^{六}}{二七寅^{六}卯^{三}}$
$＝\frac{卯^{三}}{寅^{三}}＝\frac{丁}{甲}$
卽 $甲丙^{三}＝丁乙^{三}$
又 $乙^{二}＝九寅^{四}卯^{二}$
$＝三寅^{三}丙＝三甲丙$

七題　設 $甲天^{四}+乙天^{三}+丙天^{二}+丁天+戊$ 為正四方式求甲乙丙丁戊之相關

令 $甲天^{四}+乙天^{三}+丙天^{二}+丁天+戊$ 為正四方式而以 $(寅天+卯)^{四}$ 明之則 $甲天^{四}+乙天^{三}+丙天^{二}+丁天+戊$ 與 $寅^{四}天^{四}+四寅^{三}卯天^{三}+六寅^{二}卯^{二}天^{二}+四寅卯^{三}天+卯^{四}$ 必相等所以

其

$甲=寅^{四}$

$乙=四寅^{三}卯$

$丙=六寅^{二}卯^{二}$

$丁=四寅卯^{三}$

$戊=卯^{四}$

$\therefore 乙丙=二四寅^{五}卯^{三}$

又

$甲丁=四寅^{五}卯^{三}$

$\therefore 乙丙=六甲丁$　㊀

又

$丙丁=二四寅^{三}卯^{五}$

與

$乙戊=四寅^{三}卯^{五}$

$\therefore 丙丁=六乙戊$　㊁

又

$乙丁=一六寅^{四}卯^{四}=一六甲戊$　㊂

無理之根式各題

一題　求將 $\frac{乙-丙}{甲乙}\pm\sqrt{\frac{(乙-丙)^{二}}{甲^{二}乙^{二}}-\frac{乙-丙}{甲乙}}$ 式化之為簡易之式

二題　求將 $\frac{\sqrt{二}\sqrt{五\pm\sqrt{五}}}{\frac{四}{二}(\sqrt{五}-一)}$ 式化之為簡易之式

答式

$=\frac{乙-丙}{甲乙}\pm\frac{乙-丙}{甲乙}\sqrt{一-\frac{乙}{乙-丙}}$

$=\frac{乙-丙}{甲乙}\left\{一\pm\frac{\sqrt{乙}}{\sqrt{丙}}\right\}=\frac{\sqrt{乙}(乙-丙)}{甲乙(\sqrt{乙}\mp\sqrt{丙})}$

$=\frac{(\sqrt{乙}+\sqrt{丙})(\sqrt{乙}-\sqrt{丙})}{甲\sqrt{乙}(\sqrt{乙}\mp\sqrt{丙})}=\frac{\sqrt{乙}\pm\sqrt{丙}}{甲\sqrt{乙}}$

答式

$=\frac{\sqrt{二}\sqrt{五\pm\sqrt{五}}}{\sqrt{五}-一}=\sqrt{\frac{二(五\pm\sqrt{五})}{(\sqrt{五}-一)^{二}}}$

$=\sqrt{\frac{二(五\pm\sqrt{五})}{六-二\sqrt{五}}}=\sqrt{\frac{五\pm\sqrt{五}}{三-\sqrt{五}}}$

$=\sqrt{\frac{二五-五}{(三+\sqrt{五})(五+\sqrt{五})}}=\sqrt{\frac{二〇}{二〇+八\sqrt{五}}}$

$=\sqrt{五\mp二\sqrt{五}}$

三題　求將 $\frac{\sqrt[三]{天^{四}}+\sqrt[三]{天地^{二}}-\sqrt[三]{天^{二}地}-\sqrt[三]{地^{四}}}{\sqrt[三]{天^{四}}+\sqrt[三]{天^{二}地^{二}}+\sqrt[三]{天^{二}地}}$ 式化之為簡易之式

答式

$$=\frac{\text{天}^{\frac{三}{四}}+\text{天}^{\frac{三}{一}}\text{地}-\text{天}\text{地}^{\frac{三}{一}}-\text{地}^{\frac{三}{四}}}{\text{天}^{\frac{三}{四}}+\text{天}^{\frac{三}{二}}\text{地}^{\frac{三}{二}}-\text{天}\text{地}^{\frac{三}{一}}}=\frac{\text{天}^{\frac{三}{一}}(\text{天}+\text{地})-\text{地}^{\frac{三}{一}}(\text{天}+\text{地})}{\text{天}^{\frac{三}{二}}(\text{天}^{\frac{三}{二}}+\text{地}^{\frac{三}{二}}-\text{天}^{\frac{三}{一}}\text{地}^{\frac{三}{一}})}$$

$$=\frac{(\text{天}^{\frac{三}{一}}-\text{地}^{\frac{三}{一}})(\text{天}+\text{地})}{\text{天}^{\frac{三}{二}}(\text{天}^{\frac{三}{二}}-\text{天}^{\frac{三}{一}}\text{地}^{\frac{三}{一}}+\text{地}^{\frac{三}{二}})}$$

$$=\frac{(\text{天}^{\frac{三}{一}}-\text{地}^{\frac{三}{一}})(\text{天}^{\frac{三}{一}}+\text{地}^{\frac{三}{一}})(\text{天}^{\frac{三}{二}}-\text{天}^{\frac{三}{一}}\text{地}^{\frac{三}{一}}+\text{地}^{\frac{三}{二}})}{\text{天}^{\frac{三}{二}}(\text{天}^{\frac{三}{二}}-\text{天}^{\frac{三}{一}}\text{地}^{\frac{三}{一}}+\text{地}^{\frac{三}{二}})}$$

$$=\frac{\text{天}^{\frac{三}{二}}-\text{地}^{\frac{三}{二}}}{\text{天}^{\frac{三}{二}}}=\frac{\sqrt[三]{\text{天}^{二}}-\sqrt[三]{\text{地}^{二}}}{\sqrt[三]{\text{天}^{二}}}$$

四題 求將 $\sqrt{\text{甲}^{二}+\sqrt[三]{\text{甲}^{四}\text{乙}^{二}}}+\sqrt{\text{乙}^{二}+\sqrt[三]{\text{甲}^{二}\text{乙}^{四}}}$ 式化之為簡易之式

答式

$$=\sqrt{\text{甲}^{二}+\text{甲}^{\frac{三}{四}}\text{乙}^{\frac{三}{二}}}+\sqrt{\text{乙}^{二}+\text{甲}^{\frac{三}{二}}\text{乙}^{\frac{三}{四}}}$$

$$=\sqrt{\text{甲}^{\frac{三}{四}}(\text{甲}^{\frac{三}{二}}+\text{乙}^{\frac{三}{二}})}+\sqrt{\text{乙}^{\frac{三}{四}}(\text{甲}^{\frac{三}{二}}+\text{乙}^{\frac{三}{二}})}$$

$$=\sqrt{\text{甲}^{\frac{三}{二}}+\text{乙}^{\frac{三}{二}}}\cdot(\text{甲}^{\frac{三}{一}}+\text{乙}^{\frac{三}{一}})$$

$$=(\text{甲}^{\frac{三}{二}}+\text{乙}^{\frac{三}{二}})^{\frac{二}{三}}$$

五題 有 $\sqrt[天]{\text{甲}^{-\frac{地}{二}}}+\sqrt{\text{甲}^{\frac{地}{一}}\text{乙}}+二\sqrt[二]{\sqrt[未]{\text{乙}}}\cdot\sqrt[二]{\sqrt[天]{\sqrt[地]{\sqrt[未]{\text{甲}^{\text{天}-二\text{未}}}}}}$ 式欲求其平方根之式

將所設之式依分數指數之理明之得

$$\text{甲}^{-\frac{天地}{二}}+二\text{甲}^{\frac{二天地未}{天-二未}}\text{乙}^{\frac{二未}{一}}+\text{甲}^{\frac{未地}{一}}\text{乙}^{\frac{未}{一}}$$

$$=(\text{甲}^{-\frac{天地}{一}})^{二}+二\text{甲}^{-\frac{天地}{一}}\cdot\text{甲}^{\frac{二未地}{一}}\text{乙}^{\frac{二未}{一}}+(\text{甲}^{\frac{二未地}{一}}\text{乙}^{\frac{二未}{一}})^{二}$$

$$=(\text{甲}^{-\frac{天地}{一}}+\text{甲}^{\frac{二未地}{一}}\text{乙}^{\frac{二未}{一}})^{二}$$

所以其平方根式

$$=\text{甲}^{-\frac{天地}{一}}+\text{甲}^{\frac{二未地}{一}}\text{乙}^{\frac{二未}{一}}=\sqrt[天]{\text{甲}^{-\frac{地}{一}}}+\sqrt[二]{\sqrt[未]{\text{甲}^{\frac{地}{一}}\text{乙}}}$$

六題 求將 $\dfrac{\sqrt[3]{80}-\sqrt[5]{0.01}}{\sqrt[3]{5.12}+\sqrt[3]{0.03375}}$ 式化之為簡易之式

將其分母子各以 $\sqrt[3]{100}$ 乘之變為

$$\frac{\sqrt[3]{8000}-\sqrt[3]{1}}{\sqrt[3]{512}+\sqrt[3]{3.375}}=\frac{20-1}{8+1.5}=\frac{19}{9.5}=2$$

即 $\dfrac{2}{1}$

七題 已知 $\dfrac{\sqrt2+\sqrt{2+\sqrt3}}{2+\sqrt3}+\dfrac{\sqrt2-\sqrt{2-\sqrt3}}{2-\sqrt3}$ 等于 $\sqrt2$ 求其證

因 $\sqrt{2+\sqrt3}=\sqrt{\dfrac{4+2\sqrt3}{2}}=\dfrac{\sqrt3+1}{\sqrt2}$

又 $\sqrt{2-\sqrt3}=\sqrt{\dfrac{4-2\sqrt3}{2}}=\dfrac{\sqrt3-1}{\sqrt2}$

故所設之式

$$\frac{\sqrt2+\frac{\sqrt3+1}{\sqrt2}}{2+\sqrt3}+\frac{\sqrt2-\frac{\sqrt3-1}{\sqrt2}}{2-\sqrt3}$$

$$=\sqrt2\times\left\{\frac{3+\sqrt3}{2+\sqrt3}+\frac{3-\sqrt3}{2-\sqrt3}\right\}=\sqrt2\times\left\{\frac{9-3}{6-3+6-3}\right\}$$

$$=\sqrt2\times\frac{6}{6}=\sqrt2$$

八題 求將 $\dfrac{\sqrt{3+\sqrt5}+\sqrt{5-\sqrt5}}{\sqrt{3+\sqrt5}-\sqrt{5-\sqrt5}}$ 式化之為簡易之式

以分子通其分母子則

$$=\frac{3+\sqrt5-(5-\sqrt5)}{3+\sqrt5+5-\sqrt5-2\sqrt{3+\sqrt5}\cdot\sqrt{5-\sqrt5}}$$

$$=\frac{2\sqrt5-2}{8-2\sqrt{10+2\sqrt5}}=\frac{\sqrt5-1}{4-\sqrt{10+2\sqrt5}}$$

$$=\frac{4}{4(\sqrt5+1)-(\sqrt5+1)\sqrt{10+2\sqrt5}}$$

$$=\sqrt5+1-\tfrac{4}{4}\sqrt{6+2\sqrt5}\,\sqrt{10+2\sqrt5}$$

$$=\sqrt5+1-\tfrac{4}{4}\sqrt{80+32\sqrt5}$$

$$=\sqrt5+1-\sqrt{5+2\sqrt5}$$

九題 求將 $\sqrt{\dfrac{2+\sqrt{2+\sqrt2}}{2-\sqrt{2+\sqrt2}}}$ 式化之為簡易之式

以分子通其分母子則

$$=\frac{\sqrt{4-(2+\sqrt2)}}{2-\sqrt{2+\sqrt2}}=\frac{\sqrt{2-\sqrt2}}{2-\sqrt{2+\sqrt2}}=\frac{2-\sqrt2}{2\sqrt{2-\sqrt2}-\sqrt2\sqrt{2-\sqrt2}}$$

$$=\frac{4-2}{2\sqrt{2-\sqrt2}\cdot\sqrt{2+\sqrt2}\cdot\sqrt{2-\sqrt2}-(2+\sqrt2)\sqrt2}$$

$$=\sqrt{2+\sqrt2}\cdot\sqrt{2-\sqrt2}-1$$

十題　求將 $\frac{甲^{二}+二-二\sqrt{一-甲^{四}}}{\sqrt{一+甲^{二}}-\sqrt{一-甲^{二}}}$ 式化之爲簡易之式

答曰所設之式

$$=\frac{甲^{四}+四甲^{二}+四-(四-四甲^{四})}{(\sqrt{一+甲^{二}}-\sqrt{一-甲^{二}})(甲^{二}+二+二\sqrt{一-甲^{四}})}$$

$$=\frac{五甲^{四}+四甲^{二}}{(\sqrt{一+甲^{二}}-\sqrt{一-甲^{二}})[甲^{二}+(\sqrt{一+甲^{二}}+\sqrt{一-甲^{二}})^{二}]}$$

$$=\frac{五甲^{四}+四甲^{二}}{甲^{二}(\sqrt{一+甲^{二}}-\sqrt{一-甲^{二}})+二甲^{二}(\sqrt{一+甲^{二}}+\sqrt{一-甲^{二}})}$$

$$=\frac{五甲^{二}+四}{三\sqrt{一+甲^{二}}+\sqrt{一-甲^{二}}}$$

十一題　已知 $五^{\frac{四}{三}}\left\{\frac{二}{\sqrt{五}\pm一}\right\}^{\frac{二}{三}}$ 卽 $\frac{二}{五}\sqrt{二\pm\frac{五}{三}\sqrt{五}}$ 欲求其證

所設之第一式

$$=五^{\frac{四}{三}}\sqrt{\frac{二}{\sqrt{五}\pm一}}=\frac{\sqrt[四]{五}}{五}\sqrt{\frac{二}{\sqrt{五}\pm一}}=\frac{\sqrt{二}}{五}\sqrt{一\pm\frac{\sqrt{五}}{一}}$$

$$=\frac{二}{五}\sqrt{二\pm\frac{\sqrt{五}}{二}}=\frac{二}{五}\sqrt{二\pm\frac{五}{三}\sqrt{五}}$$

又題　已知 $五^{\frac{四}{三}}\left\{\frac{二}{\sqrt{五}\pm一}\right\}^{\frac{二}{五}}$ 卽 $\frac{二}{五}\sqrt{一〇\pm\frac{五}{二二}\sqrt{五}}$ 欲求其證

所設之第一式

$$五^{\frac{四}{三}}\left(\frac{二}{\sqrt{五}\pm一}\right)^{\frac{二}{五}}=五^{\frac{四}{三}}\left(\frac{二}{\sqrt{五}\pm一}\right)^{二}\sqrt{\frac{二}{\sqrt{五}\pm一}}$$

$$=\frac{二}{三\pm七\sqrt{五}}五^{\frac{四}{三}}\sqrt{\frac{二}{\sqrt{五}\pm一}}$$

從前題答式得

$$=\frac{二}{五}\sqrt{\frac{四}{(三\pm七\sqrt{五})^{二}}\left(二\pm\frac{五}{三}\sqrt{五}\right)}$$

$$=\frac{二}{五}\sqrt{\left(七\pm三\sqrt{五}\right)\left(一\pm\frac{五}{二}\sqrt{五}\right)}=\frac{二}{五}\sqrt{一〇\pm\frac{五}{二二}\sqrt{五}}$$

十二題　已知 $天=\frac{\sqrt{卯+一}}{\sqrt{卯-一}}$ 求 $\left(\frac{天-一}{一}\right)^{二}+\left(\frac{天+一}{天}\right)^{二}$ 式之同數

因

$$\frac{天-一}{天}=\frac{\sqrt{卯-一}-\sqrt{卯+一}}{\sqrt{卯-一}}$$

$$\frac{天+一}{天}=\frac{\sqrt{卯-一}+\sqrt{卯+一}}{\sqrt{卯-一}}$$

所以所求之同數

$$=\frac{二卯-二\sqrt{卯^{二}-一}}{卯-一}+\frac{二卯+二\sqrt{卯^{二}-一}}{卯-一}$$

$$=\frac{二}{卯-一}\left\{\frac{卯-\sqrt{卯^{二}-一}}{一}+\frac{卯+\sqrt{卯^{二}-一}}{一}\right\}$$

$$=\frac{二}{卯-一}\times\frac{一}{二卯}=卯(卯-一)$$

十三題　已知 $天=\frac{甲+乙+\sqrt{(甲+乙)^2+一-二甲乙}}{一-二甲乙}$ 求 $\frac{天-二甲}{天+二甲}+\frac{天-二乙}{天+二乙}$ 式之同數

所設之第二式 $=\frac{天^2-二(甲+乙)天+四甲乙}{二天^2-八甲乙}$ 如果其 $天=\frac{甲+乙+\sqrt{(甲+乙)^2+一-二甲乙}}{一-二甲乙}$ 則其天亦必 $=\frac{(甲+乙)^2-\{(甲+乙)^2+一-二甲乙\}}{一-二甲乙\{甲+乙-\sqrt{(甲+乙)^2+一-二甲乙}\}}$ $=\sqrt{(甲+乙)^2+一-二甲乙}-(甲+乙)$

而

$$二天^2-八甲乙=二(甲+乙)^2+一-六甲乙+二(甲+乙)^2-四(甲+乙)\sqrt{(甲+乙)^2+一-二甲乙}$$
$$=四(甲+乙)^2+一-六甲乙-四(甲+乙)\sqrt{(甲+乙)^2+一-二甲乙}$$

又

$$[天-(甲+乙)]^2=天^2-二(甲+乙)天+(甲+乙)^2$$
$$=(甲+乙)^2+一-二甲乙+四(甲+乙)^2-四(甲+乙)\sqrt{(甲+乙)^2+一-二甲乙}$$

所以

$$天^2-二(甲+乙)天+四甲乙=四(甲+乙)^2+一-六甲乙-四(甲+乙)\sqrt{(甲+乙)^2+一-二甲乙}$$

則其所求之同數＝一

十四題　已知 $天=\frac{一}{二}(甲+\sqrt{甲^2+四})$ 求 $\frac{一+天^3}{天^3+天}$ 式之同數

$$\frac{一+天^3}{天^3+天}=天^3\frac{一+天^3}{一+天^3}=\frac{一-天^3+天}{天^3}$$
$$=\frac{天^3+\frac{天^3}{三}-一}{一}=\frac{\sqrt{天+\frac{天}{三}+二}-一}{一}\quad ㊀$$

惟因 $天-\frac{二}{甲^2}=\frac{二}{甲}\sqrt{甲^2+四}$ 所以將式之左右兩邊各自乘

得 $天^2-甲^2天=甲^2$ 又 $\frac{天}{甲^2}=天-甲^2$ 即 $甲^2+\frac{天}{甲^2}=天$ 將㊀式之分母分子以甲乘之變

得

$$\frac{\sqrt{甲^2天+\frac{天}{甲^2}+二甲^2}-甲}{甲}=\frac{\sqrt{天^2+甲^2+\frac{天}{甲^2}}-甲}{甲}$$
$$=\frac{\sqrt{天^2+天}-甲}{甲}=\frac{\sqrt{四天^2+四天}-二甲}{二甲}$$
$$=\frac{\sqrt{(二天+一)^2-一}-二甲}{二甲}$$
$$=\frac{\sqrt{(甲^2+一+甲\sqrt{甲^2+四})^2-一}-二甲}{二甲}$$

十五題　求將 $\frac{卯^{三}丅三卯丄(卯^{二}丅一)\sqrt{卯^{二}丅四}丄二}{卯^{三}丅三卯丅(卯^{二}丅一)\sqrt{卯^{二}丅四}丄二}$ 式化之爲簡易之式

答曰所設之式

$$=\frac{(卯^{二}丅二卯丄一)卯丄(卯^{二}丅二卯丄一)丄二(卯丅一)\sqrt{卯^{二}丅四}}{(卯^{二}丄二卯丄一)卯丅(卯^{二}丄二卯丄一)丄二(卯丅一)\sqrt{卯^{二}丅四}}$$

$$=\frac{(卯丅一)^{二}(卯丄二)丄(卯丅一)\sqrt{卯^{二}丅四}}{(卯丄一)^{二}(卯丅二)丄(卯丅一)\sqrt{卯^{二}丅四}}$$

$$=\frac{(卯丅一)\sqrt{卯丄二}\{(卯丅一)\sqrt{卯丄二}丄(卯丄一)\sqrt{卯丅二}\}}{(卯丄一)\sqrt{卯丅二}\{(卯丄一)\sqrt{卯丅二}丄(卯丅一)\sqrt{卯丄二}\}}$$

$$=\frac{卯丅一}{卯丄一}\sqrt{\frac{卯丄二}{卯丅二}}$$

十六題　求將 $\left\{\frac{二天^{二}丄三丄天\sqrt{四天^{二}丄三}}{二天^{二}丄一丄天\sqrt{四天^{二}丄三}}\right\}^{\frac{一}{二}}$ 式化之爲簡易之式

答曰所設之式

$$=\left\{一丅\frac{二天^{二}丄三丄天\sqrt{四天^{二}丄三}}{二}\right\}^{\frac{一}{二}}$$

$$=\left\{一丅\frac{四天^{四}丄一二天^{二}丄九丅(四天^{二}丄三天)}{四天^{二}丄六丅二天\sqrt{四天^{二}丄三}}\right\}^{\frac{一}{二}}$$

$$=\left\{一丅\frac{九天^{二}丄九}{四天^{二}丄六丅二天\sqrt{四天^{二}丄三}}\right\}^{\frac{一}{二}}$$

$$=\left\{\frac{九(天^{二}丄一)}{五天^{二}丄三丄二天\sqrt{四天^{二}丄三}}\right\}^{\frac{一}{二}}$$

$$=\frac{三\sqrt{天^{二}丄一}}{天丄\sqrt{四天^{二}丄三}}$$

十七題　求將 $\frac{一丄天地\sqrt{\frac{一丄天^{二}}{一丅天^{二}}\cdot\frac{一丄地^{二}}{一丅地^{二}}}}{天地丅\sqrt{\frac{一丄天^{二}}{一丅天^{二}}\cdot\frac{一丄地^{二}}{一丅地^{二}}}}$ 式化之爲簡易之式

答曰所設之式

$$=\frac{\sqrt{(一丄天^{二})(一丄地^{二})}丄天地\sqrt{(一丅天^{二})(一丅地^{二})}}{天地\sqrt{(一丄天^{二})(一丄地^{二})}丅\sqrt{(一丅天^{二})(一丅地^{二})}}$$

$$=\frac{[\sqrt{(一丄天^{二})(一丄地^{二})}]^{二}丅[天地\sqrt{(一丅天^{二})(一丅地^{二})}]^{二}}{天地(一丄天^{二})(一丄地^{二})丄天地(一丅天^{二})(一丅地^{二})丅天^{二}地^{二}\sqrt{(一丅天^{四})(一丅地^{四})}丅\sqrt{(一丅天^{四})(一丅地^{四})}}$$

$$=\frac{一丄天^{二}丄地^{二}丄天^{二}地^{二}丅天^{二}地^{二}(一丅天^{二}丅地^{二}丄天^{二}地^{二})}{二天地(一丄天^{二}地^{二})丅(一丄天^{二}地^{二})\sqrt{(一丅天^{四})(一丅地^{四})}}$$

$$=\frac{一丄天^{二}丄地^{二}丅天^{二}地^{二}丄天^{二}地^{二}(一丄天^{二}丄地^{二}丅天^{二}地^{二})}{(一丄天^{二}地^{二})[二天地丅\sqrt{(一丅天^{四})(一丅地^{四})}]}$$

$$=\frac{(一丄天^{二}地^{二})(一丄天^{二}丄地^{二}丅天^{二}地^{二})}{(一丄天^{二}地^{二})[二天地丅\sqrt{(一丅天^{四})(一丅地^{四})}]}$$

$$=\frac{一丄天^{二}丄地^{二}丅天^{二}地^{二}}{二天地丅\sqrt{(一丅天^{四})(一丅地^{四})}}$$

十八題　求將 $\frac{一丅甲乙丄\sqrt{一丄乙^{二}}丅乙\sqrt{一丄甲^{二}}}{一丅甲乙丄\sqrt{一丄甲^{二}}丅甲\sqrt{一丄乙^{二}}}$ 式化之爲簡易之式

答曰所設之式其分子

$$=一丅甲丄\sqrt{一丄甲^{二}}丄甲(一丅乙丅\sqrt{一丄乙^{二}})$$

$$=一丅甲丄\sqrt{一丄甲^{二}}丅\frac{一}{二}(一丅甲丄\sqrt{一丄甲^{二}})(一丅甲丅\sqrt{一丄甲^{二}})(一丅乙丅\sqrt{一丄乙^{二}})$$

$$=(一丅甲丄\sqrt{一丄甲^{二}})[一丅\frac{一}{二}(一丅甲丅\sqrt{一丄甲^{二}})(一丅乙丅\sqrt{一丄乙^{二}})]$$

其分母爲分子中甲

乙互易之式即

$$=(一-乙+\sqrt{一+乙^{二}})[一-三(一-乙-\sqrt{一+乙^{二}})(一-甲-\sqrt{一+甲^{二}})]$$

所以求得簡易之式

$$=\frac{一-乙+\sqrt{一+乙^{二}}}{一-甲+\sqrt{一+甲^{二}}}$$

十九題 已知 $卯^{二}=\frac{二}{一+\sqrt{三}+\sqrt{二}\sqrt{三}}$ 求 $\sqrt{\frac{卯^{二}+一}{卯^{二}-一}}$ 式之同數

因

$$\frac{卯^{二}+一}{卯^{二}-一}=\frac{二卯^{二}+二}{二卯^{二}-二}=\frac{\sqrt{三}+三+\sqrt{二}\sqrt{三}}{\sqrt{三}-一+\sqrt{二}\sqrt{三}}$$

$$=一-\frac{\sqrt{三}+三+\sqrt{二}\sqrt{三}}{四}=一-\frac{一-二+六\sqrt{三}-二\sqrt{三}}{四(\sqrt{三}+三-\sqrt{二}\sqrt{三})}$$

$$=一-\frac{三+\sqrt{三}}{\sqrt{三}+三-\sqrt{二}\sqrt{三}}=\frac{三+\sqrt{三}}{\sqrt{二}\sqrt{三}}=\frac{\sqrt{三}}{\sqrt{二}\sqrt{三}}\cdot\frac{\sqrt{三}+一}{一}$$

$$=\frac{\sqrt{三}}{\sqrt{二}\sqrt{三}}\cdot\frac{三-一}{\sqrt{三}-一}=\frac{二\sqrt{三}}{\sqrt{二}\sqrt{三}}(\sqrt{三}-一)=\frac{\sqrt{二}\sqrt{三}}{\sqrt{三}-一}$$

故所求之同數 $=\sqrt{\frac{\sqrt{二}\sqrt{三}}{\sqrt{三}-一}}$

二十題 已知 $天=\frac{甲}{一}\sqrt{\frac{乙}{二甲}-一}$ 求 $\frac{一+甲天}{一-甲天}\sqrt{\frac{一-乙天}{一+乙天}}$ 式之同數

答曰

$$(一-甲天)\sqrt{一+乙天}=(一-\sqrt{\frac{乙}{二甲}-一})\sqrt{一+\frac{甲}{乙}\sqrt{\frac{乙}{二甲}-一}}$$

$$=\sqrt{(\frac{乙}{二甲}-二\sqrt{\frac{乙}{二甲}-一})(一+\frac{甲}{乙}\sqrt{\frac{乙}{二甲}-一})}$$

$$=\sqrt{\frac{乙}{二甲}-\frac{甲}{二乙}(\frac{乙}{二甲}-一)}$$

$$=\sqrt{\frac{乙}{二甲}-四+\frac{甲}{二乙}}$$

又其 $(一+甲天)\sqrt{一-乙天}$ 為 $(一-甲天)\sqrt{一+乙天}$ 式中以 $-甲$ 代甲

以 $-乙$ 代乙之式即 $=\sqrt{\frac{乙}{二甲}-四+\frac{甲}{二乙}}$ 所以得所求之同數 ＝一

二十一題 已知 $天=\frac{乙^{二}+一}{二甲乙}$ 求 $\frac{\sqrt{甲+天}+\sqrt{甲-天}}{\sqrt{甲+天}-\sqrt{甲-天}}$ 式之同數

其分數

$$=\frac{甲+天-(甲-天)}{(\sqrt{甲+天}+\sqrt{甲-天})^{二}}$$

$$=\frac{二天}{二甲+二\sqrt{甲^{二}-天^{二}}}$$

$$=\frac{天}{甲+\sqrt{甲^{二}-天^{二}}}$$

$$=\frac{天}{甲}+\sqrt{\frac{天^{二}}{甲^{二}}-一}$$

所以

$$=\frac{二乙}{乙^{二}+一}+\sqrt{\frac{四乙^{二}}{乙^{四}+二乙^{二}+一}-一}$$

$$=\frac{二乙}{乙^{二}+一}+\frac{二乙}{乙^{二}-一}=\frac{二乙}{二乙}=乙$$

二十二題 已知 $二戊=天\perp天^{\top一}$ 又 $二亥=地\perp地^{\top一}$ 求 $二(戊亥\top\sqrt{一\top戊^{二}}\cdot\sqrt{一\top亥^{二}})$ 式之同數

其 $\sqrt{一\top戊^{二}}=\sqrt{一\top\frac{四}{一}(天^{二}\perp天^{\top二}\perp二)}$

$=\sqrt{\frac{二}{一}\top\frac{四}{天^{二}}\top\frac{四}{天^{\top二}}}=\sqrt{\top\frac{四}{一}(天^{二}\top二\perp天^{\top二})}$

$=\frac{二}{\sqrt{\top一}}(天\top天^{\top一})$

又依同理得 $\sqrt{一\top亥^{二}}=\frac{二}{\sqrt{\top一}}(地\top地^{\top一})$ 所以其所求之同數

$=\frac{二}{一}(天\perp天^{\top一})(地\perp地^{\top一})\perp\frac{二}{一}(天\top天^{\top一})(地\top地^{\top一})$

$=\frac{二}{一}[天地\perp(天地)^{\top一}]\perp\frac{二}{一}(天地^{\top一}\perp天^{\top一}地)\perp\frac{二}{一}[天地\perp(天地)^{\top一}]\top\frac{二}{一}(天地^{\top一}\perp天^{\top一}地)$

$=天地\perp(天地)^{\top一}$

二十三題 已知 $天=\frac{二}{一}\left[\sqrt{\frac{乙}{甲}}\perp\sqrt{\frac{甲}{乙}}\right]$ 求 $\frac{天\perp\sqrt{一\top天^{二}}}{二甲\sqrt{一\top天^{二}}}$ 式之同數

惟因所設之分數 $=\frac{\top一}{二甲\sqrt{一\top天^{二}}(天\top\sqrt{一\top天^{二}})}$ 又 $天^{二}=\frac{四}{一}\left(\frac{乙}{甲}\perp\frac{甲}{乙}\perp二\right)$ 所以 $\sqrt{一\top天^{二}}=\sqrt{\frac{四}{一}\left(\frac{乙}{甲}\perp\frac{甲}{乙}\top二\right)}=\frac{二}{一}\left(\sqrt{\frac{乙}{甲}}\perp\sqrt{\frac{甲}{乙}}\right)$ 故其所求之同數

$=二甲(一\perp天^{二})\top二甲天\sqrt{一\perp天^{二}}$

$=二甲\cdot\frac{四}{一}\left(\frac{乙}{甲}\perp\frac{甲}{乙}\perp二\right)\top二甲\cdot\frac{四}{一}\left(\frac{乙}{甲}\top\frac{甲}{乙}\right)$

$=二甲\left(\frac{二}{一}\cdot\frac{甲}{乙}\perp\frac{二}{一}\right)=甲\perp乙$

二十四題 已知 $天=\left(\frac{甲\top乙}{甲\perp乙}\right)^{\frac{午\top巳}{二巳午}}$ 求 $\frac{二}{一}\cdot\frac{甲^{二}\perp乙^{二}}{甲^{二}\top乙^{二}}\left(\sqrt[巳]{天}\perp\sqrt[午]{天}\right)$ 式之同數

其

$$\sqrt[巳]{天}=\left(\frac{甲丄乙}{甲丅乙}\right)^{\frac{午丄巳}{二午}}$$

又

$$\sqrt[午]{天}=\left(\frac{甲丄乙}{甲丅乙}\right)^{\frac{午丄巳}{二巳}}$$

故所求之同數

$$=\frac{二}{一}\cdot\frac{甲丄乙}{甲丅乙}\cdot\left\{\left(\frac{甲丄乙}{甲丅乙}\right)^{\frac{午丄巳}{二午}}丄\left(\frac{甲丄乙}{甲丅乙}\right)^{\frac{午丄巳}{二巳}}\right\}$$

$$=\frac{二}{一}\cdot\frac{甲丄乙}{甲丅乙}\cdot\left(\frac{甲丄乙}{甲丅乙}\right)^{\frac{午丄巳}{二巳}}\left\{一丄\left(\frac{甲丅乙}{甲丄乙}\right)^{二}\right\}$$

$$=\frac{二}{一}\cdot\frac{甲丄乙}{甲丅乙}\cdot\left(\frac{甲丄乙}{甲丅乙}\right)^{\frac{午丄巳}{二巳}}\cdot\frac{(甲丄乙)^{二}}{二(甲丅乙)}$$

$$=\frac{甲丄乙}{甲丅乙}\cdot\left(\frac{甲丄乙}{甲丅乙}\right)^{\frac{午丄巳}{二巳}}=\left(\frac{甲丄乙}{甲丅乙}\right)^{\frac{午丄巳}{二巳}丄一}=\left(\frac{甲丄乙}{甲丅乙}\right)^{\frac{午丄巳}{午丄巳}}$$

一次式內有一未知之數各題

一題 有 $甲\sqrt{甲丄天}丄天\sqrt{甲丄天}=乙\sqrt{天}$ 式求其天之同數

答式

$$(甲丄天)\sqrt{甲丄天}=乙\sqrt{天}$$

$$(甲丄天)\sqrt{甲丄天}=\frac{乙}{甲}天\sqrt{天}$$

$$(甲丄天)^{\frac{二}{三}}=\frac{乙}{甲}天^{\frac{二}{三}}$$

$$乙^{\frac{二}{三}}(甲丄天)=甲^{\frac{二}{三}}天$$

$$\therefore 天=\frac{甲^{\frac{二}{三}}丅乙^{\frac{二}{三}}}{甲乙^{\frac{二}{三}}}$$

二題 有 $\frac{\sqrt{甲天}丄乙}{甲天丅乙^{二}}=\frac{卯}{\sqrt{甲天}丅乙}丅丙$ 式求其天之同數

答式

$$\sqrt{甲天}丅乙=\frac{卯}{\sqrt{甲天}丅乙}丅丙$$

$$(\sqrt{甲天}丅乙)(一丅\frac{卯}{一})=丅丙$$

$$\sqrt{甲天}丅乙=丅\frac{卯丅一}{卯丙}$$

$$甲天=\left(乙丅\frac{卯丅一}{卯丙}\right)^{二}$$

$$\therefore 天=\frac{甲}{一}\left(乙丅\frac{卯丅一}{卯丙}\right)^{二}$$

三題 有 $\sqrt[寅]{甲丄天}=\sqrt[二寅]{天^{二}丄八甲天丄乙^{二}}$ 式求其天之同數

兩邊各乘得第二寅之方則

$$(甲丄天)^{二}=天^{二}丄八甲天丄乙^{二}$$

$$甲^{二}丄二甲天=八甲天丄乙^{二}$$

$$六甲天=甲^{二}丅乙^{二}$$

$$\therefore 天=\frac{六甲}{甲^{二}丅乙^{二}}$$

四題 有 $\frac{\sqrt{甲天}\perp一}{甲天\top一}=四\perp\frac{二}{\sqrt{甲天}\top一}$ 式求其天之同數

答式 $天=\frac{甲}{八一}$

求法與第二題同類

五題 有 $\frac{一\perp甲天}{一\top甲天}\sqrt{\frac{一\top乙天}{一\perp乙天}}=一$ 式求其天之同數

答式

$$\sqrt{\frac{一\top乙天}{一\perp乙天}}=\frac{一\top甲天}{一\perp甲天}$$

$$\frac{一\top乙天}{一\perp乙天}=\frac{一\top二甲天\perp甲^{二}天^{二}}{一\perp二甲天\perp甲^{二}天^{二}}$$

$$\frac{一}{乙天}=\frac{一\perp甲^{二}天^{二}}{二甲天}$$

$$一\perp甲^{二}天^{二}=\frac{乙}{二甲}$$

$$甲^{二}天^{二}=\frac{乙}{二甲}\top一$$

$$\therefore 天=\frac{甲}{一}\sqrt{\frac{乙}{二甲}\top一}$$

六題 有 $\frac{一\top天\perp天^{二}}{一\perp天\perp天^{二}}=\frac{六三}{六二}\cdot\frac{一\top天}{一\perp天}$ 式求其天之同數

答式

$$\frac{六三}{六二}=\frac{(一\perp天)(一\top天\perp天^{二})}{(一\top天)(一\perp天\perp天^{二})}=\frac{一\perp天^{三}}{一\top天^{三}}$$

$$\frac{二}{二天^{三}}=\frac{六三\perp六二}{六三\top六二}$$

即

$$天^{三}=\frac{一二五}{一}$$

$$\therefore 天=\sqrt[三]{\frac{一二五}{一}}=\frac{五}{一}$$

七題 有 $\left(\frac{甲}{甲}\top\frac{天}{天}\right)^{二}=一\perp\frac{甲乙}{丙天}$ 式求其天之同數

答式

$$一\perp\frac{甲乙}{丙天}=\left(一\perp\frac{甲\top天}{二天}\right)^{二}=一\perp\frac{甲\top天}{四天}\perp\frac{(甲\top天)^{二}}{四天^{二}}$$

$$\therefore \frac{甲乙}{丙}=\frac{甲\top天}{四}\perp\frac{(甲\top天)^{二}}{四天}=\frac{(甲\top天)^{二}}{四甲}$$

$$\frac{乙}{丙}=\frac{(甲\top天)^{二}}{四甲^{二}}$$

$$\therefore 甲\top天=\pm二甲\sqrt{\frac{丙}{乙}}$$

$$\therefore 天=甲\left\{一\mp二\sqrt{\frac{丙}{乙}}\right\}$$

八題 有 $甲\perp乙=\frac{天\perp\sqrt{一\top天^{二}}}{二甲\sqrt{一\top天^{二}}}$ 式求其天之同數

答式

$(甲\perp乙)天\perp(甲\perp乙)\sqrt{一\top天^{二}}=二甲\sqrt{一\top天^{二}}$

$(甲\perp乙)天=(甲\top乙)\sqrt{一\top天^{二}}$

$\frac{天}{\sqrt{一\top天^{二}}}=\frac{甲\top乙}{甲\perp乙}$

$\frac{天^{二}}{一}\perp一=\left(\frac{甲\top乙}{甲\perp乙}\right)^{二}$

$\frac{天^{二}}{一}=\left(\frac{甲\top乙}{甲\perp乙}\right)^{二}\top一=\frac{(甲\top乙)^{二}}{四甲乙}$

$\therefore 天=\frac{二\sqrt{甲乙}}{甲\top乙}=\frac{二}{一}\left\{\sqrt{\frac{乙}{甲}}\perp\sqrt{\frac{甲}{乙}}\right\}$

九題 有 $\frac{一\perp二甲\sqrt{天^{二}\top一}}{一\perp\sqrt{天^{二}\top一}}=\frac{天^{二}\top二}{\sqrt{天^{二}\top一}\top一}$ 式求其天之同數

令地代其 $\sqrt{天^{二}\top一}$ 所以又可令 $地^{二}\top一$ 代其 $天^{二}\top二$ 則

$\frac{一\perp二甲地}{一\perp地}=\frac{地^{二}\top一}{地\top一}=\frac{地\perp一}{一}$

$\therefore 地^{二}\perp二地\perp一=一\perp二甲地$

$地\perp二=二甲$

$\therefore 地=二(甲\top一)$

即

$\sqrt{天^{二}\top一}=二(甲\top一)$

$天^{二}\top一=四(甲\top一)^{二}$

$\therefore 天=\sqrt{一\perp四(甲\top一)^{二}}$

十題 有 $\sqrt{一\perp甲}\cdot\left(\frac{一\top天}{一\perp天}\right)^{四}\perp\sqrt{一\top甲}\cdot\left(\frac{一\perp天}{一\top天}\right)^{四}=二\sqrt[四]{一\top甲^{二}}$ 式求其天之同數

令地代其 $\left(\frac{一\top天}{一\perp天}\right)^{四}$ 所以又可令 $\frac{地}{一}$ 代其 $\left(\frac{一\perp天}{一\top天}\right)^{四}$ 則

$\sqrt{一\perp甲}\cdot地\perp\sqrt{一\top甲}\cdot\frac{地}{一}=二\sqrt[四]{一\top甲^{二}}$

所以

$\sqrt{一\perp甲}\cdot地^{二}\top二\sqrt[四]{一\top甲^{二}}\cdot地\perp\sqrt{一\top甲}=〇$

開平方得

$\sqrt[四]{一\perp甲}\cdot地\top\sqrt[四]{一\top甲}=〇$

$\therefore 地=\sqrt[四]{\frac{一\perp甲}{一\top甲}}$

$\therefore \frac{一\top天}{一\perp天}=地^{四}=\frac{一\perp甲}{一\top甲}$

$\therefore 天=\top甲$

十一題 有 $\frac{甲丄丙(甲丅天)丄天}{甲丄丙(甲丄天)丄甲丄天}=\frac{甲丅二丙天}{甲}$ 式求其天之同數

答曰其 $\frac{天}{甲丄天}=\frac{甲丅二丙天}{甲}\cdot\frac{甲丄甲丙丅丙天}{甲丄甲丙丄丙天}$

即 $=\frac{(甲丅二丙天)(甲丄甲丙丅丙天)}{甲丄甲丙丅甲丙天丅(甲丄甲丙丅甲丙天丅二甲丙天丅二丙^{二}天^{二})}$

$=\frac{(甲丅二丙天)(甲丄甲丙丅丙天)}{二丙天(甲丄天)}$

$\therefore\frac{天}{一}=\frac{(甲丅二丙天)(甲丄甲丙丅丙天)}{二丙天}$

$甲^{二}丄甲^{二}丙丅甲丙天丅二甲丙天丅二甲丙^{二}天丄二丙^{二}天^{二}=二丙天$

$(三丙丄二丙^{二})天=甲^{二}丄甲^{二}丙$

$\therefore天=\frac{丙}{甲}\cdot\frac{三丄二丙}{一丄丙}$

十二題 有 $\left(\frac{天丅乙}{天丅甲}\right)^{三}=\frac{天丅二乙丄甲}{天丅二甲丄乙}$ 式求其天之同數

$\left(一丅\frac{天丅乙}{甲丅乙}\right)^{三}=一丅\frac{天丅二乙丄甲}{三(甲丅乙)}=一丅\frac{一丄\frac{天丅乙}{甲丅乙}}{三\cdot\frac{天丅乙}{甲丅乙}}$

令地代 $\frac{天丅乙}{甲丅乙}$ 則

$(一丅地)^{三}=一丅\frac{一丄地}{三地}$

$一丅三地丄三地^{二}丅地^{三}=一丅\frac{一丄地}{三地}$

$丅三丄三地丅地^{二}=丅\frac{一丄地}{三}$

$丅三丄三地丅地^{二}丅三地丄三地^{二}丅地^{三}=丅三$

$二地^{二}=地^{三}$

$\therefore地=二$

$\frac{天丅乙}{甲丅乙}=二$

$\therefore天=二(甲丄乙)$

一次式內有二未知之數各題

一題 有 $二^{\cdot}四天丄〇^{\cdot}三二地丅\frac{〇^{\cdot}五}{〇^{\cdot}三六天丅〇^{\cdot}〇五}=〇^{\cdot}八天丄\frac{〇^{\cdot}二五}{二^{\cdot}六丄〇^{\cdot}〇〇五地}$ ㊀

$\frac{〇^{\cdot}三}{〇^{\cdot}〇四地丄〇^{\cdot}一}=\frac{〇^{\cdot}六}{〇^{\cdot}〇七天丅〇^{\cdot}一}$ ㊁

求其天地之同數

將㊀式中第一箇分母子以二乘之第二箇分母子以四乘之得

$二^{\cdot}四天丄〇^{\cdot}三二地丅〇^{\cdot}七二天丄〇^{\cdot}一=〇^{\cdot}八天丄一〇^{\cdot}四丄〇^{\cdot}〇二地$

$〇^{\cdot}八八天丄〇^{\cdot}三地=一〇^{\cdot}三$

$八八天丄三〇地=一〇三〇$ ㊂

從㊁得

$〇^{\cdot}〇八地丄〇^{\cdot}二=〇^{\cdot}〇七天丅〇^{\cdot}一$

$〇^{\cdot}〇七天丅〇^{\cdot}〇八地=〇^{\cdot}三$

$七天丅八地=三〇$ ㊃

所以從㊂得

$七〇四天丄二四〇地=八二四〇$

從㊃

得

$$二一〇天丅二四〇地=九〇〇$$

$$\therefore 九一四天=九一四〇$$

$$\therefore 天=一〇$$

又

$$八地=七天丅三〇=七〇丅三〇=四〇$$

$$\therefore 地=五$$

二題　有

$$\frac{天}{五\sqrt{天丄地}}丄\frac{地}{五\sqrt{天丄地}}=一〇\frac{三}{二}$$

㊀

$$\frac{地}{三\sqrt{天丅地}}丅\frac{天}{三\sqrt{天丅地}}=\frac{五}{四}$$

㊁

求其天地之同數

從㊀得

$$五(天丄地)\sqrt{天丄地}=\frac{三}{三二}天地$$

從㊁得

$$三(天丅地)\sqrt{天丅地}=\frac{五}{四}天地$$

$$\therefore \frac{三}{五}\left(\frac{天丄地}{天丅地}\right)^{\frac{二}{三}}=\frac{三}{三二}\times\frac{四}{五}$$

$$\left(\frac{天丄地}{天丅地}\right)^{\frac{二}{三}}=\frac{三}{三二}\times\frac{四}{五}\times\frac{五}{三}=八$$

$$\frac{天丄地}{天丅地}=八^{\frac{二}{三}}=四$$

$$\therefore \frac{地}{天}=\frac{三}{五}$$

卽

$$地=\frac{五}{三}天$$

所以因地用代法得

$$三\left(天丅\frac{五}{三}天\right)^{\frac{二}{三}}=\frac{五}{四}天\cdot\frac{五}{三}天$$

$$\left(\frac{五}{二天}\right)^{\frac{二}{三}}=\frac{二五}{四天^{二}}=\left(\frac{五}{二天}\right)^{二}$$

$$\therefore \frac{五}{二天}=一$$

卽

$$天=\frac{二}{五}=二\frac{二}{一}$$

又

$$地=\frac{五}{三天}=\frac{五}{三}\times\frac{二}{五}=\frac{二}{三}=一\frac{二}{一}$$

三題　有

$$甲天地=丙(乙天丄甲地)$$

㊀

$$乙天地=丙(甲天丅乙地)$$

㊁

求其天地之同數

將㊀㊁兩式以丙天地約之得

$$\frac{丙}{甲}=\frac{地}{乙}丄\frac{天}{甲}$$

又

$$\frac{丙}{乙}=\frac{地}{甲}丅\frac{天}{乙}$$

$$\therefore \frac{丙}{甲^{二}}=\frac{地}{甲乙}丄\frac{天}{甲^{二}}$$

又

$$\frac{丙}{乙^{二}}=\frac{地}{甲乙}丅\frac{天}{乙^{二}}$$

$$\therefore \frac{丙}{甲^{二}丅乙^{二}}=\frac{天}{甲^{二}丄乙^{二}}$$

$$\therefore 天=\frac{甲^{二}丅乙^{二}}{甲^{二}丄乙^{二}}\cdot丙$$

又依同理得

$$地=\frac{二甲乙}{甲^{二}丄乙^{二}}\cdot丙$$

四題　有

$$(甲^{二}丅乙^{二})(三天丄五地)=(四甲丅乙)二甲乙$$

㊀

$$甲^{二}天丅\frac{甲丄乙}{甲乙^{二}丙}丄(甲丄乙丄丙)乙地=乙^{二}天丄(甲丄二乙)甲乙$$

㊁

求其天地之同數

從㊀得

$$(甲^{二}丅乙^{二})三天丄(甲^{二}丅乙^{二})五地=八甲^{二}乙丅二甲乙^{二}$$

從㊁得

$$(甲^{二}丅乙^{二})三天丄三(甲丄乙丄丙)乙地=三甲^{二}乙丄六甲乙^{二}丄\frac{甲丄乙}{三甲乙^{二}丙}$$

$$\therefore(五甲^{三}丅八乙^{三}丅三甲乙丅三乙丙)地=五甲^{三}乙丅八甲乙^{三}丅\frac{甲丄乙}{三甲乙^{二}丙}$$

$$=甲乙\left\{五甲^{二}丅八乙^{二}丅\frac{甲丄乙}{三乙丙}\right\}$$

$$=\frac{甲丄乙}{甲乙}(五甲^{三}丅八乙^{三}丅三甲乙丅三乙丙)$$

$$\therefore地=\frac{甲丄乙}{甲乙}$$

又將㊀式用法代之則得

$$(甲^{二}丅乙^{二})三天丄(甲丅乙)五甲乙=八甲^{二}乙丅二甲乙^{二}$$

$$(甲^{二}丅乙^{二})三天=八甲^{二}乙丅二甲乙^{二}丅五甲^{二}乙丄五甲乙^{二}$$

$$=三甲^{二}乙丄三甲乙^{二}$$

$$=三甲乙(甲丄乙)$$

$$\therefore天=\frac{甲丅乙}{甲乙}$$

五題 有

$$\sqrt{天丄地}丄\sqrt{天丅地}=\frac{甲}{二}(天地丅地\sqrt{天丅地})$$ ㊀

$$\sqrt[四]{天丄地}丄\sqrt[四]{天丅地}=乙$$ ㊁

求其天地之同數

從㊀得

$$\sqrt{天丄地}丄\sqrt{天丅地}=\frac{二甲}{地}(二天丅二\sqrt{天^{二}丅地^{二}})$$

$$=\frac{二甲}{地}(\sqrt{天丄地}丅\sqrt{天丅地})^{二}$$

$$\frac{二甲}{地}(\sqrt{天丄地}丅\sqrt{天丅地})^{三}=(\sqrt{天丄地}丄\sqrt{天丅地})(\sqrt{天丄地}丅\sqrt{天丅地})$$

$$=二地$$

$$\sqrt{天丄地}丅\sqrt{天丅地}=\sqrt[三]{四甲}$$

即

$$(\sqrt[四]{天丄地}丄\sqrt[四]{天丅地})(\sqrt[四]{天丄地}丅\sqrt[四]{天丅地})=\sqrt[三]{四甲}$$

$$\therefore\sqrt[四]{天丄地}丅\sqrt[四]{天丅地}=\frac{乙}{\sqrt[三]{四甲}}$$

又因

$$\sqrt[四]{天丄地}丄\sqrt[四]{天丅地}=乙$$

$$\therefore\sqrt[四]{天丄地}=\frac{二}{一}\left(乙丄\frac{乙}{\sqrt[三]{四甲}}\right)$$

又

$$\sqrt[四]{天丅地}=\frac{二}{一}\left(乙丅\frac{乙}{\sqrt[三]{四甲}}\right)$$

$$天丄地=\frac{一六}{一}\left\{乙^{四}丄四乙^{二}\sqrt[三]{四甲}丄六\sqrt[三]{一六甲^{二}}丄\frac{乙^{二}}{一六甲}丄\frac{乙^{四}}{\sqrt[三]{(四甲)^{四}}}\right\}$$

$$天丅地=\frac{一六}{一}\left\{乙^{四}丅四乙^{二}\sqrt[三]{四甲}丄六\sqrt[三]{一六甲^{二}}丅\frac{乙^{二}}{一六甲}丄\frac{乙^{四}}{\sqrt[三]{(四甲)^{四}}}\right\}$$

$$\therefore天=\frac{一六}{一}\left\{乙^{四}丄一二\sqrt[三]{二甲^{二}}丄\frac{乙^{四}}{\sqrt[三]{(四甲)^{四}}}\right\}$$

$$=\frac{四}{一}\left\{\frac{二}{乙^{二}}丄\frac{乙^{二}}{\sqrt[三]{二甲^{二}}}\right\}^{二}丄\frac{三}{二}\sqrt[三]{二甲^{二}}$$

$$地=\frac{一六}{一}\left\{四乙^{二}\sqrt[三]{四甲}丄一六\frac{乙^{二}}{甲}\right\}=\frac{二}{乙^{二}}\sqrt[三]{\frac{三}{甲}}丄\frac{乙^{二}}{甲}$$

一次式內有三未知之數各題

一題

有 四天丅五地丄寅人＝七天丅一一地丄卯人＝天丄地丄巳人＝三 式求其天地人之同數

天丄地丄巳人＝三

∴四天丄四地丄四巳人＝一二

又 四天丅五地丄寅人＝三

∴九地丄(四巳丅寅)人＝九 ㊀

又因

七天丄七地丄七巳人＝二一

七天丅一一地丄卯人＝三

∴一八地丄(七巳丅卯)人＝一八

從㊀得

一八地丄(八巳丅二寅)人＝一八 ㊁

∴(巳丅二寅丄卯)人＝○

∴人＝○

惟因

一八地＝一八

∴地＝一

又

天丄一＝三

∴天＝二

二題

有

天丄地丄人＝○ ㊀

(甲丄乙)天丄(甲丄丙)地丄(乙丄丙)人＝○ ㊁

甲乙天丄甲丙地丄乙丙人＝一 ㊂

求其天地人之同數

從㊀得

(乙丄丙)天丄(乙丄丙)地丄(乙丄丙)人＝○

從㊁得

(甲丄乙)天丄(甲丄丙)地丄(乙丄丙)人＝○

∴(甲丅丙)天丄(甲丅乙)地＝○ ㊃

再從㊀得

乙丙天丄乙丙地丄乙丙人＝○

從㊂得

甲乙天丄甲丙地丄乙丙人＝一

∴(甲乙丅乙丙)天丄(甲丙丅乙丙)地＝一

三題

有

天丅甲地丄甲^{二}人丅甲^{三}＝○ ㊀

天丅乙地丄乙^{二}人丅乙^{三}＝○ ㊁

天丅丙地丄丙^{二}人丅丙^{三}＝○ ㊂

求其天地人之同數

即

乙(甲丅丙)天丄丙(甲丅乙)地＝一

從㊃得

丙(甲丅丙)天丄丙(甲丅乙)地＝○

∴(甲丅丙)(乙丅丙)天＝一

∴天＝$\frac{(甲丅丙)(乙丅丙)}{一}$

又

地＝丅$\frac{甲丅乙}{甲丅丙}$・天＝$\frac{(甲丅乙)(乙丅丙)}{丅一}$

而

人＝丅天丅地＝$\frac{(甲丅乙)(乙丅丙)}{一}$

丅$\frac{(甲丅丙)(乙丅丙)}{一}$＝$\frac{(甲丅乙)(甲丅丙)}{一}$

從㊀㊁得

(甲丅乙)地丅(甲^{二}丅乙^{二})人丄甲^{三}丅乙^{三}＝○

即

地丅(甲丄乙)人丄甲^{二}丄甲乙丄乙^{二}＝○

以同理從㊁㊂得

地丅(乙丄丙)人丄乙^{二}丄乙丙丄丙^{二}＝○

∴(甲丅丙)人丅(甲^{二}丄甲乙丅乙丙丅丙^{二})＝○

(甲丅丙)人＝甲^{二}丅丙^{二}丄(甲丅丙)乙

∴人＝甲丄丙丄乙

即

人＝甲丄乙丄丙

又

地＝(甲丄乙)人丅(甲^{二}丄甲乙丄乙^{二})

＝(甲丄乙)(甲丄乙丄丙)丅(甲^{二}丄甲乙丄乙^{二})

＝甲乙丄甲丙丄乙丙

又

天＝甲地丅甲^{二}人丄甲^{三}

＝甲^{二}乙丄甲^{二}丙丄甲乙丙丅(甲^{三}丄甲^{二}乙丄甲^{二}丙)丄甲^{三}

＝甲乙丙

四題　求證

二天丅地丄二人＝八 ㊀

六地丄一三天/人＝四天丅一丄三人 ㊁

四天丄人/地丄二/一＝四/一丅三/地丄六/五人 ㊂

不足以得天地人之同數

從㊁得 九天丅一二地丄六人＝二八

從㊂得 六天丅八地丄四人＝丅六

即 三天丅四地丄二人＝丅三

故 九天丅一二地丄六人＝丅九

惟已證過 九天丅一二地丄六人＝二八

則 二八＝丅九

此不合於理也所以可見㊁㊂兩式不合理故雖有三箇相等式不足以求天地人

金匱華世芳校

代數難題解法卷三

英國倫德編輯
英國　傅蘭雅　口譯
金匱　華蘅芳　筆述

二次式內有一未知數各題

一題　有 (天丄一一天丅八)/一丄(天丄二天丅八)/一丄(天丅一三天丅八)/一＝○ 式求其天之同數

(天丄一一天丅八)(天丅一三天丅八)/(二天二丅天丅一六)丄天丄二天丅八/一＝○

(二天二丅天丅一六)(天丄二天丅八)丄(天丄一一天丅八)(天丅一三天丅八)＝○

二天三丅天二丅一六天 丄 四天三丅四天二丄二三天 丄 丅一六天二丄一六天丅一二八 丄 天四丅一天三丄八天二 丄 丅一三天三丅一四三天二丄一〇四天 丄 八天二丄八八天丅六四 ＝○

二天四丄二天三丅三六天二丅六天丄一二八 丄 天四丄二天三丅一五九天二丅六天丄六四＝○

三天四丅一九五天二＝丅一九二

天四丅六五天二＝丅六四

天四丅六五天二丄(六五/二)二＝四二二五/四丅六四＝三九六九/四

天二＝(六五丄六三)/二＝六四或一

∴天＝丄丅八或丄丅一

二題 有 $\left(\frac{天^{二}丄一}{天}\right)^{二}丄\left(\frac{天丄一}{天}\right)^{二}=卯(卯丅一)$ 式求其天之同數

令巳代 $卯(卯丅一)$ 則

$$天^{二}(天^{二}丄一)^{二}丄天^{二}(天丅一)^{二}=巳(天^{二}丅一)^{二}$$

$$天^{二}(二天^{二}丄二)=巳(天^{四}丅二天^{二}丄一)$$

$$(巳丅二)天^{四}丅二(巳丄一)天^{二}=丅巳$$

$$天^{四}丅\frac{巳丄二}{巳丅一}\cdot天^{二}丄\left(\frac{巳丄二}{巳丅一}\right)^{二}=\frac{(巳丄二)^{二}}{巳^{二}丅巳丅二}丅\frac{巳}{巳丅二}=\frac{(卯^{二}丅卯丅二)^{二}}{四卯^{二}丅四卯丄一}$$

$$天^{二}=\frac{卯^{二}丅卯丅二}{卯^{二}丅卯丄一\mp(二卯丅一)}=\frac{卯^{二}丅卯丅二}{卯^{二}丄卯}\ 或\ \frac{卯^{二}丅卯丅二}{卯^{二}丅三卯丄二}$$

$$=\frac{(卯丅二)(卯丄一)}{卯(卯丄一)}\ 或\ \frac{(卯丅二)(卯丄一)}{(卯丅二)(卯丅一)}$$

$$=\frac{卯丅二}{卯}\ 或\ \frac{卯丄一}{卯丅一}$$

$$\therefore 天=\mp\sqrt{\frac{卯丅二}{卯}}\ 或\ \mp\sqrt{\frac{卯丄一}{卯丅一}}$$

三題 有 $\frac{八甲}{天^{二}}丄\frac{三}{二天}=\sqrt{\frac{三甲}{天^{二}}丄\frac{四}{天^{二}}丅\frac{二}{甲}}$ 式求其天之同數

$$\frac{三}{二天}丄\frac{二}{甲}丅\frac{\sqrt{二甲}}{天}\sqrt{\frac{三}{二天}丄\frac{二}{甲}}丄\frac{八甲}{天^{二}}=〇$$

$$\therefore\sqrt{\frac{三}{二天}丄\frac{二}{甲}}丅\frac{二\sqrt{二甲}}{天}=〇$$

$$\sqrt{\frac{三}{二天}丄\frac{二}{甲}}=\frac{二\sqrt{二甲}}{天}$$

$$\frac{三}{二天}丄\frac{二}{甲}=\frac{八甲}{天^{二}}$$

$$\therefore 天^{二}丅\frac{三}{一六甲}\cdot天=四甲^{二}$$

$$天^{二}丅\frac{三}{一六甲}\cdot天丄\left(\frac{三}{八甲}\right)^{二}=四甲^{二}丄\frac{九}{六四甲^{二}}=\frac{九}{一〇〇甲^{二}}$$

$$\therefore 天=\frac{三}{八甲\mp一〇甲}=六甲\ 或\ 丅\frac{三}{二甲}$$

四題 有 $\left(天丅\frac{天}{甲乙}\right)^{二}=\frac{二}{甲}(甲丄乙)\left(一丄\frac{天^{二}}{甲}\right)$ 式求其天之同數

$$(天^{二}丅甲乙)^{二}=\frac{二}{甲}(甲丄乙)(天^{二}丄甲)$$

$$(天^{二}丅甲乙)^{二}丅\frac{二}{甲}(甲丄乙)(天^{二}丅甲乙)$$

$$=\frac{二}{甲}(甲丄乙)(甲丄甲乙)=\frac{二}{甲}(甲丄乙)^{二}$$

$$(天^{二}丅甲乙)^{二}丅\frac{二}{甲}(甲丄乙)(天^{二}丅甲乙)丄\frac{一}{甲^{二}}(甲丄乙)^{二}$$

$$=\frac{一}{甲^{二}}(甲丄乙)^{二}丄\frac{二}{甲^{二}}(甲丄乙)^{二}=\frac{一}{甲^{二}}九(甲丄乙)^{二}$$

$$\therefore 天^{二}丅甲乙丅\frac{四}{甲}(甲丄乙)=\mp\frac{四}{甲}三(甲丄乙)$$

$$天^{二}=甲乙丄\frac{四}{甲}\left[甲丄乙\mp三(甲丄乙)\right]$$

$$=二甲乙丄甲^{二}\ 或\ \frac{二}{甲}(乙丅甲)$$

$$\therefore 天=\sqrt{二甲乙丄甲^{二}}\ 或\ \sqrt{\frac{二}{甲}(乙丅甲)}$$

五題 有 $\sqrt{天^{二}丄一}丅\sqrt{天^{二}丅一}=\frac{\sqrt[八]{天^{四}丄一}}{\sqrt{二天}}$ 式求其天之同數

$$二=\frac{\sqrt[八]{天^{四}丄一}}{\sqrt{二天}}\left\{\sqrt{天^{二}丄一}丄\sqrt{天^{二}丅一}\right\}$$

$$四=\frac{\sqrt[四]{天^{四}丄一}}{二天}\left\{二天^{二}丄二\sqrt{天^{四}丅一}\right\}$$

$$\sqrt[四]{一丄\frac{天^{四}}{一}}=天^{二}\left\{一丄\sqrt{一丅\frac{一}{天^{四}}}\right\}$$

$$\sqrt{一丄\frac{天^{四}}{一}}=天^{四}\left\{二丅\frac{天^{四}}{一}丄二\sqrt{一丅\frac{一}{天^{四}}}\right\}$$

$$=二天^{四}丅一丄二天^{四}\sqrt{一丅\frac{一}{天^{四}}}$$

$$一丄\sqrt{一丄\frac{一}{天^{四}}}=二天^{四}\left\{一丄\sqrt{一丅\frac{一}{天^{四}}}\right\}$$

$$\left(一丄\sqrt{一丄\frac{一}{天^{四}}}\right)\left(一丅\sqrt{一丅\frac{一}{天^{四}}}\right)=二$$

$$一丄\sqrt{一丄\frac{一}{天^{四}}}丅\sqrt{一丅\frac{一}{天^{四}}}丅\sqrt{一丅\frac{一}{天^{八}}}=二$$

$$\sqrt{一丄\frac{一}{天^{四}}}丅\sqrt{一丅\frac{一}{天^{四}}}=一丄\sqrt{一丅\frac{一}{天^{八}}}$$

$$二丅二\sqrt{一丅\frac{一}{天^{八}}}=二丅\frac{一}{天^{八}}丄二\sqrt{一丅\frac{一}{天^{八}}}$$

$\left(一-\frac{天^{八}}{二}\right)+四\sqrt{一-\frac{天^{八}}{二}}+四=五$

$\sqrt{一-\frac{天^{八}}{二}}=\pm\sqrt{五}-二$

$一-\frac{天^{八}}{二}=九\mp四\sqrt{五}$

$\frac{天^{八}}{二}=\pm四\sqrt{五}-八$

$\therefore 天=\sqrt[八]{\frac{\pm四\sqrt{五}-八}{一}}=\sqrt[八]{\frac{四}{二\pm\sqrt{五}}}$

六題 有

$\frac{一-天}{二天+\sqrt{二(一+天)}}=甲+\frac{甲}{二}$

式求其天之同數

令巳代 $甲+\frac{甲}{二}$ 則

$二天+\sqrt{二(一+天)}=巳-巳天$

$\sqrt{二(一+天)}=巳-(巳+二)天$

$二+二天=巳^{二}-二巳(巳+二)天+(巳+二)^{二}天^{二}$

$(巳+二)^{二}天^{二}-二(巳+一)^{二}天=二-巳^{二}$

$天^{二}-二\left(\frac{巳+二}{巳+一}\right)天+\left(\frac{巳+二}{巳+一}\right)^{四}=\left(\frac{巳+二}{巳+一}\right)^{四}+\frac{(巳+二)^{二}}{二-巳^{二}}$

$=\frac{(巳+二)^{四}}{四巳^{二}+一二巳+九}$

$\therefore 天=\frac{(巳+二)^{二}}{(巳+一)^{二}\pm(二巳+三)}$

$天=一或\frac{(巳+二)^{二}}{巳^{二}-二}$

惟

因

$巳+二=\left(\sqrt{甲}+\frac{\sqrt{甲}}{二}\right)^{二}$

所以

$天=一或\frac{\left(\sqrt{甲}+\frac{\sqrt{甲}}{二}\right)^{四}}{甲^{二}+\frac{甲^{二}}{二}}$

七題 有

$(甲+乙)\sqrt{甲^{二}+乙^{二}+天^{二}}-(甲-乙)\sqrt{甲^{二}+乙^{二}-天^{二}}=甲^{二}+乙^{二}$

式求其天之同數

$\left\{\begin{matrix}(甲^{二}+乙^{二}+二甲乙)(甲^{二}+乙^{二}+天^{二})\\+(甲^{二}+乙^{二}-二甲乙)(甲^{二}+乙^{二}-天^{二})\end{matrix}\right\}-二(甲^{二}-乙^{二})\sqrt{(甲^{二}+乙^{二})^{二}-天^{四}}=(甲^{二}+乙^{二})^{二}$

$二(甲^{二}+乙^{二})^{二}+四甲乙天^{二}-二(甲^{二}-乙^{二})\sqrt{(甲^{二}+乙^{二})^{二}-天^{四}}=(甲^{二}+乙^{二})^{二}$

$(甲^{二}+乙^{二})^{二}+四甲乙天^{二}=二(甲^{二}-乙^{二})\sqrt{(甲^{二}+乙^{二})^{二}-天^{四}}$

$(甲^{二}+乙^{二})^{四}+八甲乙(甲^{二}+乙^{二})^{二}天^{二}+一六甲^{二}乙^{二}天^{四}=四(甲^{二}-乙^{二})^{二}(甲^{二}+乙^{二})^{二}-四(甲^{二}-乙^{二})^{二}天^{四}$

$四(甲^{二}+乙^{二})^{二}天^{四}+八甲乙(甲^{二}+乙^{二})^{二}天^{二}=(甲^{二}+乙^{二})^{二}\left\{四(甲^{二}-乙^{二})^{二}-(甲^{二}+乙^{二})^{二}\right\}$

$四天^{四}+八甲乙天^{二}=三甲^{四}-一〇甲^{二}乙^{二}+三乙^{四}$

$四天^{四}+八甲乙天^{二}+四甲^{二}乙^{二}=三甲^{四}-六甲^{二}乙^{二}+三乙^{四}$

$二天^{二}+二甲乙=\pm\sqrt{三}(甲^{二}-乙^{二})$

$天^{二}=\pm\sqrt{\frac{二}{三}}(甲^{二}-乙^{二})-甲乙$

$\therefore 天=\sqrt{\pm\sqrt{\frac{二}{三}}(甲^{二}-乙^{二})-甲乙}$

八題

有

$$\frac{甲天}{一}\left(\frac{五}{甲^{二}+天^{二}}\right)^{二}+一二\frac{三}{二}\left(\frac{五}{甲天}\right)^{二}=\frac{六}{甲^{二}+天^{二}}$$

式求其天之同數

$$六乂一二\frac{三}{二}=二五\left(\frac{甲天}{甲^{二}+天^{二}}\right)^{二}-六\frac{甲^{二}天^{二}}{(甲^{二}+天^{二})^{二}}$$

$$七六=二五\left(\frac{天}{甲}+\frac{甲}{天}\right)^{二}-六\left(\frac{天^{二}}{甲^{二}}+\frac{甲^{二}}{天^{二}}+二\right)$$

令地代 $\frac{天}{甲}+\frac{甲}{天}$ 則

$$\frac{天^{三}}{甲^{三}}+\frac{甲^{三}}{天^{三}}=地^{三}-三地$$

$$\therefore 六地^{三}-一八地-二五地^{二}+八八=〇$$

$$六地^{二}(地-四)+地(地-四)-二二(地-四)=〇$$

$$\therefore 地-四=〇$$

或

$$六地^{二}+地-二二=〇$$

則

$$地=四$$

或

$$地^{二}+\frac{六}{二二}地+\left(\frac{一二}{一}\right)^{二}=\frac{一四四}{一}+\frac{六}{二二}=\frac{(一二)^{二}}{五二九}$$

則

$$地=\frac{一二}{一\mp二三}=二$$

$$\therefore \frac{天}{甲}+\frac{甲}{天}=四$$

$$天^{二}-四甲天+四甲^{二}=三甲^{二}$$

$$\therefore 天=(二\pm\sqrt{三})甲$$

或

$$\frac{天}{甲}+\frac{甲}{天}=二$$

$$天^{二}-二甲天+甲^{二}=〇$$

$$\therefore 天=甲$$

九題

有

$$\sqrt{(乙^{二}+丙^{二})(甲^{二}+天^{二})}=卯(甲丙+乙天)$$

式求其天之同數

$$(乙^{二}+丙^{二})\left(一+\frac{甲^{二}}{天^{二}}\right)=卯^{二}\left(丙+乙\frac{甲}{天}\right)^{二}=卯^{二}\left(丙^{二}+二乙丙\cdot\frac{甲}{天}+乙^{二}\cdot\frac{甲^{二}}{天^{二}}\right)$$

$$\{丙^{二}-(卯^{二}-一)乙^{二}\}\frac{甲^{二}}{天^{二}}-二卯^{二}乙丙\cdot\frac{甲}{天}=-\{乙^{二}-(卯^{二}-一)丙^{二}\}$$

$$\frac{甲^{二}}{天^{二}}-\frac{丙^{二}-(卯^{二}-一)乙^{二}}{二卯^{二}乙丙}\frac{甲}{天}+\left\{\frac{丙^{二}-(卯^{二}-一)乙^{二}}{卯^{二}乙丙}\right\}^{二}=\frac{\{丙^{二}-(卯^{二}-一)乙^{二}\}^{二}}{卯^{四}乙^{二}丙^{二}-\{乙^{二}-(卯^{二}-一)丙^{二}\}\{丙^{二}-(卯^{二}-一)乙^{二}\}}$$

$$=\frac{\{丙^{二}-(卯^{二}-一)乙^{二}\}^{二}}{(卯^{二}-一)(乙^{四}+二乙^{二}丙^{二}+丙^{四})}$$

$$\frac{甲}{天}=\frac{丙^{二}-(卯^{二}-一)乙^{二}}{卯^{二}乙丙\pm\sqrt{卯^{二}-一}(乙^{二}+丙^{二})}$$

$$=\frac{(丙\pm\sqrt{卯^{二}-一}\cdot乙)(丙\mp\sqrt{卯^{二}-一}\cdot乙)}{(乙\mp\sqrt{卯^{二}-一}\cdot丙)(丙\mp\sqrt{卯^{二}-一}\cdot乙)}=\frac{丙\pm\sqrt{卯^{二}-一}\cdot乙}{乙\mp\sqrt{卯^{二}-一}\cdot丙}$$

$$\therefore 天=\frac{丙\pm\sqrt{卯^{二}-一}\cdot乙}{乙\mp\sqrt{卯^{二}-一}\cdot丙}甲$$

十題

有

$$\sqrt[五]{(甲+天)^{二}}+\sqrt[五]{(甲-天)^{二}}=三\sqrt[五]{甲^{二}-天^{二}}$$

式求其天之同數

以 $\sqrt[五]{(甲+天)^{二}}$ 約之則

$$一+\left(\frac{甲+天}{甲-天}\right)^{\frac{二}{五}}=三\left(\frac{甲+天}{甲-天}\right)^{\frac{一}{五}}$$

令地代 $\left(\frac{甲+天}{甲-天}\right)^{\frac{一}{五}}$ 則

$$地^{二}-三地=-一$$

$$地^{二}-三地+\left(\frac{二}{三}\right)^{二}=\frac{四}{九}-一=\frac{四}{五}$$

$$\therefore 地=\frac{二}{三\pm\sqrt{五}}$$

即

$$\frac{甲+天}{甲-天}=\frac{二^{五}}{(三\pm\sqrt{五})^{五}}$$

$$\therefore \frac{甲}{天} = \frac{(三 \pm \sqrt{五})^{五} + 二^{五}}{(三 \pm \sqrt{五})^{五} - 二^{五}}$$

$$\therefore 天 = \frac{(三 \pm \sqrt{五})^{五} + 二^{五}}{(三 \pm \sqrt{五})^{五} - 二^{五}} \cdot 甲$$

$$= \frac{二五}{二二}\sqrt{五} \cdot 甲$$

十一題　有

$$\frac{一五天^{\frac{二五}{二二}}}{(二七甲+八天)^{\frac{三}{二}}} + \frac{\sqrt[三]{二七甲+八天}}{八天^{\frac{二五}{二二}}} = \frac{\sqrt[五]{天}}{八}$$

式求其天之同數

$$二七甲 + 八天 + 四〇天 = 二四天^{\frac{二}{三}}(二七甲+八天)^{\frac{二}{三}}$$

$$二七甲 + 四八天 = 二四天^{\frac{二}{三}}(二七甲+八天)^{\frac{二}{三}}$$

$$九甲 + 一六天 = 八天^{\frac{二}{三}}(二七甲+八天)^{\frac{二}{三}}$$

令$\underset{九甲}{乙}$代　令$\underset{八天}{地}$代　則

$$乙 + 二地 = 二地^{\frac{二}{三}}(三乙+地)^{\frac{二}{三}}$$

$$\therefore 乙^{三} + 六乙^{二}地 + 一二乙地^{二} + 八地^{三} = 二四乙地^{二} + 八地^{三}$$

$$一二乙地^{二} - 六乙^{二}地 = 乙^{三}$$

$$地^{二} - \frac{二}{乙}地 = \frac{二}{乙^{二}}$$

$$地^{二} - \frac{二}{乙}地 + \left(\frac{四}{乙}\right)^{二} = \frac{一二}{乙^{二}} + \frac{一六}{乙^{二}} = \frac{四八}{七乙^{二}}$$

$$地 = \frac{四}{乙}\left\{一 \pm \sqrt{\frac{三}{七}}\right\}$$

$$= \frac{二}{乙}\left(三 \pm \sqrt{二一}\right)$$

$$= \frac{四}{三甲}\left(三 \pm \sqrt{二一}\right)$$

$$\therefore 天 = \frac{八}{地} = \frac{三二}{三}\left(三 \pm \sqrt{二一}\right)甲$$

十二題　有

$$甲^{二}乙^{二}天^{\frac{午}{三}} - 四(甲乙)^{\frac{二}{三}} \cdot 天^{\frac{二巳午}{巳+午}} = (甲-乙)^{二} \cdot 天^{\frac{二}{巳}}$$

式求其天之同數

$$甲^{二}乙^{二} \cdot 天^{\frac{午-巳}{巳}} - 四(甲乙)^{\frac{二}{三}} \cdot 天^{\frac{二巳午-巳}{巳+午}} = (甲-乙)^{二}$$

$$甲^{二}乙^{二} \cdot 天^{\frac{巳午}{巳-午}} - 四(甲乙)^{\frac{二}{三}} \cdot 甲乙 \cdot 天^{\frac{二巳午}{巳-午}} = (甲-乙)^{二}$$

$$(甲乙)^{二} \cdot 天^{\frac{巳午}{巳-午}} - 四(甲乙)^{\frac{二}{三}} \cdot 甲乙 \cdot 天^{\frac{二巳午}{巳-午}} + 四甲乙 = (甲-乙)^{二} + 四甲乙 = (甲+乙)^{二}$$

$$\therefore 甲乙 \cdot 天^{\frac{二巳午}{巳-午}} = 二\sqrt{甲乙} \pm (甲+乙)$$

$$= (\sqrt{甲}+\sqrt{乙})^{二} 或 -(\sqrt{甲}-\sqrt{乙})^{二}$$

$$天^{\frac{二巳午}{巳-午}} = \left(\frac{\sqrt{乙}}{一} + \frac{\sqrt{甲}}{一}\right)^{二} 或 -\left(\frac{\sqrt{乙}}{一} - \frac{\sqrt{甲}}{一}\right)^{二}$$

$$\therefore 天 = \left(\frac{\sqrt{乙}}{一} \pm \frac{\sqrt{甲}}{一}\right)^{\frac{巳-午}{四巳午}}$$

十三題 有

$\sqrt[\text{二乙午}]{\text{天}^{\text{乙午}}}\ \text{丅}\ 三\cdot\frac{\text{甲丄乙}}{\text{甲丅乙}}\cdot\left(\sqrt[\text{乙}]{\text{天}}\ \text{丄}\ \sqrt[\text{午}]{\text{天}}\right)=一$

式求其天之同數

二次式內有二未知數各題

$\text{天}^{\frac{二乙午}{乙午}}\ \text{丅}\ 三\cdot\frac{\text{甲丄乙}}{\text{甲丅乙}}\cdot\text{天}^{\frac{乙午}{乙午}}\ \text{丅}\ 三\cdot\frac{\text{甲丄乙}}{\text{甲丅乙}}=〇$

$\text{天}^{\frac{二}{乙午}}\ \text{丅}\ 三\cdot\frac{\text{甲丄乙}}{\text{甲丅乙}}\cdot\text{天}^{\frac{一}{乙午}}=三\cdot\frac{\text{甲丄乙}}{\text{甲丅乙}}$

$\therefore\text{天}^{\frac{二}{乙午}}\ \text{丅}\ 二\cdot\frac{\text{甲丄乙}}{\text{甲丅乙}}\cdot\text{天}^{\frac{一}{乙午}}\ \text{丄}\left(\frac{\text{甲丄乙}}{\text{甲丅乙}}\right)^{二}=\left(\frac{\text{甲丄乙}}{\text{甲丅乙}}\right)^{二}\ \text{丅}\ 一=\frac{(\text{甲丄乙})^{二}}{四\text{甲乙}}$

$\therefore\text{天}^{\frac{一}{乙午}}=\frac{\text{甲丄乙}}{\text{甲丅乙}}\ \text{丄}\ \frac{\text{甲丄乙}}{二\text{甲乙}}=\frac{\text{甲丄乙}}{(\text{甲丅乙})^{二}}=\frac{\text{甲丄乙}}{\text{甲丅乙}}$

$\therefore\text{天}=\left(\frac{\text{甲丄乙}}{\text{甲丅乙}}\right)^{\frac{乙午}{二乙午}}$

一題 有

天丄地＝五 ㊀

$(\text{天丄地})(\text{天}^{二}\text{丄地}^{二})=四五五$ ㊁

求其天地二同數

以㊀約㊁得

$(\text{天}^{二}\text{丄地}^{二})(\text{天}^{二}\text{丅天地丄地}^{二})=九一$

$(\text{天丄地})^{二}\ \text{丅}\ (\text{天丄地})\ \text{天地}=九一$

從㊀得

$\text{天}^{二}\text{丄地}^{二}=二五\ \text{丅}\ 二\text{天地}$

$\therefore(二五\ \text{丅}\ 二\text{天地})(二五\ \text{丅}\ 三\text{天地})\text{天地}=九一$

$六二五\ \text{丅}\ 一〇〇\text{天地}\ \text{丄}\ 四(\text{天地})^{二}\ \text{丅}\ 二五\text{天地}\ \text{丄}\ 二(\text{天地})^{二}=九一$

$六(\text{天地})^{二}\ \text{丅}\ 一二五\text{天地}=\text{丅}\ 五三四$

$(\text{天地})^{二}\ \text{丅}\ \frac{一二五}{六}\text{天地}\ \text{丄}\left(\frac{一二五}{一二}\right)^{二}=\frac{(一二五)^{二}}{一五六二五}\ \text{丅}\ \frac{五三四}{六}=\frac{(一二)^{二}}{二八〇九}$

$\therefore\text{天地}=\frac{一二五\ \text{丅}\ 五三}{一二}=一四\frac{二}{五}\ 或\ 六$

將下同數代天地得

$\text{天}^{二}\ \text{丄}\ 二\text{天地}\ \text{丄}\ \text{地}^{二}=二五$

$四\text{天地}=二四$

$\therefore\text{天}^{二}\ \text{丅}\ 二\text{天地}\ \text{丄}\ \text{地}^{二}=一$

$\text{天丅地}=\text{丄}\text{丅}一$

$\text{天丄地}=五$

$\therefore二\text{天}=六\ 或\ 四$

$\therefore\text{天}=三\ 或\ 二$

$二\text{地}=四\ 或\ 六$

$\therefore\text{地}=二\ 或\ 三$

二題 有

$\sqrt{\text{甲天}}\ \text{丄}\ \sqrt{\text{乙地}}=\frac{二}{三}\ (\text{天地})=\text{甲丄乙}$

式求其天地二同數

甲天丄乙地丄二√甲乙天地＝＝(甲丄乙)^{二}

乙天丄乙地＝二甲乙丄二乙^{二}

∴(甲乙)天丄二√甲乙天地＝甲丅乙^{二}

∴四甲乙天地＝{甲丅乙^{二}丅(甲乙)天}^{二}

惟

地＝二(甲乙)丅天

∴四甲乙天{二(甲乙)丅天}＝{甲丅乙^{二}丅(甲乙)天}^{二}

＝(甲丅乙)^{二}·(甲丄乙丅天)^{二}

四甲乙{二(甲乙)天丅天^{二}}＝(甲丅乙)^{二}{甲丅乙^{二}丅二(甲乙)天丄天^{二}}

{二(甲乙)天丅天^{二}}·{四甲乙丄(甲丅乙)^{二}}＝(甲丅乙)^{二}

天^{二}丅二(甲乙)天＝丅(甲丅乙)^{二}/(甲丄乙)^{二}＝丅(甲丅乙)^{二}

天^{二}丅二(甲乙)天丄(甲乙)^{二}＝(甲丄乙)^{二}丅(甲丅乙)^{二}＝四甲乙

天＝甲丄乙丄二√甲乙＝(√甲丄√乙)^{二}

地＝二(甲乙)丅天＝甲丄乙丅二√甲乙＝(√甲丅√乙)^{二}

代數難題卷二 二次式內有二未知數 三三

三題 有

天人＝地^{二} ㊀

(天丄地)(人丅天丄地)＝三 ㊁

(天丄地丄人)(人丅天丄地)＝七 ㊂

求其天地人各同數

以㊁約㊂得

(天丄地)/(天丄地丄人)＝三/七

丄(天丄地)/人＝三/七

(天丄地)/人＝三/七丅一＝三/四

∴天丄地＝四/三人

將此代入㊁式則得

四/三人(人丅四/三人)＝三

二六/三人^{二}＝三

∴人＝四

因

地^{二}＝天人＝四天

∴地＝二√天

又

天丄地＝四/三人＝三

∴天丄二√天＝三

天丄二√天丄一＝四

√天＝丄丄二丅一＝一或丅三

∴天＝一或九

又

地＝二√天＝二或丅六

四題 有

四√天四√地/(√天)＝三六/(√地) ㊀

四√天四√地/(√地)＝三三/(√天) ㊁

求其天地二同數

令天代√天令地代√地則得

√天√地/天＝三六/地

√天√地/地＝三三/天

∴地＝三(√天√地)/三天

√天√地/天＝三六/地＝九(√天√地)/一六天

∴√天√地＝九(√天√地)/一六

∴(√天√地)^{二}＝九/一六

√天√地＝三/四 ㊂

∴天^{三}＝地^{六}

天＝地^{二}

√天＝地

從㊂得

地√地＝三/四

地丄√地丄四/二＝三/四丄四/二＝二二/一九＝三六/五七

∴√地＝丅三丄丄三六√五七

∴地＝{丅三丄丄三六√五七}^{二}

天＝地^{二}＝{丅三丄丄三六√五七}^{四}

惟其

天地本代√天√地所以其所求之同數為

天＝{丅三丄丄三六√五七}^{八}

地＝{丅三丄丄三六√五七}^{四}

代數難題卷二 二次式內有二未知數 三三

五題　有 $\sqrt{天^{二}\perp\sqrt[三]{天^{四}地^{二}}}\perp\sqrt{地^{二}\perp\sqrt[三]{地^{四}天^{二}}}=甲$ ㈠

$天\perp地\perp三\sqrt[三]{乙天地}=乙$ ㈡

求其天地二同數

從㈠得

$\sqrt{天^{\frac{三}{四}}(天^{\frac{三}{二}}\perp地^{\frac{三}{二}})}\perp\sqrt{地^{\frac{三}{四}}(天^{\frac{三}{二}}\perp地^{\frac{三}{二}})}=甲$

$(天^{\frac{三}{二}}\perp地^{\frac{三}{二}})(天^{\frac{三}{二}}\perp地^{\frac{三}{二}})^{\frac{二}{一}}=甲$

$(天^{\frac{三}{二}}\perp地^{\frac{三}{二}})^{\frac{二}{三}}=甲$

$天^{\frac{三}{二}}\perp地^{\frac{三}{二}}=甲^{\frac{三}{二}}$ ㈢

從㈡式因

$(天^{\frac{三}{一}}\perp地^{\frac{三}{一}})^{三}=天\perp地\perp三\sqrt[三]{天地}\cdot\{天^{\frac{三}{一}}\perp地^{\frac{三}{一}}\}$

$\therefore 天^{\frac{三}{一}}\perp地^{\frac{三}{一}}=乙^{\frac{三}{一}}$

又

$天^{\frac{三}{二}}\perp地^{\frac{三}{二}}\perp二天^{\frac{三}{一}}地^{\frac{三}{一}}=乙^{\frac{三}{二}}$

六題　有 $(天^{\frac{三}{二}}\perp地^{\frac{三}{二}})\frac{天}{地}=八^{\frac{三}{二}}$ ㈠

$(天^{\frac{三}{二}}\top地^{\frac{三}{二}})\frac{地}{天}=七^{\frac{三}{二}}$ ㈡

求其天地二同數

$\therefore 二天^{\frac{三}{二}}地^{\frac{三}{二}}=乙^{\frac{三}{二}}\top甲^{\frac{三}{二}}$

$\therefore 天^{\frac{三}{二}}\top二天^{\frac{三}{二}}地^{\frac{三}{二}}\perp地^{\frac{三}{二}}=二甲^{\frac{三}{二}}\top乙^{\frac{三}{二}}$

$天^{\frac{三}{二}}\top地^{\frac{三}{二}}=\sqrt{二甲^{\frac{三}{二}}\top乙^{\frac{三}{二}}}$

$二天^{\frac{三}{二}}=乙^{\frac{三}{二}}\perp\sqrt{二甲^{\frac{三}{二}}\top乙^{\frac{三}{二}}}$

$\therefore 天=\frac{八}{一}\left\{乙^{\frac{三}{二}}\perp\sqrt{二甲^{\frac{三}{二}}\top乙^{\frac{三}{二}}}\right\}^{\frac{三}{二}}$

$地=\frac{八}{一}\left\{乙^{\frac{三}{二}}\top\sqrt{二甲^{\frac{三}{二}}\top乙^{\frac{三}{二}}}\right\}^{\frac{三}{二}}$

$\frac{天^{二}\top地^{二}}{天^{二}\perp地^{二}}\cdot\frac{天^{二}}{地^{二}}=\frac{七^{\frac{三}{二}}}{八^{\frac{三}{二}}}=\frac{四五}{五二}$

$\frac{\frac{地^{二}}{天^{二}}\top一}{\frac{地^{二}}{天^{二}}\perp一}=\frac{四五}{五二}\cdot\frac{地^{二}}{天^{二}}$

$\frac{五二}{四五}\cdot\frac{地^{二}}{天^{二}}\perp\frac{五二}{四五}=\frac{地^{四}}{天^{四}}\top\frac{地^{二}}{天^{二}}$

$\frac{地^{四}}{天^{四}}\top\frac{五二}{九七}\cdot\frac{地^{二}}{天^{二}}\perp\left(\frac{一〇四}{九七}\right)^{二}=\frac{(一〇四)^{二}}{一八七六九}$

$\therefore \frac{地^{二}}{天^{二}}=\frac{一〇四}{九七\pm一三七}=\frac{一〇四}{二三四}=\frac{四}{九}$

$\therefore \frac{地}{天}=\frac{二}{三}$

$地=\frac{三}{二天}$

惟

$天^{四}\top地^{四}=八^{\frac{三}{三}}\times七^{\frac{二}{二}}=六五$

爲㈠㈡相乘

而得之式

$\therefore 天^{四}\top\left(\frac{三}{二天}\right)^{四}=六五$

$六五天^{四}=八一\times六五$

$\therefore 天^{四}=八一$

$天=\pm三$

又

$地=\frac{三}{二天}=\pm二$

七題　有 $(天^{二}\perp地^{二})(天\perp地)=一五天地$ ㈠

$(天^{四}\perp地^{四})(天^{二}\perp地^{二})=八五天^{二}地^{二}$ ㈡

求其天地二同數

將㈠式自乘之得

$(天^{四}\perp地^{四})(天\perp地)^{二}\perp二天地(天\perp地)^{二}=二二五天^{二}地^{二}$

$(天^{四}\perp地^{四})(天^{二}\perp地^{二})\perp二天地(天^{四}\perp地^{四})\perp二天^{二}地^{二}(天\perp地)^{二}=二二五天^{二}地^{二}$

所以從㈡得

$八五天^{二}地^{二}\perp二天地(天^{四}\perp地^{四})\perp二天^{二}地^{二}(天\perp地)^{二}=二二五天^{二}地^{二}$

$二(天^{四}\perp地^{四})\perp二天地(天\perp地)^{二}=一四〇天地$

$天^{四}\perp地^{四}\perp天地(天\perp地)^{二}=七〇天地$

$(天\perp地)^{二}\frac{天地}{天^{四}\perp地^{四}}=七〇$ ㈢

以㊀約㊁得

$$\frac{天+地}{天^{四}+地^{四}}=\frac{一五}{八五}天地$$

$$\therefore\frac{天地}{天^{四}+地^{四}}=\frac{一五}{八五}(天+地)$$

代入㊂式得

$$(天+地)^{二}+\frac{一五}{八五}(天+地)=七〇$$

$$(天+地)^{二}+\frac{一五}{八五}(天+地)+\left(\frac{三〇}{八五}\right)^{二}=\frac{(三〇)^{二}}{七二二五}+七〇=\frac{(三〇)^{二}}{七〇二二五}$$

$$\therefore 天+地=\frac{三〇}{\pm二六五-八五}=六\ 或\ -一一\frac{三}{三}\qquad ㊃$$

所

以從㊀得

$$天^{二}+地^{二}=\frac{六}{一五天地}$$

此取天+地之第一箇同數

$$天^{二}-\frac{六}{一五地}天+\left(\frac{一二}{一五地}\right)^{二}=\frac{一四四}{二二五地^{二}}-地^{二}=\frac{一四四}{八一地^{二}}$$

$$\therefore 天=\frac{一二}{一五\mp九}\cdot地=二地\ 或\ \frac{二}{三}地$$

又從㊃得

$$天+地=六$$

$$二地+地=六$$

$$三地=六$$

$$\therefore\left.\begin{array}{l}地=二\\ 天=四\end{array}\right\}$$

或

$$天+地=六$$

$$\frac{二}{三}地+地=六$$

$$三地=一二$$

$$\therefore\left.\begin{array}{l}地=四\\ 天=二\end{array}\right\}$$

八題　有

$$\sqrt[三]{天+地}+\sqrt[三]{天-地}=\sqrt[三]{甲}\qquad ㊀$$

$$\sqrt[三]{天^{二}+地^{二}}+\sqrt[三]{天^{二}-地^{二}}=\sqrt[三]{甲^{二}}\qquad ㊁$$

求其天地二同數

從㊀乘兩次得

$$二天+三\left(\sqrt[三]{天+地}+\sqrt[三]{天-地}\right)\sqrt[三]{天^{二}-地^{二}}=甲$$

$$二天+三\sqrt[三]{甲}\cdot\sqrt[三]{天^{二}-地^{二}}=甲$$

$$\therefore\sqrt[三]{天^{二}-地^{二}}=\frac{三\sqrt[三]{甲}}{甲-二天}\qquad ㊂$$

又以同理從㊁得

$$\sqrt[三]{天^{二}+地^{二}}\cdot\sqrt[三]{天^{二}-地^{二}}=\frac{三\sqrt[三]{甲^{二}}}{甲^{二}-二天^{二}}$$

所以從㊂得

$$\sqrt[三]{天^{二}+地^{二}}\cdot\frac{三\sqrt[三]{甲}}{甲-二天}=\frac{三\sqrt[三]{甲^{二}}}{甲^{二}-二天^{二}}$$

$$\therefore\sqrt[三]{天^{二}+地^{二}}=\frac{(甲-二天)\sqrt[三]{甲}}{甲^{二}-二天^{二}}\qquad ㊃$$

又從㊁用㊂㊃得

$$\frac{(甲-二天)\sqrt[三]{甲}}{甲^{二}-二天^{二}}+\frac{三\sqrt[三]{甲}}{甲-二天}=\sqrt[三]{甲^{二}}$$

$$三(甲-二天)^{二}+(甲^{二}-二天^{二})=三甲(甲^{二}-二天^{二})$$

$$三甲^{二}-六天^{二}+甲^{二}-四甲天+四天^{二}=三甲^{二}-六甲天$$

$$四天^{二}-四甲天+甲^{二}=三甲^{二}$$

$$二天-甲=\pm\sqrt{三}\cdot甲$$

$$\therefore 天=\frac{二}{一}\left(一\pm\sqrt{三}\right)甲$$

又因

$$甲-二天=\mp\sqrt{三}\cdot甲$$

所以從㊂得

$$天^{二}-地^{二}=\frac{二七甲}{\mp三\sqrt{三}\cdot甲^{二}}=\mp\frac{九}{\sqrt{三}}甲^{二}$$

$$\therefore 地^{二}=\left\{\frac{四}{(一\pm\sqrt{三})^{二}}\pm\frac{九}{\sqrt{三}}\right\}甲^{二}$$

$$=\left(-\pm\frac{二八}{一一}\sqrt{三}\right)甲^{二}$$

$$\therefore 地=\sqrt{-\pm\frac{二八}{一一}\sqrt{三}}\cdot甲$$

九題

有

$$(乙\perp天)天\perp甲地=(天\perp地)^{二}\top二\sqrt{天地}\cdot\sqrt{甲\top天}\cdot\sqrt{乙\top地}$$ ㊀

$$\sqrt{地}\top\sqrt{甲\top天}=\sqrt{\frac{地}{卯天}}$$ ㊁

求其天地二同數

從㊀得

$$乙天\perp甲地=二天地\perp地^{二}\top二\sqrt{天地}\cdot\sqrt{甲\top天}\cdot\sqrt{乙\top地}$$

$$(甲\top天)地\perp(乙\top地)天\perp二\sqrt{天地}\cdot\sqrt{甲\top天}\cdot\sqrt{乙\top地}=地^{二}$$

$$\therefore\sqrt{(甲\top天)地}\perp\sqrt{(乙\top地)天}=\pm地$$ ㊂

從㊁得

$$\sqrt{(甲\top天)地}=地\top\sqrt{卯天}$$

$$\therefore\sqrt{(乙\top地)天}=\top\sqrt{卯天}$$

$$乙\top地=卯$$

$$\therefore地=乙\top卯$$ ㊃

又

$$(甲\top天)地=地^{二}\top二地\sqrt{卯天}\perp卯天$$

$$甲地\top地^{二}=(地\perp卯)天\top二地\sqrt{卯天}$$

$$=乙天\top二地\sqrt{卯天}$$

此從㊃所得也

$$\therefore天\top\frac{乙}{二地\sqrt{卯}}\sqrt{天}\perp\left(\frac{乙}{地\sqrt{卯}}\right)^{二}=\frac{乙^{二}}{卯地^{二}}\perp\frac{乙}{地}(甲\top地)$$

$$\therefore\sqrt{天}=\frac{乙}{地}\left\{\sqrt{卯}\pm\sqrt{卯\perp\frac{地}{乙}(甲\top地)}\right\}$$

即

$$\sqrt{天}=\frac{乙}{乙\top卯}\left\{\sqrt{卯}\pm\sqrt{\frac{乙\top卯}{甲乙}\top(乙\top卯)}\right\}$$

$$\therefore天=\left(\frac{乙}{乙\top卯}\right)^{二}\left\{\sqrt{卯}\pm\sqrt{\frac{乙\top卯}{甲乙}\top(乙\top卯)}\right\}^{二}$$

十題

有

$$天^{二}\perp地^{二}=天\perp\frac{二}{甲}$$ ㊀

$$天^{三}(天\top二)\perp六地^{二}天(天\top一)\perp地^{四}=\frac{二}{乙}\top天$$ ㊁

求其天地二同數

從㊁得

$$天^{四}\top二天^{三}\perp六地^{二}(天^{二}\top天)\perp地^{四}=\frac{二}{乙}\top天$$

$$(天^{二}\top天)^{二}\perp六地^{二}(天^{二}\top天)\perp地^{四}=\frac{二}{乙}\perp天^{二}\top天$$

從㊀得

$$天^{二}\top天=\frac{二}{甲}\top地^{二}$$

$$\therefore\left(\frac{二}{甲}\top地^{二}\right)^{二}\perp六地^{二}\left(\frac{二}{甲}\top地^{二}\right)\perp地^{四}=\frac{二}{乙}\perp\frac{二}{甲}\top地^{二}$$

$$\frac{四}{甲^{二}}\top甲地^{二}\perp地^{四}\perp三甲地^{二}\top六地^{四}\perp地^{四}=\frac{二}{乙}\perp\frac{二}{甲}\top地^{二}$$

$$四地^{四}\top(二甲\perp一)地^{二}=\frac{四}{甲^{二}}\top\frac{二}{甲}\top\frac{二}{乙}$$

$$一六地^{四}\top(二甲\perp一)四地^{二}\perp\left(\frac{二}{二甲\perp一}\right)^{二}=甲^{二}\top二甲\top二乙\perp\frac{四}{四甲^{二}\perp四甲\perp一}$$

$$=\frac{四}{八甲^{二}\top四甲\top八乙\perp一}$$

十一題　有

$地\sqrt{(甲丅天)(天丅乙)}丄天\sqrt{(甲丅地)(乙丅地)}＝二\left\{乙\sqrt{(甲丅天)(甲丅地)}丄甲\sqrt{(天丅乙)(乙丅地)}\right\}$

㊀ 天地＝四甲乙

㊁ 求其天地二同數

$四地^{\frac{一}{二}}＝\frac{一}{三}\left\{二甲丄一\pm\frac{一}{二}\sqrt{八甲^{二}丅四甲丅八乙丄一}\right\}$

$\therefore 地＝\pm\frac{二}{四}\left\{四甲丄二\pm\frac{一}{二}\sqrt{八甲^{二}丅四甲丅八乙丄一}\right\}^{\frac{一}{二}}$

又令
巳
代

$八甲^{二}丅四甲丅八乙丄一$

得

$天^{二}丅天＝\frac{二}{甲^{二}}丅\frac{八}{二}\left\{二甲丄一\pm\frac{一}{二}\sqrt{巳}\right\}$

$＝\frac{四}{甲^{二}}丅\frac{八}{二}丅\frac{八}{二}\sqrt{巳}$

$天^{二}丅天丄\frac{四}{二}＝\frac{四}{甲^{二}}丄\frac{八}{二}丅\frac{八}{二}\sqrt{巳}＝\frac{二}{六}\left\{四甲丄二\mp\sqrt{巳}\right\}$

$\therefore 天＝\frac{二}{二}\pm\frac{四}{二}\sqrt{\left\{四甲丄二丅二\sqrt{巳}\right\}}$

$＝\frac{二}{二}\pm\frac{四}{二}\left\{四甲丄二丅二\sqrt{八甲^{二}丅四甲丅八乙丄一}\right\}^{\frac{一}{二}}$

十二題　有

$天^{寅}甲^{卯}丄地^{卯}乙^{寅}＝二(甲天)^{\frac{寅}{二}}(乙地)^{\frac{卯}{二}}$

㊀ 天地＝甲乙

㊁ 求其天地二同數

$天丄地＝四(甲丄乙)$

$\left.\begin{array}{l}天^{二}丄二天地丄地^{二}＝一六(甲丄乙)^{二}\\ 四天地＝一六甲乙\end{array}\right\}$

$\left.\begin{array}{l}天丄地＝四\sqrt{甲^{二}丄甲乙丄乙^{二}}\\ 天丅地＝四(甲丅乙)\end{array}\right\}$

$\left.\begin{array}{l}天＝二(甲丅乙丄\sqrt{甲^{二}丄甲乙丄乙^{二}})\\ 地＝二(\sqrt{甲^{二}丄甲乙丄乙^{二}}丅甲丄乙)\end{array}\right\}$

$\left.\begin{array}{l}天^{二}丅二天地丄地^{二}＝一六(甲丅乙)^{二}\\ 四天地＝一六甲乙\end{array}\right\}$

$\left.\begin{array}{l}天丄地＝四\sqrt{甲^{二}丅甲乙丄乙^{二}}\\ 天丄地＝四(甲丄乙)\end{array}\right\}$

$\left.\begin{array}{l}\therefore 天＝二(甲丄乙丄\sqrt{甲^{二}丅甲乙丄乙^{二}})\\ 地＝二(甲丄乙丅\sqrt{甲^{二}丅甲乙丄乙^{二}})\end{array}\right\}$

將㊀式兩邊各自乘又令
四甲乙
代
天地
則

$地(甲天丄乙天丅甲乙)丄天(甲乙丅甲地丅乙地)＝四\left\{乙^{二}(天地丅甲地丅甲天)丄甲^{二}(乙天丅天地丄乙地)\right\}$

$(天^{二}丅地^{二})甲乙丅(甲丄乙)天地(天丅地)＝四天地(乙^{二}丅甲^{二})四甲乙(乙丅甲)(天丅地)$

$甲乙(天丅地)\left\{天丄地丅四(甲丄乙)\right\}＝四甲乙(甲丅乙)\left\{天丄地丅四(甲丄乙)\right\}$

$\therefore 天丅地＝四(甲丅乙)$

即

令卯代 $\frac{甲丅乙}{甲丄乙}$ 則

$$\frac{地\sqrt{一丅天^{二}}丄天\sqrt{一丅地^{二}}}{卯地\sqrt{一丅天^{二}}丅卯天\sqrt{一丅地^{二}}}=\frac{天地丅\sqrt{一丅天^{二}}\cdot\sqrt{一丅地^{二}}}{天地丄\sqrt{一丅天^{二}}\cdot\sqrt{一丅地^{二}}}$$

$$\frac{(卯丅一)地\sqrt{一丅天^{二}}丅(卯丄一)天\sqrt{一丅地^{二}}}{(卯丄一)地\sqrt{一丅天^{二}}丅(卯丅一)天\sqrt{一丅地^{二}}}=\frac{\sqrt{一丅天^{二}}\cdot\sqrt{一丅地^{二}}}{天地}$$

$$(卯丄一)地(一丅天^{二})\sqrt{一丅地^{二}}丅(卯丅一)天(一丅地^{二})\sqrt{一丅天^{二}}=(卯丅一)天地^{二}\sqrt{一丅天^{二}}丅(卯丄一)天^{二}地\sqrt{一丅地^{二}}$$

$$(卯丄一)地\sqrt{一丅地^{二}}丅(卯丅一)天\sqrt{一丅天^{二}}=○$$

$$\frac{卯丅一}{卯丄一}\cdot\frac{天}{地}=\sqrt{\frac{一丅地^{二}}{一丅天^{二}}}$$

$$天\sqrt{一丅天^{二}}=\frac{卯丅一}{卯丄一}\cdot地\sqrt{一丅地^{二}}$$

$$天^{四}丅天^{二}丄\frac{四}{一}=\frac{四}{一}丄\frac{乙^{二}}{甲^{二}地^{二}}(地^{二}丅一)$$

$$\therefore\frac{卯丅一}{卯丄一}=\frac{乙}{甲}$$

$$天^{二}丅\frac{二}{一}=\pm\sqrt{\frac{四}{一}丄\frac{乙^{二}}{甲^{二}地^{二}}(地^{二}丅一)}$$

$$二天^{二}丅一=\pm\sqrt{一丄\frac{乙^{二}}{四甲^{二}地^{二}}(地^{二}丅一)}$$

$$\therefore乙(二天^{二}丅一)=\pm\sqrt{乙^{二}丄四甲^{二}地^{二}(地^{二}丅一)}$$

所以從㊁得

$$甲丄丙丅二甲地^{二}=\pm\sqrt{乙^{二}丄四甲^{二}地^{二}(地^{二}丅一)}$$

$$(甲丄丙)^{二}丅四甲(甲丄丙)地^{二}=乙^{二}丅四甲^{二}地^{二}$$

$$四甲丙地^{二}=(甲丄丙)^{二}丅乙^{二}$$

$$\therefore地=\frac{二}{一}\sqrt{\frac{甲丙}{(甲丄丙)^{二}丅乙^{二}}}$$

又因天地在兩式中如以天代地以地代天則其式之次數不變惟亦必以甲代其乙以乙代其甲所以從以上所得地之同數中徑能看出

$$天=\frac{二}{一}\sqrt{\frac{乙丙}{(乙丄丙)^{二}丅甲^{二}}}$$

從㊁得

$$地^{卯}=甲^{卯}乙^{卯}天^{丅卯}$$

從㊀得

$$甲^{卯}天^{寅}丄甲^{卯}乙^{寅丄卯}天^{丅卯}=二\,甲^{\frac{二}{寅}}乙^{\frac{二}{卯}}天^{\frac{二}{寅}}甲^{\frac{二}{卯}}乙^{\frac{二}{卯}}天^{\frac{二}{丅卯}}=二\,甲^{\frac{二}{寅丄卯}}乙^{卯}天^{\frac{二}{寅丅卯}}$$

$$\therefore天^{寅丄卯}丄乙^{寅丄卯}=二\,甲^{\frac{二}{寅丄卯}}乙^{卯}天^{\frac{二}{寅丄卯}}$$

$$天^{寅丄卯}丅二\,甲^{\frac{二}{寅丄卯}}乙^{卯}\cdot天^{\frac{二}{寅丄卯}}丄甲^{寅丅卯}乙^{二卯}=甲^{寅丅卯}乙^{二卯}丅乙^{寅丄卯}$$

$$\therefore天^{\frac{二}{寅丄卯}}=甲^{\frac{二}{寅丄卯}}乙^{卯}\pm\{甲^{寅丅卯}乙^{二卯}丅乙^{寅丄卯}\}^{\frac{二}{一}}=乙^{卯}\{甲^{\frac{二}{寅丄卯}}\pm(甲^{寅丅卯}丅乙^{寅丅卯})^{\frac{二}{一}}\}$$

$$\therefore天=乙^{\frac{寅丄卯}{二卯}}\{甲^{\frac{二}{寅丅卯}}\pm(甲^{寅丅卯}丅乙^{寅丅卯})^{\frac{二}{一}}\}^{\frac{寅丄卯}{二}}$$

$$地=甲乙天^{丅一}=甲乙^{\frac{寅丄卯}{寅丅卯}}\cdot\{甲^{\frac{二}{寅丅卯}}\pm(甲^{寅丅卯}丅乙^{寅丅卯})^{\frac{二}{一}}\}^{丅\frac{寅丄卯}{二}}$$

十三題 有

$$(甲丄乙)\cdot\frac{天地丄\sqrt{一丅天^{二}}\cdot\sqrt{一丅地^{二}}}{地\sqrt{一丅天^{二}}丅天\sqrt{一丅地^{二}}}=(甲丅乙)\cdot\frac{天地丅\sqrt{一丅天^{二}}\cdot\sqrt{一丅地^{二}}}{地\sqrt{一丅天^{二}}丄天\sqrt{一丅地^{二}}}\quad ㊀$$

$$甲(二地^{二}丅一)丄乙(二天^{二}丅一)=丙\quad ㊁$$

求其天地二同數

十四題 有

$$\frac{地^{丅一}}{天^{丅一}}(天^{丅一}丅一)丄\frac{天^{丅一}}{地^{丅一}}(二天^{丅一}丅一)=\frac{天^{丅一}}{四地^{丅一}}(天^{丅一}丄地^{丅一})丄\frac{天^{丅一}}{三地}丄二$$

㊀

$$\frac{地^{丅四}}{天^{丅四}}丅\frac{地}{二天^{丅一}}丅\frac{地^{丅一}}{二天^{丅一}}=\frac{三六}{一三三}\cdot\frac{地^{丅一}}{一}丅\frac{天^{丅一}}{二}丅\frac{天^{丅一}}{地^{丅一}}$$

㊁

求其天地二同數

令天代天^{丅一}令地代地^{丅一}則從㊀得

$$\frac{地}{天}(天^{二}丅一)丄\frac{天}{地}(二天^{二}丅一)=\frac{天}{四地}(天丄地)丄\frac{天}{三地^{二}}丄二$$

$$天^{四}丅天^{二}丄二天^{二}地^{二}丅地^{二}=四地^{二}(天丄地)丄三地^{四}丄二天地$$

$$(天^{二}丄地^{二})^{二}=(天丄地)^{二}丄四地^{二}(天丄地)丄四地^{四}$$

$$天^{二}丄地^{二}=天丄地丄二地^{二}$$

$$天^{二}丅地^{二}=天丄地$$

$$\therefore 天丅地=一 \quad ㊂$$

從㊁得

$$\frac{地^{四}}{天^{四}}丅\frac{地^{三}}{二天^{三}}丅\frac{地}{二天}=\frac{三六}{一三三}\cdot\frac{地^{二}}{一}丅\frac{天^{二}}{二}丅\frac{天}{地^{二}}$$

$$\left(\frac{地^{二}}{天^{二}}丅\frac{地}{一}\right)^{二}丅\frac{天}{二地}\left(\frac{地^{二}}{天^{二}}丅\frac{地}{一}\right)丄\frac{天^{二}}{地^{二}}=\frac{三六}{一三三}\cdot\frac{地^{二}}{一}丄\frac{地^{二}}{一}=\frac{三六}{一六九}\cdot\frac{地^{二}}{一}$$

$$\frac{地^{二}}{天^{二}}丅\frac{地}{一}丅\frac{天}{地}=\frac{六}{一三}\cdot\frac{地}{一}$$

$$\frac{地^{二}}{天^{二}}丅\frac{天}{地}=\frac{六}{一九}\cdot\frac{地}{一}$$

即

$$天^{三}丅地^{三}=\frac{六}{一九}天地$$

所以用㊂式約之

$$天^{二}丄天地丄地^{二}=\frac{六}{一九}天地$$

所以 $(天丅地)^{二}$ 即

$$一=\frac{六}{一九}天地丅三天地=\frac{六}{天地}$$

$$\therefore 天地=六$$

即

$$天(天丅一)=六$$

$$天^{二}丅天丄\frac{四}{一}=\frac{四}{二五}$$

$$\therefore 天=三或丅二$$
$$地=二或丅三$$

惟天地本代 $天^{丅一}$ $地^{丅一}$ 所以其所求之同數爲

$$天=二七或丅八$$
$$地=八或丅二七$$

十五題 有

$$天^{四}=寅天丄卯地 \quad ㊀$$

$$地^{四}=寅地丄卯天 \quad ㊁$$

求其天地二同數

$$\frac{地^{四}}{天^{四}}=\frac{寅地\bot卯天}{寅天\bot卯地}=\frac{寅\bot卯\frac{地}{天}}{寅\frac{地}{天}\bot卯}$$

令酉代$\frac{地}{天}$則

$$酉^{四}=\frac{寅\bot卯酉}{寅酉\bot卯}$$

即

$$寅酉^{四}\bot卯酉^{五}=寅酉\bot卯$$

$$寅酉(酉^{三}\top一)\bot卯(酉^{五}\top一)=〇$$

$$寅酉(酉^{二}\bot酉\bot一)\bot卯(酉^{四}\bot酉^{三}\bot酉^{二}\bot酉\bot一)=〇$$

又

$$酉\top一=〇$$

即

$$酉=一 \quad ㊂$$

$$卯酉^{四}\bot(寅\bot卯)酉^{三}\bot(寅\bot卯)酉^{二}\bot(寅\bot卯)酉\bot卯=〇$$

$$卯\left(酉^{二}\bot\frac{一}{酉^{二}}\right)\bot(寅\bot卯)\left(酉\bot\frac{一}{酉}\right)\bot(寅\bot卯)=〇$$

$$\left(酉\bot\frac{一}{酉}\right)^{二}\bot\frac{卯}{寅\bot卯}\left(酉\bot\frac{一}{酉}\right)\bot\left(\frac{二卯}{寅\bot卯}\right)^{二}=\frac{四卯^{二}}{(寅\bot卯)^{二}}\top\frac{卯}{寅\bot卯}\bot二=\frac{四卯^{二}}{寅^{二}\top二寅卯\bot五卯^{二}}$$

$$酉\bot\frac{酉}{一}=\frac{二卯}{\top(寅\bot卯)\pm\sqrt{寅^{二}\top二寅卯\bot五卯^{二}}}=甲$$

假如

$$酉^{二}\top甲酉=\top一$$

$$\therefore 酉=\frac{甲}{二}\pm\sqrt{\frac{甲^{二}}{四}\top一} \quad ㊃$$

從㊂得

$$天=地=\sqrt[三]{寅\bot卯}$$

代入㊀式得之從㊃

與㊁得

$$地=\sqrt[三]{寅卯酉}=\sqrt[三]{寅\frac{三}{卯}\left(甲\pm\sqrt{甲^{二}\top四}\right)}$$

又

$$天=\sqrt[三]{寅\frac{酉}{卯}}=\sqrt[三]{寅\frac{三\left(甲\mp\sqrt{甲^{二}\top四}\right)}{卯}}=\sqrt[三]{寅\frac{三}{二卯}\left(甲\mp\sqrt{甲^{二}\top四}\right)}$$

十六題　有

$$三〇\sqrt{\frac{天^{三}}{地}\bot\frac{地^{三}}{天}}\bot四〇\sqrt{\frac{天^{三}}{地}\top\frac{地^{三}}{天}}=二四一 \quad ㊀$$

$$\left\{一\bot\left(\frac{天}{地}\right)^{三}\right\}\cdot\left\{三\frac{天^{三}}{地^{三}}\bot\frac{二一六}{九一}\sqrt{\frac{天}{天^{三}}\bot\frac{天^{三}}{地^{三}}}\right\}=\left(\frac{六}{五}\right)^{三}天^{三}\top地^{三} \quad ㊁$$

求其天地二同數

從㊁式得

三天²地² ⊥ 三天²地² ⊥ 二一六/九一 (天²地²) ═ 二一六/一二五 ⊤天 ⊥地²

天² ⊥ 三天²地² ⊥ 三天²地² ⊥ 地² ⊥ 二一六/九一 (天²⊥地²) ═ 二一六/一二五

(天²⊥地²)³ ⊥ 二一六/九一 (天²⊥地²) ═ 二一六/一二五

以人代其(天²⊥地²)則

人³ ⊥ 二一六/九一 人 ═ 二一六/一二五

人³ ⊥ 二一六/九一 人 ⊥ (四三二/九一)² ═ (四三二)²/八二八一 ⊥ 二一六/一二五 ═ (四三二)²/一一六二八一

∴人 ═ 四三二/⊤九一⊥三四一 ═ 二一六/一二五 或 ⊤一

∴天²⊥地² ═ 三六/二五 ㊂

從㊀式得

三○(天²⊥地²)⊥四○天地 ═ 二四一 √(天²⊥地²) 天²地²

三○ (三六/二五) ⊥四○天地 ═ 二四一 (六/五) 天²地²

二五⊥四八天地 ═ 二四一天²地²

二五⊤天²地² ═ 四八天地 (五⊤天地)

∴五⊤天²地² ═ ○

又

五⊥天²地² ═ 四八天²地²

天²地² ═ 五

從㊂式得

天²⊥地² ═ 三六/二五

二天²地² ═ 一○

∴天²⊥地² ═ ⊥二六/⊥三五

又

天²⊤地²

此式為不合於理之數即

天²地² ⊥ 四八/一 天地 ⊥ (九六/一)² ═ (九六/一)² ⊥ 四八/五 ═ (九六)²/九六一

天地 ═ ⊥九六/⊥三一 ═ 三/一 或 ⊤ 二六/五

從㊂得

天²⊥地² ═ 三六/二五

二天²地² ═ 二/三

∴天²⊥地² ═ ⊥ 六/七
天²⊤地² ═ ⊥ 六/一

∴二天² ═ ⊥ 三/四 或 ⊥一

二地² ═ ⊥ 一 或 ⊥ 三/四

∴天 ═ ⊥ 二七/八 或 ⊥ 八/二

地 ═ ⊥ 八/二 或 ⊥ 二七/八

十七題

有

(天²⊥二乙天地⊥甲地²)(地²⊥二乙天地⊥甲天²) ═ 四(甲²⊥乙²⊥乙丙²)(天地)²

㊀

天²⊥地² ═ 二丙天地

㊁求其天地二同數

將㈠以$(天地)^{2}$約之得

$$\left(天^{2}+二乙地+\frac{天^{2}}{甲地^{2}}\right)\left(地^{2}+二乙天+\frac{地^{2}}{甲天^{2}}\right)=四(甲-乙)(乙+丙)^{2}$$

$$天^{2}地^{2}+二乙天^{3}+\frac{地^{2}}{甲天^{4}}+二乙地^{3}+四乙^{2}天地+二甲^{2}乙\frac{地^{2}}{天}+\frac{天^{2}}{甲^{2}地^{4}}+二甲^{2}乙\frac{天^{2}}{地}+甲^{4}$$
$$=四(甲^{2}-乙^{2})(乙+丙)^{2}$$

$$天^{2}地^{2}+二乙(天^{3}+地^{3})+四乙^{2}天地+甲^{2}\left(\frac{地^{2}}{天^{4}}+\frac{天^{2}}{地^{4}}\right)+二甲^{2}乙\left(\frac{地^{2}}{天}+\frac{天^{2}}{地}\right)+甲^{4}$$
$$=四(甲^{2}-乙^{2})(乙+丙)^{2}$$

$$天^{2}地^{2}+四乙丙天地+四乙^{2}天地+甲^{2}\left(\frac{地}{天}+\frac{天}{地}\right)^{2}-二甲^{2}天地+二甲^{2}乙\cdot二丙+甲^{4}$$
$$=四(甲^{2}-乙^{2})(乙+丙)^{2}$$

$$天^{2}地^{2}+(四乙丙+四乙^{2}-二甲^{2})天地+四甲^{2}丙^{2}+四甲^{2}乙丙+甲^{4}$$
$$=四甲^{2}乙^{2}+八甲^{2}乙丙+四甲^{2}丙^{2}-四乙^{4}-八乙^{3}丙-四乙^{2}丙^{2}$$

$$天^{2}地^{2}+(四乙丙+四乙^{2}-二甲^{2})天地+四乙^{2}丙^{2}+四乙^{4}+甲^{4}-四甲^{2}乙^{2}-四甲^{2}乙丙+八乙^{3}丙=0$$

$$天^{2}地^{2}+(四乙丙+四乙^{2}-二甲^{2})天地+(二乙丙+二乙^{2}-甲^{2})^{2}=0$$

$$天地+二乙丙+二乙^{2}-甲^{2}=0$$

$$\therefore 天地=甲^{2}-二乙丙-二乙^{2}=巳^{2}$$

令等於$巳^{2}$也

則從㈡得

$$天^{3}+\frac{天^{6}}{巳^{6}}=二丙巳^{2}$$

$$天^{6}-二丙巳^{2}天^{3}+(丙巳^{2})^{2}=丙^{2}巳^{4}-巳^{6}$$

$$天^{3}=丙巳^{2}\pm\sqrt{丙^{2}巳^{4}-巳^{6}}$$

$$=巳^{2}\left\{丙\pm\sqrt{丙^{2}-巳^{2}}\right\}$$

$$\therefore 天=\sqrt[3]{巳^{2}}\cdot\sqrt[3]{丙\pm\sqrt{丙^{2}-巳^{2}}}$$

卽

$$巳^{2}=甲^{2}-二乙丙-二乙^{2}$$

又

$$地=\frac{天^{2}}{巳^{2}}=\frac{\sqrt[3]{丙\mp\sqrt{丙^{2}-巳^{2}}}}{\sqrt[3]{巳^{4}}}$$

$$=\sqrt[3]{巳}\cdot\sqrt[3]{丙\mp\sqrt{丙^{2}-巳^{2}}}$$

十八題

有

$$甲^{3}-天^{3}=三天地 \quad ㈠$$

$$(\sqrt{地^{3}}-\sqrt{天^{3}})(甲-天)=三\sqrt{天}(天+地) \quad ㈡$$

求其天地二同數

從㈠得

$$(甲+天)(甲-天)=三\sqrt{天}\cdot地\sqrt{天}$$

從㈡得

$$(\sqrt{地^{3}}-\sqrt{天^{3}})(甲-天)=三\sqrt{天}(天+地)$$

$$\therefore \frac{甲+天}{\sqrt{地^{3}}-\sqrt{天^{3}}}=\frac{地\sqrt{天}}{天+地}$$

$$\therefore 地\sqrt{天地}-天地=(甲+天)(天+地) \quad ㊂$$

惟

$$地=\frac{三天}{甲^{2}-天^{2}}$$

$$\therefore 天地=\frac{三}{甲^{2}-天^{2}}$$

又

$$天+地=\frac{三天}{甲^{2}-二天^{2}}$$

所以

代入㊂式得

$$\frac{三天}{甲^{二}-天^{二}}\sqrt{\frac{三}{甲^{二}-天^{二}}}=\frac{三}{甲^{二}-天^{二}}+(甲+天)\cdot\frac{三天}{甲+二天}$$

$$(甲-天)\sqrt{\frac{三}{甲^{二}-天^{二}}}=(甲-天)天+甲^{二}-二天^{二}$$

$$=甲^{二}-甲天+天^{二}$$

$$\therefore 甲^{二}-天^{二}-二甲天(甲-天)=三(甲^{二}-甲天+天^{二})^{二}$$

$$甲^{四}-天^{四}-二甲^{三}天+二甲天^{三}=三(甲^{四}+天^{四}-二甲^{三}天+甲^{二}天^{二}-二甲天^{三}+二甲^{二}天^{二})$$

$$四天^{四}-四甲天^{三}+九甲^{二}天^{二}-八甲^{三}天+二甲^{四}=〇$$

$$四天^{二}(天^{二}-二甲^{二})+甲^{二}(天^{二}-二甲^{二})+四甲天(天^{二}-二甲^{二})=〇$$

$$\therefore 天^{二}-二甲^{二}=〇$$

$$天=\pm甲\sqrt{二}$$

又

$$地=\pm\frac{三甲\sqrt{二}}{甲^{二}-二甲^{二}}=\mp\frac{\sqrt{三}}{甲}$$

又

$$四天^{二}+甲^{二}-四甲天=〇$$

即

$$二天-甲=〇$$

$$\therefore 天=\frac{甲}{二}$$

$$地=\frac{三天}{甲^{二}-天^{二}}=\frac{二}{甲}$$

十九題 有

$$(一-天^{二})(一-地^{二})+(一-天)(一-地)=四天\sqrt{一-地^{四}}$$ ㊀

$$四天地=\sqrt{三}(一-天^{二})(一-地^{二})$$ ㊁

求其天地二同數

從㊀得

$$(一-二天+天^{二})(一+地^{二})+(一+二天+天^{二})(一-地^{二})=四天\sqrt{一-地^{四}}$$

$$二地^{二}+四天+二天^{二}地^{二}=四天\sqrt{一-地^{四}}$$

$$地^{二}(一+天^{二})=二天(-一+\sqrt{一-地^{四}})$$ ㊂

從㊁得

$$(一-天^{二})=\frac{(一-地^{二})^{二}}{八天地}$$

$$一+天^{二}=\frac{(一-地^{二})^{二}}{八天地}+二天$$

$$=\frac{(一-地^{二})^{二}}{二天(一+地^{二})}$$

代入㊂式得

$$\frac{(一-地^{二})^{二}}{地^{二}(一+地^{二})}=-一+\sqrt{一-地^{四}}$$

$$一+地^{二}=\frac{(一+地^{二})^{四}}{地^{四}(一+地^{二})^{二}}-一-二地^{二}-\frac{(一+地^{二})^{二}}{地^{二}(一+地^{二})}+一$$

$$地^{二}(一+地^{二})=地^{二}(一-地^{二})-二(一+地^{二})$$

$$四地^{二}+四地=(一+地^{二})^{二}=-一-二地^{二}+地^{四}$$

$$三地^{四}+六地^{二}=-一$$

$$地^{四}+二地^{二}+一=\frac{三}{四}$$

$$地^{二}+一=\frac{\sqrt{三}}{二}$$

$$地^{二}=\frac{\sqrt{三}}{二-\sqrt{三}}=-\frac{二-\sqrt{三}}{四-二\sqrt{三}}$$

$$\therefore 地=\pm\frac{\sqrt{二-\sqrt{三}}}{\sqrt{三}-一}$$

$$地=\pm\sqrt{\frac{\sqrt{二-\sqrt{三}}}{\sqrt{三}-一}}$$

又從㊁

式得

$$天+\frac{一-地^{二}}{\sqrt{三}\cdot地}\cdot天=一$$

$$\therefore 天+\frac{一-地^{二}}{\sqrt{三}\cdot地}\cdot天+\frac{(一-地^{二})^{二}}{三地^{二}}$$

$$=一+\frac{(一-地^{二})^{二}}{三地^{二}}=\frac{(一+地^{二})^{二}}{三地^{二}}$$

$$\therefore 天=\frac{-一+地^{二}}{\sqrt{三}\cdot地}\pm\frac{一}{\sqrt{三}}\sqrt{一+地^{四}}$$

$$=\frac{\sqrt{二-\sqrt{三}}}{\frac{\sqrt{二-\sqrt{三}}+\sqrt{三}-一}{-\sqrt{二-\sqrt{三}}}\pm\frac{\sqrt{二-\sqrt{三}}}{二}}$$

$$=\frac{\sqrt{二-\sqrt{三}}+(\sqrt{三}-一)}{\sqrt{二-\sqrt{三}}+\sqrt{三}-二\sqrt{二-\sqrt{三}}+二}$$

二十題 有 求 $\frac{人}{天\perp地\perp人}$ 式之同數

答式

$$\frac{一四}{天\perp地\perp人}=\frac{三}{天}=\frac{四}{地}$$

$$\frac{一四}{天\perp地\perp人}=\frac{一四\top三\top四}{(天\perp地\perp人)\top天\top地}=\frac{七}{人}\quad 天\perp地\perp人=\frac{三}{一四}天=\frac{二}{七}地$$

$$\therefore\frac{人}{天\perp地\perp人}=\frac{七}{一四}=二$$

二十一題 有 $天\top地=七人$ 與 $天\top人=四地$ 求 $\frac{天}{地\top人}$ 式之同數

答式

$$七人\perp地=天=四地\perp人$$

$$\therefore 六人=三地$$

即

$$二人=地$$

$$\therefore 地\top人=人$$

$$\therefore\frac{天}{地\top人}=\frac{天}{人}=\frac{七人\perp地}{人}=\frac{九人}{人}=\frac{九}{一}$$

二十二題 有 $天^{二}\perp地^{二}=一二三人$ 與 $天^{二}\top地^{二}=二七人$ 求 $\frac{人}{天地}$ 式之同數

二十三題 有

$$甲乙\top二(甲\perp乙)(巳\perp午)\perp巳午=○ \quad ㊀$$

$$丙丁\top二(丙\perp丁)(巳\perp午)\perp巳午=○ \quad ㊁$$

求證

$$\left(\frac{二}{巳\top午}\right)^{二}=\frac{(甲\perp乙\top丙\top丁)^{二}}{(甲\top丙)(甲\top丁)(乙\top丙)(乙\top丁)}$$

答式

$$天^{二}\perp地^{二}=一二三人$$

$$天^{二}\top地^{二}=二七人$$

$$\therefore 二天^{二}=一五○人$$

$$\therefore 天^{二}=七五人$$

又

$$二地^{二}=九六人$$

$$\therefore 地^{二}=四八人$$

$$\because 天^{二}地^{二}=七五\times四八\cdot人^{二}$$

$$\frac{人^{二}}{天^{二}地^{二}}=七五\times四八=二五\times一四四$$

$$\therefore\frac{人}{天地}=五\times一二=六○$$

以㊁減㊀得

$$甲乙\top丙丁\top二(甲\perp乙\top丙\top丁)(巳\perp午)=○$$

$$\therefore 巳\perp午=\frac{甲\perp乙\top丙\top丁}{二(甲乙\top丙丁)}$$

又從㊀㊁得

$$\frac{丙\perp丁}{甲\perp乙}=\frac{丙丁\perp巳午}{甲乙\perp巳午}$$

$$\therefore(甲\perp乙\top丙\top丁)巳午=甲乙(丙\perp丁)\top丙丁(甲\perp乙)$$

$$\therefore(甲\perp乙\top丙\top丁)^{二}\{(巳\perp午)^{二}\top四巳午\}=四(甲乙\top丙丁)^{二}\top四(甲\perp乙\top丙\top丁)\{甲乙(丙\perp丁)\top丙丁(甲\perp乙)\}$$

$$(甲\perp乙\top丙\top丁)^{二}\left(\frac{二}{巳\top午}\right)^{二}$$

$$=(甲乙\top丙丁)^{二}\top(甲\perp乙\top丙\top丁)(甲乙丙\perp甲乙丁\top甲丙丁\top乙丙丁)$$

=(甲乙⊤丙丁)^{2}⊤(甲⊤丁⊥乙⊤丙){(甲⊤丁)乙丙⊥(乙⊤丙)甲丁}

=甲^{2}乙^{2}⊥丙^{2}丁^{2}⊤二甲乙丙丁⊤[乙丙(甲⊤丁)^{2}⊥乙丙(甲⊤丁)(乙⊤丙)⊥甲丁(甲⊤丁)(乙⊤丙)⊥甲丁(乙⊤丙)^{2}]

=甲^{2}乙^{2}⊥丙^{2}丁^{2}⊥二甲乙丙丁⊤甲^{2}乙丙⊤乙丙丁^{2}⊤甲乙^{2}丁⊤甲丙^{2}丁⊤(甲⊤丁)(乙⊤丙)(甲丁⊥乙丙)

=甲^{2}乙(乙⊤丙)⊤丙丁^{2}(乙⊤丙)⊥(甲丙丁⊤甲乙丁)(乙⊤丙)⊤(甲⊤丁)(乙⊤丙)(甲丁⊥乙丙)

=(乙⊤丙){甲^{2}乙⊤丙丁^{2}⊥甲丙丁⊤甲乙丁⊤(甲⊤丁)(甲丁⊥乙丙)}

=(乙⊤丙){甲乙(甲⊤丁)⊥丙丁(甲⊤丁)⊤(甲丁⊥乙丙)(甲⊤丁)}

=(甲⊤丁)(乙⊤丙){甲乙⊥丙丁⊤甲丁⊤乙丙}

=(甲⊤丁)(乙⊤丙){甲(乙⊤丁)⊤丙(乙⊤丁)}

=(甲⊤丁)(乙⊤丙)(甲⊤丙)(乙⊤丁)

∴(二/巳⊤午)^{2}=(甲⊥乙⊤丙⊤丁)^{2}/(甲⊤丙)(甲⊤丁)(乙⊤丙)(乙⊤丁)

二十四題　如 甲天^{2}⊥乙天⊥丙=○ 與 甲′天^{2}⊥乙′天⊥丙′=○ 俱能以天之同同數爲根，求其甲乙丙甲′乙′丙′相關之故

因天之同同數能爲兩式之根，所以天之同同數能爲

甲′甲天^{2}⊥甲′乙天⊥甲′丙=○
甲甲′天^{2}⊥甲乙′天⊥甲丙′=○

之根

∴(甲乙′⊤甲′乙)天=甲′丙⊤甲丙′

∴天=(甲乙′⊤甲′乙)/(甲′丙⊤甲丙′)

又

甲丙′天^{2}⊥乙丙′天⊥丙丙′=○
甲′丙天^{2}⊥乙′丙天⊥丙丙′=○

∴(甲丙′⊤甲′丙)天^{2}=(乙′丙⊤乙丙′)天

∴天=(甲′丙⊤甲丙′)/(乙丙′⊤乙′丙)

∴(甲乙′⊤甲′乙)/(甲′丙⊤甲丙′)=(甲′丙⊤甲丙′)/(乙丙′⊤乙′丙)

∴(甲乙′⊤甲′乙)(乙丙′⊤乙′丙)=(甲′丙⊤甲丙′)^{2}

或

(甲丙′⊤甲′丙)^{2}

二十五題　有 甲$_{1}$天⊥乙$_{1}$地=丙$_{1}$ ㊀ 甲$_{2}$天⊥乙$_{2}$地=丙$_{2}$ ㊁ 甲$_{3}$天⊥乙$_{3}$地=丙$_{3}$ ㊂ 欲以天地之同同數爲根，求其倍數所必有之相關

因㊀㊁㊂同根，則從㊀㊁得

甲$_{1}$乙$_{2}$天⊥乙$_{1}$乙$_{2}$地=乙$_{2}$丙$_{1}$
甲$_{2}$乙$_{1}$天⊥乙$_{1}$乙$_{2}$地=乙$_{1}$丙$_{2}$

∴(甲$_{1}$乙$_{2}$⊤甲$_{2}$乙$_{1}$)天=乙$_{2}$丙$_{1}$⊤乙$_{1}$丙$_{2}$

∴天=(甲$_{1}$乙$_{2}$⊤甲$_{2}$乙$_{1}$)/(乙$_{2}$丙$_{1}$⊤乙$_{1}$丙$_{2}$)

又從㊀㊁得

甲$_{1}$甲$_{2}$天⊥甲$_{2}$乙$_{1}$地=甲$_{2}$丙$_{1}$
甲$_{1}$甲$_{2}$天⊥甲$_{1}$乙$_{2}$地=甲$_{1}$丙$_{2}$

∴(甲$_{1}$乙$_{2}$⊤甲$_{2}$乙$_{1}$)地=甲$_{1}$丙$_{2}$⊤甲$_{2}$丙$_{1}$

∴地=(甲$_{1}$乙$_{2}$⊤甲$_{2}$乙$_{1}$)/(甲$_{1}$丙$_{2}$⊤甲$_{2}$丙$_{1}$)

將天地之同數從㊂式得

(甲$_{1}$乙$_{2}$⊤甲$_{2}$乙$_{1}$)/(乙$_{2}$丙$_{1}$⊤乙$_{1}$丙$_{2}$)·甲$_{3}$⊥(甲$_{1}$乙$_{2}$⊤甲$_{2}$乙$_{1}$)/(甲$_{1}$丙$_{2}$⊤甲$_{2}$丙$_{1}$)·乙$_{3}$=丙$_{3}$

(乙$_{2}$丙$_{1}$⊤乙$_{1}$丙$_{2}$)甲$_{3}$⊥(甲$_{1}$丙$_{2}$⊤甲$_{2}$丙$_{1}$)乙$_{3}$=(甲$_{1}$乙$_{2}$⊤甲$_{2}$乙$_{1}$)丙$_{3}$

命 甲天⊥乙地⊥丙人=一 ㈠
甲天⊥乙地⊥丙人=一 ㈡
甲天⊥乙地⊥丙人=一 ㈢

從㈠㈡得 (甲甲)人/天⊥(乙乙)人/地⊥丙丙=〇

從㈡㈢得 (甲甲)人/天⊥(乙乙)人/地⊥丙丙=〇

其天地人各同數不能依本題所設之式定之因其三式不過等於兩式所以人/天與人/地皆隨人所命而非自然能有所

以將上兩式以 呷呋⊥吃呲⊥呐=〇 與 呷呋⊥吃呲⊥呐=〇 明之則有相等之式如下

呷吃呋⊥吃吃呲⊥吃呐=〇

又

呷吃呋⊥吃吃呲⊥吃呐=〇

∴呷吃呋⊥吃呐=呷吃呋⊥吃呐

即兩邊相同之相等式

∴呷吃=呷吃

又

吃呐=吃呐

即

呷/呷=吃/吃=呐/呐

即 甲甲/甲甲=乙乙/乙乙=丙丙/丙丙 又從所設之相等式依常法得其天地人各同數則其倍數之相關必令各等於∴

即

甲(乙丙⊥乙丙)⊥甲(乙丙⊥乙丙)⊥甲(乙丙⊥乙丙)=〇

二十六題　有式 甲天⊥乙地⊥丙人=甲天⊥乙地⊥丙人=甲天⊥乙地⊥丙人=一 此不過等於兩箇不同之相等式 求其倍數之相關

又求證天地人各同數有∴之狀

二十七題 有

$$甲天^{三}=乙地^{三}=丙人^{三} \quad (一)$$

$$\frac{天}{一}丄\frac{地}{一}丄\frac{人}{一}=\frac{丁}{一} \quad (二)$$

求 $甲天^{二}丄乙地^{二}丄丙人^{二}$ 之同數

其

$$天\sqrt[三]{甲}=地\sqrt[三]{乙}=人\sqrt[三]{丙}$$

$$\therefore \frac{天}{一}=\sqrt[三]{\frac{丙}{甲}}\cdot\frac{人}{一}$$

$$\frac{地}{一}=\sqrt[三]{\frac{丙}{乙}}\cdot\frac{人}{一}$$

$$\frac{人}{一}=\sqrt[三]{\frac{丙}{丙}}\cdot\frac{人}{一}$$

$$\therefore \frac{丁}{一}=\frac{\sqrt[三]{丙}}{\sqrt[三]{甲}丄\sqrt[三]{乙}丄\sqrt[三]{丙}}\cdot\frac{人}{一}$$

$$\therefore 人=丁\cdot\frac{\sqrt[三]{丙}}{\sqrt[三]{甲}丄\sqrt[三]{乙}丄\sqrt[三]{丙}}$$

$$地=丁\cdot\frac{\sqrt[三]{乙}}{\sqrt[三]{甲}丄\sqrt[三]{乙}丄\sqrt[三]{丙}}$$

$$天=丁\cdot\frac{\sqrt[三]{甲}}{\sqrt[三]{甲}丄\sqrt[三]{乙}丄\sqrt[三]{丙}}$$

所以得

$$甲天^{二}丄乙地^{二}丄丙人^{二}=甲^{\frac{三}{一}}(甲^{\frac{三}{一}}丄乙^{\frac{三}{一}}丄丙^{\frac{三}{一}})^{二}丁^{二}丄乙^{\frac{三}{一}}(甲^{\frac{三}{一}}丄乙^{\frac{三}{一}}丄丙^{\frac{三}{一}})^{二}丁^{二}丄丙^{\frac{三}{一}}(甲^{\frac{三}{一}}丄乙^{\frac{三}{一}}丄丙^{\frac{三}{一}})^{二}丁^{二}$$

$$=(甲^{\frac{三}{一}}丄乙^{\frac{三}{一}}丄丙^{\frac{三}{一}})^{三}\cdot丁^{二}$$

二十八題 有

$$\left(\frac{甲}{天}\right)^{寅}丄\left(\frac{乙}{地}\right)^{寅}丄\left(\frac{丙}{人}\right)^{寅}=一=\left(\frac{丁}{甲}\right)^{卯}丄\left(\frac{丁}{乙}\right)^{卯}丄\left(\frac{丁}{丙}\right)^{卯}$$

與

$$\frac{甲^{寅丄卯}}{天^{寅}}=\frac{乙^{寅丄卯}}{地^{寅}}=\frac{丙^{寅丄卯}}{人^{寅}}$$

式欲消去其甲乙丙因

$$\frac{甲^{寅丄卯}}{天^{寅}}=\frac{乙^{寅丄卯}}{地^{寅}}=\frac{丙^{寅丄卯}}{人^{寅}}$$

$$\left(\frac{乙}{地}\right)^{寅}=\frac{甲^{卯}}{乙^{卯}}\left(\frac{甲}{天}\right)^{寅}$$

又

$$\left(\frac{丙}{人}\right)^{寅}=\frac{甲^{卯}}{丙^{卯}}\left(\frac{甲}{天}\right)^{寅}$$

$$\therefore \left(\frac{甲}{天}\right)^{寅}丄\frac{甲^{卯}}{乙^{卯}}\left(\frac{甲}{天}\right)^{寅}丄\frac{甲^{卯}}{丙^{卯}}\left(\frac{甲}{天}\right)^{寅}=一$$

$$\therefore \left(\frac{甲}{天}\right)^{寅}=\frac{甲^{卯}丄乙^{卯}丄丙^{卯}}{甲^{卯}}=\frac{丁^{卯}}{甲^{卯}}$$

$$\therefore \frac{丁^{卯}}{甲^{寅丄卯}}=天^{寅}$$

即

$$\left(\frac{丁}{甲}\right)^{寅丄卯}=\left(\frac{丁}{天}\right)^{寅}$$

又

$$\therefore \left(\frac{丁}{甲}\right)^{卯}=\left(\frac{丁}{天}\right)^{\frac{寅丄卯}{寅卯}}$$

又以同理得

$$\left(\frac{丁}{乙}\right)^{卯}=\left(\frac{丁}{地}\right)^{\frac{寅丄卯}{寅卯}}$$

又

$$\left(\frac{丁}{丙}\right)^{卯}=\left(\frac{丁}{人}\right)^{\frac{寅丄卯}{寅卯}}$$

$$\therefore \left(\frac{丁}{天}\right)^{\frac{寅丄卯}{寅卯}}丄\left(\frac{丁}{地}\right)^{\frac{寅丄卯}{寅卯}}丄\left(\frac{丁}{人}\right)^{\frac{寅丄卯}{寅卯}}=一$$

即

$$天^{\frac{寅丄卯}{寅卯}}丄地^{\frac{寅丄卯}{寅卯}}丄人^{\frac{寅丄卯}{寅卯}}=丁^{\frac{寅丄卯}{寅卯}}$$

代數難題解法卷四

英國倫德編輯　英國傅蘭雅口譯　金匱華衡芳筆述

比較大小類

一題　設 甲丄乙 為正數求證除 $\text{甲}=\text{乙}$ 之外其 $\frac{\text{乙}^{\text{二}}}{\text{甲}}\text{丄}\frac{\text{甲}^{\text{二}}}{\text{乙}}>\frac{\text{甲}}{\text{一}}\text{丄}\frac{\text{乙}^{\text{二}}}{\text{一}}$

$$\frac{\text{乙}^{\text{二}}}{\text{甲}}\text{丄}\frac{\text{甲}^{\text{二}}}{\text{乙}}\text{丅}\left(\frac{\text{甲}}{\text{一}}\text{丄}\frac{\text{乙}^{\text{二}}}{\text{一}}\right)=\frac{\text{甲}^{\text{二}}\text{乙}^{\text{二}}}{\text{一}}\{\text{甲}^{\text{三}}\text{丄乙}^{\text{三}}\text{丅甲}^{\text{二}}\text{乙丅甲乙}^{\text{二}}\}$$

$$=\frac{\text{甲}^{\text{二}}\text{乙}^{\text{二}}}{\text{一}}\{(\text{甲丄乙})(\text{甲}^{\text{二}}\text{丅甲乙丄乙}^{\text{二}})\text{丅}(\text{甲丄乙})\text{甲乙}\}$$

$$=\frac{\text{甲}^{\text{二}}\text{乙}^{\text{二}}}{\text{甲丄乙}}\cdot(\text{甲丅乙})^{\text{二}}$$

惟 $(\text{甲丅乙})^{\text{二}}$ 恆為正而 $\text{甲}^{\text{二}}\text{乙}^{\text{二}}$ 亦恆為正所以 甲丄乙 若為正則全數為正今 甲丄乙 既為正則除 $\text{甲}=\text{乙}$ 之外其 $\frac{\text{乙}^{\text{二}}}{\text{甲}}\text{丄}\frac{\text{甲}^{\text{二}}}{\text{乙}}>\frac{\text{甲}}{\text{一}}\text{丄}\frac{\text{乙}^{\text{二}}}{\text{一}}$

二題　設 $\text{甲}>\text{乙}$ 則 $\sqrt{\text{甲}^{\text{二}}\text{丅乙}^{\text{二}}}\text{丄}\sqrt{\text{甲}^{\text{二}}\text{丅}(\text{甲丅乙})^{\text{二}}}>\text{甲}$ 求證之

$$\sqrt{\text{甲}^{\text{二}}\text{丅乙}^{\text{二}}}\text{丄}\sqrt{\text{甲}^{\text{二}}\text{丅}(\text{甲丅乙})^{\text{二}}}>\text{甲}$$

則

$$\sqrt{\text{甲}^{\text{二}}\text{丅}(\text{甲丅乙})^{\text{二}}}>\text{甲丅}\sqrt{\text{甲}^{\text{二}}\text{丅乙}^{\text{二}}}$$

自乘得

$$\text{甲}^{\text{二}}\text{丅甲}^{\text{二}}\text{丄二甲乙丅乙}^{\text{二}}>\text{甲}^{\text{二}}\text{丅二甲}\sqrt{\text{甲}^{\text{二}}\text{丅乙}^{\text{二}}}\text{丄甲}^{\text{二}}\text{丅乙}^{\text{二}}$$

$$\text{二甲乙}>\text{二甲}^{\text{二}}\text{丅二甲}\sqrt{\text{甲}^{\text{二}}\text{丅乙}^{\text{二}}}$$

$$\text{乙}>\text{甲丅}\sqrt{\text{甲}^{\text{二}}\text{丅乙}^{\text{二}}}$$

$$\sqrt{\text{甲}^{\text{二}}\text{丅乙}^{\text{二}}}>\text{甲丅乙}$$

$$\text{甲}^{\text{二}}\text{丅乙}^{\text{二}}>\text{甲}^{\text{二}}\text{丅二甲乙丄乙}^{\text{二}}$$

$$\text{二甲乙}>\text{二乙}^{\text{二}}$$

$$\text{甲}>\text{乙}$$

三題　設有 $\text{天}^{\text{二}}=\text{甲}^{\text{二}}\text{丄乙}^{\text{二}}$ 式及 $\text{地}^{\text{二}}=\text{丙}^{\text{二}}\text{丄丁}^{\text{二}}$ 式求 天地 與 甲丙丄乙丁 何者為大

$$\text{天}^{\text{二}}\text{地}^{\text{二}}\text{丅}(\text{甲丙丄乙丁})^{\text{二}}=(\text{甲}^{\text{二}}\text{丄乙}^{\text{二}})(\text{丙}^{\text{二}}\text{丄丁}^{\text{二}})\text{丅}(\text{甲丙丄乙丁})^{\text{二}}$$

$$=\text{甲}^{\text{二}}\text{丁}^{\text{二}}\text{丄乙}^{\text{二}}\text{丙}^{\text{二}}\text{丅二甲乙丙丁}$$

$$=(\text{甲丁丅乙丙})^{\text{二}}$$

$$\therefore\text{天地丅}(\text{甲丙丄乙丁})=\frac{\text{天地丄甲丙丄乙丁}}{(\text{甲丁丅乙丙})^{\text{二}}}$$

除 $\text{甲丁}=\text{乙丙}$ 則為正所以除 $\text{甲丁}=\text{乙丙}$ 之外 $\text{天地}>\text{甲丙丄乙丁}$

四題　求 $卯^4丄一$ 與 $卯^3丄卯$ 何者爲大

$卯^4丄一丅(卯^3丄卯)=(卯^3丅一)(卯丅一)$

$=(卯丅一)^2(卯^2丄卯丄一)$

除 $卯=一$ 則爲正所以除 $卯=一$ 之外

$卯^4丄一>卯^3丄卯$

五題　$三(一丄甲^2丄甲^4)$ 與 $(一丄甲丄甲^2)^2$ 何者爲大

$三(一丄甲^2丄甲^4)丅(一丄甲丄甲^2)^2=三丄三甲^2丄三甲^4丅(一丄二甲丄三甲^2丄二甲^3丄甲^4)$

$=二丅二甲丅二甲^3丄二甲^4$

$=二(一丅甲)(一丅甲^3)$

$=二(一丅甲)(一丅甲^3)$

惟因 $一丅甲$ 與 $一丅甲^3$ 無論 $甲>或<一$ 其正負必同所以其相乘之積恆爲正所以除 $甲=一$ 之外

$三(一丄甲^2丄甲^4)>(一丄甲丄甲^2)^2$

六題　求證

$乙\left(\frac{甲^2}{乙^2}丄二\right)>或<甲\left(\frac{乙^2}{甲^2}丄二\right)$

必依 $甲>或<乙$ 而定之

$乙\left(\frac{甲^2}{乙^2}丄二\right)丅甲\left(\frac{乙^2}{甲^2}丄二\right)=\frac{一}{甲乙}(甲^4丄二甲^2乙^2丅乙^4丅二甲乙^2\cdot 甲)$

$=\frac{一}{甲乙}\{(甲丅乙)(甲^2乙丄(甲丅乙)^2丄甲乙)\}$

$=\frac{甲丅乙}{甲乙}(甲丅乙)$

惟 $(甲丅乙)^2$ 恆爲正 $甲乙$ 亦然所以其全數之爲

江南製造局

正爲負依 $甲丅乙$ 之爲正爲負即依 $甲>或<乙$ 而定之

七題　求證 $\frac{卯^{二}⊥卯⊥一}{卯^{二}丅卯⊥一}$ 之同數在三與 $\frac{三}{一}$ 之間（無論卯之實同數如何）

先得

$三(卯^{二}丅卯⊥一)丅(卯^{二}⊥卯⊥一)=二卯^{二}丅四卯⊥二$

$=二(卯丅一)^{二}$

$=正$

$∴三(卯^{二}丅卯⊥一)>卯^{二}⊥卯⊥一$

$∴\frac{卯^{二}⊥卯⊥一}{卯^{二}丅卯⊥一}>\frac{三}{一}$

因 $卯^{二}⊥卯⊥一$ 爲正又得

$三(卯^{二}⊥卯⊥一)丅(卯^{二}丅卯⊥一)=二卯^{二}⊥四卯⊥二$

$=二(卯⊥一)^{二}$

$=正$

$∴三(卯^{二}⊥卯⊥一)>卯^{二}丅卯⊥一$

$三>\frac{卯^{二}丅卯⊥一}{卯^{二}⊥卯⊥一}$

$∴\frac{卯^{二}⊥卯⊥一}{卯^{二}丅卯⊥一}<三$

而 $>\frac{三}{一}$ 惟 $卯=一$ 則 $=\frac{三}{一}$

八題　求證除 $甲=乙=丙$ 之外

$甲乙丙>(甲⊥乙丅丙)(甲⊥丙丅乙)(乙⊥丙丅甲)$

$甲^{二}>甲^{二}丅(乙丅丙)^{二}$

因 $(乙丅丙)^{二}$ 自然必爲正故

$甲^{二}>(甲⊥乙丅丙)(甲⊥丙丅乙)$

$乙^{二}>乙^{二}丅(甲丅丙)^{二}$

$>(甲⊥乙丅丙)(乙⊥丙丅甲)$

$丙^{二}>丙^{二}丅(甲丅乙)^{二}$

$>(甲⊥丙丅乙)(乙⊥丙丅甲)$

$∴甲^{二}乙^{二}丙^{二}>(甲⊥乙丅丙)^{二}(甲⊥丙丅乙)^{二}(乙⊥丙丅甲)^{二}$

兩邊之數自然必爲正

$∴甲乙丙>(甲⊥乙丅丙)(甲⊥丙丅乙)(乙⊥丙丅甲)$

又法以甲爲甲乙丙三數內之最小者令

$乙=甲⊥天$

$丙=甲⊥地$

則

$甲乙丙=甲(甲⊥天)(甲⊥地)=甲^{三}⊥甲^{二}(天⊥地)⊥甲天地$　㊀

$(甲⊥乙丅丙)(甲⊥丙丅乙)(乙⊥丙丅甲)=(甲⊥天丅地)(甲丅天⊥地)(甲⊥天⊥地)$

$=(甲^{二}丅\overline{天丅地}^{二})(甲⊥天⊥地)$

$=甲^{三}⊥甲^{二}(天⊥地)丅(甲⊥天⊥地)(天丅地)^{二}$　㊁

$∴㊀丅㊁=甲天地⊥(甲⊥天⊥地)(天丅地)^{二}$

其數不能爲負除

科技譯著集成

天－地＝○ 之外其數不能＝○所以除 甲＝乙＝丙 之外 甲乙丙>(甲丅乙丅丙)(甲丅丙丅乙)(乙丅丙丅甲)

九題 求證 甲乙丙>(二甲丅乙)(二乙丅丙)(二丙丅甲) 並證此式中各乘數除 甲＝乙＝丙 之外必爲正

代數難題卷四 比較大小類 七

如各乘數俱爲正而惟有大小之別則甲乙丙必爲不等而正號者令

乙＝甲⊥天
丙＝甲⊥地

則

二甲丅乙＝甲丅天
二乙丅丙＝甲⊥二天丅地
二丙丅甲＝甲⊥二地

∴甲乙丙丅(二甲丅乙)(二乙丅丙)(二丙丅甲)＝甲(甲⊥天)(甲⊥地)丅(甲丅天)(甲⊥二天丅地)(甲⊥二地)

＝甲^三⊥甲^二(天⊥地)⊥甲天地丅甲^三丅甲^二(天⊥地)丅三甲天地⊥二甲天^二⊥二甲地^二⊥四天地丅二天地^二

＝二甲(天^二丅天地⊥地^二)丅二天地(地丅二天)

所以如 甲(天^二丅天地⊥地^二)>天(地丅二天地)

則有大小之別惟 二甲丅乙＝甲丅天＝正 ∴甲>天 而易明 天^二丅天地⊥地^二>地丅二天地 ∴甲(天^二丅天地⊥地^二)>天(地丅二天地) 所以所設之大小不等之式爲正

要說 學者必留意看其三箇乘數 二甲丅乙 二乙丅丙 二丙丅甲 中必有一爲正如果他兩數內有一爲負則看其各正負號知其有大小之別不必再推惟若有兩數爲負則易證其

代數難題卷四 比較大小類 八

甲乙丙 或等或大小於 (二甲丅乙)(二乙丅丙)(二丙丅甲) 卽如令 甲＝一 乙＝四 丙＝一○ 是也

十題 求證 甲乙(甲⊥乙)⊥甲丙(甲⊥丙)⊥乙丙(乙⊥丙) 爲 六甲乙丙 與 二(甲^三⊥乙^三⊥丙^三) 之間之數其甲乙丙各爲正設

各事如前則

甲乙(甲⊥乙)＝甲(甲⊥天)(二甲⊥天)＝二甲³⊥三甲²天⊥甲天²

甲丙(甲⊥丙)＝甲(甲⊥地)(二甲⊥地)＝二甲³⊥三甲²地⊥甲地²

乙丙(乙⊥丙)＝(甲⊥天)(甲⊥地)(二甲⊥天⊥地)＝二甲³⊥三甲²(天⊥地)⊥甲(天⊥地)²⊥(天⊥地)天地⊥二甲天地

所以其總數

＝六甲³⊥六甲²(天⊥地)⊥二甲(天⊥地)²⊥四甲天地⊥(天⊥地)天地　㈠

六甲乙丙＝六甲³⊥六甲²(天⊥地)⊥六甲天地　㈡

∴㈠T㈡＝二甲(天²T天地⊥地²)⊥(天⊥地)天地

＝二甲(天T地)²⊥(天⊥地)天地⊥二甲天地

其數恆為正又得

二(甲³⊥乙³⊥丙³)＝二甲³⊥二(甲³⊥三甲²天⊥三甲天²⊥天³)⊥二(甲³⊥三甲²地⊥三甲地²⊥地³)

＝六甲³⊥六甲²(天⊥地)⊥六甲(天²⊥地²)⊥二(天³⊥地³)　㈢

∴㈢T㈠＝四甲(天²⊥地²)T二甲天地⊥二(天³⊥地³)T(天⊥地)天地

＝四甲(天T地)²⊥六甲天地⊥(天⊥地){二(天²T天地⊥地²)⊥天地}

＝四甲(天T地)²⊥六甲天地⊥(天⊥地){二(天T地)²⊥天地}＝正

∴㈠>㈡而<㈢

則㈠必在㈡㈢

十一題　求證除甲＝乙＝丙之外(甲⊥乙⊥丙)³>二七甲乙丙而<九(甲³⊥乙³⊥丙³)之間

依前題之法得

(甲⊥乙⊥丙)³＝(三甲⊥天⊥地)³

＝二七甲³⊥二七甲²(天⊥地)⊥九甲(天⊥地)²⊥(天⊥地)³　㈠

二七甲乙丙＝二七{甲(甲⊥天)(甲⊥地)}

＝二七甲³⊥二七甲²(天⊥地)⊥二七甲天地　㈡

∴㈠T㈡＝九甲(天⊥地)²T二七甲天地⊥(天⊥地)³

＝九甲(天T地)²⊥九甲天地⊥(天⊥地)³＝正

∴(甲⊥乙⊥丙)³>二七甲乙丙

又依同理

得

九(甲³⊥乙³⊥丙³)＝九(甲³⊥甲³⊥三甲²天⊥三甲天²⊥天³⊥甲³⊥三甲²地⊥三甲地²⊥地³)

＝二七甲³⊥二七甲²(天⊥地)⊥二七甲(天²⊥地²)⊥九(天³⊥地³)　㈢

∴㈢T㈠＝二七甲(天²⊥地²)T九甲(天⊥地)²⊥九(天³⊥地³)T(天⊥地)³

＝九甲(二天²⊥二地²T二天地)⊥(天⊥地)(八天²⊥八地²T一一天地)

＝一八甲(天T地)²⊥一八甲天地⊥(天⊥地){八(天T地)²⊥五天地}＝正

∴(甲⊥乙⊥丙)³<九(甲³⊥乙³⊥丙³)

十二題　設 $甲<天$ 求證 $(天丄甲)^{三}丅天^{三}<七甲天^{二}$

$(天丄甲)^{三}丅天^{三}=三甲天^{二}丄三甲^{二}天丄甲^{三}$

$=三甲天^{二}丄三甲天^{二}\cdot\frac{甲}{天}丄甲天^{二}\cdot\frac{甲^{二}}{天^{二}}$

因 $甲<天$

$\therefore\frac{甲}{天}<一$

何況 $\frac{甲^{二}}{天^{二}}<一$

$\therefore三甲天^{二}\cdot\frac{甲}{天}<三甲天^{二}$

$甲天^{二}\cdot\frac{甲^{二}}{天^{二}}<甲天^{二}$

$\therefore(天丄甲)^{三}丅天^{三}<三甲天^{二}丄三甲天^{二}丄甲天^{二}<七甲天^{二}$

十三題　求證 $\sqrt[三]{卯}>\sqrt[四]{卯丄一}$ 則卯之同數不小于三

$卯^{四}丅(卯丄一)^{三}=卯^{四}丅卯^{三}丅三卯^{二}丅三卯丅一$

$=卯^{三}(卯丅三)丄二卯^{二}(卯丅三)丄三卯(卯丅三)丄六(卯丅三)丄一七$

若卯不小于三則恆爲正

$\therefore卯^{四}>(卯丄一)^{三}$

則卯之各同數不能小于三又因兩邊爲正得

$卯^{\frac{四}{十二}}>(卯丄一)^{\frac{三}{十二}}$

$卯^{\frac{一}{三}}>(卯丄一)^{\frac{一}{四}}$

即

$\sqrt[三]{卯}>\sqrt[四]{卯丄一}$

十四題　求證除 $甲=丙$，$乙=丁$ 之外 $(甲^{二}丄乙^{二}丄一)(丙^{二}丄丁^{二}丄一)>(甲丙丄乙丁丄一)^{二}$

$(甲^{二}丄乙^{二}丄一)(丙^{二}丄丁^{二}丄一)丅(甲丙丄乙丁丄一)^{二}$

$=甲^{二}丙^{二}丄甲^{二}丁^{二}丄甲^{二}丄乙^{二}丙^{二}丄乙^{二}丁^{二}丄乙^{二}丄丙^{二}丄丁^{二}丄一丅(甲^{二}丙^{二}丄乙^{二}丁^{二}丄二甲丙丄二乙丁丄二甲乙丙丁丄一)$

$=甲^{二}丁^{二}丄乙^{二}丙^{二}丄甲^{二}丄乙^{二}丄丙^{二}丄丁^{二}丅二甲丙丅二乙丁丅二甲乙丙丁$

$=(甲丁丅乙丙)^{二}丄(甲丅丙)^{二}丄(乙丅丁)^{二}$

除 $甲=丙$，$乙=丁$ 之外恆爲正

$\therefore(甲^{二}丄乙^{二}丄一)(丙^{二}丄丁^{二}丄一)>(甲丙丄乙丁丄一)^{二}$

十五題 求證除 $甲=乙=丙=丁$ 之外

$\frac{一}{四}(甲+乙+丙+丁)>\sqrt[四]{甲乙丙丁}$

此式可依第九第十第十一三題之法證之

又法

$\left(\frac{呷+吃}{二}\right)^{二}=呷吃+\left(\frac{呷-吃}{二}\right)^{二}>呷吃$

令 $\frac{甲+乙}{二}$ 代呷 $\frac{丙+丁}{二}$ 代吃 則

$\left\{\frac{一}{二}\left(\frac{甲+乙}{二}+\frac{丙+丁}{二}\right)\right\}^{二}>\frac{甲+乙}{二}\cdot\frac{丙+丁}{二}$

$\therefore\left\{\frac{一}{二}\left(\frac{甲+乙}{二}+\frac{丙+丁}{二}\right)\right\}^{四}>\left(\frac{甲+乙}{二}\right)^{二}\cdot\left(\frac{丙+丁}{二}\right)^{二}$

惟

$\left(\frac{甲+乙}{二}\right)^{二}=甲乙+\left(\frac{甲-乙}{二}\right)^{二}>甲乙$

又依同理

$\left(\frac{丙+丁}{二}\right)^{二}>丙丁$

$\therefore\left\{\frac{一}{四}(甲+乙+丙+丁)\right\}^{四}>甲乙丙丁$

$\therefore\frac{一}{四}(甲+乙+丙+丁)>\sqrt[四]{甲乙丙丁}$

假如令

$\frac{甲+乙+丙}{三}=丁$

則

$甲+乙+丙+丁=四丁$

$\therefore 丁^{四}>甲乙丙丁$

$丁^{三}>甲乙丙$

$\frac{一}{三}(甲+乙+丙)>\sqrt[三]{甲乙丙}$

即

$(甲+乙+丙)^{三}>二七甲乙丙$

則與十一題同

十六題 求證 $甲_{一}$ $甲_{二}$ $甲_{三}$ …… $甲_{卯}$ 俱為正則

$\frac{卯-一}{二}(甲_{一}+甲_{二}+甲_{三}+\cdots\cdots+甲_{卯})>\sqrt{甲_{一}甲_{二}}+\sqrt{甲_{一}甲_{三}}+\sqrt{甲_{二}甲_{三}}+\cdots\cdots$

其

$(\sqrt{甲_{一}}-\sqrt{甲_{二}})^{二}=甲_{一}+甲_{二}-二\sqrt{甲_{一}甲_{二}}=正$

$\therefore 甲_{一}+甲_{二}>二\sqrt{甲_{一}甲_{二}}$

依同理

$甲_{一}+甲_{三}>二\sqrt{甲_{一}甲_{三}}$

$甲_{二}+甲_{三}>二\sqrt{甲_{二}甲_{三}}$

$\cdots\cdots>\cdots\cdots$

$甲_{卯-二}+甲_{卯}>二\sqrt{甲_{卯-二}甲_{卯}}$

$甲_{卯-一}+甲_{卯}>二\sqrt{甲_{卯-一}甲_{卯}}$

$\therefore(卯-一)(甲_{一}+甲_{二}+甲_{三}+\cdots\cdots+甲_{卯})>二(\sqrt{甲_{一}甲_{二}}+\sqrt{甲_{一}甲_{三}}+\sqrt{甲_{二}甲_{三}}+\cdots\cdots)$

$\therefore\frac{卯-一}{二}(甲_{一}+甲_{二}+甲_{三}+\cdots\cdots+甲_{卯})>(\sqrt{甲_{一}甲_{二}}+\sqrt{甲_{一}甲_{三}}+\sqrt{甲_{二}甲_{三}}+\cdots\cdots)$

十七題　求證甲之實同數無論爲何數其 $\frac{甲^{卯}⊥甲^{丅卯}丅二}{一}<一$

將其分母子俱以 $甲^{卯}$ 乘之則變爲 $\frac{甲^{二卯}丅甲^{卯}⊥一}{甲^{卯}}$ 卽 $\frac{(甲^{卯}丅一)^{二}⊥甲^{卯}}{甲^{卯}}$ 惟甲

若爲實數其分母必大于分子所以其分數必小于一

卽 $\frac{甲^{卯}⊥甲^{丅卯}丅一}{一}<一$ 除甲爲實數之外則有甲之同數其平方未必

爲正因 $(\sqrt{丅一})^{二}$ 爲丅一故也但甲如爲實數則甲之任何方或

任何根俱爲實數而函甲之任何數其平方無論有無

他實數必恆爲正

例　以上各題所設大小比較之式內都以實數論之

並非謂能有 $\sqrt{丅}$ 在其內

率數比例數變數

一題　設甲與乙之比大于丙與丁之比則 $甲⊥丙$ 與 $乙⊥丁$ 之比

小于甲與乙之比而大于丙與丁之比求證之

$甲:乙>丙:丁$

$\therefore \frac{乙}{甲}>\frac{丁}{丙}$

又

$\frac{丙}{甲}>\frac{丁}{乙}$

$\therefore \frac{甲}{丙}<\frac{乙}{丁}$

$一⊥\frac{甲}{丙}<一⊥\frac{乙}{丁}$

卽

$\frac{甲}{甲⊥丙}<\frac{乙}{乙⊥丁}$

$\therefore \frac{乙⊥丁}{甲⊥丙}<\frac{乙}{甲}$

卽

$甲⊥丙:乙⊥丁<甲:乙$

又依同理

$\frac{丙}{甲}>\frac{丁}{乙}$

$\frac{丙}{甲⊥丙}>\frac{丁}{乙⊥丁}$

$\frac{乙⊥丁}{甲⊥丙}>\frac{丁}{丙}$

$\therefore 甲⊥丙:乙⊥丁>丙:丁$

二題　設 $甲:乙::丙:丁$ 則

$$\frac{甲^{寅}}{一}⊥\frac{乙^{卯}}{一}⊥\frac{丙^{巳}}{一}⊥\frac{丁^{午}}{一}=\frac{丙^{乙}}{一}\left\{\frac{甲}{午}⊥\frac{乙}{巳}⊥\frac{丙}{卯}⊥\frac{丁}{寅}\right\}$$

求證之

因 $甲:乙::丙:丁$

則

$\frac{乙}{甲}=\frac{丁}{丙}$

$甲丁=乙丙$

$\therefore 甲=\frac{丁}{乙丙}$

$甲^{寅}=乙丙\cdot\frac{丁}{寅}$

$\frac{甲^{寅}}{一}=\frac{乙丙}{一}\cdot\frac{寅}{丁}$

再

$\frac{乙^{卯}}{一}=\frac{乙丙}{一}\cdot\frac{卯}{丙}$

又

$\frac{丙^{巳}}{一}=\frac{乙丙}{一}\cdot\frac{巳}{乙}$

又

$\frac{丁^{午}}{一}=\frac{甲丁}{一}\cdot\frac{午}{甲}=\frac{乙丙}{一}\cdot\frac{午}{甲}$

所以

$$\frac{甲^{寅}}{一}⊥\frac{乙^{卯}}{一}⊥\frac{丙^{巳}}{一}⊥\frac{丁^{午}}{一}=\frac{乙丙}{一}\left\{\frac{午}{甲}⊥\frac{巳}{乙}⊥\frac{卯}{丙}⊥\frac{寅}{丁}\right\}$$

三題

設

$甲_一:乙_一::甲_二:乙_二::甲_三:乙_三::……$

則

$(甲_一+甲_二+甲_三+……)(乙_一+乙_二+乙_三+……)=(甲_一乙_一+甲_二乙_二+甲_三乙_三+……)^{二}$

又

$\sqrt{(甲_一+甲_二+甲_三+……)(乙_一+乙_二+乙_三+……)}=\sqrt{甲_一乙_一}+\sqrt{甲_二乙_二}+\sqrt{甲_三乙_三}+……$

求證之

其

$\frac{乙_一}{甲_一}=\frac{乙_二}{甲_二}=\frac{乙_三}{甲_三}=……$

$\therefore\frac{乙_一^{二}}{甲_一^{二}}=\frac{乙_二^{二}}{甲_二^{二}}=\frac{乙_三^{二}}{甲_三^{二}}=……$

$\therefore 甲_一^{二}:乙_一^{二}::甲_二^{二}:乙_二^{二}::甲_三^{二}:乙_三^{二}::……$

$\therefore 甲_一^{二}:乙_一^{二}::甲_一^{二}+甲_二^{二}+甲_三^{二}+……:乙_一^{二}+乙_二^{二}+乙_三^{二}+……$

$\therefore(甲_一^{二}+甲_二^{二}+甲_三^{二}+……)(乙_一^{二}+乙_二^{二}+乙_三^{二}+……)=\frac{乙_一^{二}}{甲_一^{二}}(乙_一^{二}+乙_二^{二}+乙_三^{二}+……)^{二}$

$=\left\{\frac{乙_一}{甲_一}(乙_一^{二}+乙_二^{二}+乙_三^{二}+……)\right\}^{二}$

$=\left(甲_一乙_一+\frac{乙_二}{甲_二}乙_二^{二}+\frac{乙_三}{甲_三}乙_三^{二}+……\right)^{二}$

$=(甲_一乙_一+甲_二乙_二+甲_三乙_三+……)^{二}$

題之第二節從第一節之事能證之即令$\sqrt{甲_一}$、$\sqrt{甲_二}$……$\sqrt{乙_一}$、$\sqrt{乙_二}$……代$甲_一$、$甲_二$……$乙_一$、$乙_二$……得之

四題 設甲與乙之較與甲乙二數之比為極小則

$(\sqrt[寅]{甲}-\sqrt[寅]{乙}):(\sqrt[卯]{甲}-\sqrt[卯]{乙})$

略等于

$卯\sqrt[寅]{甲}:寅\sqrt[卯]{甲}$

求證之

$(\sqrt[寅]{甲}-\sqrt[寅]{乙}):(\sqrt[卯]{甲}-\sqrt[卯]{乙})=\frac{\sqrt[卯]{甲}}{\sqrt[寅]{甲}}\cdot\frac{一-\left(\frac{甲}{乙}\right)^{\frac{卯}{一}}}{一-\left(\frac{甲}{乙}\right)^{\frac{寅}{一}}}=\frac{\sqrt[卯]{甲}}{\sqrt[寅]{甲}}\cdot\frac{一-天^{寅}}{一-天^{卯}}$

令

$\left(\frac{甲}{乙}\right)^{\frac{寅}{一}}=天^{卯}$

將母子俱以$一-天$約之則

$=\frac{\sqrt[卯]{甲}}{\sqrt[寅]{甲}}\cdot\frac{一+天+天^{二}+……+天^{寅-一}}{一+天+天^{二}+……+天^{卯-一}}$

令

$\frac{甲}{乙}=一$

代數難題四 率數比例數變數 七

代數難題四 率數比例數變數 六

卽 甲＝乙 則前式 $\frac{\sqrt[卯]{甲}}{\sqrt[寅]{甲}}\cdot\frac{1+\cdots至寅項}{1+\cdots至卯項}=\frac{\sqrt[寅]{甲}}{\sqrt[卯]{甲}}$ 所以 $\sqrt[寅]{甲}\cdot\sqrt[卯]{乙}:\sqrt[卯]{甲}\cdot\sqrt[寅]{乙}=\sqrt[卯]{甲}:\sqrt[寅]{甲}$

五題 設 $\frac{\sqrt[卯]{天}\ 寅\ \sqrt[卯]{地}}{\sqrt[卯]{天}\ 寅\ \sqrt[卯]{地}}=\frac{\sqrt[二卯]{天}\ 寅\ \sqrt[二卯]{天地}}{\sqrt[二卯]{天}\ 寅\ \sqrt[二卯]{天地}}$ 則 天:地∷一:$\sqrt{五}$:二 求證之

$\frac{\sqrt[寅]{地}}{\sqrt[卯]{天}}=\frac{\sqrt[二寅]{天地}}{\sqrt[二卯]{天}}$ ∴$\frac{地}{天}=\frac{天地}{天}$ 卽 $\frac{地}{天}=\frac{天地}{一}$ ∴$\frac{地}{天}\cdot\frac{地}{天}=一$ $\frac{地}{天}\cdot\frac{地}{天}\frac{四}{一}=\frac{四}{五}$ $\frac{地}{天}\frac{二}{一}=\frac{一}{\sqrt{五}}$ $\frac{地}{天}=\frac{二}{一+\sqrt{五}}$ 卽 天:地∷一+$\sqrt{五}$:二

六題 設將銀錢寅箇排列成行金錢卯箇亦排列成行則兩行之長相等又將銀錢巳箇疊成柱金錢午箇亦疊成柱則兩柱之高相等求銀錢金錢依體積之貫賤

令叮爲金錢之徑丁爲銀錢之徑哂爲金錢之厚酉爲銀錢之厚

則依本題之理 $\frac{寅丁=卯叮}{巳酉=午哂}$ 惟一金錢之金數與一銀錢之銀數之比爲 叮²哂:丁²酉 因錢徑之平方與錢之厚有交互之比

卽 $\frac{丁^{二}}{叮^{二}}=\frac{哂}{酉}$ 卽 $\frac{卯^{二}}{寅^{二}}\cdot\frac{巳}{午}$ ∴$\frac{丁}{叮}=\frac{卯}{寅}$ $\frac{哂}{酉}=\frac{巳}{午}$ 又金錢體積與其箇數相乘之數與銀錢體積與其箇數相乘之數之比若二與一之比所以一金錢與一銀錢之比若二○乘銀錢之數與金錢之數之比又 $\frac{巳}{二○午}\cdot\frac{卯}{寅}$ ∴二○卯²午:寅²巳

七題 有一客坐火輪車而行看見他火輪車從平行之鐵路向相反之方向行過其行過之際費時二秒惟兩車若同方向行則他車過去必費三十秒之時求兩車之速比例如何

令天爲快車之速地爲慢車之速以一秒內所過之路爲度則從題之第一節在兩秒內其快車行過 二天 路其慢車行過 二地 路又 二天+二地＝ 快車之長從題第二節得 三○天−三○地＝ 快車之長

∴三○天−三○地＝二天+二地

二八天＝三二地

∴七天＝八地

卽求得 天:地∷八:七

八題　有客從某處回家先坐火輪車行五十六里以後則坐馬車計坐火輪車所行之路爲歸程四分之一其所費之時等于馬車行五里之時客到家時火車離其上馬車之處比其家距上馬車之處多三十五里求馬車與火車之速之比

令馬車所行之路爲四天里則全路爲五六⊥四天里其$\frac{三}{四}$爲一四⊥天里

馬車行五里之時等于火車行一四⊥天里之時所以馬車之速與火車之速之比

∷五∶一四⊥天　又馬車行四天里之時火車行三五⊥四天

里即馬車之速與火車之速之比

∷四天∶三五⊥四天　所以

四天∶三五⊥四天∷五∶一四⊥天

∴四天（一四⊥天）＝五（三五⊥四天）

四天^{二}⊥五六天＝一七五⊥二〇天

四天^{二}⊥三六天⊥八一＝二五六

二天⊥九＝一六

∴天＝三$\frac{一}{二}$

所以馬車之速與火車之速之比

∷五∶一七$\frac{一}{二}$∷一∶三$\frac{一}{二}$

九題　已知天∝地^{二}與地∝人^{二}又知天＝甲　人＝丙　求天與人之相等式

令天＝$\frac{地^{二}}{巳}$　地＝$\frac{人^{二}}{午}$　其巳午爲常數則

天＝$\frac{人^{四}}{午^{二}巳}$

甲＝$\frac{丙^{四}}{午^{二}巳}$

∴$午^{二}巳$＝$\frac{丙^{四}}{甲}$

∴天＝$\frac{甲人^{四}}{丙^{四}}$　即

甲人^{四}＝丙^{四}天

案∝爲變數之記號謂左數變于右數也

十題　已知地＝未⊥申與未∝天　申∝√天　又知天＝四　地＝五　與天＝九　地＝一〇　求天地之相等

式

已知地＝未⊥申　未∝天　申∝√天

∴未＝寅天　申＝卯√天

又地＝寅天⊥卯√天

其寅卯爲未知之常數

如令天＝四　地＝五　未＝四寅　申＝二卯

則∴五＝四寅⊥二卯（一）

如令天＝九　地＝一〇　未＝九寅　申＝三卯

則∴一〇＝九寅⊥三卯（二）

求其寅卯之法從（一）得

一二寅⊥六卯＝一五

從（二）得

一八寅⊥六卯＝二〇

∴六寅＝五

寅＝$\frac{五}{六}$

又

$二卯=五丅四寅$

$=五丅\frac{三}{二〇}$

$=\frac{三}{五}$

$\therefore 卯=\frac{六}{二五}$

$\therefore 地=\frac{六}{二五}(天丄天)$

十一題　設

$呷\propto 吃$

又

$吃\propto 昞$

求證其

$寅呷丄卯吃丄巳昞\propto 寅\sqrt{呷吃}丄卯\sqrt{吃昞}丄巳\sqrt{呷昞}$

因

$\left.\begin{matrix}呷\propto 吃\\ 吃\propto 昞\end{matrix}\right\}$

則令

$\left.\begin{matrix}呷=未吃\\ 吃=申昞\end{matrix}\right\}$

其未申爲常數

$未吃^{二}=呷吃$

$申昞^{二}=吃昞$

$未申昞^{二}=呷昞$

$\therefore 寅呷=寅未吃=寅\sqrt{未}\sqrt{呷吃}$

$卯吃=卯申昞=卯\sqrt{申}\sqrt{吃昞}$

$巳昞=\frac{\sqrt{未申}}{巳}\sqrt{呷昞}$

$\therefore 寅呷丄卯吃丄巳昞=寅\sqrt{未}\sqrt{呷吃}丄卯\sqrt{申}\sqrt{吃昞}丄\frac{\sqrt{未申}}{巳}\sqrt{呷昞}$

$=昞\left(\frac{昞}{寅\sqrt{未}}\sqrt{呷吃}丄\frac{昞}{卯\sqrt{申}}\sqrt{吃昞}丄\frac{昞\sqrt{未申}}{巳}\sqrt{呷昞}\right)$

$\propto 寅\sqrt{呷吃}丄卯\sqrt{吃昞}丄巳\sqrt{呷昞}$

其昞爲常數其

$寅=\frac{昞}{寅\sqrt{未}}$

$卯=\frac{昞}{卯\sqrt{申}}$

$巳=\frac{昞\sqrt{未申}}{巳}$

十二題　已知

$呷\propto 吃$

又

$吃\propto \sqrt{呷昞}$

求證

$昞\propto \sqrt[三]{呷^{二}吃}丄\sqrt[三]{呷吃^{二}}$

又求證

$寅\sqrt[四]{呷吃}丅卯\sqrt[四]{吃昞}\propto 巳\sqrt{呷}丄午\sqrt{吃}$

因

$呷\propto 吃$

$吃\propto \sqrt{呷昞}$

令

$呷=未吃$

$吃=申\sqrt{呷昞}$

其申未爲常數則

$呷=未申\sqrt{呷昞}$

即

$呷=未^{二}申^{二}昞$

又

$吃=\frac{未}{呷}=未申^{二}昞$

$\therefore 呷吃^{二}=未^{五}申^{六}昞^{三}$

又

$呷^{二}吃=未^{四}申^{六}昞^{三}$

$\therefore \sqrt[三]{呷吃^{二}}丄\sqrt[三]{呷^{二}吃}=(\sqrt[三]{未^{五}}申^{二}丄\sqrt[三]{未^{四}}申^{二})昞\propto 昞$

即

$昞\propto \sqrt[三]{呷^{二}吃}丄\sqrt[三]{呷吃^{二}}$

又

$呷吃=\frac{未}{一}呷^{二}$

$\therefore 寅\sqrt[四]{呷吃}=寅\sqrt[四]{\frac{未}{一}}\cdot\sqrt{呷}$

$吃昞=\frac{未}{一}呷昞=\frac{未申^{二}}{一}\cdot吃^{二}$

$\therefore 丅卯\sqrt[四]{吃昞}=丅卯\sqrt[四]{\frac{未申^{二}}{一}}\cdot\sqrt{吃}$

$\therefore 寅\sqrt[四]{呷吃}丅卯\sqrt[四]{吃昞}=寅\sqrt[四]{\frac{未}{一}}\cdot\sqrt{呷}丅卯\sqrt[四]{\frac{未申^{二}}{一}}\cdot\sqrt{吃}$

$=丑\left\{\frac{丑}{寅}\sqrt[四]{\frac{未}{一}}\cdot\sqrt{呷}丅\frac{丑}{卯}\sqrt[四]{\frac{未申^{二}}{一}}\cdot\sqrt{吃}\right\}\propto 巳\sqrt{呷}丄午\sqrt{吃}$

其

$巳=\frac{丑}{寅}\sqrt[四]{\frac{未}{一}}$

又

$午=\frac{丑}{丅卯}\sqrt[四]{\frac{未申^{二}}{一}}$

十三題 設有

寅呷⊥卯吃∽巳呷丅午吃

又

寅呷丅卯哂∽巳吃⊥午哂

則

$(角_{二}\sqrt{呷}丅亢_{二}\sqrt{吃}⊥氐_{二}\sqrt{哂})^{二}$∽角二呷⊥亢二吃⊥氐二哂

求證之

因

寅呷⊥卯吃∽巳呷丅午吃

∴寅呷⊥卯吃＝未(巳呷丅午吃)

∴(卯⊥未午)吃＝(未巳丅寅)呷

吃＝$\frac{卯⊥未午}{未巳丅寅}$・呷＝申呷

依同理從第二變法令

申呷代吃

哂＝酉呷

則

$∴(角_{二}\sqrt{呷}丅亢_{二}\sqrt{吃}⊥氐_{二}\sqrt{哂})^{二}$

$＝(角_{二}\sqrt{呷}丅亢_{二}\sqrt{申}\sqrt{呷}⊥氐_{二}\sqrt{酉}\sqrt{呷})^{二}$

$＝(角丅氐_{二}\sqrt{申}⊥氐_{二}\sqrt{酉})^{二}$呷

＝(辛⊥子⊥丑)呷

＝辛呷⊥$\frac{申}{子}$吃⊥$\frac{酉}{丑}$哂

＝丙($\frac{丙}{辛}$呷⊥$\frac{丙申}{子}$吃⊥$\frac{丙酉}{丑}$哂)

∽$\frac{丙}{辛}$呷⊥$\frac{丙申}{子}$吃⊥$\frac{丙酉}{丑}$哂

∽角二呷⊥亢二吃⊥氐二哂

其

角二＝$\frac{丙}{辛}$

亢二＝$\frac{申丙}{子}$

氐二＝$\frac{丙酉}{丑}$

十四題 設有空圓球一箇球之內空與外形爲同心其球之重爲同質同徑之實心圓球之重之八分之七其同質之球之重∽其半徑之立方求此空心球內外兩徑之比

令味爲實球之半徑吻爲實球之重未爲空球之內半徑物爲球之空處所少之重則

吻：物∷味三：未三

吻丅物：吻∷味三丅未三：味三

$\frac{八}{七}$：一∷味三丅未三：味三

七：八∷味三丅未三：味三

所以

一：八∷未三：味三

一：二∷未：味

十五題 火輪車之力如不引他車則一點鐘時能行二十四里如引他車必減其速其所減之速與所引車數之平方根有比例已知引四車則一點鐘能行二十里求火車能引他車最多之數

令天爲所引之車數則 二四丅丙√天＝ 車行之速其丙爲未知之常數

數依本題之理當于 二○＝二四丅丙√天 式中令 天＝四 則 二○＝二四丅二丙 ∴丙＝二 又 ∴二四丅二√天 爲引天

車之速惟此速若減爲○則 二四丅二√天＝○ ∴√天＝一二 天＝一四四 所以其所引之車

數至多爲一四三再多一車即不能動矣

十六題　金剛石之價∽其重之平方紅寶石之價之平方∽其重之立方曾有金剛石一塊重甲粒紅寶石一塊重乙粒其金剛比寶石其價爲寅倍兩石之共價爲金錢丙數今又有金剛石一塊紅寶石一塊各重卯粒求所値若干

金剛石重卯粒其價與 $\backsim 卯^2 = 巳卯^2$ 紅寶石重卯粒其價 $\backsim 卯^3 = 午卯^3$ 其巳午爲未知之常數所以甲粒重之金剛石其價爲 $巳甲^2$ 乙

粒重之紅寶石其價爲 $午乙^3$ 依本題之理得

$$巳甲^2 = 寅午乙^3$$

$$巳甲^2 + 午乙^3 = 丙$$

欲求其巳午令

$$寅午乙^3 + 午乙^3 = 丙$$

$$\therefore 午 = \frac{丙}{(寅+1)乙^3}$$

又

$$寅巳甲^2 + 巳甲^2 = 寅丙$$

$$\therefore 巳 = \frac{寅丙}{(寅+1)甲^2}$$

所以其金剛石之價

$$= 巳卯^2 = \frac{寅丙卯^2}{(寅+1)甲^2}$$

紅寶石之價

$$= 午卯^3 = \frac{丙卯^3}{(寅+1)乙^3}$$

十七題　兩樹之木一爲巳尺一爲午尺其價一爲金錢甲數一爲金錢乙數其價之比例一∽木之體積之寅方一∽木之體積之卯方今又有一樹其木爲未尺求其價

令天爲任一樹之體積之立方尺數則因木價 $\backsim 天^寅$ 所以 $= 哂天^寅$ 其哂爲常數彼樹之價 $\backsim 天^卯$ $\therefore = 吃天^卯$ 其吃亦爲常數所以其兩樹之價 $= 哂天^寅 + 吃天^卯$ 其哂與吃爲欲定之未知數依本題之理

$$\left.\begin{aligned} 甲 &= 哂巳^寅 + 吃巳^卯 \\ 乙 &= 哂午^寅 + 吃午^卯 \end{aligned}\right\}$$

$$\left.\begin{aligned} \therefore 甲午^寅 &= 哂巳^寅午^寅 + 吃巳^卯午^寅 \\ 乙巳^寅 &= 哂巳^寅午^寅 + 吃巳^寅午^卯 \end{aligned}\right\}$$

$$\therefore 甲午^寅 - 乙巳^寅 = 吃(巳^卯午^寅 - 巳^寅午^卯)$$

$$吃 = \frac{甲午^寅 - 乙巳^寅}{巳^卯午^寅 - 巳^寅午^卯}$$

又

$$\left.\begin{aligned} 甲午^卯 &= 哂巳^寅午^卯 + 吃巳^卯午^卯 \\ 乙巳^卯 &= 哂巳^卯午^寅 + 吃巳^卯午^卯 \end{aligned}\right\}$$

$$乙巳^卯 - 甲午^卯 = 哂(巳^卯午^寅 - 巳^寅午^卯)$$

$$\therefore 哂 = \frac{乙巳^卯 - 甲午^卯}{巳^卯午^寅 - 巳^寅午^卯}$$

所以其所求之同數

$$= 哂未^寅 + 吃未^卯$$

$$= \frac{(乙巳^卯 - 甲午^卯)未^寅 + (甲午^寅 - 乙巳^寅)未^卯}{巳^卯午^寅 - 巳^寅午^卯}$$

代數難題五　代數難題五算學級數類　一

代數難題解法卷五

英國倫德編輯
英國　傅蘭雅　口譯
金匱　華蘅芳　筆述

算學級數類

一題　有一箇算學級數但知其第五項為七第七項為五求其各級之數

令其級數依 $甲\perp天$　$甲\perp二天$ …… 明之則第五項 $=甲\perp四天=七$ 第七項 $=甲\perp六天=五$ 從此二式求其甲與天則 $二天=\top二$　$\therefore 天=\top一$ 又 $甲\perp四天=甲\top四=七$　$\therefore 甲=一一$ 所以得其各級之數為 一一　一〇　九　八　七　六　五……

二題　甲乙兩數之間其算學中率為幾何中率之倍求證其比例之式為

$$甲:乙::二\perp\sqrt{三}:二\top\sqrt{三}$$

代數難題五　代數難題五算學級數類　二

其算學中率 $=\dfrac{二}{甲\perp乙}$ 幾何中率 $=\sqrt{甲乙}$ 則依本題之理

$$\frac{二}{甲\perp乙}=二\sqrt{甲乙}$$

$$\therefore \frac{二\sqrt{甲乙}}{甲\perp乙}=二$$

$$\frac{甲\perp乙\top二\sqrt{甲乙}}{甲\perp乙\perp二\sqrt{甲乙}}=\frac{一}{三}$$

$$\frac{\sqrt{甲}\top\sqrt{乙}}{\sqrt{甲}\perp\sqrt{乙}}=\frac{一}{\sqrt{三}}$$

$$\frac{\sqrt{乙}}{\sqrt{甲}}=\frac{\sqrt{三}\top一}{\sqrt{三}\perp一}$$

$$\therefore \frac{乙}{甲}=\frac{四\top二\sqrt{三}}{四\perp二\sqrt{三}}=\frac{二\top\sqrt{三}}{二\perp\sqrt{三}}$$

即

$$甲:乙::二\perp\sqrt{三}:二\top\sqrt{三}$$

三題　甲乙兩數之間其算學中率為聲學中率之寅倍求證其比例之式為

$$甲:乙::\sqrt{寅}\perp\sqrt{寅\top一}:\sqrt{寅}\top\sqrt{寅\top一}$$

其算學中率 $=\dfrac{二}{甲\perp乙}$ 聲學中率 $=\dfrac{甲\perp乙}{二甲乙}$ 依本題得

$$\frac{二}{甲\perp乙}=寅\frac{甲\perp乙}{二甲乙}$$

$$\therefore \frac{四甲乙}{甲\perp二甲乙\perp乙}=寅$$

$\frac{甲^{二}-二甲乙+乙^{二}}{甲^{二}+二甲乙+乙^{二}}=\frac{寅-一}{寅}$

$\frac{甲-乙}{甲+乙}=\frac{\sqrt{寅-一}}{\sqrt{寅}}$

$\therefore\frac{乙}{甲}=\frac{\sqrt{寅}-\sqrt{寅-一}}{\sqrt{寅}+\sqrt{寅-一}}$

即

$甲:乙::\sqrt{寅}+\sqrt{寅-一}:\sqrt{寅}-\sqrt{寅-一}$

四題　求證算學級數每相連之兩級間添丁同數算學中率其全級數爲算學級數

令甲乙丙丁……爲算學級數又設卯箇算學中率而將其 $甲+天$ $甲+二天$ …… $甲+(卯-一)天$ 添在甲乙之間 $乙+地$ $乙+二地$ …… $乙+(卯-一)地$ 添在乙丙之間 $丙+人$ $丙+二人$ …… $丙+(卯-一)人$ 添在丙丁之間……則

$\left.\begin{array}{l}甲+卯天=乙\\乙+卯地=丙\\丙+卯人=丁\end{array}\right\}$

……所以 $甲-乙+卯(天-地)=乙-丙$ 惟因 $甲-乙=乙-丙$ 所以甲乙丙爲算學級數 $\therefore卯(天-地)=○$ $\therefore天-地=○$ 即 $天=地$ 又依同理 $地=人$ 其餘依此類推之 $\therefore天=地=人=……$ 所以其級數變爲甲 $甲+天$ …… 乙 $乙+天$ …… 丙 $丙+天$ ……即算學級數也

五題　求將 $\frac{七}{卯}(卯+四)$ 分爲卯分令每分大于前分有一定之數

其卯分必成算學級數其總數 $=\frac{七}{卯}(卯+四)$ 因 $卯=一$ 則級數變爲一項而此項必爲級數之和所以其第一項 $=\frac{七}{五}$ 又令 $卯=二$ 則二項之和 $=\frac{七}{一二}$ 所以第二項 $=一$ 而其公較數 $=\frac{七}{二}$ 所以得所求之各分爲 $\frac{七}{五}$ 一 $一\frac{七}{二}$ $一\frac{七}{四}$ ……

六題　已知算學級數之第卯項爲 $\frac{六}{一}(三卯-一)$ 求證其卯項之和爲 $\frac{一二}{卯}(三卯+一)$ 並求其各級之數

因第卯項 $=\frac{六}{三卯-一}$ 則求第一項之法即令一代卯所以其第一項 $=\frac{三}{一}$

所以卯項之和＝（甲＋丑）$\frac{卯}{二}$

＝$\{\frac{二}{三}\cdot\frac{二}{六}(三卯－一)\}\frac{卯}{二}$

＝$\frac{卯}{二\cdot二}$（三卯－一）再令二代卯則第二項＝$\frac{五}{六}$

所以得公較數＝$\frac{三}{六}\cdot\frac{二}{二}$　所以其級數爲　$\frac{一}{三}$　$\frac{五}{六}$　$\frac{四}{三}$　$\frac{一}{六}$……

七題　有兩箇算學級數其卯級之總數爲

一三丅七卯∶三卯丄一　求證其第一級有三∶二第二級有丅四∶五

令呷$^{吧}_{\perp}$　呷$^{二吧}_{\perp}$……又甲$^{乙}_{\perp}$　甲$^{二乙}_{\perp}$……爲所有之兩箇算學級數則

$\{二呷\perp(卯丅一)吧\}\frac{卯}{二}\colon\{二甲\perp(卯丅一)乙\}\frac{卯}{二}$∷一三丅七卯∶三卯丄一

令

卯＝一

則

呷∶甲∷六∶四∷三∶二　（一）

令

卯＝三

則

二呷丄二吧∶二甲丄二乙∷丌八∶一〇

即

呷丄吧∶甲丄乙∷丅四∶五　（二）

八題　求甲乙丙有何相關能得爲算學級數之第巳午未級

令呷爲級數之第一級吧爲公較數則

$\left.\begin{array}{l}甲＝呷\perp(巳丅一)吧\\乙＝呷\perp(午丅一)吧\\丙＝呷\perp(未丅一)吧\end{array}\right\}$

從此各式消去其呷吧則

$\left.\begin{array}{l}甲丅乙＝(巳丅午)吧\\乙丅丙＝(午丅未)吧\end{array}\right\}$

∴$\frac{甲丅乙}{乙丅丙}＝\frac{巳丅午}{午丅未}$

（午丅未）甲丅（午丅未）乙＝（巳丅午）乙丅（巳丅午）丙

∴（午丅未）甲丄（未丅巳）乙丄（巳丅午）丙＝〇

九題　算學級數中其（巳丄午）級＝寅其（巳丅午）級＝卯求證其第巳級＝$\frac{二}{一}$（寅丄卯）其第午級＝$\frac{寅丅卯}{二}$

令甲爲第一級乙爲公較數則其第（巳丄午）級

＝甲丄（巳丄午丅一）乙＝寅　（一）

第（巳丅午）級

＝甲丄（巳丅午丅一）乙＝卯　（二）

∴寅⊥卯＝二甲⊥二(巳丅一)乙

$\frac{二}{一}$(寅⊥卯)＝甲⊥(巳丅一)乙＝第巳級再

寅丅卯＝二午乙

∴乙＝$\frac{二午}{寅丅卯}$

又

巳乙＝(寅丅卯)$\frac{二午}{巳}$

所以從(一)得

甲⊥(午丅一)乙＝寅丅巳乙

＝寅丅(寅丅卯)$\frac{二午}{巳}$＝＝第午級

十題　有算學級數其第寅級＝卯其第卯級＝寅其總數為

$\frac{二}{一}$(寅⊥卯)(寅⊥卯丅一)

求共有若干級其末級為何數

令甲為第一級乙為公較數天為共級數則

甲⊥(寅丅一)乙＝卯

甲⊥(卯丅一)乙＝寅

∴(寅丅卯)乙＝卯丅寅＝丅(寅丅卯)

即乙＝丅一又

∴甲＝寅丅(卯丅一)乙＝寅⊥卯丅一

所以在算學級數之公式內令其

申＝{二甲⊥(天丅一)乙}$\frac{二}{天}$

則變為

$\frac{二}{一}$(寅⊥卯)(寅⊥卯丅一)＝{二(寅⊥卯丅一)丅(天丅一)}$\frac{二}{天}$

＝(寅⊥卯丅$\frac{二}{一}$)天丅$\frac{二}{天^{二}}$

天^{二}丅二(寅⊥卯丅$\frac{二}{一}$)天＝丅(寅⊥卯)(寅⊥卯丅一)

天^{二}丅二(寅⊥卯丅$\frac{二}{一}$)天⊥(寅⊥卯丅$\frac{二}{一}$)^{二}＝(寅⊥卯丅$\frac{二}{一}$)^{二}丅(寅⊥卯)^{二}⊥(寅⊥卯)＝$\frac{四}{一}$

∴天＝寅⊥卯丅$\frac{二}{一}$±$\frac{二}{一}$

＝寅⊥卯或寅⊥卯丅一

其末級即第天級

＝甲⊥(天丅一)乙

＝寅⊥卯丅一丅(寅⊥卯丅一)或寅⊥卯丅一丅(寅⊥卯丅二)

＝○或一

十一題　有算學級數其寅級之總數為卯其卯級之總數為寅則其(寅⊥卯)級之總數為丅(寅⊥卯)其(寅丅卯)級之總數為(寅丅卯)(一⊥$\frac{寅}{三卯}$)

求證之

令甲為第一級乙為公較數則如題得

{二甲⊥(寅丅一)乙}$\frac{二}{寅}$＝卯
{二甲⊥(卯丅一)乙}$\frac{二}{卯}$＝寅

欲求

其甲乙則

$$\left.\begin{array}{l}二甲丄(寅丅一)乙=\frac{寅}{二卯}\\ 二甲丄(卯丅一)乙=\frac{卯}{二寅}\end{array}\right\}$$

$$(寅丅卯)乙=\frac{寅}{二卯}丅\frac{卯}{二寅}=\frac{寅卯}{二}(卯^{二}丅寅^{二})$$

$$\therefore 乙=丅\frac{寅卯}{二}(寅丄卯) \quad (一)$$

又

$$二甲=\frac{寅}{二卯}丄(寅丅一)\frac{寅卯}{二}(寅丄卯)=\frac{寅卯}{二}\{卯^{二}丄(寅丅一)(寅丄卯)\} \quad (二)$$

所以得(寅丄卯)級之和

$$=\{二甲丄(寅丄卯丅一)乙\}\frac{二}{寅丄卯}$$

$$=\left[\frac{寅卯}{二}\{卯^{二}丄(寅丅一)(寅丄卯)\}丅(寅丄卯丅一)\frac{寅卯}{二}(寅丄卯)\right]\cdot\frac{二}{寅丄卯}$$

$$=\frac{寅卯}{寅丄卯}\{卯^{二}丄(寅丅一)(寅丄卯)丅(寅丄卯丅一)(寅丄卯)\}$$

$$=\frac{寅卯}{寅丄卯}\{卯^{二}丅卯(寅丄卯)\}=丅(寅丄卯)$$

其(寅丅卯)級之和

$$=\left[\frac{寅卯}{二}\{卯^{二}丄(寅丅一)(寅丅卯)\}丅(寅丅卯丅一)\frac{寅卯}{二}(寅丄卯)\right]\cdot\frac{二}{寅丅卯}$$

$$=\frac{寅卯}{寅丅卯}\{卯^{二}丄(寅丅一)(寅丅卯)丅(寅丅卯丅一)(寅丄卯)\}$$

$$=\frac{寅卯}{寅丅卯}\{卯^{二}丄(寅丄卯)卯\}=(寅丅卯)\left\{一丄\frac{寅}{二卯}\right\}$$

十二題 有算學級數以甲爲第一級乙爲公較數呻$_{卯}$爲卯級之和求證

$$呻_{卯}丄呻_{卯丄一}丄呻_{卯丄二}丄\cdots\cdots至卯項=(三卯丅一)\frac{二}{卯甲}丄(七卯丅二)(卯丅一)\frac{六}{卯乙}$$

其

$$二呻_{卯}=\{二甲丄(卯丅一)乙\}卯$$

$$二呻_{卯丄一}=(二甲丄卯乙)(卯丄一)$$

$$二呻_{卯丄二}=\{二甲丄(卯丄一)乙\}(卯丄二)$$

$$\therefore 二(呻_{卯}丄呻_{卯丄一}丄呻_{卯丄二}丄\cdots\cdots至卯項)$$

$$=\{卯丄(卯丄一)丄(卯丄二)丄\cdots至卯項\}二甲丄\{(卯丅一)卯丄卯(卯丄一)丄(卯丄一)(卯丄二)丄\cdots至卯項\}乙$$

$$=(三卯丅一)卯甲丄\{卯^{二}丅卯丄(卯丄一)^{二}丅(卯丄一)丄(卯丄二)^{二}丅(卯丄二)丄\cdots\cdots\}乙$$

$$=(三卯丅一)卯甲丄\{卯^{二}丄(卯丄一)^{二}丄(卯丄二)^{二}丄\cdots至卯項丅(卯丄卯丄一丄卯丄二丄\cdots至卯項)\}乙$$

依吳書二九五款四

系之法得

丄一丄二丄三……丄(卯丅一)丄卯(卯丄一)丄……至(二卯丅一)項＝六分之一卯(二卯丅一)二卯(四卯丅一)

丄一丄二丄三……丄(卯丅一)＝六分之一(卯丅一)卯(二卯丅一)

∴卯丄(卯丄一)丄(卯丄二)丄……至卯項＝六分之一卯(二卯丅一)(八卯丅丅卯丄一)

＝六分之一卯(二卯丅一)(七卯丅一)

∴二(呷丄呷丄呷丄……)＝(三卯丅一)卯甲｛六分之一卯(二卯丅一)(七卯丅一)丅(三卯丅一)卯分之二｝乙

∴呷丄呷丄呷丄……＝(三卯丅一)卯甲分之二｛(二卯丅一)(七卯丅一)丅九卯丄三｝乙分之二

＝(三卯丅一)卯甲分之二(二卯丅二)(七卯丅二)乙分之二

＝(三卯丅一)卯甲分之二(卯丅一)(七卯丅二)乙分之六

代數難題 卷五 算學級數類 十二

十三題 有呷一呷二呷三……呷巳爲巳箇算學級數其級數皆有卯級其初級之數爲一二三……其公較數爲一三五七

……

求證其

呷丄呷丄呷丄……丄呷巳＝(卯巳丄一)巳卯分之二

呷一＝｛二丄(卯丅一)一｝卯分之二

呷二＝｛四丄(卯丅一)三｝卯分之二

呷三＝｛六丄(卯丅一)五｝卯分之二

……

呷巳＝｛二巳丄(卯丅一)(二巳丅一)｝卯分之二

所以

呷一丄呷二丄呷三丄……丄呷巳＝｛(二丄四丄六……丄二巳)丄(卯丅一)(一丄三丄五……丄(二巳丅一))｝・卯分之二

＝｛(巳丄一巳)丄(卯丅一)巳｝・卯分之二

＝(巳丄一丄卯巳丅巳)巳卯分之二

＝(卯巳丄一)巳卯分之二

代數難題 卷五 算學級數類 十三

十四題 有兩箇算學級數一爲二五八……一爲三七一一……各至一百級求內有若干級其數相同

其第一箇級數之第天級爲三天丅一第二箇級數之第地級爲四地丅一則每得三天＝四地必有相同之事卽凡解此式其天與地爲正整數俱能之特其天與地各不可以大于一〇〇耳惟

因三天＝四地所以

三地┴天=地 因天必爲整數則其地必能以三度之而無餘所以地=三午 其午爲整數而天=四午 所以令一二三四……二五代午則天與地有二十五箇同數合于解三天=四地之式所以所求兩箇級數中所能有相同之數共有二五級

幾何級數聲學級數

一題 有 [formula]……至卯項 爲幾何級數其 申=甲（未丁一）/（未卯丁一） 求其總數

共卯級之總數

=[formula]

二題 求前題之級數至∞級其總數如何

共∞級之總數

=[formula]

三題 幾何級數之第巳午級=寅 第(巳午)級=卯 求證其第巳級

$=\sqrt{寅卯}$ 第午級

$=寅\left(\frac{寅}{卯}\right)^{\frac{二午}{巳}}$

又求證若以吧爲第巳級吘爲第午級

則第卯級

$=\left(\frac{吘^{卯\top巳}}{吧^{卯\top午}}\right)^{\frac{一}{巳\top午}}$

其

$寅=第(巳\perp午)級=甲未^{巳\perp午\top一}$

$卯=第(巳\top午)級=甲未^{巳\top午\top一}$

$\therefore 寅卯=甲^{二}未^{二巳\top二}$

$\therefore \sqrt{寅卯}=甲未^{巳\top一}=第巳級$ ㈠

又

$\frac{卯}{寅}=未^{二午}$

$\therefore 未=\left(\frac{卯}{寅}\right)^{\frac{一}{二午}}$

又

$\frac{未^{巳}}{一}=\left(\frac{寅}{卯}\right)^{\frac{二午}{巳}}$

$\therefore 第午級=甲未^{午\top一}=\frac{未^{巳}}{寅}=寅\left(\frac{寅}{卯}\right)^{\frac{二午}{巳}}$ ㈡

又

$甲未^{巳\top一}=吧$

$甲未^{午\top一}=吘$

$\therefore \frac{甲未^{午\top一}}{甲未^{巳\top一}}=\frac{吘}{吧}$

$\therefore 未^{巳\top午}=\frac{吘}{吧}$

$未=\left(\frac{吘}{吧}\right)^{\frac{一}{巳\top午}}$

又

$甲=\frac{未^{巳\top一}}{吧}=吧\div\left(\frac{吘^{巳\top一}}{吧^{巳\top一}}\right)^{\frac{一}{巳\top午}}$

所以其第卯級

$=甲未^{卯\top一}=吧\div\left(\frac{吘^{巳\top一}}{吧^{巳\top一}}\right)^{\frac{一}{巳\top午}}\cdot\left(\frac{吘^{卯\top一}}{吧^{卯\top一}}\right)^{\frac{一}{巳\top午}}$

$=\left(\frac{吘^{\top巳\perp一}\cdot吘^{卯\top一}}{吧^{巳\top午}\cdot吧^{\top巳\perp一}\cdot吧^{卯\top一}}\right)^{\frac{一}{巳\top午}}=\left(\frac{吘^{卯\top巳}}{吧^{卯\top午}}\right)^{\frac{一}{巳\top午}}$ ㈢

四題 求甲乙丙必須有何相關則能爲幾何級數之第巳午未級

令呷爲第一級咮爲公率則

$\left.\begin{aligned}甲&=呷咮^{巳\top一}\\乙&=呷咮^{午\top一}\\丙&=呷咮^{未\top一}\end{aligned}\right\}$

$\frac{乙}{甲}=咮^{巳\top午}$

$\therefore 咮=\left(\frac{乙}{甲}\right)^{\frac{一}{巳\top午}}$

又因

$\frac{丙}{乙}=咮^{午\top未}=\left(\frac{乙^{午\top未}}{甲^{午\top未}}\right)^{\frac{一}{巳\top午}}$

$\therefore \frac{丙^{巳\top午}}{乙^{巳\top午}}=\frac{乙^{午\top未}}{甲^{午\top未}}$

$\therefore 乙^{巳\top未}=甲^{午\top未}丙^{巳\top午}$

即

$甲^{午\top未}乙^{未\top巳}丙^{巳\top午}=一$

代數難題 卷三 幾何級數聲學級數

五題 如甲乙丙丁爲幾何級數求證

$甲^{二}\perp乙^{二}\perp丙^{二}>(甲\top乙\perp丙)^{二}$

並證

$(甲\perp乙\perp丙\perp丁)^{二}=(甲\perp乙)^{二}\perp(丙\perp丁)^{二}\perp二(乙\perp丙)^{二}$

㈠

$甲^{二}\perp乙^{二}\perp丙^{二}\top(甲\top乙\perp丙)^{二}=甲^{二}\perp乙^{二}\perp丙^{二}\top(甲^{二}\perp乙^{二}\perp丙^{二})\perp二甲乙\perp二乙丙\top二甲丙$

$=二甲乙\perp二乙丙\top二甲丙$ 其甲丙$=乙^{二}$

$=二甲乙\perp二乙丙\top二乙^{二}$

$=二乙(甲\perp丙\top乙)$

惟因

$(甲\perp丙)^{二}\top乙^{二}=甲^{二}\perp丙^{二}\perp二甲丙\top乙^{二}=甲^{二}\perp丙^{二}\perp乙^{二}=正$

$\therefore (甲\perp丙)>乙$

又

$甲\perp丙>乙$

$\therefore 甲^{二}\perp乙^{二}\perp丙^{二}\top(甲\top乙\perp丙)^{二}=正$

即

$甲^{二}\perp乙^{二}\perp丙^{二}>(甲\top乙\perp丙)^{二}$

代數難題 卷三 幾何級數聲學級數

六題 設有任多數為幾何級數，未為其公率，$呻_{寅}$為其首

(二)

$$(甲+乙+丙+丁)^{二}=(甲+乙)^{二}+(丙+丁)^{二}+二(甲+乙)(丙+丁)$$

惟因

$$\frac{乙}{甲}=\frac{丙}{乙}=\frac{丁}{丙}$$

$$\therefore\frac{乙}{甲+乙}=\frac{丙}{乙+丙}=\frac{丁}{丙+丁}$$

$$\therefore(甲+乙)(丙+丁)=\frac{丙^{二}}{乙丁}(乙+丙)^{二}=(乙+丙)^{二}$$

$$\therefore(甲+乙+丙+丁)^{二}=(甲+乙)^{二}+(丙+丁)^{二}+二(乙+丙)^{二}$$

寅級之和求證每兩級相乘之積之和

$$=\frac{未+一}{未}\cdot呻_{寅}\cdot呻_{寅-一}$$

令甲乙丙……辛子丑寅為寅項之幾何級數則

$$呻_{寅}\cdot呻_{寅-一}=(甲+乙+丙+\cdots+子+丑)(甲+乙+丙+\cdots+子)$$

$$=(甲+乙+丙+\cdots+子)^{二}+丑\cdot呻_{寅-一}$$

$$=甲^{二}+乙^{二}+丙^{二}+\cdots+子^{二}+二(甲乙+甲丙+乙丙+\cdots+辛子)+丑\cdot呻_{寅-一}$$

$$\therefore 甲乙+甲丙+乙丙+\cdots+辛子=\frac{二}{一}呻_{寅}\cdot呻_{寅-一}-\frac{二}{一}(甲^{二}+乙^{二}+丙^{二}+\cdots+子^{二})-\frac{二}{丑}\cdot呻_{寅-一}$$

而每兩級相乘之積之和

$$=甲乙+甲丙+\cdots+辛子+(甲+乙+丙+\cdots+辛子)丑$$

所以每兩級相乘之積之和

$$=\frac{二}{一}呻_{寅}\cdot呻_{寅-一}-\frac{二}{一}(甲^{二}+乙^{二}+\cdots+子^{二})+\frac{二}{丑}\cdot呻_{寅-一}$$

$$=\frac{二}{一}呻_{寅}\cdot呻_{寅-一}-\frac{二}{甲^{二}}\cdot\frac{未^{二}-一}{未^{二寅}-一}+\frac{二}{甲未^{寅-一}}\cdot呻_{寅-一}$$

$$=\frac{二}{一}呻_{寅}\cdot呻_{寅-一}-\frac{二}{甲}\cdot\frac{未+一}{未^{寅}+一}\cdot甲\frac{未-一}{未^{寅}-一}+\frac{二}{甲未^{寅-一}}\cdot呻_{寅-一}$$

$$=\frac{二}{一}呻_{寅-一}\left\{呻_{寅}-甲\cdot\frac{未+一}{未^{寅}+一}+甲未^{寅-一}\right\}$$

$$=\frac{二}{一}呻_{寅-一}\left\{呻_{寅}+\frac{未+一}{甲未^{寅}-甲}\right\}$$

$$=\frac{二}{一}呻_{寅-一}\left\{呻_{寅}+\frac{未+一}{未-一}\cdot呻_{寅}\right\}$$

$$=\frac{二}{一}呻_{寅-一}\cdot\frac{未+一}{二未}\cdot呻_{寅}$$

$$=\frac{未+一}{未}\cdot呻_{寅}\cdot呻_{寅-一}$$

七題 設有甲乙丙三數為聲學級數求證 $甲^{二}+丙^{二}>二乙^{二}$ 其甲與丙

必爲同號之數

因甲乙丙爲聲學級數則

$$甲:丙::甲-乙:乙-丙$$

$$\therefore 甲乙-甲丙=甲丙-乙丙$$

$$二甲丙=甲乙+乙丙=(甲+丙)乙$$

$$\therefore 乙=\frac{二甲丙}{甲+丙}$$

$$\therefore 甲^{二}+丙^{二}-二乙^{二}=甲^{二}+丙^{二}-二\left(\frac{二甲丙}{甲+丙}\right)^{二}$$

$$=(甲-丙)^{二}+二甲丙\left\{一-\frac{四甲丙}{(甲+丙)^{二}}\right\}$$

$$=(甲-丙)^{二}+二甲丙\left(\frac{甲-丙}{甲+丙}\right)^{二}=正$$

惟此以甲與丙爲正號之數

$$\therefore 甲^{二}+丙^{二}>二乙^{二}$$

八題　若于任兩數之間加入$(二卯-一)$之算學級數幾何級數聲學級數求第卯中數成幾何級數

令甲與乙爲其兩數則加入各中數之後其三箇級數各有$二卯+一$級而其第卯中數爲第$卯+一$級卽級數之中項

惟其算學級數之內其中項必爲自初項至末項之算學中數所以此式內第卯中數$=\frac{甲+乙}{二}$

其幾何級數內其中項爲初項與末項間之幾何中數

所以此式內第卯中數$=\sqrt{甲乙}$

聲學級數內其中項之倒數爲初項與末項間之算學中數所以第卯中數之倒數$=\frac{\frac{一}{甲}+\frac{一}{乙}}{二}=\frac{甲+乙}{二甲乙}$所以第卯聲學中數$=\frac{二甲乙}{甲+乙}$

所以各第卯中數爲$\frac{甲+乙}{二}$　$\sqrt{甲乙}$　$\frac{二甲乙}{甲+乙}$而其首末二數相乘之積等于中數之平方所以其三箇數有幾何級數

九題　設$甲_{一}$　$甲_{二}$　$甲_{三}$(一)爲算學級數$甲_{二}$　$甲_{三}$　$甲_{四}$(二)爲幾何級數$甲_{三}$　$甲_{四}$　$甲_{五}$(三)爲聲學級數求證$甲_{一}$　$甲_{三}$　$甲_{五}$爲幾何級數

$$甲_{三}^{二}=甲_{二}\cdot甲_{四}　從(二)$$

$$=\frac{甲_{一}+甲_{三}}{二}\cdot甲_{四}　從(一)$$

$$=\frac{甲_{一}+甲_{三}}{二}\cdot\frac{二甲_{三}甲_{五}}{甲_{三}+甲_{五}}　從(三)$$

$$=\frac{甲_{一}+甲_{三}}{甲_{三}+甲_{五}}\cdot甲_{三}甲_{五}$$

$$\therefore 甲_{三}=\frac{甲_{一}+甲_{三}}{甲_{三}+甲_{五}}\cdot甲_{五}$$

$$甲_{三}^{二}+甲_{三}甲_{五}=甲_{一}甲_{五}+甲_{三}甲_{五}$$

$$甲_{三}^{二}=甲_{一}甲_{五}$$

所以$甲_{一}$　$甲_{三}$　$甲_{五}$爲幾何級數

十題　求甲乙丙三數如何相關則能爲聲學級數之第巳午未級

其甲乙丙如爲聲學級數之第巳午未級則$\frac{一}{甲}$　$\frac{一}{乙}$

丙一為算學級數之相同之級所以如令甲一代其甲乙一代其乙丙一代其丙都在算學級數之第八題內

得 $(午-未)\frac{甲}{二}\perp(未-巳)\frac{乙}{二}\perp(巳-午)\frac{丙}{二}=○$

$\therefore (午-未)乙丙\perp(未-巳)甲丙\perp(巳-午)甲乙=○$

十一題 設甲乙丙為幾何級數求證 $對_{甲}卯$ $對_{乙}卯$ $對_{丙}卯$ 為算學級數

令 $天=對_{甲}卯$ $地=對_{乙}卯$ $人=對_{丙}卯$

$\therefore 卯=甲^{天}$ $卯=乙^{地}$ $卯=丙^{人}$

$\therefore 甲^{天}=乙^{地}=丙^{人}$

$\therefore (甲丙)^{天}=丙^{\frac{天\perp人}{人}}$

即 $乙^{二天}=丙^{\frac{天\perp人}{人}}$

因 $乙^{二}=甲丙$

惟 $乙=丙^{\frac{人}{地}}$

$\therefore 乙^{二天}=丙^{\frac{二天人}{地}}$

$\therefore \frac{地}{二天人}=\frac{天\perp人}{天人}$

即 $地=\frac{二天人}{天\perp人}$

所以地為天人間之聲學中數而天地人為算學級數

十二題 有級數之第卯級為 $卯\{(丁-一)卯\perp一-卯丁^{二}\}$ 求其二巳級之和

其

初級 $=一\times二$

二級 $=二(二\perp二\times二)$

三級 $=三\times二$

四級 $=四(二\perp四\times二)$

二巳級 $=二巳(二\perp二巳\times二)$

所以級數之和

$=二(一\perp二\perp三\perp\cdots\perp二巳)\perp二(三\perp四\perp\cdots\perp三巳)$

$=二(二巳\perp一)巳\perp八(一\perp二\perp三\perp\cdots\perp巳)$

$=二巳(二巳\perp一)\perp四巳(巳\perp一)(二巳\perp一)$

$=二巳(二巳\perp一)\{一\perp\frac{二}{三}(巳\perp一)\}$

$=\frac{三}{二巳}(二巳\perp一)(二巳\perp五)$

排列變換之法

一題 有錢六枚每枚各有記色求任取其幾枚共有多少取法

如取六枚則只有一法取五枚則有 $=六$ 法取四枚則有 $=\frac{六\times五}{一\times二}=一五$ 法取三枚則有 $=\frac{六\times五\times四}{一\times二\times三}=二○$ 法取二枚則有 $=\frac{六\times五}{一\times二}=一五$ 法取一枚則有 $=六$ 法所以得不同之取法

$=一\perp六\perp一五\perp二○\perp一五\perp六\perp一$

$=六三$

二題　有甲乙丙丁戊己庚七物錯綜排列求有若干排列法以甲乙爲首若干排列法以甲乙丙爲首若干排列法以甲乙丙丁爲首

㈠以甲乙爲首之排列必藉丙丁戊己庚所能成不同之排列法而成所以所求之數 $=五\times四\times三\times二=一二〇$

㈡依同理以甲乙丙爲首之排列必藉丁戊己庚所能成不同之排列法而成所以所求之數 $=四\times三\times二=二四$

㈢又依同理以甲乙丙丁爲首之排列必藉戊己庚所能成不同之排列法而成所以所求之數 $=三\times二=六$

三題　有甲乙丙丁戊己庚辛壬癸十字于內任取其五字求有多少取法能有甲在內

其五字排列內能有甲可知必有四箇他字與甲並用而其並用之四箇字可以爲其餘九箇字中之任四箇

所以所求之數等于九物中任取其四之排列 $=\frac{九\times八\times七\times六}{一\times二\times三\times四}=一二六$

四題　有三箇職分可補此缺者其有四人乃以輿論爲憑許于四人內保舉三人或二人或一人求有多少法能記其保舉之數

因可任舉其一或任舉其二任舉其三則舉一人只有四法其舉二人則同于四物兩兩取之之排列即 $=\frac{四\times三}{一\times二}=六$

舉三人之法 $=\frac{四\times三\times二}{一\times二\times三}=四$ 所以各法之和 $=四+六+四=一四$

五題　有多邊形其邊數爲卯欲從每角作直線至他角求能成若干三角形

因邊數爲卯則其角數亦必爲卯必須有三箇角始能成一箇三角形惟任三箇角皆可取所以其三角形之數必等于有卯物三三取之法即 $=\frac{卯(卯-一)(卯-二)}{一\times二\times三}=\frac{一}{六}卯(卯-一)(卯-二)$

六題　囊中有豆若干粒未知其數如有人于囊內任取一握數之辨其奇偶仍還入囊再取如前至任若干次

求證所取之豆偶者奇者何爲多空手者不在此例

因 $(一 - 天)^{卯} = 一 - 丙_{一}天 + 丙_{二}天^{二} - 丙_{三}天^{三} + 丙_{四}天^{四} - 丙_{五}天^{五} + 丙_{六}天^{六} - \cdots\cdots$

其丙一爲卯物任取其一之排列法

其丙二爲卯物任取其二之排列法

其丙三爲卯物任取其三之排列法　所以若 天＝一 則

其餘照此類推

$一 - 丙_{一} + 丙_{二} - 丙_{三} + 丙_{四} - 丙_{五} + 丙_{六} - \cdots\cdots = 〇$

$\therefore 丙_{一} + 丙_{三} + 丙_{五} + \cdots\cdots = 一 + 丙_{二} + 丙_{四} + 丙_{六} + \cdots\cdots$

即

$丙_{一} + 丙_{三} + 丙_{五} + \cdots\cdots > 丙_{二} + 丙_{四} + 丙_{六} + \cdots\cdots$

所以奇數排列之法大于偶數排列之法則知任手所取之豆其得奇數之次數必比得偶數之次數爲多

七題　有主客八人圍一圓桌而飲求能飲若干次令每次所坐左右之人不同

可見以主人爲定坐此位而其餘七人之坐位調換排列則得每次左右所坐之人不同惟此次坐于右者他次可坐于左此次坐于左者他次可坐于右則其次數

＝七×六×五×四×三×二×一＝五〇四〇

惟因左右兩人能調換即乙甲丙或丙甲乙都算甲以乙丙爲鄰故必答曰其排列變換之次數 $=\frac{1}{2}\times$五〇四〇

即 ＝二五二〇

八題　有十七種性寒之藥五種性熱之藥照此各藥開方每方用藥三種其性寒者二性熱者一求能開不同之方若干

性寒之藥十七種任取其二則排列變換之法 ＝一七×一六 每取之兩種能與性熱之一種變其排列而成三方所以若但用一種性熱之藥能成不同之方 ＝一七×一六×三 而其五種性熱之藥亦可如此所以能開不同之方其數 ＝一七×一六×三×五 ＝四〇八〇

九題　有五種藥材用瓶盛之內三種各有兩瓶其二種各有一瓶求于八瓶中每取其三瓶內之藥能成多少不同之方

所能成之方其排列之法 $\frac{五\times四}{二\times一}=一〇$ 又有三種各能從兩瓶取出成四幅排列之法每幅有三箇排列卽 $\frac{四\times三}{一二}$ 卽 $\frac{一二}{一二}$ 爲

因有兩瓶藥材其方重複所以所求方數 $=一〇\bot二=一二$

十題　有兩顆骰子一有卯面一有卯⊥未面其點數俱依常法從一起求能擲出多少不同之色

代數難題解法　卷五　排列變換之法

每顆骰子之各面點數不同則因此顆之各面與彼顆之各面成排列之數必爲卯(卯⊥未)但因兩顆骰子有卯面相同卽此顆之點從一二三至卯彼顆之點從一二三至卯其中有卯面相同也所以上所謂成排列之數內有(一與二)(二與一)爲相同(一與三)(三與一)爲相同其餘依此類推所以必減了卯物每取其二之排列乃合于題旨則所得不同之次數

$=卯(卯\bot未)\top\frac{卯(卯\top一)}{二}=\frac{卯(卯\bot一)}{二}\bot卯未$

十一題　有卯物欲一一取之或二二取之三三取之至盡取其卯求能有若干不同之排列內一種有巳箇一種有午箇一種有未箇……

令甲乙丙……爲其所設不同之物甲有巳次重複乙有午次重複丙有未次重複……共得卯物以甲巳乙午丙未……明之可見此數之總數必爲所求之排列惟甲巳乙午丙未……其分數爲(巳⊥一)(午⊥一)(未⊥一)……

代數難題解法　卷五　排列變換之法

並一與甲巳乙午丙未……如本題之前式必包在內而其一不在內所以所求之排列法

$=(巳\bot一)(午\bot一)(未\bot一)\cdots\top一$

代數難題解法卷六

英國倫德編輯
英國 傅蘭雅 口譯
金匱 華蘅芳 筆述

二項例之類

一題 求 $\sqrt[七]{一〇八}$ 之略數

因 $一^{七}=一$ 又 $二^{七}=一二八$ $\therefore\sqrt[七]{一〇八}$ 必略近于二 惟因

$$\sqrt[七]{一〇八}=\sqrt[七]{二^{七}┬二〇}$$

$$=二\left\{一┬\frac{二^{七}}{二〇}\right\}^{\frac{七}{一}}$$

$$=二\left\{一┬\frac{二^{五}}{五}\right\}^{\frac{七}{一}}$$

$$=二\left\{一┬\frac{一〇^{五}}{五^{六}}\right\}^{\frac{七}{一}}$$

$$=二\left\{一┬\frac{七}{一}\times\frac{一〇^{五}}{五^{六}}┬\frac{七}{一}\times\frac{七}{三}\times\left(\frac{一〇^{五}}{五^{六}}\right)^{二}┬\frac{七}{一}\times\frac{七}{三}\times\frac{三\times七}{一三}\times\left(\frac{一〇^{五}}{五^{六}}\right)^{三}┬\cdots\cdots\right\}$$

其

$$\frac{七}{一}\times\frac{一〇^{五}}{五^{六}}=\frac{七}{一}\times\frac{一〇^{五}}{一五六二五}=\frac{七}{〇.一五六二五}=〇.〇二二三二一$$

$$\frac{七}{一}\times\frac{七}{三}\left(\frac{一〇^{五}}{五^{六}}\right)^{二}=三\times(〇.〇二二三二一)^{二}=三\times〇.〇〇〇四九八=〇.〇〇一四九四$$

$$\frac{七}{一}\times\frac{七}{三}\times\frac{三\times七}{一三}\left(\frac{一〇^{五}}{五^{六}}\right)^{三}=〇.〇〇一四九四\times\frac{三\times七}{一三}\times〇.一五六二五=〇.〇〇〇一四四$$

$$\therefore\sqrt[七]{一〇八}=二\times\{一┬〇.〇二三九五九\}=二\times〇.九七六〇四一$$

$$=一.九五二〇$$

爲略近之數

二題 求 $一┴\frac{二}{角}┴\frac{三}{亢}┴\frac{四}{氐}┴\cdots\cdots$ 之總數其一角亢氐……爲引長 $(甲┴乙)^{卯}$ 之倍數

$$(卯┴一)\left(一┴\frac{二}{角}┴\frac{三}{亢}┴\frac{四}{氐}┴\cdots\right)$$

$$=(卯┴一)\left\{一┴\frac{一\times二}{卯}┴\frac{一\times二\times三}{卯(卯┬一)}┴\frac{一\times二\times三\times四}{卯(卯┬一)(卯┬二)}┴\cdots\right\}$$

$$=┬一┴一┴(卯┴一)┴\frac{一\times二}{(卯┴一)卯}┴\frac{一\times二\times三}{(卯┴一)卯(卯┬一)}┴\cdots$$

$$=┬一┴(一┴一)^{卯┴一}$$

$$=┬一┴二^{卯┴一}$$

$$\therefore一┴\frac{二}{角}┴\frac{三}{亢}┴\frac{四}{氐}┴\cdots\cdots=\frac{卯┴一}{二^{卯┴一}┬一}$$

三題 如甲乙丙丁爲引長二項式之第六七八九項求證其二項式爲

$$\frac{丙┬乙丁}{乙┬甲丙}=\frac{三丙}{四甲}$$

將 $天┴地$ 依引長之例得第七八九項爲

$$乙=\frac{六}{甲}\cdot\frac{天}{地}\quad(一)$$

$$丙=\frac{七}{乙}\cdot\frac{天}{地}\quad(二)$$

$$丁=\frac{八}{丙}\cdot\frac{天}{地}\quad(三)$$

從 (一)(二) 得

$$\frac{丙}{乙}=\frac{六乙}{七甲}$$

$$\therefore乙^{二}=\frac{六}{七甲丙}$$

$$乙^{二}┬甲丙=\frac{六}{甲丙}$$

從 (二)(三) 得

$$\frac{丁}{丙}=\frac{七丙}{八乙}$$

$$\therefore丙^{二}=\frac{七}{八乙丁}$$

$$丙^{二}┬乙丁=\frac{七}{乙丁}$$

從 (一)

(三) 得

$$\frac{\text{丁}}{\text{乙}}=\frac{\text{三丙}}{\text{四甲}}$$

$$\therefore\frac{\text{二丙丅乙丁}}{\text{二乙丅甲丙}}=\frac{\text{六乙丁}}{\text{七甲丙}}=\frac{\text{丁}}{\text{乙}}=\frac{\text{三丙}}{\text{四甲}}$$

四題　求 $\frac{(\text{一丅天})^{\text{四}}}{(\text{一丅二天})^{\text{二}}}$ 之詳式內 $\text{天}^{\text{卯}}$ 之倍數

除去其末乘數中所函 $\text{天}^{\text{卯}}$ $\text{天}^{\text{卯丅一}}$ $\text{天}^{\text{卯丅二}}$ 之三項則所求

$$\frac{(\text{一丅天})^{\text{四}}}{(\text{一丅二天})^{\text{二}}}=(\text{一丅四天丄四天}^{\text{二}})\left(\text{一丄四天丄}\frac{\text{一×二}}{\text{四×五}}\text{天}^{\text{二}}\text{丄}\frac{\text{一×二×三}}{\text{四×五×六}}\text{天}^{\text{三}}\text{丄}\cdots\right)$$

之倍數

$$=\text{一×}\frac{\text{一×二×三}\cdots\text{卯}}{\text{四×五×六}\cdots(\text{卯丄三})}\text{丅四×}\frac{\text{一×二×三}\cdots(\text{卯丅一})}{\text{四×五×六}\cdots(\text{卯丄二})}\text{丄四×}\frac{\text{一×二×三}\cdots(\text{卯丅二})}{\text{四×五×六}\cdots(\text{卯丄一})}$$

惟因

$$\frac{\text{一×二×三}\cdots\text{卯}}{\text{四×五×六}\cdots(\text{卯丄三})}=\frac{\text{四×五×六}\cdots\text{卯}\cdot\text{一×二×三}}{\text{四×五×六}\cdots\text{卯}(\text{卯丄一})(\text{卯丄二})(\text{卯丄三})}=\frac{\text{一×二×三}}{(\text{卯丄一})(\text{卯丄二})(\text{卯丄三})}$$

所以所求之倍數

$$=\frac{\text{一×二×三}}{(\text{卯丄一})(\text{卯丄二})(\text{卯丄三})}\text{丅四}\frac{\text{一×二×三}}{\text{卯}(\text{卯丄一})(\text{卯丄二})}\text{丄四}\frac{\text{一×二×三}}{(\text{卯丅一})\text{卯}(\text{卯丄一})}$$

$$=\frac{\text{六}}{\text{二}}(\text{卯丄一})\{(\text{卯丄二})(\text{卯丄三})\text{丅四卯}(\text{卯丄二})\text{丄四卯}(\text{卯丅一})\}$$

$$=\frac{\text{六}}{\text{二}}(\text{卯丄一})(\text{卯}^{\text{二}}\text{丄五卯丄六丅一二卯})$$

$$=\frac{\text{六}}{\text{二}}(\text{卯丄一})(\text{卯}^{\text{二}}\text{丅七卯丄六})$$

$$=\frac{\text{六}}{\text{二}}(\text{卯丄一})(\text{卯丅一})(\text{卯丅六})$$

$$=\frac{\text{六}}{\text{二}}(\text{卯丅一})(\text{卯丅六})$$

五題　如未為 $\frac{\text{午}}{\text{巳}}$ 內最大之整數則 $(\text{甲丄天})^{\frac{\text{午}}{\text{巳}}}$ 引長之級數內其首 (未丄二) 項為正而其第 (未丄寅) 項之正負同于 $(\text{丅一})^{\text{寅}}$ 惟 $(\text{甲丅天})^{\frac{\text{午}}{\text{巳}}}$ 之級數內其首 (未丄一) 項迭為正負其餘與 $(\text{丅一})^{\text{未丄一}}$ 同正負求證之

令 $\frac{午}{巳}=$未上巳

其巳爲分數即小于一之數則 $(甲上天)^{\frac{午}{巳}}=(甲上天)^{未上巳}$ 將其第(甲上一)

項詳之則倍數爲 $\frac{一乂二\cdots\cdots申}{(未上巳)(未上巳丅一)\cdots\cdots(未上巳丅申上一)}$ 而申不大于未上巳上一之時即未上一之時

一因巳小于一之故也則上式必爲正即至申上一＝未上二而止所以其首(未上二)項

爲正以後之各項迭爲正負依倍數之負乘數爲奇爲

偶而異

其第(甲上二)項即(未上三)項與$(丅一)^{三}$項即(丅一)項同號

其第(未上四)項與$(丅一)^{四}$項同號……

其第(未上寅)項與$(丅一)^{寅}$項同號

又 $(甲上天)^{\frac{午}{巳}}$ 之引長之式內其第(甲上一)項爲 $\frac{一乂二\cdots\cdots申}{(未上巳)(未上巳丅一)\cdots\cdots(未上巳丅申上一)}甲^{午丅申}(丅天)^{申}$ 惟從以上之

說可見申之同數無論如何以至申＝未在內即首(未上一)項其

倍數爲正而其$(丅天)^{申}$自然迭爲正負所以其各項迭爲

正負惟以後如(未上一)爲偶$(丅天)^{未上}$爲正而其倍數亦爲正所

以其項爲正惟下一項其倍數內必有一負乘數而其

$(丅天)^{未上}$必爲負所以其項必爲正其餘照此類推即第一

項與下各項其(未上一)必爲正即與$(丅一)^{未上}$同號又如(未上一)爲奇

則$(丅一)^{未上}$爲負而其倍數爲正但$(丅天)^{未上}$爲負所以其項必

爲負下一項必有一負倍數而其$(丅天)^{未上}$爲正所以必爲

負其餘各項類推即第一項以後各項(未上一)必與$(丅一)^{未上}$同

號

六題　已知$(一上天)^{卯巳}$引長之級數內第(巳上一)項之倍數等于(巳上三)

項之倍數求證其巳＝二卯丅一

七題　如天>甲求證（天甲卯）引長之級數除首兩項之外各項

依本題得

一乂二…巳 / 卯(卯丅一)…(卯丅巳丄一) ＝ 一乂二…(巳丄三) / 卯(卯丅一)…(卯丅巳丄三)

＝ 一乂二…巳　(巳丄一)(巳丄二) / 卯(卯丅一)…(卯丅巳丄一)(卯丅巳)(卯丅巳丅一)

∴一＝ (巳丄一)(巳丄二) / (卯丅巳)(卯丅巳丅一)

(巳丄一)(巳丄二)＝(卯丅巳)丅卯丄巳

巳丄三巳丄二＝卯丅二卯巳丄巳丅卯丄巳

二巳(卯丄一)＝卯卯丅二＝(卯丄一)(卯丅二)

∴二巳＝卯丅二

∴巳＝二 / 卯 丅一

之和小于（二卯丅卯丅一）甲天卯丅一

除首兩項之外其各項之和為

一/卯・二/卯丅一 甲天卯丅二 丄 二/卯・三/卯丅一・三/卯丅二 甲天卯丅三 丄……

即

{ 一/卯・二/卯丅一・天/甲 丄 二/卯・二/卯丅一・三/卯丅二・天/甲 丄…… } 甲天卯丅一

惟依題中之理其天/甲、二天/甲……必各小于一所以其和小于

{ 二/卯・二/卯丅一 丄 二/卯・二/卯丅一・三/卯丅二 丄…… } 甲天卯丅一

即

{(一丄一)卯丅一丅卯} 甲天卯丅一

即

（二卯丅卯丅一）甲天卯丅一

八題　如以巳未代其

一乂二乂三…未 / 巳(巳丅一)(巳丅二)…(巳丅未丄一)

求證

(巳丄午 / 未)＝巳/未 丄 巳/未丅一・午/一 丄 巳/未丅二・午/二 丄……丄 巳/一・午/未丄一 丄 午/未

因$\overset{巳}{\text{未}}$為$(1\perp\text{天})^{\text{巳}}$引長之級數第$(\text{未}\perp 1)$項之倍數則

$$(1\perp\text{天})^{\text{巳}}=1\perp\text{巳}_{一}\text{天}\perp\text{巳}_{二}\text{天}^{二}\perp\text{巳}_{三}\text{天}^{三}\cdots\perp\text{巳}_{\text{未}\top 1}\text{天}^{\text{未}\top 1}\perp\text{巳}_{\text{未}}\text{天}^{\text{未}}\cdots$$

與

$$(1\perp\text{天})^{\text{午}}=1\perp\text{午}_{一}\text{天}\perp\text{午}_{二}\text{天}^{二}\perp\text{午}_{三}\text{天}^{三}\cdots\perp\text{午}_{\text{未}\top 1}\text{天}^{\text{未}\top 1}\perp\text{午}_{\text{未}}\text{天}^{\text{未}}\cdots$$

$$\therefore(1\perp\text{天})^{\text{巳}\perp\text{午}}\quad(一)$$

為其兩級數之總數而

$$(1\perp\text{天})^{\text{巳}\perp\text{午}}=1\perp(\text{巳}\perp\text{午})_{一}\text{天}\perp(\text{巳}\perp\text{午})_{二}\text{天}^{二}\cdots\perp(\text{巳}\perp\text{午})_{\text{未}}\text{天}^{\text{未}}\cdots\quad(二)$$

因(一)與(二)眞相等所

以天之同方之倍數相等如$\overset{\text{未}}{\text{天}}$

$$\therefore(\text{巳}\perp\text{午})_{\text{未}}=\text{巳}_{\text{未}}\perp\text{巳}_{\text{未}\top 1}\text{午}_{一}\perp\text{巳}_{\text{未}\top 2}\text{午}_{二}\cdots\perp\text{巳}_{一}\text{午}_{\text{未}\top 1}\perp\text{午}_{\text{未}}$$

九題 如$\dfrac{1\cdot 2\cdot 3\cdots\text{未}}{\text{卯}(\text{卯}\perp 1)(\text{卯}\perp 2)\cdots(\text{卯}\perp\text{未}\top 1)}$以$\text{吧}_{\text{卯未}}$明之求證

$$\text{吧}_{\text{卯未}}\perp\text{吧}_{\text{卯}\perp 1,\text{未}\top 1}=\text{吧}_{\text{卯}\perp 1,\text{未}}$$

令$\text{卯}\perp 1$代卯則

$$\text{吧}_{\text{卯}\perp 1,\text{未}}=\frac{1\cdot 2\cdots\text{未}}{(\text{卯}\perp 1)(\text{卯}\perp 2)\cdots(\text{卯}\perp\text{未})}$$

又

$$\text{吧}_{\text{卯}\perp 1,\text{未}\top 1}=\frac{1\cdot 2\cdots(\text{未}\top 1)}{(\text{卯}\perp 1)(\text{卯}\perp 2)\cdots(\text{卯}\perp\text{未}\top 1)}$$

$$\therefore\text{吧}_{\text{卯未}}\perp\text{吧}_{\text{卯}\perp 1,\text{未}\top 1}=\frac{1\cdot 2\cdots\text{未}}{\text{卯}(\text{卯}\perp 1)\cdots(\text{卯}\perp\text{未}\top 1)}\perp\frac{1\cdot 2\cdots(\text{未}\top 1)}{(\text{卯}\perp 1)(\text{卯}\perp 2)\cdots(\text{卯}\perp\text{未}\top 1)}$$

$$=\frac{1\cdot 2\cdots(\text{未}\top 1)}{(\text{卯}\perp 1)(\text{卯}\perp 2)\cdots(\text{卯}\perp\text{未}\top 1)}\cdot\left(\frac{\text{未}}{\text{卯}}\perp 1\right)$$

$$=\frac{1\cdot 2\cdots(\text{未}\top 1)\text{未}}{(\text{卯}\perp 1)(\text{卯}\perp 2)\cdots(\text{卯}\perp\text{未}\top 1)(\text{卯}\perp\text{未})}$$

$$=\text{吧}_{\text{卯}\perp 1,\text{未}}$$

代數備旨　卷之二項例之類　二

十題　求證

$$\frac{未}{一\cdot三\cdot五\cdots(二未丅一)}丄\frac{未丅一}{一\cdot三\cdot五\cdots(二未丅三)}\cdot\frac{二}{三}丄\frac{未丅二}{一\cdot三\cdot五\cdots(二未丅五)}\cdot\frac{二}{三\times五}丄\cdots\cdots$$

等于

$$二^{未}(一丄未)$$

$$(一丅天)^{丅\frac{二}{三}}=一丄\frac{二}{三天}丄\frac{二\cdot五}{三\times三\,天^{二}}丄\frac{二\cdot五\cdot八}{三\times三\times三\,天^{三}}\cdots\cdots丄\frac{二^{未}}{一\cdot三\cdot五\cdots(二未丅一)}\cdot\frac{未\,丄}{天^{未}}\cdots\cdots\ ㊙呷$$

$$(一丅天)^{丅\frac{三}{二}}=一丄\frac{三}{二天}丄\frac{三\cdot五}{二\times二\,天^{二}}\cdots\cdots\ ㊙吒$$

$$(一丅天)^{丅\frac{二}{一}}=一丄二天丄三天^{二}丄四天^{三}\cdots\cdots丄(未丄一)天^{未}\cdots\cdots\ ㊙哂$$

惟哂爲呷吒相乘之積所以令此積

代數備旨　卷之二項例之類　三

數之$天^{未}$之倍數等于哂得

$$未丄一=\frac{二^{未}}{一\cdot三\cdot五\cdots(二未丅一)}\cdot\frac{未丄}{一}丄\frac{二^{未丅一}}{一\cdot三\cdot五\cdots(二未丅三)}\cdot\frac{未丅一\,丄}{一}\cdot\frac{二\,丄}{三}$$

$$\frac{二^{未丅二}}{一\cdot三\cdot五\cdots(二未丅五)}\cdot\frac{未丅二}{一}\cdot\frac{二\cdot三}{三\times五}\cdot\frac{二\,丄}{一}\cdots\cdots$$

$$\therefore\frac{未}{一\cdot三\cdot五\cdots(二未丅一)}丄\frac{未丅一}{一\cdot三\cdot五\cdots(二未丅三)}\cdot\frac{二}{三}丄\frac{未丅二}{一\cdot三\cdot五\cdots(二未丅五)}\cdot$$

$$\frac{二}{三\times五}丄\cdots\cdots=二^{未}(一丄未)$$

十一題　如$百_{未}$爲$(一丄天)^{二未}$之中項則

$$百_{未}\,百_{未丅一}\,百_{未}\cdots\cdots=(一丅四天)^{丅\frac{一}{二}}$$

求證之

$百_{未}$爲$(一丄天)^{二未}$之第$(未丄一)$項

$$=\frac{一\cdot二\cdot三\cdots二未}{(未\,丄)(二未丅一)(二未丅二)\cdots(未丄一)}\cdot天^{未}$$

$$=\frac{(一\cdot二\cdot三\cdots未)^{二}}{一\cdot二\cdot三\cdots未(未丄一)\cdots(二未丅一)二未}\cdot天^{未}$$

$$=\frac{(一\cdot二\cdot三\cdots未)^{二}}{一\cdot三\cdot五\cdots(二未丅一)\cdot二\cdot四\cdot六\cdots二未}\cdot天^{未}$$

$$=\frac{(一\cdot二\cdot三\cdots未)^{二}}{一\cdot三\cdot五\cdots(二未丅一)\cdot一\cdot二\cdot三\cdots未\cdot二^{未}}\cdot天^{未}$$

$$=\frac{一\cdot二\cdot三\cdots未}{一\cdot三\cdot五\cdots(二未丅一)}\cdot(二天)^{未}$$

又其

$(一\text{丅}四天)^{\text{丅}\frac{二}{一}}$ 級數之第$(未\text{丄}一)$項

$=\dfrac{一\cdot二\cdot三\cdots\cdots未}{(\text{丅}\frac{二}{一})(\text{丅}\frac{二}{三})(\text{丅}\frac{二}{五})\cdots\cdots(\text{丅}\frac{二}{二未\text{丅}一})}(\text{丅}四天)^{未}$

$=(\text{丅}\frac{二}{一})\cdot\dfrac{(\text{丅}二)^{未}}{一\cdot三\cdot五\cdots\cdots(二未\text{丅}一)}\cdot\dfrac{一\cdot二\cdot三\cdots\cdots未}{}(二天)^{未}$

$=\dfrac{一\cdot二\cdot三\cdots\cdots未}{一\cdot三\cdot五\cdots(二未\text{丅}一)}(二天)^{未}=酉_{未}$

又因 $(一\text{丅}四天)^{\text{丅}\frac{二}{一}}$ 級數之各項可用〇一二三……代其未即第$(未\text{丄}一)$項

$\therefore 酉_{0}\text{丄}酉_{1}\text{丄}酉_{2}\text{丄}\cdots\cdots=(一\text{丅}四天)^{\text{丅}\frac{二}{一}}$

十二題 如天與一之比爲極小求證

$\dfrac{一\text{丄}天\text{丄}\sqrt{一\text{丄}天}}{\sqrt[三]{一\text{丄}天}\text{丄}(一\text{丅}天)^{\frac{二}{一}}}=一\text{丅}\frac{六}{五}天$ 爲略數

其分數

$=\dfrac{一\text{丄}天\text{丄}(一\text{丄}天)^{\frac{二}{一}}}{(一\text{丄}天)^{\frac{三}{一}}\text{丄}(一\text{丅}天)^{\frac{二}{一}}}$

$=\dfrac{一\text{丄}天\text{丄}一\text{丄}\frac{二}{一}天}{一\text{丄}\frac{三}{一}天\text{丄}一\text{丅}\frac{二}{一}天}$

此式中天之大方因極小不論

$=\dfrac{二\text{丄}\frac{二}{三}天}{二\text{丅}\frac{六}{一}天}=\dfrac{一\text{丄}\frac{四}{三}天}{一\text{丅}\frac{十二}{一}天}$

$=(一\text{丅}\frac{十二}{一}天)(一\text{丄}\frac{四}{三}天)^{\text{丅}一}$

$=(一\text{丅}\frac{十二}{一}天)(一\text{丅}\frac{四}{三}天)$ 略

$=一\text{丅}\frac{十二}{一}天\text{丅}\frac{四}{三}天$

$=一\text{丅}\frac{六}{五}天$

十三題 如 $丙=甲\text{丅}乙$ 而丙與甲乙之比爲甚小求證

$\dfrac{(甲^{二}\text{丅}甲^{二}天\text{丄}乙^{二}天)^{\frac{二}{三}}}{甲^{二}乙}=甲\text{丅}二丙\text{丄}三丙天$ 爲略數

所設之分數

$=甲^{二}乙\cdot\{甲^{二}\text{丅}(甲^{二}\text{丅}乙^{二})天\}^{\text{丅}\frac{二}{三}}$

$=甲^{二}乙\cdot\{甲^{二}(一\text{丅}\frac{甲^{二}}{甲^{二}\text{丅}乙^{二}}\cdot天)\}^{\text{丅}\frac{二}{三}}$

$=\frac{甲}{乙}\{一\text{丅}\frac{甲^{二}}{甲^{二}\text{丅}乙^{二}}\cdot天\}^{\text{丅}\frac{二}{三}}$

惟因

$乙=甲\text{丅}丙$

$\therefore 乙^{二}=甲^{二}\text{丅}二甲丙$

其丙^{二}因極小故可不計

$\therefore \frac{甲}{乙}=甲\text{丅}二丙$

又

$\frac{甲^{二}}{甲^{二}\text{丅}乙^{二}}=\frac{甲}{二丙}$

所以所設之分數

$=(甲\text{丅}二丙)(一\text{丅}\frac{甲}{二丙}天)^{\text{丅}\frac{二}{三}}$

略

$=(甲\text{丅}二丙)(一\text{丄}\frac{甲}{三丙}天)$

$=甲\text{丅}二丙\text{丄}三丙天$

十四題 如天略等于一求證

$\dfrac{寅\text{丅}卯}{寅天^{寅}\text{丅}卯天^{卯}}=\dfrac{寅\text{丄}卯}{天}$ 爲略數

令 $天=一\text{丄}辛$ 其辛爲甚小之數則

$\dfrac{寅\text{丅}卯}{寅天^{寅}\text{丅}卯天^{卯}}$

$=\dfrac{寅\text{丅}卯}{寅(一\text{丄}辛)^{寅}\text{丅}卯(一\text{丄}辛)^{卯}}$

$=\dfrac{寅\text{丅}卯}{寅(一\text{丄}寅辛)\text{丅}卯(一\text{丄}卯辛)}$ 爲略數

$=\dfrac{寅\text{丅}卯}{寅\text{丅}卯\text{丄}(寅^{二}\text{丅}卯^{二})辛}$

$=一\text{丄}(寅\text{丄}卯)辛$

略 $=\left(一\perp辛\right)^{卯}_{寅}$

$=天^{卯}_{寅}$

十五題 如 $戊=\frac{人^{卯}_{寅}}{甲}\perp\frac{人^{卯}}{乙\top甲^{巳}}$ 其人略等于一求證 $戊=\frac{乙^{午}}{人}\cdot\frac{(卯\top寅)}{甲^{巳}}\top卯$ 爲略數

令 $人=一\perp辛$ 其辛爲甚小則

$戊=\frac{甲}{(一\perp辛)^{寅}}\perp\frac{乙}{甲^{巳}}\top\frac{(一\perp辛)^{卯}}{}$ 略

$=甲(一\top寅辛)\perp乙^{午}甲^{巳}(一\top卯辛)$

$=甲\top寅甲辛\perp乙^{午}\top甲^{巳}卯乙^{午}辛甲^{巳}\perp卯甲^{巳}辛$

$=\frac{乙^{午}}{}\left\{\perp\left(卯\top寅\cdot\frac{甲^{巳}}{乙^{午}}\right)卯\right\}辛$

$=\frac{乙^{午}}{}\left(一\perp辛\right)^{\frac{(卯\top寅)}{}\frac{甲^{巳}}{乙^{午}}\top卯}$

$=\frac{乙^{午}}{}\cdot人^{(卯\top寅)\frac{甲^{巳}}{乙^{午}}\top卯}$

略

十六題 如 $\frac{甲}{天}=一\perp辛$ 其辛爲甚小之數求 $\frac{(甲\perp乙)^{三}}{(二甲天\top天\perp\frac{甲}{乙天})^{三}}$ 之同數

所設之分數

$=\frac{(甲\perp乙)^{三}}{一}\cdot\left\{二甲\cdot\frac{甲}{天}\top\left(甲\top乙\right)\frac{甲}{天}\right\}^{三}$ 略

$=\frac{(甲\perp乙)^{三}}{一}\cdot\left\{二甲(一\perp辛)\top(甲\top乙)(一\perp辛)\right\}^{三}$

$=\frac{(甲\perp乙)^{三}}{一}\cdot\left\{甲\perp乙\perp二乙辛\right\}^{三}$

$=\left(一\perp\frac{二乙辛}{甲\perp乙}\right)^{三}$

$=一\perp\frac{二乙辛}{甲\perp乙}$

爲略數

十七題 如呷爲 $甲^{天}$ 引長之級數之第卯項級數從此項初斂起求其卯並求證其以後各項之和小于 $\frac{卯\top天\cdot對_{戊}甲}{呷卯}$

㈠ $甲^{天}=一\perp\frac{一}{呷天}\perp\frac{一\cdot二}{呷^{二}天^{二}}\perp\frac{一\cdot二\cdot三}{呷^{三}天^{三}}\perp\cdots\cdots$

其 $呷=對_{戊}甲$

$\therefore\frac{(卯\top一)項}{卯項}=\frac{卯\top一}{呷^{卯}天^{卯}}\div\frac{卯\top二}{呷^{卯\top一}天^{卯\top一}}=\frac{卯\top一}{呷天}$

$\therefore卯項=\frac{卯\top一}{呷天}\times(卯\top一)項$

其卯能令 $\frac{卯\top一}{呷天}$ 初得小于一

卽初得 $卯\top一$ 大于呷天 則級數在第卯項斂起 所以卯爲初大于 $一\perp呷天$ 卽 $一\perp天\cdot對_{戊}甲$ 之整數

㈡ 第卯項與後各項之和

$=\frac{卯}{呷^{卯}天^{卯}}\left\{一\perp\frac{卯\perp一}{呷天}\perp\frac{(卯\perp一)(卯\perp二)}{呷^{二}天^{二}}\perp\cdots\cdots\right\}$

$=\frac{卯}{呷^{卯}天^{卯}}\cdot\left\{一\perp\frac{卯\perp一}{呷天}\perp\frac{(卯\perp一)(卯\perp二)}{呷^{二}天^{二}}\perp\cdots\cdots\right\}$

$<\frac{卯}{呷^{卯}天^{卯}}\cdot\left\{一\perp\frac{卯}{呷天}\perp\frac{卯^{二}}{呷^{二}天^{二}}\perp\frac{卯^{三}}{呷^{三}天^{三}}\perp\cdots\cdots\right\}$

$<\frac{卯}{呷^{卯}天^{卯}}\cdot\left\{一\top\frac{卯}{呷天}\right\}^{\top一}$

$<\frac{卯呷天}{呷^{卯}呷天}$

因 $卯>\sqrt{卯天}$ 故于前式中代得 $<\frac{卯\sqrt{卯天}}{卯卯}$

$<\frac{卯\sqrt{天\cdot對數甲}}{卯卯}$

十八題 求 $(二+\sqrt{天}-天)^{五}$ 式內 $天^{四}$ 之倍數

將所設之多項式以 $(甲+乙\sqrt{天}+丙天)^{五}$ 卽 $(甲+乙地+丙地^{二})^{五}$ 代之則所求之倍數必爲 $地^{八}$ 之倍數因 $天^{四}=地^{八}$ 之故也 令 $巳+午+未=五$，$午+二未=八$ 爲界限之相等式

則

巳	午	未
一	〇	四
〇	二	三

所以所求之倍數

$$=\lfloor五\left\{\frac{甲丙^{四}}{\lfloor四}+\frac{乙^{二}丙^{三}}{\lfloor二\lfloor三}\right\}$$

$$=\lfloor五\cdot\left\{\frac{二(-一)^{四}}{\lfloor四}+\frac{(-一)^{二}(-一)^{三}}{\lfloor二\lfloor三}\right\}$$

$$=\lfloor五\left\{\frac{一}{一二}-\frac{一}{一二}\right\}=〇$$

十九題 求 $\left(\frac{天^{二}}{人}+\frac{人^{二}}{地}+\frac{地^{二}}{天}\right)^{六}$ 式所有函 $\frac{天^{三}}{地人^{七}}$ 與 $地^{五}人$ 之項

其 $\frac{天^{三}}{地人^{七}}=\frac{地}{天}\cdot\frac{人}{地}\cdot\left(\frac{天}{人}\right)^{四}$

$地^{五}人=\frac{地}{天}\cdot\left(\frac{人}{地}\right)^{三}\left(\frac{天}{人}\right)^{二}$ 如此事不能一見卽知者可依下法爲之

(一)令 $\frac{天^{三}}{地人^{七}}=\left(\frac{地}{天}\right)^{寅}\left(\frac{人}{地}\right)^{卯}\left(\frac{天}{人}\right)^{巳}$ 則 $天^{三}地^{-一}人^{-七}=天^{二寅-巳}\cdot地^{二卯-寅}\cdot人^{二巳-卯}$

所以
$$\left.\begin{array}{l}二寅-巳=-三\\二卯-寅=-一\\二巳-卯=七\end{array}\right\}$$
欲求其寅卯巳從此各式易查得 $寅=一$，$卯=一$，$巳=四$ 其 $地^{五}人$ 亦然

(二)惟 $(甲+乙+丙)^{六}$ 式內有 $甲乙丙^{四}$ 之項爲 $\frac{\lfloor六}{\lfloor一\cdot\lfloor一\cdot\lfloor四}甲(-乙)\cdot丙^{四}=-三〇甲乙丙^{四}$ 有 $甲乙^{二}丙^{三}$ 之項爲 $\frac{\lfloor六}{\lfloor一\cdot\lfloor二\cdot\lfloor三}甲(-乙)^{二}\cdot丙^{三}=六〇甲乙^{二}丙^{三}$ 所以所求之項爲 $-三〇\frac{天^{三}}{地人^{七}}$ 與 $六〇地^{五}人$

二十題 求 $\left(甲+\frac{天}{乙}+\frac{天^{二}}{丙}+\frac{天^{三}}{丁}\right)^{六}$ 之詳式內 $天^{三}$ 之倍數

令 $甲+\frac{天}{乙}+\frac{天^{二}}{丙}+\frac{天^{三}}{丁}=甲+乙地+丙地^{二}+丁地^{三}$ 此以地代 $天^{-一}$ 也所以所求之倍數等于 $(甲+乙地+丙地^{二}+丁地^{三})^{六}$

之詳式內^{八}地之倍數即

巳⊥午⊥未⊥申＝六
午⊥二未⊥三申＝八

巳	午	未	申
〇	五	〇	一
〇	四	二	〇
一	三	一	一
一	二	三	〇
二	二	〇	二
二	一	二	一
二	〇	四	〇
三	〇	一	二

所以得所求之倍數

$$=六\cdot\left\{\frac{五}{乙^{五}丁}\perp\frac{四\cdot二}{乙^{四}丙^{二}}\perp\frac{三}{甲乙^{三}丙丁}\perp\frac{三\cdot三}{甲乙^{二}丙^{三}}\perp\frac{三\cdot三\cdot二}{甲^{二}乙^{二}丁}\perp\frac{三\cdot二}{甲乙^{二}丙丁}\perp\frac{三\cdot四}{甲^{二}丙^{二}丁}\perp\frac{三\cdot二}{甲^{二}丙丁^{二}}\right\}$$

$$=六乙^{五}丁\perp一五乙^{四}丙^{二}\perp一二〇甲乙^{三}丙丁\perp六〇甲乙^{二}丙^{三}\perp九〇甲^{二}乙^{二}丁\perp一八〇甲^{二}乙丙^{二}丁\perp一五甲^{三}丙^{四}\perp六〇甲^{三}丙丁^{二}$$

二十一題　求$(甲\perp乙天\perp丙天^{二}\perp丁天^{三}\perp\cdots)^{四}$之詳式內^{七}天之倍數

其界限之相等式爲

巳⊥午⊥未⊥申⊥酉⊥戌⊥亥⊥物＝四
午⊥二未⊥三申⊥四酉⊥五戌⊥六亥⊥七物＝七

甲	乙	丙	丁	戊	己	庚	辛
巳	午	未	申	酉	戌	亥	物
三	〇	〇	〇	〇	〇	〇	一
二	一	〇	〇	〇	〇	一	〇
二	〇	一	〇	〇	一	〇	〇
一	二	〇	〇	〇	一	〇	〇
〇	三	〇	〇	一	〇	〇	〇
二	〇	〇	一	一	〇	〇	〇
一	一	一	〇	一	〇	〇	〇
一	〇	二	一	〇	〇	〇	〇
一	一	〇	二	〇	〇	〇	〇
〇	一	三	〇	〇	〇	〇	〇
〇	二	一	一	〇	〇	〇	〇

所以所求之倍數

$$=四\cdot\left\{\frac{三}{甲^{三}辛}\perp\frac{三}{甲^{二}乙庚}\perp\frac{三}{甲^{二}丙己}\perp\frac{三}{甲乙^{二}己}\perp\frac{三}{乙^{三}戊}\perp\frac{三}{甲^{二}丁戊}\perp\frac{一}{甲乙丙戊}\perp\frac{三}{甲丙^{二}丁}\perp\frac{三}{甲乙^{二}丁}\perp\frac{三}{乙丙^{三}}\perp\frac{三}{乙^{二}丙丁}\right\}$$

$$=四甲^{三}辛\perp一二甲^{二}乙庚\perp一二甲^{二}丙己\perp一二甲乙^{二}己\perp四乙^{三}戊\perp一二甲^{二}丁戊\perp二四甲乙丙戊\perp一二甲丙^{二}丁\perp一二甲乙^{二}丁\perp四乙丙^{三}\perp一二乙^{二}丙丁$$

二十二題　求$(甲\perp乙天\perp丙天^{二})^{三}$之詳式內^{三}天之倍數

其

巳⊥午⊥未＝三
午⊥二未＝三

爲限式

巳	午	未
一	一	一
一	三	〇

所以其倍數

$$=\frac{二}{三}\left(\frac{三}{二}\right)(一)甲^{一}乙丙\perp\frac{二}{三}\left(\frac{三}{二}\right)\left(\frac{三}{二}\right)\frac{三}{甲^{二}乙^{三}}$$

$$=\frac{四}{三}\cdot\frac{甲^{三}}{乙丙}\left[一六\frac{甲^{三}}{乙^{三}}\right]$$

二十三題 求(一⊥乙天⊥丙天⊥丁天⊥…)^{丅四}之詳式內$天^{四}$之倍數

巳⊥午⊥未⊥申⊥酉⊥…＝丅四
午⊥二未⊥三申⊥四酉⊥…＝四

巳	午	未	申	酉
丅八	四	〇	〇	〇
丅七	二	一	〇	〇
丅六	〇	二	〇	〇
丅六	一	〇	一	〇
丅五	〇	〇	〇	一

所以其倍數

＝丅四(丅五)(丅六)(丅七)·四/四甲丅四(丅五)(丅六)·三/乙丙丅四(丅五)·二/丙
丅四(丅五)乙丁丅四戊

＝三五乙^{四}丅六〇乙^{二}丙⊥一〇丙^{二}⊥二〇乙丁丅四戊

二十四題 求$\sqrt{甲⊥乙天⊥丙天^{二}⊥丁天^{三}⊥戊天^{四}⊥…}$之詳式內$天^{三}$之倍數

(一)求$天^{三}$之倍數

巳⊥午⊥未⊥申⊥…＝三/二
午⊥二未⊥三申⊥…＝三

甲巳	乙午	丙未	丁申
丅三/二	〇	〇	一
丅三/五	一	一	〇
丅三/六	三	〇	〇

其倍數

＝三/二甲$^{丅三/二}$丁⊥三/二(三/二⊥一)甲$^{丅三/五}$乙丙⊥三/二(三/二⊥一)(三/二⊥二)/甲$^{丅三/六}$乙^{三}

＝$\sqrt[二]{甲}$·{三甲/丁丅九甲/二乙丙⊥八一甲/五乙^{三}}

(二)求$天^{四}$之倍數

巳⊥午⊥未⊥申⊥酉⊥…＝三/二
午⊥二未⊥三申⊥四酉⊥…＝四

甲巳	乙午	丙未	丁申	戊酉
丅三/二	〇	〇	〇	一
丅三/五	一	〇	一	〇
丅三/五	〇、	二	〇	〇
丅三/八	二	一	〇	〇
丅三/二	四	〇	〇	〇

所以其倍數

＝三/二甲$^{丅三/二}$戊⊥三/二(三/二⊥一)甲$^{丅三/五}$乙丁⊥三/二(三/二⊥一)/甲$^{丅三/五}$丙^{二}
⊥三/二(三/二⊥一)(三/二⊥二)/甲$^{丅三/八}$乙^{二}丙⊥三/二(三/二⊥一)(三/二⊥二)(三/二⊥三)/甲$^{丅三/二}$乙^{四}

＝$\sqrt[二]{甲}$·{三甲/戊丅九甲/二乙丁丅九甲/丙^{二}⊥二七甲/五乙^{二}丙丅二四三甲/一〇乙^{四}}

二十五題 求(一⊥天⊥二天^{二}⊥三天^{三}⊥…)^{二}之詳式內$天^{卯}$之倍數

(一⊥天⊥二天^{二}⊥三天^{三}⊥…⊥卯天^{卯}⊥…)✕
(一⊥天⊥二天^{二}⊥三天^{三}⊥…⊥卯天^{卯}⊥…)

＝一⊥天⊥二天^{二}⊥三天^{三}⊥…　⊥卯天^{卯}⊥…
⊥天⊥天^{二}⊥二天^{三}⊥…⊥(卯丅一)天^{卯}⊥…
⊥二天^{二}⊥二天^{三}⊥…⊥二(卯丅二)天^{卯}⊥…
⊥三天^{三}⊥…⊥三(卯丅三)天^{卯}⊥…
……………
⊥(卯丅一)天^{卯}⊥…
⊥卯天^{卯}⊥…

所以其所求之倍

數

$$=卯+卯-一+二(卯-二)+三(卯-三)+\cdots(卯-一)\{卯-(卯-一)\}+卯$$

$$=二卯+卯\{一+二+三+\cdots+(卯-一)\}-(一^二+二^二+三^二+\cdots+\overline{卯-一}^二)$$

$$=二卯+卯\cdot\frac{二}{卯-一}\cdot卯-\left\{\frac{六}{卯-一}+\frac{二}{(卯-一)^二}+\frac{三}{(卯-一)^三}\right\}$$

$$=二卯+\frac{二}{卯^三}-\frac{二}{卯^二}-\frac{六}{一}\{卯-一+三(卯^二-二卯+一)+二(卯^三-三卯^二+三卯-一)\}$$

$$=二卯+\frac{二}{卯^三}-\frac{二}{卯^二}-\frac{六}{一}\{二卯^三-三卯^二+卯\}$$

$$=\frac{六}{卯^三}+\frac{六}{一一卯}=\frac{六}{一}(卯^三+一一卯)$$

二十六題 求 $(一+二天+三天^二+\cdots)^二$ 之詳式內 $天^未$ 之倍數

此式可依前題之法爲之惟又有更易之法

$$(一+二天+三天^二+\cdots)^二=\left\{\frac{(一-天)^二}{一}\right\}^二=(一-天)^四$$

$$=一+四天+四\cdot\frac{二}{四+一}天^二+\cdots+\frac{一\cdot二\cdot三\cdots未}{四(四+一)(四+二)\cdots(四+未-一)}\cdot天^未+\cdots$$

所以所求之倍數

$$=\frac{一\cdot二\cdot三\cdots未}{四\cdot五\cdot六\cdots(未+三)}=\frac{一\cdot二\cdot三\cdot四\cdot五\cdot六\cdots未}{四\cdot五\cdot六\cdots未\cdot(未+一)(未+二)(未+三)}$$

$$=\frac{六}{一}(未+一)(未+二)(未+三)$$

二十七題 求 $(甲_〇+甲_一天+甲_二天^二+甲_三天^三)^四$ 之詳式有若干項

因任何多項式 $(甲+甲_一+甲_二+\cdots+甲_未)^卯$ 其引長之項數爲 $\frac{一\cdot二\cdot三\cdots卯}{未(未+一)(未+二)\cdots(未+卯-一)}$ 所以所求 $(甲_〇+甲_一天+甲_二天^二+甲_三天^三)^四$ 之項數

$$=\frac{一\cdot二\cdot三\cdot四}{四\cdot五\cdot六\cdot七}$$

$$=三五$$

二十八題　求 $(甲+乙+丙)^{七}$ 之詳式之項數

此式中之 $未=三$，$卯=七$ 所以用此同數代入公式中得所求之項數 $=\frac{三·四·五·六·七·八·九}{一·二·三·四·五·六·七}=\frac{八·九}{一·二}=三六$

又法 $(甲+乙+丙)^{七}=\{甲+(乙+丙)\}^{七}$
$=甲^{七}+七甲^{六}(乙+丙)+二一甲^{五}(乙+丙)^{二}+\cdots+(乙+丙)^{七}$

從此易知項數 $=一+二+三+四+\cdots+八=(一+八)\frac{八}{二}=三六$

二十九題　如 $一^{三}=一$，$二^{三}=三+五$，$三^{三}=七+九+一一$ ……求依同法作 $卯^{三}$ 而證其所得之數

觀以上之各式中可見其右邊之項數爲所成立方之根數又其第一項爲根數之平方中減去根數之前一數而其各項之公較數爲二所以 $卯^{三}$ 之第一項爲 $卯^{二}-(卯-一)$ 俱合于同理

所以其 $卯^{三}=\{卯^{二}-(卯-一)\}+\{卯^{二}-(卯-三)\}+\{卯^{二}-(卯-五)\}+\cdots\cdots$至卯項
$=\{二(卯^{二}-卯+一)+(卯-一)二\}\frac{卯}{二}=卯^{三}$ 爲應得之數

不合理之式開方

一題　已知 $\left(\frac{二-\sqrt{三}}{二+\sqrt{三}}\right)^{\frac{一}{四}}$ 等于 $\frac{\sqrt{二}}{一+\sqrt{三}}$ 求其證

$\frac{二-\sqrt{三}}{二+\sqrt{三}}=\frac{四-二\sqrt{三}}{四+二\sqrt{三}}=\left(\frac{\sqrt{三}-一}{\sqrt{三}+一}\right)^{二}$

$\therefore\left(\frac{二-\sqrt{三}}{二+\sqrt{三}}\right)^{\frac{一}{四}}=\left(\frac{\sqrt{三}-一}{\sqrt{三}+一}\right)^{\frac{一}{二}}=\frac{\sqrt{三}-一}{(\sqrt{三}-一)^{\frac{一}{二}}\cdot(\sqrt{三}+一)^{\frac{一}{二}}}$

$=\frac{\sqrt{二}}{\sqrt{三}+一}$

二題 如

天＝∛(丅 二/未 丄 √(四/未² 丅 二七/午³)) 丄 ∛(丅 二/未 丅 √(四/未² 丅 二七/午³))

其 未＝○ 則天之同數爲○與 三/午 求證之

令題式中 未＝○ 則

天＝∛(丅√(丅(三/午)³)) 丄 ∛(丅√(丅(三/午)³))

＝√(丅 三/午)·√丅一 丄 √(丅 三/午)·√丅一

＝√(丅 三/午)·{√丅一 丄 √丅一}＝√(丅 三/午)·{一 丅 一}＝○ ㈠

三題 如

(天 巳/地)·{乙 丅 地 丅(甲 天 巳)}＝丙

又

巳＝√(天 丅 甲天 / 地 丅 乙地)

求證

√(乙 丅 地)天 丅 √(甲 丅 天)地＝丙

或

天＝√(丅 三/午)·{二/(丅一 丅 √丅三) 丄 二/(一 丅 √丅三)}

＝√(丅 三/午)·(丅√丅三)＝丅√(三/午)·√丅一·√丅三·√丅一

＝丅 三/午 ㈡

(天 丅 地 √((乙地 丅 地)/(甲天 丅 天)))·{乙 丅 地 丅 √(天/地 (乙 丅 地)(甲 丅 天))}＝丙²

即

天(乙 丅 地) 丅 √地·√甲天·√天·√乙 丅 地 丅 √天·√甲天·√地·√乙 丅 地 丄 地(甲 丅 天)＝丙²

即

天(乙 丅 地) 丅 二√天地·√甲天·√乙 丅 地 丄 地(甲 丅 天)＝丙²

即

√(乙 丅 地)天 丅 √(甲 丅 天)地＝丙

四題 有

二{天 丄 地 丅 天 丅 地} 丄 一＝○

求其天地之實同數

天 丄 地 丅 天 丅 地 丄 三＝○

天 丅 天 丄 四＝丅(地 丅 地 丄 四)

∴天 丅 二＝(地 丅 二)√丅一

即

天 丅 二 丅(地 丅 二)√丅一＝○

∴天 丅 二＝○

地 丅 二＝○

∴天＝二

地＝二

五題 有

$$(天+地\sqrt{-一})^{二}=甲+乙\sqrt{-一}$$

求其天地之實同數

$$天^{二}-地^{二}+二天地\sqrt{-一}=甲+乙\sqrt{-一}$$

所以

$$\left.\begin{array}{l}天^{二}-地^{二}=甲\\ 二天地=乙\end{array}\right\}$$

$$\therefore 天^{二}-\frac{乙^{二}}{四天^{二}}=甲$$

$$四天^{四}-四甲天^{二}=乙^{二}$$

$$四天^{四}-四甲天^{二}+甲^{二}=甲^{二}+乙^{二}$$

$$二天^{二}=\sqrt{甲^{二}+乙^{二}}+甲$$

$$\therefore 天=\sqrt{\frac{一}{二}\left(\sqrt{甲^{二}+乙^{二}}+甲\right)}$$

$$地=\sqrt{\frac{一}{二}\left(\sqrt{甲^{二}+乙^{二}}-甲\right)}$$

六題 有

$$\frac{三天+二地\sqrt{-一}}{五\sqrt{-一}-二}=\frac{一五}{八天+三地\sqrt{-一}}$$

求其天地之實同數

$$二四天^{二}+二五天地\sqrt{-一}-六地^{二}=七五\sqrt{-一}-三〇$$

所以

$$二四天^{二}-六地^{二}=-三〇$$

又

$$二五天地=七五$$

即

$$四天^{二}-地^{二}=-五$$

又

$$天地=三$$

$$\therefore 四天^{二}-\frac{九}{天^{二}}=-五$$

$$四天^{四}+五天^{二}=九$$

$$\therefore 天=一$$

$$地=\frac{三}{天}=三$$

七題 設

$$甲+\sqrt{乙}+\sqrt{丙}+\sqrt{丁}$$

之平方根能以

$$\sqrt{角}+\sqrt{亢}+\sqrt{氐}$$

式明之求甲乙丙丁四數之相關

令

$$\sqrt{甲+\sqrt{乙}+\sqrt{丙}+\sqrt{丁}}=\sqrt{角}+\sqrt{亢}+\sqrt{氐}$$

則

$$甲+\sqrt{乙}+\sqrt{丙}+\sqrt{丁}$$

$$=角+亢+氐+二\sqrt{角亢}+二\sqrt{角氐}+二\sqrt{亢氐}$$

所以

$$\left.\begin{array}{l}角+亢+氐=甲\\ 二\sqrt{角亢}=\sqrt{乙}\\ 二\sqrt{角氐}=\sqrt{丙}\\ 二\sqrt{亢氐}=\sqrt{丁}\end{array}\right\}$$

則必消去其角亢氐在此式之中者先得

$$\frac{二\sqrt{角亢}\cdot二\sqrt{角氐}}{二\sqrt{亢氐}}=二角=\sqrt{\frac{乙丙}{丁}}$$

又

$$\frac{二\sqrt{角亢}\cdot二\sqrt{亢氐}}{二\sqrt{角氐}}=二亢=\sqrt{\frac{乙丁}{丙}}$$

又

$$\frac{二\sqrt{角氐}\cdot二\sqrt{亢氐}}{二\sqrt{角亢}}=二氐=\sqrt{\frac{丙丁}{乙}}$$

所以得

$$\sqrt{\frac{乙丙}{丁}}+\sqrt{\frac{乙丁}{丙}}+\sqrt{\frac{丙丁}{乙}}=二(角+亢+氐)$$

$$=二甲$$

所以其所求之限爲 $\sqrt{\frac{乙丙}{丁}}$ $\sqrt{\frac{乙丁}{丙}}$ $\sqrt{\frac{丙丁}{乙}}$ 各數必爲

有理之式而其和必等于二甲

求乘數之法

一題　求將 七天丄六天丅一 化爲最便之兩箇乘數

因其末項爲丅一只能從丄一丅一而得之則設爲 呷天丄一 與 吃天丅一 相

乘其 (呷天丄一)(吃天丅一) 即 呷吃天丅(呷丅吃)天丅一 與 七天丄六天丅一 爲同式所以

呷吃＝七
呷丅吃＝六

從此二式求

其呷吃之同數

呷丅二呷吃丄吃＝三六
四呷吃＝二八

∴呷丄吃＝八
呷丅吃＝六

∴呷＝七
吃＝一

所以所求之乘數

爲 七天丄一 與 天丅一

二題　求將 二天丅二一天地丅一一地丅天丄三四地丅三 化爲最便之兩箇乘數

因其第一項 二天 只能從 二天 與天相乘而得故設爲 二天丄呷地丄吃 與

天丄甲地丄乙

相乘則

二天丅二一天地丅一一地丅天丄三四地丅三

同于

(二天丄呷地丄吃)(天丄甲地丄乙)

即

二天丄(二甲丄呷)天地丄呷甲地丄(二乙丄吃)天丄(吃甲丄呷乙)地丄吃乙

所以

二甲丄呷＝丅二一　㈠
呷甲＝丅一一　㈡
二乙丄吃＝丅一　㈢
吃乙＝丅三　㈣
吃甲丄呷乙＝三四　㈤

欲求其呷甲吃乙從㈠得

二甲丄呷甲＝丅二一甲

從㈡得

二甲丄二一甲＝一一

∴甲丄(二／二一)甲丄(四／二一)＝(二／一一)丄(一六／四四一)＝(一六／五二九)

∴甲＝四／(丅二一丄二三)＝二／一 或 丅一一

則

爲根式令

甲＝丅一一

∴呷＝甲／丅一一＝一

又從㈢㈣得

乙＝一
吃＝丅三

所以所求之乘數

爲 二天丄地丅三 與 天丅一一地丄一

代數難題解法卷七

英國倫德編輯
英國 傅蘭雅 口譯
金匱 華蘅芳 筆述

連分數

一題 一年之長為三百六十五日二四二二六三八…… 其小數略近于 $\frac{一}{四}$，$\frac{七}{二九}$，$\frac{八}{三三}$，$\frac{三九}{一六一}$，$\frac{四七}{一九四}$ …… 此小數為一年之長數與三百六十五日之較求西國閏日補救歷年差數之法

如用其第一箇分數則每四年必加一日即朱里安置閏之法惟此數太多所以歷年後必再有差

如用第五箇分數即 $\frac{四七}{一九四}$ 亦為太大惟比 $\frac{一}{四}$ 更近其意謂一百九十四年內差四十七日即三百八十八年內差九十四日則 九四丄三 為 九七 日正合于 三八八丄一二 為 四〇〇 年所以朱里安之差數每四百年略多三日

所以各西國改用古累固里之法每四百年少閏三日即每幾千幾百年其百數不能以四度之者則是年少閏一日即如 一七〇〇 一八〇〇 一九〇〇 等年依古累固里之法必少閏一日惟二千年因其百數為二十能以四約之所以不必少閏一日

二題 有 $(\frac{七}{一二})^{天}=\frac{三}{四}$ 求其天之同數

因 $(\frac{七}{一二})^{〇}=一>\frac{三}{四}$ 又 $(\frac{七}{一二})^{一}=\frac{二\frac{一}{三}}{四}<\frac{三}{四}$ 所以天之同數必在〇與一之間

令 天 $=\frac{一}{地}$ 則 $(\frac{七}{一二})^{\frac{一}{地}}=\frac{三}{四}$ $\therefore(\frac{三}{四})^{地}=\frac{七}{一二}$ 此式與題式為同類

又因 $(\frac{三}{四})^{〇}=一>\frac{七}{一二}$，$(\frac{三}{四})^{一}=\frac{九}{一二}>\frac{七}{一二}$，$(\frac{三}{四})^{二}=\frac{九}{一六}<\frac{七}{一二}$ 所以地必在一與二之間

令 地 $=一丄\frac{一}{人}$ 則 $(\frac{三}{四})^{一丄\frac{一}{人}}=\frac{七}{一二}$ $\therefore(\frac{三}{四})^{\frac{一}{人}}=\frac{七}{一二}\div\frac{三}{四}=\frac{七}{九}$ 即 $(\frac{七}{九})^{人}=\frac{三}{四}$

又因 $(\frac{七}{九})^{〇}=一>\frac{三}{四}$，$(\frac{七}{九})^{一}>\frac{三}{四}$，$(\frac{七}{九})^{二}=\frac{四九}{八一}<\frac{三}{四}$ 所以人必在一與二之間

又令 人 $=一丄\frac{一}{戊}$ 則 $(\frac{七}{九})^{一丄\frac{一}{戊}}=\frac{三}{四}$ $\therefore(\frac{七}{九})^{\frac{一}{戊}}=\frac{三}{四}\div\frac{七}{九}=\frac{二七}{二八}$ $\therefore(\frac{二七}{二八})^{戊}=\frac{七}{九}$ 如此類推至其略近

之數合于所需之用則得連分數

$$天=\frac{一}{地}=\frac{一}{一+\frac{一}{人}}=\frac{一}{一+\frac{一}{一+\frac{一}{戊}}}=\cdots\cdots$$

從此則天之略同數可依常法推之得

$$天=〇.五三三三\cdots略$$

三題 依連分數之法求

(一) $五天^{二}-三=〇$

(二) $天^{二}-五天+三=〇$

兩式之根之略數

其 (一) $五天^{二}-三=〇$

$$\therefore 天=\sqrt{\frac{三}{五}}$$

惟

$$\sqrt{\frac{三}{五}}=\frac{一}{五}\sqrt{一五}$$

$$\sqrt{一五}=三+(\sqrt{一五}-三)=三+\frac{六}{\sqrt{一五}+三}=三+\frac{一}{\frac{\sqrt{一五}+三}{六}}$$

$$\frac{\sqrt{一五}+三}{六}=一+\frac{\sqrt{一五}-三}{六}=一+\frac{一}{\sqrt{一五}+三}=一+\frac{一}{三+\sqrt{一五}}$$

$$\therefore \sqrt{一五}=三+\frac{一}{一+\frac{一}{三+\sqrt{一五}}}=三+\frac{一}{一+\frac{一}{六+\frac{一}{一+\frac{一}{六+\cdots\cdots}}}}$$

所以 $\sqrt{一五}$ 之連分數之母為三，一，六，一，六……其漸近之分數為 $\frac{三}{一}$，$\frac{四}{一}$，$\frac{二七}{七}$，$\frac{三一}{八}$，$\frac{二一三}{五五}$……所以 $\sqrt{\frac{三}{五}}$ 之略數為 $\frac{三}{五}$，$\frac{四}{五}$，$\frac{二七}{三五}$，$\frac{三一}{四〇}$，$\frac{二一三}{二七五}$……

其 (二) $天^{二}-五天+三=〇$

內之

$$天=\frac{一}{二}(五\pm\sqrt{一三})$$

惟

$$\frac{五+\sqrt{一三}}{二}=四+\frac{\sqrt{一三}-三}{二}=四+\frac{二}{\sqrt{一三}+三}=四+\frac{一}{\frac{\sqrt{一三}+三}{二}}$$

而

$$\frac{\sqrt{一三}+三}{二}=三+\frac{\sqrt{一三}-三}{二}=三+\frac{二}{\sqrt{一三}+三}=三+\frac{一}{\frac{\sqrt{一三}+三}{二}}$$

所以其連分數之母為四，三，三，三……其略近之分數為 $\frac{四}{一}$，$\frac{一三}{三}$，$\frac{四三}{一〇}$，$\frac{一四二}{三三}$……

又

$$\frac{五-\sqrt{一三}}{二}=〇+\frac{六}{五+\sqrt{一三}}=〇+\frac{一}{\frac{五+\sqrt{一三}}{六}}$$

$$\frac{五+\sqrt{一三}}{六}=一+\frac{\sqrt{一三}-一}{六}=一+\frac{二}{\sqrt{一三}+一}=一+\frac{一}{\frac{\sqrt{一三}+一}{二}}$$

$$\frac{\sqrt{一三}+一}{二}=二+\frac{\sqrt{一三}-三}{二}=二+\frac{二}{\sqrt{一三}+三}=二+\frac{一}{\frac{\sqrt{一三}+三}{二}}$$

$$\frac{\sqrt{一三}+三}{二}=三+\frac{\sqrt{一三}-三}{二}=三+\frac{二}{\sqrt{一三}+三}=三+\frac{一}{\frac{\sqrt{一三}+三}{二}}$$

所以其連分數之母為〇，一，二，三，三，三……其略近之分數為 $\frac{一}{一}$，$\frac{二}{三}$，$\frac{七}{一〇}$，$\frac{二三}{三三}$……

四題　求證$\sqrt{五}$大于$\frac{六八二}{三〇五}$小于$\frac{二八八九}{一二九二}$惟與第二箇分數之較必小于$\frac{一}{二\times三〇五\times一二九二}$

$\sqrt{五}=二+\frac{一}{四+}\frac{一}{四+}\frac{一}{四+}\cdots$ 所以連分數之毋為二四四四四四……而略近之分數為$\frac{二}{一}$　$\frac{九}{四}$　$\frac{三八}{一七}$　$\frac{一六一}{七二}$　$\frac{六八二}{三〇五}$　$\frac{二八八九}{一二九二}$……

惟依前式其分數迭大小于$\sqrt{五}$而各數比前一箇分數更近所以$\sqrt{五}>\frac{六八二}{三〇五}<\frac{二八八九}{一二九二}$又因$\sqrt{五}$在此兩箇分數之間其與後者比前者更近則與後者之較小于前後兩數之較之半即小于$\frac{一}{二}\left(\frac{二八八九}{一二九二}-\frac{六八二}{三〇五}\right)$即$\frac{一}{二\times三〇五\times一二九二}$

未定之相等式

一題　求$天地+天^{二}=二天+三地+二九$式內所能有天地之正整同數

其$(天-三)地=二天+二九-天^{二}$

$\therefore 地=\frac{二天+二〇}{天-三}-\frac{天^{二}-九}{天-三}$

$=二+\frac{二六}{天-三}-(天-三)$

$=\frac{二六}{天-三}-(天+一)$

所以$天-三$必能約二六而無餘所以只能為一或二或一三所以天所能有之同數為四五一六而地所相配之同數為二一　七　$-五$所以所求之天地之正整同數為$天=四$　$地=二一$又$天=五$　$地=七$

二題　求$三天+七地+一七人=一〇〇$式內天地人之正整同數各有若干

其$三天+七地=一〇〇-一七人$因天地各不能小于一則$一〇〇-一七人$不能小于一〇所以$一七人$不能大于九〇而人不能大于$\frac{九〇}{一七}$即$五\frac{五}{一七}$所以人之一

切同數都在一二三四五之內　所以所求之同數必爲各相等式之同數之數其各相等式即

三天⊥七地＝八三　㊀

三天⊥七地＝六六　㊁

三天⊥七地＝四九　㊂

三天⊥七地＝三二　㊃

三天⊥七地＝一五　㊄

惟依代數之法易證㊀式之同數有四㊁式有三㊂式有二㊃式有一㊄式有〇　斯以所求之同數之數 ＝四⊥三⊥二⊥一⊥〇＝一〇

三題　求證 甲天⊥乙地＝丙 式中如甲爲乙之根而 丙＞甲乙丅(甲⊥乙) 則其式必能以整正同數解之

令 丙＝甲乙丅(甲⊥乙)⊥寅 則 ∴甲天⊥乙地＝甲乙丅(甲⊥乙)⊥寅 所以 ∴天＝乙丅一丅$\frac{甲}{乙(地⊥一)丅寅}$ 此式中如 $\frac{甲}{乙(地⊥一)丅寅}$ 爲整數則亦爲整數

令 地⊥一＝地 又令 $\frac{甲}{乙地丅寅}$＝人 ∴甲人丅乙地＝丅寅 此式恆能以正整同數解之 即地與人地與人皆爲整正之數也 所以 天＝乙丅一丅人 亦爲整正之數惟在 甲人丅乙地＝丅寅 式內人之公同數爲 丅寅午⊥乙酉 其酉可有任整同數或正或負不定如取其正號者 人＝丅寅午⊥乙酉 又 酉＝一 人＝乙丅寅午 如寅爲正數則小于乙若將負

號者則 人＝寅午⊥乙酉 爲酉之負同數 人＝寅午丅乙酉 而酉之各同數大于 $\frac{乙}{寅午}$丅一 則＜乙 所以無論正負人必有一箇或多箇同數小于乙 ∴天＝乙丅一丅人 爲整正數所以天地皆各爲整正數即 甲天⊥乙地＝丙 式如寅爲正數則有了整正數即如 丙＞甲乙丅(甲⊥乙)

四題　設有金錢天箇銀錢地箇其值數之半爲金錢地

箇銀錢天箇求其數

其數以銀錢計之

$$=二〇天\perp地$$

$$\therefore 三(二〇天\perp地)=二〇地\perp天$$

$$一八天=三九地$$

$$\therefore 天=二地\perp\frac{六}{地}$$

爲整數則地必爲六

或六之乘數惟天爲本式內銀錢之數因每一金錢爲

二十銀錢則滿二十銀錢可算一金錢所以天必小于

二〇 所以 $地=六$ 則 $天=一三$ 所以所求之數爲金錢十三銀錢六

五題 有 $甲天^{二}\perp乙天\perp丙$ 式欲變成正方求必用天之何整同數

令

$$甲天^{二}\perp乙天\perp丙=\left(\frac{卯}{寅}天\perp丙\right)^{二}$$

$$=\frac{卯^{二}}{寅^{二}}天^{二}\perp\frac{卯}{二寅}丙天\perp丙^{二}$$

$$\left(\frac{卯^{二}}{寅^{二}}丅甲\right)天=\left(乙丅\frac{卯}{二丙寅}\right)天$$

$$\therefore 天=\frac{寅^{二}丅甲卯^{二}}{乙卯^{二}丅二丙寅卯}$$

六題 有 $二天^{二}\perp天\perp八$ 式欲變成正方求必用天之何整同數

令

$$天=巳丅一$$

則

$$二天^{二}\perp天\perp八=二(巳^{二}丅二巳\perp一)\perp巳丅一\perp八=正方^{二}$$

$$二巳^{二}丅三巳\perp九=正方^{二}$$

設

$$=(巳午丅三)^{二}$$

$$=巳^{二}午^{二}丅六巳午\perp九$$

$$\therefore 巳(午^{二}丅二)=三(二午丅一)$$

$$\therefore 巳=\frac{午^{二}丅二}{三(二午丅一)}$$

如 $午=丅一$ 則 $巳=九$ $天=八$ 其方爲 $(一二)^{二}$ 如 $午=一$ 則 $巳=丅三$ $天=丅四$ 其方爲 $(六)^{二}$ 如 $二午=一$ 則 $巳=〇$ $天=丅一$ 其方爲 $(三)^{二}$ 如 $二午=三$ 則 $巳=二四$ $天=二三$ 其方爲 $(二三)^{二}$

七題 有 $乙^{二}丅四甲丙$ 式欲配成正方求必用乙之何同數

令

$$乙^{二}丅四甲丙=(乙丅二甲寅)^{二}=乙^{二}丅四甲乙寅\perp四甲^{二}寅^{二}$$

$$四甲寅乙=四甲^{二}寅^{二}\perp四甲丙$$

所以得

$$乙=甲寅\perp\frac{寅}{丙}$$

八題 求將三箇方數成算學級數

令 $天^{二}$ $地^{二}$ $人^{二}$ 為其三數則

$天^{二}-地^{二}=地^{二}-人^{二}$

即

$(天+地)(天-地)=(地+人)(地-人)$

設

$$\left.\begin{array}{l}寅(天+地)=卯(地+人)\ (一)\\ 卯(天-地)=寅(地-人)\ (二)\end{array}\right\}$$

則從(一)得

$(寅-卯)地=卯人-寅天$

所以從(二)得

$(寅+卯)地=卯天+寅人$

$\therefore 地=\frac{卯天+寅人}{寅+卯}$

$\therefore \frac{卯天+寅人}{寅+卯}=\frac{卯人-寅天}{寅-卯}$

$寅卯天+寅^{二}人-卯^{二}天-寅卯人=寅卯人-寅^{二}天+卯^{二}人-寅卯天$

$\therefore (寅^{二}-卯^{二}+二寅卯)天=-(寅^{二}-卯^{二}-二寅卯)人$

所以如

$人=寅^{二}-卯^{二}+二寅卯$

則

$天=-(寅^{二}-卯^{二}-二寅卯)$

又

$地^{二}=\frac{天^{二}+人^{二}}{二}$

$=(寅^{二}-卯^{二})^{二}+四寅^{二}卯^{二}$

$=(寅^{二}+卯^{二})^{二}$

所以得所求之三箇方為

$(寅^{二}-卯^{二}-二寅卯)^{二}$

$(寅^{二}+卯^{二})^{二}$

$(寅^{二}-卯^{二}+二寅卯)^{二}$

進位之法

一題 有數一四五 若將其數倍之求以何數進位則仍可以一四五名之

令未為進位之根則

$一\times 未^{二}+四未+五=二九〇$

$未^{二}+四未+四=二八九$

$未+二=一七$

$\therefore 未=一五$

二題 有兩位之數反其位能以三約之而與原數有二三與三二之比求其數為何數

令天地為其兩位數則

$一〇天+地:一〇地+天::三二:二三$

$二三〇天+二三地=三二〇地+三二天$

$一九八天=二九七地$

$二天=三地$

又

$\frac{一〇地+天}{三}$

即

$\frac{二〇地+二天}{六}$

必為整數即

$\frac{二三地}{六}$

必為整數惟地不能大于九

$\therefore 地=六$

$天=\frac{三地}{二}=九$

所以得所求之數為九六

三題 設⿰口卯為任何多位之數將其各位之數用不同法排列而以⿰口卯′名之求證⿰口卯與⿰口卯′之較必能以九約之

令 $甲_{〇}$ $甲_{一}$ $甲_{二}$ $甲_{三}$ …… 為其各位之數則

$⿰口卯=甲_{〇}+一〇甲_{一}+一〇^{二}甲_{二}+一〇^{三}甲_{三}+\cdots\cdots$

其公項為 $一〇^{寅}甲_{寅}$ 則將各位不同法排列成⿰口卯′則其函 $甲_{寅}$ 之公項為 $一〇^{卯}甲_{寅}$ 所以

卯與卯較之公項如 寅>卯 為

(一○^寅ㄗ一○^卯)甲寅＝一○^卯(一○^寅卯⊤一)甲寅

如 寅<卯 為

(一○^寅ㄗ一○^卯)甲寅＝一○^寅(一○^卯寅⊤一)甲寅

惟因 一○^巳⊤一＝九九九……至巳位 無

論巳之同數如何必能九約之 ∴卯ㄗ卯 能以九約之

數之性情

一題 設卯為任何整數求證 卯^三 以四度之不能餘二

凡數總不出乎 四寅 四寅⊥一 四寅⊥二 四寅⊥三 四者之內

惟

(一) (四寅)^三＝六四寅^三

(二) (四寅⊥一)^三＝六四寅^三⊥四八寅^二⊥一二寅⊥一

(三) (四寅⊥二)^三＝六四寅^三⊥九六寅^二⊥四八寅⊥八

(四) (四寅⊥三)^三＝六四寅^三⊥一四四寅^二⊥一○八寅⊥二七

其(一)式以四度之餘○ (二)式以四度之餘一 (三)式以四度之餘○ (四)式以四度之餘三所以無有立方之數以四度之而能得餘數為二者

二題 求證甲乙卯若各為整數則 {二甲⊥(卯⊤一)乙}二卯 必為整數

如卯為偶數則 二卯 為整數所以題式亦為整數 如卯為奇數則 卯⊤一 為偶 ∴二甲⊥(卯⊤一)乙 能以二約之而題式亦為整數

三題 求證 天^五⊤五天^三⊥四天 其天無論為何整正數必能以 一二○ 約之

其 天^五⊤五天^三⊥四天＝天(天^四⊤五天^二⊥四)

＝(天^二⊤一)(天^二⊤四)

＝天(天⊤一)(天⊥一)(天⊤二)(天⊥二)

＝(天⊤二)(天⊤一)天(天⊥一)(天⊥二)

則為五箇相連之數所以必能以 一·二·三·四·五 即 一二○ 約之

四題　求證天若為奇數則 $\frac{天\bot一}{一二}(二天^{二}\bot天\bot三)$ 為整數

凡奇數必為 $二卯\bot一$ 若以此式代其天則所設之式必變為

$$\frac{二卯\bot二}{一二}\{二(二卯\bot一)^{二}\bot二卯\bot一\bot三\}$$

$$=\frac{卯\bot一}{六}(八卯^{二}\bot八卯\bot二\bot二卯\bot四)$$

$$=\frac{卯\bot一}{六}(八卯^{二}\bot一〇卯\bot六)$$

$$=(卯\bot一)\left(卯^{二}\bot卯\bot一\bot\frac{卯^{二}\bot二卯}{三}\right)$$

$$=(卯\bot一)(卯^{二}\bot卯\bot一)\bot\frac{(卯\bot一)卯(卯\bot二)}{三}$$

惟 $卯(卯\bot一)(卯\bot二)$ 為三箇相連之數連乘之積所以能以 $一\cdot二\cdot三$ 約之則亦必能以三約之而得整數

五題　若卯為數根而大于三則 $\frac{卯^{二}丅一}{二四}$ 必為整數求證之

凡大于三之數根必為 $六寅\bot一$ $六寅丅一$

$$\therefore 卯=六寅\pm一$$

$$(六寅\pm一)^{二}丅一=三六寅^{二}\pm一二寅$$

$$=一二寅(三寅\pm一)$$

$$=一二寅(寅\pm一)\bot二四寅^{二}$$

惟 $寅(寅\pm一)$ 能以二約之 $\therefore (六寅\pm一)^{二}丅一$ 能以二四約之即 $\frac{卯^{二}丅一}{二四}$ 必為整數

六題　設有兩箇二項式各為兩箇平方之和則其相乘之積亦為兩平方之和求證之

令 $甲^{二}\bot乙^{二}$ $丙^{二}\bot丁^{二}$ 為兩箇二項式則

$$甲^{二}\bot乙^{二}=(甲\bot乙\sqrt{丅一})(甲丅乙\sqrt{丅一})$$

$$丙^{二}\bot丁^{二}=(丙\bot丁\sqrt{丅一})(丙丅丁\sqrt{丅一})$$

$$\therefore (甲^{二}\bot乙^{二})(丙^{二}\bot丁^{二})$$

$$=(甲\bot乙\sqrt{丅一})(丙\bot丁\sqrt{丅一})(甲丅乙\sqrt{丅一})(丙丅丁\sqrt{丅一})$$

$$=\{(甲丙丅乙丁)\bot(甲丁\bot乙丙)\sqrt{丅一}\}\{(甲丙丅乙丁)丅(甲丁\bot乙丙)\sqrt{丅一}\}$$

$$=(甲丙丅乙丁)^{二}\bot(甲丁\bot乙丙)^{二}$$

七題　求證兩箇不能消化之分數其分母不同則其較其和皆不能為整數

令 $\frac{甲}{乙}$ $\frac{丙}{丁}$ 為其兩箇分數甲與乙無等丙與丁亦為無等則

$$\frac{甲}{乙}\pm\frac{丙}{丁}=\frac{甲丁\pm乙丙}{乙丁}$$

令酉為乙與丁之最大公約數令

$$乙=酉叱$$

$$丁=酉叮$$

則

$$\frac{甲丁\pm乙丙}{乙丁}=\frac{甲叮\pm丙叱}{酉叱叮}$$

叱與叮彼此亦無等而惟此分數若為整數其分

子必能以分母約之所以必以其等數約之但如取其乘數叮則甲叮能以叮約之所以如分數爲整數其丙吃必能以叮約之又吃與叮彼此爲無等丙與叮亦然所以丙吃不能以叮約之所以其分數不能爲整數

八題　如卯爲任何數甲爲卯與大一箇平方數之較乙爲卯與小一箇平方數之較求證卯丅甲乙爲平方數

令寅爲小于卯之平方數 $(寅丄一)^{二}$ 爲大于卯之平方數

$∴甲＝(寅丄一)^{二}丅卯$

$乙＝卯丅寅^{二}$

$∴甲乙＝(寅丄一)^{二}卯丅卯^{二}丅寅^{二}(寅丄一)^{二}丄寅^{二}卯$

$＝寅^{二}卯丄二寅卯丄卯丅卯^{二}丅寅^{四}丅二寅^{三}丅寅^{二}丄寅^{二}卯$

$∴卯^{二}丅甲乙＝寅^{四}丄寅^{二}丄卯^{二}丄二寅^{三}丅二寅^{二}卯丅二寅卯$

$＝(寅^{二}丄寅丅卯)^{二}$

爲平方數所以爲 $寅^{二}丄寅丅卯$ 之平方數

九題　求證任何兩箇不同之數根其相乘之積必不能爲正平方之數

令巳午爲兩箇不同之數根　又設 $巳午＝寅^{二}$ 卽 $\frac{巳午}{寅}＝寅$ 但凡數只能以其數根乘數約之所以巳與午爲巳午之獨數根乘數而巳午因能以寅約之則寅＝巳或寅＝午　如以爲寅＝巳則必得 $\frac{巳午}{寅}＝\frac{巳午}{巳}＝午$ 惟 $\frac{巳午}{寅}＝寅$ ∴寅＝午 惟寅＝巳 ∴巳＝午 而斷不能有此理因巳午本設爲不同之數所以 $巳午＝寅^{二}$ 爲不能有之式卽兩箇不同之數根相乘不能爲正方數

十題　如叩爲 $甲^{寅}乙^{卯}$ 形之數其甲乙各爲數根求證 $叩\cdot\frac{甲丅一}{甲}\cdot\frac{乙丅一}{乙}$ 爲不大于卯而與叩爲數根整數之全數

凡不在一二三四五……$甲^{寅}乙^{卯}$ 級數之項數爲 $甲^{寅}乙^{卯}$ 卽叩之丙

則其數不能以 $甲^{寅}乙^{卯}$ 明之

又因甲爲數根則級數除第甲項第二甲項第三甲項……以

至第$(\text{甲}^{\text{寅}-1}\text{乙}^{\text{卯}})\text{甲}$項之外其項數爲$\text{甲}^{\text{寅}-1}\text{乙}^{\text{卯}}$或$\frac{\text{口卯}}{\text{甲}}$之外級數中無有別項能以甲約之

又因乙爲數根則除第乙項第二乙項第三乙項……以至$(\text{甲}^{\text{寅}}\text{乙}^{\text{卯}-1})\text{乙}$項其項數爲$\text{甲}^{\text{寅}}\text{乙}^{\text{卯}-1}$或$\frac{\text{口卯}}{\text{乙}}$之外級數中亦無別項能以乙約之

又依同理所能以甲乙約之之項爲第(甲乙)項第二(甲乙)項第三(甲乙)項……以至第$(\text{甲}^{\text{寅}-1}\text{乙}^{\text{卯}-1})(\text{甲乙})$項其項數爲$\text{甲}^{\text{寅}-1}\text{乙}^{\text{卯}-1}$或$\frac{\text{口卯}}{\text{甲乙}}$

惟因凡以甲乙約之之數必能以甲與乙約之所以能以甲乙約之之數包在全數之內即$\text{甲}^{\text{寅}-1}\text{乙}^{\text{卯}}$能以甲約又$\text{甲}^{\text{寅}}\text{乙}^{\text{卯}-1}$能以乙約所以但能以甲約之之數其公數爲$\frac{\text{口卯}}{\text{甲}}-\frac{\text{口卯}}{\text{甲乙}}$但能以乙約之之數其公數爲$\frac{\text{口卯}}{\text{乙}}-\frac{\text{口卯}}{\text{甲乙}}$其能以甲乙約之之公數爲$\frac{\text{口卯}}{\text{甲乙}}$而其數之全公數爲$\text{甲}^{\text{寅}}\text{乙}^{\text{卯}}$即口卯所以其不大于口卯而與口卯爲數根之數爲于$\text{甲}^{\text{寅}}\text{乙}^{\text{卯}}$內減去與$\text{甲}^{\text{寅}}\text{乙}^{\text{卯}}$之公約數之公數其數

$$=\text{口卯}-\left(\frac{\text{口卯}}{\text{甲}}-\frac{\text{口卯}}{\text{甲乙}}\right)-\left(\frac{\text{口卯}}{\text{乙}}-\frac{\text{口卯}}{\text{甲乙}}\right)-\frac{\text{口卯}}{\text{甲乙}}$$

$$=\frac{\text{口卯}}{\text{甲乙}}\left\{\text{甲乙}-(\text{乙}-1)-(\text{甲}-1)-1\right\}$$

$$=\frac{\text{口卯}}{\text{甲乙}}\left\{\text{甲乙}-(\text{甲}+\text{乙})+1\right\}$$

$$=\frac{\text{口卯}}{\text{甲乙}}\left\{\overline{\text{甲}-1}\cdot\overline{\text{乙}-1}\right\}$$

$$=\text{口卯}\cdot\frac{\text{甲}-1}{\text{甲}}\cdot\frac{\text{乙}-1}{\text{乙}}$$

十一題　如有一數呷其位數與他數吃相同而其上半數與吃之相配之數相同求證$\sqrt[\text{卯}]{\text{呷}}$與$\sqrt[\text{卯}]{\text{吃}}$之較如卯爲不小于二之整數則必小于$\frac{1}{\text{卯}}$方

令
$$\left.\begin{array}{l}\text{呷}=\text{丙}+\text{甲}\\ \text{吃}=\text{丙}+\text{乙}\end{array}\right\}$$
$$\text{甲}>\text{乙}$$
而各有寅位則

$$\text{呷}^{\frac{1}{\text{卯}}}-\text{吃}^{\frac{1}{\text{卯}}}=\frac{\text{呷}-\text{吃}}{\text{呷}^{\frac{\text{卯}-1}{\text{卯}}}+\text{呷}^{\frac{\text{卯}-2}{\text{卯}}}\text{吃}^{\frac{1}{\text{卯}}}+\text{呷}^{\frac{\text{卯}-3}{\text{卯}}}\text{吃}^{\frac{2}{\text{卯}}}+\cdots\text{至卯項}}$$

而

$$<\frac{\text{呷}-\text{吃}}{\text{卯}\,\text{吃}^{\frac{\text{卯}-1}{\text{卯}}}}$$

其呷大于吃

其卯爲整數而不小于二則 $\frac{乙}{(呷乙)乙^{丑}} < \frac{卯}{一}$ 但乙之位多于二寅假

如爲二寅丄巳所以 $乙^{丑}$ 內之數之位數 $=\frac{卯}{二寅丄巳}$ 此意以爲整數

而言之如非整數則爲 $\frac{卯}{二寅丄巳}$ 多一位之數假如爲 $\frac{卯}{二寅丄巳丄巳}$

其 巳<卯 而其 呷乙 數之位數等于 甲乙 數之位數即不大于寅

所以 $(呷乙)乙^{丑}$ 內之數之位數不大于 $\frac{卯}{二寅丄巳丄巳}$丄寅 惟卯不小于二而

卯愈大則 $\frac{卯}{二寅丄巳丄巳}$丄寅 愈小令 卯=二 則 $(呷乙)乙^{丑}$ 內之位數不大于 $\frac{二}{二寅丄巳丅巳}$

而在乙之位數爲二寅丄巳所以因 $\frac{二}{巳丅巳}$ 爲正因巳不小于一

而 巳<二 則 卯=二 何況 卯>二 其 $(呷乙)乙^{丑}$ 之位數比乙更少又 $\frac{乙}{(呷乙)乙^{丑}}$<一 ∴ $\sqrt[卯]{呷丅乙}$ <卯/二

能斂能發之級數

一題 求證 $(一丄天)^{卯}$ 依二項例所得之級數如天小于一則必爲恆能斂之級數 又求證過若干級之後能斂起各級與其前各級之比例如 $\frac{卯}{一}$天、$\frac{卯丅一}{二}$天、$\frac{卯丅二}{三}$天、$\frac{卯丅三}{四}$天……其公式爲 $\frac{第(末丄一)級}{第(末)級}=\frac{卯丅末}{末丄一}$天 但如果 末>卯 此比例率恆爲負數可見所比之

數必一定有不同之號卽級數從此級起迭爲正負又可見其公率之同數無論其號爲正爲負必爲 $\frac{末丄一}{末丅卯}$天 卽 $\frac{末丄一}{末丄一}\frac{丅卯}{}$天 其末愈增大則其第二項愈減小而此減無界限其第一項有一箇界限爲天而天小于一所以從若干項起任項與前項之率小于一卽各項恆漸減但凡級數之項恆漸小而更迭爲正負者則爲恆能斂之級數所以凡 天<一 其 $(一丄天)^{卯}$ 之級數恆能斂

其將斂之始必從首(末丄一)項而起其末爲能令 末丄一/卯末 丄天 小于一之第一箇整數即 卯天丅末天<末丄一 即 (一丄天)末>卯天丅一 即 末>一丄天/卯天丅一

二題 求證 一丄三/天丄四/天²丄六/天³丄…… (一) 天丄三/天³丄五/天⁵丄七/天⁷丄…… (二) 兩級數爲能斂 又如 天=二六四 求(一)

式初斂之級

其(一)式 第卯項/第(卯丅一)項 = 二卯/天^卯二 ÷ 二(卯丅一)/天^(卯丅二) = 二卯(二卯丅一)/天²

此爲小于一其卯亦能令 二卯(二卯丅一)>天² 而卯愈大則愈減小所以因級數從此處漸減小而迭爲正負則爲能斂之級數其(二)式之級數亦然

又前式必爲第(卯丄一)項起斂其卯能令 二卯(二卯丅一)/天² 初大于一即

如 天=二六四 而 二卯丅一 初大于 二六四 即 二卯=二六六 或在 二六六/天 項即在第一三四項起斂

三題 在 甲天^卯丄乙天^卯一丄丙天^卯二丄…… 式如甲爲任何一定之數至若干無論小而乙丙丁等亦爲一定之數無論大小求證取其天能令 甲天^卯 容 乙天^卯一丄丙天^卯二丄……

之任多次

其 甲天^卯 容 乙天^卯一丄丙天^卯二丄丁天^卯三丄……/甲天^卯

次即 (乙/天丄丙/天²丄……)/甲

次則令 天一 爲 天一 之最大同數即天之最小同數 天一 能令 乙/天丄丙/天²丄…… 爲斂又令此同數之級數之和數爲呻則天之每一箇更大之同數爲

所以此各同數 $\dfrac{乙\dfrac{天}{丙}\left\lfloor\dfrac{天}{丁}\right\rfloor\cdots}{甲天}$ 即 $\dfrac{乙天^{卯}\lfloor丙天^{卯}\rfloor\cdots}{甲天^{卯}}>\dfrac{呷}{甲天}$ 但甲與呷爲一定

（前式：$乙\dfrac{天}{丙}\left\lfloor\dfrac{天}{丁}\right\rfloor\cdots<呷$）

之數而天可爲任大之數 $\therefore\dfrac{呷}{甲天}$ 可以任大所以 $\dfrac{乙天^{卯}\lfloor丙天^{卯}\rfloor\cdots}{甲天^{卯}}$ 即

$乙天^{卯}\lfloor丙天^{卯}\rfloor\cdots$ 能爲甲天卯所容之次數亦可爲任大

四題 欲令無窮級數 $一^{三}\lfloor三天\rfloor五天\lfloor七天\rfloor\cdots$ 之第三級能容以後各級之和

數五〇〇倍爲最少求其天必取若干小

第三級以後各級之和

$=七天^{三}\lfloor九天^{四}\rfloor一一天^{五}\lfloor一三天^{六}\rfloor\cdots$

$=七天^{三}\left\{一\left\lfloor\dfrac{七}{九}天\right\rfloor\dfrac{九}{一一}\cdot\dfrac{七}{九}天^{二}\left\lfloor\dfrac{一一}{一三}\cdot\dfrac{九}{一一}\cdot\dfrac{七}{九}天^{三}\right\rfloor\cdots\right\}$

$<七天^{三}\left\{一\left\lfloor\dfrac{七}{九}天\right\rfloor\left(\dfrac{七}{九}\right)^{二}天^{二}\left\lfloor\left(\dfrac{七}{九}\right)^{三}天^{三}\right\rfloor\cdots\right\}$

$<七天^{三}\left\{一\left\lfloor\dfrac{七}{九}天\right\rfloor^{一}\right\}$

所以如五天六

大于此數之五〇〇倍何況必大于其後來各級之和之五〇〇倍乎

即如 $五天^{三}>五〇〇\cdot\dfrac{一\left\lfloor\dfrac{七}{九天}\right.}{七天^{三}}$

即 $一>\dfrac{一\left\lfloor\dfrac{七}{九天}\right.}{七〇〇天}$

即 $一\left\lfloor\dfrac{七}{九天}\right.>七〇〇天$

即 $七〇〇天\left\lfloor\dfrac{七}{九天}\right.<一$

即 $七〇二天<一$

何況即 $天<\dfrac{一}{七〇二}$

對數

一題 設有 $天^{地}=地^{天}$ 又 $天^{巳}=地^{午}$ 求其天地之同數

其 $地\cdot對天=天\cdot對地$

又 $巳\cdot對天=午\cdot對地$

$\therefore\dfrac{天}{地}=\dfrac{午}{巳}$

$\therefore對地\lfloor對天=對\dfrac{午}{巳}$

即 $\dfrac{午}{巳}\cdot對天\lfloor對天=對\dfrac{午}{巳}$

$\dfrac{午\lfloor巳}{巳}\cdot對天=對\dfrac{午}{巳}$

$對天=\dfrac{巳}{午\lfloor巳}\cdot對\dfrac{午}{巳}=對\left(\dfrac{午}{巳}\right)^{\frac{巳}{午\lfloor巳}}$

$\therefore天=\left(\dfrac{午}{巳}\right)^{\frac{巳}{午\lfloor巳}}$

$地=\dfrac{午}{巳}天=\left(\dfrac{午}{巳}\right)^{\frac{午\lfloor巳}{午\lfloor巳}}=\left(\dfrac{午}{巳}\right)^{\frac{午}{午\lfloor巳}}$

或不用對數求之則有法如下

因 $天^{地}=地^{天}$

$\therefore天^{\frac{天}{地}}=地=天^{\frac{午}{巳}}$

$\therefore\dfrac{天}{地}=\dfrac{午}{巳}$

二題 有 $三^{二天}\cdot五^{三天\top四}=七^{天\top一}\cdot一一^{二\top天}$ 求其天之同數

即 $\dfrac{天}{\frac{午}{巳}天}=\dfrac{午}{巳}$

$\therefore 天^{\frac{午}{巳}\top一}=天^{\frac{午}{巳}}=\dfrac{午}{巳}$

$\therefore 天=\left(\dfrac{午}{巳}\right)^{\frac{巳}{午\top巳}}$

$地=\dfrac{午}{巳}天=\left(\dfrac{午}{巳}\right)^{\frac{巳}{午\top巳}\perp一}=\left(\dfrac{午}{巳}\right)^{\frac{午}{午\top巳}}$

$二天\cdot對三\perp(三天\top四)\cdot對五=(天\top一)\cdot對七\perp(二\top天)\cdot對一一$

$(二對三\perp三對五\perp對一一\top對七)天=二對一一\perp四對五\top對七$

$\left\{\begin{bmatrix}○.九五四二四\\ \perp二.○九六九一\\ \perp一.○四一三九\end{bmatrix}\top○.八四五一○\right\}\cdot天=\left\{\begin{matrix}二.○八二七八\\ \perp二.七九五八八\end{matrix}\right\}\top○.八四五一○$

$(四.○九二五四\top○.八四五一○)天=四.八七八六六\top○.八四五一○$

所以得

$天=\dfrac{三.二四七四四}{四.○三三五六}=一.二四二○七三\cdots\cdots$

三題 有 $(甲^{四}\top二甲^{二}乙^{二}\perp乙^{四})^{天\top一}=\dfrac{(甲\perp乙)^{二}}{(甲\top乙)^{二天}}$ 求其天之同數

惟因 $(甲^{二}\top乙^{二})^{二天\top二}=\dfrac{(甲\perp乙)^{二}}{(甲\top乙)^{二天}}$

$\dfrac{(甲^{二}\top乙^{二})^{二}}{(甲^{二}\top乙^{二})^{二天}}=\dfrac{(甲\perp乙)^{二}}{(甲\top乙)^{二天}}$

$(甲\perp乙)^{二天}=\left(\dfrac{甲\perp乙^{二}}{甲^{二}\top乙^{二}}\right)^{二}=(甲\top乙)^{二}$

$(甲\perp乙)^{天}=甲\top乙$

$\therefore 天\cdot對(甲\perp乙)=對(甲\top乙)$

$\therefore 天=\dfrac{對(甲\perp乙)}{對(甲\top乙)}$

四題 有 $五^{天\perp一}\top五^{天\top三}\perp一四\frac{九}{二}=四七三九\top五^{天\top四}\perp\frac{七}{三}\top五^{天\top二}$ 式求其天之同數

$\text{五}^{\text{天}\perp\text{一}}\perp\text{五}^{\text{天}\top\text{二}}\top\text{五}^{\text{天}\top\text{三}}\perp\text{五}^{\text{天}\top\text{四}}=\text{四七三九}\perp\frac{\text{七}}{\text{三}}\top\text{一四}\frac{\text{九}}{\text{二}}$

$\text{五}^{\text{天}}\cdot\left\{\text{五}\perp\frac{\text{五}^{\text{二}}}{\text{一}}\perp\frac{\text{五}^{\text{四}}}{\text{一}}\top\frac{\text{五}^{\text{三}}}{\text{一}}\right\}=\text{四七二五}\frac{\text{六三}}{\text{一一}}$

$\text{五}^{\text{天}}\cdot\left\{\text{五}\perp\frac{\text{一〇}^{\text{二}}}{\text{四}}\perp\frac{\text{一〇}^{\text{四}}}{\text{一六}}\top\frac{\text{一〇}^{\text{三}}}{\text{八}}\right\}=\text{四七二五}\frac{\text{六三}}{\text{一一}}$

$\text{五}^{\text{天}}\cdot\left\{\text{五}\perp\text{〇·〇四}\perp\text{〇·〇〇一六}\top\text{〇·〇〇八}\right\}=\text{四七二五·一七}$

$\text{五}^{\text{天}}=\frac{\text{五·〇三三六}}{\text{四七二五·一七}}=\text{九三八·七二}$

$\therefore\text{天}=\frac{\text{對五}}{\text{對九三八·七二}}=\frac{\text{〇·六九八九七}}{\text{二·九七二五四}}=\text{四·二五}$

五題　有

$\text{五}\times\text{三}^{\text{天}}\top\text{三}\times\text{二}^{\text{地}}=\text{三〇〇〇〇}$　（一）

又

$\text{三}\times\text{三}^{\text{天}}\perp\text{六}\times\text{二}^{\text{地}}=\text{二〇〇〇〇}$　（二）

求其天地之同數

從（二）得

$\text{一〇}\times\text{三}^{\text{天}}\top\text{六}\times\text{二}^{\text{地}}=\text{六〇〇〇〇}$

$\therefore\text{一三}\times\text{三}^{\text{天}}=\text{八〇〇〇〇}$

$\text{三}^{\text{天}}=\frac{\text{八〇〇〇〇}}{\text{一三}}$

$\text{天}\cdot\text{對三}=\text{對八〇〇〇〇}\top\text{對一三}$

$=\text{四·九〇三〇九}\top\text{一·一一三九四}$

$\therefore\text{天}=\frac{\text{〇·四七七一二}}{\text{三·七八九一五}}=\text{七九四}$

又

$\text{三}\times\text{二}^{\text{地}}=\text{五}\times\text{三}^{\text{天}}\top\text{三〇〇〇〇}=\frac{\text{四〇〇〇〇〇}}{\text{一三}}\top\text{三〇〇〇〇}=\frac{\text{一〇〇〇〇}}{\text{一三}}$

所以

$\text{地}\cdot\text{對二}=\text{對一〇}^{\text{四}}\top\text{對三九}=\text{四}\top\text{一·五九一〇六}=\text{二·四〇八九四}$

所以得

$\text{地}=\frac{\text{〇·三〇一〇三}}{\text{二·四〇八九四}}=\text{八·〇〇二}$

六題　有

$\text{三}^{\text{天}^{\text{二}}\top\text{四天}\perp\text{五}}=\text{一二〇〇}$

求其天之同數

以三約之得

$\text{三}^{\text{天}^{\text{二}}\top\text{四天}\perp\text{四}}=\text{四〇〇}$

$(\text{天}^{\text{二}}\top\text{四天}\perp\text{四})\,\text{對三}=\text{對四〇〇}=\text{對一〇〇}\perp\text{對四}$

$=\text{二}\perp\text{〇·六〇二〇六}$

$\therefore\text{天}^{\text{二}}\top\text{四天}\perp\text{四}=\frac{\text{二·六〇二〇六}}{\text{〇·四七七一二}}=\text{五·四五}$

$\text{天}\top\text{二}=\pm\text{二·三三}$

$\therefore\text{天}=\text{四·三三}\ \text{或}\ \top\text{〇·三三}$

七題 有 $甲^{一}\cdot甲^{三}\cdot甲^{五}\cdot甲^{七}\cdots\cdots=巳$ 求 $\sqrt[一]{甲}\,\sqrt[三]{甲}\,\sqrt[五]{甲}\cdots$ 乘數之數

令天爲所求之數則

$$甲^{一}\cdot甲^{三}\cdot甲^{五}\cdots\cdots甲^{二天丅一}=巳$$

$$甲^{一丄三丄五丄\cdots丄二天丅一}=巳$$

$$\therefore\{一丄三丄五丄\cdots丄(二天丅一)\}對甲=對巳$$

$$(一丄二天丅一)\frac{天}{二}=\frac{對巳}{對甲}$$

即

$$天^{二}=\frac{對巳}{對甲}$$

$$\therefore 天=\sqrt{\frac{對巳}{對甲}}$$

代數難題解法卷八

英國倫德編輯

英國 傅蘭雅 口譯
金匱 華蘅芳 筆述

本利生息

一題 將金錢一箇放出生息卯年每年將所得之利加入本內其利息之數不大于每年四分而其年數卯不過于十年則依 $(一丄未)^{卯}$ 引長之級數之首四級以明本利之和所差必在四分銅錢之一以內求證之

金錢一箇放出生利每年加利入本則依例當得 $(一丄未)^{卯}$ 箇金錢

$$=一丄卯未丄\frac{卯(卯丅一)}{二}未^{二}丄\cdots丄未^{卯}$$

其未爲一金錢一年之利

令

$$卯=一〇$$

$$未=〇\cdot〇四$$

則

$$(一丄〇\cdot〇四)^{一〇}=一丄一〇\times〇\cdot〇四丄\frac{一〇\times九}{一\times二}(〇\cdot〇四)^{二}丄\frac{一〇\times九\times八}{一\times二\times三}(〇\cdot〇四)^{三}丄\cdots\cdots$$

其第五級

$$=\frac{一\times二\times三\times四}{一〇\times九\times八\times七}\cdot\frac{一\overset{二}{〇}}{四}\cdot九六〇$$

$$=\frac{一\overset{六}{〇}}{二一〇\times四\times九六〇}=\frac{一\overset{六}{〇}}{五一六〇九六}=〇\cdot五一六〇九六$$

第六級

$$=\frac{五}{六}\times\frac{一\overset{二}{〇}}{四}\cdot〇\cdot五一六〇九六=〇\cdot〇二四七七三$$

第七級

$$=\frac{一\overset{四}{〇}}{四^{二}}\times〇\cdot五一六〇九六=〇\cdot〇〇〇八二六$$

第八級

$$=\frac{七}{四}\times\frac{一\overset{二}{〇}}{四}\times〇\cdot〇〇〇八二六=〇\cdot〇〇〇〇一八$$

而第九第十級以至末級更比第八級小所以易明第四級以後各級之和不足四分之一之銅錢所以級數之首四項爲所求之數少四分錢之一

二題　有人藏一票據過二十一年之後可憑此票每年收金錢二十箇今將此票賣與他人可得金錢二百二十箇求此數合于每百金錢每年利息若干此題甚深

令天爲一箇金錢一年之本利合數則因所賣之價可以放出生利每年加利入本至二十一年其本利之和爲

$$二二〇\overset{二一}{天}=二〇(一+天+\overset{二}{天}+\cdots+\overset{二〇}{天})$$

即

$$一一\overset{二一}{天}=\frac{\overset{二一}{天}-一}{天-一}$$

即

$$一一\overset{二二}{天}-一二\overset{二一}{天}+一=〇$$

必從此式求其天之同數

用最近數之法從對數表試知其天必在一·〇六八一與一·〇六八二之間如以一·〇六八二爲眞而合之爲天之同數則一金錢一年之利爲·〇六八二金錢而所求每百金錢每年之利爲六八二即合六箇金錢又十六箇銀錢五箇銅錢

三題　有說本利分年歸還之事呷爲每年當收之錢惟其收錢之期必過巳年始起連收午年爲止今欲從本年即收起連收午年爲止求減其每次所收之數當爲若干

令天為所求之每年所收之錢則依吳書第四百二十一款呷之現價為

呷＝味丅一/呷味丅巳·{一丅味丅午}

天之現價為

天＝味丅一/天·{一丅味丅午}

依本題之理其巳＝○所以得

味丅一/天{一丅味丅午}＝味丅一/呷味丅巳{一丅味丅午}

即

天＝呷味丅巳＝(一丄未)^巳/呷

四題 有人將金錢吧箇放出生利每年將本年之利再照利加寅一入本錢內求過卯年之後本利如何

令未為一金錢一年之利每年加利並利之寅一入本則一金錢變為一丄未/寅 所以其吧箇金錢之數每年必以一丄未/寅乘之即卯年必以(一丄未/寅)^卯乘之所以卯年之後吧金錢變為

吧(一丄未/寅)^卯

即

吧(寅丄寅未丄未/寅)^卯

五題 有人有若干產業第一年費用去其利之寅倍第

二年費用去其所餘之值之二寅倍第三年費用為第二年所餘之值之三寅倍過了二巳年產業蕩盡求證其第巳年所費之錢等于此年之末所賸之錢

令吧卯為卯年之末之本則下一年之利為吧卯未 其費用之錢為

(卯丄一)寅·吧卯未

所以在第(卯丄一)年其本

＝吧卯丄吧卯未丅(卯丄一)寅·吧卯未

＝吧卯{一丄未丅(卯丄一)寅未}

如令二巳代卯丄一則依本題得

吧二巳丅一·{一丄未丅二巳寅未}＝○

∴一丄未＝二巳寅未

惟在第巳年其費用

＝巳寅·吧巳丅一未

又巳年末之本錢

＝吧巳丅一·{一丄未丅巳寅未}

＝巳寅·吧巳丅一未

∴一丄未＝二巳寅未

六題 有人儘其所有將吧箇金錢放出生利一金錢每年所得之利為未而其人每年之費用實比全利多巳金錢求過若干年其錢費盡若剩一半本錢之時減其

費用之半可多過若干年

一分吧卯爲第卯年末之本則吧卯＝前一年之本吧卯丅一加了

本年之利而減了(吧未丄巳)即

吧卯＝吧卯丅一味丅呷

此以味代一丄未以呷代吧未丄巳也

又依同理

吧卯丅一＝吧卯丅二味丅呷

吧卯丅二＝吧卯丅三味丅呷

⋯⋯

吧二＝吧一味丅呷

吧一＝吧味丅呷

∴吧卯＝吧卯丅二味^二丅呷味丅呷

＝吧卯丅三味^三丅呷味^二丅呷味丅呷

＝吧卯丅四味^四丅呷味^三丅呷味^二丅呷味丅呷

＝吧味^卯丅呷(味^卯丅一丄味^卯丅二丄⋯丄味丄一)

＝吧味^卯丅呷·(味^卯丅一)/(味丅一) ㊀

二如于㊀式中令吧二＝吧代其吧則易推費去其吧卯之一半之時而此數與㊁式之較爲依題之前半節所言費

其

吧卯＝○

吧味^卯＝呷·(味^卯丅一)/(味丅一)

∴吧未味^卯＝吧未味^卯丄巳味^卯丅(吧未丄巳)

∴巳味^卯＝吧未丄巳

∴對巳丄卯對(一丄未)＝對(吧未丄巳)

∴卯＝對(一丄未)/(對(吧未丄巳)丅對巳) ㊁

了吧之一半之時爲

對(一丄未)/(對(吧未丄巳)丅對(吧未/二丄巳))

又依題之下半費了吧/二

之時從㊁得

對(一丄未)/(對(吧未/二丄巳)丅對巳/二)

即

對(一丄未)/(對(吧未丄巳)丅對巳)

所以所求之較

＝對(一丄未)/(對(吧未/二丄巳)丅對巳)

七題 兩人有公地一塊並地面之房屋多間每年共得租錢爲巳金錢平半分之今欲歸并于一人許于卯年內每年以午金錢與之求巳與午相比之數

每人每年得利巳/二則其本錢現値之數

巳/二÷未＝巳/二未 又卯年

得午金錢之票現値之價

＝午·未/(一丅(一丄未)^丅卯)

∴巳/二未＝午·未/(一丅(一丄未)^丅卯)

即

午/巳＝二{(一丅(一丄未)^丅卯)/一}

八題　設吧爲某邑某年所有之人數而每年內所死者爲明年人數之 $\frac{巳}{一}$ 每年所生者爲 $\frac{午}{一}$ 求過卯年之後其邑之人數當有若干

一年之末人數爲吧所增減之人 $=\frac{午}{吧}\top\frac{巳}{吧}=吧\cdot\frac{巳午}{巳\top午}$ 所以 $吧_{一}$ 爲第一年末之人數 $=吧\perp吧\cdot\frac{巳午}{巳\top午}=吧\left\{一\perp\frac{巳午}{巳\top午}\right\}$ 而 $吧_{二}$ 爲第二年末之人數 $=吧_{一}\left\{一\perp\frac{巳午}{巳\top午}\right\}=吧\left\{一\perp\frac{巳午}{巳\top午}\right\}^{二}$ 則 $吧_{三}$ 爲第三年末之人數 $=吧_{二}\left\{一\perp\frac{巳午}{巳\top午}\right\}=吧\left\{一\perp\frac{巳午}{巳\top午}\right\}^{三}$ 其餘依此類推所以 $吧_{卯}$ 爲第卯年末之人數 $=吧\left\{一\perp\frac{巳午}{巳\top午}\right\}^{卯}$

九題　如于上題之式內令 $巳=六〇$ $午=四五$ 求證其人數在一二五年內略加一倍

代數難題八　本利生息

此題爲有 $吧_{卯}=二吧=吧\left\{一\perp\frac{一八〇}{一}\right\}^{卯}$ 式而欲求卯 $\therefore\left(\frac{一八〇}{一八一}\right)^{卯}=二$ 卽

$卯\{對一八一\top對一八〇\}=對二$

$卯\{二\cdot二五七六八\top二\cdot二五五二七\}=〇\cdot三〇一〇三$

$\therefore卯=\frac{〇\cdot〇〇二四一}{〇\cdot三〇一〇三}=一二四\cdot九$

爲一二五年內之略數

決疑數

一題　西國紙牌全副爲五十二張內有四張爲貴牌今從全副牌內連取四張求每次取貴牌之決疑率

第一次之決疑率爲 $\frac{五二}{四}$ 第二次爲 $\frac{五一}{三}$ 因或可以第一次取一貴牌則只有三張貴牌在餘牌之內故也 第三次爲 $\frac{五〇}{二}$ 第四次爲 $\frac{四九}{一}$ 所以四次中每次取貴牌之決疑率爲

$$\frac{五二}{四}\times\frac{五一}{三}\times\frac{五〇}{二}\times\frac{四九}{一}$$

卽

$$\frac{二七〇七二五}{一}$$

二題　用白棊四枚黑棊三枚閉目列成一行求行之兩端皆爲黑棊之決疑率

因除了兩枚黑棊之外其餘五枚能有五⌋之排列法

代數難題九　決疑數

如將所除之二黑棊置于各排列之兩端卽得二乂五$\rfloor$但其兩棊有三法可取之所以其得六乂五$\rfloor$卽六$\rfloor$爲合意之排列法而其七棊有七$\rfloor$箇不同之排列法所以所求之決疑率爲 $\frac{七\rfloor}{六\rfloor}=\frac{七}{一}$

三題　有二囊一盛九球一盛六球每囊中所盛之球各以甲乙丙丁等字爲記今于每囊內各隨手探出一球求其探出之球字號相同其決疑率如何

第一囊中取出之球過了已號則不能與第二囊內取出之球相同其決疑率爲 $\frac{九}{六}$ 又于第二囊中能取出同號之球其決疑率爲 $\frac{六}{一}$ 所以兩事之相并其決疑率爲 $\frac{九}{六}乂\frac{六}{一}=\frac{九}{一}$

四題　甲與乙打球一局又甲與丙亦打球一局計甲其打兩局其勝負之決疑數有四與一之比而甲與乙所打之一局其勝負之決疑數有三與二之比求與丙所打之一局其勝負之決疑數比例如何

令 $\frac{地}{天}$ 爲所求之比例則勝乙之決疑率與勝丙之決疑率相乘等于兩局中甲勝之決疑率卽 $\frac{五}{三}乂\frac{天\perp地}{天}=\frac{五}{一}$ 卽 三天＝天$\perp$地

二天＝地　$\frac{地}{天}=\frac{二}{一}$ 所以其勝負之決疑數有二與一之比

五題　紙牌一副隨手取其十二張每張與一人看之令各人自記其牌乃將十二張收回還入餘牌中而和之又隨手取十二張分與其十二原人求一人兩次所得之牌相同之決疑率又求證兩次所得之牌其貴賤之和等于三

㈠其十二人之人數與決疑數不相關而第二次所得之牌與第一次相同其決疑率爲 $\frac{五二}{一}$ 因五二張內只有一張能合式之故也

㈡其一人兩次所得之牌貴賤之和爲三則一數必爲一一數必爲二而第一次所分之牌其得值一之張與得值二之張其決疑率爲 $\frac{五二}{八}$ 此兩張內之一張分與人之後又得其第二張分出其決疑率爲 $\frac{五二}{四}$ 所以此兩事並有之決疑率爲

$$\frac{五二}{八}乂\frac{五二}{四}=\frac{一三}{二}乂\frac{一三}{一}=\frac{一六九}{二}$$

六題　將骰子兩顆任手立作長方柱形求相切兩面點數相同之決疑率

令兩顆骰子爲呷吃則吃之各面遞與呷之一面相切共得六箇長立方體又與其外各面排列數各有四種共得二四箇不同之排列而呷之餘各面亦有此理所以不同之排列其全數爲六╳二四

如于二四箇排列法內令吃之一點與呷之一點相切則其四箇排列法內必有兩箇排列得呷吃之面點數相等如果吃之餘五面加于呷之一點則四箇排列內只有一箇能有相切之面相同又依同理其餘各二四排列之幅類推即其合意之排列法爲六╳七所以所求之決疑率爲$\frac{六╳七}{六╳二四}=\frac{七}{二四}$

七題　囊中有金錢兩枚各値銀錢二十一枚以甲名之又有金錢三枚各値銀錢二十枚以乙名之另有銀錢五枚以申名之求隨手探取三枚所値之決疑數

其三枚之排列法如下

二甲一乙
一甲二乙
三乙
一甲一乙一申
二甲一申
一甲二申
二乙一申
一乙二申
三申

排列數	合銀錢
一╳三＝三	三╳六二＝一八六
二╳三＝六	六╳六一＝三六六
一＝一	一╳六〇＝六〇
二╳三╳五＝三〇	三〇╳四二＝一二六〇
一╳五＝五	五╳四三＝二一五
二╳一〇＝二〇	二〇╳二三＝四六〇
三╳五＝一五	一五╳四一＝六一五
三╳一〇＝三〇	三〇╳二二＝六六〇
一〇	一〇╳三＝三〇
共＝一二〇	共＝三八五二

所以每一排列之中値數爲$\frac{三八五二}{一二〇}$銀錢即三二$\frac{一}{一〇}$

八題　有一銀錢落于棋枰之面此枰每格正能容銀錢四枚求所落之錢不壓棋枰之線之決疑率

如以銀錢之徑爲一則棋枰之邊爲一六而枰之全面爲二五六亦爲六四方每方內有小方之面積爲一錢心若落在此面積上則能不壓于線所以錢心不落在每小方之決疑率爲$\frac{六四}{二五六}=\frac{一}{四}$

但此題以爲銀錢可有半箇在枰邊之外若必全在枰邊之內則枰之四面必除去一邊其寬等于銀錢之徑此爲西國棋枰而言則其決疑率爲$\frac{六四}{二二五}$

九題　呷吃呐三人次第擲一骰子言明先得么者則得金錢一枚求三人得銀錢之決疑數率

如能一定得么而取一金錢則呷擲得么之決疑率爲

六一 金錢是爲第㊀次擲 如呷不得則吃擲其得么之決疑率爲 $\frac{二六}{五}$ 金錢是爲第㊁次 若呷吃皆不得則呩擲其得么之決疑率爲 $\frac{三六}{五}$ 金錢是爲第㊂次 呷吃呩皆不得則呷可再擲其得么之決疑率爲 $\frac{四六}{五}$ 金錢是爲第㊃次 呷再不得則吃再擲其得么之決疑率爲 $\frac{五六}{五}$ 金錢是爲第㊄次 以下可依此類推所以其決疑率

呷 $=\left(\frac{六}{一}+\frac{六^{四}}{五^{三}}+\frac{六^{七}}{五^{六}}+\cdots\right)$ 金錢

$=\frac{六}{一}\times\frac{一-\left(\frac{六}{五}\right)^{三}}{一}=\frac{九一}{三六}$ 金錢

吃 $=\frac{六}{五}$ 呷 $=\frac{六}{五}\times\frac{九一}{三六}$

$=\frac{九一}{三〇}$ 金錢

呩 $=\frac{六}{五}$ 吃 $=\frac{九一}{二五}$ 金錢

所以

呷 = 七銀錢 一〇銅錢 $\frac{九一}{八六}$

吃 = 六銀錢 七銅錢 $\frac{九一}{一一}$

呩 = 五銀錢 五銅錢 $\frac{九一}{八五}$

十題　有五人要打牌其打法兩兩成對只能用四人乃依常法各人取一牌所得點數最少者去之今于五人中任兩人爲一對求此兩人成對之決疑率

令五人爲甲乙丙丁戊而甲乙爲所指之兩人但其第一層功夫須論甲或乙不在除去之列之決疑率如果丙丁戊三人內任一人得其小數則甲與乙可不去其不除去之決疑率爲 $\frac{五}{三}$ 即使甲乙皆不除去則爲四人中之兩人然甲可與其三人中之任一人成對所以甲能得乙爲對之決疑率爲 $\frac{三}{一}$ 所以將各決疑率合之即將甲乙兩人不去之決疑率與甲乙兩人成對之決疑率相合也得 $\frac{五}{三}\times\frac{三}{一}$ 即 $\frac{五}{一}$

十一題　將黑球若干箇白球若干箇置于器內搖亂之令瞽者取一球其得黑得白之決疑率相同今有人欲連取十一次皆得白球求其決疑率若干

每一次能取得白球之決疑率爲 $\frac{二}{一}$ 則連取十一次白球之決疑率爲

$\frac{二}{一}\times\frac{二}{一}\times\frac{二}{一}\cdots\cdots$ 至十一次 $=\frac{二^{一一}}{一}$

$=\frac{二〇四八}{一}$

十二題　用十箇綠球十二箇白球十四箇紅球同置一器中求任取兩球能得一綠一白之決疑率

從球之全數內任取其二其法有 $\frac{一\times二}{三六\times三五}$ 即 $一八\times三五$ 又一綠球與每白球同取之法有 一二 所以能取得一綠一白之球其法有 $一〇\times一二$ 即 一二〇 所以其能得之決疑率爲 $\frac{一八\times三五}{一二〇}=\frac{二一}{四}$ 其不能得之決疑率爲 $一-\frac{二一}{四}=\frac{二一}{一七}$ 所以其得與不得之比若 一七 與 四 之比

十三題　將骰子一顆連擲之求能得幺之決疑率每擲一次其不能得幺之決疑率爲$\frac{五}{六}$擲了天次不得幺之決疑率爲$\left(\frac{五}{六}\right)^{天}$所以所求之率爲$\left(\frac{五}{六}\right)^{天}=\frac{一}{二}$式中天之同數　用屢試之法以三代天得$\left(\frac{五}{六}\right)^{三}=\frac{一二五}{二一六}$則微大于$\frac{一}{二}$又令四代天得$\left(\frac{五}{六}\right)^{四}=\frac{六二五}{一二九六}$則微小于$\frac{一}{二}$所以知所求之數必在三與四之間用對數表得

$$天=\frac{對二}{對六\,丅\,對五}=\frac{〇.三〇一〇三〇〇〇}{〇.〇七九一八一二五}=三.八$$

卽$三\frac{四}{五}$略

十四題　有兩人在官司作證各人言親見一事但其言之屬眞屬假其決疑數有三與一之比而其事之可有與不能有其決疑數相等求有無此事之決疑數

各人所說之事爲眞之決疑率爲$\frac{三}{四}$而兩人並言眞之決疑率爲$\frac{九}{一六}$兩人並言假之決疑率爲$\frac{一}{一六}$其一人言眞一人言假不在本題之例內所以言眞言假兩決疑數之比爲$\frac{九}{一六}:\frac{一}{一六}::九:一$

十五題　甲每言四事有三事爲眞乙每言五事有四事爲眞丙每言七事有六事爲眞今有一事甲與乙言有此事丙言無此事求此事果有果無之決疑數

甲言有則爲$\frac{有}{無}=\frac{三}{一}$　乙亦言有則此分數加增有$四:一$則變爲$\frac{一二}{一}$丙又言無則分數要減有$一:六$則變爲$\frac{二}{一}$所以此事之有與無之比爲$二:一$

十六題　請客吃飯同坐者十三人惟因平等難定坐位欲卜以決之所圍之桌爲圓求證任擇兩人此兩人卜得其不得並坐之決疑數爲五與一之比

先令兩人內之一人爲主坐在任一位則其第二人得其餘十二位內之任一位其決疑數相等然只有兩箇位能在主人之旁所以能得坐主位之旁之決疑率爲$\frac{二}{一二}=\frac{一}{六}$而其不得之決疑率爲$\frac{五}{六}$所以其決疑數有五與一之比

十七題　有呷吃呐三馬賭跑第一次博者以爲呷馬不能勝之決疑數有四與一之比吃馬不能勝之決疑數有三與一之比呐馬不能勝之決疑數有二與一之比有吧咋兩人吧言跑三次此三馬若各勝一次則願罰金錢十枚咋言跑三次不能勝如勝則罰金錢五百九

十枚及跑第一次呷馬勝第二次有兩馬並勝一爲吃一爲他馬吃而吃馬之負與勝爲六與一之比求吧能得咛之五百九十金錢之決疑率值銀若干

吃馬跑第二次能勝之決疑率爲 $\frac{1}{4}$ 其吃馬能勝之決疑率爲 $\frac{1}{7}$ 所以吃馬吃馬能勝之兩決疑率之比爲 $\frac{1}{4}:\frac{1}{7}::7:4$ 又吃勝之決疑率與吃加丁吧能勝之決疑率之比爲 $7:11$ 所以吃之能勝之決疑率爲 $\frac{7}{11}$ 其吶之能勝之決疑率爲 $\frac{1}{3}$ 所以吧之能勝之決疑率爲 $1\times\frac{7}{11}\times\frac{1}{3}=\frac{7}{33}$ 吧之能負之決疑率爲 $1-\frac{7}{33}=\frac{26}{33}$ 所以巳之決疑率所值金錢

$$\left(\frac{7}{33}\times590-\frac{26}{33}\times10\right)=\frac{3870}{33}=\frac{1290}{11}$$

$=$一一七金錢五銀錢五$\frac{2}{5}$

十八題　有某公廨中專用甲乙兩處之人甲處之人數爲寅乙處之人數爲卯每年卜若干人派爲董事如其董事其有巳⊥午人求其能有巳箇甲處之人午箇乙處之人之決疑數

其(寅⊥卯)人卜出(巳⊥午)董事各次不同其次數等于[口卯]箇(寅⊥卯)依(巳⊥午)累取之其排列之法爲 $吶^{寅⊥卯}_{巳⊥午}$ 再從寅數甲處之人以巳累取之其不同之排列法爲 $吶^{寅}_{巳}$ 又卯數乙處之人以午累取之其不同之排列法爲 $吶^{卯}_{午}$ 所以其董事之不同排列法 $=吶^{寅}_{巳}\times吶^{卯}_{午}$ 所以其決疑率爲

$$=\frac{吶^{寅}_{巳}\times吶^{卯}_{午}}{吶^{寅⊥卯}_{巳⊥午}}$$

十九題　囊中有三球一爲黑一爲白其一不知何色但不出于黑白二色之外若任探出兩球求能得兩黑球之決疑率

若未知之球爲白則無法能得二黑球只有三法能取兩球而不論其色如未知之球爲黑則取兩黑球只有一法惟因不問球色而取兩球亦有三法所以共有六法能取兩球而只有一法能得二黑球其決疑率爲$\frac{1}{6}$

二十題　有作標者標中只有一標能勝其餘皆爲負將各標藏篋中搖亂之每人探取一標求證每人能勝之決疑率相等

令卯爲標數則第一人勝者其決疑率爲 $\frac{一}{卯}$ 第一人負之決疑率爲 $一-\frac{一}{卯}$ 卽 $\frac{卯-一}{卯}$ 第二人勝之決疑率爲第一人負之決疑率與第二人能勝之決疑率相乘 $\frac{卯-一}{卯}\cdot\frac{一}{卯-一}=\frac{一}{卯}$

第三人能勝之決疑率爲第一人與第二人負之決疑

率及第三人能勝之決疑率相乘 $\frac{卯-一}{卯}\cdot\frac{卯-二}{卯-一}\cdot\frac{一}{卯-二}=\frac{一}{卯}$ 其餘類推則可見各人能勝之決疑率爲 $\frac{一}{卯}$ 所以必定相等

二十一題　篋中有銅錢二十箇銀錢五箇求任取錢十箇能得恰有三箇銀錢在內之決疑率

其錢數共有 二五 任取其十則其公排列法 $(角)=\frac{二五\times二四\times\cdots\times一六}{一\times二\times\cdots\times一〇}$

二〇 箇銅錢取其七其不同排列法爲 $\frac{二〇\times一九\times\cdots\times一四}{一\times二\times\cdots\times七}$ 五箇銀錢取其三其排列法爲 $\frac{五\times四\times三}{一\times二\times三}$ 所以 二五 錢內能取七銅錢三銀錢之不同排列法爲 $\frac{二〇\times一九\times\cdots\times一四}{一\times二\times\cdots\times七}\times\frac{五\times四\times三}{一\times二\times三}$ (亢) 所以所求之決疑率爲 $\frac{(亢)}{(角)}=\frac{三\times四\times五}{一一\times二三}=\frac{六〇}{二五三}$

二十二題　甲乙丙丁四人成對打牌求指定一人此人只得一張一點之牌之決疑率又求各人得一張一點之牌之決疑率

其一點之牌全副內共有四張而此四張發出之次序其排列法有二十四茲設一排列法以爲式

天地人物四形內各有一張一點之牌又先求其甲乙丙丁依次得此四張則甲之得天形一點其決疑率爲 $\frac{一三}{五二}$ 因全副爲五十二張也則必有 五一 張內必有其天形點者乙手中有十三張所以乙之能得地形一點之決疑率爲 $\frac{一三}{五一}$ 又依同理丙之能得人形一點之決疑

率爲$\frac{\text{五〇}}{\text{一三}}$而丁能得物形之一點其決疑率爲$\frac{\text{四九}}{\text{一三}}$所

以此四事並有之決疑率爲$\frac{\text{五二}}{\text{一三}}\times\frac{\text{五一}}{\text{一三}}\times\frac{\text{五〇}}{\text{一三}}\times\frac{\text{四九}}{\text{一三}}$如將其餘之排列法

爲其四形之點推之共得$\text{二四}\times\frac{\text{五二}}{\text{一三}}\times\frac{\text{五一}}{\text{一三}}\times\frac{\text{五〇}}{\text{一三}}\times\frac{\text{四九}}{\text{一三}}=\frac{\text{二〇八二五}}{\text{二一九七}}$即$\frac{\text{九}}{\text{一}}$爲略數再令甲

爲所指定之人而只能得一張一點之牌則所能有之

不同排列之張其全數爲$\text{丙}_{\text{五二}}^{\text{一三}}$而此各排列內只有一

張一點之牌之排列數爲$\text{丙}_{\text{四八}}^{\text{一二}}\times\text{四}$所求之決疑率$=\frac{\text{丙}_{\text{五二}}^{\text{一三}}}{\text{丙}_{\text{四八}}^{\text{一二}}\times\text{四}}$

$=\frac{\text{五一}\times\text{五〇}\times\text{四九}}{\text{三九}\times\text{三八}\times\text{三七}}=\frac{\text{二〇八二五}}{\text{九一三九}}=\frac{\text{七三}}{\text{三二}}$略

二十三題 有兩囊各盛八球四黑四白所求之各事相

等有一瞽者從第一囊取出四球換入第二囊中則從

第二囊中取出八球得六白二黑求再取一球其爲白

球之決疑率

因已知取出兩白球則第一次所取之球其排列必爲

下各幅內之任一幅

兩白兩黑其決疑率爲$\frac{\text{丙}_{\text{八}}^{\text{四}}}{\text{丙}_{\text{四}}^{\text{二}}\times\text{丙}_{\text{四}}^{\text{二}}}=\frac{\text{七〇}}{\text{三六}}$

三白一黑其決疑率爲$\frac{\text{丙}_{\text{八}}^{\text{四}}}{\text{丙}_{\text{四}}^{\text{三}}\times\text{丙}_{\text{四}}^{\text{一}}}=\frac{\text{七〇}}{\text{一六}}$

四白無黑其決疑率爲$\frac{\text{丙}_{\text{八}}^{\text{四}}}{\text{丙}_{\text{四}}^{\text{四}}}=\frac{\text{七〇}}{\text{一}}$此三幅以㊙甲名

之則第二囊中未取出球之時有六箇白球六箇黑球

或七箇白球五箇黑球或八箇白球四箇黑球所以從

此三箇排列其取六白二黑之決疑率爲$\frac{\text{丙}_{\text{一二}}^{\text{八}}}{\text{丙}_{\text{六}}^{\text{六}}\times\text{丙}_{\text{六}}^{\text{二}}}$，$\frac{\text{丙}_{\text{一二}}^{\text{八}}}{\text{丙}_{\text{七}}^{\text{六}}\times\text{丙}_{\text{五}}^{\text{二}}}$

$\frac{\text{丙}_{\text{一二}}^{\text{八}}}{\text{丙}_{\text{八}}^{\text{六}}\times\text{丙}_{\text{四}}^{\text{二}}}$即$\frac{\text{四九五}}{\text{一五}}$，$\frac{\text{四九五}}{\text{七〇}}$，$\frac{\text{四九五}}{\text{一六八}}$所以從甲式內之事得決疑率

爲$\frac{\text{七〇}}{\text{三六}}\times\frac{\text{四九五}}{\text{一五}}$，$\frac{\text{七〇}}{\text{一六}}\times\frac{\text{四九五}}{\text{七〇}}$，$\frac{\text{七〇}}{\text{一}}\times\frac{\text{四九五}}{\text{一六八}}$惟餘下之球有四箇爲黑或一白三

黑或兩白兩黑而再取出之一球爲白其決疑數爲○

或四二或二一所以所求之決疑率爲

$=\frac{四五七}{九一}$

二十四題　四人成對打牌求分牌之人及其夥能得四張貴牌之決疑率

分牌之人能得一貴牌之決疑率爲 $\frac{一三}{四}$ 其不得之決

疑率爲 $\frac{一三}{九}$ 無論得不得其分牌之人與其夥必得餘

五一張內之二五其排列爲 丙$_{五一}^{二五}$ 不同法而函其餘三張貴

牌之排列法爲 丙$_{四八}^{二二}$ 所以如得一貴牌而其餘三貴牌

在分牌之人與其夥之手內其決疑率 $=\frac{八三三}{九二}$

此兩事相合其決疑率爲 $\frac{一三}{四}\times\frac{八三三}{九二}$ 但分牌者與其夥能得

四貴牌之決疑率 $=\frac{四九九八}{二五三}$ 所以其總決疑率

爲 $=\frac{一三}{九}\times\frac{四九九八}{二五三}$ 本題所求

二十五題　打牌分開之時先分之二十張內求其能得

全地形各牌之決疑率　其得全地形之牌有二法一

依不論次序而得之二依所值之次第而得之

一如將全副牌內先分出其地形之點者則餘三九張內

分出七張有七排列法將內任一箇排列法與其各

地形之牌相連即得二〇張內有各地形之牌則其排列

之法有二〇所以首二〇張分出有各地形在內之不同排

列法有 $\frac{\underline{七|}\times\underline{三二|}}{\underline{三九|}}\times\underline{二〇|}$ 而其餘三二張可以有 $\underline{三二|}$ 之不同分法所以

依本題之意而分開其排列法有 $\frac{\underline{七|}\times\underline{三二|}}{\underline{三九|}}\times\underline{二〇|}\times\underline{三二|}$ 即 $\frac{\underline{七|}}{\underline{三九|}\times\underline{二〇|}}$ 但無論

用何法分開其排列之法有 $\underline{五二|}$ 所以其決疑率爲 $\frac{\underline{七|}\times\underline{五二|}}{\underline{三九|}\times\underline{二〇|}}$

二令吧爲分全副而能得首二〇張有地形之點之各張

依其所值之數之分開排列法之決疑數則分各牌之

法得 $\underline{一三|}$ 之不同排列因改了地形點次第之排列所以

得 $吧\times\underline{一三|}$ 爲分牌之全法能得首二〇張有各地形之牌在內

但依上第一法其地形點之次序不定者爲 $\frac{\underline{七|}}{\underline{三九|}\times\underline{二〇|}}$ 所以

$$吧=\frac{\underline{七|}\times\underline{一三|}}{\underline{三九|}\times\underline{二〇|}}$$

所以所求之決疑率

$$=\frac{\underline{七|}\times\underline{一三|}\times\underline{五二|}}{\underline{三九|}\times\underline{二〇|}}$$

二十六題　一囊中有十二球任取出若干箇放入第二囊中（此囊本爲空）再從第二囊中任取出若干球求證其從第二囊中取出之球其數爲奇之決疑率與爲偶之決疑率之比必如三四一與三四〇之比

假如第一囊中取出卯數之球則從卯球再取而能得奇數共有 $二^{卯-一}$ 法而取出偶或奇有 $二^{卯-一}$ 法因卯物之全排列法爲 $二^{卯}-一$ 而其奇數排列法爲 $二^{卯-一}$ 此理易明即將相等

式

$$\frac{二}{(一+天)^{卯}-(一-天)^{卯}}=卯天\left[\frac{一\cdot二\cdot三}{卯(卯-一)(卯-二)}\right]\cdots$$

內令 $天=一$ 也所以如將卯球令有從一至一二之不同排列則取奇之決疑率

$$=\frac{一+二+二^{二}+\cdots+二^{一二}-一三}{一+二+二^{二}+\cdots+二^{一一}}=\frac{二^{一三}-一四}{二^{一二}-一}=\frac{八一七八}{四〇九五}$$

而不得奇之決疑率

$$=一-\frac{八一七八}{四〇九五}=\frac{八一七八}{四〇八三}$$

所以得奇之決疑率

$$=\frac{四〇八三}{四〇九五}=\frac{三四〇+\cdots}{一}$$

$$=\frac{三四〇}{三四一}\text{畧}$$

二十七題　假如甲乙二人甲爲男年四十六歲乙爲女年三十六歲兩人爲夫婦其能到天年與不能到天年

決疑數相等則依棣美弗之法每同時生出八十六人每年死一箇求其年數天」　依吳德代數書中四百五十款之法甲在天年後能活之決疑率爲 $\frac{四〇丅天}{四〇}$ 乙能活天年之決疑率爲 $\frac{五〇丅天}{五〇}$ 所以兩人都能過天年不死之決疑率爲 $\frac{四〇丅天}{四〇}\times\frac{五〇丅天}{五〇}$ 所以依本題得

$$\frac{四〇丅天}{四〇}\cdot\frac{五〇丅天}{五〇}＝\frac{一}{二}$$

$$二〇〇〇丅九〇天丄天^{二}＝一〇〇〇$$

$$天^{二}丅九〇天丄(四五)^{二}＝一〇二五$$

$$天丅四五＝三二畧$$

$$\therefore 天＝一三$$

二十八題　有一人年三十五歲恐五十歲以後無錢用求應發若干銀買票得五十歲以至死每年收利若干其利息爲每年每百得四　其推算之法必依哈理之表並棣美弗之例

如果每年收回之利從今日起算則依吳德書第四百五十款之法可令 一五 代卯而 一·〇四 代味而得之此與下三題各數與吳書第四百二十二款相似

再依吳書四百十八款之法令 一五 代卯而 一·〇四 代味則能知 一五 年首所收之銀今值若干價將此二數彼此相減則所得之餘爲今日所值之價但此以爲其人一定可活到 五〇 歲所以依哈理之表得其人能活到 五〇 歲之決疑數爲 $\frac{三四六}{四九〇}$ 所以所求今日須發之銀爲 $\frac{三四六}{四九〇}$ 與上所言之較相乘之數即 二·四四四 即 $二\frac{二}{四}$ 略所以今日須出之銀必爲五十歲後每年所需之銀之四倍半

二十九題　有人今年三十歲又有他人四十歲如果十一年之後其四十歲之人已死則其三十歲之人每年得十箇金錢以至終身求其收十箇金錢之劵今日值若干錢其利息爲每年百分之四此用哈里之表十一 所云年之後即憑劵起算之日從此日起滿一年則爲收第一次之時

假令今年三十歲之人十一年後收起每年收十金錢其劵今日之價依前題之法核金錢 六九·四二 惟題內所言今年四十歲之人在十一年內死之決疑率爲 $一丅\frac{三三五}{四四五}$ 即 $\frac{一一〇}{四四五}$

所以今日所值之數爲 $\frac{一一〇}{四四五}\times 六九·四三 ＝一七·一六$ 金錢

三十題　有農家租一地每年租價爲十金錢其地主今年三十四歲若十一年以內死了則其子孫不能繼爲地主而地爲租者所得求其人保命十一年今須出錢幾何其利息每年每百爲四」　收了租錢之日則其地

今日值二五〇金錢所以其人之命必在收租錢之日保起他死之後得二六〇金錢此錢于下一收租之日其保命之錢必收則依棣美弗之例其人在每年內死之決疑率爲$\frac{五二}{一}$所以人在十一年死了而死之日要收保命公司二六〇金錢則今日之值爲

$$\frac{五二}{二六〇}\times\left\{\frac{一\cdot〇四}{一}\perp\frac{(一\cdot〇四)^{二}}{一}\perp\frac{(一\cdot〇四)^{三}}{一}\perp\cdots至一一項\right\}$$

$$=\frac{五二}{二六〇}\times\frac{\cdot〇四}{一\top(一\cdot〇四)^{\top一一}}$$

$$=\frac{五二}{二六〇}\times\frac{\cdot〇四}{\cdot三五〇四}$$

其$一\top(一\cdot〇四)^{\top一一}$

用對數表算之又$=\frac{二三}{六五}\times八\cdot七六$ $=四三\cdot八$ 金錢即四三金錢一六銀錢

三十一題　有四十歲之人今出金錢二百又十年內每年出若干錢則五十歲之後以至終其身每年要收四十四金錢求十年中每年應出若干銀其生息爲每年百分之四而保命依哈里之表

先求一人四十歲從五十歲起每年收一金錢之券今值之數爲金錢五·九五三所以每年要得四四金錢今日所值之價爲$=四四\times五\cdot九五三=二六一\cdot九三二$所以每年所須出之錢等于今日之六一·九三二金錢因其所出金錢二〇〇即在應出之二六一·九三二金錢之中爲其每年收金錢之券今日所值之價　再每年出一金錢從今日起以至死合于每年一金錢今日所值之價依棣美弗之例並吳書四百五十六款之法得

$$\frac{\cdot〇四}{一}\top\frac{四六}{一\cdot〇四}\times\frac{(一\cdot〇四)^{二}}{一\top(一\cdot〇四)^{\top四六}}$$

$$=二五\top\frac{四六}{一\cdot〇四}\times\frac{(\cdot〇四)^{二}}{\cdot八三五三八}$$

$$=一三\cdot一九六$$

金錢所以十年後一金錢今值之價$=一三\cdot一九六\top五\cdot九五三=七\cdot二四三$

所以所求之每年所出之錢$=\frac{七\cdot二四三}{六一\cdot九三二}=八\cdot五五$金錢

代數難題解法卷九

英國倫德編輯

英國傅蘭雅口譯
金匱華蘅芳筆述

雜題類一

一題 有人問其友曰此時幾點鐘其友答曰適見表之分針與時針在五六點之間相合求其分數若干

五點鐘時時針在分針之前五點鐘即二五分如令天為兩針相合時五點鐘以後之分數則分針所行過之分數為天而時針行過之數為$\frac{天}{一二}$惟分針之速大于時針之速一二倍所以在若干時內所行之路亦必為一二倍所以

$一二(天-二五)=天$

$一一天=三〇〇$ 所以 $天=\frac{三〇〇}{一一}=二七分\frac{一二}{一六四}$

二題 表之時針與分針在辛點鐘之後相距為丁分點求其時如何

令天為辛點鐘以後之分數則分針過天分之時時針過$\frac{天}{一二}$分其減與加依分針在時針之前或後而定之

所以如上題得

$一二(天-五辛\mp丁)=天$

$一一天=一二(五辛\pm丁)$

$天=\frac{一二}{一一}(五辛\pm丁)$

假如令 $辛=五$ $丁=一〇$ 則 $天=\frac{一二}{一一}\times二五=\frac{三〇〇}{一一}$ 合于前題之數

三題 野兎為獵犬所追動身時兎在犬前八十兎步兎每行三步犬行二步惟犬之一步等于兎之二步求兎必行若干步為犬所及

犬動身之後令兎行$三天$步則犬捕兎必行$二天$步如以兎每步之長為一則犬步之長為二而犬之$二天$步其長為$四天$所以如題得

$八〇+三天=四天$

$\therefore 天=八〇$ 而 $三天=二四〇$ 為所求之步數

四題 錢肆內有錢兩種其一種為金錢一種為銀錢計將銀錢甲箇能付清申款或將金錢乙箇亦能付清申款收此申款者共要金銀錢丙箇求肆中須付銀錢若干金錢若干

令天為銀錢之數則$丙-天$為金錢之數而$\frac{申}{甲}$為一銀錢

所值之數 乙/申 爲一金錢所值之數則金銀錢共值之

數爲

甲/申天 ⊥ 乙/申(丙天) ＝ 申

甲/天 ⊥ 乙/丙天 ＝ 一

乙天 ⊥ 甲丙 ⊤ 甲天 ＝ 甲乙

(甲乙)天 ＝ 甲丙 ⊤ 甲乙

∴天 ＝ 甲·甲乙/丙乙

丙天 ＝ 丙 ⊤ 甲乙/甲丙⊥甲乙 ＝ 乙·甲乙/甲丙

五題　燭舖中有純蠟所作之燭每枝之價爲三十文因其太貴欲添賤料雜之其雜料所作之燭比純者加重四分之一所能點之時爲純者之三分之二惟兩種之燭火之光明相等求其雜料之燭每枝若干價則能與

純者貴賤相稱

令天爲雜燭一枝之價酉爲純燭一枝能點之分數則

四/酉 ⊥ 酉 卽 四/五酉 爲點純燭 一/四 枝之分數 ∴ 三/二 ✕ 四/五酉 爲雜燭一枝能點之分數 ∴ 酉/三〇 爲點純燭每一分時所費之錢

三/二 ✕ 四/五酉 / 天 爲點雜燭一分時所費之錢所以如題得相等式

三/二✕四/五酉 / 天 ＝ 酉/三〇

所以 天 ＝ 三/二 ✕ 四/五 ✕ 三〇 爲雜燭每枝之價

六題　甲乙二人于某農家割麥已派定各人所收割之麥畝數相等甲比乙先動手半點鐘至正午時兩人俱歇息一點鐘喫飯看所收之麥已有一半乙至七點鐘收畢甲至九點三刻收畢兩人作工之遲速自朝至暮不變求早晨幾點鐘動手

令天爲甲在午前收麥之點鐘數則天⊤二/一爲乙在午前收麥之點鐘數惟因甲與乙一日內所收之麥相等而正午時已得一半則可見甲在午前天點鐘內所收之麥等于乙在午後六點鐘內所收之麥又可見甲在午後八點鐘四分之三時內所收之麥等于乙在午前天⊤二/一點

鐘所收之麥如令甲爲甲每點鐘所收之麥乙爲乙每點鐘所收之麥則

甲天 ＝ 六乙 ㊀

八 四/三 ✕ 甲 ＝ (天⊤二/一)乙 ㊁

以㊀約㊁得

天 / 八四/三 ＝ 六 / 天⊤二/一

天二 ⊤ 二/天 ＝ 五二 二/一 ＝ 二/一〇五

天二 ⊤ 二/天 ⊥ 一六/一 ＝ 二/一〇五 ⊥ 一六/一 ＝ 一六/八四一

所以知甲在四點半鐘動手乙在五點鐘動手

∴天 ＝ 四/一 ⊥ 四/三九 ＝ 四/三〇 ＝ 七 二/一

七題　兩城之間有鐵路相通鐵路上有快車慢車從一城開行慢車先開若干時其所配之時已足令慢車剛

到彼城而快車亦到不至在路追及不料慢車之機忽有損壞減速一半其時已行路之三分之二及慢車行至距彼城甲里之時爲快車所撞其兩車之本速爲寅與卯其寅大于卯求兩城間鐵路之長兩車動身時刻之較

令天爲鐵路之里數地爲兩車開行時點鐘之較所以 $\frac{寅}{天}$ 爲快車行全路之時 $\frac{卯}{天}$ 爲慢車應行全路之時

$∴\frac{寅}{天}=\frac{卯}{天}丅地$　㈠

又 $\frac{寅}{天丅甲}$ 爲快車撞慢車之時 $\frac{三卯}{二天}$ 爲慢車機損之時又 $(三天丅甲)\frac{二}{卯}$ 爲慢車機損至被撞間之時

$∴\frac{寅}{天丅甲}=\frac{三卯}{二天}丄\frac{三卯}{二天丅六甲}丅地$　㈡

將㈡與㈠相減得

$\frac{寅}{甲}=\frac{三卯}{天}丅\frac{三卯}{二天}丄\frac{卯}{二甲}$

$∴\frac{三卯}{天}=\frac{卯}{二甲}丅\frac{寅}{甲}$

$∴天=三(二丅\frac{寅}{卯})·甲$

所以又得

$地=\frac{卯}{天}丅\frac{寅}{天}=\frac{寅卯}{寅丅卯}·天=三·\frac{寅卯}{寅丅卯}(二丅\frac{寅}{卯})·甲$

八題　紙牌一副共有己張湊成卯堆下面一張之點數與其上之牌之張數相加其數爲寅所餘不成堆之牌其數爲未求各堆下面之牌之共點數

令天爲所求之點數則寅卯爲下面各牌之點數與以上各牌之張數之和所以 寅卯丅天 爲成堆之張數內減去其底張之數 ∴寅卯丅天丄卯=己丅未 爲成堆之牌之共張數 ∴天=(寅丄一)卯丄未丅己 爲各堆下面之牌之共點數

九題　已知農夫甲名小童乙名卯日能耕寅畝今有農夫(甲丅巳)名欲于(卯丅巳)日內耕(寅丅巳)畝求須配小童若干名

令天爲所配之小童名數則因甲農耕寅畝須卯日則甲農耕 $\frac{卯}{寅}$ 畝爲一日而一農耕 $\frac{卯甲}{寅}$ 畝亦爲一日又依同理一童耕 $\frac{卯乙}{寅}$ 畝亦爲一日 $∴(甲丅巳)\frac{卯甲}{寅}$ 爲(甲丅巳)農在一日內所作之工又 $(卯丅巳)(甲丅巳)\frac{卯甲}{寅}$ 爲(甲丅巳)農在(卯丅巳)日內所作之工 $(卯丅巳)天·\frac{卯乙}{寅}=天$

為小童在卯巳日內所作之工

所以得

天＝甲/巳乙{卯巳丄寅卯·寅/甲}÷卯巳

＝甲/巳乙(一丄卯巳/寅卯·寅/甲)

∴卯巳 卯乙/寅 天丄卯巳 甲巳 卯甲/寅＝寅巳

卯巳 卯乙/寅 天＝寅巳丅卯巳 甲巳 卯甲/寅

＝寅巳丅寅丄卯/寅巳丄卯甲/寅巳 卯巳

＝卯/寅巳{一丄寅/卯丄甲/卯巳}

十題 紙牌一副共為五十二張其五十一張所值之數為一〇卯甲其甲<一〇如命其花牌之值為一〇其餘依點數則另一張之值必為一〇甲求卯之同數

令天為另一張之值數其全副之值數

＝四(一丄二丄三丄⋯丄一〇)丄四X三X一〇

＝四X五五丄一二〇＝三四〇

∴一〇卯丄甲丄天＝三四〇

惟因甲<一〇 又天<一〇

∴一〇卯>三二〇 而<三四〇

∴卯>三二 而<三四

∴卯＝三三

∴三三〇丄甲丄天＝三四〇

∴甲丄天＝一〇

∴天＝一〇丅甲

十一題 甲牛寅日食草乙畝丙牛卯日食草丁畝求巳日內若干牛食草戊畝惟草之生長必作一樣遲速

令天代所求之牛數庚為一畝中原有之草辛為一畝中一日能生之草則甲牛在寅日食草乙(庚丄寅辛)畝所以一牛在寅日食草甲/乙(庚丄寅辛)畝一牛在一日食草寅甲/乙(庚丄寅辛)(一)畝從題之第二節得一牛在一日食草卯丙/丁(庚丄卯辛)(二)畝又從題之末節得一牛在一日食草巳天/戊(庚丄巳辛)(三)畝

∴寅甲/乙(庚丄寅辛)＝卯丙/丁(庚丄卯辛)＝巳天/戊(庚丄巳辛)

欲消去其庚與辛先得

卯乙丙庚⊥寅卯乙丙辛＝寅甲丁庚⊥寅卯甲丁辛

∴(卯乙丙⊤寅甲丁)庚＝寅卯(甲丁⊤乙丙)辛 (四)

又得

巳丁天庚⊥卯巳丁天辛＝卯丙戊庚⊥卯巳丙戊辛

∴(巳丁天⊤卯丙戊)庚＝卯巳(丙戊⊤丁天)辛 (五)

∴ $\frac{卯乙丙⊤寅甲丁}{巳丁天⊤卯丙戊}＝\frac{寅(甲丁⊤乙丙)}{巳(丙戊⊤丁天)}$

∴巳丁天(寅乙丙⊤寅甲丁⊤卯乙丙⊥寅甲丁)＝丙戊(寅巳甲丁⊤寅卯甲丁⊥寅卯乙丙⊤卯巳乙丙)

巳丁天{(寅⊤卯)乙丙}＝丙戊{(寅⊤巳)卯乙丙⊤(卯⊤巳)寅甲丁}

∴ $天＝\frac{寅⊤卯}{寅⊤巳}·\frac{巳丁}{卯丙戊}⊤\frac{寅⊤卯}{卯⊤巳}·\frac{巳乙}{寅甲戊}＝\frac{巳}{戊}\left\{\frac{寅⊤卯}{寅⊤巳}·\frac{丁}{卯丙}⊤\frac{寅⊤卯}{卯⊤巳}·\frac{乙}{寅甲}\right\}$

十二題 彼此兩處相距之路爲甲有人從此處起程往彼處第一日行全路 $\frac{寅}{一}$ 第二日行餘路 $\frac{卯}{一}$ 二日之後每日更迭行其所餘路之 $\frac{寅}{一}$ 與 $\frac{卯}{一}$ 求 二巳 日內所行過之路若干

$\frac{寅}{甲}$ 爲初日所行之路則 $(甲⊤\frac{寅}{甲})\frac{卯}{一}$ 即 $甲(一⊤\frac{寅}{一})\frac{卯}{一}$ 爲次日所行之路所以初兩日所行之路 $＝\frac{寅}{甲}⊥甲(一⊤\frac{寅}{一})\frac{卯}{一}$ 其餘路 $＝甲(一⊤\frac{寅}{一})(一⊤\frac{卯}{一})$ (一) 又次兩日

之後其餘路與(一)式同理惟令 $甲(一⊤\frac{寅}{一})(一⊤\frac{卯}{一})$ 代甲即 $＝甲(一⊤\frac{寅}{一})^{二}(一⊤\frac{卯}{一})^{二}$ 以後依此類推所以巳箇兩日之後其所餘之路 $＝甲(一⊤\frac{寅}{一})^{巳}(一⊤\frac{卯}{一})^{巳}$ 所以 二巳 日內所行之路 $＝甲⊤甲(一⊤\frac{寅}{一})^{巳}(一⊤\frac{卯}{一})^{巳}$ $＝甲\{一⊤(一⊤\frac{寅}{一})^{巳}(一⊤\frac{卯}{一})^{巳}\}$

十三題 有三匠造成一物其物若令呷一人獨做比吃呐兩人合做其時爲寅倍吃一人獨做比呷呐兩人合做其時爲卯倍呐一人獨做比呷吃兩人合做其時爲巳倍求各人做工之時又求證 $\frac{寅⊥一}{一}⊥\frac{卯⊥一}{一}⊥\frac{巳⊥一}{一}＝一$

令天爲呷一人做工之時地爲吃一人做工之時人爲呐一人做工之時物爲所做之工則 $\frac{天}{物}$ ＝呷一日之工

地/物＝吃一日之工　人/物＝呐一日之工因吃呐兩人合做一日則其所成之功若令呷一人做之必寅倍其日所以得

天/寅物＝地/物丄人/物

卽　天/寅＝地/一丄人/一　(一)

又依同理得

地/卯＝天/一丄人/一　(二)

又

人/巳＝天/一丄地/一　(三)

從(一)(二)得

天/寅丅地/卯＝地/一丅天/一

∴(寅丄一)天/一＝(卯丄一)地/一

卽

地/天＝卯丄一/寅丄一＝吃時/呷時

又依同理得

人/天＝巳丄一/寅丄一＝呐時/呷時　又　人/地＝巳丄一/卯丄一＝呐時/吃時　再

從(一)得

寅＝地/天丄人/天

＝卯丄一/寅丄一丄巳丄一/寅丄一

∴卯丄一/一丄巳丄一/一＝寅丄一/寅

＝一丅寅丄一/一

∴寅丄一/一丄卯丄一/一丄巳丄一/一＝一

十四題　呻一呻二呻三……呻卯丄一為卯丄一塊石排成直行每兩石相距一尺此行引長之線內有一方位為呋有呷吃兩人俱從呻一位起呷將各石一一運至呻一位吃將其石一一移至呋位計吃所行之路比呷多一倍求呻卯丄一與呋之相距如何

令

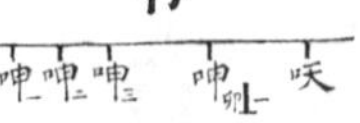

為呷吃二人所運之石之列法則呷運第一石行○尺運第二石行二尺運第三石行二✕二尺運第四石行二✕三尺如是以至運第(卯丄一)石行二✕卯尺所以呷共行之路為

二(一丄二丄三…丄卯)尺

卽

二 卯(卯丄一)/二 尺

卽

卯(卯丄一)尺乃命從呻卯丄一至呋之路為天則吃所行之路為

(卯丄天)丄二{(卯丄天丅一)丄(卯丄天丅二)丄…至卯項}

卽

(卯丄天)(一丄二卯)丅二(一丄二丄三丄…至卯項)

卽

(卯丄天)(一丄二卯)丅卯(卯丄一)

所以如題得

(卯丄天)(一丄二卯)丅卯(卯丄一)＝二卯(卯丄一)

(卯丄天)(一丄二卯)＝三卯(卯丄一)

卯丄天＝二卯丄一/三卯(卯丄一)

∴天＝二卯丄一/三卯(卯丄一)丅卯＝二卯丄一/卯(卯丄二)

十五題　有兩箇自鳴鐘略同時報某點鐘但聞鐘響十

九次兩鐘之時差二秒一鐘每三秒打一下一鐘每四秒打一下兩鐘在一秒內並打分不出兩响則作一响算其快鐘之末响即如此求所報幾點鐘

合天為所報之點鐘數其快鐘（即先起打之鐘）因每三秒一下則打第三下之際其第二鐘（即四秒打一下而慢二秒之鐘）纔打第二下（此為兩鐘初次並打）以後來快鐘每第四响則合于慢鐘之一响因四╳三＝三╳四之故也又 天丅三＝ 快鐘在兩鐘並打一次之後所要打之次數 ∴ $\frac{四}{天丅三}$丄一＝ 兩鐘並打之次數又 二天＝ 兩鐘所打之次數

∴二天丅（$\frac{四}{天丅三}$丄一）＝一九

∴$\frac{四}{七天}$＝一九丄$\frac{四}{一}$＝$\frac{四}{七七}$

∴天＝一一

十六題　有船觸石而漏船內之水已滿若干分用兩箇吸水筩取去其水此兩筩為甲乙二人搖之水漏入為平速甲搖筩柄每三次之時乙搖二次惟乙搖之筩搖四次所起之水已抵甲搖五次然兩人不能並做工乙先動手做工之時合于甲一人能起盡水之時後換甲動手起所餘之水計兩人先後起水之時共為十三點

鐘二十分如兩人同作則三點鐘四十五分可起畢水而甲必多起水一百噸求初動手起水時船內已漏入之水並以後每點鐘漏入之水

合天為初時已漏入之水地為以後每點鐘所漏入之水酉為甲一人能起盡水之時人為甲每搖一次所起之水 五人＝四 為乙每搖一次之四倍所以 $\frac{四}{五人}$ 乙每搖一次所起之水惟甲每搖三次乙搖二次所以甲起水 三人 噸之時乙起 $\frac{四}{五人}$╳二 即 $\frac{二}{五人}$ 噸即在甲同時所起水之 $\frac{六}{五}$ 而其工從起至末平勻所以乙每點鐘之工等于甲工 $\frac{六}{五}$ 惟甲在酉時中能去 天丄酉地 之水所以乙在酉時中能起水 $\frac{六}{五}$（天丄酉地） 即為乙所作之工而甲作工之時為 一三$\frac{三}{一}$丅酉 又

$\frac{酉}{天丄酉地}$＝ 甲每點鐘之工

∴$\frac{酉}{天丄酉地}$·（一三$\frac{三}{一}$丅酉）＝ 甲所作之工

∴$\frac{六}{五}$（天丄酉地）丄（天丄酉地）·$\frac{酉}{一三\frac{三}{一}丅酉}$＝天丄$\frac{三}{四〇}$地 即

（$\frac{三酉}{四〇}$丅$\frac{六}{一}$）（物丄酉）＝物丄$\frac{三}{四〇}$ 其

$\frac{地}{天}=物$

則

$\left(\frac{三酉}{四〇}丅\frac{六}{七}\right)物=\frac{六}{酉}$

$\therefore 物=\frac{八〇丅七酉}{酉^{二}}$

即

$\frac{物}{酉}=\frac{酉}{八〇丅七酉}$ ㊀

再甲與乙若同時作工

$天丄三\frac{四}{三}\cdot地$

甲所作之工為其 $\frac{二一}{六}$

$\therefore \frac{二一}{六}\left(天丄\frac{四}{一五地}\right)=\frac{四}{一五}\cdot\frac{酉}{天丄酉地}$

$\frac{二一}{六酉}\left(物丄\frac{四}{一五}\right)=\frac{四}{一五}(物丄酉)$

$\frac{四}{一五酉}\cdot\frac{二一}{五}=\left(\frac{二一}{六酉}丅\frac{四}{一五}\right)物$

$二五酉=(八酉丅五五)物$

$\therefore \frac{物}{酉}=\frac{二五}{八酉丅五五}$ ㊁

所以

將㊀㊁合之得

$\frac{酉}{八〇丅七酉}=\frac{二五}{八酉丅五五}$

$二〇〇〇丅一七五酉=八酉^{二}丅五五酉$

$八酉^{二}丄一二〇酉=二〇〇〇$

$四酉^{二}丄六〇酉=一〇〇〇$

$四酉^{二}丄六〇酉丄(一五)^{二}=一二二五$

$二酉=丅一五\pm三五$

$=二〇或丅五〇$

$\therefore 酉=一〇$

又

$物=\frac{八〇丅七酉}{酉^{二}}=\frac{八〇丅七〇}{一〇〇}=一〇=\frac{地}{天}$

再甲作之工若依題之第二節則比第一節多

起一百噸水

$\therefore \frac{二一}{六}\left(天丄\frac{四}{一五地}\right)=一〇〇丄\frac{酉}{天丄酉地}\left(\frac{三}{四〇}丅酉\right)$

$\frac{二一}{六}\left(一〇地丄\frac{四}{一五地}\right)=一〇〇丄二地\left(\frac{三}{四〇}丅一〇\right)$

$\left(\frac{二一}{六}\times\frac{四}{五五}丅\frac{三}{二〇}\right)地=一〇〇$

$\frac{六}{五}地=一〇〇$

$\therefore 地=一二〇$

又

$天=一〇　地=一二〇〇$

雜題類二

一題 有

$(甲天丄乙地)^{二}丅(甲丅乙)(天丄人)(甲天丄乙地)丄(甲丅乙)^{二}天人$

$(甲天丅乙地)^{二}丅(甲丄乙)(天丄人)(甲天丅乙地)丄(甲丄乙)^{二}天人$

求其最大之公約數

其第一數

＝(甲天⊥乙地){甲天⊥乙地⊥甲天⊥甲人⊤乙天⊤乙人}⊥(甲⊤乙)天人

＝(甲天⊥乙地)乙(天⊥地)⊥(甲天⊥乙地)(乙人⊤甲人)⊥(甲⊤乙)天人

＝(甲天⊥乙地)乙(天⊥地)⊥甲乙天人⊤甲天人⊥乙地人⊤甲乙地人

⊥甲天人⊤甲乙天人⊥乙天人

＝(甲天⊥乙地)乙(天⊥地)⊥乙人(天⊥地)⊤甲乙人(天⊥地)

＝乙(天⊥地){甲天⊥乙地⊥乙人⊤甲人}　(一)

第二數與第一數之比

爲⊤乙代乙所以第二數

＝⊤乙(天⊥地){甲天⊤乙地⊥乙人⊤甲人}

＝乙(天⊥地){乙地⊤甲天⊥乙人⊤甲人}

因(一)(二)兩式之末乘數無大于一之公約數則所求之最大公約數爲乙(天⊥地)

二題　設卯爲整數求證 天卯⊤卯甲卯⊤一天⊥(卯⊤一)甲卯 能以(天甲)約之

天卯⊤卯甲卯⊤一天⊥(卯⊤一)甲卯＝天卯⊤甲卯⊤卯甲卯⊤一(天甲)

以(天甲)約之

＝天卯⊤一⊥甲天卯⊤二⊥甲二天卯⊤三⊥……⊥甲卯⊤一⊤卯甲卯⊤一

＝(天卯⊤一⊤甲卯⊤一)⊥甲(天卯⊤二⊤甲卯⊤二)⊥甲二(天卯⊤三⊤甲卯⊤三)⊥……

則卯括弧內所有之數各能以(天甲)約之見吳書九十九款第六題所以所設之數能以(天甲)約之

三題　設巳爲偶數求證 天巳⊤地巳 能以 天⊥地 約之

令 巳＝二寅

爲偶數則

$\frac{天^{巳}⊤地^{巳}}{天⊥地}＝\frac{天^{二寅}⊤地^{二寅}}{天⊥地}＝\frac{吠^{寅}⊤呲^{寅}}{吠⊤呲}$ 此以吠代天二以呲代地二也

$＝\frac{吠⊤呲}{吠⊤呲}$·{吠寅⊤一⊥吠寅⊤二呲⊥……}

$$=(口天-口地)\left\{口天^{寅-一}-口天^{寅-二}口地+\cdots\right\}$$

即 $天^{巳}-地^{卯}$ 能以 $天+地^{巳卯}$ 約之之證也

四題　設口卯卯二數略相等求證

$$\sqrt{\frac{卯}{口卯}}=\frac{口卯+卯}{口卯}+\frac{四}{一}\cdot\frac{卯}{口卯+卯}$$

為略數又求證其

$\dfrac{口卯+卯}{口卯}$ 與 $\dfrac{四}{一}\cdot\dfrac{卯}{口卯+卯}$ 之首已小數相同則此 $\sqrt{\dfrac{卯}{口卯}}$ 之略數在二巳

小數之內不能有差

㈠令其 $口卯=寅+天$ 又令其 $卯=寅-天$ 此兩式內之天為甚小之數則其

$$\sqrt{\frac{卯}{口卯}}=\frac{(寅-天)^{二}}{(寅+天)}=\frac{寅-天}{(寅-天)^{二}}$$

$$=\frac{寅-天}{寅}\left\{一-\frac{二寅}{天^{二}}\right\}$$

為略

$$=\frac{二寅(寅-天)}{二寅^{二}-天^{二}}=\frac{二寅(寅-天)}{寅^{二}-天^{二}}+\frac{二(寅-天)}{寅}$$

$$=\frac{二寅}{寅+天}+\frac{四}{一}\cdot\frac{寅-天}{二寅}$$

$$=\frac{口卯+卯}{口卯}+\frac{四}{一}\cdot\frac{卯}{口卯+卯}$$

㈡其 $\dfrac{四}{一}\cdot\dfrac{卯}{口卯+卯}-\dfrac{口卯+卯}{口卯}$ 即 $\dfrac{二寅(寅-天)}{天^{二}}<\dfrac{一〇^{巳}}{一}$ 何況 $\dfrac{二寅^{二}}{天^{二}}<\dfrac{一〇^{巳}}{一}$ 又 $\dfrac{四寅^{二}}{天^{二}}<\dfrac{一〇^{巳}}{一}$ 惟 $\left(\dfrac{卯}{口卯}\right)^{二}$ 級數內先

所不計之項為 $\dfrac{八寅(寅-天)}{天^{四}}$ 而此 $\dfrac{八寅^{四}}{天^{四}}<\dfrac{二寅^{二}}{天^{二}}\times\dfrac{四寅^{二}}{天^{二}}<\dfrac{一〇^{巳}}{一}\cdot\dfrac{一〇^{巳}}{一}<\dfrac{一〇^{二巳}}{一}$ 又依同理其第二項必

$<\dfrac{一〇^{三巳}}{一}$ 其餘各項類推所以其 $\dfrac{口卯+卯}{口卯}+\dfrac{四}{一}\cdot\dfrac{卯}{口卯+卯}$ 為 $\sqrt{\dfrac{卯}{口卯}}$ 之真同數其

二巳為極小

五題　設人增至任何大則

$$(四天+一)(二人+一)^{二}=五(三天+一)(人+三)^{二}$$

求其天之同數又求證

天地能合

三人⊥(地丅乙)人⊥三甲(地丅三丙)
二人⊥(天丅甲)人⊥二乙(天丅二丙)

與人無相關之同數

(一)人若爲甚大則人之最大方以下各方可不必問所以

(四天⊥一)四人＝五(三天⊥一)人

一六天⊥四＝一五天⊥五

所以得

天＝一

(二)所設分數若無論人之同數如何恆能＝寅則其

二人⊥(天丅甲)人⊥二乙(天丅二丙)＝三寅人⊥(地丅乙)寅人⊥三甲寅(地丅三丙)

即

(二丅三寅)人⊥{(天丅甲)丅寅(地丅乙)}人⊥二乙(天丅二丙)丅三甲寅(地丅三丙)＝○

如果人與人各＝○問其式能與人不相關否則不能也所以

二丅三寅＝○ (一)

天丅甲寅(地丅乙)＝○ (二)

二乙(天丅二丙)丅三甲寅(地丅三丙)＝○ (三)

從(一)(二)得

三天丅三甲丅二(地丅乙)＝○

三天丅二地＝三甲丅二乙

乙天丅甲地＝二乙丙丅三甲丙

此式從而得(三)又從此得

天＝甲⊥二丙

地＝乙⊥三丙

六題　求證丅申爲正方而等子

巳四午
未

則天巳天午天未天申能化爲兩箇合

理之平方乘數

因丅申為正方以卯代之又令

四天丅巳天丄午天丄未天丅卯＝(天丄呷天丄卯)(天丄吃天丅卯)

＝天丄(呷丄吃)天丄呷吃天丅卯(呷丅吃)天丅卯

所以

呷丄吃＝巳
呷吃＝午
呷丅吃＝卯/丅未

又

巳丅四午＝(呷丅吃)＝卯/未

所以

(巳丅四午)/未＝卯＝丅申

七題 有 四天丅六天丄五天丄八天丅四＝〇 式求解之

其
呷丄吃＝丅六
呷丅吃＝丅四

所以

呷＝丅五
吃＝丅一

而其乘數為

天五天丄二
天丅天丅二

則從

天五天丄二＝〇
天丅天丅二＝〇

能得天之四箇同數

八題 求證 (天丅天/二)丄(地丅地/二) 為甲與乙合理之函數其

天＝四二(乙丄甲)/(甲丄乙)

地＝甲乙天/甲天乙

惟因此式

令 乙＝甲酉

則

天＝四酉/(一丄酉)

地＝(一丅酉天)/(天丅酉)

所以

地丅地/二＝(一丅酉天)/(天丅酉)丅(天丅酉)/(一丅酉天)

＝(一丅酉天)(天丅酉)/(天丄酉丅一丅酉天)

＝(一丅酉天)(一丅天/酉)/((一丅酉)(天丅天/二))

之

(一丅酉天)(一丅天/酉)＝一丄酉丅(天丅天/二)酉

＝一丄酉丅四(一丄酉)/((一丅酉)(四酉))

＝四(一丄酉)/(四(一丅酉)丅(一丅酉))

所以

地丅地/二＝四(一丅酉)丅(一丅酉)/(四(一丅酉)(一丅酉))(天丅天/二)

所以

(天丅天/二)丄(地丅地/二)＝{一丄(四(一丅酉)丅(一丅酉))/(四(一丅酉)(一丅酉))}(天丅天/二)

＝{(四(一丅酉)丅(一丅酉))/(四(一丅酉)(一丅酉))}(天丅天/二)

所以所

求之平方根 $=\frac{四(一\top甬)\top(一\perp甬)}{四(一\top甬)\perp(一\perp甬)}(\frac{天}{天一})$ 若以 $\frac{甲}{乙}$ 代酉而 $\frac{四乙甲}{二甲乙}$ 代天則此

數合理而爲甲乙之函數

九題　求 $甲地\perp乙天地\perp丙天\perp丁地\perp戊天\perp己$ 如何能化爲第一等有理之乘數

如 $乙丁四甲丙$ 爲正方數則 $甲地\perp乙地\perp丙$ 之乘數爲有理之數惟若 $=○$ 則爲

相等之乘數所以如 $(乙天\perp丁)四甲(丙天\perp戊天\perp己)$ 爲平方其 $(乙丁四甲丙)天\perp(二乙丁四甲戊)天\perp丁四甲己$ 爲平方卽 $(乙丁二甲戊)=(乙丁四甲丙)(丁四甲己)$ 或

$甲戊二丙丁己乙=乙丁戊四甲丙己$

詳吳書第一百五十二款

則 $甲地\perp(乙天\perp丁)地\perp丙天\perp戊天\perp己$

十題　設某數有卯位求其第未方根之位數

命甲爲所設之數未方根而令天爲甲之位數則甲必

小于 $一○^{天}$ 但不小于 $一○^{天\top一}$ 所以 $甲^{未}$ 小于 $一○^{未天}$ 但不小于 $一○^{未天\top未}$

所以卯不大于 $未天$ 而不小于 $未天\top未\perp一$ 所以天不小于 $\frac{卯}{未}$ 而

不大于 $\frac{卯\perp未\top一}{未}$ 所以如 $\frac{午}{未}$ 爲未之最大乘數在 $\frac{卯\perp未\top一}{未}$ 之內則

其 $天=午$

十一題　西歷一千八百四十三年英國正月初一日爲

禮拜日求過若干年能再遇正月初一日爲禮拜日

因平常之年有三百六十五日卽 $五二\times七\perp一$ 日而閏年有 $五二\times七\perp二$ 日

則可見一千八百四十四年英正月初一日比一千八

百四十三年禮拜日必下一日卽爲禮拜一又一千八百四

十五年必下兩日其餘依此類推所以任何年內之正月初一日為禮拜第幾日必合于級數一二二一一二二一一二二一……用此為過一千八百四十三年之年數令一八四三丄天為所求之年則凡得上級數內之數能以七約之者用以為天之同數即得其正月初一日為禮拜日在一八四三丄天年如天═一一或═一一丄六或═一一丄六丄五或═一一丄六丄五丄六……者俱能以七約之所以所求之年為一八五四一八六〇一八六五一八七一……

十二題　西歷一千八百四十六年英九月十四日為禮拜一日求一千七百五十二年九月十四日為禮拜第幾日

從一七五二年之九月十四日至一八四六年之九月十四日共為九四年內有二二年為閏惟一八四六年九月十四日為禮拜一所以

因天為一七五二年九月十四之禮拜日數將九四丄二二丄天以七度之得餘數為二者即為所求

惟因九四丄二二丄天═七乂一七丄天丅三所以天丅三═二而天═五所以知一千七百五十二年九月十四日為禮拜之第五日即俗所謂禮拜四也

十三題　英國之二月常為二十八日惟遇當閏之年則為二十九日而一千八百四十四年正月初一為禮拜一求從此年至一千九百年其間能有幾年二月中有五箇禮拜日並每若干年能有一次

因一八四四年正月初一為禮拜之第二日所以二月初一為禮拜之第五日因一八四四年為閏則一八四四丄四天為閏年令此年為二月間有五箇禮拜日之年即二月初一為禮拜日之年則五丄天丄四天之形為七卯丄一即五天丄四能以七約之亦即五(天丅二)丄一四能以七約之所以天丅二═七巳天═七巳丅二其巳為任一正號之整數所以一八四四丄二八巳丄八為二月內有五箇禮拜日之年如令巳═〇則為下一次能有此事之年即一八五二年

也以後每二十八年而有此事至一千九百而止此年因不作閏年則其算法改矣

十四題　如午爲四巳之整分數未爲四巳午以七度餘之數則一七八〇年至一九〇〇年內第巳年之某禮拜平常在英十一月二十七日之後爲七未日惟遇未二〇則此日即爲某禮拜求證之

平常之年爲五十二箇禮拜加一日遇閏年則加兩日所以如午爲四巳之整分而午爲巳年內之閏年數又如令十一月二十七日爲一八〇〇年之禮拜之天一日則其

一百年之內十二月二十七日爲禮拜七未日此以其未爲天午巳以七度餘之數

惟一八四六年其巳二四六　午二一一　巳午二五七　而十一月二十七日因爲禮拜五則一未六所以如將天七五以七度之其所得餘數未爲五所以天二四又因某禮拜日本爲十一月三十日最近之禮拜日則如果十一月二十七日爲禮拜日則某禮拜即爲此日即未二〇是也但其餘各事某禮拜必在十一月二十七

日之後七未日

十五題　有輪船從呷開行往叱船上所攜燒酒內所函之水比規酒多乙即每甲乙觔酒與水丙觔相和此酒本敷兩日之用此照船上添入計之不惟船到呐處有客寅箇上岸而去次日大逆風船難前進必回到呷處至子正時勉强行到叮處在叮處添了卯客又添酒巳觔其酒比規酒之酒多丁各客嫌酒太濃加水至比規酒函水多戊又每客每日飲此加水之酒八分觔之午從開船之日算起至第三日晚歸到呷處而船上兩次所備之酒恰盡求從呷處開行之時人數若干並開行時酒之觔數若干

令天爲開行時之人數則因每人每日飲酒八午觔而所飲之酒比規酒多函之水爲戊而其酒足兩日之用則初時所有之酒爲天二午八乙觔而其酒比規酒多水戊令地爲船開時所有比規酒多乙水之酒之觔數則地與第一次上船之酒之無水者其觔數之比若丙甲乙與甲乙之比所以第一次上船之酒其無水酒之觔數地丙甲乙/甲乙又天二午

與第一次上船之酒八乙觔之比若 $\frac{甲丅戊⊥丙}{甲丅戊}$ 與 $\frac{甲丅戊}{甲丅戊}$ 之比所以

酒之八乙觔 $=\frac{甲丅戊⊥丙}{甲丅戊}$ 二午天 所以

$\frac{甲⊥乙⊥丙}{甲⊥乙}$ 四地 $=\frac{甲丅戊⊥丙}{甲丅戊}$ 午天

㊀ 惟從哂處開行之時客

數爲天丅寅而每人每日飲無水之酒爲 $\frac{八}{午}\cdot\frac{甲丅戊⊥丙}{甲丅戊}$ 觔則 天 $\frac{八}{午}\cdot\frac{甲丅戊⊥丙}{甲丅戊}$ 爲

船從呷而行至哂處卽第一日所飲之酒之觔數所以 $(天丅寅)\frac{八}{午}\cdot\frac{甲丅戊⊥丙}{甲丅戊}$ 爲第二日從哂至叮處之時所飲之酒又 $(天丅寅⊥卯)\frac{八}{午}\cdot\frac{甲丅戊⊥丙}{甲丅戊}$ 爲

第三日從叮至吃所飲之酒所以 $\frac{八}{午}\cdot\frac{甲丅戊⊥丙}{甲丅戊}\{天⊥天丅寅⊥天丅寅⊥卯\}$ 爲所飲酒之全

數

$$=\frac{四}{午}\cdot天\cdot\frac{甲丅戊⊥丙}{甲丅戊}⊥巳\cdot\frac{甲⊥丁丅丙}{甲⊥丁}$$

㊁

$$天\cdot\frac{八}{午}\cdot\frac{甲丅戊⊥丙}{甲丅戊}=(二寅丅卯)\frac{八}{午}\cdot\frac{甲丅戊⊥丙}{甲丅戊}⊥巳\cdot\frac{甲⊥丁丅丙}{甲⊥丁}$$

所以

$$天=二寅丅卯⊥\frac{午}{八巳}\cdot\frac{甲丅戊}{甲⊥丁}\cdot\frac{甲⊥丁丅丙}{甲丅戊⊥丙}$$

而

$$地=\frac{甲⊥乙}{甲⊥乙⊥丙}\cdot天\frac{四}{午}\cdot\frac{甲丅戊⊥丙}{甲丅戊}$$

$$=(二寅丅卯)\frac{四}{午}\cdot\frac{甲⊥乙}{甲丅戊}\cdot\frac{甲丅戊⊥丙}{甲⊥乙⊥丙}⊥二巳\cdot\frac{甲⊥乙}{甲⊥丁}\cdot\frac{甲⊥丁丅丙}{甲⊥乙⊥丙}$$

代數難題解法卷十

英國 傅蘭雅 口譯
金匱 華蘅芳 筆述

英國倫德編輯

雜題類三

一題 有 $二^{天+一}+四^{天}=八〇$ 式求其天之同數

$二\times二^{天}+二^{二天}=八〇$

$二^{二天}+二\times二^{天}+一=八一$

$二^{天}+一=九$

$二^{天}=八=二^{三}$

所以得 $天=三$

二題 有 $天^{三}+三天=甲-\frac{一}{甲}$ 式求其天之同數

令 $甲-\frac{一}{甲}=巳$

則 $甲^{三}-\frac{一}{甲^{三}}-三\left(甲-\frac{一}{甲}\right)=巳^{三}$

所以 $天^{三}+三天=巳^{三}+三巳$

$天^{三}-巳^{三}+三(天-巳)=〇$

所以得 $天-巳=〇$ 即 $天=巳$ (一)

又 $天^{二}+巳天+巳^{二}+三=〇$

$天^{二}+巳天+\frac{巳^{二}}{四}=-\frac{三巳^{二}}{四}-三$

所以 $天=\frac{一}{二}\left\{-巳\pm\sqrt{-三}\sqrt{巳^{二}+四}\right\}$

其 $巳=甲-\frac{一}{甲}$

$天=\frac{一}{二}\left\{-\left(甲-\frac{一}{甲}\right)\pm\sqrt{-三}\left(甲+\frac{一}{甲}\right)\right\}$

三題 有

$七^{\frac{天}{二}+\frac{地}{三}}=二四〇一$

$六^{\frac{天}{四}+\frac{地}{二}}=一二九六$

求其天地二同數

因 $二四〇一=七^{四}$

$一二九六=六^{四}$

所以

$\left.\begin{array}{l}\frac{天}{二}+\frac{地}{三}=四\\ \frac{天}{四}+\frac{地}{二}=四\end{array}\right\}$

爲兩箇簡式可求其天地二數

四題 有 $(天-三)(天-四)(天-五)(天-六)=一\times二\times三\times四$ 式求其天之同數

$(天-三)(天-六)(天-四)(天-五)=二四$

$(天^{二}-九天+一八)(天^{二}-九天+二〇)=二四$

令地代 $天^{二}-九天$ 則

$(地+一八)(地+二〇)=二四$

$地^{二}+三八地=-三三六$

從此得 $地=-一四$ 或 $-二四$

即 $天^{二}-九天=-一四$ 或 $-二四$

所以求得 $天=七$ 或 $二$ 或 $\frac{一}{二}\left(九\pm\sqrt{-一五}\right)$

五題 有 $天^4丄甲天^3丄乙天^2丄丙天丄\frac{甲^2}{丙}=○$ 式求其天之同數

$\left(天^2丄\frac{甲}{丙}\right)^2丄甲天\left(天^2丄\frac{甲}{丙}\right)丄\left(乙丅\frac{甲}{二丙}\right)天^2=○$

$\left(天^2丄\frac{甲}{丙}\right)^2丄甲天\left(天^2丄\frac{甲}{丙}\right)丄\frac{四}{甲^2天^2}=\left(\frac{四}{甲^2}丅乙丄\frac{甲}{二丙}\right)天^2$

$天^2丄\frac{甲}{丙}丄\frac{二}{甲天}=\sqrt{\frac{四}{甲^2}丅乙丄\frac{甲}{二丙}}\cdot天$

此爲平方式易求其天之數

六題 求將 $\frac{一丅甲^2丅乙^2丅丙^2丅二甲乙丙}{(一丅甲^2)(一丅乙^2)(一丅丙^2)丅(丙丄甲乙)(乙丄甲丙)(甲丄乙丙)}$ 式化之爲最簡便之形

其分數

$=\frac{(一丅乙^2)(一丅丙^2)丅(甲丄乙丙)^2}{(一丅甲^2)(一丅乙^2)(一丅丙^2)丅(丙丄甲乙)(乙丄甲丙)(甲丄乙丙)}$

$=一丅甲^2丄(甲丄乙丙)\cdot\frac{(一丅乙^2)(一丅丙^2)丅(甲丄乙丙)^2}{(一丅甲^2)(甲丄乙丙)丅(丙丄甲乙)(乙丄甲丙)}$

$=一丅甲^2丄(甲丄乙丙)\cdot\frac{(一丅乙^2)(一丅丙^2)丅(甲丄乙丙)^2}{甲丄乙丙丅甲^2(甲丄乙丙)丅乙丙丅甲乙^2丅甲丙^2丅甲^2乙丙}$

$=一丅甲^2丄(甲丄乙丙)甲\cdot\frac{一丅甲^2丅乙^2丅丙^2丅二甲乙丙}{一丅甲^2丅乙^2丅丙^2丅二甲乙丙}$

$=一丄甲乙丙$

七題 有 $(天丄甲)(天丄乙)(天丄丙)(天丄丁)丅(天丅甲)(天丅乙)(天丅丙)(天丅丁)=(甲丄乙丄丙丄丁)\{(天丄甲)(天丄乙)(天丄丙)丄(天丅甲)(天丅乙)(天丅丙)\}$ 式求其天之同數又求證甲乙丙有三種相關之故能令其式相等又求證其相關之故不外乎此三種

(天⊥甲)(天⊥乙)(天⊥丙){(天⊥丁)⊤(甲⊥乙⊥丙⊥丁)}

=(天⊤甲)(天⊤乙)(天⊤丙){甲⊥乙⊥丙⊥丁⊥(天⊤丁)}

(天⊥甲)(天⊥乙)(天⊥丙){天⊤(甲⊥乙⊥丙)}=(天⊤甲)(天⊤乙)(天⊤丙){天⊥甲⊥乙⊥丙}

所以

(天⊤甲)(天⊤乙)(天⊤丙) / (天⊥甲)(天⊥乙)(天⊥丙) = 天⊤(甲⊥乙⊥丙) / 天⊥(甲⊥乙⊥丙)

天三⊤巳天二⊥午天⊤未 / 天三⊥巳天二⊥午天⊥未 = 天⊤巳 / 天⊥巳

其

巳=甲⊥乙⊥丙

午=甲乙⊥甲丙⊥乙丙

未=甲乙丙

所以一依吳書一百九十五款之例

巳天二⊥未 / 天二⊥午天 = 巳 / 天

巳天三⊥巳午天=巳天三⊥未天

巳午天=未天

所以

天=○

又

巳午=未

即

(甲⊥乙⊥丙)(甲乙⊥甲丙⊥乙丙)=甲乙丙

即

(甲⊥乙)(乙⊥丙)甲⊥(甲⊥乙)乙丙⊥(乙⊥丙)甲丙⊥乙丙二=甲乙丙

(甲⊥乙)(乙⊥丙)甲⊥乙丙(乙⊥丙)⊥甲丙(乙⊥丙)=○

(甲⊥乙)(乙⊥丙)甲⊥(甲⊥乙)(乙⊥丙)丙=○

(甲⊥乙)(乙⊥丙)(甲⊥丙)=○

所以 甲⊥乙=○ 或 乙⊥丙=○ 或 甲⊥丙=○ 此三式內之任一式能令所設之式

左右相等

八題 有

(甲⊥乙丙)(乙⊥甲丙)(丙⊥甲乙)=(甲⊤乙丙)(乙⊤甲丙)(丙⊤甲乙)

式求證此式中或

甲三⊥乙三⊥丙三⊥甲乙丙=○

或

⊤甲三⊥乙三⊥丙三⊥甲乙丙=○

將所設之式以甲二乙二丙二乘之令甲入第一括弧乙入第二括弧丙入第三括弧則

(甲二⊥甲乙丙)(乙二⊥甲乙丙)(丙二⊥甲乙丙)=⊤(甲二⊤甲乙丙)(乙二⊤甲乙丙)(丙二⊤甲乙丙)

以呷代甲二 以叱代乙二 以呐代丙二

$丙^{3}$ 即得

$$\frac{巳^{2}+(呷+吃)\cdot巳+呷吃}{巳^{2}-(呷+吃)\cdot巳+呷吃}=\frac{+呴+巳}{-呴-巳}$$

依吳書第一百九十五款法即

$$\frac{巳^{2}+呷吃}{(呷+吃)巳}=-\frac{呴}{巳}$$

或 $$=-\frac{巳}{呴}$$

所以 $呷吃+呷呴+吃呴+巳^{2}=0$ 或

$(呷+吃+呴)巳^{2}+呷吃呴=0$ 則

$$\frac{1}{呷}+\frac{1}{吃}+\frac{1}{呴}+\frac{巳^{2}}{呷吃呴}=0$$

或 $$呷+吃+呴+\frac{呷吃呴}{巳^{2}}=0$$

所以 $甲^{-3}+乙^{-3}+丙^{-3}+甲^{-1}乙^{-1}丙^{-1}=0$

或 $甲^{3}+乙^{3}+丙^{3}+甲乙丙=0$

九題 有四鐘同時敲起其第一鐘每十八秒一響第二鐘每四十五秒一響第三鐘每八十一秒一響第四鐘每一百〇五秒一響求四鐘再同時齊響必過若干時方得

令天爲所求之秒數則天必爲一八、四五、八一、一〇五四數之最小公乘數惟因 $一八=二\times三\times三$，$四五=三\times三\times五$，$八一=三\times三\times三\times三$，$一〇五=三\times五\times七$ 所以其最小之公乘數爲 $二\times三\times三\times三\times三\times五\times七$ 即五六七〇秒即九四$\frac{1}{2}$分即一點半鐘又四$\frac{1}{2}$分

十題 有多車從某處同時起行往同方向其行之遠相同惟各車之輪有大小其輪周爲甲一、甲二、甲三……甲卯 即卯箇不同之數根今欲求行若干遠則各輪皆行過整周又求各輪到此時轉動若干周

因各輪在同時中行同路則令車行過天尺之時各輪初成整周其 $\frac{天}{甲一}$ 整數爲第一車輪之轉數 $\frac{天}{甲二}$ 整數爲第二車輪之轉數…… $\frac{天}{甲卯}$ 整數爲第卯車輪之轉數 所以天爲甲一、甲二、甲三……甲卯之公乘數亦必爲其最小之公乘數惟因甲一、甲二、甲三……甲卯各爲數根則最小公乘數即爲各數連乘之積

所以 $天=甲一甲二甲三\cdots\cdots甲卯$ 又 $\frac{天}{甲一}=甲二甲三\cdots\cdots甲卯$ 即爲第一車輪之轉數其餘各輪之轉數依此類推

十一題 求 $\frac{一+天}{一}$，$\frac{一+天^{二}}{二天}$，$\frac{一+天^{四}}{四天^{三}}$，$\frac{一+天^{八}}{八天^{七}}$……至卯項之和

因 $\frac{一-天}{一}\cdot\frac{一+天}{一}=\frac{一-天^{二}}{二天}$（按：原式為連乘）

$$\frac{一-天}{一}\left(\frac{一+天}{一}\right)=\frac{一-天^{二}}{二天}$$

$$\frac{一-天^{二}}{二天}\left(\frac{一+天^{二}}{二天}\right)=\frac{一-天^{四}}{四天^{三}}$$

$$\frac{一-天^{四}}{四天^{三}}\left(\frac{一+天^{四}}{四天^{三}}\right)=\frac{一-天^{八}}{八天^{七}}$$

……所以

十二題 有二項數至卯箇求其連乘之積

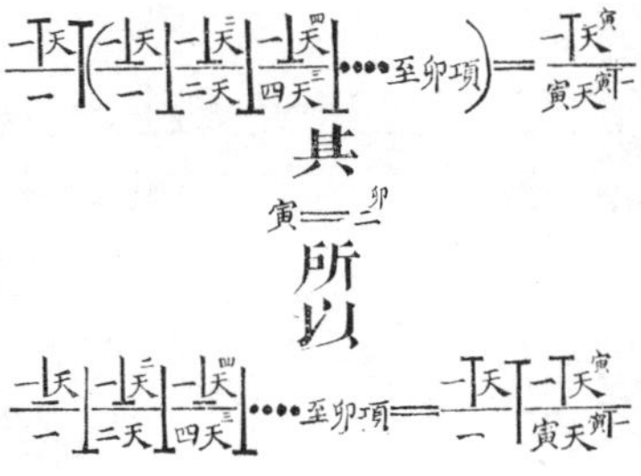

十三題 若某數有卯位求證其平方根有位

因凡有寅位之數其平方必有二寅或二寅一位所以反之凡有二寅或二寅一位之數其平方根必有寅位則卯位之數其卯若為偶其平方根必有二卯位卯若為奇其平方根必有二卯一位此二式俱能以明之

十四題 西歷一千八百五十一年六月二十一日英國韋令敦公已活了三萬日求其生年月日

所以每年若為三百六十五日則韋令敦公已活$\frac{30000}{365}=82\frac{70}{365}$

了八十二年又七十日所以其生也必在一千七百六十九年間又若以為每四年有一閏日則八十二年中必閏二十次惟一八〇〇年非當閏之年所以八十二年中只有十九日為閏而在一千七百六十九年六月二十一日韋令敦公已生了七〇一九日即五一日所以其生時當在一

千七百六十九年五月初一日

十五題　求依步步爲據之法證明

$$一^{三}\perp二^{三}\perp三^{三}\cdots\perp卯^{三}=(一\perp二\perp三\cdots\perp卯)^{二}$$

惟因　$一^{三}\perp二^{三}=九=(一\perp二)^{二}$

又因　$一^{三}\perp二^{三}\perp三^{三}=三六=(一\perp二\perp三)^{二}$

則可以爲至卯項之級數俱合此例

卽　$一^{三}\perp二^{三}\perp三^{三}\cdots\perp卯^{三}=(一\perp二\perp三\cdots\perp卯)^{二}=\left\{\frac{卯(卯\perp一)}{二}\right\}^{二}$

則　$一^{三}\perp二^{三}\perp三^{三}\cdots\perp卯^{三}\perp(卯\perp一)^{三}=\left\{\frac{卯(卯\perp一)}{二}\right\}^{二}\perp(卯\perp一)^{三}$

$$=\frac{(卯\perp一)^{二}}{四}(卯^{二}\perp四卯\perp四)$$

$$=\left\{\frac{(卯\perp一)(卯\perp二)}{二}\right\}^{二}$$

$$=\{一\perp二\perp三\cdots\perp(卯\perp一)\}^{二}$$

所以從此可知卯項級數若有此理則卯⊥一項之級數亦必有此理惟已爲兩三項之級數指出必有此理所以四項之級數亦必有此

理總之

$$一^{三}\perp二^{三}\perp三^{三}\cdots\perp卯^{三}=(一\perp二\perp三\cdots\perp卯)^{二}$$

無論卯爲若干必合此例

十六題　如有天爲實數求證 $天^{二}\perp八天\perp二二$ 恆不能小于六

令　$天^{二}\perp八天\perp二二=寅$

則　$天^{二}\perp八天\perp一六=寅\top六$

$天\perp四=\pm\sqrt{寅\top六}$

所以　$天=\top四\pm\sqrt{寅\top六}$

其 $寅\top六$ 不能爲負卽寅不能小于六

十七題　求證半徑爲六寸之球其體積等于半徑爲三寸四寸五寸之三箇球體之合積

茲以爲球之體積與其半徑之立方有比例則球之積 $\propto(球半徑)^{三}=寅未^{三}$

此式中之寅無論何球必同所以三球體積之和

$=寅三^{三}\perp寅四^{三}\perp寅五^{三}$

$=寅二一六$

$=寅六^{三}$

卽等于半徑爲六寸之球之體積

十八題　英國製造金錢所用之金每兩共值三箇金錢十七箇銀錢十箇半銅錢求極小之整兩數能作幾箇整金錢

令天兩之金能作地箇金錢則三金錢十七銀錢十箇半銅錢乘了天等于二十銀錢乘了地即 $一八六九天=四八〇地$ 所以 $天=\frac{四八〇}{一八六九}地=\frac{一六〇}{六二三}地$

因 $一六〇$ 與 $六二三$ 不能再約所以 $地=六二三$ 爲最小之整同數而 $一六〇$ 爲天之最小整同數

十九題　求將寅與卯以甲乙二數明之且令 $\frac{寅甲+卯乙}{寅+卯}$ 爲寅卯二數間之算學中率甲乙二數間之幾何中率

依本題之理 $\frac{寅甲+卯乙}{寅+卯}=\frac{寅+卯}{二}=\sqrt{甲乙}$ 所以 $寅+卯=二\sqrt{甲乙}$

$寅乙+卯乙=二乙\sqrt{甲乙}$

又

$寅甲+卯乙=二甲乙$

$寅(甲-乙)=二甲乙-二乙\sqrt{甲乙}$

$\therefore 寅=\frac{二乙\sqrt{甲}(\sqrt{甲}-\sqrt{乙})}{甲-乙}=\frac{二乙\sqrt{甲}}{\sqrt{甲}+\sqrt{乙}}$ 又依同理得 $卯=\frac{二甲\sqrt{乙}}{\sqrt{甲}+\sqrt{乙}}$

二十題　有呷吃二桶呷桶內有酒甲觔吃桶內有水乙觔從呷桶取丙觔入吃桶從吃桶取丙觔入呷桶如是連交換任多次若 $丙=\frac{甲乙}{甲+乙}$ 求證其第一次以後兩桶中之酒恆相等

第一次之後呷桶內所存之酒爲 $甲-丙$ 吃桶內之酒爲丙所以第二次從呷桶取丙觔入吃桶此丙觔內所有之

酒爲 $\frac{甲-丙}{甲}\times丙$ 觔又從吃桶取丙觔入呷桶則呷桶所添之酒 $\frac{丙}{乙}\times丙$ 觔若 $\frac{丙}{乙}=\frac{甲-丙}{甲}$ 即 $丙=\frac{甲乙}{甲+乙}$ 所添入之酒必等于所取去之酒

二十一題　前題之丙若爲公數則換至末次吃桶內之酒數爲 $\frac{甲乙}{甲+乙}(一-巳^{未})$ 其 $丙=\frac{甲乙}{甲+乙}(一-巳)$

換至第二次之後吃桶內所有之酒

$=丙\perp\frac{甲}{甲丙}丙\top\frac{乙}{丙}丙$

$=丙(一\top巳)$

其

$巳=一\top丙\cdot\frac{甲乙}{甲\perp乙}$

$丙=\frac{甲乙}{甲乙}\cdot(一\top巳)$

所以二次之後吃桶內之酒

$=\frac{甲乙}{甲乙}\cdot(一\top巳)$

如以爲一二次吃桶內酒之同數合于第$\text{未}\top一$次則第$\text{未}\top一$次之後吃桶之酒

$=\frac{甲乙}{甲乙}(一\top巳^{未\top一})$

呷桶之酒

$=甲\top\frac{甲乙}{甲乙}\cdot(一\top巳^{未\top一})$

所以第未次之後吃桶之酒

$=\frac{甲乙}{甲乙}(一\top巳^{未\top一})\perp\frac{甲}{丙}\{甲\top\frac{甲乙}{甲乙}(一\top巳^{未\top一})\}\frac{乙}{丙}\cdot\frac{甲乙}{甲乙}(一\top巳^{未\top一})$

$=\frac{甲乙}{甲乙}\{一\top巳^{未\top一}\perp一\top巳\top(一\top巳)(一\top巳^{未\top一})\}$

$=\frac{甲乙}{甲乙}(一\top巳^{未})$

所以其理如合于$\text{未}\top一$次亦必合于未次既能合于兩次之用則必可爲公用之數

二十二題 求將任何奇數$二卯\perp一$分爲兩分皆爲整數而其相乘之積爲極大

令天爲其一分則$二卯\perp一\top天$爲其又一分依題理$(二卯\perp一\top天)天=寅$爲極大則

$天\top(二卯\perp一)天=\top寅$

$天\top(二卯\perp一)天\perp\left(\frac{二卯\perp一}{二}\right)^{二}=\frac{四卯^{二}\perp四卯\perp一\top四寅}{四}$

所以 $天=\frac{一}{二}\left\{二卯\perp一\perp\sqrt{(四卯^{二}\perp四卯\perp一\top四寅)}\right\}$

而寅能得此數爲實則最大之同數爲 $四寅=四卯^{二}\perp四卯$

其 $天=\frac{一}{二}\left\{(二卯\perp一)\pm一\right\}=卯\perp一$

或 $=卯$

所以所求之兩分爲卯與$卯\perp一$

二十三題 如天爲實數求證其$\frac{二天^{二}\top二天\top五}{二天\top七}$式之同數不能在二一與一之間

令

$$\frac{二天^{二}-二天-五}{二天-七}=寅$$

則

$$二天-七=二寅天^{二}-二寅天-五寅$$

$$二寅天^{二}-(二寅+二)天=五寅-七$$

$$天^{二}-\frac{寅}{寅+一}天+\left(\frac{二寅}{寅+一}\right)^{二}=\frac{四寅^{二}}{一}(寅^{二}+二寅+一+一〇寅^{二}-一四寅)$$

$$=\frac{四寅^{二}}{一}(一一寅^{二}-一二寅+一)$$

$$=\frac{四寅^{二}}{一}(一一寅-一)(寅-一)$$

所以

$$天=\frac{二寅}{一}\left\{寅+一\pm\sqrt{(一一寅-一)(寅-一)}\right\}$$

若令天爲實數其一一寅−一與寅−一或兩者皆爲正或兩者皆爲負所以寅之同數不能在一一與一之間

二十四題　求從

$$\frac{乙-地^{三}}{甲-天^{三}}=\frac{三天+二地}{二天+三地}$$

$$甲^{二}-乙^{二}=(天-地)^{三}$$

$$甲^{二三}+乙^{二三}=人^{二三}$$

三式化去其甲與乙

其

$$甲^{二}-乙^{二}=天^{三}-三天^{二}地+三天地^{二}-地^{三}$$

所以

$$甲^{二}-天^{三}-(乙^{二}-地^{三})=三天地(天-地)$$

(角)

$$一-\frac{甲-天^{三}}{乙^{二}-地^{三}}=\frac{甲-天^{三}}{三天地(地-天)}$$

$$一-\frac{二天+三地}{三天+二地}=\frac{甲-天^{三}}{三天地(地-天)}$$

$$\frac{二天+三地}{一}=\frac{甲-天^{三}}{三天地}$$

$$\therefore 甲-天^{三}=六天^{二}地+九天地^{二}$$

$$\therefore 甲^{二}=天^{三}+六天^{二}地+九天地^{二}$$

$$\therefore 甲^{\frac{二}{三}}=天^{\frac{二}{三}}+三天^{\frac{一}{三}}地$$

依同

理將(角)式以乙−地^{三}約之得

$$乙^{\frac{二}{三}}=地^{\frac{二}{三}}+三天地^{\frac{一}{三}}$$

所以

$$甲^{\frac{二}{三}}+乙^{\frac{二}{三}}=天^{\frac{二}{三}}+三天^{\frac{一}{三}}地^{\frac{二}{三}}+三天^{\frac{二}{三}}地^{\frac{一}{三}}+地^{\frac{二}{三}}$$

$$甲^{\frac{二}{三}}+乙^{\frac{二}{三}}=(天^{\frac{一}{三}}+地^{\frac{一}{三}})^{二}=人^{\frac{二}{三}}$$

所以

$$天^{\frac{二}{三}}+地^{\frac{二}{三}}=人^{\frac{二}{三}}$$

二十五題　求將

$$\frac{寅}{天-巳}+\frac{卯}{地-午}=\frac{甲}{巳寅}+\frac{乙}{午卯}=\frac{甲^{二}}{寅^{二}}+\frac{乙^{二}}{卯^{二}}=\frac{甲^{二}}{巳^{二}}+\frac{乙^{二}}{午^{二}}-一=〇$$

式消去其寅卯巳午

其

$$\frac{寅}{天}+\frac{卯}{地}=\frac{寅}{巳}-\frac{卯}{午}$$

而

$$\frac{甲^{二}}{巳寅}=\frac{乙^{二}}{午卯}$$

又

$$\frac{甲^{二}}{寅^{二}}=\frac{乙^{二}}{卯^{二}}$$

所以

$$\frac{寅}{巳}=\frac{卯}{午}$$

又

$$\frac{甲}{寅}=\frac{乙}{卯}$$

所以

$$\frac{甲}{天}+\frac{乙}{地}=\frac{甲}{二巳}=-\frac{乙}{二午}$$

又

$$一=\frac{甲^{二}}{巳^{二}}+\frac{乙^{二}}{午^{二}}=\frac{甲^{二}}{二巳^{二}}=\frac{二}{一}\left(\frac{甲}{天}+\frac{乙}{地}\right)^{二}$$

所以

$$\frac{甲}{天}+\frac{乙}{地}=\sqrt{三}$$

二十六題　如 $甲天^{二}丄乙天丄丙=〇$ 式之根有寅與卯之比求證

$\frac{甲丙}{乙^{二}}=\frac{寅卯}{(寅丄卯)^{二}}$

令角亢爲兩根則

$\frac{亢}{角}=\frac{卯}{寅}$

$角丄亢=丅\frac{甲}{乙}$

又

$角亢=\frac{甲}{丙}$

所以

$\frac{亢}{角丄亢}=\frac{卯}{寅丄卯}$

所以

$亢=丅\frac{寅丄卯}{卯}\cdot\frac{甲}{乙}$

又

$角=\frac{卯}{寅}\cdot亢=丅\frac{寅丄卯}{寅}\cdot\frac{甲}{乙}$

所以

$角亢=\frac{(寅丄卯)^{二}}{寅卯}\cdot\frac{甲^{二}}{乙^{二}}=\frac{甲}{丙}$

$\therefore\ \frac{甲丙}{乙^{二}}=\frac{寅卯}{(寅丄卯)^{二}}$

二十七題　有一箇進位之法其根爲未求其 一二一 一二三二一 一二三四三二一 …… 各數之級數

$一二一=未^{二}丄二未丄一=(未丄一)^{二}$

$一二三二一=未^{四}丄二未^{三}丄三未^{二}丄二未丄一$

$=未^{二}(未丄一)^{二}丄二未(未丄一)丄一$

$=\{未(未丄一)丄一\}^{二}=(未^{二}丄未丄一)^{二}$

$一二三四三二一=未^{六}丄二未^{五}丄三未^{四}丄四未^{三}丄三未^{二}丄二未丄一$

$=未^{四}(未^{二}丄二未丄一)丄二未^{二}(未^{二}丄二未丄一)丄未^{二}丄二未丄一$

$=(未^{二}丄一)^{二}(未丄一)^{二}=(未^{三}丄未^{二}丄未丄一)^{二}$

其餘依此類推所以其級數

二十八題　求證凡有根大于六之進位法其 一二三四五六五四三二一 能以 一二三二一

之法

$=(未丄一)^{二}丄(未^{二}丄未丄一)^{二}丄(未^{三}丄未^{二}丄未丄一)^{二}丄\cdots\cdots$ 至第九項

$=\left(\frac{未丅一}{未丅一}\right)^{二}丄\left(\frac{未丅一}{未^{三}丅一}\right)^{二}丄\left(\frac{未丅一}{未^{四}丅一}\right)^{二}丄\cdots\cdots丄\left(\frac{未丅一}{未^{一〇}丅一}\right)^{二}$

$=\frac{(未丅一)^{二}}{一}\{未^{四}丄未^{六}丄\cdots丄未^{二〇}丅二未^{二}(一丄未丄未^{二}丄\cdots丄未^{九})丄九\}$

$=\frac{(未丅一)^{二}}{一}\left\{\frac{未^{二}丅一}{未^{四}(未^{八}丅一)}丅二\frac{未^{二}}{}\cdot\frac{未丅一}{未^{一〇}丅一}丄九\right\}$

約之

$一二三四五六五四三二一=未^{一〇}丄二未^{九}丄三未^{八}丄四未^{七}丄五未^{六}丄六未^{五}丄五未^{四}$

$丄四未^{三}丄三未^{二}丄二未丄一$

$=(未^{五}丄未^{四}丄未^{三}丄未^{二}丄未丄一)^{二}$

$=\left(\frac{未丅一}{未^{六}丅一}\right)^{二}$

又

$一二三二一=未^{四}丄二未^{三}丄三未^{二}丄二未丄一$

$=(未^{二}丄未丄一)^{二}=\left(\frac{未丅一}{未^{三}丅一}\right)^{二}$

所以

$\frac{一二三四五六五四三二一}{一二三二一}=\left\{\frac{未丅一}{未^{六}丅一}\div\frac{未丅一}{未^{三}丅一}\right\}^{二}=(未^{三}丄一)^{二}$

爲整數

二十九題　有一箇算學級數首至卯項之和爲卯^{二}無論卯之同數若干俱合求其級數

令甲爲其級數內之第一項令乙爲其公較數則

$二甲卯\perp 乙卯\top 乙卯 ＝ 二卯^{二}$

$(乙\top 二)卯\top(乙\top 二甲)卯 ＝ ○$

無論卯爲何同數俱合　所以

$乙\top 二＝○$
$乙\top 二甲＝○$

觀吳書三百四十款　卽

乙＝二
甲＝一

所以

$\{二甲\perp(卯\top 一)乙\}\frac{卯}{二}＝卯^{二}$

其級數爲一三五七九……

三十題　從前題之理求 天^{二}＝地^{二}⊥人^{二} 式之整根

依前題之理得 一⊥三⊥五⊥七⊥九……至卯項＝卯^{二} 無論卯之同數如何其總數必＝卯^{二}

惟級數之和數如一 九 二五 四九 八一……俱爲平方數令 呻^{卯} 爲卯項之和則

呻$_{五}$＝五^{二}
呻$_{四}$＝四^{二}
呻$_{五}$＝呻$_{四}$⊥九

所以 五^{二}＝四^{二}⊥三^{二}

所以

天＝五
地＝四
人＝三

又

呻$_{一三}$＝(一三)^{二}
呻$_{一二}$＝(一二)^{二}
呻$_{一三}$＝呻$_{一二}$⊥二五

所以 一三^{二}＝(一二)^{二}⊥五^{二}

所以

天＝一三
地＝一二
人＝五

其餘依此類推

三十一題　求證 $\sqrt[寅卯巳午]{甲乙丙丁}$ 必在 $\sqrt[寅]{甲}$ $\sqrt[卯]{乙}$ $\sqrt[巳]{丙}$ $\sqrt[午]{丁}$ 各數之最大最小之間

令 $\sqrt[寅卯巳午]{甲乙丙丁}＝天$ 則

$對天＝\frac{對甲\perp 對乙\perp 對丙\perp 對丁}{寅\perp 卯\perp 巳\perp 午}$

此必在最大最小之間　觀對數書一百三十四頁五題

$\frac{對甲}{寅}$　$\frac{對乙}{卯}$　$\frac{對丙}{巳}$　$\frac{對丁}{午}$ 卽 對$\sqrt[寅]{甲}$ 對$\sqrt[卯]{乙}$ 對$\sqrt[巳]{丙}$ 對$\sqrt[午]{丁}$ 因凡數或增或減則天必在 $\sqrt[寅]{甲}$ $\sqrt[卯]{乙}$ $\sqrt[巳]{丙}$ $\sqrt[午]{丁}$ 和數極大極小之間

三十二題　有二數之和爲四五其最小之公乘數爲一六八求其二數

令嗊爲二數之最大公約數則 午嗊⊥午$'$嗊＝四五 其午午$'$爲最大公約

數中之一箇乘數又 午午寅＝最小公乘數＝一六八 所以 $\frac{午午}{午⊥午}=\frac{一六八}{四五}=\frac{五六}{一五}$ 從此易見 午＝八 午＝七

所以 $寅=\frac{午⊥午}{四五}=\frac{一五}{四五}=三$ 而其二數爲 三乂八 三乂七 即 二四 與 二一 也

三十三題 有兩數其最大之公約數爲一六最小之公乘數爲一九二 求其兩數

令午午爲以最大公約數約其兩數所得之數則所求之數必爲 午乂一六 與 午乂一六 又 午午乂一六＝最小公乘數＝一九二 所以 $午午=\frac{一九二}{一六}=一二$ 惟因午與午彼此必不能相約而三乂四爲一二之乘數所以 午＝三 午＝四 而所求之兩數爲 三乂一六 與 四乂一六 即 四八 與 六四 也

三十四題 有 一八天丅三天>二四 式求所能有天之整同數

三（六天丅天丅八）>〇
三{丅（天丅六天⊥八）}>〇
三{丅（天丅四）（天丅二）}>〇
則 天丅四 必爲負所以 天<四 又 天丅二 爲正所以 天>二 所以

得 天＝三

三十五題 有 天<一〇天丅一六 式求所能有天之整同數

丅天⊥一〇天丅一六>〇
丅（天丅一〇天⊥一六）>〇
丅（天丅二）（天丅八）>〇
所以 天>二<八 即 天＝三 天＝四 天＝五 天＝六 天＝七

三十六題 有 $\frac{天⊥二天⊥三}{天⊥一四天⊥九}$ 式求其最大同數

令 $\frac{天⊥二天⊥三}{天⊥一四天⊥九}=寅$ 則 （寅丅一）天⊥（二寅丅一四）天＝丅三寅⊥九

$天⊥\frac{寅丅一}{二寅丅一四}\cdot天⊥\left(\frac{寅丅一}{寅丅七}\right)=\frac{（寅丅一）}{丅二寅丅二寅⊥四〇}$

所以 天＝$\frac{寅丅一}{一}$｛七丅寅±√丅二寅丅二寅⊥四〇｝
＝$\frac{寅丅一}{一}$｛七丅寅±√丅二（寅⊥五）（寅丅四）｝

其寅不能大于四但可等于四所以其最大之同數爲四

三十七題　如天爲實數求證 $\frac{天^{二}⊥二天T七}{天^{二}⊥三四天T七一}$ 之同數不能在五與九之間

令 $\frac{天^{二}⊥二天T七}{天^{二}⊥三四天T七一}=寅$ 則 $(寅T一)天^{二}⊥二(寅T一七)天=七寅T七一$

所以 $天=\frac{一}{寅T一}\left\{一七T寅\pm\sqrt{八(寅T五)(寅T九)}\right\}$

若天爲實數則 $寅T五$ 與 $寅T九$ 必有同號卽寅或大于九或小于五所以題式不能有五九兩數之間之同數

三十八題　求證 $一\cdot二\cdot三\cdots卯<\left(\frac{卯⊥一}{二}\right)^{卯}$

一令卯爲奇數則 $一\cdot二\cdot三\cdots卯$ 之中乘數爲 $\frac{卯⊥一}{二}$ 而在其左邊之第巳乘數爲 $\frac{卯⊥一}{二}T巳$ 在其右邊之第巳乘數爲 $\frac{卯⊥一}{二}⊥巳$ 而其乘得之積爲 $\left(\frac{卯⊥一}{二}\right)^{二}T巳^{二}<\left(\frac{卯⊥一}{二}\right)^{二}$ 此種乘得之積共必有 $\frac{卯T一}{二}$ 雙所以如卯爲奇數其 $一\cdot二\cdot三\cdots卯<\left(\frac{卯⊥一}{二}\right)^{卯T一}\cdot\frac{卯⊥一}{二}<\left(\frac{卯⊥一}{二}\right)^{卯T一}\cdot\frac{卯⊥一}{二}$ 所以更 $<\left(\frac{卯⊥一}{二}\right)^{卯}$

二令卯爲偶數則 $一\cdot二\cdot三\cdots卯$ 之兩箇中乘數必爲 $\frac{卯}{二}$ 與 $\frac{卯⊥二}{二}$ 而其乘得之積爲 $\frac{卯(卯⊥二)}{四}$ 其第 $\frac{卯}{二}$ 右邊之第巳乘數爲 $\frac{卯}{二}T巳$ 而其第 $\frac{卯⊥二}{二}$ 左邊之第巳乘數爲 $\frac{卯⊥二}{二}⊥巳$ 而其乘得之積爲 $\frac{卯(卯⊥二)}{四}T巳^{二}T巳<\frac{卯(卯⊥二)}{四}$ 此種乘得之積共有 $\frac{卯}{二}$ 雙所以卯若爲偶

數則

$$一\cdot二\cdot三\cdots卯<\left\{\frac{一}{二^{二}}卯(卯+二)\right\}^{\frac{卯}{二}}$$

$$<\left\{\frac{一}{二^{二}}(卯+一)^{二}\right\}^{\frac{卯}{二}}$$

則更必

$$<\left\{\frac{一}{二}(卯+一)\right\}^{卯}$$

所以總而言之

$$一\cdot二\cdot三\cdots卯<\left\{\frac{一}{二}(卯+一)\right\}^{卯}$$

三十九題　有呷吃二人同打鐵呷于每七分時中打十二椎吃于每九分時中打十七椎兩人共打半點鐘之久求兩人之椎打至那一下最相近

如呷之第天下正合于吃之第地下則因呷之天下與吃之地下同時所以 $天\times\frac{一二}{七}=地\times\frac{一七}{九}$ 即

$$\frac{天}{地}=\frac{一一九}{一〇八}=一+\cfrac{一}{九+\cfrac{一}{一+\cfrac{一}{四+\cfrac{一}{二}}}}$$

而其漸近之數為 $\frac{一}{一}$ $\frac{一〇}{九}$ $\frac{一一}{一〇}$ $\frac{五四}{四九}$ $\frac{一一九}{一〇八}$ 惟此各分數漸近于 $\frac{一一九}{一〇八}$ 所以 $\frac{五四}{四九}$ 為首半點鐘內之最近者惟因呷于半點鐘內打了五一下則 $\frac{天}{地}$ 之同數必令為 $\frac{一一}{一〇}$ 所以呷之第十一椎與吃之第十椎為最相近

四十題　有卯點在一箇平面上除有巳點在一直線上之外其餘各點更無三點在一直線之上求以直線連其各點所能成之三角形數

如無三箇點在一直線內則所能成之三角形為有卯物三三取之之排列即 $\frac{卯(卯-一)(卯-二)}{一\cdot二\cdot三}$ 惟因有巳點在一直線上而巳點能成 $\frac{巳(巳-一)(巳-二)}{一\cdot二\cdot三}$ 箇三角形所以必減去此數則

$$\frac{卯(卯-一)(卯-二)-巳(巳-一)(巳-二)}{一\cdot二\cdot三}$$

為所能成之三角形數

四十一題　求證 $\frac{(卯_{一}+卯_{二})!}{卯_{一}!\cdot卯_{二}!}$ 為整數又 $\frac{(卯_{一}+卯_{二}+卯_{三}+\cdots+卯_{未})!}{卯_{一}!\cdot卯_{二}!\cdot卯_{三}!\cdots卯_{未}!}$ 亦為整數

$$\frac{卯!}{未!\cdot(卯-未)!}=\frac{卯(卯-一)\cdots(卯-未+一)}{一\cdot二\cdots未}$$

為整數此引呉書百十八款　三令 $卯_{一}+卯_{二}$ 代卯則 $\frac{(卯_{一}+卯_{二})!}{卯_{一}!\cdot卯_{二}!}$ 為整數此引呉書第三百七十七款

則
$$\frac{卯\cdot卯\text{二}\cdot卯\text{三}}{卯\text{一}丄卯\text{二}丄卯\text{三}}=\frac{卯\cdot卯\text{二}丄卯\text{三}}{卯\text{一}丄卯\text{二}丄卯\text{三}}\cdot\frac{卯\text{二}\cdot卯\text{三}}{卯\text{一}丄卯\text{二}}$$
爲整數乘整數所以必爲整數其餘依此類推

四十二題　求證$丙^{未}_{卯}$若爲卯物未未取之之排列則 $\frac{卯}{丁}=丙^{卯}_{一}丄丙^{卯}_{二}丄丙^{卯}_{三}丄\cdots丄丙^{卯}_{卯}$

其證法不許用二項例

卯物甲、甲二、甲三……甲卯之排列法俱在 $(天甲)(天甲二)(天甲三)\cdots(天甲卯)$ 之詳式內之天與天之各數之倍數內又除卯天之倍數外其天並無各方之倍數僅爲卯物之排列者所以 $(一丄甲)(一丄甲二)(一丄甲三)\cdots(一丄甲卯)$ 之各項內除一之外僅爲卯物之排列甲、甲二、甲三……甲卯所以排列法之全數爲 $\frac{(一丄甲)(一丄甲二)(一丄甲三)\cdots(一丄甲卯)}{丁}$ 之同數其 $甲=甲二=甲三=\cdots=甲卯=一$ 所以卯物之全排列數即爲 $\frac{卯}{丁}=丙^{卯}_{一}丄丙^{卯}_{二}丄丙^{卯}_{三}丄\cdots丄丙^{卯}_{卯}$

四十三題　一直線上有卯點其第一點與第二點之距爲一寸如是以至第未點與第未上一點之相距其大于一寸之數爲第未點與第未下一點相距之數之寅一　求末兩點之相距並首末兩點之相距

如 寅＝卯＝一〇 求證其外點相距爲 一二三四五六七八九

一二兩點之距爲一　二三兩點之距爲 $一丄\frac{一}{寅}$　三四兩點之距爲 $一丄\frac{一}{寅}丄\frac{一}{寅^{二}}$　總之第未點與第未上一點之相距爲 $一丄\frac{一}{寅}丄\frac{一}{寅^{二}}丄\cdots丄\frac{一}{寅^{未丅一}}$ 即 $\frac{一丅寅^{丅未}}{一丅寅^{丅一}}$ 寸所以末兩點之距即第卯點與第卯丅一點

若 寅＝卯＝一〇 則首末兩點之距

＝(一丅一〇丅)/一 {九丅(一〇丄一〇丄…丄一〇)}

＝九/一〇 {九丅〇…………}

＝一〇丅(九/一〇)〇…………

＝一二三四五六七八九

之距即 (一丅寅丅)/(一丅寅丅(卯丅一)) ㈠ 又首末兩點之距為

一丄(一丅寅丅/一丅寅丅)丄(一丅寅丅/一丅寅丅)丄……丄(一丅寅丅/一丅寅丅(卯丅一))

＝(一丅寅丅)/一 {一丅寅丅丄一丅寅丅丄一丅寅丅丄……丄一丅寅丅(卯丅一)}

＝(一丅寅丅)/一 {卯丅一丅寅丅·(一丅寅丅)/(一丅寅丅(卯丅一))}

寸

四十四題 有兩竿各長六寸一竿分為寅等分一竿分為卯等分其寅與卯彼此為無等之數令兩竿之兩端相齊求證末兩分點之相距小于 寅卯/丙 寸又求證有兩雙分點有此相距數若 寅＝二五〇 卯＝二四三 求其最小相距之分點

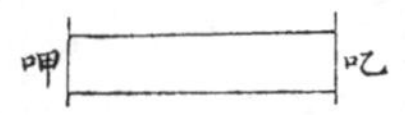

令丁一為第一竿之第天分點從呷之相距令丁二為第二竿之第地分點從呷之相距則

丁一＝寅/天·丙

丁二＝卯/地·丙

所以 丁一丅丁二＝丙(寅/天丅卯/地)

即 卯天丅寅地＝丙/寅卯(丁一丅丁二)

惟 卯天丅寅地 為整數而其最小之同數為一

所以 丙/寅卯(丁一丅丁二) 之最小同數為一即丁一與丁二之較為 寅卯/丙

又如果 卯天丅寅地＝一 與 卯天丅寅地＝丅一 則必有此種分點兩雙

如 寅＝二五〇 卯＝二四三 則必解其 二四三天丅二五〇地＝丄一 式用連分數之法得

天＝一〇七 地＝一〇四 又 天＝一四三 地＝一三九

四十五題 有兩鐘連打一點鐘時而止第一鐘共打二百四十四下第二鐘共打二百五十一下兩鐘正在一點鐘時之首末同打則除其首末兩次同打之外求何次之打最近于同時又求有一人立于兩鐘之間之直線上必距若干遠聞其最近于同時之响聲與眞是同

時而打者無異其聲音傳過空氣之速率爲每秒中一千〇八十尺

此題之上半節與前題之理相同因第一鐘之打能分其時爲二百四十三等分第二鐘之打能分其時爲二百五十等分則依前題之法能知其最近之分點爲第一鐘之第一〇四下第二鐘之第一〇七下又爲第一鐘之第一三九下與第二鐘之一四三下所以最近于同時之响必爲第一鐘之一〇五下第二鐘之第一〇八下又爲第一鐘之一四〇下第二鐘之一四四下

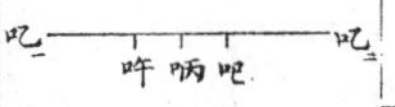

如圖吃吃爲兩鐘哂爲兩鐘間之中點吧爲人在此處則聞第一鐘之一〇五下與第二鐘之一〇八下爲同時

則第一鐘之第一〇五下必在一點鐘之首秒後 $\frac{一〇四}{二四三}\times六〇\times六〇$ 秒第二鐘之第一〇八下在首秒後 $\frac{一〇七}{二五〇}\times六〇\times六〇$ 秒又聲從吃$_二$行至吧所費之秒數爲 $\frac{吃_二吧}{一〇八〇}$ 聲從吃$_一$行至吧所費之秒數爲 $\frac{吃_一吧}{一〇八〇}$ 所以在吧點聽第一鐘之第一〇五响爲一點中之首秒後 $\frac{吃_一吧}{一〇八〇}丄\frac{一〇四}{二四三}\times六〇\times六〇$ 秒第二鐘之第一〇八下爲 $\frac{吃_二吧}{一〇八〇}丄\frac{一〇七}{二五〇}\times六〇\times六〇$ 秒而此兩時之秒數必相等所以

$$〇=\frac{一}{一〇八〇}(吃_一吧丅吃_二吧)丄六〇\times六〇\left(\frac{一〇四}{二四三}丅\frac{一〇七}{二五〇}\right)$$

即

$$〇=\frac{二哂吧}{一〇八〇}丅\frac{六〇\times六〇}{二四三\times二五〇}$$

所以 $哂吧=三二$ 尺

又依同理令圖之吽點爲人所立之處而能聽第一鐘之第一四〇响與第一鐘之第一四四响爲同時則 $哂吽=三二$ 尺

若兩鐘之相距本小于六四尺則以上之算法不能用因不能有吧吽兩點也惟兩鐘之相距若正爲六四尺則第一鐘之第一〇五响行至第二鐘之時正値第二鐘之第一〇八响所以其兩响必爲人在吃$_一$吃$_二$線向吃$_二$引長之線內同時所聞又第一鐘之第一四〇响與第二鐘之一四四响爲人在吃$_二$吃$_一$線向吃$_一$引長之線內同時所聞知此則題中所欲求之事無一遺漏矣

四十六題　有三鐘同時打起第一鐘每二十五秒打一下第二鐘每二十九秒打一下第三鐘每三十三秒打一下不到半點鐘時第一鐘先停停後十八秒第二鐘打末下而停第三鐘之末一下在第一鐘末下後二十一秒求各鐘各共打若干下

令 二五酉 為第一鐘首末兩下間之秒數則 酉丄一 為第一鐘共打之下數所以 $\frac{二五酉丄一八}{二九}$ 為第二鐘共打之下數令此數＝天丄一

又令 $\frac{二五酉丄二一}{三三}$ 為第三鐘共打之次數此數＝地丄一 所以

二九天丅一八＝二五酉＝三三地丅二一

即

三三地丅二九天＝三

㈠所以

天＝三三寅丅二四
地＝二九寅丅二一

若 寅＝一 則 天＝九 地＝八 若 寅＝二 則 天＝四二 地＝三七 又

二九天丅二五酉＝一八

㈡所以

天＝二五卯丅一〇八
酉＝二九卯丅一二六

若 卯＝五 則 天＝一七 酉＝一九 若 卯＝六 則 天＝四二 酉＝四八 所以得合題之各數為 酉＝四八 天＝四二 地＝三七 可見第一鐘從打起至停為 二五✕四八 秒即二十分時而其三箇鐘所打之次數為 四九 四三 三八

四十七題　有甲乙兩質點同在一點向同方向之一直線行甲動之平速每秒二尺乙不平行之速初秒為一尺而其任時所行之尺數與其時之平方有比例求證行動之時兩質點必有三次與所設之任相距合惟所設之相距必小于一尺又求其以代數解題之法所得之第四事解明其意

令申尺為兩質點在酉秒時之相距則如果甲在乙之前則 申＝二酉丅酉² 即 酉＝一丄√一丅申 所以甲在乙前之時兩質點所能有之最大相距為一尺又 酉＝一丅√一丅申 ㈠為兩質點初次有所設之相距 酉₂＝一丄√一丅申 ㈡為兩質點第二次

又兩質點在最大相距之後

所以之相距再過二秒兩質點必在一處因如 申=○ 酉=二 之

後其式爲 申=酉丅二酉 即 酉=一丄√(一丄申) (角) 所以 酉=一丅√(一丄申) (三) 爲兩質點第三次在所

設之相距申

其(角)式內之負號者令酉爲負數欲講明此式之理必

在 申=酉丅二酉 之式中令丅酉代其酉則得 申=酉丄二酉 此式之意因酉增大

之時申亦必同增所以此理必屬于兩質點向相反之

方向而行之例

四十八題 火輪車載物之價視其車每點鐘所行之路

大于二十里之數而變其行車之費用視所增之速之

平方而變計火輪于一點鐘時行四十里則不至虧本

亦不能得利求應行若干速則所得之利最大

令天爲任何速在一點鐘所行之里數則 天丅二○ 爲其速大

于二○里之數所以其價 ∞天丅二○=寅(天丅二○) 其費用 ∞(天丅二○)²=卯(天丅二○)² 如 天=四○ 則價 =二○寅 費用

=四○○卯 惟依本題之理 二○寅=四○○卯 所以 寅=二○卯 又 寅(天丅二○)丅卯(天丅二○)² 爲最大即 二○卯(天丅二○)丅卯(天丅二○)² 爲最大

即 二○(天丅二○)丅(天丅二○)²=噴 可令 (天丅二○)²丅二○(天丅二○)丄一○○=一○○丅噴 所以 天丅二○=一○丄√(一○○丅噴) 則 天=三○丄√(一○○丅噴) 惟欲得天之實數則噴不能

大于一○○ 但可等于一○○ 所以其極大之數爲一○○ 則 天=三○

四十九題 有無窮級數 寅巳/甲 丄 寅²巳/甲² 丄 寅³巳/甲³ 丄…… 求證此數爲斂級數或

發級數

其 卯級/(卯丄一)級 =甲·寅卯巳/寅(卯丄一)巳 =甲{一丄寅(卯丄一)巳/巳}=甲 此以其卯爲大至無窮所以若 甲<一 則級

數必斂（甲＞一）則爲發級數

五十題　凡不合理之平方式若其一數爲直線則其式雖不能以算學之法明之然能以幾何之理明其爲無差今求比例之證

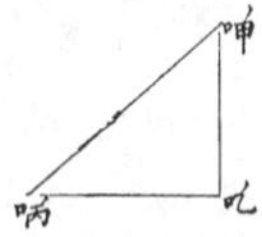

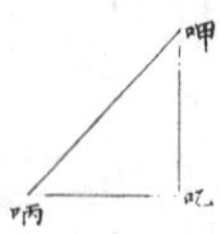

令呷吃呥正三角形呷吃吃呥兩邊等于一則呷呥弦等于√(一⊥一)即＝√二

又令呷′吃′呥′爲正三角形其呷′吃′邊爲一其 吃′/呥′＝呷/呥 則 呷′/呥′＝√(一⊥二)＝√三

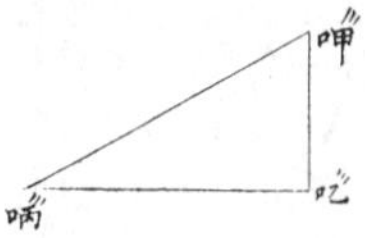

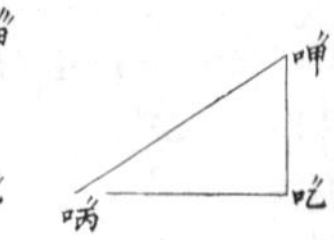

再令呷″吃″呥″爲正三角形其呷″吃″等于一而 吃″/呥″＝兩箇一 則 呷″/呥″＝√(一⊥四)＝√五

再令呷‴吃‴呥‴爲正三角形其呷‴吃‴等于一而 吃‴/呥‴＝呷″/呥″ 則 呷‴/呥‴＝√(一⊥五)＝√六 其餘依此類推

依此法可見任何無理之平方式俱能以幾何之法作圖明之

五十一題　有方田一塊亢房二人行于其上亢依平速順田之外界而行房依等平速往來于田之對角線行至兩端即迴行兩人或永不能相遇或能相遇一次俱依從何方位起身而定之又求證兩人雖行至無窮年其相遇不能多于一次

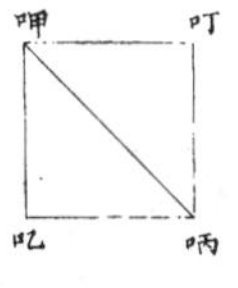

如圖呷吃呥叮方田其呷吃呥叮四點爲田之四角呷呥爲對角線

一如房初向呷起行亢于同時亦向呷起行而亢之距呷與房之距呷相等則房亢兩人必在呷點相遇或亢之距呷比房之距呷多兩箇對角線之長則亦可在呷

點相遇總之 房距呷⊥二寅×對角線＝亢距呷⊥四卯×方邊 則必在呷點相遇

又如房初向呥點行而亢之距呷＝房距呥⊥對角線 則亦必在呷相遇總之 房距呥⊥(二寅⊥一)對角線＝亢距呷⊥四卯×方邊 則必在呷點相遇其寅與卯各爲整

正之數　又依同法能證二人能在兩點相遇

惟兩人若依前任一法相遇之後則因兩人等時行等路而方田之邊不能以對角線度盡之故雖行至終古不能再在一點相遇

五十二題　有數人所欠之項各爲若干金錢若干銀錢若干銅錢令收得所欠之項其所收銅錢之數比一人所欠銅錢之數爲三一　其所收銀錢之數與一人所欠銀錢之數相等其所收金錢之數與一人所欠銀錢之數相等求一人之項若干並人數若干

令一人所欠之項爲天箇金錢地箇銀錢人箇銅錢又令人數爲寅

則依本題之理 二二/三人 ＝巳 二二/寅人　其巳爲銅錢所作之整銀錢數因其數必爲整所以 二二/(寅三)人 ＝巳 亦必爲整即 (二寅一)人 能以二四約之惟二四之乘數或爲一二四或爲二一二或爲三八或爲四六而 二寅一＝一 與 人＝二四 不能有因寅不能等于一又其第二第四之兩箇乘數亦不能有因二寅一不能爲偶數之故所以其所能有之乘數必爲其第三箇即 二寅一＝三 而 人＝八 所以 寅＝二 人＝八 則其所求之數爲天箇金錢地箇銀錢八箇銅錢將此以二乘之得二天箇金錢(二地一)箇銀錢與四箇銅錢惟依本題 二〇/二地一 ＝午 二〇/地一 即 二〇/地一 ＝午 爲銀錢所作之整金錢數又地不能大于一九 所以 地＝一九 爲地之能令地一以二〇約之所能有之同數即得 二天一午＝二天一＝一九 所以 天＝九 則所求一人所欠之項爲金錢九銀錢十九銅錢八而其人數爲二

五十三題　若 叮一/唧一 與 叮三/唧三 爲 乙甲 之任兩箇相連之數則以 叮二/唧二 代 乙甲 必 叮叮/三一 而 (叮叮/三一) 求證之

令 叮三/唧三 爲 叮三/唧三 下之一箇相連之數則 乙甲 與 叮三/唧三 之

差不過因取約得之數 $午_3$ 代其 $午_3丄\frac{\cdots\cdots}{一}$ 此式以吽代之惟

因 $\frac{叮_3}{呷_3}=\frac{午_3叮_1丄叮_2}{午_3呷_1丄呷_2}$

所以 $\frac{乙}{甲}=\frac{吽叮_1丄叮_2}{吽呷_1丄呷_2}$

所以

$$\frac{乙}{甲}丅\frac{叮_1}{呷_1}=\frac{吽叮_1丄叮_2}{吽呷_1丄呷_2}丅\frac{叮_1}{呷_1}=\frac{叮_1(吽叮_2丄叮_1)}{吽(呷_2叮_1丅呷_1叮_2)}$$

$$=\frac{叮_1(吽叮_2丄叮_1)}{吽}=\frac{叮_1\left(叮_2丄\frac{叮_1}{吽}\right)}{一}$$

此在吳書三百四十九款 $<\frac{叮_1叮_2}{一}$

而 $>\frac{叮_1(叮_2丄叮_1)}{一}$ 所以 $吽>午_3$ 所以 $>一$

五十四題 如 $冒_1=\sqrt{角丄亢}$ 為二項式 $角丄亢\sqrt{丅一}$ 之根其角亢為有理之數

$冒_1冒_2冒_3\cdots\cdots冒_卯$ 為卯箇二項式之根求證卯箇二項式連乘之積其根為 $冒_1冒_2冒_3\cdots\cdots冒_卯$

令 $味_卯$ 為卯箇此種二項式連乘所得之積之根則有式

如

$$(角_1丄亢_1\sqrt{丅一})(角_2丄亢_2\sqrt{丅一})=角_1角_2丅亢_1亢_2丄(角_1亢_2丄角_2亢_1)\sqrt{丅一}$$

所以

$$(味_2^2)=(角_1角_2丅亢_1亢_2)^2丄(角_1亢_2丄角_2亢_1)^2$$

$$=(角_1^2丄亢_1^2)(角_2^2丄亢_2^2)$$

所以

$味_2=冒_1冒_2$

$味_3=味_2冒_3$

$味_4=味_3冒_4$

$\cdots\cdots$

$味_卯=味_{卯丅一}冒_卯$

所以

$味_卯=冒_1冒_2冒_3\cdots\cdots冒_卯$

五十五題 求紀函數之法並證如 $咂(天)=甲^{天}$ 則 $咂(天)\cdot咂(地)=咂(天丄地)$

天之函數為任何函天之數惟亦可以在函天之外更函他數若但論其天之相關並天之同數則謂之天之函數又因欲求簡便則作 $咂(天)$ 或 $函(天)$ 或 $涵(天)$

即如 $甲^{天}丄天$ 為天之函數 $甲^{地}丄地$ 為地之相同函數所以上一式

若以 $\text{函}(\text{天})$ 代之則下一式可以 $\text{函}(\text{地})$ 代之

如題中之 $\text{函}(\text{天})=\text{甲}^{\text{天}}$ 所以 $\text{函}(\text{地})=\text{甲}^{\text{地}}$ 所以 $\text{函}(\text{天})\cdot\text{函}(\text{地})=\text{甲}^{\text{天}\perp\text{地}}$ 其 $\text{天}\perp\text{地}$ 在此式內與天在 $\text{甲}^{\text{天}}$ 式內無異即 $\text{函}(\text{天})\cdot\text{函}(\text{地})=\text{函}(\text{天}\perp\text{地})$

五十六題 如

$$\text{函}(\text{卯}\cdot\text{寅})=\frac{\text{寅}}{\text{一}}\top\text{卯}\cdot\frac{\text{寅}\perp\text{巳}}{\text{一}}\perp\frac{\text{一}\cdot\text{二}}{\text{卯}(\text{卯}\top\text{一})}\cdot\frac{\text{寅}\perp\text{二巳}}{\text{一}}\top\cdots\cdots$$

求證

$$\text{函}(\text{卯}\cdot\text{寅})=\frac{\text{寅}}{\text{卯巳}}\cdot\text{函}(\overline{\text{卯}\top\text{一}}\cdot\overline{\text{寅}\perp\text{巳}})$$

再如卯爲整正數求 $\text{函}(\text{卯}\cdot\text{寅})$ 級數之和數

$$\text{函}(\text{卯}\cdot\text{寅})=\frac{\text{寅}}{\text{一}}\left\{\text{一}\top\text{卯}\cdot\frac{\text{寅}\perp\text{巳}}{\text{寅}}\perp\frac{\text{一}\cdot\text{二}}{\text{卯}(\text{卯}\top\text{一})}\cdot\frac{\text{寅}\perp\text{二巳}}{\text{寅}}\top\cdots\right\}$$

$$=\frac{\text{寅}}{\text{一}}\left\{\text{一}\top\text{卯}\left(\text{一}\top\frac{\text{寅}\perp\text{巳}}{\text{巳}}\right)\perp\frac{\text{二}}{\text{卯}(\text{卯}\top\text{一})}\left(\text{一}\top\frac{\text{寅}\perp\text{二巳}}{\text{二巳}}\right)\top\cdots\right\}$$

$$=\frac{\text{寅}}{\text{一}}\left\{\text{一}\top\text{卯}\perp\frac{\text{一}\cdot\text{二}}{\text{卯}(\text{卯}\top\text{一})}\top\cdots\perp\frac{\text{寅}\perp\text{巳}}{\text{卯巳}}\top\frac{\text{一}\cdot\text{二}}{\text{卯}(\text{卯}\top\text{一})}\cdot\frac{\text{寅}\perp\text{二巳}}{\text{二巳}}\perp\cdots\right\}$$

$$=\frac{\text{寅}}{\text{卯巳}}\left\{\frac{\text{寅}\perp\text{巳}}{\text{一}}\top(\text{卯}\top\text{一})\cdot\frac{\text{寅}\perp\text{二巳}}{\text{一}}\perp\frac{\text{一}\cdot\text{二}}{(\text{卯}\top\text{一})(\text{卯}\top\text{二})}\cdot\frac{\text{寅}\perp\text{三巳}}{\cdots}\top\cdots\right\}$$

$$\left\{\because\text{一}\top\text{卯}\perp\frac{\text{一}\cdot\text{二}}{\text{卯}(\text{卯}\top\text{一})}\top\cdots=(\text{一}\top\text{一})^{\text{卯}}=\text{〇}\right\}$$

$$=\frac{\text{寅}}{\text{卯巳}}\cdot\text{函}(\overline{\text{卯}\top\text{一}}\cdot\overline{\text{寅}\perp\text{巳}})\quad ㊀$$

又

$$\text{函}(\overline{\text{卯}\top\text{一}}\cdot\overline{\text{寅}\perp\text{巳}})=\frac{\text{寅}\perp\text{巳}}{(\text{卯}\top\text{一})\text{巳}}\cdot\text{函}(\overline{\text{卯}\top\text{二}}\cdot\overline{\text{寅}\perp\text{二巳}})$$

$$\text{函}(\overline{\text{卯}\top\text{二}}\cdot\overline{\text{寅}\perp\text{二巳}})=\frac{\text{寅}\perp\text{二巳}}{(\text{卯}\top\text{二})\text{巳}}\cdot\text{函}(\overline{\text{卯}\top\text{三}}\cdot\overline{\text{寅}\perp\text{三巳}})$$

$$\vdots$$

$$\text{函}\left\{\overline{\text{卯}\top(\text{卯}\top\text{一})}\cdot\overline{\text{寅}\perp\overline{\text{卯}\top\text{一}}\cdot\text{巳}}\right\}=\frac{\text{寅}\perp(\text{卯}\top\text{一})\text{巳}}{\text{巳}}\cdot\text{函}(\overline{\text{卯}\top\text{卯}}\cdot\overline{\text{寅}\perp\text{卯巳}})$$

$$\text{函}(\text{〇}\cdot\overline{\text{寅}\perp\text{卯巳}})=\frac{\text{寅}\perp\text{卯巳}}{\text{一}}$$

因卯爲整正之數所以

$$\text{函}(\text{卯}\cdot\text{寅})=\frac{\text{寅}(\text{寅}\perp\text{巳})(\text{寅}\perp\text{二巳})\cdots(\text{寅}\perp\text{卯巳})}{\text{卯}(\text{卯}\top\text{一})(\text{卯}\top\text{二})\cdots\text{三}\cdot\text{二}\cdot\text{一}}\text{巳}^{\text{卯}}$$

五十七題　朱里安歷法一周爲七千九百八十年即太陽二十八年一周月十九年一周倘期十五年一周相乘而得之數若知某年爲朱里安歷法之第卯年則將

卯以二十八約之得數爲太陽之周數以十九約之爲月之周數以十五約之爲餉期之周數如已知太陽及月與餉期之周數求證下求朱里安年數之法

法曰將太陽周之年數以四八四五乘之將月周之年數以四二〇〇乘之將餉期周之年數以六九一六乘之將各積之和以七九八〇度之所得之餘數爲所求之朱里安年數

令呻爲朱里安法第卯年之太陽周內之年

呭爲朱里安法第卯年之月年

旺爲朱里安法第卯年之餉期之年

則後本題得

(一) 卯＝二八寅┴呻

(二) 卯＝一九巳┴呭

(三) 卯＝一五午┴旺

以四八四五乘(一)以四二〇〇乘(二)以六九一六乘(三)各數相加以七九八〇約之又消去其分數得

$二卯┴\frac{七九八〇}{卯}＝一七寅┴一〇巳┴一三午┴\frac{四八四五呻┴四二〇〇呭┴六九一六旺}{七九八〇}$

其兩邊之分數必相等所以以七九八〇度餘之數四八四五呻┴四二〇〇呭┴六九一六旺必等于卯

五十八題　本國麥價每石爲巳箇銀錢他國進口之麥每石納稅未箇銀錢計一年中共用戊石本國之麥已石他國之麥因有此稅項而麥價長至每石 $巳┴\frac{卯}{未}$ 銀錢然麥價昂貴則用麥之數更少所以其所費買麥之錢與無稅之麥同求每年進口之麥其稅項未應若干則稅項共數能得極大者

無稅之時每年中麥之平價爲 $巳(戊┴巳)$ 所以有稅之後進口麥之石數爲

$\frac{巳(戊┴巳)}{巳┴\frac{卯}{未}}┬戊＝\frac{卯巳┴未}{卯巳巳┬戊未}$

所以每年之稅項 $＝\frac{卯巳┴未}{卯巳巳┬戊未}\cdot未$ 爲最大

令天爲最大則

卯巳巳未丅戊未²＝卯巳天丄未天

戊未丅（卯巳巳丅天）未＝丅卯巳天

所以

未＝二戊分一{卯巳巳丅天丄√（卯巳巳丅天）²丅四戊卯巳天}

若欲令未有實同數

則

四戊卯巳天

不能大于

（卯巳巳丅天）²

惟能令

四戊卯巳天＝（卯巳巳丅天）²

所以得

未＝二戊分一（卯巳巳丅天）

所以

四戊未²＝四戊卯巳（卯巳巳丅二戊未）

四戊未²丄四戊卯巳·二戊未丄四戊卯巳²＝四戊卯巳（一丄戊分巳）

二戊未＝二戊卯巳{√一丄戊分巳丅一}

所以

未＝卯巳·{√一丄戊分巳丅一}

五十九題　有方板一塊作縱橫線分爲十六方格欲四格作白色四格作黑色四格作紅色四格作藍色而每一縱橫行內不可有兩格同色求有多少排列法

乙	味	物	吃
味	乙	吃	物
吃	物	乙	味
物	吃	味	乙

令圖爲一箇排列法則可見不拘何行不能改換其色而其全行之或縱或橫可以隨便排列

其縱行之排列共有一乂二乂三乂四法橫行之排列亦共有一乂二乂三乂四法又縱與橫各能彼此調換所以排列法之共數爲四乂四卽五七六

六十題　求證 $(甲_1+甲_2+甲_3+\cdots+甲_寅)^卯$ 式詳之爲級數其指數卯所能有之極大之倍數爲 $\frac{卯!}{(午!)^寅\cdot(午+1)^未}$ 其午爲以寅約卯所得之數未爲餘數

合 $角_1+角_2+角_3+\cdots+角_寅$ 爲 $(甲_1+甲_2+甲_3+\cdots+甲_寅)^卯$ 引長數內之有極大倍數之項之 $甲_1\,甲_2\,甲_3\cdots\cdots甲_寅$ 之指數則可見 $角_1, 角_2\cdots角_寅$ 不大于 $角_1-1, 角_2+1\cdots角_寅$ 所以可見 $角_1$ 不大于 $角_2+1$ 亦不大于 $角_3+1$ 又不大于 $角_寅+1$ 所以 $寅角_1$ 不大于 $角_1+角_2+\cdots角_寅+寅-1$ 即不大于 $寅午+未+寅-1$ 所以 $角_1$ 不大于 $午+1+\frac{未-1}{寅}$ 又依同理不小于 $午-1+\frac{未+1}{寅}$ 所以必等于午或 $午+1$ 其餘各指數依此類推

則 $寅午+未=卯=角_1+角_2+\cdots角_寅$ 即等于 $寅午$ 加所有等于 $午+1$ 指數之數所以未等于所有等于 $午+1$ 之指數則其極大之倍數爲 $\frac{卯!}{(午!)^{寅-未}((午+1)!)^未}=\frac{卯!}{(午!)^寅(午+1)^未}$

代數難題解法卷十一

英國倫德編輯　英國傅蘭雅口譯　金匱華蘅芳筆述

雜題類四

一題　有 $天^{三}-\sqrt[三]{六天}=一$ 式求其天之同數

令

$$天=\sqrt[三]{\frac{二}{人}}$$

所以

$$一-\sqrt[三]{六人^{二}}=人$$

$$六人^{二}=一-三人+三人^{二}-人^{三}$$

$$人^{三}+三人^{二}+三人+一=二$$

所以

$$人+一=\sqrt[三]{二}$$

而

$$天=\sqrt[三]{\frac{三\sqrt[三]{二}}{一}}$$

二題　有 $天^{三}-三天=甲^{三}+\frac{一}{甲^{三}}$ 式求其天之同數

$$甲^{三}+\frac{一}{甲^{三}}=\left(甲+\frac{一}{甲}\right)^{三}-三\left(甲+\frac{一}{甲}\right)$$

所以

$$天^{三}-\left(甲+\frac{一}{甲}\right)^{三}=三\left\{天-\left(甲+\frac{一}{甲}\right)\right\}$$

所以

$$天-\left(甲+\frac{一}{甲}\right)=〇$$

或

$$天^{二}+\left(甲+\frac{一}{甲}\right)天+\left(甲+\frac{一}{甲}\right)^{二}=三$$

所以

$$天=甲+\frac{一}{甲}$$

或……

三題　有 $(天+甲)(天+二甲)(天+三甲)(天+四甲)=丙^{四}$ 式求其天之同數

令

$$天+\frac{五甲}{二}=地$$

則

$$\left(地-\frac{三甲}{二}\right)\left(地-\frac{甲}{二}\right)\left(地+\frac{甲}{二}\right)\left(地+\frac{三甲}{二}\right)=丙^{四}$$

$$\left(地^{二}-\frac{九甲^{二}}{四}\right)\left(地^{二}-\frac{甲^{二}}{四}\right)=丙^{四}$$

$$地^{四}-\frac{五甲^{二}地^{二}}{二}+\frac{九甲^{四}}{一六}=丙^{四}$$

$$地^{二}=\frac{五甲^{二}}{四}\pm\sqrt{丙^{四}+甲^{四}}$$

而

$$天=-\frac{五甲}{二}\pm\sqrt{\frac{五甲^{二}}{四}\pm\sqrt{丙^{四}+甲^{四}}}$$

四題　有 $天^{三}+巳天^{二}+\left(巳-一+\frac{一}{巳}\right)天+一-\frac{一}{巳}=〇$ 式求其天之同數

則

$$天^{二}(天+巳-一)+天(天+巳-一)+\frac{一}{巳}(天+巳-一)=〇$$

$$(天+巳-一)\left(天^{二}+天+\frac{一}{巳}\right)=〇$$

所以

$$天+巳-一=〇$$

或

$$天^{二}+天+\frac{一}{巳}=〇$$

則

$$天=一-巳$$

或……

五題 有 $(巳丅一)^{二}天^{三}丄巳天^{二}丄\left(巳丅一丄\frac{巳一}{二}\right)天丄一=〇$ 式求其天之同數

令

$天=\frac{人}{二}$

則

$(巳丅一)丄巳人丄\left(巳丅一丄\frac{巳一}{二}\right)人^{二}丄人^{三}=〇$

所以

$人^{三}丄(巳丅一)人^{二}丄\frac{巳一}{二}\{人丄巳(巳丅一)人丄(巳丅一)^{二}\}=〇$

$人^{二}(人丄巳丅一)丄\frac{巳一}{二}(人丄巳丅一)\{人丄(巳丅一)^{二}\}=〇$

則

$人丄巳丅一=〇$

或

$人^{二}丄\frac{巳一}{二}\{人丄(巳丅一)^{二}\}=〇$

而

$天=\frac{一丅巳}{二}$

或……

六題 有 $天^{二}(地丅人)=甲^{三}$ $地^{二}(人丅天)=乙^{三}$ $人^{二}(天丅地)=丙^{三}$ 求其 $天^{三}$ $地^{三}$ $人^{三}$ 各同數

以加法得

$甲^{三}丄乙^{三}丄丙^{三}=天^{二}(地丅人)丄地^{二}(人丅天)丄人^{二}(天丅地)$

$=天地^{二}丅天^{二}地丅(天^{二}丅地^{二})人丄(天丅地)人^{二}$

$=\{天地丅(天丄地)人丄人^{二}\}\cdot(天丅地)$

$=丅(天丅地)(人丅天)(地丅人)$

又

$甲^{三}乙^{三}丙^{三}=天^{二}地^{二}人^{二}(地丅人)(人丅天)(天丅地)$

所以

$天^{二}地^{二}人^{二}=丅\frac{甲^{三}丄乙^{三}丄丙^{三}}{甲^{三}乙^{三}丙^{三}}$

令此

$=味^{二}$

則

$天地人=味$

所以

$味丄甲^{三}=天\{地人丄天(地丅人)\}$

$味丄乙^{三}=地\{人天丄地(人丅天)\}$

$味丄丙^{三}=人\{天地丄人(天丅地)\}$

$味丅甲^{三}=天\{地人丄天(人丅地)\}$

$味丅乙^{三}=地\{人天丄地(天丅人)\}$

$味丅丙^{三}=人\{天地丄人(地丅天)\}$

所以

$\frac{味丅丙^{三}}{味丄甲^{三}}=\frac{人}{天}$

$\frac{味丅甲^{三}}{味丄乙^{三}}=\frac{天}{地}$

$\frac{味丅乙^{三}}{味丄丙^{三}}=\frac{地}{人}$

而

$\frac{地人}{天^{二}}=\frac{(味丄乙^{三})(味丅丙^{三})}{味^{二}丅甲^{六}}$

所以

$天^{三}=\frac{(味丄乙^{三})(味丅丙^{三})}{味^{二}丅甲^{六}}\cdot味$

依同理

$地^{三}=\frac{(味丄丙^{三})(味丅甲^{三})}{味^{二}丅乙^{六}}\cdot味$

$人^{三}=\frac{(味丄甲^{三})(味丅乙^{三})}{味^{二}丅丙^{六}}\cdot味$

其

$味^{二}=丅\frac{甲^{三}丄乙^{三}丄丙^{三}}{甲^{三}乙^{三}丙^{三}}$

七題 有 $天^{二}(地丄人)=甲^{三}$ $地^{二}(人丄天)=乙^{三}$ $天地人=丙^{三}$ 求其 $天^{三}$ $地^{三}$ $人^{三}$ 各同數

以乘法得

$天^{二}地^{二}\{人^{二}丄(天丄地)人丄天地\}=甲^{三}乙^{三}$

所以

$天^{二}地^{二}(地人丄人天丄天地)=甲^{三}乙^{三}丅丙^{六}$

以加法得

$天(地人丄人天丄天地)=甲^{三}丄丙^{三}$

$地(地人丄人天丄天地)=乙^{三}丄丙^{三}$

所以

$天地^{二}=\frac{甲^{三}丄丙^{三}}{甲^{三}乙^{三}丅丙^{六}}$

八題 有 天地人$=甲(地\perp人)=乙(人\perp天)=丙(天\perp地)$ 式求其天^{二}地^{二}人^{二}各同數

$天^{二}地=\frac{二}{甲^{二}乙^{二}\top丙^{二}}\cdot\frac{乙^{二}\perp丙^{二}}{}天^{六}$

$\frac{地}{天}=\frac{乙^{二}\perp丙^{二}}{甲^{二}\perp丙^{二}}$

所以得

$天^{二}=\frac{(乙^{二}\perp丙^{二})^{二}}{(甲^{二}\perp丙^{二})(甲^{二}乙^{二}\top丙^{六})}$

$地^{二}=\frac{(甲^{二}\perp丙^{二})^{二}}{(乙^{二}\perp丙^{二})(甲^{二}乙^{二}\top丙^{六})}$

$人^{二}=\frac{天^{二}地^{二}}{丙^{九}}=\frac{(甲^{二}乙^{二}\top丙^{六})^{二}}{丙^{九}(甲^{二}\perp丙^{二})(乙^{二}\perp丙^{二})}$

代數難題二 雜題類四 五

$\frac{天地}{一}\perp\frac{人天}{一}=\frac{甲^{二}}{一}$

$\frac{地人}{一}\perp\frac{天地}{一}=\frac{乙^{二}}{一}$

$\frac{人天}{一}\perp\frac{地人}{一}=\frac{丙^{二}}{一}$

$\frac{天地}{二}=\frac{甲^{二}}{一}\perp\frac{乙^{二}}{一}\top\frac{丙^{二}}{一}$

$\frac{人天}{二}=\frac{丙^{二}}{一}\perp\frac{甲^{二}}{一}\top\frac{乙^{二}}{一}$

$\frac{地人}{二}=\frac{乙^{二}}{一}\perp\frac{丙^{二}}{一}\top\frac{甲^{二}}{一}$

所以將此第三式以上兩式相乘之積約之得

$天^{二}=二\cdot\frac{\left(\frac{丙^{二}}{一}\perp\frac{甲^{二}}{一}\top\frac{乙^{二}}{一}\right)\left(\frac{甲^{二}}{一}\perp\frac{乙^{二}}{一}\top\frac{丙^{二}}{一}\right)}{\frac{乙^{二}}{一}\perp\frac{丙^{二}}{一}\top\frac{甲^{二}}{一}}$

其地^{二}人^{二}二同數類推

代數難題二 六

九題 有 天地人$=甲(地\perp人)=乙(人\perp天)=丙(天\perp地)$ 式求其天^{二}地^{二}人^{二}各同數

$\frac{人天}{地}\perp\frac{天地}{人}=\frac{甲}{一}$

$\frac{天地}{人}\perp\frac{地人}{天}=\frac{乙}{一}$

$\frac{地人}{天}\perp\frac{人天}{地}=\frac{丙}{一}$

所以

$\frac{地人}{二天}=\frac{乙}{一}\perp\frac{丙}{一}\top\frac{甲}{一}$

$\frac{人天}{二地}=\frac{丙}{一}\perp\frac{甲}{一}\top\frac{乙}{一}$

$\frac{天地}{二人}=\frac{甲}{一}\perp\frac{乙}{一}\top\frac{丙}{一}$

將末兩式相乘而倒之得

$天^{二}=\frac{\left(\frac{丙}{一}\perp\frac{甲}{一}\top\frac{乙}{一}\right)\left(\frac{甲}{一}\perp\frac{乙}{一}\top\frac{丙}{一}\right)}{四}$

其地^{二}人^{二}二同數可依同理類推

代數難題二 雜題類四 七

十題 有

$(天\perp地)(天\perp人)=甲^{二}$

$(地\perp人)(地\perp天)=乙^{二}$

$(人\perp天)(人\perp地)=丙^{二}$

求其天地人各同數

$(地\perp人)^{二}=\frac{甲^{二}}{乙^{二}丙^{二}}$

$(人\perp天)^{二}=\frac{乙^{二}}{丙^{二}甲^{二}}$

$(天\perp地)^{二}=\frac{丙^{二}}{甲^{二}乙^{二}}$

所以

$地\perp人=\pm\frac{甲}{乙丙}$

$人\perp天=\pm\frac{乙}{甲丙}$

$天\perp地=\pm\frac{丙}{甲乙}$

所以

$二天=\pm\left(\frac{丙}{甲乙}\perp\frac{乙}{甲丙}\top\frac{甲}{乙丙}\right)$

從此得

$天=\pm\frac{二}{甲乙丙}\left(-\frac{甲^{二}}{一}+\frac{乙^{二}}{一}+\frac{丙^{二}}{一}\right)$

其地人二同數可依同理類推

十一題 有

$天^{三}+地^{三}+人^{三}=三天地人$ ㊀

$三甲-天+人=三乙+地-天=三丙-人+地$ ㊁

求其天地人各同數

其㊁式內三式之和之三分之一爲$甲+乙+丙$所以

$人-天=乙+丙-二甲$

$天-地=甲+丙-二乙$

$地-人=甲+乙-二丙$

命

$天+地+人=戊$

則

$戊^{三}=天^{三}+(地+人)^{三}+三天(地+人)(天+地+人)$

$=天^{三}+地^{三}+人^{三}+三地人(地+人)+三天(地+人)戊$

$=三天地人+三地人(地+人)+三天(地+人)戊$

以㊀約

$=三地人\cdot戊+三天(地+人)戊$

所以戊即

$天+地+人=〇$

又

$天-地=甲+丙-二乙$

$地-人=甲+乙-二丙$

所

以依交互乘法得

$天=甲-乙$

又

$地=乙-丙$

$人=丙-甲$

如取戊之他同數得$戊^{二}$即

$(天+地+人)^{二}=三(天地+天人+地人)$

則

$天(天-地)+地(地-人)+人(人-天)=〇$

所以

$天(甲+丙-二乙)+地(甲+乙-二丙)+人(乙+丙-二甲)=〇$

又

$\left\{\begin{array}{l}天-地=甲+丙-二乙\\ 地-人=甲+乙-二丙\end{array}\right.$

所

以

$天\cdot〇=(乙+丙-二甲)(甲+乙-二丙)-(甲+丙-二乙)^{二}$

則

$天=\infty$

而地與人亦爲∞除非

$\frac{甲+丙-二乙}{乙+丙-二甲}=\frac{甲+乙-二丙}{甲+丙-二乙}$

或

$甲(甲-乙)+乙(乙-丙)+丙(丙-甲)=〇$

則所求之天地人爲未定之數

十二題 有

$$(天+甲-乙-丙-丁)(天-甲+乙-丙-丁)(天-甲-乙+丙-丁)(天-甲-乙-丙+丁)=(天-二甲)(天-二乙)(天-二丙)(天-二丁)$$

式求天之同數最簡之式又求查出三箇式與天不相關而能包以上甲乙丙丁相關之各

事令各式變爲相同

$$\frac{(天-二甲)(天-二乙)}{(天+甲-乙-丙-丁)(天-甲+乙-丙-丁)}=\frac{(天-甲-乙+丙-丁)(天-甲-乙-丙+丁)}{(天-二丙)(天-二丁)}$$

所以各 $\frac{分母較}{分子較}$

$$=\frac{四甲乙-(-甲-乙+丙-丁)(-甲-乙-丙+丁)}{(甲-乙-丙-丁)(-甲+乙-丙-丁)-四丙丁}$$

$$=\frac{四甲乙-\{(甲+乙)^2-(丙-丁)^2\}}{\{(丙+丁)^2-(甲-乙)^2\}-四丙丁}=-\frac{(丙-丁)^2-(甲-乙)^2}{(丙-丁)^2-(甲-乙)^2}=-一$$

除 $丙-丁=甲-乙$ ㊀角則不能

相同得 $甲+丁=乙+丙$ 所以可有 $甲+乙=丙+丁$、$甲+丙=乙+丁$ 惟因甲乙丙丁無他法二

$$-二(丙+丁)天+(甲-乙-丙-丁)(-甲+乙-丙-丁)=-二(甲+乙)天+四甲乙$$

所以

$$二\{(甲+乙)-(丙+丁)\}天=四甲乙-(丙+丁)^2+(甲-乙)^2$$

$$=(甲+乙)^2-(丙+丁)^2$$

所以

$$天=\frac{一}{二}(甲+乙+丙+丁)$$

從㊀角式即令相等式變爲

二連之則以上之式必爲所求之三箇式而任一式能令本式變爲相同之式

十三題 有兩數之比爲三與五而其最大之公約數爲五五五 求其兩數

因兩數有三與五之比則以其最大之公約數約之仍必有此比例而彼此必相視如數根惟三與五本爲數根所以其約得之數必即爲三與五故其所求之數必爲一六六五與二七七五

十四題 平圓周上有兩箇質點各以本平速行動其第

一箇質點每行五周其第二箇質點行兩周已行了二萬一千五百九十日則初歸到原動身之處求兩點各行一周費若干日

兩點初歸到原動身之點必已行五周與二周所以其第一點在二一五九〇日之$\frac{一}{五}$即四三一八日行一周第二點在二一五九〇日之$\frac{一}{二}$即一〇七九五日行一周

十五題　有四箇度時表每日增速為六秒十五秒二十七秒三十五秒在某日某時四表俱準求過若干日再得四表俱準

令天為所求之日數則四表所全增之時為六天　一五天　二七天　三五天

此各數必為十二點鐘之倍數即一二×六〇×六〇之倍數所以天必有

二×六〇×六〇
一二×四×六〇
四×二〇×二〇
一二×一二×六〇

之倍數其末式因三五天之乘數七不在一二×六〇×六〇中顯出所以七天必為一二×六〇×六〇之倍數但此題以天必為極小之數

所以天必等于

二×六〇×六〇
一二×四×六〇
四×二〇×二〇
一二×一二×六〇

之最小公乘數即四三二〇〇所以可見各表過了四萬三千二百日恰得俱準

十六題　兩平圓周上各有一質點行動其行動之初兩點在兩平圓之公徑上其同時歸到原方位之前如向彼方向而行則在公徑上經過卯次如向此方向而行則經過寅次求證$寅+卯$與$寅-卯$必有一公約數為四而不能有更大之公約數又兩點行周之速為$寅+卯$與$寅-卯$之比

如以為兩平圓合為一平圓則其題之各事不變令二丙為一周而甲乙二點行一周之時則一箇時數之內行$\frac{二丙}{甲}$與$\frac{二丙}{乙}$周所以在其本相距之外另有$\frac{二丙}{乙}-\frac{二丙}{甲}$相距

所以連兩次在公徑時之間為$\frac{丙}{\frac{二丙}{乙}-\frac{二丙}{甲}}=\frac{甲乙}{二(甲-乙)}$而在此時中成$\frac{乙}{甲-乙}丙$　$\frac{甲}{甲-乙}丙$所以依本題$\frac{卯乙}{甲-乙}丙$　$\frac{卯甲}{甲-乙}丙$各為二丙之乘數令此數等于子二丙　孑二丙則如果行向相反之方向必有$\frac{寅乙}{甲+乙}丙$　$\frac{寅甲}{甲+乙}丙$為二丙之乘數令等于子二丙　孑二丙所以可見不拘何方向行與

其同時至原方位之事不相關所以 $\frac{卯乙}{甲-乙}=二子=\frac{寅乙}{甲+乙}$，$\frac{卯甲}{甲-乙}=二孑=\frac{寅甲}{甲+乙}$ 依本題之理其子孑必彼此為數根所以 卯$=$二(孑$-$子)，寅$=$二(孑$+$子) 而 寅$+$卯$=$四孑，寅$-$卯$=$四子 所以 寅$+$卯 寅$-$卯 之最大公約數為四而其行周之速為 甲:乙$=$孑:子$=$寅$+$卯:寅$-$卯

十七題　有三箇質點在平圓周同點起行其速為平速其第一點行一周與第二點行一周與第三點行一周之比若一箇數根與第二箇數根與第三箇數根之比其第一點與第二點同到原點比第一點與第三點同到原點早六分時而比第二點與第三點同到原點早二十八分時又第一點與第二點同到原點之時其相遇之次數與第二點與第三點同到原點時相遇之次數同而三箇點同到原點在起行之後一點鐘又五十五分三十秒求三點各行一周之時

令 子甲 子乙 子丙 為各行時之分數其甲乙丙為數根令申為圓周則依上題之法第㊀點與第㊁點相遇之時之間為 $\frac{子甲乙}{乙-甲}$ 而此時中㊀行了 $\frac{乙}{乙-甲}$申 其㊁行了 $\frac{甲}{乙-甲}$申 則到原點之時㊀必已行 乙申 其㊁必已行 甲申 即 子甲乙 時中其㊀㊁兩點相遇之次為 乙$-$甲 其㊀㊂兩點同到原點其時為 子甲丙 相遇之次為 丙$-$甲 其㊁㊂兩點同到原點其時為 子乙丙 相遇之次為 丙$-$乙 則各點同到原點之時為 子甲乙丙 所以依本題之理 子甲乙$=$子甲丙$-$六 即 子甲(丙$-$乙)$=$六 又 子甲乙$=$子乙丙$-$二八 即 子乙(丙$-$甲)$=$二八 其 子甲乙丙$=$一一五$\frac{一}{二}$ 乙$-$甲$=$丙$-$乙 所以 $\frac{丙-乙}{乙丙}=\frac{六}{一一五\frac{一}{二}}$，$\frac{丙-甲}{丙甲}=\frac{二八}{一一五\frac{一}{二}}$ 即 $\frac{一}{乙}-\frac{一}{丙}=\frac{四}{七七}$，$\frac{一}{甲}-\frac{一}{丙}=\frac{八}{三三}$ 所以依減法得 $\frac{一}{甲}-\frac{一}{乙}=\frac{四}{二一}$ 所以 $\frac{丙-乙}{乙丙}\div\frac{乙-甲}{甲乙}=\frac{四}{七七}\div\frac{四}{二一}$ 即 $\frac{甲}{丙}=\frac{三}{一一}$ 惟甲乙丙為數根所以 甲$=$三，乙$=$七，丙$=$一一 而 子$=\frac{一}{二}$ 則三點各行一周之時為一$\frac{一}{二}$ 三$\frac{一}{二}$ 五$\frac{一}{二}$分

十八題　如 寅$+$卯 與 寅$-$卯 之最大公約數為四求證其寅與卯之最大公約數或為二或為四如為二則 $\frac{寅}{二}$ $\frac{卯}{二}$ 各為奇數如為四則 $\frac{寅}{四}$ $\frac{卯}{四}$ 一為奇數一為偶數其 寅$+$卯 與 寅$-$卯 之最大公約數四能度其和與其較即 二寅 與 二卯 所

以寅與卯必能以二約之

又寅與卯之最大公約數能度 $\frac{卯}{寅}$ 與 $\frac{寅}{卯}$ 所以能度四所以寅與卯之最大公約數為二或四

㈠先令為二則 $\frac{寅}{二}$ $\frac{卯}{二}$ 兩數內必有一為奇因無有兩箇偶數能彼此為數根也如果其他數為偶數則其 $\frac{寅}{二}$ $\frac{卯}{二}$ 俱為奇數是不合于例也所以 $\frac{寅}{二}$ 與 $\frac{卯}{二}$ 各為奇數

㈡令為四則 $\frac{寅}{四}$ $\frac{卯}{四}$ 內必有一數為奇若其他數亦為奇則 $\frac{寅}{四}$ $\frac{卯}{四}$ 各必為偶是不合于例也所以 $\frac{寅}{四}$ $\frac{卯}{四}$ 兩數必有一為奇一為偶

十九題　有兩竿一長一短從長竿截一段與短竿相等又從短竿截一段等于長竿之餘長如此連截至得兩段等長求證將所得之末段為尺以度原兩竿之長其尺數必彼此為數根又求證原竿之長有幾箇數依前法連截之至無窮次不能得相等

凡約法不過為簡便之減法所以可見本題所作之事不過將長竿以短竿度之再將其短竿以長竿之餘度之如是輾轉連度至無餘數則末次之長必為末次之度數此事等于求兩數之最大公約數其兩數為兩竿長之尺數而所得之數為其最大公約數所函之兩數之倍數則其兩數自然彼此為數根

如兩竿之長等于平方之邊與其對角線或立方之邊與對角線則易明其事可連作至無窮次不能相等

二十題　求有公約數之幾何之意（即有等幾何之意）又求證凡與本幾何有等之幾何彼此必有等

令吃與呥各與呷有等即令 呷＝寅子 吃＝卯子 其寅卯各為整數又令 呷＝寅子 呥＝卯子 其寅卯各為整數令 子＝寅虛 所以 寅子＝呷＝寅子＝寅寅虛 即 子＝寅虛 所以 吃＝卯寅虛 呥＝卯寅虛 即吃與呥各為虛之倍數所以彼此必能有等

二十一題　正長方形其相連之兩邊等于兩箇直三角形之弦其兩箇三角形之邊為若干尺寸之整數求證其長方之面與其方尺或方寸有等或否依其邊之有等或否

長方形之邊之平方必等于兩箇直三角形之兩邊之平方之和所以長方之邊必為兩數之平方根又面積為邊相乘而得則必與其平方尺或平方寸有等

但此以為其邊之式或為有理之數或為兩箇能化為相同之無理乘數因為兩箇不同之無理數其相乘之

積不能爲有理之數故也所以如有理者則兩邊與一尺或一寸有等無理者則將其無理乘數之線再寫一次即能得之所以無論有理無理其邊必有等

二十二題 有兩箇有等之直線求依幾何之法作線等于其最大公約數最小公乘數

求其最大公約數之法如十九題

求其最小公乘數之法令其兩線甲乙等于子寅 子卯 其最大公約數爲子所以寅與卯爲彼此爲數根之數而其兩數之最小公乘數爲子寅卯 即甲卯 或寅乙 所以必求其兩線之最大公約數而屢次加之其次數爲其他數函最大公約數之次數 觀幾何原本七卷二題與十卷三十六題並三題

二十三題 有 $\frac{甲^4(乙^2-丙^2)+乙^4(丙^2-甲^2)+丙^4(甲^2-乙^2)}{甲^2(乙-丙)+乙^2(丙-甲)+丙^2(甲-乙)}=(甲+乙)(乙+丙)(丙+甲)$ 式求證之

其分母
$=甲^2(乙-丙)+乙丙(乙-丙)-甲(乙^2-丙^2)$
$=(乙-丙)\{甲^2-甲(乙+丙)+乙丙\}$
$=(乙-丙)(甲-乙)(甲-丙)$
依同理其分子
$=(乙^2-丙^2)(甲^2-乙^2)(甲^2-丙^2)$
所以其分數
$=(甲+乙)(乙+丙)(甲+丙)$

此題又有法能解之令 $乙=丙$ 則分母 $=0$ 所以必能以 $乙-丙$ 約之又必能以 $丙-甲$ 約之而此各數因彼此爲數根則必能以 $(甲-乙)(乙-丙)(丙-甲)$ 約之所以 $子(甲-乙)(乙-丙)(丙-甲)$ 其子不能函甲乙丙因分母與此約數有等將分子與分母相比得分子 $子(甲^2-乙^2)(乙^2-丙^2)(丙^2-甲^2)$ 從此得本題所求之式此法亦能解下第二十七題

二十四題 求 $甲+乙+丙+丁$、$甲+乙-丙-丁$、$甲-乙+丙-丁$、$甲-乙-丙+丁$ 四式之連乘積又求 $-甲+乙+丙+丁$、$甲-乙+丙+丁$、$甲+乙-丙+丁$、$甲+乙+丙-丁$ 四式之連乘積並證其兩積之和 $=一六甲乙丙丁$

其第一積

[illegible]

其第二積從第一積得之即令

丁甲代甲而易其全式之正負得

[illegible]

所以兩積之和

＝一六甲乙丙丁

二十五題　求

…卯箇三項式連乘之積

其各三項式等于

…其末者為

而

其寅＝二卯則各數連乘之積必為

二十六題　求

…卯箇分數之和

從各式得

其式之右邊為本級數內

之分數至末得

天²寅⊥甲三寅天三寅⊥甲寅 / 二·天卯二寅(二天三寅⊥甲寅) ⊥ 天⊤甲三寅天三寅⊥甲寅 / 二·天卯二寅(二天三寅⊥甲寅) = 天二卯寅天三寅⊥甲三寅 / 二·天卯二寅(二天寅⊥甲寅)

其 卯二=寅二 各項相加而除去了相等

式兩邊之公項得

天⊥甲天⊥甲二 / 二天⊥甲

加了所得之數

天二寅⊥甲寅天寅⊥甲寅 / 二·天卯二寅(二天寅⊥甲寅)

所以得所求之數

= 天二寅⊥甲寅天寅⊥甲二寅 / 二寅天二卯⊥寅甲寅天卯二 ⊥ 天⊥甲天⊥甲二 / 二天⊥甲

二十七題　有

(甲乙)三⊥(乙丙)三⊥(丙甲)三 / (甲乙)三⊥(乙丙)三⊥(丙甲)三 =(甲⊥乙)(乙⊥丙)(丙⊥甲)

式求證之

其分母

=三{甲乙(甲⊤乙)⊥乙丙(乙⊤丙)⊥丙甲(丙⊤甲)}

=三{甲(乙⊤丙)⊥甲(乙⊤丙)(乙⊤丙)}

=三(乙⊤丙){甲(⊥丙甲⊥乙丙}

=三(乙⊤丙)(甲⊤乙)(甲⊤丙)

依同理其分子

=⊤三(乙⊤丙)(甲⊤乙)(甲⊤丙)

所以分數

=(甲⊥乙)(乙⊥丙)(丙⊥甲)

二十八題　求將一一五七四秒並三六〇三六〇秒以彼此爲數根之數度之得其爲一之數若干又將三·六點鐘與二·七六點鐘亦依同理求之

所求爲一之數必爲所設數之最大公約數因凡數相比必令各數爲若干一所以解此題必先明其爲一之數

㊀所求之第一箇一數爲一一五七四與三六〇三六〇之最大公約數即一八

秒是也

㈡其數如以一點鐘之百分之一爲一則能以三六〇與二七六明之此二數之最大公約數爲一二所以所求之一數爲一點鐘之百分之十二即四百三十二秒

二十九題　求將 $\bot 二天^{二卯} \bot 天^{四卯\bot 二}$ 式以 $\bot 二天 \bot 天^{二}$ 約之其約法內必寫其第 $(二卯丅寅\bot 一)$ 項與第 $(二卯\bot 寅\bot 一)$ 項又必寫其第 $(二卯丅寅)$ 與第 $(二卯\bot 寅)$ 餘數並其全約得之數

$\bot 二天(天) \bot 二天^{二卯} \bot 天^{四卯\bot 二}(丅二天\bot 三天丅 \cdots$

$\frac{\bot 二天\bot 天^{二}}{丅二天丅天^{二}}$

$\frac{丅二天^{四}丅二天^{三}}{三天\bot 二天^{三}}$

$\frac{三天\bot 六天^{三}\bot 三天^{四}}{丅四天^{三}丅三天^{四}}$

…則其約得之數及餘數並各項之次序必求一法能一直通下至從式中另取新項　其餘數迭爲正負所以第 $(二卯丅寅)$ 餘數之號爲 $(丅一)^{二卯丅寅}$ 即 $(丅一)^{寅}$ 第二項之倍數爲餘數之數比第一箇倍數少一者其餘類推所以第 $(二卯丅寅)$ 餘數爲

$(丅一)^{寅}\{(二卯丅寅\bot 一)天^{二卯丅寅} \bot (二卯丅寅)天^{二卯丅寅\bot 一}\}$

而必加了實之兩項 $\bot 二天^{二卯} \bot 天^{四卯\bot 二}$ 在內則約得數之第 $(二卯丅寅\bot 一)$ 項必爲 $(丅一)^{寅}(二卯丅寅\bot 一)天^{二卯丅寅}$ 依同法推之得式如左

第 $(二卯丅一)$ 項餘數 $\frac{丅二卯天^{二卯丅} \bot (二卯丅一)天^{二卯} \bot 二天^{二卯\bot 二} \bot 天^{四卯\bot 二}}{丅二卯天^{二卯丅} 丅 四卯天^{二卯} 丅 二卯天^{二卯\bot 一}}$

第 $(二卯)$ 項餘數 $\frac{(二卯\bot 一)天^{二卯} \bot (二卯\bot 二)天^{二卯\bot 一} \bot 天^{四卯\bot 二}}{(二卯\bot 一)天^{二卯} \bot (四卯\bot 二)天^{二卯\bot 一} \bot (二卯\bot 一)天^{二卯\bot 二}}$

第 $(二卯\bot 一)$ 項餘數 $\frac{丅二卯天^{二卯\bot 一} 丅 (二卯\bot 一)天^{二卯\bot 二} \bot 天^{四卯\bot 二}}{丅二卯天^{二卯\bot 一} 丅 四卯天^{二卯\bot 二} 丅 二卯天^{二卯\bot 三}}$

第 $(二卯\bot 二)$ 餘數 $(二卯丅一)天^{二卯\bot 二} \bot [illegible] \bot 天^{四卯\bot 二}$

…

其

第 $(二卯)$ 項約得數 $丅二卯天^{二卯丅一}$

第 $(二卯\bot 一)$ 項約得數 $\bot (二卯\bot 一)天^{二卯}$

第 $(二卯\bot 二)$ 項約得數 $丅二卯天^{二卯\bot 一}$

…

所以第（二卯丄寅）餘數為（丅）寅{（二卯丅寅丄一）天二卯寅丄（二卯丅寅丄二）天二卯寅……}丄天四卯丄二所以約得之數第（二卯丄寅丄一）項為（丅）寅（二卯丅寅丄一）天二卯丄寅則所

約之數既得第四卯丄一項而求第（四卯）餘數之法令寅＝二卯得丄天四卯丄二＝天四卯丄一丄天四卯丄二所

以約得數之末項為丄天四卯其末餘數為〇

三十題　求從（天丅地）（地丅人）（人丅天）＝甲三 ㊀ （天丄地）（地丄人）（人丄天）＝乙三 ㊁ （天丄地）（地丄人）（人丄天）＝丙六 ㊂ （天丄地）（地丄人）（人丄天）＝巳六 ㊃ 各式內消去天地人

從㊀式得 天地人／甲三＝（丅天地）（丅地人）（丅人天）＝丅（天地／地人）（人天／地人）（地人／人天）

從㊁式得 天地人／乙三＝（丄天地）（丄地人）（丄人天）＝二（天地／地人）（人天／地人）（地人／天人）

㊄所以 二天地人／甲三丄乙三＝丄地／天丄人／地丄天／人

三十一題　求從 三二甲／丙＝（甲／天）五丄〇甲／天丄五（天／甲）三 三二丙／甲＝（天／甲）五丄〇天／甲丄五（甲／天）三 兩式消去其天

得（天丅地）（地丅人）（人丅天）＝甲三乙三 （天丄地）（地丄人）（人丄天）＝丙六 （天丄地）（地丄人）（人丄天）＝巳六 所以再從㊀㊁㊂得 四天地人＝丙六丅√（二巳六丅甲六乙六） 所以得 四丙六丅√（二巳六丅甲六乙六）＝（乙六丄二丙六丅甲六）

四天地人／甲三乙三丄二天地人／甲三乙三丄丙＝二（地／天丄人／地丄天／人）二（天／地丄地／人丄人／天）＝天地人／乙三丅四

此從㊄式約得之所以 四天地人＝乙三丅√（二丙六丅甲六） 又從㊀㊁㊂㊃式

從㊀㊁㊂得（天丅地）（地丅人）（人丅天）＝甲三乙三 （天丄地）（地丄人）（人丄天）＝丙六 即與㊀㊁相類者所以 二天地人／甲三乙三丄丙＝丄地／天丄人／地丄天／人 所以得

以加法得

三二$\left(\frac{甲}{丙}⊥\frac{丙}{甲}\right)=\left(\frac{甲}{天}⊥\frac{天}{甲}\right)^{五}$

以減法得

三二$\left(\frac{甲}{丙}丅\frac{丙}{甲}\right)=\left(\frac{甲}{天}丅\frac{天}{甲}\right)^{五}$

所以

$\frac{甲}{天}⊥\frac{天}{甲}=二\left(\frac{甲}{丙}⊥\frac{丙}{甲}\right)^{\frac{五}{二}}$

$\frac{甲}{天}丅\frac{天}{甲}=二\left(\frac{甲}{丙}丅\frac{丙}{甲}\right)^{\frac{五}{二}}$

以乘方與減法得

四$=$二四$\left(\frac{甲}{丙}⊥\frac{丙}{甲}\right)^{\frac{五}{二}}$丅四$\left(\frac{甲}{丙}丅\frac{丙}{甲}\right)^{\frac{五}{二}}$

即

一$=\left(\frac{甲}{丙}⊥\frac{丙}{甲}\right)^{\frac{五}{二}}$丅$\left(\frac{甲}{丙}丅\frac{丙}{甲}\right)^{\frac{五}{二}}$

三十二題　求從

$\frac{地}{天}⊥\frac{人}{地}⊥\frac{天}{人}=角$

$\frac{人}{天}⊥\frac{天}{地}⊥\frac{地}{人}=亢$

$\left(\frac{地}{天}⊥\frac{人}{地}\right)\left(\frac{人}{地}⊥\frac{天}{人}\right)\left(\frac{天}{人}⊥\frac{地}{天}\right)=氐$

消去其天地人

從第一式與第三式得

$\left(角丅\frac{天}{人}\right)\left(角丅\frac{地}{天}\right)\left(角丅\frac{人}{地}\right)=氐$

所以

$氐=角^{三}丅角^{二}\left(\frac{地}{天}⊥\frac{人}{地}⊥\frac{天}{人}\right)⊥角\left(\frac{天}{人}\cdot\frac{地}{天}⊥\frac{天}{人}\cdot\frac{人}{地}⊥\frac{地}{天}\cdot\frac{人}{地}\right)丅\frac{天}{人}\cdot\frac{地}{天}\cdot\frac{人}{地}$

$=角^{三}丅角^{二}\cdot角⊥角\cdot亢丅一$

以第二式消之則得

$角亢=一⊥氐$

三十三題　欲得

$甲天⊥甲^{二}=乙天⊥乙^{二}=丙天⊥丙^{二}$

為相似之相等式則必得

$甲^{二}(乙丅丙)⊥乙^{二}(丙丅甲)⊥丙^{二}(甲丅乙)=○$

方可而天之同數之式為

$\frac{(甲丅乙)(乙丅丙)(丙丅甲)}{甲^{二}(乙丅丙)⊥乙^{二}(丙丅甲)⊥丙^{二}(甲丅乙)}$

求證之

其

$丅天=\frac{甲^{二}丅乙^{二}}{甲丅乙}=\frac{乙^{二}丅丙^{二}}{乙丅丙}=\frac{丙^{二}丅甲^{二}}{丙丅甲}$

所以又

$=\frac{(甲丅乙)丙^{二}⊥(乙丅丙)甲^{二}⊥(丙丅甲)乙^{二}}{(甲丅乙)丙⊥(乙丅丙)甲⊥(丙丅甲)乙}$

觀吳書第一百六十五款

此分數之分子$=○$

所以其分母亦必$=○$

即

$甲(乙丅丙)⊥乙(丙丅甲)⊥丙(甲丅乙)=○$

為所求之式

又

$丅天=\frac{(甲丅乙)甲乙丄(乙丅丙)乙丙丄(丙丅甲)丙甲}{(甲'丅乙')甲'乙'丄(乙'丅丙')乙'丙'丄(丙'丅甲')丙'甲'}$

$=\frac{(甲丅乙)甲乙丅丙(甲丅乙)丄丙(甲丅乙)}{甲甲'(乙丅丙)丄乙乙'(丙丅甲)丄丙丙'(甲丅乙)}$

$=\frac{(甲丅乙)\{丙丅(甲丄乙)丙丄甲乙\}}{甲甲'(乙丅丙)丄乙乙'(丙丅甲)丄丙丙'(甲丅乙)}$

所以

$天=\frac{(甲丅乙)(乙丅丙)(丙丅甲)}{甲甲'(乙丅丙)丄乙乙'(丙丅甲)丄丙丙'(甲丅乙)}$

三十四題　如 $\frac{甲丅甲'}{甲'丅甲}=\frac{乙丅乙'}{乙'丅乙}=\frac{丙丅丙'}{丙'丅丙}$ 求證 $\frac{甲乙'丅甲'乙}{甲'乙丅甲乙'}=\frac{乙丙'丅乙'丙}{乙'丙丅乙丙'}=\frac{丙甲'丅丙'甲}{丙'甲丅丙甲'}$ 並等于上各式又求證其六箇分數各 $=\frac{(甲丄乙丄丙)丅(甲'丄乙'丄丙')}{(甲'丄乙'丄丙')丅(甲丄乙丄丙)}$

各分數 $=\frac{(甲丅甲')乙丅(乙丅乙')甲}{(甲'丅甲)乙丅(乙'丅乙)甲}$

又 $=\frac{(乙丅乙')丙丅(丙丅丙')乙}{(乙'丅乙)丙丅(丙'丅丙)乙}$

又 $=\frac{(丙丅丙')甲丅(甲丅甲')丙}{(丙'丅丙)甲丅(甲'丅甲)丙}$

又 $=\frac{(甲丅甲')丄(乙丅乙')丄(丙丅丙')}{(甲'丅甲)丄(乙'丅乙)丄(丙'丅丙)}$

即 $=\frac{甲乙'丅甲'乙}{甲'乙丅甲乙'}=\frac{乙丙'丅乙'丙}{乙'丙丅乙丙'}=\frac{丙甲'丅丙'甲}{丙'甲丅丙甲'}$

$=\frac{(甲丄乙丄丙)丅(甲'丄乙'丄丙')}{(甲'丄乙'丄丙')丅(甲丄乙丄丙)}$

三十五題　求證

$甲_{一}(乙_{二}丙_{三}丅乙_{三}丙_{二})丄甲_{二}(乙_{三}丙_{一}丅乙_{一}丙_{三})丄甲_{三}(乙_{一}丙_{二}丅乙_{二}丙_{一})=○$

$乙_{一}(丙_{二}甲_{三}丅丙_{三}甲_{二})丄乙_{二}(丙_{三}甲_{一}丅丙_{一}甲_{三})丄乙_{三}(丙_{一}甲_{二}丅丙_{二}甲_{一})=○$

$丙_{一}(甲_{二}乙_{三}丅甲_{三}乙_{二})丄丙_{二}(甲_{三}乙_{一}丅甲_{一}乙_{三})丄丙_{三}(甲_{一}乙_{二}丅甲_{二}乙_{一})=○$

$丁_{一}(乙_{二}丙_{三}丅乙_{三}丙_{二})丄丁_{二}(乙_{三}丙_{一}丅乙_{一}丙_{三})丄丁_{三}(乙_{一}丙_{二}丅乙_{二}丙_{一})=○$

$丁_{一}(丙_{二}甲_{三}丅丙_{三}甲_{二})丄丁_{二}(丙_{三}甲_{一}丅丙_{一}甲_{三})丄丁_{三}(丙_{一}甲_{二}丅丙_{二}甲_{一})=○$

$丁_{一}(甲_{二}乙_{三}丅甲_{三}乙_{二})丄丁_{二}(甲_{三}乙_{一}丅甲_{一}乙_{三})丄丁_{三}(甲_{一}乙_{二}丅甲_{二}乙_{一})=○$

六箇相等式只等于兩箇不相關之相等式而求其最簡之形

$$\left.\begin{array}{l}甲_{一}天丄乙_{一}地丄丙_{一}人=丁_{一}\\ 甲_{二}天丄乙_{二}地丄丙_{二}人=丁_{二}\\ 甲_{三}天丄乙_{三}地丄丙_{三}人=丁_{三}\end{array}\right\}㊉$$

如用交互乘法消去地與人則所得之式內天之倍數等于所設第一箇相等式之左邊其餘項等于所設之第四箇相等式之左邊所以 $天=\frac{○}{○}$ 又 $地=\frac{○}{○}$ $人=\frac{○}{○}$ 故其所設之各式為○而㊉之各式為未定之相等式之界限

所以如依 $\frac{丁_{二}}{甲_{一}}天 丄 \frac{丁_{二}}{乙_{二}}地 丄 \frac{丁_{二}}{丙_{二}}人 = 一$ ……焉之又觀朱書第十二卷第十九題之法得知其限

爲 $\frac{\frac{丁_{三}}{丙_{二}} 丅 \frac{丁_{三}}{丙_{三}}}{\frac{丁_{二}}{丙_{二}} 丅 \frac{丁_{二}}{丙_{三}}} = \frac{\frac{丁_{三}}{乙_{二}} 丅 \frac{丁_{三}}{乙_{三}}}{\frac{丁_{二}}{乙_{二}} 丅 \frac{丁_{二}}{乙_{三}}} = \frac{\frac{丁_{三}}{甲_{二}} 丅 \frac{丁_{三}}{甲_{三}}}{\frac{丁_{二}}{甲_{二}} 丅 \frac{丁_{二}}{甲_{三}}}$ 所以所設之相等式等于此二箇相等式

三十六題　有巳種洋銀丙一丙二丙三……丙巳其丙一錢之寅一箇等于丙二錢之卯一箇其丙二錢之寅二箇等于丙三錢之卯二箇又丙三錢之寅三箇等于丙四錢之卯四箇……以至將丙巳丅錢之寅巳丅箇等于丙巳錢之卯巳箇又求證其鏈法之理

$一箇丙_{一} = \frac{寅_{一}}{卯_{一}}箇丙_{二}$

$一箇丙_{二} = \frac{寅_{二}}{卯_{二}}箇丙_{三}$

$一箇丙_{三} = \frac{寅_{三}}{卯_{四}}箇丙_{四}$

⋮

$一箇丙_{巳丅} = \frac{寅_{巳丅}}{卯_{巳}}箇丙_{巳}$

所以

$一箇丙_{一} = \frac{寅_{一}}{卯_{一}} \cdot \frac{寅_{二}}{卯_{二}} \cdot \frac{寅_{三}}{卯_{四}} \cdots \frac{寅_{巳丅}}{卯_{巳}}箇丙_{巳}$

所以

$卯_{巳}箇丙_{一} = \frac{寅_{一} \cdot 寅_{二} \cdot 寅_{三} \cdots 寅_{巳丅}}{卯_{一} \cdot 卯_{二} \cdot 卯_{三} \cdots 卯_{巳}}箇丙_{巳}$

其鏈法曰如有第一物之寅一箇等于第二物之卯一箇而第二物之寅二箇等于第三物之卯二箇……以至末物之寅巳箇等于第一物之卯巳箇者則有公式如下

$寅_{一} \cdot 寅_{二} \cdot 寅_{三} \cdots 寅_{巳} = 卯_{一} \cdot 卯_{二} \cdot 卯_{三} \cdots 卯_{巳}$

此例與以上解題之法俱爲證得明白

三十七題　有兩塊雜質之金俱爲水銀與金相和而成其兩塊之體積相等惟其水銀與金之比一爲二與九一爲三與一九今將兩塊和勻成一塊求其水銀與金之比當爲若干

其第二塊每二二分內有三分水銀其第一塊每一一分內有二分水銀卽每二二分內有四分水銀因兩塊之體積相等故可令每塊之體積爲二二分則和合之後其有水銀七分而體積爲四四分所以得水銀與金之比爲七與三七也

三十八題　設有一鐘一表各行平速于某日正午時將鐘與表對準此鐘任時所指之差爲表行到同時所指之差及夜半子正時鐘指子正點比表早一秒求鐘與表每日或快或慢秒之若干分

令鐘每日快天秒表每日慢地秒則實時之八六四〇〇秒等于

鐘時之 八六四〇〇丄天 秒又等于表時之 八六四〇〇丅地 秒令酉爲鐘所指之任

一時則其實時爲 $\frac{\text{八六四〇〇丄天}}{\text{八六四〇〇}}\text{酉}$ 而鐘之差爲 $\text{酉丅}\frac{\text{八六四〇〇丄天}}{\text{八六四〇〇}}\text{酉}$ 又依同理表

之差數爲 $\frac{\text{八六四〇〇丅地}}{\text{八六四〇〇}}\text{酉丅酉}$ 而依本題此兩差爲相等所以 $\frac{\text{八六四〇〇丅地}}{\text{八六四〇〇}}\text{丄}\frac{\text{八六四〇〇丄天}}{\text{八六四〇〇}}=\text{二}$ 又

因鐘至子正時比表早一秒則 $\left(\frac{\text{八六四〇〇丅地}}{\text{八六四〇〇}}\text{丅}\frac{\text{八六四〇〇丄天}}{\text{八六四〇〇}}\right)\text{乂四三二〇〇}=\text{一}$

所以

$$\frac{\text{八六四〇〇丅地}}{\text{八六四〇〇}}=\frac{\text{二}}{\text{一}}\left(\frac{\text{二}}{\text{一}}\text{丄}\frac{\text{四三二〇〇}}{\text{一}}\right)=\frac{\text{八六四〇〇}}{\text{八六四〇〇丄一}}$$

$$\frac{\text{八六四〇〇丄天}}{\text{八六四〇〇}}=\frac{\text{二}}{\text{一}}\left(\frac{\text{二}}{\text{一}}\text{丅}\frac{\text{四三二〇〇}}{\text{一}}\right)=\frac{\text{八六四〇〇}}{\text{八六四〇〇丅一}}$$

所以

$$\frac{\text{八六四〇〇}}{\text{地}}=\frac{\text{八六四〇〇丄一}}{\text{一}}$$

$$\frac{\text{八六四〇〇}}{\text{天}}=\frac{\text{八六四〇〇丅一}}{\text{一}}$$

所以鐘每日快 $\frac{\text{八六四〇〇丅一}}{\text{八六四〇〇}}$ 秒

表每日慢 $\frac{\text{八六四〇〇丄一}}{\text{八六四〇〇}}$ 秒

三十九題　以英國之一箇銀錢換甲國之銅錢比換乙國之銅錢多六箇而乙國之銅錢之十五箇比甲國之銅錢十五箇多值英國銀錢一箇之十二分之一求甲乙兩國之銅錢各若干箇值英國一銀錢再求將此題依負同數言之

合天爲乙國銅錢合于英國銀錢一箇之數則天丄六即爲甲國銅錢合于英國銀錢一箇之數所以

$$\text{一五}\cdot\frac{\text{天}}{\text{一二}}=\text{一五}\cdot\frac{\text{天丄六}}{\text{一二}}\text{丄一}$$

$$\frac{\text{天}}{\text{一}}\text{丅}\frac{\text{天丄六}}{\text{一}}=\frac{\text{一八〇}}{\text{一}}$$

$$\text{天}^{\text{二}}\text{丄六天}=\text{一〇八〇}$$

所以$天=三〇$或$天=\text{丅}三六$此兩數都為英國一銀錢所值之乙國銅錢數又$天\text{丄}六=三六$或$天\text{丄}六=\text{丅}三〇$此兩數都為英國一銀錢買甲國之銅錢數

將所得之負同數以設題必將原式內以$\text{丅}天$代天則原或變為$一五\frac{一二}{天}=一五\cdot\frac{一二}{天\text{丅}六}\text{丅}一$所以可見其題必言之如下

甲國之銅錢以英國一銀錢買之其所得之箇數比用英國一銀錢買乙國之銅錢少六箇而乙國之銅錢十五箇比甲國之銅錢十五箇少值英國一銀錢之十二分之一　此題與原題之意相似而其形則變矣

四十題　有一木桶能盛酒甲斤先入$角_一$酒（此代酒名）至滿為止取出一斤將$角_二$酒補滿之又取出一斤而以$角_三$酒補滿之如是連作至桶內盛$角_一$$角_二$$角_三$…$角_卯$各酒之若干分求桶內各號之酒若干斤

凡取去一斤則桶內所存之酒為$\frac{甲\text{丅}一}{甲}$即比滿時之酒為$一\text{丅}\frac{一}{甲}$所以初次取去補入之後桶內存$角_一$酒$\left(一\text{丅}\frac{一}{甲}\right)甲$斤並$角_二$酒一斤第二次取補之後桶存$角_一$酒$\left(一\text{丅}\frac{一}{甲}\right)\left(一\text{丅}\frac{一}{甲}\right)甲$斤$角_二$酒$一\text{丅}\frac{一}{甲}$斤$角_三$酒一斤第三次取補之後桶存$角_一$酒$\left(一\text{丅}\frac{一}{甲}\right)^{三}甲$斤$角_二$酒$\left(一\text{丅}\frac{一}{甲}\right)^{二}$斤$角_三$酒$一\text{丅}\frac{一}{甲}$斤$角_四$酒一斤其餘依此類推所以末次之後桶存$角_一$酒$\left(一\text{丅}\frac{一}{甲}\right)^{卯\text{丅}一}甲$斤$角_二$酒$\left(一\text{丅}\frac{一}{甲}\right)^{卯\text{丅}二}$斤$角_三$酒$\left(一\text{丅}\frac{一}{甲}\right)^{卯\text{丅}三}$斤…至$角_{卯\text{丅}一}$酒$\left(一\text{丅}\frac{一}{甲}\right)$斤$角_卯$酒一斤

金匱華世芳校

代數難題解法卷十二

英國倫德編輯

英國 傅蘭雅 口譯
金匱 華蘅芳 筆述

雜題五

一題 求證除 $甲=乙=丙$ 之外 $(甲丄乙)(乙丄丙)(丙丄甲)>八甲乙丙$ 而 $<\frac{三}{六}(甲^{三}丄乙^{三}丄丙^{三})$

㈠ $(甲丄乙)(乙丄丙)(丙丄甲)\gtreqless八甲乙丙$ 此依 $甲乙^{二}丄甲^{二}乙丄甲^{二}丙丄甲丙^{二}丄乙^{二}丙丄乙丙^{二}\gtreqless六甲乙丙$ 即依 $甲(乙^{二}丅二乙丙丄丙^{二})丄乙(丙^{二}丅二丙甲丄甲^{二})丄丙(甲^{二}丅二甲乙丄乙^{二})\gtreqless〇$ …… $甲(乙丅丙)^{二}丄乙(丙丅甲)^{二}丄丙(甲丅乙)^{二}\gtreqless〇$ 惟除 $甲=乙=丙$ 之外 $甲(乙丅丙)^{二}丄乙(丙丅甲)^{二}丄丙(甲丅乙)^{二}>〇$ 所以除 $甲=乙=丙$ 之外 $(甲丄乙)(乙丄丙)(丙丄甲)>八甲乙丙$

㈡ $(甲丄乙)(乙丄丙)(丙丄甲)\gtreqless\frac{三}{八}(甲^{三}丄乙^{三}丄丙^{三})$ 此依 $三(甲丄乙)(乙丄丙)(丙丄甲)\gtreqless八\{(甲丄乙丄丙)^{三}丅三(甲丄乙)(乙丄丙)(丙丄甲)\}$ 即依 $二七(甲丄乙)(乙丄丙)(丙丄甲)\gtreqless八(甲丄乙丄丙)^{三}$ 即 $\{二(甲丄乙丄丙)\}^{三}$ 即 $(甲丄乙丄乙丄丙丄丙丄甲)^{三}$ 即依 $\sqrt{(甲丄乙)(乙丄丙)(丙丄甲)}\gtreqless\frac{二}{(甲丄乙)丄(乙丄丙)丄(丙丄甲)}$ 惟依

吳書二百二十一款六題 除 甲丄乙、乙丄丙、丙丄甲 各相等之外 $\frac{三}{(甲丄乙)丄(乙丄丙)丄(丙丄甲)}>\sqrt[三]{(甲丄乙)(乙丄丙)(丙丄甲)}$ 所以除 $甲=乙=丙$ 之外 $(甲丄乙)(乙丄丙)(丙丄甲)<\frac{三}{六}(甲^{三}丄乙^{三}丄丙^{三})$

二題　求證 $\frac{天}{卯}\top$寅天 與 $\top$寅卯 何者爲大又求證 $\frac{寅天}{卯}\top$寅天卯 與 $\top$寅卯 何者爲大又求證 (甲$\top$乙$\top$丙$\top$丁)(甲$\top$乙$\top$丙$\top$丁)(甲$\top$乙$\top$丙$\top$丁)(甲$\top$乙$\top$丙$\top$丁) 與 一六甲乙丙丁 何者爲大

一　(寅天$\top\frac{天}{卯}$)(寅卯)＝寅(天$\top\frac{天}{卯}$)(天)＝(寅$\frac{天}{卯}$)(天)

所以若 天＞一 則依 寅$\frac{天}{卯}$ 爲正負即依 天$\frac{<寅}{>卯}$ 之左數或右數爲大又依同理若 天＜一 則依 天$\frac{>寅}{<卯}$ 之左數或右數爲大

二　甲$\top$甲$\top$甲$\top$…甲 ＞(寅$\top$卯)(甲·甲·甲…甲)

觀吳書二百二十一款 合

甲＝甲＝甲＝…＝甲＝天

又

甲＝甲＝甲＝…＝甲＝天

所以 寅天$\frac{天}{卯}\top$ ＞(寅$\top$卯)(天·天)

＞寅$\top$卯 此以其寅必爲整正數如寅卯爲分數令爲 $\frac{午}{巳}$ $\frac{申}{未}$ 其巳午未申各爲整正數

則 午巳天$\top$申未·天$\frac{<}{>}$午巳$\top$申未

依 巳申天$\top$午未·天$\frac{<}{>}$巳申$\top$午未

即依 巳申·地$\top$午未·地$\frac{<}{>}$巳申$\top$午未

此令地代 天午申

所得惟依前式 巳申地$\top$午未·地＞巳申$\top$午未

所以 寅天$\frac{寅}{卯}\top$＞寅$\top$卯 此以寅與卯爲正數

三　此兩式爲順其次排列如將其原數倒其次序亦無

所失從上二十四題得

$$(-\text{甲}+\text{乙}+\text{丙}+\text{丁})(\text{甲}-\text{乙}+\text{丙}+\text{丁})(\text{甲}+\text{乙}-\text{丙}+\text{丁})(\text{甲}+\text{乙}+\text{丙}-\text{丁})$$
$$+(\text{甲}+\text{乙}+\text{丙}+\text{丁})(\text{甲}+\text{乙}-\text{丙}-\text{丁})(\text{甲}-\text{乙}-\text{丙}+\text{丁})(\text{甲}-\text{乙}+\text{丙}-\text{丁})=\text{一六甲乙丙丁}$$

所以依其連乘得之第二數之爲負爲正而得

其所設之二數之首者或末者爲大惟因 $\text{甲}>\text{乙}$ $\text{乙}>\text{丙}$ $\text{丙}>\text{丁}$ 所以 $\text{甲}+\text{乙}-\text{丙}-\text{丁}$ 與 $\text{甲}-\text{乙}+\text{丙}-\text{丁}$ 各爲正所以所設之兩式依 $\text{甲}-\text{乙}-\text{丙}+\text{丁}$ 爲正爲負而其首者或末者爲大所以依 $\text{甲}+\text{丁}$ 之 $\gtrless\text{乙}+\text{丙}$ 亦依甲乙丙丁之大與小之和或大或小于餘兩數之和

三題　設甲乙丙三數爲聲學級數則 $\frac{\text{甲}}{\text{乙}+\text{丙}}$ $\frac{\text{乙}}{\text{丙}+\text{甲}}$ $\frac{\text{丙}}{\text{甲}+\text{乙}}$ 亦爲聲學級數

因 $\frac{1}{\text{甲}}$ $\frac{1}{\text{乙}}$ $\frac{1}{\text{丙}}$ 爲算學級數所以 $\frac{\text{甲}+\text{乙}+\text{丙}}{\text{甲}}$ $\frac{\text{甲}+\text{乙}+\text{丙}}{\text{乙}}$ $\frac{\text{甲}+\text{乙}+\text{丙}}{\text{丙}}$ 亦爲算學級數則 $\frac{\text{甲}+\text{乙}+\text{丙}}{\text{甲}}-1$ $\frac{\text{甲}+\text{乙}+\text{丙}}{\text{乙}}-1$ $\frac{\text{甲}+\text{乙}+\text{丙}}{\text{丙}}-1$ 亦爲算學級數即 $\frac{\text{乙}+\text{丙}}{\text{甲}}$ $\frac{\text{丙}+\text{甲}}{\text{乙}}$ $\frac{\text{甲}+\text{乙}}{\text{丙}}$ 亦爲算學級數所以 $\frac{\text{甲}}{\text{乙}+\text{丙}}$ $\frac{\text{乙}}{\text{丙}+\text{甲}}$ $\frac{\text{丙}}{\text{甲}+\text{乙}}$ 爲聲學級數

四題　有卯箇汽機 $\text{角}_{一}$ $\text{角}_{二}$ $\text{角}_{三}$ …… $\text{角}_{卯}$ 令 $\text{角}_{一}$ $\text{角}_{二}$ $\text{角}_{三}$ …… $\text{角}_{卯-1}$ 合出力則一日內所能成之工等于 $\text{角}_{未}$ 汽機能在巳日所成之工如 $\text{角}_{卯}$ 汽機于一小時內能成某工求 $\text{角}_{一}$ 與 $\text{角}_{二}$ 合力能在若干時成此工其未爲大于一之數

令 $\text{角}_{一}$ 汽機在天點鐘內成其工則在一點鐘內 $\text{角}_{一}$ 作工 $\frac{1}{\text{天}}$ $\text{角}_{二}$ 作工 $\frac{1}{\text{巳天}}$ $\text{角}_{一}$ $\text{角}_{二}$ 合作工 $\left(1+\frac{1}{\text{巳}}\right)\cdot\frac{1}{\text{天}}$ $\text{角}_{三}$ 作工 $\frac{1}{\text{巳}}\left(1+\frac{1}{\text{巳}}\right)\cdot\frac{1}{\text{天}}$

$\text{角}_{一}$ $\text{角}_{二}$ $\text{角}_{三}$ 合作工 $\left(1+\frac{1}{\text{巳}}\right)^{2}\cdot\frac{1}{\text{天}}$ $\text{角}_{四}$ 作工 $\frac{1}{\text{巳}}\left(1+\frac{1}{\text{巳}}\right)^{2}\cdot\frac{1}{\text{天}}$ …… 至 $\text{角}_{卯}$ 作工 $\frac{1}{\text{巳}}\left(1+\frac{1}{\text{巳}}\right)^{卯-2}\cdot\frac{1}{\text{天}}$ 惟 $\text{角}_{卯}$ 在一點鐘時能成某工所以 $\frac{1}{\text{巳}}\left(1+\frac{1}{\text{巳}}\right)^{卯-2}\cdot\frac{1}{\text{天}}=1$ 即 $\text{天}=\frac{1}{\text{巳}}\left(1+\frac{1}{\text{巳}}\right)^{卯-2}$ 爲 $\text{角}_{一}$ 成此

工所費之時其$角_{未}$在一點鐘內作工$\frac{巳}{二}\left(一丄\frac{巳}{二}\right)^{卯丅二}\cdot\frac{天}{二}$即工之

$\frac{\frac{巳}{二}\left(一丄\frac{巳}{二}\right)^{卯丅二}}{\frac{巳}{二}\left(一丄\frac{巳}{二}\right)^{卯丅二}}$所以知$角_{未}$成某工在$\left(一丄\frac{巳}{二}\right)^{卯丅未}$點鐘時內

五題　設寅與卯為任兩箇整正之數其寅為大數而$寅^{二}=巳$

求證$天^{二巳}丄甲^{巳}天^{巳}丄甲^{二巳}$能以$天^{二午}丄甲^{午}天^{午}丄甲^{二午}$與$天^{二午}丅甲^{午}天^{午}丄甲^{二午}$約之

$卯^{二}=午$

從本題得

$(天^{二}丄甲天丄甲^{二})(天^{二}丅甲天丄甲^{二})=天^{四}丄甲^{二}天^{二}丄甲^{四}$

$(天^{四}丄甲^{二}天^{二}丄甲^{四})(天^{四}丅甲^{二}天^{二}丄甲^{四})=天^{八}丄甲^{四}天^{四}丄甲^{八}$

……所以$天^{二}丄甲天丄甲^{二}$與$天^{二}丅甲天丄甲^{二}$各能度$天^{二未}丄甲^{未}天^{未}丄甲^{二未}$其指數未

必連倍其前指數得之所以若令$天^{午}甲^{午}$代上式中之天與甲其$卯^{二}=午$則從$巳$即$寅^{二}$以遞倍之法能得$午$即$卯^{二}$所以

$天^{二午}丄甲^{午}天^{午}丄甲^{二午}$與$天^{二午}丅甲^{午}天^{午}丄甲^{二午}$能度$天^{二巳}丄甲^{巳}天^{巳}丄甲^{二巳}$

六題　設$甲_{未}=\frac{未丨卯丅未丨}{卯丨}$求證

$甲_{一}丅\frac{二}{甲_{二}}丄\frac{三}{甲_{三}}丅\cdots\cdots丄\frac{卯}{(丅一)^{卯丅一}}=一丄\frac{二}{一}丄\frac{三}{一}丄\cdots丄\frac{卯}{一}$

令

$函(卯)=甲_{一}丅\frac{二}{甲_{二}}丄\frac{三}{甲_{三}}丅\cdots\cdots丄\frac{卯}{(丅一)^{卯丅一}}$

$=卯丅\frac{一\cdot二}{卯(卯丅一)}\cdot\frac{三}{二}丄\frac{一\cdot二\cdot三}{卯(卯丅一)(卯丅二)}\cdot\frac{三}{二}丅\cdots\cdots丄卯\frac{卯丅一}{(丅一)^{卯丅二}}丄\frac{卯}{(丅一)^{卯丅一}}$

所以

$函(卯丅一)=(卯丅一)丅\frac{一\cdot二}{(卯丅一)(卯丅二)}\cdot\frac{三}{二}丄\frac{一\cdot二\cdot三}{(卯丅一)(卯丅二)(卯丅三)}\cdot\frac{三}{二}丅\cdots丄\frac{卯丅一}{(丅一)^{卯丅二}}$

所以

$函(卯)丅函(卯丅一)=一丅\frac{一\cdot二}{卯丅一}丄\frac{一\cdot二\cdot三}{(卯丅一)(卯丅二)}丅\cdots\cdots丄(丅一)^{卯丅二}丄\frac{卯}{(丅一)^{卯丅一}}$

$=\frac{卯}{二}\left(卯丅\frac{一\cdot二}{卯(卯丅一)}丄\frac{一\cdot二\cdot三}{卯(卯丅一)(卯丅二)}丅\cdots丄卯(丅一)^{卯丅二}丄(丅一)^{卯丅一}\right)$

$=\frac{卯}{二}\left[一丅\left\{一丅卯丄\frac{一\cdot二}{卯(卯丅一)}丅\frac{一\cdot二\cdot三}{卯(卯丅一)(卯丅二)}丄\cdots丄卯(丅一)^{卯丅一}丄(丅一)^{卯}\right\}\right]$

$=\frac{卯}{二}\left\{一丅(一丅一)^{卯}\right\}=\frac{卯}{二}$

依同理

$$\text{函}(\text{卯}-1)-\text{函}(\text{卯}-2)=\frac{1}{\text{卯}-1}$$

$$\text{函}(\text{卯}-2)-\text{函}(\text{卯}-3)=\frac{1}{\text{卯}-2}$$

$$\vdots$$

$$\text{函}(2)-\text{函}(1)=\frac{1}{2}$$

$$\text{函}(1)=1$$

所以依加法得

$$\text{函}(\text{卯})=1+\frac{1}{2}+\frac{1}{3}+\cdots+\frac{1}{\text{卯}}$$

七題 設

$$\text{巳}_{\text{未}}=\frac{1\cdot3\cdot5\cdots(2\text{未}-1)}{2\cdot4\cdot6\cdots2\text{未}}$$

則

$$\text{巳}_{2\text{卯}+1}+\text{巳}_{1}\cdot\text{巳}_{2\text{卯}}+\text{巳}_{2}\cdot\text{巳}_{2\text{卯}-1}+\cdots+\text{巳}_{\text{卯}-1}\cdot\text{巳}_{\text{卯}+2}+\text{巳}_{\text{卯}}\cdot\text{巳}_{\text{卯}+1}=\frac{1}{2}$$

求證之

從本題得

$$\text{巳}_{\text{未}}=\frac{\frac{1}{2}\cdot\frac{3}{2}\cdot\frac{5}{2}\cdots(\text{未}-\frac{1}{2})}{1\cdot2\cdot3\cdots\text{未}}$$

爲$(1-\text{天})^{-\frac{1}{2}}$之引長之級數內$\text{天}^{\text{未}}$之倍數所以

$$(1-\text{天})^{-\frac{1}{2}}=1+\text{巳}_{1}\text{天}+\text{巳}_{2}\text{天}^{2}+\cdots+\text{巳}_{\text{卯}}\text{天}^{\text{卯}}+\text{巳}_{\text{卯}+1}\text{天}^{\text{卯}+1}+\cdots+\text{巳}_{2\text{卯}}\text{天}^{2\text{卯}}+\text{巳}_{2\text{卯}+1}\text{天}^{2\text{卯}+1}+\cdots$$

將此式自乘得

$$(1-\text{天})^{-1}=\{1+\text{巳}_{1}\text{天}+\text{巳}_{2}\text{天}^{2}+\cdots+\text{巳}_{\text{卯}}\text{天}^{\text{卯}}+\text{巳}_{\text{卯}+1}\text{天}^{\text{卯}+1}+\cdots+\text{巳}_{2\text{卯}}\text{天}^{2\text{卯}}+\text{巳}_{2\text{卯}+1}\text{天}^{2\text{卯}+1}+\cdots\}$$
$$\times\{1+\text{巳}_{1}\text{天}+\text{巳}_{2}\text{天}^{2}+\cdots+\text{巳}_{\text{卯}}\text{天}^{\text{卯}}+\text{巳}_{\text{卯}+1}\text{天}^{\text{卯}+1}+\cdots+\text{巳}_{2\text{卯}}\text{天}^{2\text{卯}}+\text{巳}_{2\text{卯}+1}\text{天}^{2\text{卯}+1}+\cdots\}$$

將$\text{天}^{2\text{卯}+1}$之倍數成相

等式得

$$1=\text{巳}_{2\text{卯}+1}+\text{巳}_{1}\cdot\text{巳}_{2\text{卯}}+\text{巳}_{2}\cdot\text{巳}_{2\text{卯}-1}+\cdots+\text{巳}_{\text{卯}}\cdot\text{巳}_{\text{卯}+1}+\text{巳}_{\text{卯}+1}\cdot\text{巳}_{\text{卯}}+\cdots+\text{巳}_{1}\cdot\text{巳}_{2\text{卯}}+\text{巳}_{2\text{卯}+1}$$

所以

$$\text{巳}_{2\text{卯}+1}+\text{巳}_{1}\cdot\text{巳}_{2\text{卯}}+\text{巳}_{2}\cdot\text{巳}_{2\text{卯}-1}+\cdots+\text{巳}_{\text{卯}}\cdot\text{巳}_{\text{卯}+1}=\frac{1}{2}$$

八題 如酉_{0}　酉_{1}　酉_{2}　酉_{3}……爲二項式$(\text{甲}+\text{天})^{\text{卯}}$引長級數內之各項

求證

$$(\text{酉}_{0}-\text{酉}_{2}+\text{酉}_{4}-\cdots)^{2}+(\text{酉}_{1}-\text{酉}_{3}+\text{酉}_{5}-\cdots)^{2}=(\text{甲}^{2}+\text{天}^{2})^{\text{卯}}$$

其

$(酉_0 - 酉_2 + 酉_4 - \cdots)^2 + (酉_1 - 酉_3 + 酉_5 - \cdots)^2$

$=\{(酉_0 - 酉_2 + 酉_4 - \cdots) + \sqrt{-1}(酉_1 - 酉_3 + 酉_5 - \cdots)\}\{(酉_0 - 酉_2 + 酉_4 - \cdots) - \sqrt{-1}(酉_1 - 酉_3 + 酉_5 - \cdots)\}$

$=(酉_0 + 酉_1\sqrt{-1} - 酉_2 - 酉_3\sqrt{-1} + 酉_4 + \cdots)(酉_0 - 酉_1\sqrt{-1} - 酉_2 + 酉_3\sqrt{-1} + 酉_4 - \cdots)$

$=(甲 + 天\sqrt{-1})^{卯}(甲 - 天\sqrt{-1})^{卯} = (甲^2 + 天^2)^{卯}$

九題　如 $甲_0$　$甲_1$　$甲_2$　$甲_3$ …… 為多項式 $(1 + 天 + 天^2 + \cdots + 天^{巳})^{卯}$ 引長之級數內之倍數依次第列之求證其和 $=(巳+1)^{卯}$ 又求證

$甲_1 + 2甲_2 + 3甲_3 + \cdots + 卯巳\cdot甲_{卯巳} = \frac{1}{2}卯巳(巳+1)^{卯}$

從題得

$甲_0 + 甲_1天 + 甲_2天^2 + 甲_3天^3 + \cdots + 甲_{卯巳}天^{卯巳} = (1 + 天 + 天^2 + \cdots + 天^{巳})^{卯}$

為眞相等令 $1 + 地$ 代天得

$(甲_0 + 甲_1 + 甲_2 + \cdots + 甲_{卯巳}) + (甲_1 + 2甲_2 + 3甲_3 + \cdots + 卯巳\cdot甲_{卯巳})地 + \cdots\cdots$

函地之更大之方

之項

$=\{(巳+1) + (1 + 2 + 3 + \cdots + 巳)地 + 函地大乘方之項\}^{卯} = \left\{(巳+1) + \frac{(巳+1)巳}{2}\cdot地 + \cdots\right\}^{卯}$

$=(巳+1)^{卯} + 卯(巳+1)^{卯-1}\cdot\left\{\frac{(巳+1)巳}{2}\cdot地 + \cdots\right\} + \frac{卯(卯-1)}{2}(巳+1)^{卯-2}\left\{\frac{(巳+1)巳}{2}\cdot地 + \cdots\right\}^2 + \cdots$

$=(巳+1)^{卯} + \frac{卯巳(巳+1)^{卯}}{2}地 + 函地更大之方之項$

此題無論地之同數如何俱合于

例所以將兩邊之首兩項變作相等之式則得

$(乙上)^{卯} = 甲^{卯}上卯甲^{卯-1}乙上\cdots上乙^{卯}$

又

$(乙上)^{卯} = 甲^{卯}上二卯甲^{卯-1}乙上\cdots上乙^{卯}$

此式又有一更易之證法即所有之各項俱為

正數所以令 天＝一 則得各倍數之和所以其和等于

$(一上一上\cdots上一)^{卯} = (乙上)^{卯}$

代數難題上三 雜題類五 十三

十題 依多項例之公式求證 $(甲上甲天上甲天^{二}上\cdots)^{二}$ 式引長之級數內 $天^{二上}$ 之倍數為

倍數為

$二(甲^{卯}甲^{二上}上甲甲^{二}上甲^{二}甲^{二上}上\cdots上甲^{卯}甲^{二上})$

在 $(甲上甲天上甲天^{二}上\cdots)^{二}$ 之詳級數內函 $天^{二上}$ 之項為

$三\frac{角}{男}\cdot\frac{角}{男}\cdot\frac{角}{甲}\cdots天^{角}上\cdots$

其

$角上角上角上\cdots＝二$

$角上角上角上\cdots＝二上$

此各式之解法有二 ㊀得各角之一箇二而其餘各〇 ㊁得二角一〇其餘各角〇

在第一法內不合于第二箇相等式因式之右邊為奇數故也

代數難題上三 雜題類五 十四

所以解題之法必為

角＝一　角＝一
角＝一　角＝一
角＝一　角＝一
角＝一　角＝一
……　……
角＝一　角＝一

所以 $天^{二上}$ 之倍數必為

$二\{甲^{卯}甲^{二上}上甲甲^{二}上甲^{二}甲^{二上}上\cdots上甲^{卯}甲^{二上}\}$

十一題　求證[formula]式之卯若為正整數則其引長之級數

內有三事如下　一從首末等距之項其倍數相等

二中項之倍數為極大　三其倍數從第一至極漸增

大

㈠令

[formula]

則

[formula]

所以

[formula]

將此式與原式相比則得

[formula]

即為題中所求證者

㈢以乘法得

[formula]

所以此式內其例為眞設指數

為二卯之時其理亦為眞令[formula]則[formula]為有極大之倍數

又令

[formula]

惟

[formula]

乘之則因函[formula]之項為[formula]式之引長

級數之中項即得

天 = 甲 ⊥ … ⊥ 甲 [formula]

之倍數爲

天 = 甲 ⊥ … ⊥ 甲 [formula]

之倍數所以天

之倍數減了天之倍數

= 甲 ⊥ … ⊥ 甲 [formula]

= 甲 ⊤ 甲 [formula]

>○。依同理天之倍

數減了天之倍數

= 甲 ⊥ … ⊥ 甲 [formula]

⊤ 甲 … ⊤ 甲 [formula]

惟上行每項大于下行之

每項因上行之公項爲甲 [formula]

其末不大于末又下行之

相配之項爲甲 [formula]

一如令 [formula] 則

= 甲 [formula] >○。所以

[formula]

二如令 [formula] 則

= 甲 [formula] >○。

所以 [formula]

所以凡申之同數其天之倍數大

于天之倍數所以天之倍數即中項之倍數大于前任項之倍數亦大于後任項之倍數又其倍數從第一至最大者漸漸增大即如指數爲二卯而本題之式爲眞則指數爲二卯上二題式亦爲眞又如指數爲二爲眞則指數爲四亦爲眞所以總言之無論何數題式必爲眞

十二題　如甲甲甲甲……爲(一上天上天)卯式引長之級數內依次第排列之倍數求證

[formula]

[formula]

爲首末等距項之倍數俱爲相等

令下天代天得

[formula]

所以(一上天上天)卯爲上兩級數乘得之積其式爲

[formula]

所以乘之而將天之倍數變爲相等式得

[formula]

所

以

$$甲_{卯}-(-一)^{卯}甲_{卯}^{二}=甲_{〇}^{二}-甲_{一}^{二}+甲_{二}^{二}-\cdots+(-一)^{卯-一}甲_{卯-一}^{二}+(-一)^{卯-一}甲_{卯-一}^{二}+\cdots-甲_{一}^{二}+甲_{〇}^{二}$$

所以

$$甲_{〇}^{二}-甲_{一}^{二}+甲_{二}^{二}-\cdots+(-一)^{卯-一}甲_{卯-一}^{二}=\frac{一}{二}\left\{甲_{卯}-(-一)^{卯-一}甲_{卯}\right\}=\frac{一}{二}甲_{卯}\left\{一-(-一)^{卯-一}甲_{卯}\right\}$$

十三題　如寅不小于卯則$(甲_{一}+甲_{二}+甲_{三}+\cdots+甲_{寅})^{卯}$引長之級數內最大之倍數為$\frac{寅!}{卯!(寅-卯)!}$而有此倍數之各項之數為$\frac{寅!}{卯!}$求證之

易明其級數內不能有兩項將$甲_{一}甲_{二}\cdots$各項之方相乘而合為一所以任一箇倍數能以$\frac{卯!}{角_{一}!角_{二}!角_{三}!\cdots角_{寅}!}$明其$角_{一}角_{二}\cdots角_{寅}$俱為整正之數而其和等于卯所以最大之倍數必為有上分數之分母等于一者但此以為其分母能有同數為一者而其倍數必為$卯!$其分母能合等于一即合$角_{一}角_{二}\cdots$等于一或等于○惟此必合于

$$角_{一}+角_{二}+角_{三}+\cdots+角_{寅}=卯 \quad (甲)$$

如果寅或等或大于卯則此同數能有所以如寅或等或大于卯則所設之式其級數中最大之倍數為$卯!$從(甲)式可見各角內有卯二一其餘等于○而用此倍數所能得之項數必為(甲)式內之各角內之寅數之卯數能有同數為一之各不同法之數即卯卯取之所能得之排列法所以其數為$\frac{寅!}{(寅-卯)!}$

十四題　求依疊借之證法證明用卯箇骰子所能有不同之點等于$(天+天^{二}+天^{三}+天^{四}+天^{五}+天^{六})^{卯}$引長之級數內$天^{未}$之倍數　此以為所得之點其公數為未又求將各顆骰子有巳箇面而巳

則從 $(甲天+甲天^{二}+甲天^{三}+\cdots+甲天^{未}\cdots)(天+天^{二}+天^{三}+天^{四}+天^{五}+天^{六})$ 式可見 $(天+天^{二}+天^{三}+天^{四}+天^{五}+天^{六})^{卯+一}$ 式內天^{未}之倍數等于 $甲_{未-一}+甲_{未-二}+甲_{未-三}+甲_{未-四}+甲_{未-五}+甲_{未-六}$

又如用卯$+$一顆骰子能得本點數之各法爲未等于未顆骰子擲第一次與卯顆骰子所能得之不同點數相合

卽天$^{未-一}$在第甲$_{未-一}$內

$+二$ 　$未-二=甲_{未-二}$

$+三$ 　$未-三=甲_{未-三}$

$+四$ 　$未-四=甲_{未-四}$

$+五$ 　$未-五=甲_{未-五}$

$+六$ 　$未-六=甲_{未-六}$

卽爲 $甲_{未-一}+甲_{未-二}+甲_{未-三}+甲_{未-四}+甲_{未-五}+甲_{未-六}$

卽等于 $(天+天^{二}+天^{三}+天^{四}+天^{五}+天^{六})^{卯+一}$ 式之引長級數內天^{未}之倍數所以此理如合于卯顆骰子則必合于卯$+$一顆骰子既合于用二顆骰子則不拘若干顆俱可

例 如每顆有巳面各面之點爲角$_{一}$角$_{二}$角$_{三}$……角$_{巳}$則能得

面之點數爲角$_{一}$角$_{二}$角$_{三}$……角$_{巳}$求其相配之題應以何法言之

令各骰子之一 二 三 四 五 六次以天 天^{二} 天^{三} 天^{四} 天^{五} 天^{六}明之

先令其骰子之箇數爲二則 $(天+天^{二}+天^{三}+天^{四}+天^{五}+天^{六})(天+天^{二}+天^{三}+天^{四}+天^{五}+天^{六})$ 其相乘之式內各項能

顯兩顆骰子所能擲出之點可見任一箇數卽如其可數爲八卽加卽以得不同之法等于上級數內所能有之次數天^{八}

兩顆骰子能擲得一數未各法等于 $(天+天^{二}+天^{三}+天^{四}+天^{五}+天^{六})^{二}$ 之引長級數內天^{未}之倍數

再設此理合于用卯顆骰子卽得點數之和未其所必擲之次爲 $(天+天^{二}+天^{三}+天^{四}+天^{五}+天^{六})^{卯}$ 之天^{未}之倍數

之次數爲之引長級數內末天之倍數

十五題　求證連分數之任兩箇連數其分子彼此如數根其分母亦然

首二或三箇連數得此理爲眞如 叮/呷 叮/呷 兩箇連數

令此理爲眞其下一箇數爲 叮/呷 其　此式中之

乍爲相配之約得之數則呷呷若有公約數其公約數亦能度呷或呷卽爲呷與呷之公約數惟其不能有此理所以呷呷彼此相視如數根其分母亦有同理所以如已知所設之任一連數有此理爲眞者則至下一箇連數亦必爲眞所以其爲首二三箇連數爲眞則諸連數亦必爲眞

十六題　英國岡布理智書院中讀書者春季必在禮拜五日爲止假如其爲止之時爲子正求證此期在禮拜之第　日起則中日必在禮拜之第　日午正時或在禮拜之第　日正午時惟若在禮拜之第　日起則其中日必在禮拜之第巳日正午時或在禮拜之第　日子正時

令此春季在禮拜第未日起則若在先一箇禮拜六起則其禮拜之數爲整數必補未日能得春季之禮拜爲整所以春季之日數必爲　所以其半季之日數必爲　所以春季起那一禮拜之首日之分春季之日中間之日數　或　此依　或　而定之所以其春

季在禮拜之第　日或第　日而分

令　則　所以春季在禮拜之第　日子正時分或在禮拜之第　日午正時爲中

令　則　所以春季在禮拜之第巳日正午爲中或禮拜之第　日子正時爲中

十七題 有

一丄三丄五丄……丄(二卯丅一)=卯^{二} ㈠

一^{三}丄二^{三}丄三^{三}丄……丄卯^{三}=(一丄二丄三丄……丄卯)^{二} ㈡

求證之又求證用㈠式求天^{卯}=地^{二}丅人^{二}之整正數之解法其卯為整正數又用㈡式求天^{二}=地^{三}丅人^{三}之整正數之解法

其㈠式 一丄三丄五丄……丄(二卯丅一)={一丄(二卯丅一)}$\frac{卯}{二}$=卯^{二}

其㈡式在十二款第三百四十七題證之又可依疊借之法證之如下

一^{三}丄二^{三}=九=(一丄二)^{二}

令 一^{三}丄二^{三}丄……丄卯^{三}=(一丄二丄……丄卯)^{二}

則 一^{三}丄二^{三}丄……丄卯^{三}丄(卯丄一)^{三}={$\frac{卯(卯丄一)}{二}$}^{二}丄(卯丄一)^{三}

=(卯丄一)^{二}·$\frac{卯^{二}丄四卯丄四}{四}$

=(卯丄一)^{二}·$\frac{(卯丄二)^{二}}{二^{二}}$

={一丄二丄……丄卯丄(卯丄一)}^{二}

所以

如其理用卯為眞則用卯丄一亦為眞惟因用二為眞所以無論何數亦為眞

求解天^{卯}=地^{二}丅人^{二}法令天為任何奇數則天^{卯}為奇而=二寅丄一又

二寅丄一={一丄三丄五丄……丄(二寅丄一)}丅{一丄三丄五丄……丄(二寅丅一)}

=(寅丄一)^{二}丅寅^{二}

所以得 地=寅丄一 人=寅

求天^{二}=地^{三}丅人^{三}之法令天為任何整數則

地^{三}丅人^{三}=天^{二}=(一^{三}丄二^{三}丄……丄天^{三})丅{一^{三}丄二^{三}丄……丄(天丅一)^{三}}

=(一丄二丄……丄天)^{二}丅{一丄二丄……丄(天丅一)}^{二}

所以得

地=$\frac{天(天丄一)}{二}$

人=$\frac{天(天丅一)}{二}$

十八題　求證任何末箇相連之整數其連乘之積能以$角_{一}\cdot角_{二}\cdot角_{三}\cdots角_{吧}$約之其$角\,(角+一)(角+二)\cdots(角+吧-一)=末$

因$(甲+一)^{末}$式引長之級數內其公項之倍數為$\frac{角_{一}\cdot角_{二}\cdot角_{三}\cdots角_{吧}}{末}$其$角\,(角-一)(角-二)\cdots(角-吧+一)=末$而

必為整數卽$\frac{角_{一}\,角_{二}\cdots角_{吧}}{末}=\frac{吧}{末}$其吧為整數所以任何末箇相連之

整數連乘之積以$(角_{一}\,角_{二}\cdots角_{吧})$約之等于本各整數之積以$末^{吧}$約

之卽等于一箇整數與吧相乘所以任何末箇相連之

整數連乘之積能以$角_{一}\cdot角_{二}\cdot角_{三}\cdots角_{吧}$約之其$角\,(角+一)(角+二)\cdots(角+吧-一)=末$

十九題　有一線長一〇〇八〇〇寸求有若干法能分之為等分每

分為一寸之倍數

惟因$一〇〇八〇〇=二^{六}\cdot三^{二}\cdot五^{二}\cdot七$所以其分之全數為$(六+一)(二+一)(二+一)(一+一)$並其一與所設之數所

以其所能分之各法為一〇〇八〇〇之約數其本數與一不在內

則等于$七\cdot三\cdot三\cdot二-二=一二四$

二十題　有卯條線長短俱不相等求能作若干箇不同

式之正角長方體每體之每邊等于卯線內之一線

其體之各邊或等或不等不能定所以其所求之數必

等于卯立方物之同數相乘之積卽$\frac{卯(卯+一)(卯+二)}{一\cdot二\cdot三}$

二十一題　求證任何進位法內若其任兩數之和為根

之倍數則數之平方為止之位數必同又求證此數之

位數並乘得之積為止之位數必等于其根

令$甲末+乙$與$甲末-乙$為根令乙為第一數之一位之數則其方為

（甲⊥二甲乙）⊥乙 與 （甲⊥二甲乙）⊥乙 而因此各數以末約之得餘數相同則其平方

爲止之數亦同其乘得之積爲（甲甲⊥甲乙⊥甲乙）⊥乙 將此與各數之平方

相加得末之倍數卽和數內單數之位之數爲○所以

任一數之平方爲止之數之和並其乘得之積必等于

其根

二十二題　有某數以二進位之法明之其末三位爲○

再上一位非○如以三或五進位之法明之則其末一

位爲○再上一位不爲○又除了以十二爲進位法之

外所得之末位數非○求其數爲何數

可見其數能以二^三約之但不能以二^四約之能以三約之

但不能以三^二約之能以五約之但不能以五^二約之所以

可明之爲 二^三·三·五·寅 其寅不在二三五各數之內凡將本數以

有根爲 二^三·三·五·寅 之任約數進位明之則末位爲○此數之約

數爲 （三⊥一）（一⊥一）（一⊥一）（巳⊥一）（午⊥一）…… 其巳午爲寅之數根乘數之指數卽 一六（巳⊥一）（午⊥一）…… 但其約

數內必另加本數與一惟本題言除了二三五各數之

外只有十二約數所以 一六（巳⊥一）（午⊥一）…… 非大于十二卽非大于一六所以

巳＝○ 午＝○ …… 所以寅＝一 而其所求之數爲 二^三·三·五 卽一二○

二十三題　求證凡奇數之偶乘方以八度之必得餘數

爲一

凡合于本題之乘方數其形必爲 （二卯⊥一）^寅 卽 （四卯^二⊥四卯⊥一）^寅 卽 ｛四卯（卯⊥一）⊥一｝^寅 因 卯（卯⊥一） 能

以二約之則變其形爲 （八巳⊥一）^寅 此數引長之則除末項之外

各項函八巳之各方乘整倍數其末項爲一所以以八度

之餘數必爲一

二十四題　如卯為數根求證 $\overline{卯}^{卯}-\overline{(未卯)}\cdots\overline{三}^{卯}-\overline{二}^{卯}-\overline{一}^{卯}$ 為卯之乘數

依勿馬例用同類之論法得 $卯吧\overline{卯}^{卯}(\overline{未卯})\cdots\overline{三}^{卯}\overline{二}^{卯}\overline{一}^{卯}=(\overline{卯}(未卯)\cdots\overline{三}\,\overline{二}\,\overline{一})$ 其吧為整數則 $\overline{卯}^{卯}(\overline{未卯})\cdots\overline{三}^{卯}\overline{二}^{卯}\overline{一}^{卯}=卯吧\,\overline{\,}^{卯}\left\{\dfrac{二}{未卯(未卯\overline{一})}\right\}$ 此

式之右邊必能以卯約之所以 $\overline{卯}^{卯}\cdots\overline{三}^{卯}\overline{二}^{卯}\overline{一}^{卯}$ 能以卯約之

二十五題　如卯為任何整數而非二而 $\overline{卯}^{卯}$ 為任何奇數與卯相視如數根求證 $\overline{卯}^{卯}\overline{一}$ 能以八卯約之

依勿馬之例 $\overline{卯}^{卯}\overline{一}$ 能以卯約之又從前題（即二十四題）$\overline{卯}^{卯}\overline{一}$ 能以八約之因卯不能不為奇所以 $\overline{卯}^{卯}\overline{一}$ 為卯與八之

公乘數亦必為其最小之公乘數即八卯為其倍數所以

$\overline{卯}^{卯}\overline{一}$ 能以八卯約之

二十六題　有甲乙二人各有地一塊甲地之大小在一路德（畝法之意）與兩路德之間一路德為一千二百十平方碼（三一碼為一尺）如少三平方碼則地之平方碼數為平方數乙地之平方碼本合于平方數若加一平方碼則與甲地正為一半大求甲地之平方碼數

令天^{二}為甲地之平方碼數令地^{二}為乙地之平方碼數則

天^{二}三＝二（地^{二}一）所以

天^{二}二地^{二}＝一　惟 $\sqrt{二}$ 之連分數內其約得之數為 一　二　二　二

……而其循環之位數為一其漸近之數為 $\dfrac{一}{一}$ $\dfrac{三}{二}$ $\dfrac{七}{五}$ $\dfrac{一七}{一二}$ $\dfrac{四一}{二九}$ $\dfrac{九九}{七〇}$ $\dfrac{二三九}{一六九}$……所以上相等式之各解法為

天＝一　七　四一　二三九……

地＝一　五　二九　一六九……

惟從本題得 天^{二}三＞一二一〇＜二四二〇 所以 天＝四一 所以甲地為（四一）^{二}三 即一六八四平方碼

二十七題　甲行平速每點鐘之速率多于三里少于四里從某處往相距二十里處起行之後一點鐘乙從本處動身每點鐘行四里求證乙能否追及甲其決疑數爲二與一之比

令甲行之速每點鐘爲 $三\perp天$ 里則從甲動身至所往之處爲 $\frac{二〇}{三\perp天}$ 點鐘而乙之到此處爲 $一\perp\frac{二〇}{四}$ 點鐘卽六點鐘所以乙之能否追及甲依六之大小于 $\frac{二〇}{三\perp天}$ 卽依天之大小于 $\frac{一}{三}$ 惟天之同數已知其在〇與一之間所以乙之不能追及甲其決疑率爲二與一之比

二十八題　如擲 $二卯$ 顆骰子求證所得之點數爲 $七卯$ 之決疑數比任他數之決疑數更大又如擲 $二卯\perp一$ 顆骰子則點數之和爲 $七卯\perp三$ 或 $七卯\perp四$ 之決疑數比任所有他數之決疑數更大又求證 $七卯\perp三$ 與 $七卯\perp四$ 之決疑數相等

如擲寅顆骰子則各點之和所能有之各法爲未爲 $(天\perp天^{二}\perp天^{三}\perp天^{四}\perp天^{五}\perp天^{六})^{寅}$ 之引長之級數內 $天^{未}$ 之倍數而依本卷第十四題亦爲 $(一\perp天\perp天^{二}\perp天^{三}\perp天^{四}\perp天^{五})^{寅}$ 之引長之級數內 $天^{未\top寅}$ 之倍數所以決疑數最大之點爲 $(一\perp天\perp天^{二}\perp天^{三}\perp天^{四}\perp天^{五})^{寅}$ 之引長之級數內 $天^{未\top寅}$ 之倍數卽爲未之最大同數

如 $寅=二卯$ 則級數有一中項其倍數大于任他項之倍數則 $未\top寅$ 爲 $天=\frac{五寅}{二}$ 或 $未=七卯$ 相配之指數則 $未\top寅=\frac{五寅\top一}{二}$ 或 $=\frac{五寅\perp一}{二}$ 所以 $未=七卯\perp三$ 或 $=七卯\perp四$ 此兩數之決疑數相同

二十九題　囊中有小丸若干顆任手探出一把求所取出之數與囊中所盛之丸之全數彼此相視如數根又題令丸之全數爲一百〇五所求與前同

令囊中之數爲 $甲乙丙丁戊……$ 其 甲 乙 丙 爲數根如將各數依次序列之而分爲若干幅每幅有甲數每幅之首俱必與甲

數相視如數根因囊中之數爲甲之倍數卽函若干此種幅而取之丸數與甲爲數根之決疑數爲 $\frac{甲-1}{甲}$ 卽爲 $1-\frac{1}{甲}$ 又依同法得丸數與乙爲數根之決疑數爲 $1-\frac{1}{乙}$ 其餘類推而此各決疑數彼此不相關如所取之丸數與丸之全數爲數根則必有甲乙丙……爲數根所以所求之決疑數爲 $\left(1-\frac{1}{甲}\right)\left(1-\frac{1}{乙}\right)\left(1-\frac{1}{丙}\right)\cdots$

又如囊中之丸爲一〇五卽 $3\cdot5\cdot7$ 則其決疑數爲

$$\left(1-\frac{1}{3}\right)\left(1-\frac{1}{5}\right)\left(1-\frac{1}{7}\right)=\frac{2}{3}\cdot\frac{4}{5}\cdot\frac{6}{7}=\frac{16}{35}$$

三十題　將錢一箇拋上落下兩次求至少能得一次正面在上之決疑數又求證德蘭白德誤解此題之故

德蘭白德云此題祇能有三箇不同之事一爲第一次卽得正面在上則其事已成再不必拋第二次二爲第一次得反面第二次得正面三爲兩次俱得反面此三

事中首兩事合于本題所求其第三事不合所以其決疑數爲 $\frac{2}{3}$

每次不得正面之決疑數爲 $\frac{1}{2}$ 所以本題以兩次不得正面向上之決疑數爲 $\frac{1}{4}$ 所以所求之決疑數爲

$$1-\frac{1}{4}=\frac{3}{4}$$

德蘭白德解題之誤因三事之決疑數各爲相等但其第一事必分爲兩事卽兩次得正或第一次得正第二次得反也此四事之決疑數相等而內有三事合于本題所以其第一事之決疑數爲 $\frac{1}{2}$ 第二三事之決疑數不過爲 $\frac{1}{4}$

三十一題　有賣寶石之店其有寶石卯盒每盒內有巳塊寶石其價爲 $1,2,3,\cdots$ 巳兩銀今來一客要從每盒中任取一塊寶石求證㊀所取之寶石共合若干之決疑數㊁其決疑數値若干銀㊂如從各盒取未塊寶石其決疑數値若干銀㊃如 $巳=2$ 而從每盒取一寶石則所取之寶石共値 $卯+未$ 銀㊄所取寶石之共價爲決疑數最大之其價

㊀能取寶石價合未銀之各法爲 $(天+天^2+天^3+\cdots+天^{巳})^{卯}$ 級數內 $天^{未}$ 之倍數

亦爲（丄天丄天丄……丄天丅）卯之級數內天柳之倍數如卯（巳丅）爲偶數則有中項其

倍數爲最大如卯（巳丅）爲奇數則有兩箇中項其倍數彼此

相等而比其餘各項之倍數爲大又其天之指數丣卯在

各法內＝三卯（巳丅）與三卯（巳丅）丨三所以未＝三卯（巳丄）如卯（巳丅）爲偶或卯爲偶數

巳爲奇數而未＝三卯（巳丄）丨三如卯爲奇而巳爲偶此兩事之決疑

代數難題三 雜題類五 三十七

數相等而所取寶石之有最大決疑數之其價爲能取

其銀兩最多之不同法卽如卯爲偶或巳爲奇則爲三卯（巳丄）卯爲奇巳爲偶則爲三卯（巳丄）丨三

（二）從每盒所取寶石值價之決疑數爲＝三（丄丄丄丄丄……巳）＝三巳銀所以從

卯盒取寶石之決疑數爲 $\frac{二}{卯}$（巳丄）銀

（三）如果每盒取未塊則決疑數之値爲大未倍所以必

爲 $\frac{二}{柳}$（巳丄）銀

（四）能取丗未兩銀之各不同法爲（丄天）卯之級數內天卯未之倍數

亦爲（丄天）之級數內未天之倍數所以能取寶石之全不同

法爲（丄天）之級數內倍數之共數卯所以取丗未兩之決疑

數爲＝卯[illegible]

（五）其取寶石最大決疑數値價從第一事得卯爲偶則

代數難題三 雜題類五 三十八

$\frac{二}{三卯}$ 卯爲奇則三卯丨三先令卯爲偶卽＝演則取寶至演兩

之決疑數爲＝卯[illegible]＝［二四六……演］［二四六……卯］令卯爲奇卽＝演丄則取演丄或演丄銀之決

疑數爲＝卯[illegible]

＝［二四六……演］［二四六……（演丄）］

＝［二四六……（卯丅）］［二四六……（巳丄）］

三十二題　有人借銀若干兩其借契寫明必在卯年內還清每年終付利爲本年首所欠之銀之利依每百兩得未分算之又每年終付還本銀若干分其分數能令每年終所付之本與利共數相同求作一式能推算每年必付銀若干

令天爲每年共還之本利數而令 $味=1+未$ 則第二年首所欠之銀爲 $丙味-天$ 第三年首爲 $丙味^{二}-天味-天$ 第四年首爲 $丙味^{三}-天味^{二}-天味-天=丙味^{三}-天(味^{二}+味+1)=丙味^{三}-天\cdot\frac{味^{三}-1}{味-1}$ 第五年首爲 $丙味^{四}-天\cdot\frac{味^{三}-1}{味-1}\cdot味-天=丙味^{四}-天\cdot\frac{味^{四}-1}{味-1}$ ……第 $(卯+1)$ 年首所欠之銀爲 $丙味^{卯}-天\cdot\frac{味^{卯}-1}{味-1}$ 惟依本題此年所欠之數當爲○所以 $丙味^{卯}=天\cdot\frac{味^{卯}-1}{味-1}$ 所以 $天=丙味^{卯}\frac{味-1}{味^{卯}-1}=丙\frac{未(1+未)^{卯}}{(1+未)^{卯}-1}$

三十三題　有人從新金山取金其所得之金屑成色各不同共有 二卯 重分別攜回本國各種分爲若干等分其分數必敷作下各事之用　先從一種內取若干分與他種調勻如此至所得之不同攙和之種其數以再不能多爲度　再將所得各攙和之種平分爲若干等分數作以下之事　將前各攙和種內之卯種從每種取若干與他種調勻成第二次攙和之種求其第二次攙和之種之 $1\cdot3\cdot5\cdot7\cdots\cdots(二卯-1)$ 其成色恰與將本 二卯 重之各種金屑其調勻所得之成色相同

令各種金屑依次序列之爲 一 二 三 四 …… 二卯 又令 $天_{未}$ 爲未種金屑一兩內眞銀之粒數 $甲_{未}$ 爲未種金屑一分之兩數所言兩與粒本與題旨不相關惟用此則易于明白耳 $\frac{危_{未}}{胃}$ 爲未種一分與胃種一分調勻所函金之粒數

先令其種數爲四則 $甲_{一}天_{一}+甲_{二}天_{二}=危^{二}_{一}$
$甲_{一}天_{一}+甲_{三}天_{三}=危^{三}_{一}$
$甲_{一}天_{一}+甲_{四}天_{四}=危^{四}_{一}$
$甲_{二}天_{二}+甲_{三}天_{三}=危^{三}_{二}$
$甲_{二}天_{二}+甲_{四}天_{四}=危^{四}_{二}$
$甲_{三}天_{三}+甲_{四}天_{四}=危^{四}_{三}$ 爲第一次調勻之各種從此得 $甲_{一}天_{一}+甲_{二}天_{二}+甲_{三}天_{三}+甲_{四}天_{四}=危^{二}_{一}+危^{四}_{三}=危^{三}_{一}+危^{四}_{二}=危^{四}_{一}+危^{三}_{二}$ 依本題此各攙雜

之種必分為五等分所以其再攙雜之種必有三種每

$\frac{危_{二}丄危_{三}^{四}}{五}$ $\frac{危_{二}丄危_{四}}{五}$ $\frac{危_{三}丄危_{四}}{五}$ 兩金屑內必函眞金 $\frac{甲_{二}丄甲_{三}丄甲_{四}丄甲_{五}}{五}$ 即 $\frac{甲天_{二}丄甲天_{三}丄甲天_{四}}{五}$ 所以

其成色必與原四種調勻所得之金屑等

再令金屑之種為 二卯干 即 三 四 五 六 …… 二卯 為所有與其 二卯干

種調勻之成色相同之第二次攙雜之種數再加了兩

箇新種即 一 二 則用 二卯干 種得攙雜之種其數之外多得

攙雜之種如下

㈠ 甲天二丄甲天三＝危二

㈡ 甲天二丄甲天三＝危三

㈢ 甲天二丄甲天四＝危四

⋮

(二卯干) 甲天二丄甲天二卯＝危二卯 其公數為 二卯干

再有

甲天三丄甲天三＝危三

甲天三丄甲天四＝危四

甲天三丄甲天五＝危五

……

甲天三丄甲天二卯＝危二卯 為第二次攙雜之種其公數為 二卯干

如再取 二卯干 種 三 四 五 六 …… 二卯 則各 吧二卯干 攙雜之種每 甲三丄甲四丄…丄甲二卯 兩

金屑內函眞金為 甲三天三丄甲四天四丄…丄甲二卯天二卯 再加所應加之危二之分數則從第

一次各式得 二卯 種有 吧二卯干 攙雜之種各種內每金屑 甲丄甲二丄甲三丄…丄甲二卯 兩

內函眞金 甲天丄甲二天二丄甲三天三丄…丄甲二卯天二卯 粒再從第二次各式可見所函第二次攙

雜之內除了函三種與二種之外都可以代第三種成

二卯干 種之第二次攙雜之種從此得 吧二卯干 第二次攙雜之種

每金屑 甲二丄甲四丄…丄甲二卯 兩內函眞金 甲二天二丄甲四天四丄…丄甲二卯天二卯 粒再從㈡得 二卯 種之金屑每

甲丄甲二丄甲三丄…丄甲二卯 函眞金 甲天丄甲二天二丄…丄甲二卯天二卯 粒又依同理各 二卯干 之相等式得此樣雜

而又雜之種吧二卯二所以共得（二卯丁）吧卯丁為各種之成色與原二卯調

勻所得之成色相同所以

吧二卯＝（二卯丁）吧二卯二

＝（二卯丁）（二卯三）吧三卯四

＝……

＝（二卯丁）（二卯三）…五吧四

＝（二卯丁）（二卯三）…五·三·一

所以吧四＝三

金匱華世芳校

代數難題解法卷十三

英國倫德編輯
英國傅蘭雅口譯
金匱華蘅芳筆述

考題類

岡布理智書院第一次考題

一題 有 二丅天三 九（二天一）（五二）（二天九）四 ＝ 六 天九 九 式求其天之同數

二天三 三二 二天三 三六二 ＝ 六丅八天 九（丅天）（五二）（九丅八天）

丅三二 ＝ 六丅八天 五三二丅四五四天

丅二二 二九三二天 ＝ 五三二丅四五四天

（二九三二丅四五四）天＝二七五二

∴天＝四四五二 二七五二 ＝ 六六二 四一一

二題 有 $\sqrt{甲天}\sqrt{甲天}=\sqrt{\frac{甲乙}{三乙天}}$ 式求其天之同數

三題 有

天²＝三一天丅四地²

地²＝三一地丅四天²

求其天地二同數

自乘得

二甲丄二√(甲丅天)＝甲乙／(三乙丄天)

二甲丄二甲乙丄(甲乙)√(甲丅天)＝三乙丄天

甲丅天丄二(甲乙)√(甲丅天)＝三乙丅甲丅二甲乙

甲丅天丄(甲乙)√(甲丅天)丄(甲乙)＝四乙

√(甲丅天)＝丅二乙丅(甲乙)

＝乙丅甲

或

＝甲丅三乙

甲丅天＝甲乙丅二甲乙

或

＝甲丄九乙丄六甲乙

∴天＝一／一√(二甲乙丅乙)或一／一√(丅六甲乙丅九乙)

地²／天²＝(三一丅四地²／天²)／(三一地²／天²丅四)

即

酉²＝(三一丅四酉²)／(三一酉²丅四)

其

地／天＝酉

三一酉丅四酉²＝三一酉丅四

三一酉(酉丅一)＝四(酉丅一)

三一酉²＝四(酉丄酉丄酉丄一)

又

酉＝一

即

天＝地＝二七

四(酉丄酉)丄四(酉丄酉)＝二七

四(酉丄酉)丄四(酉丄酉)丄一＝三六

二(酉丄酉)＝十六丅一＝五或丅七

酉丄五酉＝丅一或酉丄七酉＝丅一

∴酉＝二或三或四(丅七丄√三三)

∴天＝三一丅酉＝三○或一五或七(三丄√三三)

地＝三一丅四酉＝一五或三○或七(三丄√三三)

四題 有

(天丄地)丄(天丅地)＝甲 (一)

(天丄地)丄(天丅地)＝甲 (二)

求其天地二同數

(一)式成立方得

二天丄三甲·√(天丅地)＝甲

∴√(天丅地)＝三甲／(甲丅二天)

(二)式成立方得

二天丄三甲·√(天丅地)·√(天丄地)＝甲

∴√(天丅地)＝(甲丅天)／(甲丅二天)·√甲／一

所以從

(一)得

(甲丅二天)√甲／(甲丅二天)丄三√甲／(甲丅二天)＝√甲

三(甲丅二天)丄(甲丅天)＝三甲(甲丅二天)

二天丅二甲天＝甲²

四天丅四甲天丄甲²＝三甲²

二天＝(一丅三)甲 (角)

∴天＝一／二(一丅√三)甲

又

天丅地＝二七甲／(甲丅二天)＝二七甲／(三√三·甲)

從(角)得

＝三√三／甲

所以

地＝四／(甲√三)·甲丅三·√三／甲＝(丅一丄√三)甲

所以得

地＝√(丅一丄√三)甲

五題　某處有火輪車鐵路往來各一條慢火車從呷往𠯈路過𠮙處停七分時從𠮙開行之後二分時遇見從𠯈往呷之快火車此車開行之時為慢車每行到距𠮙二十八里之時快車比慢車之速大一倍從𠯈至𠮙其一點半鐘若行到呷處即刻回𠯈則比慢車到𠯈時後三分求呷𠮙𠯈相距之路並快慢二車行速率

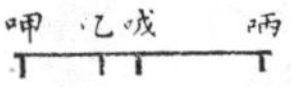

令天為慢車每一點鐘所行之里數則二天為快車每一點鐘所行之里數所以

$\text{𠮙𠯈}=\text{二天}\times\text{一}\frac{\text{一}}{\text{二}}=\text{三天}$

如𠯆為兩車相遇之點則

$\text{𠮙𠯆}=\frac{\text{天}}{\text{三〇}}$

又

$\frac{\text{二八}}{\text{天}}+\frac{\text{九}}{\text{六〇}}=\frac{\text{𠯆𠯈}}{\text{二天}}=\frac{\text{𠮙𠯈}-\text{𠮙𠯆}}{\text{二天}}=\frac{\text{三}}{\text{二}}-\frac{\text{一}}{\text{六〇}}$

$\therefore\frac{\text{二八}}{\text{天}}=\frac{\text{三}}{\text{二}}-\frac{\text{一〇}}{\text{六〇}}=\frac{\text{八〇}}{\text{六〇}}=\frac{\text{四}}{\text{三}}$

$\therefore\text{天}=\text{二一}$

$\text{二天}=\text{四二}$

又

$\text{𠮙𠯈}=\text{六三}$

又依本題得

$\frac{\text{𠯆𠯈}}{\text{天}}+\frac{\text{三}}{\text{六〇}}=\frac{\text{呷𠯆}+\text{呷𠯈}}{\text{二天}}=\frac{\text{二呷𠯈}-\text{𠯆𠯈}}{\text{二天}}$

$=\frac{\text{呷𠯈}}{\text{天}}-\frac{\text{𠯆𠯈}}{\text{二天}}$

$\frac{\text{呷𠯈}}{\text{天}}=\frac{\text{三𠯆𠯈}}{\text{二天}}+\frac{\text{一}}{\text{二〇}}=\frac{\text{三}}{\text{二}}\left(\text{三}-\frac{\text{一}}{\text{三〇}}\right)+\frac{\text{一}}{\text{二〇}}=\frac{\text{九}}{\text{二}}$

所以

$\text{呷𠯈}=\frac{\text{九}}{\text{二}}\text{天}=\frac{\text{九}\times\text{二一}}{\text{二}}=\text{九四}\frac{\text{一}}{\text{二}}$

又

$\text{呷𠮙}=\text{呷𠯈}-\text{𠮙𠯈}=\text{九四}\frac{\text{一}}{\text{二}}-\text{六三}=\text{三一}\frac{\text{一}}{\text{二}}$

六題　某國每年所收稅項之銀數比所費之銀數少寅百萬兩所以必增損其稅法至所入能敷所出遂于出口之貨加稅百分之甲進口之貨減稅百分之丙則因此而進口之貨必多其價比出口之貨大卯倍則所收之稅正敷國用後有人核算若出口之貨加稅百分之申進口之貨減稅百分之丙′而貨物之價所改變者如前則稅仍不敷于用所缺少者為寅百萬求改稅之後出口進口貨物之價

令天為改稅後出口貨價之百分之數則卯天為進口貨價百分之數甲天為改稅後出口貨所增之稅卯丙天為進口貨所減之稅所以依本題得

$\text{甲天}-\text{卯丙天}=\text{寅}$

又

$\text{申天}-\text{卯丙}'\text{天}=\text{寅}-\text{寅}'$

$\therefore\{\text{甲}-\text{申}+\text{卯}(\text{丙}'-\text{丙})\}\text{天}=\text{寅}'$

$\therefore\text{天}=\frac{\text{寅}'}{\text{甲}-\text{申}+\text{卯}(\text{丙}'-\text{丙})}$

$\text{卯天}=\frac{\text{寅}'\text{卯}}{\text{甲}-\text{申}+\text{卯}(\text{丙}'-\text{丙})}$

七題　某城中共有五萬人欲推一人為主其舉法將城內之人分為若干等分每分為一黨每黨先令一人為董事其能得最多之董事所信服者即堪備城主之選今得甲乙二人凡信服甲之董事其本黨內之人信服甲者比不信服甲者多一倍惟信服乙之董事其本黨內不信服乙者十分之一既經董事保舉之後又來一

人丙亦合于作城主之選其信服丙之董事比甲多三人比乙多十四人惟丙若不出則董事之信服甲欲推為城主之人數多于乙而比信服丙者少十九人若不用董事保舉之法而令城內之五萬人各指欲甲欲乙則欲乙者比欲甲者多六千人求董事之數（即城內之人所分之黨數）

令天為黨數即董事數則 $\frac{天}{五〇〇〇〇}$ 為每黨之人數令地為信甲之黨數則 $天⊤地$ 為信乙之黨數所以 $地\times\frac{天}{五〇〇〇〇}$ 為信甲之各黨其人數如本題得 $地\times\frac{三天}{一〇〇〇〇〇}$ 為甲黨內信甲之人 $地\times\frac{三天}{五〇〇〇〇}$ 為甲黨內信乙之人 $(天⊤地)\frac{天}{五〇〇〇〇}$ 為信乙之各黨其人數 $(天⊤地)\frac{天}{四五〇〇〇}$ 為乙黨內信乙之人 $(天⊤地)\frac{天}{五〇〇〇}$ 為乙黨內不信乙之人令人為信丙之董事數則 $人⊥(人⊤三)⊥(人⊤一四)$ 即 $三人⊤一七＝天$ ㊀ 又 $地⊤(天⊤地)＝人⊤一九$ 即 $天⊤二地⊥人＝一九$ ㊁

又

$$地\frac{三天}{一〇〇〇〇〇}⊥(天⊤地)\frac{天}{五〇〇〇}＝地\frac{三天}{五〇〇〇〇}⊥(天⊤地)\cdot\frac{天}{四五〇〇〇}⊤六〇〇〇$$

即

$$\frac{三}{五〇地}＝四〇(天⊤地)⊤六天$$ ㊂

從㊂得 $地＝\frac{五}{三}天$ 從㊀得 $人＝\frac{三}{天}⊥五\frac{三}{二}$ 所以從㊁得 $天＝二地⊤人⊥一九＝\frac{五}{六天}⊤\frac{三}{天}⊤五\frac{三}{二}⊥一九$ 所以得 $天＝一〇〇$

第二次考題

一題　有 $二乙\{\sqrt{天⊥甲⊤乙}\}⊥二丙\{\sqrt{天⊤甲⊥丙}\}＝甲$ 式求其天之同數

二題 有 $\sqrt{\text{二天}\top\text{一}}\perp\sqrt{\text{三天}\top\text{二}}=\sqrt{\text{四天}\top\text{三}}\perp\sqrt{\text{五天}\top\text{四}}$ 式求其天之同數

$$\text{二甲}\top\text{四乙}\sqrt{\text{天}\top\text{甲}\perp\text{四乙}^{二}}=\text{四丙}\sqrt{\text{天}\top\text{甲}\perp\text{四丙}^{二}}$$

$$\text{天}\perp\text{甲}\top\text{四乙}\sqrt{\text{天}\perp\text{甲}\perp\text{四乙}^{二}}=\text{天}\top\text{甲}\perp\text{四丙}\sqrt{\text{天}\top\text{甲}\perp\text{四丙}^{二}}$$

$$\sqrt{\text{天}\perp\text{甲}}\top\text{二乙}=\frac{\perp}{\top}\left(\sqrt{\text{天}\top\text{甲}}\perp\text{二丙}\right)$$

$$\sqrt{\text{天}\perp\text{甲}}\frac{\perp}{\top}\sqrt{\text{天}\top\text{甲}}=\text{二}\left(\text{乙}\frac{\perp}{\top}\text{丙}\right)$$

$$\text{天}\perp\sqrt{\text{天}^{二}\top\text{甲}^{二}}=\text{二}\left(\text{乙}\frac{\perp}{\top}\text{丙}\right)^{二}$$

$$\text{天}^{二}\top\text{四}\left(\text{乙}\frac{\perp}{\top}\text{丙}\right)^{二}\text{天}\perp\text{四}\left(\text{乙}\frac{\perp}{\top}\text{丙}\right)^{四}=\text{天}^{二}\top\text{甲}^{二}$$

$$\therefore\text{天}=\left(\text{乙}\frac{\perp}{\top}\text{丙}\right)^{二}\perp\frac{\text{四}}{\text{一}}\cdot\frac{\left(\text{乙}\frac{\perp}{\top}\text{丙}\right)^{二}}{\text{甲}^{二}}$$

$$\sqrt{\text{二天}\top\text{一}}\perp\sqrt{\text{五天}\top\text{四}}=\sqrt{\text{四天}\top\text{三}}\perp\sqrt{\text{三天}\top\text{二}}$$

$$\text{七天}\top\text{五}\top\text{二}\sqrt{\text{一〇天}^{二}\top\text{一三天}\perp\text{四}}=\text{七天}\top\text{五}\top\text{二}\sqrt{\text{一二天}^{二}\top\text{七天}\perp\text{六}}$$

$$\text{一〇天}^{二}\top\text{一三天}\perp\text{四}=\text{一二天}^{二}\top\text{七天}\perp\text{六}$$

$$\text{二天}^{二}\top\text{四天}\perp\text{二}=〇$$

$$\text{天}^{二}\top\text{二天}\perp\text{一}=〇$$

$$\left(\text{天}\top\text{一}\right)^{二}=〇$$

$$\therefore\text{天}=\text{一}$$

三題 有 $\text{八天}^{\frac{四}{三}}\perp\text{八一}=\text{一八天}^{\frac{四}{二}}\perp\text{四五天}^{\frac{四}{一}}$ 式求其天之同數

令 $\text{地}^{四}$ 代天則

$$\text{八地}^{三}\perp\text{八一}=\text{一八地}^{二}\perp\text{四五地}$$

$$\left(\frac{\text{三}}{\text{二地}}\right)^{三}\perp\text{三}=\frac{\text{三}}{\text{二}}\text{地}^{二}\perp\frac{\text{三}}{\text{五}}\text{地}$$

$$\left(\frac{\text{三}}{\text{二地}}\right)^{三}\perp\left(\frac{\text{二}}{\text{三}}\right)^{三}=\frac{\text{三}}{\text{二}}\text{地}^{二}\perp\frac{\text{三}}{\text{五}}\text{地}\perp\frac{\text{八}}{\text{三}}$$

$$=\left(\frac{\text{三}}{\text{二}}\text{地}\perp\frac{\text{二}}{\text{三}}\right)\left(\text{地}\perp\frac{\text{四}}{\text{一}}\right)$$

$$\therefore\frac{\text{三}}{\text{二}}\text{地}\perp\frac{\text{二}}{\text{三}}=〇$$

$$\text{地}=\top\frac{\text{四}}{\text{九}}$$

$$\text{天}=\left(\top\frac{\text{四}}{\text{九}}\right)^{四}$$

又

$$\left(\frac{\text{三}}{\text{二地}}\right)^{二}\top\frac{\text{三}}{\text{二地}}\cdot\frac{\text{二}}{\text{三}}\perp\left(\frac{\text{二}}{\text{三}}\right)^{二}=\text{地}\perp\frac{\text{四}}{\text{一}}$$

$$\left(\frac{\text{三}}{\text{二地}}\right)^{二}\top\text{三}\frac{\text{三}}{\text{二地}}\perp\left(\frac{\text{二}}{\text{三}}\right)^{二}=\frac{\text{四}}{\text{一}}$$

$$\frac{\text{三}}{\text{二地}}=\frac{\text{二}}{\text{三}}\frac{\perp}{\top}\frac{\text{二}}{\text{一}}$$

$$\therefore\text{地}=\text{三}\ \text{或}\ \frac{\text{二}}{\text{三}}$$

又

$$\text{天}=\text{地}^{四}=\text{三}^{四}\ \text{或}\left(\frac{\text{二}}{\text{三}}\right)^{四}$$

四題 有

$$\frac{\text{地}\top\text{二天}}{\text{地}\top\text{天}\perp\sqrt{\text{二天地}\top\text{三天}^{二}}}=\text{三}\cdot\frac{\left(\text{二地}\top\text{三天}\right)^{\frac{二}{三}}\top\text{天}^{\frac{二}{三}}}{\left(\text{二地}\top\text{三天}\right)^{\frac{二}{三}}\perp\text{天}^{\frac{二}{三}}}\quad㊀$$

$$\frac{\text{天}^{二}}{\text{地}}\perp\frac{\text{八一}}{\text{一六}}\left(\text{天}\top\sqrt{\text{天}\top\frac{\text{四}}{\text{三}}}\right)=\frac{\text{九天}}{\text{四}}\left(\text{二}\sqrt{\text{天地}}\top\sqrt{\text{地}}\right)\quad㊁$$

求其天地二同數

令人代 $二地\top三天$ 從㊀得

$$三\cdot\frac{人^{\frac{三}{一}}\top天^{\frac{三}{一}}}{人^{\frac{三}{一}}\bot天^{\frac{三}{一}}}=\frac{(二地\top三天)\top天}{二地\top三天\bot二\sqrt{天\cdot(二地\top三天)}\bot天}=\frac{(二地\top三天)\top天}{\{(二地\top三天)^{\frac{二}{一}}\bot天^{\frac{二}{一}}\}^{二}}$$

$$=\frac{(二地\top三天)^{\frac{二}{一}}\top天^{\frac{二}{一}}}{(二地\top三天)^{\frac{二}{一}}\bot天^{\frac{二}{一}}}=\frac{人^{\frac{二}{一}}\top天^{\frac{二}{一}}}{人^{\frac{二}{一}}\bot天^{\frac{二}{一}}}$$

$$人^{\frac{二}{一}}\quad\therefore三\cdot\frac{人^{\frac{三}{一}}\bot天^{\frac{三}{一}}}{人^{\frac{三}{一}}\bot天^{\frac{三}{一}}}=\frac{人^{\frac{三}{一}}\top天^{\frac{三}{一}}}{人^{\frac{三}{一}}\top天^{\frac{三}{一}}}$$

$$三人\top三人^{\frac{三}{一}}天^{\frac{三}{二}}\bot三天=人\top人^{\frac{三}{二}}天^{\frac{三}{一}}\bot天$$

$$人^{\frac{三}{一}}\quad人\top二人^{\frac{三}{一}}天^{\frac{三}{二}}\bot天=〇$$

$$\therefore人=天$$

$$地=二天$$

從㊁得

$$\frac{天^{二}}{地}\top\frac{九}{四}(二\sqrt{天}\top一)\frac{天}{\sqrt{地}}\bot\frac{八}{四}(二\sqrt{天}\top一)^{二}=\frac{八一}{一六}$$

$$\frac{天}{\sqrt{地}}=\frac{九}{二}(二\sqrt{天}\top一\pm二)=\frac{九}{二}(二\sqrt{天}\bot一)\text{或}\frac{九}{二}(二\sqrt{天}\top三)\quad㊊$$

取其第二箇同數而令地代 $二天$ 則得

$$\frac{九}{四}天\top\frac{三}{二}\sqrt{天}\bot\frac{四}{一}=\sqrt{三}\bot\frac{四}{一}$$

$$\frac{三}{二}\sqrt{天}=\frac{二}{一}\left(一\pm\sqrt{四\sqrt{三}\bot一}\right)$$

$$\therefore天=\frac{一六}{九}\left(一\pm\sqrt{四\sqrt{三}\bot一}\right)^{二}$$

$$地=二天=\frac{八}{九}\left(一\pm\sqrt{四\sqrt{三}\bot一}\right)^{二}$$

如將㊊式內之 $\frac{天}{\sqrt{地}}$ 用又一箇同數則能得天地之他同數

五題　有鐵路長一百里兩端為呷叺二處火車從呷起行先三十里路向上斜再五十里為平面餘二十里亦向上斜火車行平路比斜上之路一點鐘多五里路上有吃呐叮哎四處呷距吃二十里距呐四十二里半距叮六十七里半距哎九十里車在每處停三分時車從呷處開行之時為八點鐘到叺之時為十二點鐘四十二分求車到吃呐叮哎各處時刻

令天為斜上路每點鐘行里之速則 $天\bot五$ 為平路每點鐘行里之速又

$$\frac{天\bot五}{五〇}\bot\frac{天}{五〇}$$

為行全路之時

$$=一二點四二分\top八點〇分\top四\times三分$$

$$=四\frac{二}{一}點$$

$$\therefore\frac{天\bot五}{五〇}\bot\frac{天}{五〇}=\frac{二}{九}$$

從此得 $天=二〇$ 為車向上斜行每點鐘之里數所以車在一點鐘

內到乙處卽九點鐘到乙而離乙在九點三分乙丙之間其二十二里半內有十里向上斜其十二里半爲平路車行此兩面各費半點鐘所以車到丙處在離開乙後一點鐘卽十點三分其離開丙時爲十點六分在丙丁之間二十五里車行此路費一點鐘所以車到丁時爲十一點六分離開丁時爲十一點九分從丁至戊之路長二十二里半內十二里半爲平十里斜向上車行此平斜之路各費半點鐘所以車到戊時爲十二點九分

六題　有桶若干箇列成一行每桶各作字號記之爲$甲_{一}$ $甲_{二}$ $甲_{三}$……$甲_{未}$ $甲_{未+一}$……$甲_{寅}$其$甲_{一}$內盛酒若干$甲_{二}$內盛水若干其餘各桶$甲_{三}$……$甲_{未}$ $甲_{未+一}$……$甲_{寅}$盛各種流質若干于$甲_{一}$桶內取酒$\frac{一}{卯}$入$甲_{二}$桶取$甲_{二}$桶內$\frac{一}{卯}$入$甲_{三}$桶取$甲_{三}$桶內$\frac{一}{卯}$入$甲_{四}$桶如是遞作至末桶爲止再取$甲_{寅}$桶內之$\frac{一}{卯}$入$甲_{一}$桶取$甲_{一}$桶內$\frac{一}{卯}$入$甲_{二}$桶其餘依此類推惟$甲_{一}$桶內總不加物而$甲_{未}$桶內作此事$未+一$次所存之酒之六十倍等于作此事未次所存之酒之三十一倍又$甲_{未}$桶內作此事$未+一$次所存之水之五十九倍等于作此事未次所存之水之三十一倍求未卯二數爲若干

令天爲$甲_{一}$內之酒數則遞次出入得各桶內之物如下

第一次

	$甲_{一}$	$甲_{二}$	$甲_{三}$	……	$甲_{未}$
有酒	天	$\frac{天}{卯}$	$\frac{天}{卯^{二}}$	……	$\frac{天}{卯^{未-一}}$
取出	$\frac{天}{卯}$	$\frac{天}{卯^{二}}$	$\frac{天}{卯^{三}}$	……	$\frac{天}{卯^{未}}$
餘存	$天\left(一-\frac{一}{卯}\right)$	$\frac{天}{卯}\left(一-\frac{一}{卯}\right)$	$\frac{天}{卯^{二}}\left(一-\frac{一}{卯}\right)$	……	$\frac{天}{卯^{未-一}}\left(一-\frac{一}{卯}\right)$

第二次

	$甲_{一}$	$甲_{二}$	$甲_{三}$	……	$甲_{未}$
有酒	$天\left(一-\frac{一}{卯}\right)$	$\frac{二天}{卯}\left(一-\frac{一}{卯}\right)$	$\frac{三天}{卯^{二}}\left(一-\frac{一}{卯}\right)$	……	$\frac{未天}{卯^{未-一}}\left(一-\frac{一}{卯}\right)$
取出	$\frac{天}{卯}\left(一-\frac{一}{卯}\right)$	$\frac{二天}{卯^{二}}\left(一-\frac{一}{卯}\right)$	$\frac{三天}{卯^{三}}\left(一-\frac{一}{卯}\right)$	……	$\frac{未天}{卯^{未}}\left(一-\frac{一}{卯}\right)$
餘存	$天\left(一-\frac{一}{卯}\right)^{二}$	$\frac{二天}{卯}\left(一-\frac{一}{卯}\right)^{二}$	$\frac{三天}{卯^{二}}\left(一-\frac{一}{卯}\right)^{二}$	……	$\frac{未天}{卯^{未-一}}\left(一-\frac{一}{卯}\right)^{二}$

第三次

	$甲_{一}$	$甲_{二}$	$甲_{三}$	……	$甲_{未}$
有酒	$天\left(一-\frac{一}{卯}\right)^{二}$	$\frac{三天}{卯}\left(一-\frac{一}{卯}\right)^{二}$	$\frac{六天}{卯^{二}}\left(一-\frac{一}{卯}\right)^{二}$	……	$\frac{未(未+一)}{一\cdot二}\cdot\frac{天}{卯^{未-一}}\left(一-\frac{一}{卯}\right)^{二}$
取出	$\frac{天}{卯}\left(一-\frac{一}{卯}\right)^{二}$	$\frac{三天}{卯^{二}}\left(一-\frac{一}{卯}\right)^{二}$	$\frac{六天}{卯^{三}}\left(一-\frac{一}{卯}\right)^{二}$	……	$\frac{未(未+一)}{一\cdot二}\cdot\frac{天}{卯^{未}}\left(一-\frac{一}{卯}\right)^{二}$
餘存	$天\left(一-\frac{一}{卯}\right)^{三}$	$\frac{三天}{卯}\left(一-\frac{一}{卯}\right)^{三}$	$\frac{六天}{卯^{二}}\left(一-\frac{一}{卯}\right)^{三}$	……	$\frac{未(未+一)}{一\cdot二}\cdot\frac{天}{卯^{未-一}}\left(一-\frac{一}{卯}\right)^{三}$

如是類推至第未次旣畢則$甲_{未}$內所存之酒爲

$$\frac{未(未+一)(未+二)\cdots(未+未-二)}{一\cdot二\cdot三\cdots(未-一)}\cdot\frac{天}{卯^{未-一}}\left(一-\frac{一}{卯}\right)^{未}$$

合

此數等于物未則作至杆一次之後其式為

$$\frac{一\cdot二\cdot三\cdots(杆二)}{未(未\perp一)(未\perp二)\cdots(未\perp杆二)}\cdot\frac{卯^{杆二}}{天}\left(\frac{丁\perp卯}{一}\right)^{杆一}=\frac{物}{杆}$$

所以依本題得

$$\frac{三一}{六〇}\cdot\frac{物未}{物杆}=一$$

即

$$\frac{三一}{六〇}\cdot\frac{二杆二}{杆一}\cdot\left(\frac{丁\perp卯}{一}\right)^{丁}=一$$

即

$$\frac{三一}{六〇}\cdot\frac{二}{一}\cdot\frac{卯\perp一}{卯}=一$$

$$\frac{卯\perp一}{卯}=\frac{三〇}{三一}$$

$$\therefore 卯=三一$$

又依同理因水所過各桶比酒所過者少一桶則作過未次之後甲未內所存之水為

$$\frac{一\cdot二\cdot三\cdots(杆)}{(杆\perp一)(未\perp杆)\cdots(二杆)}\cdot\frac{卯^{杆}}{地}\left(\frac{丁\perp卯}{一}\right)^{未}$$

作杆一次後為

$$\frac{一\cdot二\cdot三\cdots(杆)}{(杆\perp一)(未\perp杆)\cdots(二杆\perp一)}\cdot\frac{卯^{杆}}{地}\left(\frac{丁\perp卯}{一}\right)^{杆}$$

所以依本題得

$$\frac{三一}{五九}\cdot\left(\frac{丁\perp卯}{一}\right)^{丁}\cdot\frac{二杆二}{杆一}=一$$

$$\frac{三一}{五九}\cdot\frac{三〇}{三一}=\frac{杆一}{二杆二}$$

即

$$五九杆五九=六〇杆九〇$$

$$\therefore 未=三一$$

七題　吧咋二處有電線相通其線徑八分寸之一長五十里今欲將呷線換三條新線甲乙丙其作線之材料各不同其長為五十里六十里七十里此三條新線之徑須足以令前所過呷線之電氣能分開而過甲乙丙其電氣之比例為三四五凡電線所能通電氣之數與所受之阻力有反比例而阻力與線之長有正比例又與線之剖面積有反比例又與線之材料之能傳電氣之性有反比例又線之剖面積與徑之平方有比已試過呷線長十五碼徑八分寸之一所能行過之電氣為一〇〇〇子　又將甲線徑十分寸之一長二十碼能傳電七五〇子　乙線徑十分寸之一長十碼能傳電五四〇〇子　丙線徑十分寸之一長四十碼能傳電三五〇〇子　求依以上所言之事其所用甲乙丙三線須徑若干

令天地人為所求甲乙丙三線之徑之寸數

咋為在呷線上從吧行至咋之電氣數

午甲午乙午丙為過甲乙丙各線之電氣數

呼為呷線之材料能傳電氣之率

呼甲呼乙呼丙為甲乙丙三線能傳氣之率

惟過一條線上之電氣數

$$\propto\frac{一}{阻力}\propto\frac{傳電率\times剖面積}{長}\propto\frac{傳電率\times徑^{二}}{長}$$

$$\therefore\frac{一〇〇〇子}{咋}=\frac{五〇\times七六〇}{一五}$$

即

$$咋=\frac{一七六}{三〇}子$$

第三次考題

$地^{二}=\frac{九〇〇}{一}$

而

$地=\frac{三〇}{一}$

又

$二〇〇〇〇\cdot\frac{一七六}{子人^{二}}=\frac{一二}{五}\cdot三〇\cdot\frac{一七六}{子}$

則

$人^{二}=\frac{一六〇〇}{一}$

而

$人=\frac{四〇}{一}$

$午_{甲}=\frac{四}{一}吘$

$午_{乙}=\frac{三}{一}吘$

$午_{丙}=\frac{一二}{五}吘$

所以

$三〇〇〇\cdot\frac{一七六}{子天^{二}}=\frac{四}{一}\cdot三〇\cdot\frac{一七六}{子}$

則

$天^{二}=\frac{四〇〇}{一}$

而

$天=\frac{二〇}{一}$

又

$九〇〇〇\cdot\frac{一七六}{子地^{二}}=\frac{三}{一}\cdot三〇\cdot\frac{一七六}{子}$

則得

惟依本題

$午_{甲}:午_{乙}:午_{丙}=三:四:五$ ㊀

$午_{甲}+午_{乙}+午_{丙}=吘$ ㊁

所以從㊀得

$午_{甲}+午_{乙}+午_{丙}:午_{甲}::一二:三::四:一$

$午_{甲}+午_{乙}+午_{丙}:午_{乙}::一二:四::三:一$

$午_{甲}+午_{乙}+午_{丙}:午_{丙}::一二:五$

所以從㊁得

又

$\frac{一五〇子}{午_{甲}}=\frac{五〇\times一七六〇}{天^{二}\times吇_{甲}}\div\frac{二〇}{(\frac{二}{一})^{二}\cdot吇_{甲}}$

即

$午_{甲}=\frac{一七六}{三〇〇〇}\cdot子天^{二}$

$\frac{五四〇〇子}{午_{乙}}=\frac{六〇\times一七六〇}{地^{二}\times吇_{乙}}\div\frac{一〇}{(\frac{二}{一})^{二}\cdot吇_{乙}}$

即

$午_{乙}=\frac{一七六}{九〇〇〇}\cdot子地^{二}$

$\frac{三五〇〇子}{午_{丙}}=\frac{七〇\times一七六〇}{人^{二}\times吇_{丙}}\div\frac{四〇}{(\frac{二}{一})^{二}\cdot吇_{丙}}$

即

$午_{丙}=\frac{一七六}{二〇〇〇〇}\cdot子人^{二}$

一題 有

$(天+甲)(一+\frac{天+甲}{一})+\sqrt{二甲天}(一-\frac{天+甲}{一})=二$

式求其天之同數

$天+甲+\sqrt{二甲天}+\frac{(天+甲-\sqrt{二甲天})(天+甲+\sqrt{二甲天})}{天+甲-\sqrt{二甲天}}=二$

$天+甲+\sqrt{二甲天}+\frac{天+甲+\sqrt{二甲天}}{一}=二$

$(天+甲+\sqrt{二甲天})^{二}-二(天+甲+\sqrt{二甲天})+一=〇$

$天+甲+\sqrt{二甲天}=一$

$天^{二}+二甲天+甲^{二}-二天-二甲+一=二甲天$

$天^{二}-二天+一=二甲-甲^{二}$

$\therefore 天=一\pm\sqrt{二甲-甲^{二}}$

二題 有

$\frac{六天^{二}-七天+二}{一}+\frac{一二天^{二}+一七天+六}{一}=八天^{二}-六天+一$

式求其天之同數

$\frac{(二天-一)(三天-二)}{一}+\frac{(三天+二)(四天+三)}{一}=(二天-一)(四天-一)$

$\frac{(二天-一)(三天-二)(四天-三)}{六天-四}=(二天-一)(四天-一)$

$\therefore 三天-二=〇$

$\therefore 天=\frac{三}{二}$

又

$二=(二天-一)^{二}(四天-一)(四天+三)$

以地代 $二天-一$ 則

$二=地^{二}(二地-一)(二地+一)$

$=四地^{四}-地^{二}$

$\therefore 四地^{四}-地^{二}+\frac{一六}{一}=二+\frac{一六}{一}=\frac{一六}{三三}$

$\therefore 二地^{二}=\frac{四}{二}(一\pm\sqrt{三三})$

地 $=\pm\sqrt{\frac{三}{二}\left(-一\pm\sqrt{三三}\right)}$

∴天 $=\frac{二}{一}\left\{\pm\sqrt{\frac{三}{二}\left(-一\pm\sqrt{三三}\right)}\right\}$

三題

有 $(天+地+丙)^{三}+(天-地+丙)^{三}=二(四天地)^{三}$ ①

$\frac{地}{一}=\frac{天}{一}+\frac{丙}{一}$ ②

求其天地二同數

因 $(天-地+丙)^{二}=天^{二}+地^{二}+丙^{二}-二天地丙\left(\frac{地}{一}-\frac{天}{一}-\frac{丙}{一}\right)$

又從②得 $\frac{地}{一}-\frac{天}{一}-\frac{丙}{一}=〇$

∴ $天^{二}+地^{二}+丙^{二}=(天-地+丙)^{二}$

從①得 $(天-地+丙)^{二}=四天地$

從②得 $天地=丙(天-地)$

∴ $(天-地+丙)^{二}=四丙(天-地)$

∴ $(天-地-丙)^{二}=〇$

∴ 地 $=天-丙$

從②得 地 $=\frac{天+丙}{丙天}$

∴ $天^{二}-丙=丙天$

$天^{二}-丙天+\frac{四}{丙^{二}}=\frac{四}{五丙^{二}}$

∴ 天 $=\frac{二}{一}\left(一\pm\sqrt{五}\right)\cdot丙$

地 $=\frac{二}{一}\left(-一\pm\sqrt{五}\right)\cdot丙$

四題

有 $二(天^{二}+天地+地^{二}-甲^{二})+\sqrt{三}(天^{二}-地^{二})=〇$ ①

$二(天^{二}-天人+人^{二}-乙^{二})+\sqrt{三}(天^{二}-人^{二})=〇$ ②

$地^{三}-丙^{三}+三(地人^{二}-丙^{三})=〇$ ③

求其天地二同數

將①式以二乘之得

$三(天+地)^{二}+(天-地)^{二}+二\sqrt{三}(天^{二}-地^{二})=四甲^{二}$

∴ $\sqrt{三}(天+地)+天-地=二甲$

又從②得

$\sqrt{三}(天-人)+天+人=二乙$

又以減法得

$\sqrt{三}(地+人)-(地+人)=二(甲-乙)$

∴ $地+人=\frac{\sqrt{三}-一}{二}(甲-乙)=(\sqrt{三}+一)(甲-乙)$

令 $=寅$

再從③得

$二地^{三}+六地人^{二}=八丙^{三}$

即 $(地+人)^{三}+(地-人)^{三}=八丙^{三}$

∴ $地-人=\sqrt[三]{八丙^{三}-寅^{三}}$

∴ 地 $=\frac{二}{一}\left(寅+\sqrt[三]{八丙^{三}-寅^{三}}\right)$

又 人 $=\frac{二}{一}\left(寅-\sqrt[三]{八丙^{三}-寅^{三}}\right)$

又 $(\sqrt{三}+一)天=二乙+(\sqrt{三}-一)人=甲+乙-\frac{二}{一}(\sqrt{三}-一)\sqrt[三]{八丙^{三}-寅^{三}}$

∴ 天 $=\frac{\sqrt{三}-一}{二}\left\{甲+乙-\frac{二}{一}(\sqrt{三}-一)\sqrt[三]{八丙^{三}-寅^{三}}\right\}$

五題　有呷乙二人呷將所有之本銀借一半與乙言明利息為每年百分之五再將所餘之本銀買官銀票此票每年得利息百分之三當時買此票之價每張值金錢九十元其首五年內乙每滿期付利再五年不付利到應付五年利息之時呷令乙盡還其銀乙之銀不彀還只能還其一半後來呷將其所買官銀票賣出此時每張之價落至金錢八十一元統計所收乙之利息與官銀號之利息並其收回之兩箇本銀之和比其原本多金錢三十四元又三分之二求原借與乙之金錢有若干元

令天箇金錢為呷所借與乙之錢即等于買官銀票之錢所以每本錢九十元在十年內所得之利為三十元即 $\frac{三}{天}$ 又後來之銀票本錢賣出之價為 $\frac{九〇}{八一}天$ 即 $\frac{一〇}{九天}$

則所收官銀票之錢為 $\frac{三}{天} \perp \frac{一〇}{九天}$ 即 $\frac{三〇}{三七天}$ 而乙所應出之利為 $\frac{二〇}{五天}$ 即 $\frac{四}{天}$ 十年後欠呷之本利其為 $天 \perp \frac{四}{天}$ 即 $\frac{四}{五天}$

而所還之錢僅為 $\frac{八}{五天}$ 因此而所收之數其為 $\frac{四}{天} \perp \frac{八}{五天}$ 即 $\frac{八}{七天}$ 惟依本題

$\frac{三〇}{三七天} \perp \frac{八}{七天} = 二天 \perp 三四\frac{三}{二}$

$一四八天 \perp 一〇五天 = 二四〇天 \perp 四一六〇$

$一三天 = 四一六〇$

$\therefore 天 = 三二〇$ 金錢

六題　呷乙丙三城各有直路相通從呷至乙為平路而丙在山上高于呷乙二處呷乙相距二十四里乙丙相距 一四·四 里丙呷距 二八·八 里有吧咋兩人吧行向上斜之路比行平路慢四分之一行向下斜之路比行平路快三分之一咋行向上斜之路比平路慢五分之一行向下斜之路比平路快五分之一吧行呷丙乙路比咋行對面方向少三十分時咋行呷丙乙路比吧行對面方向多一點鐘四十八分求兩人各行平路應速若干又求兩人從呷起行相反之方向于何處相遇

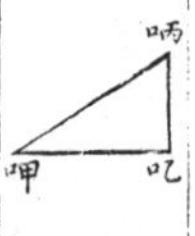

一令 一二天 為吧行平路每點鐘之里數 九天 為行向上斜路之里數 一六天 為其行向下斜之里數令 五地 為咋行平路每點鐘之里數 四地 為其行向上斜之里數 六地 為其行向下斜之里數

則如本題

呷/吃=二四

吃/呐=一四·四

呷/呐=二八·八

里所以依題得

九/二八·八 天 ⊥ 一六/一四·四 天 ⊥ 一二/二四 天 = 五/二四 地 ⊥ 四/一四·四 地 ⊥ 六/二八·八 地 ⊥ 二/一 （一）

一六/二八·八 天 ⊥ 九/一四·四 天 ⊥ 一二/二四 天 = 五/二四 地 ⊥ 六/一四·四 地 ⊥ 四/二八·八 地 ⊥ 六〇/四八 （二）

從（一）得

天/九九 ⊥ 地/二六四 = ⊥三三 （三·二 ⊥ 〇·九 ⊥）天/二 = （四·八 ⊥ 三·六 ⊥ 四·八）地/二 ⊥ 二/一

卽

天/六一 ⊥ 地/一二二 = ⊥ 二/二

卽

天/六一 ⊥ 地/一二二 = ⊥五 （三）

從（二）得

天/三 ⊥ 地/八 = ⊥一 （四）

從（三）得

天/一二 ⊥ 地/二六四 = ⊥〇

從（四）得

吘為十里

∴天/二二=二三

∴天=一

又

地/八 = 天/三 ⊥ 一 = 四

∴地=二

所以吧行之速為每點十二里

二令吧向呷吃方向行則吧到呐為 一二天/二四 ⊥ 九天/一四·四 卽三·六點鐘內

吘行相反方向在 四地/二八·八 卽三·六點鐘內所以必在呐相遇

令吘行呷吃方向則吧到呐在 九/二八·八 卽三·二點鐘吘到吃在 一〇/二四 卽二·四點鐘其到呐之時必加 八/一四·四 卽必加一·八所以必遇吧在此時之前令其相遇之處距呐人里則得

三·二 ⊥ 六/人 = 二·四 ⊥ 八/一四·四 人

一六/三人 = 二·四 ⊥ 一·八 ⊥ 三·二

∴人 = 三/一六 = 五 三/一

七題　阿爾蘭地方每年年終核算本年所生之人為一千人中多三十二人為中數而每年內所死之人並往屬國之人計一千人中有二十一人其往英國者每百人中有一人又英國內人數每年每百人中生三人每萬人內所死並往屬國者有二百八十九人其往阿爾蘭者每萬人中有一人曾于一千八百五十年年終之時計算英國人數比阿爾蘭人數多一倍求依此數必待若千年則英國人數比阿爾蘭三倍

令巳為阿爾蘭每年每人所生之人數 $=一+\frac{三三}{一〇〇〇}-\frac{二二}{一〇〇〇}-\frac{一}{一〇〇}=一+\frac{一}{一〇〇〇}$ 吧為英國同類之數 $=一+\frac{三}{一〇〇}-\frac{二八九}{一〇〇〇〇}-\frac{一}{一〇〇〇〇}=一+\frac{一}{一〇〇〇}$ 吃為英國往阿爾蘭之人數卽每年每人之 $\frac{二}{一〇〇〇〇}$ 乙為阿爾蘭往英國每年每人之 $\frac{一}{一〇〇}$ 唲為一千八百五十年年終時英國人數卯為阿爾蘭是年之人數唲$_{天}$為 一八五〇丄天 年英國之人數卯$_{天}$為是年阿爾蘭人數

$$卯_{一}=巳卯+吃唲$$
$$卯_{二}=巳(巳卯+吃唲)+吃(吧唲+乙卯)$$
$$=巳^{二}卯+巳吃唲+吧吃唲+吃乙卯$$
$$=巳^{二}卯+二巳吃唲+吃乙卯$$
$$卯_{三}=巳^{三}卯+二巳^{二}吃唲+巳吃乙卯$$
$$+吃(巳^{二}唲+二巳乙卯+吃乙唲)$$
$$=巳^{三}卯+三巳^{二}吃唲+三巳吃乙卯+乙吃^{二}唲$$
$$唲_{一}=吧唲+乙卯$$
$$唲_{二}=吧(吧唲+乙卯)+乙(巳卯+吃唲)$$
$$=吧^{二}唲+吧乙卯+巳乙卯+吃乙唲$$
$$=巳^{二}唲+二巳乙卯+吃乙唲$$
$$唲_{三}=巳^{三}唲+二巳^{二}乙卯+巳吃乙唲+乙(巳^{二}卯+二巳吃唲+吃乙卯)$$
$$=巳^{三}唲+三巳^{二}乙卯+三巳吃乙唲+吃乙^{二}卯$$

如是類推

此各數之理必從

$$卯_{二}=\frac{卯}{二}\left\{(巳+\sqrt{吃乙})^{二}+(巳-\sqrt{吃乙})^{二}\right\}+\frac{唲}{二}\sqrt{\frac{吃}{乙}}\left\{(巳+\sqrt{吃乙})^{二}-(巳-\sqrt{吃乙})^{二}\right\}$$
$$=\left\{\frac{卯}{二}+\frac{唲}{二}\sqrt{\frac{吃}{乙}}\right\}\left\{巳+\sqrt{吃乙}\right\}^{二}+\left\{\frac{卯}{二}-\frac{唲}{二}\sqrt{\frac{吃}{乙}}\right\}\left\{巳-\sqrt{吃乙}\right\}^{二}$$

而見之依同理

$$卯_{三}=\left\{\frac{卯}{二}+\frac{唲}{二}\sqrt{\frac{吃}{乙}}\right\}\left\{巳+\sqrt{吃乙}\right\}^{三}+\left\{\frac{卯}{二}-\frac{唲}{二}\sqrt{\frac{吃}{乙}}\right\}\left\{巳-\sqrt{吃乙}\right\}^{三}$$

所以其卯$_{天}$唲$_{天}$之式可以徑寫下去可見其卯$_{一}$卯$_{二}$卯$_{三}$……與唲$_{一}$唲$_{二}$唲$_{三}$……之別僅在 $巳\pm\sqrt{吃乙}$ 式之指數耳所以

$$卯_{天}=\left\{\frac{卯}{二}+\frac{唲}{二}\sqrt{\frac{吃}{乙}}\right\}\left\{巳+\sqrt{吃乙}\right\}^{天}+\left\{\frac{卯}{二}-\frac{唲}{二}\sqrt{\frac{吃}{乙}}\right\}\left\{巳-\sqrt{吃乙}\right\}^{天}$$
$$唲_{天}=\left\{\frac{唲}{二}+\frac{卯}{二}\sqrt{\frac{乙}{吃}}\right\}\left\{巳+\sqrt{吃乙}\right\}^{天}+\left\{\frac{唲}{二}-\frac{卯}{二}\sqrt{\frac{乙}{吃}}\right\}\left\{巳-\sqrt{吃乙}\right\}^{天}$$

惟 $唲=二卯$ 而

$\text{呷}_{\text{天}}=\text{三卯}_{\text{天}}$

從此欲求其天之同數則將吃乙吧巳所有以上之各同數代入 $\text{呷}_{\text{天}}=\text{三卯}_{\text{天}}$ 式內得

$$\left(\frac{\text{五〇〇}}{\text{五〇一}}\right)^{\text{天}}=\frac{\text{二一}}{\text{二六}}$$

$$\therefore\text{天}=\frac{\text{對五〇一}-\text{對五〇〇}}{\text{對二六}-\text{對二一}}=\text{一〇七}$$

又法

$$\left(\text{一}+\frac{\text{五〇〇}}{\text{一}}\right)^{\text{天}}=\text{一}+\frac{\text{五〇〇}}{\text{天}}+\frac{\text{一}\times\text{二}}{\text{天}(\text{天}-\text{一})}\cdot\frac{(\text{五〇〇})^{\text{二}}}{\text{一}}+\cdots\cdots$$

$$=\text{一}+\frac{\text{二一}}{\text{五}}$$

從此得 $\text{天}=\text{一〇六·五}$ 為略數所以所求之年為 $\text{一八五〇}+\text{天}=\text{一九五七}$

第四次考題

一題 有

$$\frac{\text{天}+\text{一}}{\text{天}^{\text{二}}+\text{二天}+\text{三}}+\frac{\text{天}+\text{四}}{\text{天}^{\text{二}}+\text{八天}+\text{二〇}}=\frac{\text{天}+\text{二}}{\text{天}^{\text{二}}+\text{四天}+\text{六}}+\frac{\text{天}+\text{三}}{\text{天}^{\text{二}}+\text{六天}+\text{一二}}$$

式求其天之同數

$$\text{天}+\text{一}+\frac{\text{天}+\text{一}}{\text{一}}+\text{天}+\text{四}+\frac{\text{天}+\text{四}}{\text{四}}=\text{天}+\text{二}+\frac{\text{天}+\text{二}}{\text{二}}+\text{天}+\text{三}+\frac{\text{天}+\text{三}}{\text{三}}$$

$$\frac{\text{天}+\text{一}}{\text{一}}+\frac{\text{天}+\text{四}}{\text{四}}=\frac{\text{天}+\text{二}}{\text{二}}+\frac{\text{天}+\text{三}}{\text{三}}$$

$$\frac{\text{天}+\text{四}}{\text{四}}-\frac{\text{天}+\text{三}}{\text{三}}=\frac{\text{天}+\text{二}}{\text{二}}-\frac{\text{天}+\text{一}}{\text{一}}$$

$$\frac{\text{天}^{\text{二}}+\text{七天}+\text{一二}}{\text{天}}=\frac{\text{天}^{\text{二}}+\text{三天}+\text{二}}{\text{天}}$$

$$\therefore\text{天}=\text{〇}$$

$$\text{天}^{\text{二}}+\text{七天}+\text{一二}=\text{天}^{\text{二}}+\text{三天}+\text{二}$$

$$\text{四天}=-\text{一〇}$$

$$\therefore\text{天}=-\text{二}\frac{\text{二}}{\text{一}}$$

二題 有

$$(\text{五天}^{\text{二}}+\text{天}+\text{一〇})^{\text{二}}+(\text{天}^{\text{二}}+\text{七天}+\text{一})^{\text{二}}=(\text{三天}^{\text{二}}-\text{天}+\text{五})^{\text{二}}+(\text{四天}^{\text{二}}+\text{五天}+\text{八})^{\text{二}}$$

式求其天之同數

(五天丄天丄一〇)丅(四天五天丄八)=(三天丅天丄五)丅(天丄七天丄一)

(九天丄六天丄一八)(天丅四天丄三)=(四天丄六天丄六)(二天丅八天丄四)

九天丄六天丄一八=二(四天丄六天丄六)

天丅六天丄六=〇

天丅六天丄九=三

又

天丅四天丄三=〇

∴天=二±√三 ㊀

∴天=二±√三 ㊁

三題　有

天丄八天丄一六天丅四天丄一六天丄七=一二天丄一六天

天丅四天丄一二天丅三二天丄七=〇

(天丅四天丅)丄三=四天(三天丄四)

(天丅二天丄一)丄六(天丅二天丄一)=一六天

(天丅一)丄八(天丅一)=二(天丅一)丄一六(天丅一)丄一六

(天丅一)丄八(天丅一)丄一六=二{(天丅一)丄八(天丅一)丄一六}

(天丅一)丄四=√三(天丅丄四)

(天丅一)丅√三(天丅一)丄三=四√三七

天丅丅三=±√三√八√丅七

∴天=三{丄√丅±√一六丅七√三}

式求其天之同數

四題　有

三天三地丅人=三　㊀

天丄地丅人=二／一四丅九人　㊁

天丄地丄人=三天地人丄四／一七人丅四四　㊂

求其天地人各同數

從㊀得

三(天地人)=四人丄三

㊀從㊁得

天丄地丄人=二人丄七丄二／九人

㊁從㊂得

二(天丄地丄人丅三天地人)=二／一七人丅四四

㊁將㊀以㊁

乘之減去㊁得

天丄地丄人丄三(天地丄天地丄天人丄天人丄地人丄地人)丄六天地人=……

即

(天丄地丄人)=八人丅二人丄二丄二／三九人丅二／一七人丅二二

=八人丅二人丄六人丅=(二人丅)

∴天丄地丄人=二人丅

㊁從㊀得

天丄地丄人=三人／四丄一

∴三／二人=二

而（人＝三）從㊀得（天⊥地＝二）從㊁得（天⊥地＝$\frac{二}{五}$）∴天⊤地＝±一 ∴天＝-$\frac{三}{二}$或$\frac{三}{二}$ 地＝$\frac{三}{二}$或-$\frac{三}{二}$

五題　有甲乙丙三人甲將其產出租藉租錢度日乙靠其本業度日丙既靠生意又靠租錢度日第一年內甲之進欵應納之稅（例每年有若干進欵應每百納稅一二元）與乙丙之和相同惟第二年內乙與丙因本業進欵之銀各大一倍而乙所納之稅與丙相同而此數爲甲數之五分之四兩年內三人之進欵共爲五千五百金錢如以爲產之進欵之稅與業之進欵之稅有三與二之比求甲乙丙三人第一年進欵之數

令天箇金錢爲甲第一年所進之欵地爲乙（人⊥戊）爲丙所進之欵其人爲丙之產租戊爲丙之業利則（天、二地、人⊥二戊）爲三人第二年之進欵令（三未）與（二未）爲產租業利每一金錢應納之稅率則依本題

三天＝二地⊥三人⊥二戊　㊀

四地＝三人⊥四戊＝$\frac{五}{四}$三天　㊁

二天⊥三地⊥二人⊥三戊＝五五〇〇　㊂

從㊁得（三天＝五地）從㊀得（三地＝三人⊥二戊）從㊁得（四地＝三人⊥四戊）∴地＝二戊　人＝$\frac{三}{四}$戊　天＝$\frac{三}{一〇}$戊　所以從㊂得（$\frac{三}{二}$戊⊥九戊＝五五〇〇）∴戊＝三〇〇　天＝一〇〇〇　地＝六〇〇　人＝四〇〇　所以所求之第一年進欵其金錢數爲一〇〇〇、六〇〇、七〇〇

六題　有甲乙兩人各搖一船賽快甲船開行之處比乙船前一百碼而船要搖至河中所立之竿叮而乙搖之船必到一竿丙開行時兩船之速甲與乙之比若四十與三十九惟至甲乙相距等于甲距其所欲到之竿之六分之一時甲船減速如七十九與八十之比此後二分時兩船之距爲乙離丙竿數之半多三碼此時乙之速每分時加八碼以前俱爲平行而甲速再每分時減六碼再過一分時乙船到了丙竿而甲距叮竿三碼求丙叮兩竿相距之數

令（四〇天）爲甲初時每分時所行之碼數（三九天）爲乙初行之碼數令地爲乙行全路之分數（地⊤三）爲甲未改速前所行之分數則（三九天地⊥八）爲乙所行路之長（四〇天(地⊤三)⊥二×($\frac{三}{七九天}$⊥($\frac{二}{七九天}$⊤六))⊥三）爲甲路之長但初改速之時所有甲與乙相距爲（天(地⊤三)⊥一〇〇）而甲船距欲到之處爲

$七九天丄\frac{二}{七九天}丅三$ 所以

$天(地丅三)丄一〇〇=\frac{六}{一}\left(七九天丄\frac{二}{七九天}丅三\right)=\frac{二}{一}\left(\frac{二}{七九天}丅一\right)$

(一)再後兩分時兩船相距為 $天(地丅二)丄一〇〇$ 而吃再欲搖之路為 $三九天丄八$ 所以

$天(地丅二)丄一〇〇=\frac{三}{一}(三九天丄八)丄三$

(二)從(一)得

$天(地丅二)丄一〇〇=\frac{三}{一}\left(\frac{二}{八三天}丅一\right)$

$\therefore\frac{二}{五天}=一五$

$\therefore天=六$

又從(三)得 $地=六$ 所以呷行之路長 $二四〇\times三丄三\times七九\times三丅三=一四二八$ 碼吃路長 $三九\times三六丄八=一四一二$ 碼所以呧吅之距為 $一四二八丅一四一二丄一〇〇=一一六$ 碼

七題 有呷吃呧三人向相同之方向各在一箇平圓周上行其三箇平圓為同心而三人動身之處為三平圓周上最近之三點呷行一周為某點鐘其數為偶數而大于四吃行一周比呷少一點鐘呧行一周比呷少兩點鐘凡呷與吃行至最大相距之時則其速率彼此調換得其當時之速行其周之點鐘數又凡得呷與呧在最小相距之處亦以同法調換其速呷與吃第一次在最大相距之時呷已行之路為呧之本圈之二十二倍呷與吃第三次在最大相距之時吃已行之路為呷之本圈之四十二倍當時呧與吃相距為最小求呷吃呧三人動身時所行之速

令 天丄一 天 天丅一 為呷吃呧三人動身時各行本圈一周之點鐘數又令地人戌為呷吃呧本圈之里數

惟因吃行一周之時比呷行一周之時少一點鐘則呷與吃在最大相距之時吃已多行半周即在 $\frac{二天}{(天丄一)}$ 點鐘內

再得呧比呷多行一周之時呷與呧在最小相距即在 $\frac{二(天丅一)(天丄一)}{二}$ 點鐘之內所以呷與吃未到最大相距之前呷與呧已在最小相距又因呷與呧不改 天丄一 天丅一 之速之時則每

三(天丁)(地丄)點鐘必在其最大相距所以此時如果呷不改其原速則乙必比呷多行之路為一周之 二天/天丁 因為行全周在 天(地丄) 點鐘之內故也又在 三(天丁)(地丄) 點鐘內而呷改速得行一周在天丁點鐘內其呷必多行于乙為一周之 二天/地丄 因呷在 天(天丁) 點鐘內比乙多行全周之故

所以呷與丙第一次在最小相距之時乙必在呷之前一周之 二天/天丁

呷與丙第二次在最小相距之時呷必在乙之前一周之 二天/天丁 − 二天/地丄 即 天/一

呷與丙第三次在最小相距之時乙必在呷之前一周之 二天/天丁 − 二天/地丄 即 二天/天三

呷與丙第四次在最小相距之時呷必在乙之前一周之 二天/天丁 − 二天/地丄 即 天/二

呷與丙第五次在最小相距之時乙必在呷之前一周之 二天/天五 − 二天/地丄 即 天/二

之 二天/天丁 − 天/二 即 二天/天五

呷與丙第六次在最小相距之時呷必在乙之前一周之 二天/天五 − 二天/地丄 即 天/三 其餘依此類推

所以呷與丙在第一三五等次最小相距之時乙必在呷之前其相距之路恆小于半周而恆變小

呷與丙在第二四六等次最小相距之時呷必在乙之之前其距恆變大

又呷與丙第天次其天為奇必在最小相距之時乙在呷前之路為一周

又呷與丙第地丄次在最小相距之時呷在乙前為周之 二天/地丄 即大于 調

所以呷與丙第天次地丄次在最小相距之時之間必為呷與乙第一次在最大相距之時

惟因呷與丙第天次在最小相距之時之後呷行一周在(天丁)點鐘之內所以在 二天(天丁) 點鐘內呷比乙多行之距為全周之半即呷與丙在第天次最小相距之時之後之

三天(丌)點鐘其呷與吃必第一次在最大相距之處
惟呷與吃未到最大相距之前呷在三(丌)(乙)點鐘內比呐多
行一周所以呷與吃正在最大相距之時呷必多行一
周之乙丄天又呷與吃在最大相距之後仍比呐行之路
更多因為呷行一周在天點鐘之內而呐在乙丄點鐘內
之故也但呷與吃正在最大相距之時呷必比呐多行
之周之分數為乙丄天/丨即乙丄一而此時呷在天(乙)點鐘內能

多行一周所以在天點鐘內多行一周之乙丄一即呷與
吃第一次在最大相距之後天點鐘時呷與呐必在最
小相距之第乙丄次
此時呷吃呐行一周之時為乙丄丌丄天而呷與呐第乙丄次
在最小相距之前其行周之時為天丌丄乙丄所以吃比呷
多行一周在天(丌)點鐘內所以天點鐘內必多行一周之
丌丄一但天點鐘之前呷比吃多行半周所以呷到此時
必在吃之前一周之三(丌一)/丨即天(丌)丌三即呷與呐第乙丄次在

最小相距之時呷在吃之前一周之三(丌)/丌三所以呷吃再
于最大相距之前吃必多行一周之三(丌)/丨丌三即丌丄丌三又因
吃在三(乙)(丌)點鐘內多行一周所以必在三(丌)(丌)點鐘內多行一
周之丌丄丌三而此數必小于天(乙)即呷與呐再行到最小相
距之時所以呷與呐第乙丄次在最小相距之時之後之
三(丌)(乙)點鐘其呷與吃必第二次在最大之相距

但此事之前呷吃呐三人行周之時為乙丄丌丄天所以呐
必在天(乙)點鐘內比呷多行一周所以在三(丌)(乙)點鐘內呐多
行一周之二天/丌二又呷與吃第二次在最大相距之時之
後呷吃呐三人行周之時為丌丄乙丄天所以呷與呐至了
最小相距之時之前呷必比呐多行一周之二天/丌二而呷
多行一周在天(丌)點鐘之內所以在三(丌)(丌)點鐘內多行一周

之〔二天/天二〕卽小于呷與吃第三次到最大相距之時〔二(天一)(天上一)〕點鐘所以呷與吃第二次在最大相距之後〔二(天一)(天二)〕點鐘其呷與呐必為第〔天上二〕次在最小相距

但此事之前呷吃呐行周之時為〔天一 天上一 天〕所以呷比吃多行一周在〔三(天一)(天上)〕點鐘內所以在〔三(天一)(天一)〕點鐘內多行一周之〔天上一/天一二〕所以因呷與吃第二次在最大相距之時吃在呷之前為半周則呷在此時必在吃之前一周之〔天上一/天一二〕卽〔二(天上)/天五〕但呷與呐第〔天上二〕次在最小相距之時其呷吃呐行周之時為〔天 天上一 天一〕所以呷必在〔天(天上)〕點鐘內比吃多行一周而呷與吃未到第三次最大相距之時之前呷必多行一周之〔三(天上)/(天五)〕卽〔天上一/三〕但作此事必費〔三天〕點鐘而此數比呷與呐第〔天上〕次在最小相距之時之點鐘數〔天(天一)〕更少

又〔三天〕點鐘內呐比呷多行之路為一周之〔天一/三〕(四)

呷與呐第天次最小相距之後呷已行過

〔天上一/地〕·〔二/(天一)(天上一)〕|〔天上一/地〕·〔二/(天一)(天上一)〕|……至天項止

卽

〔二/地〕{(天一)|(天上一)|(天一)|……至天項止}

卽〔二/地〕(天一)因天為奇數所以呷與吃第一次在最大相距時呷已行之路為

〔二/地〕(天一)|〔天一/地〕·〔二/二〕天(天一)

卽〔二/地〕(天|天一)所以依題得

〔二/地〕(天|天一)＝二二戌　㊀

又呷與呐第天次在最小相距之時吃已行過之路為

〔天/人〕·天〔二/(天一)(天上一)〕

卽〔二/人〕(天一)(天上一)

又呷與吃第三次在最大相距之時吃已

行之路為

$\frac{二}{人}(天丅一)(天丄一)丄\frac{天}{人}·\frac{三}{一}天(天丅一)丄\frac{天丄一}{人}·\frac{天}{一}丄\frac{天丅一}{人}·\frac{二}{(天丄一)(天丅二)}$

$丄\frac{天丄一}{人}·\frac{二}{(天丅一)(天丅二)}丄\frac{天丄一}{人}·三天$

卽

$\frac{二}{人}(天^{三}丄三天丄二)$

所以依題得

$\frac{二}{人}(天^{三}丄三天丄二)=四二地$ ㊁

呷與吃第三次在最大相距之時哂已行之路為

$\frac{二}{戊}(天^{二}丄一)丄\frac{天丄一}{戊}·\frac{二}{天(天丅一)}丄\frac{天丄一}{戊}·\frac{二}{(天丄一)(天丅二)}丄\frac{天}{戊}·\frac{二}{(天丅一)(天丅二)}丄\frac{天丅一}{戊}·三天$

卽

$\frac{二}{戊}(天^{三}丄三天丅三)丄\frac{天丅一}{三戊天}$

所以依題得

$\frac{二}{戊}(天^{三}丄三天丅三)丄\frac{天丅一}{三戊天}=四〇人丅一〇$ ㊂

又因呷與吃第三次在最大相距之時哂與吃同時為最小相距則哂亦必與呷為最大相距所以從㊃式得

$\frac{天丅一}{三}=\frac{二}{一}$

∴天＝七

又從㊀變為

五五地＝四四戊

卽

五地＝四戊

從㊁變為

三六人＝四二地

卽

六人＝七地

從㊂變

為

$\frac{二}{六七戊}丄\frac{三}{七戊}=四〇人丅一〇$

卽

三七戊＝四〇人丅一〇

又從㊀㊁得

三〇人＝二八戊

$∴四〇人=\frac{三}{一一二戊}$

$∴三七戊=\frac{三}{一一二戊}丅一〇$

∴戊＝三〇

地＝二四

人＝二八

呷初行之速為 $\frac{天丄一}{地}=三$ 卽每點鐘行三里吃初行之速為 $\frac{天}{人}=四$ 卽每點鐘行四里哂初行之速為 $\frac{天丅一}{戊}=五$ 卽每點鐘行五里

此題為英國大書院內之人包爾所出出此題時許人

能解此題者贈以金錢一百當時未曾有人解得又許一月之後有人能解贈以金錢五十亦無人能解包爾不得已因自作此篇解說所解之辭已爲甚繁惟願篤好算學者能顯出更簡之法此爲最要之事

金匱華世芳校

代數難題解法卷十四

英國倫德編輯

英國傅蘭雅口譯

金匱華蘅芳筆述

考題類

岡布理智書院第五次考題

一題　有

$$(甲+乙)^{二}天+\left(\frac{甲-乙}{甲乙}\right)^{二}\cdot\left(四-\frac{天}{三}\right)=二甲乙$$

式求其天之同數

$$\frac{甲乙}{(甲+乙)^{二}}\cdot天+\frac{(甲-乙)^{二}}{甲乙}\cdot\left(四-\frac{天}{三}\right)=二$$

$$\left(\frac{甲乙}{甲^{二}+乙^{二}}+二\right)天+\frac{\frac{甲乙}{甲^{二}+乙^{二}}-二}{一}\left(四-\frac{天}{三}\right)=二$$

$$二(丙+一)天+\frac{二(丙-一)}{一}\cdot\frac{天}{四天-三}=二$$

其

$$\frac{甲乙}{甲^{二}+乙^{二}}=二丙$$

$$四(丙^{二}-一)天^{二}+四天-三=四丙天-四天$$

$$四丙^{二}天^{二}-四丙天+一=四天^{二}-八天+四$$

$$二丙天-一=\pm(二天-二)$$

$$\therefore 天=\frac{二(一+丙)}{三}\text{或}\frac{二(一-丙)}{一}$$

$$=\frac{(甲+乙)^{二}}{三甲乙}\text{或}\frac{(甲-乙)^{二}}{-甲乙}$$

二題　有

$$(天+\sqrt[二]{天})^{三}-(天-\sqrt[二]{天})^{三}=二(天^{二}-四天)^{\frac{八}{二}}$$

式求其天之同數

作平方得

$二天丅二(天^{二}丅四天)^{三}=四(天^{二}丅四天)^{四}$

$(天^{二}丅四天)^{三}丄二(天^{二}丅四天)^{四}丄一=天丄一$

$(天^{二}丅四天)^{四}丄一=±(天丄一)^{二}$

$(天^{二}丅四天)^{二}=天丄二±二(天丄一)^{二}$

$天^{二}丅四天=天^{二}丄八天丄八±四(天丄二)\sqrt{天丄一}$

$四(天丄一)±(天丄二)\sqrt{天丄一}丄\frac{四}{一}(天丄二)^{二}=\frac{四}{一}(天丅二)^{二}$

$二\sqrt{天丄一}=±\frac{二}{一}(天丄二)±\frac{二}{一}(天丅二)=±天或±二$

$∴四天丄四=天^{二}或四$

$∴天=○或二(一±\sqrt{二})$

三題　有$(一二天丅一)(六天丅一)(四天丅一)(三天丅一)=\frac{九六}{一}$式求其天之同數

$(三六天^{二}丅一五天丄一)(二四天^{二}丅一〇天丄一)=\frac{九六}{一}$

$\{三(一二天^{二}丅五天)丄一\}\{二(一二天^{二}丅五天)丄一\}=\frac{九六}{一}$

即

$(三地丄一)(二地丄一)=\frac{九六}{一}$

其

$一二天^{二}丅五天=地$

$六地^{二}丄五地丄一=\frac{九六}{一}$

$三六地^{二}丄五×六地丄(\frac{二}{五})^{二}=\frac{一六}{一}丄\frac{四}{一}=\frac{一六}{五}$

$∴六地=\frac{四}{±\sqrt{五}}丅\frac{二}{五}$

即

$三地=\frac{八}{±\sqrt{五}丅一〇}$

$∴三六天^{二}丅\frac{二}{五}·六天丄(\frac{四}{五})^{二}=\frac{一六}{五±二\sqrt{五}}$

$∴六天=\frac{四}{五±\sqrt{五±二\sqrt{五}}}$

而

$天=\frac{二四}{一}(五±\sqrt{五±二\sqrt{五}})$

四題　有

$\frac{四}{天丄地}=\frac{天丄地}{天地}丄\frac{二}{一}$　（一）

$天^{二}丄地^{二}=\frac{(天丄地)^{二}}{八天^{二}地^{二}}丄二二$　（二）

求其天地二同數

令

$天丄地=亥$

$天丅地=人$

則

$天=\frac{二}{一}(亥丄人)$

$地=\frac{二}{一}(亥丅人)$

所以從（一）得

$\frac{四}{亥}=\frac{四亥}{亥^{二}丅人^{二}}丄\frac{二}{一}$

$亥^{二}=亥^{二}丅人^{二}丄二亥$

$∴人^{二}=二亥$　（三）

從（二）得

$\frac{四}{二}(亥丄人)^{二}丄\frac{四}{二}(亥丅人)^{二}=\frac{二亥^{二}}{(亥^{二}丅人^{二})^{二}}丄二二$

$亥^{四}丄亥^{二}人^{二}=亥^{四}丅二亥^{二}人^{二}丄人^{四}丄四四亥^{二}$

$三亥^{二}人^{二}=人^{四}丄四四亥^{二}$

所以從（三）得

$六亥^{三}=四亥^{二}丄四四亥^{二}=四八亥^{二}$

$∴亥=八$

$∴人^{二}=一六$

又

$人=±四$

$∴天丄地=八$

$天丅地=±四$

$∴天=六或二$

$地=二或六$

五題　有呷吃兩人從某處同時向同方向而行凡得兩人相距之里數為偶數則呷加速每點鐘四分里之一凡得相距之里數為奇數則吃加速每點鐘二分里之一呷在吃前四里時吃已行三十里三分里之二呷已行之里數比從初行平速多一里三分里之一求呷吃兩人初行之速

令天地為呷吃兩人初行之速$酉_{一}$為從兩人初行至呷在前一里所費之時$酉_{二}$為從呷在前一里行至呷在前二里所費之時$酉_{三}$為呷從前二里至前三里之時$酉_{四}$為呷從前三里行至前四里之時

則呷行酉$_一$酉$_二$之速每點鐘爲天里呷行酉$_三$酉$_四$之速每點鐘爲$\frac{天}{四二}$里又吃行酉$_一$時其速每點鐘地里酉$_二$酉$_三$時爲$\frac{地}{二二}$里酉$_四$時爲地$\frac{\ }{\ }$里所以依本題

$\frac{(酉_三)(酉_四)}{四二}=一\frac{三}{二}$ (一)

$(\ldots)\ 地\ (\ldots)=\frac{三}{三}$ (二)

惟因

$(天\,地\,酉_一)=一$

$(天\frac{一}{二}地\frac{\ }{二}酉_二)=一$

$\{天\frac{四}{二}(地\frac{\ }{三})\}酉_三=一$

$\{天\frac{四}{二}(地\frac{\ }{一})\}酉_四=一$

所以從(一)得

$\frac{天地\frac{四}{二}}{一}+\frac{天地\frac{三}{二}}{一}=\frac{三}{一六}$

令人代$\frac{地}{天}$則

$二人+=\frac{三}{一六}(人+\frac{六}{三})$

$\frac{八}{三}=\frac{八}{一人}$

從此得

$人=一$或$\frac{八}{三}$

令

$人=一$

$酉_一=一$

$酉_二=二$

$酉_三=\frac{三}{四}$

$酉_四=四$

所以從(二)得

$\frac{三}{二五}地=二五$

又

$地=三$

$\therefore 天=四$

六題　有呷吃呐三桶所盛之酒有三二一之比惟其酒之價有一二三之比將呷桶內之酒若干入吃桶將吃桶之酒同法入呐桶又將呐桶之酒同法入吃桶將吃桶之酒同法入呷桶因作此事而呷桶之酒其價比原價多有三五與二七之比但如果每次出酒多一斤則其價

能增大有三與二之比求各桶內原酒若干斤

令三天二天天爲呷吃呐三桶內原酒之斤數地二地三地爲其每斤之價人爲從每桶出酒之斤數則先得呷桶內之斤數變爲三天−人其所值之價變爲(三天−人)地吃桶內斤數爲二天+人其價爲(四天+人)地呐桶內斤數爲天+人其價爲

$\frac{三天地+\frac{二天+人}{人}(四天+人)地}{\ }$

即

$\frac{二天+人}{(六天+人)(天+人)}\cdot地$

要同時吃桶內斤數又變爲二天其價爲

$\frac{二天+人}{二天}\cdot(四天+人)地$

即

$\frac{二天+人}{地}\{八天+二天人\}$

吃桶內再變爲斤數二天+人其價爲

$\frac{二天+人}{地}\{八天+三天人\}+\frac{二天+人}{\ }\cdot地$

即

$\frac{二天+人}{地}\{八天+八天人+人\}$

則呷桶內斤數變爲

三天
其價爲
卽
此依消化之理所得所以依本題之理得

$\frac{三}{四}$ 人 = 二七三五
㈠
卽
七人 八天 = 〇
卽
所以得 天 = 人
再令 爲戌而代入㈠式

又令二三代 $\frac{二七}{三五}$ 則依同理得
∴戌 = 二
卽 人 = 二
∴天 = 一
而所求原酒之斤數爲三二一

七題　買肉以甲斤論價麥以乙斤論價稻草以丙斤論價稻草丙斤之價初時等于麥乙斤與肉四甲斤之價之和每得肉價長落則比麥價長落之數之六分之一與草長落之價之十六分之一之和除第一箇月之外因草少而長價八箇銀錢因此肉價落半箇銀錢但草之價每月變八箇銀錢而麥每月長價兩箇銀錢至過若干月之後三物之價之比與原時同此時麥乙斤之價爲五十銀錢後來不變再過同月數草之價比肉大十二倍求麥與草之原價其肉之原價每甲斤爲銀錢六箇

令肉之原價爲六麥之原價爲天草之原價爲天二四又令卯爲麥價長至五。箇銀錢之月數則 天 二卯 = 五。
卽 卯 = 二五 天　㈠
令八（地）爲草于卯月內長落之數八人爲二卯月長落之數其地與人俱爲整數

則依本題得
㈡
㈢從㈠㈡得
五天 一八地 = 二二〇
㈣從㈠㈢得
三天 二地 二人 = 一三四
㈤從㈣得
一五天 五四地 = 六六〇
從㈤得
一五天 一〇地 一〇人 = 六七〇
∴ 一〇人 四四地 = 一〇
卽
五人 二二地 = 五
㈥所以
人 = 二酉
地 = 五酉
爲㈥

式之公解法從㊃得 $天=\frac{四四-一八酉}{...}$ 又 $卯=九酉+三$ 令 $酉=〇$ 則 $天=四四$ 為所求之麥價

$天+二四=六八$ 為所求之草價

欲證此解法之外無有他解法從㊀㊁得 $卯=\frac{五}{九}地+三=九酉+三$ 所以酉

不能有負同數如能則卯為負數而依本題不能有此

事酉之他同數能令天為正數者為 $酉=一$ $酉=二$ 此兩數俱令

卯為小于人而已知卯總無小于人

第六次考題

一題 有 $\frac{五}{二}\cdot\frac{(天+二)(天-四)}{(天+一)(天-三)}+\frac{九}{二}\cdot\frac{(天+四)(天-六)}{(天+三)(天-五)}-\frac{三}{二}\cdot\frac{(天+六)(天-八)}{(天+五)(天-七)}=\frac{五八五}{九二}$ 式求其天之同數

令 $(天-一)^二=地$ 則式變為 $\frac{五}{一}\cdot\frac{地-九}{地-一}+\frac{九}{一}\cdot\frac{地-二五}{地-九}-\frac{三}{二}\cdot\frac{地-四九}{地-三六}=\frac{五八五}{九二}$ 惟 $\frac{五}{一}+\frac{九}{一}-\frac{三}{二}=\frac{五八五}{九二}$ 所以減去相配之項則得

$\frac{地-九}{一}-\frac{地-二五}{一}+\frac{地-四九}{二}=〇$

即 $\frac{地-九}{一}-\frac{地-四九}{一}+\frac{地-二五}{一}-\frac{地-四九}{一}=〇$

即 $\frac{地-九}{四〇}-\frac{地-二五}{二四}=〇$

即 $五地-二二五-三地+二七=〇$

$\therefore 八地=-一五二$

即 $地=-一九$

$\therefore 天=一\pm\sqrt{-一九}$

二題 有 $\left(\frac{天+六}{天-六}\right)^二+\left(\frac{天-九}{天+四}\right)^二=二\frac{天^二+三六}{天^二-三六}$ 式求其天之同數

其式之右邊 $=\frac{天+六}{天-六}+\frac{天-六}{天+六}$ 所以

$\frac{天+六}{天-六}\cdot\left\{\frac{天+六}{天-六}-一\right\}=\frac{天-六}{天+六}\cdot\left\{一-\left(\frac{天-九}{天+四}\right)^二\cdot\frac{天+六}{天-六}\right\}$

$\therefore\frac{天+六}{天-六}\cdot\frac{(天-九)}{三六天}=\frac{天-六}{天+六}\cdot\frac{(天+四)^二}{一六天}$

所以 $天=〇$ 或

$\left(\frac{天+六}{天-六}\right)^二=\frac{九}{四}\cdot\left(\frac{天+四}{天-九}\right)^二$

$\therefore\frac{天+六}{天-六}=\pm\frac{三}{二}\cdot\frac{天+四}{天-九}$

∴三(天丄丅四)=±(天三天五四)

此式用正號則天為不能有之數用減號則

五天丄二天=一八○

∴天=五/六(一±√二六)

三題　有（……）式求其天之同數

∴天丄甲二甲天丅二(天丄甲)=√(三天丄甲)(天丄三甲)

∴天丄三甲(三天丄甲)(天丄三甲)=……

∴√(天丄三甲)√(三天丄甲)=±√二(天丄甲)

=±√三{(三天丄甲)(天丄三甲)}

角此可化為兩箇相等式一為

√(三天丄甲)丄√(天丄三甲)=○

從此得天=甲于其根上加負號則變為合于本相等式之用

四題　有

天丄甲地乙=三{天(甲丄地)乙(甲丄地)}

天丅甲地乙=三{天(甲丄地)乙(甲丄地)}

求其天地二同數

又有 √(三天丄甲)丄√(天丄三甲)=±√二

亢 將 角 亢 相加得

±√二(天丄甲)=√二天丄甲

∴(天丄甲)二(天丄甲)=六天二甲

∴天=甲二±√八甲三

以加法得

天乙=三(甲天乙地)

以減法得

地甲=三(天地甲乙)

相乘得

(天乙)(地甲)=二(甲天乙地)(天地甲乙)

∴(天地甲乙)(甲天乙地)=二(甲天乙地)(天地甲乙)

∴天地甲乙=甲天乙地

即

地=甲 天乙/天乙

∴天乙=三(甲天甲乙·天乙/天乙)

=甲三 天乙/天乙

∴天乙=甲三

即

天=甲三乙

又

地=甲 天乙/天乙=乙三甲

五題　有一長方田內有兩路與田邊平行分其田爲四塊其小塊之長邊在田之短邊其最大之一塊與最小之一塊其周有四與一之比其餘兩塊之周有三與二之比如果最小之一塊其邊長一倍則所變爲極大極小之兩塊其面積之比爲四與一其餘兩塊此塊比彼塊大一畝求田之畝數

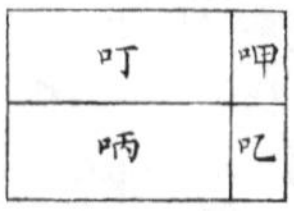

如圖令最小之塊呷之長邊以天代之令田之半周以地代之惟因最大最小兩塊必在對角兩面則其兩周之和必等于原田之周

所以依本題之理 呷半周 $=\frac{地}{五}$ 呐半周 $=\frac{四地}{五}$ 吒半周 $=\frac{二地}{五}$ 叮半周 $=\frac{三地}{五}$ 所以呷之原邊爲天與 $\frac{地}{五}-天$ 吒之原邊爲 $\frac{地}{五}-天$ 與 $\frac{地}{五}+天$ 呐之原邊 $\frac{地}{五}+天$ 與 $\frac{三地}{五}-天$ 叮之原邊爲天與 $\frac{三地}{五}-天$

又如依本題所設之事則呷之邊爲 $二天$ 與 $二\left(\frac{地}{五}-天\right)$ 吒之邊爲 $二\left(\frac{地}{五}-天\right)$ 與 $\frac{地}{五}$ 呐之邊爲 $\frac{地}{五}$ 與 $\frac{二地}{五}$ 叮之邊爲 $二天$ 與 $\frac{二地}{五}$ 依本題之理 $天>\frac{地}{五}-天$ $\therefore 二天>\frac{地}{五}$ 所以 叮之變面 $>$ 呐之變面 呐之變面 $>$ 吒之變面 所以吒爲極小叮變爲極大依本題得

$$二天\times\frac{二地}{五}:二\left(\frac{地}{五}-天\right)\frac{地}{五}::四:一$$

即

$$二天=四\left(\frac{地}{五}-天\right)$$

$$\therefore 地=\frac{一五天}{二}$$

所以依題中所設之變法呷之邊爲 $二天$ 與天呐之邊爲 $\frac{三天}{二}$ 與 $三天$ 所以如題得

$$\frac{九天^{二}}{二}-二天^{二}=四八四〇$$

爲一英畝之平方碼 $\therefore 天=四四$ 田之邊爲 $\frac{七天}{二}$ 與 $四天$ 其面積爲

$$一四天^{二}=\frac{一四(四四)^{二}}{四八四〇}=五\frac{三}{五}$$

英畝

六題　有呷吒呐叮四點各依本平速前行其四箇速率爲幾何比例所行爲等相距之平行路路之兩端以平行橫線爲起止之處四點從一橫線同時起行行至他端之橫線則回行如此往還不止過若干時之後吒呐叮三點初次成一橫行再過前時之倍則呷吒呐三點初次成一橫行再後三十六秒呷呐叮第二次成一橫

行至叱所行過之路比呷行過之路多十四寸之時呷叱㖒叮四點成一橫行求呷叱㖒叮各點之速

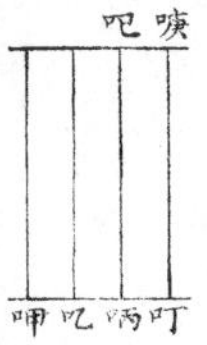

如圖令呷叱㖒叮四點每秒之行速為天 $\frac{天}{未}$ $\frac{天}{未^{二}}$ $\frac{天}{未^{三}}$ 寸令地為各路之長則因叱㖒叮成行必比呷叱㖒早可見呷叱㖒叮之速為增速又可見叱㖒叮初成行之時為叱與㖒前行而叮初次回行之時令酉為起行之後初有此事時之秒數則叱㖒叮與起行處相距之數必為

酉未天　酉未^{二}天　二地┬酉未^{三}天　因三點成一行得

$$酉未^{二}天┬酉未天=(二地┬酉未^{三}天)┬酉未^{二}天$$

$$∴酉天未(未^{二}⊥二未┬一)=二地$$

㊀再求呷叱㖒成行之法必將酉變為二酉將天變為 $\frac{未}{天}$

$$∴二酉天(未^{二}⊥二未┬一)=二地$$

㊁從㊀㊁得 未＝二 即呷叱㖒叮之速為天 二天 四天 八天 惟因呷㖒叮之速有一四八之比則易知第二次成行之時必為㖒點從叱初次回行而叮二次向咦之時所以如酉為呷㖒叮從起行時至第二次成行之時之間呷㖒叮從原點之距為

酉天　二地┬酉四天　酉八天┬二地　因三點都在一行內則

$$(二地┬酉四天)┬酉天=二\{(酉八天┬二地)┬(二地┬酉四天)\}$$

$$∴酉二九天=一〇地$$

$$∴酉=\frac{二九天}{一〇地}$$

惟依本題又從㊀得

$$酉=二酉⊥三六$$

$$酉=\frac{七天}{地}$$

$$∴\frac{二九天}{一〇地}=\frac{七天}{二地}⊥三六$$

㊂

再從呷叱㖒叮原速之比可見初在一行之時必呷行過 $\frac{三}{二地}$ 所以依本題得

$$\frac{三}{二地}⊥一四=\frac{二九天}{一〇地}×二天$$

$$∴地\left(\frac{二九}{一〇}┬\frac{三}{一}\right)=七$$

$$∴地=三×七×二九$$

從㊂得

$$\frac{天}{三〇×七}=\frac{天}{六×二九}⊥三六$$

$$∴\frac{天}{三六}=三六$$

$$∴天=一$$

則所求呷叱㖒叮四點之速每秒為一二四八寸

七題　其城中所用之煤氣每一千立方尺之價定為每年所用之氣與煤之價不變則氣之價亦不變但遇二者中有一者變則用氣之數變百分之寅而氣價反變百分之卯其卯為小于寅又其煤價變百分之巳則氣

價變百分之午其末年之後每年用煤氣之中數並煤價之中數與原定之價合但城中所付買氣之銀比用氣之數與煤氣未改變者多吧箇金錢惟如果其末年內所用煤氣變百分之巳氣價變百分之午而煤價變百分之寅氣價變百分之卯則其城所費買氣之銀少吘箇金錢假如任年第天年用煤氣數與煤價數從定價變了百分之天求其城在任年所能買煤氣之銀爲極大之數

令戌爲城內每年用煤氣之千立方尺數亥爲每頓煤價之金錢數地爲煤氣每千立方尺價之金錢數此三數爲原定之數

則第天年用煤氣之數爲 $戌\left(1+\frac{天}{100}\right)$ 其天可爲正亦可爲負

又第天年煤氣之價爲 $亥\left(1+\frac{天'}{100}\right)$ 此式內用 $天'$ 代天爲省簡之意其 $天'$ 或正或負俱可但第天年內煤氣之價變百分之 $\frac{卯}{寅}天'$ 因每年用氣之數變故也又第天年氣之價因煤價之變而變百分之 $\frac{午}{巳}天'$ 惟因氣之用與價相反又煤價與氣價相合則第天年氣之每千立方尺之數爲

$$地\left(1-\frac{卯}{寅}\cdot\frac{天}{100}+\frac{午}{巳}\cdot\frac{天'}{100}\right)$$

所以第天年之全價爲

$$地戌\left(1+\frac{天}{100}\right)\left(1-\frac{卯}{寅}\cdot\frac{天}{100}+\frac{午}{巳}\cdot\frac{天'}{100}\right)$$

所以未年內氣之全價爲

$$地戌\Sigma\left\{\left(1+\frac{天}{100}\right)\left(1-\frac{卯}{寅}\cdot\frac{天}{100}+\frac{午}{巳}\cdot\frac{天'}{100}\right)\right\}$$

$$=地戌\left\{未+\frac{1}{100}\left(1-\frac{卯}{寅}\right)\Sigma(天)+\frac{午}{巳}\cdot\frac{1}{100}\Sigma(天')-\frac{1}{(100)^2}\cdot\frac{卯}{寅}\Sigma(天^2)+\frac{1}{(100)^2}\cdot\frac{午}{巳}\Sigma(天天')\right\}$$

(角) 惟因煤價之中數與用煤氣之中數與其所定之數相合則 $\Sigma(天)=0$，$\Sigma(天')=0$ 所以(角)式必變爲

$$地戌\left\{未-\frac{卯}{寅}\cdot\frac{1}{(100)^2}\left(1^2+2^2+3^2+\cdots+未^2\right)+\frac{1}{(100)^2}\cdot\frac{午}{巳}\Sigma(天天')\right\}$$

依本題得 $未地戌+吧$ 令呻代 $1^2+2^2+3^2+\cdots+未^2$ 則

$$地戌\left\{\frac{午}{巳}\Sigma(天天')-\frac{卯}{寅}呻\right\}=(100)^2吧$$

又依同理所設之

事內 $\text{地戍}\left\{\frac{\text{寅}}{\text{卯}}\text{搖}(\text{天天}^{二})\,丄\,\frac{\text{巳}}{\text{午}}\text{呻}\right\}=丅(-\infty)\text{吘}$

$$\therefore \text{地戍}=\frac{\text{呻}}{(-\infty)^{二}}\cdot\frac{\frac{\text{巳}^{二}}{\text{午}^{二}}\,丅\,\frac{\text{寅}^{二}}{\text{卯}^{二}}}{\text{吧}\frac{\text{寅}}{\text{卯}}\,丄\,\text{吘}\frac{\text{巳}}{\text{午}}}$$

所以任巳一年內卽第酉年內煤氣所用之費必為

$$\frac{\text{呻}}{(-\infty)^{二}}\cdot\frac{\frac{\text{巳}^{二}}{\text{午}^{二}}\,丅\,\frac{\text{寅}^{二}}{\text{卯}^{二}}}{\text{吧}\frac{\text{寅}}{\text{卯}}\,丄\,\text{吘}\frac{\text{巳}}{\text{午}}}\left(丄\frac{-\infty}{丅\text{酉}}\right)\left\{\frac{丅\text{寅}}{丄\text{卯}}\cdot\frac{-\infty}{\text{酉}}\,丄\,\frac{\text{巳}}{丅\text{午}}\cdot\frac{-\infty}{\text{酉}}\right\}$$

此題有四件必問之事 ㈠為用氣與煤價俱增 ㈡為用氣增煤價減 ㈢為用氣減煤價增 ㈣為用氣與煤價俱減

惟㈠事內煤氣之價必大于㈡之價 又㈢之價必大于㈣之價又㈠之價或大小于㈢之價依

$$\left(一丄\frac{-\infty}{\text{酉}}\right)\left(一丅\frac{\text{寅}}{\text{卯}}\cdot\frac{-\infty}{\text{酉}}\,丄\,\frac{\text{巳}}{\text{午}}\cdot\frac{-\infty}{\text{酉}}\right) > \text{或} < \left(一丅\frac{-\infty}{\text{酉}}\right)\left(一丄\frac{\text{寅}}{\text{卯}}\cdot\frac{-\infty}{\text{酉}}\,丄\,\frac{\text{巳}}{\text{午}}\cdot\frac{-\infty}{\text{酉}}\right)$$

而

異卽依 $一丄\frac{-\infty}{\text{酉}}\cdot\frac{\text{巳}}{\text{午}} > \text{或} < \frac{\text{寅}}{\text{卯}}$、而異惟因依本題卯小于寅則左邊之數必為大所以㈠事煤氣之價為極大者所以第酉年內煤氣之價為

$$\frac{\text{呻}}{(-\infty)^{二}}\cdot\frac{\frac{\text{巳}^{二}}{\text{午}^{二}}\,丅\,\frac{\text{寅}^{二}}{\text{卯}^{二}}}{\text{吧}\frac{\text{寅}}{\text{卯}}\,丄\,\text{吘}\frac{\text{巳}}{\text{午}}}\cdot\left(一丄\frac{-\infty}{\text{酉}}\right)\cdot\left\{一丅\left(\frac{\text{寅}}{\text{卯}}丅\frac{\text{巳}}{\text{午}}\right)\frac{-\infty}{\text{酉}}\right\}$$

第七次考題

一題 有 $\frac{\text{天}丅一}{\text{天}丄一}丄\frac{\text{天}^{二}丄二}{\text{天}^{二}丅二}丄\frac{\text{天}^{三}丄三}{\text{天}^{三}丅三}丄\frac{\text{天}^{四}丅四}{\text{天}^{四}丄四}=四$ 式求其天之同數

$$\frac{\text{天}丅一}{\text{天}丄一}丅一丄\frac{\text{天}^{二}丄二}{\text{天}^{二}丅二}丅一丄\frac{\text{天}^{三}丄三}{\text{天}^{三}丅三}丅一丄\frac{\text{天}^{四}丅四}{\text{天}^{四}丄四}丅一=〇$$

$$\frac{\text{天}丅一}{二}丅\frac{\text{天}^{二}丄二}{四}丅\frac{\text{天}^{三}丄三}{六}丄\frac{\text{天}^{四}丅四}{八}=〇$$

$$\frac{\text{天}^{四}丅四}{四}丅\frac{\text{天}^{三}丄三}{三}=\frac{\text{天}^{二}丄二}{二}丅\frac{\text{天}丅一}{一}$$

$$\therefore\frac{\text{天}^{二}丅\text{天}丅二}{\text{天}丄二四}=\frac{\text{天}^{二}丄\text{天}丅三}{\text{天}丅四}$$

$$\therefore\text{天}\left\{\text{天}^{二}丄\text{天}丅二丅(\text{天}^{二}丅\text{天}丅二)\right\}=丅二四(\text{天}^{二}丄\text{天}丅二)$$

$$丅四(\text{天}^{二}丅\text{天}丅二)$$

$$二\text{天}^{二}丄一〇\text{天}=九六丅二〇\text{天}丄二八\text{天}$$

$$三〇\text{天}^{二}丄三〇\text{天}=九六$$

$$\text{天}^{二}丄\text{天}丄\frac{四}{一}=\frac{五}{一六}丄\frac{四}{一}=\frac{二〇}{六九}$$

$$\therefore\text{天}=丅\frac{二}{一}\left(一\,丄丅\sqrt{\frac{五}{六九}}\right)$$

二題 有 (甲丄天)^四 丄 (甲丅天)^四 = 丙 天^四 式求其天之同數

(甲丄天/甲丅天 丄 一)^四 丄 (甲丄天/甲丅天 丅 一)^四 = 甲^四/丙^四

令 地 丅 一 代其 甲丄天/甲丅天

則 (地丄一)^四 丄 (地丅一)^四 = 甲^四/丙^四

即 地^四 丄 六地^二 丄 一 = 二甲^四/丙^四

∴ 地^二 = 丅 三 丄 √(二甲^四/丙^四 丄 六甲^四 …)

∴ 地 = {√(二甲^四/丙^四 丄 六甲^四 …) 丅 三}^(1/二) = 寅

所以從

三題 有 (天丅一)(天丄一)(天^二丅一) = 巳 天(天丅一) 式求其天之同數

得 天/甲 丄 甲/天 = 寅 丅 一

∴ 甲/天 = {(寅丅一) 丄 四} 丄 丄(寅丅一)(寅丅三)

相加得

甲/二天 = 寅 丅 一 丄 √(寅丅一)(寅丅三)

∴ 天 = 二/甲 (寅丅一 丄 √(寅丅一)(寅丅三))

其 寅 = (八 丄 三甲^四/丙^四)^(1/三)

∴ 地 = 二/三 {丅 丄 √(四巳 丅 五)} = 寅

此式令天等于 一亦能解之

即 (天丄一)(天^二丄一)(天^三丄一) = 巳 天^四

∴ (天 丄 一/天)(天 丄 一/天)(天 丄 一/天) = 巳

令 天 丄 一/天 = 地

則 (地^二)地(地^二丅一) = 巳

地^四 丅 地 丅 地^二 丅 地 = 巳

(地^二丄地)^二 丅 (地^二丄地) 丅 一 = 巳 丄 一

∴ 地^二 丄 地 = 丄 √巳 丄 一

令 寅 為 也

∴ 天 丄 天/二 = 寅

天^二 丄 天 = 丄 √(寅^二 丅 四)

∴ 天 = 二/二 (寅 丄 √(寅^二 丅 四))

其寅從上所得

四題 有 天 丄 人 丄 地 = 天地 丄 地人 丄 人天 天地 = 天/甲 三 人天 = 人/丙 三 地人 = 地/乙 三 式求其天地人各同數

令所設之四式 = 胃 令 三天地人 = 寅 則

寅/甲 = 胃/天

寅/乙 = 胃/地

寅/丙 = 胃/人

所以 (寅/甲)(寅/乙)(寅/甲)(寅/丙)(寅/乙)(寅/丙) = 胃³/(天地)(天人)(地人) = 胃³/[illegible]

角 (寅/甲)(寅/乙)(寅/丙) = 三胃/寅

亢 從角亢得

三(寅/甲)(寅/乙)(寅/丙) = 寅{(寅/甲)(寅/乙)(寅/甲)(寅/丙)(寅/乙)(寅/丙)}

即

三{寅 − 寅(甲乙丙) 寅(甲乙 甲丙 乙丙) − 甲乙丙}

= 三寅² − 寅(甲乙丙) 寅(甲乙 甲丙 乙丙)

則

寅(甲乙丙) − 二寅(甲乙 甲丙 乙丙) − 三甲乙丙 = 〇

令 甲乙丙 = 巳

甲乙 甲丙 乙丙 = 巳

甲乙丙 = 巳

再令

寅 = (巳 ± √(巳² − 三巳巳))/巳

則從 角 得

胃 = 三寅 − 寅巳/巳

∴ 寅/甲 = 寅/乙 = 寅/丙 = 胃/一 = (三寅 − 寅巳)/一
天 地 人

其寅 巳/巳

巳俱可從上式得之

五題 呷從寅處往卯而同其往同行平速而不停吃從卯處至寅而同往同亦行平速兩人同時起身于離卯一里半相遇再一點鐘之後離寅處一里相遇求呷吃行速並寅卯相距之數

令天為寅卯之距則呷行 (天 − 三/二) 里時吃行 三/二 里又呷行 (天 + 一) 里時吃行 (二天 − 一) 里吃

里時吃行 (天 + 一)/ … 里

∴ (天 − 三/二)/(三/二) = (天 + 一)/(二天 − 一)

(二天 − 三)(二天 − 一) = 三(天 + 一)

二天² = 六天

∴ 天 = 三

一點鐘時呷行 (一 + 三/(天 + 一)) = 四 里吃

行 (天 + 三/二) 里

六題 有英國金錢若干箇其數等于一箇金錢內之金與銅之比例率之四百倍其所函之眞金等于法國金錢一百三十三箇加了法國金錢若干箇其箇數等于法國金錢一箇內之金與銅之比例率之六百倍又英國金錢四百箇內所有之金與法國金錢五百零三箇內之金相同又一萬一千箇英金錢之重與一萬三千五百八十一箇法金錢之重相同求英金錢與法金錢各函眞金若干

令天爲一英金錢內金與銅之比地爲一法金錢內金與銅之比戊爲一英金錢之重亥爲一法金錢之重則

依本題英金錢 $\frac{四〇〇天}{}$ 內所函之金等于 $一三三丄六〇〇地$ 法金錢所以得

$$\frac{四〇〇天}{天丄一}\cdot戊=\frac{(一三三丄六〇〇地)地}{地丄一}亥 \quad (一)$$

$$\frac{四〇〇天}{天丄一}戊=\frac{五〇三地}{地丄一}亥 \quad (二)$$

$$一一〇〇〇戊=一三五八一亥 \quad (三)$$

從(一)(二)得

$$五〇三天=一三三丄六〇〇地$$

(角)從(二)(三)得

$$五五\frac{天}{天丄一}=五四\frac{地}{地丄一} \quad (九)$$

所以

$$五五\cdot\frac{一三三丄六〇〇地}{六三六丄六〇〇地}=五四\frac{地}{地丄一}$$

$$五五地(一〇六丄一〇〇地)=九(地丄一)(一三三丄六〇〇地)$$

$$五五〇〇地^{二}丄五八三〇地=九(六〇〇地^{二}丄七三三地丄一三三)$$

$$一〇〇地^{二}丅七六七地=一一九七$$

$$\left(地丅\frac{二〇〇}{七六七地}\right)^{二}=\left(\frac{二〇〇}{七六七}\right)^{二}=\left(\frac{二〇〇}{一〇三三}\right)^{二}$$

$$\therefore地丅\frac{二〇〇}{七六七}=丅\frac{二〇〇}{一〇三三}$$

令 $地=九$ 則所求之比例

爲 九∶一 從(角)得

$$五〇三天=一三三丄五四〇〇=五五三三$$

$$\therefore天=一一$$

則所求之比例爲 一一∶一 所以英金

錢內 一二∶一一 爲眞金法金錢內 一〇∶九 爲眞金

七題 英國岡布理智書院屋克斯弗德書院各于每年正月發某書五千部每部用大紙三十張其紙每一包爲五百張其價爲十二箇銀錢又六箇銅錢其擺字之工價爲一百四十箇金錢刷印之工價每一千張大紙五箇銀錢屋克斯弗德書院之鉛字擺好後不散開岡布理智書院其鉛字每印畢一次卽散開因此而屋克斯弗德書院內所存之鉛字比岡布理智書院內多二十倍假如屋克斯弗德書院每年印五千部（卽正要用之前所印者）而岡布理智書院一次所印之部數必算定備若干

年所用爲最便宜其存一年或多年書之材料與人工之費每年每百照五分算利息如屋克斯弗德書院作此事所用之本錢比岡布理智書院每年本錢之中數少四百十七箇金錢又十箇銀錢求屋克斯弗德書院與岡布理智書院兩處各印五千部書鉛字之費用

五百張紙價爲十二箇銀錢又六箇銅錢所以 三〇 張紙價爲九箇銅錢

印一千張紙之工價爲五箇銀錢則印 三〇 張紙之工價爲 一·八 箇銅錢

所印書一部之紙張工價其為〔九⊥·八／＝一〇·八〕銅錢〔＝·九〕分銀錢

所以五千部之紙張工價為〔二〇／·九X五〇〇〇＝二二五〕金錢

令卯年所要用之書一次在罔布理智書院內印成則

因每年正月一日算利息百分之五則五千部之其價〔二二五⊥二二五·二〇／卯一〕

金錢不可大于一次印書之費〔二二五⊥一四〇〕金錢其〔一四〇〕金錢

為擺鉛字之費所以〔二二五·二〇／卯一〕不大于〔一四〇〕所以其〔卯一〕不大于

〔二二五／二〇X一四〇〕所以卯不大于〔⊥九／一一二〕即不大于〔一三〕所以每一次印

十三年所用之書為最便宜

令天為罔布理智書院內鉛字之價〔二〇天〕為屋克斯弗德

書院內鉛字之價

則罔布理智所用鉛字之本錢為天箇金錢擺字之費

為〔一四〇〕金錢紙價印工為〔二二五X一三〕金錢令〔天⊥一四〇⊥二二五X一三二一三地〕則第一年所存之

呆本錢為〔一二地〕第二年為〔一一地〕第三年為〔一〇地〕……第十二年為

地其中價為〔二／一三地（⊥⊥⊥⊥〇⊥⊥⊥）＝二／一三地〕所以罔布理智之本錢中數為〔二／天⊥一四〇⊥二二五X一三〕

屋克斯弗德之本錢中數為〔二〇天⊥一四〇〕所以依題得

〔四一七二／三＝二／三（天⊥一四〇⊥二二五X一三）⊤（二〇天⊥一四〇）〕

〔＝二／三（二七八五⊤三九天）〕

〔∴天＝五〇〕

金錢為罔布理智書院內鉛字之價屋克斯弗德書院

內鉛字之價為一千箇金錢　金匱華世芳校

代數難題解法卷十五

英國倫德編輯　英國傅蘭雅口譯
金匱華蘅芳筆述

考題類

岡布理智書院第八次考題

一題　有 $\sqrt{\frac{天^{二}\perp 二天\perp 四}{天^{二}\top 二天\perp 三}}\perp\sqrt{\frac{天^{二}\top 二天\perp 三}{天^{二}\perp 二天\perp 四}}=二\frac{二}{一}$ 式求其天之同數

令 $\frac{天^{二}\perp 二天\perp 四}{天^{二}\top 二天\perp 三}=地^{二}$ 則

$地\perp\frac{地}{一}=二\frac{二}{一}$

$地^{二}\top\frac{二}{五}地\perp\frac{一六}{二五}=\frac{一六}{二五}\top 一=\frac{一六}{九}$

$地\top\frac{四}{五}=\pm\frac{四}{三}$

$\therefore 地=二或\frac{二}{一}$

$\therefore\frac{天^{二}\perp 二天\perp 四}{天^{二}\top 二天\perp 三}=四或\frac{四}{一}$

從其同數四得

$天=\frac{三}{二}\left(\top 五\pm\sqrt{\top 一四}\right)$

從其同數 $\frac{四}{一}$ 得

$天=二或\frac{三}{四}$

二題　有 $天^{三}\perp 三甲天地\perp 地^{三}=乙^{三}$ ㈠ $天\perp 地=丙$ ㈡ 求其天地二同數

將㈡作三乘方得

$天^{三}\perp 三天地丙\perp 地^{三}=丙^{三}$

$\therefore 三天地\left(甲\top 丙\right)=乙^{三}\top 丙^{三}$

$\therefore 四天地=\frac{三}{四}\cdot\frac{甲\top 丙}{乙^{三}\top 丙^{三}}$

㈢將㈡自乘與㈢相減得

$天\top 地=\pm\left(丙^{二}\top\frac{三}{四}\cdot\frac{甲\top 丙}{乙^{三}\top 丙^{三}}\right)^{\frac{二}{一}}$

$\therefore 天=\frac{二}{一}\left\{丙\pm\left(丙^{二}\top\frac{三}{四}\cdot\frac{甲\top 丙}{乙^{三}\top 丙^{三}}\right)^{\frac{二}{一}}\right\}$

$地=\frac{二}{一}\left\{丙\mp\left(丙^{二}\top\frac{三}{四}\cdot\frac{甲\top 丙}{乙^{三}\top 丙^{三}}\right)^{\frac{二}{一}}\right\}$

三題　有 $天^{\frac{二}{三}}\perp\frac{天^{\frac{二}{三}}}{一}=\sqrt{\frac{三}{二}\cdot\frac{天^{\frac{二}{三}}\perp\frac{天^{\frac{二}{三}}}{一}}{天^{\frac{二}{三}}\perp\frac{天^{\frac{二}{三}}}{一}}}$ 式求其天之同數

$天^{\frac{二}{三}}\perp\frac{天^{\frac{二}{三}}}{一}=\sqrt{\frac{三}{二}\left(天\top 一\perp\frac{天^{\frac{二}{三}}}{一}\right)}$

令 $天^{\frac{二}{三}}\perp\frac{天^{\frac{二}{三}}}{一}=地$ 則

$天\perp\frac{天}{一}=地^{二}\top 三地$

$\therefore 地^{二}=\frac{三}{二}\left(地^{二}\top 三地\top 一\right)$

$地^{三}\top 三地^{二}\top 三地\top 一=〇$

$二地^{三}=\left(地\perp 一\right)^{三}$

$\sqrt[三]{二}\cdot 地=地\perp 一$

$\therefore 地=\frac{\sqrt[三]{二}\top 一}{一}=甲$

令等於甲也

則

$天 ⊥ \frac{天}{一} = 甲^{二} 丅 三甲$

所以

$天 = \frac{二}{甲^{二} 丅 三甲}\left\{ 一 ⊥ \sqrt{一 丅 \frac{(甲^{二} 丅 三甲)^{二}}{四}} \right\}$

四題　有

$天^{二} ⊥ 地^{二} ⊥ 人^{二} = 三八$　㊀

$二天 ⊥ 三地 ⊥ 五人 = 二九$　㊁

$一五天^{二} ⊥ 一〇地^{二} ⊥ 六人^{二} = 一二天人 ⊥ 一二地人 ⊥ 二九七$　㊂

求其天地人各同數

從㊂得

$一九(天^{二} ⊥ 地^{二} ⊥ 人^{二}) = (二天 ⊥ 三人)^{二} ⊥ (三地 ⊥ 二人)^{二} ⊥ 二九七$

$\therefore (二天 ⊥ 三人)^{二} ⊥ (三地 ⊥ 二人)^{二} = 一九 \times 三八 丅 二九七 = 七二二 丅 二九七 = 四二五$

令戊代 $二天 ⊥ 三人$ 令亥代 $三地 ⊥ 二人$ 則

$戊^{二} ⊥ 亥^{二} = 四二五$

從㊁得

$戊亥 = 二九$

所

以

$二戊亥 = 八四 ⊥ 四二五 = 四一六$

$\therefore (戊 丅 亥)^{二} = 九$

$\therefore 戊 丅 亥 = ⊥三$

$\therefore 戊 = 一六 或 一三，亥 = 一三 或 一六$　㊃

從第一雙同數得

$二天 ⊥ 三人 = 一六$　㊍

$三地 ⊥ 二人 = 一三$　㊎

將此代入㊀式內得

$\frac{四}{二}(一六 丅 三人)^{二} ⊥ \frac{九}{二}(一三 丅 二人)^{二} ⊥ 人^{二} = 三八$

$九(一六 丅 三人)^{二} ⊥ 四(一三 丅 二人)^{二} ⊥ 三六人^{二} = 一三六八$

$一三三人^{二} 丅 一〇七二人 = 丅 一六一二$

$人^{二} 丅 \frac{一三三}{一〇七二} \cdot 人 ⊥ \left(\frac{一三三}{五三六}\right)^{二} = \left(\frac{一三三}{五三六}\right)^{二} 丅 \frac{一三三}{一六一二} = \frac{(一三三)^{二}}{七二九〇〇}$

$= \left(\frac{一三三}{二七〇}\right)^{二}$

$\therefore 人 丅 \frac{一三三}{五三六} = ⊥ \frac{一三三}{丅二七〇}$

$\therefore 人 = \frac{一三三}{八〇六} 或 二$

所以從㊍㊎得

$天 = 五$
$地 = 三$

又依同理令㊃式內之又一雙同數代戊亥則得天地人之他同數

五題　有人欲抄書一本已試抄半點鐘時其所抄之行數比全書之行數之平方根少十又首四十九分時所抄之行數之平方等于未抄之行數之倍求此書共有若干行

令天為書之共行數令首半點鐘時所抄之行數為 $天 丅 一〇$

其首四十九分時內所抄之行數為 $\frac{三〇}{四九}(天 丅 一〇)$ 則依本題之

之理

$$\left(\frac{\text{三〇}}{\text{四九}}\right)^{\text{二}}\left(\text{天}\top\text{一〇}\right)^{\text{二}}=\text{二}\left\{\text{天}\top\frac{\text{三〇}}{\text{四九}}\left(\text{天}\top\text{一〇}\right)\right\}$$

卽

$$(\text{四九})^{\text{二}}(\text{天}^{\text{二}}\top\text{二〇天}\bot\text{一〇〇})=\text{一八〇〇天}\top\text{六〇}\times\text{四九}(\text{天}\top\text{一〇})$$

卽

$$\text{六〇一天}^{\text{二}}\top\text{二〇天}\times\text{二二五四}=\top\text{一〇〇}\times\text{四九}\times\text{四三}$$

$$\therefore\text{天}^{\text{二}}\top\text{二〇天}\cdot\frac{\text{六〇一}}{\text{二二五四}}\bot\text{一〇〇}\left(\frac{\text{六〇一}}{\text{二二五四}}\right)^{\text{二}}=\left(\frac{\text{六〇一}}{\text{一九五三}}\right)^{\text{二}}\times\text{一〇〇}$$

$$\therefore\text{天}\top\text{一〇}\cdot\frac{\text{六〇一}}{\text{二二五四}}={}^{\bot}_{\top}\frac{\text{六〇一}}{\text{一九五三}}\times\text{一〇}$$

如用正號則 $\text{天}=\text{七〇}$ 所以書之行數為四千九百

六題　呷吃呐三人于三叉路口同時起身呷吃所行之路彼此成正角呐行之路在其兩路之間任何時中從呷所到之處與呐所到之處若作線相聯必與吃所行之路平行又吃與呐任時所到之處若作線相聯必與呷所行之路平行呐比呷多行八里則同行而其所行之路比吃多五里又三分里之一則三人相參直求呷吃呐三人行速

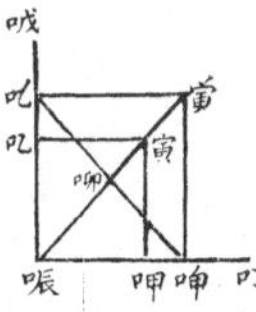

令天地人為呷吃呐三人每點鐘所行之里數則可見呷吃呐所行之路為相連之兩邊及對角線如圖寅為呐比呷多行八里所到之處則從寅作哾咑哾戌之垂線卽得此時呷吃所在之方位又如呐不同行而一直前去之路等于其同行而未與呷吃參直時所行之路又合寅呻吃為呐呷吃依此事同時所到之方位作呻吃線與哾寅相遇于卯則卯為呐在與呷吃參直之方位惟呐行哾寅所費之時為 $\frac{\text{人}\top\text{天}}{\text{八}}$ 呐行哾寅而回至卯所費之時為 $\frac{\text{人}\top\text{地}}{\text{五}\frac{\text{一}}{\text{三}}}$ 因

$$\frac{\text{寅}}{\text{卯}}=\frac{\text{寅}}{\text{寅}}=\frac{\text{二}}{\text{一}}\frac{\text{哾}}{\text{卯}}=\frac{\text{三}}{\text{一}}\frac{\text{哾}}{\text{寅}}$$

$$\therefore\frac{\text{哾}}{\text{寅}}\bot\frac{\text{寅}}{\text{卯}}=\frac{\text{三}}{\text{四}}\frac{\text{哾}}{\text{寅}}$$

$$\therefore\frac{\text{三}}{\text{四}}\cdot\frac{\text{人}\top\text{天}}{\text{八}}=\frac{\text{三}}{\text{一六}}\cdot\frac{\text{人}\top\text{地}}{\text{一}}$$

$$\therefore\text{二人}\top\text{二地}=\text{人}\top\text{天}$$

$$\text{人}=\text{二地}\top\text{天}$$

又

$$\text{人}^{\text{二}}=\text{天}^{\text{二}}\bot\text{地}^{\text{二}}$$

$$\therefore\text{四地}^{\text{二}}\top\text{四地天}\bot\text{天}^{\text{二}}=\text{天}^{\text{二}}\bot\text{地}^{\text{二}}$$

$$\therefore\text{三地}=\text{四天}$$

又

$$\text{人}=\frac{\text{三}}{\text{八天}}\top\text{天}=\frac{\text{三}}{\text{五天}}$$

所以 $\text{天}:\text{地}:\text{人}::\text{三}:\text{四}:\text{五}$ 為呷吃呐行速之比例

七題　農家有麥約在二百七十石與二百八十石之間作合同一紙賣與磨坊中其合同之例如下

本年內每月初一日發麥不得少于二十石亦不得多于三十石惟在此二數之內聽麥主自便其每月所發之麥照每月之時價算錢

是年內六七兩月之麥價相同而正月至六月每月麥價長若干銀錢七月至十二月每月麥價所落之數與前所長之數相同農夫藉麥價長落之事每月發麥或多或少依其能最便宜之事為之統計所得之錢比每月發麥同數者多得七箇金錢又八箇銀錢但如果合

同之上若言每月之麥不可少于二十石多于二十五
石其數聽磨坊之便則磨坊中每月取麥依其所能得
最便宜之事可比已付之錢少十一箇金錢十二箇銀
錢而四月九月所與之錢比五月八月所已付之錢少
三十三箇金錢又十二箇銀錢求農家之麥若干石共
收麥價若干

令 二七○丄天 爲麥之石數地爲六七兩月每石麥價之銀錢數
人爲上下半年每月麥價長落之數則正月十二月麥
價爲 地丅五人 二月十一月爲 地丅四人 三月十月爲 地丅三人 四月九月爲

地丅二人 五月八月爲 地丅人 六月七月爲地
則可見農夫在一年內之中間六箇月必送麥至極大
之限所以六月七月必付六十石五月八月必付 五○丄天 石
其餘八箇月每月二○石所以其麥價爲 四○{(地丅五人)丄(地丅四人)丄(地丅三人)丄(地丅二人)}丄(五○丄天)(地丅人)丄六○地 依本題之理

得 $\frac{六}{二七○丄天}$(六地丅一五人)丄一四八
㊀若其麥數從磨坊家而定則正月十二月收
五○石二月十一月收五○石三月十月收五○石四月九月
收 四○丄天 石其餘四箇月每月收二○石則應付之銀爲
五○{(地丅五人)丄(地丅四人)丄(地丅三人)}

丄(四○丄天)(地丅二人)丄四○{(地丅人)丄地}
依本題爲
四○(四地丅一四人)丄(五○丄天)(地丅人)丄六○地丅三二
㊁又
(四○丄天)(地丅二人)＝(五○丄天)(地丅人)丄六七二
㊂從㊀得
人(六五丄$\frac{二}{三}$天)＝一四八
從㊁得
人(一一○丄天)＝二三二
∴二三二(六五丄$\frac{二}{三}$天)＝一四八(一一○丄天)
從此得
天＝六
∴人＝二
從㊂得
四六(地丅四)＝五六(地丅二)丄六七二
∴一○地＝六七二丄一一二丅八四＝六○○
∴地＝六○
所以知農家其有麥二一

百七十六石其得價 四〇(二四〇丅二八)丄五六乂五八丄三六〇〇 銀錢合七六六金錢又八箇銀錢

第九次考題

一題 有 $\frac{天丅一}{五}丄\frac{天丄二}{四}丄\frac{天丅三}{二一}=\frac{天丄一}{五}丅\frac{天丅二}{四}丄\frac{天丄三}{二一}$ 式求其天之同數

二題 有 $\frac{三}{天}丄\frac{天}{四八}=一〇\left(\frac{三}{天}丅\frac{天}{四}\right)$ 式求其天之同數

$\frac{天丅一}{一〇}丅\frac{天丅四}{一六}丄\frac{天丄九}{一二六}=〇$。

$五\left(\frac{天^{四}}{}丅一三天丄三六\right)丅八\left(\frac{天^{四}}{}丅一〇天丄九\right)丄六三\left(天^{四}丅五天^{二}丄四\right)=〇$。

$天^{四}丅五天^{二}丄六=〇$。

∴$天^{二}=二或三$

$天=丄丅\sqrt{二}或丄丅\sqrt{三}$

$\frac{九}{天}丄\frac{天}{一六}=三\left(\frac{三}{天}丅\frac{天}{四}\right)$

$\left(\frac{三}{天}丅\frac{天}{四}\right)^{二}=\frac{三}{一〇}\left(\frac{三}{天}丅\frac{天}{四}\right)丄\frac{三}{八}$

∴$\frac{三}{天}丅\frac{天}{四}=\frac{三}{四}或二$

∴$天=六或丅二或三丄丅\sqrt{二一}$

三題 有 $\frac{(天丄甲丄丙)^{五}丄(天丄乙丄丁)^{五}}{(天丄甲丄乙)^{五}丄(天丄丙丄丁)^{五}}=\left(\frac{甲丄乙丅丙丅丁}{甲丅乙丄丙丅丁}\right)^{二}$ 式求其天之同數

令 $甲丄乙=角丄亢$

$丙丄丁=角丅亢$

$甲丄丙=角丄亢$

$乙丄丁=角丅亢$

所以

$角=\frac{一}{二}(甲丄乙丄丙丄丁)$

$亢=\frac{一}{二}(甲丄乙丅丙丅丁)$

$角=\frac{一}{二}(甲丄乙丄丙丄丁)=角$

$亢=\frac{一}{二}(甲丅乙丄丙丅丁)$

令 $地=天丄角$

則 $\frac{(地丄亢)^{五}丄(地丅亢)^{五}}{(地丄亢)^{五}丄(地丅亢)^{五}}=\frac{亢^{二}}{亢^{二}}$

所以 $\frac{地^{五}丄一〇地^{三}亢^{二}丄五地亢^{四}}{地^{五}丄一〇地^{三}亢^{二}丄五地亢^{四}}=\frac{亢^{二}}{亢^{二}}$

所以 $地=〇$。

又 $天=丅\frac{一}{二}(甲丄乙丄丙丄丁)$

即 $\frac{地^{四}丄一〇地^{二}亢^{二}丄五亢^{四}}{地^{四}丄一〇地^{二}亢^{二}丄五亢^{四}}=\frac{亢^{二}}{亢^{二}}$

所以 $(亢^{二}丅亢^{二})地^{四}丄五(亢^{二}亢^{四}丅亢^{二}亢^{四})=〇$。

∴$地^{四}=五亢^{二}亢^{二}$

$地=丅\frac{一}{二}丄\frac{一}{二}\sqrt[四]{五(甲丄乙丅丙丅丁)^{二}(甲丅乙丄丙丅丁)^{二}}$

所以得

$天=\top\frac{三}{二}(甲\perp乙\perp丙\perp丁)\perp\frac{一}{二}\sqrt[179]{五(甲\perp乙\top丙\top丁)^{二}(甲\top乙\perp丙\top丁)^{二}}$

四題　有 $\frac{天\perp一}{(甲丙\perp一)(天^{二}\perp一)}=\frac{地\perp一}{(甲^{二}\perp一)(天地\perp一)}$　$\frac{地\perp一}{(甲丙\perp一)(地^{二}\perp一)}=\frac{天\perp一}{(丙^{二}\perp一)(天地\perp一)}$ 求其天地二同數

$\frac{(天地\perp一)^{二}}{(天^{二}\perp一)(地^{二}\perp一)}=\frac{(甲丙\perp一)^{二}}{(甲^{二}\perp一)(丙^{二}\perp一)}$ 減一則 $\left(\frac{天地\perp一}{天\top地}\right)^{二}=\left(\frac{甲丙\perp一}{甲\top丙}\right)^{二}$ 所以 $\frac{天地\perp一}{天\top地}=\frac{甲丙\perp一}{甲\top丙}$ 或 $=\frac{甲丙\perp一}{丙\top甲}$ 將第一同數令寅

代 $\frac{甲丙\perp一}{甲\top丙}$ 則 $地(一\perp寅天)=天\top寅$ $\therefore\frac{地\perp一}{天地\perp一}=\frac{一\perp寅天\perp天\top寅}{天^{二}\perp一}$ 所以從題之第一式得 $\frac{天\perp一}{天^{二}\perp一}=\frac{甲丙\perp一}{甲^{二}\perp一}\cdot\frac{一\perp寅天\perp天\top寅}{天^{二}\perp一}$ $\therefore天^{二}\perp一=○$ $\therefore天=地=\pm\sqrt{\top一}$

即 $\frac{天\perp一}{一}=\frac{(甲丙\perp一)(一\perp寅天\perp天\top寅)}{甲^{二}\perp一}$ 所以 $天=\frac{一\top甲}{一\perp甲}$ $地=\frac{一\perp丙}{一\top丙}$ 又從第二式得 $天=\frac{一\perp甲}{一\top甲}$ $地=\frac{一\perp丙}{一\top丙}$

五題　有三箇立方形水箱呷吃呐其能容水之比為一八二七其三箱中所有之水有一二三之比乃從呷取若干水入吃從吃取若干水入呐得三箱之水等深再從呐取水一百二十八立方尺又七分之四入吃箱又從吃取若干水入呷箱令呷箱水之深比吃箱水之深多兩倍則呷所盛之水比原少一百立方尺求三箱中原有水若干

令丙、二丙、三丙為三箱之邊天為呷箱水之高則呷箱之水為 $丙^{二}天$ 吃箱之水為 $二丙^{二}天$ 呐箱之水為 $三丙^{二}天$ 所以吃箱之水其

高爲 $\frac{四丙^{二}}{二丙^{二}天}=\frac{二}{天}$ 呐箱之水其高爲 $\frac{九丙^{二}}{三丙^{二}天}=\frac{三}{天}$ 令地爲傾第一次之

公水深則 $(丙^{二}丄四丙^{二}丄九丙^{二})地$ 爲水之全數 $=六丙^{二}天$ 所以 $地=\frac{七}{三}天$ 再將水 $一二八\frac{七}{四}$ 立方

尺入吃則吃箱內水高爲 $地丄\frac{四丙^{二}}{一二八\frac{七}{四}}=\frac{七}{三天}丄\frac{七丙^{二}}{二二五}$ 呷吃水數 $=(丙^{二}丄四丙^{二})地丄一二八\frac{七}{四}$ $=\frac{七}{一五丙^{二}天}丄\frac{七}{九〇〇}$ 傾水

二次之後令二人與人爲呷吃二箱水深則 $丙^{二}\cdot二人丄四丙^{二}\cdot人=\frac{七}{一五丙^{二}天}丄\frac{七}{九〇〇}$ 所以

$人=\frac{一四}{五天}丄\frac{七丙^{二}}{一五〇}$ 依本題 $丙^{二}\cdot二人=丙^{二}天丅一〇〇$

$\therefore\frac{七}{五丙^{二}天丄三〇〇}=丙^{二}天丅一〇〇$

$\therefore丙^{二}天=五〇〇$

故其所求之數爲 五〇〇 一〇〇〇 一五〇〇 立

方尺

六題 雜貨店內所用之天平不準其賣買某貨都用此

天平得利比用準天平多百分之十一但如果買時與

賣時反用其天平之兩盤則不多錢亦不折本求其入

用準天平賣買此貨應每百得若干分利而無弊

令物爲買貨與賣貨之假重數其物爲大于眞重數

物爲小于眞重數令巳爲本貨物每重一之數之原價

天爲每百分所應得之利則貨買來之價爲巳物賣出之

價爲 $巳物(一丄\frac{一〇〇}{天})$ 依本題得 $巳物(一丄\frac{一〇〇}{天})二巳物(一丄\frac{一〇〇}{天丄一一})$ 如用準天平則買來之價爲

巳物賣出之價爲 $巳物(一丄\frac{一〇〇}{天})$

$\therefore巳物(一丄\frac{一〇〇}{天})二巳物$

$\therefore(一丄\frac{一〇〇}{天})^{二}=一丄\frac{一〇〇}{天丄一一}$ 而得 $天=一〇$ 即所應得之利

每百爲十

七題 有一塊金類之物寅爲甲乙二種金類合成又有

一塊寅二爲乙丙二種金類合成其寅塊內甲之重數與

寅二內丙之重數之比爲乙金在寅寅二之重數之比爲三

倍又寅之三倍重爲寅二之十倍重 又有兩塊金類危

危二其體積與寅寅二相同而其所用之兩種金亦相同惟

在危′內甲與乙之重之比等于寅′內乙與丙重之比又危′內乙與丙重之比等于寅′內甲與乙重之比又危′之五倍重爲危′之十八倍重所以若已知甲乙丙之等體積之比若三二一則可求各塊各金之比例

令咳亥爲寅′內甲乙之體積咳′亥′爲寅′內乙丙之體積哦戌爲危′內甲乙之體積哦′戌′爲危′內乙丙之體積

又三虛二虛虛爲甲乙丙體積爲一之重數所以寅′內甲之重與寅′內丙之重之比爲 亥′/三咳 又寅′內乙之重與寅′內乙之重之比若 咳′/亥 所以依本題得

亥/咳＝咳′/亥 ㊀ 又因寅′之三倍重等于寅′之十倍重所以

三(三咳′丄二亥′)＝一〇(二咳′丄亥′) ㊁

五(三哦′丄二戌′)＝一八(二哦′丄戌′) ㊂ 又因其塊與原塊之體積同則

咳丄亥＝哦丄戌 ㊃

咳′丄亥′＝哦′丄戌′ ㊄ 又危′內甲乙之重之比爲 二戌/三哦 其危′內乙丙之重之比爲 戌′/二哦′ 所以依本題之理得

二戌/三哦＝亥′/二咳′ ㊅

戌′/二哦′＝二亥/三咳 ㊆ 從㊀得

亥/咳＝咳′/亥′＝天 從㊁得

三亥(三天丄二)＝一〇亥′(天/二丄一)

㊇ 觀㊅㊆兩式則能變㊂式爲

一八戌′(二/三天丄一)＝五戌(天/四丄二)

㊈ 從㊅㊃得

戌(三天/四丄一)＝亥(天丄一)

㊉ 從㊆㊄得

亥′(天/二丄一)＝戌′(四/三天丄一)

㊋ 將㊇㊈㊉㊋相乘得

九(三天丄二)²＝二五(天丄二)²

三(三天丄二)＝五(天丄二)

所以

天＝一

咳＝亥

咳′＝亥′

所以寅′寅′之體積相等又危′內甲乙體積之比爲

戌/哦＝三/四 戌′/哦′＝四/三

四與三其危′內乙丙體積之比爲三與四如求其重之

比則$\frac{寅^{二}}{丙}$ 甲∶乙∷三咳∶二亥∷三∶二

$\frac{寅^{二}}{丙}$ 乙∶丙∷二咳^{二}∶亥^{二}∷二∶一

$\frac{危^{二}}{丙}$ 甲∶乙∷三咸∶二戍∷二∶一

$\frac{危^{二}}{丙}$ 乙∶丙∷二咸^{二}∶戍^{二}∷三∶二

第十次考題

一題 有$(天\perp一)^{五}\perp(天\top一)^{五}=一九\{(天\perp一)^{三}\perp(天\top一)^{三}\}$式求其天之同數

$天^{五}\perp一〇天^{三}\perp五天=一九(天^{三}\perp三天)$

所以

$天=〇$

或

$天^{四}\perp一〇天^{二}\perp五=一九(天^{二}\perp三)$

$天^{四}\top九天^{二}=五二$

所以

$天^{二}=一三或\top四$

所以

$天=\perp\!\top\sqrt{一三}或\perp\!\top二\sqrt{\top一}$

二題 有$(天\perp一)(天\perp二)(天\perp三)(天\perp四)=(天\perp一)^{二}\perp(天\perp二)^{二}\perp(天\perp三)^{二}\perp(天\perp四)^{二}$式求其天之同數

令地代$天\perp\frac{五}{二}$則

$\left(地\top\frac{三}{二}\right)\left(地\top\frac{一}{二}\right)\left(地\perp\frac{一}{二}\right)\left(地\perp\frac{三}{二}\right)=\left(地\top\frac{三}{二}\right)^{二}\perp\left(地\top\frac{一}{二}\right)^{二}\perp\left(地\perp\frac{一}{二}\right)^{二}\perp\left(地\perp\frac{三}{二}\right)^{二}$

$\left(地^{二}\top\frac{九}{四}\right)\left(地^{二}\top\frac{一}{四}\right)=二\left\{\left(地^{二}\perp\frac{九}{四}\right)\perp\left(地^{二}\perp\frac{一}{四}\right)\right\}$

$\therefore 地^{四}\top\frac{五}{二}地^{二}\perp\frac{九}{一六}=四地^{二}\perp五$

$\therefore 地^{二}=\frac{一三}{四}\perp\!\top\sqrt{一五}$

$\therefore 天=\top\frac{五}{二}\perp\!\top\sqrt{\frac{一三}{四}\perp\!\top\sqrt{一五}}$

三題 有$(天^{二}\perp一)(地^{二}\perp一)=一〇$ $(天\perp地)(天地\top一)=三$求其天地二同數

第一式可變之為$(天地\top一)^{二}\perp(天\perp地)^{二}=一〇$再相加減第二式之倍得

$\{(天地\top一)\perp(天\perp地)\}^{二}=一六$

$\{(天地\top一)\top(天\perp地)\}^{二}=四$

∴(天地丅一)(天丄地)=十四

(天地丅一)(天丄地)=十二

∴天地丅一=十三或十一

天丄地=一或三

各雙內正負號同所以從第一雙之式得

天丄地=一
天地=四

或

天丄地=丅一
天地=丅二

從第二雙得

天丄地=三
天地=二

或

天丄地=丅三
天地=○

所以

天=二/十丄丅五

地=二/丅丄丅五

天=一或丅二

地=丅二或一

天=二或一

地=一或二

天=丅三或○

地=○或丅三

四題 有

天丄地丅人=(天丄地丅人)二

天²丄地²丅人²=(天丄地丅人)九

天⁴丄地⁴丅人⁴=(天丄地丅人)二九

求其天地人各同數

令

天丄地丅人=戊

則

天丄地=人丄戊

天²丄地²=人²戊丄二

天³丄地³=人³戊³丄九

天⁴丄地⁴=人⁴戊⁴丄二九

將一式自乘而減去二式以二約之則得

天地=人戊丅一 角

將一式成立方減了第三式而以三約之則得

天地(天丄地)=人戊(人丄戊)丅三

所以

(人戊丅天地)(天丄地)=三

以角約之得

天丄地=三=人丄戊 亢

又

天⁴丄地⁴丄四天地(天²丄地²)丄六天²地²=人⁴丄戊⁴丄四人戊(人²丄戊²)丄六人²戊²

所以從上式

之第四者得

二九丄四天地(天²丄地²)丄六天²地²=四人戊(人²丄戊²)丄六人²戊²

所以

二九丄四天地(天丄地)²丅二天²地²=四人戊(人丄戊)²丅二人²戊²

所以從亢角得

二九=四(人戊丅天地)丄九丅二(人²戊²丅天²地²)

=三六丅二(人戊丅天地)

∴人戊丅天地=三七

又

人戊丅天地=一

所以

人戊=四/九

人丄戊=三

天地=四/五

天丄地=三

所以

人丅戊=○

天丅地=丄一二

人=戊=二/三

天=二/五或二/一

地=二/一或二/五

五題　有甲乙丙三人各攜桶向缸取水三人爭論缸盛水若干惟三人所攜之桶均不知所盛多少無法能有定評正爭論間有丁攜一玻璃瓶亦來取水其瓶能盛水半斤因用其瓶量知甲之桶比乙之桶多盛水二斤比丙之桶多盛水四斤而玻璃瓶落地而碎未曾量出各桶容水若干斤惟缸內之水無論用何桶量之皆適盡無餘其能滿乙桶之次數比滿甲桶多八次而比滿丙桶少四十次求缸內之水若干

令天為丙桶容水之斤數 天丄二 為乙桶容水之斤數 天丄四 為甲桶容水之斤數又令地為缸內所有之水之斤數則

$$\frac{天丄二}{地}=\frac{天丄四}{地}丄八=\frac{天}{地}丅四〇。$$

所以

$$\frac{(天丄二)(天丄四)}{二地}=八$$

$$\frac{天(天丄二)}{二地}=四〇。$$

則

$$\frac{天}{天丄四}=五$$

而

$$天=一$$

又

$$地=二〇天(天丄二)=六〇。$$

斤

六題　有兩箇酒杯大小相同惟杯內所盛之酒及另添之水不等將濃者九分之七與淡者九分之二在他器中和之又將其二杯中所餘者另和之則所得另兩杯之濃者比淡者濃若干倍又其原兩杯內之濃者比淡者濃加倍求原兩杯內濃淡相比之率如何其濃淡相比之意為杯中酒與餘函之流質之比

令天地為兩杯中原有之酒數因兩杯之大小相等則此二數卽為其濃淡之比例數所以所函之酒為 $\frac{九}{二}(七天丄二地)$ 與 $\frac{九}{一}(七地丄二天)$ 因此其濃淡之比為 $\frac{七地丄二天}{七天丄二地}$ 依本題 $=\frac{二}{一}\left(\frac{地}{天}\right)$ 令 $\frac{地}{天}=戊$ 則得 $二戊丅七戊=四$ 所以 $戊=四$ 卽原兩杯內之濃淡有四與一之比

七題　有洋槍隊中之兵甲乙二人賭賽技藝先立一的並寫一合約云兩人放槍之次數各先議定甲每中一次乙必照其不中之次數送錢與之乙每中一次甲亦如法送錢其比較兩日第一日乙不中之次數等于第二日甲所中之次數甲不中之次數比第二日乙中之次數多一倍其第一日乙必與甲四錢第二日兩人所中之次數為各人最便宜之數則乙必與甲三十六錢求二人每日中若干次不中若干次

可見第二日兩人所中之次數與不中之次數同

令天為第二日甲中與不中之次數地為乙第二日中與不中之次數則第一日甲不中 二地 次中 二天丅地 次乙不中

天次中
二地丅天
次惟依本題
（二天丅二地）·二地丅（二地丅天）·天＝四
即
二天地丅四地丄天＝四
天丅地＝三六
令
天＝戊丄亥
地＝戊丅亥
則
二（戊丅亥）丅四（戊丅二戊亥丄亥）丄戊丄二戊亥丄亥＝四
所
以
一〇戊亥丅戊丅五亥＝四
又
四戊亥＝三六
即
戊亥＝九
二式相合得
戊丄五亥＝八六
所以
戊丄五亥＝二戊亥五＝八六丅一八五
∴戊丅五亥＝九丅五
其
戊＝九
亥＝一
所

以得
天＝一〇
地＝八
則第一日呷中四次不中十六次吃中六次不中十次第二日呷中十次不中十次吃中八次不中八次

金匱華世芳校

代數難題解法卷十六

英國 傅蘭雅 口譯
英國倫德編輯
金匱 華蘅芳 筆述

考題類

岡布理智書院第十一次考題

一題 有
（天丄乙／天丅甲）丄（天丅乙／天丅甲）＝（乙丄甲／甲丅乙）·天丄乙／天丅甲
式求其天之同數

令戊代 天丄乙／天丅甲 亥代 天丅乙／天丅甲 則
二／戊丄亥＝（甲丄乙／甲丅乙）戊亥
戊（乙丄甲／甲丅乙）戊亥丄四／二（乙丄甲／甲丅乙）亥＝（四／二（乙丄甲／甲丅乙））丅二／亥
戊丅二（乙丄甲／甲丅乙）亥＝二丅二（乙丄甲／甲丅乙）亥
所以
亥／戊＝乙／甲 或 甲／乙
即
（天丅甲）（天丅乙）／（天丄甲）（天丄乙）＝乙／甲 或 甲／乙
天（甲丅乙）／天丅甲乙＝甲丅乙／甲丄乙 或 乙丅甲／甲丄乙
天丅甲乙＝二（甲丄乙）天
所以
天＝二／二｛（甲丄乙）丄（甲丄乙）丅六甲乙／二｝

二題　有 $寅天^{二}丄二卯地=寅$ ㊀ $卯地^{二}丄二寅天=卯$ ㊁ 求其天地二同數

從 $㊀\times寅丅㊁\times卯$ 得 $(寅天丅卯)^{二}=(卯地丅寅)^{二}$ 所以 $寅天丅卯=\pm(卯地丅寅)$ ㊊ $=\pm\left\{\frac{二}{寅(一丅天)}丅寅\right\}$ 所以 $二寅天丅二卯=\pm寅(一丄天)$ 則 $(天丄一)^{二}=\frac{寅}{二卯}$ 或 $(天丅一)^{二}=\pm\frac{寅}{二卯}$ 所以

得 $天=丅一\pm\sqrt{\frac{寅}{二卯}}$ 或 $=一\pm\sqrt{\frac{寅}{二卯}}$ 從 ㊊ 得 $卯(地丄一)=寅(天丄一)$ 或 $卯(地丅一)=寅(一丅天)$ 所以 $地=丅一\pm\sqrt{\frac{卯}{二寅}}$ 或 $=一\pm\sqrt{\frac{卯}{二寅}}$

三題　有 $\frac{甲丄地丄人}{天}=\frac{乙丄天丄人}{地}=\frac{丙丄天丄地}{人}$ $(天丄地丄人)^{二}=甲天丄乙地丄丙人$ 求其天地人各同數

令戊代 $天丄地丄人$ 則 $\frac{甲丄戊丅天}{天}=\frac{乙丄戊丅地}{地}=\frac{丙丄戊丅人}{人}$ 所以 $\frac{甲丄戊}{天}=\frac{乙丄戊}{地}=\frac{丙丄戊}{人}$ 觀吳書一百九十五款各分數 $=\frac{甲丄乙丄丙丄三戊}{戊}$

又每分數 $=\frac{甲^{二}丄乙^{二}丄丙^{二}丄(甲丄乙丄丙)戊}{甲天丄乙地丄丙人}$ …… $=\frac{甲^{二}丄乙^{二}丄丙^{二}丄(甲丄乙丄丙)戊}{戊^{二}}$ 所以將分數之同數作相等式

得 $戊=\sqrt{\frac{三}{甲^{二}丄乙^{二}丄丙^{二}}}$ 所以 $\frac{甲丄戊}{天}=\frac{乙丄戊}{地}=\frac{丙丄戊}{人}=\frac{甲丄乙丄丙丄\sqrt{三(甲^{二}丄乙^{二}丄丙^{二})}}{\sqrt{\frac{三}{甲^{二}丄乙^{二}丄丙^{二}}}}$ 所以 $天=\frac{\sqrt{三}}{二}\cdot\frac{甲丄乙丄丙丄\sqrt{三(甲^{二}丄乙^{二}丄丙^{二})}}{\sqrt{甲^{二}丄乙^{二}丄丙^{二}}}\cdot\left\{甲丄\sqrt{\frac{三}{甲^{二}丄乙^{二}丄丙^{二}}}\right\}$ $=\frac{三}{二}\cdot\frac{甲丄乙丄丙丄\sqrt{三(甲^{二}丄乙^{二}丄丙^{二})}}{甲^{二}丄乙^{二}丄丙^{二}丄甲\sqrt{三(甲^{二}丄乙^{二}丄丙^{二})}}$ 其地人二同數

亦依同法求之

四題　有 $甲(天丄乙)^{三}丅乙(天丄甲)^{三}=乙(地丄乙)^{三}丅甲(地丄甲)^{三}$ ㊀ $天^{二}丅二地(甲丄乙)=地^{二}丄甲^{二}丄乙^{二}$ ㊁ 求其天地二同數

從㊀得 $\frac{(天丄乙)^{三}丄(地丄甲)^{三}}{(天丄甲)^{三}丄(地丄乙)^{三}}=\frac{乙}{甲}$ 令 $天丄\frac{二}{甲丄乙}=戊$ $地丄\frac{二}{甲丄乙}=亥$ $\frac{二}{甲丅乙}=角$ 則 $\frac{(戊丅角)^{三}丄(亥丄角)^{三}}{(戊丄角)^{三}丄(亥丅角)^{三}}=\frac{乙}{甲}$ $\frac{三角(戊丅亥)}{戊^{三}丄亥^{三}丄三角^{二}(戊丄亥)}=\frac{甲丅乙}{甲丄乙}$ $\frac{三角(戊丅亥)}{戊^{三}丅戊亥丄亥^{二}丄三角^{二}}=\frac{甲丅乙}{甲丄乙}$

即

$$\frac{六(戊丅亥)}{三(戊丅亥)^{二}丄(戊丄亥)^{二}丄一二角^{二}}=甲丄乙$$

∵ $二角=甲丅乙$

所以

$$三(戊丅亥)^{二}丄(戊丄亥)^{二}丄三(甲丅乙)^{二}=六(甲丄乙)(戊丅亥)$$

$$(戊丄亥)^{二}丄三\{(戊丅亥)^{二}丅二(甲丄乙)(戊丅亥)丄(甲丄乙)^{二}\}=一二甲乙$$

$$∴(戊丄亥)^{二}丄三(戊丅亥丅甲丅乙)^{二}=一二甲乙$$ ㊂

從㊁得

$$天丅(地丄甲丄乙)^{二}=丅二甲乙$$

$$∴(天丄地丄甲丄乙)(天丅地丅甲丅乙)=丅二甲乙$$

即

$$(戊丄亥)(戊丅亥丅甲丅乙)=丅二甲乙$$ ㊃

從㊂㊃兩式並將㊃式以三乘之再用加減之法則得

$$\left.\begin{array}{l}戊丄亥丄\sqrt{三}(戊丅亥丅甲丅乙)=\pm二\sqrt{甲乙}(三丅\sqrt{三})^{\frac{二}{一}}\\ 戊丄亥丅\sqrt{三}(戊丅亥丅甲丅乙)=\pm二\sqrt{甲乙}(三丄\sqrt{三})^{\frac{二}{一}}\end{array}\right\}$$

即

$$\left.\begin{array}{l}(一丄\sqrt{三})天丄(一丅\sqrt{三})地=(甲丄乙)(\sqrt{三}丅一)\pm二\sqrt{甲乙}(三丅\sqrt{三})^{\frac{二}{一}}\\ (一丅\sqrt{三})天丄(一丄\sqrt{三})地=丅(甲丄乙)(\sqrt{三}丄一)\pm二\sqrt{甲乙}(三丄\sqrt{三})^{\frac{二}{一}}\end{array}\right\}$$

從此兩式能得天地二同數

五題 有一座四層之樓三旁其下層之梯級與上層之梯級有八與九之比下層梯級之半比各層梯級之和之七分之一多二級初上梯時因事急比平時快三倍依此速應十三秒半到上層梯頂但上了中層與上層之時足力已乏必減速六與五與四之比到了上層之三分之二必喘氣稍停停三十一秒之後則走到頂上其走之速比平日每五秒慢一步再知其所費之時比從下層依平時之法走上有六十九與五十之比求三層之梯其若干級

令天為每秒所行之級數則 $一三\frac{二}{一}\cdot天$ 為上層梯級之數 $\frac{九}{八}\times一三\frac{二}{一}\cdot天=一二天$ 為

下層梯級之數 $(六天丅二)\times七$ 為三層梯之共級數所以二層梯級之數為

$$七(六天丅二)丅一三\tfrac{二}{一}\cdot天丅一二天=一六\tfrac{二}{一}\cdot天丅一四$$

平日上梯之時

$$=\frac{天}{七(六天丅二)}$$

其人上第一層梯所費之時為

$$\frac{三天}{一二天}=四$$

第二層梯所費之時為

$$\frac{二\frac{三}{二}\cdot天}{一六\frac{二}{一}\cdot天丅一四}=\frac{五}{三三}丅\frac{五天}{二八}$$

第三層梯

之$\frac{三}{二}$費時

$$\frac{二天}{\frac{三}{二}\cdot一\frac{三}{二}\cdot天}=\frac{二}{九}$$

其餘$\frac{三}{一}$費時

$$\frac{天丅\frac{三}{五}}{\frac{三}{二}\cdot一\frac{三}{二}\cdot天}=\frac{天丅\frac{三}{五}}{\frac{二}{九}天}$$

則

$$四\left[\frac{五}{三三}⊥\frac{五天}{二八}⊥\frac{二}{九}⊥\frac{天丅\frac{三}{五}}{\frac{二}{九}天}\right]⊥三一=\frac{五〇}{六九}\cdot\frac{天}{七(六天丅二)}$$

$$\frac{天丅\frac{三}{五}}{\frac{二}{九}天}⊥\frac{五天}{二八}⊥四六\frac{一〇}{一}=\frac{五〇}{六九}\cdot\frac{天}{七(六天丅二)}$$

$$\frac{二(五天丅一)}{四五天}⊥\frac{五天}{二八}⊥\frac{一〇}{四六一}=\frac{五〇}{四八三}\cdot\frac{天}{六天丅二}$$

$$\frac{二(五天丅一)}{四五天}=丅\frac{五天}{二八}丅\frac{一〇}{四六一}⊥\frac{五〇}{四八三}\left(\frac{六天}{二}\right)=丅\frac{二五天}{三四三}⊥\frac{五〇}{五九三}$$

所以

$$\frac{五天丅一}{四五天}=\frac{二五天}{五九三天丅六八六}$$

$$\frac{五天丅一}{四五天}丅九=\frac{二五天}{五九三天丅六八六}丅九$$

$$\frac{五天丅一}{九}=\frac{二五天}{三六八天丅六八六}=\frac{二五天}{三六八(天丅二)⊥五〇}$$

$$\frac{二五天}{三六八(天丅二)}=\frac{天}{二}丅\frac{五天丅一}{九}=\frac{天(五天丅一)}{天丅二}$$

所以

$$天丅二＝〇$$

或

$$\frac{二五}{三六八}=\frac{五天丅一}{一}$$

$$\therefore 天＝二$$

或…所求之梯級爲 $七(六天丅二)＝七〇$

六題　有屋一間牆上糊紙地面鋪氈其紙寬二尺每長一碼值八箇銅錢其氈每一平方碼值三箇銀錢又九箇銅錢牆面所有之門窗爲全面積六分之一但量屋之尺不準所以推算之價比實價小有一與一·〇二〇一之比若用一尺其小于準尺爲所用之尺之大于一準尺之四倍則所定之價多十七箇銀錢又六分之一箇銅錢地氈之價比紙價多一倍又有邊等于屋之對角線之平方之面積爲八十四碼求此屋之尺寸若干

令天地人爲屋之深濶高各尺數而令所用之尺長$⊥卯$尺其卯爲分數則所推之尺寸爲$\frac{天}{⊥卯}$、$\frac{地}{⊥卯}$、$\frac{人}{⊥卯}$所以其實價爲$(⊥卯)^二$乘所推之價所以$(⊥卯)^二＝一\cdot〇二〇一$而$卯＝\cdot〇一$四面牆之面積爲$二人(天⊥地)$所要糊紙之面積爲$\frac{三}{五}人(天⊥地)$所須用之紙爲$\frac{二八}{五}人(天⊥地)$其價爲

$\frac{九}{二〇人}(天\perp地)$ 銅錢又地氈之銅錢數爲 $\frac{九}{天地}\times四五=五天地$ 所以其實價全數爲 $五天地\perp\frac{九}{二〇人}(天\perp地)$ 又依本題所設之事全價爲

$$\frac{(一\top四卯)^{二}}{一}\left\{五天地\perp\frac{九}{二〇人}(天\perp地)\right\}$$

$$\therefore\left\{\frac{(一\top四卯)^{二}}{一}\top一\right\}\cdot\left\{五天地\perp\frac{九}{二〇人}(天\perp地)\right\}=二〇四\frac{六}{二}$$

$$\therefore\left\{\left(\frac{二四}{二五}\right)^{二}\top一\right\}\cdot\left\{五天地\perp\frac{九}{二〇人}(天\perp地)\right\}=\frac{六}{一二二五}$$

所以

$$天地\perp\frac{九}{四人}(天\perp地)=\frac{六}{二四五}\times\frac{四九}{五七六}=四八〇$$

㊀因地氈之價比紙大一倍則 $五天地=\frac{九}{四〇人}(天\perp地)$ ㊁依本題得 $天^{二}\perp地^{二}\perp人^{二}=\frac{九}{八}\times四二七五六$ ㊂從㊀㊁得

$$天地=三二〇$$

$$人(天\perp地)=二六〇$$

$$\therefore二(天地\perp天人\perp地人)=一三六〇$$

$$\therefore(天\perp地\perp人)^{二}=二一一六$$

$$天\perp地\perp人=四六$$

$$\therefore三六〇\perp人^{二}=四六人$$

從此得 $人=三六或一〇$

如 $人=三六$ 則天地之同數不能有所以 $人=一〇$ $天\perp地=三六$ $天地=三二〇$ 而 $天=二〇$ $地=一六$ 故其所求之數爲 $二〇$ $一六$ $一〇$ 尺

七題 有卯箇人 呷$_{一}$ 呷$_{二}$ 呷$_{三}$ … 呷$_{卯}$ 作一公司言定至$_{卯}^{寅}$年爲止今已到第$_{\perp一}^{寅}$年初本錢已有吧金錢各人約定此年將每人一年之費用與一年之利錢相減其餘錢添入公司作本錢但公司之利並呷$_{一}$ 呷$_{二}$ … 呷$_{卯}$各人費用之和在任年內與此年公司所須之本錢有比例而呷$_{一}$ 呷$_{二}$ … 各人之費用在任年內與各人得本年之利有比例假

如在第$_{\perp一}^{寅}$年初呷$_{一}$之本錢與呷$_{二}$在第$_{\perp一}^{寅}$年初之比與呷$_{三}$在第$_{\perp一}^{寅}$年初之比各如呷$_{一}$ 呷$_{二}$ 呷$_{三}$ …… 之比又其各寅年內之第$_{\top一}^{未}$之寅年並第$_{\perp一}^{未}$之寅年之內呷$_{一}$ 呷$_{二}$ … 各人之費用之和與第未箇寅年之費用之和之比若$_{\perp一}^{角}$^{一}與一之比求各人入公司之原本錢

令天$_{一}$ 天$_{二}$ 天$_{三}$ … 天$_{卯}$ 爲呷$_{一}$ 呷$_{二}$ … 呷$_{卯}$之原本錢則因公司在任年內之利與本年所用之全利有比例則呷$_{一}$ 呷$_{二}$ … 在任一年內所分得之利與在本年內各人之本錢有比例所以$_{戍}^{天}$$_{一}$ $_{戍}^{天}$$_{二}$ $_{戍}^{天}$$_{三}$ … 爲呷$_{一}$ 呷$_{二}$ … 第一年之利又$_{亥}^{天}$$_{一}$ $_{亥}^{天}$$_{二}$ $_{亥}^{天}$$_{三}$ … 爲其第一年之費用

所以 $(一丄戊丅亥)^{天_一}$ $(一丄戊丅亥)^{天_二}$ …… 爲第一年 呷一 呷二 …… 之本錢其利爲 $戊(一丄戊丅亥)^{天_一}$ $戊(一丄戊丅亥)^{天_二}$ …… 費用爲 $亥(一丄戊丅亥)^{天_一}$ $亥(一丄戊丅亥)^{天_二}$ …… 第三年本錢爲 $(一丄戊丅亥)^{二天_一}$ $(一丄戊丅亥)^{二天_二}$ …… 其餘類推所以第寅丄一年之本錢爲 $(一丄戊丅亥)^{寅天_一}$ $(一丄戊丅亥)^{寅天_二}$ …… 其餘類推

令咳代 一丄戊丅亥 則依本題得

$$\frac{甲_一}{咳^{寅}天_一}=\frac{甲_二}{咳^{二寅}天_二}=\frac{甲_三}{咳^{三寅}天_三}=\cdots=\frac{甲_卯}{咳^{卯寅}天_卯}$$

㊀又各寅年之第朩一寅年 呷一 呷二 …… 費用之和爲

$$亥(天_一丄天_二丄\cdots丄天_卯)\{咳^{寅(朩丅二)}丄咳^{寅(朩丅三)}丄咳^{寅(朩丅四)}丄\cdots丄咳^{寅(朩丅一)}丅一\}$$

$$=亥(天_一丄天_二丄\cdots丄天_卯)咳^{寅(朩丅二)}\{一丄咳丄咳^{二}丄\cdots丄咳^{寅丅一}\}$$

又依同理在第未與

朩一年之費用爲

$$亥(天_一丄天_二丄\cdots丄天_卯)咳^{寅(朩丅一)}\{一丄咳丄咳^{二}丄\cdots丄咳^{寅丅一}\}$$

與

$$亥(天_一丄天_二丄\cdots丄天_卯)咳^{寅未}\{一丄咳丄咳^{二}丄\cdots丄咳^{寅丅一}\}$$

所以依本題得

$$\frac{咳^{寅(朩丅一)}}{咳^{寅(朩丅二)}丄咳^{寅未}}=角丄\frac{角}{一}$$

即

$$\frac{咳^{寅}}{咳^{二寅}丄一}=\frac{角}{角丄一}$$

$$\frac{咳^{寅}丅一}{咳^{寅}丄一}=\frac{角丅一}{角丄一}$$

所以 $咳=角^{\frac{一}{寅}}$ 從㊀得

$$\frac{甲_一}{角天_一}=\frac{甲_二}{角^{二}天_二}=\frac{甲_三}{角^{三}天_三}=\cdots=\frac{甲_卯}{角^{卯}天_卯}=地$$

所以

$$角(天_一丄天_二丄\cdots丄天_卯)=地\left(甲_一丄\frac{甲_二}{角}丄\frac{甲_三}{角^{二}}丄\cdots丄\frac{甲_卯}{角^{卯丅一}}\right)$$

惟依本題

$$咗^{寅}(天_一丄天_二丄\cdots丄天_卯)=吧$$

所以

$$地=\frac{甲_一角^{卯丅一}丄甲_二角^{卯丅二}丄\cdots丄甲_卯}{吧角^{卯丅一}}$$

$$天_一=\frac{甲_一角^{卯丅一}丄甲_二角^{卯丅二}丄\cdots丄甲_卯}{吧甲_一角^{卯丅二}}$$

$$天_二=\frac{甲_一角^{卯丅一}丄甲_二角^{卯丅二}丄\cdots丄甲_卯}{吧甲_二角^{卯丅三}}$$

……

$$天_卯=\frac{甲_一角^{卯丅一}丄甲_二角^{卯丅二}丄\cdots丄甲_卯}{吧甲_卯角^{丅一}}$$

第十二次考題

一題　有

$$\text{天}^{2}(\text{寅}\top\text{卯})\perp\text{天}\{\text{寅}(\text{二甲寅}\top\text{巳})\top\text{卯}(\text{二乙卯}\top\text{巳})\}=(\text{甲寅}\top\text{乙卯})(\text{巳}\top\text{甲寅}\top\text{乙卯})$$

式求其天之同數

$$\text{寅}(\text{天}^{2}\perp\text{二甲天})\top\text{卯}(\text{天}^{2}\perp\text{二乙天})\top\text{巳天}(\text{寅}\top\text{卯})=\text{巳}(\text{甲寅}\top\text{乙卯})\top\text{甲}^{2}\text{寅}\perp\text{乙}^{2}\text{卯}$$

$$\text{寅}(\text{天}\perp\text{甲})^{2}\top\text{卯}(\text{天}\perp\text{乙})^{2}=\text{巳}\{\text{寅}(\text{天}\perp\text{甲})\top\text{卯}(\text{天}\perp\text{乙})\}$$

所以

$$\text{寅}(\text{天}\perp\text{甲})\top\text{卯}(\text{天}\perp\text{乙})=○$$

或

$$\text{寅}(\text{天}\perp\text{甲})\top\text{卯}(\text{天}\perp\text{乙})=\text{巳}$$

所以

$$\text{天}=\frac{\text{寅}\top\text{卯}}{\text{乙卯}\top\text{甲寅}}$$

或

$$\frac{\text{寅}\top\text{卯}}{\text{巳}\top\text{甲寅}\top\text{乙卯}}$$

二題　有

$$\frac{\text{地人}}{(\text{天}\perp\text{甲})(\text{天}\perp\text{乙})}=\frac{\text{天人}}{(\text{地}\perp\text{甲})(\text{地}\perp\text{乙})}=\frac{\text{天地}}{(\text{人}\perp\text{甲})(\text{人}\perp\text{乙})}=\text{寅}$$

式求其天地人各同數

$$\text{天}(\text{天}\perp\text{甲})(\text{天}\perp\text{乙})=\text{地}(\text{地}\perp\text{甲})(\text{地}\perp\text{乙})$$

$$\text{天}^{3}\top\text{地}^{3}\perp(\text{甲}\perp\text{乙})(\text{天}^{2}\top\text{地}^{2})\perp\text{甲乙}(\text{天}\top\text{地})=○$$

所以

$$\left.\begin{array}{l}\text{天}=\text{地或天}^{2}\perp\text{天地}\perp\text{地}^{2}\perp(\text{甲}\perp\text{乙})(\text{天}\perp\text{地})\perp\text{甲乙}=○\\ \text{地}=\text{人或地}^{2}\perp\text{地人}\perp\text{人}^{2}\perp(\text{甲}\perp\text{乙})(\text{地}\perp\text{人})\perp\text{甲乙}=○\end{array}\right\}\text{(角)}$$

一如

$$\text{天}=\text{地}=\text{人}$$

則

$$(\text{天}\perp\text{甲})(\text{天}\perp\text{乙})=\text{寅天}^{2}$$

從此得

$$\text{天}=\frac{\text{二}(\text{寅}\top\text{一})}{\text{甲}\perp\text{乙}}\substack{\perp\\ \top}\sqrt{\frac{\text{寅}\top\text{一}}{\text{甲乙}}\perp\frac{\text{四}(\text{寅}\top\text{一})^{2}}{(\text{甲}\perp\text{乙})^{2}}}$$

$$\therefore\text{天}=\text{地}=\text{人}=\frac{\text{二}(\text{寅}\top\text{一})}{\text{一}}\left\{\text{甲}\perp\text{乙}\substack{\perp\\ \top}\sqrt{\text{甲}^{2}\perp\text{乙}^{2}\perp\text{二}(\text{二寅}\top\text{一})\text{甲乙}}\right\}$$

用減法約法得

$$\left.\begin{array}{l}\text{天}+\text{人}+\text{地}+\text{甲}+\text{乙}=0\\ \text{天}^2+\text{天地}+\text{地}^2+(\text{甲}+\text{乙})(\text{天}+\text{地})+\text{甲乙}=0\\ (\text{人}+\text{甲})(\text{人}+\text{乙})=\text{寅天地}\end{array}\right\}$$

從此得 $(\text{天}+\text{地}+\text{乙})(\text{天}+\text{地}+\text{甲})=\text{寅天地}$ 此從一三兩式得

之所以 $(\text{天}+\text{地})^2+(\text{甲}+\text{乙})(\text{天}+\text{地})+\text{甲乙}=\text{寅天地}$ 又從二式得 $\text{天地}=\text{寅天地}$ 所以 $\text{天}=0$ 或 $\text{地}=0$ 其 $\text{人}=-\text{甲}$ 或 $-\text{乙}$ 所以解題

之同數爲

$$\left.\begin{array}{l|l|l|l}\text{天}=0 & 0 & -\text{乙} & -\text{甲}\\ \text{地}=-\text{乙} & -\text{甲} & 0 & 0\\ \text{人}=-\text{甲} & -\text{乙} & -\text{甲} & -\text{乙}\end{array}\right\}$$

三題　有

$\text{天}^2+\text{天地}+\text{地}^2=\text{寅}(1-\tfrac{1}{2}\sqrt{3})\text{天}+\text{五寅地}$ ㈠

$\text{天}^2-\text{天地}=\text{五寅天}+\text{寅}(1-\tfrac{1}{2}\sqrt{3})\text{地}$ ㈡

求其天地二同數

二如 $\text{天}=\text{地}$ 而不等于人則

$$\left.\begin{array}{l}\text{地}^2+\text{地人}+\text{人}^2+(\text{甲}+\text{乙})(\text{地}+\text{人})+\text{甲乙}=0\\ (\text{人}+\text{甲})(\text{人}+\text{乙})=\text{寅地}^2\end{array}\right\}$$

從此可知 $\text{地}^2+\text{地人}+(\text{甲}+\text{乙})\text{地}+\text{寅地}^2=0$

$\therefore \text{地}=0$

或 $\text{地}+\text{人}+\text{甲}+\text{乙}+\text{寅地}=0$

從 $\text{地}=0$ 得 $\text{人}=-\text{甲}$ 或 $-\text{乙}$ 從地之他同數得 $-\text{人}=(\text{寅}+1)\text{地}+\text{甲}+\text{乙}$ 則從 $(\text{人}+\text{甲})(\text{人}+\text{乙})=\text{寅地}^2$ 得 $\text{寅地}^2=(\overline{\text{寅}+1}\cdot\text{地}+\text{乙})(\overline{\text{寅}+1}\cdot\text{地}+\text{甲})$ 所以

$$\text{地}^2+\frac{\text{寅}+1}{\text{寅}^2+\text{寅}+1}(\text{甲}+\text{乙})\text{地}=-\frac{1}{\text{寅}^2+\text{寅}+1}\text{甲乙}$$

所以

$$\text{地}=-\frac{1}{2(\text{寅}^2+\text{寅}+1)}\left\{(\text{寅}+1)(\text{甲}+\text{乙})\pm\sqrt{(\text{寅}+1)^2(\text{甲}-\text{乙})^2+\text{四寅甲乙}}\right\}$$

$$\text{人}=-(\text{甲}+\text{乙})+\frac{\text{寅}+1}{2(\text{寅}^2+\text{寅}+1)}\cdot\left\{(\text{寅}+1)(\text{甲}+\text{乙})\pm\sqrt{(\text{寅}+1)^2(\text{甲}-\text{乙})^2+\text{四寅甲乙}}\right\}$$

又 $\text{天}=\text{地}$

三如天地人各不相等則從㈣式

將㊁式以卯乘之再相加則

(丄卯)天丄(丅卯)天地丄地二=寅天(丅三丄三丄五卯)丄寅地{五丄卯(丅三丄三)}

但如果左邊爲乘則

(丅卯)二=四(丄卯)

所以

卯=三丄二√三

再得

(四丄二√三)天二丅(丄三√三)天地丄地二

卽

(√三丄一·天丅地)二

=寅天(一六丄八√三)丅寅地(四丄四√三)

=四寅{(四丄二√三)天丅(丄√三)地}

=四(√三丄一)寅{(√三丄一)天丅地}

所以

(√三丄一)天=地

或

(√三丄一)天丅地=四寅(√三丄一)

將第一

同數從㊁得

天二(√三丄一)天二=五寅天丄寅(丅三√三)(√三丄一)天

所以

天=○或寅

地=○或(√三丄一)寅

用其第二同數則

地=(√三丄一)(天丅四寅)

所以

從㊁式得

天二(√三丄一)(天丅四寅天)=五寅天丄寅(丅三√三)(√三丄一)(天丅四寅)

所以

天=二寅(五丄√三)丄寅√(四三丅四√三)

地=二寅(丅√三)丄寅√(三四丄三七√三)

四題

有

(屆丅一)(天丄地人)(地丄人天)(天丄地)=屆丄一 ㊀

(屆一)(丅天)(丅地)(丅人)=屆丅一 ㊁

天丄地丄人二丅天地人=屆丄一 ㊂

求其天地人各同數

令戊代天地人

則㊀式變爲

$\frac{戊^{二}}{一}(戊+天^{二})(戊+地^{二})(戊+人^{二})=\frac{\sqrt{五}-一}{\sqrt{五}+一}$

即

$戊^{三}+戊(天^{二}+地^{二}+人^{二})+天^{二}地^{二}+天^{二}人^{二}+地^{二}人^{二}+戊=\frac{一}{二}(三+\sqrt{五})$

其㊁式變爲

$一-(天^{二}+地^{二}+人^{二})+天^{二}地^{二}+天^{二}人^{二}+地^{二}人^{二}-戊=\frac{一}{二}(三-\sqrt{五})$

相減

得

$二戊^{二}+戊-一+(戊+一)(天^{二}+地^{二}+人^{二})=\sqrt{五}$

即

$(戊+一)\{二戊-一+天^{二}+地^{二}+人^{二}\}=\sqrt{五}$

從㊂得

$二戊-一+天^{二}+地^{二}+人^{二}=\sqrt{五}$

所以

$戊+一=一$

即

$戊=〇$

所以必

$天=〇$

或

$地=〇$

或

$人=〇$

設

$人=〇$

則從㊀得

$天^{二}地^{二}=\frac{一}{二}(三+\sqrt{五})$

從㊂得

$天^{二}+地^{二}=\sqrt{五}+一$

所以

$(天+地)^{二}=四天地$

即

$(天-地)^{二}=〇$

$\therefore 天=\pm地$

又

$天^{二}=\frac{一}{二}(\sqrt{五}+一)$

所以

$天=\pm\sqrt{\frac{一}{二}(\sqrt{五}+一)}=地$

又

$人=〇$

二設

$地=〇$

則

$天=\pm人=\pm\sqrt{\frac{一}{二}(\sqrt{五}+一)}$

三設

$天=〇$

則

$地=\pm人=\pm\sqrt{\frac{一}{二}(\sqrt{五}+一)}$

五題　岡布理智書院內有一箇音樂會會內每大作樂之時其在會作樂之人各有兩張進門票一張自用一張可送與友人其會內不作樂之人各有一張進門票但所收進門票凡請來聽樂之客必于號簿上記名其簿上之人名爲作樂者迭更請一客二客而其作樂之人數爲偶數某日大作樂會內之各人要請一次客惟末二十箇人則不能請又因屋小每二十九人能有二十八人有坐位其九人只能立本會今要想換一新屋比舊屋多容人三倍則會中若添了四十箇不作樂之人並二十箇作樂之人會內之人俱添一張進門票又能請一客與兩客又簿上之名有十與九之比在外另請五十客則新屋人滿矣而其請來之客比簿上人數多三十八第一次作樂會內之人有五十箇作樂第二次其五十八坐于聽客之間求今屋容人若干

令天爲初時會中作樂之人數地爲會內不作樂之人

數則簿上之客爲$\frac{天}{三}$而其所另請來聽樂之客其人數爲天⊥地丅二〇則因各作樂之人有兩張票而作樂者有五十人則屋內之人數爲

二天⊥地⊥$\frac{二}{三}$天⊥(天⊥地丅二〇)丅五〇

即$\frac{二}{九}$天⊥二地丅七〇所以屋所能容之人數爲

$\frac{二九}{二〇}$($\frac{二}{九}$天⊥二地丅七〇)後來會內有天⊥二〇箇作樂之人地⊥四〇不作樂之人因此而簿上之名爲$\frac{二}{三}$(天⊥二〇)所以其簿上之全名爲$\frac{九}{一〇}$╳$\frac{二}{三}$(天⊥二〇)即$\frac{三}{五}$(天⊥二〇)

客之數

二{二(天⊥二〇)⊥(地⊥四〇)}⊥五〇

二二天⊥地⊥一三〇

作樂之人數爲(天⊥二〇)丅五〇即天丅三〇而屋內之人數

爲

三(天⊥二〇)⊥二(地⊥四〇)⊥$\frac{三}{五}$(天⊥二〇)⊥(二天⊥地⊥一三〇)丅(天丅三〇)

二$\frac{三}{一七}$天⊥三地⊥$\frac{三}{一〇〇〇}$

此人數能滿新屋所以

$\frac{三}{一七}$天⊥三地⊥$\frac{三}{一〇〇〇}$二三╳$\frac{二九}{二〇}$($\frac{二}{九}$天⊥二地丅七〇)

㈠

又

二天⊥地⊥一三〇二二╳$\frac{三}{五}$(天⊥二〇)⊥三〇

所以

地二$\frac{二}{四}$天丅$\frac{三}{一〇〇}$

㈡

所以

$\frac{二九}{六〇}$($\frac{二}{九}$天⊥$\frac{三}{八天丅二〇〇}$丅七〇)二$\frac{三}{一七}$天⊥(四天丅一〇〇)⊥$\frac{三}{一〇〇〇}$

$\frac{二九}{一〇}${二七天⊥(一六天丅八二〇)}二$\frac{三}{二}$(二九天⊥七〇〇)

$\frac{二九}{四三天丅八二〇}$二$\frac{三〇}{二九天⊥七〇〇}$

從此得

天二一〇〇

地二$\frac{三}{二}$(四天丅一〇〇)二一〇〇

而今時

之屋能容　二九/二〇（二/九天⊥二地T七〇）=四〇〇

六題　有三箇長方形呷吃呐其周之比爲二三五其面之比爲二三七若另作一長方形與吃同式而面等于呷吃呐之和則其周之寸數等于呷吃平方寸數之和又另作一長方形其面等于吃呐之和與呷之較而與呷同式則比等于呷吃呐之和之等面積之平方之周少八寸求呷吃呐矩形之邊

令 二巳 三巳 五巳 爲呷吃呐之周 二甲 三甲 七甲 爲呷吃呐之面積則呷吃呐面積之和 二一二甲=四╳吃面積 所以如作長方形等于呷吃呐之和而與吃同式其邊比吃之邊大一倍則其周必等于 六巳 所以依本題 六巳=五甲 ㊀又等于呷吃呐之和之平方邊爲 √一二甲=二√三甲 所以其周等于 八√三甲 又長方等于 吃⊥呐T呷 二七甲⊥三甲T二甲=八甲 二四╳呷面積 又因

與呷同式則其邊爲呷邊之倍而其周爲 四巳 所以 四巳⊥八=八√三甲 即

依㊀式得 五甲⊥一二=一二√三甲 所以 [illegible] ∴甲=三一二或二五/一二

若天地爲呷之邊則得 天⊥地=二巳=六/五甲=一〇

所以必用甲之第一箇同數者因他同數之天與地 天地=二甲=二四 爲不能有之數故也所以得 天=六或四 地=四或六 則呷之邊爲六寸與四寸又依同法得吃之邊爲十二寸與三寸呐之邊爲二十一寸與四寸

七題　有一河正向東西方向有鐵路斜過河鐵路上有一記號之竿此處有分支之鐵路其支路與本鐵路所成之角等于從兩路交點正向南至河邊碼頭之馬路與本鐵路所成之角其碼頭離鐵路過河之橋一里火車未到河邊正行過路某方位之時有船從碼頭開行再後四十五分時船上之人看見火車行于分支之路

上離開兩鐵路之交點九里而與記竿成直線其火車過竿之時船正在橋下及船行回之時因水流不順必用人牽之其行速爲原速之半船離碼頭㐂一里有騎馬者從兩鐵路之交點行往碼頭馬到碼頭之時船亦剛到碼頭其馬之行速爲火車之速與船之原速之中比例求火車之速及路上之某方位與橋之距

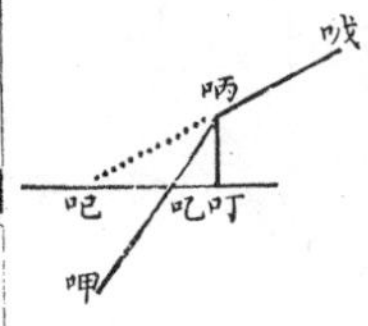

如圖令呷爲鐵路上某方位呷呥爲鐵路呥爲記竿之處呥戌爲支路吧叮爲河叮爲碼頭吃爲橋戌爲距交點九里之處吧爲戌呥引長至河邊之交點而

依本題呥叮必爲吧叮之垂線則

吧呥吃角＝吃呥叮角　吃叮＝一里　戌呥＝九里

令天爲火車每點鐘行里之速地爲船每點鐘行里之速則$\sqrt{天地}$爲馬每點鐘行里之速令

呷吃＝人里　吃呥＝戌里　則$\frac{天}{人丄戌}$爲

呷呥時＝叮吃時＝$\frac{地}{一}$　卽　人丄戌＝$\frac{地}{天}$　㊀

又$\frac{地}{吃吧}$爲吃吧時＝呥戌時＝$\frac{天}{九}$　所以　吃吧＝九$\frac{天}{地}$　所以

吃吧：吃叮∷呥吧：呥叮

∴ 吃吧＝$\frac{呥叮}{呥吧}$

∴ 吃叮＝一

吃吧^{二}＝$\frac{呥叮^{二}}{呥吧^{二}}$＝一丄$\frac{呥叮^{二}}{叮吧^{二}}$　所以

$\left(九\frac{天}{地}\right)^{二}$＝一丄$\frac{戌^{二}丅一}{\left(一丄九\frac{天}{地}\right)^{二}}$　㊁

又　叮吧＝$\frac{四}{三}$　所以　一丄九$\frac{天}{地}$＝$\frac{四}{三地}$　㊂

又馬行呥叮路時爲$\frac{\sqrt{天地}}{\sqrt{戌^{二}丅一}}$點鐘而此時中船回行$\frac{\sqrt{天地}}{\sqrt{戌^{二}丅一}}\cdot\frac{二}{地}$里

所以　$\frac{二}{三}\sqrt{\frac{天}{(戌^{二}丅一)地}}=\frac{\sqrt{六}}{一}$　卽　$\frac{天}{(戌^{二}丅一)地}=\frac{三}{二}$　㊃

從㊁得　$〇=一丅\left(九\frac{天}{地}\right)^{二}丄\frac{戌^{二}丅一}{\left(一丄九\frac{天}{地}\right)^{二}}$

所以　一丄九$\frac{天}{地}$＝〇　此不能有

之數或

$〇=一丅九\frac{天}{地}丄\frac{戌^{二}丅一}{一丄九\frac{天}{地}}$

所以　$\frac{九\frac{天}{地}丅一}{九\frac{天}{地}丄一}=戌^{二}丅一$

或　$九\frac{天}{地}=\frac{戌^{二}丅二}{戌^{二}}$

所以從㊃得　$\frac{三}{二}=(戌^{二}丅一)\frac{九}{一}\cdot\frac{戌^{二}丅二}{戌^{二}}$

∴ 戌^{四}丅戌^{二}＝六戌^{二}丅二

∴ 戌^{二}＝四或三

用其第一箇同數則　戌＝二

$\frac{天}{地}=\frac{九}{一}\cdot\frac{戌^{二}丅二}{戌^{二}}=\frac{九}{二}$

從㊂得　$\frac{四}{三地}=一丄九\frac{天}{地}=三$　所以

地＝四

天＝一八

從㈠得

入＝⊤戊⊥$\frac{地}{天}$＝⊤二⊥$\frac{二}{九}$—二—$\frac{二}{三}$

所以火車之速每點鐘爲十八里而

呷方位距橋爲二里半

金匱華世芳校

江南製造局科技譯著集成

天文數學卷

第貳分册

數學理

《數學理》提要

《數學理》九卷，附一卷，英國棣麼甘（Augustus De Morgan, 1806–1871）譔，英國傅蘭雅（John Fryer, 1839–1928）口譯，新陽趙元益筆述，桐鄉沈善蒸、元和江衡校算，光緒五年（1879年）刊。底本爲《Elements of Arithmetic》，1869年版。

此書由記數、加減乘除而至分數、小數、開方、比例、排列等，内容循序漸進。陳洙《江南製造局譯書提要》中稱其爲『數學中說理最精之書，其深處已寓微分之理，質性聰穎者讀之，必有速效。第九卷論排列之法甚詳，爲他算書所不及者』。

此書内容如下：

目錄

卷一　記數之理
卷二　加減之理
卷三　乘法之理
卷四　約法之理
卷五　分數之理
卷六　小分數之理
卷七　開平方之理
卷八　比例之理
卷九　排列之理
附卷

數學理總目錄

卷一
記數之理
卷二
加減之理
卷三
乘法之理
卷四
約法之理
卷五
分數之理
卷六
小分數之理
卷七
開平方之理
卷八
比例之理
卷九
排列之理
附卷共分十一款

數學理卷一

英國棣麽甘譔
英國 傅蘭雅 口譯
新陽 趙元益 筆述

記數之理

第一款 設有同類之物聚於一處，如騎兵一隊，觀者雖不明數學之理，可知其每一兵乘馬一匹，雖人與馬非同類之物，而因此類之幾箇有彼類之幾箇配之，故一兵配一馬，觀者可悟其理，而知人數與馬數相同也。野人不能知數，而欲記此一隊騎兵若干，常用礫石記之，一礫石代一騎兵，此爲最粗之法，然此書之全理與法皆以此爲本。假如有騎兵兩隊，而野人欲知何隊爲多，幷欲記其各隊之騎兵數，其法如左。

第二款 設有第一隊騎兵行過，每過一騎兵，將一礫石投入筐內，礫石與騎兵本不相關，然每有一騎兵，卽有一礫石，礫石之數與騎兵之數相同。第二隊騎兵行過，再用一筐，每過一騎兵，則將一礫石投入筐內，如此則得礫石兩筐，帶至他處，報明兩隊騎兵之數，則出兩筐之礫石，觀之所報騎兵之數必不差。如欲查得其兩隊內何隊爲多，則將兩筐內之礫石各取一箇，分開排列，至一筐內之礫石取盡，若第二筐內之礫石亦盡，則知兩隊之騎兵數相同若第二筐內之礫石尚存若干則觀此所存之礫石指出第二隊騎兵多於第一隊騎兵若干.

第三款　野人又用此法記其兒女六畜年月等有益之事近今野人尙用此法有數處之人已知數學然其愚民仍用野人之法古時羅馬城之總官每年定期舉大會王城內大廟之前門擊入一釘此例自造城第一年起觀釘之若干即知造城後之年若干蓋彼時尚未有文字也.

第四款　常用礫石以記數則每常見之一堆礫石立一名字以限之如數不多可用手指算之兩手之指足供尋常小事之用又每若干手指立一名字如此則得一二三四五六七八九十各數皆以手指明之然至大數而仍用此法將各數另取新名則名多而繁易於遺忘必設立一法將此十箇字說明其餘各數無論若干大之數記之不甚難.

第五款　英國數名自一至二十皆不同過二十至一百可算若干十然他國至十即仍用本數如十一即十又一二十一即二箇十又一至百以外仍可加若干十如一百○一即十箇十又一之類至十百爲一千十千爲一萬其餘類推然此所言乃數之音此時用音之人尙不知文字也.

第六款　數學事祇用音而無字以記其音甚屬不便故各數目必用字明之而數愈大則字愈多尙爲不便故必設一排列之法而依其排列之方位可明其數之大小.

第七款　假如一人先伸出一手指後加一手指再連加手指至盡如用多人爲之雖大於十之數可用各人之手指記之此事有數法設如欲記之數爲十五可用十五人每人用一手指即得之或可用五人內四人各伸兩指而第五人伸出七指亦得其餘類推然此各法必擇何法爲最便故各國公用記數之法以最便者爲主

第八款　各國記數之法初時以手指之數爲本此法可謂自然之法觀童子記數之時亦用此法也以上各款爲最粗之法稍變易之雖極大之數亦易記也.

第九款　假如欲算一大數即如欲量一匹布之尺數量者對面令一人觀之每量布一尺其人伸出一指至量至十尺之後手指伸盡則必收去十指而再將一指記之至第十二尺伸兩指記之其餘類推可見不能以此人所伸之指記其布數因不第當時觀此人之指數亦

必知收去其指而復伸者有若干次故用法在此人之右再派一人見左邊之人復伸手指一次則必伸一指記之可見第一人每一指記布一尺而第二人每一指能記第一人之手指數卽十也此法能記布之尺數至百而止因第二人能記第一人之指數十次而十箇十卽百過百尺則兩人之指尚不敷用必在第二人之右邊另派第三人見第二人復伸手指一次則必伸一指記之則第三人之每一指能記第二人之手指數卽百也此法能記布之尺數至千而止因第三人能記第二人之指數十次而十箇百卽千過一千則三人之指又

不敷用矣必在右邊另派第四人能記至一萬過一萬則派第五人能記至十萬過十萬則派第六人記百萬過百萬則派第七人記千萬其餘類推至萬萬餘數

第十款　每增一人立於前人之右卽在量布人之左則可如下式劃數線成行右邊依常法書其任何數右邊第一行內所書之數爲一人所記之手指第二行內所書之數爲第二人所記之手指其餘各行類推

	一	二	三	四	五	六	七	
五十七	七	五						一
一百〇四	四	〇	一					二
一百十	〇	一	一					三
二千三百四十八	八	四	三	二				四
一萬五千九百〇六	六	〇	九	五	一			五
十八萬七千〇〇四	四	〇	〇	七	八	一		六
三百六十九萬七千二百八十五	五	八	二	七	九	六	三	七

第十一款　如上式內第一數爲五十七卽五箇十一箇七記此數則第一人之指已伸盡五次而另記七指故第二人必伸五指記之第一人必伸七指記之第二數爲一百零四卽十箇十一箇四可知第二人之指已伸盡一次而第三人伸一指記之而第一人不過伸四指尚未過十故第二人不必伸指若第一人指已伸盡則第二人必伸一指記之則成十一箇十卽一百十也上式內之第三數是也其餘各數類推

第十二款　上式內第一行可爲布之若干尺數第二行可爲布之若干十尺數第三行可爲布之若干百尺數

第四行可爲布之若干千尺數等總之任一箇數目字自其本行移至左一行則爲其本數之十倍如心中能記此事則書任數不必劃行可以依其字之方位記其屬於何行卽觀本數目字右邊有若干位則知本數目字屬於何行

第十三款　近今各國用此法記數目甚便以爲是自然之法然任何法亦可謂自然之法卽如一箇十可以〃記之二箇十可以〃記之等至十箇十卽一百爲〃二百爲〃一千爲〃等用此法記十款內之式第四數得〃〃三四八或易其位次自左向右得八四〃〃或從中

顛倒置之得四八ⅢⅢ無論何法記之每一數目字用ノ號而定其爲十爲百爲千等而不拘其方位如用此法則不必用○字如一○四可記之爲一〃四則不能看錯爲十四因十四之記法爲ノ四然近今常用之法較之用ノ之法更屬簡便故人樂用之非因其更準而用之也

第十四款　古時羅馬等記數之法不依其字之方位而定其意如鐘表之數目字是也近今各國記數之法依其字之方位而定其意如四四四四其中每一四字有一定之意如數礫石右第一位爲四箇第二位爲四堆每堆有

十箇礫石第三位亦爲四堆每堆有一百箇礫石等是也

第十五款　如所量之物爲布之尺數見前十一款則布一尺以一數當之故右第一位數目字爲當一之位因此位之數爲若干一之數第二位數目字爲當十之位因此位之數爲若干十之數第三第四第五各位亦依同理爲若干百千萬之數

第十六款　如所量之物非布之尺數爲地之畝數則地一畝以一數當之凡數能分爲二種一爲整數如四十七尺爲整數是也二爲有分數如四十七尺半是也以

下先論整數而分數在第五卷詳之

第十七款　數學之各數目內必以同數當十而記之者如二尺與三丈相加不得云共得五尺或共得五丈二與三相加爲五二尺加三尺可謂五尺二丈加三丈可謂五丈也又不能將一類之數以不同類之數度之即如一斗米不能求其有若干匹一匹布不能求其有若干斗必以同類之當一數度之也

第十八款　凡一物之當一數所有之數如爲整則任一物亦必爲整如麥十五粒再加七粒共得二十二粒又田十五畝再加七畝共得二十二畝總之無論何物之

當一數取其十五再取其七將兩數相加必得本物之當一數二十二故凡同類之十五物與同類之七物相加共得本物之二十二無論其物爲騎兵爲礫石爲田畝爲布皆可總言之凡十五與七相加共得二十二以下不論其爲何物祇論其數而已凡數不論其屬於何物者名曰取數即取其當一數若干次之數也

第十九款　茲將前各款緊要之語分爲五例

一　記數之記號有十箇字○一二三四五六七八九是也○即無之意也

二　大於九之數不另立記號即以前十箇記號記之

其右第一位之字爲單數第二位之字爲單數之十倍卽十數也第三位之字爲單數之百倍卽百數也第四位之字爲單數之千倍卽千數也餘類推

三　右第一位爲當一之位第二爲當十之位第三爲當百之位餘類推

四　凡數或爲若干十或爲若干百或爲若干千等而無零數則必在右邊加若干○可以定其位如五十爲五〇七百爲七〇〇五十二萬八千爲五二八〇〇〇若不用○以定位則五十與五不能定又七百與七或七十不能定

餘類推

五　數目中間用一○字因中間有若干空位卽如二〇〇〇六爲二萬零六卽無千無百無十之意也凡數目之左邊有○字卽無用如〇二六不過爲二六其○字指出無百而見此二六已知其無百矣何必加○字耶

第二十款　如任數內取出任相連之數卽如一六七八五內取出其六七問此數爲何物曰其七爲何堆則六七爲此堆之六十七箇如本數內爲六十七箇百因其六爲六千卽六箇十百亦卽六十箇百合於其七卽七百則爲六十七箇百又依同理其六七八爲六百七十八箇十所以此數有數種解明之法卽一箇萬六箇千七箇百八箇十五箇一又十六箇千七十八箇十五箇一又一箇萬六百七十八箇十五箇一又一百六十七箇百八箇十五箇一又一千六百七十八箇十五箇一是也餘仿此

第二十一款　茲列數事令學者習之

一　求寫六百七十六又二千零九十七又六十四千三百五十又二千萬零七百零四又五千零七十八萬萬

二　求用常法書五三
一八〇五
一八三〇
六六七〇七
一八〇九一七三二四
六六七一三七二一
九〇九七六三九〇
二五〇〇〇〇〇〇

三　如有一數有若干九字卽如九九九九九若加一則其數改變如何

四　如有五位之數必大於四位之數求其證卽如第一數五位俱爲小數而第二數四位俱爲大數欲求證一〇一一一大於九八七九是也

第二十二款　由上所言可見記數法之便在乎用數目字不多而變其方位則能變其所值之數而分各數為位之法為常作之事即如六十分為一小時二十四小時為一日三十日為一月等法則二萬六千三百分不能以二六三〇〇記之必分作三行記之如下一八日六小時二〇分第一行為日數第二行為小時數第三行為分數依此記數之法第二行數為第三行數之六十倍因一小時為六十分也第一行數為第二行數之二十四倍因一日為二十四小時也又第一行數為第三行數之一千四百四十倍因一日為一千四百四十分時也推之各種權度量衡記數之法雖不同而其分行推算之理皆同。

第二十三款　數學各種記號可省用字之繁詳之如左

一　一五⊥三八之意即三八與一五相加而同於五三亦即一五與三八之和數⊥號之意為加也。

二　六四丅一二之意即從六四減去一二而同於五二亦即六四與一二之較數丅號之意為減也。

三　九〤八之意即九與八相乘而同於七二亦即九與八相乘之積數〤號之意為乘也。

四　一〇八/六之意或一〇八÷六之意即一〇八以六約之而同於一八即一〇八以六約之之約得數÷號之意為約也。

五　凡兩數或多數間有以上之各記號而得左邊之數與右邊之數相等則其間可作〓號即相等之意如七⊥五〓一二即七與五相加其和數等於一二也此式謂之相等式可見相等式可任作之如七⊥九丅三〓一二⊥一　三丅一⊥（三〤三）〓一一　等式。

第二十四款　數學中有數事不第用此數如是即任用他數亦如是即如一〇與七之和數為一七其較數為三如以和數與較數相加得二〇即十之倍數又如一七以三減之得一四為七之倍若將任兩數代此十與七其理相同故得公式如下　凡兩數之和與較相加所得之數為大數之倍如將其和數以較數減之則所得之數為小數之倍所以任取兩數名其大者為第一數小者為第二數得公式

（第一數⊥第二數）⊥（第一數丅第二數）〓第一數之倍

（第一數⊥第二數）丅（第一數丅第二數）〓第二數之倍

以上所用括弧之號，其意為括弧內之工夫必先做成，然後做括弧外之工夫。卽如 八丅{(三⊥一)×(一⊥一)} 之意為三⊥一必取之一⊥一倍，而所得積數必與八相減。又依同理任用兩數或多數成一式，而式內任易兩數而其式仍不變，則可依二十三款之各記號并第一第二等數明其式。然此法太長，因第一第二等數可以當任一數，可將甲與乙等代其第一數第二數等字，而甲與乙可以代任兩數，不過依前說甲必大於乙。如令甲之倍數以二甲記之，乙之倍數以二乙記之，則前兩式為

(甲⊥乙)⊥(甲丅乙)＝二甲。

與

(甲⊥乙)丅(甲丅乙)＝二乙。

此理可更詳之如左：

第二十五款　假如有銀洋若干包，每包封密，外有甲乙丙丁等記號，而不知每包中銀洋若干，則可以每包外面之記號代其包中之銀洋數。所以甲數之意為甲包中之銀洋數，雖不知其銀洋數，而因各數有相關之理，卽數之公性情，不知其數亦可知其數之公性情也。卽如任一數自乘之得數減一為第一數，再將本數減一為第二數，則第一數能容第二數之次數等於本數加一。卽如六自乘得數為三十六，減一得三十五；再將六減一得五；將其三十五以五約之得七，卽六⊥一。無論用何數，依此法推之，仍得此公性情。所以甲包中銀洋數雖不知，然依此法試之，必有此性情。故將甲自乘之卽 甲×甲，卽 甲甲。依二十三款之理得式為

$\frac{甲丅一}{甲甲丅一}$＝甲⊥一。

以上甲×甲不必用×號在其間，如用數目字則必用×，如二×七為十四，若不用×號則為二七，卽二十七也。

第二十六款　凡欲指出某數而不言明其若干，可將甲乙丙丁等字代之。卽如某數欲分為三分，而不言明其數若干，又不言明其各分若干，則可以甲代其數，乙丙丁代其各分，其式為 甲＝乙⊥丙⊥丁。從此式可詳論數事，又能以各數之公性情變其式。卽如將本數減去一分，則所餘者為二分，其式如 甲丅乙＝丙⊥丁。又如將各分倍之，則其式如 二甲＝二乙⊥二丙⊥二丁。又如將其一分如丁減去若干數為天，則其式如 甲丅天＝乙⊥丙⊥(丁丅天)。又如

第二十七款　茲設數題以明前理。

如甲爲十二乙爲十八丙爲七問 甲丄二乙丅丙 得若干。答曰四十一。

如甲爲六乙爲二問 甲丅乙／甲甲丅乙乙 得若干。答曰八。

如甲乙丙丁等於左表之各數問 (甲丄乙)(丙丄丁) 與 甲丄乙丙丄丁 之較數若干。答曰十。一十五。一。

表

甲＝一　乙＝二　丙＝三　丁＝四

甲＝二　乙＝一二　丙＝七　丁＝一

甲＝一　乙＝一　丙＝一　丁＝一

桐鄉沈善蒸校算

數學理卷二

英國棣麼甘譔
英國　傅蘭雅　口譯
新陽　趙元益　筆述

加減之理

第二十八款　數學中各事不外乎加減其數所以凡數學之事能以礫石等小物爲之太古時或用礫石或用手指考西國數學之名其本音爲楷刺苦羅思(羅馬方言)卽石子之意也後人設立簡法免用礫石之煩所設之法有四曰加曰減曰乘曰約而乘約兩法爲加減兩法之簡法。

第二十九款　凡有一數與某數相加所得之數謂和數求若干數之和數必用加法凡數目字間用丄號爲指出各數必相加而得其和。

假如有 一八三四 與 二七九九 相加必先分開各數爲若干一若干十若干百若干千卽 一八三四 爲一箇千八箇百三箇十四箇一又 二七九九 爲二箇千七箇百九箇十九箇一可見各數已分爲四分如將其第一數之四分與第二數之四分相加

則所得之和數爲一八三四與二七九九之和數第一數內有四箇一，第二數內有九箇一，將此兩數相加得十三箇一，再將第一數之三箇十與第二數之九箇十相加得十二箇十，再將第一數之八箇百與第二數之七箇百相加得十五箇百，再將第一數之一箇千與第二數之兩箇千相加得三箇千，故和數爲三箇千十五箇百十二箇十十三箇一，因和數甚煩，必設簡法明之。

十三箇一爲一箇十三箇一
十二箇十爲一箇百二箇十
十五箇百爲一箇千五箇百
三箇千爲三箇千

將右之各數併之共得四箇千六箇百三箇十三箇一，

爲一八三四與二七九九之和數依十九款之理可記之爲四六三三。

第三十款 如將上款之工夫以二十三款之記號書之，

則得

一八三四＝一×一〇〇〇⊥八×一〇〇⊥三×一〇⊥四
二七九九＝二×一〇〇〇⊥七×一〇〇⊥九×一〇⊥九

所以

一八三四⊥二七九九＝三×一〇〇〇⊥一五×一〇〇⊥一二×一〇⊥一三

但

一三＝一×一〇⊥三
一二×一〇＝一×一〇〇⊥二×一〇
一五×一〇〇＝一×一〇〇〇⊥五×一〇〇
三×一〇〇〇＝三×一〇〇〇

所以

一八三四⊥二七九九＝四×一〇〇〇⊥六×一〇〇⊥三×一〇⊥三
＝四六三三

第三十一款 凡用加法，其工夫相同，然不必用繁法記之，學者先於心中加得簡便之數，此工夫在乎記心有一易記之法，用加法表習書三四次，以熟爲主。

加法表

	一	二	三	四	五	六	七	八	九
一	二	三	四	五	六	七	八	九	一〇
二	三	四	五	六	七	八	九	一〇	一一
三	四	五	六	七	八	九	一〇	一一	一二
四	五	六	七	八	九	一〇	一一	一二	一三
五	六	七	八	九	一〇	一一	一二	一三	一四
六	七	八	九	一〇	一一	一二	一三	一四	一五
七	八	九	一〇	一一	一二	一三	一四	一五	一六
八	九	一〇	一一	一二	一三	一四	一五	一六	一七
九	一〇	一一	一二	一三	一四	一五	一六	一七	一八

此表之用法如下，假如欲求八與七之和數，則於左之縱行求其八數，再於上之橫行求其七數，兩行相交之處爲十五，卽八與七之和數也。

第三十二款 右表記之甚熟，則遇任兩箇不大於九之數則不假思索而已得其和數，又可將大於九之數與小於九之數相加而得其和數，爲習練加法之工，又可書加法之式，并習練二十三款之記號。

一二⊥六＝一八
五四⊥九＝六三
一〇〇⊤九＝九一
二二⊥六＝二八
五六⊥七＝六三

第三十三款 上兩款所言習練之事已熟，則可依下法求任幾數之和數，其法與二十九款所言者同。學者須閱附卷第一款第一節爲要

加法分爲六事，

一 將所欲加之各數排列之，一與一對，十與十對，百與百對，其餘類推。

二 將各數之在一位者相加，所得和數分爲若干一，

若干十卽如和數爲八十五則分爲八箇十五箇一
又如其和數爲一百三十六則分爲十三箇十六箇
一見前二十款

三 將此和數之末位數記於此末位之下而以其上位之數記於心中

四 將其上位之各數相加再加前記之若干十數於內將其和數分爲若干十若干百卽如得和數爲三百三十五必分爲三十三箇十五箇一

五 將此上位之和數記於上位之下再以其上位之數記於心中

六 以上各事之法自末位算至首位不可分其數必記其全數

題 求一千八百零五與三十六與一萬九千七百二十七與三與一千四百七十四與二千零八之和數

法依上款第一事書各數如

一八〇五
　　三六
一九七二七
　　　三
一四七四
二〇〇八
―――――
二五〇五三

下劃一橫線再將第一位之各數相加卽 五六七三四八 共得 三三 卽三箇十與三箇一將三箇一書於末位之下三箇十記於心中而與上位之各數相加共得 一五 卽一箇百五箇十將五箇十書於本位之下而一箇百必與其再上一位之各數相加卽二十箇百亦卽二箇千而無百故必在本位作〇若不作〇恐看此數者差一位而以千位爲百位也再將其上位數相加共得十五箇千卽一箇萬五箇千將五箇千書於本位之下再將其上位之數相加共得二萬書於本位之下則全數已得共二萬五千零五十三爲所求之和數

第三十四款 茲設一表爲習練加法之用此表內之各行無論何行或縱或橫或對角相加其和數恆得 二四一五六 學者行加法試之或準或否

二〇一六	四二一二	一六五六	三八五二	一二九六	三四九二	九三六	三一三二	五七六	二七七二	二一六
二五二	二〇五二	四二四八	一六九二	三八八八	一三三二	三五二八	九七二	三一六八	六一二	二四一二
二四四八	二八八	二〇八八	四二八四	一七二八	三九二四	一三六八	三五六四	一〇〇八	二八〇八	六四八
六八四	二四八四	三二四	二一二四	四三二〇	一七六四	三九六〇	一四〇四	三二〇四	一〇四四	二八四四
二八八〇	七二〇	二五二〇	三六〇	二一六〇	四三五六	一八〇〇	三六〇〇	一四四〇	三二四〇	一〇八〇
一一一六	二九一六	七五六	二五五六	三九六	二一九六	三九九六	一八三六	三六三六	一四七六	三二七六
三三一二	一一五二	二九五二	七九二	二五九二	三六	二二三二	四〇三二	一八七二	三六七二	一五一二
一五四八	三三四八	一一八八	二九八八	四三二	二六二八	七二	二二六八	四〇六八	一九〇八	三七〇八
三七四四	一五八四	三三八四	八二八	三〇二四	四六八	二六六四	一〇八	二三〇四	四一〇四	一九四四
一九八〇	三七八〇	一二二四	三四二〇	八六四	三〇六〇	五〇四	二七〇〇	一四四	二三四〇	四一四〇
四一七六	一六二〇	三八一六	一二六〇	三四五六	九〇〇	三〇九六	五四〇	二七三六	一八〇	二三七六

第三十五款　凡有兩數欲相加而得其和數若先將此數減去若干而加於彼數中再將此兩數相加所得之和數與原兩數之和數同即如一五丄七之和數必同於一二丄一〇之和數因一二比一五少三而一〇比七多三也前二十九款之工夫皆恃此理而爲之

第三十六款　令甲與乙爲兩數如第二十四款而欲求其和若不知甲爲何數乙爲何數則無法能知兩數之和祇能以代法記之如甲丄乙若將他數丙與甲相加而與乙相減則所得之和數亦不變其式如(甲丄丙)丄(乙丅丙)=甲丄乙若不用括弧則其式如甲丄丙丄乙丅丙=甲丄乙此兩式之意相同

第三十七款　如將甲二倍之或三倍之或四倍之則所得之數爲二甲三甲四甲此各數內任兩數之和中間用丄號以明之因不知甲爲何數但知二甲丄二甲=四甲　三甲丄二甲=五甲　四甲丄九甲=一三甲總之如倍甲寅次再倍甲卯次其和爲倍甲寅丄卯次即寅甲丄卯甲=(寅丄卯)甲

第三十八款　上式用括弧之理必詳論之其意爲括弧內所有之字樣當一字用之即如巳甲之意爲倍甲至巳次又依同理(寅丄卯)甲之意爲倍甲至寅丄卯次此式之意與寅丄卯甲大不相同因寅丄卯甲之意必先倍甲至卯次而加於寅再設眞數以明之(三丄四)×二爲七×二即一四若三丄四×二爲三丄八即一一

第三十九款　凡有一數以任一數減之所餘者謂之餘數又謂之較數求此較數之法謂之減法而減之之數必小於本數否則減法不能用也

第四十款　減法之理有二

一　任有兩數將其第一數與他任數相加第二數亦與此任數相加而所得之較數與本兩數之較同又如從第一數減去若干數而從第二數亦減去此若干數而所得之較數與本兩數之較同假如兩筐中各有礫石若干第一筐之礫石比第二筐之礫石多一百若第一筐礫石添五十第二筐礫石亦添五十則第一筐之礫石比第二筐之礫石仍多一百又如第一筐減去礫石五十第二筐亦減去礫石五十則第一筐之礫石比第二筐之礫石仍多一百總之凡

兩數欲求其較數，可先將其兩數同加任一數，或同減任一數，而其較數必不變。依此可省推算之工，且可任意用之。

二　如六之多於四爲二，三之多於二爲一，十二之多於五爲七，則六、三、十二三數之和，卽二十一；四、二、五三數之和，卽十一。此兩數之較數爲十，卽二、一、七三數之和也。若將任他數以同法作之，無不如是。

第四十一款　命甲乙丙代三箇數，其甲必大於乙，則從上款第一理得 (甲丄丙)丅(乙丄丙)＝甲丅乙。若令丙小於甲與乙，則得 (甲丅丙)丅(乙丅丙)＝甲丅乙。此式中之括弧不能依三十六款之法去之，因 巳丅(午丅未) 不同於 巳丅午丅未。第一式內將巳以午與未之較減之，第二式內先以午減巳，再以未減之，卽同於將午與未并而減之，卽 午丄未。所以 巳丅午丅未 爲 巳丅(午丄未)。如欲知去 巳丅(午丅未) 式內之括弧而不變其數，可用簡便之數式明之，如 一二丅(八丅五)。若以八減十二，則爲 一二丅八。但所減者必太多，因所欲減者非八，而爲以五減八之較數，所以 一二丅八 其所減之過多者爲五，必以五加之而得 一二丅八丄五，卽同於原式 一二丅(八丅五)。凡此類之式以同理解之得式

巳丅(午丄未)＝巳丅午丅未、

巳丅(午丅未)＝巳丅午丄未、

又以同理推之則得式

甲丅(乙丄丙丅丁丅戊)＝甲丅乙丅丙丄丁丄戊

二甲丄三乙丅(甲丅二乙)＝二甲丄三乙丅甲丄二乙＝甲丄五乙

四天丄地丅(一七天丅九地)＝四天丄地丅一七天丄九地＝一〇地丅一三天

第四十二款　有兩數 五七七六二 與 三四六三一，求其較。法將其兩數依二十九款之法分之，卽 五七七六二 爲五箇萬、七箇千、七箇百、六箇十、二箇一；又 三四六三一 爲三箇萬、四箇千、六箇百、三箇十、一箇一。

二箇一多於一箇一爲一
六箇十多於三箇十爲三
七箇百多於六箇百爲一
七箇千多於四箇千爲三
五箇萬多於三箇萬爲二

所以依四十款之第二理，知上橫行各數之和，大於中

横行各數之和,即下横行各數之和,二萬三千一百三十一,記之爲 二三一三一, 所以 五七七六二 與 三四六三一 之較爲 二三一三一, 即 五七七六二
三四六三一
═══二三一三一.

第四十三款　假如欲求 六一二七四 與 三九六二八 之較,則依前法分之,即爲六箇萬,一箇千,二箇百,七箇十,四箇一, 六一二七四. 又 三九六二八 爲三箇萬,九箇千,六箇百,二箇十,八箇一.

如欲將此各數依前款之法作之,則有一難事,因八大

於四,不能以八減四,然依第四十款之理,此兩數可各加同數而其較不變,所以將第一數加十,即得十四箇一,第二數加十,即得十八箇一,此十八箇一內有一箇十,將此一箇十加於第二位之數內,則其數相同,而原數已變爲 六箇萬,一箇千,二箇百,七箇十,十四箇一 / 三箇萬,九箇千,六箇百,三箇十,八箇一. 所以左行之第一位第二位數能減右行之第一位,第二位數,故再將右行之第三位數加十,即得十二箇百,左行之第四位數加一,即得十箇千,左右兩行所加之數相同,而其較仍不變,又因左行之第四位數不能減右行之第四位數,故再將右行之第四位數加十,即得

十一箇千,左行之第五位數加一,即得四箇萬,所加之數相同,而原數又變爲 六箇萬,十一箇千,十二箇百,七箇十,十四箇一 / 四箇萬,十箇千,六箇百,三箇十,八箇一. 此各數雖與原數不同,而其較必同,見前四十款,將此所得之式依上款之法相減,得較數爲二箇萬,一箇千,六箇百,四箇十,六箇一,即 二一六四六 爲所求之較數.

第四十四款　從上理知減法之工夫分爲二事.

一　將兩數中之大者記在上,而以兩數中之小者記在下,即減之之數. 一與一對,十與十對,餘倣此.

二　將上行各位數以下行各位數減之,如遇不能減之數,則將上行之數加十,以下行數減之,將其較數記於兩數之下,而下行左邊之數加一,以配之,而後再行減法.

第四十五款　如下行之位數少於上行之位數,則心中必以爲右邊有若干○字,足以定其位,見前十九款,凡數之左邊加○字,則其數不便,即如 〇〇八一八 同於 八一八. 因此式之意爲無萬,無千,八箇百,一箇十,八箇一,其萬與千俱無,所以其數爲八箇百,一箇十,八箇一,即 八一八 與前無異.

因見其八一八則知其無萬與千不必記而知之或有人問曰○字在左邊無用則在右邊與在中間者亦無用耶

答曰如三九七○○或二八○○七若上行數之右邊不用兩○字則其七不爲七箇百而爲七箇一又如下行數中間不用兩○字則其八不爲八千而爲八十矣

第四十六款　習練之題

一題　求一八三三七加一四九二六三二○○減六四七二九○二得若干　答曰一四二八○八六三五

二題　求一○○○減四六四加三二七九減六四六得若干　答曰三一六九

三題　上行左邊一位之右皆爲○數卽如一○○○○○○○減去二七三一六二四有何簡法減之

四題　求一八三六二丅二四六九與一八三六二丄二四六九將其第二數之和數與第一數之較數相加從所得之和數減去一八三六二求餘數若干　再將

原第二數與第一數相減將其餘數減去二四六九求其餘數若干　答曰一八三六二與二四六九

五題　一直線上依從左至右之次序爲甲乙丙丁四處甲與丁相距一四六三里甲與丙相距七二八里乙與丁相距一三一七里求甲至乙乙至丙丙至丁之各相距　答曰甲與乙相距一四六乙與丙相距五八二丙與丁相距七三五

六題　左表爲甲乙兩種數以乙連減甲至不能減而

止求其次數與餘數

甲	乙
二三六○四	九九九九
二○九九六一	三七一七三
七四七一二	六七九二
四八○二四六九	六五四三二一
一八八四九七四七	三一四一五九二
九八七六五四三二一	一二三四五六七八九

桐鄉沈善蒸校算

數學理卷三

英國棣麼甘譔

英國　傅蘭雅　口譯
新陽　趙元益　筆述

乘法之理

第四十七款　前言數學各事不外乎加減然是說也非謂數學各事必以加減兩法行之而不用他法也所謂他法者爲加減兩法之簡法而加減兩法又爲用礫石等物算各事之簡法也

第四十八款　假如有五箇十七而欲求其和數即如礫石有五堆每堆之礫石十七粒求其數若干法將五箇十七排列成行如（一七 一七 一七 一七 一七 八五）而以加法相加其得八十五則八十五爲五與十七之積數求積數之工夫即謂之乘法乘法者將一箇數連加若干次如本題內十七爲本數而五爲乘數（亦名實數法數）

第四十九款　若算數之事無有難於前題者則不必另設簡法各事以加法推之可也不然必求執簡御繁之法爲要矣假如有礫石一千三百六十七堆每堆四百二十九粒若以加法推算必將四百二十九連書一千三百六十七次再將各數相加方成若用乘法則礫石之全數爲一千三百六十七之四百二十九倍即（四二九）與（一三六七）相乘之積數

第五十款　學者必將乘法表讀之極熟尋常之表以十乘十爲止此表以十二乘十二爲止學者用慣此表之後應自增之至二十乘二十爲止讀之極熟大有益於數學之事也

一	二	三	四	五	六	七	八	九	一○	一一	一二
二	四	六	八	一○	一二	一四	一六	一八	二○	二二	二四
三	六	九	一二	一五	一八	二一	二四	二七	三○	三三	三六
四	八	一二	一六	二○	二四	二八	三二	三六	四○	四四	四八
五	一○	一五	二○	二五	三○	三五	四○	四五	五○	五五	六○
六	一二	一八	二四	三○	三六	四二	四八	五四	六○	六六	七二
七	一四	二一	二八	三五	四二	四九	五六	六三	七○	七七	八四
八	一六	二四	三二	四○	四八	五六	六四	七二	八○	八八	九六
九	一八	二七	三六	四五	五四	六三	七二	八一	九○	九九	一○八
一○	二○	三○	四○	五○	六○	七○	八○	九○	一○○	一一○	一二○
一一	二二	三三	四四	五五	六六	七七	八八	九九	一一○	一二一	一三二
一二	二四	三六	四八	六○	七二	八四	九六	一○八	一二○	一三二	一四四

用此表之法如欲求七乘六之積數即查縱橫兩行之六與七相交處在中有四十二即六與七相乘之積數

第五十一款　依上法可求六乘七之積數爲七乘六之積數因俱爲四十二即七乘六等於六乘七如欲證之其法如下將麥七粒排成一橫行再排七粒於下連排至六行如圖則縱行共有六粒横行共有七粒以横行而論之共有六箇七將麥逐粒數之共得四十二再以縱行而論之共有七箇六將麥逐粒數之亦得四十二可見六箇七與七箇六之積數相等依法試任兩數亦等如用二十三款之記號明之即得

七×六＝六×七

第五十二款　將任一數倍之若干次。同於將其各分倍之若干次。即如一國欲倍其地面。或將每省地面倍之。或將每縣地面倍之。所得和數等於全國地面之倍數。學者不可謂此言淺近。因乘法之要理。皆在其中也。

第五十三款　將任兩數相乘。可分之爲若干分。而將各分以其乘數乘之。再將所得之各數相加。即如六爲四與二之和數。若以六乘七。先以四乘七。再以二乘七。將兩和數相加。即七與六相乘之積數。又如五十七爲三十二與二十五之和數。若五十七乘五十之積數。必爲三十二乘五十。與二十五乘五十兩積數之和。其餘類

推。如用各記號明之。即得式

七╳六＝四╳七┴七╳二

五〇╳五七＝五〇╳三二┴五〇╳二五

第五十四款　上二款之理可詳論之。如甲爲天地人之和。則寅甲必爲寅天寅地寅人之和。即如

甲＝天┴地┴人

寅甲＝寅天┴寅地┴寅人

即

寅(天┴地┴人)＝寅天┴寅地┴寅人

又依同法。不令甲爲天地人之和。而令甲爲天地人任意加減之和。其式如天┴地┬人　天┬地┴人　天┬地┬人等。即如第一式甲＝天┴地┬人。則寅甲＝寅天┴寅地┬寅人。因甲爲天┴地。則寅甲必爲寅天┴寅地。但因甲之小於天┴地之數爲人。則每加天┴地一次。則多加一人。即共多者爲寅人。所以寅甲非等於寅天┴寅地。而等於寅天┴寅地┬寅人。

其餘類推。故得

寅(甲┴乙┴丙┬丁)＝寅甲┴寅乙┴寅丙┬寅丁

甲(甲┬乙)＝甲甲┬甲乙

乙(甲┬乙)＝乙甲┬乙乙

三(二甲┬四乙)＝六甲┬一二乙

七甲(七┴二乙)＝四九甲┴一四甲乙

(甲甲┴甲┴一)甲＝甲甲甲┴甲甲┴甲

(三甲乙┬二丙)四甲乙丙＝一二甲甲乙乙丙┬八甲乙丙丙

第五十五款　又有一法。能明兩數相乘之理。即如八爲四乘二之積數。故欲以八乘七。可先以四乘七。將所得之積數以二乘之。即得八乘七之積數。欲證此理。可將麥七粒成一橫行。每四橫行爲一方。共有兩方。如圖甲乙。又另將麥以同法成橫行。每兩橫行爲一方。共有四方。如圖丙丁戊己。則各有麥爲八乘七之積數。即五十六。但甲乙兩方內有四橫行。故每方有四箇七。即二十八。其有兩方。故麥之共數必爲二十八之倍。即二十八乘二。即先以四乘七而其積數

以二乘之，又如圖丙丁戊己，可見以八乘七之積數，必同於以二乘七而所得之積數，再以四乘之。無論何數，皆可用此法乘之。如用各記號明之，卽得式

七╳八＝七╳四╳二＝七╳二╳四

題　求證　二╳三╳四╳五＝二╳四╳三╳五＝五╳四╳三╳二　等

求證　一八╳一〇〇＝一八╳五七丄一八╳四三　等

第五十六款　前五十一、五十五兩款可用下法明之。甲乙爲甲倍之乙次，其甲乙丙爲甲倍之乙次，將其積數又倍之丙次，卽

甲乙＝乙甲

甲乙丙＝甲丙乙＝乙丙甲＝乙甲丙

甲乙丙＝甲╳(乙丙)＝乙╳(甲丙)＝丙╳(甲乙)

如欲以各式所得之積數爲連用乙丙丁乘而得之，則可徑用乙丙丁積數乘之，其式爲

甲╳乙╳丙╳丁＝甲╳乙丙丁

總之，凡欲將若干數相乘，可先將兩數或多數相乘，將所得之積數代其兩數或多數，卽如甲乙丙丁戊己積數有數法能

用乘數得之，卽甲乙　丙丁戊己、甲乙己丁戊　丙、甲乙丙丁戊己等。

第五十七款　凡數欲以一〇乘之，則於右邊加一〇字，卽得。卽如二三五六以一〇乘之，右加一〇字，得二三五六〇。如欲證之，可依常法記其二三五六，得二箇千、三箇百、五箇十、六箇一；將此各分倍之十次，卽依五十二款之法，將其全數乘之，得二箇十千、三箇十百、五箇十十、六箇十，卽二萬三千五百六十，書之爲二三五六〇。加此〇字之意，因其六非六箇一，爲六箇十。無此〇字，則不知其六爲六十。所以二三五六╳一〇＝二三五六〇

又依同法，有任一數欲以一百乘之，必在右邊加兩〇字；欲以一千乘之，必在右邊加三〇字。餘類推。

第五十八款　茲論任一數以二、三、四、五、六、七、八、九乘之之法。不論以一乘之者，因以一乘任數，同於取其數一次，卽同於書本數一次，不增不減也。

假如一三六八以八乘之，先將所欲乘之數依常法書之，卽一箇千、三箇百、六箇十、八箇一，然後將各分以八乘之，卽得（見前五十五、五十二兩款）乘畢，得八箇千、二十四箇百、四十八箇十、六十四箇一。

六十四箇一爲六四
四十八箇十爲四八〇
二十四箇百爲二四〇〇
八箇千爲八〇〇〇

將此各數相加其得一〇九四四為一三六八以八乘之之積數即一三六八×八=一〇九四四如

依此法作數式則易明乘法之理

第五十九款　乘法之工夫可分為四事

一　將實數之右之第一位以法數乘之將其積數之若干一書於第一位之下而以若干十數記之

二　將實數之第二位以法數乘之將其積數之若干一與前所記之若干十數相加書於第二位之下而以若干十記之

三　將實數未乘之各位依前兩事乘之至末位之若干一與若干十皆必書之

四　如實數內有〇字必將其〇字用之與數目字無異而不可遺忘〇×一=〇 〇×二=〇等法

第六十款　又依同法將任一數以若干〇之法數乘之即如八〇〇〇乘之因八〇〇〇為八×一〇〇〇依五十五款之理必先以八乘之後以一〇〇〇乘之即依五十七款之理必在右邊加三〇字故法曰將實數以法數之數目字乘之而將若干〇字書於積數之右邊如下題

題　將八三〇〇八七二以六〇〇〇乘之得

八三〇〇八七二
六〇〇〇
四九八〇五二三二〇〇〇

第六十一款　習練之題

求一〇〇七三六以七乘之得若干　答曰七〇五一五二

求一二三四五六七八九以九乘之加一〇得若干　答曰

求一二三以九乘之加四得若干　答曰

假如本國步兵三十三隊每隊八百人馬兵十四隊每

隊六百人礮兵二隊每隊三百人皆出打仗敵國之步兵多於本國六隊每隊之人數多於本國一百人馬兵多三隊每隊之人數多一百人礮兵四隊每隊之人數與本國同臨打仗時本國之馬兵兩隊投降敵國營中敵國之步兵一隊投降本國營中求敵國之兵數多於本國之兵數若干　答曰一萬三千四百人

第六十二款　求將二三七〇七以四五六七乘之則因四五六七為四〇〇〇 五〇〇 六〇 七各數合而乘之則依五十三款之理必將以此各數乘之之得積數相加然依五十八款之理二三七〇七×七=一六五九四九依六十款之

理 二三七〇七╳六〇=一四二二四二〇 二三七〇七╳五〇〇=一一八五三五〇〇 二三七〇七╳四〇〇〇=九四八二八〇〇〇 此各數相加得 一〇八二六九八六九 即所求之積數然
每行之右不必書〇字將數目字依所在之方位書之
可也所以第二行之第一位數目字在第一行之第二
位數目字之下第三行之第一位數目字在第二行之
第二位數目字之下餘類推此兩數相乘之工夫其式
爲

二三七〇七
四五六七
一六五九四九
一四二二四二
一一八五三五
九四八二八
一〇八二六九八六九

第一行爲實第二行爲法下有橫

線線下四行爲乘得之積數再作一橫線線下爲四行
積數之和即所求之全積數也
第六十三款 乘法內常遇法數中有〇字其法必將各
積數之第一位字書於所用法數字之下雖有〇字在
內不致於混其位也設題以明之
求將 三六五 以 一〇一〇〇一 乘之可見此乘數爲 一〇〇〇〇〇 一〇〇〇 一 合而乘之所
以依前法 三六五╳一=三六五 依五十七款之理 三六五╳一〇〇〇=三六五〇〇〇 三六五╳一〇〇〇〇〇=三六五〇〇〇〇〇 此各數相加

得 三六八六五三六五 即所求之全積數若不用〇字則其工夫加下式

三六五
一〇一〇〇一
三六五
三六五
三六五
三六八六五三六五

第六十四款 凡題之法數有多位者其法分爲三事
一 先書實數於上再書法數於下一與一對十與十
對餘仿此
二 將實數之各位數以法數之各位數一一遍乘之
見前五十九款將各行之第一位數書於法數本位
之下

三 將第二事所得之各積數相加
第六十五款 若實數與法數右邊俱有〇字或法實兩
數內祇一數右邊有〇字則先不問其〇字而行乘法
以後看兩數右邊〇字有若干在所得積數之右邊亦
加〇字若干即如求 三二〇〇 以 一三〇〇 乘之得若干則先以 三二 爲
三二╳一〇〇 即百倍 三二 也又以 三二╳一三〇〇 爲 三二╳一三 另有三〇字即 四一六 加三〇
字爲 四一六〇〇〇 也然所求積數必爲此數之百倍右邊必加兩

○字共得四一六○○○○可見所加之○字有五，即實數兩○字，法數三○字之和也。

第六十六款　凡一數自乘若干次所得之積數爲本數之若干乘方，即如六爲六之一乘方，六×六爲六之二乘方，六×六×六爲六之三乘方，六×六×六×六爲六之四乘方等是也。二乘方謂之平方，三乘方謂之立方，此兩名幾何學用之，與數學無關也。茲將各數自乘若干次爲習練乘法之用。

本數	二乘方	三乘方
九七二	九四四七八四	九一八三三○○四八
一○○八	一○一六○六四	一○二四一九二五一二
三一四二	九八七二一六四	三一○一八三三九二八八
三一六三	一○○○四五六九	三一六四四四五一七四七
五五五五	三○八五八○二五	一七一四一六三二八八七五
六七八九	四六○九○五二一	三一二九○八五四七○六九

第六十七款　如欲將甲丄乙以丙丄丁乘之，即倍甲丄乙至丙丄丁次，則依五十三款之理，甲丄乙必倍至丙次與丁次所得之積數爲(甲丄乙)丙丄(甲丄乙)丁，然依五十二款之理，(甲丄乙)丙即甲丙丄乙丙，又(甲丄乙)丁即甲丁丄乙丁，故所求之積數爲甲丙丄乙丙丄甲丁丄乙丁，即(甲丄乙)(丙丄丁)＝甲丙丄乙丙丄甲丁丄乙丁。依同理(甲丅乙)(丙丄丁)爲(甲丅乙)丙丄(甲丅乙)丁，即(甲丅乙)(丙丄丁)＝甲丙丅乙丙丄甲丁丅乙丁。

如欲將甲丅乙以丙丅丁乘之，可先倍甲丅乙至丙次爲甲丙丅乙丙，然此數不準，因但倍至丙次而不問其丙丅丁次，則所得之數必太多，其太多之數爲倍至丁次之數，即(甲丅乙)丁也，故所求之積數爲甲丙丅乙丙丅(甲丁丅乙丁)，但(甲丅乙)丁即甲丁丅乙丁，所以(甲丅乙)(丙丅丁)＝甲丙丅乙丙丅(甲丁丅乙丁)＝甲丙丅乙丙丅甲丁丄乙丁。見前四十一款。

由上款之理而得代數之乘法，曰將實數之每項以法數之每項乘之，若兩項俱有丄號在其左，或俱有丅號在其左，則其乘得式之左可加一丄號；如一數有丄號，一數有丅號，則其乘得式之右必加一丅號；如首項無丄與丅之號者，則作丄號用之可也。

第六十八款　如(甲丄乙)(甲丄乙)能得甲甲丄甲乙丄甲乙丄乙乙，但甲乙丄甲乙即二甲乙，故甲丄乙之平方爲甲甲丄二甲乙丄乙乙。又(甲丅乙)(甲丅乙)能得甲甲丅甲乙丅甲乙丄乙乙，但減甲乙至兩次亦等於二甲乙，故甲丅乙之平方爲

甲甲二甲乙乙乙又（甲乙）（甲乙）能得甲甲甲乙甲乙乙乙但甲乙之或丄或丅相消故甲乙與甲乙相乘之積數爲甲甲乙乙

又甲乙丙丁之平方即（甲乙丙丁）（甲乙丙丁）之詳式爲甲甲二甲乙二甲丙二甲丁乙乙二乙丙二乙丁丙丙二丙丁丁丁此種成平方式之法爲將第一項自乘其後之各項以第一項之倍乘之第二項亦以同法用之至末項而止。

桐鄉沈善蒸校算

數學理卷四

英國棣麽甘譔

英國 傅蘭雅 口譯

新陽 趙元益 筆述

約法之理

第六十九款　假如問一五六欲分每分爲一三能得若干分或問一五六能容一三若干次解此種題之工夫謂之約法其一五六爲實一三爲法而求得之分數或次數謂之約得數所以一五六以一三約之之工夫即求其約得數也

第七十款　最簡之法必將一三與一五六相減得其餘數以一三連減之而至於盡前四十六款之末已有此種題若依法爲之從一五六連減去一三而每減一次另以一爲記號記之則其式如下

一五六	一三	一
一四三	一三	一
一三〇	一三	一
一一七	一三	一
一〇四	一三	一
九一	一三	一
七八	一三	一
六五	一三	一
五二	一三	一
三九	一三	一
二六	一三	一
一三	一三	一
〇		

查其減一三之次數得一二即知一五六能容一三至一二次即一五六有十二箇一三也

第七十一款　約法與乘法相對如將礫石小堆若干每堆有礫石若干欲併成一大堆而求其大堆之礫石若干則用乘法如已知大堆之全數又知每小堆應有之礫石數求能成小堆若干則用約法

第七十二款　如前題所容一三之次數爲整數然常有所

得之數非整數者，即如一五九用七十款之法連減一三，則減去一二次之後尚有餘數三，不能以一三減之，故可言一五九容十二箇一三而有餘數為三，即將一五九以一三約之，約得之數為一二，餘數為三，如用記號書之，得式 一五九＝一三乂一二丄三

習練之題

一四六＝二四乂六丄二 即一四六容六箇二十四餘二

一四六＝六乂二四丄二 即一四六容二十四箇六餘二

三〇〇＝四二乂七丄六 即三〇〇容七箇四十二餘六

三九六二四＝七二七乂五丄三二三九

第七十三款　如甲內容乙至午次，而有餘數未，則甲之大於乙午為未，即甲＝乙午丄未。如無餘數，即甲＝乙午。其甲為實，乙為法，午為約得數，未為餘數，如欲言甲容乙至午次，則書之為 甲/乙＝午。即甲∶乙＝午。昔時算學家書之為甲÷乙＝午。

第七十四款　如將一五六分為若干分，而求其各分容一三之次數，則易明一五六容一三之次數同於各分容一三之次數之和，即如一五六可分之為九一、三九、二六，即成第一分九一，容一三七次，第二分三九，容一三三次，第三分二六，容一三兩次，故九一丄三九丄二六容一三為七丄三丄二次，即一二次。又以同理，一五六能分為一〇〇、五〇、六，即成第一分一〇〇，容一三七次，餘數九，第二分五〇，容一三三次，餘數一一，第三分六，容一三〇次，餘數六。所言〇次之意，餘數為六者，猶之言六之多於〇為六，若言六不能容一三，即與前說不歸一例。可見一〇〇丄五〇丄六容一三為七丄三丄〇次，餘數為九丄一一丄六，即一五六

容一三為一〇次，而有餘數二六，然二六本容一三為二次，故一五六容一三為一〇次，又加容一三二次，其容一三為一二次也。

第七十五款　上款之事，可以公式明之，如甲＝乙丄丙丄丁，則 甲/寅＝乙/寅丄丙/寅丄丁/寅。

第七十六款　如前題內每減一三為一次，因欲令其法之易明，若知兩箇一三為若干，或三箇一三為若干，則減一次可任去一三若干，不過每減一次，必記所減去之一三若干。即如已知十箇一三為一三〇，則從一五六減去十箇一三，即一三〇，再減去兩箇一三，即二六，其工夫如下式

一五六
一三〇
——
二六
二六
——
〇

所以一五六容一三為一〇丄二次，即一二次也。

如欲將三〇九六以一八約之其工夫如下式

一八)三〇九六(一〇〇|五〇|一二|一七二
一八〇〇
一二九六
九〇〇
三九六
三六〇
三六
三六
〇

所以三〇九六容一八爲一〇〇|五〇|一二|一七二次卽一七二次也。

第七十七款　從以上數款易明下數式能以同法作同類之式。

四五〇爲七五╳六任用一數五而求其次數比七五容五之次數多六倍又如一三五容三多於二六次所以一三五之倍容三多於二六次之倍卽多於五二次又一三五之十倍容三多於二六次之十倍卽多於二六〇次又十三五之五十倍容三多於二六次之五十倍卽多於一三〇〇次四七二〇容一八多於二一次所以四七二〇容一八多於二一〇次又四七二〇〇容一八多於二一〇〇次又四七二〇〇〇容一八多於二一〇〇〇次。三二容一二多於二次而少於三次所以三二〇容一二多於二〇次而少於三〇次又三二〇〇容一二多於二〇〇次而少於三〇〇次餘類推。

第七十八款　觀以上之各款能得約法之理若問如何能用其理而得最簡之約法則如將四〇六八以一八約之卽依二十三款之法書之爲一八/四〇六八。

如將四〇六八任分爲若干分則依七十四款之法得各分容一八之次數而從此得全分容一八之次數假如問四〇六八何法分之可得最便之分則先論其第一字四容若干一八則知不能容一八。若論第一與第二兩字如四〇容若干一八則知能容一八多於兩次而少於三次依二十款之理其四〇六八爲四十箇百與六十八而依上款之理四十箇百容一八多於二〇〇次而少於三〇〇次所以四〇六八容一八多於二〇〇次因其容一八比四〇〇〇之容一八其次數必更多又可知容一八必少於三〇〇次因三百箇一八爲五四〇〇而此數大於四〇六八所以從四〇六八減去一八二百次卽減去三六〇〇則得餘數爲四六八故四〇六八容一八二百次又另容一八若干次其若干次必爲四六八容一八之次數。

再求四六八容一八之次數可用同法求之其四六容一八多於二次少於三次所以四六〇容一八多於二〇次少於三〇次而四六八亦然見前七十七款所以從四六八減去一八二十次卽減去三六〇則得餘數爲一〇八故四六八容一八二十次另有一〇八容一八若干次求得一〇八容一八之次數爲六所以四六八容一八之次數爲二〇|六故四〇六八容一八之次數爲二〇〇|二〇|六卽二二六次也如將以上之工夫用常法書之則於實之左右作反括弧法數在左邊約得數在右邊卽得式如

一八)四〇六八(二〇〇|二〇|六
三六〇〇
四六八
三六〇
一〇八
一〇八
〇

如將三六三二六五九九以一三四二約之，即得式：

一三四二）三六三二六五九九（二〇〇〇〇+七〇〇〇+六〇+九
二六八四〇〇〇〇
九四八六五九九
九三九四〇〇〇
九二五九九
八〇五二
一二〇七九
一二〇七八
一

依前題之法，其三六三二六五九九分爲三六三二〇〇〇〇與六五九九，而其首四位數三六三二與後幾位數分開之意，因用四位數可得一大於法之數。

又容一三四二多於二〇〇〇〇次，而少於三〇〇〇〇次，又一三四二×二〇〇〇〇以減實，得餘數爲九四八六五九九，以同法作之，而約得之數爲二〇〇〇〇+七〇〇〇+六〇〇+九，即二七〇六九，有餘數爲一。

學者當依前法答下三題：

三二〇七）一〇〇九三八七四
一一四四三三）六六七七九九二二
一三三五二）二七一八二一八

其約得之數爲三一四七、五八三、二〇三，其餘數爲一四四五、六五四八三、七七六二。

第七十九款　前款之兩題不必在各減數之右書〇字，祇留意其各字不離其應置之方位，約得數之右亦不必書〇字，但約得數內應有之〇字不可不書。又有一事，其約得之數俱依常法書之，即如第一題約得之數爲二〇〇+二〇+六，即二二六；二題約得之數爲二〇〇〇〇+七〇〇〇+六〇+九，即二七〇六九，故前兩題變之如下式：

一八四〇六八（二二六
三六
四六
三六
一〇八
一〇八
〇

一三四二）三六三二六五九九（二七〇六九
二六八四
九四八六
九三九四
九二五九
八〇五二
一二〇七九
一二〇七八
一

即不

書其各〇字，而約得之數依常法書之也。

第八十款　從以上各款知約法可分爲五事：

一　實之左右各作反括弧，而書其法於實之左。

二　從實之左邊起分得若干位，至能得一大於法之數而止，再試此若干位之數容法數若干次，而將次數書於實右之括弧外，爲約得數之首位。

三　將法數與約得之數相乘，將其乘得之數書於實數左邊若干位之下，再將兩數相減，而以餘數書於下。

四　在餘數之右邊書其實之左邊近於分得數之數

目字此數目字與餘數相連能得一大於法之數試
其能容法若干次而將其次數書於約得數首位之
右依第三事之法爲之若不能容法數則必在餘數
之右添實數內之次一箇數目字而依上法行之再
不能容法數必再添實數內之次一箇數目字於右
至大於法而止然其餘數之右每添數目字多於一
箇必在約得數之右加一〇字
五　依前各事作之至實之各數目字減盡即成
凡有一多位之數而欲求其能容多位數之次數可從
此兩數之右邊去其若干位而將其餘各位試其能容

之次數即如 一四三七九 爲實 四七三二 爲法去此兩數右邊之三位得 一四
爲實 四 爲法易知容法三次此法之理因 一四 容 四 之
次數同於 一四〇〇〇 容 四〇〇〇 之次數而此各數與本兩數之分別
不過在其百十等故可預知其 一四〇〇〇 容 四〇〇〇 之次數與 一四三七九 容 四七三二
之次數無大分別尋常之題皆可如此若法之第五
位之數爲五或大於五則可將法之首位加一後用上
法推之然此爲揣度之工非習練已熟者不能爲之甚

易也
第八十一款　如法不大於 一二 而前五十款內之乘法表
習之甚熟則可用更簡之法即如 一三二九七六 以四約之則依前
法之工夫爲之如

四)一三二九七六(三三二四四
一二
一三
一二
九
八
一七
一六
一六
一六
〇

此 一三 容四有餘數一
因其數小易於記之不必書之祇在 一三 之下書其次數
即三而心中記得餘數爲一即將此一字加於二之左
邊得 一二 再求 一二 容四之次數即得三次無餘數則記其

次數三再將次一箇數即九求其容四之次數得二有
餘數一如上法書之記之此爲簡約法其式如

四)一三二九七六
三三二四四

凡數欲以五乘之有一簡法在其右邊加一〇字以二
約之此事等於去其十倍之半即五倍亦即以五乘也
凡數欲以五約之則將其數以二乘之而去其積數右
邊之數目字折半爲餘數即得又凡數欲以 二五 乘之在
其右邊加兩〇字而以四約之即得凡數欲以 二五 約之
則將其數以四乘之而去其積數右邊之兩位數所餘
各位爲約得之數所去兩位數之四分之一爲其餘數

又凡數欲以九乘之在其右邊加一○字即以本數減之其較數即所求之積數其理因乘得十倍減去一倍與乘得九倍同依同理凡數欲以九九乘之在其右邊加兩○字即以本數減之其較數即所求之積數又依同理任多位九相乘可用此簡法大爲省工此各法學者當記之

又有數理此卷中當詳論之凡遇偶數則以二度之無餘數偶數包○字在內如爲奇數以二度之必有餘數凡多位數之末兩位能以四度之則全數必能以四度之即如一二三六爲十二箇百又三十六其若干百數自然能以四度

之故其全數之能否以四度之觀其末兩位數之能否以四度之則因三六能以四度之則全數必能以四度之也又依同理凡數之末三位能以八度之則全數必能以八度之因末三位之右各數爲若干千無論若干千數必能以八度之故其全數之能否以八度之在其末三位數之能否以八度之即如一二七九四六不能以八度之因其末三位九四六不能以八度之也又凡各位之數相加得何數能以三度之則全數能以三度之又依同理凡將各位之數相加得何數能以九度之則全數能以九度之

即如一二三四能分之得一箇千即九百九十九與一、二箇百即兩倍九十九與二、三箇十即三倍九與三、四箇一即四但其九與九九與九九九俱能以九度之又能以三度之故無論若干九容之若干次皆能以九度之幷能以三度之故其一二三四之能否以九度之故其各位數之和如一二三四之能否以九度之以三度之之理相同從以上之理又得新理凡數爲偶數而其各位數之和數能以六度之則全數能以六度之又有一理最易明凡數之右邊一位或爲○或爲五則全數能以五度之否則不能也

第八十二款　凡法數或爲一或有多位○而左邊祇有一則約之最易觀下兩式甚明

```
一○○)三三四二九(三三四
      三○○
      ───
       三四二
       三○○
       ───
        四二九
        四○○
        ───
         二九
```

```
一○)二七一七三一六
    ───────
     二七一七三一餘六
```

法曰觀法數之○數若干在實之右邊去若干位爲餘數而實之各位數即爲約得之數

如欲證之則依二十款之理可將前第二式二七一七三一六分之爲二十七萬一千七百三十一箇十與六箇一即分得兩

分第一分容一○有（二七一七三）。次第二分卽六不能容一○。故約得之數爲（二七一七二）餘數六（見前七十二款）又依二十款之理能將（二三四二九）分爲三百三十四箇百與三十九箇一亦分得兩分第一分容一○○有（三三四）次第二分不能容一○○故約得之數爲（三三四）餘數（二九）

第八十三款　茲設數式顯明法數之右有○字之簡法學者可將此法與常法相比卽知此法之簡矣

一式簡法

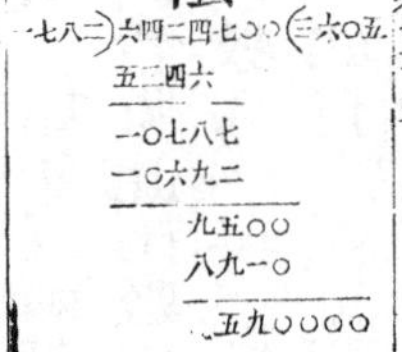

二式簡法

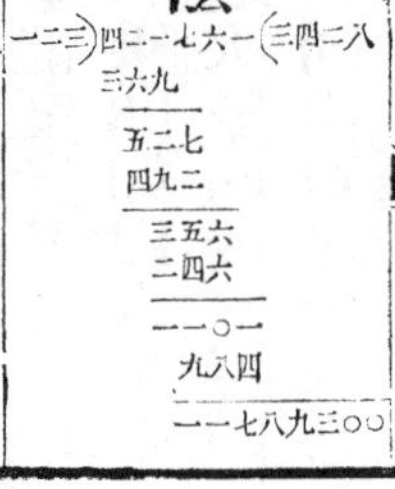

一式常法

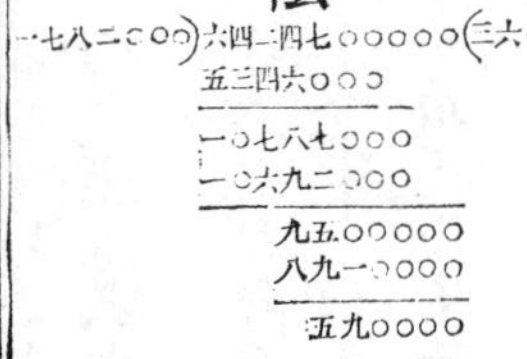

二式常法

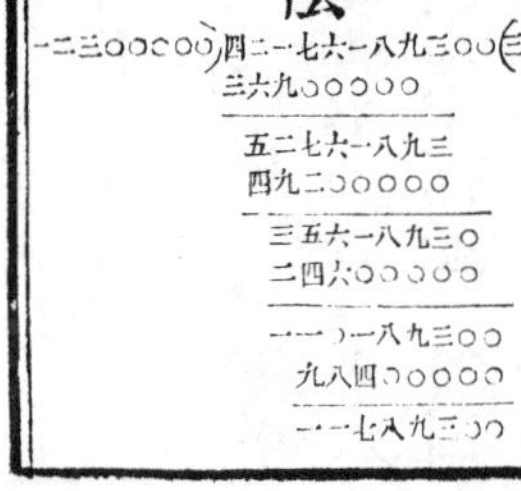

從此得法如下觀法數之右有○字若干則實數之右必去若干位無論或爲○或爲他數目字俱可去之再將法數之右之各○字去之將所餘之各位數行約法既畢則餘數之右必將實數右所去之各位數補之

第八十四款　習練之題幷求證四題

實數	法數	得數	餘數
九六九四	四七	二〇六	一二
一七五六一八	三一三六	五六	二
二三七九六四八四	一三〇〇〇〇	一八三	六四八四
一四〇〇二五六四	一八七一	七四八四	〇
三一〇三一四四二〇	七八七八	三九三九〇	〇
三九三九〇四一六四七	六八八九	五七一七八七	四
二二八七六七九二四五四九六一	四三〇四六七二一	五三一四四一	〇

一題

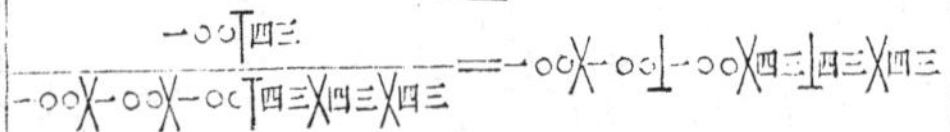

二題

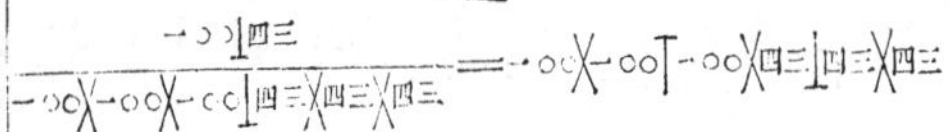

三題

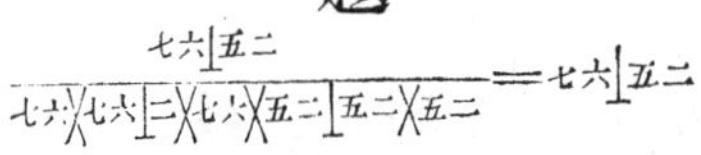

四題

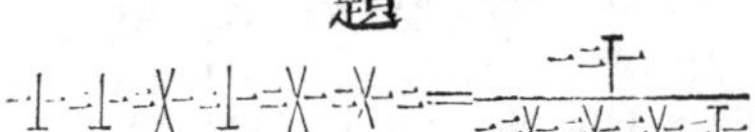

求一三七六四二九以三六三〇〇約之無餘數之最近數若干。答曰一三七九四〇〇。

假如牛三十六頭每年食草二百十六斤羊一頭每年食草為一牛之半今有牛四十九頭與羊一百三十六頭其食草一萬七千五百五十斤問幾年而盡。答曰二十五年。

第八十五款　如任取兩數內有一數能度盡其第二數如三二與四若將此兩數以任他數相乘即如以六乘之則兩箇積數為一九二與二四然一九二容二四之次數同於三二容四之次數假如有六筐每筐容礫石三二則礫石之全數為

一九二如有一人將其一筐之礫石每取四箇為一次至筐空而止或令六人同時各將筐內之礫石如上法取出則各筐同時而空可見六箇三二容六箇四之次數同於三二容四之次數凡數皆然故得公法曰凡將法實兩數各以任一數乘之再將其兩積數行約法則所得之數必同於將原有之兩數行約法所約得之數。

第八十六款　假如將二〇〇以五〇約之則可將法實兩數各以任數五約之則二〇〇為五箇四〇而五〇為五箇一〇但依上款之理四〇以一〇約之其約得之數同於五箇四〇以五箇一〇約之之數故得公法曰凡將法實兩數各以任一數

約之再將其約得之數行約法則所得之數必同於將原有之兩數行約法所得之數。

第八十七款　從五十五款之理可知凡有一數以任兩數連乘之所得積數同於以此任兩數相乘之積數乘本數所得之積數即如將二七以五乘之得積數又以三乘之所得之積數同於五乘三之積數一五乘本數二七所得之積數凡有一數以任兩數連約之所約得之數同於以此任兩數相乘之積數約本數所約得之數即如將六〇以四約之得一五又以三約之得五則易明此六〇容一五有四次各分為三等分共得一二等分每分為五故可

知先以四約之後再以三約之同於以四×三約之即同於以一二約之也。

第八十八款　以上各法心中欲包括全意稍難故又設一題以明之。假如將三二以二四乘之得積數以六約之所約得之數同於將三二以六約二四之約得之數乘之即以四乘之也其故因二四之六分之一為四而任一數倍之二四次之六分之一同於將其本數倍之四次即如將本數以二四乘之得積數以六約之即同於將本數以四乘之。

第八十九款　假如將四八以四乘之得積數以二四約之所

約得之數同於將四八以四約二四之約得之數約之即以六約之也其故因四八容六之次數同於四箇四八容四箇六之次數即容二四之次數也所以四八以六約之所約得之數同於四六八以六八四約之所得之數也

第九十款　以上五款之理用代數法明之如左

如八十五款之理其式爲 $\frac{乙}{甲}=\frac{寅乙}{寅甲}$

如卯能度甲與乙兩數而無餘數則八十六款之理其式爲 $\frac{乙}{甲}=\frac{卯乙}{卯甲}$ 八十七款之理其式爲 $\frac{乙丙}{甲}=\frac{丙}{\frac{乙}{甲}}$ 八十八款之理其式爲 $\frac{丙}{甲乙}=甲\times\frac{丙}{乙}$ 八十九款之理其式爲 $\frac{乙}{甲丙}=\frac{\frac{丙}{乙}}{甲}$

以上之式祇論度盡無餘之數也

第九十一款　凡本數能約某數而無餘則容整數若干次而本數謂之某數之度數即爲能度盡某數之數如四爲一三六之度數即能度盡一三六然非一三七之度數因不能度盡之也何謂度之也假如有一竿長四尺竿上無記號將此竿量街之長而街長一百三十六尺即能以此竿度之因一三六能容四至三四次所以知街長爲竿長之三四倍若街長一百三十七尺用前竿量之則不能度盡街之一端必有餘此竿不能度須用更短之竿度之故云四能度一三六不能度一三七度數者能約某數而無餘也

第九十二款　凡數能度兩數者謂之兩數之公度數如一五爲一八〇與七五之公度數有時兩數能有數公度數即如一六〇與一六八此兩數之公度數爲二與三與四與六與二四等然三六〇與一六八之數公度數內有一公度數爲最大者謂之最大公度數求最大公度數之法詳論於左

第九十三款　凡兩數之公度數能度兩數之和與兩數之較即如七能度二一與五六所以能度五六⊥二一與五六⊤二一即七七與三五此乃前七十四款之變說也

第九十四款　凡有一數能度某數則亦能度某數所能度之各數即如五能度一五而一五能度三〇與四五與六〇與七五等故此各數俱能以五度之

第九十五款　凡法實兩數之公度數亦必能度餘數即如三六〇以一一二約之所約得之數爲三餘數爲二四依七十二款之理三六〇爲三箇一一二與二四即三六〇＝一一二×三⊥二四　由此可知二四爲三六〇與三箇一一二之較即二四＝三六〇⊤（一一二×三）可任取一數能度三六〇與一一二者如四則四

能度三六〇亦能度一一二依九十四款之理能度一一二×三即三箇一一二也依九十三款之理能度三六〇−(一一二×三)即餘數二四也若將三六〇與一一二之各公度數依同理論之凡法實兩數之公度數亦能度餘數又爲法數與餘數之公度數

第九十六款　凡法數與餘數之公度數亦必爲法實兩數之公度數即如上款三六〇=一一二×三+二四可將餘數二四與法數一一二之任公度數如八則八能度二四亦能度一一二則依九十四款之

理又能度一一二×三所以依九十三款之理八能度三箇一一二與二四之和即能度其實數三六〇故可知凡餘數與法數之公度數亦必爲法實兩數之公度數反之不能有一數爲餘數與實數之公度數而非法實兩數之公度數

第九十七款　前九十五款詳論法實兩數之各公度數亦必爲餘數與法數之公度數又上款詳論不能有一數爲餘數與實數之公度數而非法實兩數之公度數由上兩說可見餘數與法數之最大公度數必爲法實兩數之最大公度數從此得一公法可求任兩數之最大公度數

第九十八款　將前題三六〇與一一二而欲求其最大公度數則

以一一二約三六〇之得餘數爲二四

以二四約一一二之得餘數爲一六

以一六約二四之得餘數爲八

以八約一六之無餘數

因八能度一六無餘數而八能自度無餘數所以八爲八與一六之最大公度數因八不能以大於八之數度之也若一六能有一大於八之數度之亦不能爲一六與八之公度數所以依九十七款之理八爲一六與八之最大公度數一六與八之最大公度數爲二四與一六之最大公度數二四

與一六之最大公度數爲一一二與二四之最大公度數一一二與二四之最大公度數爲三六〇與一一二之最大公度數所以八爲三六〇與一一二之最大公度數

可以依兩法書之

一一二)三六〇(三
　　　三三六
　　　二四)一一二(四
　　　　　　九六
　　　　　　一六)二四(一
　　　　　　　　一六
　　　　　　　　八)一六(二
　　　　　　　　　一六
　　　　　　　　　〇

一一二	三六〇	三
九六	三三六	四
一六	二四	一
一六	一六	二
〇	八	

凡有兩數求其最大公度數之法分爲三事

一　將兩數中之大數以小數約之

二　將其餘數爲法而以前法數爲實行約法得餘數

三　依同法作之至無餘數則末次爲法之數即所求

之最大公度數

第九十九款　或問曰如所用兩箇數本無公度數則用上法能指出無公度數乎答曰無公度數之兩箇數末之有也凡數必能以一度之卽必容一若干次所以凡兩數必以一爲公度數若無他公度數則末法數必爲一卽如求 八七 與 二五 之最大公度數得末法數爲一其式如

二五)八七(三
七五
一二)二五(二
二四
一)一二(一二
一二
〇

習練求最大公度數之題

任設兩數		最大公度數
七九一六	一二五九	一
三六三八五	二〇六二	一
七四五五	三四四八〇〇七四一	九四八一
一八二六	一四〇六二三	一七五
五一九八二	五九四一三	五
九〇五一	九〇三〇〇三	三

求 二七╳二七⊥二七╳六三╳二⊥六三╳六三 與 二七╳二七╳二七⊥六三╳六三╳六三 之最大公度數　答曰 一一六四

第一百款　凡兩箇數各能以第三數約之而兩箇數之約得數能以第四數約之則第三箇數非最大公度數卽如 三六〇 與 五〇四 俱能以四約之約得之數爲 九〇 與 一二六 但 九〇 與 一二六 俱能以九約之約得之數爲 一〇 與 一四 依八十七款之理將任數以四約之再將其約得數以九約之則同於將本數以 四╳九 卽 三六 約之所以因 三六 爲 三六〇 與 五〇四 之公度數而大於四故四非最大公度數又因 一〇 與 一四 俱能以二度之故 三六 非其最大公度數可見凡兩箇數以其最大公度數約之則約得之數除一之外無公度數（見前九十九款）否則不能爲最大公度數也

第一百一款　凡有三箇數而欲求其最大公度數法曰求其第一數與第二數之最大公度數再求此最大公度數與第三數之最大公度數卽得其三箇數之最大公度數如欲證之因第一數與第二數之諸公度數必爲其最大公度數所容而不能容他公度數故凡爲第一第二第三之公度數亦必爲第三數與第一第二兩數之最大公度數之公度數所容而無他公度數所以必爲最大公度數

第一百二款　凡本數能容第二數卽能以第二數度之而無餘數則本數爲第二箇數之倍數倍數與度數雖有相反之意可連論之因四爲 二四 之度數則 二四 爲四之倍數又 九六 爲八之倍數亦爲 一二 之倍數亦爲 二四 之倍數亦爲 四八 之倍數故 九六 謂之八·一二·二四·四八 等各數之公倍數凡將任兩數相乘則其積數必爲兩數之公倍數如 八╳三六

即二八八即三六與八之公倍數但三六與八有小於二八八之公倍數又凡欲求兩數之公倍數能得其最小者爲最便也

第一百三款　茲設一法求任兩數之最小公倍數假如三六與八兩數欲求其最小公倍數先求得最大公度數爲四可見三六爲九╳四又八爲二╳四將三六與八各以其最大公度數約之則約得之數爲九與二將此兩數相乘得積數以最大公度數四乘之即得九╳二╳四即七二故七二必爲八之倍數即四╳二之倍數見前五十五款亦必爲三六之倍數即四╳九之倍數不第爲其倍數且爲其最小公倍數如欲證之非代數之法不能證也然試得本兩數之一切之公倍數如

三六與八之一切之公倍數則知無有小於七二者但試其是否最小公倍數在尋常數學之事內無甚緊要因凡用公倍數任何公倍數俱可用之不過最小公倍數用之最便故能求之爲有用耳

凡兩數之最大公度數爲一則其最小公倍數爲兩數相乘之積數故得公法如左

法曰凡有兩數欲求其最小公倍數必先求其最大公度數將其兩數中之一數以最大公度數約之以約得之數與其第二數相乘所得積數爲最小公倍數又如有三數欲求其最小公倍數先求得其兩數之最小公倍數再將此最小公倍數與第三數之最小公倍數相乘則所得之數爲三數之最小公倍數三數以外其理亦同

習練之題

任設之數	最小公倍數
一四，二一	四二
一六，五，二四	二四〇
一，二，三，四，五，六，七，八，九，一〇	二五二〇
六，八，一一，一六，二〇	二六四〇
八七六，八六四	六三〇七二
八六八，八五四	五二九四八

凡有多數欲求其最小公倍數而其公度數易於得之則有一變法如左

法曰擇兩數或多數之幾箇公度數爲法此公度數之公度數無有大於一將此各數書於左邊爲法數而所設各數內如可以任法數度之則約之將約得之數書於下凡不能以各法數度之者亦書於下將此下行依同法作之至無有兩數大於一之公度數爲止再將各法數與末次下行相乘即得最小公倍數即如有十一箇數目從一起至一一止之各數欲求其最小公倍數則其式如左

二二三五七)一一一二一三一四一五一六一七一八一九二〇二一
一一　一一三　一　一　四一七　三一九　一　一

則下行無有大於一之公度數之數故所求之最小公倍數為二·二·三·五·七·十一·十三·四·十七·三·十九即二三二七九二五六〇

桐鄉沈善蒸校算

數學理卷五

英國棣麼甘譔

英國　傅蘭雅　口譯
新陽　趙元益　筆述

分數之理

第一百四款　假如有布四十九尺欲分為五等分所用之法即求四十九之五分之一也如將四九以五約之約得數九餘數四依七十二款之理，四九為五箇九與四箇一所成令甲乙線代布四十九尺另作丙丁戊己庚五線各線代布九尺再作線辛代布四尺則因四九為五箇九與四則丙丁戊己庚與辛六線之和必等於甲乙線將代布四尺之辛線平分為五等分壬子丑寅卯將此各分移至丙丁戊己庚各線之旁如圖則丙丁戊己庚壬子丑寅卯十線共等於甲乙線即四十九尺但丁與子之和等於丙與壬之和戊與丑己與寅庚與卯亦然所以將丙與壬之和五倍之必等於四十九尺即丙與壬之和必為四十九尺之五分之一

第一百五款　如前圖之丙為九尺但壬非同類之數此

理前數卷未論及之非若干尺之整數也得此數之法將四尺平分爲五分取其一分而成之故壬爲四尺之五分之一謂尺之分數其式爲 $\frac{五}{四}$。如欲將九尺補足四十九尺之五分之一則所補之數爲 $\frac{五}{四}$

又依同理能將麥四十九斗或地四十九畝分爲五等分其麥之五分之一爲九斗又四斗之五分之一其地之五分之一爲九畝又四畝之五分之一

要之四十九之五分之一爲九與 $\frac{五}{四}$ 即 九 $\frac{五}{四}$。尋常不書加號即書 九 $\frac{五}{四}$。或用別種記號書之爲 $\frac{五}{四九}=九\frac{五}{四}$

習練之題

求 一二三七 之十七分之一若干。答曰。七二 $\frac{一七}{一三}$。

求 $\frac{一九七四}{一〇〇三二}$。$\frac{二三七一〇}{六六三八一九}$。$\frac{二四二四}{二二七七三三九九}$。答曰。五 $\frac{一九七四}{一六二}$。二七 $\frac{二三七一〇}{二三六四九}$。九三九四 $\frac{二四二四}{二三四三}$。

第一百六款 分數之意爲任數之若干分即將任數平分若干分而取其分之一箇或多箇謂之分數即如 $\frac{五}{四九}$。$\frac{五}{四}$。$\frac{七}{二〇}$。俱爲分數分數者能包整數於內也如十七爲整數亦爲 $\frac{一}{一七}$。亦爲 $\frac{二}{三四}$ 亦爲 $\frac{三}{五一}$ 等凡數爲若干一箇所成如五箇七箇一百箇等謂之整數者欲與分數有別也

凡分數橫線上之數謂之分母橫線下之數謂之分子此分母分子俱謂之分數之項凡分數分子小於分母則分數必小於一如 $\frac{七}{六}$。爲小於一因將六箇分爲六等分則每分爲一箇如分之爲十七等分每分自然必小於一又依同理分母等於分子則分數必等於一分子大於分母則分數必大於一

第一百七款 $\frac{三}{二}$ 之意爲二之三分之一亦爲一之三分之一之倍數欲證此理其法如左

命甲乙線代布二尺丙爲線之中丙之左右各有布一尺再將甲丙分爲三等分得丁戊兩點又將丙乙分爲三等分得己庚兩點因甲戊戊己己乙俱相等則甲戊爲二尺之三分之一即 $\frac{三}{二}$。但甲戊爲甲丁之倍而甲丁爲一尺之三分之一即 $\frac{三}{一}$。所以 $\frac{三}{二}$ 爲 $\frac{三}{一}$ 之倍即如欲取布長 $\frac{三}{二}$ 尺有兩法能得之一法將其二尺布分爲三等分而取其一分即得 $\frac{三}{二}$ 尺又法將布之一尺分爲三等分而取其二分亦得 $\frac{三}{二}$ 尺此兩法俱可用之又依同理欲求 $\frac{八}{五}$ 則可將五分爲八等分而取其一分或可將一分爲八等分而取其五分以下各款可任用此兩法以簡便爲主亦可將以上之理變其說而不變其意如左

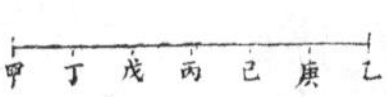

凡數欲求其三分之一可將其數之若干一各分爲三

等分而從每箇一之內取其二分則所取諸分之和爲本數之 $\frac{二}{三}$ 即如二爲兩箇一所成取其三分之一之法從其每箇一內取其三分之一則共得兩箇三分之一即三分之二也其式爲 $\frac{二}{三}=\frac{一}{三}\times二$ 若分子大於分母則上意不合於理即如 $\frac{一五}{七}$ 之意將一箇分爲七分而取其十五分而七箇分中安能取出十五分故算者心中必以爲借得幾箇一箇每一箇亦分爲七分依此法所得分數足取其十五箇即如欲得 $\frac{一五}{七}$ 必將三箇一箇各分爲七分而從其各分內取出十五箇分也

第一百八款　凡分數將其分母分子各以同數乘之則所得之分數其大與本分數同即如 $\frac{三}{四}$ 其分母分子各以五乘之即爲 $\frac{一五}{二〇}$ 同於 $\frac{三}{四}$ 即十五尺布之二十分之一同於三尺布之四分之一又以前法論之將布一尺分爲二十分而取其十五分即同於將布一尺分爲四分而取其三分如欲證之如圖令甲乙線代布一尺平分之得甲丙丙丁丁戊戊乙四分再將各分平分之得五等分則甲戊爲 $\frac{三}{四}$ 但第二次分其線共得二十等分而甲戊爲二十等分之十五分故爲 $\frac{一五}{二〇}$ 所以 $\frac{一五}{二〇}$ 與 $\frac{三}{四}$ 相同

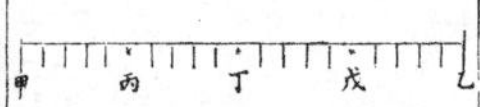

又因將 $\frac{一五}{二〇}$ 之分母分子各以五約之即得 $\frac{三}{四}$ 可見凡分數之分母分子以同數約之則分數之大小不變此理在數學中最爲要緊其理即尋常所言分爲二十一分而取其十四分同於分爲三分而取其二分

第一百九款　此兩分數 $\frac{三}{四}$ 與 $\frac{一五}{二〇}$ 既相等可以任意代換然第一式比第二式更便不第因三尺之四分之一比十五尺之二十分之一心中易明又因第一式之數目小行乘約法更便所以凡設一分數而欲用之於各事應先揣其分母分子有否公度數如九十八款之法揣出任兩數之最大公度數又指出其兩數以最大

公度數約之則約得之數除一之外無他公度數故必將分數之兩項求其最大公度數而約之則約得之分數爲本分數而變成最小之項其大小若干心中易於明之

習練之題

分數變爲最小之項其式如

$$\frac{二七九四}{二九二一}=\frac{二二\times一二七}{二三\times一二七}=\frac{二二}{二三}$$

$$\frac{二七八八}{四九二〇}=\frac{一七\times一六四}{三〇\times一六四}=\frac{一七}{三〇}$$

$$\frac{九三二〇八}{一三七八六}=\frac{七六四\times一二二}{一一三\times一二二}=\frac{七六四}{一一三}$$

$$\frac{八八八八〇〇}{四〇三五九六〇〇}=\frac{二二\times四〇四〇〇}{九九九\times四〇四〇〇}=\frac{二二}{九九九}$$

$$\frac{九五四六九}{三五九七八四}=\frac{一二一\times七八九}{四五六\times七八九}=\frac{一二一}{四五六}$$

第一百十款　如分數之兩項，已分爲各乘數，凡數之乘數，數能度盡之而無餘數，即如四、六、八，俱爲二十四之乘數。將二十四化爲乘數得六╳四、八╳三、二╳二╳二╳三俱可。則分子之任一箇乘數，可用以約之，然其分母亦必將其內之一箇同乘數約之，惟因分數母子俱以同數約之，依八十八款與一百八款之理，其分數之大小不變。凡有他數約之之數，以ノ號別之，如式

$$\frac{二\times三\times四}{一二\times一\times一〇}=\frac{二\times三\times四}{二四\times一\times一〇}=\frac{四\times四}{四\times四\times五}=\frac{一}{五}.$$

$$\frac{二〇\times五四\times五二}{一八\times九\times一三}=\frac{四\times六\times四}{三\times三\times一}=\frac{二\times二\times四}{一\times一\times一}=\frac{一六}{一}.$$

$$\frac{九\times七〇}{二七\times二八}=\frac{三\times一〇}{三\times四}=\frac{二\times五}{三\times四}=\frac{五}{六}.$$

第一百十一款　依一百八款之理，能將任分數之母子，各以同數乘之，而其分數不變。又依同理，能將兩箇分數化爲兩箇相等分數，而兩箇分母相等。即如 $\frac{三}{二}$ 與 $\frac{七}{四}$ 兩分數，將其 $\frac{三}{二}$ 之兩項俱以七乘之，又將 $\frac{七}{四}$ 之兩項俱以三乘之，則得 $\frac{三}{二}$ 爲 $\frac{三\times七}{二\times七}$，即 $\frac{二一}{一四}$，又 $\frac{七}{四}$ 爲 $\frac{三\times七}{三\times四}$，即 $\frac{二一}{一二}$，所以得兩分數 $\frac{二一}{一四}$ 與 $\frac{二一}{一二}$，等於 $\frac{三}{二}$ 與 $\frac{七}{四}$，而其公分母爲 $二一$，故 $\frac{三}{二}$ 與 $\frac{七}{四}$ 已化之而得公分母。

如有三箇分數如 $\frac{一〇}{一}$、$\frac{六}{五}$、$\frac{九}{七}$，求化之而得公分母，法將第一箇分數之兩項，以六與九相乘之積數乘之；第二箇分數之兩項，以一〇與九相乘之積數乘之；第三箇

分數之兩項，以一〇與六相乘之積數乘之，則依一百八款之理，得 $\frac{一〇}{一}$ 爲 $\frac{一〇\times六\times九}{一\times六\times九}$，即 $\frac{五四〇}{五四}$；$\frac{六}{五}$ 爲 $\frac{六\times一〇\times九}{五\times一〇\times九}$，即 $\frac{五四〇}{四五〇}$；$\frac{九}{七}$ 爲 $\frac{九\times一〇\times六}{七\times一〇\times六}$，即 $\frac{五四〇}{四二〇}$。

觀所得三箇分數，其各分子與其公分母，皆能以六度之。又依一百八款之理，以任數約之，所約得之分數，必與本分數相等，所以將 $\frac{五四〇}{五四}$、$\frac{五四〇}{四五〇}$、$\frac{五四〇}{四二〇}$ 之分母分子，各以六約之，則約得之分數爲 $\frac{九〇}{九}$、$\frac{九〇}{七五}$、$\frac{九〇}{七〇}$。此三箇分數，亦有公分母，而等於原所設之 $\frac{一〇}{一}$、$\frac{六}{五}$、$\frac{九}{七}$。故約得之三箇分數 $\frac{九〇}{九}$、$\frac{九〇}{七五}$、$\frac{九〇}{七〇}$，爲所求有公分母之三箇分數，其式更簡。可見其 $五四〇$ 爲一〇與六與九之公倍數，即 $一〇\times六\times九$。但 $九〇$ 爲一〇與六與九之最小公倍數，見前一百三款。故可知前法非最簡之法也。欲將 $\frac{一〇}{一}$、$\frac{六}{五}$、$\frac{九}{七}$ 三箇分數化爲有公分母之三箇相等分數，則先依一百三款之法，求得一〇與六與九之最小公倍數 $九〇$，又可見 $九〇$ 容一〇爲九次，容六爲一五次，容九爲一〇次，故可將第一箇分數之兩項以九乘之，第二箇分數之兩項以一五乘之，第三箇分數之兩項以一〇乘之，則所得三箇分數 $\frac{九〇}{九}$、$\frac{九〇}{七五}$、$\frac{九〇}{七〇}$，與前法所得者同。

若其數目內有一箇爲整數，則依一百六款之法，化爲有分母之數，與他數之公分母同。

習練之題

所設之分數 $\frac{六}{一}$ $\frac{五}{一}$ $\frac{三}{二}$。 $\frac{四}{三}$ $\frac{二一}{一二}$ $\frac{一四}{三}$ $\frac{七}{二}$ $\frac{三}{一}$。 $\frac{一〇〇〇}{六}$ $\frac{一〇〇}{五}$ $\frac{一〇}{四}$ 三。 $\frac{六七七}{二八一}$ $\frac{三七九}{三三}$。

化成公分母 $\frac{三〇}{五}$ $\frac{三〇}{六}$ $\frac{三〇}{二〇}$。 $\frac{八四}{六三}$ $\frac{八四}{四八}$ $\frac{八四}{一八}$ $\frac{八四}{二四}$ $\frac{八四}{二八}$。 $\frac{一〇〇〇}{六}$ $\frac{一〇〇〇}{五〇}$ $\frac{一〇〇〇}{四〇〇}$ $\frac{一〇〇〇}{三〇〇〇}$。 $\frac{二五六五八三}{一〇六四九九}$ $\frac{二五六五八三}{二二三四一}$。

第一百十二款　若將兩箇分數化成公分母，則兩分數易於相比，而知其孰大孰小。即如 $\frac{二}{一}$ 與 $\frac{一五}{七}$。兩箇分數欲求其孰大孰小，則先化之而得公分母，即 $\frac{三〇}{一五}$ 與 $\frac{三〇}{一四}$。觀此兩箇分數，即知第一箇分數爲大，因依一百七款之理，第一箇分爲 三〇 等分而取其 一五 分，第二箇取其 一四 分，則其大小之故自明矣。

由此可見，凡兩箇分數有公分母，其分子大者爲分數之大者，其分子小者爲分數之小者。又可見凡兩箇分數有公分子，則其分母小者爲分數之大者，其分母大者爲分數之小者。即如 $\frac{七}{八}$ 大於 $\frac{九}{八}$，因第一箇分數爲八之七分，第二箇分數爲八之九分。又可令任分子屬於任小之分數，其法增大其分母。即如令 一〇 爲分子，則 $\frac{一〇〇}{一〇}$ 爲 $\frac{一〇}{一}$。又 $\frac{一〇〇〇}{一〇}$ 爲 $\frac{一〇〇}{一}$。又 $\frac{一〇〇〇〇〇〇}{一〇}$ 爲 $\frac{一〇〇〇〇〇}{一}$。見前一百八款。

又可令此分數與彼分數或加或減之，即如此分數爲三十分之十五分，即將一箇分爲三十等分而取其十五分；彼分數爲三十分之十四，即將一箇分爲三十等分而取其十四分。故兩分數之和，必爲 一五 $\perp$ 一四，即二十九分，亦即 $\frac{二}{一}\perp\frac{一五}{七}$ 爲 $\frac{三〇}{二九}$。又兩分數之較，必爲 一五 $\top$ 一四，即所取者爲一分，即 $\frac{二}{一}\top\frac{一五}{七}=\frac{三〇}{一}$。

第一百十三款　從上兩款而得三法如下。一、凡分數或相比，或相加，或相減，必先化成公分母之分數，則分子大者爲分數之大者。二、各分子之和爲各分數之和之分子，而各分數之公分母爲各分數之和之分母。三、各分子之較爲各分數之較之分子，而各分數之公分母爲各分數之較之分母。

習練之題

$\frac{二}{一}\perp\frac{三}{一}\perp\frac{四}{一}\perp\frac{五}{一}=\frac{六〇}{五三}$。

$\frac{三}{四四}\top\frac{四二七}{一五三}=\frac{一二八一}{一八三二九}$。

$\frac{一〇}{八}\perp\frac{一〇〇}{三}\perp\frac{一〇〇〇}{四}=\frac{一〇〇〇}{一八三四}$。

$\frac{二}{一}\top\frac{七}{一}\perp\frac{一三}{一二}=\frac{九一}{二五三}$。

$\frac{二}{一}\perp\frac{一六}{八}\perp\frac{一八八}{九四}=\frac{二}{三}$。

$\frac{五二一}{一六三}\top\frac{八八一}{九七}=\frac{四五九〇〇一}{九三〇六六}$。

第一百十四款　假如有一整數與一分數相加，如六與$\frac{九}{四}$，則依一百六款之理，六爲$\frac{九}{五四}$，又$\frac{九}{五四}\perp\frac{九}{四}$爲$\frac{九}{五八}$，即六$\perp\frac{九}{四}$，亦即六$\frac{九}{四}$爲$\frac{九}{五八}$。其公法曰：將整數與分數之分母相乘，得積數，與分數之分子相加，則所得之和數爲所求之分子，而分數之分母爲所求之分母。即如三$\frac{四}{一}=\frac{四}{一三}$。二$\frac{九}{五}=\frac{九}{二三}$。七四$\frac{五五}{三}=\frac{五五}{四〇七三}$。

此法與一百五款之法相反。

第一百十五款　從上法可知一七二三$\frac{一〇〇〇〇}{九〇七}$爲$\frac{一〇〇〇〇}{一七二三〇九〇七}$。六六七$\frac{一〇〇〇}{二二五}$爲$\frac{一〇〇〇}{六六七二二五}$。所以凡有整數欲與左邊有一，而右邊有若干〇字爲

分母之分數相加，而其〇字之箇數不少於分子之位數，則法曰：先書其整數，再書分數之分子。若分母之〇字，其數多於分子之位數，則依所多者書於其中間，而得若干〇字，爲和數之分子，而分數之分母爲和數之分母。若分母內之〇字，其數等於分子之位數，則整數與分數之分子之中間，不可書〇字。

習練之題

一$\frac{一〇〇〇〇〇}{二三七〇七}$。二四五七$\frac{一〇}{六}$。二〇七$\frac{一〇〇〇〇〇〇}{二九九}$。二三三$\frac{一〇〇〇〇}{二二一〇}$。

第一百十六款　假如有分數$\frac{三}{二}$，求以四乘之，則依四

十八款之理，將$\frac{三}{二}$倍至四次，即同於$\frac{三}{二}\perp\frac{三}{二}\perp\frac{三}{二}\perp\frac{三}{二}$，則依一百十二款之理得$\frac{三}{八}$。故得公法曰：凡分數與整數相乘，將分子以整數乘之，而不可變其分母。

第一百十七款　若分數之分母能以整數度之，則得公法曰：將其分數之分母以整數約之，而不可變其分子。即如$\frac{三六}{七}$以六乘之，則依上款之理得$\frac{三六}{四二}$，因其分母分子皆能以六約之，則依一百八款之理同於$\frac{六}{七}$，則易明$\frac{六}{七}$從所設之分數$\frac{三六}{七}$而得之。

第一百十八款　或言乘法之理，將一箇數倍之若干次，

其若干次爲乘數內所有一箇之若干數，即如$\frac{一}{二}$以七乘之，同於將$\frac{一}{二}$倍之至七箇，內所有一箇之次數，即欲成七箇，必倍一箇至若干次，則倍十二箇至其若干次，可云將一箇變爲七箇之工夫，同於將$\frac{一}{二}$變爲七箇$\frac{一}{二}$之工夫，即如七爲一$\perp$一$\perp$一$\perp$一$\perp$一$\perp$一$\perp$一，七箇$\frac{一}{二}$爲$\frac{一}{二}\perp\frac{一}{二}\perp\frac{一}{二}\perp\frac{一}{二}\perp\frac{一}{二}\perp\frac{一}{二}\perp\frac{一}{二}$。

上所論者整數也，如將兩箇分數依同理行乘法，則所得者仍謂之積數，而其法仍謂之乘法，然究有分別，因乘整數將一箇倍之若干次，而乘分數先將一箇分得

若干等分而將一箇分倍之若干次，如能明此理，分數之乘法甚易。即如 $\frac{四}{三}$ 以 $\frac{八}{七}$ 乘之，但將其一箇變成 $\frac{八}{七}$ 之工夫，必將 $\frac{四}{三}$ 依同理用之，但成此 $\frac{八}{七}$ 之法是將一箇分爲八分而取其七分，所以 $\frac{四}{三}\times\frac{八}{七}$ 必將 $\frac{四}{三}$ 分爲八分而取其七分，依一百八款之理，$\frac{四}{三}$ 同於 $\frac{三二}{二四}$。因成此 $\frac{三二}{二四}$ 之法，爲將一箇分爲三二分而取其二四分，即同於取其三分至八次，故將 $\frac{三二}{二四}$ 分爲八等分，各分爲 $\frac{三二}{三}$，又取此各分內之七箇，所得者依一百十六款之理爲 $\frac{三二}{二一}$，所以 $\frac{四}{三}$ 以 $\frac{八}{七}$ 乘之所得之積數爲 $\frac{三二}{二一}$。凡兩箇分數相乘，其理皆同。但 $\frac{三二}{二一}$ 從 $\frac{四}{三}$ 與 $\frac{八}{七}$ 得之之法，是將其二箇分子相乘得積數爲分子，二箇分母相乘得積數爲分母。凡分數之乘法，不外此也。

第一百十九款　若將上款所得之 $\frac{三二}{二一}$ 以第三箇分數乘之，即如以 $\frac{九}{五}$，則依同法而得 $\frac{二八八}{一〇五}$。其餘類推，故得分數相乘之公法曰：將所有分子相乘得積數爲分子，將所有分母相乘得積數爲分母。

第一百二十款　假如有 $\frac{一六}{一五}$ 以 $\frac{一〇}{八}$ 乘之，其積數可書之爲 $\frac{一六\times一〇}{一五\times八}$，即 $\frac{一六〇}{一二〇}$。將此積數依一百九款之理約得最小項之式，即得 $\frac{四}{三}$。又有一法能徑得 $\frac{四}{三}$，因 一五 與 一〇 皆能以五度之，又八與一六皆能以八度之，則其積數可書之爲 $\frac{二\times八\times二\times五}{三\times五\times八}$，再將其分子分母依一百八款與八十七款之理，以 五×八 約之，則徑得 $\frac{四}{三}$。所以凡將多分數相乘之先，必觀其分子與分母各乘數內有否公度數，如得公度數，則分母分子各以此數約之，令約得之數化其本數。

凡整數能變爲有分母之分數，則依一百六款之理，十六爲 $\frac{二}{一六}$，故所欲乘之數有一箇或多箇爲整數，其餘爲分數，則各整數能依同法變之爲分數。

習練之題

$$\frac{二}{一}\times\frac{三}{二}\times\frac{四}{三}\times\frac{五}{四}=\frac{五}{一}$$

$$\frac{一七}{二}\times\frac{四五}{一七}=\frac{四五}{二}$$

$$\frac{七四七〇}{一三六}\times\frac{九一九}{二六八}=\frac{六八六四九三〇}{三六四四八}=\frac{三四三二四六五}{一八二二四}$$

$$\frac{五九}{二}\times\frac{七}{一三}\times\frac{一九}{二四一}=\frac{七八四七}{六二六六}$$

$$\frac{四六一}{一三}\times\frac{一一}{六〇一}=\frac{五〇七一}{七八一三}$$

分數	平方	立方
$\frac{一五八}{七〇一}$	$\frac{二四九六四}{四九一四〇一}$	$\frac{三九四四三一二}{三四四四七二一〇一}$
$\frac{一四一}{一四〇}$	$\frac{一九八八一}{一九六〇〇}$	$\frac{二八〇三二二一}{二七四四〇〇〇}$
$\frac{一一三}{三五五}$	$\frac{一二七六九}{一二六〇二五}$	$\frac{一四四二八九七}{四四七三八八七五}$

假如甲有田一百畝，賣去三分之二後得五十畝，又將所有之田 $\frac{七}{五}$ 賣與乙，求乙得田若干。　答曰五十九畝又二十一分之十一。

第一百二十一款　凡將一整數以他整數約之卽如一〇八以九約之必先自揣設將若干九相加能否成一〇八．果能成之則知取若干九箇卽得矣．

假如有任兩箇分數如$\frac{\text{二}}{\text{三}}$與$\frac{\text{四}}{\text{五}}$．依同理自揣設將$\frac{\text{四}}{\text{五}}$分得若干等分而將其若干分相加能否成$\frac{\text{二}}{\text{三}}$．如能成之則必將$\frac{\text{四}}{\text{五}}$分爲若干分再以其若干分相加至能成$\frac{\text{二}}{\text{三}}$．此兩種自揣之意其理相同而第二事爲分數之約法卽$\frac{\text{二}}{\text{三}}$以$\frac{\text{四}}{\text{五}}$約之之題而約得之數之分母爲將$\frac{\text{四}}{\text{五}}$分得若干分而其分子爲所取之分之數解此題之法如下．依一百十一款之理將其兩箇分數化爲有公分母之分數則依一百八款之理所得之兩箇分數爲$\frac{\text{一〇}}{\text{一五}}$與$\frac{\text{一二}}{\text{一五}}$．必等於本兩箇分數再將$\frac{\text{一二}}{\text{一五}}$分爲若干分取其各分至能成$\frac{\text{一〇}}{\text{一五}}$．但因成$\frac{\text{一二}}{\text{一五}}$之法是將一箇分爲十五分而取其各分內之十二箇則依同理如將$\frac{\text{一二}}{\text{一五}}$分爲十二等分則各分爲$\frac{\text{一}}{\text{一五}}$．若取其各分內之十箇分卽成$\frac{\text{一〇}}{\text{一五}}$．而依一百八款之理$\frac{\text{一〇}}{\text{一五}}$卽$\frac{\text{二}}{\text{三}}$．則必將$\frac{\text{一二}}{\text{一五}}$卽$\frac{\text{四}}{\text{五}}$分爲十二等分而取其各分內之十箇卽約得之數爲$\frac{\text{一〇}}{\text{一二}}$．若令$\frac{\text{二}}{\text{三}}$爲實$\frac{\text{四}}{\text{五}}$爲法卽得下公法凡分數約法之理不外此矣．

法曰將實之分子與法之分母相乘得約得數之分子將實之分母與法之分子相乘得約得數之分母可見分數之約法與分數之乘法相反卽如將$\frac{\text{四}}{\text{五}}$以$\frac{\text{一〇}}{\text{一二}}$乘之必自揣將$\frac{\text{四}}{\text{五}}$之十二分之一取之十次則等於取一箇之若干分答曰$\frac{\text{四〇}}{\text{六〇}}$卽$\frac{\text{二}}{\text{三}}$也又如將$\frac{\text{二}}{\text{三}}$以$\frac{\text{四}}{\text{五}}$約之則必自揣$\frac{\text{二}}{\text{三}}$爲$\frac{\text{四}}{\text{五}}$之若干分答曰$\frac{\text{一〇}}{\text{一二}}$．

第一百二十二款　分數之約法內能偶遇簡便之事卽如$\frac{\text{一六}}{\text{三三}}$以$\frac{\text{二八}}{\text{一五}}$約之則可見其一六爲四×四．又二八爲四×七．又三三爲三×一一．又一五爲三×五．所以其兩箇分數變爲$\frac{\text{四}\times\text{四}}{\text{三}\times\text{一一}}$與$\frac{\text{四}\times\text{七}}{\text{三}\times\text{五}}$．而依所設之法其約得數爲$\frac{\text{四}\times\text{四}\times\text{三}\times\text{五}}{\text{三}\times\text{一一}\times\text{四}\times\text{七}}$．而因分母分子俱有四×三．則可去之依一百八款之理所求之約得數爲$\frac{\text{四}\times\text{五}}{\text{一一}\times\text{七}}$．卽$\frac{\text{二〇}}{\text{七七}}$．故上款之法能變之如下．凡得其兩箇分子或其兩箇分母有公度數則先以此公度數約之將約得之數代其本數．

第一百二十三款　凡分數以整數約之卽如$\frac{\text{二}}{\text{三}}$以一五約之先將其一五變爲分數卽$\frac{\text{一五}}{\text{一}}$．再以上法行約法得$\frac{\text{二}}{\text{四五}}$爲約得數故得公法曰凡分數欲以整數約之將分母與整數相乘而不變其分子．

習練之題

實$\frac{\text{四一}}{\text{三三}}$．$\frac{\text{四六七}}{\text{一五一}}$．$\frac{\text{七八一三}}{\text{五〇七一}}$．

法	約得數
$\frac{一一}{六三}$	$\frac{一八九}{四一}$
$\frac{一〇一}{九〇七}$	$\frac{一三六九五七}{四七一六七}$
$\frac{一一}{六〇一}$	$\frac{四六一}{一三}$

求 $\frac{\frac{五}{二}丅\frac{七}{三}}{\frac{五}{二}\times\frac{五}{二}\times\frac{五}{二}丅\frac{七}{三}\times\frac{七}{三}\times\frac{七}{三}}$ 答曰 $\frac{七二二五}{五五九}$

求 $\frac{\frac{一}{八}丅\frac{一}{三}}{\frac{一}{八}\times\frac{一}{八}丅\frac{一}{三}\times\frac{一}{三}}$ 答曰一

假如有麥田一所，甲收割之須十二日可畢，乙六日可畢，丙四日可畢，若三人合而收割之須幾日可畢。此題之解法如下，從本題每一人獨自收割一田之麥，而得其一人在一日內收割一田之麥之若干分，而從此得其各人一日合而收割之分數，則可得各人合而收割之日數，下題之解法，其理亦同。答曰二日。

假如有一大水箱，上有四箇門，若從第一門進水，十二小時水能滿之，第二門進水，十一小時水已滿，第三門進水，祇須十小時，第四門進水，祇須九小時，若令四門同時進水，須幾小時水能滿之。答曰，兩小時又七百六十三分小時之四百五十四。

第一百二十四款　本卷之要理，能以代數法顯之，令甲乙丙丁等代任整數，則一百七款之理爲 $\frac{乙}{甲}=\frac{乙}{一}\times甲$。一百八款之理爲 $\frac{乙}{甲}=\frac{乙寅}{甲寅}$。一百十一款之理爲 $\frac{乙}{甲}$ 與 $\frac{丁}{丙}$，同於 $\frac{乙丁}{甲丁}$ 與 $\frac{乙丁}{乙丙}$，一百十二款之理爲 $\frac{丙}{甲}丄\frac{丙}{乙}=\frac{丙}{甲丄乙}$，與 $\frac{丙}{甲}丅\frac{丙}{乙}=\frac{丙}{甲丅乙}$。一百十三款之理爲 $\frac{乙}{甲}丄\frac{丁}{丙}=\frac{乙丁}{甲丁丄乙丙}$，與 $\frac{乙}{甲}丅\frac{丁}{丙}=\frac{乙丁}{甲丁丅乙丙}$。一百十八款之理，$\frac{乙}{甲}\times\frac{丁}{丙}=\frac{乙丁}{甲丙}$。一百二十一款之理，$\frac{乙}{甲}$ 以 $\frac{丁}{丙}$ 約之，即 $\frac{\frac{丁}{丙}}{\frac{乙}{甲}}=\frac{乙丙}{甲丁}$。

第一百二十五款　以上各事，無論甲乙丙丁等字代整數或分數，其理必同，即如 $\frac{\frac{丁}{丙}}{\frac{乙}{甲}}$，其分母爲分數，其分子亦爲分數，將分母與分子俱以分數 $\frac{巳}{戊}$ 乘之，即得 $\frac{\frac{丁巳}{丙戊}}{\frac{乙巳}{甲戊}}$，依一百二十一款之理爲 $\frac{乙巳丙戊}{甲戊丁巳}$，再將分母分子以戊巳約之，則依一百八款之理爲 $\frac{乙丙}{甲丁}$，但其原分數爲 $\frac{乙丙}{甲丁}$，所以 $\frac{\frac{丁}{丙}}{\frac{乙}{甲}}=\frac{\frac{丁}{丙}\times\frac{巳}{戊}}{\frac{乙}{甲}\times\frac{巳}{戊}}$。此同於上款之第二式，又依同理可將上款各式內之甲乙丙丁等字以分數代整數，其理亦同，依此書之各事內以分數代整數，其理亦同，如任擇一式如前五十四款之 $(寅丄卯)甲=寅甲丄卯甲$，令其寅卯甲各以 $\frac{午}{巳}$

$\frac{申}{未}\frac{丙}{乙}$代之則寅卯爲$\frac{午}{巳}\frac{申}{未}$即$\frac{午申}{巳申午未}$又寅卯甲爲$\frac{午申}{巳申午未}\times\frac{丙}{乙}$即$\frac{午申丙}{巳申午未乙}$

即$\frac{午申丙}{巳申乙午未乙}$但依一百十二款之理等於$\frac{午申丙}{巳申乙}\frac{午申丙}{午未乙}$即$\frac{午丙}{巳乙}\frac{申丙}{未乙}$此因

$\frac{午申丙}{巳申乙}=\frac{午丙}{巳乙}$又$\frac{午申丙}{午未乙}=\frac{申丙}{未乙}$之故（見前一百八款）但$\frac{午}{巳}\times\frac{丙}{乙}=\frac{午丙}{巳乙}$而$\frac{申}{未}\times\frac{丙}{乙}=\frac{申丙}{未乙}$所以寅卯甲即$\frac{午}{巳}\frac{申}{未}\frac{丙}{乙}=\frac{午丙}{巳乙}\frac{申丙}{未乙}$

又依同理可將任一箇有甲乙丙丁等分數之式以整數代之。

茲設三題令學者習之。

$\frac{\frac{乙}{甲}\times\frac{巳}{戊}\times\frac{丁}{丙}\times\frac{辛}{庚}}{\frac{乙}{甲}\times\frac{丁}{丙}\times\frac{巳}{戊}\times\frac{辛}{庚}}=\frac{甲戊丁辛乙丙巳庚}{甲丙巳辛乙丁戊庚}$

$\frac{甲\frac{三}{乙}}{甲\frac{丙}{乙}}=\frac{甲乙三}{甲丙乙}$ … $=\frac{甲乙丙甲丙}{乙丙}$

若末題不用代法如

$\frac{六\frac{七}{八}}{\frac{五}{一}}\cdots=\frac{三五〇}{五七}$

凡用整數而設立公式則用甲乙丙丁等字代之其理亦同。

桐鄉沈善蒸校算

數學理卷六

英國棣麽甘譔
英國 傅蘭雅 口譯
新陽 趙元益 筆述

小分數之理

第一百二十六款　前一百十二款與一百二十一款曾言凡分數欲比較之必先化爲有公分母之分數又言有公分母之分數易行各法分母不同之分數則行各法甚難故數學內多用分數之事必化爲同分母之分數或得易變爲同分母之分數但各數內易變爲同分母者爲一〇、一〇〇、一〇〇〇等即左邊有一而右邊有幾〇字此各

數謂之十數此種分數之分母謂之任十數其分數謂之十分數又名曰小分數

第一百二十七款　凡整數欲變爲十分數或一箇十分數變爲他十分數其事最易依前一百六款之理（見前）九四爲$\frac{一〇}{九四〇}$即$\frac{一〇〇}{九四〇〇}$即$\frac{一〇〇〇}{九四〇〇〇}$又$\frac{一〇}{三}$爲$\frac{一〇〇}{三〇}$即$\frac{一〇〇〇}{三〇〇}$即$\frac{一〇〇〇〇}{三〇〇〇}$

一百八款　凡數之右邊加一〇字即同於以十乘之（見前五十七款）所以依一百八款之理可將任一分數之分子右邊加〇字若干而其分母必同加若干〇字。

第一百二十八款　或問曰將任一分數變爲十分數而

不改其所值之數可乎。答曰：如有分數 $\frac{一六}{七}$，必將其分子分母各以 一〇、一〇〇、一〇〇〇 等相乘，即得任多分數，各分數等於 $\frac{一六}{七}$（見前一百八款）。即得 $\frac{一六〇}{七〇}$、$\frac{一六〇〇}{七〇〇}$、$\frac{一六〇〇〇}{七〇〇〇}$、$\frac{一六〇〇〇〇}{七〇〇〇〇}$ 等，此各分數之分母俱能以一六約之而無餘，所約得之各數為 一〇、一〇〇、一〇〇〇、一〇〇〇〇 等。故各分子內，如有一箇分子能以一六度之，則其分數之分子分母俱能以一六約之，則依前一百八款之理，以一六約其分子分母之後，其分數之所值尚未改，分數之分母變為 一〇、一〇〇、一〇〇〇 等，而各分數內之一箇分數必等於 $\frac{一六}{七}$，故必查其 七〇、七〇〇、七〇〇〇、七〇〇〇〇 等各數內能以一六度之之第一數。

如將此各數皆以一六約之，其工夫如左。

```
一六)七〇(四
     六四
      六

一六)七〇〇(四三
     六四
      六〇
      四八
      一二

一六)七〇〇〇(四三七
     六四
      六〇
      四八
      一二〇
      一一二
        八

一六)七〇〇〇〇(四三七五
     六四
      六〇
      四八
      一二〇
      一一二
        八〇
        八〇
         〇
```

可見各分子內能以一六度之之第一數為七〇〇〇〇。但此各約法之工夫不必全寫，因第四式包前三式在內，故推算時以為右邊所加之〇字無窮，徑加〇字而約之，至得無餘數為〇而止，算所加之〇字若干，即如前第四式內因其七〇〇〇〇為 一六）四三七五，所以 $\frac{一六〇〇〇〇}{七〇〇〇〇}$ 即 $\frac{一六×一〇〇〇〇}{一六×四三七五}$ 即 $\frac{一〇〇〇〇}{四三七五}$ 為所求之十分數也。

凡分數欲變為十分數，其法任在分子之右邊加〇字而以分母約之，至無餘數而止，所約得之數為所求分數之分子，其分母左邊之數為一，而一之右邊所加〇字之數等於約時所加〇字之數。

習練之題

求將 $\frac{二}{一}$、$\frac{四}{一}$、$\frac{二五}{二}$、$\frac{五〇}{一}$ 各分數變為十分數。答曰：$\frac{一〇}{五}$、$\frac{一〇〇}{二五}$、$\frac{一〇〇}{八}$、$\frac{一〇〇}{二}$。

求將 $\frac{一二五〇〇}{三九二七}$、$\frac{六二五}{四五三}$ 兩分數變為十分數。答曰：$\frac{一〇〇〇〇}{三一四一六}$、$\frac{一〇〇〇〇}{七二四八}$。

第一百二十九款　有時遇分數將其分子任加〇字而以分母約之，至無窮不能得無餘數，即如將 $\frac{七}{一}$ 變為十分數，即

```
七)一〇〇〇〇〇〇〇〇〇〇〇〇〇〇〇〇〇〇〇〇
   一四二八五七一四二八五七一四二八五七一…
```

此約得之數為 一四二八五七 連約之至無窮，祇能得

此六箇數而其次第永不變若將約得任多數之任多位一四二八五七一四二八五七等令爲分子而其分母爲一在右邊加若干○字其○字之數等於得任多位數所用之○字則所得之分數雖不等於 $\frac{1}{7}$ 但所差者爲極微之數若分子分母之位數愈多則所差者愈微即如

$\frac{1}{10}$ 之小於 $\frac{1}{7}$ 爲 $\frac{3}{70}$ 即其差不足成 $\frac{1}{10}$.

$\frac{14}{100}$ 之小於 $\frac{1}{7}$ 爲 $\frac{2}{700}$ 即其差不足成 $\frac{1}{100}$.

$\frac{142}{1000}$ 之小於 $\frac{1}{7}$ 爲 $\frac{6}{7000}$ 即其差不足成 $\frac{1}{1000}$.

$\frac{1428}{10000}$ 之小於 $\frac{1}{7}$ 爲 $\frac{4}{70000}$ 即其差不足成 $\frac{1}{10000}$.

$\frac{14285}{100000}$ 之小於 $\frac{1}{7}$ 爲 $\frac{5}{700000}$ 即其差不足成 $\frac{1}{100000}$.

$\frac{142857}{1000000}$ 之小於 $\frac{1}{7}$ 爲 $\frac{1}{7000000}$ 即其差不足成 $\frac{1}{1000000}$.

上之各十分數漸近於 $\frac{1}{7}$ 觀其第六箇十分數知其差漸微故雖不能得一箇十分數竟等於 $\frac{1}{7}$ 而能求一箇十分數最近於 $\frac{1}{7}$ 其差可任意至極微。

此理可顯之如下 假如欲將 $\frac{1}{7}$ 化爲十分數而其差數不可外於一箇之百萬分之一法將 $\frac{1}{7}$ 之分子分母各以百萬乘之再以七約之即得 $\frac{1}{7}=\frac{1000000}{7000000}=\frac{142857\frac{1}{7}}{1000000}$ 如去其分子內之 $\frac{1}{7}$ 則所去者爲一箇之七百萬分之一故所求之十分數爲 $\frac{142857}{1000000}$ 而其差不外乎百萬分之一

習練之題

依同法將 $\frac{3}{91}$, $\frac{17}{143}$, $\frac{1}{247}$ 作式與前式同

答曰 $\frac{3}{91}$ 所約得之循環數爲三二九六七○·三二九六七○等 又 $\frac{17}{143}$ 所約得之循環數爲一一八八八一·一一八八八一等 又 $\frac{1}{247}$ 所約得之循環數爲四○四八五八二九九五九五一四一七○○·四○四八五八二等

第一百三十款 或問曰約得數內得循環數而次第不變究何故也答曰如將一○○○等以二四七約之則每約一次所得之餘數必小於二四七又必爲○或從一至二四六之各數內之一箇數所以餘數若不能爲○則連約若干次必得一箇餘數第二次顯出之處假如約二百四十六次而各餘數不同即從一二三等至二四六而不論其次第則約

至第二百四十七次其餘數不能不同於已有之餘數故必有一餘數能重複之處其以下之各數必同於前雖連約至無窮亦必如此

第一百三十一款　或問曰若分數之太半不能變為十分數則求十分數之法豈非無甚大用乎答曰十分數之加減乘除各法較易於尋常之分數雖尋常分數有不能變為十分數者然能求得最近之十分數而代其本分數其差極微而不覺即如將一寸分為一千萬等分而將其一分細觀之目力不能辨也所以凡求物之長數差至寸之千萬分之一則可無妨雖欲測之極詳

無法能知其差如將前一百二十九款之式擴充之即得 一〇〇〇〇〇〇〇/一四二八五七一 十分數與 七/一 相較所有之差不足為 一〇〇〇〇〇〇〇/一 如令此各分數代寸之若干分數則第一數與第二數之別目力不能分故可代用之凡尋常日用之數學如長短輕重等數不能以數記之至無微差故用十分數雖常有微差亦無妨因任用何法必有微差也

習練之題

求將各分數變為十分數而其差不外一萬萬分之一如左

七/四 答曰 一〇〇〇〇〇〇〇〇/五七一四二八五七

三五五/一一三 答曰 一〇〇〇〇〇〇〇〇/三一八三〇九八五

一一三/三五五 答曰 一〇〇〇〇〇〇〇〇/三一四一五九二九二

第一百三十二款　凡十分數能以之化為整數與更簡便之十分數或祇得十分數而其分子祇有一位數目字即如 一〇〇〇/一四七三二六 依一百十五款化其 一〇〇〇/一四七三二六 得 一四七 一〇〇〇/三二六 而因 三二六 為 三〇〇 與 二〇 與 六 之和而成依前一百十二款得 一〇〇〇/三二六＝一〇〇〇/三〇〇＋一〇〇〇/二〇＋一〇〇〇/六

但依一百八款其 一〇〇〇/三〇〇 為 一〇/三 而 一〇〇〇/二〇 為 一〇〇/二 所以其 一〇〇〇/一四七三二六 為 一四七 一〇/三 一〇〇/二 一〇〇〇/六 之和而成再任取一數即如 一四七.三二六 而作若干分數其各分子即為此數而其各分母為 一 一〇 一〇〇 一〇〇〇 一〇〇〇〇 等將各分數變為整數與更簡便之十分數俱以前法為之則得表如左

化十分數法之表

學者應自寫此表數次以後從下習練之題作同類之表。

一/一四七三二六 = 一四七三二六/一

一〇/一四七三二六 = 一四七三二/六

一〇〇/一四七三二六 = 一四七三/二六

一〇〇〇/一四七三二六 = 一四七/三二六

一〇〇〇〇/一四七三二六 = 一四/七三二六

一〇〇〇〇〇/一四七三二六 = 一/四七三二六

一〇〇〇〇〇〇/一四七三二六 = 一/四七三二六〇

一〇〇〇〇〇〇〇/一四七三二六 = 一/四七三二六〇〇

習練之題

求將各分數化為整數與更簡便之十分數。

一〇/三一四一五九二六　一〇〇/三一四一五九二六　一〇/二七〇〇〇三一　一〇〇/二七〇〇〇三一　一〇/二〇七三〇〇〇　一〇〇/二〇七三〇〇〇　一〇〇〇/三三三一三〇三　一〇〇〇〇/三三三一三〇三

第一百三十三款　如觀此表與同類之表則知容一整數之分數有一公法能作之法曰觀分母之〇數若干而從分子之右邊起算若干位而作一點為記號則如分數為

一〇/一四七三二六 即得 一四七三二.六

一〇〇/一四七三二六 即得 一四七三.二六

一〇〇〇/一四七三二六 即得 一四七.三二六

餘類推。點左各數為分數所容之整數點右各數第一箇為分數以十為分母之分子第二箇為分數以百為分母之分子餘類推若分數內本不容整數則另有法以馭之

第一百三十四款　前表內分數之不含整數者第一箇為 一〇〇〇〇〇〇/一四七三二六 其分母之〇數同於分子之位數如以前法作之則在分子左邊作一點而點之左邊無數目字即如依一百三十三款之理能作之查表內之 一〇〇〇〇〇〇/一四七三二六 能化為 .一四七三二六

第二箇不含整數之分數為 一〇〇〇〇〇〇〇/一四七三二六 能化為 .〇一四七三二六

但此數內其一箇非為一〇所約而為一〇〇所約若於左邊作一點則不合於理因點右第一位之分母為點右第

二位所應有之分母而第二位有第三位所應有之分母餘類推如欲依前公法作之則必設一法令其一為點右之第二位而不可為第一位其法在點與一箇之間作一〇如 ·〇一四七三二六 則合於公法因化之得 $\frac{一〇〇〇〇〇〇〇}{六}$ ⊥ $\frac{一〇〇〇〇〇〇}{二}$ ⊥ $\frac{一〇〇〇〇〇}{三}$ ⊥ $\frac{一〇〇〇〇}{七}$ ⊥ $\frac{一〇〇〇}{四}$ ⊥ $\frac{一〇〇}{一}$ ⊥ $\frac{一〇}{〇}$ 即同於前式因其 $\frac{一〇}{〇}$ 為〇不必論之

又依同理分母之〇數多於分子之位數二箇則分子左邊第一位與點之間作兩〇亦合於公法茲將前設公法詳論如左

凡欲將十分數化為整數與更簡便之十分數或不含整數欲化之為更簡便之十分數必算其分母之〇數得若干而從其分子之右邊算若干位作一點若分子之位數不敷則缺少若干位必添若干〇於若干〇之左邊作一點若點之左邊尚有數目字則為本分數所含之整數點右之第一位為以十為分母之分數第二位為以百為分母之分數餘類推

第一百三十五款　十分數不必寫其分母與分子之式因觀其分子則知其分母所以分母不必寫祇須觀分子之點耳作點工夫最為緊要故以下不寫 $\frac{一〇}{七}$ 而寫 ·七 又不寫 $\frac{一〇〇}{七}$ 而寫 ·〇七 餘類推觀下表則易明記各十分數之法且觀此表則知其與前言有相關要之若干一箇位之右邊各數目字為若干一箇以十約之或以百約之或以千約之之數而若干一箇位之左邊各數目字為若干一以十乘之或以百乘之或以千乘之之數等

學者必留意作點之方位不可在兩箇字之中間必稍移向上其故因各種最深之數學其點在兩箇字之中間則為相乘之意即如 一五·一六 或 甲·乙 或 $\overline{甲⊥乙}·\overline{丙⊥丁}$ 各式內之點為相乘之意十分數之點不可與之相混也

第一表

一二三·四 代 $\frac{一〇}{一二三四}$ 即 一二三$\frac{一〇}{四}$ 即 一二三⊥$\frac{一〇}{四}$

一二·三四 代 $\frac{一〇〇}{一二三四}$ 即 一二$\frac{一〇〇}{三四}$ 即 一二⊥$\frac{一〇}{三}$⊥$\frac{一〇〇}{四}$

·一二三四 代 $\frac{一〇〇〇}{一二三四}$ 即 $\frac{一〇〇〇}{一二三四}$ 即 ...

·〇一二三四 代 $\frac{一〇〇〇〇〇}{一二三四}$ 即 ...

·〇〇一二三四 代 $\frac{一〇〇〇〇〇〇}{一二三四}$ 即 ...

·〇一二三四 代 $\frac{一〇〇〇〇}{一二三四}$ 即 ...

第二表

·〇一〇〇三 代 $\frac{一〇〇〇〇〇}{一〇〇三}$ 即 ...

·〇〇三 代 $\frac{一〇〇〇〇}{一〇〇三}$ 即 ...

·〇一〇三 代 $\frac{一〇〇}{一〇〇三}$ 即 ...

·〇〇三 代 $\frac{一〇}{一〇〇三}$ 即 ...

第三表

[illegible]

第四表

一爲 $\frac{一}{一〇〇〇}$ 寸

二爲 $\frac{二}{一〇〇}$ 寸

三爲 $\frac{三}{一〇}$ 寸

四爲 四寸

五爲 $\frac{五}{一〇}$ 寸

在一二三四五六七八九寸數內

六爲 $\frac{六}{一〇〇}$ 寸

七爲 $\frac{七}{一〇〇〇}$ 寸

八爲 $\frac{八}{一〇〇〇〇}$ 寸

九爲 $\frac{九}{一〇〇〇〇〇}$ 寸

第一百三十六款　十分數點右所加之〇字同於整數右邊所加之〇字（見前第十款）其用處不過補滿位數而與他數目字之分別在乎有值與無值耳如 ·〇〇三七四七 爲七箇位之十分數而內有四箇爲有值之數又 ·三四六 爲三箇位之十分數而三箇皆爲有值之數.

第一百三十七款　凡十分數之右邊加若干〇字俱爲虛字而其本十分數不能因此〇字而變其大小即如 ·三 與 ·三〇〇 依一百三十五款之理 ·三 爲 $\frac{三}{一〇}$ ·三〇〇 爲 $\frac{三〇〇}{一〇〇〇}$ 此數從上數變成之法將分母與分子各以一〇〇乘之依一

百八款之理兩數必相等

第一百三十八款　凡兩箇十分數欲變成公分母則位數少者之右邊必添〇字足令兩數之位相齊即如 ·五四 與 ·四三二九七 其第一數爲 $\frac{五四}{一〇〇}$ 第二數爲 $\frac{四三二九七}{一〇〇〇〇〇}$ 則依一百八款之理將第一數之分子分母各以一〇〇乘之則變成 $\frac{五四〇〇〇}{一〇〇〇〇〇}$ 此分數之分母同於 $\frac{四三二九七}{一〇〇〇〇〇}$ 之分母但 $\frac{五四〇〇〇}{一〇〇〇〇〇}$ 爲 ·五四〇〇〇（見前一百三十五款）凡整數欲作一點必在其數之右邊即如 一二九 作一點

必爲 一二九· 尋常整數不必作點然學者不可遺忘 一二九 與 一二九·〇〇〇 爲相等數因第一數爲 一二九· 第二數爲 $\frac{一二九〇〇〇}{一〇〇〇}$ 也

第一百三十九款　第五卷內分數加減乘約之各法無論何分數俱可用故十分數亦可用且記十分數之法較之他分數更簡所以行此四法亦必簡茲將各法一一言之

假如有 四二·六三四　四·五二八〇六　二〇·〇一　·五四 欲相加依一百十二款之理必化成

公分母則依上款之理能化之而得 $\frac{四二六三四〇〇}{一〇〇〇〇〇}$　$\frac{四五二八〇六}{一〇〇〇〇〇}$　$\frac{二〇〇一〇〇〇}{一〇〇〇〇〇}$　$\frac{五四〇〇〇}{一〇〇〇〇〇}$ 此各分數爲十分數其分子爲 四二六三四〇〇　四五二八〇六　二〇〇一〇〇〇　五四〇〇〇 其公分母爲 一〇〇〇〇〇 依一百十二款之理其和爲 $\frac{四二六三四〇〇丄四五二八〇六丄二〇〇一〇〇〇丄五四〇〇〇}{一〇〇〇〇〇}$ 即 $\frac{六七二〇二〇六}{一〇〇〇〇〇}$ 亦即 六七·二〇二〇六 行十分數

加法之最簡便者寫其各十分數一與一對十與十對令各點在一直線內即

四二·六三四
四·五二八〇六
二〇·〇一
·五四
六七·二〇二〇六

將各行以尋常之加法相加而其點必在各點之直線內

題　求 四七九·一〇〇〇〇丄三一·〇〇二丄四九·〇二三七四六丄七二·一五 丄一〇〇·二三七六·丄一二·一三六·丄九·一二丄七〇·一丄三六七二二 丄八三八八·丄二四一·〇〇丄九三·〇〇丄七七·丄一一一

答曰 四七三一·四三三七三九五一 二五二六·五三〇九五 二一九九六九

第一百四十款　求將.九一〇七三二四與.一三七三二一相減。此兩分數化成公分母，得九一〇七三二四/一〇〇〇〇〇〇〇與一三七三二一〇〇/一〇〇〇〇〇〇〇（見一百三十八款）。所以其較必爲(一三七三二一〇〇－九一〇七三二四)/一〇〇〇〇〇〇〇，即四六二四七七六/一〇〇〇〇〇〇〇，即.四六二四七七六。

作此事之最簡法，將小數書於大數之下，令其點在一直線內，即如

.一三七三二一
.九一〇七三二四
.四六二四七七六

下數與上數相減，即得。凡遇上下有缺少位數之處，心中以爲各空處有〇字補之。

題　求

一二三六·二丅二七四·二二一〇七丄·五·
九九七六·二〇七三九四二丅·〇〇一四三九七六七二八·
一二丄·〇三丄·〇〇四丅·〇〇〇五·

答曰

一二〇八八·二七八九三·
九九七六·二〇五九五四四三二七二·
一·二三三五·

第一百四十一款　凡十分數以十乘之，其積數與本數不同之處，因其點移向右一位。依同理，以百乘之，必將其點移向右二位；以千乘之，必將其點移向右三位。餘類推。所以將.一三二〇七九以百乘之，其十分數爲一三二〇七九/一〇〇〇〇〇〇，以一〇〇乘之，依一百十七款之理，得一三二〇七九/一〇〇〇〇，即.一三二〇七九。又一三〇九/一〇〇〇〇×一〇〇〇〇〇爲一三〇九/一〇〇〇〇×一〇〇〇〇〇，即依一百十六款之理爲一三〇九〇〇〇〇〇/一〇〇〇〇，即一三〇九〇〇·。從此各題並同類之各題，得公法曰：凡十分數欲以十、百、千等乘之，必觀其法數之〇字有若干，而將其點移向右邊若干位。若十分數之位數不足，則依一百三十七款之理，在右邊加〇字，至能移其點若干位爲止。

第一百四十二款　求將.一七〇三六以.四二七乘之。此第一箇十分數爲一七〇三六/一〇〇〇〇〇，第二箇十分數爲四二七/一〇〇〇。依一百十八款之理，此兩箇積數之分數，其分子爲一七〇三六與四二七之積數，其分母爲一〇〇〇〇〇與一〇〇〇之積數，即七二七四三七二/一〇〇〇〇〇〇〇〇，即.〇七二七四三七二。作此事之簡法，將一七〇三六與四二七兩數相乘，而算其兩數點右之位共若干，則可

從積數右邊計其若干位作一點此法之理因凡一〇、一〇〇、一〇〇〇等相乘則積數之〇字必等於兩箇乘數〇字之和

第一百四十三款　或問曰若積數之位數少於兩箇乘數之位之和則何能行此法乎答曰將兩箇數相乘試之即如將·一七二以·一〇一乘之即同於將$\frac{一七二}{一〇〇〇}$以$\frac{一〇一}{一〇〇〇}$乘之所得之積數爲$\frac{一七三七二}{一〇〇〇〇〇〇}$　依一百三十五款之理爲·〇一七三七二　所以凡得積數之位不足行前款之法缺少若干必補若干〇字而〇字之左邊依法作點　附題·〇〇一×·〇一爲·〇〇〇〇一　五六×·〇〇一爲·〇〇五六

題

求

三·〇〇二×三·〇〇二＝三×三丄二×三×·〇〇二丄·〇〇二×·〇〇二

一一·五六〇九×五·三一九一＝八·四四×八·四四丅三·一二〇九×三·一二〇九

八·二一七×一〇·〇〇一＝八×一〇丄八×·〇〇一丄一〇×·二一七丄·〇〇一×·二一七

分數	平方數	立方數
八二·九二	六八七五·七二六四	五七〇一三五·二三三〇八八
·〇一七三	·〇〇〇二九九二九	·〇〇〇〇〇五一七七七一七
一·四三	二·〇四四九	二·九二四二〇七
·〇〇九	·〇〇〇〇八一	·〇〇〇〇〇〇七二九

一五·六二五×六四＝一〇〇〇　　·一五六二五×·六四＝·一

一·五六二五×·六四＝一　　一五六二·五×·〇六四＝一〇〇

·〇一五六二五×·〇〇六四＝·〇〇〇一　　一五六二五〇〇〇×·〇六四＝一〇〇〇〇〇〇

第一百四十四款　凡十分數以一〇、一〇〇、一〇〇〇等約之其法必先計其法數內之〇字再將本數之點移左若干位若實數內之位數不足行此法必在左邊加若干〇字至足爲止即如一七三·四二九以一〇〇〇約之其十分數爲$\frac{一七三四二九}{一〇〇〇}$　則以一〇〇〇約之依一百二十三款之理得$\frac{一七三四二九}{一〇〇〇〇〇〇}$　即·一七三四二九　又依同法將一二·一〇六以一〇〇〇〇約之其約得數爲·〇〇一二一〇六

第一百四十五款　茲將前一百二十八款所言任分數化爲十分數之法更詳論之一百二十八款內言$\frac{七}{一六}$等於$\frac{四三七五}{一〇〇〇〇}$　即·四三七五　依同理將$\frac{三}{一二八}$變爲十分數則依法得

```
一二八)三〇〇〇〇〇〇〇〇〇〇(二三四三七五
        二五六
        ───
         四四〇
         三八四
         ───
          五六〇
          五一二
          ───
           四八〇
           三八四
           ───
            九六〇
            八九六
            ───
             六四〇
             六四〇
             ───
                〇
```

上式內共用七箇〇字可見其三〇、三〇〇等各數內能以一二八約之之第一數爲三〇〇〇〇〇〇〇　所以$\frac{三}{一二八}$依

一百八款之理，$\frac{一二八〇〇〇〇〇〇〇}{三〇〇〇〇〇〇〇}$ 等於 $\frac{一〇〇〇〇〇〇〇}{二三四三七五}$ 即 ·〇二三四三七五 見前一百三十五款

從以上各題而得一法，能將分數化為十分數。法曰，分子加若干○字，而以分母約之，若分子之各位用盡之後，每一餘數必加一○字，即以為分子之○字無窮也。依此法連約之至無餘數，觀共用之○字若干，再將約得數從右邊起算若干位，與所用之○字數相同，則作一點，若位數不敷，可在左邊加○字至足，然後作點。

第一百四十六款 觀一百二十九款之理，可知有幾箇分數不能變為十分數，但無論何分數，皆能變為最近之十分數，即如 $\frac{一〇}{一}$，$\frac{一〇〇}{一四}$，$\frac{一〇〇〇}{一四二}$，$\frac{一〇〇〇〇}{一四二八}$，$\frac{一〇〇〇〇〇}{一四二八五}$，即 ·一，·一四，·一四二，·一四二八，·一四二八五，各分數漸近於 $\frac{七}{一}$，求此各分數之法，略與前法同，祇有兩事不同耳。一，因連約至無窮，不能得無餘數，故可約至任多位而止，所用○字若干，約得數之點右必有位數若干，如約得數之位數不敷，必在左邊添○字，至能補其缺，再作一點。二，所得十分數雖不等於本分數，而能極相近，如欲其更相近，則可更約若干位，即如 ·一四二八為 $\frac{七}{一}$ 相近數，但 ·一四二八五七為更相近數，又 ·一四二八五七一四為最相近數。

第一百四十七款 若分數之分子有○字，則變為十分數所加之○字，與本有之○字無涉，所以其本有之○字不可算，即如 $\frac{一二五}{一〇〇}$，將其分子加若干○字，而以分母約之，則知一〇〇〇能以一二五度之，約得數為八，而分子所加之○字祇有一箇，所以一〇〇以一二五約之，約得之數為八，如其分數為 $\frac{一二五}{一}$，則因一〇〇〇以一二五約之，約得數為八，而分子必加三箇○字，則十分數必為·〇〇八。

第一百四十八款 若分數之分母右邊有若干○字，即如 $\frac{二五〇〇}{三一}$，則其分子加一○字，等於從分母去一○字，依一百八款之理，$\frac{二五〇〇}{三一〇}$ 等於 $\frac{二五〇}{三一}$，$\frac{二五〇}{三一〇}$ 等於 $\frac{二五}{三一}$，故得公法曰，從分母去其○字，而每去一○字，必在分子加一○字，其餘各事如前，惟算所用○字之時，不但算分子所添之○字，尚必算分母所去之○字。

習練之題

求將各分數化為十分數，$\frac{八〇〇}{一}$，$\frac{一二五〇}{三六}$，$\frac{六四}{二九七}$，$\frac{一二八}{一}$。

答曰 ·〇〇一二五· ·〇二八八· 四六四〇六二五· ·〇〇七八一二五·

求將各分數化為相近十分數至六位而止。四九/二七· 三三/一五六·

三七〇〇〇/二二· 一三/一九四· 九九〇七/二六三七· 二九〇八/一· 四六六/一· 二七七/三·

答曰 ·五五一〇二〇· 四七二七二七二· ·〇〇〇五九四· 一四九二三〇七六· ·二六六一七五· ·〇〇〇三四三· ·〇〇二一四五· ·〇一〇八三〇·

第一百四十九款 觀一百二十一款之理，可知凡二箇分數有公分母，第一數以第二數約之，其法將第一數之分子以第二數之分子約之，即得。即如將 一七七六二 以 六二五 約之，將此各分數依一百三十八款之法，化成公分母，即得 一七七六二 與 六二五〇· 即 一〇〇〇/一七七六二 與 一〇〇〇/六二五〇· 故約得之數為 六二五〇/一七七六二· 必將此分數依前法化為十分數，其工夫如下。去其分母之〇字，而分子加〇字，或各餘數加〇字亦可，而依一百四十五款行約法，其式為

```
六二五)一七七六二(二八四一九二
       一二五〇
        五二六二
        五〇〇〇
         二六二〇
         二五〇〇
          一二〇〇
           六二五
          五七五〇
          五六二五
           一二五〇
           一二五〇
              〇
```

觀上式而知分子加四箇〇字，分母去一箇〇字，故約得數必得點右有五位數目字，即變為 二八四一九二· 此為 一七七六二 以 六二五 約之之約得數。

第一百五十款 凡一箇十分數以他十分數約之，其法將實數與法數各配得同位數，觀何數缺若干位，以〇字補滿之，再觀實數應在點之右邊有若干位，則將實數加若干〇字而去其點，其餘各事以尋常約法作之，約得之數內必依法作其點。如法數有〇字，則可去其字；若法數之〇字不敷，則可先去其〇而代實數所欲加之〇字若干，而其餘〇字可添在實數內。

即如 六七一七三 以 ·〇一四 約之，點右有三位，則先書 六七一七三 與 ·〇一四〇· 則各數之點右有四位，但因約得數之點右要三位，則 六七一七三 本應添三箇〇字，因法數 ·〇一四〇 有一〇字，則去此〇字，而添兩〇字於 六七一七三· 去其點而將 六七一七三〇〇 以 〇一四 即 一四 約之，約得數為 四七九八〇七· 餘數為二，故所求之數為 四七九八〇七·

尋常之法曰實數點右之位所有多於法數點右之位爲約得數點右所應有之位然此法尚未全不能爲公法因實數點右之位少於法數點右之位則不能用此法學者遇此事往往淆亂必觀附卷第五款所言之理方能明之又可自揣應在約得之數內何處作點即如 二六一一九 以 七二四三六 約之則約得數之點之左邊祇能有一位不知公法者一覽即知其理又 二六一一九 以 七二四三六 約之則約得數之第一箇有値之數與其點之間必有一○字此亦一覽而知也

又有一法觀法數點右有若干位則將實數之點移向右若干位如位不敷可加○字再除去法內之點其餘可依尋常約法作之既成則所用實數點右每得一位則約得數點右必配一位即如 一七三一四 以 六一二 約之同於 一七三一四 以 六一二 約之而其點必在約得數第一位之左邊如將 一七三一四 以 六六一七五 約之同於 一七三一四 以 六六一七五 約之因 一七三一四○○○ 內必先用點右之三位

則能得約得之數而約得數之第一字必爲第三位之字故必配兩箇○字得 ○○二

附題

$\frac{.○○二五}{二一} = 一二四○$

$\frac{六四}{○○六二} = ○○九六八七五$

題

求証 $\frac{一五.○一}{一五○○六 \times 一五.○○六 \top ○○四 \times .○○四} = 一五.○○二$

求証 $\frac{二.九一}{.○一 \times ○一 \times ○一 \perp 二.九 \times 二.九 \times 二.九} = 二.九 \times 二.九 \top 二.九 \times .○一 \perp .○一 \times .○一$

求 $\frac{三.一四一五九}{一}$ $\frac{二.七一八二八一八}{一}$ $\frac{.一八三四九}{三六五}$ 之

十分數之六位 答曰 三一八三一○ 三六七八七九 一九八九二○九二二一

將下各級數推至十項而得五位十分數

$一 \perp \frac{一}{二} \perp \frac{一}{二 \times 三} \perp \frac{一}{二 \times 三 \times 四} \perp \frac{一}{二 \times 三 \times 四 \times 五} \perp$ 等 …… $=$ 一.七一八二四

$一 \perp \frac{一}{二} \perp \frac{一}{三} \perp \frac{一}{四} \perp \frac{一}{五} \perp$ 等 …… $=$ 二.九二八九五

$\frac{八一}{八○} \perp \frac{八二}{八一} \perp \frac{八三}{八二} \perp \frac{八四}{八三} \perp \frac{八五}{八四} \perp$ 等 …… $=$ 九.八八二八六

第一百五十一款　玆論數法能於推算十分數之工夫內簡約其事假如詳測兩處之相距得 一七.八四六二一七 里如有人問此兩處相距之略數則答曰十七里然十七雖爲相距之整里數而因其零數大於半里則近於十八里所以如說一更準之略數可云相距十八里而此數之過多者不及十七之過少者若其多於十七里之分數欲說明爲十分之若干分則可云相距十七.八里但此數太少其所少者爲 .○四六二一七 此過少之數不及十七.九里之爲過多其差不及 .○二 之半即不及 .○二 如欲更詳言之而知其多於十七里爲百分里之若干分則云相距 一七.八五 里較之 一七.八四 里更近於準因 一七.八四 之所少者爲 .○○六二一七 此數大於 .○一 之半所以 一七.八四○ 較之 一七.八四 更近於準故得公法曰十分數之位足配其所須之準則右邊餘數不用者可去之設所去之第一箇數大於五則必將所取數之末位加一十分數連去一位之工夫其式如左

三.一四一五九
三.一四一六
三.一四二
三.一四
三.一
三.○

二.七一八二八一八
二.七一八二八二
二.七一八二八
二.七一八三
二.七一八
二.七二
二.七
三.○

一.九九一九
一.九九二
一.九九
二.○○
二.○

第一百五十二款　乘約兩法內所得之十分數其位數不必多於本數之位數即如 九.九八 與 八.九六 爲某物長之寸數即測準之十分數有兩位即不能差過百分寸之一之半則 九.九八 之更準數可以爲 九.九七五 與 九.九八五 間之任一數又 八.九六 之更準數可以爲 八.九五五 與 八.九六五 間之任一數所以其相距之準積數必在 九.九七五×八.九五五 與 九.九八五×八.九六五 之間即用十分數之三位者必在 八九.三二六 與 八九.五一六 之間但原所設兩數之積數爲 八九.四二○八 可見積數內所最可恃之數爲 八九. 其整數亦能偶得十分數之第一位爲可恃之數其故因測 八.九六 之差雖爲十分數之第三位因與他數相乘之後則增大至 九.九七五 倍即略增十倍所以能令十分數之第二位有差茲有一簡法能知任一乘

得積數之十分數最可恃者有若干位令甲爲法數乙爲實數如此兩數各有十分數之一位爲準則積數之差不外乎 二○/甲丄乙 此各事雖有微差然亦無妨 如此兩數各有十分數之兩位爲準則積數之差不外乎 二○○/甲丄乙 又如十分數之三位爲準則積數之差不外乎 二○○○/甲丄乙 餘類推上題 九九八 與 八九六· 其十分數之兩位爲準兩數相加其和數以 二○○ 約之得 ·○九四七· 而其積數爲 八九四二○八· 故積數之差不外乎 ·○九四七· 如將 八九四二○八· 以 ·○九四七 增之或減之則得 八九五一五五· 或 八九三二六一· 而積數所必準之界限略在此兩數之間故不能以十分數第一位爲極準依前款之理如此第一位爲準不能差至 ·○五 而此所得之差爲 ·○九 凡所乘之數如爲準則積數亦準故此款所論之各數亦必準至十分數之若干位其法曰將法數與實數相加其和數以二約之再將其點移向左若干位其位數同於法數與實數所有爲準之位數則所得之數爲積數所不能外之差如行約法可用前言之法以實法與法數代乘法之法數與實數而以法數之平方約之則約得之數爲第一實數與法數之約得數所不能外之差即如 一七三二四 以 五三八○九 約之此兩數之十分數以三位爲準其和數以二約之得 三五五六六· 以前法變之爲 ·○三五五六六· 則必以 五三八○九 之平方即 二五.○○ 約之約之因此數稍煩可用 五○ 之平方即 二五.○○ 約之約之其約得數之十分數得之數少於 ·○○○○二· 所以 一七三二四 以 五三八○九 約之其約得數之十分數可云有四位無差

第一百五十三款 如有兩箇十分數相乘而積數內之十分數欲存若干位而其餘各位不必求之則可見法數各位可反其次第寫之即如 四三二一 代 一二三四 但行乘法之工夫內每項必移向右一位不可移向左一位觀後式能明其理

```
  二二二一
  一二三四
  八八八四
 六六六三
四四四二
二二二一
二七四○七一四
```

```
二二二一
四三二一
二二二一
  四四四二
    六六六三
      八八八四
二七四○七一四
```

如欲將 三四八四一四 以 五一三○七四二 乘之其積數祇欲存四位十分數則反其法數各位之次第以前法行之則其工夫如左式

三四八八四一四
二四七〇三一五
一七四四二〇七〇
三四八八四一四
一〇四六五二四二八
二四四一八八九
一三九五三六五六
六九七六八二八
一七一八九八六二五二二二三一八八

作一縱線分開十分數之四位可見有兩事必知之。一縱線左邊之各位。二縱線右邊第一縱行應進位之數。觀左邊第一縱行。有四四八五九各數第一數四從四×一而得之。其一之意。指出一爲法數。第二數四從一×三而得之。第三數八從八×七而得之。五爲八×四而得之。九爲四×三而得之。將實數並反其次第之法數排列之如

三四八八四一四
二四七〇三一五

則法

數之各位排列於下。其首位與實數同用之而成存十分數之首四位可見法數二四七〇三一五內之當一之位在實數末位四之下。即實數之十分數之第四位。若縱線右邊無欲進位之數。其法如下。將法數之各位反其次第而書於實數之下。得其法數之當一數正在實數所欲存十分數之末位之下。而法數之上有不記之位。添〇字補之。再以尋常之法相乘。但法數之每一位數目字。必與其上實數之數先乘而右邊之數不乘。各行之第一位必一與一相對。如欲改準此法。可補縱線右邊所進

位之各數。則心中必記得爲兩分合而乘者。一爲乘各行而徑進之數目。二爲右邊第一行相加而進之數目。配好第一分之數。可將法數之各位。以其在實數內右邊之數爲起。將其若干十進至次一箇數目。但其若干〇不寫。又有一法。可并補其兩數。則依一百五十一款之理。凡得從五至十五各數可進一箇。從十五至二十五各數可進二箇等。即進其最近若干十數。即如得三七可以進四。因三七近於四〇而遠於三〇。然用此法。不能恆得末位無差。若多算十分數之一位。而以後在積數內去之。則無差。故得公法如左。

第一百五十四款　凡兩箇十分數相乘。而欲存卯位十分數。其法分爲三事。

一　將法數反其次第。去其點而書於實數之下。法數當一之數與實數之十分數第卯位相對。若法數之上有不記之位。可添〇字補之。

二　以尋常之法乘之。但法數每一箇數在其上之右邊一位乘起。此第一數之若干一不書。但其最近之若干十數進至次一位。如此作之至乘畢。

三　將各行之數。一與一對。十與十對。書之。依常法相加。而從右邊算至卯位作一點。

第一箇二字右邊各數目字則有一簡法能得縱線左邊各數與乘法內之事相同如㊙式學者已明乘法內論此事之說則約法不煩言而解茲祇論其大略而已

法曰凡十分數以十分數約之而欲存卯位十分數則以尋常之約法約得一位數目而依一百五十款之理定約得之數屬於何位再以尋常約法行之至約得數內所欲求各數目字小於法數內數目字已得則不必行約法餘數不可加一箇數目字或零字必從法數除去一位數目字而以常法用其已去一位之法約得一數但乘其法數之時必依一百五十四款之理進其除

去之數之最近若干十數餘類推至各位用盡則因初時知約得數之第一數目字屬於十分數之何位又知欲求十分數之若干位則從初時知全約得數內應有若干位如法數內之位較之約得數之位更多則不必用可去之其餘依一百五十一款之法配匀之如法數左邊有若干○字卽如法數爲.〇〇〇三一七八則因此爲一〇〇/.三一七八可先以常法以.三一七八約之後將約得數以一〇〇乘之卽將其點移右二位所以求六位之十分數則以.三一七八約之必去八位

卽如一三六四〇七二以一三〇六〇九乘之欲得七位十分數其式如

一三六四〇七二〇〇〇
九〇六〇三一
一三六四〇七二〇〇〇
四〇九二二一六〇〇
八一八四四三二
一二二七六六
一七八一六〇〇七九八

左邊各題首二行爲實數與法數觀所得之數則知欲存十分數之位數

四四七一六一八
三七七一九二一四
三七七一九二一四
八一六一七四四
一五〇八七六八六
一五〇八七六八
二六四〇三四
三七七二
二二六三
三八
三〇
一六八六六五九一

三三一六六二四八
一四一四二一三六
〇三三一六六二四八
六三一二四一四一
三三一六六二五
一三二六六五〇
三三一六六
三二六六
一六六三
三三
一〇
二
四六九〇四一五

三四六四一〇一六
一七三二五〇八
三四六四一〇一六〇
八〇五二三七一
三四六四一〇一六〇
二四二四八七一一二
一〇三九二三〇五
六九二八二〇
一七三二〇五
二七七一
六〇〇一五八三七

學者欲求習練之題用一百四十三款之各題可也

第一百五十五款　十分數之約法亦有最簡者如將任兩數一六八〇四三七九二與三一四二將第一數以第二數約之得若干位十分

數假如五位則其式如

三一四二）一六八〇四三七九二（五三四八三〇
一五七一〇
一〇九四三
九四二六
一五一七七
一二五六八
二六〇九九
二五一三六
九六三二
九四二六
二〇六一

㊙
二六〇九
二五一四
九五
九四
一

可用一縱線依一百五十三款之法撤去某餘數二〇六一內

其故易明，但求約得數末位工夫內，必取其最近者。觀後兩題內之第二箇題，

所求之位數	二	八
法數	·四一四三二	三·一四一五九二七
實數	六七三·一四八九	二·七一八二八一八〇
	四一四三二	二·五一三二七四一六
	二五八八二八	二〇五〇〇七六四
	二四八五九二	一八八四九五五六
	一〇二三七	一六五一二〇八
	八二八六	一五七〇七九六
	一九五一	八〇四一二
	一六五七	六二八三二
	二九四	一七五八〇
	二九〇	一五七〇八
	四	一八七二
	四	一五七一
	〇	三〇一
		二八三
		一八
		一九
約得數	一六二四·七一	·八六五二五五九六

一〇三七應作一〇三六而六變爲七者，因實數內所除去之數爲九也。見前一百五十一款。

學者欲多得習練之題，從一百四十三款與一百五十款得之可也。

元和江衡校算

數學理卷七

英國棣麼甘撰

英國傅蘭雅口譯
新陽趙元益筆述

開平方之理

第一百五十六款　前於六十六款言凡數自乘，所得之積數爲本數之平方，即如一六九即一三×一三爲一三之平方，反之一三爲一六九之平方根，又五爲二五之平方根。要之凡數能自乘而成某數，則爲某數之平方根。記平方根之記號爲√，或厂，如√二五爲二五之平方根即五之意也。又如√一六＋九爲一六＋九之平方根即五，而不可與√一六＋√九混，因此數爲四＋三即七也。

第一百五十七款　由以上平方根解說可得各式如左：

√甲×√甲＝甲

√甲甲＝甲

√甲乙×√甲乙＝甲乙

(√甲×√乙)×(√甲×√乙)＝√甲×√甲×√乙×√乙＝甲乙。

所以

√甲×√乙＝√甲乙。

第一百五十八款　凡數能自乘得其平方，然不能云凡數能開其平方，即如五能自乘得二十五，然欲求五之平方根則無有一數能自乘而成五者。代數學能證無

有一分數能自乘之而得一整數若不信此說可任設分數自乘而試之（所言分數爲$\frac{八}{七}$或$\frac{一二}{二五}$等分數如$\frac{二}{五〇}$與$\frac{三}{二七}$等分數不在內因此雖有分數之式而實爲整數也）所以五無整平方根又無分數平方根故總無平方根也然有數法能將分數自乘之則其平方最近於五而不能整得五即如所得分數爲$\frac{六七六五}{一五一二七}$其平方爲$\frac{六七六五}{一五一二七}\times\frac{六七六五}{一五一二七}$即$\frac{四五七六五二二五}{二二八八二六一二九}$與五之較不過爲$\frac{四五七六五二二五}{四}$即小於$.〇〇〇〇〇〇一$也所以數學或代數學之算式內能用$\sqrt{五}$凡算題內有用$\sqrt{五}$

之事則可取一分數其平方最近於五者若平方愈近於五則其數愈準可依所求之事而以若干準配之即如有數事$\frac{五五}{一二三}$已可謂準因其平方與五之較不過爲$\frac{三〇二五}{四}$又有數事可用前所言之分數或用平方更近於五之分數故必設立一法求有平方根之整根數而從此設一法求無平方根之近乎平方根之分數茲先述其兩種公論曰凡兩箇數內其大數之平方必大於其小數之平方又凡數在任兩數之間則其平方亦必在任兩數平方之間此兩論易明不必証之

第一百五十九款　令天代一箇數而此數爲任多分相和而成即如甲乙丙丁各分其式爲 天＝甲＋乙＋丙＋丁 則依六十八款之理得此數之平方爲 甲甲＋二甲(乙＋丙＋丁)＋乙乙＋二乙(丙＋丁)＋丙丙＋二丙丁＋丁丁

第六十八款內所有求一數分爲兩分數之平方法如下將各分自乘而將下各數以此分之倍數乘之所得各數之和爲和數之平方如上各式內不將其二甲以其下各分乙丙丁乘之而求其和而將二甲以其下各分之

和乘之則依五十二款之理其事亦同又因其各分無論如何排列其和數必同於本數則可反其次第而以其末爲首其餘亦然故求平方之法如下將各分自乘而以其前各項以各分之倍數乘之從此得一求平方根之簡法其法曰如欲求任數卯之平方根必擇出一數甲而度卯數能否減去甲之平方如能減之則得第一次餘數擇第二數乙度其餘數能否減去乙之平方並兩箇乙與前分甲相乘之積數如能減之即得第二次餘數再擇第三數丙度其餘數能否減去丙之平方並兩箇丙與甲乙相乘之積數可依此法作之至無餘數

而止或得餘數甚小不能以他數再減之即止無論其他數小至如一亦必止也如能無餘數則所求平方根爲甲乙丙等之和否則謂無平方根

第一百六十款　假如欲考知（二〇二五）有平方根否先分得（二〇）爲第一分而將（二〇）之平方即（四〇〇）與（二〇二五）相減得第一次餘數爲（一六二五）再用第二分（二〇）自乘將其倍數與前分相乘併一得（二〇×二〇+二×二〇×二〇〇）即（一二〇〇）將此數與第一次餘數（一六二五）相減得餘數爲（四二五）即第二次餘數再擇一數七爲第三分則因（七×七）又加（二×七）乘前各分之和（二〇七）即得（六〇九）此數大於（四二五）所以知第三分七其數過大故再擇一數如五則（五×五）又加（二×五）乘（二〇〇）之積數共得（四二五）相減無餘數所以知（二〇二五）之平方根爲（二〇+二〇+五）即（四五）如欲證之將（四五×四五）共得（二〇二五）即所求之數也　又如（一三三四〇）求其有平方根否則可以（一〇〇）爲第一分其平方爲（一〇〇〇〇）而得第一次餘數爲（三三四〇）以（一〇）爲第二分則（一〇×一〇+二×一〇×一〇〇）爲（二一〇〇）而其第二次

餘數即（三三四〇-二一〇〇）爲（一二四〇）再以五爲第三分則（五×五+二×五×（一〇〇+一〇））爲（一一二五）而與（一二四〇）相減得餘數爲（一一五）可知其無平方根因加一極小數如一即得減數爲（一×一+二×一×（一〇〇+一〇+五））即（二三一）此數大於（一一五）若所設之數更小於一則各餘數必少於（一一五）所以其末餘數爲（一三三四〇-一一五）即（一三二二五）又平方根（一〇〇+一〇+五）即（一一五）故可知（一三三四〇）無平方根而其下有平方根之數爲（一三二二五）其平方根爲（一一五）

第一百六十一款　茲設立一式可便於用前款之法即能分其本數得最便之各分之法然依五十七款之理可見凡數末有○字如（四〇〇〇）則其平方之○數爲本數之○數之倍即如（四〇〇〇×四〇〇〇）=（一六〇〇〇〇〇〇）所以凡平方數（平方數者爲有平方根之數即如二十五爲平方數二十六爲非平方數）如（四九）右邊加若干○字其○數爲偶

如四九〇〇〇〇則所成之數必爲平方數而四九〇〇〇〇之平方根爲七〇〇常尋
所稱平方根祇言根而已不說明何根也可任取一數目如七六一七六則從右邊起
向左二位作點再向左二位作點至所餘不過一位或
二位數卽如本數依此法作點得七六一七六此數大於七〇〇〇〇而其
第一位數目非平方數其下之最近之平方數爲四所
以四〇〇〇〇爲七〇〇〇〇下之最近之平方數而有四箇〇字其平方

根爲二〇〇所以令此爲所取之分之一箇將其平方與七六一七六相
相減得餘數爲三六一七六卽第一餘數又可見所得之數爲七六一七六
之平方根內最大數因用三〇〇則其平方爲九〇〇〇〇大於七六一七六如
大於當百之位其平方更大故必依一百六十款各題
之式內擇其餘數三六一七六內之第二分但此第二分不能大
至一百必爲若干十箇之數令卯爲其若干十之數卽
必爲一·二·三等各數內之一數故可令其新得之一分

爲一〇卯則其平方爲一〇卯×一〇卯卽一〇〇卯卯而將其倍數與前分相乘得
二〇卯×二〇〇卽四〇〇〇卯兩數相加得和數爲四〇〇〇卯+一〇〇卯卯但減其卯之法必令此
數不大於三六一七六而減其四〇〇〇卯亦不可大於三六一七六也故可試其三六一七六
能容四〇〇〇之次數卽三六能容四之次數見前八十款在此處可
先試九箇十卽九〇則卽（二×九〇×二〇〇）+（九〇×九〇）卽四四一〇〇必相減而此數太大因其

餘數不過爲三六一七六故必試八箇十卽八〇共得（二×八〇×二〇〇）+（八〇×八〇）卽三八四〇〇此數
尚過大再試七箇十卽七〇共得（二×七〇×二〇〇）+（七〇×七〇）卽三二九〇〇將此數與三六一七六相
減得餘數爲三二七六卽第二餘數其平方根之餘下之數祇
能爲若干一箇之數所以又令卯爲若干一之數則因
前各款之和爲二〇〇+七〇卽二七〇則所必減之數爲（二七〇×二卯+卯卯）卽五四〇卯+卯卯所以

又知五四〇卯必小於三二七六，卽卯不可大於三二七六容五四〇之次數，卽依八十款之理，不可大於三二七之容五四之次數，故必試六可否。用之卽得(二)×(六)(二七〇)丄(六)×(六)卽三二七六，爲所必減之數。此數等於第二箇餘數，所以第三箇餘數爲〇。如是開平方之工夫已畢，求得之平方根爲二〇丄七〇丄六卽二七六。

配成所欲減各數之工夫，有一箇法如下。令甲爲已求之各分之和，令卯爲新得之一分，則必減去其二甲卯卯。則依五十四款之理，爲二甲卯卯以卯乘之之積數，故配成其減數之法，將前各分之和之倍與新分相加，而將其和數以新分乘之。

第一百六十二款　上款之工夫如左式。

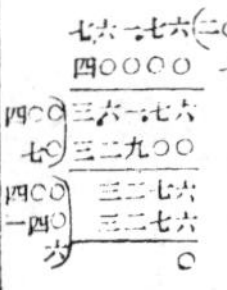

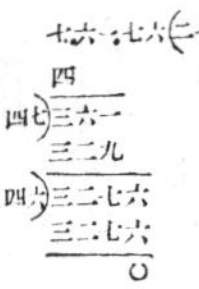

其數皆以常法書之，然第二式內，其不用之〇字不書。

數學七　開平方　八

依七十九款之理，其六七六兩幅之數，不移向下，至其下無有〇字，則移下之下式，亦可顯出前款之理。

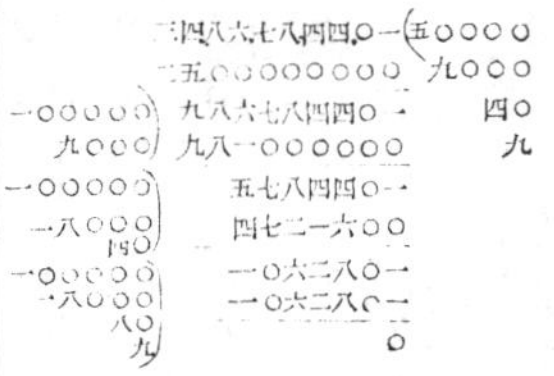

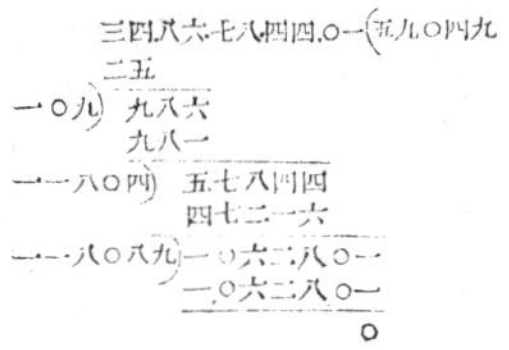

第一百六十三款　開平方之公法，分爲九事如左。

一　從右邊起向左邊每二位作點，至所餘不多於二位爲止。

二　將左邊第一幅之數目，求其下之最近平方數之平方根，此根爲所求之根之首位，將其平方數與第一幅之數相減，卽得第一箇餘數。

三　餘數之右邊添第二幅之數目，則成第一箇實數。

四　將根之首位數目字倍之，而其第一箇實數右邊之一位不計，看其能容根之首位數之倍數若干次，又必記得第九事之說，再將商得之數爲根之第二位而書於根之首位倍數之右邊，命所得之數謂之第一箇法數。

數學七　開平方　九

五　將第一箇法數與根之第二位數相乘如積數大於第一箇實數則根之第二位數目必商一更小之數而法數之右邊亦必易同數至相乘得積數小於第一箇實數可相減而得第二箇餘數

六　將第三幅之數目移至第二箇餘數之右邊則成第二箇實數

七　將根之首位第二位之數倍之而第二箇實數右邊之一位不計看其能容根之首位第二位之倍數若干次而商得之數爲根之第三位將此數書於根之首位第二位倍數之右邊謂之第二箇法數

八　再求餘數如第五事之法而以前各事類推至各幅數目已減盡而無餘數則得平方根如有餘數則所設之數無平方根此所得之根數爲本數減去餘數所得之數之平方根

九　凡遇根之各位之倍數不能爲實數所容或能容一次或用其一而得大於實數之數則根數必加一○而法數亦必加一○再將次一幅數目字移下若再如是則根數與法數各加一○再將一幅數移下其餘類推

習練之題

所設之數	平方根
七三四四一	二七一
二九九二九〇〇	一七三〇
六四一四二四七九二一	八〇〇八九
九〇三六八七八九〇六二五	九五〇六二五
四二四二〇七四七四八二七七六五七六	二〇五九六二九七六
一三四二二六五九三一〇一五二四〇一	一一五八五六二〇一

第一百六十四款　凡分數求其平方之法將其分母分子各自乘即得又依同理凡求分數之平方根必將其分母分子各開其平方即如$\frac{\text{二五}}{\text{六四}}$爲$\frac{\text{五}}{\text{八}}$因$\frac{\text{五}\times\text{五}}{\text{八}\times\text{八}}$爲$\frac{\text{二五}}{\text{六四}}$若分母或分子非平方數或分母分子俱非平方數則其分數未必無平方根因將分母分子各以同數或乘之或約之則能令俱爲平方數（見一百八款）即如$\frac{\text{二七}}{\text{四八}}$初觀之以爲無平方根然因同於$\frac{\text{九}}{\text{一六}}$此數有平方根爲$\frac{\text{三}}{\text{四}}$

第一百六十五款　前一百五十八款言凡設一數或整數或分數必能求第二箇整數或分數而成平方任意近於第一箇數即如設題求一分數其平方爲二此爲不能作之事然設題求一分數其平方與二之較不及

（一○○○○○○○一）即爲能作之事，無論其差數須小至若干，亦能得之。

所得二之平方根，謂之近根。即如欲求二之平方根，而其差不可外於（五七/一），同於求一分數（乙/甲），其平方小於二，但其（五七/一 乙/甲）之平方大於二。法將（二/三）之分母分子俱用（五七）之平方，即（三二四九）乘之，即得（三二四九/六四九八）。將分子開平方，則依一百六十三款之理，得餘數爲（九八），而（六四九八）之下一箇平方數爲（六四○○），其根爲（八○），所以（八○）之平方小於（六四九八），而（八一）之平方

大於（六四九八）。其分母之平方根爲（五七），所以（五七/八○）之平方小於（三二四九/六四九八），即二；而（五七/八一）之平方大於二。此兩分數之較不過爲（五七/一），即所求也。

第一百六十六款　尋常求平方根至十分數若干位，而止，即如二之平方根爲（一四一四二），取十分數之四位爲準，因之平方爲（一九九九九六一六四），即微小於二，因十分數之第四位若加以一，即得（一四一四三），此數之平方爲（二○○○二四四九），即大於二。又如求（一六三七）之平方根，取十分數之四位爲準，則其分數爲（一○○○/一六三七），而其平方根之差不可外於（一○○○一），即（一○○○○/一），如將其分子分母各加○字，則得分母（一○○○○/一）之平方，共得（一○○○○○○○○/一六三七○○○○○）。將分子之平方根依一百六十三款之法求之，即得其最近之平方

數爲（一六三七○○○○○一三五六四），其平方根爲（一二七九四），所以（一○○○○/一二七九四），即（一二七九四）之平方小於（一六三七），而大於（一二七九五），其兩箇平方爲（一六三六八六四三六）與（一六三七一二○二五），將此兩數相比，即可知之。

第一百六十七款　凡整數或十分數求其平方根之若干位，法曰：在本數右邊加○字至點之右邊之位數，爲所求根之位數之倍，再以常法求所成之數之平方根。

而點其應有之十分數即得又有更簡之法將本數分成若干幅而其爲一之數必爲一幅內右邊之字再以常法作之設其若干當一位數之右邊有十分數則點之右邊如有一位十分數必加一〇字配一幅如有三箇數目亦必加一〇字配成兩幅餘類推

第一百六十八款　即如求一·二三之平方根至十分數之五位則依一百四十五款之理此分數等於一·三七五而其工夫如後之第一式其第二式爲求·〇八一之平方根至十分數之七位所得第一幅本爲〇八因其〇字無用故不書之

第一式

一·三七·五(一·一七二六〇
二
二一)三七
二一
二二七)一六五〇
一五八九
二三四二)六一〇〇
四六八四
二三四四六)一四一六〇〇
一四一六七六
二三四五二)九二四〇〇

第二式

八一(·二八四六〇四九
四
四八)四一〇
三八四
五六四)二六〇〇
二二五六
五六八六)三四四〇〇
三四一一六
五六九二〇四)二八四〇〇〇〇
二二七六八一六
五六九二〇八)五六三一八四〇〇

第三式

·〇〇〇〇〇二四一三六七二二二一(·〇〇一五五三五九九
一
二五)一四一
一二五
三〇五)一六三六
一五二五
三一〇三)一一一七二
九三〇九
三一〇六五)一八六三二二
一五五三二五
三一〇七〇九)三〇九九七一〇
二七九六三八一
三〇三三二九〇〇

第一百六十九款　凡求平方根之十分數其大半已算得如將其實數以法數約之依一百五十五款之法易求其餘各位即如後甲式求十二之平方根至十分數之十位爲此種簡法之一式但所得之十分數因用略法而得之則末位未必準可見凡用此法求十分數之若干準位必多求一二位然後去之則其餘各位方準如從任餘數以縱線去其〇字並〇字下應得之各數則縱線之左邊爲簡約法與一百五十五款者同理即如甲式已得根之十分數至三·四六四一〇一則得餘數爲四二六一七九九而法數爲六·九二八二〇二作一縱線則線之左邊所得之數祇爲簡約法所得之數但其分別因必將法數除去一位不可用其全法數一次而後去其第一位依此法能倍其十分數之位數即能加六一五一三七各位其末之七字是將餘數五三多作一次而得之故法曰所求十分數之位數已得其半則餘數不添二〇字但所應得之法數可去其一位數目字而以所得之法數約其餘數與一百五十五款之理相同

乙

八二九六二〇三二三〇二六)五三七二五三五五〇八三一(七七五四五八七〇五四九

四八四九七四二二六一一八

五二二七九三二四七一三

四八四九七四二二六一一

三七八一九〇二一〇二

三四六四一〇一六一五

三一七八〇〇四八七

二七七一二八一二九

四〇六七二三五八

三四六四一〇一六

六〇三一三四二

五五四二五六二

四八八七八〇

四八四九七四

三八〇六

三四六四

三四二

二七七

六五

六二

三

甲

一二(三·四六四一〇一六一五一三

九

六四)三〇〇

二五六

六八六)四四〇〇

四一一六

六九二四)二八四〇〇

二七六九六

六九二八一)七〇四〇〇

六九二八一

六九二八二〇一)一一一九〇〇〇〇

六九二八二〇一

六九二八二〇二六)四二六一七九九〇〇

四一五六九二一五六

六九二八二〇三二一)一〇四八七七四四〇〇

六九二八二〇三二一

六九二八二〇三二二五)三五五九五四〇七九〇〇

三四六四一〇一六一二五

六九二八二〇三二三〇一)九五四三九一七七五〇〇

六九二八二〇三二三〇一

六九二八二〇三二三〇二三)二六一五七一四五一九九〇〇

二〇七八四六〇九六九〇六九

五三七二五三五五〇八三一

即如甲式已得十分數之十一位，即 三·四六四一〇一六一五一三 而餘數爲 五三七二五三五五〇八三一 法數爲 六九二八二〇三二三〇二六 其餘各工夫如乙式所得十二之平方根爲

三·四六四一〇一六一五一三七七五四五八七〇五四九

此數各位俱準，惟末位稍大，若以八代其九，則又太小。

習練之題

數目	平方根
·〇〇一七二八	·〇四一五六九二一九四
六四三四	八〇·二一二二一八五
八〇七四	八九·八五五四三九四
一〇	三·一六二二七七六六
一五七	一二·五二九九六四〇八六一四一六六七七八八四九五

開立方略法 從他書移附於此

尋常數學書內所有開立方並以上各乘方，其法甚繁，而其理恃代數之理，尋常推算之事，欲開立方，不用其法，而用略法可也。或用對數亦可。尋常之事用對數爲最簡。其法曰：將本數查得其對數，以三約之，約得之對數之眞數，爲所求之立方根。

西士喝登所設開立方之略法如左。

法曰：將本數試得其能配成最近之立方，無論或爲大或爲小，俱可，謂之設立方。再設一比例：本數與設立方之倍之和與設立方與本數之倍之和之比，若設立方

之立方根與所求立方根之比又法將上比例之第一率與本數與設立方之較之比若設立方之立方根與設立方之立方根與本數立方根之較之比此兩法所得之立方根爲相近之略數

如欲得更相近之略數可將前比例之第四率之立方令爲設立方以同法設比例所得之數爲更相近之數尚欲更近則再以同法作之至任意極近而止

茲設一題爲顯此法之用求 二一〇三五八 之立方根則易知其根必在 二〇 與 三〇 之間如試得更詳則知其根在 二七 與 二八 之間如取 二七 爲所設之立方根則其立方爲 一九六八三 即設立方

則

一九六八三　二一〇三五八

二　二

三九三六六　四二〇七一六

二一〇三五八　一九六八三

六〇四〇一八︰六一七五四六︰︰二七︰二七六〇四七

二七

四三二二八二二

一二三五〇九二

六〇四〇一八)一六六七三七四二(二七六〇四七

四五九三三八

三六五二五

二八四

四二

一

任設 二七六 爲立方根而以同法設比例則得立方根爲 二七六〇四九一

元和江衡校算

數學理卷八

英國棣麽甘譔

英國 傅蘭雅 口譯
新陽 趙元益 筆述

比例之理

第一百七十款 凡題內有兩箇數，則尋常推算，必將兩數相比，而觀其有何相關。相比之最簡法，觀其兩箇數中何數為大，而知其大者比小者多若干，此相關之事，可用於另設之兩數。卽如八與十九之比，其較為十一，又一百與一百十一之比，其較亦為十一，所以依其較而論之，其八與十九之相關，同於一百與一百十一之

相關，又八與一百之較，必同於十九與一百十一之較，卽本兩幅數首兩率之相關，同於末兩率之相關。以上之兩幅數，其式為 八‥一九‥一〇〇‥一一一。卽謂之算數比例。算數之名，不甚切當，因數學中各法，皆為數學之法，無論何比例，皆為算數比例也，其名通用已久，不便更改，故仍其舊。凡得四箇數，有此相關之事，而成兩幅，則首末謂之首率與末率，第二與第三謂之中二率，可見 一一一丄八＝一〇〇丄一九。卽首末兩率之和等

於中二率之和。不第以上所用四箇數有此理，任何四箇數若成算數比例者，俱有此理。因依三十五款之理，將一一一丄八以某數減其一一一，而將某數與八相加，則所得之四箇數，其性情不變，依前解中率之小於一一一，同於他率之大於八。

第一百七十一款 凡有一幅數，或為級數，而每兩數相連之較數恆同，則謂之遞加減算數比例，又謂之算學級數，卽如下三幅級數。

一	三	一$\frac{一}{二}$
二	六	二
三	九	二$\frac{一}{二}$
四	一二	三
五	一五	三$\frac{一}{二}$

凡級數內兩數相

連之較，謂之公較數。如前三幅級數，右行者公較數為一，中行者公較數為三，左行者公較數為$\frac{一}{二}$。

第一百七十二款 凡算學級數內，將任多相連之項而論之，其首末兩項之和，必等於任他項之和，但其他項之與首末兩項之相距，必須相等。卽如級數有七層為甲乙丙丁戊己庚七項，依級數性情，乙之大於甲，必等於己之小於庚（見一百七十一款），所以 甲丄庚＝乙丄己。又依同理，丙之大於乙，必等於戊之小於己，則 乙丄己＝丙丄戊。因 甲丄庚＝乙丄己，故 甲丄庚＝丙丄戊。其餘類推。又級數

中項之倍卽與首末兩級等相距之項等於首末兩項之和級數之層數爲奇則能有中項若級數之層數爲偶則不能有中項因丙之小於丁等於戊之大於丁所以 丙+戊=二丁 因 丙+戊=甲+庚 故 甲+庚=二丁 從此得一簡法能求算學級數內任多項之和假如級數有七項與前級數同則因甲+庚、乙+己、丙+戊相等其和數爲三(甲+庚)再加中項丁卽 $\frac{甲+庚}{二}$ 之半共爲(甲+庚)之三倍半卽首末兩項之和以其項數之半 $\frac{七}{二}$ 卽 $三\frac{一}{二}$ 乘之之積數爲多項之和數也若級數之層數爲偶數如甲乙丙丁戊已六項則因已知甲+己、乙+戊、丙+丁相等其和數爲三(甲+己)卽首末兩項之和以項數之半乘之之積數爲多

項之和數也故得公法曰凡算學級數欲求任多項之和必將首末兩項之和以其項數之半乘之卽得假如有級數一·二·三等而欲求其從一至九十九之各項之和則第九十九項爲九九而其和爲 $\frac{(九九+一)九九}{二}$ 卽 $\frac{一〇〇×九九}{二}$ 卽 四九五〇 也又如有級數 $\frac{一}{三}$ $\frac{二}{三}$ 一 $\frac{四}{三}$ $\frac{五}{三}$ 二 等求其從第一項至第五十項之和則爲 $(\frac{一}{三}+\frac{五〇}{三})\frac{五〇}{二}$ 卽 一七×二五 卽 四二五 也

第一百七十三款　凡已知級數之第一項又知各項之公較數而欲求其末項可將項數減一而與公較數相乘將所得積數與首項相加卽得因第二項與第一項之較必爲各項之公較又第三項與第一項之較必爲各項公較之倍第四項與第一項之較必爲各項公較之三倍餘類推總之自第一項至第卯項必加其公較數共有卯−一次

習練之題

設級數 四 $六\frac{一}{二}$ 九 等設項數三三求末項數八四求和數一四五二

設級數 一 三 五 等設項數二八求末項數五五求和數七八四

設級數 二 二〇 三八 等設項數一〇〇〇求末項數一七九八四求和數八九九三〇〇〇

第一百七十四款　已知和數項數與首項數卽可求其公較數卽如級數之首項爲一而項數爲一百而其和數爲一萬則因求一萬之法將首項與末項之和以 $\frac{一〇〇}{二}$ 乘之若以此數約其和卽得首項與末項之和但 一〇〇〇〇 以 $\frac{一〇〇}{二}$ 約之依一百二十二款之理得二〇〇因其首項爲一則末項爲一九九所以從一至一九九卽過一九八而行九九步故每步爲 $\frac{一九八}{九九}$ 卽二爲公較數也其級數爲一·三·五等至一九九而止

習練之題

設和數一八〇九二五．設項數一三四五．設首項數一．求末項數二六八九．求公較數二．

設和數四四．設項數一〇．設首項數三．求末項數$\frac{二九}{五}$．求公較數$\frac{一四}{四五}$．

設和數七〇七五六〇〇．設項數一三三〇．設首項數四．求末項數一〇六三六．求公較數八．

第一百七十五款　茲將一百七十款之理詳論之．此款內言兩數可以相比而知其較數．然此非尋常相比之法．因世上各種事情不用此法作比例．其理可設一事以顯之．假如甲有銀十兩．乙有銀三兩．則甲富於乙矣．丙有銀一百零七兩．丁有銀一百兩．則丙之富於丁者．

不及甲之富於乙也．但甲銀之多於乙．等於丙銀之多於丁．卽七兩也．由此可見將兩數相比．不第觀其較數．又必觀其數之大小．卽如上言乙與丁兩人各添銀七兩．則乙每有本銀一百兩．添銀二百三十三兩又三分之一．但丁之每有本銀一百兩．祇添銀七兩．雖依一百七十款之理．三之近於十．等於一百之近於一百零七．但依本款之意．三之近於十．不及一百之近於一百零七．因三與十之分別．爲本數之倍而有餘．一百與一百零七之分別．不及本數之五分之一．則依算學之意而言之．十與三之比例．大於一百零七與一百之比例．以

下將比例兩字之意詳言之．

第一百七十六款　本卷以下所言數目之分．或分數之分．其意不過將本數平分若干分．而取其一分．卽如一半．或三分之一．或四分之一等是也．而倍數兩字之意．已在一百二款論之．故以下言分倍數之意．爲一箇分之倍數．卽如一·二·三·四·六．俱爲十二之分．$\frac{一}{二}$亦爲十二之分．因十二能容之二十四次．又如$\frac{一}{二}$·$\frac{二}{四}$·$\frac{三}{六}$等．俱爲$\frac{一}{二}$之倍數．又八·九·$\frac{五}{二}$·俱爲$\frac{一}{二}$之分倍數．因俱爲$\frac{一}{二}$之分之倍數也．凡言分倍數．則其本分必包於其內．卽如$\frac{一}{二}$爲$\frac{一}{二}$之各倍數內之一箇倍數．因其乘數爲一也．其

本倍數亦包於分倍數之內．卽如二四爲四十八箇二分之一．故必在$\frac{一}{二}$之分倍數之內．又各分可以爲分倍數．因四分之一爲八分之二．又爲十二分之三等是也．

第一百七十七款　凡整數或分數．必爲一切整數或分數之分倍數．假如問十二爲七之何分．若將七箇分爲七分．而將其一分連取之十二次．則共得十二箇．或將七箇分爲十四分．各分爲二分之一．取其二分之一二十四次．共得二十四箇二分之一．卽十二也．又依同理．十二爲七箇$\frac{一二}{七}$．或$\frac{二四}{一四}$．或$\frac{三六}{二一}$等．總之．如甲與乙爲二箇整數．則$\frac{甲}{乙}$爲甲爲乙之若干分倍數．又$\frac{乙}{甲}$爲

乙爲甲之若干分倍數又如欲求七|二一爲五一|三一之分倍數卽七一|一五爲五一|一六之分倍數可將其各分數化爲公分母則得三五|七五與三五|一二此數之第二箇分爲一百十二分卽得三五|一。取此分七十五次卽得三五|七五。爲第一箇所以第一之爲第二之分倍數爲一二|七五。依一百二十一款之法得之可見乙|甲。卽甲以乙約之之數爲甲爲乙之分倍數無論其數如何盡如此也

第一百七十八款　凡四箇數其首率爲二率之分倍數同於三率爲四率之分倍數則其四箇數謂之幾何比例或謂之有比例亦可前一百七十款內論算數比例之名不甚切當此幾何比例之

名亦然故尋常不用之祇言比例而已有時欲分別此兩種比例則用幾何比例爲名　比例兩字之意同於尋常事之言比例之意卽如有一圖欲照式再畫一圖而更小如原圖二寸長之線在所畫更小之圖須長一寸半則圖內一切之線必依同比例減短否則圖不準也原圖與新圖之比例爲二與一|二之比例又因二寸分爲四分而取其三分卽共得一|二圖內一切之線必依同比例減短卽原圖之每一線分爲四分而新圖必得此線長三分又如銀一百兩每年放出得利息五兩若另有銀若干數每年放出得利息應有同比例卽如七十兩之利息則爲七十兩之分數同於五

兩之爲一百兩之分數也所以甲爲乙之若干分數可以乙|甲明之或以任相等之數明之又丙爲丁之若干分數可以丁|丙明之故可知甲乙丙丁爲有比例之數則乙|甲＝丁|丙此相等式爲各種比例之根本又凡論比例數不第觀其數之大小等事且必觀其次第卽如甲乙丙丁爲比例數甲與乙之比若丙與丁之比若乙與丙之比可見甲之大於乙或等於乙或小於乙必依丙之大於丁或等於丁或小於丁

第一百七十九款　如有四箇數甲乙丙丁俱依次第有比例則甲與丁謂之首末兩率乙與丙謂之中兩率此首末兩率與中兩率爲同類之率但一箇首率或一箇末率與一箇中率爲不同類之率卽如甲與丁爲同類之率乙與丙亦然但甲與乙及甲與丙又丁與乙及丁與丙爲不同類之率尋常記比例之法在四箇數之間

作點如甲：乙：：丙：丁

第一百八十款　凡有相等數如將他相等數或加減或乘約所得之數仍相等卽如甲＝乙與己＝午則甲己＝乙午、甲－己＝乙－午、甲己＝乙午、己|甲＝午|乙又易

明 甲丄巳丅午 甲丅巳丄午 $\frac{巳}{甲巳}$ $\frac{巳}{甲}\times巳$ 等式俱等於甲.

第一百八十一款 首末兩率相乘之積等於中兩率相乘之積.令 $\frac{乙}{甲}=\frac{丁}{丙}$. 將此相等數以其積數 乙丁 乘之,則 $\frac{乙}{甲}\times乙丁=\frac{乙}{甲}乙丁$. 而依一百十六款之理,即等於 甲丁. 又 $\frac{丁}{丙}\times乙丁=\frac{丁}{丙}乙丁=丙乙$. 所以依上款之理 甲丁=乙丙. 又 六·八·二十一·二十八 四箇數有比例,因 $\frac{八}{六}=\frac{四}{三}=\frac{四\times七}{三\times七}=\frac{二八}{二一}$. 此依上款之理又可知 六×二八=八×二一. 因兩箇積數皆為一六八也.

第一百八十二款 如有兩數相乘之積等於他兩數相乘之積,此各數任何次第排列有比例,不過各積數內各數排列之法必依同類之項.即如 甲乙=巳午. 即得各比例式

乙:午::巳:甲
乙:巳::午:甲
甲:午::巳:乙
甲:巳::午:乙.

午:乙::甲:巳
午:甲::乙:巳
巳:甲::乙:午
巳:乙::甲:午.

如欲將此各比例式內之任一箇證之,即如求證 甲:午::巳:乙. 則可將 甲乙 與 巳午 各以 乙午 約之,得 $\frac{乙午}{甲乙}=\frac{午}{甲}$ 與 $\frac{乙午}{巳午}=\frac{乙}{巳}$. 依一百八十款之理得 $\frac{午}{甲}=\frac{乙}{巳}$ 與 甲:午::巳:乙. 學者必將各式用簡便之數一一證之.即如 一×六=二×三. 即得 一:二::三:六 三:一::六:二 等式是也.

第一百八十三款 所以四箇數如有比例,任何次第排列而其同類項仍為同類項,則仍有比例.假如 $\frac{乙}{甲}=\frac{丁}{丙}$. 則依一百八十一款之理得 甲丁=乙丙. 則上款所有從 甲丁=乙丙 所得之比例亦可從 $\frac{乙}{甲}=\frac{丁}{丙}$ 而得之.

第一百八十四款 從一百十四款之理可知 $一丄\frac{乙}{甲}=\frac{乙丄甲}{甲}$. 若 $\frac{乙}{甲}$ 小於一,則 $一丅\frac{乙}{甲}=\frac{甲丅乙}{甲}$. 若 $\frac{乙}{甲}$ 大於一,則 $\frac{乙}{甲}丅一=\frac{乙丅甲}{甲}$. 又依一百二十二款之理,如 $\frac{乙}{甲丄乙}$ 以 $\frac{乙}{甲丅乙}$ 約之,則約得之數為 $\frac{甲丅乙}{甲丄乙}$. 所以因甲乙丙丁各數為有比例之數,可任得他種比例式.令 $\frac{乙}{甲}=\frac{丁}{丙}$. 則依一百十四款之理得 $一丄\frac{乙}{甲}=一丄\frac{丁}{丙}$. 即 $\frac{甲丄乙}{甲}=\frac{丙丄丁}{丙}$. 即 甲丄乙:乙::丙丄丁:丁. 即第一與第二之和與第二之比若第三與第四之和與第四之比.以下不須再用文法記各比例,祇用記號以明之.

卽如前比例 甲：乙∷丙：丁 卽 $\frac{乙}{甲}=\frac{丁}{丙}$ 若 $\frac{乙}{甲}$ 小於一則 $一-\frac{乙}{甲}=一-\frac{丁}{丙}$ 卽 $\frac{乙}{乙-甲}=\frac{丁}{丁-丙}$ 卽 乙−甲：乙∷丁−丙：丁

若 $\frac{乙}{甲}$ 大於一則 甲−乙：乙∷丙−丁：丁 又因 $\frac{乙}{甲+乙}=\frac{丁}{丙+丁}$ 與 $\frac{乙}{甲-乙}=\frac{丁}{丙-丁}$ 若其 $\frac{乙}{甲}$ 大於一而將首率以二率約之則得 $\frac{甲-乙}{甲+乙}=\frac{丙-丁}{丙+丁}$ 卽 甲+乙：甲−乙∷丙+丁：丙−丁 若 $\frac{乙}{甲}$ 小於一則得 甲+乙：乙−甲∷丙+丁：丁−丙

第一百八十五款　又可依同法而得多比例但必知由前各款能得之比例卽 甲+乙：甲∷丙+丁：丙 甲：甲−乙∷丙：丙−丁 甲+丙：甲−丙∷乙+丁：乙−丁 在此各式內並他式內可知凡遇 甲−乙 與 丙−丁 等式甲必大於乙丙必大於丁

第一百八十六款　如有四箇數俱爲有比例而其任不同類之項以某數或乘之或約之則所得之數俱有比例卽如甲與乙之比若丙與丁之比而令寅與卯爲任二數卽得下各式

寅甲：乙∷寅丙：丁

甲：寅乙∷丙：寅丁

$\frac{卯}{甲}$：寅乙∷$\frac{卯}{丙}$：寅丁

寅甲：卯乙∷寅丙：卯丁

$\frac{寅}{甲}$：$\frac{寅}{乙}$∷$\frac{寅}{丙}$：$\frac{寅}{丁}$

$\frac{寅}{甲}$：$\frac{寅}{乙}$∷$\frac{卯}{丙}$：$\frac{卯}{丁}$

等如欲將任一

式證之可知凡四箇數令其有比例必將其首末兩率相乘之積等於中兩率相乘之積卽如前各式內之第三式其中兩率相乘之積爲 寅乙×$\frac{卯}{丙}$ 卽 $\frac{卯}{寅乙丙}$ 其首末兩率相乘之積爲 $\frac{卯}{甲}$×寅丁 卽 $\frac{卯}{寅甲丁}$ 因其 甲：乙∷丙：丁 依一百八十一款之理 甲丁＝乙丙 依一百八十款之理 寅甲丁＝寅乙丙 又 $\frac{卯}{寅甲丁}=\frac{卯}{寅乙丙}$ 所以 $\frac{卯}{甲}$·寅乙·$\frac{卯}{丙}$·寅丁四箇數有比例

第一百八十七款　若以一箇比例之各項以他比例之各項乘之則其積數仍爲有比例卽如 甲：乙∷丙：丁 與 巳：午∷未：申 則 甲巳：乙午∷丙未：丁申 因 甲丁＝乙丙 與 巳申＝午未 依一百八十款之理 甲丁巳申＝乙丙午未 卽 甲巳×丁申＝乙午×丙未 依一百八十二款之理

第一百八十八款　凡四箇數有比例則其相同之若干

乘方亦有比例，即如 甲:乙::丙:丁 則 甲甲:乙乙::丙丙:丁丁 甲甲甲:乙乙乙::丙丙丙:丁丁丁 因將其比例分記之，如 甲:乙::丙:丁 甲:乙::丙:丁 依上款之理得 甲甲:乙乙::丙丙:丁丁 惟 甲:乙::丙:丁 又依上款之理得 甲甲甲:乙乙乙::丙丙丙:丁丁丁 等式。

第一百八十九款　凡式之各項有同數之甲乙丙等字，則依兩箇字或多箇字如甲乙丙而論之，其式之各項為同類項，即以甲乙丙而論，寅甲甲乙|卯甲乙丙|未丙丙丙 為同類項之式，又為第三等同類項之式，因各項內或有甲，或有乙，或有丙之一箇或二箇或三箇或一箇有二次，或多次，即各項內之三箇字，從甲乙丙三字而出，又如 八甲甲甲乙丙 一二甲乙丙丙丙 寅甲甲甲甲甲 卯甲甲乙乙丙 各項以甲乙丙而論，俱為同類而為第五等，若將此各項式相

加或相減，則所得者亦必為同類而屬於第五等，又如 寅甲|寅卯乙 依甲與乙而論之，屬於第一等，但依寅與卯而論之，為不同類，依甲與卯而論之，為同類，從以上各理能得一例，（例者為算學之公理，即如凡數之末兩位，能以四度之，則全數能以四度之也，又如凡比例式首末兩率相乘之數，等於中兩率相乘之數，亦為例也。）能包一百八十四·一百八十五·一百八十八各款之理。

第一百九十款　例曰，凡四箇數有比例，而將其第一率與第二率，如甲與乙，作任兩箇同等同類之式，又將其第三率與第四率，依同法作兩箇式，則所得之四箇式必有比例，即如 甲:乙::丙:丁 而用 二甲甲甲|三甲甲乙 與 乙乙乙|甲乙乙 俱為第三等，依甲與乙而論之為同類，又如作其相配之式 二丙丙丙|三丙丙丁 與 丁丁丁|丙丁丁 即從丙與丁同於一二兩率甲與乙之法所成者，即得 二甲甲甲|三甲甲乙:乙乙乙|甲乙乙::二丙丙丙|三丙丙丁:丁丁丁|丙丁丁。

如欲證之令 $\frac{乙}{甲}$ 以天代之則 $\frac{乙}{甲}$＝天 而 $\frac{乙}{甲}＝\frac{丁}{丙}$ 故 $\frac{丁}{丙}$＝天 但

因甲以乙約之等於天則天以乙乘之等於甲即 甲＝乙天 又

依同理 丙＝丁天 若將 乙天 與 丁天 在前四式代甲與丙因各數相

乘無論其乘之次第如何其得數必同即如 乙天乙天乙天 等於 乙乙乙天天天

所以 二甲甲甲⊥三甲甲乙 等於 二乙天乙天乙天⊥三乙天乙天乙 亦等於 二乙乙乙天天天⊥三乙乙乙天天 即同於 乙乙乙 以 二天天天⊥三天天 乘之即 乙乙乙(二天天天⊥三天天)

凡任一式內以甲與乙而論之爲同類而以 乙天 代甲

則易明式之等次之數祇有若干一則必有乙若干

次即如 甲甲⊥甲乙 變爲 乙天乙天⊥乙天乙 即 乙乙(天天⊥天) 又 甲甲甲⊥乙乙乙 變爲 乙天乙天乙天⊥乙乙乙 即 乙乙乙(天天天⊥一)

又依同理 二丙丙丙⊥三丙丙丁 等於 丁丁丁(二天天天⊥三天天) 又 乙乙乙⊥甲乙乙 等於 乙乙乙⊥乙天乙乙 即同於 乙乙乙 以 一⊥天 乘之

即 乙乙乙(一⊥天) 又依同理 丁丁丁⊥丙丁丁 等於 丁丁丁(一⊥天) 但 乙乙乙∶乙乙乙∷丁丁丁∶丁丁丁 所以依一百八十六款

之理 乙乙乙(二天天天⊥三天天)∶乙乙乙(一⊥天)∷丁丁丁(二天天天⊥三天天)∶丁丁丁(一⊥天) 若將此各事之相等式代入即得 二甲甲甲⊥三甲甲乙∶乙乙乙⊥甲乙乙∷二丙丙丙⊥三丙丙丁∶丁丁丁⊥丙丁丁 又依同理

可知任一比例式學者可依同法證之如 甲∶乙∷丙∶丁 則 二甲⊥三乙∶乙∷二丙⊥三丁∶丁 甲甲⊥乙乙∶甲甲⊥乙乙∷丙丙⊥丁丁∶丙丙⊥丁丁 寅甲乙∶二甲甲⊥乙乙∷寅丙丁∶二丙丙⊥丁丁

第一百九十一款 若比例之中二率相等如 甲∶乙∷乙∶丙 則甲乙丙三數爲連比例即爲幾何級數凡級數內有任三項爲連比例亦可謂幾何級數即如 一·二·四·八·十六·三十二·六十四等 $\frac{二}{一}$·$\frac{三}{一}$·$\frac{九}{三}$·$\frac{二七}{三}$·$\frac{八一}{三}$·$\frac{二四三}{三}$·$\frac{七二九}{三}$等俱爲連比例因 一∶二∷二∶四 二∶四∷四∶八 等

一:三::三:九::九:二七 等也。

第一百九十二款　凡以甲乙丙丁等為連比例，卽得式 甲:乙::乙:丙，卽 乙/甲=丙/乙，卽 甲丙=乙乙。每項從其前一項能求之，則必以同數乘之，卽得。卽如 乙=甲/乙×甲（見前一百八十款），又 丙=乙/丙×乙，又因 乙/甲=丙/乙，則 甲/乙=乙/丙，卽 丙=甲/乙×乙，又 丁=丙/丁×丙，但 丙/丁=乙/丙，卽等於 甲/乙，所以 丁=甲/乙×丙。其餘類推，故級數之公率 甲/乙，以未代之，卽得 乙=甲未，丙=乙未=甲未未，丁=丙未=甲未未未。其餘類推，故得

級數甲乙丙丁等為 甲，甲未，甲未未，甲未未未 等，所以甲與丙之比若甲與甲未未之比，依一百八十六款之理，若甲甲與甲甲未未之比，又若甲與甲未未，甲甲與乙乙之比，因乙為甲未，則乙乙為甲未甲未，卽甲甲未未，又 甲:丁::甲:甲未未未，而 ::甲甲甲:甲甲甲未未未 ::甲甲甲:乙乙乙，見前一百八十六款，又 甲:戊::甲甲甲甲:乙乙乙乙。其餘類推，卽第一項與第卯

項之比若第一項之卯方與第二項之卯方之比。

第一百九十三款　有一簡法能將連比例之任多項相加，如欲先將其各項 一，未，未未 等相加，而未大於一，則可知凡式將任數或加或減之後再或減或加之，則式未變，卽如 申−申未|申未|巳未|巳−巳=巳 是也。如將 一，未，未未 等相加，卽得 −一|未|未未|未未未 可知 未未未未−一=未未未未|未未未未|未未未|未未 未|未未|未|未−一，依

但依五十四款之理，未未(未−一)=未−未(未−一)，未未未(未未−一)=未未−未未(未−一)，未未未(未未未−一)=未未未−未未未(未−一)，上之相等式變為 未未未未−一=未未未(未−一)|未未(未−一)|未(未−一)|未−一，依五十四款之理等於 (未−一)(未未未|未未|未|一)，用之約之，等於 未未未未−一/未−一，所以以 未−一 約之，卽所求之項之和，依此法能證各相等式之積數。

如

$$1+x=\frac{x^2-1}{x-1}$$

$$1+x+x^2=\frac{x^3-1}{x-1}$$

$$1+x+x^2+x^3=\frac{x^4-1}{x-1}$$

$$1+x+x^2+x^3+x^4=\frac{x^5-1}{x-1}$$

若未小於一，即如求 $1+x+x^2+x^3$ 必先觀

$$1-x^4=1-x+x-x^2+x^2-x^3+x^3-x^4=1-x+x(1-x)+x^2(1-x)+x^3(1-x)$$

則依同理而論，求 $1+x+x^2+x^3$ 之法，必將 $1-x^4$ 以 $1-x$ 約之，能得與前各相等之同類相等式。

$$1+x=\frac{1-x^2}{1-x}$$

$$1+x+x^2=\frac{1-x^3}{1-x}$$

$$1+x+x^2+x^3=\frac{1-x^4}{1-x}$$

$$1+x+x^2+x^3+x^4=\frac{1-x^5}{1-x}$$

法曰：凡求級數 $1+x+x^2+\cdots$ 之卯項之和，將第一項與第 $(n+1)$ 項之較，以一與未之較約之，即得。

第一百九十四款　凡連比例任多項之和，可依此法求之。即如令甲乙丙等為級數之項，而欲求其四項之和，即欲求 $\text{甲}+\text{乙}+\text{丙}+\text{丁}$。依一百九十二款之理，求 $\text{甲}+\text{甲}x+\text{甲}x^2+\text{甲}x^3$。依五十四款之理，求 $\text{甲}(1+x+x^2+x^3)$，則依上款之理得 $\frac{x^4-1}{x-1}\times\text{甲}$，即 $\frac{1-x^4}{1-x}\times\text{甲}$。此依未之或大於一或小於一。所以知第一箇分數為 $\frac{\text{甲}x^4-\text{甲}}{x-1}$，即依一百九十二款之理為 $\frac{\text{戊}-\text{甲}}{x-1}$。又依同理，第二箇分數為 $\frac{\text{甲}-\text{戊}}{1-x}$。

故法曰：求任連比例卯項之和，必將其第 $(n+1)$ 項與第一項之較，以一與公度數之較約之，即如有級數 $1+3+9+27+\cdots$ 而欲求其十項之和數，其第十一項為 59049，而 $\frac{59049-1}{3-1}$ 為 29524。又級數 $2+1+\frac{1}{2}+\frac{1}{4}+\cdots$ 求其十八項之和數，其第十九項為 $\frac{1}{131072}$，而 $\frac{2-\frac{1}{131072}}{1-\frac{1}{2}}=3\frac{131070}{131072}$。

題

一|四|一六|等……之九項之和爲八七三八一

三|七六|四九一三|等……之十項之和爲二〇一七六八〇三五/八四七四二二六七五

二三|四三|八三|等……之二十項之和爲一〇四八五七六/一〇四八五七五

第一百九十五款　凡大於一之整數或分數之各乘方必漸增大即如二三大於一則三三二二爲二三取之多於一次即必大於二三餘類推此增大之事無界限即無有一箇數能大至不能有二三之若干方爲更大如欲證之則可見二三之每一箇方數之作法將其前一箇方以二三乘之即以十二三乘之即將前方以同數相加再加前數之半故第十乘方變爲第十一乘方所加之數目必大於第九乘方變成第十乘方所加之數目可見任爲何數連加於二三所得之數必漸增大至大於任所設之大數況加於二三之數每行一步增之乎即作二三之各乘方是也又可見一之各方總不增大因至末不能大於一即一一等於一也又如甲大於寅箇乙則甲平方大於寅寅箇乙平方即如甲二二乙|丙其甲大於二乙則甲之平方爲甲甲依六十八款

之理.四乙乙|四乙丙|丙丙大於四乙乙其餘類推.

第一百九十六款　凡小於一之分數之各方必漸減小如五三之平方即五五三三爲小於五三即爲其五三此減小之事無界限即無有一箇數能小至不能有五三之若干方爲更小設以二五三等於天則五三等於天一而五三之各方爲天天一天天天一餘類推因天大於一見前一百九十五款則必能得天之若干方能大於任所設之數令此方爲寅則寅一爲五三之相配之方如此能得一分數其分母大至無窮其分數必小至無窮見前一百十二款

第一百九十七款　級數一·未·未未·未未未·等有三類

一　如未大於一則爲漸增大其項之級數

二　如未等於一則爲同大項之級數

三　如未小於一則爲漸減小其項之級數

即如第一第二式內其一|未|未未|未未未|等……之和能作之至任何大因其項數能任意增多但第三類內不能定因每一步雖有所加而其所加者每一步小於前步故不能決加其項

數至能得任大之數茲設一箇便之式以明之如 一＋一/二＋一/四＋一/八＋一/十六等……

級數無論大至如何必再以末項相加方能得和數爲

二即如

(一＋一/二＋一/四)＋一/四＝一＋一/二＋一/二＝二

(一＋一/二＋一/四＋一/八)＋一/八＝二

(一＋一/二＋一/四＋一/八＋一/十六)＋一/十六＝二

此種級數內每一箇項爲前項

之半故無論項數爲若干不能再添一項而成二所以

級數一＋一/二＋一/四＋一/八等之和恒近於二而每多一步則

更近於二但永不能等於二所以二爲 一＋一/二＋一/四等…… 之界限然

不可云每一箇漸減小其項之級數有界限者如觀級

數 一＋一/二＋一/三＋一/四等…… 能知此理此級數可書之爲

一＋一/二＋(一/三＋一/四)＋(一/五加至一/八)＋(一/九加至一/十六)＋(一/十七加至一/三十二)等…… 可見各

級數各項除首兩箇外已分爲幅每幅之項數爲本幅

末項之分母若干數之半即如第四幅有十六項即是

一/十七…一/三十二 項此各項能證其大於 一/二 即如第三幅爲 一/九＋一/十＋一/十一＋一/十二＋一/十三＋一/十四＋一/十五＋一/十六 所成除去末項 一/十六 外餘

皆大於 一/十六 若以 一/十六 代其每項之數則全幅之和必

小因必變爲 八/十六 即 一/二 可知本幅必大於 一/二 設以

一/二 連加於 一＋一/二 所得之數能大於任意設立之數況

不書其 一/二 而將上之各幅項數一一書之乎但 一＋一/二＋一/三等

之級數本用此法作之可見前所言此級數無界限者

非虛語也

第一百九十八款 如末小於一則 一＋末＋末二＋末三＋末四等…… 級數恒有界限即

如令其末項之前一項爲甲依一百九十四款之理其

和數爲 (一－末^甲)/(一－末) 即依一百十二款之理爲 一/(一－末)－末^甲/(一－末) 而依一百

九十六款之理各項漸減小至無窮能取一項與首項

任相距令甲與 末^甲/(一－末) 爲任意設立之小數可見其 末^甲/(一－末)

雖恆小於$\frac{一-未}{一}$而可任意近於$\frac{一-未}{一}$卽其$一+未+未未+等\cdots$之級數恆近於界限$\frac{一-未}{一}$卽如令$未=\frac{二}{一}$則$一+\frac{二}{一}+\frac{四}{一}+\frac{八}{一}+等$恆近於$\frac{一-\frac{二}{一}}{一}$卽二與上款之說同

習練之題

$二+\frac{三}{二}+\frac{九}{二}+等\cdots$之限卽$二\left(一+\frac{三}{一}+\frac{九}{一}+等\cdots\right)$爲三

$一+\frac{一〇}{九}+\frac{一〇〇}{八一}+等\cdots$之限爲一〇

$五+\frac{七}{一五}+\frac{四九}{四五}+等\cdots$之限爲八$\frac{四}{三}$

第一百九十九款　如分數$\frac{乙}{甲}$大於$\frac{丁}{丙}$則甲與乙之比大於丙與丁之比如$\frac{乙}{甲}$小於$\frac{丁}{丙}$則甲與乙之比小於丙與丁之比茲設四題學者可解之皆從上說而推得也

一　如甲大於乙而丙小於丁或等於丁則甲與乙之比大於丙與丁之比

二　如甲小於乙而丙大於丁或等於丁則甲與乙之比小於丙與丁之比

三　如甲與乙之比若丙與丁之比而甲與乙之比大於丙與天之比則丁小於天若甲與乙之比小於丙與天之比則丁大於天

四　甲與乙之比大於甲天與乙天+地之比小於甲天與乙天+地之比則甲+丙與乙+丁

第二百款　如甲與乙之比大於丙與丁之比則甲+丙與乙+丁之比小於甲與乙之比而大於丙與丁之比卽如$\frac{乙}{甲}$爲$\frac{乙}{甲}$與$\frac{丁}{丙}$兩箇分數之大者則$\frac{乙+丁}{甲+丙}$必大於$\frac{丁}{丙}$而小於$\frac{乙}{甲}$欲證此理如天與地不等則$\frac{寅+卯}{寅天+卯地}$必在天與地之間因天若爲兩箇數之小者則大於$\frac{寅+卯}{寅天+卯天}$卽大於天如地爲其兩箇數之大者則必小於$\frac{寅+卯}{寅地+卯地}$卽小於地故必在天與地之間令$\frac{乙}{甲}$以天代之$\frac{丁}{丙}$以地代之則$甲=乙天$、$丙=丁地$但$\frac{乙+丁}{乙天+丁地}$必在天與地之間所以$\frac{乙+丁}{甲+丙}$在$\frac{乙}{甲}$與$\frac{丁}{丙}$之間又因$\frac{乙}{甲}$與$\frac{丁}{丙}$等於$\frac{乙巳}{甲巳}$與$\frac{丁午}{丙午}$又如依前理$\frac{乙巳+丁午}{甲巳+丙午}$在末兩數之間則必在前兩數之間卽如巳與午爲任整數或分數則$\frac{乙巳+丁午}{甲巳+丙午}$必在$\frac{乙}{甲}$與$\frac{丁}{丙}$之間

第二百一款　如依上款之理能得極繁式之大略卽如

一丄天天/一丄天必在二與天天/天之間卽在一與天/一之間又甲天天丄乙乙地地/甲天丄乙地必在甲天天/甲天與乙乙地地/乙地之間卽在天/一與乙地/一之間又已證過二/甲丄乙必在甲與乙之間以此其分母爲十。

第二百二款　又能證分數巳丄午丄未丄申/甲丄乙丄丙丄丁必在巳/甲午/乙未/丙申/丁之間卽必小於其大者而大於其小者以此各分數依其大小而分列卽令巳/甲大於午/乙又午/乙大於未/丙又未/丙大於申/丁則依二百款之理巳丄午/甲丄乙小於巳/甲大於午/乙與未/丙巳丄午丄未/甲丄乙丄丙小於巳丄午/甲丄乙與巳/甲大於未/丙與申/丁巳丄午丄未丄申/甲丄乙丄丙丄丁小於巳丄午丄未/甲丄乙丄丙與巳/甲大於申/丁可見其理爲準。

第二百三款　如甲大於乙而欲指明之則其號爲甲>乙如甲小於乙則指明之號爲甲<乙此∧號之開處必對其大數學者須記之。

元和江衡校算

數學理卷九

英國棣麼甘譔

英國　傅蘭雅　口譯

新陽　趙元益　筆述

排列之理

第二百四款　設有小物若干卽如碁子寫甲乙丙丁等字於上以分別之置桌上欲任取若干如四箇求此四箇能用若干法從全碁內取之無論以何法取之卽得四箇爲一幅如取一次再還入而取第二次則第二次與第一次可以不同無論其一幅中之次第不同卽如第一幅得甲乙丙丁第二幅得甲乙丙戊則謂不同幅因第一幅有丁無戊第二幅有戊無丁其餘皆同設共用碁子六枚以甲乙丙丁戊己記之從此六枚內任取三枚爲一幅記其一幅之三箇字再還入總碁子內而依同法再取三箇記其一幅之三箇字則所得不同之幅共有二十其二十幅之式如左

甲乙丙	甲丙戊	乙丙丁	乙戊己
甲乙丁	甲丙己	乙丙戊	丙丁戊
甲乙戊	甲丁戊	乙丙己	丙丁己
甲乙己	甲丁己	乙丁戊	丙戊己
甲丙丁	甲戊己	乙丁己	丁戊己

又依同理從六枚碁子內每取四枚為一幅則所得不同之幅共有十五其式如左餘類推

甲乙丙丁　甲乙丙戊　甲乙丙己　甲乙丁戊　甲乙丁己
甲乙戊己　甲丙丁戊　甲丙丁己　甲丙戊己　甲丁戊己
乙丙丁戊　乙丙丁己　乙丙戊己　乙丁戊己　丙丁戊己

第二百五款　排列成幅之法依其次第不同者名曰次第不同之幅則各幅有若干次第不同之排列法即如甲乙丙丁四字有二十四箇次第不同之排列法如左

甲乙丙丁　乙甲丙丁　乙丙甲丁　乙丙丁甲　甲丙乙丁　丙甲乙丁　丙乙甲丁　丙乙丁甲　甲丙丁乙　丙甲丁乙　丙丁甲乙　丙丁乙甲
甲乙丁丙　乙甲丁丙　乙丁甲丙　乙丁丙甲　甲丁乙丙　丁甲乙丙　丁乙甲丙　丁乙丙甲　甲丁丙乙　丁甲丙乙　丁丙甲乙　丁丙乙甲

觀以上各排列法則知無有兩箇相同者所以各式謂之不同排列法然俱為同幅之碁子四枚成之因其二十四箇排列法不外乎甲乙丙丁四字

第二百六款　假如有六枚碁子欲求任取多少能成不同排列若干則用前款之法已得其六枚內四枚之不同排列法從此得五枚之不同排列法即如甲乙丙己為六枚內取四枚所成之幅而丁與戊不用若於各不同排列之末遞更添丁與戊則得甲乙丙己丁與甲乙丙己戊而其餘各排列法依同法為之即如丁甲乙丙能得丁甲乙丙戊與丁甲乙丙己等如依此法作之至用盡四之各排列法則五之各排列法不能有遺漏者因五之任一箇排列法若從丁乙己戊而得即依前法能成丁乙己戊甲又依此法不能有一排列法相同即如丁乙己戊甲不外乎從丁乙己戊而得如依此法欲求六枚內任兩枚之排列法即如從甲乙丙丁戊己內任用兩字每字共得五箇排列法如用甲乙則從甲得甲乙　甲丙　甲丁　甲戊　甲己從乙得乙甲　乙丙　乙丁　乙戊　乙己因每一字能得五箇排列而其有六字則其全排列為六×五即三〇也再從甲乙得甲乙丙　甲乙丁　甲乙戊　甲乙己從甲丙得甲丙乙　甲丙丁　甲丙戊　甲丙己所以有二之六×五箇不同排列即三〇箇不同排列俱能得三之四箇不同排列所以三箇之全排列法為六×五×四即一二〇也再從甲乙丙得甲乙丙丁　甲乙丙戊　甲乙丙己從甲乙丁得甲乙丁丙　甲乙丁戊　甲乙丁己所以三之六×五×四箇不同排列即一二〇箇不同排列俱能得四之三箇不同排列所以四箇之全排列法為六×五×四×三即三六〇也依同理五之不同排列為六×五×四×三×二六之不同排列

爲六×五×四×三×二×一。其五與六之不同排列數相等此因五之排列法祇能漏去一箇所以祇成六之一箇不同排列以上以碁子六枚立論若任用若干碁子令其數以天代之則用其二枚之不同排列爲天(天丅一)。用其三枚之不同排列爲天(天丅一)(天丅二)。用其四枚之不同排列爲天(天丅一)(天丅二)(天丅三)。故得公法曰將物之全數以次一箇數乘之又以再次之一箇數乘之餘類推至相乘之數目同於各不同排列之物數則所得積數必爲所求不同排列之全數即如碁子十二枚用其內之四枚則所成之不同排列爲一二×一一×一〇×九。即一一八八〇。

第二百七款　習練之題

八人並坐問其不同排列法若干　答曰四〇三二〇。

八人圍圓桌而坐令每次左右所坐之人不同問其不同排列法若干　答曰五〇四〇。此題與前題之分別學者可思而得之此書無庸贅也

某武弁帶兵十五名此十五名每成不同排列一次則給洋錢一元之$\frac{一}{九六〇〇〇}$。問共給洋錢若干　答曰一三六二一六〇八。

某武弁帶兵二十二名內十七名係南方人餘五名係北方人欲將其全人內取三人排列爲一隊每隊內必有南人兩名北人一名求能成不同排列之隊若干

答曰四〇八〇。

第二百八款　以上各款所論之碁子如有二箇或多箇以同號記之則所成不同排列法自然更少即如碁子六枚以甲甲′甲″乙丙丁記之而此三箇甲暫以丿別之爲甲甲′甲″。則甲乙丙甲′甲″丁。與甲′乙丙甲甲″丁。爲不同排列若撤去其丿則爲同排列所以欲求其不同排列之數必先以乙丙丁起算留一空處以補其甲如( )乙丙( )( )丁。若其各甲以丿別之則甲甲′甲″之不同排列爲三×二×一。撤去其丿則所得六箇排列同所以求甲甲′甲″乙丙丁之不同排列數必從甲甲′甲″乙丙丁之不同排

列數以三×二×一即六約之則得 $\frac{\text{三}\times\text{二}\times\text{一}}{\text{六}\times\text{五}\times\text{四}\times\text{三}\times\text{二}\times\text{一}}$ 即一二〇也。依同理，甲甲甲甲乙乙乙丙丙之不同排列數爲 $\frac{\text{四}\times\text{三}\times\text{二}\times\text{一}\times\text{三}\times\text{二}\times\text{一}\times\text{二}\times\text{一}}{\text{九}\times\text{八}\times\text{七}\times\text{六}\times\text{五}\times\text{四}\times\text{三}\times\text{二}\times\text{一}}$。

習練之題

某武弁帶兵十五名，共有五姓，有四人同一姓者，有兩人同一姓者，其餘皆三人同一姓，求排列十五人依其姓而論之，得姓之不同排列若干。　答曰一二六一二六〇〇〇。

第二百九款　已知不同排列之全數，則易得能成之幅數。若欲另求幅數，則有一法，與二百六款之法相似。即如甲乙丙丁戊以兩箇爲一幅，既知其幅數，則能知以三箇爲一幅之幅數。即如將每兩箇所成之幅至末寫其次之各字，如從甲乙得甲乙丙、甲乙丁、甲乙戊，從甲丁得甲丁戊，所以知兩箇爲一幅之幅數，則依此法不能漏去以三箇爲一幅之幅數。因爲任以三箇爲一幅甲丙丁，必從甲丙而得，因依前法甲丙丁必從甲丙而來也。且不能有重複，因依此法甲丙丁不能外乎甲丙從甲丁與丙丁而得之也。依此法求甲乙丙丁戊五箇字之幅數，從甲得甲乙、甲丙、甲丁、甲戊，從乙得乙丙、乙丁、乙戊，從丙得丙丁、丙戊，從丁得丁戊。由上各式內，甲乙能得甲乙丙、甲乙丁、甲乙戊，甲丙能得甲丙丁、甲丙戊，甲丁能得甲丁戊，乙丙能得乙丙丁、乙丙戊，乙丁能得乙丁戊，丙丁能得丙丁戊，而甲戊、乙戊、丙戊、丁戊俱無所成。此各幅內，從甲乙丙得甲乙丙丁、甲乙丙戊，從甲乙丁得甲乙丁戊，從甲丙丁得甲丙丁戊，從乙丙丁得乙丙丁戊，而有戊者俱無所成。以上之幅內，從甲乙丙丁祇能得甲乙丙丁戊，其餘則無所成。此理易明，因祇用五字，祇能成一箇有五之幅也。

第二百十款　求不同幅數之法，徑從求不同排列之數而得者，即如用碁子七枚，則因二枚之不同排列數爲七×六，又因任幅甲乙祇有兩箇不同排列，即乙甲與甲乙，則以二枚爲一幅之幅數爲不同排列數之半，即 $\frac{\text{二}}{\text{七}\times\text{六}}$，又三枚

之不同排列數爲七×六×五，又因任幅如甲乙丙有三×二×一箇不同排列，則以三枚爲一幅之幅數爲 $\frac{\text{三}\times\text{二}\times\text{一}}{\text{七}\times\text{六}\times\text{五}}$，又因任以四枚爲一幅，如甲乙丙丁有四×三×二×一箇不同排列，則以四枚爲一幅之幅數爲 $\frac{\text{四}\times\text{三}\times\text{二}\times\text{一}}{\text{七}\times\text{六}\times\text{五}\times\text{四}}$，餘類推。故得公法曰：有物若干而成幅，每幅之物數爲卯，必將其相配之不同排列數以一·二·三等至卯乘之積數除之。即如物之全數爲天，若以兩箇爲一幅所成之幅數爲 $\frac{\text{一}\times\text{二}}{\text{天}(\text{天丁一})}$，若以三箇爲一幅所成之

幅數爲 $\frac{天(天-一)(天-二)}{一\times二\times三}$ 以四箇爲一幅所成之幅數爲 $\frac{天(天-一)(天-二)(天-三)}{一\times二\times三\times四}$。

第二百十一款　將上法推算各題則偶然能得簡法如物之數爲十箇每取七箇爲一幅則必有所餘之一幅爲三故七箇爲一幅之幅數同於所餘三箇爲一幅之幅數所以求其三箇爲一幅之幅數比七箇爲一幅之幅數更簡雖反其法而得數仍同也即如十物內取七箇爲一幅所能成之幅數爲 $\frac{一〇\times九\times八\times七\times六\times五\times四}{一\times二\times三\times四\times五\times六\times七}$ 而此數之兩項俱有

依一百八款之理能去之所餘者爲 $\frac{一〇\times九\times八}{一\times二\times三}$ 即同於十物內以三箇爲一幅之幅數其餘同類之題依同法推之。

習練之題

求十二物內以四箇爲一幅能成不同幅若干答曰四九五

求八箇物內以六箇爲一幅能成不同幅若干答曰二八

求十一物內以四箇爲一幅能成不同幅若干答曰三三〇

求二十八物內以二十六箇爲一幅能成不同幅若干答曰三七八

求十五物內以六箇爲一幅能成不同幅若干答曰五〇〇五

求五十二物內以十三箇爲一幅能成不同幅若干答曰六三五〇一三五五九六〇〇

元和江　衡校算

數學理附卷

英國棣麼甘譔　英國　傅蘭雅　口譯
新陽　趙元益　筆述

第一款　推算之工

前各卷內所有之法過尋常各題可以尋常之法推算之然學者不第求能推算各題尙以敏捷爲貴故必細閱以下各法而習練之此可謂加一套工夫於推算之時大得其益也

一例　凡一○、一○○、一○○○等各數必記其所有若干○字之數即如十爲一箇○字之數百爲兩箇○字之數百萬爲

六箇○字之數其餘類推又如有一數去五位則餘下之位爲十萬數因十萬爲五箇○字之數所以凡言若干十心中必記其一箇○字凡言若干百心中必記其兩箇○字其餘類推如問有十七箇○字者爲何數則以每四箇○爲萬所以有四箇萬尙有一○故有十七箇○字之數爲十萬萬萬萬又如問數之右邊去其十二位求其餘者爲何數答曰爲若干萬萬萬

二例　學者必先習練讀各數即讀一·二·三·四·五等至過百數再反讀之即如一百·九十九·九十八·九十七等至極熟爲止後以每兩箇讀之如二·四·六·八等又如一·

三·五·七等讀之既熟則反讀之以極熟爲止再以三以四以五以六等各數以同法正讀之反讀之而每讀一次從不同之數起即如從四起而每加七箇讀之如是口中云四·十一·十八·二十五·三十二等必讀至極熟極快每讀一字之聲必相續而不斷尋常之人讀一二三四等能速而以上之工夫不能速學者不可不習此事而心中不可恃口耳之助即口中但云四·十一·十八等不可云四加七爲十一·十一加七爲十八等且反讀之其速須與正讀同即如從六十起而每減七箇讀之口中云六十·五十三·四十六·三十九等是也

三例　凡見一位數目幷他一位數目心中立想其數之小者必加若干可配其大者即如見三與八心中立想起五不必口中云八去三餘五又如其第二數爲小者如八與三則必習練從八向上一箇有三之數目即十三而心中即知八必加五成十三不必口中云十三去八餘五再將幾箇數目字寫一橫行如

四二六○五○一八六四

每一箇數目字與其左右之數目字必行同法但口中斷不可言其大數即如言四與八（即左邊之四字與其二字之上一箇有二之數即十二）其較爲

八、二與四、六與四、〇與五、五與〇、〇與一、一與七、八與八、六與八。

四例　依同法習練兩位之數，卽如見二七與六，則二七之上有六之數卽三六，而較數爲九，口中所言者不過爲二七與九共爲三六。將數目字寫一橫行，如一一七七二九六三八〇九，則口中所言者爲一七，與〇爲一七·七七，與五爲八二·七二，與七爲九七·二九，與七爲三六·九六，與七爲一〇三·六三，與五爲六八·三八，與三爲四一·八一，與九爲九〇·一〇，與九爲一九。

五例　凡用兩位之數筆記其若干箇，心中必同時有其若干十，卽如用前節所得之各數筆記其若干一箇，口中重念其若干十箇。

六例　讀熟乘法表，則見兩數心中卽知其積數，卽如八與七或七與八，則口中能言五六，不可待口中云七箇八爲五六。習練乘法表，可將數目字寫一橫行，如八四五六〇七九三，每兩箇數口中連讀其積數不斷，卽如二七·六三·〇〇·三〇·二〇·三二。

七例　任將三箇數之第一與第二之積數與第三數相加，卽如見三、八、四，心中卽知二八，卽三箇八加四，口中不可云三箇八爲二四，加四爲二八，卽如八〇四六三二九七一，可習練之一六·六五·二一·一二·二二·二四·八。

八例　將四箇數目如二、七、六、九，將第一第二相乘，其積數與第三相加，口中言其和數，再加第四，口中言其和數，而其和數之若干十須重讀，卽如見二、七、六、九，口言二〇與九爲二九，如四七九八九八六三七七各數目得五二與六爲五八·二七，與九爲三六·二七，與八爲三五·六二，與九爲七一·八一，與七爲八八·七九，與四爲八三。

九例　又將四箇數目如二、四、七、九，將第一第二相乘，其積數與第三相加，而從第三箇想其上之得第四箇字之數（其法見本款第四例），卽如見二、四、七、九，口中云一五與四爲一九，如用九二九八六九三二七一各數目，口中云九與四爲一三·一七，與二爲一九·一五，與一爲一六·三三，與五爲三八·六二，與七爲六九·五七，與五爲六二·七四，與五爲七九。

十例　習練一百以內之各數，以任一箇約之，約得之數並餘數必脫口而出，卽如見五三與八，口中卽云六餘五。習練此事可用約法，以一箇字爲法數，卽如以七爲

三八三〇七六
六七八九
八九二二二〇四
一八六二九六四
四六〇三六三五
七四四三三〇六
八〇五二〇七〇二〇六六

之數目字爲進位之數其相加之工夫如前求試乘法之每行並所得之積數可用第二款去九之法証之

習練第八例之人能將每乘得之行以其以上之行相加可省後將各行相加之工如左式

三八三〇七六
六七八九
八九二二二〇四
八〇一九四九〇五
八〇五五二七八五
八〇五二〇七〇二〇六六

口中所言者八二一與九爲三〇五九與二爲六一二七與二爲二九二與二爲四四九與〇爲九六四六與四爲五〇此爲第二行之工夫即成六七相乘之事第三行成其六七八相乘之事第四行成其六七八九相乘之事

約法　用第九例之法可將相乘與相減連用之其式如

〇三七九五九五一)二六六九〇八二七九一四四(三九六七二
一六五〇四二
二六五七七八
一六五四一〇
二六九四五九
二〇二二二六
八三七五六
六七七二

此式內之二六五七七從一六五四〇二以五相乘而得之口中所言者爲五一與七爲二一四七與七爲四五三五與五爲四〇三九與六爲五四一四與三爲一六

關乎方並推算相等式之工夫見本卷第十款亦必依法以二九七〇一四六三二爲實行約法之工夫如

二九七〇一四六三二三(七
二餘〇九七二七三三

口中云三餘二三餘五七餘五七餘二二餘六九餘四七餘〇〇餘二加減乘除四法可用以上十例爲之其法如左

加法　此法內口中所言者以少爲貴即如左加法式推

三六九七四
八九五一
六一三六二
二九七四五
九一八
六八六
四七一八三一

算之工內口中所言者爲六一五一七一三二一四
一一二二三三九一二二三四一一二二
一二一二一七七四七二一〇四〇一一

八七九二以上有ノ之字須記於橫線之下有ク之字爲進位之字但口中不可云進三等語心中必知之

凡若干數已相加而欲試其有差否可以留一行而加其餘各行後另加之則知其準與否每行加法可從上向下從下向上兩法加之

減法　如左式口中所言者爲八與二四與五七與四三與五六與九一〇與二六與〇四與九七與七九與〇五與二而所欲進位之一箇不必說又不必云八箇與二箇成十箇等語因已得其二之後不必問其從何而生也

〇九一八五二六三四九七
八三七二六九五四六八五
二五四五九二〇九七〇二

乘法　如左式行乘法時口中所言者爲一八四九二二二四無ノ

約法之式口所言者以簡爲要.

第二款　減九與十一之試法

學者應習練減九之試法然此試法不能無弊因偶得一數太小若干再得一數太大若干則兩差相消而不顯然此種事極少故此試法幾乎全足恃而不妨常用也.

此法所恃之理如下如甲乙丙丁四數而能得 甲=乙丙丁 有任他數寅如將甲乙丙丁各以寅約之得餘數爲巳午未申如將巳與 午未申 以寅約之必得同餘數而或者本爲相等之數即如 一一九一七×一二四三三. 將此四數以七約之即得餘數爲五三五四又五與 五×三四 或五與 一九 以七約之得餘數爲五.

所以無論何數可用之爲約數試任算式之工夫爲準與否然合用之約數易於得其餘數常用之約數爲三九十一而九爲最便於用也.

如以三與九爲約數則餘數必同於各位數目字之和即如左式.

二四六一二〇三七七. 以九約之求其餘數則各位數之和爲 二+四+六+一+二+〇+三+七+七. 即三二而從此得餘數爲五但最便之法在相加之時遇九則去之即如口中云二六（即二加四）一二（即六加六）三（即九除去）四六九（九除去）七一四（九除去）五則五爲所求之餘數若將 二四六一二〇三七七 以九約之即得此餘數也如欲証之其法曰凡數如 一 一〇 一〇〇 一〇〇〇 等以九約之得餘數爲一因此各數爲一 九+一 九九+一 等所以 二 二〇 二〇〇 等必得餘數爲二又 三 三〇 三〇〇 等必得餘數爲三餘類推

所以將任一數如 一七六四 分爲若干分而各分以九約之則得一千爲若干九餘數爲一又七百爲若干九餘數爲七六十爲若干九餘數爲六所以將一七六四四箇數相加而去其所容之若干九所得餘數必爲 一七六四 之餘數

將上法証已乘得之數如前六十六款內有一題 一〇〇〇四五六九×三一六三=三一六四四五一七四七.

以此法証之將第一數去其九口中云一五十一七第二數口中云三四十一四第三數口中云三四十一五

九·四·九·八·十二·三·十二·所以三箇餘數爲七與四與二，但七四爲二八，去其若干九得一，即同於積數所得之數。又如八十四款內有一題爲二三七九六四八四÷一三〇〇〇〇×一八三，則從一三〇〇〇〇與一八三與六四八四去所有之若干九得四·三·四，但四×三〡四去其九得七，而二三七九六四八四亦然。

所得之餘數，不記之則易忘，記之則嫌其煩，最妙之法將其繁之一邊之餘數與九相減，將其餘數加入簡之

一邊餘數內，則簡之一邊餘數應爲○，即如前式右邊得七爲餘數，則將七與九相減得二，則可不記其七，將其餘加入左邊得二·四·七·十四·五·十一·二·六·十四·五·九·○。

學者習練除九之工夫，則可漸速而準。

以上除九之法，如其九之餘數爲準，而其數目字內有差，則差不顯出，故推算多位之數，用除九之法準之，尚不足恃，則可用除十一之法證之。因一〡一、一〇〇〡一、一〇〇〇〡一、一〇〇〇〇〡一等俱能以一一度之，則明代數減法者能用下法，不明代數減法

者，則必以一一相約之。

法曰：將第一位與第二位相減得餘數，與第三位相減，再將所得餘數與第四位相減，所得餘數如爲正數，則爲所求之餘數；如爲負數，必與一一相減，所得之餘數即爲所求之餘數。即如將一六四二九一五以一一約之而求其餘數，其工夫如下。口中云六減一爲五，四減五爲〡一，二減〡一爲三，九減三爲六，一減六爲〤五，五減〤五爲一〇，即所求之餘數也。但一六四所得之數爲〡一，而餘數爲一〇。又一六四二九一所得之數

爲〤五，而餘數爲六。習之已熟，則正負之記號不混，即如一二七六一九八三三四二四習之已熟者，口中云二·六·〇·一·八·〇·三·〇·四·〡二·六，而得餘數爲六。

凡已用除九與除十一兩法證之之數，除九九或九九若干倍數之位有差外，餘無差也。

第三款　各進位之法

各國之人已用慣一〇、一〇〇等記號當十箇與百箇等，因此不念及爲何不用一〇爲五箇之記號，一〇〇爲五箇五之記

號或令一〇為十二箇之記號一〇〇為十二箇十二之記號若數目依縱行排列而行各法而第一位為若干一之數第二位未必為若干十之數可為若干他數之數若以一〇代二則每縱行為右邊行之為一數之倍而一·二·三·四·五·六等必大變記之為一·一〇·一一·一〇〇·一〇一·一一〇·一一一·一〇〇〇·一〇〇一·等此為以二進位之法如以一〇代三則得一·二·一〇·一一·一二·二〇·二一·二二·一〇〇·一〇一·一〇二·一一〇等各數代其尋常之法一·二·三·四·五等如以一〇代五則其二三四之意為二箇二十五三箇五與四共為六十九如以一〇代十二必設立新記號

代一〇與十一之用因依此法所得之一〇為十二之記號而一一為十三之記號故另用酉戊兩記號則一七六為一箇十二箇十二與七箇十二與六共為二百三十四又一酉戊之意為二百七十五

總之無論令其一〇代何數其所代之數為其進位法之根所以凡將任數變為他進位之法必將其數以所欲變之進位法之根連約之所得之各餘數為所欲變之進位法之餘數

卽如將一七〇三六變為以五進位之數其式如左

答曰

五)一七〇三六
五)三四〇七餘一
五)六八一餘二
五)一三六餘一
五)二七餘一
五)五餘二
五)一餘〇
〇餘一

一〇二一一二一

證法

以十進位數		以五進位數
一五六二五	等於	一〇〇〇〇〇〇
一二五〇	等於	二〇〇〇〇
一二五	等於	一〇〇〇
二五	等於	一〇〇
一〇	等於	二〇
一	等於	一
一七〇三六	等於	一〇二一一二一

上法之理易明因此約法不過將一七〇三六分為三四〇七箇五餘一再將三四〇七箇五分為六八一箇五箇五餘二再將六八一箇五箇五分為一三六箇五箇五箇五餘一箇五箇五箇五餘類推學者將各進位法之數或乘之或約之此種習練大有

益處但所進位之數必為各法之根卽如以五進位凡得若干五必進之茲將一箇數以五進位與以十進位兩法并而為之又一箇數以十二進位與以十進位兩法并而為之

以十進位數		以五進位數
二七九八	等於	四二一四三
一九四	等於	一二三四
一一一九二		三二四二三二
二五一八二		二三三〇二四
二七九八		一三四三四一
		四二一四三
五四二八一二		一一四三三二二二二

以十進位數
七〇五二二六一〇七四四三二〇七一
一四六〇
五〇七四
一三九四
六八九

以十二進位之數
四酉九七六酉四戌〇八一六六八七
四酉九
二八一四
二五四六
二八酉戌
二五四六
三六五〇
三三二〇
三三〇八
二酉三三
四九五

又有一法能依一箇進位法所成之數變為他進位法
相同數其法將第一位數目字以新法內之舊法之根
乘之加其下一箇數目字將所得之數以新法內之舊
法之根乘之加其下一箇數目字連作之至末必恆用
欲變數之根而其記法用所欲乘之數之記法
即如有以十二進位法之數一六六八七而欲變為以十進位法
之數有以七進位法之數一六四三二而欲變為以四進位法之
數則其式如

一六六八七
以十二進位數　變　以十進位數
答曰三二〇七一

一六四三二
以七進位數　變　以四進位數
答曰一〇二一〇一二

英國之一尺分為十二等分每分為一寸故有尺寸之
算法用十二進位之法最便如平方尺亦分為十二等
分每分為十二平方寸十二分之十二分為一平方寸
即如有長方形田一邊長一百七十六英尺又九寸又
十二分寸之七一邊長六十五英尺又十一寸又十二
分寸之五如將此二數變為十二進位數得一二八九七與五五戌五如
相乘求其平方尺數其式為

一二八九七
五五戌五
六一七戌戌
一一六〇九五
六一七戌戌
六一七戌戌
六八戌八一四四戌

答曰六八戌八一四四戌十二
進位之平方尺即十進位之平方尺一一六六〇與十六平方寸
與十二分平方寸之四與一百四十四分平方寸之十
一也
上法略繁可以每寸之四分之一取一百分平方尺之
二每三寸另加百分寸之一（如其分數近於三寸亦可加其百分之二）若四
分寸之外尚有十二分之一或十二分之二可另加百
分平方尺之一即如九寸又十二分寸之七應為[illegible]即
〇八又十一寸又十二分寸之五應為九五則前數可用以

十進位之法得一七·六八╳六五·九五與一一六五·九九六。此雖有微差，尋常推算之事無妨也。

第四款　論分數

觀前一百六款所言分數，可知$\frac{七}{九}$爲七之九分，即同於一箇之九分之七。記分數有數法，算學中俱用之，茲將其八箇用法，開列於左。

一　$\frac{七}{九}$爲七之九分。

二　$\frac{七}{九}$爲一箇之九分之七。

三　$\frac{七}{九}$爲七箇屬於九之分數。

四　$\frac{七}{九}$爲七箇容九箇之次數與一次之若干分數。

但$\frac{七}{九}$內，不足容一次，祇爲一次之若干分。

五　$\frac{七}{九}$是變若干九箇爲若干七箇之乘數。

六　$\frac{七}{九}$爲九與七之比。

七　$\frac{七}{九}$爲變任數目成九與七之比之乘數。

八　$\frac{七}{九}$係九、一、七三箇數之第四箇比例率。

以上第一第二之解說，在第五卷言之甚詳，其第三之解說，因將九箇分爲九等分，每分爲一，而七箇分爲七箇，所以七之爲九之若干分爲$\frac{七}{九}$。第四之解說所言

之次數，爲乘法內論若干倍之說，將一箇數倍之，則所得之數容本數兩次，如稍寬其意，則可言一次之若干分。第五解說，不過調換句法而已，即如將任數化而爲$\frac{七}{九}$，則其每九箇變爲七箇，如有餘下之九箇之分數，則變爲相配之七之分數，如甲之$\frac{七}{九}$等於$\frac{甲}{九}$之七箇。第六第七第八之解說，在第八卷論之，不復贅。學者已明代數，則知凡用代數之事內，如$\frac{甲}{乙}$等分數，可以爲甲與乙俱爲分數，故想起分數之意，必包此種意於內。

即如$四\frac{二}{三}$，若細觀此分數，則第三以下各解說，更能明之。因第一與第二雖爲解$\frac{七}{九}$之最簡之法，但不能以此兩解說而明稍繁之分數，心中難明$\frac{二}{三}$之第$\frac{三}{五}$分，又難明一箇之第$四\frac{三}{五}$分之$二\frac{二}{三}$。總之，凡說任物之第$四\frac{三}{五}$分，此言不合於尋常之稱，但易明$二\frac{二}{三}$爲$四\frac{三}{五}$之一箇分數，又易明其第一數爲第二數之一次之若干分數，又易明必有一箇乘數，能將任數之$四\frac{三}{五}$變爲$二\frac{二}{三}$。茲將第一與第二兩解說，論以上繁分數。

假如一線之長之$\frac{一}{四}$，並一線之長之$\frac{一}{五}$，此意易明爲成本線之分線，若求其四箇分線，即成其全線，又求其五箇分線，亦即成其全線，又能將小線四條并其五

分條之二相合而成本線之長即如本線長十四寸另將一線長六寸又一線亦長六寸又一線長二寸則相合而成本線之長則可云本線為 二$\frac{三}{一}$ 等分而成其二分六六為等分之兩箇而二為一等分之 $\frac{三}{一}$.故可言十四之第 二$\frac{三}{一}$ 分為六如將甲乙線分丙丁戊等點為十一等分則可云甲丙為第十一分甲丁為第 五$\frac{二}{一}$ 分甲戊為第 三$\frac{三}{二}$ 分甲己為第 二$\frac{四}{三}$ 分甲庚為第 二$\frac{五}{一}$ 分甲辛為第 一$\frac{六}{五}$ 分甲壬為第 一$\frac{七}{四}$ 分甲子為第 一$\frac{八}{三}$ 分甲丑為第 一$\frac{九}{二}$ 分甲寅為第 一$\frac{二〇}{一}$ 分甲乙為甲乙之第一分以上各分數謂之

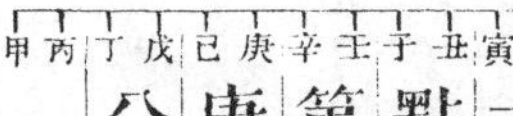

第若干分似有不清楚之形狀然此不清楚不更甚於前說將一箇數以 $\frac{二}{一}$ 乘之之混也不得已必用此種解說因以甲乙線為一則甲己必為 二$\frac{四}{三}$一.或將其各分數分為兩類而以不同之文字顯之總之無論以何法記此種分數凡遇 $\frac{乙}{甲}$ 之意是求一分數連加至乙次而能成一箇以後去其分數甲次.

如欲得分數 四$\frac{五}{三}$ 之最簡法將其完全一箇分為四十六分將其分之十箇連取之 四$\frac{五}{三}$ 次即得其全數即如甲乙線之第 四$\frac{五}{三}$ 分為 四$\frac{六}{一〇}$.而將其分之 二$\frac{三}{一}$ 箇即得 $\frac{六五}{四二}$.即甲丙學者可依樣作線顯出各繁分數之意也

設分母小於一如 三$\frac{五}{四}$.則何能有一箇之第 $\frac{五}{三}$ 分乎.如能有之若之何如分母有五箇則可取其分至能令五箇分為一箇但因分母為 $\frac{五}{三}$.則所取之分數必得

其 $\frac{五}{三}$ 為一箇此分大於一而為 二$\frac{三}{一}$ 之一箇一.又 二$\frac{三}{一}$ 之為 $\frac{五}{三}$ 之為一之數可見以上分數之意是指出必取 二$\frac{三}{一}$ 箇一箇至 三$\frac{四}{一}$ 次總之如將乘字放大其意至能包取一次之若干分之意於內則凡相乘之事亦為相約之事凡相約之事亦為相乘之事故凡相乘相約文字俱可公用也.

假如布長 二$\frac{三}{一}$ 尺價洋錢 三$\frac{二}{一}$ 元求一尺之價若干此為繁分數之題學者可先想得簡便之題如五尺之價洋錢十元則每尺之價洋錢為 $\frac{五}{一〇}$ 元即二元也則依同理用分數即成 $\frac{二三}{三三}$ 分數依法化為 $\frac{二}{三}$.即 一$\frac{三}{一}$.則

知一尺之價爲洋錢一元半雖此法將分數依整數之式而作之偶然不差亦可常將分數依整數之法代之但上題內所求者爲若干洋錢數取之一$\frac{二}{三}$次即成洋錢二$\frac{一}{二}$元即如將洋錢分爲十四等分將六箇分連取之一$\frac{二}{三}$次即成洋錢一元如欲依同法取其三$\frac{一}{二}$次則每次必將其六箇分之三$\frac{一}{二}$箇即二十一箇分所以三$\frac{二}{四}$即二$\frac{一}{二}$爲價之洋錢數.

第五款　論指數

學者已明代數之理則知本款之理其用甚廣但未學代數之人亦可用之查出約得數內應作十分數之點之方位而未行約法之先可以知之.

凡數目上作一丅號如$\overline{七}$爲負數之意此數可與同類之數相加相減即如$\overline{七}$與$\overline{二}$之和爲$\overline{九}$又$\overline{七}$與$\overline{二}$之較爲$\overline{五}$但與無丅號之數相加則令其負數減若干又與無丅號之數相減則令其負數增大即如$\overline{七}$與四之和爲$\overline{三}$又$\overline{七}$與二之和爲$\overline{五}$又$\overline{七}$與八之較爲$\overline{一五}$總之凡一·二·三等數用之若爲增利之數又$\overline{一}$·$\overline{二}$·$\overline{三}$等數用之若爲虧本之數即增利必同於免虧又失利必同於多虧即如$\overline{四}$與$\overline{十一}$相減等於七之意爲免十一之虧之時虧本四即同於增利七又如$\overline{四}$減二等於$\overline{六}$之意爲虧本四之時又失利二即同於虧本六.

所云指數之意如下. 凡十分數點左有幾位數目字則其指數爲此數目字減一. 即如三·二一四 一·〇〇八三 八. 即八·〇〇…… 又九·九九九 各數之指數爲〇. 但一七·三二 四八· 九三·一一六 三箇數之指數爲一. 又一二六·〇三與一二六 之指數爲二. 又六六四六二七三九·一一 之指數爲七. 若十分數點左無數目字必觀其點右之第一箇有指數之位而作其相配指數之負號即如·六一二 ·一二一 ·九〇〇四 其點右之第一位皆爲有值之數則其指數爲$\overline{一}$但·〇一八與·〇九九 之指數爲$\overline{二}$ ·〇〇〇一七 之指數爲$\overline{五}$ ·〇〇〇〇〇〇〇〇一 之指數爲$\overline{九}$.

凡約得之數欲求其負數將其法數之指數與實數之指數相減若法之第一箇有值之數大於實之第一箇有值之數則必先進一箇然後減之即如將一四六·〇八以·〇〇二七九約

之則指數爲二與王而二去其王爲五但觀其法數之首有値之數爲二七而不問其方位則大於實之首二箇字一四所以將王與一相加再行減法則變爲王將王與二相減即得四此四爲約得數之指數故知約得之數必有五位數目字在十分數之點左即如令約得數之首六箇字以甲乙丙丁戊己代之則十分數之點必作之爲甲乙丙丁戊己但將

九七二〇〇〇以一四六〇八約之則不必先進一箇而王與二相減爲五即約得數之第一箇有値之數目字在第五位故約得數之第一箇有値之數其左邊必有〇〇〇〇學者設立數題習練其法可於心中推算不必書之則行約法時未約之先能知第一位數目字與十分數之點有何相關

第六款　記帳總理

尋常教人記帳之書但有其式而不言其理然寫帳與數學大有關會故此款特詳論之

凡作商賈者與有產業者必常知其本錢若干所欲知者分爲三事一前次查明之本若干或開帳時所有之本若干二從彼時至此時其得利若干或虧本若干三現有之本若干已知第一與第二兩事則第三事易於得之又有不查各門之帳而祇結一門之帳者

結帳之意將一門之事從前一次結至今日爲止所有各事排列兩邊一爲收二爲付又謂之收債與付債

凡帳必以銀或錢記之不能以他物記之如買貨必記其價錢如欠我銀之人與我一銀票言明過若干日付銀則記於帳上必記若干銀凡貿易所用之器具與各物必依其所値之價而記之凡所有銀或錢或銀票等無論置於何處或甫收進皆必記之名爲現銀若干

凡一家所作各種貿易之事每門必另立其帳若各門另有一人管理其事者主人作一切貿易之事必與某門有相關或一門之事因一件事情或得利或虧本如學者難明各門帳之理可以爲每門另有一寫帳之人管理之即如管理現銀者一人管理收債者一人管理付債者一人管理布匹者一人管理糖果者一人又每與本行交易之他行亦有一人管理之又有一人爲管理所得之利與所虧之本

結帳之時主人將各人所管一切之帳聚合之所假設之各人必將所管一切之物付與主人或言明作何用則各帳所收本行之物爲收債帳所管理之物內代本行發出者爲付債帳但此收債帳與付債帳其意甚寬

即如本行欠某人之錢，記於帳上，則必爲付債帳。如某人欠本行之錢，已收之，則某人之帳上必記之爲收債帳。但本行帳之一門收本行他門之錢，必記之爲收債帳；若付本行他門之錢，亦必記之爲付債帳。

各人所管之帳所欠去而不問者爲何人，自然爲開行之主人。若主人不管理其事，另派一寫字者，名曰結帳人，此人之職分在後言之。但尋常各門之帳彼此有交涉之事，即如帳上記欠現銀而收銀票若干銀之意，爲欠現銀帳，即管理現銀帳之人收本行之銀若干，而欠此銀於本行。如將此事分開記之，則爲管理現銀帳之

人丙已收甲所欠若干銀之銀票，反之，可收銀票之帳上亦必記之欠現銀而收銀票，爲付債帳。此事可申說之，即如管理可收銀票之人乙，從前必向甲收銀票，但現在將銀票交與管現銀之人丙，此後甲以銀換銀票，必向丙易之。如云可收之銀票欠現銀等語，則清楚有意；如云欠現銀而收銀票，爲不合於理，因現銀帳欠開行主人所收銀票之若干銀，故必記之爲欠現銀而收銀票。總之，各門之帳所有欠債帳總不還人，是爲虛事，不過有其意，學者必知之。

凡云某帳爲人欠我，則必依此帳而算其錢；若某帳爲

我欠人，亦必依此帳而算其錢。總之，凡人取於我者爲人欠我，我收於人者爲我欠人。

帳上已寫之字不可抹去，所以我收現銀而記於我欠人之帳上，以後還與原人，則記於人欠我之帳上，兩邊皆有此銀數，則彼此相消。

寫帳之書名總帳簿，或於半頁中分左右兩行，或於全頁分左右兩行，則右邊爲我欠人，左邊爲人欠我。另有別帳簿相輔而行，即如流水簿記行中一切之事，依其次第記之。又有一日記，即將流水簿中各事或每日記之，或每若干日記之，依總帳簿之式，以後將日記簿之

事登於總帳簿，而日記簿必記登總帳簿第幾頁。依此法可省總帳簿之尤長，即如日記結帳之簿略一時內有多次收付銀錢之事，則其總數可記於總帳簿，而現銀帳可記或欠或付若干零星現銀，但零星現銀之收付必記於各門之帳內。流水簿與日記簿不過與總帳簿相輔而行，茲祇論總帳簿，故以爲各事徑登總帳簿，則依前說各事必記兩次，即如甲有銀交於乙，則總帳簿必記甲爲乙所欠，又記乙欠於甲，此法名曰雙登帳。故總帳簿內我欠人之和，必等於人欠我之和，即第一幅從第二幅之反次第而得之，然每一數登一次作爲

雙登簿之樣，則為不便，即如乘法，可為雙登帳之式。如四十二表中得一次，有兩法能得之，即六箇七與七箇六也。所以行內各帳，假如分為五門甲乙丙丁戊，此帳與彼帳有相關之事，可將我欠人為式之縱行，而人欠於我為式之橫行，即如一六在丁帳記之為丁借與丙，在丙帳記之為丙欠丁。前云我欠人之共數等於人欠我之共數，不過式之縱行之和等於橫行之和。

	甲欠人	乙欠人	丙欠人	丁欠人	戊欠人
人欠甲		二三	一九	三二	四
人欠乙	一七		六	一一	二五
人欠丙	九	四一		一〇	二
人欠丁	一四	二八	一六		三
人欠戊	一五	四	六〇	一	

若將以上之事，登於總帳，則結帳之法，其式如左。

甲欠人	
欠乙	一七
欠丙	九
欠丁	一四
欠戊	一五
較數	二三
	七八

人欠甲	
乙欠	二三
丙欠	一九
丁欠	三二
戊欠	四
	七八

乙欠人	
欠甲	二三
欠丙	四一
欠丁	二八
欠戊	四
	九六

人欠乙	
甲欠	一七
丙欠	六
丁欠	一一
戊欠	二五
較數	三七
	九六

丙欠人	
欠甲	一九
欠乙	六
欠丁	一六
欠戊	六〇
	一〇一

人欠丙	
甲欠	九
乙欠	四一
丁欠	一〇
戊欠	二
較數	三九
	一〇一

丁欠人	
欠甲	三二
欠乙	一一
欠丙	一〇
欠戊	一
較數	七
	六一

人欠丁	
甲欠	一四
乙欠	二八
丙欠	一六
戊欠	三
	六一

戊欠人	
欠甲	四
欠乙	二五
欠丙	二
欠丁	三
較數	四六
	八〇

人欠戊	
甲欠	一五
乙欠	四
丙欠	六〇
丁欠	一
	八〇

欠人較數	
欠乙	三七
欠丙	三九
	七六

人欠較數	
甲欠	二三
丁欠	七
戊欠	四六
	七六

以上各數即從前表中得之，而各數已登之後，則必結帳。此結帳之事，心中必以為另有一人為之，此人查明各帳，將各帳之欠人者與人欠各帳者，皆聚合之歸於一。已則各帳欠人者，必由結帳人付之；又人欠各帳者，必由結帳人收之。所以管理各帳之人，必將一切帳事交付此人；管理現銀之人，必將一切現銀交付此人；管理銀票之兩人，必將各銀票之或收或付交代此人；管理各貨帳之人，必將未賣去之貨依原價而交付此人。總之無論何事，皆必交明結帳之人，則結帳之人看所付者比所收者更多，則添若干補平。即如甲帳收本行

五十五，而代本行付七十八，則結帳人將此帳添二十三，此帳記之為欠人之較數，登於較數簿為人欠我。但乙帳內收本行九十六，代本行付五十九，則結帳人收三十七，此帳記之為人欠之較數，登於較數簿為我欠人。故各帳如不差，則較數簿左右兩邊必等，因總帳簿所有一切之事左右並登，不能有不齊之處，故觀較數帳可知各帳有差否。若兩邊不等，則知登帳之差或各數相加有差也。

較數帳左右兩邊既等，如得我欠人較數，則本行進本若干；如得人欠我較數，則本行出本若干。若不細察帳

情必以爲此法不過不進本不出本之行可用之故可見必另立兩種帳一記本行開帳時所有本錢與產業謂之本錢帳一記所進或所出各數之帳謂之盈虧帳所以開總帳之時即主人將一切本錢與產業交明各管帳之人本錢帳所記之本當爲開行之人必以所有一切本錢與產業爲我欠人之帳而行內欠人之錢必算人欠我之錢假如開行之時有本銀五百兩則此五百兩銀交付管理現銀之人而本錢帳必記本錢被管現銀之人欠銀五百兩又現銀帳必記現銀欠本錢帳銀五百兩假如開行之時本行欠某人五十兩則本錢帳必記本錢欠某人五十兩而某人帳上必記某人被本錢帳欠五十兩由此可見本行開帳時亦必有雙登帳之事

凡各簿上所有兩邊數目不齊之處則必爲得利或虧本之事因此必另寫盈虧之帳管此帳之人必詳記虧本之事與得利之事俱從此入述明凡虧本之處必在此帳記之爲我欠人之帳凡得利之處亦在此帳記之爲人欠我之帳假如有貨物被火燒去或因別故失去二十兩當出賣時其貨減價二十兩即如買進之價八十兩賣出之價六十兩應記現銀欠貨物六十兩又記貨物被現銀欠六十兩但因先有買貨之帳有發出現銀八十兩之語如不問此八十兩現銀之事則結帳之人查此帳必有銷去二十兩銀之事無從得其故此爲雙登帳法之理不合之處因其貨物之帳祇爲結帳時餘剩之貨故必將所虧之銀二十兩登於貨物帳指明爲盈虧帳所欲賠者所記之事云貨物被盈虧帳欠二十兩又記盈虧帳欠貨物二十兩則爲合法凡所有付出之銀後有相配之來銀即如房租工錢等事此各帳必先與盈虧帳相比而配準後推算其較數假如因房屋之事付出之銀多於所收之銀二百兩即房屋所欠於人比人欠於房屋多銀二百兩此事必交盈虧帳記之云房屋之費被盈虧帳欠二百兩又記盈虧帳欠房屋之費二百兩依此法盈虧帳清楚之後可算其較數此較數帳足以指明來年所應知之事

數目從此帳換至彼帳之工必詳審之因易差也如將彼帳收入此帳則必將彼帳欠人之款爲此帳所欠又彼帳爲人所欠之款在此帳亦爲人所欠其法曰必將所換之帳令左右兩邊相等無論何邊欲登一較數必爲彼帳欠於此帳或此帳欠於彼帳假如甲帳要換入乙帳而乙帳須交明較數帳如令兩帳用楷書記之則

甲欠人		人欠甲		乙欠人		人欠乙	
欠零星銀	一〇〇	欠出零星銀	五〇〇	欠零星銀	六〇〇	欠出零星銀	四〇〇
欠乙	四〇〇			欠較數	二〇〇	欠甲	四〇〇
銀	五〇〇	銀	五〇〇	銀	八〇〇	銀	八〇〇

結帳之前必作草書.

又在較數帳內所記者爲乙所欠二百兩故可知此兩帳內人欠我者多於我欠人者二百兩.

較數帳未結之前應將盈虧帳換入本錢帳因本年盈虧之事與來年總帳不相關祇與來年本錢有相關也.以上各事俱完可將較數帳算清.

本錢帳及盈虧帳與他種帳有一件大不相同之處(尋常論記帳之書言其分別大有差誤因此兩帳謂之假帳其實在當爲開行之人所有人欠我之數爲本行之利錢所有我欠人之數爲本行之虧錢如以假數眞數命之則本錢帳與盈虧帳爲眞數其餘各數爲假數.)而其較數帳爲中立人之意此兩帳當爲開行之人則所有之益處必爲開行者之益處如人欠他之數比他欠人之數更多則其行家必立得住反之如他欠人之數比人欠他之數更多則其行家必倒帳其餘他帳與此帳相反倘有歹人將開行家之總帳添幾箇○字故意令其行有倒帳之情形則必在本錢帳與盈虧帳添○字於我欠人之一邊而其他種帳必改其字於人欠我之一邊所以在結帳時盈虧帳寫畢之後必同其餘本錢寫於人欠我之一邊否則必記之爲虧本數而本行欠人之錢必同在一邊但較數帳之我欠人一邊必記本行應從人收取之錢.

學者必細想人欠我我欠人二句說話得其極寬之意爲要此二語已明可習練寫帳之工若干時方能純熟然此款非記帳之全法祇爲大略而已凡論記帳之書俱屬格式多而議論少此款即補他書所缺之意也.

第七款　將分數化爲略同之分數

有一法能求各分數之略等分數算學家應知之其法之始照求分母分子最大公度數必將其所約得之各數書於一行內又書

$$\frac{第一約得數}{一}. \quad \frac{第一約得數\times第二約得數+一}{第二約得數}$$

再將第三約得數與第二約得數之分母分子相乘而將其前之分母分子加於所得之積數內又將所得之各數作第三數之分母與分子後將第四約得數依同法用第三與第二分數其餘類推即用盡各約得數也如所得之分數爲$\frac{一三一二八}{九一三一}$則推算之工如

此爲求 九一三一 與 一三一二八 之最大公約數之法其式最

九一三一)一三一二八(一)二
一一三七　三九九七(三)一
五五一　五八六(一)一五
二〇一　三五(一)二
二六　九(一)八
八　一

整齊者所得之約得數與分數如左

一	二	三	一	一	一五	一	二	一	八
$\frac{二}{一}$	$\frac{三}{二}$	$\frac{一〇}{七}$	$\frac{一三}{九}$	$\frac{二三}{一六}$	$\frac{三五八}{二四九}$	$\frac{三八一}{二六五}$	$\frac{一一二〇}{七七九}$	$\frac{一五〇一}{一〇四四}$	$\frac{一三一二八}{九一三一}$

可見已得一幅分數其末有本分數俱依以上之法爲之

$$第一分數=\frac{第一約得數}{一}=二$$

$$第二分數=\frac{第一約得數\times第二約得數+一}{第二約得數}=\frac{三}{二}$$

$$第三分數=\frac{第二分母\times第三約得數+第一分母}{第二分子\times第三約得數+第一分子}=\frac{三\times三+一}{二\times三+一}=\frac{一〇}{七}$$

$$第四分數=\frac{第三分母\times第四約得數+第二分母}{第三分子\times第四約得數+第二分子}=\frac{一〇\times一+三}{七\times一+二}=\frac{一三}{九}$$

餘類推做畢之後非但漸大至本分數且能漸近於本分數因第一分數過大第二分數過小第三分數過大等然每一分數較其前一箇分數更近即 $\frac{二}{一}$ 太大 $\frac{三}{二}$ 太小但 $\frac{三}{二}$ 之所以太小者不及 $\frac{二}{一}$ 之所以太大者又 $\frac{一〇}{七}$ 雖亦太大但其所以過大者不及 $\frac{三}{二}$ 之所以過小者

可見任一分數與本分數之較不能大於有一爲分子而其分母與次一箇分母相乘之積爲分母之分數即如 $\frac{二}{一}$ 之差不及 $\frac{三}{二}$ 之差又 $\frac{三}{二}$ 之差不及 $\frac{三〇}{一}$ 之差又 $\frac{一〇}{七}$ 之差不及 $\frac{一三〇}{一}$ 之差又 $\frac{一三}{九}$ 之差不及 $\frac{二九九}{一}$ 之差等

又不能有更小之分母與分子之分數比本式內之任一箇分數更近於所設之分數即無有一分數而分母小於 三五八 分子小於 二四九 能比諸 $\frac{三五八}{二四九}$ 更近於 $\frac{一三一二八}{九一三一}$

學者可自設此類算題用上法推算其推算之工能準與否即至末能歸至本分數又有一法試其爲準與否即任兩箇分數之分子其較應爲一即如本式內 $\frac{二三}{一六}$ 與 $\frac{三五八}{二四九}$ 其公分母爲 $二三\times三五八$ 而其分子爲 五七二八 與 五七二七

再設一題顯出前法之用假如一年爲三百六十五日

又 二四二二四 尋常記之爲 三六五 四二/二四二二四 日則可用 一〇〇〇〇〇/二四二二四 分數依前法推

算即得

二四二二四)一〇〇〇〇〇(四,七,一,四,九,二
二四九六　三一〇四
六四　六〇八
〇　三二

四/一　二九/七　三三/八　一六一/三九　一四八二/三五九　三一二五/七五七 而 三一二五/七五七

即 二四二二四 爲最小項之數可見一年與 三六五 日之較共計四年約多一日則一百十六年內不差至一日又如考之更準每二十九年多七日爲更準數此數之差每九百五

十七年不差至一日又有一更準之數每三十三年多八日此數之差每五千三百十三年不差至一日餘類推

可用此法求一分數略等於平方之整根數則其工夫如

√四三=六丄…

六｜一五四五五四五一六六｜一五四等
一｜七六三九二九三六七一｜七六三等
六｜一一三一五一三一一二｜一一三等

法曰將所欲求之平方根數寫之即如 四三 則平方根爲六另有一分數則可在第一與第三兩行各寫一箇六而第二行寫一箇一則以後各直行必從

前之一直行而寫之如左

如以左一行爲甲乙丙則其右一行爲乙甲丙依次第而列之其式如左

甲　甲=乙丙過多大於甲之餘數
乙　乙=四三丅甲以乙約之之約得數
丙　丙=六丄甲以乙約之所約得之整數

從第二行依下法得之

第二行從第一行依下法得之

六一=七X一大於六之餘數
一七=四三丅六X六以一約之
六一=六丄六以七約之所約得之整數

第三行

一五=一X六大於一之餘數
七六=四三丅一X一以七約之
一一=六丄一以六約之所約得之整數

餘類推依此法連作之至第二行再得一·七·一而後其餘各行依同次第爲循環數至末取下一行之一幅不在內第一箇六即得一·一·三·一·五·一·三等依此款首之法用之如

一　二/一
一　三/二
三　七/四
一　九/五
五　五二/二九
一　六一/三四
三　二三五/一三一
一　二九六/一六五
一等　五三一/二九六

所以 $六\frac{一六五}{二九六}$ 最近於 $四三$ 之平方根，其差不及 $\frac{一}{二九六\times五三一一}$。

如試之得 $六\frac{一六五}{二九六}$ 即 $\frac{一九四一}{二九六}$，其平方爲 $\frac{三七六七四八一}{八七六一六}$ 即 $四三-\frac{七}{八七六一六}$。

如常欲用一箇平方根數，則此法大有益處，因易查得有否相近之分數，即如 $\sqrt{二}$ 爲常用之數，用此法求其相近之分數，如

$$\sqrt{二}=一+\cfrac{一}{二+\cfrac{一}{二+\cfrac{一}{二+\cdots}}}$$

$$\frac{一}{二},\ \frac{二}{五},\ \frac{五}{一二},\ \frac{一二}{二九},\ \frac{二九}{七〇},\ \frac{七〇}{一六九}\ 等\cdots\cdots$$

可見 $\frac{二九}{七〇}$ 其差不及 $\frac{一}{七〇\times一六九}$。所以 $\frac{九九}{七〇}$ 即 $\frac{一〇〇-一}{七〇}$ 爲略近之分數，易於得之，其 $\frac{九九}{七〇}$ 爲 一四一四二八五七 而其準數爲 一四一四二一三五……

茲再設一題。

$$\sqrt{一九}=四+\cdots\cdots$$

四 | 二　三　三　二　四　四　二
一 | 三　五　二　五　三　一　三
四 | 二　一　三　一　二　八　二　一　三　一　二　等……

$$\frac{一}{二},\ \frac{一}{三},\ \frac{四}{一一},\ \frac{五}{一四},\ \frac{一四}{三九}\ 等\cdots\cdots$$

第八款　數之幾種總性情

一　如將分數化爲最小項之式，由此可知分數化爲最小項，即將分數之分子分母，以其最大之公度約之，其事之名定之無差，即如分子分母俱不能以大於一之整數約之，則凡有更小之分子與分母之分數，不能與本分數相等。

令 $\frac{甲}{乙}$ 爲分數，其甲與乙無有大於一之公度數，假如令 $\frac{丙}{丁}$ 爲相等之分數，而丙小於甲，丁小於乙，則因其 $\frac{甲}{乙}=\frac{丙}{丁}$ 即得 $\frac{甲}{丙}=\frac{乙}{丁}$ 令寅爲此兩分數之約得數而爲整數。

此因 甲>丙，乙>丁 之故，任令戊與己爲餘數，則 $\frac{甲}{乙}$ 即 $\frac{寅丙+戊}{寅丁+己}=\frac{丙}{丁}=\frac{寅丙}{寅丁}$。

所以 $\frac{戊}{己}$ 與 $\frac{寅丙}{寅丁}$ 必相等，不然則 $\frac{寅丙+戊}{寅丁+己}$ 必在 $\frac{寅丙}{寅丁}$ 與 $\frac{戊}{己}$ 之間，不能與 $\frac{寅丙}{寅丁}$ 相等矣。所以 $\frac{甲}{乙}$ 等於 $\frac{戊}{己}$。如有分數，其分子與分母無有大於一之公度數，而爲等於最小分子與分母之分數，必又等於分子與分母更小之分數。如以同法用 $\frac{甲}{乙}=\frac{戊}{己}$，即得 $\frac{甲}{乙}=\frac{庚}{辛}$，其 庚<戊，辛<己，餘類推。

如有一法，能令分數之項恆減小，每一次減一箇或多

於一箇則至末必得分母或分子,或分母與分子,變爲○.令 $\frac{乙}{甲}=\frac{物}{戊}$. 爲其變之任一步工夫,又令 甲=子戊丄天, 乙=子物丄地. 所以得 $\frac{子物丄地}{子戊丄天}=\frac{物}{戊}$. 如 天=○. 而地不等於○.則不合於理,此因得 $\frac{子物丄地}{子戊}=\frac{子物}{子戊}$. 如地等於○.而天不等於○.亦不合於理,如天與地俱等於○.則 甲=子戊. 乙=子物. 卽甲與乙有公度數子,但子必大於一,因戊與物俱爲小於丙與丁,而依所設者,丙與丁小於甲與乙,故甲與乙有公度數子,大於一,然依所設者,不能有此事,所以甲與乙如爲不能以大於一之整數約之者,則 $\frac{乙}{甲}$ 已爲最小項之式,而甲乙彼此爲根數。凡根數爲兩數或多數,俱不能以任整數度其各數者,則其各數彼此爲根數,卽如三與四,彼此爲根數,因不能以他整數度其兩數,但六與八彼此非根數,因其兩數能以二度之.

二 如 $\frac{乙}{甲}$ 能以丙度之,而丙爲乙之根數,則必能度甲.

令 $\frac{丙}{甲乙}=丁$. 則 $\frac{丙}{乙}=\frac{甲}{丁}$. 但 $\frac{丙}{乙}$ 已爲最小項之式,則依前例,丁與甲必有公度數,如令子爲最大之公度數,令 甲=子丑, 丁=子寅. 則 $\frac{丙}{乙}=\frac{子丑}{子寅}=\frac{丑}{寅}$. 而 $\frac{丑}{寅}$ 爲最小項,又 $\frac{丙}{乙}$ 亦然,故必得 寅=乙, 丑=丙. 否則有一箇最小項之分數,等於一箇有更小項之分數,爲不合於理,所以 甲=子丙. 卽甲能以丙度之,由此可知,如有一箇數爲他兩數之根數,則必爲其積數之根數,令甲爲乙與丙之根數,則無有能度甲之數,而能度乙與丙者,又無有能度甲之數,而能度 乙丙 之積數者,因凡能度 乙丙 之數,而爲第一數之根數,亦必爲第二數之根數.

三 如甲爲乙之根數,亦必爲乙之各乘方之根數,凡能度甲之數,亦爲乙之根數,所以不能度乙,此因能度度數者,必自爲度數,所以如甲之度數能與乙有公度數,則甲亦必與乙有公度數. 故依前例,無有甲之度數能度 $乙^2$ 者,故甲爲 $乙^2$ 之根數,凡能度甲之數,亦必爲 $乙^2$ 之根數,所以無有能度甲之數能度 $乙乙^2$. 故甲爲 $乙^3$ 之根數,餘類推.

所以如甲爲乙之根數,則甲不能度盡乙之任何方,所以凡分數之分母,不能以二與五之外之別數根度之,凡數根爲不能以他數度之之數,惟本數能度本數,一亦能度本數,卽如七不能以他整數度之,故爲數根,六能以二或三度之,故非爲數根. 則不能變爲有盡之十分數,此其故如

$\frac{乙}{甲}=\frac{一〇^{卯}}{丙}$，卽十分數之公式則命 $\frac{乙}{甲}$ 爲其最小項則 $\frac{乙}{一〇^{卯}甲}$ 爲整數故依第二例之理乙必能度一〇^卯，而乙之一切度數亦必如是所以乙之度數內除二與五之外如有他數根則有一箇根數卽與一〇爲根數者而不能度一〇，反能度其一箇方數則不合於理也。

四 如乙爲甲之根數則凡乙之倍數如乙、二乙、三乙……以至（甲－一）乙爲止俱以甲約之則其餘數必各不同因如寅大於卯而寅與卯各小於甲則有寅乙與卯乙俱有同餘數所以寅乙－卯乙卽（寅－卯）乙能以甲度之而依第二例甲能度寅－卯，卽甲能度小於甲之數此爲不合於理。

如將任數分爲數根乘數卽變爲若干數根積數之式卽如三六〇變爲 $二^{三}×三^{二}×五$。如甲乙丙等爲其原數根乘數而角亢氐爲用各數根之次數則得 $甲^{角}×乙^{亢}×丙^{氐}$…… 祇有一法能作之因任一數根如亥若不在前各數根內則爲甲之根數故亦必爲 $甲^{角}$ 之根數又爲乙之根數故亦必爲 $乙^{亢}$ 之根數又爲 $甲^{角}乙^{亢}$ 之根數依此法論之卽可証其亥爲全積數之根數卽爲本數之根數。

以上之數 $甲^{角}乙^{亢}丙^{氐}$…… 所能有之約數如包其〇與本數於內共爲（角＋一）（亢＋一）（氐＋一）……因 $甲^{角}$ 之約數爲一、甲、$甲^{二}$……$甲^{角}$，無有他約數共得角＋一箇約數又依同理 $乙^{亢}$ 有亢＋一箇約數餘類推但因成各約數之法必將各幅內之一箇約數相乘而得之則其數目依下第九款之理爲（角＋一）（亢＋一）（氐＋一）……

如有一數卯能以某數根度之卽如三、五、七、十一則卯與卯以內之各數目有 $\frac{一}{三}$ 能以三度之其 $\frac{一}{五}$ 能以五度之餘類推又有一理如去其三之倍數則餘下之各數必有 $\frac{一}{五}$ 能以五度之因諸數之 $\frac{一}{五}$ 能以五度之所去之數之 $\frac{一}{五}$ 能以五度之所以其餘者之 $\frac{一}{五}$ 亦能以五度之又因諸數之 $\frac{一}{七}$ 能以七度之又能以三度之或五度之或十五度之各數之（七二）能以七度之故可知如去所有爲三或爲五之倍數或爲三與五之倍數則其餘各數之（七一）能以七度之餘類推所以凡不大於卯而不能以三·五·七·十一·度之之各數其箇數爲卯之（三二之五四之七六之一二〇）又依此法推之則知爲卯之根數即不能以卯之任一數根乘數甲乙丙……約之者其數目之箇數爲 $卯\frac{甲-一}{甲}\cdot\frac{乙-一}{乙}\cdot\frac{丙-一}{丙}\cdots\cdots$ 即 $甲^{子-一}乙^{丑-一}丙^{寅-一}\cdots\cdots(甲-一)(乙-一)(丙-一)\cdots\cdots$ 即如因（三六〇）爲 $二^{三}\times三^{二}\times五$，則其約數爲 $四\times三\times二$，即（二四），而有 $二^{二}\times三\times一\times二\times四$，即（九六）箇小於（三六〇）之數爲（三六〇）之根數。

五　如甲爲乙之根數則如將其積數甲 $甲^{二}$ $甲^{三}$ 等各項以乙約之則所得之各餘數必不同至得一爲餘數而止以後其餘數爲循環數。

令 $\frac{甲}{乙}$ 之餘數爲未，而其未不可爲一，則 $\frac{甲^{二}}{乙}$ 得餘數同於 $\frac{甲未}{乙}$，而依第四例此餘數不能爲未，故命其爲申。則 $\frac{甲^{三}}{乙}$ 得餘數同於 $\frac{甲申}{乙}$，而依第四例除申等於一，則此餘數不能爲未或申，故命其爲酉，則 $\frac{甲^{四}}{乙}$ 得餘數同於 $\frac{甲酉}{乙}$。如酉非爲一，則其餘數不能爲未或申或酉，故命其爲戌。依此法推之，每次得不同之餘數，至末得一爲餘數。如是以後，$\frac{甲}{乙}$ 之餘數循環而來。其至末不能不得一爲餘數者，因以乙約之，所得餘數不能外乎〇·一·二……（乙－一），而〇終不循環（見第三例），所以已得（乙－一）箇不同餘數，而內無有一箇數爲一，則次一箇餘數因必與前各餘數不同，則必爲一，所以如不在 $甲^{乙-一}$ 之前得餘數爲一，則必至 $甲^{乙-一}$ 而得之，此後自必得循環數。

即如 $七$ $七^{二}$ $七^{三}$ $七^{四}$ 等俱以五約之，必得餘數二·四·三·一·等。

六　任兩箇第寅方數之較，必能以其根之較數度之。

即 $\frac{甲^{寅}-乙^{寅}}{甲-乙}$ 必能以 $甲-乙$ 度之。因 $\frac{甲^{寅}-乙^{寅}}{甲-乙}=甲^{寅-一}+甲^{寅-二}乙+甲^{寅-三}乙^{二}+\cdots\cdots+乙^{寅-一}$。由此可知如 $甲^{寅}-乙^{寅}$ 能以 $甲-乙$ 度

之則寅甲丁寅乙亦必然但甲丁乙能以甲丁乙度之則甲丁二乙亦然又甲丁三乙亦然

餘類推

所以甲與乙以丙約之得同餘數則二甲與二乙或三甲與三乙等俱以丙約之亦得同餘數此意因甲丁乙能以丙約之但寅甲丁寅乙能以甲丁乙約之所以亦能以甲丁乙之各約數約之故能以丙約之但寅甲丁寅乙不能以丙約之惟寅甲與寅乙各能以丙約之而得同餘數者方能約之

七　如乙爲數根而甲不能以乙度之則甲與乙(甲一)乙上以乙約之得同餘數此理不能在此處解明因必藉代數稍深之理而顯也其法將(甲一)乙依二項例伸長之則可証凡得乙爲數根則一箇之外每倍數能以乙度之從此得上所言之理

八　前例所有甲一以乙度之得餘數爲一從此甲一得餘數與(甲一)乙上甲即(甲一)乙上(甲一)相同即如將甲減去一則甲一之餘數不變又以同法能再減去一箇如是類推而餘數俱不變至末得甲一即○其餘數亦爲○所以甲一即甲(甲一)能以乙度之

又因乙爲甲之根數則依第二例之理必能度甲一即如將甲以乙度之則如其乙爲數根而甲不能以乙度之則得餘數爲一

由上說而知依第五例第七例之理如甲爲乙之根數則其全幅之數目即一甲二甲三甲等以乙度之即得一幅餘數俱以一爲起而此幅內其一或在甲一項循環起或在其前循環起不定如乙爲數根必定在甲一起循環無論在前項已起循環或否必如是從得一爲餘數之項起以下再得餘數之循環每循環以一爲首所以如寅甲爲初得一爲餘數之乘方則寅必爲甲一或如乙爲數根則必爲其度數

如將其級數寅甲二寅甲三寅甲等之各項以乙度之則因寅小於乙必有循環餘數俱以寅爲首如一未申酉等爲餘數之第一幅則第二幅爲從寅寅未寅申寅酉等所得餘數之幅如一在第一幅內之甲一之前不見惟在首見者不在此說內則所有甲一以內之各數必在其一未申酉等幅內顯出如寅爲乙之根數則依第四例其各數在寅寅未等之餘數內顯出但其次第不同如其幅一未申酉等偶不全則寅寅未寅申等能得餘數之不同幅

以上各理常在將分數化爲十分數之工內顯出如寅

爲乙之根數或$\frac{乙}{寅}$分數爲最小項之形狀則其工夫內必連將$\frac{寅}{一〇}$等以乙約之此工夫內如不得$\frac{一〇}{}$之若干方即如$\frac{寅}{一〇}$能以乙度之之外可至無窮不止但如乙內有數根乘數在二與五之外則不能有此事凡別案內其約得數必循環其循環之一分間有從第一位而起間有從後來所得之位而起即如$\frac{一}{七}$得〇一四二八七五一四二八七五等但

$\frac{一}{一四}$得〇七(一四二八七五)(一四二八七五)等又$\frac{一}{二八}$得〇三(五七一四二八)(五七一四二八)等

設$\frac{乙}{寅}$內如乙爲數根而寅小於一其約得數必從第一位起循環而所循環之數其數目字之位數恆爲乙-一或爲乙-一之度數此理可易從前之各例明之

茲將一箇約得數內之循環數並成循環後之各餘數依次第排列命其分數爲$\frac{一}{一七}$則得〇〇五八八二三五二九四一一七六四七〇五八八二三五二九四一一七六四七其意爲$\frac{一〇}{一七}$以一七約之約得數爲〇餘數爲一〇又$\frac{一〇〇}{一七}$以一七約之約得數爲〇五餘數爲一五又$\frac{一五〇}{一七}$以一七約之約得數爲〇五八餘數爲一四餘類推由此可見$\frac{一〇}{一七}$以一七約之得餘數爲一即合於本例也

如將〇五八八等以任小於一七之數乘之則仍得同循環數不過其初起之幾位不同即如以一三乘之則得七六四七〇五八八二三五二九四一一而其首

數目字爲前數內所有十三爲餘數之下者如以七乘之則得 $\frac{七}{一一四}$ 等其故易明因如將 $\frac{三}{二三乂一}$ 卽 $\frac{七三}{二二}$ 變爲十分數則初得法數爲一三〇而其工夫與在循環數末之前四位作 $\frac{一七}{二}$ 之工夫相同

又可見循環數之後半內之約得數爲前半內之約得數之九箇數與十相較之餘數而其各餘數爲其一七箇數與十相較之數卽如 〇一〕五一五八一四八四等…… 與 九七四二一三一一三等…… 內可見 〇九＝九 五四＝九 八一＝九 等又

一七一＝一七 一四三＝一七 等其所以然之理如下如其餘數一待至用甲丁之時而尚不顯出則因乙爲數根丁爲偶數命其爲二子則丁能以乙度之但此爲丁與乙之積數其兩數內必有一數能以乙度之而其數不能爲丁果如此則必有甲之方數在(丁)之前者得餘數爲一然依本案不能有此事故必爲乙而甲以乙約之得餘數爲丁而作之至第子位成一半之工所以如本案可知因乙爲一七而甲爲一〇作之至第八項卽得餘數一六若再下一位其餘數爲

一〇(丁一)卽九乙乙丁一〇所成者而得餘數爲丁一〇但其第一箇餘數爲一〕

而一乙(丁一)＝乙如此與十相較之餘數其狀在任一位顯出則必連顯之其證法如下令未爲餘數令乙丁未爲後得之餘數而其和數爲乙則第一餘數之後將一〇未以乙約之又第二餘數之後將一〇丁一〇未以乙約之但因一〇未與一〇丁一〇未之和能以乙度之則此兩項所得之兩箇餘數如相加之其和數必

爲乙餘類推其各約得數相加必得九其故因一〇未與一〇丁一〇未兩箇餘數之和能成約得數爲一〇而其兩箇餘數得二

如用 $\frac{五九}{一}$ 與 $\frac{六一}{一}$ 則循環數必有五八與六〇位茲書其前半其後半可用以前所設與十相較得餘數之法補之

〇一六九四九一五二五四二三七二八八一三五五九三二二〇三三八等等

卽

〇一六三九三四四二六二二九五〇八一九六七二一三一一四七五四〇等等

由此可見有兩箇數其第一數以五九以內之任數乘之第二數以六一以內之任數乘之其積數推至若干位而

其餘各位可用其循環例記之無庸以尋常之繁法相乘也.

但因乙為數根則常見餘數一在未得丅一位之先而顯出所以其數目字必為丅之度數即如 一/四二 其循環之約得數依前法記之祇有五位而五能度 四丅一 即 ○一○二一八四一六三三七九一 如將此循環以 一○ 或 一八 或 一六 或 三七 乘之所得者不過為前式調換其位如以任小於 一/四一 之數乘之則本循環變為有分母 四一 之分數之循環茲將所得之循環數八箇記之如左.

○一○二一八四一六三三七九一
○二○四三六八二三七三三八二
○三○七三三七二一九七三
○四○九三七一二五三六四
一九二八一三九九二五
一九四三六四三一三四六
二二六三四八一二三九一
三三六二五二八二二五

如欲求 一/四一 寅 必在餘數內查出此寅而取其所含之之循環數從餘數以下起即如 一四/四三 為 八二九二六八二九二六等…… 而 二五/四一 為 三六五八五三六五八五等…… 此

循環數為與十相較之數而從四箇四箇顯出之即如 ○二四三九 與 九七五六○ ○七三一七 與 九二六八二 等如將其第一箇循環數 ○二四三九 以任小於 一/四一 之數乘之則必在各餘數內查此數而所得之積數必在其餘數之循環數從餘數以下起求之即如 ○二四三九 以 二三 乘之得 五六○九七 以六乘之得 一四六三四.

學者可觀後式而查其約得數內已得數位之後能用上法伸長至任多位數其分數為 一/八七

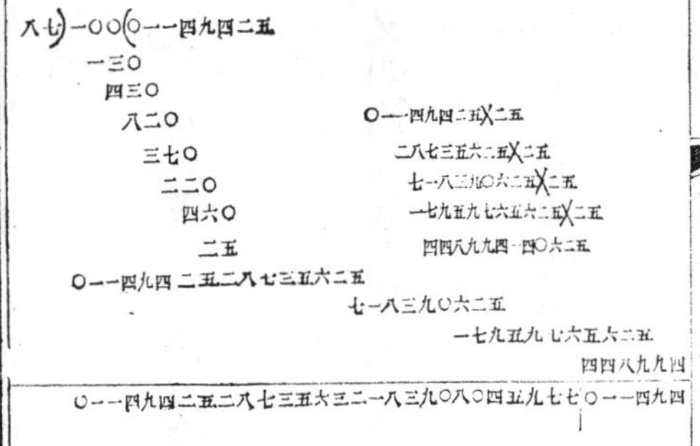

第九款　論排列之法

排列之算法有數件要理第九卷內言之未詳茲特論之

假如有數箇箱子卽如有四箱各箱內有碁子若干一箱內有五枚一箱內有七枚一箱內有三枚一箱內有十一枚求有若干法從各箱內取出碁子一枚而不論箱之次第答曰不同法 $五\times七\times三\times十一$ 此因第一箱可取出碁子一枚有五箇不同法而此各法有第二箱取出碁子一枚有七箇不同法所以第一箱與第二箱共有 $五\times七$ 箇不同法又有第三箱有三箇不同法所以第一箱第二箱第三箱共有 $五\times七\times三$ 箇不同法餘類推故以下之各說易於證之而別種推廣之理亦可以同法論之

如求往各箱取碁子一枚之次第卽以甲乙丙丁代各箱之碁子數則共有 $甲\times乙\times丙\times丁$ 不同法所以如欲從第一箱取二枚第二箱取三枚第三箱取一枚第四箱取三枚如不論箱之次第則其不同法共為

$$\frac{甲(甲-1)}{二}\times\frac{乙(乙-1)}{二}\frac{乙-二}{三}\times丙\times\frac{丁(丁-1)}{二}\frac{丁-二}{三}$$

如欲求往各箱取之之次第必將此式以 $四\times三\times二\times一$ 乘之

又如箱內取出碁子計其次第而不計其箱之次第則其不同法共為

$$甲(甲-一)乙(乙-一)(乙-二)丙丁(丁-一)(丁-二)$$

甲之卯方卽$甲^{卯}$為甲碁子各有不同之記號能在卯箱內排列而不計其置於各箱內之次第假如有七箱而有四枚不同記號之碁子欲置於七箱之內則第一碁子可置於任一箱內共得七箇法第二碁子亦可置於任一箱內而上之七箇法可與下之七箇法合之得 $七\times七$ 箇不同法第三碁子亦有七箇不同法共得 $七\times七\times七$ 不同法餘類推假如碁子無記號分別之則題理大不相同

求若干物能用他數合而成之之各不同法其不同次第亦當為不同法卽如 $二+三$ 與 $三+二$ 為成五之不同法可見各數目可比前一箇數目多一倍不同法成之卽如八

欲求其能成八之不同法，則少一箇之數爲七，所以或可將成七各法之末加一箇，卽如〔一三二一〕能變成〔一三二二〕，卽〔一三二一一〕，如此得能造八之一切之法，因無論以何法造八，卽如〔甲乙丙丁〕，必從造七之法〔甲乙丙（丁）〕式而得之，但（丁）或爲○，卽丁爲一，而減去之，必得餘數爲（丁），則必少一箇，故可見成卯之各不同法爲〔卯〕二，因祇有一法用數目造成一，祇有兩法用數目造成二，故依本法祇得〔二〕二法造成三，而〔三〕二法造成

四，餘類推。

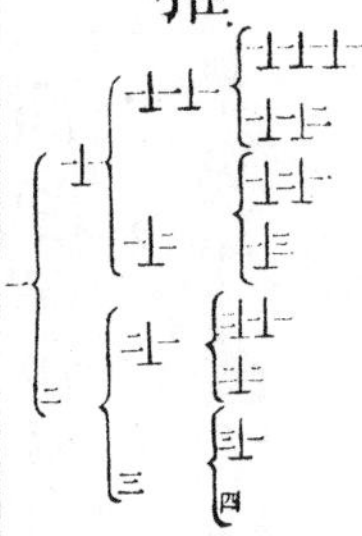

從上表可知造一·二·三·四之法，又可知造〔甲乙〕之法，必比造甲而後加至造乙之法多一倍，又造〔甲乙丙〕之法，必比造甲之法連於造乙與造丙之法多四倍，餘類推，又成〔甲乙〕各法之和內，則有數法得甲爲定數，而有數法不爲定數，而其兩種法之數目同。

求若干物能用奇數合而成之之各不同法，其不同次第亦當爲不同法，如甲爲能成卯之各法，而乙爲能成〔卯一〕之各法，則〔甲乙〕必爲能成〔卯二〕之各法，因凡用奇數造成〔一二〕之法，必有相配之數之法能用〔一〇〕，而將末數加二而成之，或將〔一一〕加一而成之，俱通，卽如〔一三五三〕共成〔一二〕，而此可從〔一五三一〕成〔一〇〕之法而得之，但〔一一九一〕從〔一九一〕成〔一一〕之法而得之，所以能成〔一二〕之法之數目同於能成〔一〇〕與能成〔一一〕之法之數目，但一祇有一法成之，而二祇有一法成之，所以三祇有〔二〕法成之，而四祇有〔三〕法成之，如將級數一·一·二·三·五·八·〔一三〕·〔二一〕·〔三四〕·〔五五〕·〔八九〕等，每數爲前兩數之和，則第卯位數爲用奇數而成卯之各法之數目，此爲論其次第者，卽如〔一〇〕能以〔五五〕不同法作之，而〔一一〕能以〔八九〕不同法作之，如論次第而求證之，用寅而能度之之數作成〔子寅〕之各法爲〔一二〕兩箇級數

一	一	二	三	四	六	九	一三	一九	二八	等	
○	一	○	一	一	一	二	二	三	四	五	等

內第一箇級數在第三項以下，每添一項數等於其上項與上間一項數之和，第二箇級數在第三項以下，每添一項數等於其上第二項與上第三項數之和，求證第一

級數之卯數爲用三約之得餘數爲一之數而能成卯之各法之數又第二級數之卯數爲用三約之得餘數爲二之數而能成卯之各法之數

如其各不同次第卽當爲各不同法則易指出有若干法能用若干箇數目成一箇數卽如有七箇數目求能成十二之法爲若干卽如將十二箇一排列成一行則每兩箇一之間必有空處共有十一箇空處又如將七箇數目成十二必有六箇空處卽如一十一十一十一十一十一十一十一十一十一十一十一此法同於一十一一十一一十一十一一十一其空處作一縱線記之而其縱線在十一箇空處之第一第二第五第七第八第十各空處作之所以如問有若干法能將七箇數目成十二卽同於十一箇空處內有若干法能作六箇分隔之縱線卽同於十一箇內取六箇有若干不同法答曰 $\frac{一一\times一〇\times九\times八\times七\times六}{一\times二\times三\times四\times五\times六}$ 卽四六二

如以寅卯爲卯物內能取寅物之不同法則寅卯爲 $\frac{卯(卯-一)(卯-二)\cdots}{一\times二\times三\cdots}$ 至

寅−一卯−一之記號則寅卯亦當寅卯−一之數目能并合成卯−一之各法

以上所證者不過爲七箇數目成十二之各不同法爲六一所以證 卯二−一十卯三−一十…十卯卯 式亦不甚難

前題所用之數不包○字在內所以 三十一〇 不在將四箇數成五之各法內如欲問將七箇數并之成十二有若干不同法而令○字在其數目之內此同於將七箇數并之而成十九不包○字在內之不同法如將成十二之各法包○字在內每數加一箇卽得成十九之不同法而○字不包於內所以可用任一箇成十九之法而不包○字在內每數目去一箇卽得成十二之各法內之一法而○字在內所以如將七箇數目欲成十二而用○字在內則共得六一八不同法又(寅−一)卯寅−一爲將寅數目并之成卯而○字在內

此事與下題解法相同如有卯箇碁子上無記號作分

數學附卷

別求有若干法能在寅箇箱內排列此理可證之如下丙箇不作記號之碁子置於乙箇箱內之法之數目爲$(乙-1)_{乙+丙-1}$但此以爲一箇箱或多箇箱可爲空者如各箱內至少必有一箇碁子則法之數爲$(乙-1)_{丙-1}$如各箱內至少必有兩箇碁子則法之數爲$(乙-1)_{丙-乙-1}$如各箱內至少必有三箇碁子則法之數爲$(乙-1)_{丙-二乙-1}$餘類推

寅奇數并之成卯之法同於寅偶數內有○字能并之成$寅_{卯}$之法而此數亦爲能減寅數無論奇偶而內有○字能并之成$\frac{1}{2}(寅-卯)$之法之數依同理能將寅奇數并之成卯之各法之數同於$\frac{1}{2}(寅+卯)+寅-1$即$\frac{1}{2}(寅+卯)-1$物內能取$寅-1$物之不同法之數所以惟寅與卯俱爲偶數或俱爲奇數則此題不能入算

不同排列法之理內有數件奇事而爲用甚廣其中有數件易於顯出而其法令$寅_{卯}$代寅物內能取卯物之不同法之數即如十二物內欲取出五箇令此十二物記之爲甲乙丙等而分開其一箇如甲則十二物內每取五箇爲一幅則甲如不在此幅之內必在此幅之外而其無有甲在內之幅必爲$五_{一一}$而其包甲於內者必爲$四_{一一}$因此數爲其與四箇物從甲外之別法而取出所以$五_{一二}$必爲$五_{一一}+四_{一一}$由此可見凡$寅_{卯}=寅-1_{卯}+(寅-1)_{卯-1}$式內其$○_{卯}$與$卯_{卯}$俱爲一箇因取○箇之法祇有一法欲取全亦不過有一法又寅與$(寅-卯)_{卯}$本屬相同如寅大於卯則$寅_{卯}$爲○因無法能作之如將前所得之理內之一箇照下式寫之則更整齊如

$卯_{二}=卯_{一}+卯_{一}\cdots卯$

將其第卯項之第寅數當$寅_{卯}$之表

	○	一	二	三	等
一	○一	一一	二一	三一	等
二	○二	一二	二二	三二	等
三	○三	一三	二三	三三	等
等	等	等	等	等	等

即能從卯物取出寅幅之法之表觀此可知其作法如下各數必爲上一數與上一數之和但第一橫行必爲一·一·○·○○等而第一縱行必爲一·一·一·一等所以得下表可任意伸長之

卽如第九橫行，又有四在上之縱行，觀有一二六，卽$\frac{九\times八\times七\times六}{一\times二\times三\times四}$卽九箇內能取出四箇之各不同法，而以四$_{九}$記之。

	〇	一	二	三	四	五	六	七	八	九	一〇
一	一	一	〇	〇	〇	〇	〇	〇	〇	〇	〇
二	一	二	一	〇	〇	〇	〇	〇	〇	〇	〇
三	一	三	三	一	〇	〇	〇	〇	〇	〇	〇
四	一	四	六	四	一	〇	〇	〇	〇	〇	〇
五	一	五	一〇	一〇	五	一	〇	〇	〇	〇	〇
六	一	六	一五	二〇	一五	六	一	〇	〇	〇	〇
七	一	七	二一	三五	三五	二一	七	一	〇	〇	〇
八	一	八	二八	五六	七〇	五六	二八	八	一	〇	〇
九	一	九	三六	八四	一二六	一二六	八四	三六	九	一	〇
一〇	一	一〇	四五	一二〇	二一〇	二五二	二一〇	一二〇	四五	一〇	一

如將其各行相加，則一丄一卽二，又一丄二丄一卽二^{二}，又一丄三丄三丄一卽二^{三}等。由此能證前所設之例，而從其排列法可知各行以下式而成。

一一
　一一
一二一。

一二一
　一二一
一三三一。

一三三一
　一三三一
一四六四一。

所以每行各數之和，必爲上行數之倍數。但此排列法可更推廣之，如將一丄天依代數法乘之，則所得之式同於天之各方之倍數之作法。如

一丄天
一丄天
一丄天
　天丄天^{二}
一丄二天丄天^{二}。

一丄二天丄天^{二}
一丄天
一丄二天丄天^{二}
　天丄二天^{二}丄天^{三}
一丄三天丄三天^{二}丄天^{三}。

爲一丄天之二方與三方，觀表則知第四乘方必爲一丄四天丄六天^{二}丄四天^{三}丄天^{四}。所以得

$(一丄天)^{卯}=〇_{卯}丄一_{卯}天丄二_{卯}天^{二}丄三_{卯}天^{三}丄\cdots丄卯_{卯}天^{卯}$。

此式尋常添〇$_{卯}$、一$_{卯}$等伸長之，則得下式。

$(一丄天)^{卯}=一丄卯天丄\frac{卯(卯丅一)}{二}天^{二}丄\frac{卯(卯丅一)(卯丅二)}{二\cdot三}天^{三}丄等\cdots$。

此爲代數學內二項例最簡便之式，如以$\frac{甲}{天}$代一丄天，卽得

$(天丄甲)^{卯}=天^{卯}丄一_{卯}甲天^{卯丅一}丄二_{卯}甲^{二}天^{卯丅二}丄三_{卯}甲^{三}天^{卯丅三}丄\cdots丄卯_{卯}甲^{卯}$。

又有一法能成此表，將若干〇字左邊加一字，如下式。

一〇〇〇〇〇〇
一一一一一一一
一二三四五六
一三六一〇一五
一四一〇二〇
一五一五
一六
一

每行以隔行之

數相加而書其數於下後觀其斜行有一一、一二一、一三三一等即同於廉法表又如以同加法而成但其相加之前常以甲乘之即得甲之各方如

○甲
○甲 四甲
○甲 三甲 六甲
○甲 二甲 三甲 四甲
一 一 一 一 一

觀其斜行則有一甲、一二甲、一三三甲等爲一甲之各方所以如不用一○○等起而用巳○○等起即得巳、巳乂四甲、巳乂六甲等各數爲各行之底之數又如在上書天、天、天、一各數則從所得之各數能成巳（天甲）四即將其各縱行之頂與底兩箇數乘之而將所得之數相加

如依此作巳（天甲）三丄午（天甲）二丄未（天甲）丄申即得

一 ○ 巳甲
天 ○ 巳甲 三巳甲
天 ○ 巳甲 二巳甲 三巳甲
天 巳 巳 巳 巳 巳

一 ○ 午甲
天 ○ 午甲 二午甲
天 午 午 午 午

一 ○ 未甲
天 未 未 未
一 申

巳天三丄三巳甲天二丄三巳甲天丄巳甲三丄午天二丄二午甲天丄午甲二丄未天丄未甲丄申
＝巳天三丄（三巳甲丄午）天二丄（三巳甲二丄二午甲丄未）天丄巳甲三丄午甲二丄未甲丄申

而成即將午未申各數在第一層工夫內書於其所應當之天各方之下即如

天
巳 巳 巳 巳
天
午
巳甲丄午
二巳甲丄午
三巳甲丄午
天
未
巳甲二丄午甲丄未
三巳甲二丄二午甲丄未
一
申
巳甲三丄午甲二丄未甲丄申

但有一法較此更簡便可一作此法即本卷第十款所用之法依此法證何而捺之理惟算學家榮於一千八百二十三年代數學言之以前淺代數式書中未嘗論及所有之分別不過爲末字正負之記號改之而末縱行作減法不作加法但如上式爲之最便於在代數式記天甲代天即如求二天四丄天三丄三天二丄七天丄九式令天丄五代天則變

成之式如何設伸長其數即得

二天⊥一天⊥〇天⊥三天⊥七天⊥九
一　〇　三　七　九

二　一一　五五　二七八　一三九七　六九九四
二　二一　一六〇　一〇七八　六七八七
二　三一　三一五　一六五三
二　四一　五二〇
二　五一

答曰。二天⊥五一天⊥五二〇天⊥一六五三天⊥六七八七天⊥六九九四

第十款　論何而捺相等式之法

此雖爲代數學中之法，而因包各種數學之工夫，故特論之。學者可用此爲習練之工，所有代數之記號不多。如已明本書所述代數之法，則以下各法亦易明之。

如欲將相等式 二天⊥天⊤三天＝一四一六七九三 解之，或將其尋常所書之式 二天⊥天⊤三天⊤四一六七九三＝〇 解之，必先試之而查得其根之第一位數目并其爲何數，即如得數爲二，必知其爲二或二〇或二〇〇等，或·二或·〇二或·〇〇二

等，此必試而得之。其最便之試法如下：第一事，必補滿其式中所少之項，即如本相等式，書之爲 二天⊥〇天⊥一天⊤三天⊤四一六七九三，所以如求其天在任數內，如在 三〇〇〇 內，爲何數最妙之法，將其第一箇乘數（二）以 三〇〇〇 乘之，又連其第二箇乘數（〇），將所得者以 三〇〇〇 乘之，再連其下一箇乘數（一），其餘類推，則所作之工夫如下：

二×三〇〇〇⊥〇＝六〇〇〇
六〇〇〇×三〇〇〇⊥一＝一八〇〇〇〇〇一
一八〇〇〇〇〇一×三〇〇〇⊤三＝五四〇〇〇〇〇二九九七
五四〇〇〇〇〇二九九七×三〇〇〇⊤四一六七九三＝一六二〇〇〇〇〇八五七四二〇七

但可先令 天＝三〇 而試之，即得

(二×三〇⊥〇)＝六〇
一八〇一

五四〇二七至末得一六二〇八一〇四一六七九三即天=三〇則首各項大於四一六七九三又令天=二〇即得四〇八〇一

一六〇一七至末得三二〇三四〇四一六七九三即天=二〇則首各項小於四一六七九三所以在二〇與三〇之

間必有一天之同數能令二天四丄天三丅三天等於四一六七九三此爲法之第一步

再書其各倍數丄二〇丄一丅三與丅四一六七九三各用其所應有之正負
號惟其在末者必改其正負號如其末號爲負號則爲
最便之法如其末號爲正號則平常以不變爲便只須
變其前之各記號即如天三丅一二天丄一二〇式可書爲丅一〇丄二一前式可書爲丄〇丄丅四一六七九三

再將其根之最大之數即兩箇十亦即二〇而在其第一
縱行起以二〇乘之連於次一箇縱行之數目以二〇乘之
再連於又次一箇縱行之數目餘類推但至末縱行必
減去從前行所得之數或改其正負號而連於末行俱
可後以同法推算各縱行之數而不作其末行相減之
工夫後如此作之至末第三行而止餘類推其各行之
式如下

戊	丁	丙	乙	甲
壬	辛	庚	己	
	寅	丑	子	
		辰	卯	
			巳	

而上式所代之各數如左

己=二〇甲丄乙　庚=二〇己丄丙　辛=二〇庚丄丁　壬=戊丅二〇辛
子=二〇甲丄己　丑=二〇子丄庚　寅=二〇丑丄辛
卯=二〇甲丄子　辰=二〇卯丄丑
巳=二〇甲丄卯

此謂之何而捺法因由算學家何而捺所設立也所得

之各數如

二　〇　一　下三　四一六七九三(二·一
四〇　八〇一　一六〇一七　九六四五三
八〇　二四〇一　六四〇三七
一二〇　四八〇一
一六〇

故得一行之數為 二　一六〇　四八〇一　六四〇三七　九六四五三。從此能得其餘各數。而揣出次一箇數。即根之為若干一之數。令末行為實。而末第二行為法。以前各行謂之前行。觀其實容法若干次。從此能揣出其次一箇數。其所揣之數如用何而捺之法。得法數之次數同於實數之次數。則所揣者不差。如其相等式有兩箇略相近之根。則可有不合於此法之事。然此書不論代數學之各難處。且學者可任用一百箇題。未必遇此難處也。即如本式中 九六四五三 能容 六四〇三七 一次。則可將一試之。即知依何而捺法解此題無差。故得第二步工夫如左式。

六四〇三七　九六四五三
六九〇〇〇　二七四五三
七四一二七

二　一六〇　四八〇一
一六二　四九六三
一六四　五一二七
一六六　五二九三
一六八

此為根之分數。而比前式更整齊。整齊根之一分之工。亦可依此法為之。然尋常所解之題不必用此。以上為四次相等式。故實數可加四箇零字。法數加三箇零字。前數加兩箇零字。更前數加一箇零字。而第一縱行不變。則用法與實仍求其新數目字。而用何而捺法。再加零字如前。而依前法作之。其加零字可免用十分數之點。而可用約得之數。不問其屬於何位。以下顯明起首全法。將工夫用於簡法之前。有多行數目。即如在平方根式內。茲將其工夫開一式至得一位十分數而止。

四一六七九三(二·一三
九六四五三
二七四五三〇〇〇〇
四七三三九七七八

下三
一六〇一七
六四〇三七
六九〇〇〇
七四一二七〇〇〇
七五七三〇〇七四
七七三四八三七六

一	二
八〇一	〇
二四〇一	四〇
四八〇一	八〇
四九六三	一二〇
五一二七	一六〇
五二九三〇〇	一六二
五三四三五八	一六四
五三九四三四	一六六
五四四五二八	一六八〇
	一六八六
	一六九二
	一六九八
	一七〇四

自後可用簡法，所以應先知根數要添若干，必可知能得數目字略同於用簡法時其法數所有之位少於一位或更多少於二位，即如法內已有八位，則知簡法工夫內可更少得六位為最多。用簡法必不動實數，而從法數劃出一位，從前一行劃出兩位，再前一行劃出三位，餘類推。所以簡法起首得式為

八七七九三七四　六七三八四七七　八二五四四五　四〇七一　二〇〇〇

則第一行變為無用，可再依前法為之，而祇用不劃去之數目，但能推算至第一劃去之數目更好，而從劃去之第二個數起其進位之工夫

得式為

六八七七九三七四　七三四三七四　六七三八四七七　六〇七五六七七　八四六三〇〇八七　八二五四四五　五五四五　七五四六　九五七四五　四〇七一

再用簡法則其一七〇四行變為〇〇一七〇四而無用，再

次一步之工夫如分開書之為

〇四五三四三七　八四六三〇〇八七　九七五四五

則其實七三四三五四不能容

其法七八〇〇三六故必書〇字為根內之數目，再用簡法一次，其

式爲

再用簡法一次第一行變爲 一〇〇五四七五九 而無用故其餘之工夫爲簡便之約法爲

所求之根爲 二一三六〇九四一三七

茲將他種相等式全工夫記之其根在三與四之間

天三一〇天二一三一〇

其工夫爲

學者不必將其各行之數目在一行內重複書之卽如一九〇三五六 不必複寫或恐有誤則以重複書之爲妥學者可將後各題推算而習練之

二天三一〇〇天二七二〇

天二七一〇五八一一三三

天二六天一〇〇

天五〇七一三五一七四八七三一

天三天一〇〇〇

天九九六六六六七九

天三六天一〇〇

天五〇七一三五一七四八七

天三天二天一〇二〇

天一七三七三七〇二三三

天三四天二〇〇〇二〇

天四五八一四〇〇三六二

天三天二一三

天二二〇九七五三三〇一二〇八八四九

天四天三天二天六〇〇〇

天八五三一四三七七二六

天三四天二七天八三〇

天四五一九五五〇七

天三三天四天一〇二〇

天一八九五六九四一六五〇四

天三一〇〇天二五天二一三二〇

天四五八二二四六〇七一〇五八四六四

天二二天三天二三〇〇

天五九五五二五九六七一二二三九八

二七〇〇〇天二七〇〇〇天二六九九九九九九

天九九六六六六六六

天三二〇天八二〇

天四六六〇〇三七六九三〇〇〇八七二七八

天三四六天三六天一八二〇

天四六七六一六三〇一八四七或天三四七一六二三一九二

天三四六天三六天一八二〇

天一〇八七九二五〇三七

八九九一天三一六二八三八天二七四六二七一天八一〇〇〇二〇

天一一一二二二三三三四四四五五五

七二九天三四八六天二九九天六二〇

天一一一一或二二二二或三三三三

二天三天三四天五〇〇

天五九三四八一七九六二三一五一五二七九

天三二天二天一五〇二〇

天四六六八四〇九〇一四五五四一九八三二五三一七四二九九一二〇一七〇五八八九九

天三天二天三五〇〇

天八二四〇九六三五五八一四四八八五八五二六九六三

$天^{三}$⊥二$天^{二}$⊥三天丅一〇〇〇〇＝＝〇

天＝＝二·〇八五二九〇五五二六〇〇九

一〇$天^{三}$丅三三$天^{二}$丅一一天丅一〇〇＝＝〇

天＝＝四·一四六七九七八〇八五八四二七八七八五

$天^{四}$⊥$天^{三}$⊥$天^{二}$⊥天＝＝一二七六九四

天＝＝一八·六四四八二三七三〇九五

一〇$天^{三}$⊥一一$天^{二}$⊥二天＝＝一〇〇〇〇〇

天＝＝二一·一六五五九九五五五四五〇八八〇五

$天^{三}$⊥$天^{二}$丅四天丅一六〇〇＝＝〇

天＝＝一一·四八二八三七一五七

$天^{三}$丅二天＝＝五

天＝＝二·〇九四五五一四八一五四二三二六五九一四八二三八六五四〇五七九三〇二九六三八五七三〇六一〇五六二八二三九

$天^{四}$丅八〇$天^{三}$⊥二四$天^{二}$丅六天丅八〇三七九六三九＝＝〇

天＝＝一二三

$天^{三}$丅二四二$天^{二}$丅六三一五天⊥二五七七〇九六＝＝〇

天＝＝一二三

二$天^{四}$丅三$天^{三}$⊥六天丅八＝＝〇

天＝＝一·四一四二一三五六二三七三〇九五〇四八八〇三

$天^{四}$丅一九$天^{三}$⊥一三二$天^{二}$丅三〇二天⊥二〇〇＝＝〇

天＝＝一·〇二八〇四或四或六·五七六五三或七·三九五四三

七$天^{四}$丅一一$天^{三}$⊥六$天^{二}$⊥五天＝＝二一五

天＝＝二·七〇六四八〇四九三八五七九一

七$天^{五}$⊥六$天^{四}$⊥五$天^{三}$⊥四$天^{二}$⊥三天＝＝一一

天＝＝·七七〇七六八八一九六二二六五八五二二三七九二九六五〇五

四$天^{六}$⊥七$天^{五}$⊥九$天^{四}$⊥六$天^{三}$⊥五$天^{二}$⊥三天＝＝七九二

天＝＝二·〇五二〇四二一七六八七九六〇五三六五二一四〇四三四〇一二八一二〇一九七三四六〇二七五五九九五四五五四一七二四二一四

二一八七$天^{四}$丅二四三〇$天^{三}$⊥九四五$天^{二}$丅一五〇天⊥八＝＝〇

天＝＝·一一一一……或·二二二二……或·三三三三……或·四四四四……

$\sqrt[3]{二}$＝＝一·二五九九二一〇四九八九四八七三一六四七六七二一〇六〇七二八

上末式解法爲

$天^{二}$〇$天^{三}$〇天丅二＝＝〇

第十一款　論用數學算形體之法

學者已將幾何尋常名目觀之甚熟則用以下各法亦甚便易凡云線與線相乘之意即將線屢次平列成面其乘數爲一定之類即如尺或寸等除此意之外言一箇幾何與他幾何相乘則不合於理凡同類之幾何必以同數爲一而記之即線必爲尺與尺之十分數或爲寸與寸之十分數等凡言長以何數爲一則其面必以同類之數記其平方又以同類之數記其立方

求方形面積法將任相遇之兩邊爲若干一之數相乘所得之積數爲面積平方之一數即如邊爲六尺與五

尺則面積爲六乘五即三十平方尺依同理正方每邊長六尺則面積爲六乘六即三十六平方尺

求平行邊形之面積法將其一邊之長數與其垂線之長數相乘所得積數爲其平方積

求兩平行邊四邊形之面積（此形兩邊平行兩邊不平行）法將兩箇不平行邊之一邊以他邊之中所作垂線乘之即得

求三角形面積法將任一邊之長以其對角垂線之長乘之折半即得或將三邊相加折半與各邊一一相減次將三較連乘又以三邊之半和乘之得數開平方即得面積將此數倍之以任一邊約之即得本邊與對角

垂線相距.

求三角形內容平圓之半徑法將前法所得之面積以三邊之和約之即得.

有直角三角形之兩邊求其弦法將兩邊各自乘相加開平方即得.

有直角三角形之弦與其一邊求其餘一邊法將弦與邊之和與弦與邊之較相乘開平方即得.

有平圓之半徑求其周之略數法將半徑倍之即全徑以三一四一五九二七乘之又可任用若干位十分數或求其更略之數

將半徑與二十二相乘以七約之如欲求之更準而不用十分數則以半徑倍之與三五五相乘以一一三約之觀第六卷第一百三十一款末題.

有平圓弧之對角并其半徑求其弧之略數法將角之度數變為秒數(正角分為九十等分每分為一度每度分為六十分每分分為六十秒)與半徑相乘將其積數以二〇六二六五約之得數為弧之長.

有平圓之半徑求其面積之略數法將半徑自乘以三一四一五九二七乘之.

有平圓弧之對角并其半徑求其面積之略數法將角之度數變為秒數而與半徑之平方相乘以二〇六二六五×二即四一二五三〇約之.

求立方之體積法將所相遇之任三邊相乘即得.如其體非直角體則將一面之面積與其自對面至此之垂線相乘即得.

求圓錐形之體積法將底之面積與其自頂至底之垂線相乘以三約之即得.

求三邊柱形之體積法將底之面積與其自對面至底之垂線相乘即得.

求球之皮積法將其半徑平方之四倍以三一四一五九二七乘之即得.

求球之體積法將其半徑立方以三一四一五九二七×四/三即四一八八七九乘之即得.

求正圓錐形之皮積法將其底周與其自頂至底周之斜線相乘半之即得.

求正圓錐形之體積法將其底之面積與其高相乘以三約之即得.

求正圓柱形之皮積法將其底周與其高相乘即得.
求正圓柱形之體積法將其底之面積與其高相乘即得.
凡物體已知其體積而欲求其重則必先知一立方寸或一立方尺之重方可入算然尋常所作各物重數表不言各體之一立方寸或一立方尺之重第言其各物之重與一物之比例所有最便用之物爲極淨之水而所得之數爲與水較重之數即如黃金之與水較重數爲一九三六二.所以黃金一立方尺較水一立方尺重一九三六二倍.假如

有金球一箇其半徑四寸則球之體積爲四×四×四×四·一八八八.即二六八·〇八三二立方寸而水之一立方寸重二五二·四五八英釐則金一立方寸重二五二·四五八×一九三六二.即四八八八·〇九一英釐所以金二六八·〇八三二立方寸重二六八·〇八三二×四八八八·〇九一釐即二二七三磅此爲寶物權尋常

化學重學等書載各物與水較重之數.
水一立方尺重九〇八·四八八兩此爲寶物權即七五·七三七四磅亦爲寶物權即九九七·一三六九六九一兩此爲雜物權亦即六二·三二一〇六〇六磅亦爲雜物權故可以爲水一立方尺重一千兩爲英國之雜物權則各物之重與此相較甚便假如觀表內云某物重率四·一一七二.則知某物一立方尺必重四一一七兩.

如欲得最準之數則將所得之數每一千內減三可也.

元和江衡校算

江南製造局科技譯著集成

天文數學卷

第貳分册

三角數理

《三角數理》提要

《三角數理》十二卷，英國海麻士（John Hymers, 1803–1887）輯，英國傅蘭雅（John Fryer, 1839–1928）口譯，金匱華蘅芳筆述，興化劉彝程校算，上海曹擴亭繪圖，光緒三年（1877 年）刊。底本爲《A Treatise on Plane and Spherical Trigonometry》，1858 年版。

此書前八卷論平三角，論述平三角中邊角的比例關係，設題與各種解法，造八綫表的方法，尤其是第六卷闡釋運用對數解三角形的原理與方法，陳洙《江南製造局譯書提要》中稱其『足補《代數術》第十八卷之未備，尤宜參觀互證之』。後四卷論弧三角的設題與解法。

此書内容如下：

卷一　論三角法中用比例數之理

卷二　論兩角或多角之各比例數

卷三　論造三角比例表之法

卷四　論平三角形之各種解法

卷五　論各角之比例數乘約變化之理

卷六　論對數

卷七　三角形各理設題

卷八　三角雜設各題

卷九　論球上之各圈及弧三角形界說
卷十　論正斜弧三角形解法
卷十一　論數種特設之事以求弧三角形之法
卷十二　弧三角各理設題

三角數理卷一

英國海麻士輯

英國 傅蘭雅 口譯

金匱 華蘅芳 筆述

此卷論三角法中用比例數之理

以數明線與角之幾何

第一款 凡平面之三角形必有六事焉其三者爲邊其三者爲角知其六事中之三則其餘三事亦可用法求得之 惟其所知之三事中須有一爲邊若三者俱爲角則不可求此因任何平三角形之三箇角其和俱等于兩箇正角則能作無數三角形其邊俱不相同而俱合于所設之三角也

已知三角形之數箇邊角從幾何之理有法可畫成其全形惟因最精之畫圖器亦不能無差且不能辨其毫釐之數故以畫法作三角形祇得大略而已欲求精密不可得也是以算學家設立各種算法以代畫圖之規矩則得數最密

三角算法者乃從三角形內已知之事而求其未知之事也此爲解明三角數理之學

近年以來三角算法之意比昔更廣凡角度大小之理各角之數所有彼此相關之理並角與他幾何相關之理俱能以算式賅之且能顯明直線與角度相關之故從此得各種測量之公法

第二款 凡平三角形每邊之長短及他線之長短俱以一公常數度之 如言若干尺數若干寸數是也

若將公元甲代任何直線其意謂甲倍一尺或甲倍一寸是也甲所代者爲其本線與一尺或一寸之比例也

第三款 凡角之大小亦以一公大小之數度之則其角必爲所定爲主之角之若干倍

定其爲主之角法將正角 即方角 用幾何之法平分爲九十名其每分爲度又平分其每度爲六十名其每分爲分又平分其每分爲六十名其每分爲秒如此則無論何角必能以若干度分秒言其角之大小

凡度數以○別之分數以丿別之秒數以〃別之皆在右角之上

假如其角爲十四度九分三十七秒十分秒之四則可作 一四○九丿三七〃四 是也

第四款 又有一角度之法令度分秒皆以百進位

如平分正角爲百分名其每分爲度又平分其度爲百分名其每分爲分又平分其分爲百分名其每分爲秒

其度以○別之其分秒亦用〃〃.

如此則一分爲.○一度一秒爲.○○○一度故其分秒易變爲度之小數.

假如其角爲十四度九分三十七秒可作

$$一四┴九╳.○一┴三七╳.○○○一＝一四.○九三七.$$

如欲以正角之分數言之可作.一四○九三七.

分正角爲百度每度爲百分每分爲百秒則無論何角之數能頃刻變其度分秒或變之爲正角之分數不必用繁重之法化之故簡易數倍然今天下之人仍常用分正角爲九十之度而分秒皆以六十進位者其法甚繁重.

第五款　茲設法能將常度變爲百分度並反求之法.

令庚爲百分正角之一度丁爲常度之一度噢與叮爲任一角之百分度及常度則

$$噢庚＝叮丁.$$

$$一○○庚＝九○丁.$$

而

$$\frac{一○○}{噢}＝\frac{九○}{叮}.$$

$$噢＝\frac{九}{一○}叮＝叮－\frac{一}{一○}叮.$$

$$叮＝\frac{一○}{九}噢＝噢＋\frac{一}{九}噢.$$

所以凡欲變常度爲百分之度必先將其分秒化爲度之小數而加全數九分之一卽得百分度之數.

若欲變百分之度爲常度將其分秒化爲度之小數減其全數十分之一則得常度並其度之小數又將小數變爲常分秒卽爲常度並其分秒數.

假如有常度二十九度五分三十三秒欲變之爲百分度則令

$$二九°五'三三''＝(二九.○九二五)°＝\left(二九.○九二五＋\frac{二九.○九二五}{九}\right)＝(三二.三二五○)＝三二^{g}三二'五○''.$$

卽爲三十二度三十二分五十秒.

假如有百分之度三十二度三十二分五十秒欲變之爲常度則令

$$三二^{g}三二'五○''＝(三二.三二五○)＝\left(三二.三二五○－\frac{三二.三二五○}{一○}\right)＝(二九.○九二五)°＝二九°五'三三''.$$

卽爲二十九度五分三十三秒.

第六款　凡尋常之算法用常度者居多惟最深之代數中則有一法以等于平圓半徑之弧所配圜心之角爲主則比常法更便因平圓周徑相比恆有一定之率故無論平圓之大小如何此角必爲不變之數.

若以周字代平圓之周率三.一四一五九……以未代平

圓之半徑則平圓之全周必等于$二周末$.

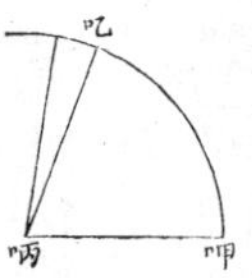

如圖呷呐吃爲從圓心所分之角此角所配之呷吃弧等于本平圓之半徑呷呐亦卽吃呐則依幾何原本第六卷三十三題之理凡圓心各角之比必如其所配各弧之比則

$$\frac{四正角}{呷呐吃角}=\frac{全周}{呷吃弧}=\frac{二周末}{末}.$$

所以

$$呷呐吃角=\frac{二周}{四正角}.$$

此式與末無相關所以無論其平圓之大小如何此角必爲不變之數.

此角雖不能以幾何之法定之然易以代數之理明其爲不變之數故可用此角爲主以度他角.

其主角若以井字代之而他角可以斗字代之則其斗爲任何大小之角與井之比.

如不用等于半徑之弧之角爲主而用常度亦不必言其每度爲若干大無論何角皆可以斗代之.

第七款 用主角之法定各角之大小則以斗爲任何平圓心角所配之弧與其半徑之比所以謂之眞弧度.

如圖令呷呐半徑從本方位以呐爲心旋轉而成呷呐吃角呷呐吧角則呷吃與呷吧俱爲呷點所成之弧其呷吃弧等于半徑故呷呐吃爲主角可以井代之其呷呐吧爲他角可以斗井明之.

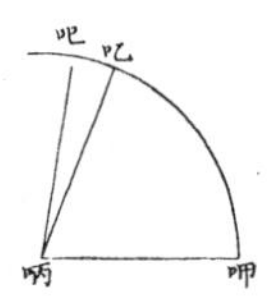

則從幾何原本第六卷三十三題知

$$\frac{呷呐吃角}{呷呐吧角}=\frac{呷吃}{呷吧}=\frac{呷呐}{呷吧}.$$

$$呷呐吧角=呷呐吃角\frac{呷呐}{呷吧}=井\frac{半徑}{弧}.$$

所以

$$斗=\frac{半徑}{弧}.$$

平圓之半徑若爲一則$斗=弧$卽爲本角之弧之長所以無論何角皆可以眞弧度明之亦謂之以弧明角法.

第八款 前已言平圓周徑之比例可用周率明之故半周與半徑之比例亦可用周率明之而四分全周之弧卽一象限與半徑之比可用二分周率之一明之.

用此法以明角之大小則兩象限之度必以周率明之正角之度可以二分周率之一明之.

凡用$\frac{半徑}{弧}$明其角度者恆用宿名爲元以別之.

以下所論之角或明言其角之度分數或但言其本角

之名.

第九款　無論何角可變其常度爲眞弧度亦可變其眞弧度爲常度.

以周字代周率 $三.一四一五九$ 未代半徑丙代全周則 $丙=二周未$ 令天爲等于半徑之弧其相配之角并爲常度則依幾何原本第六卷三十三題之理. $\frac{一八〇^{\circ}}{天}=\frac{周未}{未}$ 故 $天=\frac{三.一四一五九}{一八〇^{\circ}}$ 即 $天=五七.二九五七七$

若將井角爲主而求任角斗之常度必爲 $斗\times五七.二九五七七$. 如反求之有任角呷已知其常度欲化爲以井爲主之度則其數必爲 $\frac{五七.二九五七七}{呷}$.

三角比例數界說

第十款　若欲思一法能將平三角形之角與邊俱以數目論之則初時之念必欲攷明三角形之各邊與其各角所配之弧之長有何相關之理.

惟各角之弧線不能依幾何之理彼此相比又不能與邊之直線相比故思之未久即知用角度之數入算窒礙之事極多再久思之必棄去此意而借從角所作之直線以作比例則有其角度之數即可求其比例之數有其比例之數亦可求其角度之數.

所用之比例線祇爲直三角形(即句股形也)惟因其數之性情可依幾何之法彼此相比雖不能用此數以度其角卻能借此數以定其角故無論何種算學中皆可用此各線名曰三角比例數.

第十一款　無論何角若從其爲界之兩條直線上任取一點自此點作線與彼線爲垂線或與彼線引長之線爲垂線則能成直三角形有界說三則如左.

對正角之邊與對本角之邊比爲 $\frac{斜}{高}$ 是謂本角之正弦.

本角所倚之底邊與本角所對之邊比爲 $\frac{底}{高}$ 是謂本角之正切.

本角所倚之底邊與對正角之邊比爲 $\frac{底}{斜}$ 是謂本角之正割.

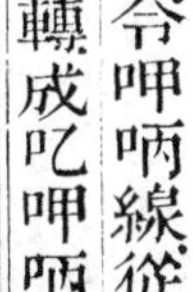

如圖令呷呐線從呷吃之方位起繞呷點旋轉成吃呷呐角又在呷呐線上任

取吧點自此點作直線吧咧與呷吃成垂線或與呷吃引長之線成垂線則呷角之比例數能以簡式明之

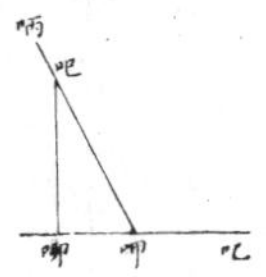

正弦呷＝$\frac{呷吧}{吧咧}$.

正切呷＝$\frac{呷咧}{吧咧}$.

正割呷＝$\frac{呷咧}{呷吧}$.

第十二款　有他角與本角相加而能成正角者則名其他角曰餘角，如本角爲四十五度則餘角亦爲四十五度本角爲三十度則餘角爲六十度是也，惟本角若大于九十度則其餘角爲負，如本角爲一百二十七度則餘角爲負三十七度，

可見凡直三角形之二銳角彼此互視爲餘角，餘角之正弦正切正割即本角之餘弦餘切餘割，又從第十一款之例得

餘弦呷＝正弦(九〇°丅呷).

餘切呷＝正切(九〇°丅呷).

餘割呷＝正割(九〇°丅呷).

依此各界說之例得

餘弦呷＝正弦呷吧咧＝$\frac{呷吧}{呷咧}$＝$\frac{斜}{底}$.

餘切呷＝正切呷吧咧＝$\frac{吧咧}{呷咧}$＝$\frac{高}{底}$.

餘割呷＝正割呷吧咧＝$\frac{吧咧}{呷吧}$＝$\frac{高}{斜}$.

依本款界說得

餘弦(九〇°丄呷)＝正弦(丅呷).

餘切(九〇°丄呷)＝正切(丅呷).

餘割(九〇°丄呷)＝正割(丅呷).

第十三款　由此可知凡本角之餘弦餘切餘割即爲正割正切正弦之倒數因

餘弦呷＝$\frac{正割呷}{一}$.

餘切呷＝$\frac{正切呷}{一}$.

餘割呷＝$\frac{正弦呷}{一}$.

故也，

此六種比例數，（謂正弦切割三餘弦切割三也）惟正弦餘弦正切爲三角法中用之最繁，故名此三線爲第一類比例數，其餘三線爲次類比例數有時亦可用之，

更有兩線亦可用以定角之大小，即正矢與餘矢是也，

其正矢呷，餘矢呷，可用以明一丅餘弦呷，一丄餘弦呷，兩式，

第十四款　有此各數則能以比例之理定任何平三角形邊角相求之法，

假如有已知之角吃呷呐若此角已定則無論在呷呐線上任取吧點作垂線吧咧，又任取第二點吧′作垂線吧′咧′，則所成之呷吧咧三角形，呷吧′咧′三角形，其比例之數恆相同，因其兩箇三角形爲同式故可以同理相比也，

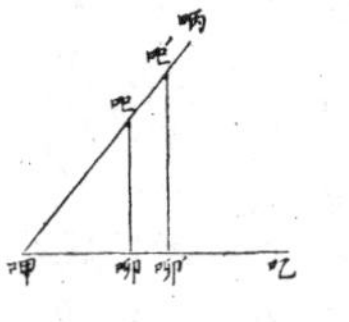

所以無論用呷吧咧三角形或呷吧′咧′三角形，以明呷角之正弦正切正割之數其理必無異，

一設有已知之比例數如 $\text{正弦呷}=\text{甲}$ 或 $\text{餘弦呷}=\text{甲}$ 或 $\text{正切呷}=\text{甲}$……而欲定其角則其作法如下

若其已知之數爲正弦則可任取一吧哂線爲徑作半平圓又取他數與哂吧之比若甲與一之比乃以吧點爲心以所取之他數爲半徑作圜界與前所有之圜界交于唲乃作哂唲吧唲則吧哂唲角之正弦等于甲因吧唲哂爲正角所以 $\text{正弦吧哂唲}=\frac{\text{吧唲}}{\text{哂吧}}=\text{甲}$

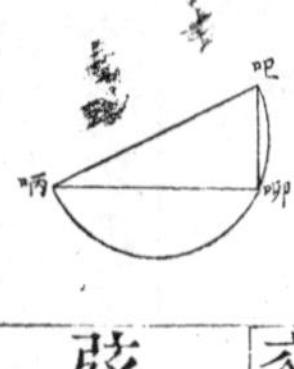

若其已知之數爲餘弦則作其角之理與前相似亦取他數與哂吧之比若甲與一之比惟必以哂爲心而作圓界以取唲點耳

若其已知之數爲正切則可任取一呷唲線又取他數與呷唲之比若甲與一之比乃從呷唲線之唲端作垂線吧唲與所取之他數等長則吧呷唲角之正切必與甲相等因 $\text{正切呷}=\frac{\text{吧唲}}{\text{呷唲}}=\text{甲}$ 故也

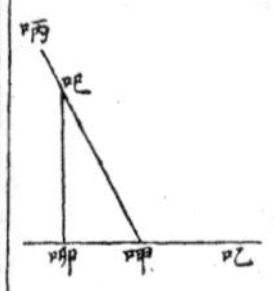

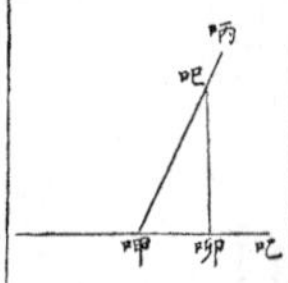

以上爲已有弦切各數而用幾何之法作其本角之形所以表明前各款界說之意也

若將各比例數與其各角之度並列爲表則能彼此相定而得極密之數以規矩畫圖者大不及此也

第十五款　從以上各款之說可見無論何角其比例線各有一定之數而不致游移

然此例若反言之則未必爲眞因已知其弦切各數則不能云只有一角與之相配也此理俟後解明之

論各種比例線有彼此相關之理

第十六款　茲欲以任何角之正弦明其餘弦之式且欲以任何角之餘弦明其正弦之式又欲以任何角之正弦餘弦明其割線切線之各式

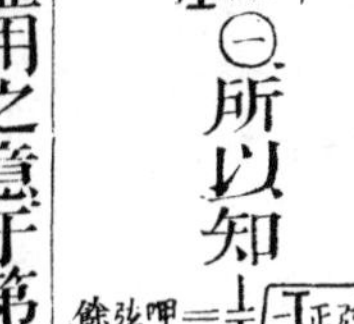

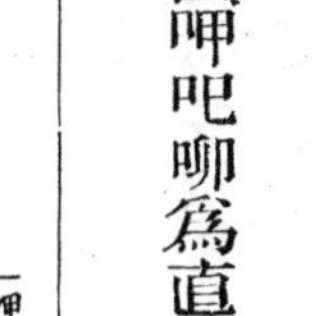

如圖呷吧唲爲直三角形其 $\text{吧唲}^2+\text{呷唲}^2=\text{呷吧}^2$ 故 $\left(\frac{\text{呷唲}}{\text{呷吧}}\right)^2+\left(\frac{\text{吧唲}}{\text{呷吧}}\right)^2=1$

即 $\text{正弦}^2\text{呷}+\text{餘弦}^2\text{呷}=1$ ㊀ 所以知 $\text{餘弦呷}=\pm\sqrt{1-\text{正弦}^2\text{呷}}$　$\text{正弦呷}=\pm\sqrt{1-\text{餘弦}^2\text{呷}}$ 此式中正負二號並用之意于第三十一、第三十二兩

款解明之。又依同理得

$$正切呷=\frac{吧叩}{呷叩}=\frac{\frac{吧叩}{呷吧}}{\frac{呷叩}{呷吧}}=\frac{正弦呷}{餘弦呷}$$

(二)從第十三款之理

又得

$$正割呷=\frac{一}{餘弦呷}$$

(三)。

$$餘切呷=\frac{一}{正切呷}=\frac{餘弦呷}{正弦呷}$$

(四)。

$$餘割呷=\frac{一}{正弦呷}$$

(五)。

第十七款　若本角之正弦餘弦已知，則可用前款(二)至(五)各式而求其正切正割之數。

一題　設有呷吃呐三角形，呐為正角，其呷角為四十五度，欲求其比例數。

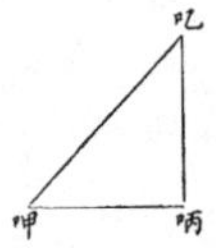

此為兩等邊直三角形，其兩銳角之和必等于正角，而呷吃二角必皆等于半箇正角。

惟因

$$呷吃^{二}=呷呐^{二}⊥吃呐^{二}=二吃呐^{二}$$

即

$$呷吃=\sqrt{二}\,吃呐$$

所以得

$$正弦四五^{\circ}=\frac{吃呐}{呷吃}=\frac{一}{\sqrt{二}}=\frac{\sqrt{二}}{二}。$$

$$餘弦四五^{\circ}=正弦(九〇^{\circ}丅四五^{\circ})=正弦四五^{\circ}=\frac{\sqrt{二}}{二}。$$

$$正切四五^{\circ}=餘切四五^{\circ}=一。$$

$$正割四五^{\circ}=餘割四五^{\circ}=\sqrt{二}。$$

二題　設有呷吃呐等邊三角形，各角皆等于三分兩正角之一，即每角皆為六十度，求其比例之數。

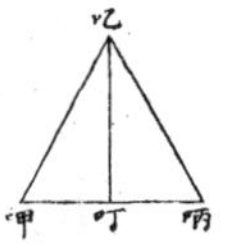

任從何角作線與對邊為垂線，則吃叮平分呷吃呐角，亦平分呷呐邊。

所以從

$$正弦呷吃叮=\frac{呷叮}{呷吃}=\frac{\frac{一}{二}呷吃}{呷吃}=\frac{一}{二}。$$

得

$$正弦三〇^{\circ}=餘弦六〇^{\circ}=\frac{一}{二}。$$

$$餘弦三〇^{\circ}=正弦六〇^{\circ}=\sqrt{一丅\frac{一}{四}}=\frac{\sqrt{三}}{二}。$$

依第十六款之理

$$正切三〇^{\circ}=餘切六〇^{\circ}=\frac{一}{\sqrt{三}}=\frac{\sqrt{三}}{三}。$$

$$餘切三〇^{\circ}=正切六〇^{\circ}=\sqrt{三}。$$

$$正割三〇^{\circ}=餘割六〇^{\circ}=\frac{二\sqrt{三}}{三}。$$

$$餘割三〇^{\circ}=正割六〇^{\circ}=二。$$

第十八款　前所得之五箇公式(第十六款)為各比例數相求之根本。凡有祇論一角之比例數，皆能從此五式得之。茲擇其變式中之最要者，錄之如下。

將(二)式自乘，兩邊各加一，即得

$$一⊥正切^{二}呷=一⊥\frac{正弦^{二}呷}{餘弦^{二}呷}=\frac{正弦^{二}呷⊥餘弦^{二}呷}{餘弦^{二}呷}。$$

惟因

$$正弦^{二}呷⊥餘弦^{二}呷=一。$$

而

$$\frac{一}{餘弦^{二}呷}=正割^{二}呷。$$

所

以知 $一\,丄\,正切^2呷 = 正割^2呷$。其條段之理觀呷吧唎三角形亦能明之。

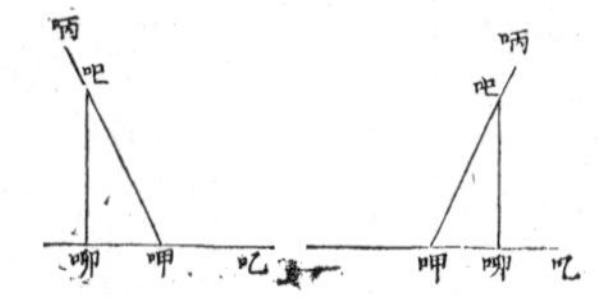

因其 $呷吧^2 = 呷唎^2\,丄\,唎吧^2$。所以 $\left(\frac{呷吧}{呷唎}\right)^2 = 一\,丄\left(\frac{唎吧}{呷唎}\right)^2$。即 $正割^2呷 = 一\,丄\,正切^2呷$。若以 $九〇^\circ - 呷$ 代其呷，則得 $\left(\frac{呷吧}{吧唎}\right)^2 = 一\,丄\left(\frac{呷唎}{吧唎}\right)^2$。即 $餘割^2呷 = 一\,丄\,餘切^2呷$。

第十九款　總之無論何角若其六種比例數（謂三正三餘弦切割也）有任一種已知則從第十六款中五箇根本之式必能求得其他五種數惟須解開一二次方程式即可得之無甚難爲之事也。

假如有某角已知其正切之數欲求其正弦餘弦則必將 $一 = 正弦^2呷\,丄\,餘弦^2呷$ ㊀，$正切呷 = \frac{正弦呷}{餘弦呷}$ ㊁。從㊁式得 $正弦呷 = 正切呷餘弦呷$。則 $正弦^2呷 = 正切^2呷餘弦^2呷$。乃將 $正弦^2呷$ 之同數代入

㊀式中即易得 $餘弦呷 = \frac{一}{\sqrt{一\,丄\,正切^2呷}}$，$正弦呷 = \frac{正切呷}{\sqrt{一\,丄\,正切^2呷}}$。此式中正負兩號並用之意因有兩箇正弦兩箇餘弦其數相等而號相反皆能與已知之正切相配此理後在第三十三款中解明之。

用正負二號以明方位相反之法

第二十款　如圖呷呐線從呷吃之方位起繞呷點左旋而成吃呷呐角則繞行之時無論至何處其所成之角各有比例線故角之大于正角者其比例線之方位可與角之小于正角者相反即如吃呷呐角小于正角則呷唎線在呷點之右吃呷呐角若大于正角則呷唎線在呷點之左。

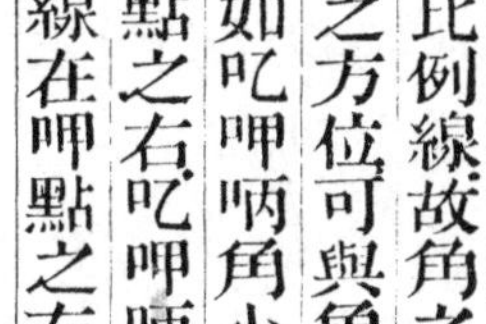

凡方向相反之事在算式中可用正負二號以顯其線之方位如呐吃直線內有已知之兩點呷與吃其相距爲 $呷吃 = 甲$。設于直線內任

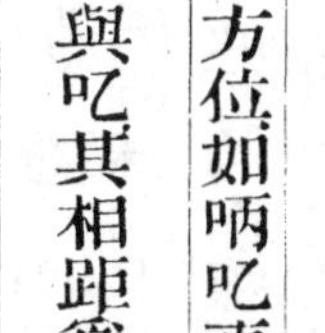

取二點一爲唧一爲唎其與呷點之相距皆爲乙今欲以代數之式明此二點距叱之數則以天代其相距數卽得 天＝呷乚 或 天＝呷乙 其用丄用丅必視其所取之點在呷呐之間抑呷叱之間故可作兩式以顯其點之方位

若其兩點距呷之數相等而方位相反者則可用一式而以正負二號明之卽如于 天＝呷乚 式中令乙爲負數卽可變爲 天＝呷乙 則唧點在呷之左唎點在呷之右其距呷之數相同如此則能定叱呐線內所能有各點之方位卽能定唧唎等點離呷叮線之各相距

依同理推之若以叱呐線爲主而作垂線呷叮在呷叮線上任取各點或于與呷呐平行之線上任取各點則各點之距呷呐線若向上度之其號當爲正若向下度之其號當爲負

其叱呐呷叮兩線若非正角相交則但用正負二號不足以顯出點之方位所以惟在十字正交之線或彼此平行之線能用正負號顯之

第二十一款　又有一法能用正負號明角之方位

如圖呷叱與呷叮兩線相交于呷而成叱呷叮角名之

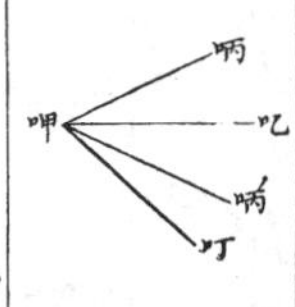

曰呷角又命呷叱與呷呐或呷呐相交而成之角曰叱角今欲明呷呐線或呷呐線與呷叮線相交所成之角則可以呐名之而 呐＝呷乚叱 或 呐＝呷乙叱 此兩式又可合爲 呐＝呷∓叱 欲定叱角之號當辨其角在呷叱線之上下而異上爲正下爲負

所以凡直線從某方位用一順之方向而旋則所成之各角可用正號明之若其線以相反之方向而旋則其所成之各角可用負號明之　此例不但角度如此卽其角所配之弧亦如此

第二十二款　以上所論之事能引起以下各要例其例爲代加德所作

例曰如在任何線內其線或直或曲俱可取一點爲原點而測他點之相距可用正負之號明之

點在原點之某邊當爲正某邊當爲負本無一定不易之理惟既定其在此邊者爲正則不得不以在彼邊者爲負

如欲定平三角形之角點卽從正交之二軸以縱橫線量之如欲定其各角可用與本角兩界平行之線測之

常以其不滿九十度者紀之。如欲定三角形之邊，只須論其長，因其方位已爲對此邊之角兩界所限，則不能恆與一定之線爲平行，故不能以正負之號定之。

以上之例，爲代加德所定者也。此例之理，非有法能從已知之事證之，惟各算學家猥云此例不誤。

凡用三角比例，切勿反代加德所定之例，其例之妙處用時自能知之。

第二十三款

凡他角與本角相加而能成一百八十度者，名其他角曰外角。

若本角大于一百八十度，則其外角爲負。

如本角爲一百度，則外角爲八十度。如本角爲二百度，則外角爲負二十度。

凡兩角相加而能成一百八十度者，其兩角能彼此互爲外角。

凡本角之比例線與外角之比例線，其數無異，惟除正弦餘割之外，其號俱相反。

如圖，呷吃㖠爲大于九十度之角，名之曰呷角，則于呷㖠線上任取一吽點，作吽嗔線，此線與吃呷引長之線爲垂線，又作吃呷㖠角等于嗔呷吽角，取呷吧等于呷吽，作吧咖，爲呷吃之垂線，則吧呷咖三角形與吽呷嗔三角形各數相等。

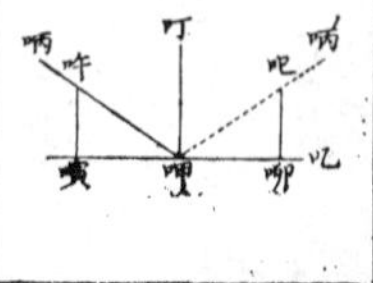

故可令

呷咖＝乙，
吧咖＝巳，
呷吧＝未，
呷嗔＝乙，
嗔吽＝巳，
呷吽＝未。

惟因

$$正弦吃呷㖠=正弦呷=\frac{呷吽}{吽嗔}=\frac{未}{巳}$$

$$正弦吃呷㖠=正弦(一八〇-呷)=\frac{呷吧}{吧咖}=\frac{未}{巳}$$

所以知

$$正弦呷=正弦(一八〇-呷)$$

惟因

$$餘弦吃呷㖠=餘弦呷=\frac{呷吽}{呷嗔}=\frac{未}{乙}$$

$$餘弦吃呷㖠=餘弦(一八〇-呷)=\frac{呷吧}{呷咖}=\frac{未}{乙}$$

所以又知

$$餘弦呷=丅餘弦(一八〇-呷)$$

$$正切呷=\frac{餘弦呷}{正弦呷}=\frac{丅餘弦(一八〇-呷)}{正弦(一八〇-呷)}=丅正切(一八〇-呷)$$

$$正割呷=\frac{餘弦呷}{一}=\frac{丅餘弦(一八〇-呷)}{一}=丅正割(一八〇-呷)$$

$$餘切呷=\frac{正切呷}{一}=\frac{丅正切(一八〇-呷)}{一}=丅餘切(一八〇-呷)$$

$$餘割呷=\frac{正弦呷}{一}=\frac{正弦(一八〇-呷)}{一}=餘割(一八〇-呷)$$

第二十四款

若有兩角大小相等而正負相反者，則其比例線各數相同，惟除餘弦正割之外，其號皆相反。

如圖，令呷㖠線從原方位呷吃繞呷點而旋行成吃呷

呐角，其度爲呷。惟若從呷吃原方位而用相反之方向

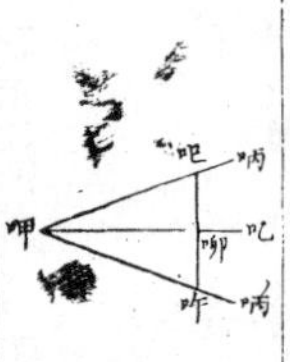

旋行成吃呷呐角，等于吃呷呐角，則其度數爲丅呷。又于呷吃線上任取𠰳點，作吧𠰳吘垂線，而遇呷呐、呷呐于吧吘二點。令

呷吃＝未。 呷𠰳＝乙。 吧𠰳＝巳。

則

𠰳吘＝丅巳。 呷吘＝未。

惟因

正弦吃呷呐＝正弦呷＝呷吧/吧𠰳＝未/巳。

正弦吃呷呐＝正弦(丅呷)＝呷吘/吘𠰳＝未/丅巳。

所以

正弦呷＝丅正弦(丅呷)。

惟因

餘弦吃呷呐＝呷吧/呷𠰳＝未/乙。

餘弦吃呷呐＝呷吘/呷𠰳＝未/乙。

所以

餘弦呷＝餘弦(丅呷)。

惟因

正切呷＝餘弦呷/正弦呷＝餘弦(丅呷)/丅正弦(丅呷)＝丅正切(丅呷)。

正割呷＝餘弦呷/一＝餘弦(丅呷)/一＝正割(丅呷)。

所以

餘切呷＝丅餘切(丅呷)。

餘割呷＝丅餘割(丅呷)。

論角可至任何大，其大于正角之比例線，可化之使與小于正角之比例線無異。

第二十五款　幾何中所論之角，俱小于兩正角之和。惟三角法中論角之意，比古法更廣。因三角之法，可以角度之數明之者，並無限量，所以角亦可至甚何大。

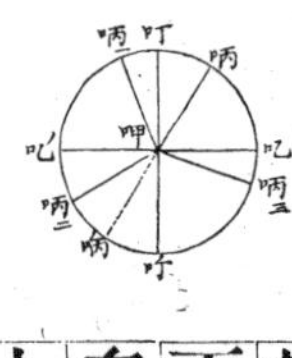

如以呷爲心，以任何直線呷吃爲半徑而作平圓，令呷呐半徑從原方位呷吃向呐呐方向而旋，則與呷吃線能成大小不同之各角，其號俱爲正。

令

吃呷呐角＝斗。

吃呷呐角＝斗。

若其呷呐線恆依一順之方向而旋轉不已，即可成周丄吃呷呐二之角。此即爲大于兩箇正角之角，其角之度數爲

斗二＝呷吃/吃叮吃呐二。

又可成周丄吃呷呐三之角，其度爲

斗三＝呷吃/吃叮吘呐三。

至呷呐半徑歸到呷吃方位之時，所成之角等于四箇正角之和，即二周也。其第二次至呷呐之時所成之全角爲二周丄吃呷呐。即二周丄斗。總之，其卯次至呷呐時所成之角爲二(卯丅一)周丄斗。

又以同理，令呷呐從呷吃之方位逆行而旋，則呷呐與呷吃所成之各角爲負，亦能以此法定之。即如呷呐半徑行至呷呐二與呷呐三之方位時，能定其吃呷呐二角、吃呷呐三角爲負，故可用丅(二周丅斗三)及丅(二周丅斗二)明之。此與正號之角用斗二、斗三定之者無異理也。

凡角之大于兩正角之和者有時名之曰測角以別之

第二十六款　茲論角從○度至二周度之間各比例數大小正負改變之法

因無論何角其比例之數皆與其直三角形之弦不相關故可令半徑爲常數未而論以下四種角

一爲從○度至正角間之角　二爲從正角至兩倍正角間之角　三爲從兩倍正角至三倍正角間之角

四爲從三倍正角至四倍正角間之角

從○度至正角間之各角以下圖明之其旋動之呷丙半徑與呷吃相合之時其角爲○度而吧唎不見因其

$\frac{呷}{唎}=\frac{呷}{吧}=$未

所以

正弦○$=\frac{未}{○}=$○

餘弦○$=\frac{未}{未}=$一

正切○$=\frac{未}{○}=$○

餘割○$=$∞

正割○$=$一

餘切○$=$∞

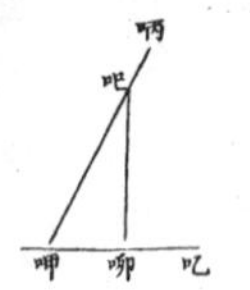

其角從○度漸增而大則吧唎線漸變而長呷唎線漸變而短所以正弦正切正割之數漸增餘弦餘切餘割之數漸損至其角變爲正角則

$\frac{吧}{唎}=\frac{呷}{吧}=$未　而其呷唎線不見

所以

正弦$\frac{二}{周}=\frac{未}{未}=$一

餘弦$\frac{二}{周}=\frac{未}{○}=$○

正切$\frac{二}{周}=\frac{○}{未}=$∞

餘割$\frac{二}{周}=$一

正割$\frac{二}{周}=$∞

餘切$\frac{二}{周}=$○

凡在○度與正角間之各比例數其號俱爲正又因呷吧唎三角形大邊必對大角故角若小于半箇正角則正弦小于餘弦角若大于半箇正角則正弦大于餘弦

從正角至兩倍正角間之各角因其吃呷丙角從二分周率之一漸增至周率故其吧唎漸短呷唎線漸長所以正弦正切正割之數漸損餘弦餘切餘割之數漸增又因吧唎爲正呷唎爲負故其正弦餘割爲正而他數俱爲負

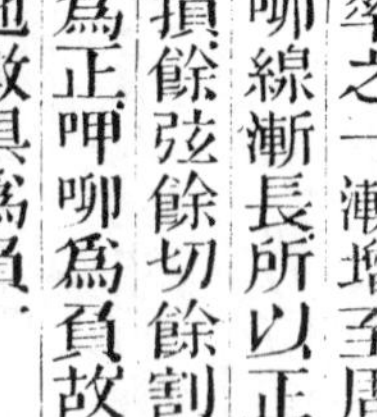

及其角度增至等于周率之時則吧唎線不見而呷唎線等于丅未所以

正弦周$=\frac{未}{○}=$○

餘弦周$=\frac{未}{丅未}=$丅一

正切周$=\frac{丅未}{○}=$○

餘割周$=$∞

正割周$=$丅一

餘切周$=$∞

從兩倍正角至三倍正角間之各角如圖之吃呷丙角

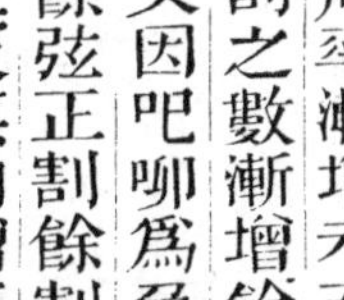

從周率漸增至三周之度則正弦正切正割之數漸增餘弦餘切餘割之數漸損又因吧唎爲負呷唎亦爲負故其正弦餘弦正割餘割皆爲負而正切餘切爲正及其角增至三周之度則呷唎不見

而 $\frac{吧}{唧}=丅未$. 所以

$正弦\frac{二}{三周}=\frac{未}{丅未}=丅一$

$餘弦\frac{二}{三周}=\frac{未}{〇}=〇$.

$正切\frac{二}{三周}=\frac{〇}{丅未}=\infty$.

$餘割\frac{二}{三周}=丅一$.

$正割\frac{二}{三周}=\infty$.

$餘切\frac{二}{三周}=〇$.

從三倍正角至四倍正角間之各角如圖之吃呷呐角

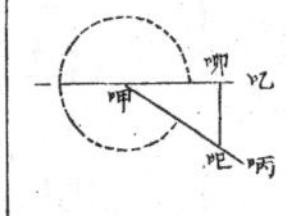

從 $\frac{二}{三周}$ 未增至二周之時則正弦正切正割漸損餘弦餘切餘割漸增又因吧唧爲負呷唧爲正故餘弦正割爲正而他數俱爲負及角滿二周則

$正弦二周=\frac{未}{〇}=〇$.

$餘弦二周=\frac{未}{未}=一$.

$正切二周=\frac{〇}{〇}=〇$.

$餘割二周=\infty$.

$正割二周=一$.

$餘切二周=\infty$.

從此得三例如左.

一例 無論何角之正弦餘弦恆不能大于一故其數可爲或正或負之小數除一之外不能有整數.

凡角從〇增至二周之時在 $\frac{四周}{}$ 與 $\frac{四}{三}$ 之間及 $\frac{四}{五}$ 與 $\frac{四}{七周}$ 之間正弦之數大于餘弦.

二例 祗有正切餘切之數從正號至無窮從負號至無窮其間之各數俱可通可作實數用之.

三例 正割餘割之數從正至負之間不可通不能作非小于一之分數用之.

第二十七款 用代數以解三角之題必常論大于幾倍周率之角度所以必設法以小于二分周率之角之比例數明其大于幾倍周率之角以下所論之事學者必嫌其太詳細太繁瑣然此事若不解明則以下所論之各角總不得通也.

比例數中其用最繁者爲正弦餘弦因凡大于周率之角必爲小于周率之角與周率之角相加而成或爲數倍其小于周率之角與周率之角相加而成故特先攷明周丄斗角之正弦餘弦其斗者卽小于周率之角也.

如下圖吃呷呐角以斗代之將呐呷線引長至吶其正號之角吃呷吶可用周丄斗代之則此二角必有相等之正弦一爲 $\frac{呷吧}{吧唧}$. 一爲 $\frac{呷吧}{吧唧}$. 惟因吧唧與吧唧有相反之方向故其數之正負必不同.

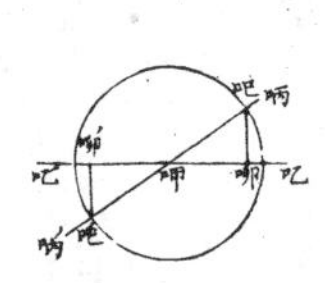

又以同理論兩角之餘弦 $\frac{呷吧}{呷唧}$ 與 $\frac{呷吧}{呷唧}$ 其數亦相等而號相反所以知

$正弦(周丄斗)=丅正弦斗$.

$餘弦(周丄斗)=丅餘弦斗$.

又如將斗與二周相加則呷呐半徑必歸到原方位而其

正弦餘弦之號再變而復其初所以

正弦(二周丄斗)＝正弦斗.

餘弦(二周丄斗)＝餘弦斗.

總之無論斗角之大小如何若與周率之角相加或與任奇倍周率之角相加則其作界之半徑必移至與原方向相反之處故其正弦餘弦之數雖不變而號之正負必變.

惟若將斗角與二倍周率之角相加或與任偶倍周率之角相加則其作界之半徑仍歸至原方位故其正弦餘弦大小正負俱不變.

所以任幾倍周率之角其正弦必爲〇.其餘弦或爲丄一或爲丅一.（正負之號因倍數之奇偶而異奇則爲負偶則爲正）卽

正弦卯周＝〇.

餘弦卯周＝(丅一)^卯.

從以上各事易知

正切(周丄斗)＝正切斗.

正切(二周丄斗)＝正切斗.

第二十八款　以上之式（謂前款及第二十三款二十四款之式也）無論其角大小正負俱合于理故得

正弦(周丅斗)＝正弦斗
餘弦(周丅斗)＝丅餘弦斗　㊀

正弦(周丄斗)＝丅正弦斗
餘弦(周丄斗)＝丅餘弦斗　㊁

正弦(二周丄斗)＝正弦斗
餘弦(二周丄斗)＝餘弦斗　㊂.

正弦(丅斗)＝丅正弦斗
餘弦(丅斗)＝餘弦斗　㊃.

其㊀式爲〇與周率間所有斗角同數之證如將其斗變爲周丄斗卽得

正弦(丅斗)＝正弦(周丄斗).

餘弦(丅斗)＝丅餘弦(周丄斗).

此兩式以㊁㊃兩式證之知其眞合于理如將其斗再以周率加之可至任何大.又如以丅斗代其斗可見其兩式仍合于理所以知無論何角此兩式必爲眞.

其㊁式明正號之角前已證其爲眞如以丅斗代㊁式中之斗則與㊀式同所以知負號之角其式亦爲眞.

觀㊃式易知其斗可以丅斗代之亦合于理又從設此各式之法可見斗之大小並無限量.

以㊂式明斗之各正數已知其理爲眞因任何角無論正負與二倍周率之角相加則其正弦餘弦俱不改變所以斗若爲任何負數其式亦爲眞.

從第十二款又得各式如左.

餘弦(三周⊥斗)＝正弦(丅斗)＝丅正弦斗。

餘切(三周⊥斗)＝正切(丅斗)＝丅正切斗。

餘割(三周⊥斗)＝正割(丅斗)＝丅正割斗。

第二十九款　學者若已明上數款之理，則易將任何大角之比例數，化之為正角以內之比例數。其化法必先將滿三百六十度者去之，則正弦餘弦正切皆不改變。若其角尚大于一百八十度者，則可以一百八十度減之，將其正弦餘弦之號反之，惟正切之號不變。若其角尚大于九十度，則必取其外角，而將其餘弦與正切之號反之，惟正弦之號不變。其他比例數之正負，可用正弦餘弦正切定之。

題．設有大于三百六十度之角，欲以正角以內之比例數明之。

卽如

正弦一〇二九°＝正弦三〇九°＝丅正弦一二九°＝丅正弦五一°。

餘弦一〇二九°＝餘弦三〇九°＝丅餘弦一二九°＝丅餘弦五一°。

又如

正切六七五°＝正切三一五°＝正切一三五°＝丅正切四五°。

又如

正弦(丅一〇二九°)＝正弦(丅三〇九°)＝丅正弦(丅一二九°)＝正弦五一°。

第三十款　惟因

正弦斗＝正弦(周丅斗)＝丅正弦(丅斗)＝丅正弦(周⊥斗)。

又因能將任何角與二周任幾倍之角相加減，而其比例數不變，所以

正弦斗＝正弦(二卯周⊥斗)＝正弦[(二卯⊥一)周丅斗]

＝丅正弦(二卯周丅斗)＝丅正弦[(二卯⊥一)周⊥斗]，

或但以

正弦斗＝正弦[卯周⊥(丅一)^卯斗]

明之亦同。

惟因

正切斗＝丅正切(周丅斗)＝丅正切(丅斗)

＝正切(周⊥斗)，

故

正切斗＝正切(二卯周⊥斗)

＝丅正切[(二卯⊥一)周丅斗]

＝丅正切(二卯周丅斗)

＝正切[(二卯⊥一)周⊥斗]，

或但以

正切斗＝正切(卯周⊥斗)

明之亦同。

又以同理得

餘弦斗＝餘弦(二卯周⊥斗)＝丅餘弦[(二卯⊥一)周⊥斗]

＝餘弦(二卯周丅斗)＝丅餘弦[(二卯⊥一)周丅斗]，

或但以

餘弦斗＝(丅一)^卯餘弦(卯周⊥斗)

明之亦同。

以上各式中其卯或爲○或爲任何正負之整數其斗
爲任何正負之角度
既有正弦餘弦正切之式則他比例數之式亦可從此
求得矣
論正弦餘弦各數所配之角
第三十一款　從上說可見凡有同用此比例數之角其
角可多至無窮茲設比例之數爲已知而求其相配之
一切角
求合于 正弦斗＝甲 式之各角
依第十四款之法作圖令 吃呷呐角＝角 其 正弦＝甲 又作 吃呷呐角＝周丅角 此角爲
吃呷呐之外角則其 正弦斗＝甲 只能以呷吃與
呷呐爲界之角或呷吃與呷呐爲界之
角明之

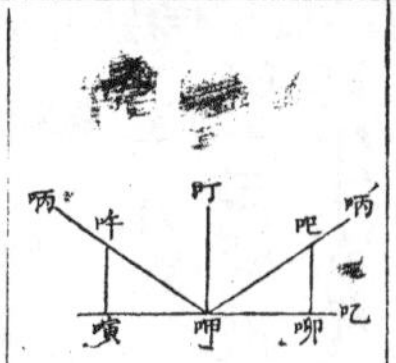

所以其正號之角或爲吃呷呐角或爲吃呷呐角或爲
吃呷呐與二周之任若干倍相加所成之角或爲吃呷呐
與二周之任若干倍相加所成之角即 二卯周丄角 二卯周丄(周丅角)

又其負號之角爲吃呷呐與吃呷呐依負號之理所成
之角或爲此二角與二周之任若干倍相加依負號之理
所成之角即 丅二卯周丅(二周丅角) 與 丅二卯周丅(周丄角) 或 丅二(卯丄一)周丄角 與 丅(二卯丄一)周丅角
以上正負兩幅角式可用一式賅之爲 卯周丄(丅一)卯角 以此式代其
角則 正弦角 不因此而變惟其 餘弦角 必爲 ┬餘弦角 其號因卯之奇偶
而異已見第二十九款
若以 正弦角 爲主而明其 餘弦角 則依第十六款之說必得兩箇
同大小之數而其正負相反
第三十二款
求合于 餘弦斗＝甲 式之各角

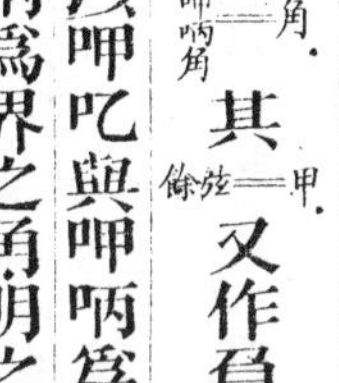

作 吃呷呐角＝角 其 餘弦＝甲 又作負角 吃呷呐＝吃呷呐 則其 餘弦斗＝甲 只
能以呷吃與呷呐爲界之角或呷吃與
呷呐爲界之角明之

所以其正號之角或為吃呷呐角或為吃呷呐角此為缺形之角或為吃呷呐與二周之任若干倍相加所成之角或為吃呷呐與二周之任若干倍相加所成之角卽二卯周丄角二卯周丄(二周丅角)又其負號之角為吃呷呐與吃呷呐依負號之理所成之角或為此二角與二周之任若干倍相加依負號之理所成之角卽丅二卯周丅(二周丅角)與丅二卯周丅角以上正負兩幅角式可用一式賅之為二卯周丄丅角其卯為任何整數言卯或正或負所以此式為斗角之公數或○俱通也

若將二卯周丄丅角代其角則餘弦角不因此而變惟正弦角＝丄丅正弦角已見第二十九款若以餘弦角為主而明其正弦角則依第十六款之說必得兩箇大小相等正負相反之數

第三十三款

求合于正切斗＝甲式之各角

依第十四款之理作圖令吃呷呐角＝角其正切＝甲而將呐呷引長之至呐則正切斗＝甲只能以呷吃與呷呐為界之角或呷吃與呷呐為界之角明之

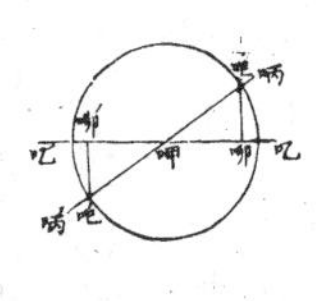

所以其正號之角或為吃呷呐角或為吃呷呐角或為吃呷呐與二周之任若干倍相加所成之角或為吃呷呐與二周之任若干倍相加所成之角卽二卯周丄角二卯周丄(周丄角)又其負號之角為吃呷呐與吃呷呐依負號之理所成之角或為此二角與二周之任若干倍相加依負號之理所成之角卽丅二卯周丅(二周丅角)與丅二卯周丅(周丅角)或丅二(卯丄一)周丄角與丅(二卯丄一)周丄角以上正負兩幅角式可用一式賅之為卯周丄角其卯為任何整數之或正或負者卽○亦在其內所以此式為斗之公數

又從第三十款之例得餘弦(二周丄角)＝丄丅餘弦角正弦(卯周丄角)＝丄丅正弦角其號依卯之奇

偶而異。

如以正切依第十九款之法明任何角之正弦餘弦則

必得兩箇相同之數因以 卯周|角 代其角則 正切角 之同數不變

而其 餘弦角 與 正弦角 各有兩數大小相同而正負相反之故

第三十四款　茲不必再論正割餘割餘切各數之角式

因 餘割斗＝$\frac{一}{正弦斗}$　正割斗＝$\frac{一}{餘弦斗}$　餘切斗＝$\frac{一}{正切斗}$　所以凡解 餘割斗＝甲　正割斗＝甲　餘切斗＝甲 之角式必與解

正弦斗＝甲　餘弦斗＝甲　正切斗＝甲 角式之理相通惟勿忘 正弦斗＝甲　餘弦斗＝甲 兩式中甲之同

數必在上一與丅一之間又勿忘 正切斗＝甲 其甲在上∞丅∞之間

此數款中所論之角式為與所設之比例數相配之最

小正號之角也所以其度數常在○與周率之間

惟正弦餘割之數若為負則所配最小之角必在周率

與 $\frac{三}{二}$周 之間

附款　前于第二十款中已言用正負二號以明方位之

相反此外更有一公號之式為 餘弦斗⊥√丅一正弦斗 此式能顯出任何線

之方位與軸線所成之斜度所以可用 甲(餘弦斗⊥√丅一正弦斗) 代一直線其

長為甲其與軸線所成之角為斗之大小及方位故余

于所著解明相等式之書中曾有證云若 角＝餘弦$\frac{二周}{卯}$⊥√丅一正弦$\frac{二周}{卯}$ 則自一

角角二以至角卯俱為 天卯丅一＝○ 式之根任循環多次其根之次第

必依其原次第　若于平圓內作卯箇半徑為甲甲甲

以至甲卯如各半徑所成之 $\frac{二周}{卯}$ 角彼此相等則各半徑

之方位必合于甲角甲角二以至甲角卯各數所以其各半徑

之大小及方位可用各數明之雖其正負之號各有不

同然其大小無不相同因角為其各根之一如令甲角代

其甲則因甲與甲其方位之相關如甲與甲方位相關

則必用(甲角)角即甲角二代其甲又依同理甲角三能代甲之大小及

方位其他仿此類推。所以各線甲甲…彼此之方位可以角角甲甲…明之則依原線（卽軸線）而論可用角甲角甲以至甲角卯丅一甲角卯各項明之。其甲角卯之式若令甲卯＝一必與原線甲相合。

所以其公式爲

甲角未＝甲（餘弦 卯/二未周 ⊥√丅一 正弦 卯/二未周）。

此式能明甲未半徑與原線相斜所成之角爲 卯/二未周。所以甲（餘弦斗⊥√丅一正弦斗）能明有長等于甲而與原線相斜成斗角之線之長短及方位。因恆能得未與卯爲整數而其 未/卯 或眞等于 斗/二周 或甚近于 斗/二周 所以甲未或眞合于與原線成斗角之線或甚近于與原線成斗角之線。

興化劉彝程校算
上海曹擷亭繪圖

三角數理卷二

英國海麻士輯

英國 傅蘭雅 口譯
金匱 華蘅芳 筆述

此卷論兩角或多角之各比例數

求任兩角和較所成之角之正弦餘弦

第三十五款 以兩角之正弦餘弦明和角之正弦餘弦

如圖，令吃呷呐角爲呷，令呐呷叮角爲吃，則 吃呷叮＝呷⊥吃。于呷叮線內任取吧點作吧咿與呷吃爲垂線，作吧吘與呷呐爲垂

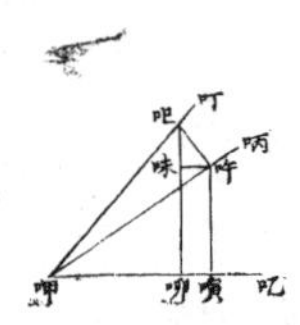

線，又作吘味吘嚷與呷吃一爲平行，一爲垂線，則味嚷爲矩形，而吘吧味角爲吧吘味之餘角，所以必等于味吘呷角，卽等于呷角。

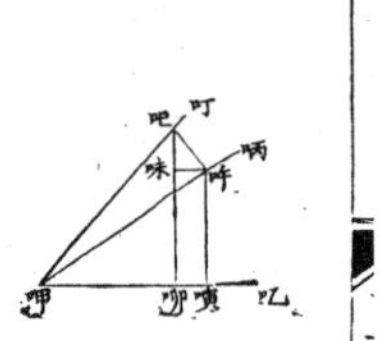

惟因 正弦（呷⊥吃）＝ 咿吧/呷吧 ＝ （嚷吘⊥味吧）/呷吧 ＝ 吘嚷/呷吧 ⊥ 味吧/呷吧 若將 吘嚷/呷吧 以原比例 吘嚷/呷吘 · 呷吘/呷吧 與 味吧/吘吧 · 吘吧/呷吧 代之，又其

$\frac{呷吧}{吧味}$ 亦以原比例代之則得

正弦(呷丄吃) = $\frac{呷吘}{吘嗔}$ × $\frac{呷吧}{呷吘}$ 丄 $\frac{吧吘}{吧味}$ × $\frac{呷吧}{吧吘}$ = 正弦呷餘弦吃丄餘弦呷正弦吃。

又因 餘弦(呷丄吃) = $\frac{呷吧}{呷咧}$ = $\frac{呷吧}{呷嗔丅嗔咧}$ = $\frac{呷吧}{呷嗔}$ 丅 $\frac{呷吧}{吘味}$。各以原比例代之即得

餘弦(呷丄吃) = $\frac{呷吘}{呷嗔}$ × $\frac{呷吧}{呷吘}$ 丅 $\frac{吧吘}{吘味}$ × $\frac{呷吧}{吧吘}$ = 餘弦呷餘弦吃丅正弦呷正弦吃。

第三十六款　以兩角之正弦餘弦明較角之正弦餘弦

如圖，令吃呷哂角爲呷，令哂呷吖角爲吃，則 吖呷吃 = 呷丅吃。于呷吖線內任取吧點，作吧咧爲呷吃之垂線，作吧吘爲呷哂之垂線，又作吘嗔吧味爲呷吃之垂線及平行線，則味咧爲矩形，而吧吘味角爲呷吘嗔之餘角，所以必等于吘呷嗔角，即等于呷角。

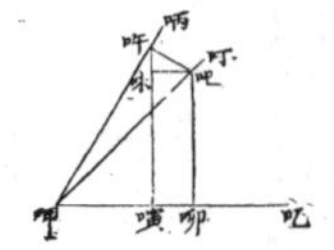

惟因 正弦(呷丅吃) = $\frac{呷吧}{吧咧}$ = $\frac{呷吧}{吘嗔丅吘味}$ = $\frac{呷吧}{吘嗔}$ 丅 $\frac{呷吧}{吘味}$

若將其兩項分數各以原比例代之則得

正弦(呷丅吃) = $\frac{呷吘}{吘嗔}$ × $\frac{呷吧}{呷吘}$ 丅 $\frac{吘吧}{吘味}$ × $\frac{呷吧}{吘吧}$ = 正弦呷餘弦吃丅餘弦呷正弦吃。

又因 餘弦(呷丅吃) = $\frac{呷吧}{呷咧}$ = $\frac{呷吧}{呷嗔丄嗔咧}$ = $\frac{呷吧}{呷嗔}$ 丄 $\frac{呷吧}{吧味}$。若將其兩項分數亦各以原比例代之則得

餘弦(呷丅吃) = $\frac{呷吘}{呷嗔}$ × $\frac{呷吧}{呷吘}$ 丄 $\frac{吧吘}{吧味}$ × $\frac{呷吧}{吧吘}$ = 餘弦呷餘弦吃丄正弦呷正弦吃。

第三十七款　觀前兩款之圖，似呷吃必爲正號之角，而呷丄吃必小于正角，又在呷丅吃之式中，其呷角必大于吃角，方可通。然亦可改之，使合于相反之理，惟因角之和較變態甚多，用圖明之，不足以盡其變，不如但用以下四式爲便。

正弦(呷丄吃) = 正弦呷餘弦吃丄餘弦呷正弦吃　㈠

餘弦(呷丄吃) = 餘弦呷餘弦吃丅正弦呷正弦吃　㈡

正弦(呷丅吃) = 正弦呷餘弦呷丅餘弦呷正弦吃　㈢

餘弦(呷丅吃) = 餘弦呷餘弦吃丄正弦呷正弦吃　㈣

此四式無論角之大小正負無

不可通。

一其㊂㊃兩式呷必大于吃，若呷不大于吃，則有法可通之。因呷小于吃，則㊂㊃兩式俱合于吃丅呷之用，所以可改之為

正弦(呷丅吃)=丅正弦(吃丅呷)=丅正弦吃餘弦呷丄餘弦吃正弦呷，

餘弦(呷丅吃)=丄餘弦(吃丅呷)=餘弦吃餘弦呷丄正弦吃正弦呷，

從此得正弦(呷丅吃)與餘弦(呷丅吃)，則無論呷之大小于吃，

其式必同。所以上四式中，如呷與吃俱為正號之角，而呷吃角小于九十度，或兩角俱在。度與四十五度之間者，其四式必為真。

二其㊂㊃兩式俱能從㊀㊁兩式得之，祇須將其吃改為丅吃耳。

所以可見。度與負四十五度間之角，㊀㊁兩式能合于吃為負號之用。茲欲證其㊀㊁兩式亦合于呷在。度與負四十五度間之各負號，亦必為真。

假如其呐角為小于四十五度之角，而令呷=丅呐，則從此可見

正弦(呷丄吃)=正弦(丅呐丄吃)=丅正弦(呐丅吃)，

餘弦(呷丄吃)=餘弦(丅呐丄吃)=餘弦(呐丅吃)。

惟因呐與吃俱在㊂㊃兩式所證之限內，又因

正弦呐=丅正弦呷，

餘弦呐=餘弦呷，

所以得

正弦(呷丄吃)=丅(正弦呐餘弦吃丅餘弦呐正弦吃)

=正弦呷餘弦吃丄餘弦呷正弦吃，

餘弦(呷丄吃)=餘弦呐餘弦吃丄正弦呐正弦吃

=餘弦呷餘弦吃丅正弦呷正弦吃，

即與㊀㊁兩式相同。

三欲證㊀㊁兩式內，其呷吃兩角正負之限可推廣之，如令呷=九〇丄呐，其呐為丅四五與丄四五間之角，依第十二款之法取其餘角，即得

正弦(呷丄吃)=正弦(九〇丄呐丄吃)=餘弦(丅呐丅吃)=餘弦(呐丄吃)，

餘弦(呷丄吃)=餘弦(九〇丄呐丄吃)=正弦(丅呐丅吃)=丅正弦(吃丄呐)。

惟因

正弦呷=餘弦(丅呐)=餘弦呐，

餘弦呷=正弦(丅呐)=丅正弦呐，

又吃呐兩角必在其限

內所以得
正弦(呷⊥吃)＝餘弦丙餘弦吃⊤正弦丙正弦吃
＝正弦呷餘弦吃⊥餘弦呷正弦吃
餘弦(呷⊥吃)＝⊤正弦丙餘弦吃⊤餘弦丙正弦吃
＝餘弦呷餘弦吃⊤正弦呷正弦吃
則㊀㊁兩式俱合于呷爲正號之角其限可至一百三十五度若再以同法推之其限可至任若干大
又因前已證呷爲小于四十五度之正號之角其㊀㊁兩式必爲眞則各負數亦必爲眞依此法可證呷角正號之限非不能小于四十五度
㊀㊁兩式既合于呷爲任何正號之角又合于呷爲任何負角之用又可用同法證其吃角亦如是則呷吃二角之限可任意推廣之又因㊀㊁兩式既可如此則其㊂㊃兩式亦然

第三十八款

求任倍之角之正弦餘弦

若于前款正弦(呷⊥吃)與餘弦(呷⊥吃)之式內令呷＝吃則得
正弦二呷＝二正弦呷餘弦呷　㊀
餘弦二呷＝餘弦²呷⊤正弦²呷　㊁
從此兩式可推得任幾倍之角之正弦餘弦

若于㊀式中以√一⊤正弦²呷代其餘弦呷以√一⊤餘弦²呷代其正弦呷則得
正弦二呷＝二正弦呷√一⊤正弦²呷
正弦二呷＝二餘弦呷√一⊤餘弦²呷
由此知正弦二呷若以正弦呷或餘弦呷明之每式必有兩箇同數因其平方根之故也
又如于㊁式中以一⊤正弦²呷代其餘弦²呷以一⊤餘弦²呷代其正弦²呷可得其餘弦之式
餘弦二呷＝一⊤二正弦²呷
餘弦二呷＝二餘弦²呷⊤一
則其餘弦二呷以正弦呷或餘弦呷明之亦有兩箇同數

第三十九款

若于前所有之正弦(呷⊥吃)與餘弦(呷⊥吃)兩式中令吃＝二呷即得
正弦三呷＝正弦呷餘弦二呷⊥餘弦呷正弦二呷
餘弦三呷＝餘弦呷餘弦二呷⊤正弦呷正弦二呷
若將

其正弦二呷與餘弦二呷.以前款所得之同數代之又依正弦²呷丄餘弦²呷＝一之式化之.

則可得

正弦三呷＝正弦呷(一丅二正弦²呷)丄餘弦呷二正弦呷餘弦呷

＝正弦呷(一丅二正弦²呷)丄二正弦呷(一丅正弦²呷)

＝三正弦呷丅四正弦³呷.

餘弦三呷＝餘弦呷(二餘弦²呷丅一)丅正弦呷二正弦呷餘弦呷

＝餘弦呷(二餘弦²呷丅一)丅二餘弦呷(一丅餘弦²呷)

＝四餘弦³呷丅三餘弦呷.

依此法可求得四呷五呷以

至任若干倍之呷之正弦餘弦式另有乘角之公式在他卷中詳論之.

其正弦寅呷若以正弦呷明之則視寅數之奇偶而異每式必有兩數其餘弦寅呷若以餘弦呷明之祇有一數其故可解之如下.

因凡有正弦之角其公數爲卯周丄(丅一)^卯角.若將其正弦寅呷以正弦呷明之則其所得之數因寅數之爲奇爲偶而異寅若爲偶則必

爲

正弦寅[卯周丄(丅一)^卯角]＝餘弦寅卯周正弦(丅一)^卯寅角

＝丄丅正弦寅角.

寅若爲奇則必爲

(丅一)^卯(丅一)^卯正弦寅角＝正弦寅角.

此因任幾倍周率之角其正弦必爲〇.而餘弦則爲丄丅一之故.

又依同理知餘弦寅呷若以餘弦呷明之則爲

餘弦寅(二卯周丄丅角)＝

餘弦二寅卯周餘弦(丄丅寅角)

＝餘弦寅角

求任幾分之角之正弦餘弦

第四十款　若將第三十八款(一)(二)兩式中之呷變之爲$\frac{呷}{三}$.則其式變爲

二正弦$\frac{呷}{三}$餘弦$\frac{呷}{三}$＝正弦呷.

餘弦²$\frac{呷}{三}$丅正弦²$\frac{呷}{三}$＝餘弦呷.

而

餘弦²$\frac{呷}{三}$丄正弦²$\frac{呷}{三}$＝一.

第四十一款

若其餘弦呷爲已知之數則已有本角之餘弦而求其半角

之正弦餘弦法將前款之末兩式相加減而求其平方之根得

$$正弦\frac{呷}{二}=\sqrt{\frac{一\top餘弦呷}{二}}\qquad 餘弦\frac{呷}{二}=\sqrt{\frac{一\bot餘弦呷}{二}}$$

因此兩箇根式有±之號故其所求之數 $正弦\frac{呷}{二}$ 與 $餘弦\frac{呷}{二}$ 必各有大小相同正負相反之兩數此因根號內之呷可用 $二卯周\pm角$ 代之（此即第三十二款所謂能有此餘弦之角之公數也）則其相等式之前項亦可用此式同法代之所以又能用

$$正弦\left(卯周\pm\frac{角}{二}\right)\qquad 餘弦\left(卯周\pm\frac{角}{二}\right)$$

兩式以賅之其卯爲任何整數

惟以上兩式依第二十九款之例其卯若爲偶數必同于

$$正弦\left(\pm\frac{角}{二}\right)=\pm正弦\frac{角}{二}\qquad 餘弦\left(\pm\frac{角}{二}\right)=餘弦\frac{角}{二}$$

卯若爲奇數則同于

$$\top正弦\left(\pm\frac{角}{二}\right)=\top\pm正弦\frac{角}{二}\qquad \top餘弦\left(\pm\frac{角}{二}\right)=\top餘弦\frac{角}{二}$$

由此可見若 $正弦\frac{呷}{二}$ 與 $餘弦\frac{呷}{二}$ 從 餘弦角 而定之必有兩數大小相等正負相反然此兩數之外不能再有他數

第四十二款

若其 正弦呷 爲已知之數則已有本角之正弦而求其半角之正弦餘弦可用 $二正弦\frac{呷}{二}餘弦\frac{呷}{二}=正弦呷$ 及 $餘弦^{二}\frac{呷}{二}\bot正弦^{二}\frac{呷}{二}=一$ 兩式相加減而求其平方之根得

$$\left\{\begin{array}{l}餘弦\frac{呷}{二}\bot正弦\frac{呷}{二}=\sqrt{一\bot正弦呷}\\ 餘弦\frac{呷}{二}\top正弦\frac{呷}{二}=\sqrt{一\top正弦呷}\end{array}\right.\quad(一)$$

從此易得

$$正弦\frac{呷}{二}=\frac{\sqrt{一\bot正弦呷}\top\sqrt{一\top正弦呷}}{二}$$

$$餘弦\frac{呷}{二}=\frac{\sqrt{一\bot正弦呷}\bot\sqrt{一\top正弦呷}}{二}$$

此兩式中之呷若爲小于九十度之角則 $餘弦\frac{呷}{二}$ 大于 $正弦\frac{呷}{二}$ 而兩者俱爲正所以但取其正號之根

因 $正弦\frac{呷}{二}$ 與 $餘弦\frac{呷}{二}$ 之式中各有兩箇根式則必有四箇同數其所以能有四箇同數者因其式必應包括凡有 正弦＝正弦呷 之角之半角之正弦餘弦即必包括凡有 $\frac{卯周\bot(\top一)^{卯}角}{二}$ 之各角（其卯爲任何整數）

三十一款 數詳見第 或包括 三卯周三角 與 三(卯一)周三(周角) 兩箇角式視卯之奇偶而異.

所以依卯之奇偶取其角之正弦得 正弦$\frac{二}{呷}$ 爲 餘弦$\frac{二}{卯周}$正弦$\frac{二}{角}$ 與 餘弦$\frac{二}{(卯一)周}$正弦$\frac{二}{周角}$

即 $\perp$正弦$\frac{二}{角}$ 與 $\perp$正弦$\frac{二}{周角}$. 其偶倍二周之角正弦爲○.餘弦爲$\perp$一.

又依同理視卯數之奇偶而取其角之餘弦則可得其 餘弦$\frac{二}{呷}$ 爲 餘弦$\frac{二}{卯周}$餘弦$\frac{二}{角}$ 與 餘弦$\frac{二}{(卯一)周}$餘弦$\frac{二}{周角}$ 即 $\perp$餘弦$\frac{二}{角}$ 與 $\perp$餘弦$\frac{二}{周角}$.

從以上各式可見其 正弦$\frac{二}{呷}$ 與 餘弦$\frac{二}{呷}$. 若從 正弦呷 求之必有四數兩兩相等而其號相反惟此四數之外不能再有他數.

若其角爲正角則 $\frac{二}{周角}$ 與 $\frac{二}{角}$ 皆爲半箇正角而四數變爲兩數.

第四十二款

若已知 正弦呷 之數爲甲則依前款之式求其 正弦$\frac{二}{呷}$ 必有四箇同數然其能合于 正弦呷＝甲 之各角內若有特設之角其半角之正弦餘弦只能有一數者必用法查出此爲甲所特設之角其半角之正弦餘弦大小正負如何則能定以下兩式.

餘弦$\frac{二}{呷}$ $\perp$ 正弦$\frac{二}{呷}$ ＝ $\top\!\!\!\perp\sqrt{一\perp正弦呷}$.

餘弦$\frac{二}{呷}$ $\top$ 正弦$\frac{二}{呷}$ ＝ $\top\!\!\!\perp\sqrt{一\top正弦呷}$.

此兩式右邊之根號應用之正負須視呷角之大小而定之.

呷角若小于九十度則上下兩式之根俱爲正.

呷角若在九十度與一百八十度之間則 餘弦$\frac{二}{呷}$ 與 正弦$\frac{二}{呷}$ 俱爲正而其正弦爲大所以上式之根當爲正下式之根當爲負.

呷角在一百八十度與二百七十度之間亦上式之根爲正下式之根爲負因其 餘弦$\frac{二}{呷}$ 雖爲負而其數小于 正弦$\frac{二}{呷}$ 之正數故也.

呷角在二百七十度與三百六十度之間則$\text{正弦}\frac{\text{呷}}{3}$爲正，$\text{餘弦}\frac{\text{呷}}{3}$爲負，而其負數爲大，所以上下兩式之根皆當爲負。

第四十四款　茲欲將本角之正弦餘弦明其三分本角之角之正弦餘弦。

法將第三十九款之式變其呷爲$\frac{\text{呷}}{3}$，卽得

$$\text{正弦呷}=3\,\text{正弦}\frac{\text{呷}}{3}-4\,\text{正弦}^{3}\frac{\text{呷}}{3}$$

$$\text{餘弦呷}=4\,\text{餘弦}^{3}\frac{\text{呷}}{3}-3\,\text{餘弦}\frac{\text{呷}}{3}$$

設有餘弦呷爲已知之數，欲求其$\text{餘弦}\frac{\text{呷}}{3}$，則令$\text{餘弦呷}=\text{甲}$，$\text{餘弦}\frac{\text{呷}}{3}=\text{人}$，而得

$$\text{人}^{3}-\frac{3}{4}\text{人}-\frac{1}{4}\text{甲}=0$$

解其立方式卽得$\text{餘弦}\frac{\text{呷}}{3}$之同數。

有一法能徑證其$\text{餘弦}\frac{\text{呷}}{3}$，若從$\text{餘弦呷}=\text{甲}$而定之，必有三箇實數，惟三數以外不能再有他數，因凡合于$\text{餘弦呷}=\text{甲}$之式，其能有甲之角不出乎$\text{呷}=2\,\text{卯周}\pm\text{角}$式之中，則前式之根必在$\text{人}=\text{餘弦}\frac{2\,\text{卯周}\pm\text{角}}{3}$式中。人之同數內惟其卯必爲$3\,\text{寅}$、$3\,\text{寅}\pm 1$兩式之一，所以

$$\text{人}=\text{餘弦}\left(2\,\text{寅周}\pm\frac{\text{角}}{3}\right)=\text{餘弦}\frac{\text{角}}{3}$$

$$\text{人}=\text{餘弦}\left(2\,\text{寅周}\pm\frac{2\,\text{周}}{3}\pm\frac{\text{角}}{3}\right)=\text{餘弦}\frac{2\,\text{周}\pm\text{角}}{3}$$

由此知只能有三箇實數而不能多，惟$\text{角}=\text{周}$方可。

求切線之各式

第四十五款　有兩角之正切，求其和角較角之正切。

因和角之正弦餘弦與正切相關之式爲

$$\text{正切}(\text{呷}\pm\text{吃})=\frac{\text{正弦}(\text{呷}\pm\text{吃})}{\text{餘弦}(\text{呷}\pm\text{吃})}$$

若將其$\text{正弦}(\text{呷}\pm\text{吃})$與$\text{餘弦}(\text{呷}\pm\text{吃})$各以同數代之（見第三十五款），得

$$\text{正切}(\text{呷}\pm\text{吃})=\frac{\text{正弦呷餘弦吃}\pm\text{餘弦呷正弦吃}}{\text{餘弦呷餘弦吃}\mp\text{正弦呷正弦吃}}$$

如欲令此式中

但有呷吃二角之正切可用 餘弦呷餘弦吃 約之得

$$\text{正切}(\text{呷}\perp\text{吃})=\frac{一\top\frac{\text{餘弦呷}}{\text{正弦呷}}\times\frac{\text{餘弦吃}}{\text{正弦吃}}}{\frac{\text{餘弦呷}}{\text{正弦呷}}\perp\frac{\text{餘弦吃}}{\text{正弦吃}}}=\frac{一\top\text{正切呷正切吃}}{\text{正切呷}\perp\text{正切吃}}$$

又以同法得較角之正切爲

$$\text{正切}(\text{呷}\top\text{吃})=\frac{一\perp\text{正切呷正切吃}}{\text{正切呷}\top\text{正切吃}}$$

第四十六款

如于前款之式中令 $\text{吃}=\text{呷}$ 則得

$$\text{正切二呷}=\frac{一\top\text{正切}^{二}\text{呷}}{\text{二正切呷}}$$

爲倍角正切之式。

如于前款之式中令 $\text{吃}=\text{二呷}$ 則得

$$\text{正切三呷}=\frac{一\top\text{正切呷正切二呷}}{\text{正切呷}\perp\text{正切二呷}}$$

其 正切二呷 若以同數代之

即得 正切三呷 以 正切呷 爲主而明之之式。正切四呷 以下可仿此類推。

第四十七款

呷若爲四十五度之角則 $\text{正切呷}=一$ 所以

$$\text{正切}(四五^{\circ}\perp\text{吃})=\frac{一\top\text{正切吃}}{一\perp\text{正切吃}}$$

$$\text{正切}(四五^{\circ}\top\text{吃})=\frac{一\perp\text{正切吃}}{一\top\text{正切吃}}$$

第四十八款

如欲以 正切呷 爲主而求 $\text{正切}\frac{二}{\text{呷}}$ 則可將 正切二呷 式中之呷變爲 $\frac{二}{\text{呷}}$ 即得

$$\frac{一\top\text{正切}^{二}\frac{二}{\text{呷}}}{\text{二正切}\frac{二}{\text{呷}}}=\text{正切呷}$$

此式與二次式

$$\text{正切}^{二}\frac{二}{\text{呷}}\perp\frac{\text{正切呷}}{二}\text{正切}\frac{二}{\text{呷}}\top一=〇$$

相同故可得

$$\text{正切}\frac{二}{\text{呷}}=\frac{\text{正切呷}}{一}\left(\top一\pm\sqrt{一\perp\text{正切}^{二}\text{呷}}\right)$$

由此知 $\text{正切}\frac{二}{\text{呷}}$ 若從 正切呷 求之祇有兩箇同數其不能有多于兩數之故可與正弦一例證之因必明 $\text{正切}\frac{二}{(\text{卯周}\perp\text{呷})}$ 之數其卯爲

任何整數其正切二角與丅餘切二角俱依卯之奇偶而異此與下款之說合。

第四十九款

有時遇正切二呷能爲下三式

正切二呷＝√（⊥餘弦呷／丅餘弦呷）

正切二呷＝⊥餘弦呷／正弦呷

正切二呷＝正弦呷／丅餘弦呷

此三式從已知之式易變得之。卽如從第四十款及四十一款之式可得

正切二呷＝餘弦二呷／正弦二呷＝√（⊥餘弦呷／丅餘弦呷）

正切二呷＝二餘弦二呷／二正弦二呷餘弦二呷＝⊥餘弦呷／正弦呷

正切二呷＝二正弦二呷餘弦二呷／二正弦二呷＝正弦呷／丅餘弦呷

從此末兩式易得

餘切二呷＝餘割呷⊥餘切呷

正切二呷＝餘割呷丅餘切呷

第五十款

卽如第三十五三十六兩款中有和角較角之正弦餘弦式能變爲多式以便于推算天文之用其要如下

便用之變式

將兩式相加減得

二正弦呷餘弦吃＝正弦（呷⊥吃）⊥正弦（呷丅吃）　（一）

二餘弦呷正弦吃＝正弦（呷⊥吃）丅正弦（呷丅吃）　（二）

二餘弦呷餘弦吃＝餘弦（呷丅吃）⊥餘弦（呷⊥吃）　（三）

二正弦呷正弦吃＝餘弦（呷丅吃）丅餘弦（呷⊥吃）　（四）

從此各式能得兩角之正弦與餘弦相乘之積或兩正弦或兩餘弦相乘之積亦能得和角較角之正弦餘弦相和相較之式。

第五十一款

若于前款之式中以（卯丅一）吃代其呷卽可變得數式爲任何倍角之正弦餘弦能以倍數更小之角之正弦餘弦明之卽如從（一）（二）兩式得

正弦卯吃＝二正弦（卯丅一）吃餘弦吃丅正弦（卯丅二）吃

餘弦卯吃＝二餘弦（卯丅一）吃餘弦吃丅餘弦（卯丅二）吃

是也。

第五十二款

又如從 $\text{呷}=\tfrac{1}{2}(\text{呷}\perp\text{吃})\perp\tfrac{1}{2}(\text{呷}\top\text{吃})$、$\text{吃}=\tfrac{1}{2}(\text{呷}\perp\text{吃})\top\tfrac{1}{2}(\text{呷}\top\text{吃})$ 兩式將其右邊之數之正弦餘弦從第三十五三十六兩款推廣之以加減兩法得

$$\text{正弦呷}\perp\text{正弦吃}=\text{二正弦}\tfrac{1}{2}(\text{呷}\perp\text{吃})\text{餘弦}\tfrac{1}{2}(\text{呷}\top\text{吃})$$ ㈠.

$$\text{正弦呷}\top\text{正弦吃}=\text{二餘弦}\tfrac{1}{2}(\text{呷}\perp\text{吃})\text{正弦}\tfrac{1}{2}(\text{呷}\top\text{吃})$$ ㈡.

$$\text{餘弦呷}\perp\text{餘弦吃}=\text{二餘弦}\tfrac{1}{2}(\text{呷}\perp\text{吃})\text{餘弦}\tfrac{1}{2}(\text{呷}\top\text{吃})$$ ㈢.

$$\text{餘弦吃}\top\text{餘弦呷}=\text{二正弦}\tfrac{1}{2}(\text{呷}\perp\text{吃})\text{正弦}\tfrac{1}{2}(\text{呷}\top\text{吃})$$ ㈣.

此四式之用最廣因其能將任何兩角之正弦或任何兩角之餘弦相和相較之數變爲相乘之數故對數中尤便于用

第五十三款

若將前款之四式以約法變之又以約法及 $\frac{\text{餘弦呷}}{\text{正弦呷}}=\text{正切呷}=\frac{\text{餘切呷}}{一}$ 之理變之即得

$$\frac{\text{正弦呷}\top\text{正弦吃}}{\text{正弦呷}\perp\text{正弦吃}}=\frac{\text{餘弦}\tfrac{1}{2}(\text{呷}\perp\text{吃})\text{正弦}\tfrac{1}{2}(\text{呷}\top\text{吃})}{\text{正弦}\tfrac{1}{2}(\text{呷}\perp\text{吃})\text{餘弦}\tfrac{1}{2}(\text{呷}\top\text{吃})}=\frac{\text{正切}\tfrac{1}{2}(\text{呷}\top\text{吃})}{\text{正切}\tfrac{1}{2}(\text{呷}\perp\text{吃})}$$ ㈠.

$$\frac{\text{餘弦呷}\perp\text{餘弦吃}}{\text{正弦呷}\pm\text{正弦吃}}=\text{正切}\tfrac{1}{2}(\text{呷}\pm\text{吃})$$ ㈡

$$\frac{\text{餘弦吃}\top\text{餘弦呷}}{\text{正弦呷}\pm\text{正弦吃}}=\text{餘切}\tfrac{1}{2}(\text{呷}\mp\text{吃})$$ ㈢.

$$\frac{\text{餘弦呷}\perp\text{餘弦吃}}{\text{餘弦吃}\top\text{餘弦呷}}=\text{正切}\tfrac{1}{2}(\text{呷}\perp\text{吃})\text{正切}\tfrac{1}{2}(\text{呷}\top\text{吃})$$ ㈣.

此四式之用亦甚廣其㈠式之理尤奇若以言語明之即爲任兩角正弦之和與正弦之較之比若半和角之正切與半較角正切之比

第五十四款

有時遇三角比例之變式難窮其源則必證之其證法惟將式之左右兩邊各以一法變之而已

如有式 $\text{正弦}(\text{呷}\perp\text{吃})\text{正弦}(\text{呷}\top\text{吃})=\text{正弦呷}\top\text{正弦吃}$. 欲證其合理否則可將 $\text{正弦}(\text{呷}\perp\text{吃})$ 與 $\text{正弦}(\text{呷}\top\text{吃})$. 各以同數代

之則得 $\text{正弦}(甲\perp乙)\,\text{正弦}(甲\top乙)=\text{正弦}^{二}甲\,\text{餘弦}^{二}乙\top\text{餘弦}^{二}甲\,\text{正弦}^{二}乙$ 再將 $一\top\text{正弦}^{二}甲$ 與 $一\top\text{正弦}^{二}乙$ 代其 $\text{餘弦}^{二}甲$ 與 $\text{餘弦}^{二}乙$ 而變之即得所求

之證或變其

$$\text{正弦}^{二}甲\top\text{正弦}乙=$$

$$\frac{二}{一}(一\top\text{餘弦}\,二甲)\top\frac{二}{一}(一\top\text{餘弦}\,二乙)$$

$$=\frac{二}{一}(\text{餘弦}\,二乙\top\text{餘弦}\,二甲)=$$

$$\frac{二}{一}[二\,\text{正弦}(甲\perp乙)\,\text{正弦}(甲\top乙)]$$

亦可

第五十五款

若有

$$\text{餘弦}甲=\frac{一\perp\text{正切}^{二}\frac{二}{甲}}{一\top\text{正切}^{二}\frac{二}{甲}}$$

$$\text{正弦}甲=\frac{一\perp\text{正切}^{二}\frac{二}{甲}}{二\,\text{正切}\frac{二}{甲}}$$

兩式而欲證之則可將 $\text{正切}^{二}\frac{二}{甲}$ 以同數 $\frac{\text{餘弦}^{二}\frac{二}{甲}}{\text{正弦}^{二}\frac{二}{甲}}$ 代之則式之右邊變爲 $\frac{\text{餘弦}^{二}\frac{二}{甲}\perp\text{正弦}^{二}\frac{二}{甲}}{\text{餘弦}^{二}\frac{二}{甲}\top\text{正弦}^{二}\frac{二}{甲}}$ 與 $\frac{\text{餘弦}^{二}\frac{二}{甲}\perp\text{正弦}^{二}\frac{二}{甲}}{二\,\text{正弦}\frac{二}{甲}\,\text{餘弦}\frac{二}{甲}}$ 依第四十款之法化之得 $\text{餘弦}甲$ 與 $\text{正弦}甲$ 爲相等之證

第五十六款

茲設三角比例數之各種變式如下學者可將各式變化之以習證法

$$\text{餘切}甲\top\text{正切}甲=二\,\text{餘切}\,二甲$$

$$\text{正切}甲\perp\text{餘切}甲=二\,\text{餘割}\,二甲$$

$$\text{正切}甲\perp\text{正割}甲=\text{正切}\left(四五\perp\frac{二}{甲}\right)$$

$$\text{正切}(四五\perp甲)\top\text{正切}(四五\top甲)=二\,\text{正切}\,二甲$$

$$\text{餘弦}甲=\frac{一\perp\text{正切}甲\,\text{正切}\frac{二}{甲}}{一}$$

$$\text{餘弦}(甲\perp乙)\,\text{餘弦}(甲\top乙)=\text{餘弦}^{二}甲\top\text{正弦}^{二}乙$$

$$\text{餘切}乙\perp\text{正切}甲=\frac{\text{餘弦}甲\,\text{正弦}乙}{\text{餘弦}(甲\top乙)}$$

$$\text{正切}甲\perp\text{正切}乙=\frac{\text{餘弦}甲\,\text{餘弦}乙}{\text{正弦}(甲\perp乙)}$$

$$\text{正切}(甲\perp乙)\top\text{正切}甲=\frac{\text{餘弦}(甲\perp乙)\,\text{餘弦}甲}{\text{正弦}乙}$$

又設 $甲\perp乙\perp丙=一八〇^{\circ}$ 則

$$\text{正弦}甲\perp\text{正弦}乙\perp\text{正弦}丙=四\,\text{餘弦}\frac{二}{甲}\,\text{餘弦}\frac{二}{乙}\,\text{餘弦}\frac{二}{丙}$$

㈠

$$\text{餘弦}甲\perp\text{餘弦}乙\perp\text{餘弦}丙=四\,\text{正弦}\frac{二}{甲}\,\text{正弦}\frac{二}{乙}\,\text{正弦}\frac{二}{丙}\perp一$$

㈡

$$\text{正切}甲\perp\text{正切}乙\perp\text{正切}丙=\text{正切}甲\,\text{正切}乙\,\text{正切}丙$$

㈢

$$\text{餘切}甲\perp\text{餘切}乙\perp\text{餘切}丙=\text{餘切}甲\,\text{餘切}乙\,\text{餘切}丙\perp\text{餘割}甲\,\text{餘割}乙\,\text{餘割}丙$$

㈣

從㈢式可見有法能取

三數分三數之和與其連乘之積相等

第五十七款　以上兩款所設之各式皆從呷吃與呷吃之正弦餘弦式變化而成故皆可作公式用之

學者讀畢此卷應先觀第六卷明其對數之理然後再讀第三卷則易解矣

興化劉彝程校算

上海曹擷亭繪圖

三角數理卷三

英國海麻士輯

英國　傅蘭雅　口譯

金匱　華蘅芳　筆述

此卷論造三角比例表之法三角比例表即八線表也

求象限內每十秒之正弦餘弦

第五十八款　用比例數以代其角須無論何角皆有其比例之數則可從比例數以知其角亦可從角以知其比例數若臨用之時每角必推其比例之數未免太繁故有人將各角之比例數與角度之數並列爲表則彼此相求易于檢閱而得

造表之法從○度起以至九十度其角以十秒遞增每角推算其正弦餘弦之數

學者勿以爲每十秒列一數爲太詳近時天文家所推之角若差至秒下之小分數已爲極大之差矣

茲先證以下所設之題皆論各角之眞弧度與正弦餘弦相配之數

第五十九款　凡在○度與正角間之各角其弧背必大于正弦而小于正切

如圖吃呷丙與吃呷丙爲相等之兩角皆小于九十度其眞弧度爲斗從呷丙線之丙點作丙吃丙吃兩線爲

呷乞呷乞之垂線作乞乞線與呷呴相交于㖒以呷為心呷乞為半徑作平圓弧與呷呴相交于吁則易知其弧必至乞其乞吁乞弧必長于乞乞直線

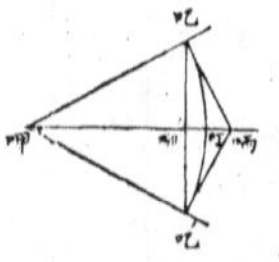

所以乞吁大于乞㖒而$\frac{呷乞}{乞吁}$大于$\frac{呷乞}{乞㖒}$故斗大于正弦斗如以為有彎線內容一彎線則內形之界線必小于外形之界線則乞吁乞弧必小于乞呴上乞呴所以乞吁小于乞呴而$\frac{呷乞}{乞吁}$小于$\frac{呷乞}{乞呴}$即斗小于正切斗

第六十款

設斗角之眞弧度漸變小至〇則其$\frac{斗}{正弦斗}$與$\frac{斗}{正切斗}$必漸近于一而其限為一

此因斗在正弦斗與正切斗之間則$\frac{正弦斗}{斗}$比$\frac{正弦斗}{正切斗}$及$\frac{餘弦斗}{一}$更近于一及斗變至甚小則$\frac{餘弦斗}{一}$之限為一所以斗變至為〇之時其$\frac{正弦斗}{斗}$之限亦必為一

又因$\frac{斗}{正切斗}=\frac{斗}{正弦斗}\times\frac{餘弦斗}{一}$所以斗若為〇則$\frac{斗}{正切斗}$之限亦為一

第六十一款 依前款之例知斗之眞弧度若在〇與正角之間則

$$正弦斗>斗丅\frac{四}{斗^{三}}$$

惟因

$$正弦斗=二正弦\frac{二}{斗}餘弦\frac{二}{斗}=二正切\frac{二}{斗}餘弦^{二}\frac{二}{斗}$$

故

$$正弦斗>二\times\frac{二}{斗}\left(一丅正弦^{二}\frac{二}{斗}\right)$$

而

$$\frac{二}{斗}<正切\frac{二}{斗}$$

$$正弦斗>斗\left(一丅\frac{四}{斗^{二}}\right)$$

$$\frac{二}{斗}>正弦\frac{二}{斗}$$

此各式為以下推算略數之差有大用者也

第六十二款 求十秒之角之正弦餘弦

令斗為十秒角之眞弧度則因一百八十度角之眞弧為周率三·一四一五九二六五三五而常度與眞弧度兩數恆有比例所以

$$\frac{周}{斗}=\frac{一八〇\times六〇\times六〇}{一〇}=\frac{六四八〇〇}{一}$$

而

$$斗=\frac{六四八〇〇}{周}$$

惟因

$$正弦一〃>斗丅\frac{四}{斗^{三}}$$

$$正弦一〃<斗$$

故可將斗之同數如法求之即得正弦餘弦在十二位小數以內不見其差茲錄其算法如下

斗＝.〇〇〇〇四八四八一三六八一一〇

因 正弦一〇″〉斗－斗三/四

況 正弦一〇″〉斗－斗四/二（.〇〇〇〇五）三

即 正弦一〇″〉.〇〇〇〇四八四八一三六八一一〇 丅〇〇〇〇〇〇〇〇〇〇〇 〇〇〇三二

即 正弦一〇″〉.〇〇〇〇四八四八一三六八〇七八

而 正弦一〇″〈斗

爲 正弦一〇″〈.〇〇〇〇四八四八一三六八一一〇

所以知 正弦一〇″ 其十二位之眞數爲

正弦一〇″＝.〇〇〇〇四八四八一三六八

將此數代入 餘弦一〇″＝√（一丅正弦二一〇″） 之式中得

餘弦一〇″＝九九九九九九九九八八二四八

觀以上之算草知 正弦一〇″＝斗＝六四八〇〇/周 在十二位小數以內不能有差

其求 餘弦一〇″ 之法將 正弦一〇″ 之同數代入 餘弦一〇″＝√（一丅正弦二一〇″） 之式故亦不得有差

所以斗若爲卯秒之角之眞弧度則斗與卯在 斗＝卯正弦″ 之式

中幾與眞數無異 若令辛爲一秒之眞弧度則 斗＝卯辛 惟

因 辛＝正弦″ 之十二位小數不能有差所以 斗＝卯正弦″ 之差更可不見

第六十三款 從上款之法已能得十秒之正弦餘弦則

以同理從〇度至九十度之間所有遞增十秒之各角

倶能推得其正弦餘弦

即如用 呷＝卯乂一〇″ 吃＝一〇″ 于 正弦（呷丄吃）＝二正弦呷餘弦吃丅正弦（呷丅吃） 式之中即得

正弦（卯丄一）一〇″＝二正弦卯一〇″餘弦一〇″丅正弦（卯丅一）一〇″

惟因 二餘弦一〇″ 與二之較

爲 .〇〇〇〇〇〇〇〇〇二三五〇四

其數甚小故可以子代之而以 二丅子 代 二餘弦一〇″ 化得

正弦（卯丄一）一〇″＝正弦卯一〇″丄正弦卯一〇″丅正弦（卯丅一）一〇″丅子正弦卯一〇″

所以若令卯遞代一二三……則 正弦二〇″ 正弦三〇″ …… 能次第從每增

大十秒之角 （卯丄一）一〇″ 與前角 卯一〇″ 之較得之其法不過求前角

卯一〇″ 與後角 （卯丅一）一〇″ 兩正弦之較加之而已其兩正弦之較數

可從〔子正弦卯一〇〃〕推算而得所以凡欲求每增十秒之角之正弦祇須將前十秒之角之正弦以子乘之卽可用減法得之惟其〔正弦一〇〃　餘弦一〇〃〕所用之位數必比表中所用之位數多數倍否則所作之正弦表每推一數必增其差至後其差必入于所用之位數以內

第六十四款　從〇度至六十度每歷十秒之正弦已用前款之法推得之後其從六十度至九十度每歷十秒之正弦不必再用前法推算可用下式以得之

〔正弦(六〇〃⊥呷)⊥正弦(六〇〃丅呷)＝二餘弦六〇〃正弦呷＝正弦呷〕

此因〔餘弦六〇〃＝二分之一〕則〔正弦(六〇〃⊥呷)＝正弦呷⊥正弦(六〇〃丅呷)〕其呷可遞代連增十秒之數一〇〃　二〇〃　……

第六十五款　已推得〇度至九十度間遞增十秒之角之各正弦則餘弦之數不必另推

惟因〔正弦一〇〃〕卽同于〔餘弦八九五九五〇〃〕則〔正弦二〇〃〕卽同于〔餘弦八九五九四〇〃〕其他仿此類推

所以既有正弦之全表卽可爲餘弦全表之用

第六十六款　有正弦餘弦則易求其正切正割

求正切之法將本角之正弦以本角之餘弦約之卽得本角之正切

求正割之法以本角之餘弦約半徑一卽得本角之正割

既得正切正割之全表卽可作餘切餘割全表之用此與正弦表可作餘弦表之用同理

各角之正切若推至四十五度則從四十五度至九十度間各角之正切可從第五十六款之式推之

卽如用〔正切(四五〇⊥呷)＝正切(四五〇丅呷)⊥二正切二呷〕式以呷遞代一〇〃　二〇〃　……　又如用〔餘割呷＝二分之一(正切呷/二⊥餘切呷/二)〕式以〔九〇丅呷〕代其呷卽得〔正割呷＝二分之一[正切(四五〇⊥呷/二)⊥餘切(四五〇⊥呷/二)]〕故已有正切餘切之全表祇須用加

法卽可得正割餘割之全表.

第六十七款　若其角之度分以下秒數非適爲十之倍數則檢遞增十秒之表不能得其正弦餘弦之確數惟亦有一法可從表中相近之數而求得其確數其立法之意因角之正弦餘弦……所增減之數與角之增大數略有比例其推算之法于對數內詳論之因對數之正弦餘弦比眞數之正弦餘弦更便于用故此處且不論

第六十八款　表中所列之各數僅至四十五度而止因大于四十五度之角其正弦正切正割之數可用小于四十五度之角之餘弦餘切餘割代之故也.

卽如六十度九分四十秒之正弦可用二十九度五十分二十秒之餘弦代之是也.

依此法則表之卷帙可省而其四十五度以外之各數不必費力推算.

卽如觀表中二十九度至三十度之各篇其上端書二十九度左行有次第向下之各分數下端書六十度右行有次第自下而上之各分數其各行之數上書正弦正切正割者下書餘弦餘切餘割.　所以凡小于四十五度之角可于每篇之上端檢其度而在左行檢其分秒.　凡大于四十五度之角可于每篇之下端檢其度

而在右行檢其分秒.

第六十九款　凡角之正弦餘弦俱小于一故小角之正弦與略小于九十度角之餘弦俱爲甚小之數.　若欲以小數命之則從其定位之點以至其初有數之位其間之多位俱爲○.　因表中欲免多位○數之繁故將各數以一萬乘之則其定位之點移右四位.

卽如觀表中二十九度之一篇其正弦之數有四位在點之前因已移上四位故也.

若欲將表中任何角之正弦餘弦之數變爲眞數而用之必將其定位之點移左四位.

卽如表中正弦一′之數爲二·九○八八八二實則爲○○○二九○八八八二也.

徑求數角之正弦餘弦法

第七十款　造表本爲繁而易誤之事所用之小數雖有多位若尾位之數微差尚于得數不甚相關惟推之多次則其差漸進至所用之位數中則末次求得之數其差必更大.

欲免此弊須于初推算時所用十秒正弦之數位數宜多然所用之位數雖多而所推得末數位之數仍不能無疑故必設法以攷其造表之時得有差誤否.

因有數箇角，其正弦餘弦易徑求得極密之數，則將所得之數以校表中之數，卽可知表中之數有若干位可信其無差。

最便之法，莫如將〇度至九十度間遞增九度之各角，徑求其正弦餘弦之多位數，以作全表之骨。

第七十一款 如欲徑求十八度之正弦，則可令呷爲十八度，惟因 正弦三六＝餘弦(九〇－三六)＝餘弦五四 故 正弦二呷＝餘弦三呷 卽 二正弦呷餘弦呷＝餘弦三呷－... 以 餘弦呷 約之，則

爲 四正弦²呷＋二正弦呷－一＝〇 解此二次式得 正弦呷＝(－一±√五)/四 因十八度爲正，故得 正弦一八＝餘弦七二＝¼(√五－一)

第七十二款 從上款所得 正弦一八 之數，又得 餘弦²一八＝一－正弦²一八＝一－(六－二√五)/一六 卽 餘弦一八＝正弦七二＝¼√(一〇＋二√五) 又 餘弦三六＝一－二正弦²一八＝一－(六－二√五)/八 卽 餘弦三六＝正弦五四＝¼(√五＋一)

正弦三六＝餘弦五四＝√(一－餘弦²三六)＝¼√(一〇－二√五)

從 正弦五四 之數，可知如將第七十一款 正弦呷 之數變爲負號，卽得 正弦(－五四) 則易見 正弦二呷＝餘弦三呷 之式可用 呷＝－五四 與 呷＝一八 兩數解之。

第七十三款 若將第四十二款所有 正弦½呷 與 餘弦½呷 依 正弦呷 爲主而明之之式，以 正弦一八 與 正弦五四 代入，卽得

正弦九＝¼{√(三＋√五)－√(五－√五)}

餘弦九＝¼{√(三＋√五)＋√(五－√五)}

正弦二七＝¼{√(五＋√五)－√(三－√五)}

餘弦二七＝¼{√(五＋√五)＋√(三－√五)}

再以 正弦四五＝√二/二 代入，卽其得〇、九、一八、二七、三六、四五各角之正弦餘弦，卽爲從〇度至九十度每增九度之角之正弦餘弦。

因所得之各式俱爲甚簡之式只有平方根號在其內故可將小數求至多位而爲正弦餘弦最密之數表中之數若有差必易校正矣

第七十四款　前款中十八度正弦與五十四度餘弦其式最簡若用此兩式變得各式則爲校表最易之法

先從加減二法得

正弦(三六°丄呷)丅正弦(三六°丅呷)＝二餘弦三六°正弦呷＝二/(一丄√五)正弦呷

正弦(七二°丄呷)丅正弦(七二°丅呷)＝二餘弦七二°正弦呷＝二/(丅一丄√五)正弦呷

又以減法變得

正弦呷丄正弦(七二°丄呷)丅正弦(七二°丅呷)＝正弦(三六°丄呷)丅正弦(三六°丅呷)

又因

餘弦(三六°丄呷)丄餘弦(三六°丅呷)＝二餘弦三六°餘弦呷＝二/(一丄√五)餘弦呷

餘弦(七二°丄呷)丄餘弦(七二°丅呷)＝二餘弦七二°餘弦呷＝二/(丅一丄√五)餘弦呷

減而變之得

餘弦呷丄餘弦(七二°丄呷)丄餘弦(七二°丅呷)＝餘弦(三六°丄呷)丄餘弦(三六°丅呷)

如于此式中令呷爲任何

數即得數角之正弦餘弦和較相等數若表中有此各角之正弦餘弦數不誤則能左右相等

造對數之正弦餘弦表法

第七十五款　推算之時用對數比例自比用眞數更便所難者因各角正弦餘弦之數及四十五度以內正切之數俱小于一則其對數必爲負

因欲免對數三角比例表中用負數之繁故于各數皆加以十而列爲表

所以凡用對數之時其代數式中有正弦/餘弦……者皆指表中已加十之對數而言故恆用丗字誌之

若用眞數作相等之式則不能徑用表中之對數入算必先將其對正弦呷/對餘弦呷……變之爲(丗正弦呷一○)/(丗餘弦呷一○)……始可通

第七十六款

凡推算之時有用對正弦/對餘弦……表者不外乎下兩事

一爲有任何角而從表求其對正弦/對餘弦……　二爲有對正弦/對餘弦……而從表求其相配之角

所設之角，無論若干度分，若其秒數爲十秒之倍數者，其對正弦/對餘弦……可徑從表中檢得之。若其秒數非爲十秒之幾倍者，則必用中比例推之。

用中比例之法，與尋常求對數之事相同，必以任兩角之對正弦……之較，與其兩角之較爲有比例，雖其相比之法未能眞合于理，然可爲略有比例而合于用。

第七十七款　茲設數題，以明求表中無所之對正弦/對餘弦等法。

一題　求六度三十二分三十七秒八之正弦對數。

檢表得略大小于本題之數爲

對正弦六°三二′三〇″＝九·〇五六六二一八 ㊀

對正弦六°三二′四〇″＝九·〇五六八〇五四 ㊁

此二數之較爲一八三六，其六爲小數之第七位。令天爲㊀式當加之數，則與對正弦六°三二′三七″八有比例。

一〇：七·八∷一八三六：天

所以

天＝一八三六×七·八＝一八三六×七＋一八三六×·八＝一二八五二＋一四六八八＝一四三二·八

而

對正弦六°三二′三七″八＝九·〇五六六二一八＋·〇〇〇一四三二〇八＝九·〇五六七六五〇

其算草爲

對正弦六°三二′三〇″＝九·〇五六六二一八

一〇″較（一八三六）

七″（一八三·六×七）＝一二八五二

〇″八（一八·三六×八）＝一四六八八

∴對正弦六°三二′三七″八＝九·〇五六七六五〇

由此可見凡十秒間之零數，可從表中取十秒之較數而比例得之。

二題　求八十三度二十七分二十二秒二之對餘弦。

其算草如

對餘弦八三°二七′三〇″＝九·〇五六六二一八

一〇″較（一八三六）

－七″＝一二八五二

－〇″八＝一四六八八

∴對餘弦八三°二七′二二″二＝九·〇五六七六五〇

此因所設之角愈大，則前後兩餘弦之對數其差亦愈大，故必從表中取其大于本角之數，將其十秒之較數比例得應減之數，而與其餘弦之對數相減，以得所求之數也。

凡求對餘切/對餘割亦當如此求之，

三題 求八度十三分五十二秒七六之對正切，

其算草之式為，

對正切八°一三′五二″ ＝九一六〇三〇八三

一〇″較（一四八六）

二″ ＝ 二九七二

〇″.七 ＝ 一〇四〇二

〇″.〇六 ＝ 八九一六

∴對正切八°一三′五二″.七六 ＝九一六〇三四九三.

第七十八款

四題 求八十一度四十六分七秒二四之對餘切，

其算草之式為，

對餘切八一°四六′一〇″ ＝九一六〇三〇八三

一〇″較（一四八六）

−二″ ＝ 二九七二

−〇″.七 ＝ 一〇四〇二

−〇″.〇六 ＝ 八九一

∴對餘切八一°四六′七″.二四 ＝九一六〇三四九三.

茲設已有對正弦/對餘弦……而求其角之題如下，

一題 設有對正弦＝九〇五六七六五〇，欲求其角若干大，

檢表得略小之數為對正弦六°三二′三〇″＝九〇五六六二一八，此數與所設之數其較為一四三二，

表中所記對正弦六°三二′三〇″與對正弦六°三二′四〇″十秒之較為一八三六，若以卯為必加于六°三二′三〇″之數則有比例卯∶一〇∷一四三二∶一八三六，所以卯＝一八三六/一四三二〇＝七|一八三六/一四六八＝七.八，則求得之角為六度三十二分三十七秒八，

其算草之式如

對正弦呷＝九〇五六七六五〇

九〇五六六二一八（一〇較一八三六）八三三三〇

一四三二

一三八五二　七

一四六八

一四六八八　〇八

∴呷＝八三二三七八

二題　設有對餘弦＝九〇五六七六五〇求其角若干大

其算草之式爲

對餘弦呷＝九〇五六七六五〇

九〇五六八〇五四（一〇較一八三六）八三二七二〇

四〇四

三六七二　二

三六八

三六七二　〇二

∴呷＝八三二七二二二

三題　設有對正切＝九一六〇三四九三求其角若干大

其算草之式爲

對正切呷＝九一六〇三四九三

九一六〇三〇八三（一〇較一四八六）八一三五〇

四一〇

二九七二　二

一一二八

一〇四〇二　〇七

八七八

八九一六　〇〇六

∴呷＝八一三五二七六

四題　設有對餘切＝九一六〇三四九三求其角若干大

其算草之式爲

對餘切呷＝九一六〇三四九三

九一六〇四五六九（一〇較一四八六）八二四六〇

一〇七六

一〇四〇二　七

三五八

二九七二　〇二

六〇八

五九四四　〇〇四

∴呷＝八一四六七二四

已知其角而求表中所無之對數或已知其比例線之對數而求表中所無之角學者可用以下各數習之

呷＝五九°三七′四二″一八

吃＝五九°三七′四〇″

呾正弦		呾餘弦	
呷	九九三五八九二一	呷	九七〇三八一三〇
吃	九九三五八八九四	吃	九七〇三八二〇四
呐一〇″較	一二四	呐一〇″較	三五九

呾正切		呾餘切	
呷	一〇·二三三〇七九五	呷	九七六七九二〇五
吃	一〇·二三二〇六九〇	吃	九七六七九三一〇
呐一〇″較	四八三	呐一〇″較	四八三

第七十九款　茲欲攷明不能用以上各法求之之題

從第四十九第五十六兩款得

正弦(斗丄辛)丅正弦斗＝正弦斗餘弦辛丄餘弦斗正弦辛丅正弦斗

＝餘弦斗正弦辛丅正弦斗(丅餘弦辛)

＝餘弦斗正弦辛(丅正切斗正切辛/二)　㈠

餘弦(斗丅辛)丅餘弦斗＝正弦斗正弦辛丅餘弦斗(丅餘弦辛)

＝正弦斗正弦辛(丅餘切斗正切辛/二)　㈡

正切(斗丄辛)丅正切斗＝(餘弦(斗丄辛)餘弦斗)/(正弦辛)＝(餘弦斗餘弦辛(丅正切斗正切辛))/(正弦辛)

＝(一丅正切斗正切辛)/(正割斗正切辛)　㈢

惟辛若為略近于十秒小角之眞弧度則依前所證之十二位小數其正弦辛與正切辛俱無異于辛而辛之同數比.〇〇〇〇五更小所以㈠㈢兩式中之正切斗與㈡式中之餘切斗若非極大之數則㈠式內之正切斗正切辛/二㈡式內之餘切斗正切辛/二㈢式內之正切斗正切辛皆可棄之不用而其所得之各數已能合于表內之用

第八十款

所以得

正弦(斗丄辛)丅正弦斗＝辛餘弦斗

餘弦(斗丅辛)丅餘弦斗＝辛正弦斗

正切(斗丄辛)丅正切斗＝辛正割²斗

又以同理得

正割(斗丄辛)丅正割斗＝辛正切斗正割斗

餘切(斗丅辛)丅餘切斗＝辛餘割²斗

餘割(斗丅辛)丅餘割斗＝辛餘切斗餘割斗

若用己(斗)代正弦斗餘弦斗……之任一數即得

己(斗丄辛)丅己(斗)＝己′辛　㈣

其或當用丄或

當用丁必依已(斗)所代之某比例線其辛當爲正當爲負以定之其吧之同數全從斗所生而與辛無相關則可知比例數之變大變小與角之變大變小略有均勻之步惟其角之變數卽辛不可過大言必爲甚小之數也又不可有法外之題若正弦正切不近于九十度餘弦餘切不近于○度或一百八十度則中比例之法無不合

第八十一款

設子爲一°之眞弧度則 已(斗+子)ㄒ已(斗)=吧子 惟因 已(斗+子)ㄒ已(斗) 能徑從每十秒之表中檢得之卽表中較數行內之數也令吋代其數又令斗角之度分秒……爲呷令辛之秒數爲卯則 子吋=一°卯 吧=子辛 以此代入(四)式卽得 已(呷+卯)=已(呷)+卯吋 所以呷若爲表內之任何角而欲求呷+卯之正弦餘弦……者可將呷正弦呷餘弦……以應加之數加之其應加之數與十秒較數之比若卯與十之比

第八十二款 從上款之式能解繁難之題

從 卯=$\frac{吋}{一°}$[已(呷+卯)ㄒ已(呷)] 式可見若欲求一角合于所設之數已(呷+卯)而此數在表中之兩數已(呷)與已(呷+一°)之間必將呷增若干秒始合于所求之數其應增之秒數與十之比必如所設之數大于已(呷)之數與表中十秒較數之比

第八十三款 又以同法可推對正弦對餘弦……之數

若令危爲常對之根則從 已(斗+辛)=已(斗)+吧辛 得

對已(斗+辛)=對已(斗)+對[1+$\frac{已(斗)}{吧辛}$]

=對已(斗)+$\frac{已(斗)}{危吧辛}$……(五)

爲略數觀卷第六二十八款所以 對已(斗+子)=對已(斗)+$\frac{已(斗)}{危吧子}$ 惟因 對已(斗+子)ㄒ對已(斗) 爲表中之較數此數若以房代

之卽爲 巳(斗)/危吧 = 子/房 故以此代入㊄式而將其斗與辛以度分與秒之數代之又令 子/辛 = 一〇/卯 卽得

對巳(呷+卯) = 對巳(呷) + 一〇/卯 房

及

卯 = 房/一〇 [對巳(呷+卯) − 對巳(呷)]

此解第七十七款七十八款之法也.

若專求對正弦,則其推算之法如下.

第八十四款

凡正切之對數與餘切之對數其十秒之較數可以公用之.

惟因

正弦(斗+辛) = 正弦斗 + 餘弦斗辛

故

對正弦(斗+辛) = 對正弦斗 + 對(一+餘切斗辛)

卽

對正弦(斗+辛) − 對正弦斗 = 危餘切斗辛

若令

辛 = 子

則

房 = 危餘切斗子

卽

危餘切斗 = 子/房

所以

對正弦(呷+卯) − 對正弦呷 = 子/房 辛 = 一〇/卯 房

惟因

正切呷 = 一/餘切呷

故

對正切呷 = −對餘切呷

對正切(呷+卯) = −對餘切(呷+卯)

而

對正切(呷+卯) − 對正切呷 = −[對餘切(呷+卯) − 對餘切呷]

所以表中較數之行列在對正切與對餘切兩行之間,而爲對正切之恆增數,對餘切之恆減數,與角之十秒長數相配.又能以同法證表內凡相對之正弦餘弦兩對數亦有此性情.

第八十五款

從 正弦(斗+辛) − 正弦斗 之式可知斗若畧近于正角則上式與 對正弦(斗+辛) − 對正弦斗 之同數俱爲甚小所以知 餘弦(斗−辛) − 餘弦斗 之式與 對餘弦(斗−辛) − 對餘弦斗 之式若斗之同數近于○或近于兩象限則兩式之同數亦爲甚小惟 對正弦呷 與 對餘弦呷

之角在表中兩數之間所能求得確數者全籍表中之較數房所以凡所求之角若近于○度或略近于兩正角之和者不可用餘弦以定之若所求之角略近于正角者不可用正弦以定之因角在近此數處其挨次而下之對數所差無幾若其表祗有七位小數則不能檢表而得角之眞數也

卽如小于二度半之角其角若增一秒則餘弦對數之第七位小數尚不改變也

又如大于八十七度半之角其角若增一秒則正弦對數之第七位小數亦不改變

所以若有 $\text{正弦}呷=甲$ 與 $\text{餘弦}呷=甲$ 等類之式其甲略等于一而欲求其呷角者可換下兩式求之

$$\text{正弦}\left(四五^{\circ}-\frac{呷}{二}\right)=\sqrt{\frac{一-\text{餘弦}(九〇^{\circ}-呷)}{二}}=\sqrt{\frac{一-\text{正弦}呷}{二}}=\sqrt{\frac{一-甲}{二}}$$

$$\text{正弦}\frac{呷}{二}=\sqrt{\frac{一-\text{餘弦}呷}{二}}=\sqrt{\frac{一-甲}{二}}$$

此兩式可無前所言之弊

第八十六款　呷角若小于四十五度者可將其與 $\text{餘弦}呷$ 有比例之角用已知之式變之使與 $\text{正弦}呷$ 有比例則得數可以更密

其呷角若大于四十五度者可將其與 $\text{正弦}呷$ 有比例之角變之使與 $\text{餘弦}呷$ 有比例則得數亦更密

所以凡小于四十五度之角以正弦定之可比以餘弦定之者更密

凡大于四十五度之角以餘弦定之可比以正弦定之者更密

第八十七款

從 $\text{正切}(斗+辛)-\text{正切}斗$ 之相等式可見斗若近于正角則其同數必甚大而不與辛同比例而增則其分母中之 $\text{正切}斗$ 與 $\text{正切}辛$ 不能不計矣

所以凡求近于正角之角不可用正切定之因如此大之角表中挨次而下之正切不均勻不能用尋常之例以為正切之長數與角之長數略可相比也

卽如檢表得

咀正切八九°五八′＝一一三·二三五二四三八

較三七七八八六

咀正切八九°五八′一○″＝一一三·二七三○三二四

較四一三九二七

咀正切八九°五八′二○″＝一一三·三一四四二五一

可見其較數已大不相等矣。

所以若從 正切呷＝甲 式欲求其呷角而甲爲大數呷略近于九十度者則必改用下式求之

正切(呷丅四五°)＝(正切呷丄一)/(正切呷丅一)＝(甲丄一)/(甲丅一)。

則所定之角爲呷丅四五° 卽與四十五度之角略相近因角在此處其對正切之長數與角之長數略可比例也。

第八十八款

若以辛爲甚小之數則其 正弦辛＝辛， 正切(辛/二)＝(一/二)辛。 從第七十九款之式

正弦斗/正弦(斗丄辛)＝一丄(辛餘切斗丅二/三辛)。 所以 對(正弦斗/正弦(斗丄辛))＝危(辛餘切斗丅二/三辛丅二/三辛餘切斗)。 卽 對正弦(斗丄辛)丅對正弦斗＝危辛餘切斗丅二/三危辛餘割斗。 此式中之斗若爲甚小之角則 餘割斗 爲甚大之數如欲不計其第二項則必辛爲極小方可。所以最精之表其初五度之各對數必每增一秒卽列其數不如此則不能從對數而定一甚小之角亦不能從甚小之角檢得其對數因表中對數之長數與角之長數究竟非眞有比例之故。

若其角近于九十度則 對餘弦 亦與前同理。

又從 對正切斗＝對正弦斗丅對餘弦斗 可見 對正切斗 之弊亦與 對正弦斗 對餘弦斗 正切斗 之弊同。

總之其角之大小近于以下所列之各數者皆不能用中比例之法求其表中所無之數。

	左	右
正弦		$\frac{一}{二}$周
餘弦		○
正切	$\frac{一}{二}$周	
餘切	○	
正割	$\frac{一}{二}$周	
餘割	○	
對正弦	○	$\frac{一}{二}$周
對餘弦	$\frac{一}{二}$周	○
對正切	○.$\frac{一}{二}$周	
對餘切	○.$\frac{一}{二}$周	
對正割	$\frac{一}{二}$周	○
對餘割	○	$\frac{一}{二}$周

此表內左行之角因長數不平勻故不能用中比例右行之角因長數甚小故不能用中比例

興化劉彝程算校
上海曹擷亭繪圖

三角數理卷四

英國海麻士輯　英國傅蘭雅口譯
金匱華蘅芳筆述

此卷論平三角形之各種解法

三角形邊角相關之理

以代數之式明三角形之邊與角恆用呷吒呁代其角而用甲乙丙代其對角之各邊若直三角形則恆以呁代正角而丙代其弦　茲先論直線所成之三角形爲各理之根本

第八十九款

凡直三角形對銳角之邊等于弦與本角正弦相乘之數銳角所倚之邊等于弦與本角餘弦相乘之數

如圖呷吒呁爲直三角形其呁爲正角呷爲銳角之一其又一銳角爲吒甲爲其所對之邊乙爲其所倚之邊丙邊爲弦

惟因 正弦呷$=\frac{甲}{丙}$ 餘弦呷$=\frac{乙}{丙}$ 所以 甲$=$丙正弦呷 乙$=$丙餘弦呷

凡直三角形銳角所對之邊等于對他銳角之邊卽所倚之邊也與本角正切相乘之數銳角所倚之邊等于本角

餘切與對邊相乘之數.

惟因 $正切呷=\frac{乙}{甲}$. $餘切呷=\frac{甲}{乙}$. 所以 $甲=乙正切呷$. $乙=甲餘切呷$.

第九十款 凡三角形各角正弦相比如其對邊相比.

如圖呷吃哂爲任何三角形呷吃爲其任兩角因呷吃二角內至少必有一角爲鋭則令其吃角恆爲鋭乃從哂點作哂叮線與吃呷爲垂線或與吃呷引長之線爲垂線因呷角之或爲鋭或爲鈍而異.

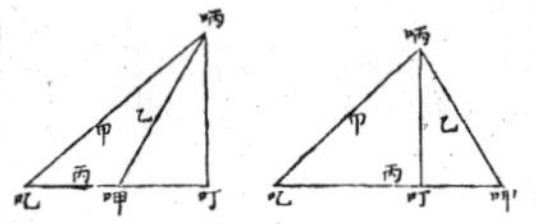

垂線若在三角形之內則從其分得之兩箇直三角形呷哂叮與吃哂叮得 $哂叮=乙正弦呷$. $哂叮=甲正弦吃$. 所以 $乙正弦呷=甲正弦吃$. 則 $\frac{正弦吃}{正弦呷}=\frac{乙}{甲}$.

垂線若在三角形之外因哂呷叮爲哂呷吃之外角則從其補出之直三角形呷哂叮得 $哂叮=乙正弦哂呷叮$ $=乙正弦哂呷吃$ $=乙正弦呷$. 又從其補成之吃哂叮直三角形得 $哂叮=甲正弦吃$. 所以鈍角形亦能得 $乙正弦呷=甲正弦吃$. 則 $\frac{正弦吃}{正弦呷}=\frac{乙}{甲}$. 若 $呷=九〇^{\circ}$ 則依理當得 $正弦吃=\frac{甲}{乙}$.

第九十一款 凡三角形任取其兩邊以本邊與其借第三邊所成之角之餘弦相乘而并之必等于第三邊.

如圖呷吃哂爲任何三角形呷哂與吃哂爲其任兩邊此兩邊中至少必有一邊對鋭角如恆令呷哂邊所對之角爲鋭則從哂點作哂叮線與吃呷爲垂線或與吃呷引長之線爲垂線因吃哂邊所對之呷角或爲鋭或爲鈍而異.

垂線若在三角形之內則從其分得之兩箇直三角形呷哂叮與吃哂叮得 $呷叮=乙餘弦呷$. $吃叮=甲餘弦吃$. 惟因 $呷吃=吃叮+呷叮$. 所以 $丙=甲餘弦吃+乙餘弦呷$.

垂線若在三角形之外因哂呷叮爲哂呷吃之外角則從其補出之呷哂叮直三角形得 $呷叮=乙餘弦哂呷叮$ $=-乙餘弦哂呷吃$ $=-乙餘弦呷$. 又從其

補成之吃哂叮直三角形得 $吃叮=甲餘弦吃$ 惟因 $吃呷=吃叮\perp呷叮$ 所以 $丙=甲餘弦吃\perp乙餘弦呷$

若 $呷=九〇$ 則依理當得 $丙=甲餘弦吃$

第九十二款 凡三角形任取一邊爲本邊其所對之角爲本角則本邊之平方恆等于餘兩邊平方之和數內減去本角餘弦與餘兩邊連乘積兩倍之數

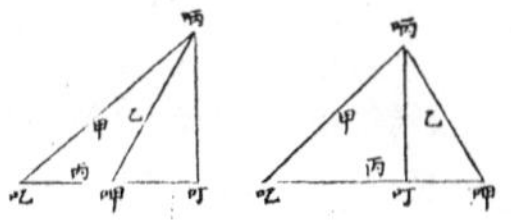

如圖呷吃哂爲任何三角形因其呷吃兩角至少必有一爲銳角令其銳角爲吃從哂點作哂叮線與吃呷或吃呷引長之線爲垂線因呷角之爲銳爲鈍故其垂線或在三角形之內或在三角形之外

若呷角爲銳則依幾何原本十二卷第十三題得 $吃哂^{二}=呷哂^{二}\perp呷吃^{二}\top二呷吃\times呷叮$ 卽 $甲^{二}=乙^{二}\perp丙^{二}\top二丙\times呷叮$ 又從

呷叮哂直三角形得 $呷叮=乙餘弦呷$ 所以 $甲^{二}=乙^{二}\perp丙^{二}\top二乙丙餘弦呷$

若呷爲鈍角則依幾何原本十二卷第十二題得 $吃哂^{二}=呷哂^{二}\perp呷吃^{二}\perp二呷吃\times呷叮$ 卽 $甲^{二}=乙^{二}\perp丙^{二}\perp二丙\times呷叮$ 又從

哂呷叮直三角形得 $呷叮=乙餘弦哂呷叮$ $=\top乙餘弦哂呷吃$ $=\top乙餘弦呷$ 此因哂呷叮爲哂呷吃外角之故也

所以亦得 $甲^{二}=乙^{二}\perp丙^{二}\top二乙丙餘弦呷$

若 $呷=九〇$ 則依理當得 $甲^{二}=乙^{二}\perp丙^{二}$

第九十三款 上款之式若不藉幾何原本之例亦易從以上之第九十款及九十一款之式得之

因已知 $丙=甲餘弦吃\perp乙餘弦呷$ $〇=甲正弦吃\top乙正弦呷$ 若以此兩式之平方相加卽可從第十

六款之例得 丙＝甲⊥乙⊤二甲乙（餘弦呷餘弦吃⊤正弦呷正弦吃）。惟因 呷⊥吃⊥呁＝一八○。則 餘弦呷餘弦吃⊤正弦呷正弦吃＝餘弦（呷⊥吃）＝⊤餘弦呁。所以 丙＝甲⊥乙⊤二甲乙餘弦呁。

然則無論呁角之為銳為鈍，必得 餘弦呁＝$\frac{二甲乙}{甲⊥乙⊤丙}$ 所以有例如下。

凡三角形，任取一角為本角，則夾本角之邊兩平方之和，以對本角之邊之平方減之，又以夾本角之兩邊相乘積之二倍約之，必得本角之餘弦。所得之呁角餘弦，其數恆在一與負一之間。若呁角為○，則 甲＝乙⊥丙 而 餘弦呁＝一，其餘弦之數為最大。若 丙＝甲⊥乙 則 餘弦呁＝⊤一，其餘弦為負數之最大。

第九十四款　前于第一卷中已言凡平三角形必有六事，若其已知之三事中非三者俱為角，而其數為能成三角形之數，則其餘三事即可求得。

茲且論所知之三事，非俱為角，而其數為不能成三角形之數，其有三種。

一為所知之兩角，其和大于一百八十度，則不能成三角形。

二為所知之三邊中有一邊不小于他兩邊之和者，亦不能成三角形。

三為有兩邊，又有其兩邊內任一邊所對之角，而此角之正弦與角旁之邊相乘大于其所對之邊者，亦不能成三角形。

以上三種內，其第一第二種所以不能成三角形之故，易從幾何原本之理知之。

其第三種所以不能成三角形之故，特解之如下。

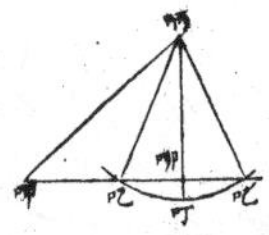

如圖，于呷吃無定長之直線內任取一點如呷，作吃呷呁角等于所設之角，又作呷呁線等于其角旁之一邊，作呁咿線為呷吃之垂線，則其呁咿線之長必等于 呷呁正弦呷。所以不可大于其又一邊呁吃，或呁吃，否則以呁為心，以 呁叮＝呁吃＝呁吃 為半徑所成之平圓不與呷吃線相遇

而不能成三角形所以$\frac{正弦呷}{呷呐}$不可大于呐吃及呐吃。

凡三角形若但知其三角則不能定其各邊之數若干。惟亦能定其各邊彼此相比之率。因從第九十款之理可知之也。

第九十五款

依第九十二款之理作 餘弦吃、餘弦呐 之式與 餘弦呷 之式相配則其得三式若已知三角形中六事之三而無不合例之事則從此三式可求得其又三事。惟其數若為不能成三角形之數或但知三角者則為不合例之事。

又從第九十款之例能得 $\frac{正弦吃}{正弦呷}=\frac{乙}{甲}$，$\frac{正弦吃}{正弦呐}=\frac{乙}{丙}$。用此兩式及 呷丄吃丄呐＝一八〇 之式可將三角形內已知之三事求其未知之三事。其 餘弦呷 之式因不便于用對數故不列于此以下能將其式變之使合于對數之用。

解直三角形邊角相求之法

第九十六款　凡解直三角形其正角恆為已知之一事。

此外只須知其兩事即可求其餘三事。惟所知之兩事中至少必有一為邊所以其題衹有四種。

一為已知其對正角之邊與任一銳角。

二為已知其正角旁之任一邊與任一銳角。

三為已知其對正角之邊與正角旁之任一邊。

四為已知其正角旁之兩邊。

第九十七款　有對正角之邊與任一銳角求其餘三事。

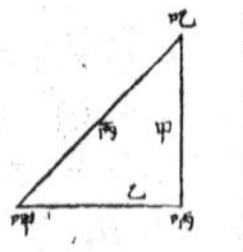

如圖呷吃呐為直三角形已知其弦丙又知其呷角欲求其吃角與甲乙兩邊之數。

則先從 吃＝九〇丅呷 得吃角。又因 $\frac{丙}{甲}$＝正弦呷，$\frac{丙}{乙}$＝餘弦呷。所以 甲＝丙正弦呷，乙＝丙餘弦呷。

若欲以對數明之則其式為 對甲＝對丙丄對正弦呷丅一〇，對乙＝對丙丄對餘弦呷丅一〇。式中之 對正弦呷、對餘弦呷 為表內所列之對數即第七十五款所言以十加之之對數也。凡用對數比例推算者其代數式中恆用對字以誌表中加十之對數。

第九十八款　有正角旁之任一邊與任一銳角求其餘

三事。

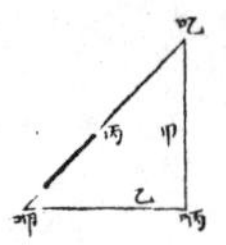

如圖呷吃㖞直三角形，已知其正角旁之甲邊，又知其對角呷，欲求其他角吃他邊乙與丙。

則先從 $吃=九〇^{\circ}-呷$ 得吃角。又因 $\frac{甲}{丙}=正弦呷$，$\frac{甲}{乙}=正切呷$，所以 $丙=\frac{甲}{正弦呷}$，$乙=甲餘切呷$。此二式亦可變爲對數，與前款同理。若表內有 呭餘割 者，可從 $丙=甲餘割呷$ 得其丙，只須用加法而已。

第九十九款　有對正角之邊與正角旁之任一邊，求其餘三事。

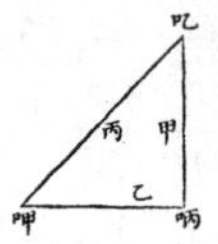

如圖呷吃㖞直三角形，已知其弦丙，又知其正角旁之甲邊，欲求其他邊乙，他兩角呷與吃。

則先得 $乙^{2}=丙^{2}-甲^{2}$，所以 $乙=\sqrt{(丙+甲)(丙-甲)}$。此式便于用對數。又得 $正弦呷=\frac{甲}{丙}$，則 $吃=九〇^{\circ}-呷$。若先從其角求起，則可從 $乙=丙餘弦呷$ 式而得其乙。

第一百款　有正角旁之兩邊，求其餘三事。

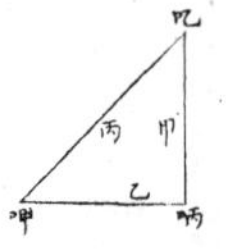

如圖呷吃㖞直三角形，已知其正角旁之甲乙兩邊，欲求其他邊丙，他兩角呷與吃。

則先得 $正切呷=\frac{甲}{乙}$，故 $吃=九〇^{\circ}-呷$。又從 $丙=\frac{甲}{正弦呷}$ 或 $丙=甲餘割呷$ 而得其丙。

又有一法，能從 $丙=\sqrt{甲^{2}+乙^{2}}$ 而得其丙。惟因 $甲^{2}+乙^{2}$ 不能化爲相乘之數，故不合于對數之用，不如從已得之呷角同數而求其丙爲最便也。

第一百一款　用以上四法，若其所求之角或爲極小，或略近于正角，則不能得其眞確之數，故必將其式化爲他式以免其弊。其化法已于第八十五款至八十七款詳之矣。

茲設直三角形邊角各數，學者可用此數以證前四法。

甲＝一五四〇·三七四

乙＝一九〇二·七〇八

丙＝一七八五·三九五

對甲＝三·一八七六二六二

對乙＝二·九五五五四七五

對丙＝三·二五一七三四三

呷＝五九°三七′四二″

呭正弦呷＝九·九三五八九一九

呭餘弦呷＝九·七〇三八一三二

呭正切呷＝一〇·二三二〇七八六

解有一角為鈍或三角俱為銳之三角形

第一百二款　因三角形之六事中必有三事已知而其所知之三事中至少必有一為邊所以此種三角形其題亦祗有四種

一為已知其任兩角及對所知任一角之邊

二為已知其任兩邊及對所知任一邊之角

三為已知其任兩邊及兩邊所夾之角

四為已知其三邊

第一百三款　有兩角及對其所知任一角之邊求其餘之一角兩邊

如圖呷吃呐為任何三角形已知其呷角及甲邊又知其吃呐二角之任一角欲求其他角及乙丙兩邊

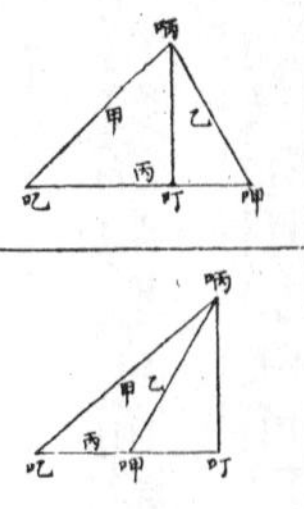

將已知之兩角相加以減一百八十度即得其又一角

乃從

$$乙=甲\frac{正弦吃}{正弦呷}$$

$$丙=甲\frac{正弦呐}{正弦呷}$$

得其乙與丙　或從

$$對乙=對甲+呭正弦吃-呭正弦呷$$

$$對丙=對甲+呭正弦呐-呭正弦呷$$

用對數得之此兩式中之一○自能彼此相減

第一百四款　有兩邊及對其所知任一邊之角求其餘之一邊兩角

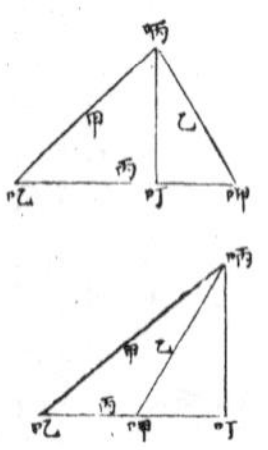

如圖呷吃呐為任何三角形已知其甲乙兩邊又知其呷角欲求吃呐二角及丙邊

則必從吃角求起先得

$$正弦吃=\frac{乙}{甲}正弦呷$$

乃得

$$呐=一八○-(呷+吃)$$

則

$$丙=甲\frac{正弦呐}{正弦呷}$$

第一百五款　前款之式若所知之角為銳而對角之邊小于角旁之邊者則有兩箇三角形俱合于題

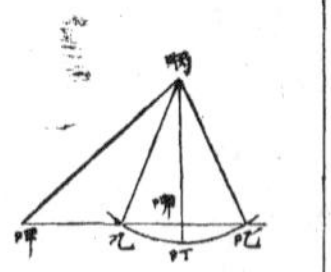

如圖在呷吃無定長之直線內任取呷點作吃呷呐角等于所設之銳角呷又作呷呐線等于所知之大邊乙乃以呐為心令半徑呐叮等于所知之小邊甲旋規作平圓界必與呷吃線相遇否則不能成三角形

觀第九十四款若圓界與呷吃線相切于咧則祗能有一箇三角形合于所設之題即呷呐咧直三角形是也若圓界與呷吃線交于吃吃兩點則因對呷角之邊小于呐呷故必有兩箇三角形一為呷呐吃一為呷呐吃俱以呷角及甲乙兩邊為公用之數而其呷吃呐角與

呷吃㕵角彼此互視爲外角此因㕵吃吃角等于㕵吃
吃角之故

惟所知之角若爲鈍角或雖爲鋭角而對角之邊能大
于角旁之邊則圓界與呷唧線相交之兩點必在呷點
兩邊故祇能有一箇三角形合于所設之題

如圖圓界與呷吃線相交于吃吃二點則只有㕵吃爲
對㕵呷吃角之邊所以祇有呷吃㕵三角形能合于所
設之題因其呷吃㕵三角形之

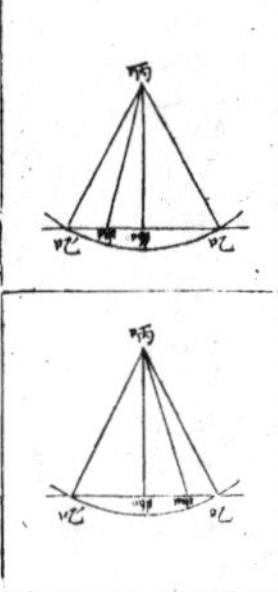

㕵呷吃角祇能爲 一八〇°－呷 而不能等
于所設之呷角故也

第一百六款　以上之事亦能從解此種三角形之相等
式明之

因吃若爲鋭角則可令 九〇°－吃＝㖨 而能解 正弦吃＝甲/乙 正弦呷 之式　吃若爲
鈍角則令 吃＝一八〇°－㖨 亦能解前式

惟呷若爲鈍角則吃必爲鋭角非用吃之餘角㖨不能
解之又其甲邊必大于乙邊否則不能成三角形

若呷爲鋭角而甲大于乙則呷角必大于吃角　若吃
爲鈍角則必用㖨方能解之其三角形爲恆能成者

若呷爲鋭角而甲小于乙則呷角必小于吃角用㖨與 一八〇°－㖨 代其吃俱可解之因㖨爲能解 正弦吃＝甲/乙正弦呷 式中吃之餘角
故呷必小于㖨況㖨爲鋭角則呷豈有不小于 一八〇°－㖨 者所
以 吃＝甲/乙 正弦呷 爲合理之式　若甲大于 乙正弦呷 則必有兩箇解法

茲設三角形邊角各數如左學者可用其數以證此款
中所言之事

甲＝九四五九·三一
乙＝八〇三二·二九
丙＝八二四二·五八

呷＝七一°三′·三四″
吃＝五三°·二六′·〇″·三八
㕵＝五五°·三〇′·二四″·一六

對甲＝三·九七五八五九五
對乙＝三·九〇四八三九四
對丙＝三·九一六〇六三二

呾正弦呷＝九·九七五八二五〇
呾正弦吃＝九·九〇四八〇四九
呾正弦㕵＝九·九一六〇二八七

第一百七款

有三角形之任兩邊及以此兩邊爲界所成之角求其
對所知兩邊之角及對所知角之邊

如圖呷吃呥為任何三角形已知其甲乙兩邊及所夾之角呥欲求吃呷二角及丙邊。

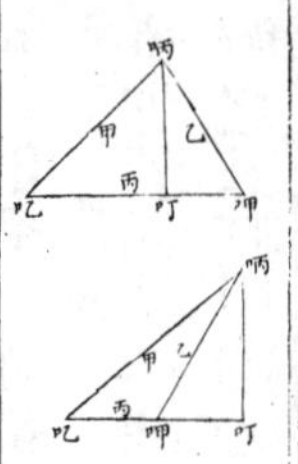

從 $\frac{乙}{甲}=\frac{正弦吃}{正弦呷}$ 得 $\frac{乙}{甲\perp乙}=\frac{正弦吃}{正弦呷\perp正弦吃}$ ㈠

$\frac{乙}{甲\top乙}=\frac{正弦吃}{正弦呷\top正弦吃}$ 所以 $\frac{甲\top乙}{甲\perp乙}=\frac{正弦呷\top正弦吃}{正弦呷\perp正弦吃}$ 惟依五十三款 $\frac{正弦呷\top正弦吃}{正弦呷\perp正弦吃}=\frac{正切\frac{二}{一}(呷\top吃)}{正切\frac{二}{一}(呷\perp吃)}$

故 $\frac{甲\top乙}{甲\perp乙}=\frac{正切\frac{二}{一}(呷\top吃)}{正切\frac{二}{一}(呷\perp吃)}$ 惟因 $\frac{二}{一}(呷\perp吃)=九〇\top\frac{二}{呥}$ 所以得 $正切\frac{二}{一}(呷\perp吃)=餘切\frac{二}{呥}$ $正切\frac{二}{一}(呷\top吃)=\frac{甲\top乙}{甲\perp乙}餘切\frac{二}{呥}$ 其 $\frac{二}{一}(呷\top吃)$ 及 $\frac{二}{一}(呷\perp吃)$ 之同數已知則可從 $呷=\frac{二}{一}(呷\perp吃)\perp\frac{二}{一}(呷\top吃)$ $吃=\frac{二}{一}(呷\perp吃)\top\frac{二}{一}(呷\top吃)$ 而得呷與吃其丙可從 $丙=乙\frac{正弦吃}{正弦呥}$ ㈡ 式而得之。

第一百八款　若將前款之㈠㈡兩式以㈠式約㈡式得 $\frac{甲\perp乙}{丙}=\frac{正弦呷\perp正弦吃}{正弦呥}$ 惟因 $正弦呥=二正弦\frac{二}{呥}餘弦\frac{二}{呥}$

$正弦呷\perp正弦吃=二正弦\frac{二}{一}(呷\perp吃)餘弦\frac{二}{一}(呷\top吃)=二餘弦\frac{二}{呥}餘弦\frac{二}{一}(呷\top吃)$ 故可從 $\frac{二}{一}(呷\perp吃)=九〇\top\frac{二}{呥}$ 得 $丙=\frac{餘弦\frac{二}{一}(呷\top吃)}{(甲\perp乙)正弦\frac{二}{呥}}$ ㈢ 用此式求丙因對$(甲\perp乙)$為已有之數故祇須另用兩箇對數若用㈡式須三箇對數

第一百九款　已有甲乙二邊及所夾之角呥而欲徑求丙邊則有一法可從 $丙^{二}=甲^{二}\perp乙^{二}\top二甲乙餘弦呥$ 式而得之惟此式必另用一箇副角始合于對數之用。

$丙^{二}=甲^{二}\perp乙^{二}\top二甲乙餘弦呥$ 式之變法甚多其最奇者因 $餘弦^{二}\frac{二}{呥}\perp正弦^{二}\frac{二}{呥}=一$ $餘弦^{二}\frac{二}{呥}\top正弦^{二}\frac{二}{呥}=餘弦呥$ 故

$丙^{二}=(甲^{二}\perp乙^{二})(餘弦^{二}\frac{二}{呥}\perp正弦^{二}\frac{二}{呥})\top二甲乙(餘弦^{二}\frac{二}{呥}\top正弦^{二}\frac{二}{呥})=$

$(甲\perp乙)^{二}正弦^{二}\frac{二}{呥}\perp(甲\top乙)^{二}餘弦^{二}\frac{二}{呥}=(甲\perp乙)^{二}正弦^{二}\frac{二}{呥}\left[一\perp\frac{(甲\top乙)^{二}}{(甲\perp乙)^{二}}餘切^{二}\frac{二}{呥}\right]$

因無論何數必有某角之正切與之相等故可用副角令 $\text{正切牛}=\frac{\text{甲丄乙}}{\text{甲丅乙}}\text{餘切}\frac{\text{二}}{\text{哂}}$ 而 $\text{丙}=(\text{甲丄乙})\text{正弦}\frac{\text{二}}{\text{哂}}\sqrt{\text{一丄正切}^{\text{二}}\text{牛}}$ 即 $\text{丙}=\frac{\text{餘弦牛}}{(\text{甲丄乙})\text{正弦}\frac{\text{二}}{\text{哂}}}$（牛為副角）此式與前式所不同者惟在外貌而已如以 $\frac{\text{二}}{(\text{呷丅吃})}$ 代其牛則與㊂式無異。

第一百十款

若推算時已有甲乙二邊之對數而但求其呷吃二角之半較者（此為推算時常遇之事）則另有簡法。

其呷吃二角之較可不必從 $\text{正切}\frac{\text{二}}{(\text{呷丅吃})}=\frac{\text{甲丄乙}}{\text{甲丅乙}}\text{餘切}\frac{\text{二}}{\text{哂}}$ 式求之可用下法。

令牛為 $\text{正切牛}=\frac{\text{甲}}{\text{乙}}$ 則 $\text{正切牛丅一〇}=\text{對乙丅對甲}$ 式中之副角則 $\frac{\text{甲丄乙}}{\text{甲丅乙}}=\frac{\text{一丄}\frac{\text{甲}}{\text{乙}}}{\text{一丅}\frac{\text{甲}}{\text{乙}}}=\frac{\text{一丄正切牛}}{\text{一丅正切牛}}=\text{正切}(\text{四五}^{\circ}\text{丅牛})$ 所以 $\text{正切}\frac{\text{二}}{(\text{呷丅吃})}=\text{正切}(\text{四五}^{\circ}\text{丅牛})\text{餘切}\frac{\text{二}}{\text{哂}}$ 從此式以

求其 $\frac{\text{二}}{(\text{呷丅吃})}$ 比用他式求之者可省用兩箇對數。

第一百十一款 已有三角形之三邊求其三角。

從九十二款之 $\text{餘弦呷}=\frac{\text{二乙丙}}{\text{乙}^{\text{二}}\text{丄丙}^{\text{二}}\text{丅甲}^{\text{二}}}$ 式可得其呷角又從同類之式可得吃哂二角。

惟因九十二款之式不便于用對數故須更求其便于用對數之式其法如下。

從 $\text{二正弦}^{\text{二}}\frac{\text{二}}{\text{呷}}=\text{一丅餘弦呷}$ 式以 餘弦呷 之同數代之得 $\text{二正弦}^{\text{二}}\frac{\text{二}}{\text{呷}}=\text{一丅}\frac{\text{二乙丙}}{\text{乙}^{\text{二}}\text{丄丙}^{\text{二}}\text{丅甲}^{\text{二}}}=\frac{\text{二乙丙}}{\text{甲}^{\text{二}}\text{丅乙}^{\text{二}}\text{丅丙}^{\text{二}}\text{丄二乙丙}}=\frac{\text{二乙丙}}{\text{甲}^{\text{二}}\text{丅}(\text{乙丅丙})^{\text{二}}}=\frac{\text{二乙丙}}{(\text{甲丄乙丅丙})(\text{甲丅乙丄丙})}$ 由此得 $\text{正弦}\frac{\text{二}}{\text{呷}}=\sqrt{\frac{\text{四乙丙}}{(\text{甲丄乙丅丙})(\text{甲丅乙丄丙})}}$ 此式更可變之使簡令 $\text{甲丄乙丄丙}=\text{二申}$ 則 $\text{甲丄乙丅丙}=\text{二}(\text{申丅丙})$，$\text{甲丅乙丄丙}=\text{二}(\text{申丅乙})$ 所以 $\text{正弦}\frac{\text{二}}{\text{呷}}=\sqrt{\frac{\text{乙丙}}{(\text{申丅乙})(\text{申丅丙})}}$ ㊀、

其 $\frac{\text{二}}{\text{呷}}$ 角以正弦定之不能謂其不合于例因呷為三

角形內之任一角（言或銳或鈍也）則必小于一百八十度故其$\frac{呷}{2}$自然必小于九十度.

第一百十二款　又以同類之法能得$餘弦\frac{呷}{2}$與$正切\frac{呷}{2}$簡易之式其法如下.

惟因

$$2餘弦^2\frac{呷}{2}=1+餘弦呷=1+\frac{乙^2+丙^2-甲^2}{2乙丙}$$

$$=\frac{乙^2+丙^2+2乙丙-甲^2}{2乙丙}=\frac{(乙+丙)^2-甲^2}{2乙丙}$$

$$=\frac{(甲+乙+丙)(乙+丙-甲)}{2乙丙}=\frac{2申\times2(申-甲)}{2乙丙}.$$

所以得

$$餘弦\frac{呷}{2}=\sqrt{\frac{申(申-甲)}{乙丙}}\quad ㈡.$$

約㈠式得

$$正切\frac{呷}{2}=\sqrt{\frac{(申-乙)(申-丙)}{申(申-甲)}}\quad ㈢.$$

第一百十三款　以上各式必用四箇對數推之若祇欲求三角形之任一角則無論用㈠㈡㈢三式中任一式均為甚便無有難易之別. 所當辨別者其$\frac{呷}{2}$角若近于九十度則不可用其正弦及正切之式求之. 其$\frac{呷}{2}$角若為甚小之角則不可用其餘弦之式求之. 其$\frac{呷}{2}$角若小于四十五度則用正弦之數檢表而得其角比用餘弦者更密. 其$\frac{呷}{2}$角若大于四十五度則用餘弦之數檢表而得其角比用正弦者更密（觀第八十五款至第八十七款自明）

惟若欲求三角形之兩箇角則用半角切線之式為更便因用此式推算祇須用申，$申-甲$，$申-乙$，$申-丙$四箇對數若從他式推之則必用六箇對數也.

第一百十四款　凡三角形任兩邊之和必大于又一邊. 所以若有三線不合于此例者不能成三角形此理亦可用其相等式證之.

即如從$正弦^2\frac{呷}{2}=\frac{(申-乙)(申-丙)}{乙丙}$之式若$乙>甲+丙$則$2乙>2申$而$申-乙$為負數若$2申>2(甲+丙)$則$申-丙>甲$所以$申-丙$必為正而$正弦\frac{呷}{2}$其數必為虛.

又以同法設$甲+乙>丙$亦能證其$正弦\frac{呷}{2}$必為虛. 若$甲>乙+丙$則$申>乙+丙$所以$申-丙>乙$而必得$(申-乙)(申-丙)>乙丙$則其$正弦\frac{呷}{2}$大于1不合于例矣.

若令其乙或丙等于其餘兩邊之和或等于三邊之半和申則其$正弦\frac{呷}{2}$自然必為0. 若令$申=乙+丙=申$則其$正弦\frac{呷}{2}$自然必為1. 此為合理之式因其三邊在一直線內也.

第一百十五款

若將 $正弦^{二}呷$ 與 $餘弦^{二}呷$ 之同數求其倍角之式如

$$正弦呷=\frac{二}{乙丙}\sqrt{申(申-甲)(申-乙)(申-丙)}$$

則須用匕筒對數推之，故不便于求呷角之用。惟從此式可知 $\frac{正弦呷}{甲}$ 等類之式無論于甲乙丙三邊內任以何邊為主，俱可即使其甲乙丙無論如何更換得數必同。

所以從第九十款之理必得

$$\frac{正弦呷}{甲}=\frac{正弦吧}{乙}=\frac{正弦呐}{丙}$$

觀此式可知亦能從第九十二款之理得之。從第九十二款之式能徑得

$$二乙丙正弦呷=\sqrt{四乙^{二}丙^{二}-(乙^{二}+丙^{二}-甲^{二})^{二}}$$

之式與前相合，但未化成乘數耳。其式為

$$=\sqrt{二甲^{二}乙^{二}+二甲^{二}丙^{二}+二乙^{二}丙^{二}-甲^{四}-乙^{四}-丙^{四}}。$$

推物之高遠法

茲設數題用三角法以推物之高遠，凡尋常測量之事所用各種算法皆可變之使不出乎以下五種題。

第一百十六款　一為有物在高處人能行至其下欲知物之高。

法于地面平量一底線如圖之叮哎線，因欲免小角之差，故可取底線之長與吧叮高之比不甚懸殊（言不可太大太小也），將測器置于哎以測其呷吧視線與呷呐平線所成之吧呷呐角。

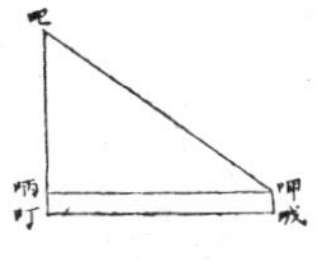

如此則吧呷呐直三角形已知其呷呐邊又知其呷角，故可依第九十八款之法推得其吧呐邊，將此數與呷哎相加即得所求之高吧叮。

第一百十七款　二為有物在人所不能到之處但能自遠處望之欲知望處距物之遠。

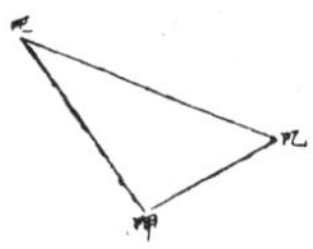

如圖吧點為物，人不能至其處，則可從呷作呷吃底線，乃在呷吃二處測得吧吃呷角及吧呷吃角。如此則呷吃吧三角形已知其兩角一邊，可依第一百三款之法推得呷吧。

第一百十八款　三爲有物在高處，人不能至其下，欲知物之高。

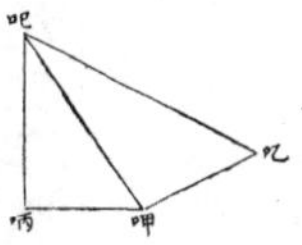

如圖，從人立之點呷，向便處作一底線呷吃，則可依前款之法得呷吧之距。因呷吧呐直三角形，呐爲方角，呷吧爲已知之邊，吧呷呐爲可測之角，故可依第九十七款之法求得吧呐。

第一百十九款　四爲有兩物在遠處，俱爲人所不能到，欲知其二物之相距。

如圖，吧吘爲兩物，可作呷吃底線，在呷點測其吃呷吧角及吃呷吘角，在吃點測其呷吃吘角及呷吃吧角，則呷吃吧、呷吃吘兩三角形皆有兩角一邊爲已知之數，所以可推其呷吧邊及呷吘邊與所成之吘呷吧角。因吧呷吘三角形已知其兩邊及所夾之角，故可依第一百九款之法求其第三邊吧吘。

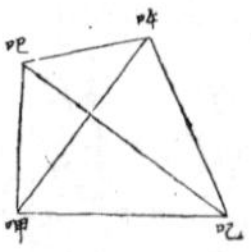

第一百二十款　五爲有呷吃呐三物在一箇平面內，其呷吃、呷呐之距已知，又有已定之角呷嗔吃、呷嗔呐、吃呷呐，欲求嗔點之所在。

如圖，因呷嗔吃角、呷嗔呐角已知，如于呷吃上作平圓弧等于呷嗔吃角之倍度，于呷呐上作平圓弧等于呷嗔呐角之倍度，則兩箇平圓之界必交于呷嗔二點，即得嗔點之所在。惟測地之時不便于用此法，所以特設一法，能推得吃呷嗔角與呷嗔邊。

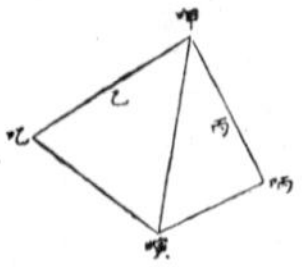

先求呷吃嗔角與呷呐嗔角，令已知之數

呷吃＝乙，呷呐＝丙，吃呷呐＝卯。

呷嗔吃＝吃，呷嗔呐＝呐。

未知之數 呷吃嗔＝天，呷呐嗔＝地。

則呷吃嗔呐四邊形內，有

$$天+地=三六〇°-(卯+吃+呐)$$

所以天地二角之和已知。求其較角之法，可從呷吃嗔與呷呐嗔兩箇三角形得

$$呷嗔=\frac{正弦吃}{乙正弦天},\quad 呷嗔=\frac{正弦呐}{丙正弦地}\qquad(一)$$

所以可得

$$\frac{正弦吃}{乙正弦天}=\frac{正弦呐}{丙正弦地}$$

則

$$\frac{正弦地}{正弦天}=\frac{乙正弦呐}{丙正弦吃}$$

令

$$正切牛=\frac{丙正弦吃}{乙正弦呐}$$

則可用對數推得其副角牛，所以

正弦地/正弦天　正切牛/一。

$\frac{\text{正弦天丅正弦地}}{\text{正弦天丄正弦地}}=\frac{\text{一丅正切牛}}{\text{一丄正切牛}}$。

卽

$\frac{\text{正切}\frac{1}{2}(\text{天丅地})}{\text{正切}\frac{1}{2}(\text{天丄地})}=\text{正切}(\text{四五}^{\circ}\text{丄牛})$。

此式之理觀第四十七款及五十三款自明　所以較角天丅地

亦已知則天地二角亦得矣又因 吃呷嗔＝一八〇°丅吃丅天。 則呷嗔之同數

可從㊀式內之任一式而得之。

論測量之器

第一百二十一款　哈德里紀限儀

此器爲測角諸器中之最有用者茲明其造器之理及用器之法如下

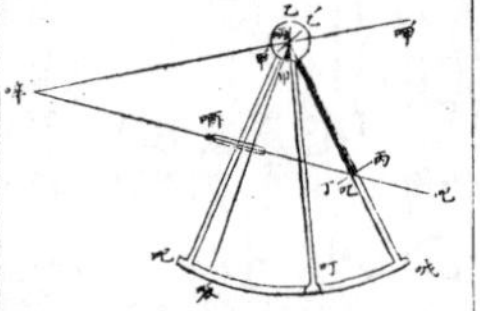

如圖吧叮戊爲平圓之弧呐爲其圓心用呐戊呐吧兩邊匡連成之吧呐爲兩箇平面囬光鏡吧鏡丁卽丙連于呐戊邊恒定而不動呐鏡乙卽甲連于呐叮游桿其游桿能繞呐心而動其行于戊吧弧上之處有佛逆以顯細分其兩鏡俱與儀面呐戊吧成正角游桿指○度時兩鏡之面平行而甲乙在甲乙之方位所以其游桿呐叮移至他處則甲呐甲角或脤呐叮角能測角度其吧鏡之上半面爲透光則可透見所測之物所以物之光線能從囬光透光兩處齊入窺筩其窺筩乃定于呐吧邊與吧呐戊面平行而與吧鏡成若干度之角

如欲測平面上呻吧兩物所成之呻啐吧角則平持其儀將窺筩對吧至能見直來之光線吧哂乃將呐叮游桿漸移至呻物之光線至呐鏡而成若干度角之囬光線射至吧鏡之囬光面而又成囬光線吧哂所以窺筩中能見呻物與吧物相合之形若將呻呐與吧哂俱引長之而相遇于啐則因呻呐吃呐兩線遇囬光面甲乙所成之角必相等所以有 呻呐吃角＝一八〇°丅二吃呐甲 之式又依同理知 啐吃呐角＝一八〇°丅二呐吃丙＝一八〇°丅二吃呐甲。

此因光線呐吃吃哂在丙丁囬光鏡面上卽與甲乙平行之面也所成之角相等故其 呻啐吧＝呻呐吃丅啐吃呐＝二甲呐甲＝二辰呐叮。 則兩物相距所成之角爲脤呐叮之倍角若于吧戊弧上從脤點起刻其度分每半度爲一度則觀叮桿所指之度分卽爲呻吧兩物

所成之角度。

若欲測物之高，可持此儀側立之，以窺筩向際線，（水天交際或地天交際之處也）令吃哂線合于地平，再將游桿漸移之，至窺筩中能見所測之物與際線相合，則視游桿所指之度分，卽爲物高之角度。

第一百二十二款　論佛逆之理

凡儀器上游桿所指之處，若不合于若干度而在兩線之間，則必有法能知其有若干零分。有人造一能顯細分之器，因其人名佛逆，故遂名其器爲佛逆。試以圖明其理。

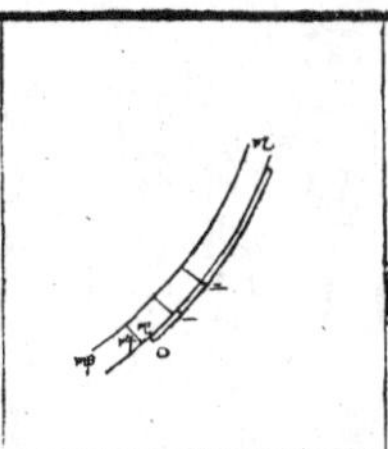

如圖，呷吃弧上已分爲二十分，今欲辨其二十分中之小分吧咋，則可另作一弧，其長等于本弧所分之數十九倍，將此等于十九倍之弧平分爲二十分，則每分等于十九分。如移其○分與咋點相合，而見其第幾分與本弧上之分相合，卽可知其秒數。

假如在第二分之處相合，則因佛逆之分數小于本弧之分數爲一分，所以知吧咋必爲二分。

如此則分秒之數能用佛逆顯之，故本弧最細之分，但須分至二十分足矣。

總之，若命本弧兩分線之相距爲甲，而以 $\frac{(卯-1)甲}{卯}$ 爲佛逆之長分，其佛逆爲卯等分，則佛逆之○分在咋之時，其第寅分必合于本弧之嗊，則 咋嗊＝寅 $\frac{(卯-1)甲}{卯}$ 而佛逆之分數爲 寅 $\frac{(卯-1)甲}{卯}$

又其 吧嗊＝本弧之寅分＝寅甲。

吧咋＝寅甲－寅 $\frac{(卯-1)甲}{卯}$＝$\frac{寅甲}{卯}$。

因 $\frac{甲}{卯}$ 所配之數已知，所以其細分數亦可知矣。

第一百二十三款　凡測平面之角及垂面之角，以地平經緯儀爲最佳之器。

如圖，呷與吃爲兩層平行之圓盤，吃盤之徑稍大，而側邊向外斜，以便于刻畫度分，下有螺旋以定其平。呷爲空軸，以容呷盤之軸心，呷盤在甲甲兩處刻佛逆，故又名上盤曰佛逆盤。呷盤上面有二酒準，丁字形置之以取平。

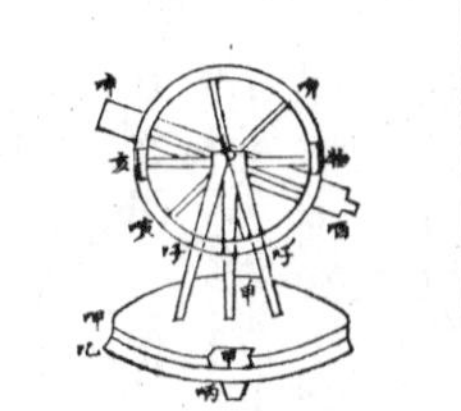

呷盤上有吁吁二柱，以承嗊咖立圈之橫軸，嗊咖圈上有窺筩呻哂，窺筩之視軸與圈之橫軸正角相交，圈之平面與窺筩之視軸平行，則立圈與窺筩可俯仰同旋

轉。又可與呷盤左右同旋轉其立圈之邊刻度分。又有兩箇佛逆。如咳與喲另有一柱從呷盤上擎之其兩佛逆分爲極細之分與立圈平行相切。

第一百二十四款　經緯儀之用法有二。一能測物離地平面之高低。二能測平面上兩物之相距。

測高低之法將平盤漸轉使立圈之側面正對所測之物再將窺筩低昂以就之使所測之物正在窺筩內交線之中。如下圖令呻哂爲所得之方位㖊亥物爲立圈刻度分之邊咳喲爲其佛逆之○分則視立圈之邊卽㖊亥物弧之度分對準咳喲之分點其㖊者爲圈邊○

度之處也。再將其平盤轉過半周則立圈之側面必再對前測之物惟窺筩之視軸爲哂呻其與地平線所成之角與初次測者相同所以立圈轉過之度必爲哂呐哂角卽爲物距天頂之倍度。此後又令亥物爲圈邊對咳喲之點仍如此測之則可得物距天頂之四倍弧卽等于亥亥物物卽過佛逆之弧所對之角之和又等于在咳所視之兩箇弧度之較加于在喲所視之兩箇弧度之較。

測平角之法先視酒準取平乃轉平盤令所測之物吧入窺筩中之縱線上乃視下盤佛逆○分之處咳與喲

卽㖊亥辰物兩弧之度分再轉平盤至第二物吽入窺筩中而視其吽亥吽物兩弧之度分則所測之倍角等于吧呐吽角之倍度卽等于佛逆所過之弧亥亥物所對之角之和又等于在咳點所得度分之較加于在喲點所得度分之較。

第一百二十五款　酒準定平之法

酒準用玻璃管爲之其形爲極大半徑之平圓弧如圖之呷吃呐叮管中盛醕酒或伊脫只留一點空處而密封之則任何一端微高其空處恆向高處而走若置之極平則空處能在管之中膂。

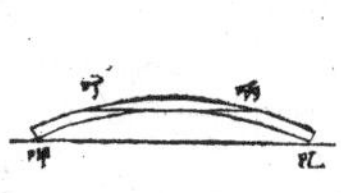

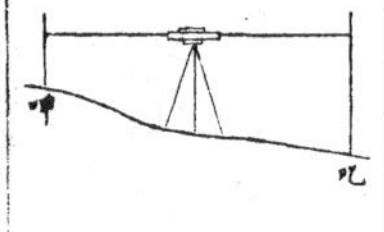

凡測地所用之酒準下連一窺筩故空處在中間之時窺筩之視軸必合于地平線此器置于架上有立軸可左右旋轉　假如有呷吃兩處欲測其高低若干則可在呷吃兩處各立一竿合于垂線竿上均有細分可分至百分寸之一而于呷吃之間置酒準窺筩任

從窺筩中先視何竿。如先視呷竿，則記其窺筩中橫線所合呷竿之分數，乃轉視吃竿，亦記其分數，乃將所記之兩數相減，即得高低之較。如是逐一測之，可知數里中地面高低之數。

第一百二十六款　更達帶尺

量地者所用輭尺，名曰更達帶尺，其尺以帶爲之，長二十二碼，平分爲百分，每分長七九二寸。假如英國之畝法，以四千八百四十平方碼爲一埃克，則必爲更達帶尺之十箇平方，（即其帶之十萬平方分也）故所測之平方除去右邊五位之數，即爲若干埃克之數。

求三邊四邊形及多等邊形之面積並內外切圓之半徑

第一百二十七款　各邊形面積及內外所切之平圓，本爲幾何中所有之題，然用三角代數式最易解之，所以凡論三角法者往往及之。

有三角形之兩邊與所夾之角，或有三邊，求其面積。

如圖呷吃呐爲三角形，其呷角或爲銳，或爲鈍，惟吃角必爲銳。從呷角之倚邊呐點作垂線至遇吃呷，或吃呷引長之線于叮。

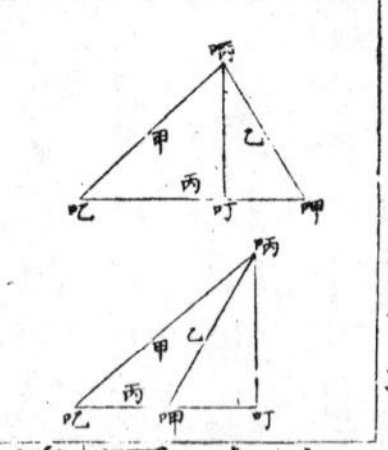

則 $呐叮=乙正弦呷$

惟因三角形之面積爲同底同高之矩形之半，故必爲

$$\frac{1}{2}呷吃\times呐叮=\frac{1}{2}丙乙正弦呷$$

從第一百十五款得

$$\frac{1}{2}乙丙\frac{2}{乙丙}\sqrt{申(申-甲)(申-乙)(申-丙)}=\sqrt{申(申-甲)(申-乙)(申-丙)}$$

申爲三邊之半和。

有三角形之三邊，求其內外所切平圓之半徑。

如圖呐戊爲呷吃呐三角形外切平圓之徑，呐叮爲中垂線，作吃戊線，令呐吃戊爲正角。因其呐戊吃角、呐呷吃角同對一弧，故兩角必相等。（此爲垂線在形內者而言，若垂線在形外者，則其兩角互爲外角。）

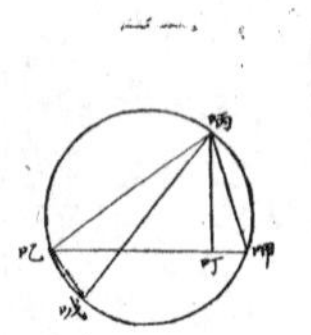

所以

$$正弦呷=正弦呐戊吃=\frac{呐吃}{呐戊}$$

即

$$呐戊=\frac{甲}{正弦呷}$$

由是知外平圓之徑等于任角之正

弦約其對邊之數，若以同數代其正弦呷。又以二約之，即得外平圓半徑之式爲

$$味=\frac{四\sqrt{申(申丅甲)(申丅乙)(申丅丙)}}{甲乙丙}$$

如圖呷吃呐三角形，㖘爲其內容平圓之心，自角至心作呷㖘、吃㖘、呐㖘，則分爲三箇三角形，皆以內容之半徑爲中垂線。

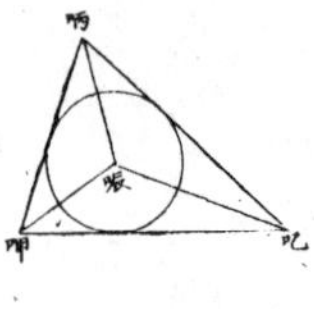

若以未代其平圓之半徑，則所分之三箇三角形其面積爲 二甲未．二乙未．二丙未． 所以

$$未乂二(甲⊥乙⊥丙)=呷吃呐積$$

即

$$未申=\sqrt{申(申丅甲)(申丅乙)(申丅丙)}$$

故得

$$未=\sqrt{\frac{(申丅甲)(申丅乙)(申丅丙)}{申}}$$

又易見乙邊之外，若有一平圓切于乙邊及餘兩邊引長之線，命其圓心爲㖘，半徑爲未，作㖘呷、㖘吃、㖘呐三線，則成㖘呷吃呐四邊形。

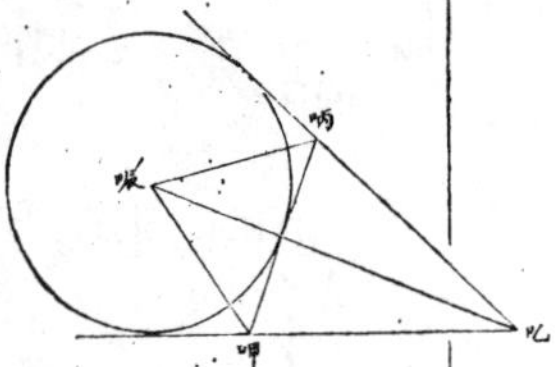

惟因㖘呷吃呐四邊形面積爲

$$二未甲⊥二未丙=二未乙⊥呷吃呐積$$

所以

$$未(申丅乙)=\sqrt{申(申丅甲)(申丅乙)(申丅丙)}$$

第一百二十八款

有四邊形，已知其各邊，又知其相對之角互爲外角，求其面積及角並外平圓之徑。

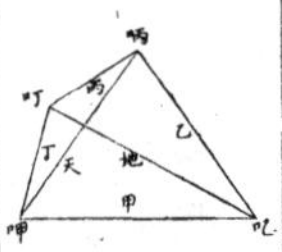

令 呷吃＝甲．吃呐＝乙．呐叮＝丙．呷叮＝丁．又令對角線 呷呐＝天．吃叮＝地．

則從呷吃呐、呷叮呐兩箇三角形得

$$二甲乙餘弦吃=甲^{二}⊥乙^{二}丅天^{二}$$

$$二丁丙餘弦叮=丙^{二}⊥丁^{二}丅天^{二}$$

惟因

$$餘弦叮=餘弦(一八〇^{\circ}丅吃)=丅餘弦吃$$

所以

$$丅二丁丙餘弦吃=丙^{二}⊥丁^{二}丅天^{二}$$

惟因

$$二(甲乙⊥丙丁)餘弦吃=甲^{二}⊥乙^{二}丅丙^{二}丅丁^{二}$$

所以

$$餘弦吃=\frac{甲^{二}⊥乙^{二}丅丙^{二}丅丁^{二}}{二甲乙⊥二丙丁}$$

則

$$一⊥餘弦吃=\frac{甲^{二}⊥乙^{二}⊥二甲乙丅丙^{二}丅丁^{二}⊥二丙丁}{二甲乙⊥二丙丁}=\frac{(甲⊥乙)^{二}丅(丙丅丁)^{二}}{二(甲乙⊥丙丁)}$$

即

$$二餘弦^{二}\frac{吃}{二}=\frac{(甲⊥乙⊥丙丅丁)(甲⊥乙丅丙⊥丁)}{二(甲乙⊥丙丁)}$$

又因其

$$一 - \text{餘弦}\,\text{吃} = \frac{二(\text{甲乙}+\text{丙丁})}{\text{丙}^{二}+\text{丁}^{二}-二\text{丙丁}-(\text{甲}^{二}+\text{乙}^{二}-二\text{甲乙})} = \frac{二(\text{甲乙}+\text{丙丁})}{(\text{丙}+\text{丁})^{二}-(\text{甲}-\text{乙})^{二}}$$

即

$$二\,\text{正弦}^{二}\frac{\text{吃}}{二} = \frac{二(\text{甲乙}+\text{丙丁})}{(\text{甲}+\text{丙}+\text{丁}-\text{乙})(\text{乙}+\text{丙}+\text{丁}-\text{甲})}$$

故四邊形之面積為

$$\frac{一}{二}\text{甲乙}\,\text{正弦}\,\text{吃}+\frac{一}{二}\text{丙丁}\,\text{正弦}\,\text{吃} =$$

$$\frac{一}{二}(\text{甲乙}+\text{丙丁})\,\text{正弦}\,\text{吃} = (\text{甲乙}+\text{丙丁})\,\text{正弦}\frac{\text{吃}}{二}\,\text{餘弦}\frac{\text{吃}}{二} =$$

$$\frac{一}{四}\sqrt{(\text{甲}+\text{乙}+\text{丙}-\text{丁})(\text{甲}+\text{乙}+\text{丁}-\text{丙})(\text{甲}+\text{丙}+\text{丁}-\text{乙})(\text{乙}+\text{丙}+\text{丁}-\text{甲})}$$

$$= \sqrt{(\text{申}-\text{甲})(\text{申}-\text{乙})(\text{申}-\text{丙})(\text{申}-\text{丁})}$$

其四邊之半和為 $\frac{一}{二}(\text{甲}+\text{乙}+\text{丙}+\text{丁}) = \text{申}$。

四邊形之各角可從

$$\text{正切}^{二}\frac{\text{吃}}{二} = \frac{\text{餘弦}\frac{二}{\text{吃}}}{\text{正弦}\frac{二}{\text{吃}}} = \sqrt{\frac{(\text{申}-\text{丙})(\text{申}-\text{丁})}{(\text{申}-\text{甲})(\text{申}-\text{乙})}}$$

式得之。又因

$$\text{天}^{二} = \text{甲}^{二}+\text{乙}^{二}-\text{甲乙}\frac{\text{甲乙}+\text{丙丁}}{\text{甲}^{二}+\text{乙}^{二}-\text{丙}^{二}-\text{丁}^{二}}$$

$$= \frac{\text{甲乙}+\text{丙丁}}{(\text{甲丙}+\text{乙丁})(\text{甲丁}+\text{乙丙})}$$

所以呷吃呁形之外平圓

$$\frac{二\,\text{正弦}\,\text{吃}}{\text{天}} = \frac{四\,\text{正弦}\frac{二}{\text{吃}}\,\text{餘弦}\frac{二}{\text{吃}}}{\text{天}}$$

$$= \frac{四\sqrt{(\text{申}-\text{甲})(\text{申}-\text{乙})(\text{申}-\text{丙})(\text{申}-\text{丁})}}{\sqrt{(\text{甲丙}+\text{乙丁})(\text{甲丁}+\text{乙丙})(\text{甲乙}+\text{丙丁})}}$$

即為四邊形之外平圓。

第一百二十九款

有任何多等邊形，已知其邊之長，求其面積及內容外切之平圓半徑。

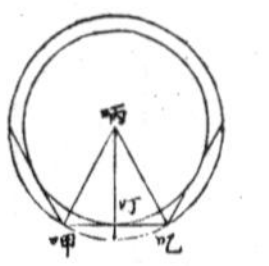

如圖，呷吃為多等邊形之一邊，呁點為其內外兩平圓之公心，作呷呁、吃呁兩線，又作呁叮與呷吃成垂線，則必平分呷吃邊，亦平分呷呁吃角。若以卯代其等邊之倍數，因各邊所對之呁角相同，故

$$\text{呷呁吃角} = \frac{\text{卯}}{三六〇}$$

$$\text{呷呁叮角} = \frac{\text{卯}}{一八〇}$$

令 $\text{呷吃} = \text{甲}$，$\text{呷呁} = \text{味}$，$\text{呁叮} = \text{未}$，則直三角形呷呁叮，其

$$\frac{\text{呁叮}}{\text{呷叮}} = \text{正切}\frac{\text{卯}}{一八〇}$$

$$\frac{\text{呷呁}}{\text{呷叮}} = \text{正弦}\frac{\text{卯}}{一八〇}$$

即為

$$\text{未} = \frac{一}{二}\text{甲}\,\text{餘切}\frac{\text{卯}}{一八〇}$$

$$\text{味} = \frac{一}{二}\text{甲}\,\text{餘割}\frac{\text{卯}}{一八〇}$$

而多等邊形之面積為

$$\text{卯}\,\text{呷吃呁積} = \text{卯}\,\text{呷叮}\times\text{叮呁} = \text{卯}\frac{\text{甲}^{二}}{四}\,\text{餘切}\frac{\text{卯}}{一八〇}$$

如用半圓之真弧度為多等邊之和，則

$$\text{多等邊和} = \text{卯}\,\text{呷吃} = 二\,\text{卯未}\,\text{正切}\frac{\text{卯}}{\text{周}}$$

$$= \frac{\frac{\text{卯}}{\text{周}}}{二\,\text{周未}\,\text{正切}\frac{\text{卯}}{\text{周}}}$$

其多等邊形之面積爲

$$卯\frac{口丙}{叮}\times\frac{呷}{叮}=卯未\times未正切\frac{卯}{周}=\frac{\frac{卯}{周}}{周未正切\frac{卯}{周}}$$

所以卯若爲極多之邊數，則多等邊形變爲以未爲半徑之平圓，而 $\frac{\frac{卯}{周}}{正切\frac{卯}{周}}$ 之限爲一，詳見第六十款依周率之限，得半徑爲未之平圓周等于二周未，所以得半徑爲未之平圓面積爲周未。

三角四

興化劉彝程算校
上海曹擷亭繪圖

三角數理卷五

英國海麻士輯　英國傅蘭雅口譯　金匱華蘅芳筆述

此卷論各角之比例數乘約變化之理

棣美弗之例

第一百三十款

指數卯無論爲何數，其 $(餘弦斗+\sqrt{-1}\,正弦斗)^{卯}$ 之式必等于 $餘弦卯斗+\sqrt{-1}\,正弦卯斗$，此爲算學士棣美弗所設之例。

三角五

從此例，如欲得 $餘弦斗+\sqrt{-1}\,正弦斗$ 式之任何乘方，祇須將其斗以方指數乘之，即得。又其 ⊥ 之左可任用正負二號，其用負號之意，即同于改其斗爲 T斗 也。以下所論之式，但將其 ⊥ 之左爲只有正號，亦未嘗不可通。

今試令其方指數卯任爲正負整分各數，一一證之。

其指數若爲正則以乘法得

（餘弦斗⊥√丅一正弦斗）（餘弦牛⊥√丅一正弦牛）＝

餘弦斗餘弦牛丅正弦斗正弦牛⊥√丅一（正弦斗餘弦牛⊥餘弦斗正弦牛）。

依代數之常理知式內所有能爲實數之項必等于餘弦（斗⊥牛）。而其虛數之項必等于√丅一正弦（斗⊥牛）。所以

（餘弦斗⊥√丅一正弦斗）（餘弦牛⊥√丅一正弦牛）

＝餘弦（斗⊥牛）⊥√丅一正弦（斗⊥牛）。

由是知凡有與餘弦斗⊥√丅一正弦斗相似之兩式相乘其積仍爲相似之式惟其角則爲乘數之式中兩角之和所以若再以相似之他乘數如餘弦井⊥√丅一正弦井者乘之則其三

式連乘之積必爲

（餘弦斗⊥√丅一正弦斗）（餘弦牛⊥√丅一正弦牛）（餘弦井⊥√丅一正弦井）

＝〔餘弦（斗⊥牛）⊥√丅一正弦（斗⊥牛）〕（餘弦井⊥√丅一正弦井）

＝餘弦（斗⊥牛⊥井）⊥√丅一正弦（斗⊥牛⊥井）。

如此推之無論用若干相似之乘數連乘俱可。

所以若共有卯箇乘數俱與餘弦斗⊥√丅一正弦斗相等則其連乘而得之積祇須以兩項之式明之如

（餘弦斗⊥√丅一正弦斗）^卯＝餘弦卯斗⊥√丅一正弦卯斗

（一）。

其指數若爲負則因 $\left(餘弦卯斗 丄\sqrt{丅一}正弦卯斗\right)\left(餘弦卯斗 丅\sqrt{丅一}正弦卯斗\right)=餘弦^{二}卯斗丄正弦^{二}卯斗=一$ 所以 $\dfrac{一}{餘弦卯斗丄\sqrt{丅一}正弦卯斗}=餘弦卯斗丅\sqrt{丅一}正弦卯斗$ 即 $\dfrac{一}{\left(餘弦斗丄\sqrt{丅一}正弦斗\right)^{卯}}=餘弦卯斗丅\sqrt{丅一}正弦卯斗$ 亦即 $\left(餘弦斗丄\sqrt{丅一}正弦斗\right)^{丅卯}=餘弦\left(丅卯斗\right)丄\sqrt{丅一}正弦\left(丅卯斗\right)$ 此爲本例能通于負指數之證。

其指數若爲分數則可將 $\dfrac{卯}{寅}斗$ 代其㈠式中之斗則式變爲 $\left(餘弦\dfrac{卯}{寅}斗丄\sqrt{丅一}正弦\dfrac{卯}{寅}斗\right)^{寅}=餘弦卯斗丄\sqrt{丅一}正弦卯斗=\left(餘弦斗丄\sqrt{丅一}正弦斗\right)^{卯}$ 若將左右兩邊各開卯方用分指數代其根號則得 $餘弦\dfrac{卯}{寅}斗丄\sqrt{丅一}正弦\dfrac{卯}{寅}斗=\left(餘弦斗丄\sqrt{丅一}正弦斗\right)^{\frac{卯}{寅}}$ 此爲本例能通于分指數之證。

第一百三十一款

從上款可見 $餘弦\dfrac{卯}{寅}斗丄\sqrt{丅一}正弦\dfrac{卯}{寅}斗$ 爲 $\left(餘弦斗丄\sqrt{丅一}正弦斗\right)^{\frac{卯}{寅}}$ 式中依代數之理所能有卯箇同數內之一而其餘各同數亦不難定。因可徑依前所證之說其斗爲任何角則能以同用此正弦同用此餘弦之各角之公同數 二未周丅斗 代之故也其未爲任何整數或正或負俱可。

則可見 $餘弦\dfrac{卯}{寅}\left(二未周丄斗\right)丄\sqrt{丅一}正弦\dfrac{卯}{寅}\left(二未周丄斗\right)$ ㈡爲 $\left[餘弦\left(二未周丄斗\right)丄\sqrt{丅一}正弦\left(二未周丄斗\right)\right]^{\frac{卯}{寅}}$ 式之一箇同數亦即爲 $\left(餘弦斗丄\sqrt{丅一}正弦斗\right)^{\frac{卯}{寅}}$ 式之一箇同數。

茲欲證㈡式只能有卯箇不同之同數而不能再多祇須令未遞等于〇、一、二、三以至卯丅一即得卯箇不同之同

數因若有兩數相同如未＝巳、未＝午、則其角式（卯/寅）（二巳周丄斗）、與（卯/寅）（二午周丄斗）、所
分別者、祇在二周之倍數耳、卽（卯/寅）（巳丅午）周必為周率之倍數、惟
因巳與午各小于卯、而寅不能以卯度之、所以不能有
此事、若取未為○與卯丅一以外之數、則不能更有新同
數、
若令未＝虛卯丄未、其虛為任何正負之數、未為小于卯之正數、則

未能代任何正負數、而式變為餘弦［二虛寅周（卯/寅）（二未周丄斗）］丄丅一正弦［二虛寅周（卯/寅）（二未周丄斗）］、此式中若不用二周
之倍數、則得餘弦（卯/寅）（二未周丄斗）丄丅一正弦（卯/寅）（二未周丄斗）、因未為小于卯之正數、則其數必在

未＝一、未＝二、以至未＝卯丅一、各數之內、
所以（餘弦斗丄丅一正弦斗）（卯/寅）式之全同數、在（餘弦斗丄丅一正弦斗）（卯/寅）＝餘弦（卯/寅）（二未周丄斗）丄丅一正弦（卯/寅）（二未周丄斗）、式中、其未為任何
正負之整數、而○不在外、言○數亦在其內也、第一式之卯箇同
數、從第二式右邊之卯箇同數而生、必令其未為從○
至卯丅一之各數以得之、

由此又可見、若令卯斗＝二周未丄角、其未為任何整數、而角為○與周
率間之任一角、則其斗有卯箇不同之同數、俱與餘弦斗丄丅一正弦斗之
同數不同、惟與餘弦卯斗丄丅一正弦卯斗之同數皆同、

第一百三十一款附

若令寅＝一，則求 $\text{餘弦斗}\sqrt{-1}\,\text{正弦斗}$ 之卯方根，必在 $\sqrt[\text{卯}]{\text{餘弦斗}\sqrt{-1}\,\text{正弦斗}}=\text{餘弦}\frac{\text{卯}}{\text{二未周斗}}\sqrt{-1}\,\text{正弦}\frac{\text{卯}}{\text{二未周斗}}$ 式中，所以若令斗＝○，

卽得上與下之卯方根之公式爲 $\sqrt[\text{卯}]{-1}=\text{餘弦}\frac{\text{卯}}{\text{二未周}}\sqrt{-1}\,\text{正弦}\frac{\text{卯}}{\text{二未周}}$，$\sqrt[\text{卯}]{\sqrt{-1}}=\text{餘弦}\frac{\text{卯}}{(\text{二未}\perp\text{一})\text{周}}\sqrt{-1}\,\text{正弦}\frac{\text{卯}}{(\text{二未}\perp\text{一})\text{周}}$ 而其不

同之各同數可令未爲從○至卯丅一之各數以得之。

又如令斗＝○，斗＝周，則 $(一)^{\frac{1}{寅}}$ 與 $(丅一)^{\frac{1}{寅}}$ 之公同數變爲 $\text{餘弦二未寅周}\sqrt{-1}\,\text{正弦二未寅周}$ 與 $\text{餘弦}(\text{二未}\perp\text{一})\text{寅周}\sqrt{-1}\,\text{正弦}(\text{二未}\perp\text{一})\text{寅周}$，其寅爲

分數，若寅之分數中，其分母爲巳，則(一)之同數與(丅一)之同數可令未爲從○至巳丅一之各數以得之。

茲列要說如下。

惟因 $(\text{餘弦斗}\sqrt{-1}\,\text{正弦斗})^{\frac{卯}{寅}}$ 式之意，或爲 $\text{餘弦}\frac{\text{卯}}{\text{寅}}(\text{二未周}\perp\text{斗})\sqrt{-1}\,\text{正弦}\frac{\text{卯}}{\text{寅}}(\text{二未周}\perp\text{斗})$，或爲 $\text{餘弦}\frac{\text{卯}}{\text{二}}(\text{二未周}\perp\frac{\text{斗}}{\text{寅}})\sqrt{-1}\,\text{正弦}\frac{\text{卯}}{\text{二}}(\text{二未周}\perp\frac{\text{斗}}{\text{寅}})$，此兩式之同數

必無異，卽 $\sqrt[\text{卯}]{(\text{餘弦斗}\sqrt{-1}\,\text{正弦斗})^{\text{寅}}}=\left[\text{餘弦}\frac{\text{卯}}{\text{二未周斗}}\sqrt{-1}\,\text{正弦}\frac{\text{卯}}{\text{二未周斗}}\right]^{\text{寅}}$ 與 $\sqrt[\text{卯}]{(\text{餘弦斗}\sqrt{-1}\,\text{正弦斗})^{\text{寅}}}=\sqrt[\text{卯}]{\text{餘弦寅斗}\sqrt{-1}\,\text{正弦寅斗}}$ 無異，若于從一至卯丅一各數內取

其末，則式中二周之倍數必爲 $\frac{卯}{寅}$，$\frac{卯}{二寅}$，$\frac{卯}{三寅}$，以至 $\frac{卯}{(卯丅一)寅}$。

若將各分數以分母度其分子，則其度餘之各數必不相同，如謂能有 $\frac{卯}{巳寅}$，$\frac{卯}{午寅}$，其度餘之數相同，則 $\frac{卯}{(巳丅午)寅}$ 當爲整數，惟因巳午皆小于卯，則斷無能爲整數之理，所以其度餘之各數必成級數從一二三以至卯丅一，故前式中若除去二周之倍數，則第一式之卯同數必與第二式之卯同數無異。

論可用簡角之比例數以明繁角之比例數（繁角謂多角相

和或任若干倍之角也

第一百三十二款　以本角之正弦餘弦爲主而明多角之和或任若干倍之角之正弦餘弦或以本角之正切爲主而明多和角之正切

從第一百三十款之理可知

$$餘弦(斗+牛+\cdots+虛)+\sqrt{-1}\,正弦(斗+牛+\cdots+虛)=餘弦斗餘弦牛\cdots餘弦虛\,(1+\sqrt{-1}\,正切斗)(1+\sqrt{-1}\,正切牛)\cdots(1+\sqrt{-1}\,正切虛)$$

若以右邊之數連乘爲積而以申、申二、申三……代其斗牛……之正切之和與各正切兩兩相乘之和三三相乘之和……而以昴代斗牛……各角之和則其角數共爲卯依相等式之理第十款（某書第十九款）得

$$餘弦昴+\sqrt{-1}\,正弦昴=餘弦斗餘弦牛\cdots餘弦虛\,[1+申\sqrt{-1}-申_{二}-申_{三}\sqrt{-1}+申_{四}+\cdots+(\sqrt{-1})^{卯}申_{卯}]$$

若將此式中合理與不合理者各爲一式

則得

$$正弦昴=餘弦斗餘弦牛\cdots餘弦虛\,[申-申_{三}+申_{五}-\cdots]$$

$$餘弦昴=餘弦斗餘弦牛\cdots餘弦虛\,[1-申_{二}+申_{四}-\cdots]$$

此兩式若以下式約上式則得

$$正切昴=\frac{申-申_{三}+申_{五}-\cdots}{1-申_{二}+申_{四}-\cdots}$$

若卯爲奇數則分子能引長至申卯分母能引長至申卯₋₁若卯爲偶數則反是所以昴角之正切能以斗牛……至虛各角之正切明之　又易見如將級數中所有括弧內之各項以括弧外之各項乘數乘之則式中只有斗牛……虛之正弦餘弦若令牛女……虛各角相等並與斗角相等卽得任倍角卯斗之正弦餘弦正切之式惟此各式亦能用他法徑求得之詳見下款

第一百三十三款　若令卯爲正整之數從棣美弗之式得

$$餘弦卯斗+\sqrt{-1}\,正弦卯斗=(餘弦斗+\sqrt{-1}\,正弦斗)^{卯}$$

將此式之右邊依二項例詳爲級數如

$$餘弦^{卯}斗+卯餘弦^{卯-1}斗\sqrt{-1}\,正弦斗+\frac{卯(卯-1)}{1\cdot2}餘弦^{卯-2}斗(\sqrt{-1}\,正弦斗)^{2}+\frac{卯(卯-1)(卯-2)}{1\cdot2\cdot3}餘弦^{卯-3}斗(\sqrt{-1}\,正弦斗)^{3}+\cdots$$

得

$$餘弦卯斗=一丅\frac{二}{卯}正弦^{二}斗丄\frac{二·四}{卯(卯丅二)}正弦^{四}斗丅\frac{二·四·六}{卯(卯丅二)(卯丅四)}正弦^{六}斗丄……$$

$$丅\frac{一·二}{卯(卯丅一)}正弦^{二}斗\left[丅\frac{二}{卯丅二}正弦^{二}斗丄\frac{二·四}{(卯丅二)(卯丅四)}正弦^{四}斗丅……\right]$$

$$丄\frac{一·二·三·四}{卯(卯丅一)(卯丅二)(卯丅三)}正弦^{四}斗\left[丅\frac{二}{卯丅四}正弦^{二}斗丄\frac{二·四}{(卯丅四)(卯丅六)}正弦^{四}斗丅……\right].$$

卽

$$餘弦卯斗=一丅\frac{二}{卯}\left(\frac{二}{一}丄\frac{二}{卯丅一}\right)正弦^{二}斗丄\frac{二·三}{卯(卯丅二)}\left[\frac{二·四}{三·一}丄\frac{二}{三}\times\frac{二}{卯丅一}丄\frac{二·四}{(卯丅一)(卯丅三)}\right]正弦^{四}斗丅……$$

惟因

$$\frac{二}{一}丄\frac{二}{卯丅一}=\frac{二}{卯}.$$

$$\frac{二·四}{三·一}丄\frac{二}{三}\times\frac{二}{卯丅一}丄\frac{二·四}{(卯丅一)(卯丅三)}=\frac{二·四}{卯(卯丄二)}.$$

又因 $(一丄天)^{\frac{二}{寅}}$ 詳得之級數與 $(一丄天)^{\frac{二}{卯}}$ 詳得之級數相乘之積必與 $(一丄天)^{\frac{二}{寅丄卯}}$ 詳得之級數相等。如將其天^{末}之倍數求等，即可得上式之公式

$$\frac{二·四……二末}{寅(寅丅二)……(寅丅二末丄二)}丄\frac{二·四……(二末丅二)}{寅(寅丅二)……(寅丅二末丄四)}\times\frac{二}{卯}$$

$$丄\frac{二·四……(二末丅四)}{寅(寅丅二)……(寅丅二末丄六)}\times\frac{二·四}{卯(卯丅二)}丄……=$$

$$\frac{二·四·六………二末}{(寅丄卯)(寅丄卯丅二)……(寅丄卯丅二末丄二)}.$$

所以得

$$餘弦卯斗=$$

$$一丅\frac{一·二}{卯}正弦^{二}斗丄\frac{一·二·三·四}{卯(卯丅三)}正弦^{四}斗丅\frac{一·二·三·四·五·六}{卯(卯丅三)(卯丅四)}正弦^{六}斗丄……$$

㊀.

將虛實兩種項各分爲二式則得

$$餘弦卯斗=餘弦^{卯}斗丅\frac{一·二}{卯(卯丅一)}餘弦^{卯丅二}斗正弦^{二}斗丄\frac{一·二·三·四}{卯(卯丅一)(卯丅二)(卯丅三)}餘弦^{卯丅四}斗正弦^{四}斗]……$$

$$正弦卯斗=\frac{一}{卯}餘弦^{卯丅一}斗正弦斗丅\frac{一·二·三}{卯(卯丅一)(卯丅二)}餘弦^{卯丅三}斗正弦^{三}斗丄\frac{一·二·三·四·五}{卯(卯丅一)(卯丅二)(卯丅三)(卯丅四)}餘弦^{卯丅五}斗正弦^{五}斗丅……$$

此兩式能以本角斗之正弦餘弦爲主，而明任幾倍角卯斗之正弦餘弦級數之理，已能自明，故可任詳至若干級。

第一百三十四款　上款所得之式能變化之，使其式內但有正弦或但有餘弦。

設卯爲偶數，則因 $餘弦^{卯}斗=(一丅正弦^{二}斗)^{\frac{二}{卯}}$，故可在 $餘弦^{卯}斗$ 之級數內將 $餘弦^{卯}斗$ 並 $餘弦斗$ 之偶次自乘數以 $正弦^{二}斗$ 爲主，依二項例詳得之數代之，則

仍以卯為偶數又依同理得

正弦卯斗＝卯餘弦斗[正弦斗丅(一·二·三)/(卯丅三) 正弦^{三}斗丄(一·二·三·四·五)/((卯丅三)(卯丅四)) 正弦^{五}斗丅……]

卯若為奇數則依同理得

餘弦卯斗＝餘弦斗[一丅(一·二)/(卯丅一) 正弦^{二}斗丄(一·二·三·四)/((卯丅一)(卯丅三)) 正弦^{四}斗丅……]

正弦卯斗＝卯正弦斗[一丅(一·二·三)/(卯丅一) 正弦^{二}斗丄(一·二·三·四·五)/((卯丅一)(卯丅三)) 正弦^{四}斗丅……]

（二）

以上四式中之斗若以 三周丅斗 代之又可得 餘弦卯斗 與 正弦卯斗 之別式俱依 餘弦斗 之各方為級數

卯為偶數則

(丅一)^{二分卯}餘弦卯斗＝一丅(一·二)/卯 餘弦^{二}斗丄(一·二·三·四)/(卯(卯丅二)) 餘弦^{四}斗丅……

（三）

(丅一)^{二分卯丅一}正弦卯斗＝卯正弦斗[餘弦斗丅(一·二·三)/(卯丅二) 餘弦^{三}斗丄(一·二·三·四·五)/((卯丅二)(卯丅四)) 餘弦^{五}斗丅……]

卯為奇數則

(丅一)^{二分卯丅一}餘弦卯斗＝卯餘弦斗丅(一·二·三)/(卯(卯丅二)) 餘弦^{三}斗丄(一·二·三·四·五)/(卯(卯丅二)(卯丅四)) 餘弦^{五}斗丅……

（四）

(丅一)^{二分卯丅一}正弦卯斗＝正弦斗[一丅(一·二)/(卯丅二) 餘弦^{二}斗丄(一·二·三·四)/((卯丅二)(卯丅三)) 餘弦^{四}斗丅……]

于以上（一）（二）（三）（四）各式中以 呻一 呻二 呻三 呻四 代其右邊正弦 餘弦所明之各級若其卯為分數末為任何整數則其 餘弦卯斗 正弦卯斗 之同數可從（一）（二）兩式內 正弦斗 各方之級變為

餘弦卯斗＝餘弦卯未周呻丅正弦(卯丅一)未周呻

與

正弦卯斗＝正弦卯未周呷⊥餘弦(卯一)未周呷.

又可從㊂㊃兩式餘弦斗各方之級變為

餘弦卯斗＝餘弦卯(三未⊥二)三周呷⊥餘弦(卯一)(三未⊥二)三周呷.

正弦卯斗＝正弦卯(三未⊥二)三周呷⊥正弦(卯一)(三未⊥二)三周呷.

以上各式用泛倍數之法亦可求得之因其事與微分術相關故此書中不詳論.

其餘弦卯斗,正弦卯斗,化為各乘數之法另于他書中論之(在論相等式之理第二十款)故亦不贅.

第一百三十五款

以餘弦斗為主而明餘弦卯斗之斂級數可用下法求之.

令巳＝天⊥天/二.則一巳人⊥人＝(一天人)(一天/人)即一人(巳人)＝(一天人)(一天/人).此式之左右兩邊若取其訥對

則級數中有卯人遞損一之方如

卯/人(巳人)⊥卯(卯一)/人二(巳人)⊥卯(卯二)/人三(巳人)⊥……＝卯/人(天⊥天/二)⊥…….

所以可將此式之兩邊所有卯人及其遞損一之方之倍數去之仍為相等之

式則得

巳卯⊥卯/一巳卯二⊥卯(卯三)/一·二巳卯四⊥……⊥卯(卯未⊥一)(卯未⊥二)……(卯二未⊥一)/一·二·三……未 巳卯二未⊥……＝天卯⊥天/卯.

若令

餘弦斗⊥(丅一)正弦斗＝天,

餘弦斗⊥(丅一)正弦斗＝天/一.

則

一餘弦斗＝天⊥天/二＝巳,

(二餘弦斗)卯＝巳卯,

二餘弦卯斗＝天卯⊥天/卯.

故得

二餘弦卯斗＝(二餘弦斗)卯⊥卯(二餘弦斗)卯二⊥卯(卯三)/一·二(二餘弦斗)卯四⊥……⊥(丅一)未卯(卯未⊥一)(卯未⊥二)……(卯二未⊥一)/一·二·三……未(二餘弦斗)卯二未⊥…….

用此式之時必求其各級之數至遇 $二餘弦斗$ 之負方而止其

有負方之項亦不用

玆列要說如下

用前式能從 $餘弦斗$ 而得 $餘弦卯斗$ 所以反其術若已知任何角之

餘弦亦能求其卯分之角之餘弦因解其式恆能得卯

所定之實根故以天代其 $餘弦斗$ 而令 $餘弦卯斗$ 爲已知之數甲即

能得卯次乘方之式從此能求得天之同數

又因 $餘弦卯斗＝甲$ 式中 $卯斗$ 之公數爲 $二未周＋角$ 其角爲○與周率間之角

此角之餘弦爲等于甲而未爲任何整數則天之公同

數爲 $餘弦\frac{卯}{一}(二未周＋角)$ 欲得其天之各同數必令未遞爲從○至 $\frac{二}{卯}$ 之

各數以得之

即如從 $\frac{二}{(卯丅一)}$ 之式令卯任爲奇偶 若 $卯＝四$ $甲＝丅\frac{二}{一}$ 則 $角＝\frac{三}{二周}$ 故可

在 $一六天^{四}丅一六天^{二}丄二＝丅一$ 式中得天之各同數爲

$餘弦\left(\frac{十}{一}\frac{六}{周}\right)$

$餘弦\left(\frac{三}{周}\frac{六}{丄一}\frac{六}{周}\right)$

$餘弦\left(周\frac{丄}{一}\frac{六}{周}\right)$

即

$\frac{丄}{丅}餘弦\frac{六}{周}$

$\frac{丄}{丅}餘弦\frac{三}{周}$

若令 $卯＝五$ $甲＝\frac{二}{一}$ 則 $角＝\frac{三}{二}周$ 故可在 $三二天^{五}丅四〇天^{三}丄一〇天＝一$ 式中求得其天之各同數爲

$餘弦六^{〇}$

$餘弦(三〇^{〇}丅一八^{〇})$

$丅餘弦(三〇^{〇}丄一八^{〇})$

$餘弦(五四^{〇}丄三〇^{〇})$

$丅餘弦(五四^{〇}丅三〇^{〇})$

第一百三十六款　若將第一百三十三款之式化之至

右邊有 $(餘弦斗)^{卯}$ 爲乘數如

$正弦卯斗＝(餘弦斗)^{卯}\left[\frac{一}{卯}正切斗丅\frac{一\cdot二\cdot三}{卯(卯丅一)(卯丅二)}正切^{三}斗丄\cdots\cdots\right]$

$餘弦卯斗＝(餘弦斗)^{卯}\left[一丅\frac{一\cdot二}{卯(卯丅一)}正切^{二}斗丄\frac{一\cdot二\cdot三}{卯(卯丅一)(卯丅二)(卯丅三)}正切^{四}斗丅\cdots\cdots\right]$

則可將此兩式以下式

約上式卽得以正切斗爲主而明正切卯斗之式爲

$$正切卯斗=\frac{\frac{卯}{一}正切斗-\frac{卯(卯一)(卯二)}{一\cdot二\cdot三}正切^{三}斗\cdots\cdots}{一-\frac{卯(卯一)}{一\cdot二}正切^{二}斗\cdots\cdots}$$

級數之各項迭爲正負必詳之至得一項爲○而止

要說 如將此式依前款之法以天代正切斗以已知之數甲代其正切卯斗則所得之卯次乘方之式其天之公同數爲正切$\frac{卯}{一}$(未周角)其末爲任何整數角爲○與周率間所有正切＝甲之角欲得天之各同數須令未爲從○至卯一各數以得之

如令卯＝三 甲＝一 則角＝$\frac{四}{二}$周 而天^{三}三天^{二}三天一＝○ 其天之各同數爲正切$\frac{一}{二}$周 正切$\frac{二}{五}$周 正切$\frac{四}{三}$周

卽$\frac{一}{二}$周與$\frac{一}{下}$ 又令卯＝四 甲＝$\frac{一}{下}$ 則角＝$\frac{四}{三}$周 而天^{四}四天^{三}六天^{二}四天一＝○ 其天之各同數爲

正切$\frac{一六}{二三}$周 餘切$\frac{一六}{三}$周 正切$\frac{一六}{}$周 餘切$\frac{一六}{}$周

第一百三十七款 茲依尤拉之法從第一百三十三款正弦卯斗餘弦卯斗之式能化得任何角正弦餘弦之詳級數以本角之眞弧度爲主而明之因以上各式皆不能用弧背求其正弦餘弦故又立此法也

令卯爲正數則能取一數令其卯斗等于已知之任何角以角字代之則卯斗＝角 而卯＝$\frac{斗}{角}$ 從此變得

$$正弦角=\frac{一}{角}\left(\frac{餘弦斗}{}\right)\left(\frac{斗}{正弦斗}\right)-\frac{角(角-斗)(角-二斗)}{一\cdot二\cdot三}\left(\frac{餘弦斗}{}\right)\left(\frac{斗}{正弦斗}\right)^{三}\cdots\cdots$$

$$餘弦角=\left(餘弦斗\right)-\frac{角(角-斗)}{一\cdot二}\left(\frac{餘弦斗}{}\right)\left(\frac{斗}{正弦斗}\right)^{二}+\frac{角(角-斗)(角-二斗)(角-三斗)}{一\cdot二\cdot三\cdot四}\left(\frac{餘弦斗}{}\right)\left(\frac{斗}{正弦斗}\right)^{四}\cdots\cdots$$

此二式

中若令其斗小至爲○，而卯大至無窮，則式中無不能有卯斗二數在內，所存者祇有角而已。

因 斗$=$○，則 餘弦斗$=$一，$\frac{斗}{正弦斗}=$一（見第六十款）；又因 斗$=$○，則 餘弦斗之各乘方與 $\frac{斗}{正弦斗}$ 之各乘方，其方指數無論大至如何，其數必等于一，所以其式能變爲

$$餘弦角=一-\frac{角^{二}}{一\cdot二}+\frac{角^{四}}{一\cdot二\cdot三\cdot四}-\frac{角^{六}}{一\cdot二\cdot三\cdot四\cdot五\cdot六}+\cdots$$

$$正弦角=角-\frac{角^{三}}{一\cdot二\cdot三}+\frac{角^{五}}{一\cdot二\cdot三\cdot四\cdot五}-\cdots$$

惟因卯爲無窮大，故級數之項不能有盡界，然角之同數若爲小數，則可從此兩式推得正弦餘弦之略數，又此兩式無論角之同數如何，恆能爲斂級數。

第一百三十八款　前款所得之兩式，若將上式之三項約其下式之三項，即可得 正切斗 之首三項級數。

然其 正切斗 之詳級數其式爲

$$正切角=角+\frac{角^{三}}{三}+\frac{二角^{五}}{三\cdot五}+\frac{一七角^{七}}{三\cdot三\cdot五\cdot七}+\cdots$$

則不易從其首三項明其成級之法。

又依常理將以上所得之三箇級數各約一（一者即半徑也）即可得 正割角、餘切角、餘割角 之首三項級數。

用倍角之正弦餘弦明本角正弦餘弦之各乘方

第一百三十九款　算學之深處每欲以角之倍數之正弦餘弦爲主而明其本角正弦餘弦之各方。若其所欲求之本角正弦餘弦之某方方指數爲正整之數（此爲常有之事），則其法如下。

令 $餘弦斗+\sqrt{-一}正弦斗=天$，則因

$$(餘弦斗+\sqrt{-一}正弦斗)(餘弦斗-\sqrt{-一}正弦斗)=餘弦^{二}斗+正弦^{二}斗=一$$

所以 $餘弦斗-\sqrt{-一}正弦斗=\frac{一}{天}$。所以兩式相加減得

$$二餘弦斗=天+\frac{一}{天}$$

$$二\sqrt{-一}正弦斗=天-\frac{一}{天}$$

又因依棣美弗所設之例

$$餘弦卯斗+\sqrt{-一}正弦卯斗=天^{卯}$$

$$餘弦卯斗-\sqrt{-一}正弦卯斗=\frac{一}{天^{卯}}$$

則

$$二餘弦卯斗=天^{卯}+\frac{一}{天^{卯}}$$

$$二\sqrt{-一}正弦卯斗=天^{卯}-\frac{一}{天^{卯}}$$

所以得

$$(二餘弦斗)^{卯}=\left(天+\frac{一}{天}\right)^{卯}$$

卽

(二餘弦斗卯)＝天卯上卯天……

將其等距首末而同倍數之項合之爲

(二餘弦斗卯)＝天卯上卯天……

若卯爲偶數則在天卯上之詳級數內其卯上爲奇所以必有

三角五

第(三卯上)方之項爲獨項（不能與他項相合之項也）其獨項之式有兩種。

或爲 一·二·三……三卯 / 卯(卯一)(卯二)……(卯三卯上) 天卯八一。

或爲 一·二·三……三卯 / 卯(卯一)……(三卯上)。

若卯爲奇數則卯上爲偶數所以

其第(三卯上)項之後必有兩項能相合卽有第[三(卯一)上一]方之項與

第[三(卯上)上一]方之項爲雙項如

一·二·三……三(卯一) / 卯(卯一)……(卯三)(卯一上一) 天卯上天。

與

一·二·三……三(卯一) / 卯(卯一)……三(卯三) 天卯上天。

所以若將其天卯上天。

以二餘弦卯斗……代之而以二約之卽得下式

二卯上餘弦卯斗＝餘弦卯斗卯餘弦(卯一)斗……餘弦(卯四)斗……

此式之末

三角五

項視卯之爲偶爲奇而爲

一·二·三……三卯 / 卯(卯一)……(三卯上) 三/三。

或

一·二·三……三(卯一) / 卯(卯一)……三(卯三) 餘弦斗。

卽將至第一箇有負號之角其級數必止而有負角之項不在級數之內若其末項有。度之角則必去其半。

第一百四十款

又若以任若干倍之角之正弦餘弦爲主而明(正弦斗卯)則得

若卯為偶數則式之左邊必為

$二^{卯}(\text{丅}_{一})^{\frac{二}{卯}}正弦^{卯}斗$

而其式之右邊必為

$天^{卯}\text{丅}^{天}_{一} 卯\left(天^{\frac{卯}{一}}\text{丅}^{天}_{二}\right)\text{丄}\cdots$

依餘弦之形有居中之一項與天可不相關其形如

[illegible]

所以若將 $天^{卯}\text{丅}^{天}_{二}$ 以 $二餘弦卯斗$ 代之而以二約之得

$二^{卯}(\text{丅}_{一})^{\frac{二}{卯}}正弦^{卯}斗 = 餘弦卯斗\text{丅}卯餘弦(卯_{二})斗$

$\text{丄}\frac{二\cdot二}{卯(卯_{一})}餘弦(卯_{四})斗\text{丅}\cdots$

$\text{丄}\frac{三}{}(\text{丅}_{一})^{\frac{二}{卯}}\frac{一\cdot二\cdot三\cdots\cdots三卯}{卯(卯_{一})\cdots\cdots(三卯_{一})}$

若卯為奇數則式之左邊必為

$二^{卯}\text{丅}(\text{丅}_{一})^{\frac{二}{卯}}正弦^{卯}斗$

右邊必為

$天^{卯}\text{丅}^{天}_{一}\text{丅}卯\left(天^{\frac{卯}{一}}\text{丅}^{天}_{二}\right)\text{丄}\cdots$

而其居中之兩項與餘弦之形必為

[illegible]

所以若將 $天^{卯}\text{丅}^{天}_{二}$ 以 $二\text{丅}正弦卯斗$ 代之而以二丅約之得

$二^{卯}(\text{丅}_{一})^{\frac{三}{卯}}正弦^{卯}斗 = 正弦卯斗\text{丅}卯正弦(卯_{二})斗$

$\text{丄}\frac{二\cdot二}{卯(卯_{一})}正弦(卯_{四})斗\text{丅}\cdots$

[illegible]

用以上兩式以推正弦^{卯}斗必從初項起挨次推之至恰遇負角之項即止其有負角之項不在級數之內若其末項有○度之角則必去其倍數之半

惟此款及上款之式卯若爲分數則易知其爲不全之式因其右邊只能有一箇同數而左邊可有多箇同數故不全也其級數之全式俟他處論之

角式之反函數

第一百四十一款　凡角之正弦餘弦……漸增漸減只能在一定之限內與角之增減有同比而不能任于何處皆然所以用角字代其角則無論其角式如 角=角⊥二周 與 角=角⊥四周 …… 其正弦餘弦……之同數必無異故名之曰圜環數此數與角之度數漸漸增大者有分別

惟前所論者其正弦餘弦……之本角爲已知之角故可如是若其角之度數未知而欲以正弦餘弦……定之則與已知其角者大不相同因已知之角其正弦餘弦……祇能有一箇同數若但知其正弦餘弦……而求其角則其角可有無窮同數

卽如 正弦六周 祇能有一箇同數爲 二/三 而 正弦=二/三 則角之同數依第三十一款之理令卯爲任何整數可有無窮之同數在其公式 卯周⊥(丅)卯 六周 之中

若以天代其角之正弦或餘弦……則其本角之度數可用 正弦丅天 餘弦丅天 ……明之名曰角式之反函數因角之比例線有人謂之角之三角比例正函數故也

第一百四十二款　用此記號之理可用說以明之

如有數爲天任用何法變之其變之之法若以函數名之則其所變得之數可用 函(天) 紀之

再將其 函(天) 變之其變之之法與變天爲 函(天) 之法無異則其變得之數爲 函[函(天)] 卽 函函(天) 卽 函²(天)

又依同理 函[函(函(天))] 卽 函函函(天) 卽 函³(天) 其他仿此類推則其公式必爲 函寅函亦(天)=函寅⊥亦(天)

依此理設有式爲 函⁰(天) 其意必爲但有天而已矣因若令其 卯=○ 寅=一 則 函[函⁰(天)]=函(天) 所以 函⁰(天)=天 又如令 寅=一 卯=丅一 則能得 函丅(天) 惟因

$函[函^{-1}(天)]=函^{-1}(天)=天$.

所以$函^{-1}(天)$之意即將天用法變之而其法爲函則所得之天與以函變之者相反故$函^{-1}(天)$爲$函(天)$之反函數.

前已言無論何角其角若有一定之同數則其正弦餘弦…只能有一箇同數惟若其正弦餘弦…有一定之同數則其相配之角可多至無窮其故因從第一象限至第四象限內有兩箇不同之角其正弦餘弦正切俱相同又無論何角與二周相加減則其正弦餘弦正切俱不改變所以依第三十一至三十三各款之理若其角之度數爲

$正弦斗=天$, $餘弦斗=天$, $正切斗=天$

之最小正號之角則其反函數之式爲

$斗與正弦^{-1}天=卯周+(-1)^{卯}角$

$斗與餘弦^{-1}天=二卯周\pm角$

$斗與正切^{-1}天=卯周+角$

其卯爲任何正負之整數即○亦通.

凡三角比例之反函數常以所配最小之角度爲其同數惟勿忘除此同數之外尚有多同數.

第一百四十三款 從反函數之法得有用之各式如下.

設

$正切斗=天$, $正切牛=地$,

則

$斗=正切^{-1}天$, $牛=正切^{-1}地$.

惟因

$$正切(斗\bot牛)=\frac{正切斗\bot正切牛}{一\top正切斗正切牛}=\frac{天\bot地}{一\top天地},$$

所以

$$斗\bot牛=正切^{-1}\left(\frac{天\bot地}{一\top天地}\right),$$

即

$$正切^{-1}天\bot正切^{-1}地=正切^{-1}\left(\frac{天\bot地}{一\top天地}\right).$$

又依同理得

$$正切^{-1}天\top正切^{-1}地=正切^{-1}\left(\frac{天\top地}{一\bot天地}\right).$$

又以同法得

$$正弦^{-1}天\pm正弦^{-1}地=正弦^{-1}\left(天\sqrt{一\top地^{二}}\pm地\sqrt{一\top天^{二}}\right).$$

$$餘弦^{-1}天\pm餘弦^{-1}地=餘弦^{-1}\left(天地\mp\sqrt{一\top天^{二}}\sqrt{一\top地^{二}}\right).$$

第一百四十四款 論角之正弦餘弦爲指數並從此所得之事

求 $正弦斗$, $餘弦斗$, $正切斗$, 爲指數之式.

因令戊爲訥對之底（觀二十六卷第十六款）則

[formula]

若變其天爲斗丁．與丁斗丁．卽得

[formula]

與

[formula]

以兩式相加減得

[formula]

[formula]

以

此兩式與第一百三十七款（餘弦斗、正弦斗）之兩式相比則可得

[formula]

[formula]

以約法得

[formula]

以加減與二約得

[formula] （一）

[formula] （二）

此兩式爲至要之式其（二）式易明其從（一）式而出祇須改其斗之正負而已．

又從第一百三十一款知寅若爲分數卽得任何正負號之一自乘寅次之數其原數之式爲（一）寅與（丅）寅其指數之式爲

[formula] （一）

[formula] （丅）

第一百四十五款

以正切爲主而明角之眞弧度可從前款得

[formula]

所以

[formula]

（觀三十六卷第十二款）而

[formula]

此爲古累固里所設之級數．有此式則能以正切爲主而明最小正號角之眞弧度又可用此式以求小于半箇正角之任何弧因其正切斗必小于一之故也．

第一百四十六款　所以若將半箇正角(卽正切為一之角也)分為兩角或多角，使其正切為有理之分數(分母大于分子之數也)，則能推得半箇正角之眞弧度 $\frac{周}{四}$ 之略數。

因若以角與亢為有正切 $\frac{一}{二}$ 與 $\frac{一}{三}$ 之兩角，則

$$正切(角丅亢)=\frac{正切角丅正切亢}{一丄正切角正切亢}=\frac{\frac{一}{二}丅\frac{一}{三}}{一丄\frac{一}{六}}=一=正切\frac{周}{四}$$

所以得

$$\frac{周}{四}=角丅亢=\frac{一}{二}丄\frac{一}{三\times二^{三}}丅\frac{一}{五\times二^{五}}丄\cdots丅\frac{一}{三}丄\frac{一}{三\times三^{三}}丅\frac{一}{五\times三^{五}}丄\cdots$$

$$=\frac{一}{二}丅\frac{一}{三}丄\frac{一}{三}\left(\frac{一}{二^{三}}丅\frac{一}{三^{三}}\right)丅\frac{一}{五}\left(\frac{一}{二^{五}}丅\frac{一}{三^{五}}\right)丄\cdots$$

第一百四十七款　求周率之同數，另有一箇級數比前款之式其斂更速，其式從下法得之。

因 $正切\frac{周}{四}=一$，則從第四十八款之法得 $正切\frac{周}{八}=\sqrt{二}丄一$，而 $正切\frac{周}{一六}=\cdot一九八九=\frac{一}{五}$ 為略數。

所以若 $正切角=\frac{一}{五}$，則四角略大于 $\frac{周}{四}$，卽得 $四角=\frac{周}{四}丅亢$。其亢為小角，惟

因 $正切二角=\frac{\frac{二}{五}}{一丄\frac{一}{二五}}=\frac{五}{一二}$

$正切四角=\frac{\frac{一〇}{一二}}{一丄\frac{二五}{一四四}}=\frac{一二〇}{一一九}$

所以

$$正切亢=正切\left(四角丄\frac{周}{四}\right)=\frac{\frac{一二〇}{一一九}丄一}{一丅\frac{一二〇}{一一九}}=\frac{一}{二三九}$$

所以

$$\frac{周}{四}=四角丄亢=四\left(\frac{一}{五}丄\frac{一}{三\times五^{三}}丅\frac{一}{五\times五^{五}}丄\cdots\right)丄\left[\frac{一}{二三九}丄\frac{一}{三}\left(\frac{一}{二三九}\right)^{三}丅\cdots\right]$$

從此式易得周率三·一四一五九二六五九二五六五三五

因前式能變之為

$$\frac{一〇}{八}\left[一丅\frac{三}{一}\times\frac{\cdot〇}{三二}丅\frac{七}{\cdot}\times\frac{一}{\cdot二八}丅\cdots\right]=二\cdot八\left[丅\frac{三}{一}\left(\cdot〇三二\right)丅\frac{五}{一}\left(\cdot〇〇一二八\right)丅\cdots\right]$$

其

$$\frac{周}{四}=四正切^{丅一}\frac{一}{五}丄正切^{丅一}\frac{一}{二三九}$$

式亦能以

$$\frac{周}{四}=四正切^{丅一}\frac{一}{五}丄正切^{丅一}\frac{一}{七〇}丅正切^{丅一}\frac{一}{九九}$$

代之，如欲推周率之多位小數，則用此代法最便。

第一百四十八款　更有數種級數亦于深算學中用之。

已有 $\text{正弦}\,亢=寅\,\text{正弦}(角-亢)$ 而欲以寅之各方增大之級明其亢，如將其正弦以指數之式明之為

$$\frac{泝^{亢}-泝^{-亢}}{二\sqrt{-一}}=\frac{泝}{寅}\left[泝^{(角-亢)\sqrt{-一}}-泝^{-(角-亢)\sqrt{-一}}\right]$$

所以

$$泝^{二亢\sqrt{-一}}-一=寅\left[泝^{(角+亢)\sqrt{-一}}-泝^{角\sqrt{-一}}\right]$$

卽

$$泝^{二亢\sqrt{-一}}\left(一-寅泝^{-角\sqrt{-一}}\right)=一-寅泝^{角\sqrt{-一}}$$

所以

$$泝^{二亢\sqrt{-一}}=\frac{一-寅泝^{角\sqrt{-一}}}{一-寅泝^{-角\sqrt{-一}}}$$

所以

$$二亢\sqrt{-一}=對\left(一-寅泝^{角\sqrt{-一}}\right)-對\left(一-寅泝^{-角\sqrt{-一}}\right)$$

$$=寅\left(泝^{角\sqrt{-一}}-泝^{-角\sqrt{-一}}\right)+\frac{寅^{二}}{二}\left(泝^{二角\sqrt{-一}}-泝^{-二角\sqrt{-一}}\right)+\frac{寅^{三}}{三}\left(泝^{三角\sqrt{-一}}-泝^{-三角\sqrt{-一}}\right)+\cdots\cdots$$

若將此式之兩邊各以泝約之，而以相配之正弦代其指數之式卽得

$$亢=寅\,\text{正弦}\,角+\frac{寅^{二}}{二}\text{正弦}\,二角+\frac{寅^{三}}{三}\text{正弦}\,三角+\cdots$$

所以其寅若為小于一之數，則易求得其亢。若亢為甚小之角，而欲得其秒數者，可用一秒之正弦約其亢而得之，此卽第六十二款之理也。

若令角與亢為三角形內對甲乙兩邊之角，又以寅代其$\frac{丙}{乙}$，則$寅=\frac{丙}{乙}$，而從以上之級數式能得一式，以角並其兩邊為主而明其亢。因兩邊與其角相關之故，能以

$$\frac{\text{正弦}(角-亢)}{\text{正弦}\,亢}=\frac{丙}{乙}$$

明之，亦能以

$$\text{正弦}\,角\,\text{餘切}\,亢-\text{餘弦}\,角=\frac{乙}{丙}$$

明之，則

$$\text{正切}\,亢=\frac{丙\,乙\,\text{餘弦}\,角}{乙\,\text{正弦}\,角}=\frac{一-寅\,\text{餘弦}\,角}{寅\,\text{正弦}\,角}$$

卽

$$\text{正切}\left(亢+\frac{二}{三}角\right)=\frac{丙+乙}{丙-乙}\text{正切}\frac{二}{角}=\frac{一+寅}{一-寅}\text{正切}\frac{二}{角}$$

○觀第一百七十款

則可知以上之級數必從上兩箇相等式之任一式而出。

第一百四十九款

又有一法，令卯為分數，則能以斗倍數之正弦餘弦為主，將其指數之式以明 $(二餘弦斗)^{卯}$。

令冑為 $(二餘弦斗)^{卯}$ 與 $(一)^{卯}$、$(卜)^{卯}$，依二餘弦斗而定正負之數，若其二餘弦斗為

正，則

$$(一)^{卯}冑=(二餘弦斗)^{卯}=(一)^{卯}(戊^{斗卜}\perp戊^{卜斗卜})^{卯}$$

卽

$$(一)^{卯}冑=戊^{二卯未周卜}(戊^{卯斗卜}\perp卯戊^{(卯二)斗卜}\perp\frac{卯\cdot二}{卯(卯一)}戊^{(卯四)斗卜}\perp\cdots\cdots)$$

卽第一百四十四款

$$(餘弦二卯未周\perp卜正弦二卯未周)冑=餘弦(二卯未周卯斗)\perp卯餘弦[二卯未周(卯二)斗]$$
$$\perp\frac{卯\cdot二}{卯(卯一)}餘弦[二卯未周(卯四)斗]\perp\cdots\cdots$$
$$\perp卜\{正弦[二卯未周卯斗]\perp卯正弦[二卯未周(卯二)斗]$$
$$\perp\frac{卯\cdot二}{卯(卯一)}正弦[二卯未周(卯四)斗]\perp\cdots\cdots\}$$

如將此式中有理之項無理之項各作一相等式，卽能得冑之同數，其未為從。至卯卜間之任一數，其巳為卯分數中之分母。

若二餘弦斗為負數，則 $(二餘弦斗)^{卯}=(卜)^{卯}冑$，其所得之數與前相同，惟必以 $二未(\perp一)周$ 代其二未周而已。

如欲得二正弦斗之分指數級數，亦可依同法求之。

論三角式之他種用處

第一百五十款 三角式中常借副角入算，其所謂副角者，為其正弦餘弦……非本三角中所有，惟以此角入本式，則便于推算。

用副角之事，前已言之，卽如有兩邊夾一角而求其夾角之對邊是也。茲論更有數事可用副角推之者。

假如甲與乙非為數目，但為幾倍之角之正弦餘弦所成之式，求將甲卜乙變之以便用對數推算。法令甲為其甲乙二數中之大者，則

$$甲\frac{\perp}{\top}乙=甲\left(一\frac{\perp}{\top}\frac{乙}{甲}\right)=甲正割^{二}斗$$

或

$$=甲餘弦^{二}斗$$

其正負號並用之

意謂其 $\frac{甲}{乙}=正切斗$ $\frac{甲}{乙}=正弦斗$ 也

若用副角變其 $甲餘弦角+乙正弦角$ 為他式而有 $丙正弦(角+斗)$ 之形又令 $\frac{乙}{甲}=正切斗$ 則其

$甲餘弦角+乙正弦角=乙(正切斗餘弦角+正弦角)=\frac{餘弦斗}{乙}正弦(斗+角)$ 或 $=\sqrt{甲^2+乙^2}\,正弦(斗+角)$

第一百五十一款 以副角之法解二次方程式

先將所設之式變為 $天^2+巳天+午=〇$ 或 $天^2+巳天-午=〇$ 其巳為或正或負之數而午原為正數（此變法依相等式之理恆能為之）

㈠將 $天^2+巳天+午=〇$ 變之為 $天=-\frac{1}{2}巳\pm\frac{1}{2}\sqrt{巳^2-4午}$ 此式中若 $巳^2$ 大于 $4午$ 則能從 $正弦斗=\frac{2\sqrt{午}}{巳}$ 而得斗角之數故其所求之根為 $天=-\frac{1}{2}巳(1\mp餘弦斗)$ 卽 $天=-巳正弦^2\frac{1}{2}斗$ $天=-巳餘弦^2\frac{1}{2}斗$

若 $天=-\frac{1}{2}巳\pm\frac{1}{2}\sqrt{巳^2-4午}$ 式中之 $巳^2$ 小于 $4午$ 而根號內之式為虛數則可令 $正割斗=\frac{巳}{2\sqrt{午}}$ 所以得 $天=-\frac{1}{2}巳(1\mp\sqrt{-1}\,正切斗)$ 為所求之二根

㈡將 $天^2+巳天-午=〇$ 變之為 $天=-\frac{1}{2}巳\pm\frac{1}{2}\sqrt{巳^2+4午}$ 則能從 $正切斗=\frac{2\sqrt{午}}{巳}$ 而得其斗角之數故其所求之根為 $天=-\frac{1}{2}巳(1\mp正割斗)=-\frac{1}{2}巳\frac{餘弦斗\mp1}{餘弦斗}=\mp\sqrt{午}\frac{正弦斗}{餘弦斗\pm1}$ 卽 $天=\sqrt{午}\,正切\frac{1}{2}斗$ $天=-\sqrt{午}\,餘切\frac{1}{2}斗$ 依第四十九款之式可得其同數

以上㈠㈡兩式中若其巳為負則必變令巳為正始可解之惟亦必變其所得兩根之正負方能合題

第一百五十二款 不但二次方程式可用副角之法解之即三次方程式亦然

從第四十四款之例 人丅四三人丅四甲＝○。其人之同數爲 餘弦三分角。或 餘弦 三分二周十角。

其角爲有 餘弦＝甲 之最小正號之角。

設有三次式 天丅午天丅未＝○。可令 天＝寅人。則變爲 人³丅寅午人丅寅未＝○。與前式相比則

其 寅午＝四三。寅未＝四甲。所以 寅＝二√(午三)。甲＝二未(午三)。而天之同數爲 二√(三午)餘弦三分角。與 二√(三午)餘弦 三分二周十角。

而其 餘弦角＝二未(午三)。因 餘弦角 小于一故必得 四未² < 二七午³。

第一百五十三款　依算學級數求角級數之正弦餘弦……之和數。

將第五十款之末式以 角丄二卯亢 代呷 以亢代吃則得 餘弦[角丄(二卯丅一)亢]丅餘弦[角丄(二卯丄一)亢]＝二正弦(角丄二卯亢)正弦亢。若

令此式中之卯遞代一二三以至卯之各數則能得卯箇不同之式從

餘弦(角丄亢)丅餘弦(角丄三亢)＝二正弦(角丄二亢)正弦亢。

餘弦(角丄三亢)丅餘弦(角丄五亢)＝二正弦(角丄四亢)正弦亢。

以至

餘弦[角丄(二卯丅一)亢]丅餘弦[角丄(二卯丄一)亢]＝二正弦(角丄二卯亢)正弦亢。

將其諸式相加而以 二正弦亢 約之則得

正弦(角丄二亢)丄正弦(角丄四亢)丄正弦(角丄六亢)丄……丄正弦(角丄二卯亢)

＝[餘弦(角丄亢)丅餘弦[角丄(二卯丄一)亢]] / 二正弦亢 ＝ 正弦[角丄(卯丄一)亢]正弦卯亢 / 正弦亢。

若以 角丄亢 代其角則級數之各奇項其

號必變而偶項之號不變所以得

丅正弦(角丄二亢)丄正弦(角丄四亢)丅正弦(角丄六亢)丄……丄(丅一)^卯正弦(角丄二卯亢)

＝ 二餘弦亢 ／ 丅正弦(角丄亢)丄(丅一)^卯正弦[角丄(二卯丄一)亢].

又以同理從

正弦[角丄(二卯丄一)亢]丅正弦[角丄(二卯丅一)亢]＝二餘弦(角丄二卯亢)正弦亢

式起得各級之和數為

餘弦(角丄二亢)丄餘弦(角丄四亢)丄……丄餘弦(角丄二卯亢)＝ 正弦亢 ／ 餘弦[角丄(卯丄一)亢]正弦卯亢.

與

丅餘弦(角丄二亢)丄餘弦(角丄四亢)丅……丄(丅一)^卯餘弦(角丄二卯亢)＝ 二餘弦亢 ／ 丅餘弦(角丄亢)丄(丅一)^卯餘弦[角丄(二卯丄一)亢].

此以三周丄角代其角

從前式得之。

第一百五十四款　又有數式可用上款相同之法而得角級數之和。

用第五十六款之

正切(卯丄一)角丅正切卯角＝ 餘弦卯角餘弦(卯丄一)角 ／ 正弦角

式令卯遞代一二三至卯之各數而取所得諸式之和

正割角正割二角丄正割二角正割三角丄……丄正割卯角正割(卯丄一)角＝ 正弦角 ／ 正切(卯丄一)角丅正切角.

又可從

餘切卯角丅餘切(卯丄一)角＝ 正弦卯角正弦(卯丄一)角 ／ 正弦角

式得

餘割角餘割二角丄餘割二角餘割三角丄……丄餘割卯角餘割(卯丄一)角＝ 正弦角 ／ 餘切角丅餘切(卯丄一)角.

又如從第四十九款之

$$2^{卯-1}\text{正切}\,2^{卯-1}角=2^{卯-1}\text{餘切}\,2^{卯-1}角-2^{卯}\text{餘切}\,2^{卯}角$$

式內令卯遞代一二三至卯之各數而取所得各式之和為

$$\text{正切}角+2\,\text{正切}\,2角+2^2\text{正切}\,2^2角+\cdots+2^{卯-1}\text{正切}\,2^{卯-1}角$$

$$=\text{餘切}角-2^{卯}\text{餘切}\,2^{卯}角$$

若以 $\frac{角}{2^{卯}}$ 代其角，又以 $2^{卯}$ 約之，變為

$$\frac{1}{2}\text{正切}\frac{角}{2}+\frac{1}{2^2}\text{正切}\frac{角}{2^2}+\cdots+\frac{1}{2^{卯}}\text{正切}\frac{角}{2^{卯}}=\frac{1}{2^{卯}}\text{餘切}\frac{角}{2^{卯}}-\text{餘切}角$$

此式中若令卯為無窮，則級數之和必為 $\frac{1}{角}-\text{餘切}角$。因其 $\text{正切}\frac{角}{2^{卯}}=\frac{角}{2^{卯}}$，所以 $\text{餘切}\frac{角}{2^{卯}}=\frac{2^{卯}}{角}$。

第一百五十五款　又有數式可將正弦餘弦與其指數之同數代之而得其級數之和。即如用無窮項之級數

$$天\,\text{正弦}角+天^2\text{正弦}\,2角+天^3\text{正弦}\,3角+天^4\text{正弦}\,4角+\cdots$$

命其和數為呻，欲求呻之同數，可令

$$2\sqrt{-1}\,\text{正弦}角=人-\frac{1}{人}$$

則

$$2\sqrt{-1}\,\text{正弦}\,2角=人^2-\frac{1}{人^2}$$

……而

$$2\,\text{餘弦}角=人+\frac{1}{人}$$

所以

$$2\sqrt{-1}\,呻=天\left(人-\frac{1}{人}\right)+天^2\left(人^2-\frac{1}{人^2}\right)+\cdots=天人+天^2人^2+天^3人^3+\cdots-\left(\frac{天}{人}+\frac{天^2}{人^2}+\frac{天^3}{人^3}+\cdots\right)$$

$$=\frac{天人}{1-天人}-\frac{天人^{-1}}{1-天人^{-1}}=\frac{天\left(人-人^{-1}\right)}{1-天\left(人+人^{-1}\right)+天^2}=\frac{2天\sqrt{-1}\,\text{正弦}角}{1-2天\,\text{餘弦}角+天^2}$$

所以得

$$呻=\frac{天\,\text{正弦}角}{1-2天\,\text{餘弦}角+天^2}$$

又以同法可從

天餘弦角丄$\frac{一}{二}$天餘弦二角丄……

得

呻＝$\frac{一}{二}$(一丅二天餘弦角丄天^{二})/(一丅天^{二})丅一

第一百五十六款

如欲求無窮級數

甲正弦斗丅$\frac{一}{二}$甲^{二}正弦二斗丄$\frac{一}{三}$甲^{三}正弦三斗丅……

之和可命其和等于呻。又令

$\sqrt{二丅一}$正弦斗＝人丅$\frac{一}{人}$。

則

$\sqrt{二丅一}$呻＝甲(人丅$\frac{一}{人}$)丅$\frac{一}{二}$甲^{二}(人^{二}丅$\frac{一}{人^{二}}$)丄$\frac{一}{三}$甲^{三}(人^{三}丅$\frac{一}{人^{三}}$)丅……＝對(一丄甲人)丅對(一丄甲人^{丅一})

＝對$\left(\frac{一丄甲人^{丅一}}{一丄甲人}\right)$。

所以

戊$^{二\sqrt{二丅一}呻}$＝$\frac{一丄甲人^{丅一}}{一丄甲人}$。

$\frac{戊^{二\sqrt{二丅一}呻}丄一}{戊^{二\sqrt{二丅一}呻}丅一}$＝$\frac{二丄甲(人丄人^{丅一})}{甲(人丅人^{丅一})}$＝$\frac{二丄二甲餘弦斗}{二甲\sqrt{二丅一}正弦斗}$

而

正切呻＝$\frac{一丄甲餘弦斗}{甲正弦斗}$。

即

呻＝正切^{丅一}$\left(\frac{一丄甲餘弦斗}{甲正弦斗}\right)$。

第一百五十七款

題

設有

天＝餘切斗。

或

正切^{丅一}天＝$\frac{一}{二}$周丅斗。

欲求

正切^{丅一}(天丄辛)丅正切^{丅一}天＝辛正弦斗正弦斗丅$\frac{一}{二}$辛^{二}正弦^{二}斗正弦二斗丄$\frac{一}{三}$辛^{三}正弦^{三}斗正弦三斗丅……

之證。

則可從前款所得之式令

甲＝辛正弦斗。

則

呻＝正切^{丅一}$\left(\frac{一丄辛正弦餘弦斗}{辛正弦^{二}斗}\right)$＝正切^{丅一}$\frac{一丄餘切斗丄辛餘切斗}{辛}$＝正切^{丅一}$\left[\frac{一丄天(天丄辛)}{辛}\right]$

＝正切^{丅一}(天丄辛)丅正切^{丅一}天。

觀第一百四十三款

所以若將其呻之

同數等于各級之和數卽得

$\text{正切}\frac{\text{天}}{\text{丅}}\left(\text{天}\frac{\text{辛}}{\text{丅}}\right)\text{正切}\frac{\text{天}}{\text{丅}}=$

$\frac{\text{辛正弦斗正弦斗}}{\text{丅三}}+\frac{\text{辛正弦斗正弦二斗}}{\text{丄三}}+\frac{\text{辛正弦斗正弦三斗}}{\text{丅三}}\cdots$

第一百五十八款　求將$\frac{\text{正弦斗}}{\text{餘弦斗}}$化爲各乘數

若令斗$=○$，斗$=\text{丄周}$，斗$=\text{丄二周}$……斗$=\text{丄卯周}$，其卯爲任何整數，則斗變爲○之時，必有他同數不能變爲○。所以其正弦斗必等于各乘數斗，$\text{丅}\frac{\text{斗}}{\text{周}}$，$\text{丄}\frac{\text{斗}}{\text{周}}$，$\text{丅}\frac{\text{斗}}{\text{二周}}$……及與斗不相關之數甲連乘之積。所以可作

$\text{正弦斗}=\text{甲斗}\left(\text{丅}\frac{\text{周}}{\text{斗}}\right)\left(\text{丅}\frac{\text{三周}}{\text{斗}}\right)\left(\text{丅}\frac{\text{三周}}{\text{斗}}\right)\cdots$

惟因斗$=○$，則$\frac{\text{斗}}{\text{正弦斗}}$之限爲一，而其甲必等于一，所以得

$\text{正弦斗}=\text{斗}\left(\text{丅}\frac{\text{周}}{\text{斗}}\right)\left(\text{丅}\frac{\text{三周}}{\text{斗}}\right)\left(\text{丅}\frac{\text{三周}}{\text{斗}}\right)\cdots$

又因斗$=\text{丄}\frac{\text{三}}{\text{周}}$，斗$=\text{丄}\frac{\text{三}}{\text{三周}}$……斗$=\text{丄}\frac{\text{三}}{\text{三卯周}}$，其卯爲任何整數，則餘弦斗變爲○之時，其各數不能變爲○。所以餘弦斗必等于$\text{丅}\frac{\text{周}}{\text{二斗}}$，$\text{丄}\frac{\text{周}}{\text{二斗}}$，$\text{丅}\frac{\text{三周}}{\text{二斗}}$……各數與斗不相關之數連乘之積。惟因斗等于○之時，其餘弦斗$=$一，則其各乘數連乘之積不能不等于一，所以

$\text{餘弦斗}=\left(\text{丅}\frac{\text{周}}{\text{四斗}}\right)\left(\text{丅}\frac{\text{三周}}{\text{四斗}}\right)\left(\text{丅}\frac{\text{五周}}{\text{四斗}}\right)\cdots$

第一百五十九款

如于解開正弦斗之式中，令斗$=\text{丄}\frac{\text{三}}{\text{周}}$，則

$\text{一}=\text{丄三周}\left(\text{丅}\frac{\text{一}}{\text{三}}\right)\left(\text{丅}\frac{\text{一}}{\text{四}}\right)\left(\text{丅}\frac{\text{一}}{\text{六}}\right)\cdots\left[\text{丅}\frac{\text{一}}{\text{三卯}}\right]$

此式中之卯等于無

窮所以 $\frac{二}{周}=\frac{一\cdot三}{二^{二}}\times\frac{三\cdot五}{四^{二}}\times\frac{五\cdot七}{六^{二}}\cdots\cdots\frac{(二卯丅一)(二卯丄一)}{(二卯)^{二}}$。 其卯亦為無窮，此為華里司所設之式。

若將前式中之各乘數連乘得積，即為 正弦斗/餘弦斗 依斗之方數之級數。若將所得之數與一百三十七款 正弦斗/餘弦斗 之式相比，即得

$\left(一丄\frac{一}{二^{二}}\right)\left(一丄\frac{一}{二^{二}}\right)\left(一丄\frac{一}{三^{二}}\right)\left(一丄\frac{一}{四^{二}}\right)\cdots\cdots=\frac{六}{周^{二}}$。

$\left(一丄\frac{一}{二^{二}}\right)\left(一丄\frac{一}{三^{二}}\right)\left(一丄\frac{一}{五^{二}}\right)\left(一丄\frac{一}{七^{二}}\right)\cdots\cdots=\frac{八}{周^{二}}$。

興化劉彝程校算

三角數理卷六（原書以此至第八卷為附卷）

英國海麻士輯

英國 傅蘭雅 口譯

金匱 華蘅芳 筆述

此卷專論對數

對數之理

第一款 如有式 $卯=甲^{天}$，其甲為任何正負之數，則天之各同數為與卯相配之各對數，而其甲為對數之底。

從此例則卯之甲底對數可作 對$_{甲}$卯 以明之。

所以 $卯=甲^{天}$ 與 $天=對_{甲}卯$，皆為指明卯甲天三數相關之式。

第二款 凡正號之數可用任何非一之正號數之乘方以得之。

即如于 $卯=甲^{天}$ 式內，令甲為大于一之正數，則以天迭代從○至無窮所能有之各實數，則其卯能有從○至無窮之各同數。

若天為負數而等于丅人，則 $卯=甲^{丅人}=\frac{一}{甲^{人}}$，如令人有從○至無窮

之各同數則卯可有從一至○之各同數．所以天從下∞遞變至上∞則$甲^{天}$從○遞變至∞．卽爲凡所能有之正號之數．

如甲小于一而將前式變之爲$\left(\frac{一}{甲}\right)^{天}=\frac{一}{卯}$則從已證明之理，因$\frac{一}{甲}>一$則天變爲各數其$\frac{一}{卯}$與卯皆可變爲各正數．

第三款　凡對數之底不能爲一亦不能爲負．因一之各乘方皆爲一而負數之各方或爲正或爲負或爲虛不能有挨次而下之數則其數必有不全之處所以一與負數俱不能爲對數之底．惟正號之數其各乘方恆爲正數所以除一之外皆能爲對數之底．

第四款

因$甲^{一}=甲$．$甲^{○}=一$．又$甲^{下∞}=○$．或$甲^{上∞}=○$．依甲之大小于一而異則從以上所有之界說可見無論何種對數其底之對數必爲一其一之對數必爲○其○之對數或爲上∞或爲下∞依其底之大小于一而異故$對_{甲}甲=一$，$對_{甲}一=○$，$對_{甲}○=\mp∞$．

底若大于一則從$甲^{天}=卯$式可知眞數愈增則對數亦愈增又可知凡大于一之數其對數爲正凡小于一之數其對數爲負．

底若小于一則其例與前相反凡眞數之大于一者其對數爲負小于一者其對數爲正．

設于$甲^{天}=卯$之式中令甲爲任何正號之數卯爲已知之數則天之所配算學級數可求至任何相近幾與卯等于底之整方數無異．

如$甲^{二}=卯$與$甲^{三}=卯$……其對數必爲整數二與三……惟卯若不適等于底之整方則其對數必爲奇零

第五款　若令甲爲不變之數而以卯遞代從一而增之正整數于$甲^{天}=卯$式中求得其天之各同數依次序列之卽得甲底之對數表．

惟因對數之底甲可用任何正號之數爲之故對數表可用無窮幅數然無論有任一幅對數若以常乘數乘其各對數可變爲他底之一幅對數．

第六款 有甲底之對數表欲變之爲乙底之對數表只須以常乘數 $\frac{對_甲乙}{一}$ 乘之卽得.

令卯爲任何數其在甲底乙底兩表中所配之對數爲天與地則 $卯=甲^{天}$. $卯=乙^{地}$. 所以 $甲^{天}=乙^{地}$. $甲^{\frac{地}{天}}=乙$. 而 $\frac{地}{天}=對_甲乙$. 卽 $地=\frac{對_甲乙}{一}天$.

卯爲任何數其甲底之對數爲天若以 $\frac{對_甲乙}{一}$ 乘之卽得卯在乙底之表中相配之對數其常乘數 $\frac{對_甲乙}{一}$ 爲乙底

之表根與甲底之表根之比例數.

又如 $天=一$ 則 $卯=甲$. 而 $地=對_乙甲$. 所以 $對_乙甲\times對_甲乙=一$.

第七款 茲將對數性情中最要之理顯之.

凡相乘積之對數等于各本數之對數之和.

令天地爲寅卯二數之甲底對數則 $寅=甲^{天}$. $卯=甲^{地}$. 故以此兩式相乘得 $寅卯=甲^{天⊥地}$. 則依界說 $天⊥地=對_甲(寅卯)$. 惟因 $天=對_甲寅$. $地=對_甲卯$. 故 $對_甲(寅卯)=對_甲寅⊥對_甲卯$.

此例無論寅與卯有何同數其式必爲眞所以若變其卯爲卯巳則 $對_甲(寅卯巳)=對_甲寅⊥對_甲(卯巳)=對_甲寅⊥對_甲卯⊥對_甲巳$. 因用此法可推至任若干數相乘所以得公例云任若干數相乘積之對數等于各乘數之對數相加.

第八款 任何數約得之數其對數等于實之對數中減去法之對數. 因 $寅=甲^{天}$. $卯=甲^{地}$. 則 $\frac{卯}{寅}=\frac{甲^{地}}{甲^{天}}=甲^{天⊤地}$. 所以 $對_甲\left(\frac{卯}{寅}\right)=天⊤地=對_甲寅⊤對_甲卯$.

第九款 任何數之某乘方其對數等于本方邊之對數與其方指數相乘.

因 $寅=甲^{天}$. 則 $寅^{未}=(甲^{天})^{未}=甲^{未天}$. 所以 $對_甲(寅^{未})=未天=未對_甲寅$. 其未爲任何正負整分各數.

第十款 任何數之某方根其對數等于以根指數約其本數之對數.

因 $寅=甲^{天}$ 則 $\sqrt[未]{寅}=\sqrt[未]{甲^{天}}=甲^{\frac{未}{天}}$ 所以 $對_甲(\sqrt[未]{寅})=\frac{未}{天}=\frac{未}{一}(對_甲寅)$.

第十一款　所以凡欲將兩數相乘或約者可在對數表中檢得兩數之對數或相加或相減則其對數之和數較數必為兩眞數乘得約得之數之對數故可再于本表中檢得其乘得約得之眞數

如欲知任何數之某乘方或某方根則可在對數表中檢得本數之對數而以方指數根指數乘之約之再檢表中之對數有與乘約所得之對數相等者則其對數之眞數即為所求之方或根

由此可見若所設所求之數不出乎表之限（尋常之對數表以十萬為限）則可以加減之法代乘約又可以乘約代乘方開方

凡算式中乘約之數最繁者用對數能得簡易因有數種算法用對數易推之若不用對數而用尋常之乘約開方則其數之繁幾非人力所能為此對數能變繁為簡之證也然尋常之各數相加或各數相減者又無法能用對數更使其簡易

第十二款　對數之幅數雖有無窮然算學家常用之表祇有兩種一為訥白爾對數一為十進對數

算學中凡遇最深之幾何理大抵皆用訥對推之因訥對之底為不能推盡之數故恆以戊字代之截取其八位之數為二·七一八二八一八

十進之對數因為算學中所常用故又謂之常對數其對數之底為一〇恆以甲字代之因此數同于常數進位之底故其表比他表更能完備

常對數亦從訥對推出其所用之常乘數即為常對之根

觀某書第六款

$$危=\frac{對_{戊}一〇}{一}=\frac{二·三〇二五八五〇九}{一}$$

$$=〇·四三四二九四四八$$

$$對_{一〇}卯=(〇·四三四二九四四八)對_{戊}卯$$

式則其理自明矣

此書中所有論對數之式每以對卯代對$_{戊}$卯而推算之時每用對卯代對$_{一〇}$卯如有不合此例者必隨處明言之如此則雖不記其底數亦不慮混淆矣因訥對與常對各有一定之用處故也

論常對數之性情

第十三款　常對數之表凡遇眞數非為十之乘方處其對數俱為不盡之數故表中只能列其略數而以小分數明之

所以其對數為一位整數以下俱為小數若其眞數小于一則其對之全同數（即一位整數與多位小數之和）必為負

惟表中所列者祇有正號之對數而無負對數茲設一法能將一切數之對數(卽眞數小于一之負對數與眞數大于一之正對數也)俱能在一表中包括之其表中祇列正對數之小數而不列其整數(凡對數在定位之點以前者爲整數亦謂之首數在定位之點以後者爲小數)

第十四款　負對數有法能變之但令其首數爲負

令負對數爲 $-(卯+丁)$ 其卯爲首數丁爲小數因 $-(卯+丁)=-卯-丁=-(卯+一)+(一-丁)$ 則其新小數丁不爲負所以負號之全對數可變之爲但有首數爲負之數其法祇須將首數加一而以小數減一之數加之

反之若有首數獨爲負之數亦能變之使全爲負數法將其小數如前變之而以一減其首數卽得

如 $-(二·二三四六八九九)=-三+(一-·二三四六八九九)=-三+·七六五三一〇一=\bar{三}·七六五三一〇一$ 其負號不寫于首數之旁而寫于首數之上其意謂祇有首數與此號有相關也此爲簡寫之之法若從詳寫則當作 $-三+·七六五三一〇一$ 如欲將此數仍變爲全負數則其式爲

$\bar{三}·七六五三一〇一=-三+·七六五三一〇一=-三-(-·七六五三一〇一)=-(二·二三四六八九九)$

以上已證明無論何數之對數俱可用正號之小數茲欲論用何法能定其首數及正負

第十五款　凡眞數從定位之點起其左有卯位則常對之首數爲 $卯-一$　凡眞數若爲小數從定位之點起至第一箇有數之位其間有卯位爲〇則其常對之首數爲 $卯+一$ 而負

因眞數有卯位則必在 $一〇^{卯-一}$ 與 $一〇^{卯}$ 之間其 $一〇^{卯-一}$ 爲有卯位之最小數所以本數之對數在 $一〇^{卯-一}$ 之對數與 $一〇^{卯}$ 之對數之間卽必在 $卯-一$ 與卯之間故必爲 $卯-一$ 與小數相和而成而其首數爲 $卯-一$

若眞數爲小數則從第一箇有數之位至定位之點其間有卯位爲〇而其數必在 $一〇^{-卯}$ 與 $一〇^{-卯-一}$ 之間因 $一〇^{-卯-一}$ 爲有卯箇〇位在定位之點至第一位有數之間之最小分數所以其數之對數必在 $一〇^{-卯}$ 與 $一〇^{-卯-一}$ 之對數之間卽在 $-卯$ 與 $-(卯+一)$ 之間此對數若用正號之小數明之必爲 $-(卯+一)$ 與小數相加故其首數爲負而等于 $卯+一$ 卽等于從定位之點至第一位有數之處之位數

第十六款　用對數之時凡遇負對數常用祗有首位爲負之數入算乃此書之常例也然用此法明負對則以任何數乘之或約之之時其間有數件異事不可不知茲設數例以明之

設對數祗有首位爲負而欲以他數乘之則必勿忘其首數與小數有相反之號

卽如 丅三·七六五三一〇一×四＝丅三×四丄〇·七六五三一〇一×四＝丅九·〇六一二四〇四

設對數祗有首位爲負而欲以他數約之則必將其首數改之使其約得之首數爲整數亦改其正數以就之

如 丅七·三二九五六四二 欲以三約之必令 丅七·三二九五六四二＝丅九丄二·三二九五六四二 所以約得之數爲 丅三·七七六五二一四

題　用對數求 ·〇〇〇〇七 之 五四〇 方根

已知
對七＝·八四五〇九八〇
對九八二四三九四＝·九九二三〇五七

對(·〇〇〇〇七)^(一/五四〇)＝(一/五四〇)(丅五丄·八四五〇九八)＝(一/五四〇)(丅五四〇丄五三五·八四五〇九八)＝丅一丄·九九二三〇五七＝對(·九八二四三九四)

卽求得之方根爲 ·九八二四三九四

第十七款　常對數內首數之別惟在眞數大小于定位之點之位數而其小數則相同

如令卯爲任何整眞數丣爲其對數之首數丁爲其對數之小數則 對卯＝丣丄丁 若令 卯×一〇^寅 則其有數之位與卯同但其單位之數移上寅位則

對(卯×一〇^寅)＝對一〇^寅丄對卯＝(寅丣)丄丁 其首數爲寅丣其小數與對卯之小數相同

又如令眞數之小分數爲 卯/一〇^寅 則其有數之位與卯相同惟其數移下寅位故

對(卯/一〇^寅)＝對卯丅對一〇^寅＝丣丅寅丄丁

若所設之分數大于一則卯大于一〇^寅而對卯大于寅卽其卯不小于寅故 對(卯/一〇^寅)＝(卯丅寅)丄丁 其首數卯丅寅爲正而小數與對卯之小

數同.

惟所設之分數小于一則卯小于寅○.所以對卯小于寅而

對(寅○/卯)＝下(寅丅卯)丄丁.

此式之對數以但有首數爲負之數明之其小數與對卯之小數同.

第十八款 從以上諸說可見常對之底與數目進位之底相同則有便益之處如下.

眞數無論爲整爲分一視其數卽能知對數之首數當爲若干.故首數可不必列于表中.

因表中之對數不列首數故表中之任一數皆可爲數目相同大小不同之各數所公用.

如表中之·五三八六一七本爲三·四五六七之對數.亦能爲三四五六七○ 三四五六七 三四五·六七 三四·五六七 三·四五六七 ·三四五六七 ·○三四五六七……各數之對數之小數則其三四五六七無論升降若干位俱可以用表中之·五三八六一七爲對數之小數所以對數表內所列之小數本專爲某數之對數而設者可供無窮他數之用.祇須定其首數而已.

若對數之底與算數進位之底不同者則其表不能有此簡便通用之法也.

如訥白爾對數其對戊二＝·六九三一四七一.而對戊二○＝對戊二丄對戊一○＝·六九三一四七一丄二·三○二五八五○＝二·九九五七三二二.對戊·二＝丅(一·六○九四三七九).所以其對戊二 對戊二○ 對戊·二

在表中必各列一對數其求小分數之對數最簡便之法必變爲常分數而求其母子兩對數之較.

第十九款 用對數表之法

對數表內以眞數從一起至若干數爲限與其各對數之小數並列爲表其首數恆不列于表中.

常用之對數表有從一至十萬之各數其眞數以五位爲限其對數之小數推至七位.

凡用對表以推算者其事共有兩種.一爲有任何眞數欲從表得其對數.二爲有任何對數欲從表得其眞數.

第二十款 設有任何數卯欲從表得其對數.

無論其卯爲整數爲分數爲小數其對數之首數俱易定其爲何數.

若其卯除小數之外整數不大于五位者則其對數之

小數檢表即得.

若其卯除小數之外整數之位不在表之限內(謂整數多于五位者)則必將其定位之點移之使其整數能在表之限內而檢其對數之小數.

令卯內所有整數之一分爲卯而小數爲丁令丑爲卯對之小數房爲卯與卯丁兩數之對數較(此較數表中常列)即有比例式 一:丁::房:天 故必以天之同數(丁乘房)加于丑方能得卯丁之對數小數此亦爲所設小數之對數小數.

以上之法其理簡而易明即如眞數之等相較者若與對數之等相較者相配則對數之較數與眞數之較數恆有比例故知上法絶無錯誤.

觀第二十三款所列之對數表可知眞數遞加則對數之較略近于常數其眞數愈大則對數之較愈近于常數故用以上之比例式以求其數若卯爲數之極大者則不甚有差. 此即謂對數之長數與眞數之長數略有比例之理爲用對數時最要之事也若能用之謹愼雖表之界限甚小亦易推得其界外之各數.

一題 有眞數三四五六七求其對數.

于第二十三款所載之一頁對數表內之卯行檢其眞數(三四五六)于〇行內檢得其前三位數(五三八)于七行內檢得其後四位數(六六一七)另加首數即得(對三四五六七=四·五三八六六一七)

二題 有眞數三四五六七八九求其對數.

此數只能令其五位爲整則(卯丁=三四五六七八九) 若但論其整數(對卯)之小數而不計其首數即得(對三四五六七=·五三八六六一七) 惟(卯丁)之大于(三四五六七)其數爲(八九)而(三四五六八)之對數大于所有之(三四五六七)之對數爲(·〇〇〇一二六)即(一二六)爲七位小數之末三位若以爲對數之長數與眞數之長數有比例而以第二倚對數中所欲加之數爲天則其比例式爲(一:·八九::一二六:天) 所以(天=一二六×·八九=一二六×八九/一〇〇=一一二·一四) 若棄其小于七

夫眞數之長數與對數之長數雖可勉强相比究非眞有比例也惟眞數甚大而長數小則所差者極微而可不計故所設之數其右邊截去之位愈少愈佳謂必取表限中所能容之最大數也。若卯大于十萬而丁小于一則有法能證其比例之差不入七位小數之內

三題　有眞數三四五六七八九八七求其對數。

此數必截去下四位而從表中之數用比例法推其與八九八七每位相配之較得

一二六╳·○八＝一·○一

一二六╳·○九＝一·一三

一二六╳·○○八＝·一○一

一二六╳·○○○七＝·○○八八

以此各數加入表中檢得之數又加首數即得八·五三八六七三○爲所求之對數。

觀此可知末一箇比例數所得之數從其七與對數之第七位小數已不相關所以凡截眞數之尾作小數而多于三位者則第四位與以下各位皆可作爲○。

若卯內有小數則不問其小數而視卯如全爲整數依第十九款之例其對數之小數當不變又因其首數爲易知之數可加于其前如

對三四·五六七八九＝一·五三八六七二九

對·○○三四五六七八九＝丅·五三八六七二九

位之數一四則得天＝一一二所以

對三四五六七八九＝·五三八六六一七

丅·○○○○一一二＝·五三八六七二九

而

對三四五六七八九＝六·五三八六七二九

又有一法可省其一二六與八九相乘之事因觀表中一二六之下列有較數之比例分數此即爲較數之十分之一十分之二……即一二六以一二三至九之各數乘之之各積數而尾數之外其小于五者棄之大于五者以一收之則可取八與九所對之數徑得

一二六╳·○八＝一·○一

一二六╳·○九＝一·一三

又一二六╳·○九＝一一所以得

一二六╳·○八九＝一·○一—一＝一一二

其推算之式可列之如

卯＝三四五六七八九

對三四五六七　＝·五三八六六一七

一(較一二六)

·八(一二六╳八)　一○一

·○九(一二六╳九)　一一

∴對三四五六七八九　＝六·五三八六七二九

第二十一款　所以眞數若多于五位而不在常表之限內者其求對數之法如下

先求其首五位眞數之對數小數宛如眞數爲小數而不論其定位之點以求其對數者然又于較數行內取其向上之較從比例之分數取其與第六位相配之分第七位之十分之一相配之分第八位之百分之一相配之分……依各分而得比例數將各數依位與首五位之對數小數相加卽得有六七八位眞數之對數小數再審眞數之大小知應加某數爲首

第二十二款　用表之第一件事爲有對數哶而欲用檢表之法得其相配之眞數

若其哶之小數丑表中有此數則祇須取其相配之眞數而所有之首數能定其單位之點

若所設之對數其丑不在表中可于表中檢其略小于丑之數丑′命其眞數爲卯又取卯′相配之數（卽丑′之命下一數）其與丑相較之數爲房又令丑′丑之較（丑′丑）爲房′則得比例式 房:房′::一:天 而 $天=\frac{房}{房'}$ 將此分數化爲小分而與卯相加則得一數其對數之小數爲丑故從此能得所求之數惟必依前法審其首數以定單位之點

若所設之對數全爲負必先化之使其小數爲正而後如上法求之

一題　有對數五五三八六六一七求其眞數

命所設之數爲哶于表之〇行內檢得略小于哶之之小數者爲 五三八五七三七 此數與卯行之 三四五六 相對（觀二十三款之表）再于 三四五六 之後得 三四五六七 因首數爲五故所求之數爲 三四五六七〇 橫看至第七行得哶之末四位小數 六六一七 所以將七加

二題　有對數二五三八六七二九求其眞數

依前法檢表知所設之小數必在 五三八六六一七 五三八六七四三 之間其所配之眞數爲 三四五六七 惟因所設之小數大于 五三八六六一七 其較爲 一一二 則知所配之眞數必比 三四五六七 稍大若將 三四五六七 加一則對數之較爲 一二六 依中比例之理可令長數爲天而 一二六:一一二::一:天 則其

天＝一二六/一一二＝○八九

所以若不論其位數之大小則所求之數爲三四五六七八九

惟因所設之首數爲二故知所求之數必爲三四五六七八九

如用有比例分數之表則可省其以一一六約一一二之事因觀較數一二六之比例分數其小于一一二之數爲一○一此數與八相配又其餘數一一若于右加以○而爲一一○卽與其與九相配之數一一三所差無幾所以可定其一一○與九相配而一一與○九相配所以可徑得其所求之數爲三四五六七八九

如前依其首數以定位卽得所求之數爲三四五六七八九其算式列之如下

咀＝二五三八六七二九
○五三八六六一七　三四五六七
一一二
一○一　○八
一一
一一　○○九
三四五六七八九

三題　有對數丅(一·四六一四八二二)求其眞數

先化爲咀＝丅二五三八六一七八乃依前法得所求之數爲·○三四五五五五

第二十三款　所以凡有對數欲求眞數而表中無此眞數者其法如下

不論其首數但于表中檢略小于所設之小數而取其相配之五位眞數又求其對數之較爲房再于較數行內求其上一數之對之較又在比例分數內查得小于房之數爲巳取其所配之數爲第六位小數再將巳與房相減而求其午此爲較數房多十倍之小一箇比例數而以午所配之數爲第七位小數再將午與房相減而在其較數之十倍之小一箇比例數取其所配之數爲第八位小數如是求得七八位眞數乃從所設之首數以定其位

玆恐學者倘未明故于對數表內錄出一篇以爲式

比例分		較數	九
	一二六	一二六	九三二四
			○五八二
一	一三		一八四○
二	二五		三○九八
三	三八		四三五五
四	五○		五六一二
五	六三		六八六八
六	七六		八一二四
七	八八		九三八○
八	一○一		○六三五
九	一一三		

卯	〇	一	二	三	四	五	六	七	八
三四五〇	五三七八一九一	八三一七	八四四三	八五六九	八六九四	八八二〇	八九四六	九〇七二	九一九八
五一	九四五〇	九五七五	九七〇一	九八二七	九九五三	〇〇七九	〇二〇五	〇三三〇	〇四五六
五二	五三八〇七〇八	〇八三四	〇九五九	一〇八五	一二一一	一三三七	一四六三	〇五八八	一七一四
五三	一九六六	二〇九二	二二一七	二三四三	二四六九	二五九五	二七二〇	二八四六	二九七二
五四	三二二三	三三四九	三四七五	三六〇一	三七二六	三八五二	三九七八	四一〇三	四二二九
五五	四四八一	四六〇六	四七三二	四八五八	四九八三	五一〇九	五二三五	五三六〇	五四八六
五六	五七三七	五八六三	五九八九	六一一四	六二四〇	六三六六	六四九一	六六一七	六七四三
五七	六九九四	七一一九	七二四五	七三七一	七四九六	七六二二	七七四七	七八七三	七九九九
五八	八二五〇	八三七五	八五〇一	八六二七	八七五二	八八七八	九〇〇三	九一二九	九二五[illegible]
五九	九五〇六	九六三一	九七五七	九八八二	〇〇〇八	〇一三三	〇二五九	〇三八四	〇五一[illegible]

表之卯行中列前四位眞數其第五位眞數在卯之橫行中　其〇行中有 三四五〇〇 三四五一〇 三四五二〇 …… 各眞數之對數小數其首三位之數爲下數所公用故不重列他行亦然

卽如第五行內爲 三四五〇五 三四五一五 三四五二五 …… 各眞數之對數小數之後四位而其前三位與〇行同故不重列所以其對數之七位小數爲 五三七八八二〇 五三八〇〇七九 五三八一三三七 ……

表中有比〇更小之意因其數之前三位見于〇行中而茲從第四位起故有從九變爲〇之處

第二十四款

凡用對數入算有時必將數箇對數相加乃將其和數以減他對數者如遇此種之事可變之而用加法法將所欲減之各對數取其餘數與他對數相加而將所得之和數依用負對數之法而減去若干十　取餘數之法將末位之數與十相減他位各與九相減則所得之數名曰對餘數

茲列一算式以明其理式中所用之各數俱從上一篇表中所檢得者也

$$\text{天}=\frac{(\text{三·四五二九})^{\frac{\text{二}}{\text{三}}}(\text{三·四五六七})^{\frac{\text{五}}{\text{二}}}}{(\text{三·四五一七})^{\frac{\text{二}}{\text{九}}}(\text{三·四五九八})^{\frac{\text{一七}}{\text{二}}}}$$

$\frac{\text{二}}{\text{九}}$對(三·四五一七)＝二·四二一一四八五

$\frac{\text{一七}}{\text{二}}$對(三·四五九八)＝〇·〇三一七〇八九

$\frac{\text{二}}{\text{三}}$對(三·四五二九)＝九·一九二七八〇七

$\frac{\text{五}}{\text{二}}$對(三·四五六七)＝九·八九二二六七七

∴丁二〇　　對天＝一·五三七九〇五八

三四五〇六　　〇·五三七八九四六

一一二

〇·九　　一一三

∴天＝三四·五〇六九

論指數及對數之級數

第二十五款

茲欲將^{天}甲化爲級數依天之各乘方自小而大序之卽將任何數依其對數增大之各方成級數也其各法如下

因 $天=〇$ 則 $甲^{天}$ 爲一，其級數一項必爲一。又因 $甲=1+(甲-1)$ 所以其

$$甲^{天}=[1+(甲-1)]^{天}=$$

$$1+天(甲-1)+\frac{天(天-1)}{1\cdot 2}(甲-1)^{二}+\frac{天(天-1)(天-2)}{1\cdot 2\cdot 3}(甲-1)^{三}+\cdots=$$

$$1+\left[(甲-1)-\frac{1}{2}(甲-1)^{二}+\frac{1}{3}(甲-1)^{三}-\frac{1}{4}(甲-1)^{四}+\cdots\right]天+\cdots$$

則可令

$$甲^{天}=1+巳_{一}天+巳_{二}天^{二}+巳_{三}天^{三}+\cdots$$

其

$$巳_{一}=(甲-1)-\frac{1}{2}(甲-1)^{二}+\frac{1}{3}(甲-1)^{三}-\cdots$$

爲天之倍數，$巳_{二}$、$巳_{三}$……爲天他方之倍數，此皆爲未定之數，所以與天之大小無相關。求其同數之法，用 $甲^{天}$ 之變式入所其知之理，于上級數中將天變爲地，將天變爲天＋地，則得兩式：

一爲

$$甲^{地}=1+巳_{一}地+巳_{二}地^{二}+巳_{三}地^{三}+\cdots$$

一爲

$$甲^{天+地}=1+巳_{一}(天+地)+巳_{二}(天+地)^{二}+巳_{三}(天+地)^{三}+\cdots$$

惟因

$$甲^{天}\times甲^{地}=甲^{天+地}$$

必有

$$(1+巳_{一}天+巳_{二}天^{二}+巳_{三}天^{三}+\cdots)(1+巳_{一}地+巳_{二}地^{二}+巳_{三}地^{三}+\cdots)$$

$$=1+巳_{一}(天+地)+巳_{二}(天+地)^{二}+巳_{三}(天+地)^{三}+\cdots$$

之形，所以將兩邊各方之項詳之而化去其地，則得

$$巳_{一}+巳_{一}巳_{一}天+巳_{一}巳_{二}天^{二}+巳_{一}巳_{三}天^{三}+\cdots=巳_{一}+二巳_{二}天+三巳_{三}天^{二}+四巳_{四}天^{三}+\cdots$$

因此式無論天爲何數必合，則天之同方各倍數

$$二巳_{二}=巳_{一}^{二}$$

$$三巳_{三}=巳_{一}巳_{二}$$

$$四巳_{四}=巳_{一}巳_{三}$$

……故可從此得

$$巳_{二}=\frac{巳_{一}^{二}}{1\cdot 2}$$

$$巳_{三}=\frac{巳_{一}^{三}}{1\cdot 2\cdot 3}$$

$$巳_{四}=\frac{巳_{一}^{四}}{1\cdot 2\cdot 3\cdot 4}$$

……將此各同數代入其本級數中，得

$$甲^{天}=1+\frac{巳_{一}天}{1}+\frac{巳_{一}^{二}天^{二}}{1\cdot 2}+\frac{巳_{一}^{三}天^{三}}{1\cdot 2\cdot 3}+\frac{巳_{一}^{四}天^{四}}{1\cdot 2\cdot 3\cdot 4}+\cdots$$

其

$$巳_{一}=(甲-1)-\frac{1}{2}(甲-1)^{二}+\frac{1}{3}(甲-1)^{三}-\frac{1}{4}(甲-1)^{四}+\cdots$$

此式所明 $巳_{一}$ 之級數，有數種最要之性情，于後款解之。又可見 $甲^{天}$ 之級數內，其 $巳_{一}$ 與天恆

爲同方

第二十六款　上款所得 $甲^{天}$ 之級數旣無論天爲何數必合于理則可令 $巳天=一$ 卽 $天=\frac{一}{巳}$ 所以得 $甲^{\frac{一}{巳}}=一+\frac{一}{一}+\frac{一}{一\cdot二}+\frac{一}{一\cdot二\cdot三}+\frac{一}{一\cdot二\cdot三\cdot四}+\cdots$ 此式若依常法以戊代其右邊級數則爲 $甲^{\frac{一}{巳}}=戊$ 而其 $甲=戊^{巳}$ 所以巳爲有以戊爲底之一幅對數中甲之對數卽 $巳=對_{戊}甲$ 所以得

$甲^{天}=一+\frac{(對_{戊}甲)天}{一}+\frac{(對_{戊}甲)^{二}天^{二}}{一\cdot二}+\frac{(對_{戊}甲)^{三}天^{三}}{一\cdot二\cdot三}+\cdots$ 若有指數之式 $戊^{天}$ 令 $甲=戊$ 又 $對_{戊}甲=對_{戊}戊=一$ 卽可得 $戊^{天}=一+\frac{天}{一}+\frac{天^{二}}{一\cdot二}+\frac{天^{三}}{一\cdot二\cdot三}+\cdots$ (一)又可得 $對_{戊}甲=巳=(甲-一)-\frac{一}{二}(甲-一)^{二}+\frac{一}{三}(甲-一)^{三}-\cdots$ (二)此兩式在深算學中爲用甚廣其(一)式以

訥對爲主而明任何數若卯爲大于天之第二箇整數則級數從其第卯項起爲斂級數因各項從其前項變之至整數小于一而恆變小也其(二)式以本數明其訥對如以卯代甲卽得 $對_{戊}卯=(卯-一)-\frac{一}{二}(卯-一)^{二}+\frac{一}{三}(卯-一)^{三}-\cdots$ 又因 $對_{甲}卯=\frac{一}{對_{戊}甲}對_{戊}卯$ 則 $對_{甲}卯=\frac{一}{對_{戊}甲}\left[(卯-一)-\frac{一}{二}(卯-一)^{二}+\frac{一}{三}(卯-一)^{三}-\cdots\right]$ 此式中若

卯大于二則各項之數漸增大而爲發級數惟有數種巧法能變其形使爲甚速之斂級數

如將其卯以 $卯^{\frac{一}{寅}}$ 代之則 $對_{戊}卯$ 可以 $\frac{一}{寅}對_{戊}卯$ 代之其級數變爲 $對_{戊}卯=寅\left[(卯^{\frac{一}{寅}}-一)-\frac{一}{二}(卯^{\frac{一}{寅}}-一)^{二}+\frac{一}{三}(卯^{\frac{一}{寅}}-一)^{三}-\cdots\right]$ 若其卯大于一可取寅爲大數至得 $卯^{\frac{一}{寅}}$ 大

于一之數爲甚小如令 寅＝三/未 則求卯之平方根至未次即

得 寅/卯 之同數然此法用以推算對數不勝其繁更有

簡捷之法俟後論之

第二十七款

戊之同數 ＝ 二 ┴ 一/二 ┴ 一/二·三 ┴ 一/二·三·四 …… 爲無界限之級數因 一/二·三 ┴ 一/二·三·四 …… 小于無窮項

之幾何級數 一/三 ┴ 一/三 ┴ 一/三 …… 此式之總數爲一 所以其戊必在二與三之

間若以爲戊之同數可用有窮之分數明之設其數爲

卯/寅 則 卯/寅 ＝ 二 ┴ 一/二 ┴ 一/二·三 ┴ …… ┴ 一/二·三……卯 …… 將左右兩邊以 二·三……(卯－一)卯 乘之得 二·三……(卯－一)寅 ＝ [illegible] ┴ 卯(卯－一) ┴ 卯(卯－一)(卯－二) …… 其卯爲整

數惟因 一/(卯┴一) ┴ 一/(卯┴一)(卯┴二) ┴ 一/(卯┴一)(卯┴二)(卯┴三) …… 小于幾何級數 一/(卯┴一) ┴ 一/(卯┴一)² …… 此式之總數爲 一/卯、

則可知若將小于 一/卯 之分數與其卯相加而云其和

必可爲整數則于理不合也所以可知其戊必爲無盡

之數

若將級數之數項變爲無盡之小數因其各項之數爲

次第相生以三約第其二項之數即得第三項以四約

其第三項之數即得第四項順是以下依此類推故得

戊之同數爲

＝二．七一八二八一八 ┴ 三八〇〇 ┴ 三三三 〇八〇〇 ┴ 一六六六 四〇 ┴ 九九九九 ┴ 五 ┴ 二 ……

又有法能攷知但用級數卯項之和與戊之同數之差其限爲全項之和數卽 $\frac{一·二·三\cdots卯}{一}\left[\frac{卯丄一}{一}丄\frac{(卯丄一)(卯丄二)}{一}丄\cdots\right]$. 依此法證之知其差必小于 $\frac{一·二·三\cdots卯}{一}\times\frac{卯}{一}$. 惟因求 $天^{甲}$ 之級數時又得一箇級數亦能以本數爲主而明其對數茲因此式爲算學中最要之式故更用他法證之.

第二十八款

求將 對$_甲$(一丄天) 化爲以天之各方詳之之級數.

凡 對$_甲$天 不能化爲有 呷丄吃天丄呐$天^二$丄…… 之形因令 天=○. 則 對$_甲$天 變爲無窮故也惟 對$_甲$(一丄天). 則能變得此形之級數因 天=○ 之時其式亦能爲○.所以其式中不能有不與天相關之項又不能有天之負方之項則得㊀式如下.

對$_甲$(一丄天)=呷天丄吃$天^二$丄呐$天^三$丄叮$天^四$丄……

㊀ 若變其天爲 天丄地. 則得

對$_甲$(一丄天丄地)=呷(天丄地)丄吃$(天丄地)^二$丄呐$(天丄地)^三$丄……

惟因

一丄天丄地=(一丄天)$\left(一丄\frac{地}{一丄天}\right)$.

故

對$_甲$(一丄天丄地)=對$_甲$(一丄天)丄對$_甲$$\left(一丄\frac{地}{一丄天}\right)$.

若將㊀式中之天變爲 $\frac{地}{一丄天}$. 則得

對$_甲$$\left(一丄\frac{地}{一丄天}\right)=\frac{呷地}{一丄天}丄\frac{吃地^二}{(一丄天)^二}$……

所以又可從此式得

對$_甲$(一丄天丄地)=對$_甲$(一丄天)丄$\frac{呷地}{一丄天}丄\frac{吃地^二}{(一丄天)^二}$……

此爲 對$_甲$(一丄天丄地) 之第二式因兩式中地之同方倍數必相等故可將

呷丄二吃天丄三呐$天^二$丄四叮$天^三$丄……$=\frac{呷}{一丄天}$.

兩邊各以 一丄天 乘之又化之得

呷丄(二吃丄呷)天丄(三呐丄二吃)$天^二$丄(四叮丄三呐)$天^三$丄……=○.

因天為未定之數故可令

$呷+二吃=0$

$二吃+三呐=0$

$三呐+四叮=0$

$\cdots\cdots$

則

$吃=-\frac{一}{二}呷$

$呐=\frac{一}{三}呷$

$叮=-\frac{一}{四}呷$

$\cdots\cdots$

所以得

$對_{甲}(一+天)=呷\left(天-\frac{天^{二}}{二}+\frac{天^{三}}{三}-\frac{天^{四}}{四}+\cdots\cdots\right)$

此式因無論天為何數必合于理則令

$一+天=甲$

依第二十六款之理得

$對_{甲}甲=一=呷\left[(甲-一)-\frac{(甲-一)^{二}}{二}+\frac{(甲-一)^{三}}{三}-\cdots\cdots\right]=呷對_{甲}甲$

所以得

$對_{甲}(一+天)=\frac{一}{對_{戊}甲}\left(天-\frac{天^{二}}{二}+\frac{天^{三}}{三}-\frac{天^{四}}{四}+\cdots\cdots\right)$

第二十九款

又有一法能不用$對_{戊}甲$之詳式而徑得其倍數呷

因

$\frac{對_{甲}(一+天)}{天}=呷\left(一-\frac{天}{二}+\frac{天^{二}}{三}-\cdots\cdots\right)$

可見若$天=0$則呷必為$\frac{對_{甲}(一+天)}{天}$之同數若令$天=\frac{一}{卯}$則得

$\frac{對_{甲}(一+天)}{天}=卯對_{甲}\left(一+\frac{一}{卯}\right)=對_{甲}\left(一+\frac{一}{卯}\right)^{卯}$

惟因

$\left(一+\frac{一}{卯}\right)^{卯}=一+卯\times\frac{一}{卯}+\frac{卯(卯-一)}{一\cdot二}\times\frac{一}{卯^{二}}+\cdots\cdots$

$=二+\left(\frac{一}{二}-\frac{一}{二卯}\right)+\left(\frac{一}{二}-\frac{一}{二卯}\right)\left(\frac{一}{三}-\frac{二}{三卯}\right)+\cdots\cdots$

若令$卯=\infty$則$天=0$而式之右邊變為戊之同數

$二+\frac{一}{一\cdot二}+\frac{一}{一\cdot二\cdot三}+\cdots\cdots$

所以

$呷=對_{甲}戊=\frac{一}{對_{戊}甲}$

此依第六款之理所以得

$對_{甲}(一+天)=\frac{一}{對_{戊}甲}\left(天-\frac{天^{二}}{二}+\frac{天^{三}}{三}-\cdots\cdots\right)$

又若令$甲=戊$即得

$對_{戊}甲=對_{戊}戊=一$

則

$對_{戊}(一+天)=天-\frac{天^{二}}{二}+\frac{天^{三}}{三}-\cdots\cdots$

第三十款　從以上數款之法能證前所云凡眞數大而較數小則眞數之長數與對數之長數可略有比例．如

$$對_{一〇}(卯+丁)-對_{一〇}卯=對_{一〇}\left(一+\frac{卯}{丁}\right)=\frac{卯}{危丁}\left(一-\frac{二卯}{丁}+\frac{三卯}{丁}-\cdots\cdots\right)=危\frac{卯}{丁}.$$

此因卯爲大數丁爲小數則括弧內之乘數可棄之不用若 $丁=一$ 則 $對_{一〇}(卯+一)-對_{一〇}卯=\frac{卯}{危}$．惟因 $對_{一〇}(卯+一)-對_{一〇}卯$ 爲表中相連兩對數之較如令此表中之較數爲房則 $對_{一〇}(卯+丁)-對_{一〇}卯=丁房$．卽 $對_{一〇}(卯+丁)=對_{一〇}卯+丁房$．依此式可從本數之上下兩數而得本數之對數．

反之若 $對_{一〇}(卯+丁)-對_{一〇}卯$ 爲已知之數而等于房則 $丁=\frac{房}{房'}$ 將此分數加于卯卽成卯與卯+一兩對數之間相配之眞數之分數．

第三十一款　茲欲攷明用中比例法求表中所無之對數及眞數所差之數其限若何．

因其 $對(卯+丁)-對卯$ 在 $\frac{卯}{危丁}\left(一-\frac{二卯}{丁}\right)$ 與 $\frac{卯}{危丁}$ 之間則所差者必在 $\frac{卯}{危丁}\left(一-\frac{二卯}{一}\right)$ 與 $\frac{卯}{危丁}$ 之內所以此二式卽可爲其差之限．

又易知其略近之同數 $丁房$ 必同在極大極小之限內．

因此兩數必小于所用之限之較則若令 $丁房$ 爲 $對(卯+丁)-對卯$ 之同數則所有之差必小于 $\frac{二卯}{危丁}$ 若 $卯>一〇〇〇〇〇$ 而 $丁<一$ 則其分數必小于 $\frac{二〇〇〇〇〇〇〇〇〇}{〇四三}$ 卽小于第八位小數之四二可見其差必不能入所求對數之七位小數以內．

又令丁等于 $\frac{房}{房'}$ 其所差爲 $\frac{房}{丁房-房'}$ 則依前理其所差必小于 $\frac{二卯房}{危丁}$ 惟因 $房>\frac{卯}{危}\left(一-\frac{二卯}{一}\right)$．$房>危\frac{二卯}{二卯-一}$．何況 $丁\frac{房}{房'}<\frac{二卯-一}{丁}$．$丁\frac{房}{房'}<\frac{二〇〇〇〇}{一}$．惟此爲 $卯>一〇〇〇〇$ 者

言之若$\frac{房}{房}$為丁之同數其差與所求得之首四位小數可不相關.

第三十二款

惟其

$$對_{戊}(一\perp天)=天丅\frac{二}{天^{二}}\perp\frac{三}{天^{三}}丅……$$

之級數若天之同數不小于一則不能為斂級數然亦可從此式變得他式之級數合于天有更大同數之用.

如將前式之天變為丅天.則

$$對_{戊}(一丅天)=丅天丅\frac{二}{天^{二}}丅\frac{三}{天^{三}}丅……$$

乃將

$對_{戊}(一丅天)$.

$對_{戊}(一\perp天)$.

兩級數相減即得$一\perp天$以$一丅天$約之之對數之級數

$$對_{戊}\left(\frac{一丅天}{一\perp天}\right)=二\left[\frac{一}{天}\perp\frac{三}{天^{三}}\perp\frac{五}{天^{五}}\perp……\right].$$

式內之$\frac{一丅天}{一\perp天}$

若以$\perp\frac{卯}{人}$代之則

$$天=\frac{二卯\perp人}{人}.$$

惟因

$$對_{戊}\left(一\perp\frac{卯}{人}\right)=對_{戊}\left(\frac{卯}{卯\perp人}\right)=對_{戊}(卯\perp人)丅對_{戊}卯.$$

故得

$$對_{戊}(卯\perp人)=對_{戊}卯\perp二\left[\frac{二卯\perp人}{人}\perp\frac{三}{一}\left(\frac{二卯\perp人}{人}\right)^{三}\perp\frac{五}{一}\left(\frac{二卯\perp人}{人}\right)^{五}\perp……\right].$$

此式最便于用若卯為大數.人為小數.則從$對_{戊}卯$能增至$對_{戊}(卯\perp人)$.

若于前式中令人=一.則得

$$對_{戊}(卯\perp一)=對_{戊}卯\perp二\left[\frac{二卯\perp一}{一}\perp\frac{三}{一}\left(\frac{二卯\perp一}{一}\right)^{三}\perp\frac{五}{一}\left(\frac{二卯\perp一}{一}\right)^{五}\perp……\right].$$

(一).

第三十三款 前款之$\frac{一丅天}{一\perp天}$.若以$\frac{卯}{寅}$代之則級數中之

天當以 $\frac{寅\top卯}{寅\perp卯}$ 代之故得

$$對_戊\left(\frac{寅}{卯}\right)=二\left[\frac{寅\top卯}{寅\perp卯}+\frac{一}{三}\left(\frac{寅\top卯}{寅\perp卯}\right)^三+\frac{一}{五}\left(\frac{寅\top卯}{寅\perp卯}\right)^五+\cdots\cdots\right]$$ (二)。

從此可用小數卯之對數而得大數寅之對數亦可更得數式其寅卯之數必能化為簡乘數所不同者惟在末項而已。如此則其寅丅卯為常數(數即眞)而其寅丄卯必函其變數之一方或多方在內所以必得寅卯最大乘數之對數以他乘數之對數明之而為速斂之級數。

即如令 $寅=天^二$，$卯=天^二\top一$。則 $\frac{寅\top卯}{寅\perp卯}=\frac{一}{二天^二\top一}$。而

$$對_戊\left(\frac{寅}{卯}\right)=二對_戊天\top對_戊(天\top一)\top對_戊(天\perp一)。$$

所以得

$$對_戊(天\perp一)=二對_戊天\top對_戊(天\top一)\top二\left[\frac{一}{二天^二\top一}\perp\frac{一}{三}\left(\frac{一}{二天^二\top一}\right)^三\perp\cdots\cdots\right]$$ (三)。

用此式若已有相連之兩數天丅一與天之訥對則能求得相連第三數之訥對。

又有法能求得他式與前式之用法相同。

即如用第三十二款之式以 $\frac{一}{天}$ 代其天而以 二天 約之則得

$$\frac{一}{二天}對\left(\frac{天\perp一}{天\top一}\right)=\frac{一}{天}\perp\frac{一}{三天^三}\perp\frac{一}{五天^五}\perp\cdots\cdots。$$

惟因

$$對(天\top一)=對天\left(一\top\frac{一}{天}\right)=對天\top\frac{一}{天}\top\frac{一}{二天^二}\top\frac{一}{三天^三}\top\cdots\cdots。$$

所以相加得

$$\left(一\perp\frac{一}{二天}\right)對(天\perp一)\perp\left(一\top\frac{一}{二天}\right)對(天\top一)=二對天\top\frac{一}{二\cdot三天^四}\top\frac{二}{三\cdot五天^六}\top\frac{三}{四\cdot七天^八}\top\cdots\cdots。$$

又依同理在(二)式內令

$$寅=(天\perp二)(天\top一)^二=天^三\top三天\perp二，$$
$$卯=(天\top二)(天\perp一)^二=天^三\top三天\top二。$$

即更得一式能連其四箇數天丄二、天丅二、天丄一、天丅一之對數。

第三十四款　用以上各種級數推算各對數若眞數為小數根則必用(一)式。

即如令 卯=一，卯=二……。則得

$$對_戊二=二\left[\frac{一}{三}\perp\frac{一}{三\times三^三}\perp\frac{一}{五\times三^五}\perp\frac{一}{七\times三^七}\perp\cdots\cdots\right]=$$
$$二[.三三三三三三三三三三三\perp.〇一二三四五六七九\perp.〇〇〇八二三〇四五\perp.〇〇〇〇六五三二一\perp.〇〇〇〇〇五六四五\perp.〇〇〇〇〇〇五一三\perp.〇〇〇〇〇〇〇四八\perp\cdots\cdots]=二[.三四五六七三五九〇]=.六九三一四七一八〇。$$

$$對_戊三=對_戊二\perp二\left[\frac{一}{五}\perp\frac{一}{三\times五^三}\perp\frac{一}{五\times五^五}\perp\cdots\cdots\right]=對_戊二\perp\frac{四}{一〇}\perp\frac{一六}{三\times一〇^三}\perp\frac{六四}{五\times一〇^五}\perp\cdots\cdots=一.〇九八六一二二九。$$

若眞數爲大數根則必用㊂式若眞數非數根必化開之使其乘數爲數箇數根先求各數根之對數以得其全數之對數。

即如

$對_戊五 = 二對_戊四 丅 對_戊三 丅 二\left[\frac{三一}{一} 丄 \frac{三}{一}\left(\frac{三一}{一}\right)^{三} 丄 \frac{五}{一}\left(\frac{三一}{一}\right)^{五} 丄 \cdots\right]$

$= 二{\cdot}七七二五八八七二〇 丅 一{\cdot}〇九八六一二二九$

$丅 二\left[{\cdot}〇三二二五八〇六四 丄 {\cdot}〇〇〇〇一一一八九\right]$

$= 一{\cdot}六〇九四三七九。$

$對_戊一〇 = 對_戊二 丄 對_戊五 = 二{\cdot}三〇二五八五一。$

無論何數皆可依此法求其訥對既得本數之訥對而欲求其十底之對數可將訥對以常乘數（$巵 = \frac{對_戊一〇}{一} = {\cdot}四三四二九四四八$）乘之即得本數之常對數。

論求正弦餘弦之對數

第三十五款

茲設一法不知其正弦餘弦之眞數而徑求其正弦餘弦之對數且令所得之對數其差可至任何小。

已于第一百五十五款證明

$正弦斗 = 斗\left(一丅\frac{周^{二}}{斗^{二}}\right)\left(一丅\frac{二^{二}周^{二}}{斗^{二}}\right)\left(一丅\frac{三^{二}周^{二}}{斗^{二}}\right)\cdots\cdots$

$餘弦斗 = \left(一丅\frac{周^{二}}{四斗^{二}}\right)\left(一丅\frac{三^{二}周^{二}}{四斗^{二}}\right)\left(一丅\frac{五^{二}周^{二}}{四斗^{二}}\right)\cdots\cdots$

若令 $斗 = \frac{卯}{寅}\times\frac{二}{周}$。則得

$正弦\frac{卯}{寅}\times\frac{二}{周} = \frac{卯}{寅}\times\frac{二}{周}\left(一丅\frac{二^{二}卯^{二}}{寅^{二}}\right)\left(一丅\frac{四^{二}卯^{二}}{寅^{二}}\right)\left(一丅\frac{六^{二}卯^{二}}{寅^{二}}\right)\cdots\cdots$

$餘弦\frac{卯}{寅}\times\frac{二}{周} = \left(一丅\frac{卯^{二}}{寅^{二}}\right)\left(一丅\frac{三^{二}卯^{二}}{寅^{二}}\right)\left(一丅\frac{五^{二}卯^{二}}{寅^{二}}\right)\cdots\cdots$

所以若欲得式之左邊之常對可將右邊二項各乘數之對數詳之其左邊不必詳因欲得數眞確則依第二十八款之法得

$對正弦\frac{卯}{寅}\times\frac{二}{周} = 對周丄對寅丄對(二卯丄寅)丄對(二卯丅寅)丅三(對二丄對卯)$

$丅巵\left[\left(\frac{四^{二}}{一}丄\frac{六^{二}}{一}丄\frac{八^{二}}{一}丄\cdots\cdots\right)\frac{卯^{二}}{寅^{二}}丄\frac{二}{一}\left(\frac{四^{四}}{一}丄\frac{六^{四}}{一}丄\cdots\cdots\right)\frac{卯^{四}}{寅^{四}}丄\frac{三}{一}\left(\frac{四^{六}}{一}丄\frac{六^{六}}{一}丄\cdots\cdots\right)\frac{卯^{六}}{寅^{六}}丄\cdots\cdots\right]$，

$對餘弦\frac{卯}{寅}\times\frac{二}{周} = 對(卯丄寅)丄對(卯丅寅)丅二對卯$

$丅巵\left[\left(\frac{三^{二}}{一}丄\frac{五^{二}}{一}丄\frac{七^{二}}{一}丄\cdots\cdots\right)\frac{卯^{二}}{寅^{二}}丄\frac{二}{一}\left(\frac{三^{四}}{一}丄\frac{五^{四}}{一}丄\cdots\cdots\right)\frac{卯^{四}}{寅^{四}}丄\frac{三}{一}\left(\frac{三^{六}}{一}丄\frac{五^{六}}{一}丄\cdots\cdots\right)\frac{卯^{六}}{寅^{六}}丄\cdots\cdots\right]$。

此兩箇級數中若令

其寅與卯有本同數則可徑求其正弦餘弦之對數而與正弦餘弦之眞數不相關。

興化劉彝程算校
上海曹擷亭繪圖

三角數理卷七

英國海麻士輯
英國傅蘭雅口譯
金匱華蘅芳筆述

三角形各理設題

第一題　求 四餘弦寅斗餘弦卯斗餘弦未斗 以斗之各倍和較角之餘弦和數明之

惟因 二餘弦寅斗餘弦卯斗＝餘弦(寅⊥卯)斗⊥餘弦(寅⊤卯)斗。

所以得

四餘弦寅斗餘弦卯斗餘弦未斗＝

二餘弦(寅⊥卯)斗餘弦未斗⊥二餘弦(寅⊤卯)斗餘弦未斗＝

餘弦(寅⊥卯⊥未)斗⊥餘弦(寅⊥卯⊤未)斗⊥餘弦(寅⊤卯⊥未)斗⊥餘弦(寅⊤卯⊤未)斗。

第二題

求 $\text{正弦三呷}=\text{四正弦呷正弦}(\text{六〇}⊥\text{呷})\text{正弦}(\text{六〇}丅\text{呷})$ 式之證.

證得題式之右邊等于

$$\text{四正弦呷}(\text{正弦}^{二}\text{六〇}丅\text{正弦}^{二}\text{呷})$$

$$=\text{四正弦呷}\left(\frac{四}{三}丅\text{正弦}^{二}\text{呷}\right)$$

$$=\text{三正弦呷}丅\text{四正弦}^{三}\text{呷}.$$

第三題

求將 $\text{正弦}^{三}\text{呷}\times\text{餘弦}^{二}\text{呷}$ 以斗之各倍角之正弦級數明之.

則求得

$$\text{正弦}^{三}\text{斗}\times\text{餘弦}^{二}\text{斗}=\frac{四}{一}\text{正弦斗}(\text{正弦二斗})^{二}$$

$$=\frac{八}{一}\text{正弦斗}(一丅\text{餘弦四斗})$$

$$=\frac{八}{一}\text{正弦斗}丅\frac{一六}{一}(\text{正弦五斗}丅\text{正弦三斗}).$$

第四題

求 $\text{正切}(\text{角}⊥\text{亢})=\dfrac{\text{正弦角餘弦角}丅\text{正弦亢餘弦亢}}{\text{正弦}^{二}\text{角}丅\text{正弦}^{二}\text{亢}}$ 式之證.

證得題式之右邊可化作

$$\frac{\text{正弦二角}丅\text{正弦二亢}}{\text{二正弦}^{二}\text{角}丅\text{二正弦}^{二}\text{亢}}=\frac{\text{正弦二角}丅\text{正弦二亢}}{\text{餘弦二亢}丅\text{餘弦二角}}$$

$$=\frac{\text{二餘弦}(\text{角}⊥\text{亢})\text{正弦}(\text{角}丅\text{亢})}{\text{二正弦}(\text{角}⊥\text{亢})\text{正弦}(\text{角}丅\text{亢})}=\text{正切}(\text{角}⊥\text{亢}).$$

第五題

求 $\dfrac{一⊥(\text{餘割亢正切天})^{二}}{一⊥(\text{餘割角正切天})^{二}}=\dfrac{一⊥(\text{餘切亢正弦天})^{二}}{一⊥(\text{餘切角正弦天})^{二}}$ 式之證.

證得題式之左邊等于

$$\frac{\text{餘弦}^{二}\text{天}⊥(一⊥\text{餘切}^{二}\text{亢})\text{正弦}^{二}\text{天}}{\text{餘弦}^{二}\text{天}⊥(一⊥\text{餘切}^{二}\text{角})\text{正弦}^{二}\text{天}}$$

即等于

$$\frac{一⊥(\text{餘切亢正弦天})^{二}}{一⊥(\text{餘切角正弦天})^{二}}$$

第六題　求 $正切^{二}角\top正切^{二}亢=\frac{餘弦^{二}角餘弦^{二}亢}{正弦(角\perp亢)正弦(角\top亢)}$ 式之證。

證得題式之左邊等于 $(正切角\perp正切亢)(正切角\top正切亢)$。故等于 $\frac{餘弦角餘弦亢}{正弦(角\perp亢)}\times\frac{餘弦角餘弦亢}{正弦(角\top亢)}$。

第七題　若 $正弦斗=正弦角正弦(牛\perp斗)$。則 $正切斗=\frac{一\top正弦角餘弦牛}{正弦角正弦牛}$。求此兩式之證。

惟因 $正弦斗=正弦角正弦牛餘弦斗\perp正弦角餘弦牛正弦斗$。所以 $正切斗=正弦角正弦牛\perp正弦角餘弦牛正切斗$。即 $正切斗(一\top正弦角餘弦牛)=正弦角正弦牛$。

第八題　若 $\frac{正切甲}{正切(甲\top乙)}=一\top\frac{正弦^{二}甲}{正弦^{二}丙}$。則 $正切甲正切乙=正切^{二}丙$。求此兩式之證。

惟因 $正切甲\top正切(甲\top乙)=\frac{正弦^{二}甲}{正弦^{二}丙}正切甲$。又因 $一\perp正切甲正切(甲\top乙)=$ $一\perp正切^{二}甲\top\frac{餘弦^{二}甲}{正弦^{二}丙}=\frac{餘弦^{二}甲}{餘弦^{二}丙}$。所以下式約上式得 $正切乙=正切^{二}丙餘切甲$。

第九題　若 $餘弦^{二}斗\perp甲餘弦斗=乙$。$正弦^{三}斗\perp甲正弦斗=丙$。則 $正弦二斗=二\sqrt{\frac{四甲\perp三}{(一\perp甲)^{三}\top乙\top丙^{二}}}$。求其證。

兩式相加得 $(餘弦斗\perp正弦斗)(一\perp甲\top餘弦斗正弦斗)=乙\perp丙$。自乘變之得 $(一\perp正弦二斗)(二\perp二甲\top正弦二斗)^{二}=四(乙\perp丙)^{二}$。即 $四(一\perp甲)^{二}\perp四(甲\perp甲^{二})正弦二斗\top(四甲\perp三)正弦^{二}二斗\perp正弦^{三}二斗=四(乙\perp丙)^{二}$。㈠

惟因 $四(甲\perp甲^{二})正弦二斗\perp正弦^{三}二斗=八乙丙$ ㈡。

爲將其兩式相乘而變得之式所以若將(一)(二)兩式相減則必得

$四(一⊥甲)⊤(四甲⊥三)正弦^{2}斗=四(乙⊥丙)$.

第十題　若

$正切斗=餘弦角正切牛$.

則

$正切(牛⊤斗)=\frac{⊥正切^{2}角餘弦^{2}牛}{正切^{2}角正弦^{2}牛}$.

求其證.

第十一題　若

$正割角正割斗⊥正切角正切斗=正割亢$　(一)

則

$正割角正切斗⊥正切角正割斗=正切亢$　(二)

求其證.

其證爲

$正切(牛⊤斗)=\frac{一⊥正切牛正切斗}{正切牛⊤正切斗}$

$=\frac{一⊥正切牛餘弦角}{正切牛(一⊤餘弦角)}$

$=\frac{二餘弦^{2}牛⊥二正弦牛餘弦牛餘弦角}{二正弦牛餘弦牛(一⊤餘弦角)}$

$=\frac{一⊥餘弦角⊥(餘弦^{2}牛⊤正弦^{2}牛)(一⊤餘弦角)}{正弦二牛(一⊤餘弦角)}$

$=\frac{一⊥正切^{2}角餘弦二牛}{正切^{2}角正弦二牛}$.

其(一)式自乘得

$正割^{2}角正割^{2}斗⊥二正割角正切角正割斗正切斗⊥正切^{2}角正切^{2}斗=正割^{2}亢$

惟因

$正割^{2}角⊤正切^{2}角=一$

所以

$正割^{2}角正切^{2}斗⊥二正割角正切角正割斗正切斗⊥正切^{2}角正割^{2}斗=正切^{2}亢$

卽

$正割角正切斗⊥正切角正割斗=正切亢$.

第十二題　若

$寅=餘割斗⊤正弦斗$.

$卯=正割斗⊤餘弦斗$.

則

$寅^{\frac{4}{3}}卯^{\frac{2}{3}}⊥寅^{\frac{2}{3}}卯^{\frac{4}{3}}=一$.

求其證.

惟因

$寅=\frac{正弦^{2}斗}{餘弦斗}$.

$卯=\frac{餘弦^{2}斗}{正弦斗}$.

所以

$寅卯=餘弦斗正弦斗$.

又

$寅^{\frac{2}{3}}⊥卯^{\frac{2}{3}}=\frac{正弦^{\frac{4}{3}}斗}{餘弦^{\frac{2}{3}}斗}⊥\frac{餘弦^{\frac{4}{3}}斗}{正弦^{\frac{2}{3}}斗}$

$=\frac{(正弦^{2}斗⊥餘弦^{2}斗)}{餘弦^{\frac{2}{3}}斗正弦^{\frac{2}{3}}斗}=\frac{一}{(寅卯)^{\frac{2}{3}}}$

第十三題　有

$寅^{二}=三餘弦^{二}牛丄一$

$正切^{\frac{二}{三}}三牛=正切角$

求以角為主而明其寅之同數

惟因

$寅^{二}=三\left(\frac{一丄正切^{二}三牛}{一丅正切^{二}三牛}\right)^{二}丄一=三\left(\frac{一丄正切^{\frac{二}{三}}角}{一丅正切^{\frac{二}{三}}角}\right)^{二}丄一$

$=\frac{\left(一丄正切^{\frac{二}{三}}角\right)^{二}}{四\left(一丅正切^{\frac{二}{三}}角丄正切^{\frac{四}{三}}角\right)}=\frac{\left(一丄正切^{\frac{二}{三}}角\right)^{三}}{四\left(一丄正切^{二}角\right)}$

$=\frac{\left(餘弦^{\frac{二}{三}}角丄正弦^{\frac{二}{三}}角\right)^{三}}{四}$

所以

$寅=\frac{\left(餘弦^{\frac{二}{三}}角丄正弦^{\frac{二}{三}}角\right)^{\frac{三}{二}}}{二}$

第十四題　有

$餘弦^{二}角丄餘弦^{二}亢丄餘弦^{二}氐丄二餘弦角餘弦亢餘弦氐=一$

求

$角丄亢丄氐=周$

之證

因其式能變為

$餘弦角(餘弦角丄餘弦亢餘弦氐)丄餘弦亢(餘弦亢丄餘弦角餘弦氐)=一丅餘弦^{二}氐$

而

$角=周丅(亢丄氐)$

所

如將

$正弦^{二}(亢丄氐)=餘弦^{二}角$

自乘得

$(正弦^{二}亢餘弦^{二}氐)^{二}丄(正弦^{二}氐餘弦^{二}亢)^{二}丄二正弦^{二}亢正弦^{二}氐餘弦^{二}亢$

$餘弦^{二}氐=餘弦^{二}角$

即

$正弦^{二}角丄正弦^{二}亢丄正弦^{二}氐丄二正弦^{二}亢正弦^{二}氐$

$(餘弦^{二}亢餘弦^{二}氐丅正弦^{二}亢正弦^{二}氐)=一$

故知其

$餘弦^{二}(亢丄氐)=正弦^{二}角$

第十五題　若其

$角丄亢丄氐=周$

則其

$正弦^{二}角丄正弦^{二}亢丄正弦^{二}氐丄二正弦^{二}角$

$正弦^{二}亢正弦^{二}氐=一$

求證之

以

$餘弦角=丅餘弦亢餘弦氐丄正弦亢正弦氐$

又依同理

$餘弦亢=丅餘弦角餘弦氐丄正弦角正弦氐$

所以得

$餘弦角正弦亢正弦氐丄餘弦亢正弦角正弦氐=正弦^{二}氐$

即

$餘弦角正弦亢丄正弦角餘弦亢=正弦(角丄亢)=正弦氐$

第十六題 若 角丄亢丄氐＝三周 則

餘弦亢丄正弦氐丅正弦角 ／ 餘弦角丄正弦氐丅正弦亢 ＝ 一丄正切三亢 ／ 一丄正切三角

求其證。

證得式之左邊等于

正弦(角丄氐)丄正弦氐丅正弦角 ／ 正弦(亢丄氐)丄正弦氐丅正弦亢 ＝

四餘弦三(角丄氐)正弦三氐餘弦三角 ／ 四餘弦三(亢丄氐)正弦三氐餘弦三亢

＝ (餘弦三亢 ／ 餘弦(四周丅三亢)) ／ (餘弦三角 ／ 餘弦(四周丅三角)) ＝ 一丄正切三亢 ／ 一丄正切三角。

第十七題 有 正弦三天＝正弦(角丅天)正弦(亢丅天)正弦(氐丅天)。 若 角丄亢丄氐＝周。 則 餘切天＝餘切角丄餘切亢丄餘切氐。 而 餘割三天＝餘割三角丄餘割三亢丄餘割三氐。 求其證。

惟因

餘割角餘割亢餘割氐＝ 正弦角正弦天 ／ 正弦(角丅天) ╳ 正弦亢正弦天 ／ 正弦(亢丅天) ╳ 正弦氐正弦天 ／ 正弦(氐丅天)

＝(餘切天丅餘切角)(餘切天丅餘切亢)(餘切天丅餘切氐)。

所以

餘切三天丅(餘切角丄餘切亢丄餘切氐)餘切三天

丄(餘切角餘切亢丄餘切角餘切氐丄餘切亢餘切氐)餘切天

丅(餘切角餘切亢餘切氐丄餘割角餘割亢餘割氐)＝〇。

依平三角第五十六

款之式得

餘切三天丅(餘切角丄餘切亢丄餘切氐)(一丄餘切三天)丄餘切天＝〇。

除去其乘數 一丄餘切三天。 即得 餘切天＝餘切角丄餘切亢丄餘切氐。 所以 餘切三天＝餘切三角丄餘切三亢丄餘切三氐丄三。 而 餘割三天＝餘割三角丄餘割三亢丄餘割三氐。

第十八題　有角亢氐三角，求其

正弦(角丄氐)正弦(亢丄氐)＝正弦(角丄亢丄氐)正弦氐丄正弦角正弦亢

式之證。

以二乘之，令其式變爲

餘弦(角丅亢)丅餘弦(角丄亢丄二氐)＝餘弦(角丄亢)丅[餘弦(角丄亢丄二氐)]丄二正弦角正弦亢，

則其證自明。

第十九題　有

一丄正弦角正弦亢丄正弦角正弦氐丄正弦亢正弦氐丅餘弦角餘弦亢餘弦氐
＝二[正弦^{二}(角丄亢)餘弦^{二}氐丄餘弦^{二}(角丅亢)正弦^{二}氐]^{二}

式求證之。將式之右邊倍而詳

之變爲

[一丅餘弦(角亢)](一丄餘弦氐)丄[一丄餘弦(角亢)](一丅餘弦氐)丄一(正弦角丄正弦亢丄正弦氐)，

即與左邊之倍數無異。

第二十題　有

正弦角丄正弦亢丄正弦氐＝
四正弦^{二}(角丄亢)正弦^{二}(角丄氐)正弦^{二}(亢丄氐)丄正弦(角丄亢丄氐)，

求證之。因

二正弦^{二}(角丄亢)正弦^{二}(角丄氐)＝餘弦^{二}(亢丅氐)丅餘弦^{二}(二角丄亢丄氐)，

所以

四正弦^{二}(角丄亢)正弦^{二}(角丄氐)正弦^{二}(亢丄氐)＝
二正弦^{二}(亢丄氐)餘弦^{二}(亢丅氐)丅二正弦^{二}(亢丄氐)餘弦^{二}(二角丄亢丄氐)
＝正弦亢丄正弦氐丄正弦角丅正弦(角丄亢丄氐)。

第二十一題 有

$\text{餘弦角}┴\text{餘弦亢}┴\text{餘弦氐}—$

$\text{四餘弦}二(\text{角}┴\text{亢})\text{餘弦}二(\text{角}┴\text{氐})\text{餘弦}二(\text{亢}┴\text{氐})┬\text{餘弦}(\text{角}┴\text{亢}┴\text{氐})$.

求證之.

證法與前題同理.

第二十二題 有

$二\text{切角}┴\text{正切亢}┴\text{正切氐}=\text{正切角正切亢正切氐}┴\frac{\text{餘弦角餘弦亢餘弦氐}}{\text{正弦}(\text{角}┴\text{亢}┴\text{氐})}$.

求證之.

證得題式之左邊等于

$$\frac{\text{餘弦氐}}{\text{正弦氐}}┴\frac{\text{餘弦角餘弦亢}}{\text{正弦}(\text{角}┴\text{亢})}=$$

$$\frac{\text{餘弦角餘弦亢餘弦氐}}{[\text{餘弦角餘弦亢}┬\text{餘弦}(\text{角}┴\text{亢})]\text{正弦氐}┴\text{正弦}(\text{角}┴\text{亢})\text{餘弦氐}┴\text{餘弦}(\text{角}┴\text{亢})\text{正弦氐}}$$

$$=\frac{\text{餘弦角餘弦亢餘弦氐}}{\text{正弦角正弦亢正弦氐}┴\text{正弦}(\text{角}┴\text{亢}┴\text{氐})}.$$

第二十三題 有

$\text{餘切角}┴\text{餘切亢}┴\text{餘切氐}=\text{餘切角餘切亢餘切氐}┬\frac{\text{正弦角正弦亢正弦氐}}{\text{餘弦}(\text{角}┴\text{亢}┴\text{氐})}$.

求證之.

證法與前題同理.

第二十四題　有

一丅餘弦^{二}角丅餘弦^{二}亢丅餘弦^{二}氐丄二餘弦角餘弦亢餘弦氐＝

四正弦$\frac{二}{一}$(角丄亢丄氐)正弦$\frac{二}{一}$(亢丄氐丅角)正弦$\frac{二}{一}$(角丄氐丅亢)正弦$\frac{二}{一}$(角丄亢丅氐).

求證之.

因

二正弦$\frac{二}{一}$(角丄亢丄氐)正弦$\frac{二}{一}$(亢丄氐丅角)＝餘弦角丅餘弦(亢丄氐).

二正弦$\frac{二}{一}$(角丄氐丅亢)正弦$\frac{二}{一}$(角丄亢丅氐)＝餘弦(亢丅氐)丅餘弦角.

所以題式之右邊

＝丅餘弦^{二}角丅餘弦(亢丄氐)餘弦(亢丅氐)丄餘弦角[餘弦(亢丄氐)丄餘弦(亢丅氐)]

＝一丅餘弦^{二}角丅餘弦^{二}亢丅餘弦^{二}氐丄二餘弦角餘弦亢餘弦氐.

觀第五十六款自明.

第二十五題　有

四餘弦$\frac{二}{一}$(角丄亢丄氐)餘弦$\frac{二}{一}$(亢丄氐丅角)餘弦$\frac{二}{一}$(角丄氐丅亢)餘弦$\frac{二}{一}$(角丄亢丅氐)

＝丅一丄餘弦^{二}角丄餘弦^{二}亢丄餘弦^{二}氐丄二餘弦角餘弦亢餘弦氐.

求證之.　證法與前題同理.

第二十六題　有

正弦^{二}二斗丅正弦^{二}斗＝$\frac{四}{一}$.

求其斗之同數.

令

正弦斗＝天.

則

(二天$\sqrt{一丅天^{二}}$)^{二}丅天^{二}＝$\frac{四}{一}$.

所以

一六天^{四}丅一二天^{二}丄一＝(四天^{二}丅一)^{二}丅四天^{二}＝○.

即

(四天^{二}丅一丄二天)(四天^{二}丅一丅二天)＝○.

故

天＝$\frac{四}{一}$(一$\frac{丄}{丅}$$\sqrt{五}$).

或

天＝$\frac{四}{一}$(丅一$\frac{丄}{丅}$$\sqrt{五}$).

即

天＝$\frac{丄}{丅}$$\frac{四}{一}$($\sqrt{五}$丅一).

天＝$\frac{丄}{丅}$$\frac{四}{一}$($\sqrt{五}$丄一).

所以

其 正弦斗＝正弦(十一/十二周) 或 正弦斗＝正弦(十一/十二周) 故求得 斗＝卯周┴十二/十二周 或 斗＝卯周┴十一/十二周 此兩式可以總式 斗＝(卯┴五/十二┴十一/十二)周

明之其卯為任何整數或正或負俱可

第二十七題 有 正切斗┴餘切斗＝四 求其斗之同數

如前法求之得 斗＝二卯周┴(一/十二)×二周 此式有法能明之為 斗＝(卯┴四/十二┴六/十二)周

第二十八題 有 正切斗＝正切(斗角) 求其斗之同數並證 正弦角 若不大于三 則斗非實數

因 正切斗＝正切斗/正切(斗角) 所以 (一┴正切斗)/(一┬正切斗)＝(正切斗┴正切(斗角))/(正切斗┬正切(斗角)) 即 餘弦二斗＝正弦(二斗角)/正弦角 即 二正弦角＝二正弦(二斗┬角)餘弦二斗＝正弦(四斗┬角)┬正弦角 所以 正弦(四斗┬角)＝三正弦角 而 斗＝四/二{角┴正弦┬一(三正弦角)}

第二十九題 有 正弦斗正弦(二角┴斗)卯餘弦角＝○ 求斗之同數並證除 餘弦角＜(一┴卯)/二 之外其斗不能為實數 證法與前題同理

第三十題 有 正切斗┴二餘切二斗＝二正弦斗(一┴正切斗正切三斗) 求其斗之同數

因題式可變為 正切斗┴二正切斗/(一┬正切斗)＝餘切斗＝正弦斗(一┴正切斗正切三斗) 所以 餘切斗─正弦斗(餘切斗┴正切三斗)＝餘弦斗┴二正弦三斗＝─ 而 斗＝卯周┴四周

第三十一題　以 $正弦四角$ 為主而求其 $正切角$ 並證其同數有四旦求其同數之式

此題之證法先須究其根源如令 $正切角 = 吧(正弦四角)$ 因此式之右邊能以 $卯周丄(丅一)^{卯}四角$ 代 $四角$ 而同數不變則式之左邊必為

$正切\left[\frac{四}{一}卯周丄(丅一)^{卯}角\right]$ ㊙甲

之同數

如令前式中之卯為任何整數則必為 $四寅$，$四寅丄一$，$四寅丄二$，$四寅丄三$ 四式內之一故㊙甲式只能有四個同數即 $正切角$，$正切(\frac{四}{一}周丅角)$，$正切(\frac{二}{一}周丄角)$，$正切(\frac{四}{三}周丅角)$

欲將此各同數以 $正弦四角$ 為主而明之則可令 $天 = 正切角$ 又令其

$\frac{角}{一} = 正弦四角 =$

$二正弦二角餘弦二角 = 二\frac{一丄正切角}{二正切角} \times \frac{一丄正切角}{一丅正切角} = \frac{(一丄天^{二})^{二}}{四天(一丅天^{二})}$

所以

$(天^{二}丄一)^{二}丄四角天(天^{二}丅一) = 〇$

即

$(天丅\frac{天}{二})^{二}丄四角(天丅\frac{天}{二})丄四角^{二} = 四(角^{二}丅一)$

所以

$天丅\frac{天}{二}丄二角 = 丄\!\!\!丅\,二\sqrt{角^{二}丅一}$

而

$正切角 = 天 = (\sqrt{角^{二}丄一}丅角)(丅\sqrt{角^{二}丅一}丄\sqrt{角}) = \frac{正弦四角}{(\sqrt{一丄正弦四角}丅一)(丅\sqrt{一丅正弦四角}丄一)}$

此為四箇同數之公式

第三十二題　若有 $餘弦斗 = 餘弦角丅正弦^{二}角\sqrt{一丅丙正弦^{二}斗}$ 則從 $正切^{二}三斗 = 正切角\sqrt{一丅丙正弦^{二}角}$ 能得斗之同數求證之

惟因

$一丅餘弦斗 = 正弦^{二}角(丄\sqrt{一丅丙正弦^{二}斗})$

$= \frac{一丅\sqrt{一丅丙正弦^{二}斗}}{丙正弦^{二}斗正弦^{二}角}$

所以

$丙正弦^{四}角(一丄餘弦斗) = 正弦^{二}角(一丅\sqrt{一丅丙正弦^{二}斗})$

$一丄丙正弦^{四}角丅餘弦斗(一丅丙正弦^{二}角) = 二正弦^{二}角$

$餘弦斗 = \frac{一丅丙正弦^{四}角}{一丅二正弦^{二}角丄丙正弦^{四}角}$

$正切^{二}三斗 = \frac{一丄餘弦斗}{一丅餘弦斗} = 正切^{二}角(一丅丙正弦^{二}角)$

第三十三題　有（正切九=√五丄一丅√五二√五）求其證。惟因（餘弦一八=√一丅二六（√五丅一）²=四分√一〇丄二√五）所以（正切九=正弦一八/一丅餘弦一八=√五丅一/四丅√一〇丄二√五=√五丄一丅√五二√五）

第三十四題　有（正切三斗=卯正切斗）求證其卯若等于（二丄三）則斗能與（一五°）相配。其證法與前題同理。

第三十五題　凡平圓內一百〇八度之通弦等于三十六度之通弦與六十度通弦之和，求證之。

若以未代平圓之半徑，則（通弦一〇八=二未正弦五四=二未（√五丄一）=二未（√五丅一）丄未=二未正弦一八丄二未正弦三〇=通弦三六丄通弦六〇）

第三十六題　若（餘弦六〇°一正弦三六°餘弦角）（一）、（餘弦三六°一正弦六〇°餘弦亢）（二）則（正切角丄正切亢=一）求證之。

從（一）式得（正割角=二分√一〇丄二√五）則（正切角=二分（√五丅一））又以同理從（二）式得（正切亢=二分（三丅√五））所以（正切角丄正切亢=一）

第三十七題　求證（二正弦卯=√二丅√二丅√二丅……）至卯項爲止。

于（二正弦呷=√二丅二餘弦二呷）式中以（四周丅斗）代其呷，則可變爲（二正弦（四周丅斗）=√二丅二正弦二斗）此式中之

二斗可遞以 四周 (一十三) 四周 (一十三十四) 四周 …… 代之則得

二正弦(一十三)四周 = ……

二正弦(一十三十四)四周 = ……

二正弦[一十三十四……(一十卯)]四周 = ……

卽

二正弦三[一十(一十卯)]四周 = …… 卯

第三十八題 有 二餘弦 卯/四五 = …… 求證其至卯項爲止。證法與前

題同理。

第三十九題 有 一七角 = 周 求其 餘弦角 之同數。

依第一百五十三款之式 餘弦角 + 餘弦三角 + 餘弦五角 + …… + 餘弦一五角 = 三 令

巳 = 餘弦三角 + 餘弦五角 + 餘弦七角 + 餘弦一一角，

午 = 餘弦角 + 餘弦九角 + 餘弦一三角 + 餘弦一五角，

兩式相乘而

兩餘弦之相乘數以二餘弦之和代之得

巳午 = 二[餘弦二角 + 餘弦四角 + 餘弦六角 + …… + 餘弦一六角]

= 丄二[餘弦一五角 + 餘弦一三角 + …… + 餘弦角] = 丄一。

又

巳 + 午 = 三 因巳與午爲已知之數故也 乃令

未 = 餘弦三角 + 餘弦五角，

申 = 餘弦七角 + 餘弦一一角，

則得

未 + 申 = 巳，

未申 = 丄四一。

再令其

酉 = 餘弦角 + 餘弦一三角，

戌 = 餘弦九角 + 餘弦一五角，

則

酉 + 戌 = 午，

酉戌 = 丄四一。

故其未與酉亦爲已知之數惟因其

餘弦角 + 餘弦一三角 = 酉

餘弦角餘弦一三角 =

二(餘弦一二角 + 餘弦一四角) =

丄二(餘弦五角 + 餘弦三角) = 丄二未。

所以 餘弦角 之同數只須解其二次之方程式卽可得之。其配成巳午兩同數所取之各餘

茲其理另見他書，在代數相等式第八十款，茲不備述。

第四十題 有 $\text{正弦}^{-1}\sqrt{\frac{\text{天}}{\text{甲}+\text{天}}}=\text{正切}^{-1}\sqrt{\frac{\text{天}}{\text{甲}}}$。求其證。

令 $\text{正切}^{-1}\sqrt{\frac{\text{天}}{\text{甲}}}=\text{斗}$。則 $\text{正切斗}=\sqrt{\frac{\text{天}}{\text{甲}}}$。又 $\text{正弦斗}=\frac{\text{正切斗}}{\sqrt{1+\text{正切}^2\text{斗}}}=\sqrt{\frac{\text{天}}{\text{甲}+\text{天}}}$。所以 $\text{斗}=\text{正弦}^{-1}\sqrt{\frac{\text{天}}{\text{甲}+\text{天}}}=\text{正切}^{-1}\sqrt{\frac{\text{天}}{\text{甲}}}$。

第四十一題 有 $\text{正切}^{-1}\left(\frac{\text{天餘弦牛}}{1-\text{天正弦牛}}\right)-\text{正切}^{-1}\left(\frac{\text{天}-\text{正弦牛}}{\text{餘弦牛}}\right)=\text{牛}$。求其證。惟因

$$\text{正切}^{-1}\left(\frac{\text{天}-\text{正弦牛}}{\text{餘弦牛}}\right)+\text{正切}^{-1}(\text{正切牛})=\text{正切}^{-1}\frac{\text{天正割牛}}{1-\frac{\text{天}-\text{正弦牛}}{\text{餘弦}^2\text{牛}}\text{正弦牛}}$$

所以

$$\text{正切}^{-1}\left(\frac{\text{天}-\text{正弦牛}}{\text{餘弦牛}}\right)+\text{牛}=\text{正切}^{-1}\left(\frac{\text{天餘弦牛}}{1-\text{天正弦牛}}\right)$$

第四十二題 從 $\text{正割}^{-1}\text{甲}+\text{正割}^{-1}\frac{\text{天}}{\text{甲}}=\text{正割}^{-1}\text{乙}+\text{正割}^{-1}\frac{\text{天}}{\text{乙}}$。求天之相等式。求得 $\text{天}=\text{甲乙}$。

第四十三題 從 $\text{正弦}^{-1}\frac{\text{天}}{\text{甲}}-\text{正弦}^{-1}\frac{\text{地}+\text{乙}}{\sqrt{\text{甲}^2+\text{乙}^2}}+\text{正弦}^{-1}\frac{\text{乙}}{\sqrt{\text{甲}^2+\text{乙}^2}}=\frac{\text{周}}{2}$。求天與地代數相比之式。

惟因

$$\text{正弦}^{-1}\frac{\text{地}+\text{乙}}{\sqrt{\text{甲}^2+\text{乙}^2}}=\text{正弦}^{-1}\frac{\text{乙}}{\sqrt{\text{甲}^2+\text{乙}^2}}-\text{餘弦}^{-1}\frac{\text{天}}{\text{甲}}=\text{正切}^{-1}\left(\frac{\text{乙}}{\sqrt{\text{甲}^2+\text{乙}^2}}\times\frac{\text{天}}{\text{甲}}-\frac{\sqrt{\text{甲}^2-\text{天}^2}}{\text{甲}}\times\frac{\text{甲}}{\sqrt{\text{甲}^2+\text{乙}^2}}\right)$$

所以得

$$\text{地}+\text{乙}=\frac{\text{乙天}}{\text{甲}}-\sqrt{\text{甲}^2-\text{天}^2}$$

第四十四題 求 $\text{正切}\,\text{二角}=\text{二正切}\left[\text{角}\perp\text{正切}^{丅一}\left(\text{正切}^{三}\text{角}\right)\right]$ 之證。

證得式之右邊等于

$$\text{二}\times\frac{\text{一}丅\text{正切}^{四}\text{角}}{\text{正切角}\perp\text{正切}^{三}\text{角}}=\frac{\text{一}丅\text{正切}^{二}\text{角}}{\text{二正切角}}.$$

第四十五題 有 $\text{餘切}^{丅一}(\text{天}丅\text{一})丅\text{餘切}^{丅一}(\text{天}\perp\text{一})=\frac{\text{二}}{\text{一}}\text{周}$. 求其天之同數。 求得 $\text{天}=\pm\left(\sqrt{\text{三}}\perp\text{一}\right)$.

第四十六題 有

$$\text{正切}^{丅一}\frac{\text{一}\perp\text{酉}_{一}\text{酉}_{二}}{\text{酉}_{一}丅\text{酉}_{二}}\perp\text{正切}^{丅一}\frac{\text{一}\perp\text{酉}_{二}\text{酉}_{三}}{\text{酉}_{二}丅\text{酉}_{三}}\perp\cdots\cdots=\text{正切}^{丅一}\text{酉}_{一}丅\text{正切}^{丅一}\text{酉}_{卯}.$$

求證之。

惟因

$$\text{正切}^{丅一}\text{酉}_{一}丅\text{正切}^{丅一}\text{酉}_{二}=\text{正切}^{丅一}\frac{\text{一}\perp\text{酉}_{一}\text{酉}_{二}}{\text{酉}_{一}丅\text{酉}_{二}}.$$

$$\text{正切}^{丅一}\text{酉}_{二}丅\text{正切}^{丅一}\text{酉}_{三}=\text{正切}^{丅一}\frac{\text{一}\perp\text{酉}_{二}\text{酉}_{三}}{\text{酉}_{二}丅\text{酉}_{三}}.$$

$\vdots$

至

$$\text{正切}^{丅一}\text{酉}_{卯丅一}丅\text{正切}^{丅一}\text{酉}_{卯}=\text{正切}^{丅一}\frac{\text{一}\perp\text{酉}_{卯丅一}\text{酉}_{卯}}{\text{酉}_{卯丅一}丅\text{酉}_{卯}}.$$

所以

$$\text{正切}^{丅一}\text{酉}_{一}丅\text{正切}^{丅一}\text{酉}_{卯}=\text{正切}^{丅一}\frac{\text{一}\perp\text{酉}_{一}\text{酉}_{二}}{\text{酉}_{一}丅\text{酉}_{二}}\perp\text{正切}^{丅一}\frac{\text{一}\perp\text{酉}_{二}\text{酉}_{三}}{\text{酉}_{二}丅\text{酉}_{三}}\perp\cdots\cdots\perp\text{正切}^{丅一}\frac{\text{一}\perp\text{酉}_{卯丅一}\text{酉}_{卯}}{\text{酉}_{卯丅一}丅\text{酉}_{卯}}.$$

第四十七題 有小于正角之角其眞弧度斗適與餘切相等求其常度之同數。

惟因 $\frac{\text{四}}{\text{一}}\text{周}=\text{七八五四}$.

而 $\text{餘切}\frac{\text{四}}{\text{一}}\text{周}=\text{一}$.

故得 $\text{斗}=\frac{\text{四}}{\text{一}}\text{周}\perp\text{角}$. 其角爲甚小之弧所以若令 $\frac{\text{四}}{\text{一}}\text{周}=\text{一}丅\text{天}$.

則

$$\text{一}丅\text{天}\perp\text{角}=\text{餘切}\left(\frac{\text{四}}{\text{一}}\text{周}\perp\text{角}\right)=\frac{\text{一}\perp\text{正切角}}{\text{一}丅\text{正切角}}.$$

即

$$\text{角}丅\text{天}\perp\left(\text{二}\perp\text{角}丅\text{天}\right)\text{正切角}=\text{〇}.$$

或令

$$\text{正切角}=\text{角}\perp\frac{\text{三}}{\text{一}}\text{角}^{三}.$$

則

$$\text{三角}\perp\text{角}^{二}\perp\frac{\text{三}}{\text{二}}\text{角}^{三}=\text{天}\left(\text{一}\perp\text{角}\perp\frac{\text{三}}{\text{一}}\text{角}^{二}\right).$$

而

$$\text{角}=\frac{\text{三}}{\text{一}}\text{天}\perp\text{乙天}^{二}\perp\text{丙天}^{三}.$$

所以

$$\text{天}\perp\left(\text{三乙}\perp\frac{\text{九}}{\text{一}}\right)\text{天}^{二}\perp\cdots\cdots=\text{天}\perp\frac{\text{三}}{\text{一}}\text{天}^{二}\perp\cdots\cdots$$

此式中

之 $\frac{三乙}{九}=\frac{三}{二}$ 即 $乙=\frac{二七}{三}$ 又其 丙=〇 所以得

斗＝四周⊥角＝四周⊥三(一四周)⊥二七(一四周)三

＝·七八五四⊥·〇七一五⊥·〇〇三四一＝·八六〇三四

則得其所求之角等于 斗＝·五七二九五七七＝四九·一七 為略數。

第四十八題　從 正切斗＝斗 求斗角正號之略同數。

識別得斗之同數其形必如 $\frac{二周}{卯}$⊥角 其卯為大于一之奇數角為小于一之數卯愈增大則角之變小愈速

所以 三卯周⊥角＝餘切角 若令 $天=\frac{卯周}{二}$ 則 正切角(一角天)⊥天＝〇 因角為小數則

角⊥三角⊥$\frac{二五}{三}$角⋯(一角天)⊥天＝〇

即 角⊥三角⊥$\frac{一五}{三角}$⋯＝天(一角三角)

又令 角＝天⊥甲天²⊥乙天³ 則

天⊥(甲⊥三)天²⊥(乙⊥甲⊥$\frac{二五}{三}$)天³⊥⋯⋯＝天⊥天²(一甲三)天³⊥⋯

所以 甲＝三 乙＝$\frac{一五}{一三}$ 則 角＝天(一⊥三天⊥$\frac{一五}{三}$天)

而 斗＝二卯周⊥卯周二[一⊥三(卯周二)⊥$\frac{一五}{一三}$(卯周二)⊥⋯⋯]

此式中之卯為大于一之任何奇數如 卯＝三 則 斗＝四·四九三四一一八。

第四十九題　欲求一箇角度其弧背適與餘弦相等。

惟因 四周＝·七八五四 又 餘弦四周＝·七〇七一＝丙 則令 斗＝四周⊥角 其角為小數所以若令 四周＝丙⊥天 其式

中之 天＝·〇七八一 即得 丙⊥天⊥角＝餘弦(四周⊥角)＝丙(餘弦角⊥正弦角)＝丙(一⊥角三角) 則 天＝角(一⊥丙⊥三丙角) 所以得第一箇略近之

數爲 角 $=\frac{\perp 丙}{天}$ 又因

角 $=\frac{\perp 丙}{天}\left[\perp 二\left(\frac{\perp 丙}{丙角}\right)\right]=\frac{\perp 丙}{天}\left[\perp 二\left(\frac{\perp 丙}{丙天}\right)\right]$ 所以

斗 $=\frac{四}{二}周\top\frac{\perp 丙}{天}\top 三\times\left(\frac{\perp 丙}{丙天}\right)=$ 七八五四〇 $\top$ 〇四五八 $\top$ 〇〇〇四四 $=$ 七三九一 則得

七三九一 $\times$ 五七二九五七七 $=$ 四二〇四二五九 爲斗之同數之更近者

三角數理卷七

興化劉彝程算校

上海曹擷亭繪圖

三角數理卷八

英國海麻士輯

英國傅蘭雅口譯

金匱華蘅芳筆述

第五十題 有三角形已知其 三丙=七乙 又知 求其乙角

此題若從對數求之則因 對二=.三〇一〇三〇〇

吅正切三八四二=一八七六二四〇六九

吅正切八一三五一=一九一六〇三〇八三 吅=八三七〇四

較一〇=一四八六 而依三角之理

正切 $\left(\frac{三吅 \perp 乙}{}\right)=\frac{丙 \top 乙}{丙 \perp 乙}$ 正切 $\frac{三}{吅}=\frac{四}{二}$ 正切 $\frac{三}{吅}$ 所以

吅正切 $\left(\frac{三吅 \perp 乙}{}\right)=\top$ 對二 $\perp$ 吅正切三吅 $=\top$ 六〇二〇六〇〇 $\perp$ 八七六二四〇六九 $=$ 九一六〇三〇八九 而求得

三吅 $\perp$ 乙 $=$ 八一三五一六

乙 $=$ 四五五一〇六

第五十一題 設從太陽面視地球則地球之視半徑爲 八五七一一六

兹欲以地半徑爲主求地日相距之數

令未爲地球過心處剖面之半徑此剖面與從日心至地心之線爲垂面若以斗代日面所對地半徑之眞弧度而以日心距地心之數爲丁則可求得略數爲

丁/未 = 正切斗

其斗爲甚小之數

= 五七·二九五七七/·〇〇二三八 = 五七·二九五七七/八·五七一一六

所以得

丁 = 未 × 二四〇七四

略爲地半徑之二萬四千倍

第五十二題　有兩物浮在海中俱出水面十尺波浪極平之時兩物相距八海里則彼此不能望見求地球之半徑若干

如圖呷叱二點爲兩物之頂呷叱線爲地球面切線其呷叮略等于叮㖦即略爲四海里

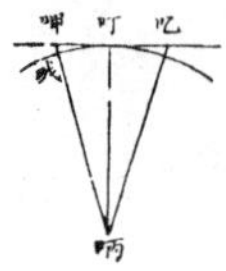

呷㖦 = 一〇尺 = 一〇/(三 × 一七六〇) 里

哂爲地心而 哂叮 = 未 則 呷㖦/(二未 − 呷㖦) = 呷㖦/呷哂 即 二未 = (三 × 一七六〇)/一〇 × 一六

爲略數所以求得未等于四二二四海里

第五十三題　有臺高二百碼（每一碼爲三尺）上有旗竿高五碼人在平地去臺一百碼則視旗竿當成若干角度

如圖哂叱爲臺高叮哂爲竿高呷叱爲人去臺之遠作哂吧爲哂呷之垂線以斗代吧呷哂角之眞弧度

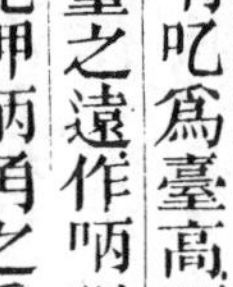

因斗爲甚小之角則

斗 = 正切斗 = 吧哂/呷哂 = (叮哂 正割 呷叱/呷哂 餘弦 叱呷哂)/呷叱

= (二〇(一 + 正切 叱呷哂))/一 = 一〇〇/一

所以

吧呷哂 = 一〇〇/五七·二九五七七

〇五七·二九五七七 = 三四〇二二·六四

第五十四題　彼岸有高臺人從此岸平視之見臺頂高于地平線五十五度若向後退行三十尺則見臺頂高于地平線四十八度求河廣若干

呾正弦七 = 九·〇八五八九

呾正弦三五 = 九·七五八五九

呾正弦四八 = 九·八七一〇七

對三 = ·四七七一二

對一·〇四九三 = ·〇二〇八九

第五十五題　有物離地平面不知若干高從已知其相距之三處測其高度爲角亢氐其所測之三處在一直線之內求物高若干

如圖㖑為所測之物，㖑叮為物高，呷吃呐為三箇測處，㖑呷叮角為角，㖑吃叮角為亢，㖑呐叮角為氐。

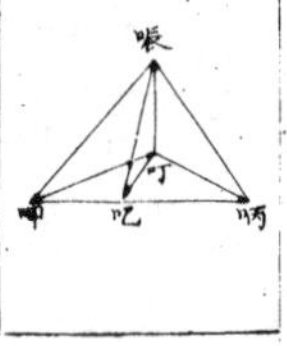

令 $㖑叮=天$，$呷叮=天餘切角$，$叮吃=天餘切亢$，$叮呐=天餘切氐$，$呷吃=甲$，$吃呐=乙$。

則

$$餘弦叮吃呐=\frac{二乙天餘切亢}{乙^{二}丄天^{二}餘切^{二}亢丅天^{二}餘切^{二}氐}=丅\frac{二甲天餘切亢}{甲^{二}丄天^{二}餘切^{二}亢丅天^{二}餘切^{二}角}$$

所以得

$$天^{二}=\frac{甲餘切^{二}氐丄乙餘切^{二}角丅(甲丄乙)餘切^{二}亢}{甲乙(甲丄乙)}$$

第五十六題　有三角形，其三邊為算學級數，其三角形之面積與等周此周即三邊和之三等邊三角形之面積之比若三與五之比。求證所設之三角形其大角為一百二十度。

若以六甲為等邊三角形三邊之和，則其面積為 $\left(\frac{五}{三}甲^{二}\sqrt{三}\right)$。令 $二甲丅天$、$二甲$、$二甲丄天$ 為又一三角形之三邊，則

$$面積^{二}=三甲(甲丄天)甲(甲丅天)=\left(\frac{五}{三}甲^{二}\sqrt{三}\right)^{二}$$

所以 $甲^{二}丅天^{二}=\frac{二五}{九}甲^{二}$，即 $三四甲^{二}正弦六〇=甲^{二}\sqrt{三}$，

$天=\frac{五}{四}甲$。令呷為對其 $二甲丄天$ 邊之角，則此角為最大之角，而

其

$$正弦呷=\frac{二甲(二甲丄天)}{二面積}=\frac{甲\frac{五}{六}甲}{\frac{五}{三}甲^{二}\sqrt{三}}=\frac{\sqrt{三}}{二}$$

第五十七題　有三角形，已知其呷吃二角，又知其周邊二和為二申，求其丙邊。

惟因 $\frac{申}{申丅丙}=正切\frac{一}{二}呷正切\frac{一}{二}吃$，所以求得

$$丙=申\left(一丅正切\frac{一}{二}呷正切\frac{一}{二}吃\right)$$

第五十八題　有三角形，已知其周為二申，其面積為呻 ^{二}，又知其呷角，求證

$$甲=申丅\frac{呻^{二}}{申}餘切\frac{一}{二}呷$$

第五十九題　有四不等邊形，若于每邊之外各作一平圓，切于本邊，亦切于與本邊相接之兩邊所引長之線，則其四平圓之心又能作一大平圓之周以過之。

如圖，令其平分各外角之線相交之角為辰、辰、辰、辰，則此四角點為切于每邊外之平圓心。

其

$嘁=一八〇丅三(呷\perp叮)$

$嘁_{二}=一八〇丅三(吃\perp呐)$

所以

$嘁\perp嘁_{二}=三六〇丅三(呷\perp吃\perp呐\perp叮)=一八〇$

惟因相對之兩角其和皆等于兩箇正角所以能作一平圓周過其嘁嘁嘁嘁四點

第六十題　凡四邊形各邊之平方之和所大于其對角兩線之平方之和者爲兩對角線之中點相距之線之平方之四倍　此俟學者證之

第六十一題　若所設之四邊形能作平圓切于形內形外者則其面積必等于四邊連乘數之平方根求證之

如圖呷吃呐叮爲所設之四邊形其形內之平圓切于甲乙丙丁四點惟因其

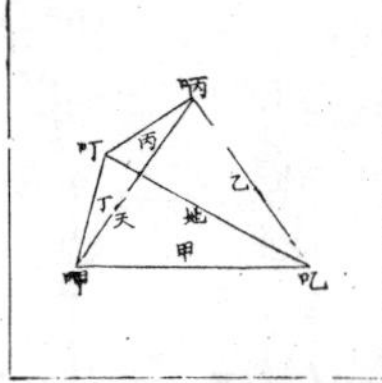

$\frac{呷}{甲}=\frac{呷}{丁}$　$\frac{叮}{丁}=\frac{叮}{丙}$　$\frac{呐}{丙}=\frac{呐}{乙}$　$\frac{吃}{乙}=\frac{吃}{甲}$　所以將此四式相加則

得

$\frac{呷}{叮}\perp\frac{吃}{呐}=\frac{呷}{吃}\perp\frac{呐}{叮}$

卽

$甲\perp丙=乙\perp丁$

所以

$二申=甲\perp丙$

或

$二申=乙\perp丁$

而其面積爲

$\sqrt{(申丅甲)(申丅乙)(申丅丙)(申丅丁)}=\sqrt{甲乙丙丁}$

第六十二題　設有一已定之三角形又有平行三直線求作一同式之三角形在角之三點恰在三平行線之上並求其三角之邊

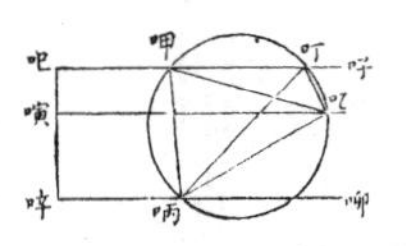

如圖呾呼嗔吃啐咿爲所設之平行三線于呾呼線內任取一點如叮作呾叮呐角呼叮吃角等于所設三角形之任兩角則其吃叮呐角必等于又一角乃作吃呐線成吃呐叮三角形又作一切于此三角形形外之平圓其圓界與呾呼線交于呷則呷吃呐卽爲所求之三角形

惟因

$\frac{呷}{吃}\frac{}{}呐角=\frac{呷}{叮}呐角$，$呐呷吃角=呐叮吃角$

所以

$\frac{吃^{二}}{呐}=\frac{吃^{二}}{叮}\perp\frac{叮^{二}}{呐}丅二\frac{吃}{叮}\times\frac{叮}{呐}餘弦呷=\left(\frac{正弦呐}{丙}\right)^{二}\perp\left(\frac{正弦吃}{乙}\right)^{二}丅\frac{正弦吃正弦丙}{二乙丙}餘弦呷$

此因

$\frac{叮}{呐}正弦吃=\frac{呾}{啐}=乙$

$\frac{吃}{叮}正弦呐=\frac{嗔}{呾}=丙$

之故也

第六十三題　有等邊三角形其各角之點在三平行之直線上已知外兩線之距中線為甲與丙求其三角形之邊。

其邊必為 $二\times\sqrt{\frac{甲^{二}丄丙^{二}丄甲丙}{三}}$。

第六十四題　有三角形已知其甲乙兩邊及所夾之角丙求在形外作最小等邊三角形之高。

其等邊三角形之高必為 $\sqrt{甲^{二}丄乙^{二}丅二甲乙餘弦(六〇^{\circ}丄丙)}$。

第六十五題　有呷吇呐三角形欲從各角作直線過所取之點㖈至對邊為角亢氏三點令其所分之邊左右二分各自連乘之積必相等。

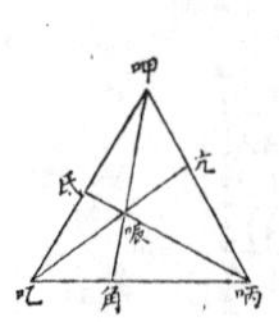

如圖呷吇呐為所設之三角形㖈為所取之點則 $呷亢\times呐角\times吇氏＝呷氏\times吇角\times呐亢$。

因等底三角形面積之相比如其高相比則 $\frac{呐亢}{呷亢}＝\frac{呐㖈吇積}{呷㖈吇積}$，$\frac{吇角}{呐角}＝\frac{呷㖈吇積}{呷㖈呐積}$，$\frac{呷氏}{吇氏}＝\frac{呷㖈呐積}{吇㖈呐積}$。

所以 $\frac{呐亢}{呷亢}\times\frac{吇角}{呐角}\times\frac{呷氏}{吇氏}＝一$。即 $呷亢\times呐角\times吇氏＝呐亢\times吇角\times呷氏$。

所以凡三角形若于每邊各作一分邊之點令所分之邊各分均合前例者。則從各分點作直線至對角其三線必能在一點相交。

作此分邊之點其有數法如下。

一可從各角作直線與對邊成垂線以得角亢氏三點。

則相等式之兩邊皆等于 甲乙丙餘弦呷餘弦吇餘弦呐。

二可令平分各角之線與對相遇之點為角亢氏則其 $呷氏＝\frac{甲丄乙}{乙丙}$。

而相等式之兩邊皆等于 $\frac{(甲丄乙)(甲丄丙)(乙丄丙)}{甲^{二}乙^{二}丙^{二}}$。

三可令角亢氏為平分各邊之中點。　此法易知其能合于所設之例.

四可令角亢氏爲內容平圓形之切點則其所分之邊 $\frac{呷亢}{呷氏}$ 此法亦易知其能合于例.

五可令角亢氏爲有平圓切于一邊及引長之二邊之切點則 $呷氏=申\top乙$. 申爲三邊半和所以 $呷氏\times哂亢\times吃角=(申\top乙)(申\top甲)(申\top丙)$. 合于所設之例

以上之法能以 $\frac{哂亢}{呷亢}=\frac{吃哂\,正弦\,哂吃㖓}{呷吃\,正弦\,呷吃㖓}$. $\frac{吃角}{哂角}=\frac{呷吃\,正弦\,吃呷㖓}{呷哂\,正弦\,哂呷㖓}$. $\frac{呷氏}{吃氏}=\frac{呷哂\,正弦\,呷哂㖓}{吃哂\,正弦\,吃哂㖓}$. 明之所以 $一=\frac{正弦\,哂吃㖓}{正弦\,呷吃㖓}\cdot\frac{正弦\,吃呷㖓}{正弦\,哂呷㖓}\cdot\frac{正弦\,呷哂㖓}{正弦\,吃哂㖓}$.

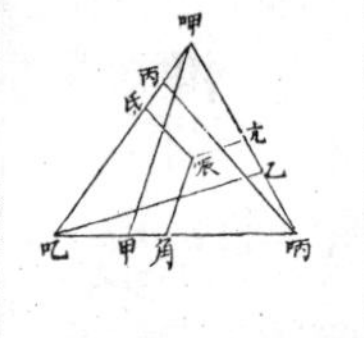

第六十六題 從三角形之每角任作直線至對邊之呷甲吃乙哂丙如圖又于三角形內任取一點如㖓點從此點作平行線如㖓角㖓亢㖓氏則 $\frac{哂丙}{㖓氏}\bot\frac{吃乙}{㖓亢}\bot\frac{呷甲}{㖓角}=一$.

若令其從呷㖓兩點至吃哂邊之線以巳巳代之從吃與㖓至呷哂邊之線以午午代之從哂與㖓至呷吃邊之線以未未代之而以呻代三角形之全面積則 $呻=吃㖓哂面\bot呷㖓哂面\bot呷㖓吃面=\frac{巳}{呻}巳'\bot\frac{午}{呻}午'\bot\frac{未}{呻}未'$.

因 $\frac{巳}{巳'}=\frac{呷甲}{㖓角}$. …… 所以 $\frac{哂丙}{㖓氏}\bot\frac{吃乙}{㖓亢}\bot\frac{呷甲}{㖓角}=一$. 㖓若爲呷甲吃乙哂丙之公交點則 $\frac{哂丙}{㖓丙}\bot\frac{吃乙}{㖓乙}\bot\frac{呷甲}{㖓甲}=一$.

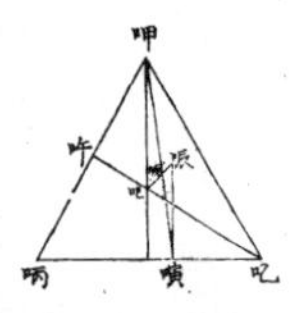

第六十七題 凡三角形內兩垂線之交點與從邊之中點各作垂線相交之點與從邊之中點作線至對角相交之點俱在一直線上.

如圖吧爲垂線之交點㖓爲外平圓之心㖓㕵爲哂吃之垂線作呷㕵線與㖓吧相交于㖞則㖞點爲從平分其邊之點作線至對角之公交點.

惟因 $\frac{\text{唇}}{\text{嗔}}=\frac{\text{唇}}{\text{呐}}\text{餘弦呷}=$
$\frac{\text{二正弦呐}}{\text{丙}}\text{餘弦呷}=$
$\frac{\text{二正弦呐}}{\text{呷吘}}=\frac{二}{一}\text{呷吧}$. 所以 $\frac{\text{嗔}}{\text{喚}}=\frac{二}{一}\text{呷喚}$.

第六十八題　有呷叱呐三角形，從邊求嗔、唧二點，作嗔唧線，乃于此線上取吧點，則 $\frac{\text{呷嗔}}{\text{嗔叱}}=\frac{\text{唧呐}}{\text{呷唧}}=\frac{\text{吧唧}}{\text{吧嗔}}$，求證

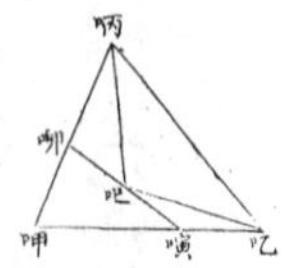

其理，

試作呐吧、叱吧二線，則叱吧呐三角形之面積爲嗔呷唧面積之倍所以

$\frac{\text{呷嗔唧面}}{\text{呷叱呐面}}=\frac{\text{呷嗔}}{\text{呷叱}}\times\frac{\text{呷唧}}{\text{呷呐}}=\frac{\text{卯}}{(\text{卯}+一)^{二}}$ ㊀

$\frac{\text{呷嗔唧面}}{\text{叱嗔吧面}}=\frac{\text{呷嗔}}{\text{叱嗔}}\times\frac{\text{嗔唧}}{\text{嗔吧}}=\frac{\text{卯}+一}{\text{卯}}$ ㊁

$\frac{\text{呷嗔唧面}}{\text{吧唧呐面}}=\frac{\text{呷唧}}{\text{唧呐}}\times\frac{\text{嗔唧}}{\text{吧唧}}=\frac{\text{卯}(\text{卯}+一)}{一}$ ㊂

其 $\frac{\text{呷嗔}}{\text{叱嗔}}=\text{卯}$. 所以將㊁㊂兩式相加得

$一+\frac{\text{嗔呷唧面}}{\text{叱吧呐面}}=\frac{\text{卯}(\text{卯}+一)}{(\text{卯}+一)(\text{卯}+一)}=三$.

即 $\text{叱吧呐面}=二\,\text{嗔呷唧面}$.

將三式連乘之得 $\text{呷叱呐面}\times\text{叱嗔吧面}\times\text{吧唧呐面}=\text{呷嗔唧面}^{三}$. 又

$\sqrt[三]{\text{叱吧嗔面}}+\sqrt[三]{\text{吧唧呐面}}=\frac{\sqrt[三]{\text{卯}}}{(\text{卯}+一)^{\frac{二}{三}}}\sqrt[三]{\text{呷嗔唧面}}=\sqrt[三]{\text{呷叱呐面}}$.

第六十九題　凡三角形若取其從邊之中點至對角之線，又作一他三角形，則原有之三角形與所作之三角形其面積之比若四與三。

如圖，從呷叱、叱呐、呐呷三邊之中點叮、哎、啐作呷哎、叱啐、呐叮，自叮點與呷哎平行作叮吧，自哎點與呷叱平行作喚哎吧，又作呐吧、叱吧、叮哎三線，因呷吧爲平行四邊形，則叮吧必等于呷哎，而哎吧必等于呷叮，亦等于叮叱，其叱吧必等于叮哎，亦等于啐呐，所以吧呐等于叱啐，而叮呐吧爲分邊線所成之三角形，所以其面積之式爲

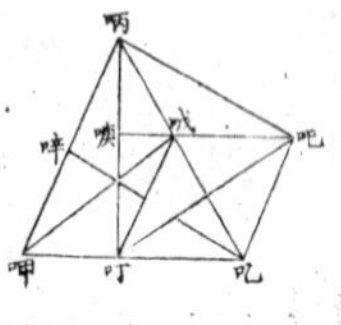

$\frac{\text{叮呐}}{\text{叱面}}\times\frac{\text{叮叱}}{\text{喚吧}}=\frac{\text{叮呐}}{\text{叱面}}\times\left(一+\frac{\text{叮叱}}{\text{喚哎}}\right)=\frac{二}{三}\times\text{叮呐叱面}=\frac{四}{三}\times\text{呷呐叱面}$.

第七十題　凡三角形內從分角線遇見對邊之各點作內切三角形，則兩三角形之面積若(甲⊥乙)(甲⊥丙)(乙⊥丙)與二甲乙丙之比。

如圖，呷吃哂爲所設之三角形，角亢氐爲內切之三角形。

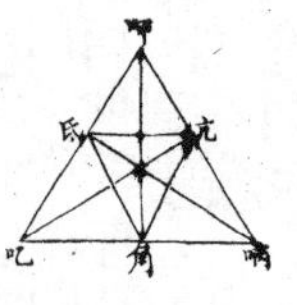

惟因其 $\frac{吃氐}{呷氐}=\frac{甲}{乙}$，則 $\frac{呷}{氐}=\frac{甲⊥乙}{乙丙}$。又依同理得 $\frac{呷}{亢}=\frac{甲⊥丙}{乙丙}$。

所以 呷亢氐面 $=\frac{一}{二}$ ✕ $\frac{(甲⊥乙)(甲⊥丙)}{乙丙}$ 正弦呷 = 呷吃哂面 ✕ $\frac{(甲⊥乙)(甲⊥丙)}{乙丙}$。

呷吃哂面 = 角亢氐面 ⊥ 呷吃哂面 $\left[\frac{(甲⊥乙)(甲⊥丙)}{乙丙} ⊥ \frac{(甲⊥乙)(乙⊥丙)}{甲丙} ⊥ \frac{(甲⊥丙)(乙⊥丙)}{甲乙}\right]$。

而 角亢氐面 = 呷吃哂面 $\frac{(甲⊥乙)(甲⊥丙)(乙⊥丙)}{二甲乙丙}$。

第七十一題　凡鋭三角形從垂線遇邊之點作內切三角形，則兩三角形之面積若一與二餘弦呷餘弦吃餘弦哂之比。

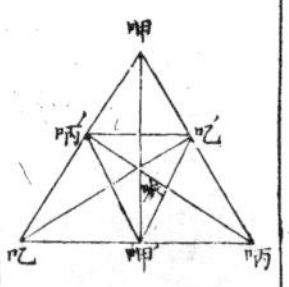

惟因 呷'吃'哂'面 $=\frac{一}{二}$ 呷'哂 ✕ 呷'吃' 正弦呷 = $\frac{一}{二}$ 乙丙正弦呷餘弦^{二}呷 = 呷吃哂面 餘弦^{二}呷。

所以 呷吃哂面 = 呷'吃'哂'面 ⊥ 呷吃哂面 (餘弦^{二}呷 ⊥ 餘弦^{二}吃 ⊥ 餘弦^{二}哂)
= 呷'吃'哂'面 ⊥ 呷吃哂面 (一丅二餘弦呷餘弦吃餘弦哂)。

觀第十四題自明。

所以 $\frac{呷'吃'哂'面}{呷吃哂面}$ = (二餘弦呷餘弦吃餘弦哂)。

若三角形之吃角爲鈍，則 呷吃哂面 = 呷'吃'哂'面 ⊥ 呷吃哂面 (餘弦^{二}呷 ⊥ 餘弦^{二}吃 ⊥ 餘弦^{二}哂)，而兩三角形面積之比若一與丅二餘弦呷餘弦吃餘弦哂之比。

第七十二題　凡鋭三角形從角向對邊作垂線，自垂線遇邊之各點作內切三角形則垂線之交點及原三角形之角點爲切于內三角形之三邊或切于一邊及餘兩邊引長之線之平圓心。

因呷吃吃′與呷呐呐′皆爲吃′呷呐′之餘角故二角必相等惟因呷吃吃′與㖘呷′呐′爲㖘呷′吃呐四邊形外切之平圓同對一邊之邊角所以此二角必相等又依同理知呷′呐呐′角與㖘呷′吃角亦相等所以㖘呷′呐角等于㖘呷′吃角而㖘必爲呷′吃′呐′三角形內所容平圓之心。又引長呷′吃′邊呷′呐′邊所成之外角

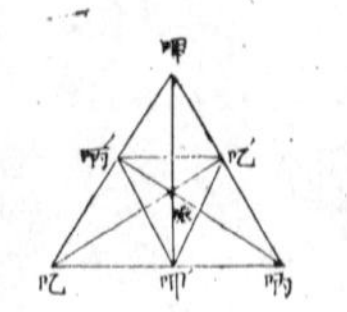

必爲呷吃呷呐所平分所以呷點必爲切于吃呐及呷吃呷呐引長之線之平圓心其吃呐二點亦可依同理推之

第七十三題　有三箇平圓各切于三角形之一邊及他兩邊引長之線求其以三平圓之心爲角點之三角形之面積及三邊。

如圖令呷吃呐爲所設之銳三角形則呷′吃′呐′爲以切于所設三角形每邊之外之三平圓之心爲角之三角形。

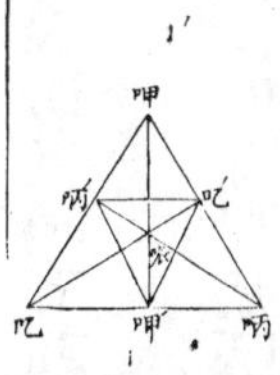

惟因呷′角等于吃′㖘呐′亦等于吃′呷呐′亦等于½(周丅呷)。故

依第七十一題之理得

吃呐/吃′呐′＝呐吃/呐′吃′ × 呐′呐/吃′呐′＝正弦吃 正弦呷吃′呐′/正弦呷′吃′呐′＝餘弦呷′。

從此得呷吃呐三角形之面積。又因

呐′吃′＝吃呐/正弦½呷′。

卽

呷′吃′呐′面＝呷吃呐面/二正弦½呷′正弦½吃′正弦½呐′。

從此可得吃呐邊之同數

若其三平圓內有一爲內平圓則所成吃㖘呐三角形其面積可從

呷′吃′呐′面＝吃㖘呐面/二正弦½呷′餘弦½吃′餘弦½呐′。

式得之而其

吃㖘＝呷′呐′正割½吃′。

呐㖘＝呷′吃′正割½呐′。

吃呐＝吃′呐′餘割½呷′。

第七十四題　若有四箇平圓切于三角形之三邊或切于一邊及餘兩邊引長之線則過其任三箇平圓之心作一大平圓其大平圓之半徑必爲三角形外切平圓半徑之倍。

令味爲呷吃呐三角形外切平圓之半徑味爲呷吃呐外切平圓之半徑

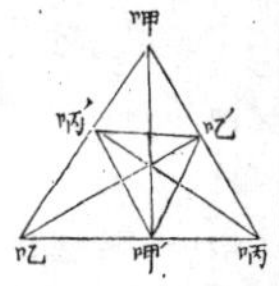

則 味＝二乂 正弦呷/吃呐 ＝二乂 正弦呷餘弦呷/吃呐 ＝ 正弦呷/吃呐 ＝二味.

又因 吃呢呐角 ⊥ 呷＝周

所以呷吃呐吃呢呐兩三角形其外切之平圓必相等.

第七十五題　凡三角形內若從各角向對邊或向對邊引長之線作垂線而以垂線所遇之各點爲角點更作一三角形則此三角形之周（三邊和也）小于任作一三角形其角切于原三角形之邊或切于原邊引長之線之三角形之周.

因自任何兩點各作直線于他直線上相遇其與他線所成之角若爲相等則所作之兩直線其和必比不同角者更小.

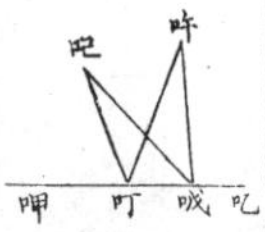

如圖吧咋爲任兩點呷吃爲他直線則吧叮咋叮之和大于吧哦咋哦和.

所以呷吃呐三角形內若作三角形其邊與甲乙丙三邊成不等之角則呷吃呐三角形內必能作他三角形其周更小. 若所作之三角形與甲乙丙三邊所成之角相等則必合于呷吃呐.

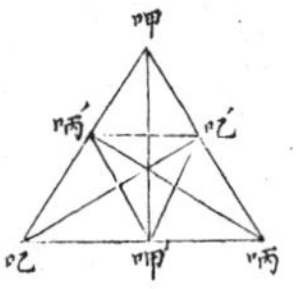

所以呷吃呐三角形之周爲最小而

甲⊥乙⊥丙＝甲餘弦呷⊥乙餘弦吃⊥丙餘弦呐

＝甲乙丙/八（面積）.

第七十六題　凡三角形若令其外切平圓之半徑爲味內容平圓之半徑爲未其切于丙邊及又兩邊引長線之平圓半徑爲未則

未＝四味正弦½呷正弦½吃正弦½呐.

未＝四味餘弦½呷餘弦½吃正弦½呐.

求證之. 惟因

未＝ 餘切½呷⊥餘切½吃/丙 ＝ 餘弦½呐/丙正弦½呷正弦½吃.

未＝ 正切½呷⊥正切½吃/丙 ＝ 餘弦½呐/丙餘弦½呷餘弦½吃.

若

將味之同數味=二正弦呴/丙代其本數即得題式之證。

第七十七題　求切于三角形任三邊之平圓其心與過三角形各角點之平圓之心相距之式。

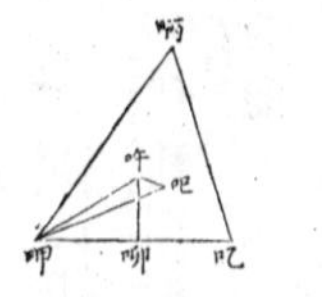

如圖呷吃呴三角形吽爲外切平圓之心吧爲內容平圓之心作呷吽呷吧吽呷三線則

吧呷啝角=二呷

吽呷啝角=九〇丅呴

所以其

吧呷吽角=三(呴丅吃)

而

吧吽=味⊥(正弦三呷/、未)丅正弦三呷/二味未 餘弦三(呴丅吃)

惟因

未=四味正弦三呷正弦三吃正弦三呴

所以

吧吽=味丅正弦三呷/二味未[餘弦三(呴丅吃)丅二正弦三吃正弦三呴]=味丅二味未

若其小平圓切于丙邊及甲乙二邊引長之線其心

如圖之吧則

吧呷啝角=九〇丅三呷

吽呷啝角=九〇丅呴

所以

吧呷吽角=九〇丅三(呴丅吃)

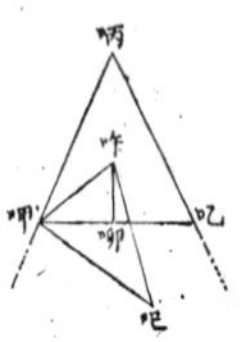

吧吽=味⊥(餘弦三呷/未)丅餘弦三呷/二味未 正弦三(呴丅吃)

惟因

未=四味餘弦三呷餘弦三吃正弦三呴

所以其

吧吽=味⊥餘弦三呷/三味未[二餘弦三吃正弦三呴丅正弦三(呴丅吃)]

三(呴丅吃)]=味⊥二味未

第七十八題　若以未未未未爲切于三角形內外各小平圓之半徑味爲容三角形之平圓半徑則四味=未丄未丄未丄未求證之

令甲乙丙爲三角形之各邊二申爲其周呻爲其面積呻爲從外切三小平圓之心所作三角形之面積則

依第一百二十七款之理

未(申丅乙)丄未(申丅丙)丄未(申丅甲)

=三呻=三未申

未乙丄未丙丄未甲丄未申=

二呻=未/四味 呻=四味申

惟因其

第七十九題　若以切于三角形內外各小平圓之心與容此三角形之大平圓之心相距之數爲丁、丅、丁二、丁三而

呻＝呻二正弦三呷正弦三乙正弦三丙＝呻二味/未

所以

申（未丄未一丄未二丄未三）＝（四味丄未）申

卽

四味＝未丄未一丄未二丅未三

又從七十六題可見

未丄未一丄未二丄未三＝八（一丅餘弦呷餘弦乙餘弦丙）味

第八十題　有任何三角形之面積並其內外平圓之半徑求作一式其方根爲三角形之三邊

大平圓之半徑爲味則依第七十七題之理

丅丄丅一丄丅二丄丅三＝四味丄二味（未丄未一丄未二丅未）＝一二味二

令

天丅巳二天丄巳天丅巳一＝○

此式之三根爲每兩邊之和與又一邊相較之數則

巳三＝甲乙丙＝未/二呻

巳二＝四未未/二呻＝八未呻

而

巳三/二巳＝甲呻甲/一丄呻乙/一丄呻丙/一＝呻/未丄未一丄未二丄未三＝呻/四味丄未

所以

巳二＝四未（四味丄未）

如令

二地＝巳丅天

而化其式

卽得

地三丅未/二呻地丄（未/呻丄四味未丄未）地丅四味呻＝○

其根爲甲乙丙三邊

第八十一題　凡容三角形之大平圓其半徑必大于內容平圓之全徑求證之

此因

$$\left(\frac{二未}{味}\right)^{二}=\frac{(甲\perp乙\top丙)^{二}(甲\perp丙\top乙)^{二}(乙\perp丙\top甲)^{二}}{甲^{二}乙^{二}丙^{二}}$$

$$=\frac{甲^{二}\top(乙\top丙)^{二}}{甲^{二}}\times\frac{乙^{二}\top(甲\top丙)^{二}}{乙^{二}}\times\frac{丙^{二}\top(甲\top乙)^{二}}{丙^{二}}.$$

其分數俱大于一之故.

第八十二題　有三角形內容三箇平圓各平圓之周相切亦切于三角形之每兩邊求其三平圓之半徑.

令天代呥咿半徑地代呥咿半徑以$\frac{角}{二}$、$\frac{亢}{二}$、$\frac{氐}{二}$代三角形之呷吃呥三角令內容大平圓之半徑

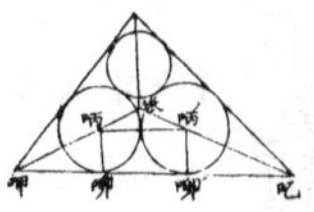

為一則

$$咿咿^{二}=(天\perp地)^{二}\top(天\top地)^{二}=四天地.$$

再將呷吃二角之同數作

$$天餘切角\perp二\sqrt{天地}\perp地餘切亢=餘切角\perp餘切亢=\frac{正弦角正弦亢}{餘弦氐}$$

(一).此因

$$角\perp亢\perp氐=二周.$$

之故也. 又依同理若以人為第三箇平圓之半徑則

$$地餘切亢\perp二\sqrt{地人}\perp人餘切氐=\frac{正弦亢正弦氐}{餘弦角}.$$

$$人餘切氐\perp二\sqrt{天人}\perp天餘切角=\frac{正弦角正弦氐}{餘弦亢}.$$

所以

$$天餘弦角正弦亢\perp二正弦亢正弦角餘弦角\sqrt{天地}\perp地餘弦亢正弦角餘弦角=餘弦氐餘弦角.$$

$$地餘弦亢正弦氐餘弦氐\perp二正弦亢正弦氐餘弦氐\sqrt{地人}\perp人餘弦氐正弦亢=餘弦角餘弦氐.$$

從此各式又依第四

題之式

$$餘弦亢(正弦角餘弦角\top正弦氐餘弦氐)=正弦亢(正弦角\top正弦氐)$$

而化之得

$$\frac{人餘弦氐\perp地正弦氐\perp二正弦氐餘弦氐\sqrt{人地}}{天餘弦角\perp地正弦角\perp二正弦角餘弦角\sqrt{天地}}=一.$$

所以

$$\sqrt{天}餘弦角\perp\sqrt{地}正弦角=\sqrt{人}餘弦氐\perp\sqrt{地}正弦氐.$$

又依同理得

$$\sqrt{人}餘弦氐\perp\sqrt{天}正弦氐=\sqrt{地}餘弦亢\perp\sqrt{天}正弦亢.$$

所

以 $\sqrt{天}(餘弦角+正弦氐-正弦亢)=\sqrt{地}(餘弦亢+正弦氐-正弦角)$

乃依第十六題之理得

$$\sqrt{\frac{地}{天}}=\frac{一+正切\frac{一}{二}角}{一+正切\frac{一}{二}亢}=\frac{一+巳}{一+午}$$

則

$$餘切角=\frac{一-巳^{二}}{二巳}$$

$$餘切亢=\frac{一-午^{二}}{二午}$$

以此代入(一)式則得

$$天\left[\frac{一-巳^{二}}{二巳}+\frac{一}{二}\times\frac{一+巳^{二}}{一+午^{二}}+\left(\frac{一+巳^{二}}{一+午^{二}}\right)\frac{一-午^{二}}{二午}\right]=\frac{(巳+午)(一-巳午)}{二巳午}$$

即

$$天\left[一+\frac{巳+午}{一-巳午}\right]=\frac{一+午}{一+巳}$$

則

$$天\left[一+正切\left(\frac{一}{四}周-\frac{一}{二}氐\right)\right]=\frac{一+正切\frac{一}{二}亢}{一+正切\frac{一}{二}角}$$

所以

$$天=\frac{一}{二}\times\frac{(一+正切\frac{一}{二}亢)(一+正切\frac{一}{二}氐)}{一+正切\frac{一}{二}角}$$

其地八二同數亦可仿此法得之

第八十三題　三角形內所容大平圓之半徑若以未代之而以亢角氐代其內容三箇小平圓之半徑則

$$未=\sqrt{角亢}+\sqrt{角氐}+\sqrt{亢氐}$$

觀此題易知

$$角=未-(未+角)正弦\frac{一}{二}呷$$

所以

$$\frac{角}{未}=\frac{一-正弦\frac{一}{二}呷}{一+正弦\frac{一}{二}呷}=正切^{二}\frac{一}{四}(周-呷)$$

而

$$\frac{一}{未}(\sqrt{角亢}+\sqrt{角氐}+\sqrt{亢氐})=正切\frac{一}{四}(周-呷)正切\frac{一}{四}(周-吃)+正切\frac{一}{四}(周-呷)正切\frac{一}{四}(周-呐)+正切\frac{一}{四}(周-吃)正切\frac{一}{四}(周-呐)=一$$

因

$$\frac{一}{四}(周-呷)+\frac{一}{四}(周-吃)+\frac{一}{四}(周-呐)=\frac{一}{二}周$$

之故也

第八十四題　有吃呐呐叮叮呷三弧其和為半平圓已知其通弦甲乙丙求平圓之全徑

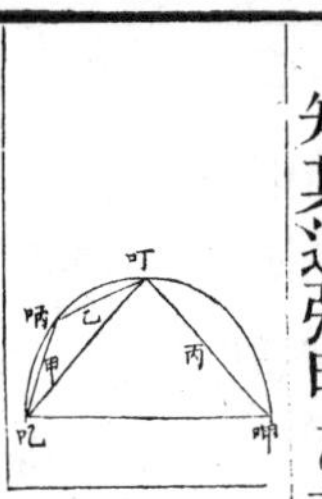

命 呷吃＝天

則對角線之平方為

$$吃叮^{二}=甲^{二}+乙^{二}-二甲乙餘弦呐=甲^{二}+乙^{二}+二甲乙餘弦呷$$

$$=甲^{二}+乙^{二}+二甲乙\frac{丙}{天}=天^{二}-丙^{二}$$

所以求得

$$天^{三}-(甲^{二}+乙^{二}+丙^{二})天-二甲乙丙=〇$$

第八十五題　有平圓內外所作之若干等邊形已知其面積爲呷與吃今欲于本平圓內外作邊數多一倍之多等邊形求其面積甲與乙

令未爲平圓之半徑則

$$呷=\frac{二}{一}二卯未^{二}正弦\frac{卯}{二周}=卯未^{二}正弦\frac{卯}{周}餘弦\frac{卯}{周}$$

$$吃=卯未^{二}正切\frac{卯}{周}$$

所以

$$甲=\frac{二}{一}二卯未^{二}正弦\frac{二卯}{二周}=卯未^{二}正弦\frac{卯}{周}=\sqrt{呷吃}$$

$$乙=二卯未^{二}正切\frac{二卯}{周}=\frac{一\perp餘弦\frac{卯}{周}}{二卯未^{二}正弦\frac{卯}{周}}=\frac{一\perp\sqrt{\frac{吃}{呷}}}{二\sqrt{呷吃}}=\frac{\sqrt{呷}\perp\sqrt{吃}}{二吃\sqrt{呷}}$$

第八十六題　平圓內作六等邊形切平圓周于呷吃哂叮哦吧各點命半徑啹呷爲未作呷哂線與啹吃相交于吘作吘哦線與啹叮相交于吧作吧叮線與啹哂相交于味依此法遞作各線與各半徑相交而得各點則

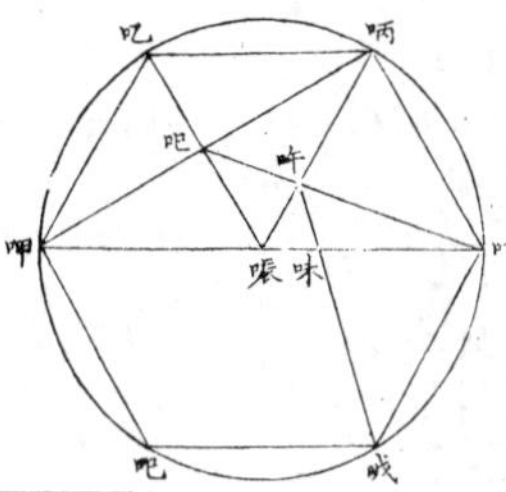

其

$$啹吧=\frac{二}{二}未$$

$$啹吘=\frac{三}{二}未$$

$$啹味=\frac{四}{二}未$$

……求證之

第八十七題　如于呷吃哂叮哦五不等邊形內作呷哂吃叮哂哦叮呷哦吃各線則所截之五箇三角形各倚其五不等邊形之一角設已知其五箇三角形之面積而求五不等邊形之面積

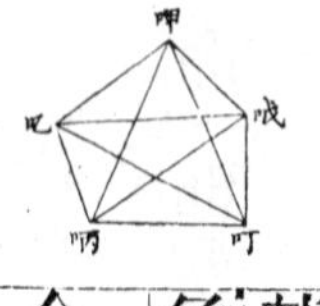

令

呷吃＝酉　呷哂＝戌　呷叮＝亥　呷哦＝物　吃呷哂角＝斗　吃呷叮角＝牛　吃呷哦角＝女

則其

$$二\,呷吃哂面=酉戌正弦斗$$

$$二\,呷吃叮面=酉亥正弦牛$$

$$二\,呷哦吃面=酉物正弦女$$

$$二\,呷哦叮面=亥物正弦(女\top牛)$$

$$二\,呷哂哦面=戌物正弦(女\top斗)$$

$$二\,呷哂叮面=戌亥正弦(牛\top斗)$$

所以得

$$四\,呷吃哂面\times呷哦叮面\perp四\,呷哦吃面\times呷哂叮面=酉戌亥物[正弦斗正弦(女\top牛)\perp正弦女正弦(牛\top斗)]=酉戌亥物正弦牛正弦(女\top斗)=四\,呷吃叮面\times呷哂哦面$$

如令其

呷吃哂面＝甲　吃哂叮面＝乙　哂叮哦面＝丙　叮哦呷面＝丁　哦呷吃面＝戊

又令

呷吃叮面＝天　呷哂叮面＝地　呷哂哦面＝人　呷吃哂叮哦面＝巳

則式變爲

$$甲丁\perp戊地=天人$$

而得

$$乙\perp丁\perp天=巳$$

$$甲\perp丁\perp地=巳$$

$$甲\perp丙\perp人=巳$$

消去天地人得

巳丅(甲丄乙丄丙丅戊)巳丄(甲乙丄乙丙丄丙丅戊丙)=〇.

由此式可求得巳之同數.

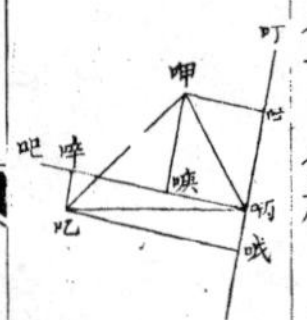

第八十八題　凡呷吃呐三角形若從其呐點作兩線彼此正交則從呷角作呷咦呷旺兩垂線其距呐之數為

戊丅餘弦角

與

丅丅戊正弦角

若從吃角作吃哼吃吹兩垂線則其距呐之數為

戊丅餘弦亢

與

丅丅戊正弦亢

求證之

若

甲丄乙丙=二(丅餘弦牛)

甲丅乙丙=二(丅餘弦斗)

則

角亢=牛斗

而

戊餘弦三(角丄亢)=餘弦三(牛丄斗)

其

乙=一丅戊餘弦角

甲=一丅戊餘弦亢

丙=(餘弦角丅餘弦亢)丄(一丅戊)(正弦角丅正弦亢)

所以

甲乙餘弦呐=三(甲丄乙丙)=

餘弦(角丅亢)丅戊(餘弦角丄餘弦亢)丄戊(一丅正弦角正弦亢)

而

甲乙=一丅戊(餘弦角丄餘弦亢)丄戊餘弦角餘弦亢

所以

得

甲乙餘弦三呐=[餘弦三(角丅亢)丅戊餘弦三(角丄亢)]=(一丅餘弦牛)(一丅餘弦斗)

(一)又

二戊(餘弦角丄餘弦亢)=四戊餘弦三(角丄亢)餘弦三(角丅亢)=二(餘弦牛丄餘弦斗)

故

[餘弦三(角丅亢)丄戊餘弦三(角丄亢)]=(一丄餘弦牛)(一丄餘弦斗)

餘弦三(角丅亢)丄戊餘弦三(角丄亢)=二餘弦三牛餘弦三斗

餘弦三(角丅亢)丅戊餘弦三(角丄亢)=二正弦三牛正弦三斗

以此從(一)式得

餘弦三(角丅亢)=餘弦三(牛丅斗)

即

角亢=牛斗

所以得

戊餘弦三(角丄亢)=餘弦三(牛丄斗)

第八十九題　有平圓形其半徑為一如呷丙于半徑線內任取一點如喉又取呷吧吧吧吧……各弧

令其

吧吧=卯一斗

吧吧與吧吧……等于

卯一二周

則

呬$\frac{卯}{三}$ 丅二餘弦斗呬$\frac{卯}{}$ ⊥一＝ 吧×吧×吧…… 吧卯

求證之

作呬吧呬吧呬吧……各線則

吧＝呬丅二呬餘弦$\frac{卯}{二}$斗⊥

吧＝呬丅二呬餘弦$\frac{卯}{二}$(二周⊥斗)⊥

……所以依相等式之理諸式之左右兩邊各自連乘之積必相等

第九十題　有級數

$-\frac{丅}{卯三}\bot\frac{二\cdot三}{卯四卯五}\top\frac{二\cdot三\cdot四}{卯五卯六卯七}\bot\cdots\cdots$

求其總數

依第一百三十五款之理令 二餘弦斗＝一 即可得 斗＝三周 故其級數

諸項之和爲

$\frac{卯}{二}$(丅二餘弦$\frac{三}{卯}$周)

第九十一題　求證

⊥$\frac{卯}{二}$甲餘弦丙天⊥$\frac{二\cdot二}{卯(卯丅一)}$甲餘弦二丙天⊥……＝未餘弦卯斗

$\frac{二}{卯}$甲正弦丙天⊥$\frac{二\cdot二}{卯(卯丅一)}$甲正弦二丙天⊥……＝未正弦卯斗

其

正切斗＝$\frac{一\bot甲餘弦丙天}{甲正弦丙天}$

未＝一⊥二甲餘弦丙天⊥甲

令

二餘弦丙天＝人⊥人丅

則

戊$\frac{二}{}$斤＝$\frac{一\bot甲人丅}{一\bot甲人}$＝$\frac{未}{(一\bot甲人)}$＝$\frac{(一\bot甲人丅)}{未}$

此依第一百五十九款

所以

二(一⊥甲人)^{卯}⊥二(一⊥甲人丅)^{卯}＝三未^{卯}(戊^{卯}斤丅戊^{卯}斤)

而

⊥$\frac{卯}{二}$甲餘弦丙天⊥$\frac{二\cdot二}{卯(卯丅一)}$甲餘弦二丙天⊥……＝未^{卯}餘弦卯斗

$\frac{二}{卯}$甲正弦丙天⊥$\frac{二\cdot二}{卯(卯丅一)}$甲正弦二丙天⊥……＝未^{卯}正弦卯斗

第九十二題　有級數

$一\perp\frac{一}{甲}餘弦斗\perp\frac{一\cdot三}{甲^二}餘弦二斗\perp\frac{一\cdot三\cdot三}{甲^三}餘弦三斗\perp\cdots\cdots$

$二呻＝二\perp\frac{一}{甲}(天\perp\frac{天}{二})\perp\frac{一\cdot三}{甲^二}(天\perp\frac{天}{二})\perp\cdots\cdots$

求其總數。

求得級數之和等于

$\frac{天}{戊}\perp\frac{天}{戊}＝\frac{甲}{戊}(餘弦斗\perp\sqrt{丅一正弦斗})\perp\frac{甲}{戊}(餘弦斗\top\sqrt{丅一正弦斗})$

$＝\frac{甲餘弦斗}{戊}二餘弦(甲正弦斗)$

又依同理得

$\frac{一}{甲}正弦斗\perp\frac{一\cdot三}{甲^二}正弦二斗\perp\frac{一\cdot三\cdot三}{甲^三}正弦三斗\perp\cdots\cdots＝\frac{甲餘弦斗}{戊}正弦(甲正弦斗)$

第九十三題　有

$對六＝甲$, $對一五＝乙$,

求八九兩數之對數。有

$對三＝甲$, $對一二＝乙$

求八三三四九之對數。

惟因

$九＝\frac{一〇}{六\times一五}$

所以得

$對九＝甲\perp乙\top一$.

惟因

$六＝\frac{二^三}{三^四}＝\left(\frac{一五}{六〇}\right)^三$

所以得

$對八＝\frac{三}{三}(甲乙\perp一)$.

惟因

$八三三四九＝\frac{三^五}{三^四}\times\frac{七^三}{\ldots}$

所以得

$對八三三四九＝二甲\perp三乙\perp三$.

第九十四題　有式

$三^天＝一五$,

又知

$對二＝\cdot三〇一〇三$,

$對三＝\cdot四七七一二一二五$,

求天之同數。

惟因

$三^{天一}＝\frac{二}{一〇}$

所以

$(天\top一)對三＝\top對二$

而求得

$天＝一\perp\frac{\cdot四七七\cdots二一二五}{\cdot六九八九七}＝二\cdot四六五$.

第九十五題　有 $\text{甲}^{\text{天}}_{\text{乙}}=\text{丙}$ 及 $\text{甲}^{\text{天}}\text{插}\,\frac{\text{甲}^{\text{天卯}}}{\text{乙}}=\text{丙}$ 求其天之同數。

第九十六題　求將 $\sqrt[4]{\text{二}}\ (\text{甲}\top\text{丙})(\text{甲}\top\text{丙})(\text{甲}\top\text{丙})(\text{甲}\top\text{乙}\top\text{丙})$ 式變之以便用對數推算。

其變法已見于三角形求面積術中。

第九十七題　有 對三＝・四七七一二一三

對四・二三六六＝・六二七〇二七

求證 $(\frac{\text{三}}{\text{二}})^{\text{二四}}_{\text{二六七}}=\cdot\text{〇〇〇〇〇四二三六六}$

第九十八題　有連分數 $\frac{\text{四}}{\text{二}}\text{周}=\frac{\bot}{\text{一}}\ \frac{\text{三}}{\text{二}}\ \frac{\bot}{\text{三}}\ \frac{\text{三}}{\text{五}}\cdots\cdots$ 求證之。

三角八

數 $\text{插}(\text{天})=\frac{\text{天}}{\text{一}}\bot\frac{\text{天}\bot\text{卯}}{\text{一}}\bot\frac{\text{天}\top\text{卯}}{\text{一}}\bot\frac{\text{天}\top\text{卯}}{\text{一}}\bot\cdots\cdots$ 則能解之。

令 $\text{函}(\text{天})=\frac{\text{卯}\bot}{\text{天}}\ \frac{\text{卯}}{(\text{天}\bot\text{卯})}\ \frac{\text{卯}\bot\cdots\cdots}{(\text{天}\bot\text{二卯})}$

所以 $\text{函}(\text{天})=\frac{\text{卯}\bot\text{函}(\text{天}\bot\text{卯})}{\text{天}}$

令 $\text{函}(\text{天})=\frac{\text{插}(\text{天})}{\text{一}}\top\text{天}$

則 $\text{插}(\text{天})=\frac{\text{天}\bot\text{函}(\text{天})}{\text{一}}$

所以 $\text{插}(\text{天})\,\text{插}(\text{天}\bot\text{卯})=\text{天}\text{二}$

如用其同

如于前式中令 天＝一 卯＝二 依第一百四十五款得 $\text{插}(\text{一})=\text{一}\top\frac{\text{五}}{\text{四}}\cdots\cdots=\frac{\text{四}}{\text{一}}\text{周}$ 又

$\text{插}(\text{一})=\frac{\bot\text{函}(\text{一})}{\text{一}}=\frac{\bot}{\text{一}}\ \frac{\text{三}}{\text{二}}\ \frac{\text{三}}{\text{三}}\cdots\cdots$

所以得 $\frac{\text{四}}{\text{一}}\text{周}=\frac{\bot}{\text{一}}\ \frac{\text{三}}{\text{二}}\ \frac{\text{三}}{\text{三}}\ \frac{\text{三}}{\text{五}}\cdots\cdots$

三角八

第九十九題　求 $\text{正切人}=\frac{\text{一}-}{\text{人}}\ \frac{\text{三}-}{\text{人}^{二}}\ \frac{\text{五}-}{\text{人}^{二}}\cdots$ 式之證

令 $\text{函}(\text{天})=\frac{\text{天}+}{\text{卯}}\ \frac{(\text{天}+\text{一})+}{\text{卯}}\ \frac{(\text{天}+\text{二})+}{\text{卯}}\cdots$ 所以 $\text{函}(\text{天})=\frac{\text{天}+\text{函}(\text{天}+\text{一})}{\text{卯}}$ 令 $\text{函}(\text{天})=\frac{\text{天}}{\text{卯}}\ \frac{\text{插}(\text{天})}{\text{插}(\text{天}+\text{一})}$ 所以 $\text{插}(\text{天})-\text{插}(\text{天}+\text{一})=\frac{\text{天}(\text{天}+\text{一})}{\text{卯}}\text{插}(\text{天}+\text{二})$ 此式可用同數

$\text{插}(\text{天})=\text{一}+\frac{\text{天}}{\text{卯}}+\frac{\text{二}}{\text{一}}\times\frac{\text{天}(\text{天}+\text{一})}{\text{卯}^{二}}+\frac{\text{二}\cdot\text{三}}{\text{一}}\times\frac{\text{天}(\text{天}+\text{一})(\text{天}+\text{二})}{\text{卯}^{三}}+\cdots$ 解之令 $\text{天}=\frac{\text{三}}{\text{二}}$ 則依第一百四十四款得

$\text{函}\left(\frac{\text{三}}{\text{二}}\right)=\text{二卯}\,\frac{\text{一}+\frac{\text{一}\cdot\text{三}}{\text{四卯}}+\frac{\text{四}}{\text{一六卯}}+\cdots}{\text{一}+\frac{\text{二}\cdot\text{三}}{\text{四卯}}+\frac{\text{五}}{\text{一六卯}}+\cdots}=\sqrt{\text{卯}}\,\frac{\text{戊}^{\text{二}\sqrt{\text{卯}}}+\text{戊}^{-\text{二}\sqrt{\text{卯}}}}{\text{戊}^{\text{二}\sqrt{\text{卯}}}-\text{戊}^{-\text{二}\sqrt{\text{卯}}}}$

又 $\text{函}\left(\frac{\text{三}}{\text{二}}\right)=\frac{\text{一}+}{\text{二卯}}\ \frac{\text{三}+}{\text{四卯}}\ \frac{\text{五}+}{\text{四卯}}\cdots$ 再將 $\text{二}\sqrt{\text{卯}}$ 以 $\text{人}\sqrt{-}$ 代之則得 $\text{正切人}=\frac{\text{一}-}{\text{人}}\ \frac{\text{三}-}{\text{人}^{二}}\ \frac{\text{五}-}{\text{人}^{二}}\cdots$

第一百題　平圓之周徑相比恆有一數爲奇零不盡故不能有有窮之數或爲整數或爲分數以明之試求其證。

欲證此理必先設連分數有 $\text{呻}=\frac{\text{卯}-}{\text{寅}}\ \frac{\text{卯}'-}{\text{寅}'}\ \frac{\text{卯}''-}{\text{寅}''}\cdots$ 式之性情其寅寅′寅″……卯卯′卯″……爲整數而 $\frac{\text{卯}}{\text{寅}}$ $\frac{\text{卯}'}{\text{寅}'}$……爲小于一之奇零不盡數則呻亦爲奇零不盡之數先令其呻小于一則因 $\frac{\text{卯}-\text{卯}'}{\text{寅}'}>\text{卯}-\text{一}$ 所以亦大于寅因寅爲小于卯之整數故也又依同理 $\frac{\text{卯}'-\text{卯}''}{\text{寅}''}>\text{寅}'$ 所以 $\frac{\text{卯}-}{\text{寅}}\ \frac{\text{卯}'}{\text{寅}'}<\text{一}$ 而 $\frac{\text{卯}-}{\text{寅}}\ \frac{\text{卯}'-}{\text{寅}'}\ \frac{\text{卯}''}{\text{寅}''}<\text{一}$ 如此則能證連分數之全同數小于一所以呻爲不盡之數如令 $\text{呻}=\frac{\text{呷}}{\text{吃}}$ 而呷吃皆爲整數又令哂叮……各數爲能

得 $\frac{吃}{呖}=\frac{卯丅}{寅'}\frac{卯丅}{寅''}\cdots\cdots\frac{呖}{叮}=\frac{卯丅}{寅'}\frac{卯丅}{寅''}\cdots$. 則因各式皆小于一則呷吃呖叮……各項之級數恆減小惟因 $\frac{呷}{吃}=\frac{卯丅}{寅}\frac{吃}{呖}$. 則得 $呖=卯吃丅寅呷$. 又以同理 $叮=卯呖丅寅吃\cdots\cdots$. 所以因呷吃為整數則呖叮……亦為整數如此則得一減小之級數為整數能增至無窮是于理不合也所以呷必為不盡之數.

雖級數之首數項 $\frac{卯}{寅}$ $\frac{卯}{寅}$ ……不小于一若以下能小于一此理亦眞因其連分數之末分之項數已證明其無窮故呷亦為無盡之數.

惟前在第九十九題已證明寅與卯若為任何整數則 $正切\frac{卯}{寅}=\frac{卯丅}{寅}\frac{三卯丅}{寅''}\frac{五卯丅}{寅''}\cdots\cdots$. 此為無盡之數因至末其數為 $\frac{(二未丅一)卯}{寅''}<一$ 之故也.

所以 $\frac{周}{四}$ 若為有盡之數則其切線必為無盡之數然 $正切\frac{周}{四}=一$. 所以 $\frac{周}{四}$ 與周率皆為無盡之數.

興化劉彝程校算
上海曹擷亭繪圖

三角數理卷九

英國海麻士輯
英國 傅蘭雅 口譯
金匱 華蘅芳 筆述

論球上之各圈及弧三角形界說

第一款 凡以平面剖圓球則剖面之界必爲平圓其剖面若過球心則剖面之界易知其必爲平圓之界名此平圓之界曰大圈 如球面先有已定之二點則亦可過此二點作大圈

凡球面之各大圈因其半徑必相同(即爲球之半徑故必相同)則各大圈之大小必相等

凡大圈必平分全球之半因其平剖面之徑即爲球徑所以凡球面有兩大圈相交兩交點相距必爲半周

惟平剖面若不過球心者如圖從球心㖘點作㖘㖠爲剖面距心之線從以㖠爲心之剖面界

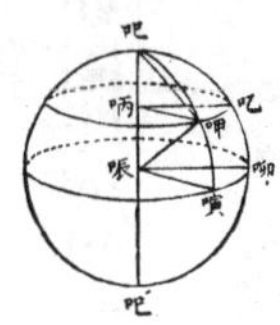

任取呷點作呷㖠呷㖘二線則 $呷㖠=\sqrt{㖘呷^{2}-㖘㖠^{2}}$ 此爲一定之式所以凡剖面之心若不過球心者其平圓之界名之曰小圈

弧三角之法中不恆用小圈之弧此書中所論弧三角形其弧亦俱爲大圈如有用小圈之弧者必明言之尋常所言弧度皆指球心配此弧之角而不論其球之半徑(因恆以半徑爲一故也)

第二款 如于前圖將㖘㖠線引長至球面之吧吧二點則 $吧呷=\sqrt{吧㖠^{2}+呷㖠^{2}}$ 亦爲一定之式 若有過吧呷二點之大圈吧呷嗔則其被小圈所截之吧呷弧以吧呷直線爲通弦因平圓內凡有相等之線必截其相等之弧所以吧點之距小圈無論以直線言之或以過吧點之大圈之弧言之其理無異

吧吧二點名曰極點若以呷吃小圈言之則吧爲近極

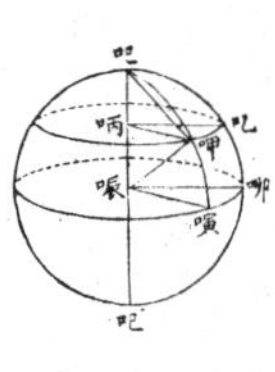

吧爲遠極此二極點爲從小圈平剖面之心作垂線至球面之點 若有他小圈其剖面與呷吃小圈爲平行者則其遠近二極亦爲吧吧二點(此解距等圈之意)

如卯嗔爲以吧爲極之大圈則因㖘吧爲從嗔㖘卯剖面之圓心所作之垂線所以吧㖘嗔爲正角而吧點距嗔卯大圈之各處若以大圈度之恆爲四分全周之一

第三款 凡兩大圈在球面相交所成之角(他種曲線亦有此理)即爲兩切線在交點所成之角所以必同于兩大圈之平

剖面所成之角　因其切線與本弧必同在一平面內又必與兩平面相交而成之線（即球徑）爲垂線所以兩切線所成之角同于兩平面所成之角即同于兩弧所成之角

如圖吧呷吧吃各爲大圈之一弧而于吧點相交若從

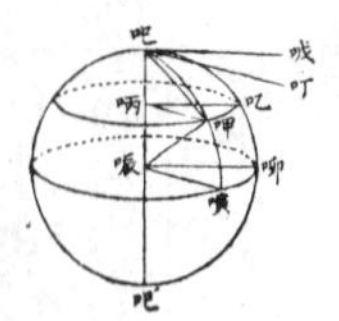

吧點作吧叮切線爲在吧㖘呷平面內之切線又從吧點作吧㖅切線爲在吧㖘吃平面內之切線則因吧叮吧㖅各爲吧㖘之垂線故呷吧吃角等于叮吧㖅角即等于兩弧之大圈平面之交角

第四款　將吧呷吧吃兩弧引長之至與以吧爲極之大圈相遇于嗼于㖓則與以吧爲極之小圈相交于呷于吃作㖘嗼㖘㖓呥呷呥吃各線則因吧叮吧㖅爲㖘嗼㖘㖓之平行線故叮吧㖅角等于嗼㖘㖓角即等于嗼㖓弧此以球心所對之弧明其弧角呷吧吃也

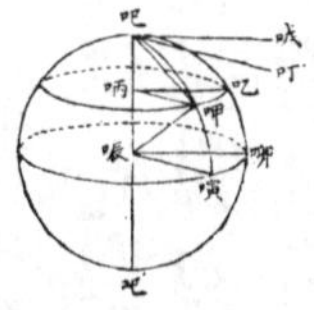

從此可見若有兩弧彼此相交成任何弧角如引長其兩弧至滿四分全周之一（若其弧本大于九十度者則于其滿九十度處截之）從球面作大圈連其兩弧之端則其大圈以兩弧之交點爲極而大圈之弧度在引長之兩弧之間者即爲弧角之度

又其呷吃小圈以呷呥爲半徑則吧呷正弦＝㖘呷正弦呷㖘吧而吧呷正弦嗼㖓弧＝呷呥吃角之弧×呷呥＝呷吃弧可見其小圈被過其極點之兩大圈所截之弧其長必與小圈距極度之正弦有比例

第五款　凡過吧極之大圈必依㖘吧爲平面則必爲嗼㖘㖓之垂面所以凡在吧點之大圈與有極爲吧之大圈嗼㖓相交必成正角

凡過他大圈極點之大圈名曰副大圈亦名經圈

所以若有大圈已知其弧爲嗼㖓欲求其極點有兩法一測其與嗼㖓弧爲垂面之大圈令其弧爲一象限即得極點　二可作兩箇大圈皆與嗼㖓弧爲正角而交于吧即得極點

反之若從球面之某點作大圈與所設之大圈相遇而其弧適爲一象限者則所取之點即爲極點　或從某點至所設之大圈能作兩箇不同面之大圈其弧皆爲一象限者則本點亦即爲所設大圈之極點

第六款　凡聯兩大圈之極點作弧則此弧所對球心之角與兩大圈之平面交角相等　兩大圈相交之兩點即爲兩大圈之平面相交而成之綫之兩端亦爲過兩大圈之極點之大圈之極.

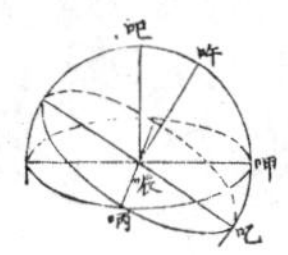

如圖有呷哂吃哂兩大圈其平剖面相交成唇哂半徑線其兩圈之極點一爲吧一爲吘則吧唇哂角吘唇哂角皆爲正角所以哂唇爲吧唇吘平面之垂線而哂爲過吧吘二點之吧吘呷吃大圈之極又因吧唇呷角吘唇吃角皆爲正角所以吧唇吘角等于呷唇吃角亦等于弧角呷哂吃.

第七款　凡球面有三大圈之弧所成之面名之爲弧三角形其三弧之平剖面在球心成體角.

弧三角法內所必究之事爲成此體角之三箇平面其各面各邊所成之面角彼此有相關之理.

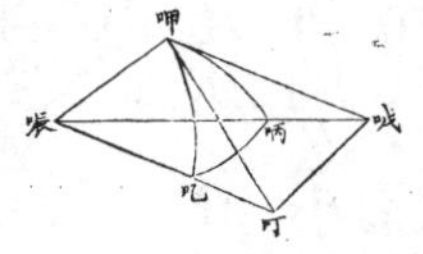

如圖呷唇吃吃唇哂哂唇呷三箇平面所成之體角其頂爲唇而呷吃吃哂哂呷爲三箇大圈之弧此三弧爲各在一平面內以唇爲心以球徑爲徑所作之平圓所成而于球面相交則呷唇吃吃唇哂哂唇呷三箇平面彼此所成之棱角與其甲乙丙三弧所成之角相等而唇呷唇吃唇哂三棱在唇點所成之各角與呷吃吃哂哂呷三弧有比例.

所以呷吃哂弧三角形所成之面即可爲體角之底以此爲底有大益處因可求得成此體角之各面各棱所成之各角一切相關之理爲弧三角中最要之事也.

學者觀以上所論之事若已明弧三角之意則不必再言其體角祇須知其體角之底即爲球面以三弧爲界所成之弧三角形惟不可忘所推之各事非爲弧三角形各邊之弧乃爲球心對其各弧之各角也所以能與球徑之大小不相關.

如令球之半徑爲一則弧三角形之三邊變爲從球心對此邊之角之眞弧度.

第八款　凡弧三角形之三角恆以呷吃哂三字名之如言呷角即指呷吃呷哂兩弧所成之吃呷哂角也其吃呷哂角實爲兩弧之切線所成之哎呷叮角即爲弧之切線之平角.　又呷吃哂三角之對邊吃哂呷哂呷吃三弧爲從其球心所對之角恆以甲乙丙三字識之依此簡便之代法則凡言對呷角之弧即爲吃

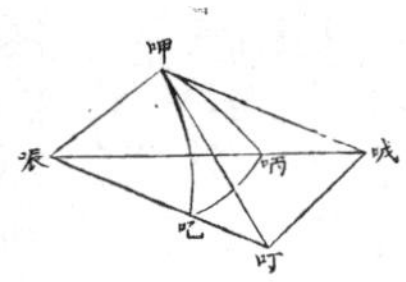

呐邊或言甲邊其意謂從球心對吃呐弧之吃㖞呐角也

第九款　惟因凡有三面所成之體角其三箇平面之角每角必小于兩正角之和亦每角必小于餘兩角之和而其三箇平角之和必小于四箇正角之和所以其體角之底弧三角形之三弧能有三例如左

一無論何弧必小于半周　二任一弧必小于餘兩弧之和　三其三弧之和必小于大圈之全周

若將弧三角形在球面引長其任一弧成大圈則大圈之平面所剖之半球必含其弧三角形在內否則兩箇

大圈相交之面其棱角所對之弧大于半周而不合于例矣

由此可見弧三角形若用大于半圈之弧為邊則體角之頂點亦能為他弧三角形之頂點

如圖吃呐呐叮吃咦叮三弧所成之弧三角形其體角之頂點亦可為吃呐叮哖弧三角形體角之頂點所以欲求吃呐叮咦弧三角形必藉他弧三角形（如吃呐叮哖）無一弧大于半圈無一角大于兩象限者以解之

第十款　于球面上任設弧三角形若以角點（即每兩弧相遇之點）各為極而作大圈則又成一弧三角形其角點為原弧三角形各弧之極而其弧與角為原弧三角形所對之弧角與一百八十度相較之數

如圖呷吃呐為原設之弧三角形呷′吃′呐′為又成之弧三角形其弧以原形之角點為極則依大圈作呷呐呷吃兩弧而將呷吃呷呐在球面引長之至滿一象限而遇吃呐弧于咦于哖則呐呷弧為象限（因呷為吃呐之極故也）又吃呷弧亦為象限（因吃為呷呐之極故也）所以依第五款之理有以呷為極之大圈過吃呐兩點即呷為吃呐弧之極　又

依同理能證其吃與呐為呷呐與呷吃之極點

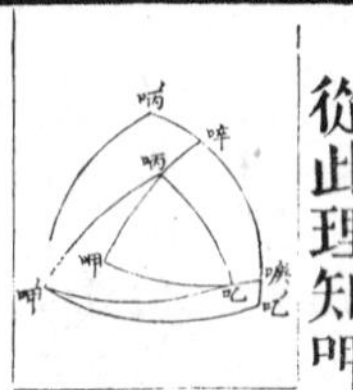

從此理知呷吃呐弧三角形若以呷′吃′呐′弧三角形為主可名之為極三角形

又依圖中之理呷吃呐弧三角形亦為呷′吃′呐′之極三角形

又依第四款之理

呷 = 哖咦 = 呐咦 − 呐哖 = 呐咦 + 吃哖 − 吃呐 = 一八〇 − 吃呐

因呐咦吃哖各為一象限之故也所以呷角為有以呷為極之吃呐弧所對球心之角之外角

又依同理能證其乙角丙角為呷丙呷乙（即有極為乙與丙之極三角形之弧）所對球心之角之外角從此例則呷乙呐三角形

可謂之呷乙呐三角形之次形亦謂之外三角形

所以本形之各角與次形之三邊甲乙丙有一定之相

等式 呷丄甲＝一八〇° 乙丄乙＝一八〇° 呐丄丙＝一八〇° 由此可見凡弧三角形之角必小于一

百八十度

又因甲乙丙為呷乙呐之外角所以 呷＝一八〇°丅乙呐 乙＝一八〇°丅呷呐 呐＝一八〇°丅呷乙 而本形

之邊與次形之角有 呷丄甲＝一八〇° 乙丄乙＝一八〇° 呐丄丙＝一八〇° 之式

第十一款　從此可見若有三箇平面所成之體角從其頂點（體角之頂點也）以三棱為垂線作三箇平面則所作之三面必成一他體角其棱與原體角之棱為垂線而其各面各棱為原面原棱之次面次棱

第十二款　以上各款為弧三角法中最要之理因任何弧三角形之呷乙呐三角及甲乙丙三弧與次形之呷乙呐三角甲乙丙三弧彼此互為外角外弧如一八〇°丅甲 一八〇°丅乙……

是也所以凡論弧三角形邊角之式若俱以對邊之次邊（與一百八十度相減謂之次邊）代其角而以對角之外角代其邊則其式亦必合于理

第十三款　若以呷乙呐代任何弧三角形之角而以甲乙丙代其次形之弧即有 呷丄乙丄呐丄甲丄乙丄丙＝六正角 之式而其 甲丄乙丄丙 恆在〇度與四正角之間所以 呷丄乙丄呐（即任何弧三角形三角之和）恆在六正角與四正角之間

由是知弧三角形之角不能如平三角形三角之和恆為不變之數又不能有兩角小于六〇°惟可有兩角或三角皆為鈍亦能有三角俱為正角者

凡弧三角形若三角皆為正角者則為全球面積八分之一若其三角甚近于九〇° 九〇° 一八〇°者則為全球面積四分之一若各角俱甚近一八〇°者則為球面之半

第十四款上　凡弧三角形之面積與半球面積之比若其三角之和大于二正角之數與四箇正角之比

如圖呷乙呐弧三角形若將其成呐角之兩弧各引長之至為半圈則成呷乙啐叮呐乙呐戌咦呷呐乙呞呷

三瓣形（謂球面在兩箇半圈內之面積形如花瓣者共有三也）而呷吃㖼三角形在三瓣相疊之處其㖼吃吧呷瓣形之積必等于呷吃㖼與叮㖼哦之和此因叮㖼哦與呷吃吧同為㖘點體角之底其角點同在球之三箇徑線之端則易知其必為相等惟因瓣形之面積與球之半面積呻之比同于兩箇半圈間之角與一八〇之比所以若將各瓣形面積之同數變為相等式

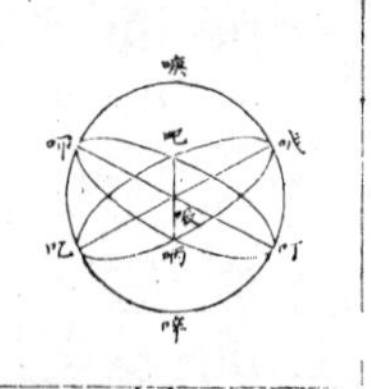

$$\text{呷吃㖼面}+\text{吃哖叮㖼面}=\frac{\text{呷}}{\text{一八〇}}\text{呻}$$

$$\text{吃㖼哦㖘呷面}=\frac{\text{吃}}{\text{一八〇}}\text{呻}$$

$$\text{呷吃㖼面}+\text{叮㖼哦面}=\frac{\text{㖼}}{\text{一八〇}}\text{呻}$$

以加法得

$$\text{二呷吃㖼面}+\text{呻}=\frac{\text{呷}+\text{吃}+\text{㖼}}{\text{一八〇}}\text{呻}$$

則

$$\text{呷吃㖼面}=\frac{\text{呷}+\text{吃}+\text{㖼}-\text{一八〇}}{\text{三六〇}}\text{呻}$$

凡弧三角形三角之和以二正角減之其數名弧餘數

凡弧三角形之面積不能為負亦不能大于呻觀第十三款自明

論弧三角形邊角之比例

第十四款下　凡以弧三角形為底之體角有六件要事即成此體角之三箇平面之斜度及其三棱之交角也

此六事中知其任三事即可求得其餘三事

又以同理知弧三角形亦有六事即甲乙丙三邊（其邊為弧）及呷吃㖼三角也此六事中亦任知其三事即可求得其餘三事其故因已知之任三事與未知之三事有一定之比例故可從此推彼也

所以凡解弧三角形之題其式中必有六事中之四故祗有四類一為有兩邊與其所對之兩角二為有三邊一角三為有兩邊兩角而兩角內必有一角為其兩邊所成四為有一邊三角

茲欲攷明以上各事之式並以後攷各種公理所須用之各式

第十五款上　凡弧三角形各角之正弦相比若其對邊之正弦相比

此理所以明兩邊與所對之兩角相關之故故亦能以平三角形之理同法證之

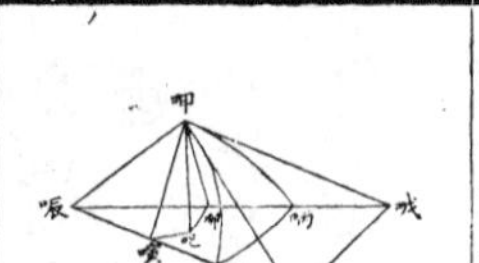

如圖在吃㖘㖼平面上作呷吧垂線又在以㖘為頂以呷吃㖼弧三角形為底之體角㖘吃㖘㖼兩棱上作垂線吧嗔吧㖋又作呷嗔呷㖋則㖘嗔與呷嗔吧平面成正角㖘㖋與呷㖋吧平面成正角所以呷嗔

吧等于吃角而呷吻吧等于呐角所以有 呷嚝正弦吃＝呷吧＝呷吻正弦呐 之式.

又因 呷嚝＝呷喉正弦呷吃, 呷吻＝呷喉正弦呷呐 所以 正弦呷吃正弦吃＝正弦呷呐正弦呐 即 正弦丙正弦吃＝正弦乙正弦呐.

惟前圖但以呷吃呷呐兩邊爲皆小于一象限者明之.

若論其理呷甲之同數本無一定之限.

若呷呐大于一象限則可引長其呐呷呐吃二弧至再相遇于呐點則從其次形呷呐吃（此次形即爲有兩邊皆小于九十度之三角形）

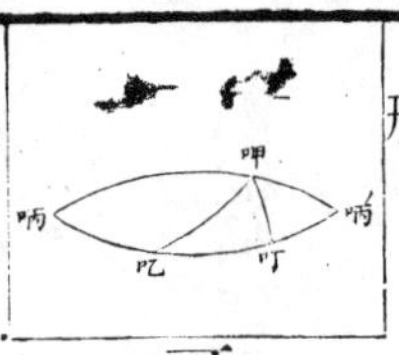

可得 正弦丙正弦(一八○吃)＝正弦(一八○乙)正弦呐. 即 正弦丙正弦吃＝正弦乙正弦呐. 則與徑用本形呷吃呐所得之式無異也.

若呷吃呷呐皆大于一象限則將呷呐呷吃兩弧引長之至再相遇于呷則從其次形呷吃呐（即爲有兩邊皆小于九十度之三角形）

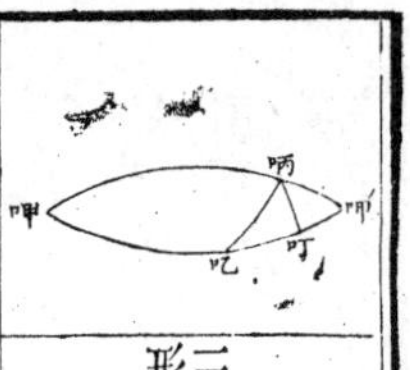

可得 正弦(一八○丙)正弦(一八○吃)＝正弦(一八○乙)正弦(一八○呐). 即 正弦丙正弦吃＝正弦乙正弦呐. 可見兩邊俱大于九十度者此式亦未嘗不通.

若呷呐等于一象限則可令呐爲呷叮之極（除呷吃亦爲一象限）者方可

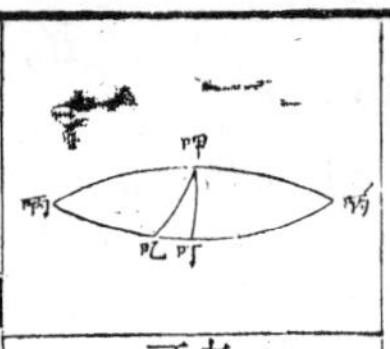

則從其次形呷叮吃可得 正弦呷叮正弦叮＝正弦呷吃正弦吃. 即 正弦呐＝正弦丙正弦吃. 則與徑用呷吃呐本形所得者同.

若其呷吃亦等于一象限則本三角形有兩邊之弧俱爲九十度而其對此兩邊之角必俱爲正角故易明前式亦可通. 由此可見對邊對角相比之式無論何種弧三角形皆可用之.

第十五款下 從圖易得一式以明弧三角形三邊與兩

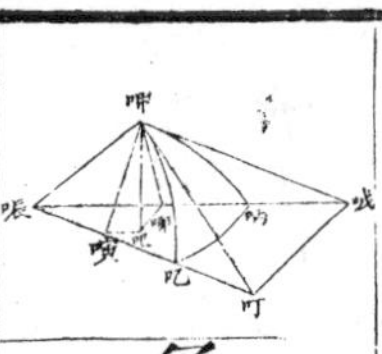

角之比例. 即 正弦甲餘弦丙＝正弦乙餘弦呐⊥正弦丙餘弦甲餘弦吃. 此式與平三角形第九十

一款之式相配亦為有用之式

因從嗔作喉呐之垂線則其長為

喉嗔 正弦吃喉丙 ＝ 喉呷 餘弦呷吃 正弦吃呐 ＝ 喉呷 餘弦丙 正弦甲

亦為

吃呷 ⊥ 吃嗔 餘弦吃喉呐 ＝ 呷呐 餘弦呐 ⊥ 呷嗔 餘弦吃 餘弦吃呐 ＝ 呷喉 正弦乙 餘弦丙 ⊥ 呷喉 正弦丙 餘弦吃 餘弦甲

所以

正弦甲 餘弦丙 ＝ 正弦乙 餘弦呐 ⊥ 正弦丙 餘弦甲 餘弦吃

第十六款　求弧三角形三邊與任一角相比之式

如圖呷吃呐弧三角形從呷點作呷吃弧之切線與喉吃引長之線相遇于叮又作呷呐弧之切線與喉呐引長之線相遇于戌乃作戌叮線則成呷喉叮戌形若從叮呷戌叮喉戌兩箇平三角形各求其叮戌平方之同數

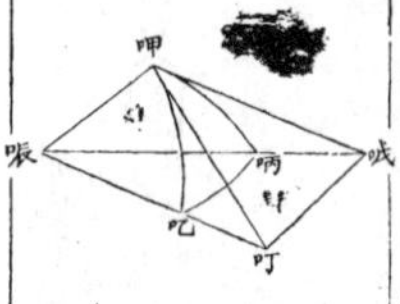

作相等式則

呷叮^{二} ⊥ 呷戌^{二} ⊤ 二呷叮 ✕ 呷戌 餘弦叮呷戌 ＝

喉叮^{二} ⊥ 喉戌^{二} ⊤ 二喉叮 ✕ 喉戌 餘弦叮喉戌

惟因

喉叮^{二} ⊤ 呷叮^{二} ＝ 喉呷^{二}

喉戌^{二} ⊤ 呷戌^{二} ＝ 喉呷^{二}

此因喉呷叮角喉呷戌角皆為正角之故則得

二喉叮 ✕ 喉戌 餘弦叮喉戌 ＝ 二喉呷^{二} ⊥ 二呷叮 ✕ 呷戌 餘弦叮呷戌

所以

餘弦叮喉戌 ＝ 喉戌/喉呷 ✕ 喉叮/喉呷 ⊥ 喉戌/呷戌 ✕ 喉叮/呷叮 餘弦叮呷戌

又因

叮喉戌 ＝ 吃呐 ＝ 甲

叮呷戌 ＝ 吃呷呐 ＝ 呷

所以得　此式為弧三角法中各理之根本

第十七款　觀上款所得之式或疑其夾呷角之兩弧乙與丙若非小于一象限則其式恐不能通然其呷甲兩同數並無一定之限

如欲證明前款所得之式可為任何弧三角形之任何角公用之式必令其式于乙丙兩弧俱大于九十度或有一弧大于九十度或兩弧俱等于九十度或有一弧等于九十度者皆可通試一一證之

若其角旁之乙邊大于九十度而呷吃邊不滿九十度則可將其呐呷呐吃兩弧引長之至再相遇于呐則因呷吃呷呐兩弧俱小于九十度故就其吃呷呐次形而

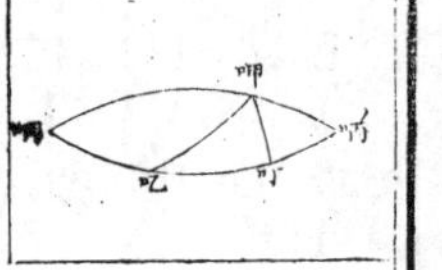

論之因 吃呷呐=一八○°丅呷. 所以其

餘弦(一八○°丅甲)=餘弦(一八○°丅乙)餘弦丙丄正弦(一八○°丅乙)正弦丙餘弦(一八○°丅呷).

即

餘弦甲=餘弦乙餘弦丙丄正弦乙正弦丙餘弦呷.

則與徑用呷吃呐本形無異

若其夾角之兩弧俱大于九十度則引長其呷呐呷吃.

兩弧至再相遇于呷.則其吃呷呐次形之呷角與呷吃

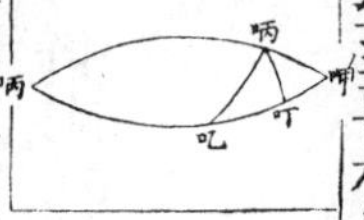

呐本形之呷角有 呷=呷 之式所以

餘弦甲=餘弦(一八○°丅乙)餘弦(一八○°丅丙)丄正弦(一八○°丅乙)正弦(一八○°丅丙)餘弦呷.

即

餘弦甲=餘弦乙餘弦丙丄正弦乙正弦丙餘弦呷.

可見前款之式

亦合于兩弧大于九十度所成之角之用.

若其呷呐弧等于九十度則以呷點爲極作叮呐弧其

叮呐弧角 即呷 若非九十度則其弧合于吃叮呐次形丁

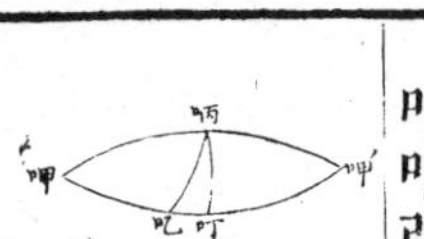

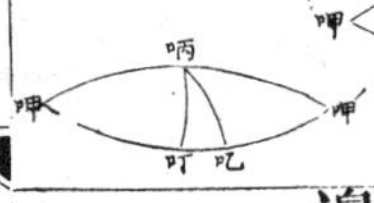

邊之用而得

餘弦甲=餘弦(九○°丅丙)餘弦呷丄正弦(九○°丅丙)正弦呷餘弦九○°.

兩式中丅號指兩數相減也

即

餘弦甲=正弦丙餘弦呷.

則與徑用

呷吃呐本形所得者無異. 惟其叮呐若爲九十度則

依第五款之理其吃呐弧亦爲九十度而其弧三角形

有兩邊俱爲象限則其兩箇對角皆爲正角而其式亦

合于理因可得○=○故也.

若其夾角之兩弧乙與丙皆爲九十度則 甲=呷. 而從公式

可得 餘弦甲=餘弦呷.

第十八款 弧三角形以三邊爲主而明其任一角餘弦

之式能徑從第十五上下兩款之式而得之.

因可將兩式各自乘之得

$(\text{正弦甲餘弦丙}\perp\text{正弦丙餘弦甲餘弦吧})^2 = \text{正弦}^2\text{乙餘弦}^2\text{呐}$

$\text{正弦}^2\text{丙正弦}^2\text{吧} = \text{正弦}^2\text{乙正弦}^2\text{呐}$

相加得

$(1-\text{餘弦}^2\text{甲})\text{餘弦}^2\text{丙} \mp 2\text{正弦甲餘弦丙正弦丙餘弦甲餘弦吧} \perp \text{正弦}^2\text{丙}(1-\text{正弦}^2\text{甲餘弦}^2\text{吧}) = 1 - \text{餘弦}^2\text{乙}$

化之

得

$(\text{餘弦甲餘弦丙}\perp\text{正弦甲正弦丙餘弦吧})^2 = \text{餘弦}^2\text{乙}$

即

$\text{餘弦乙} = \text{餘弦甲餘弦丙}\perp\text{正弦甲正弦丙餘弦吧}$

若開方之時式之兩邊爲負則因 $\text{吧} = 180°$ 而 $\text{乙} = \text{甲}\perp\text{丙}$ 之故也。

第十九款　凡弧三角形若有兩弧相等則兩弧所對之兩角亦必相等。反之若有兩角相等則其所對之兩弧亦必相等。

凡弧三角形其對大弧之角必爲大角。

因 $\text{甲} = \text{乙}$ 則

$$\text{餘弦呷} = \frac{\text{正弦甲正弦丙}}{\text{餘弦甲}(1-\text{餘弦丙})} = \text{餘弦吧}$$

而其呷吧二角各不能大于一百八十度。所以必得 $\text{呷} = \text{吧}$。若呷大于吧而叮呷吧角等于叮吧呷角

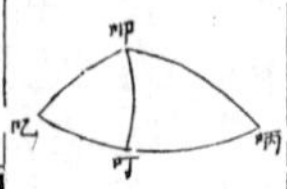

角則 $\text{叮呷} = \text{叮吧}$。所以 $\text{呐叮}\perp\text{叮吧} = \text{呐叮}\perp\text{叮呷} > \text{呷呐}$。即 $\text{甲} > \text{乙}$ 而大弧必對大角。

第二十款　如將前款所證能明任何弧三角形之三邊與任一角相關之式在呷吧呐三角一一用之即可得

$\text{餘弦甲} = \text{餘弦乙餘弦丙}\perp\text{正弦乙正弦丙餘弦呷}$ ㈠

$\text{餘弦乙} = \text{餘弦甲餘弦丙}\perp\text{正弦甲正弦丙餘弦吧}$ ㈡

$\text{餘弦丙} = \text{餘弦甲餘弦乙}\perp\text{正弦甲正弦乙餘弦呐}$ ㈢

此三式能包括弧三角法中一切之理。若有弧三角形已知其任三事則從此三式可求得其餘三事。

惟因未知之數各應列其一定之法所以必更求其可與㊀式並用者以濟其窮

第二十一款　對弧對角相關之式亦能從任角之餘弦及三弧之餘弧明之

已有

$$\text{餘弦呷}=\frac{\text{正弦乙正弦丙}}{\text{餘弦甲}\top\text{餘弦乙餘弦丙}}$$

所以

$$\text{正弦}^{二}\text{呷}=\text{一}\top\text{餘弦}^{二}\text{呷}=\text{一}\top\frac{\text{正弦}^{二}\text{乙正弦}^{二}\text{丙}}{(\text{餘弦甲}\top\text{餘弦乙餘弦丙})^{二}}$$

$$=\frac{\text{正弦}^{二}\text{乙正弦}^{二}\text{丙}}{(\text{一}\top\text{餘弦}^{二}\text{乙})(\text{一}\top\text{餘弦}^{二}\text{丙})\top(\text{餘弦甲}\top\text{餘弦乙餘弦丙})^{二}}$$

$$=\frac{\text{正弦}^{二}\text{乙正弦}^{二}\text{丙}}{\text{一}\top\text{餘弦}^{二}\text{甲}\top\text{餘弦}^{二}\text{乙}\top\text{餘弦}^{二}\text{丙}\perp\text{二餘弦甲餘弦乙餘弦丙}}$$

而

$$\frac{\text{正弦甲}}{\text{正弦呷}}=\frac{\text{正弦甲正弦乙正弦丙}}{\sqrt{(\text{一}\top\text{餘弦}^{二}\text{甲}\top\text{餘弦}^{二}\text{乙}\top\text{餘弦}^{二}\text{丙}\perp\text{二餘弦甲餘弦乙餘弦丙})}}$$

此式中之方根爲正號因 正弦呷 與 正弦甲 皆爲正數之故惟因式之右邊爲甲乙丙之常函數則無論甲乙丙三數如何更換其左邊之數必同所以其 $\frac{\text{正弦甲}}{\text{正弦呷}}$ 式有三角形各角之常同數而必有三相等之式爲 $\frac{\text{正弦甲}}{\text{正弦呷}}=\frac{\text{正弦乙}}{\text{正弦吃}}=\frac{\text{正弦丙}}{\text{正弦呐}}$ 從此可知所得之式必可爲公用所以任何弧三角形內各角之正弦相比必同于對邊之正弦相比

此理又可從第二十款之式證之法從其上兩式得其 正弦丙 餘弦丙 之同數而代入 $\text{正弦}^{二}\text{丙}\perp\text{餘弦}^{二}\text{丙}=\text{一}$ 式中則得呷吃甲乙之相比此爲更簡之法

第二十二款　求兩邊兩角相關之式其兩角中有一爲兩邊所成者

即如甲乙呷呐若在 $\text{餘弦甲}=\text{餘弦乙餘弦丙}\perp\text{正弦乙正弦丙餘弦呷}$ (呷) 式中將其 餘弦丙 與 正弦丙 之同數如

$$\text{餘弦丙}=\text{餘弦甲餘弦乙}\perp\text{正弦甲正弦乙餘弦呐}$$

$$\text{正弦丙}=\text{正弦甲}\frac{\text{正弦呷}}{\text{正弦呐}}$$

代入則得

$$\text{餘弦甲}=\text{餘弦甲餘弦}^{二}\text{乙}\perp\text{正弦甲正弦乙餘弦乙餘弦呐}\perp\text{正弦乙正弦甲}\frac{\text{正弦呷}}{\text{正弦呐}}\text{餘弦呷}$$

乃將 $\text{餘弦甲餘弦}^{二}\text{乙}$ 移之又因

$$\text{餘弦甲}\top\text{餘弦甲餘弦}^{二}\text{乙}=\text{餘弦甲正弦}^{二}\text{乙}$$

故將其全

式以 正弦甲正弦乙 約之則得 餘切甲正弦乙—餘切呷正弦丙 | 餘弦乙餘弦丙 此式與㊥式皆可作公式之用而

此式尤便于記憶因左右兩邊之第一項皆為餘切與正弦相乘而左為任兩邊右為任兩角而祇有其第一角對其所有之邊而末項為已有其正弦原度之餘弦相乘之數.

第二十三款　求弧三角形三角與任一邊相關之式.

最便之法可將第二十款之㊀式在其次形內用之即得

餘弦甲′＝餘弦乙餘弦丙 | 正弦乙正弦丙餘弦呷′

再將甲乙丙呷以本形之邊與角為主而明之之同數

甲＝一八〇－呷
乙＝一八〇－吧
丙＝一八〇－㕅
呷＝一八〇－甲

代之即可得甲邊之數在下式之中.

餘弦呷＝－餘弦吧餘弦㕅 | 正弦吧正弦㕅餘弦甲.

從此式又能得乙丙兩邊相配之式. 如欲求此式之證可將第二十款之三式消去其乙與丙即得.

第二十四款

求證訥白爾同比例之式.

從前款之式得

餘弦呷 | 餘弦吧餘弦㕅＝正弦吧正弦㕅餘弦甲.

餘弦吧 | 餘弦呷餘弦㕅＝正弦呷正弦㕅餘弦乙.

所以

餘弦呷 | 餘弦吧餘弦㕅 / 餘弦吧 | 餘弦呷餘弦㕅 ＝ 正弦吧餘弦甲 / 正弦呷餘弦乙 ＝ 正弦乙餘弦甲 / 正弦甲餘弦乙.

若將其比例數之較

與其和相比則可得

$$\frac{\text{餘弦吔}\perp\text{餘弦呷}}{\text{餘弦吔}\top\text{餘弦呷}}\times\frac{\perp\text{餘弦呴}}{\top\text{餘弦呴}}=\frac{\text{正弦}(\text{甲}\perp\text{乙})}{\text{正弦}(\text{甲}\top\text{乙})}$$

此式即

$$\text{正切}\tfrac{1}{2}(\text{呷}\perp\text{吔})\,\text{正切}\tfrac{1}{2}(\text{呷}\top\text{吔})\,\text{正切}\tfrac{1}{2}\text{呴}=\frac{\text{正弦}\tfrac{1}{2}(\text{甲}\perp\text{乙})\,\text{餘弦}\tfrac{1}{2}(\text{甲}\perp\text{乙})}{\text{正弦}\tfrac{1}{2}(\text{甲}\top\text{乙})\,\text{餘弦}\tfrac{1}{2}(\text{甲}\top\text{乙})}$$

(一)又可從

$$\frac{\text{正弦吔}}{\text{正弦呷}}=\frac{\text{正弦乙}}{\text{正弦甲}}$$

得

$$\frac{\text{正切}\tfrac{1}{2}(\text{呷}\perp\text{吔})}{\text{正切}\tfrac{1}{2}(\text{呷}\top\text{吔})}=\frac{\text{正切}\tfrac{1}{2}(\text{甲}\perp\text{乙})}{\text{正切}\tfrac{1}{2}(\text{甲}\top\text{乙})}$$

將此兩式相乘以左邊約其右邊而開其平方根即得

$$\text{正切}\tfrac{1}{2}(\text{呷}\perp\text{吔})=\frac{\text{餘弦}\tfrac{1}{2}(\text{甲}\top\text{乙})}{\text{餘弦}\tfrac{1}{2}(\text{甲}\perp\text{乙})}\,\text{餘切}\tfrac{1}{2}\text{呴}$$

$$\text{正切}\tfrac{1}{2}(\text{呷}\top\text{吔})=\frac{\text{正弦}\tfrac{1}{2}(\text{甲}\top\text{乙})}{\text{正弦}\tfrac{1}{2}(\text{甲}\perp\text{乙})}\,\text{餘切}\tfrac{1}{2}\text{呴}$$

其根用正號之故因 $\tfrac{1}{2}(\text{呷}\top\text{吔})$ 與 $\tfrac{1}{2}(\text{甲}\top\text{乙})$ 俱小于九十度而其正角之號恆爲相同。觀第十九款所以從(一)式可見 $\text{正切}\tfrac{1}{2}(\text{呷}\perp\text{吔})$ 與 $\text{餘弦}\tfrac{1}{2}(\text{甲}\perp\text{乙})$ 必爲同號而從此又可知 $\tfrac{1}{2}(\text{呷}\perp\text{吔})$ 與 $\tfrac{1}{2}(\text{甲}\perp\text{乙})$ 兩者或俱小于九十度或俱大于九十度而不能大于一百八十度。

又可用兩式推算其極三角形。

即如將呷吔呴甲乙以 $一八〇\top\text{甲}$、$一八〇\top\text{乙}$、$一八〇\top\text{丙}$、$一八〇\top\text{呷}$、$一八〇\top\text{吔}$ 代之即可得兩式如下。

$$\text{正切}\tfrac{1}{2}(\text{甲}\perp\text{乙})=\frac{\text{餘弦}\tfrac{1}{2}(\text{呷}\top\text{吔})}{\text{餘弦}\tfrac{1}{2}(\text{呷}\perp\text{吔})}\,\text{正切}\tfrac{1}{2}\text{丙}$$

$$\text{正切}\tfrac{1}{2}(\text{甲}\top\text{乙})=\frac{\text{正弦}\tfrac{1}{2}(\text{呷}\top\text{吔})}{\text{正弦}\tfrac{1}{2}(\text{呷}\perp\text{吔})}\,\text{正切}\tfrac{1}{2}\text{丙}$$

第二十五款　前款所得之末兩式有時能引出如比例之形此法爲訥白爾所設故謂之訥白爾同比例法其各式在解弧三角形中大有用處其首兩箇爲兩邊與其所成之角爲已知之數其末兩箇爲一邊並其所倚之兩角爲已知之數。

其同比例之式又能以下法變之因

一⊥餘弦丙＝一⊥餘弦甲餘弦乙⊥正弦甲正弦乙（餘弦½丙⊥正弦½丙）

＝［一⊥餘弦（甲⊤乙）］餘弦½丙⊥［一⊥餘弦（甲⊥乙）］正弦½丙

所以

餘弦½丙＝餘弦½（甲⊤乙）餘弦½丙⊥餘弦½（甲⊥乙）正弦½丙

又依同理得

正弦½丙＝正弦½（甲⊤乙）餘弦½丙⊥正弦½（甲⊥乙）正弦½丙

再將首兩箇比例左右兩邊自乘而加一又用上所有之$\frac{餘弦½丙}{正弦½丙}$之同數則得

$正割½(甲⊤乙)=\frac{餘弦½(甲⊥乙)正弦½丙}{餘弦½丙}$

$正割½(甲⊤乙)=\frac{正弦½(甲⊥乙)正弦½丙}{正弦½丙}$

開其方根因½（甲⊤乙）與½（甲⊥乙）或俱大于九十度或俱小于九十度故但用其正號之根

餘弦½（甲⊤乙）餘弦½丙＝餘弦½（甲⊥乙）正弦½丙

餘弦½（甲⊤乙）正弦½丙＝正弦½（甲⊥乙）正弦½丙

此兩式又可變爲

正弦½（甲⊤乙）餘弦½丙＝餘弦½（甲⊤乙）餘弦½丙

正弦½（甲⊤乙）正弦½丙＝正弦½（甲⊤乙）餘弦½丙

有人用他法證此兩式即在 餘弦½（甲⊤乙）、餘弦½（甲⊤乙）……之級數式內將其

$\frac{呷三弦正}{呷三弦餘}$……以其邊爲主而明之之同數代之詳見第三十五款。

興化劉彝程校算
上海曹擷亭繪圖

三角數理卷十

英國海麻士輯
英國　傅蘭雅　口譯
金匱　華蘅芳　筆述

解正弧三角形之法

第二十六款

如呷吃呥弧三角形呷角爲九十度其呷吃弧之大圈平面與呷呥弧之大圈平面彼此爲垂面則此種弧三角形名曰正弧三角形其吃呥弧以甲代之亦名之爲弦弧。

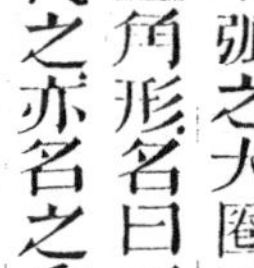

凡名之爲正弧三角之意因其三角之中有一角爲正角其餘兩角或銳或鈍。若呷吃二角皆爲正角則其所對之吃呥呷呥兩弧俱爲一象限而其呥角卽爲呷吃弧。若有三角皆爲正角則各邊皆爲象限矣。觀第四款自明所以不必論此種特設之式。

凡尋常之弧三角形苟知其任三事則其餘各事俱可用法求之而正弧三角形因其正角亦爲已知之事則除一種題之外苟知其任兩事卽可求其餘事。

凡解正弧三角形之題祇須令呷＝九〇°以代入三角形之任一箇相等式中卽得之矣。

正弧三角形已知其任兩事而能將已知之數爲主以明其餘三事俱可以訥氏之法貤之是爲最佳最便之法兹特將訥氏之法證明如下

第二十七款　訥氏之法凡正弧三角形不計其正角但將夾正角之兩弧與對弧（對正角之弧也）之餘弧及其餘兩角之餘角共爲五箇弧角分件此五件中任以一件爲主定之爲中件則在中件之兩旁者名之曰倚件其餘兩件名之曰對件

其中件無論如何或爲弧或爲對正角之餘弧或爲他角之餘角中件之正弦必等于兩倚件之切線相乘數亦必等于兩對件之餘弦相乘數

一如令對正角之餘弧 九〇丅甲 爲中件則 九〇丅𠮙 與 九〇丅𠰳 爲其倚件而乙與丙爲其對件則從

餘弦呷＝丅餘弦𠮙餘弦𠰳丄正弦𠮙正弦𠰳餘弦甲

餘弦甲＝餘弦乙餘弦丙丄正弦乙正弦丙餘弦呷

之式又因 呷＝九〇° 所以

餘弦呷＝〇

正弦呷＝一

而前式變爲

餘弦甲＝餘切𠮙餘切𠰳

即

正弦(九〇丅甲)＝正切(九〇丅𠮙)正切(九〇丅𠰳)

又

餘弦甲＝餘弦乙餘弦丙

即

正弦(九〇丅甲)＝餘弦乙餘弦丙

二如令餘角 九〇丅𠰳 爲中件則 九〇丅甲 與乙爲其倚件而以 九〇丅𠮙 與丙爲其對件惟因

餘切甲正弦乙＝餘切呷正弦𠰳丄餘弦𠰳餘弦乙

餘弦𠰳＝丅餘弦呷餘弦𠮙丄正弦呷正弦𠮙餘弦丙

變爲

餘弦𠰳＝餘切甲正切乙

即

正弦(九〇丅𠰳)＝正切(九〇丅甲)正切乙

又

餘弦𠰳＝正弦𠮙餘弦丙

即

正弦(九〇丅𠰳)＝餘弦(九〇丅𠮙)餘弦丙

若以 九〇丅𠮙 爲中件則可用同法求得兩箇相似之式

三如令任邊乙爲中件則 九〇丅𠰳 與丙爲其倚件而 九〇丅甲 與 九〇丅𠮙

爲其對件惟因

餘切丙正弦乙＝餘切呷正弦呷⊥餘弦呷．

正弦呷正弦乙＝正弦甲正弦吃．

變爲

正弦乙＝餘切呷正切丙．

卽

正弦乙＝正切（九〇丅呷）正切丙．

又

正弦乙＝正弦甲正弦吃．

卽

正弦乙＝餘弦（九〇丅甲）餘弦（九〇丅吃）．

若令丙爲中件，亦能以同法得兩箇相似之式．

第二十八款　如此則正弧三角形之五件弧角，可有十箇算式，如將其各式以不同之法區別，其每三件則能依其十箇不同之法合幷之，所以訥氏同比例之法如

有正弧三角形內之任兩事，卽能作一式而得其餘各事與其所知之兩事相等之式，而其式亦最便于用對數．

凡正弧三角形只能有六種題．一爲已知其對正角之邊及一角或銳或鈍．二爲已知其對正角之邊與又一邊．三爲已知正角旁之一邊及倚此邊之角．四爲已知正角旁之一邊及對此邊之角．五爲已知夾正角之兩邊．六爲已知其餘兩角．

用訥氏之法，從兩箇已知之數求其三箇未知之數，有時必將已知之一事爲中件，又有時必將所求之一事

爲中件，其意不過欲將各未知之事與各已知之事分開而合之耳．茲試將解正弧三角形之事一一言之，惟必先言其中有數件要事，如下兩款．

第二十九款

如第二十七款之式 餘弦甲＝餘弦乙餘弦丙． 必得三箇餘弦皆爲負，或一箇餘弦爲負，所以正弧三角形之三邊或俱小于九十度，或兩邊大于九十度，一邊小于九十度．

從 正弦乙＝餘切呷正切丙＝正切丙/正切呷． 之式可知 正切呷 與 正切丙 必爲同號，所以其 正弦乙 恆能爲正，因乙必小于一百八十度之故也．所以呷與丙皆不大于一百八十度，且必或同大于九十度，或同小于九十度，卽正弧三角形之任一邊與其對角，必俱大于正角，或俱小于正角．

第三十款　所以如圖叮呷叮大圈之面與叮呷叮大圈

之面互爲垂面而㖶叮小于九十度則㖶叮爲從㖶點向叮呷叮大圈之間所能作之最小之弧而㖶叮爲最大之弧其各分弧愈近于㖶叮者愈小

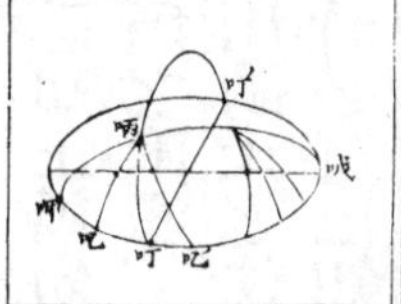

如㖶吃叮正弧三角形其㖶叮小于九十度則其 㖶吃叮角<九〇 㖶叮吃角<㖶吃叮角 所以㖶吃<㖶叮 又如㖶吃叮正弧三角形其 㖶吃叮角>九〇 㖶叮吃角>㖶吃叮角 所以㖶吃>㖶叮 又如呷吃㖶弧三角形 㖶吃呷角>九〇 㖶呷吃角<九〇 因其呷角爲呷叮㖶正弧三角形㖶叮之對角所以 吃㖶<呷㖶

第三十一款　兹論正弧三角形六法

一爲已知對正角之弧甲與角吃求其乙丙㖶

連取乙與九〇丅吃 九〇丅甲 爲中件即得 正弦乙＝正弦甲正弦吃 餘弦吃＝餘切甲正切丙 餘弦甲＝餘切吃餘切㖶 如此則其㖶與丙無有不能定者因其乙與吃必爲同大小于象限所以乙亦易定

二爲已知對正角之弧甲及又一弧乙求其丙吃㖶

連取九〇丅甲 及乙與九〇丅㖶 爲中件即得 餘弦甲＝餘弦乙餘弦丙 正弦乙＝正弦甲正弦吃 餘弦㖶＝餘切甲正切乙 如此則其㖶之大小可視丙而定因任何已知之餘弦只能有一箇小于一百八十度之角與之相配故也又其吃角雖用正弦因與乙弧必同大小于象限所以無不可定之事

三爲已知正角旁之一弧乙並其倚角㖶求甲丙吃

連取九〇丅㖶 及乙與九〇丅吃 爲中件即得 餘弦㖶＝正切乙餘切甲 正弦乙＝正切丙餘切㖶 餘弦吃＝餘弦乙正弦㖶 如此則其甲丙吃亦無不定矣

四爲已知正角旁之一弧乙並其對角吃求甲丙㖶

連取乙及丙與九〇丅吃 爲中件即得 正弦乙＝正弦吃正弦甲 正弦丙＝餘切吃正切乙 正弦吃＝正弦㖶餘弦乙 如此則其

未知之件俱以正弦明之惟因正弦之數可有兩箇小于一百八十度之角與之相配則其角與弧有不定之意然易見其理當如此試于圖中將吃呷吃呐兩邊引長之至再相遇于吃′卽得呐′呷吃′次形其

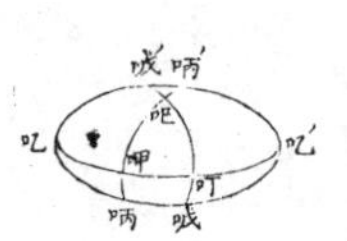

吃′═吃與在呷吃呐本形者無異而次形之其餘各件則爲本形各件之外件所以其甲之同數可取小于九十度或大于九十度之數此數既定之後則其呐之同數可從餘弦甲═餘弦乙餘弦丙而得之如此則其呐必與丙同大小于象限而正弧三角形之原同數必不出乎正次兩形之外

惟遇乙═吃者則祇能有一箇三角形中有兩箇正角有兩弧俱爲一象限若其正弦乙大于正弦吃則不能有一箇三角形因其正弦甲之同數爲虛故也且正弦乙果大于正弦吃而吃與乙又必同大小于象限試依吃之鈍銳而定乙之大小于吃之理論之必不能通所以其吃與乙不能爲正弧三角形之件

因引長吃呐成吃呐吃′呐′大圈則吧爲呷吃之極吧呷吧叮爲象限又吃爲哦吧哦′之極則哦與叮皆爲正角若所設之吃角爲銳而呷吃呐爲其三角形則依第三十款之例吧呐當小于吧哦所以呷呐小于叮哦卽乙不能大于吃若所設之吃角爲鈍而呷吃′呐′爲其三角形則吧呐′大于吧哦′故呷呐′大于叮哦′卽乙不能小于吃所以吃若爲銳而云乙大于吃則無此弧三角形若乙等于吃則僅有一箇三角形若乙小于吃則有兩箇三角形又若吃爲鈍而乙小于吃亦無此弧三

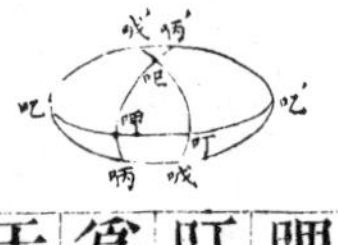

角形乙等于吃則有一形乙大于吃則有兩形

五爲已知夾正角之兩弧乙與丙求其甲吃呐

連取九〇甲丙乙爲中件卽得

餘弦甲═餘弦乙餘弦丙

正弦丙═餘切吃正切乙

正弦乙═餘切呐正切丙

則甲吃呐無不定

六爲已知兩箇斜角吃呐非斜正角者言也求其甲乙丙

連取九〇甲九〇吃九〇呐爲中件卽得

餘弦甲═餘切吃餘切呐

餘弦吃═餘弦乙正弦呐

餘弦呐═餘弦丙正弦吃

此式中無不定之

數若其三角形爲不能成者則式中徑能指出其故

解象限與二等邊弧三角形之法

第三十二款　凡能用正弧三角形之法解之者其最要之一類爲象限弧三角此種弧三角形有一邊之弧甲爲象限因其極三角形有一呷角爲 呷'=一八〇丅甲=九〇 則可依第二十七款之例用訥氏法得

餘弦甲'=餘切吃'餘切呐'

餘弦呐'=餘切甲'正切乙'

正弦乙'=餘切呐'正切丙'

或

餘弦甲'=餘弦乙'餘弦丙'

餘弦呐'=正弦吃'餘弦丙'

餘弦乙'=正弦甲'正弦吃'

所以將甲乙……之同數代其本數即得

丅餘弦呷=餘切乙餘切丙

丅餘弦丙=餘切呷正切吃

正弦吃=餘切丙正切呐

或

丅餘弦呷=餘弦吃餘弦呐

丅餘弦丙=丅正弦乙餘弦呐

正弦吃=正弦呷正弦乙

即

正弦(呷丅九〇)=正切(九〇丅乙)正切(九〇丅丙)

正弦(九〇丅丙)=正切(呷丅九〇)正切吃

正弦吃=正切(九〇丅丙)正切呐

或

正弦(呷丅九〇)=餘弦吃餘弦呐

正弦(九〇丅丙)=餘弦(九〇丅乙)餘弦呐

正弦吃=餘弦(呷丅九〇)餘弦(九〇丅乙)

從此可見若將兩邊之餘弧及對象限弧之負號餘角並其他兩角其爲五箇弧角分件如 九〇丅乙 九〇丅丙 丅(九〇丅呷) 吃 呐 則象限弧三角形能徑用訥氏之法解之

第三十三款

若弧三角形有二等邊者則從其交點作大圈平分其底邊得兩箇正弧三角形此兩形之各事相等所以凡有兩等邊弧三角形已知其任兩事則其各事俱可依正弧三角形之法定之但其兩箇等邊只可算一事其兩箇對角亦只算一事

凡弧三角形內若任兩邊之和 呷丄乙=一八〇 者可將其乙丙兩邊

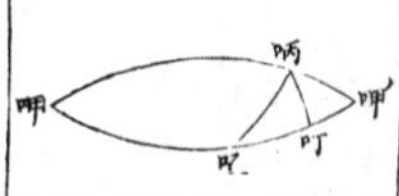

引長之至再遇于呷'則得 乙丄呐呷'=一八〇 而其 呐吃=呷'呐 所以呷吃呐三角形之解法變爲解呷'呐吃三角形之事而易明其 呷丄吃=一八〇 因 呷'呐=呐吃 而 呐呷'吃角=呐吃呷'=呷 所以 呷丄吃=呐吃丄呐呷'=一八〇

論斜弧三角形

第三十四款　凡斜弧三角形其呷吃呐甲乙丙六事中必有三事爲已知故其題只有六種。

一爲已知其三邊，二爲已知其兩邊與對其任一邊之角，三爲已知兩邊及所成之角，四爲已知兩角並其任一角之對邊，五爲已知兩角並其所倚之一邊，六爲已知其三箇角。

以上各事依第十五至第二十三款所言之四箇爲根本之式俱易解之惟其各式必變之方合于用對數推算則必各題分論其法。

第三十五款

第一種題爲有甲乙丙三邊而求其角。

從第十六款之式得 $餘弦呷 = \frac{餘弦甲 - 餘弦乙餘弦丙}{正弦乙正弦丙}$ 則式之右邊俱爲已知之數故從此可得呷之同數其吃與呐亦能依同理定之惟此式不合于用對數故必用下法變之。

惟因 $二正弦三呷 = 一 - 餘弦呷$ 若將其 餘弦呷 以同數代之則得

$$二正弦三呷 = 一 - \frac{餘弦甲 - 餘弦乙餘弦丙}{正弦乙正弦丙} = \frac{餘弦乙餘弦丙 + 正弦乙正弦丙 - 餘弦甲}{正弦乙正弦丙}$$

$$= \frac{餘弦(乙-丙) - 餘弦甲}{正弦乙正弦丙} = \frac{二正弦三(甲+乙-丙)正弦三(甲-乙+丙)}{正弦乙正弦丙}$$

又欲將此式變之使爲更簡之形則可令申代其三邊之半和，則 $甲+乙+丙 = 二申$ 而 $甲+乙-丙 = 二(申-丙)$，$甲-乙+丙 = 二(申-乙)$，所以用約法及開方可得

$$正弦三呷 = \sqrt{\frac{正弦(申-乙)正弦(申-丙)}{正弦乙正弦丙}}$$

又有簡法能求 餘弦三呷 與 正切三呷 之式因

$$二餘弦三呷 = 一 + 餘弦呷 = 一 + \frac{餘弦甲 - 餘弦乙餘弦丙}{正弦乙正弦丙} = \frac{餘弦甲 - 餘弦(乙+丙)}{正弦乙正弦丙}$$

$$= \frac{二正弦三(乙+丙+甲)正弦三(乙+丙-甲)}{正弦乙正弦丙} = \frac{二正弦申正弦(申-甲)}{正弦乙正弦丙}$$

所以

得 $\text{餘弦}\frac{1}{2}\text{呷}=\sqrt{\frac{\text{正弦申}\,\text{正弦}(\text{申}-\text{甲})}{\text{正弦乙}\,\text{正弦丙}}}$

又得 $\text{正切}\frac{1}{2}\text{呷}=\frac{\text{正弦}\frac{1}{2}\text{呷}}{\text{餘弦}\frac{1}{2}\text{呷}}=\sqrt{\frac{\text{正弦}(\text{申}-\text{乙})\,\text{正弦}(\text{申}-\text{丙})}{\text{正弦申}\,\text{正弦}(\text{申}-\text{甲})}}$

從此各式能得其呷角，而無不定之事，因呷爲弧三角形之角，則$\frac{1}{2}$呷必小于九十度，故各式最合于本題之用。

其理與平三角一百十三款之式同。

第三十六款

將前款所得正弦$\frac{1}{2}$呷與餘弦$\frac{1}{2}$呷之同數相乘倍之，則得式如左。

$$\text{正弦呷}=\frac{2}{\text{正弦乙}\,\text{正弦丙}}\sqrt{\text{正弦申}\,\text{正弦}(\text{申}-\text{甲})\,\text{正弦}(\text{申}-\text{乙})\,\text{正弦}(\text{申}-\text{丙})}$$

此式須用七箇對數，所以不便于求呷角之用。

從第二十一款正弦呷之式，亦能變得此式。

第三十七款

第二種題爲有兩弧甲乙並其對角呷，求其丙吃呐。

其對乙弧之角吃可從 $\text{正弦吃}=\frac{\text{正弦呷}\,\text{正弦乙}}{\text{正弦甲}}$ 式得之，則其呐與丙能從訥氏之法得

$$\text{正切}\frac{1}{2}\text{呐}=\frac{\text{餘弦}\frac{1}{2}(\text{甲}-\text{乙})}{\text{餘弦}\frac{1}{2}(\text{甲}+\text{乙})}\,\text{餘切}\frac{1}{2}(\text{呷}+\text{吃})$$

$$\text{正切}\frac{1}{2}\text{丙}=\frac{\text{餘弦}\frac{1}{2}(\text{呷}+\text{吃})}{\text{餘弦}\frac{1}{2}(\text{呷}-\text{吃})}\,\text{正切}\frac{1}{2}(\text{甲}+\text{乙})$$

第三十八款

其吃角以正弦定之，則可或大或小于九十度，所以其解法有時可有兩數。

惟因已知之事甲乙呷所能有之各數，無有一邊大于一百八十度者，只有一箇三角形，或並無一箇三角形。

此事與平三角第一百〇五款之第二事相同，後必仔細論之以攷其理。

此種未定之事，有法能稍免之，因$\frac{1}{2}$(甲+乙)與$\frac{1}{2}$(呷+吃)俱能同大小于象限（觀第二十四款），故甲+乙>一八〇°，則呷+吃>一八〇°，所以若呷>九〇°，則吃之大小于九〇°之同數合于其呷+吃>一八〇°，所以可有兩箇弧三角形合于所設

之題又可以無有一箇如此之弧三角形合于所設之題.

若其 卯⊥乙＜一八〇°. 則 卯⊥叱＜一八〇°. 所以呷若大于 九〇°. 則叱必小于 九〇°. 故只能有一種解法.

惟若 呷＜九〇°. 則叱之同數或大或小于 九〇°. 能合于 呷⊥叱＜一八〇°. 之事故其題可有兩種解法.

第三十九款　其呐與丙能徑從所知之數而定之不必先求其叱.

即如從第二十二款得

餘切呷正弦乙＝餘切呷正弦呐⊥餘弦乙餘弦呐

＝餘弦乙(餘弦呐⊥正弦呐 餘弦乙/餘切呷).

令牛爲從 正切牛＝餘弦乙/餘切呷 式所定之副角所以

餘切甲正切乙＝餘弦牛/餘弦(呐⊤牛).

即

餘弦(呐⊤牛)＝正切甲/(正切乙餘弦牛).

從此得 呐⊤牛. 所以呐之同數亦能求得.

又如有

餘弦甲＝餘弦乙餘弦丙⊥正弦乙正弦丙餘弦呷

＝餘弦乙(餘弦丙⊥正弦丙正切乙餘弦呷).

令斗爲從 正切斗＝正切乙餘弦呷 式而定之副角所以又得

餘弦甲＝餘弦乙 餘弦斗/餘弦(丙⊤斗).

即

餘弦(丙⊤斗)＝餘弦乙/(餘弦甲餘弦斗).

從此能得 丙⊤斗 所以亦能得其丙.

第四十款　以上各款變化之法爲弧三角中常用者也其意即將一箇有形爲 寅正弦角⊥卯餘弦角 之二項式變爲一箇相乘之積其法令一箇倍數寅或卯爲全式之乘數所以能變爲

寅(正弦角⊥(卯/寅)餘弦角).

再將其 寅/卯 爲副角牛之正切或餘切之相等數則因正切餘切可有各箇同數故恆能依代數之法

變其式爲 $\frac{餘弦牛}{寅正弦(角牛)}$ 卽 $\frac{正弦牛}{寅餘弦(角牛)}$

第四十一款 可見用副角牛與斗卽同于將所設之弧三角形分爲兩箇正弧三角形而算之

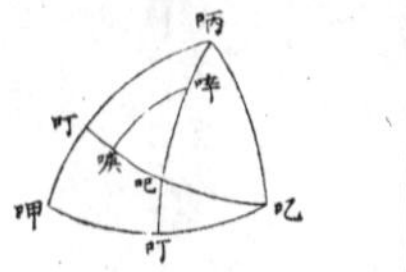

如圖令 呥叮＝辛 爲從已知兩弧之交點向對邊所作之垂弧若其 呷呥叮＝牛 呷叮＝斗 則從其所分之呷呥叮吒呥叮兩箇正弧三角形依訥氏之法得

$餘弦乙＝餘切牛餘切呷$

$餘弦呷＝餘切乙正切斗$

從此以定其牛與斗而得

$餘弦牛＝正切辛餘切乙$

$餘弦乙＝餘弦辛餘弦斗$

所以得

$餘弦(呥-牛)＝正切辛餘切甲＝\frac{餘切乙}{餘弦牛}餘切甲$

$餘弦甲＝餘弦辛餘弦(丙-斗)＝\frac{餘弦斗}{餘弦乙}餘弦(丙-斗)$

此式與前得之式同而其未定之事亦同

第四十二款 第三種題爲已有甲乙兩弧並所成之角呥求其呷吒丙

依訥氏之法得

$正切\tfrac{1}{2}(呷+吒)＝\frac{餘弦\tfrac{1}{2}(甲-乙)}{餘弦\tfrac{1}{2}(甲+乙)}餘切\tfrac{1}{2}呥$

$正切\tfrac{1}{2}(呷-吒)＝\frac{正弦\tfrac{1}{2}(甲-乙)}{正弦\tfrac{1}{2}(甲+乙)}餘切\tfrac{1}{2}呥$

從此式能得 $\tfrac{1}{2}(呷+吒)$ 與 $\tfrac{1}{2}(呷-吒)$ 故可得其呷與吒其呷吒既知則從

$正弦丙＝\frac{正弦甲}{正弦呥}正弦呷$

能得其丙惟勿忘其大弧必對大角又其丙亦能從第二十五款之式求之惟須另用兩箇對數耳

第四十三款 若不問其呷與吒而欲徑求其丙則有式爲

$餘弦丙＝餘弦甲餘弦乙+正弦甲正弦乙餘弦呥$

$＝餘弦甲(餘弦乙+正弦乙正切甲餘弦呥)$

令斗爲從

$正切斗＝正切甲餘弦呥$

式所定之副角則可從

$餘弦丙＝\frac{餘弦斗}{餘弦甲餘弦(乙-斗)}$

式而得其丙無有不定之事

又有一法能從

$$\text{餘切呷}=\frac{\text{正弦呐}}{\text{餘切甲正弦乙}\top\text{餘弦乙餘弦呐}}=\text{餘切呐}\left(\frac{\text{餘弦呐}}{\text{餘切甲}}\text{正弦乙}\top\text{餘弦乙}\right)$$

式不藉他數而得其呷。此式中若用副角之同數可變爲

$$\text{餘切呷}=\frac{\text{正弦斗}}{\text{餘切呐正弦}(\text{乙}\top\text{斗})}.$$

又易知若作吃吖弧爲呐之垂弧，令其截弧呐吖爲斗，則其所得者同。又如從呷角作對邊之垂弧，則能依同法從已知之數求其丙與吃。

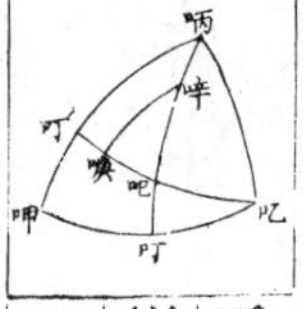

第四十四款 第四種題有呷吃兩角並其所倚之弧丙，求其甲乙呐。

依訥氏之法得

$$\text{正切}\tfrac{1}{2}(\text{甲}\bot\text{乙})=\frac{\text{餘弦}\tfrac{1}{2}(\text{呷}\top\text{吃})}{\text{餘弦}\tfrac{1}{2}(\text{呷}\bot\text{吃})}\text{正切}\tfrac{1}{2}\text{丙}.$$

$$\text{正切}\tfrac{1}{2}(\text{甲}\top\text{乙})=\frac{\text{正弦}\tfrac{1}{2}(\text{呷}\top\text{吃})}{\text{正弦}\tfrac{1}{2}(\text{呷}\bot\text{吃})}\text{正切}\tfrac{1}{2}\text{丙}.$$

從此能定其 ½(甲⊥乙)、½(甲⊤乙)，所以能得其甲與乙。既知此二者，則從

$$\text{正弦呐}=\frac{\text{正弦甲}}{\text{正弦丙}}\text{正弦呷}.$$

能得其呐，惟勿忘其大弧必對大角。

第四十五款 若不問其甲乙而欲徑求其呐，則因

$$\text{餘弦呐}=\top\text{餘弦呷餘弦吃}\bot\text{正弦呷正弦吃餘弦丙}=\text{餘弦呷}(\top\text{餘弦吃}\bot\text{正弦吃正切呷餘弦丙}).$$

又從

$$\text{餘切牛}=\text{正切呷餘弦丙}。$$

得其副角牛，則

$$\text{餘弦呐}=\frac{\text{正弦牛}}{\text{餘弦呷正弦}(\text{吃}\top\text{牛})}.$$

又有法能從 $\text{餘切甲正弦丙}=\text{餘切呷正弦𠮙}\perp\text{餘弦丙餘弦𠮙}$ $=\text{餘弦丙}\left(\text{餘弦𠮙}\perp\text{正弦𠮙}\frac{\text{餘弦丙}}{\text{餘切呷}}\right)$ 式另得其甲，將此式用副角斗則

變爲 $\text{餘切甲}=\frac{\text{餘弦牛}}{\text{餘切丙餘弦}(\text{𠮙}\top\text{牛})}$ 觀此式易知若作𠮙叮弧爲呷𠰷之垂弧而

令呷𠮙叮角等于牛，仍用前圖則以上之事易明，又依同法

從呷角作垂弧，則易從已知之數徑得其乙弧與𠰷角

此與第三種題相類，亦無不定之事。

第四十六款　第五種題已有兩角呷𠮙並此兩角內任

一角對邊之弧甲，求其乙丙𠰷。

此與第二種題相類，依法推之，其不定之事亦同。

先從 $\text{正弦乙}=\frac{\text{正弦呷}}{\text{正弦𠮙}}\text{正弦甲}$ 得其乙，又從 $\text{正切}\tfrac{1}{2}\text{𠰷}=\frac{\text{餘弦}\tfrac{1}{2}(\text{甲}\top\text{乙})}{\text{餘弦}\tfrac{1}{2}(\text{甲}\perp\text{乙})}\text{餘切}\tfrac{1}{2}(\text{呷}\perp\text{𠮙})$ $\text{正切}\tfrac{1}{2}\text{丙}=\frac{\text{餘弦}\tfrac{1}{2}(\text{呷}\top\text{𠮙})}{\text{餘弦}\tfrac{1}{2}(\text{呷}\perp\text{𠮙})}\text{餘切}\tfrac{1}{2}(\text{甲}\perp\text{乙})$ 得𠰷丙。

第四十七款　又有一法能徑從已知之數求其𠰷丙。

因有 $\text{餘弦呷}=\top\text{餘弦𠮙餘弦𠰷}\perp\text{正弦𠮙正弦𠰷餘弦甲}$ $=\text{餘弦𠮙}\left(\top\text{餘弦𠰷}\perp\text{正弦𠰷正切𠮙餘弦甲}\right)=\frac{\text{正弦井}}{\text{餘弦𠮙正弦}(\text{𠰷}\top\text{井})}$

其井爲從 $\text{餘切井}=\text{正切𠮙餘弦甲}$ 所定之副角，又因其 $\text{餘切甲正弦丙}=\text{餘切呷正弦𠮙}\perp\text{餘弦丙餘弦𠮙}$，若從

而定其副角牛，則變得 $\text{餘切呷正弦𠮙}=\text{餘弦𠮙}\left(\top\text{餘弦丙}\perp\text{正弦丙}\frac{\text{餘弦𠮙}}{\text{餘切甲}}\right)$ $=\frac{\text{正弦牛}}{\text{餘弦𠮙正弦}(\text{丙}\top\text{牛})}$，如作𠰷叮爲呷

𠮙之垂弧，而合𠮙𠰷叮角等于井，則其截弧𠮙叮等于

牛，故易知能得其所求之事。

第四十八款

第六種題爲已有三箇角呷𠮙𠰷，求其三邊甲乙丙。

解此種之題，其算式亦可與第一種題之式同法求之。因其

$$餘弦甲=\frac{正弦𠮙正弦呐}{餘弦呷丄餘弦𠮙餘弦呐}$$

所以

$$二正弦^{二}\tfrac{1}{2}甲=一丅\frac{正弦𠮙正弦呐}{餘弦呷丄餘弦𠮙餘弦呐}=\frac{正弦𠮙正弦呐}{丅餘弦呷丄餘弦(𠮙丄呐)}$$

$$=\frac{正弦𠮙正弦呐}{丅二餘弦\tfrac{1}{2}(呷丄𠮙丄呐)餘弦\tfrac{1}{2}(𠮙丄呐丅呷)}$$

以代法令

$$呷丄𠮙丄呐=二呻$$

$$𠮙丄呐丅呷=二(呻丅呷)$$

而開平方，則得

$$正弦\tfrac{1}{2}甲=\sqrt{\frac{正弦𠮙正弦呐}{丅餘弦呻餘弦(呻丅呷)}}$$

又可依同理得其

$$餘弦\tfrac{1}{2}甲=\sqrt{\frac{正弦𠮙正弦呐}{餘弦(呻丅𠮙)餘弦(呻丅呐)}}$$

$$正切\tfrac{1}{2}甲=\sqrt{\frac{餘弦(呻丅𠮙)餘弦(呻丅呐)}{丅餘弦呻餘弦(呻丅呷)}}$$

此數式亦可從第一種題內之式用極三角形而得之，其式恆能有實同數。其呻恆大于九十度而小于二百七十度，所以其餘弦呻之同數恆為負；又因其次形內呷<𠮙丄呐（觀第九款自明），所以其

$$一八〇^{\circ}丅呷<一八〇^{\circ}丅𠮙丄一八〇^{\circ}丅呐$$

即

$$𠮙丄呐丅呷<一八〇^{\circ}$$

所以

$$呻丅呷<九〇^{\circ}$$

而其餘弦為正。又依同理知餘弦(呻丅𠮙)、餘弦(呻丅呐)亦俱為正號。

論解斜弧三角形內所遇不定之事

第四十九款　以上六種題內有兩種題所推得之數，有未定之處，所以必從其已知之事以攷其理，或能與兩箇弧三角形相配，或但能與一箇弧三角形相配，或竟無一相配之弧三角形。

茲先論其第二種題，即已有甲乙兩弧並對其一弧之呷角者是也。

如圖中之呷叮、叮與叮呐叮為彼此相交成正角之大圈，又令呷呐戍為與呷叮、叮成呐呷叮銳角之大圈，則依第三十款之理，其呐叮小于九十度，而為從呐點至呷叮、叮大圈所能作之最小之弧，其呐叮為最大之弧，則所截之弧若與呐叮、呐叮等斜者，亦必等于其長；其弧若愈近于呐叮則愈小，愈近于呐叮則愈大。

再令其已知之角呷依其爲鋭爲鈍以呥呷叮或呥呷叮名之而令呷呥爲已知之倚弧乙若其已知之對弧甲之大小在呥叮呥叮垂弧大小之間則以呥爲極點而令甲爲角半徑所成之小圈必恒與呷叮叮在兩點相交則能定其已知之數呷乙甲所能有之兩箇三角形除其一箇三角形或兩箇三角形不合于理之外不合于理謂有一弧大于一百八十度或有一角不等于甲而等于一百八十度與甲之較之類是也則無有不能定者

若有一弧甲小于呥叮或大于呥叮則以呥爲極點而令角半徑等于甲爲半徑所成之小圈恒不能與呷叮叮圈相交而必或在其上或在其下則依所設之數不能成弧三角形

此種之事亦能從第三十七款解題之式而知之若 甲<呥叮 則因 呥叮<九〇 而 正弦甲<正弦呥叮<正弦呷正弦乙 若 甲>呥叮 則因 呥叮>九〇 而 正弦甲<正弦呥叮<正弦呷正弦乙 故其

$$正弦吃=\frac{正弦甲}{正弦呷正弦乙}$$

式爲求吃之用而不合于理

除此數種不合于理之事以外其大小兩圈恒能相交玆欲攷明依其交點所定之一箇或兩箇弧三角形因有一弧大于一百八十度或有一角等于 一八〇−甲 而不等于甲所以不能成弧三角形之故

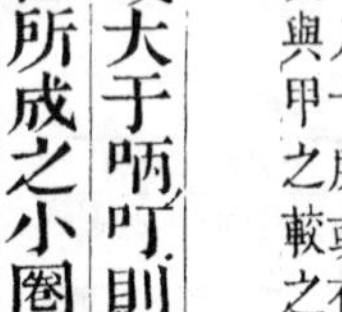

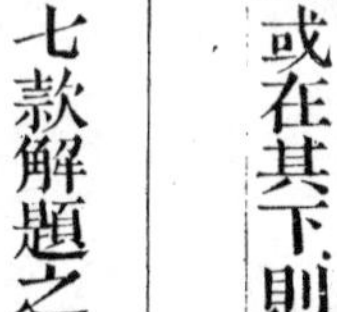

第五十款 第一事令所知之角呷小于九十度乙亦小于九十度則呷叮亦必小于九十度觀二十九款且必小于叮戊所以甲若小于乙則易知能作一弧 吃呥=甲 在呷呥與呥叮之間又能作他弧 呥′吃′=甲 在戊呥與呥叮之間如此則可得兩箇弧三角形與所設之數相配惟若 甲=乙 則其呷吃呥三角形不見又若 甲>乙 則其呷吃呥三角形有 一八〇−甲 之角而非呷角所以只有一呷呥′吃′弧三角形能與所設之數相配若其甲不小于 一八〇−乙 則幷此一箇弧三角形亦不能有

再令呷呐（觀書者須于圖之右旁自填甲乙等字）卽（乙>九〇°）若（甲<一八〇°丅乙）則可作（呐叱=呐叱=甲）在垂弧呐叮之兩邊如此則得與所設之數相配之兩箇弧三角形惟若（甲=一八〇°丅乙）則呷呐叱爲瓣形若其（甲>一八〇°丅乙）則呷呐叱弧三角形有一邊之弧大于一百八十度所以只賸一箇呷呐叱弧三角形合于所設之事若甲不小于乙則幷此一箇弧三角形亦無有矣

所以凡（乙<九〇°）者若（甲<乙）則有兩箇解法若（甲=乙）或（甲>乙）則有一箇解法若（甲丄乙=一八〇°）或（甲丄乙>一八〇°）則無解法

凡（乙>九〇°）者若（甲<一八〇°丅乙）則有兩箇解法若（甲=一八〇°丅乙）或（甲>一八〇°丅乙）則有一箇解法

若（甲=乙）或（甲>乙）則無解法

第五十一款

第二事令所知之角小于九十度則依同理用呷呐叮三角形代呷呐叮三角形能證之如左

凡（乙<九〇°）者若（乙>一八〇°丅乙）則有兩箇解法若（甲=一八〇°丅乙）或（甲<一八〇°丅乙）則有一箇解法

若（甲=乙）或（甲<乙）則無解法

凡（乙>九〇°）者若（甲>乙）則有兩箇解法若（甲=乙）或（甲<乙）則有一箇解法

若（甲=一八〇°丅乙）或（甲<一八〇°丅乙）則無解法

第五十二款

用極三角形之理易知斜弧三角形之第五種（卽已知之數爲呷叱甲者是也）可依上款之法解之惟須將其甲乙呷變爲呷叱甲而已又將其大于之號變爲小于之號小于之號變爲大于之號則從已知之事只與一箇解法相配惟其代數式之中仍指出有兩箇解法若算者勿忘其大弧必與大角相對之例則易分別其兩箇解法中應用

那一箇解法。

上海曹撷亭繪圖
興化劉彝程校算

三角數理卷十一

英國海麻士輯　英國傅蘭雅口譯
金匱華蘅芳筆述

論數種特設之事以求弧三角形之法

第五十三款　茲設數種弧三角之題能將以上之密式用更簡之略式代解之于算學中大有裨益。即如求作地面各處眞形之圖因其面積甚大不可仍作平面算。又不必用弧三角形之密式算故可用略法以求之。

第五十四款　令地球面上所有弧三角形各邊之弧爲角亢氐以未爲地球之半徑雖其角亢氐三弧長至數里然與未相比則爲甚小故其弧所對地心之角亦爲甚小每一度不能滿以如此之小角而檢對數表以求其比例數往往不能眞確則難推得密合之數所以此種弧三角形之解法若仿平三角形之法推之則事易而數亦不至有大差茲論其立法之理如下。

第五十五款　凡弧三角形各邊之弧若比球之半徑爲甚小則其弧三角形之各角大于以弧線作直線所成之平三角形之各角爲弧餘數三分之一弧餘數見第十四款令呷吃哂爲有邊爲角亢氐三弧之弧三角形之角之

眞弧度令呷叱呐爲有邊與角亢氐三弧等長之平三角形之角之眞弧度則

$$餘弦呷=\frac{正弦\frac{未}{亢}正弦\frac{未}{氐}}{餘弦\frac{未}{角}-餘弦\frac{未}{亢}餘弦\frac{未}{氐}}$$

(呷)惟因

$$餘弦\frac{未}{角}=一-\frac{未^{二}}{二角^{二}}+\frac{未^{四}}{二\cdot三\cdot四角^{四}}.$$

$$正弦\frac{未}{角}=\frac{未}{角}-\frac{未^{三}}{二\cdot三角^{三}}.$$

若將(呷)式內之正弦餘弦以角之眞弧度爲主詳之爲級數而不計其大于自乘之方又以同法作 $\frac{未}{亢}$、$\frac{未}{氐}$ 則得式如左。

$$餘弦呷=\frac{\frac{未^{二}}{亢氐}\left(一-\frac{六未^{二}}{亢^{二}+氐^{二}}\right)}{\frac{二未^{二}}{一}(亢^{二}+氐^{二}-角^{二})+\frac{二四未^{四}}{一}(角^{四}-亢^{四}-氐^{四}-六亢^{二}氐^{二})}=$$

$$\frac{二亢氐}{一}\left[亢^{二}+氐^{二}-角^{二}+\frac{一二未^{二}}{一}(角^{四}-氐^{四}-六亢^{二}氐^{二})\right]\left(一+\frac{六未^{二}}{亢^{二}+氐^{二}}\right)=$$

$$\frac{二亢氐}{亢^{二}+氐^{二}-角^{二}}+\frac{二四亢氐未^{二}}{角^{四}+亢^{四}+氐^{四}-二角^{二}亢^{二}-二角^{二}氐^{二}-二亢^{二}氐^{二}}=餘弦呷-\frac{六未^{二}}{亢氐}正弦呷.$$

觀平三角第一百十五款令

$$呷=呷+斗.$$

則

$$餘弦呷=餘弦呷-斗正弦呷.$$

所以得

$$斗=\frac{六未^{二}}{亢氐正弦呷}=\frac{三未^{二}}{呻}.$$

即

$$呷=呷+\frac{三未^{二}}{呻}.$$

其呻爲平三角形之面積因呷與叱呐可任意更換而呻不變則得

$$叱=叱+\frac{三未^{二}}{呻}.$$

$$呐=呐+\frac{三未^{二}}{呻}.$$

所以得

$$呷+叱+呐=周+\frac{未^{二}}{呻}=周+戍.$$

而

$$\frac{未^{二}}{呻}=戍.$$

即得

$$呷=呷+\frac{一}{三}戍.$$

$$叱=叱+\frac{一}{三}戍.$$

$$呐=呐+\frac{一}{三}戍.$$

第五十六款　所以弧三角形之三事已知則能得其平三角形三事之略數而從此能得弧三角形之其餘各事。

設其角亢氐三弧俱爲已知之數則徑能求得平三角之面積呻所以其應加之弧餘數爲

$$戍=\frac{未^{二}正弦一''}{呻}.$$

所以呷叱呐三角若已從角亢氐推得其度分秒可將戍之三分之一加入卽得呷叱呐各角之同數如此則所得小弧三角形之各角與用密式推得者幾無所異。

若呷亢氐爲已知之數則$呻=三亢氐正弦呷 =三亢氐正弦呷$爲略數而弧餘數$戊=\frac{未正弦''}{呻}$

爲已知之數所以其平三角形之亢氐與$呷=呷三戊$俱爲已知

故其餘各事並其弧三角形之各事亦能求得

若呷角亢爲已知之數則$正弦吃=\frac{角}{亢正弦呷}=\frac{角}{亢正弦呷}$爲略數所以$呐=一八〇呷吃$爲

略數而$呻=三角亢正弦呐$其應加之弧餘數爲$戊=\frac{未正弦''}{呻}$

若呷吃氐爲已知之數則$呻=\frac{二正弦(呷吃)}{氐正弦呷正弦吃}$爲略數而$戊=\frac{未正弦''}{呻}$

若呷吃角爲已知之數則$呐=一八〇呷吃$爲略數可依前法推得其

呐吃角各數

第五十七款　改斜面之角爲地平面之角

如圖吃叮呐爲斜平面上之角與垂線呷叮成體角叮

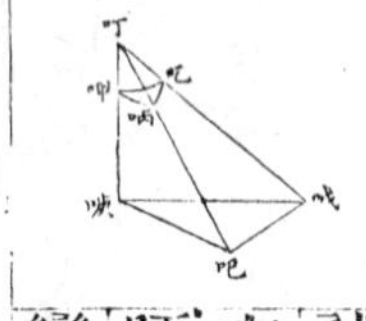

試作一地平面遇見吃叮呐叮呷叮引長之線在戊吧咦三點則戊咦吧角爲吃叮呐角在地平面上之影圖即爲吃叮呐角變爲地面之角假如其吃叮呐吃叮呷呐叮呷三箇角已用器測得而欲求其戊咦吧角法以叮爲心以任何長爲半徑作球而令戊叮吧吧叮咦咦叮戊三箇平面遇球面于吃呐呐呷呷吃三弧成弧三角

形呷吃呐則其三邊之弧爲已知而其$吃呷呐角=戊咦吧角$爲所求之

角可從$正弦\frac{二}{二}呷=\sqrt{\frac{正弦乙正弦丙}{正弦(甲乙)正弦(甲丙)}}$式推得之其$吃叮呐角=甲$，$吃叮呷角=丙$，$呐叮呷角=乙$而$申=\frac{二}{二}(甲乙丙)$

第五十八款

平常測量地面之時其乙與丙略近于正角所以可用略式求之

令

乙＝三周辛

丙＝二周辛

再令

正弦辛＝辛

餘弦辛＝一丄辛

又令

呷＝甲丄斗

其斗爲甚小之數則可得

餘弦（甲丄斗）＝（餘弦辛餘弦辛）／（餘弦甲丅正弦辛正弦辛）＝一丅二（辛丄辛）／（餘弦甲丅辛辛）

故

餘弦甲丅斗正弦甲＝（餘弦甲丅辛辛）（一丄二辛丄二辛）

＝餘弦甲丄二餘弦甲（辛丄辛）丅辛辛

而

斗＝辛辛餘割甲丅二（辛丄辛）餘切甲

令

巳＝二（辛丄辛）

午＝二（辛丅辛）

則

巳丅午＝辛辛

巳丄午＝二（辛丄辛）

所以

斗＝（巳丅午）餘割甲（巳丄午）餘切甲＝巳正切二甲丅午餘切二甲

若測量之時，用地平經緯儀，則能徑得呷之平面角，所以不必用上式改正之。

第五十九款

有弧三角形之兩弧與所成之角，求其兩弧之通弦所成之角。

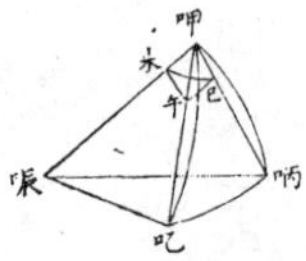

如圖呷吃咘爲弧三角形，㖘爲球心，呷吃直線爲呷吃弧之通弦，呷咘直線爲呷咘弧之通弦，兩通弦所成之角以角字代之，令巳午未爲以呷爲心以任長爲球半徑所作之弧三角形，則有式

餘弦巳午＝餘弦巳未餘弦午未丄正弦巳未正弦午未餘弦未

爲

惟因巳未午角爲呷㖘吃、呷㖘咘兩平面相斜之度，而等于呷角，又其

巳未＝吃呷㖘角＝九〇丅二丙

午未＝咘呷㖘角＝九〇丅二乙

所以

餘弦角＝正弦二乙正弦二丙丄餘弦二乙餘弦二丙餘弦呷

令

角＝呷丅斗

其斗恆爲甚小之數，則

餘弦角＝餘弦呷丄斗正弦呷

此式之右邊同于

正弦二四（乙丄丙）丅正弦二四（乙丅丙）丄［餘弦二四（乙丄丙）丅正弦二四（乙丅丙）］餘弦呷

故可將其同數

作相等之式而化之得

斗＝正弦^{2}½(乙丄丙)正切½呷丅正弦^{2}½(乙丅丙)餘切½呷.

爲略數.

第六十款上　天文算學中每遇數種弧三角形有數事改變極小有數事不改變所以若能定其小變數之相關則大有益于推算.即如弧三角形之一事因他箇三角形稍爲改變求本三角形所有之事.

第六十款下

設有弧三角形其两角與對角之弧丙爲常數求其任兩事變數相配之式.

此式中其餘兩邊之改變必有比例其他兩角之改變亦有比例而其任一箇他角改變之數必與其對邊改變之數並其倚邊改變之數相比其四箇比例式可用下法得之.

先令其甲乙兩邊改變之數爲房甲與房乙相比則必寫出其有兩箇常數之式並其所有相比之兩箇改變之數如此則得

餘弦丙＝餘弦甲餘弦乙丄正弦甲正弦乙餘弦呐.

所以

餘弦丙＝餘弦(甲丄房甲)餘弦(乙丄房乙)丄正弦(甲丄房甲)正弦(乙丄房乙)餘弦呐.

惟因房甲爲甚小之數所以

正弦房甲＝房甲.

餘弦房甲＝一.

其房乙之各數亦然則

餘弦丙＝(餘弦甲丅正弦甲房甲)(餘弦乙丅正弦乙房乙)(正弦甲丄餘弦甲房甲)(正弦乙丄餘弦乙房乙)餘弦呐.

所以減之而除去其有房甲房乙之

項得 ○＝房甲（正弦甲餘弦乙丅餘弦甲正弦乙餘弦㖞）丄房乙（正弦乙餘弦甲丅餘弦乙正弦甲餘弦㖞）。或以正弦甲正弦乙約之，則依第二十二款得 $○＝\frac{正弦甲}{房甲}餘切吆正弦㖞丄\frac{正弦乙}{房乙}餘切呷正弦㖞$。所以 房甲餘弦吆丄房乙餘弦呷＝○。

所以從極三角形之理，若 $\frac{房呷}{房吆}$ 爲其角之變數，而㖞與丙不變，則 ○＝甲弦餘吆房丄乙弦餘呷房。此式亦可從幾何之法得之如下。

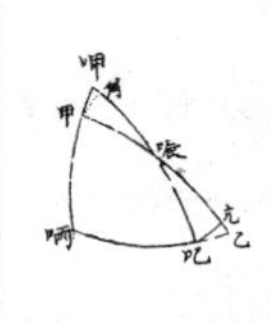

如圖，呷吆㖞爲弧三角形，令㖞甲、㖞乙爲邊所變之數，其 $\frac{呷吆}{甲乙}$＝ 作甲角、吆亢兩弧，與呷㖞、乙㖞爲垂弧，則 $\frac{吆角}{甲亢}$＝ 爲略數，所以 $\frac{乙亢}{呷角}$＝ 因其呷甲角與吆

乙亢兩箇小弧三角形可作平三角形，則 $\frac{呷}{甲}$餘弦呷＝$\frac{吆}{乙}$餘弦$\frac{吆}{乙亢}$。即爲 房甲餘弦吆丄房乙餘弦呷＝○。略數，再將呷與甲之變數相比，或呷與乙之變數相比，必同法用 正弦呷正弦丙＝正弦㖞正弦甲，餘切㖞正弦呷＝餘切丙正弦乙丅餘弦呷餘弦乙。則得 餘切呷房呷＝餘切甲房甲。餘弦吆房呷＝丅餘切甲正弦呷房乙。

第六十一款

設弧三角形之吆㖞二角爲常數，求其餘任兩事之小變數；或設弧三角形之乙丙二弧爲常數，求其餘任兩事之小變數。

先令所設之弧三角形，其吆㖞二角爲常角，不變之角也，則其又一箇角即呷角也改變之數，必與其所倚之邊之變數相比，而其常角所接之邊之變數，必與其所對之邊之變數相比，又必與其餘任一邊之變數相比，又其常角所對之邊之變數亦必相比，所以其四箇相比之式可依前款之法求之。

用

餘弦呷＝丅餘弦吃餘弦哂丄正弦吃正弦哂餘弦甲

餘弦吃＝丅餘弦呷餘弦哂丄正弦呷正弦哂餘弦乙

餘切吃正弦哂＝餘切乙正弦甲丅餘弦哂餘弦甲

正弦乙正弦哂＝正弦丙正弦吃

即得

房呷＝正弦乙正弦哂房甲

正弦呷房乙＝餘切哂房甲

正弦呷房乙＝正弦吃餘弦丙房甲

餘切乙房乙＝餘切丙房丙

所以依極三角形之理設乙丙兩邊爲常數即得

房甲＝正弦吃正弦丙房呷

正弦甲房吃＝丅餘切哂房甲

正弦甲房吃
＝丅正弦乙餘弦哂房呷

餘切吃房吃＝餘切哂房哂

第六十二款 設任何弧三角形之一角並其所倚之邊如呷與丙爲常數求其他任兩事相配之變數。因他兩邊之變數必彼此相比故其他兩角之變數亦必彼此相比而其他邊之變數必與其各他角之變數相比從此得六箇相等式

房甲＝餘弦哂房乙

房哂＝丅餘弦甲房吃

正弦甲房吃＝正弦哂房乙

正切甲房哂＝丅正弦哂房乙

正弦甲房吃＝正切哂房甲

正切甲房哂＝丅正切哂房甲

論弧三角形之面積並其形內形外所切之圜之角半徑及多等面形長方體形四等面形

第六十三款 已知弧三角形之兩邊並其所成之角求弧三角形之面積

因

戊＝呷丄吃丄哂丅一八〇

$$\text{丅餘切}\tfrac{1}{2}\text{戊}=\text{正切}\left[\tfrac{1}{2}(\text{呷}\perp\text{吃})\perp\tfrac{1}{2}\text{哂}\right]=\frac{\text{丅正切}\tfrac{1}{2}(\text{呷吃})\text{正切}\tfrac{1}{2}\text{哂}}{\text{正切}\tfrac{1}{2}(\text{呷吃})\perp\text{正切}\tfrac{1}{2}\text{哂}}$$

$$=\frac{\text{一}\dfrac{\text{餘弦}\tfrac{1}{2}(\text{甲乙})}{\text{餘弦}\tfrac{1}{2}(\text{甲乙})}}{\dfrac{\text{餘弦}\tfrac{1}{2}(\text{甲乙})}{\text{餘弦}\tfrac{1}{2}(\text{甲乙})}\text{餘切}\tfrac{1}{2}\text{哂}\perp\text{正切}\tfrac{1}{2}\text{哂}}$$

觀第二十四款

$$=\frac{\text{餘弦}\tfrac{1}{2}(\text{甲乙})\text{丅餘弦}\tfrac{1}{2}(\text{甲乙})}{\text{餘弦}\tfrac{1}{2}(\text{甲乙})\dfrac{\text{正弦哂}}{\text{一餘弦哂}}\perp\text{餘弦}\tfrac{1}{2}(\text{甲乙})\dfrac{\text{正弦哂}}{\text{丅餘弦哂}}}$$

$$=\frac{\text{正弦哂}}{\text{一}}\times\frac{\text{丅正弦}\tfrac{1}{2}\text{甲正弦}\tfrac{1}{2}\text{乙}}{\text{餘弦}\tfrac{1}{2}\text{甲餘弦}\tfrac{1}{2}\text{乙}\perp\text{正弦}\tfrac{1}{2}\text{甲正弦}\tfrac{1}{2}\text{乙餘弦哂}}$$

所以

餘切½戊＝餘切½甲餘切½乙餘割哂丄餘切哂

故知

弧三角形之面積爲

$$\text{周率}\times\frac{\text{一八〇}}{\text{戊}}$$

第六十四款 有弧三角形之三邊求其弧餘數

$$\text{正切}\tfrac{1}{4}\text{戊}=\text{正切}\tfrac{1}{2}\left[\tfrac{1}{2}(\text{呷}\perp\text{吃})\text{丅}\tfrac{1}{2}(\text{一八〇丅哂})\right]=$$

$$\frac{\text{餘弦}\tfrac{1}{2}(\text{呷}\perp\text{吃})\perp\text{餘弦}\tfrac{1}{2}(\text{一八〇丅哂})}{\text{正弦}\tfrac{1}{2}(\text{呷}\perp\text{吃})\text{丅正弦}\tfrac{1}{2}(\text{一八〇丅哂})}=$$

觀平三角第五十三款

$$\frac{\text{餘弦}\tfrac{1}{2}(\text{甲}\perp\text{乙})\perp\text{餘弦}\tfrac{1}{2}\text{丙}}{\text{餘弦}\tfrac{1}{2}(\text{甲丅乙})\text{丅餘弦}\tfrac{1}{2}\text{丙}}\times\frac{\text{正弦}\tfrac{1}{2}\text{哂}}{\text{餘弦}\tfrac{1}{2}\text{哂}}=$$

觀第二十五款

$$\frac{\text{餘弦}\tfrac{1}{4}(\text{甲}\perp\text{乙}\perp\text{丙})\text{餘弦}\tfrac{1}{4}(\text{甲}\perp\text{乙}\text{丅丙})}{\text{正弦}\tfrac{1}{4}(\text{甲丅乙}\perp\text{丙})\text{正弦}\tfrac{1}{4}(\text{丅甲}\perp\text{乙}\perp\text{丙})}\sqrt{\frac{\text{正弦}(\text{申丅甲})\text{正弦}(\text{申丅乙})}{\text{正弦申正弦}(\text{申丅丙})}}$$

$$=\sqrt{\text{正切}\tfrac{1}{2}\text{申正切}\tfrac{1}{2}(\text{申丅甲})\text{正切}\tfrac{1}{2}(\text{申丅乙})\text{正切}\tfrac{1}{2}(\text{申丅丙})}$$

第六十五款　求過弧三角形各角點之圈之角半徑，以弧三角形之角與弧爲主而明之。

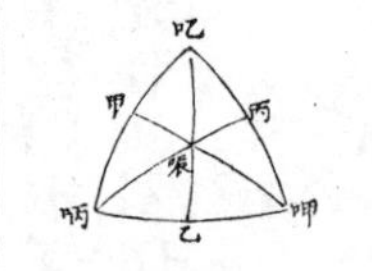

先設其圈過本弧三角形之各角點，以味代其角半徑。如圖，從吃呐呷呐之中點作垂弧甲㖞乙㖞，乃從㖞點向呷吃作垂弧㖞丙。又作㖞呷㖞吃㖞呐各弧，則易知㖞爲過各角點之圈之極，丙爲呷吃之中點。所以知

$\text{呐角丄㖞呷吃角}=\frac{1}{2}(\text{呷丄吃丄呐})$。

則 $\text{㖞呷吃角}=\text{呷丅呐}$。從其㖞呷丙正弧三角形得 $\text{餘弦㖞呷丙}=\text{餘切㖞呷弧}\ \text{正切呷丙弧}$。所以求得其圈之角半徑之式爲

$$\text{正切味}=\frac{\text{正切}\frac{1}{2}\text{丙}}{\text{餘弦(呷丅呐)}}。$$

此式中之丙與呷丅呐若並爲不變之數，則味亦爲不變之數。由此可知在所設之底弧上另作一弧三角形，若其對底弧之角與三角和之較爲常數者，則其各角之點必切于同大小之圈。

又其

$$\text{餘弦(呷丅呐)}=\text{餘弦}\frac{1}{2}(\text{呷丄吃})\text{餘弦}\frac{1}{2}\text{呐丄正弦}\frac{1}{2}(\text{呷丄吃})\text{正弦}\frac{1}{2}\text{呐}=$$

$$\left[\text{餘弦}\frac{1}{2}(\text{甲丄乙})\text{丄餘弦}\frac{1}{2}(\text{甲丅乙})\right]\frac{\text{餘弦}\frac{1}{2}\text{丙}}{\text{正弦}\frac{1}{2}\text{呐餘弦}\frac{1}{2}\text{呐}}=\frac{\text{餘弦}\frac{1}{2}\text{丙}}{\text{餘弦}\frac{1}{2}\text{甲餘弦}\frac{1}{2}\text{乙正弦呐}}。$$

所以

$$\text{正切味}=\frac{\text{餘弦}\frac{1}{2}\text{甲餘弦}\frac{1}{2}\text{乙正弦呐}}{\text{正弦}\frac{1}{2}\text{丙}}。$$

惟其圈若過呷吃二點，並其呐呷呐吃二弧再相交之點呐，則因此圈必切于有角與邊爲呐丙並呷吃甲乙之外三角形，故可令其角半徑爲味而得

$$\text{正切味}=\frac{\text{丅餘弦呷}}{\text{正切}\frac{1}{2}\text{丙}}=\frac{\text{正弦}\frac{1}{2}\text{甲正弦}\frac{1}{2}\text{乙正弦呐}}{\text{正弦}\frac{1}{2}\text{丙}}。$$

從此式可知其丙與呷若爲不變之數，則味亦爲不變

之數所以若圍呷吃呐三角形作一圈其呷吃呐三角

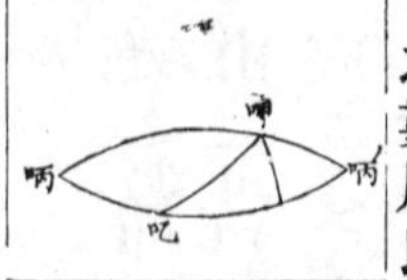

形之任方位合于其角之和或其面積恆相同者則交點呐必恆在圈界因呐在球面上行一圈則其球徑之彼端呐亦能成一相等之圈而此圈爲有弧三角形其底已知其面積爲常數之頂角點界線其角半徑從 餘切味＝丅餘弦呷餘切三呐 式得之

如此則各式內將 正切三丙 與 正弦呐 依第四十八三十六兩款之所有之同數代之即得 正切味 與 正切味 以所設弧三角形之弧與角爲主而明之之式

第六十六款　求與所設弧三角形各弧相切之圈之角半徑以本弧三角形之弧與角爲主而明之

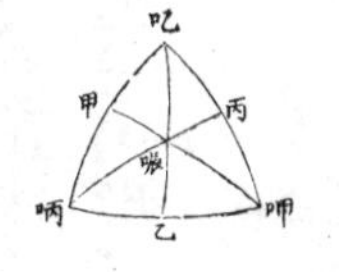

先令其圈切于弧三角形之內而以未代其角半徑如圖作呷嗁吃嗁兩弧平分其呷吃兩角從交點嗁作呐嗁弧又作嗁甲嗁乙嗁丙與各邊爲垂弧則易知各垂弧彼此相等所以嗁爲所求之圈之極而其呐角亦必爲嗁呐所平分又其 呷丙＝呷乙 吃甲＝吃丙 呐甲＝呐乙 所以 呷丙上吃乙＝三(甲上乙上丙) 即 呐乙＝甲丅丙 從其正弧三角形呐乙嗁得 正弦呐乙＝正切嗁乙餘切三呐 所以 正切未＝正弦(甲丅丙)正切三呐 此式中之 甲上乙丅丙 與呐若爲不變之數則未亦爲不變之數

由此可知凡同頂角之弧三角形若其三邊和與底邊之較爲常數者其形內之圈角半徑必同

又因

正切未＝[正弦三(甲上乙)餘弦三丙丅餘弦三(甲上乙)正弦三丙]正切三呐

＝[餘弦三(呷丅吃)丅餘弦三(呷上吃)] 餘弦三呐／正弦三丙餘弦三丙

觀平三角第二十五款所以

正切未＝餘弦三呐／正弦三呷正弦三吃 正弦丙

惟其圈若切于弧三角形之丙邊並其引長之兩邊者即宛如在有邊與角爲㕩丙並呷吃申乙之外角之弧三角形內所作之切于各邊之圈。

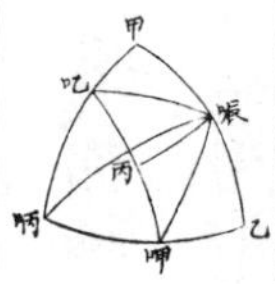

令其角半徑爲未則得

正切未＝正弦申×正切三㕩＝$\frac{餘弦三㕩}{餘弦三呷餘弦三吃}$正弦丙。

此式中之申與㕩若爲不

變之數則未亦爲不變之數所以如于呷吃㕩弧三角形內作切于各邊之圈其呷吃㕩弧三角形之周（二變弧之和也）不變則其圈之極移至㖪必仍與呷吃弧相切即凡有同頂角而不變其周數之弧三角形其底弧必切于有角半徑從

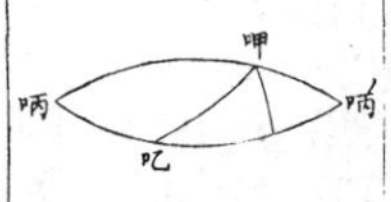

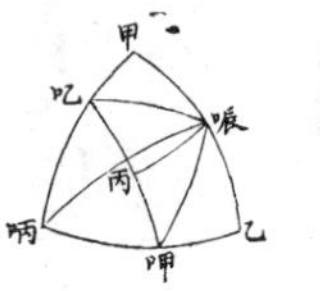

正切未＝正弦申正切三㕩

式而得之圈

若于上式中將正切三㕩與正弦丙以同數代之即得正切未與正切未以所設弧三角形之弧與角爲主而明之之式。

第六十七款　若以呻代多等面形之體角之數以吧代其面數以㖞代其邊數（稜邊也）即則呻吧＝㖞丄二。試以體內之任一點爲心以一爲半徑作球而從球心至多面形之各角點作線乃將各線遇球面之點以大圈之弧連之則其所成之多邊弧形之數必等于其面數。

所以若用申代其任一箇多邊弧形之角之和而以卯

代其邊弧之數（因能分而成有公頂之各弧三角形之數必與其邊數相同）則多邊弧形之面積爲申丄二周卯周。所以將各多邊弧形之面積相加因其各面之數爲吧故得全球之面積等于

四周＝昂(申)丄二吧周丅周昂(卯)。惟因昂(申)等于各多邊弧形之角之和等于二周乘體角之數等于二周呻。

又因鼎(卯)等于各多邊弧形之弧數等于邊數之倍卽等于二戌. 因各邊約其弧數得二爲各多邊弧形之公弧數

所以得 四周=二周呻丄二周吧丅二周戌.

卽 呻丄吧=戌丄二

第六十八款 多等面之體只能有五種.

凡多等面形之體各面之邊必爲卯數而其體必有寅面其各面之平角全數常以卯吧或寅呻或二戌明之所以其 卯吧=寅呻=二戌.

其 呻丄吧=戌丄二

而 $呻=\frac{二(寅丄卯)丅寅卯}{四卯}$.

此必爲整數所以 $\frac{一}{寅}丄\frac{一}{卯}>\frac{一}{二}$. 惟因 $\frac{一}{寅}$ $\frac{一}{卯}$ 之極大同數爲 $\frac{一}{三}$. 又因 $\frac{一}{卯}$ 與 $\frac{一}{寅}$ 俱不能小至 $\frac{一}{六}$. 所以寅與卯所能有之同數不外乎三四五則必得呻吧戌爲整數.

如其面爲三等邊形卽 卯=三. 則多面形之各體角可用其三等邊形之三面四面五面而成之如此則成四等面體八等面體與二十等面體.

若其面爲正方形卽 卯=四. 則各體角皆用三箇平面成之. 是爲立方體.

又如其面爲五等邊形卽 卯=五. 則各體角皆用三箇平面合成而爲十二面形之體.

除以上五種多等面體之外再不能有他種多等邊之多等面能成他種多等面之體.

第六十九款 求任何多等面體之兩箇倚面所成之斜度並其切面切邊切角之球半徑.

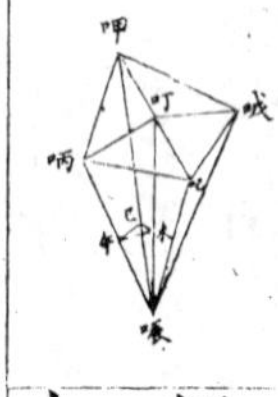

如圖令 呷吃=甲. 爲多等面體之一邊卽爲有心爲呐與吭之兩箇倚面之公邊又令 呐哌=未. 爲切于各面之球之半徑 呷哌=味 爲切角圓球之半徑作哌叮爲呷吃之垂線又令呷哌呐呐哌叮呷哌叮各平面遇見以哌爲心以任何長爲半徑所作之球面處成巳午午未未巳各弧則其巳午未弧三角形.

$午角=\frac{二}{一}\times\frac{卯}{二周}$.

$巳角=\frac{二}{二}\frac{寅}{周}$.

未角＝二周。所以餘弦巳＝餘弦午未正弦午。惟因餘弦午未＝餘弦呐喉叮＝正弦叮喉＝正弦壬。其壬＝呐叮哎角。所以正弦三壬＝正弦卯周／餘弦寅周。令餘弦巳午＝餘切巳餘切午。卽得

未味＝正切寅周正切卯周。味＝未└四二甲餘割卯周。

從此兩式能得味未二同數。

因每面之面積等于 四卯甲餘切卯周。觀平三角第一百二十九款 所以多等面

體之皮積等于 四卯吧甲餘切卯周。 而其體積等于面積三分之一。與

切面圓球之半徑相乘之數。

又其與各邊相切之球之半徑爲 甲四味√叮喉。 其切于一面又

與其各倚面引長之面相切之球之半徑等于

呐叮餘切三壬＝三甲餘切卯周餘切三壬。

第七十款 求將平行面形之體積以其各邊之長與所斜之度爲主而明之。

令平行面形之各邊 呻呷＝甲。呻吧＝乙。呻呐＝丙。 每兩邊所成之各角爲

吧呻呐＝角。呷呻呐＝九。呷呻吧＝氐。 從呐點作直線呐喉與呷呻吧平面爲垂線。令吧咦爲呐呻喉平面與有心爲呻之球面相交之處所成之弧。又令叮哎哎吧吧叮爲平行面形

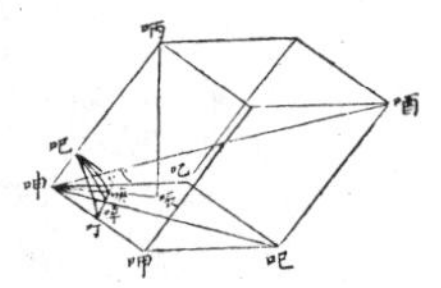

之面與球相交處所成之弧。則平行面形之體積等于

其底呷吧面之積與高呐喉相乘之數。卽等于

甲乙正弦氐╳丙正弦吧喉＝甲乙丙正弦氐╳正弦角正弦哎。

因其吧哦嗼爲正角故等于

甲乙丙$\sqrt{1-\cos^2\text{弦角}-\cos^2\text{弦亢}-\cos^2\text{弦氏}+2\cos\text{弦角}\cos\text{弦亢}\cos\text{弦氏}}$

其正弦哦之同數以哦吖吧三角形之邊爲主而明之之同數代之此依第二十款之理也.

如命呷吃吃呐兩面相交于呷吃=乙線處其兩面所成之扁角爲哦呷吃吃呐二面爲呷呷則其平行面形之體積等于

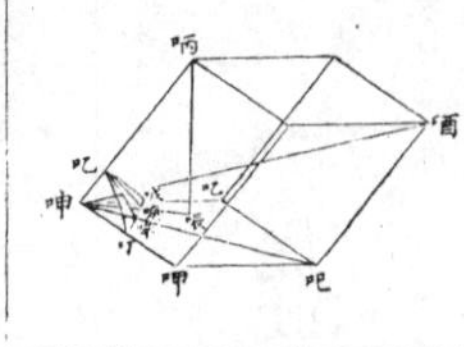

甲乙正弦氏×乙丙正弦角 $\frac{乙}{正弦哦}$

$=\frac{乙}{呻呷正弦哦}$.

第七十一款 求將平行面形之對角線以各邊之長與面之斜度爲主而明之.

令吧啐爲呻吧哂平面與有以呻爲心之球面相交之弧則

呻哂=呻吧⊥哂⊥=呻吧×呻哂餘弦吧啐.

其呻吧與餘弦吧啐以同數代之.觀第一題則得

呻哂=呻乙⊥=甲乙餘弦氏⊥丙=丙 正弦氏/呻吧 [餘弦角正弦啐吖⊥餘弦亢正弦啐哦]

=呻乙⊥丙⊥=甲乙餘弦氏⊥=丙(乙餘弦角⊥甲餘弦亢).

因

從其呻呷吧吃呻吧三角形得

呻吧正弦啐吖=乙正弦氏

及

呻吧正弦啐哦=甲正弦氏

之故也.

第七十二款 有任何四面形求將已知之六邊明其體積.

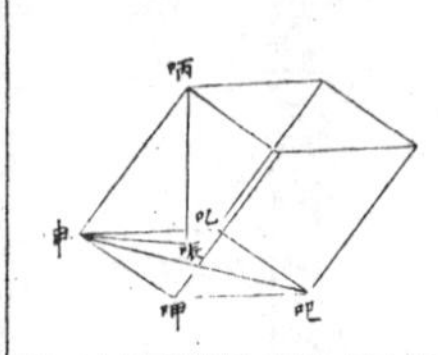

如圖呻呷吧呐爲任何四面形則可知其體積必爲有底爲呷呻吃高爲呐哌之三稜柱形之體積之三分之一則亦必爲有邊爲呻呷呻吃呻呐之平行面形之積之六分之一所以其體積必爲

$$\frac{\text{一}}{\text{六}}\text{甲乙丙}\sqrt{\text{一}-\text{餘弦}^{2}\text{角}-\text{餘弦}^{2}\text{亢}-\text{餘弦}^{2}\text{氐}+\text{二餘弦角餘弦亢餘弦氐}}$$

若令

$$\genfrac{}{}{0pt}{}{\text{呷}}{\text{吃}}=\text{丙}$$

$$\genfrac{}{}{0pt}{}{\text{呷}}{\text{哂}}=\text{乙}$$

$$\genfrac{}{}{0pt}{}{\text{吃}}{\text{哂}}=\text{甲}$$

則

$$\text{二甲乙餘弦氐}=\text{甲}^{2}+\text{乙}^{2}-\text{丙}^{2}$$

$$\text{二甲丙餘弦亢}=\text{甲}^{2}+\text{丙}^{2}-\text{乙}^{2}$$

$$\text{二乙丙餘弦角}=\text{乙}^{2}+\text{丙}^{2}-\text{甲}^{2}$$

將餘弦之同數代入

其式則四面形之體積爲

[illegible]

此式中之申爲六邊之

平方之和。由此可見四面形之體積亦能以任兩面之面積呷呻與其兩面相交之角戊及交邊之長乙以明之因其體積必等于平行面形之積之六分之一即

$$\frac{\text{一}}{\text{六}}\text{甲乙丙正弦角正弦氐正弦戊}=$$

$$\frac{\text{二}}{\text{三}}\times\frac{\text{甲乙正弦氐}}{\text{二}}\times\frac{\text{乙丙正弦角}}{\text{二}}\times\frac{\text{正弦戊}}{\text{乙}}$$

$$=\frac{\text{二}}{\text{三}}\times\frac{\text{呷呻正弦戊}}{\text{乙}}$$

興化劉彝程校算
上海曹擷亭繪圖

三角數理卷十二

英國海麻士輯　英國傅蘭雅口譯　金匱華蘅芳筆述

弧三角各理設題

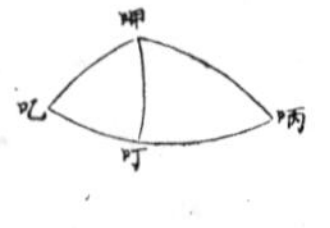

第一題　有任何弧三角形求從任一邊之弧上已知之點向對角所作之弧

如圖呷吃呐爲任何弧三角形叮爲吃呐弧上已知之任一點呷叮爲從叮點向對角呷所作之弧

因

$\text{餘弦}_{\text{叮}}^{\text{呷}}=\text{餘弦}_{\text{吃}}^{\text{呷}}\ \text{餘弦}_{\text{叮}}^{\text{吃}}\perp\text{正弦}_{\text{吃}}^{\text{呷}}\ \text{正弦}_{\text{叮}}^{\text{吃}}\ \text{餘弦吃}$

將餘弦吃以三邊明之之數代入則得

$\text{餘弦}_{\text{叮}}^{\text{呷}}\ \text{正弦}_{\text{呐}}^{\text{吃}}=\text{餘弦}_{\text{吃}}^{\text{呷}}\ \text{正弦}_{\text{呐}}^{\text{叮}}\perp\text{餘弦}_{\text{呐}}^{\text{呷}}\ \text{正弦}_{\text{叮}}^{\text{吃}}$

第二題　求于球面作大圈過任設之點而與所設之小圈相切

如圖吃爲球面上所設之點呷呐爲小圈之界吧爲小圈之極若吃呐弧果爲與呷呐小圈相切則從切點呐向吧作吧呐弧其吧呐吃必爲正角

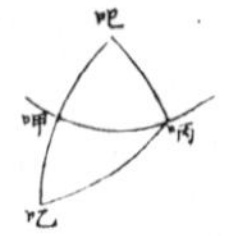

所以得

$\text{餘弦}_{\text{呐}}^{\text{吃吧}}=\text{正切}_{\text{呐}}^{\text{吧}}\ \text{餘切}_{\text{吃}}^{\text{吧}}$

如此則呐點定而吃呐亦得矣

第三題　截球面內若有兩大圈之弧彼此相交則其分弧半切線相乘之積必彼此相等

如圖呷吃呐叮兩弧相交于吧點吧爲呷呐吃叮小圈之極從吧點作吧呐吧呷吧吃各弧又作吧啐吧嗅爲呷吃呐叮之垂弧

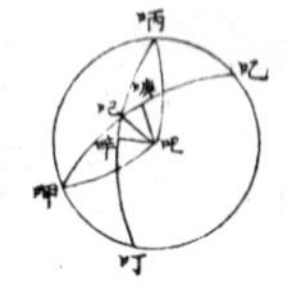

則

$\text{餘弦}_{\text{嗅}}^{\text{吧}}=\frac{\text{餘弦}_{\text{嗅}}^{\text{吃}}}{\text{餘弦}_{\text{吃}}^{\text{吧}}}=\frac{\text{餘弦}_{\text{嗅}}^{\text{呷}}}{\text{餘弦}_{\text{呷}}^{\text{吧}}}$

$\text{餘弦}_{\text{啐}}^{\text{吧}}=\frac{\text{餘弦}_{\text{啐}}^{\text{吧}}}{\text{餘弦}_{\text{吧}}^{\text{吧}}}=\frac{\text{餘弦}_{\text{啐}}^{\text{呐}}}{\text{餘弦}_{\text{呐}}^{\text{吧}}}$

所以

$\frac{\text{餘弦}_{\text{啐}}^{\text{吧}}}{\text{餘弦}_{\text{啐}}^{\text{呐}}}=\frac{\text{餘弦}_{\text{嗅}}^{\text{吧}}}{\text{餘弦}_{\text{嗅}}^{\text{呷}}}$

$\frac{\text{餘弦}_{\text{啐}}^{\text{呐}}\perp\text{餘弦}_{\text{啐}}^{\text{吧}}}{\text{餘弦}_{\text{啐}}^{\text{呐}}\top\text{餘弦}_{\text{啐}}^{\text{吧}}}=\frac{\text{餘弦}_{\text{嗅}}^{\text{呷}}\perp\text{餘弦}_{\text{嗅}}^{\text{吧}}}{\text{餘弦}_{\text{嗅}}^{\text{呷}}\top\text{餘弦}_{\text{嗅}}^{\text{吧}}}$

卽

$\text{正切}\tfrac{\text{呷吧}}{二}\ \text{正切}\tfrac{\text{吧吃}}{二}=\text{正切}\tfrac{\text{呐吧}}{二}\ \text{正切}\tfrac{\text{吧叮}}{二}$

第四題　凡四邊弧形若有一圈能切其四角者，則其對角之兩弧之半之正弦相乘之數，必等于其對邊之半之正弦相乘之數之和。

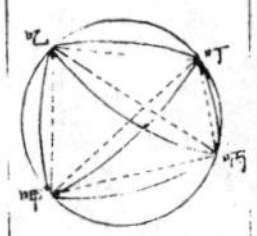

如圖中之虛線爲各弧之通弦，則其各通弦必在平四邊形外切平圓之平面內，

因 呷吋×吃㕅＝呷吃×㕅吋⊥呷㕅×吃吋。

故 正弦½呷吋正弦½吃㕅＝正弦½呷吃正弦½㕅吋⊥正弦½呷㕅正弦½吃吋。

則易知四邊形兩相對之和必相等

第五題　如哦與吧爲呷吃㕅吋四邊弧形對角之弧之中點，則其邊弧餘弦之和數必等于

四餘弦½呷哦餘弦½吃吧餘弦½吧哦。

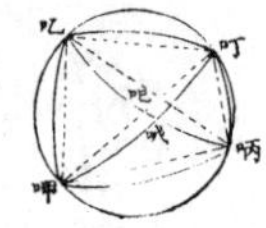

從兩箇三角形呷吃吋呷㕅吋依第一題得

二餘弦½呷哦餘弦½吃哦＝餘弦½呷吃⊥餘弦½吃吋。

二餘弦½呷哦餘弦½㕅哦＝餘弦½呷㕅⊥餘弦½㕅吋。

第六題　有 正弦½弧餘數。 等于 $\frac{\text{餘弦½丙}}{\text{正弦½甲正弦½乙}}$ 正弦㕅。 求其證

惟因

餘弦½吃哦＝餘弦½吃吧餘弦½吧哦⊥正弦½吃吧正弦½吧哦餘弦吃吧哦。

餘弦½㕅哦＝餘弦½㕅吧餘弦½吧哦⊤正弦½㕅吧正弦½吧哦餘弦吃吧哦。

所以其邊弧餘弦之和等于

四餘弦½呷哦餘弦½吃吧餘弦½吧哦。

正弦½哦＝正弦［½(呷⊥吃)⊤½(一八〇⊤㕅)］＝

正弦½(呷⊥吃)正弦½㕅⊤餘弦½(呷⊥吃)餘弦½㕅＝

［餘弦½(甲⊤乙)⊤餘弦½(甲⊥乙)］$\frac{\text{餘弦½丙}}{\text{正弦½甲正弦½乙}}$＝

觀第二十五款

$\frac{\text{餘弦½丙}}{\text{正弦½甲正弦½乙}}$ 正弦㕅。

所以依第六十三款

餘弦½哦＝［餘弦½甲餘弦½乙⊥正弦½甲正弦½乙餘弦㕅］正割½丙。

又

因

$$\text{餘切}\tfrac{1}{2}\text{甲}\,\text{餘切}\tfrac{1}{2}\text{乙}=\frac{\text{正弦甲}}{1+\text{餘弦甲}}\times\frac{\text{正弦乙}}{1+\text{餘弦乙}}$$

$$\text{餘弦呩}=\frac{\text{正弦甲正弦乙}}{\text{餘弦丙}-\text{餘弦甲餘弦乙}}$$

所以

$$\text{餘切}\tfrac{1}{2}\text{[口戊]}=\frac{\text{正弦甲正弦乙正弦丙}}{1+\text{餘弦甲}+\text{餘弦乙}+\text{餘弦丙}}$$

其分母可用第三十六款之式所得之同數代之、又依第六十四款能證

$$\text{正切}\left[\text{四五}^\circ+\tfrac{1}{2}(\text{吅}+\text{吃}-\text{呩})\right]=\sqrt{\frac{\text{正切}\tfrac{1}{2}(\text{申}-\text{甲})\,\text{正切}\tfrac{1}{2}(\text{申}-\text{乙})}{\text{正切}\tfrac{1}{2}\text{申}\,\text{正切}\tfrac{1}{2}(\text{申}-\text{丙})}}$$

第七題　若有兩弧吘吃吅、吘乙甲、與他兩弧吧甲吅、吧乙吃、相交于吅吃甲乙各點、則

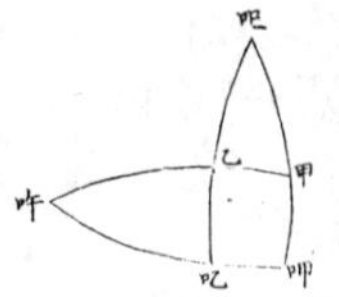

$$\frac{\text{正弦吃吘}}{\text{正弦吅吘}}=\frac{\text{正弦吧甲}}{\text{正弦吅甲}}\times\frac{\text{正弦吃乙}}{\text{正弦吧乙}}$$

此因

$$\frac{\text{正弦吃吘}}{\text{正弦吅吘}}=\frac{\text{正弦吅甲}}{\text{正弦吅吘}}\times\frac{\text{正弦吃乙}}{\text{正弦吅甲}}\times\frac{\text{正弦吃吘}}{\text{正弦吃乙}}$$

$$=\frac{\text{正弦吘}}{\text{正弦甲}}\times\frac{\text{正弦吃乙}}{\text{正弦吅甲}}\times\frac{\text{正弦乙}}{\text{正弦吘}}=$$

$$\frac{\text{正弦吃乙}}{\text{正弦吅甲}}\times\frac{\text{正弦乙}}{\text{正弦甲}}=\frac{\text{正弦吃乙}}{\text{正弦吅甲}}\times\frac{\text{正弦吧甲}}{\text{正弦吧乙}}$$

之故也。

三角十二　五

第八題　若有兩弧吅吃呩、甲乙丙、與同過吧點之三弧吧吅甲、吧吃乙、吧呩丙、在吅吃呩甲乙丙各點相交、則

$$\frac{\text{正弦吧乙}}{\text{正弦吃乙}}\,\text{正弦吅呩}=\frac{\text{正弦吧甲}}{\text{正弦吅甲}}\,\text{正弦吃呩}+\frac{\text{正弦吧丙}}{\text{正弦呩丙}}\,\text{正弦吅吃}$$

從某書第一百四十二篇第十八題得

$$\text{正弦吅呩}\,\text{正弦吃吘}=\text{正弦吅吘}\,\text{正弦吃呩}+\text{正弦吅吃}\,\text{正弦呩吘}$$

惟因

$$\frac{\text{正弦呩吘}}{\text{正弦吅吘}}=\frac{\text{正弦呩丙}}{\text{正弦吧丙}}\times\frac{\text{正弦吧甲}}{\text{正弦吅甲}}$$

$$\frac{\text{正弦呩吘}}{\text{正弦吃吘}}=\frac{\text{正弦呩丙}}{\text{正弦吧丙}}\times\frac{\text{正弦吧乙}}{\text{正弦吃乙}}$$

從上式

三角十二　六

消去其 正弦𠮙吘 與 正弦呷吘 即得

$$\frac{\text{正弦吧乙}}{\text{正弦𠮙乙}}\text{正弦呷𠯈}=\frac{\text{正弦吧甲}}{\text{正弦呷甲}}\text{正弦𠮙𠯈}+\frac{\text{正弦吧丙}}{\text{正弦𠯈丙}}\text{正弦呷𠮙}$$

此式可入

$$\left(\frac{\text{正弦吧乙}}{\text{正弦吧𠮙}}-\text{餘弦吧𠮙}\right)\text{正弦呷𠯈}=\left(\frac{\text{正切吧甲}}{\text{正弦吧呷}}-\text{餘弦吧呷}\right)\text{正弦𠮙𠯈}+\left(\frac{\text{正切吧丙}}{\text{正弦吧𠯈}}-\text{餘弦吧𠯈}\right)\text{正弦呷𠮙}$$

惟依第一題

$$\text{餘弦吧𠮙}\,\text{正弦呷𠯈}=\text{餘弦吧呷}\,\text{正弦𠮙𠯈}+\text{餘弦吧𠯈}\,\text{正弦呷𠮙}$$

所以

$$\frac{\text{正切吧乙}}{\text{正弦吧𠮙}}\text{正弦呷𠯈}=\frac{\text{正切吧甲}}{\text{正弦吧呷}}\text{正弦𠮙𠯈}+\frac{\text{正切吧丙}}{\text{正弦吧𠯈}}\text{正弦呷𠮙}$$

若吧為呷𠯈之極則

$$\text{正切𠮙乙}\,\text{正弦呷𠯈}=\text{正切呷甲}\,\text{正弦𠮙𠯈}+\text{正切𠯈丙}\,\text{正弦呷𠮙}$$

此式能明在地球之一大圈上三處經緯度相比之法。

第九題　凡弧三角形若過兩邊之中點作弧必過底弧引長之弧在一定之點此點距底弧之中點為一象限

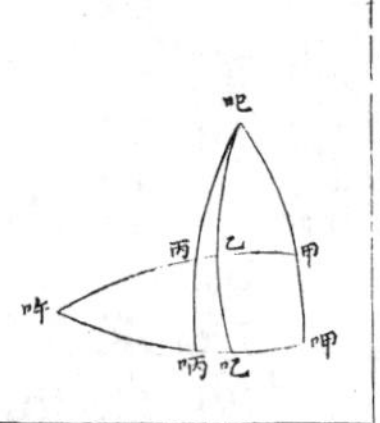

因

$$\frac{\text{正弦𠯈吘}}{\text{正弦呷吘}}=\frac{\text{正弦吧甲}}{\text{正弦呷甲}}\times\frac{\text{正弦𠯈丙}}{\text{正弦吧丙}}$$

觀第七題其甲與丙若為呷𠮙𠯈𠮙之中點則式變為

$$\text{正弦呷吘}=\text{正弦𠯈吘}$$

故

$$\text{呷吘}+\text{𠯈吘}=一八〇$$

若𠮙為呷𠯈之中點則

$$\text{吘𠮙}=二(\text{呷吘}+\text{𠯈吘})=九〇$$

第十題　凡弧三角形其一邊之弧若為過平分其底弧之大圈之極之大圈所平分者則其又一邊之弧亦必為此圈所平分。

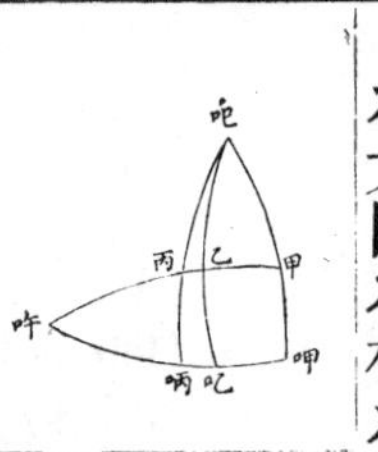

如令圖中之吘點為與底弧成正角平分其底弧之大圈之極點則

$$\text{吘𠮙}=九〇$$

而

$$\text{呷吘}+\text{吘𠯈}=一八〇$$

惟因

$$\text{正弦呷吘}=\text{正弦𠯈吘}$$

而

$$\frac{\text{正弦𠯈吘}}{\text{正弦呷吘}}=\frac{\text{正弦吧甲}}{\text{正弦呷甲}}\times\frac{\text{正弦𠯈丙}}{\text{正弦吧丙}}$$

所以

$$\frac{\text{正弦吧甲}}{\text{正弦呷甲}}=\frac{\text{正弦吧丙}}{\text{正弦𠯈丙}}$$

若

$$\text{呷甲}=\text{吧甲}$$

則

$$\text{𠯈丙}=\text{吧丙}$$

第十一題　凡同在一段底弧上之弧三角形若其他兩邊之弧之中點同在一箇大圈上則其面積必相等

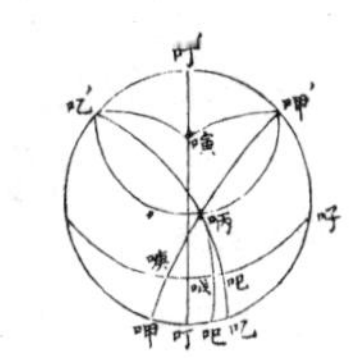

如圖呷吃爲所設之底弧叮爲中點叮呼爲九〇呼吧咦爲過呼點之任一大圈則呷呐吃三角形若爲有其一邊呷呐在咦點平分者則他邊亦必在吧點平分（十觀第十題）若令哎代其弧餘數則

餘切½哎＝正弦吧／（餘切½甲餘切½丙＋餘弦吧）＝餘切呼餘割½丙

從呼吃吧三角形其呼吃＝九〇－½丙及呼吃吧角＝一八〇－吧

餘切½甲餘弦½丙＝餘切呼正弦吃－正弦½丙餘弦吃（十觀第二十二款）所以其哎爲不變之數而

餘弦吧咦＝餘弦½甲餘弦½乙＋正弦½甲正弦½乙餘弦丙＝餘弦½哎餘弦½丙（六觀第題）所以各弧之中點其相距必同

第十二題　求另作一弧三角形其面積與所設之弧三角形相等又有一角與所設之弧三角形之角相同而其倚此角之一弧與另設之弧相等

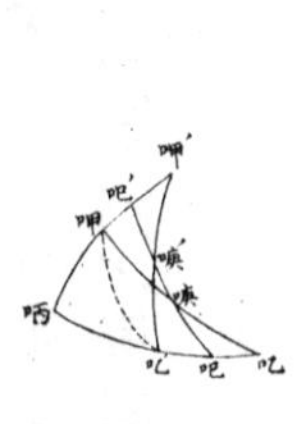

如圖呷呐吃爲所設之弧三角形呐爲弧三角形之一角令呐吃爲另設之弧乃將吃吃平分之于吧又平分其呷吃弧于咦從吧咦兩點作吧咦弧引長其弧至遇呐呷引長之弧于叱取叱呷等于叱呷從呷點作呷吃弧則呷呐吃爲所求之三角形若將呷吃吧咦各引長之則其相交之點距呷吃之中點爲九〇

其故因平分呷呷之圈亦必平分呷吃所以呷呷吃

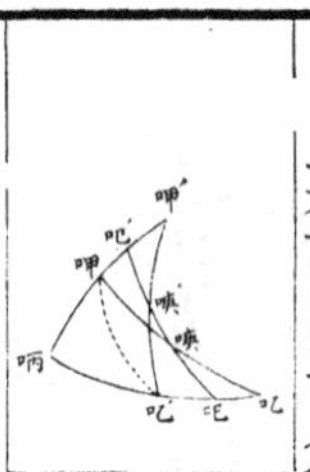

呷吃吃兩箇弧三角形之面積彼此相等因同一底弧而有他邊之中點同在一大圈上所以呷呐吃呷呐吃兩箇弧三角形之面積必相等

第十三題　求在所設弧三角形之底弧上另作弧三角形與其底成所設之角而面積與所設弧三角形之面積相等

如圖呷呐吃爲所設之弧三角形呷吃爲其底弧咦吧爲過其兩邊之弧之中點之弧作吃呷咦等于所

設之角，在嘆吒引長之弧上取嘆吒等于嘆吒，乃引長吒吒呷嘆遇于，呐則呷呐吒，即所求之弧三角形。觀第十一題自明

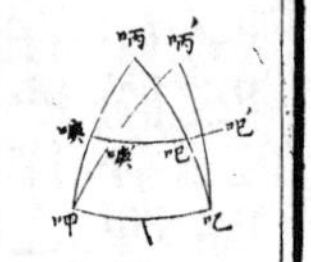

第十四題　有弧三角形之底弧及面積，求頂點之界。

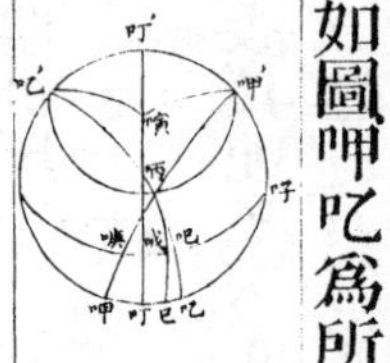

如圖，呷吒爲所設之底弧，吖爲底弧之中點，呐巳爲從頂點所作之垂弧，令 吖巳＝天，巳呐＝地，爲頂點之縱橫弧，以哦代其弧餘數，令角亢哦＝角亢，則代呷呐巳吒呐巳兩正弧三角之弧餘數，即得

其 餘切二角＝餘切(四丙−天)餘切二地。十三款 觀第六

餘切二亢＝餘切(四丙+天)餘切二地。

所以其

餘切二角餘切二亢＝(餘弦天−餘弦二丙)/(餘弦天+餘弦二丙)餘切二地。 觀第十三款 平三角形

而

餘切二角+餘切二亢＝(餘弦天+餘弦二丙)/(二正弦二丙)餘切二地。

所

以得

餘切二哦＝(餘切二角+餘切二亢)/(餘切二角餘切二亢−一)＝(二正弦二丙餘切二地)/(餘弦二丙餘割二地+餘弦天(餘切二地−一))

＝餘切二丙餘割地+餘弦天餘割二丙餘切地。

即

餘弦二丙＝正弦二丙餘切二哦正弦地+餘弦天餘弦地。

此爲所求弧三角形頂點之界。

惟若以天地爲在球面從嘆點爲極之圈之縱橫弧

以末代其角半徑，則頂點之界易知其爲 餘弦末＝正弦地正弦地+餘弦地餘弦地餘弦(天−天)。若其 天＝○。

而 正切地＝正弦二丙餘切二哦。 餘弦地/餘弦末＝餘弦二丙。

則與前式相同，從此三式能定其天地末，

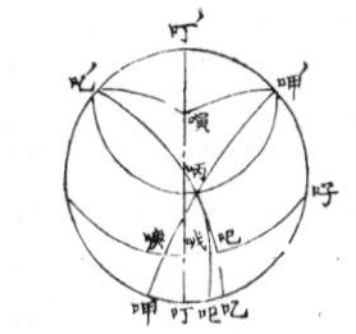

從一式可知從頂界之圈之心嘆過底之中點成大圈吖吖從二式可知 地＝嘆呷/九○−吖戌/九○ 其咦戌吧爲過呷丙吃丙兩弧中點之弧此理可觀第十一題所證 餘切呼＝丅正切(九○−呼)＝正弦三丙餘切三戌 自明從三式可知若將呷丙吃丙引長至遇呷吖吃圈于呷′吃′則呷′吃′亦爲其界上之點此因 餘弦嘆/吖＝丅餘弦地 呷′/吖′＝三丙 所以 餘弦未＝餘弦嘆/吖餘弦呷′/吖′ 而 未＝嘆/呷′＝嘆/吃′ 此題爲雷克雖里所設其理頗深而繁茲用更易之法證其相反之理

第十五題 若將底弧向左右各引長至俱等于半周乃過引至之兩點任作一圈則凡有以本底爲底而其頂點在所作之圈界之任何弧三角形其面積必同

如圖令呷吃爲所設底弧而引長至呷′吃′令嘆爲過呷′吃′二點之小圈之極丙爲小圈上之任一點作呷丙吃丙兩弧而引長之則必過呷′吃′

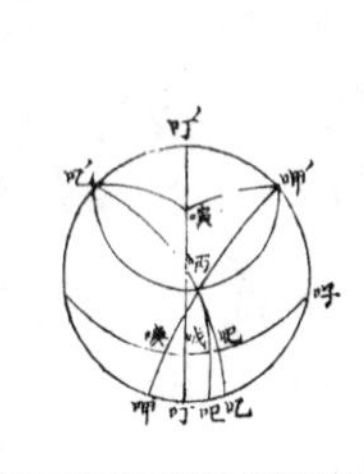

二點而 嘆吃呷/嘆呷吃 ＝ 呷丙吃/呷呷吃 − 吃吃呷 ＝ 呷吃丙 因 嘆呷丙/嘆丙呷＝嘆呷丙 嘆吃丙/嘆丙吃＝嘆吃丙 所以從小圈呷丙吃所有以任點丙爲頂之呷丙吃弧三角形其各角之和與其形之面積必恆不變而其小圈之角半徑易從所設之底與面積而定之

若其 呷/吖′＝呷吖 則因呷呷′二點各爲徑之一端又因其嘆呷吃角等于呷吃丙弧三角形各角之和之半所以其 嘆呷/吖′＝一八○−呷＝九○−三戌 所以從其嘆呷′吖′正弧三角形得 嘆呷′/吖′＝正切呷′吖′餘切呷′嘆 卽依第六十五款得 正切三丙餘切未＝丅餘弦呷＝正弦三戌

第十六題 凡從弧三角形之各角過任一點作弧至對

邊之弧，則其各截弧之正弦依類相乘之積必相等。

如圖，呷呐、呷甲二弧與吃呐、吃乙二弧相交，則依第

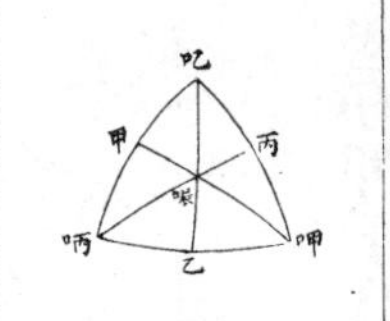

七題得

$$\frac{\text{正弦呷乙}}{\text{正弦呷呐}}=\frac{\text{正弦吃甲}}{\text{正弦呐甲}}\times\frac{\text{正弦㖒乙}}{\text{正弦吃㖒}}$$

又因呐呷、呐丙與吃呷、吃乙相交，故得

$$\frac{\text{正弦呐乙}}{\text{正弦呐呷}}=\frac{\text{正弦吃丙}}{\text{正弦呷丙}}\times\frac{\text{正弦㖒乙}}{\text{正弦吃㖒}}$$

以此約前式得

$$\frac{\text{正弦呷乙}}{\text{正弦呐乙}}=\frac{\text{正弦吃甲}}{\text{正弦呐甲}}\times\frac{\text{正弦呷丙}}{\text{正弦吃丙}}$$

即

$$\text{正弦呐乙正弦呷丙正弦吃甲}=\text{正弦呷乙正弦呐甲正弦吃丙}$$

反言之，凡弧三角形之三箇邊弧上若取三點合于此題之式，則從各點作弧至對角，其所作之各弧必在㖒點相交。此理與平三角形眞爲相同，下題明之。

第十七題

凡弧三角形，若從各角向對邊作垂弧，或平分其各角作弧至對邊，或從各角至內圈在對邊所切之點作弧，其三弧必皆在一點相交。

如圖，呷吃呐爲弧三角形，甲乙丙爲從角至對邊所作垂弧之端，則可合于題之第一例，得交點㖒。

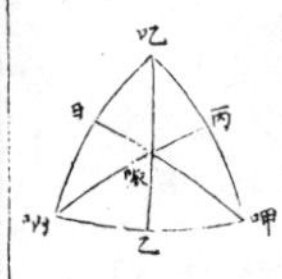

從正弧三角形之理

$$\frac{\text{餘弦呐乙}}{\text{餘弦呷乙}}=\frac{\text{餘弦甲}}{\text{餘弦丙}}$$

$$\frac{\text{正切呷丙}}{\text{正切呷乙}}=\frac{\text{正切乙}}{\text{正切丙}}$$

得

$$\text{餘弦呷丙餘弦呐乙餘弦吃甲}=\text{餘弦吃丙餘弦呷乙餘弦呐甲}$$

$$\text{正切呷丙正切呐乙正切吃甲}=\text{正切吃丙正切呷乙正切呐甲}$$

所以

$$\text{正弦呷丙正弦呐乙正弦吃甲}=\text{正弦吃丙正弦呷乙正弦呐甲}$$

若其甲乙丙三點爲分角之弧之端，則依第六十六款之理，其各弧相交之點必爲內切之圈之極，所以

從

$$\frac{\text{正弦呐乙}}{\text{正弦呷乙}}=\frac{\text{正弦甲}}{\text{正弦丙}}$$

可見其合于第十六題之說（亦合于題之第三例）。

若甲乙丙爲邊之中點，亦必合于第十六題之說。其甲乙丙或爲內切之圈之切點，或爲切于一邊及引長兩邊之圈之切點，因

呐甲＝呐乙，吃甲＝吃丙，呷乙＝呷丙。

又

呷乙＝吃甲＝帄丙，呷丙＝呐甲＝帄乙，吃丙＝呐乙＝帄甲。

其二申爲弧三角形之周（即三邊之弧之和也）。

第十八題　若從任何弧三角形之三箇角點呷、吃、呐過任點㖒作三弧與所對之弧遇于甲乙丙三點，則有式

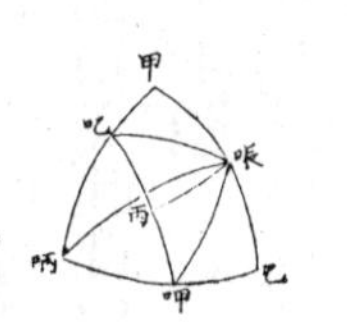

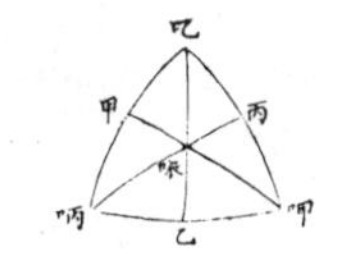

如

一＝餘弦嗁呴 正弦呴丙/正弦嗁丙 ⊥ 餘弦嗁吃 正弦吃乙/正弦嗁乙 ⊥ 餘弦嗁呷 正弦呷甲/正弦嗁甲

因若令呼為球心而以天地

人三字代其以呼呷、呼吃、呼呴為軸之嗁點之縱橫

線則

嗁呼＝餘弦呴呼嗁 人 ⊥ 餘弦吃呼嗁 地 ⊥ 餘弦呷呼嗁 天

㊀惟若從嗁點作一直線與呼呷平行而

遇呼呷于吘則其

正弦呷甲/正弦嗁甲＝正弦呼吘嗁/正弦呼嗁吘＝嗁呼/天

從他點作線亦如之所以

若將㊀式依代數之法變之即可得本題所設之例之證。

第十九題　從任何弧三角形之各角過任點吧作弧遇對邊于呷′吃′呴′又嗊為切角之圈之極味為其角半徑

則

餘弦味/餘弦吧嗊 ＝ 正弦呴呴′/正弦吧呴′ ⊥ 正弦吃吃′/正弦吧吃′ ⊥ 正弦呷呷′/正弦吧呷′

如圖嗁為球心令半徑嗁吧

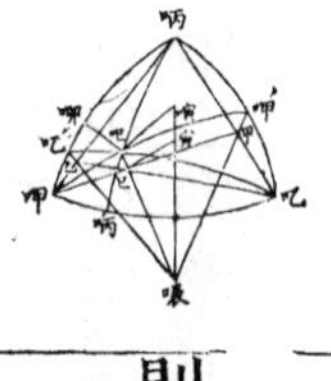

嗁嗊、嗁吃、嗁呷遇見切于弧三角形各角點之圈之

平面于巳寅乙申則 嗁寅巳＝九○。

而

正弦吃吃′/正弦吧吃′ ＝ 餘弦吧嗊/餘弦吃′嗊 ✕ 正弦吃吃′/正弦吧吃′ ＝ 嗁吃/嗁嗊 ✕ 嗁嗊/嗁巳 ＝ 嗁吃 正弦吃吃′/嗁巳 正弦吧吃′ ＝ 吃乙/巳乙

所以得

餘弦吧嗊/餘弦吃′嗊 [正弦呴呴′/正弦吧呴′ ⊥ 正弦吃吃′/正弦吧吃′ ⊥ 正弦呷呷′/正弦吧呷′] ＝ 一 ＝ 呴丙/巳丙 ⊥ 吃乙/巳乙 ⊥ 呷甲/巳甲

第二十題　求任何弧三角形切角之圈與切邊之圈極點相距之角叮

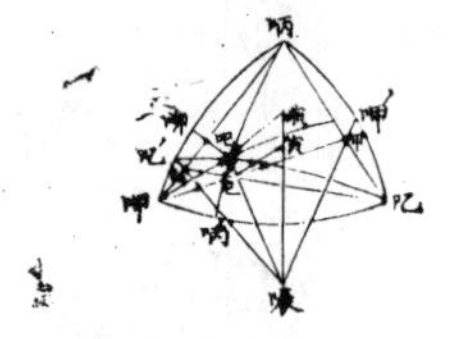

如圖呷哂吃弧三角形吧為切邊之圈之極則從其正弧三角形吧𠰍吃得

$$\text{正弦未}=\text{正弦}\,\text{吧吃}\;\text{正弦吃}=\frac{\text{正弦吃吃}}{\text{正弦吧吃}}\text{正弦哂正弦甲}.$$

所以其

$$\frac{\text{餘弦味正弦未}}{\text{餘弦叮}}=\frac{\text{正弦吃正弦丙}}{一}\perp\frac{\text{正弦哂正弦甲}}{一}\perp\frac{\text{正弦呷正弦乙}}{一}$$

$$=\frac{\text{嗔}}{\text{正弦甲}\perp\text{正弦乙}\perp\text{正弦丙}}.$$

從第十九題其

$$\text{嗔}=\text{正弦乙正弦丙正弦呷}=\sqrt{一\top\text{餘弦}^{二}\text{甲}\top\text{餘弦}^{二}\text{乙}\top\text{餘弦}^{二}\text{丙}\perp二\,\text{餘弦甲餘弦乙餘弦丙}}.$$

故依第六十五款得

$$\text{餘切未}=\frac{\text{嗔}}{二\,\text{正弦申}}.$$

$$\text{正切味}=\frac{\text{嗔}}{四\,\text{正弦}^{二}\text{甲正弦}^{二}\text{乙正弦}^{二}\text{丙}}.$$

所以

$$\left(\frac{\text{餘弦味正弦未}}{\text{餘弦叮}}\right)^{二}\top一=$$

$$\frac{\text{嗔}^{二}}{三}\left(一\perp\text{正弦甲正弦乙}\perp\text{正弦甲正弦丙}\perp\text{正弦乙正弦丙}\top\text{餘弦甲餘弦乙餘弦丙}\right)=$$

$$\frac{\text{嗔}^{二}}{三}\left[二\,\text{正弦}^{二}(\text{甲}\perp\text{乙})\text{餘弦}^{二}\text{丙}\perp二\,\text{餘弦}^{二}(\text{甲}\top\text{乙})\text{正弦}^{二}\text{丙}\right]^{二}=$$

觀第一百四十二款

$$\frac{\text{嗔}^{二}}{二}\left[二\,\text{正弦申}\perp四\,\text{正弦}^{二}\text{甲正弦}^{二}\text{乙正弦}^{二}\text{丙}\right]^{二}=(\text{餘切未}\perp\text{正切味})^{二}.$$

所以

$$\text{正弦}^{二}\text{叮}=\text{正弦}^{二}(\text{味}\top\text{未})\top\text{餘弦}^{二}\text{味正弦}^{二}\text{未}.$$

若其一圈之所切為丙弧並又兩邊引長之弧以未代其角半徑依同理得

$$\text{正弦}^{二}\text{叮}=\text{正弦}^{二}(\text{味}\perp\text{未})\top\text{餘弦}^{二}\text{味正弦}^{二}\text{未}.$$

第二十一題　如嗁為切于呷吃哂弧三角形各角之圈

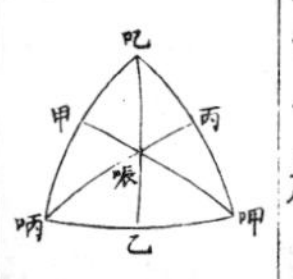

之極則

餘弦=呷嗔吃=餘弦=甲餘弦=乙餘弦呐丄正弦=甲正弦=乙。

此從第五十六款而得之。易明其呷呐吃呐兩弧所成之角爲呷嗔吃角之半。

第二十二題

若呷吃呐爲等邊之弧三角形嗔爲其切角之圈之極。吧爲球上之任一點則

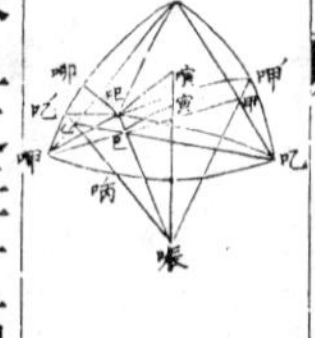

餘弦吧呷丄餘弦吧吃丄餘弦吧呐=三餘弦味餘弦吧嗔。

因

餘弦吧呷=餘弦味餘弦叮丄正弦味正弦叮餘弦呷嗔吧。

餘弦吧吃=餘弦味餘弦叮丄正弦味正弦叮餘弦(一二〇丅呷嗔吧)。

餘弦吧呐=餘弦味餘弦叮丄正弦味正弦叮餘弦(一二〇丄呷嗔吧)。

所以

餘弦吧呷丄餘弦吧吃丄餘弦吧呐=三餘弦味餘弦叮。

第二十三題

凡弧三角形若平分兩角各作弧至對邊而其所作之兩弧相等者則所分之兩角其和必小于兩箇正角而兩角亦必相等。

如圖從呷吃呐弧三角形之呐吃兩角作呐叮吃叮弧平分其角若呐叮=吃叮。則吃角=呐角。

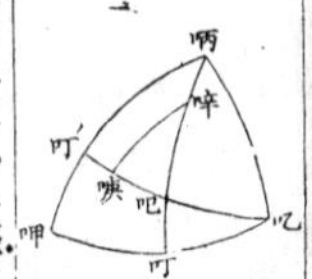

如云不然而謂吃大于呐則因吧爲呐叮與吃叮相交之點其呐吧＞吃吧。吧叮＞吧叮。故呐叮＞叮吃。試在吧呐吧叮兩弧上取吧啐=吧吃。吧咦=吧叮。作咦啐弧則吧咦啐三角形在吧叮呐之內其吧咦啐各角之和必小于吧叮呐各角之和所以

咦丄啐=叮丄三吃。

咦丄啐＜叮丄三呐。

而叮＞叮。

設想于呐吃之他邊作一弧三角形其邊吃哦呐哦等于呐叮吃叮而其角等于呐叮吃三角形之各角作叮哦弧則吃哦=吃叮。吃叮哦角=吃哦叮角。而吃叮呐角=吃哦呐角。卽大于叮角此圖原闕

所以其呐叮哦角＞呐哦叮角。呐哦＞呐叮。卽吃叮＞呐叮。惟吃叮弧已證其小于呐叮。則

此說不合于理所以若吃=呐。則可見叮呐哦角=呷呐吃丄呷吃呐。必小于兩箇正

角之和。

第二十四題　求任何四面形之體內容外切之球半徑

求味。

其內球之式為

三未×面積＝體積。

外球之心易明其為過外切平圓之心之兩面之正角方向之兩線相交之點。

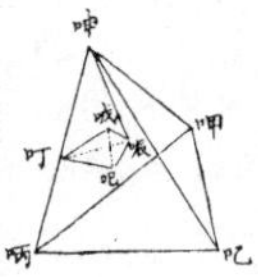

如圖令㖵叮吧為平分呷呐呻吃呻呐邊成正角之平面所以用呷呐呻吃呻呐之垂線㖵㖒吧㖒其線過各切角平圓之心所以必過外切球之心㖒則

呻㖒＝呻叮⊥叮㖒＝呻叮⊥(正弦叮/吧㖒)＝呻叮⊥正弦叮(㖵叮⊤吧叮/㖵叮吧餘弦叮)。

其

呻叮＝三丙

㖵叮＝二正弦亢/甲⊤丙餘弦亢

叮吧＝二正弦角/乙⊤丙餘弦角

餘弦叮＝正弦角正弦亢/餘弦氐⊤餘弦角餘弦亢

將此各同數以代法變之得

(二味正弦角正弦亢正弦叮)²＝

(甲正弦角)²⊥(乙正弦亢)²⊥(丙正弦氐)²⊥二甲乙(餘弦角餘弦亢⊤餘弦氐)

⊥二甲丙(餘弦角餘弦氐⊤餘弦亢)⊥二乙丙(餘弦亢餘弦氐⊤餘弦角)。

將其

餘弦角。

餘弦亢。

餘弦氐。

從

二乙丙餘弦角＝乙²⊥丙²⊤甲²。

二甲丙餘弦亢＝甲²⊥丙²⊤乙²。

二甲乙餘弦氐＝甲²⊥乙²⊤丙²。

式所得之同數代之化得

(四味甲乙丙正弦角正弦亢正弦叮)²＝

二(甲甲乙乙)²⊥(甲甲丙丙)²⊥(乙乙丙丙)²⊤(甲甲)²⊤(乙乙)²⊤(丙丙)²

＝一六申(申⊤甲甲)(申⊤乙乙)(申⊤丙丙)。

其

二申＝甲甲⊥乙乙⊥丙丙。

因四

面形之體積咳等于

$\frac{\text{一}}{\text{六}}$甲乙丙正弦角正弦亢正弦叮.

所以得

$\text{味}=\frac{\text{六咳}}{\sqrt{\text{申(申丅甲申)(申丅乙乙)(申丅丙丙)}}}$.

即為外切之球半徑以四面形之體積並其兩箇倚面乘得之積數而明之.

或其一邊之長並其交面之斜度及其在體之他頂

第二十五題　求連其同底兩箇弧三角形之弧.

點所對之角俱為已知之數則

$\frac{\text{呻}^{\text{二}}}{\text{㖨}}=\frac{\text{呻}^{\text{二}}}{\text{叮}}\text{丄}\frac{\text{正弦}^{\text{二}}\text{叮}}{\text{呻}^{\text{二}}\text{叮}}(\text{餘切呻丄餘切吃丅二餘切呻餘切吃餘切叮})$.

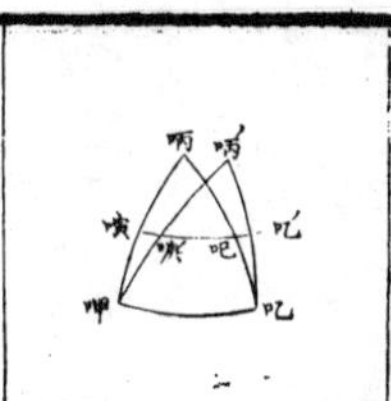

如圖設底弧在㖨點平分則依第一題之式得

$\text{二餘弦}\frac{\text{二}}{\text{一}}\text{丙餘弦}\frac{\text{呐}}{\text{㖨}}=\text{餘弦甲丄餘弦乙}$.

令巳為從呐向呷吃所作之垂弧則

正弦丙正弦巳＝正弦甲正弦乙正弦呐.

其呷呐吃三角形亦然所以

$\text{餘弦}\frac{\text{呐}}{\text{呐′}}=\text{餘弦}\frac{\text{呐}}{\text{㖨}}\text{餘弦}\frac{\text{呐′}}{\text{㖨}}\text{丄正弦}\frac{\text{呐}}{\text{㖨}}\text{正弦}\frac{\text{呐′}}{\text{㖨}}\text{餘弦}\left(\frac{\text{呷㖨}}{\text{呐}}\text{丅}\frac{\text{呷㖨}}{\text{呐′}}\right)$.

惟因

$\text{正弦}\frac{\text{呐}}{\text{㖨}}\text{正弦}\frac{\text{二}}{\text{一}}\text{丙餘弦}\frac{\text{呷㖨}}{\text{呐}}=$

$\text{餘弦乙丅餘弦}\frac{\text{二}}{\text{一}}\text{丙餘弦}\frac{\text{呐}}{\text{㖨}}=\frac{\text{二}}{\text{一}}(\text{餘弦乙丅餘弦甲})$.

$\text{正弦}\frac{\text{呐}}{\text{㖨}}\text{正弦}\frac{\text{呷㖨}}{\text{呐}}=\text{正弦巳}$.

所以得

$\text{正弦}\frac{\text{二}}{\text{一}}\text{丙餘弦}\frac{\text{呐}}{\text{呐′}}=(\text{餘弦甲丄餘弦乙})(\text{餘弦甲′丄餘弦乙′})\text{正弦}\frac{\text{二}}{\text{一}}\text{丙}$

$\text{丄}(\text{餘弦乙丅餘弦甲})(\text{餘弦乙′丅餘弦甲′})\text{餘弦}\frac{\text{二}}{\text{一}}\text{丙}$

$\text{丄正弦甲正弦乙正弦呐正弦甲′正弦乙′正弦呐′}$.

若將其

$\frac{\text{正弦呐}}{\text{正弦呐′}}$

以同數代之則式中只有其邊之各數而已.

此題為航海者從兩處測得太陽之高弧並其間所

角之和。

第二十四題　求任何四面形之體內容外切之球半徑未味。

其內球之式為 $\frac{三體積}{面積}$＝未。外球之心易明其為過外切平圓之心之兩面之正角方向之兩線相交之點。

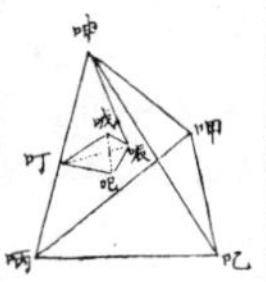

如圖令戊叮吧為平分呻哂邊成正角之平面所以用呷哂呻吃呻哂之垂線戊㖞吧㖞其線過各切角平圓之心所以必過外切球之心㖞則

呻㖞²＝呻叮²丄叮㖞²＝呻叮²丄(正弦叮²／吧㖞²)＝呻叮²丄正弦叮²／一(戊叮²丄叮吧²丅二戊叮叮吧餘弦叮)。

其

呻叮＝二丙

戊叮＝二正弦亢／甲丅丙餘弦亢。

叮吧＝二正弦角／乙丅丙餘弦角。

餘弦叮＝正弦角正弦亢／餘弦氐丅餘弦角餘弦亢。

將此各同數以代法變之得

(二味正弦角正弦亢正弦叮)²＝

(甲正弦角)²丄(乙正弦亢)²丄(丙正弦氐)²丄二甲乙(餘弦角餘弦亢丅餘弦氐)

丄二甲丙(餘弦角餘弦氐丅餘弦亢)丄二乙丙(餘弦亢餘弦氐丅餘弦角)。

將其餘弦角。餘弦亢。餘弦氐。從

二乙丙餘弦角＝乙²丄丙²丅申²。

二甲丙餘弦亢＝甲²丄丙²丅乙²。

二甲乙餘弦氐＝甲²丄乙²丅丙²。

式所得之同數代之化得

(四味甲乙丙正弦角正弦亢正弦叮)²＝

二(甲甲乙乙)²丄(甲甲丙丙)²丄(乙乙丙丙)²丅(甲甲)²丅(乙乙)²丅(丙丙)²

＝一六申(申丅甲甲)(申丅乙乙)(申丅丙丙)。

其

二申＝甲甲丄乙乙丄丙丙。

因四

面形之體積咳等于

$\frac{1}{六}$甲乙丙正弦角正弦亢正弦叮。

所以得

$味 = \frac{六咳}{\sqrt{申(申\top甲甲)(申\top乙乙)(申\top丙丙)}}$。

即爲外切之球半徑以四面形之體積並其兩箇倚面乘得之積數而明之。

或其一邊之長並其交面之斜度及其在體之他頂點所對之角俱爲已知之數則

$\frac{呻^{二}}{㖇} = \frac{呻}{叮}\left[\frac{正弦^{二}叮}{呻^{二}叮}(餘切呷\bot餘切吃\top二餘切呷餘切吃餘切叮)\right]$。

第二十五題 求連其同底兩箇弧三角形之弧。

如圖設底弧在㖇點平分則依第一題之式得

二餘弦二丙餘弦$\frac{㖞}{㖇}$=餘弦甲⊥餘弦乙。

令巳爲從㖞向呷吃所作之垂弧則

正弦丙正弦巳=正弦甲正弦乙正弦㖞。

其呷㖞吃三角形亦然所以

餘弦$\frac{㖞}{㖞}$=餘弦$\frac{㖞}{㖇}$餘弦$\frac{㖞}{㖇}$⊥正弦$\frac{㖞}{㖇}$正弦$\frac{㖞}{㖇}$餘弦$\left(\frac{呷}{㖇㖞}\top\frac{呷}{㖇㖞}\right)$。

惟因

正弦$\frac{㖞}{㖇}$正弦二丙餘弦$\frac{呷}{㖇㖞}$=

餘弦乙⊤餘弦二丙餘弦$\frac{㖞}{㖇}$=二(餘弦乙⊤餘弦甲)。

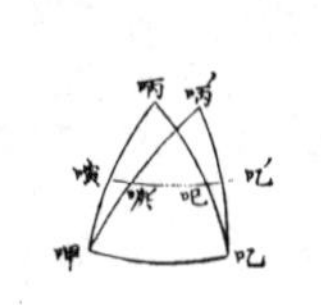

正弦$\frac{㖞}{㖇}$正弦$\frac{呷}{㖇㖞}$=正弦巳。

所以得

正弦丙餘弦$\frac{㖞}{㖞}$=(餘弦甲⊥餘弦乙)(餘弦甲⊥餘弦乙)正弦二丙

⊥(餘弦乙⊤餘弦甲)(餘弦乙⊤餘弦甲)餘弦二丙

⊥正弦甲正弦乙正弦㖞正弦甲正弦乙正弦㖞。

若將其

正弦㖞

正弦㖞

以同數代之則式中只有其邊之各數而已。

此題爲航海者從兩處測得太陽之高弧並其間所

歷之時而求緯度之法

第二十六題　已知地面上任兩處之經緯度求其相距之數

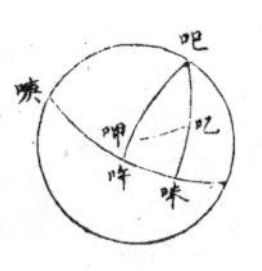

如圖吧爲地球之極咦咋味爲赤道呷吃爲在吧咋吧味兩箇經線上之兩處吧咦爲過格令回次之經線則其經度之較等于

$$\text{咦咋}-\text{咦味}=\text{咋味}=\text{呷吧吃角}=\text{⿰口丙}$$

而其相配之餘緯 $\text{吧呷}=\text{乙}$，$\text{吧吃}=\text{甲}$ 亦爲已知之數則呷吧吃弧三角形已知其兩邊並其所夾之角今欲求其第三邊呷吃（即丙邊）則可依第四十三款之式而得

$$\text{正切斗}=\text{正切甲餘弦⿰口丙}$$

$$\text{餘弦丙}=\frac{\text{餘弦甲餘弦}(\text{乙}-\text{斗})}{\text{餘弦斗}}$$

若以叮爲一象限之海里數則兩處相距之數等于 $\text{叮}\times\frac{\text{丙}}{九〇^\circ}$。

第二十七題　有弧三角形之任何式式內有其當知之各事而內有一數爲邊求平三角形相配之式

設已知之事爲體角之面與邊之斜度以眞弧度明之則令角亢氐爲各面與其以底角之頂爲心而求其任半徑未所成之球之面之平面之弧之長即得其 $\text{角}=\text{甲未}$，$\text{亢}=\text{乙未}$，$\text{氐}=\text{丙未}$。如將其甲乙丙以所設之式內之各同數代之而令未爲極大即得 $\frac{\text{角}}{\text{未}}$，$\frac{\text{亢}}{\text{未}}$，$\frac{\text{氐}}{\text{未}}$ 爲極小所以 $\text{正弦}\frac{\text{角}}{\text{未}}$，$\text{餘弦}\frac{\text{角}}{\text{未}}$……之數可用所詳得級數之一二項代之即得其有半徑爲未之球面之弧之長並其弧三角形平面之角之略數比例如令未爲無窮即得平三角形邊與角之眞比例

依第五十五款得

$$\text{餘弦呷}=\frac{\text{餘弦甲}-\text{餘弦乙餘弦丙}}{\text{正弦乙正弦丙}}=\frac{\text{餘弦}\frac{\text{角}}{\text{未}}-\text{餘弦}\frac{\text{亢}}{\text{未}}\text{餘弦}\frac{\text{氐}}{\text{未}}}{\text{正弦}\frac{\text{亢}}{\text{未}}\text{正弦}\frac{\text{氐}}{\text{未}}}$$

$$=\frac{\left(一-\frac{一}{二}\times\frac{\text{角}^2}{\text{未}^2}+\frac{一}{二四}\times\frac{\text{角}^4}{\text{未}^4}\right)-\left(一-\frac{一}{二}\times\frac{\text{亢}^2}{\text{未}^2}\right)\left(一-\frac{一}{二}\times\frac{\text{氐}^2}{\text{未}^2}\right)}{\frac{\text{亢}}{\text{未}}\times\frac{\text{氐}}{\text{未}}}=\frac{\text{亢}^2+\text{氐}^2-\text{角}^2}{二\text{亢氐}}+\frac{\text{角}^4+\cdots\cdots}{二四\text{亢氐未}^2}$$

爲略數此以未爲極

大之數，

若令味爲無窮，即得平三角形有邊爲角亢氐之式

爲

$$餘弦甲 = \frac{二亢氐}{亢^{二}丄氐^{二}丅房^{二}}$$

興化劉彝程校算

上海曹撷亭繪圖